Г. М. ФИХТЕНГОЛЬЦ

ОСНОВЫ МАТЕМАТИЧЕСКОГО АНАЛИЗА

1

ИЗДАНИЕ ЧЕТВЕРТОЕ,
СТЕРЕОТИПНОЕ

Москва
2002

ББК 22.12
Ф 65

Фихтенгольц Г. М.

Ф 65 Основы математического анализа. Часть 1. 4-е изд., стер. — СПб.: Издательство «Лань», 2002. — 448 с. — (Учебники для вузов. Специальная литература).

ISBN 5-9511-0010-0
ISBN 5-8114-0190-6 (Ч. 1)

Учебник отличается систематическим и строгим изложением основ математического анализа. Материал излагается в логической последовательности и сопровождается примерами, облегчающими процесс усвоения теоретических положений курса. Автор уделяет особое внимание прикладному значению анализа как в самой математике, так и в смежных областях знания — в физике, механике и технике.

Учебник предназначен для студентов первого и второго курсов математических отделений вузов.

ББК 22.12

Оформление обложки
С. Л. Шапиро, А. А. Олексенко

ОГЛАВЛЕНИЕ

ГЛАВА ТРЕТЬЯ

ТЕОРИЯ ПРЕДЕЛОВ

ГЛАВА ЧЕТВЕРТАЯ

НЕПРЕРЫВНЫЕ ФУНКЦИИ ОДНОЙ ПЕРЕМЕННОЙ

§ 1. Непрерывность (и разрывы) функции

§ 2. Свойства непрерывных функций

ГЛАВА ПЯТАЯ

ДИФФЕРЕНЦИРОВАНИЕ ФУНКЦИЙ ОДНОЙ ПЕРЕМЕННОЙ

§ 1. Производная и ее вычисление

§ 2. Дифференциал

§ 3. Производные и дифференциалы высших порядков

ГЛАВА ШЕСТАЯ

ОСНОВНЫЕ ТЕОРЕМЫ ДИФФЕРЕНЦИАЛЬНОГО ИСЧИСЛЕНИЯ

ГЛАВА СЕДЬМАЯ

ИССЛЕДОВАНИЕ ФУНКЦИЙ С ПОМОЩЬЮ ПРОИЗВОДНЫХ

ГЛАВА ВОСЬМАЯ

ФУНКЦИИ НЕСКОЛЬКИХ ПЕРЕМЕННЫХ

ГЛАВА ДВЕНАДЦАТАЯ

ГЕОМЕТРИЧЕСКИЕ И МЕХАНИЧЕСКИЕ ПРИЛОЖЕНИЯ ИНТЕГРАЛЬНОГО ИСЧИСЛЕНИЯ

ГЛАВА ТРИНАДЦАТАЯ

НЕКОТОРЫЕ ГЕОМЕТРИЧЕСКИЕ ПРИЛОЖЕНИЯ ДИФФЕРЕНЦИАЛЬНОГО ИСЧИСЛЕНИЯ

ГЛАВА ЧЕТЫРНАДЦАТАЯ

ИСТОРИЧЕСКИЙ ОЧЕРК ВОЗНИКНОВЕНИЯ ОСНОВНЫХ ИДЕЙ МАТЕМАТИЧЕСКОГО АНАЛИЗА

ПРЕДИСЛОВИЕ

«Основы математического анализа» задуманы как учебник анализа для студентов первого и второго курсов математических отделений университетов; в соответствии с этим и книга делится на два тома. При составлении ее был широко использован мой трехтомный «Курс дифференциального и интегрального исчисления», но содержащийся в нем материал подвергся сокращению и переработке в целях приближения книги к официальной программе по математическому анализу и к фактическим возможностям лекционного курса.

Мои установки и задачи, которые я перед собой ставил, характеризуются следующим.

1. Главную свою задачу я видел в *систематическом* и — по возможности — *строгом* изложении основ математического анализа. Я считаю изложение материала в *логической* последовательности обязательным для учебника, для того чтобы перед глазами учащихся знания располагались в определенной системе.

Такое построение учебника, впрочем, не исключает возможности для лектора в отдельных случаях — по соображениям педагогическим — отступать от строгой систематичности (а, может быть, даже облегчает ему эту возможность). Я сам, например, в лекционном курсе обычно несколько отодвигаю такие трудные для начинающего вещи, как теория вещественных чисел, принцип сходимости или свойства непрерывных функций.

2. Вместе с тем курс математического анализа не должен представляться учащемуся лишь длинной цепью «определений» и «теорем», но должен служить руководством к действию. Студентов нужно научить применять эти теоремы на практике, помочь им овладеть вычислительным аппаратом анализа. Хотя эта задача в большей мере падает на упражнения по анализу, но и изложение теоретического материала я сопровождаю примерами, по необходимости — в небольшом

числе, но подобранными так, чтобы подготовить учащихся к сознательной работе над упражнениями.

3. Известно, какие замечательные и разнообразные приложения имеет математический анализ как в самой математике, так и в смежных областях знания; с этим студенты много раз будут сталкиваться впоследствии. Но самая мысль о связи математического анализа с другими математическими дисциплинами и с потребностями практики должна быть усвоена учащимися уже при изучении основ анализа. Вот почему везде, где это представляется возможным, я привожу примеры применения анализа не только в геометрии, но и в механике, физике и технике.

4. Вопрос о доведении аналитических выкладок до числа имеет в равной мере принципиальное и прикладное значение. Так как «точное» или «в конечном виде» решение задач анализа возможно лишь в простейших случаях, то приобретает важность ознакомление учащихся с использованием приближенных методов и с составлением приближенных формул. Этому в книге также уделено внимание.

5. Хотелось бы сделать немногие пояснения относительно самого изложения. Прежде всего коснусь понятия предела, которое занимает центральное место среди основных понятий анализа и проходит буквально через весь курс, появляясь притом в различных формах. Последнее обстоятельство выдвигает задачу — установить единство всех разновидностей предела. Это не только принципиально важно, но и практически необходимо, дабы не строить всякий раз наново теории пределов. Для достижения этой цели есть два пути: либо сразу дать самое общее определение предела «направленной переменной» (например, следуя Шатуновскому и Муру — Смиту), либо же сводить всякий предел к простейшему случаю — пределу переменной, пробегающей занумерованную последовательность значений. Первая точка зрения недоступна начинающему, поэтому я остановился на второй: определение каждого нового вида предела дается, прежде всего, с помощью предела последовательности и лишь затем — «на языке ε-δ».

6. Отмечу еще одну деталь изложения: во втором томе, говоря о криволинейных и поверхностных интегралах, я провожу различие между криволинейными и поверхностными «интегралами первого типа» (точные аналоги обыкновенного и двойного интегралов по неориенти-

рованным областям) и такими же «интегралами второго типа» (где аналогия уже частично исчезает). На опыте я многократно убеждался в том, что такое различение способствует лучшему усвоению и удобно для приложений.

7. В виде небольшого дополнения к программе я включил в книгу краткое ознакомление с эллиптическими интегралами (так часто встречающимися на практике) и в нескольких случаях даю задачи, приводящие именно к эллиптическим интегралам. Пусть этим будет разрушена вредная иллюзия, воспитываемая решением одних лишь простых задач, будто результаты аналитических выкладок непременно должны быть «элементарными»!

8. В разных местах книги читатель найдет замечания историко-математического характера. Кроме того, первый том завершается «Историческим очерком возникновения основных идей математического анализа», а в конце второго тома помещен «Очерк дальнейшего развития математического анализа». Конечно, все это вовсе не призвано подменить историю математического анализа, с которой учащиеся ознакомятся впоследствии в общем курсе «истории математики». Если в первом из упомянутых очерков затрагивается самый генезис понятий, то исторические замечания имеют целью создать у читателей хотя бы общую ориентацию в хронологии важнейших событий из истории анализа.

В тесной связи с только что сказанным, я обращаюсь теперь с предупреждением непосредственно к читателю — учащемуся. Дело в том, что порядок изложения в книге связан с современными требованиями к математической строгости, созревавшими в течение длительного времени, и поэтому, естественно, отклоняется от того пути, по которому исторически математический анализ развивался. Как говорит Маркс: «...историческое развитие всех наук только через множество перекрещивающихся и окольных путей приводит к их действительной исходной точке. В отличие от других архитекторов, наука... возводит отдельные жилые этажи здания прежде чем она заложила его фундамент» *).

С подобным положением вещей читатель столкнется при изучении анализа с самого же начала: первая глава книги посвящена

*) К. Маркс и Ф. Энгельс, Сочинения (изд. 1935 г.), т. XII, ч. I, стр. 44.

«вещественным числам», третья — «теории пределов», и лишь с пятой главы начинается систематическое изложение дифференциального и интегрального исчисления. Исторически же порядок был как раз обратным: дифференциальное и интегральное исчисление зародилось в XVII веке и развивалось в XVIII веке, находя себе многочисленные и важные приложения; теория пределов стала фундаментом для математического анализа в начале XIX века, а лишь во второй его половине была создана отчетливая концепция вещественного числа, обосновывающая наиболее тонкие положения самой теории пределов.

Эта книга подытоживает мой многолетний опыт преподавания математического анализа в Ленинградском университете. Да будет она полезна молодежи!

Г. М. Фихтенгольц

ГЛАВА ПЕРВАЯ

ВЕЩЕСТВЕННЫЕ ЧИСЛА

§ 1. МНОЖЕСТВО ВЕЩЕСТВЕННЫХ ЧИСЕЛ И ЕГО УПОРЯДОЧЕНИЕ

1. Предварительные замечания. Из школьного курса читателю хорошо знакомы рациональные числа и их свойства. В то же время уже потребности элементарной математики приводят к необходимости расширения этой числовой области. Действительно, среди рациональных чисел не существует зачастую корней даже из целых положительных (натуральных) чисел, например $\sqrt{2}$, т. е. *нет такой рациональной дроби* $\frac{p}{q}$, *где* p *и* q *— натуральные числа, квадрат которой был бы равен* 2.

Для доказательства этого допустим противное: пусть существует такая дробь $\frac{p}{q}$, что $\left(\frac{p}{q}\right)^2 = 2$. Мы вправе считать эту дробь несократимой, т. е. p и q лишенными общих множителей. Так как $p^2 = 2q^2$, то p есть число четное: $p = 2r$ (r — целое) и, следовательно, q — нечетное. Подставляя вместо p его выражение, найдем $q^2 = 2r^2$, откуда следует, что q — четное число. Полученное противоречие доказывает наше утверждение.

Одновременно с этим, если бы мы оставались в области одних лишь рациональных чисел, в геометрии заведомо не все отрезки могли бы быть снабжены д л и н а м и. В самом деле, рассмотрим квадрат со стороной, равной единице длины. *Его диагональ не может иметь рациональной длины* $\frac{p}{q}$, ибо в противном случае по теореме Пифагора квадрат этой длины был бы равен 2, что, как мы видели, невозможно.

В настоящей главе мы ставим себе задачей расширить область рациональных чисел, присоединив к ним числа новой природы — и р р а ц и о н а л ь н ы е.

В математической практике иррациональные числа фактически начинают появляться — под видом выражений, содержащих радикалы, — еще в средние века, но н а с т о я щ и м и числами их не считали. В XVII веке метод координат, созданный Декартом*), с новой силой поднял вопрос о численном

*) Рене Д е к а р т (1596—1650) — знаменитый французский философ и ученый.

выражении геометрических величин. Под влиянием этого постепенно стала созревать идея о равноправии иррациональных и рациональных чисел; она нашла себе окончательную формулировку в определении (положительного) числа, которое дал Ньютон*) в своей «Всеобщей арифметике» (1707)**):

«Под числом мы понимаем не столько множество единиц, сколько отвлеченное отношение какой-нибудь величины к другой величине того же рода, принятой нами за единицу».

При этом целые и дробные числа выражают величины, соизмеримые с единицей, а иррациональные — несоизмеримые с единицей.

Математический анализ, зародившийся в XVII веке и бурно развивавшийся в течение всего XVIII века, долго довольствовался этим определением, несмотря на то, что оно было чуждо арифметике и оставляло в тени важнейшее свойство расширенной числовой области — ее **непрерывность** (см. ниже п° 5). Критическое направление в математике, которое возникло в конце XVIII и в начале XIX века, выдвинуло требование точного определения основных понятий анализа и строгого доказательства его основных положений. Это, в свою очередь, скоро сделало необходимым построение логически безупречной теории иррациональных чисел на основе чисто арифметического их определения. В семидесятых годах прошлого столетия было создано несколько таких теорий, различных по форме, но по существу равносильных. Все они определяют иррациональное число, ставя его в связь с тем или другим **бесконечным** множеством рациональных чисел.

2. Определение иррационального числа. Мы изложим теорию иррациональных чисел, следуя Дедекинду***). В основе этой теории лежит понятие о **сечении** в области рациональных чисел. Рассмотрим разбиение множества всех рациональных чисел на два **непустых** (т. е. действительно содержащих хоть по одному числу) множества A, A'; иными словами, мы предполагаем, что:

1°. *Каждое рациональное число попадает в одно, и только в одно из множеств A или A'.*

Мы будем называть такое разбиение **сечением**, если выполняется еще условие:

2°. *Каждое число a множества A меньше каждого числа a' множества A'.*

Множество A называется **нижним классом** сечения, множество A' — **верхним классом**. Сечение будем обозначать $A|A'$.

Из определения сечения следует, что всякое рациональное число, меньшее числа a нижнего класса, также принадлежит нижнему классу. Аналогично всякое рациональное число, большее числа a' верхнего класса, и само принадлежит верхнему классу.

Примеры. 1) Определим A как множество всех рациональных чисел a, удовлетворяющих неравенству $a < 1$, а к множеству A' отнесем все числа a', для которых $a' \geqslant 1$.

---

*) Исаак **Ньютон** (1642—1727) — величайший английский физик и математик.

**) Имеется русский перевод: «Всеобщая арифметика или книга об арифметических синтезе и анализе» (АН СССР, 1948); см. стр. 8.

***) Рихард **Дедекинд** (1831—1916) — немецкий математик.

Легко проверить, что таким образом мы действительно получим сечение. Число единица принадлежит классу A' и является, очевидно, в нем наименьшим числом. С другой стороны, нет наибольшего числа в классе A, так как, какое бы число a из A мы ни взяли, всегда можно указать рациональное число a_1, лежащее между ним и единицей, следовательно, бóльшее a и тоже принадлежащее классу A.

2) К нижнему классу A отнесем все рациональные числа a, меньшие или равные единице: $a \leqslant 1$; к верхнему — рациональные числа a', большие единицы: $a' > 1$.

Это также будет сечение, причем здесь в верхнем классе нет наименьшего числа, а в нижнем есть наибольшее (именно, единица).

3) Отнесем к классу A все положительные рациональные числа a, для которых $a^2 < 2$, число нуль и все отрицательные рациональные числа, а к классу A' — все положительные рациональные числа a', для которых $a'^2 > 2$.

Как легко убедиться, мы опять получили сечение. Здесь ни в классе A нет наибольшего числа, ни в классе A' — наименьшего. Докажем, например, первое из этих утверждений (второе доказывается аналогично). Пусть a — любое положительное число класса A, тогда $a^2 < 2$. Покажем, что можно подобрать такое целое положительное n, что

$$\left(a + \frac{1}{n}\right)^2 < 2,$$

так что и число $a + \frac{1}{n}$ будет принадлежать классу A.

Это неравенство равносильно таким:

$$a^2 + \frac{2a}{n} + \frac{1}{n^2} < 2,$$

$$\frac{2a}{n} + \frac{1}{n^2} < 2 - a^2.$$

Последнее неравенство и подавно будет выполнено, если n удовлетворит неравенству $\frac{2a+1}{n} < 2 - a^2$, для чего достаточно взять

$$n > \frac{2a+1}{2-a^2}.$$

Итак, каково бы ни было положительное число a из класса A, в этом же классе A найдется большее его число; так как для чисел $a \leqslant 0$ это утверждение непосредственно очевидно, то никакое число класса A не является в нем наибольшим.

Легко понять, что *не может существовать сечение, для которого одновременно в нижнем классе нашлось бы наибольшее число* a_0, *а в верхнем классе — наименьшее* a'_0. Пусть, в самом деле, такое сечение существует. Возьмем тогда любое рациональное число c, заключающееся между a_0 и a'_0, $a_0 < c < a'_0$. Число c не может принадлежать классу A, ибо иначе a_0 не было бы наименьшим числом в этом классе, и по аналогичной причине c не может принадлежать классу A', а это противоречит свойству 1° сечения, входящему в определение этого понятия.

Таким образом, сечения могут быть только трех видов, иллюстрируемых как раз примерами 1), 2), 3):

1) либо в нижнем классе A нет наибольшего числа, а в верхнем классе A' есть наименьшее число r;

2) либо в нижнем классе A имеется наибольшее число r, а в верхнем классе A' нет наименьшего;

3) либо, наконец, ни в нижнем классе нет наибольшего числа, ни в верхнем классе — наименьшего.

В первых двух случаях мы говорим, что сечение производится рациональным числом r (которое является пограничным между классами A и A') или что сечение определяет рациональное число r. В примерах 1), 2) таким числом r была единица. В третьем случае пограничного числа не существует, сечение не определяет никакого рационального числа. Введем теперь новые объекты — иррациональные числа, условившись говорить, что *всякое сечение вида* 3) *определяет некоторое иррациональное число* α. Это число α заменяет недостающее пограничное число, мы как бы вставляем его между всеми числами a класса A и всеми числами a' класса A'. В примере 3) это вновь созданное число, как легко догадаться, и будет $\sqrt{2}$.

Не вводя для иррациональных чисел никаких однотипных обозначений*), мы неизменно будем связывать иррациональное число α с тем сечением $A|A'$ в области рациональных чисел, которое его определяет.

Для однообразия нам часто удобно будет то же сделать и по отношению к рациональному числу r. Но для каждого числа r существуют два определяющих его сечения: в обоих случаях числа $a < r$ относятся к нижнему классу, числа же $a' > r$ — к верхнему, но само число r можно по произволу включить либо в нижний класс (тогда r там будет наибольшим), либо в верхний (и r там будет наименьшим). Для определенности мы условимся раз навсегда, говоря о сечении, определяющем рациональное число r, включать это число в верхний класс.

Числа рациональные и иррациональные получили общее название вещественных (или действительных) чисел. Понятие веще-

---

*) Речь идет о конечных обозначениях; со своего рода бесконечными обозначениями иррациональных чисел читатель познакомится в n° 4. Чаще всего индивидуально заданные иррациональные числа обозначают в зависимости от их происхождения и роли: $\sqrt{2}$, $\log 5$, $\sin 10°$ и т. п.

ственного числа является одним из основных понятий математического анализа, как и всей математики вообще.

3. Упорядочение множества вещественных чисел. *Два иррациональных числа* α *и* β, *определяемых, соответственно, сечениями* $A|A'$ *и* $B|B'$, *считаются равными в том и только в том случае, если эти сечения тождественны;* впрочем, достаточно потребовать совпадения нижних классов A и B, ибо верхние классы A' и B' тогда совпадут сами собой. Это определение можно сохранить и в случае, когда числа α и β рациональны. Иными словами, *если два рациональных числа* α *и* β *равны, то определяющие их сечения совпадают, и, обратно, из совпадения сечений вытекает равенство чисел* α и β. При этом, разумеется, следует учесть условие, заключенное выше насчет рациональных чисел.

Перейдем теперь к установлению понятия «больше» по отношению к вещественным числам. Для рациональных чисел это понятие уже известно из школьного курса. Для рационального числа r и иррационального числа α понятие «больше» было, собственно, установлено в n° 2: именно, если α определяется сечением $A|A'$, мы считаем, что α больше всех рациональных чисел, входящих в класс A, и в то же время все числа класса A' больше α.

Пусть теперь имеем два иррациональных числа α и β, причем α определяется сечением $A|A'$, а β — сечением $B|B'$. Мы будем считать то число бо́льшим, у которого нижний класс больше. Точнее говоря, *мы будем считать* $\alpha>\beta$, *если класс* A *целиком содержит в себе класс* B, *не совпадая с ним.* (Это условие, очевидно, равносильно тому, что класс B' целиком содержит в себе класс A', не совпадая с ним). Легко проверить, что это определение может быть сохранено и для случаев, когда одно из чисел α, β или даже оба — рациональны.

Понятие «меньше» вводится уже как производное. Именно, говорят, что $\alpha<\beta$ в том и только в том случае, если $\beta>\alpha$.

Из наших определений можно вывести, что

для каждой пары вещественных чисел α *и* β *имеет место одно и только одно из соотношений*

$$\alpha=\beta, \quad \alpha>\beta, \quad \alpha<\beta.$$

Далее,

из $\alpha>\beta$, $\beta>\gamma$ *следует, что* $\alpha>\gamma$.

Очевидно также, что

из $\alpha<\beta$, $\beta<\gamma$ *следует, что* $\alpha<\gamma$.

Установим, наконец, два вспомогательных утверждения, которые не раз будут нам полезны в последующем изложении.

Лемма 1. *Каковы бы ни были два вещественных числа* α *и* β, *причем* $\alpha>\beta$, *всегда найдется такое вещественное — и даже, в частности, рациональное — число* r, *которое содержится* *между ними:* $\alpha > r > \beta$ (а следовательно, и бесчисленное множество таких рациональных чисел).

Так как $\alpha > \beta$, то нижний класс A сечения, определяющего число α, целиком содержит в себе нижний класс B для числа β, не совпадая с B. Поэтому в A найдется такое рациональное число r, которое не содержится в B и, следовательно, принадлежит B'; для него

$$\alpha > r \geqslant \beta$$

(равенство могло бы иметь место, лишь если β было рационально), Но так как в A нет наибольшего числа, то, в случае надобности увеличив r, можно равенство исключить.

Лемма 2. *Пусть даны два вещественных числа α и β. Если, какое бы ни взять рациональное число $e > 0$, числа α и β могут быть заключены между одними и теми же рациональными границами:*

$$s' \geqslant \alpha \geqslant s, \quad s' \geqslant \beta \geqslant s,$$

разность которых меньше e:

$$s' - s < e,$$

то числа α и β необходимо равны.

Доказательство будем вести от противного. Пусть, например, $\alpha > \beta$. По лемме 1, между α и β можно вставить два рациональных числа r и $r' > r$:

$$\alpha > r' > r > \beta.$$

Тогда для любых двух чисел s и s', между которыми содержатся α и β, будут, очевидно, выполняться неравенства

$$s' > r' > r > s, \quad \text{откуда} \quad s' - s > r' - r > 0,$$

так что разность $s' - s$, вопреки условию леммы, не может быть сделана, например, меньшей числа $e = r' - r$. Это противоречие доказывает лемму.

4. Представление вещественного числа бесконечной десятичной дробью. Мы имеем в виду такое представление, при котором дробная часть (мантисса) положительна, в то время как целая часть может оказаться как положительной, так и отрицательной или нулем.

Предположим сначала, что рассматриваемое вещественное число α не является ни целым числом, ни какой-либо конечной десятичной дробью. Станем искать его десятичные приближения. Если оно определяется сечением $A|A'$, то прежде всего легко убедиться, что в классе A найдется целое число M, а в классе A' — целое же число $N > M$. Прибавляя к M по единице, необходимо придем к таким двум последовательным целым числам C и $C + 1$, что

$$C < \alpha < C + 1.$$

При этом число C может оказаться положительным, отрицательным или нулем.

Далее, если разделить промежуток между C и $C+1$ на десять равных частей числами

$$C{,}1;\ C{,}2;\ \ldots;\ C{,}9,$$

то α попадет в один (и только в один) из частичных промежутков, и мы придем к двум числам, разнящимся на $\frac{1}{10}$: $C{,}c_1$ и $C{,}c_1+\frac{1}{10}$, для которых

$$C{,}c_1<\alpha<C{,}c_1+\frac{1}{10}.$$

Продолжая этот процесс дальше, после определения $n-1$ цифр $c_1, c_2, \ldots, c_{n-1}$, мы n-ю цифру c_n определим неравенствами

$$C{,}c_1c_2\ldots c_n<\alpha<C{,}c_1c_2\ldots c_n+\frac{1}{10^n}. \tag{1}$$

Таким образом, в процессе нахождения десятичных приближений числа α мы построили целое число C и бесконечный ряд цифр $c_1, c_2, \ldots, c_n, \ldots$ Составленную из них *бесконечную десятичную дробь, т. е. символ*

$$C{,}c_1c_2\ldots c_n\ldots,$$

можно рассматривать как представление вещественного числа α.

В исключенном случае, когда α само является целым числом или, вообще, конечной десятичной дробью, можно подобным же образом последовательно определить число C и цифры $c_1, c_2, \ldots, c_n, \ldots$, но лишь исходя из более общих чем (1) соотношений

$$C{,}c_1c_2\ldots c_n\leqslant\alpha\leqslant C{,}c_1c_2\ldots c_n+\frac{1}{10^n}. \tag{1a}$$

Дело в том, что в некий момент число α совпадет с одним из концов промежутка, в который мы его заключаем, с левым или с правым — по нашему произволу; начиная с этого момента, соответственно слева или справа в (1a) уже постоянно будет иметь место равенство. Смотря по тому, какая из этих возможностей осуществляется, последующие цифры окажутся все нулями или все девятками. Таким образом, на этот раз число α имеет двоякое представление: одно — с нулем в периоде, а другое — с девяткой в периоде, например,

$$2{,}718=2{,}718000\ldots=2{,}717999\ldots,$$

$$-2{,}718=\bar{3}{,}282=\bar{3}{,}282000\ldots=\bar{3}{,}281999\ldots$$

Разность между десятичными приближениями

$$C,c_1c_2 \ldots c_n \quad \text{и} \quad C,c_1c_2 \ldots c_n + \frac{1}{10^n}$$

по избытку и по недостатку, равная $\frac{1}{10^n}$, с возрастанием n может быть сделана меньшей любого рационального числа $e > 0$. Действительно, так как натуральных чисел, не превосходящих числа $\frac{1}{e}$, существует лишь конечное число, то неравенство $10^n \leqslant \frac{1}{e}$, или равносильное ему $\frac{1}{10^n} \geqslant e$, может выполняться лишь для конечного числа значений n; для всех же остальных будет

$$\frac{1}{10^n} < e.$$

Это замечание, ввиду леммы 2, позволяет заключить, что число β, отличное от α, не может удовлетворять всем тем же неравенствам (1) или (1а), что и α, и, следовательно, имеет представление в виде бесконечной десятичной дроби, отличное от представления числа α.

Отсюда, в частности, явствует, что представление числа, не равного никакой конечной десятичной дроби, не имеет ни нуля, ни девятки в периоде, поскольку каждая дробь с нулем или девяткой в периоде явно выражает конечную десятичную дробь.

Можно доказать, что если взять по произволу бесконечную дробь (2), то существует вещественное число α, для которого именно дробь (2) служит представлением. Очевидно, достаточно построить число α так, чтобы выполнялись все неравенства (1а). С этой целью, вводя для краткости обозначения

$$C_n = C,c_1c_2 \ldots c_n \quad \text{и} \quad C'_n = C,c_1c_2 \ldots c_n + \frac{1}{10^n},$$

заметим, что каждая дробь C_n меньше каждой дроби C'_m (не только при $m = n$, но и при $m \gtrless n$). Произведем теперь сечение в области рациональных чисел: к верхнему классу A' отнесем такие рациональные числа a', которые больше всех C_n (например, все числа C'_m), а к нижнему A — все остальные (например, сами числа C_n). Легко проверить, что это действительно сечение; оно определяет вещественное число α, которое и будет искомым.

Действительно, так как α является пограничным числом между двумя классами, то, в частности,

$$C_n \leqslant \alpha \leqslant C'_n.$$

Отныне читатель может представлять себе вещественные числа как бесконечные десятичные дроби. Из школьного курса известно, что периодическая бесконечная дробь изображает рациональное число и, обратно, каждое рациональное число разлагается именно в периодическую дробь. Таким образом, изображениями вновь введенных нами иррациональных чисел служат непериодические бесконечные дроби. Это представление также может быть отправной точкой для построения теории иррациональных чисел.

Замечание. В последующем нам придется пользоваться приближенными рациональными значениями a и a' к вещественному числу α:

$$a<\alpha<a',$$

разность которых меньше произвольно малого рационального числа $e>0$. Для рационального α существование чисел a и a' очевидно; для иррационального же α в качестве a и a' можно было бы, например, использовать десятичные приближения C_n и C_n' при достаточно большом n.

5. Непрерывность множества вещественных чисел. Обратимся теперь к рассмотрению одного весьма важного свойства множества всех вещественных чисел, которое его существенно отличает от множества чисел рациональных. Рассматривая сечения в множестве рациональных чисел, мы видели, что иной раз для такого сечения в этом множестве не находилось пограничного числа, про которое можно было бы сказать, что оно производит сечение. Именно эта неполнота множества рациональных чисел, наличие в ней этих пробелов и послужили основанием для введения новых чисел — иррациональных. Станем теперь рассматривать сечения в множестве всех вещественных чисел. Под таким сечением мы понимаем разбиение этого множества на два непустых множества A, A', при котором:

1°. *Каждое вещественное число попадает в одно и только одно из множеств A, A'* и, сверх того:

2°. *Каждое число α множества A меньше каждого числа α' множества A'.*

Возникает вопрос: всегда ли для такого сечения найдется — в множестве вещественных чисел — пограничное число, производящее это сечение, или и в этом множестве существуют пробелы (которые могли бы послужить основанием для введения еще новых чисел)?

Оказывается, что на деле таких пробелов уже нет.

Основная теорема (Дедекинда). *Для всякого сечения $A|A'$ в множестве вещественных чисел существует вещественное число β, которое производит это сечение. Это число β будет:* 1) *либо наибольшим в нижнем классе A,* 2) *либо наименьшим в верхнем классе A'.*

Это свойство множества вещественных чисел называют его полнотой, а также — непрерывностью или сплошностью.

Доказательство. Обозначим через A множество всех рациональных чисел, принадлежащих A, а через A' — множество всех рациональных чисел, принадлежащих A'. Легко убедиться, что множества A и A' образуют сечение в множестве всех рациональных чисел.

Это сечение $A|A'$ определяет некоторое вещественное число β. Оно должно попасть в один из классов A, A'; предположим, что β попадает, например, в нижний класс A, и докажем, что тогда осуществляется случай 1), а именно, β является в классе A наибольшим. В самом деле, если бы это было не так, то нашлось бы другое число α_0 этого класса, бо́льшее β. Вставим (опираясь на лемму 1) между α_0 и β рациональное число r:

$$\alpha_0 > r > \beta;$$

r принадлежит классу A, а следовательно, также и классу A. Мы пришли к противоречию: рациональное число r, принадлежащее нижнему классу сечения, определяющего число β, больше этого числа! Этим доказано наше утверждение.

Аналогичное рассуждение показывает, что если β попадает в верхний класс A', то осуществится случай 2).

Замечание. Одновременное существование в классе A наибольшего числа и в классе A' наименьшего — невозможно; это устанавливается так же, как и для сечений в области рациональных чисел (с помощью леммы 1).

6. Границы числовых множеств. Мы используем основную теорему [5], чтобы здесь же установить некоторые понятия, играющие важную роль в современном анализе. Они понадобятся нам уже при рассмотрении арифметических действий над вещественными числами.

Представим себе произвольное бесконечное множество*) вещественных чисел; оно может быть задано любым образом. Такими множествами являются, например, множество натуральных чисел, множество всех правильных дробей, множество всех вещественных чисел между числами 0 и 1, множество корней уравнения $\sin x = \frac{1}{2}$ и т. п.

Любое из чисел множества обозначим через x, так что x есть типовое обозначение чисел множества; само же множество чисел x будем обозначать через $\mathscr{X} = \{x\}$.

Если для рассматриваемого множества $\{x\}$ существует такое число M, что все $x \leqslant M$, то будем говорить, что наше множество ограничено сверху (числом M); само число M в этом случае есть верхняя граница множества $\{x\}$. Например, множество правильных дробей ограничено сверху числом единица или любым числом, бо́льшим единицы; натуральный ряд сверху не ограничен

Аналогично этому: если найдется такое число m, что все $x \geqslant m$, то говорят, что множество $\{x\}$ ограничено снизу (числом m),

*) Все сказанное ниже сохраняет силу и для конечных множеств, но этот случай не представляет интереса.

а само число m называют нижней границей множества $\{x\}$. Например, натуральный ряд ограничен снизу числом 1 или любым числом, меньшим его; множество правильных дробей ограничено снизу числом 0 или любым отрицательным числом.

Ограниченное сверху (снизу) множество может быть при этом ограничено и снизу (сверху) или нет. Так, множество правильных дробей ограничено и сверху и снизу, а натуральный ряд ограничен снизу, но не ограничен сверху.

Если множество сверху (снизу) не ограничено, то за его верхнюю (нижнюю) границу принимают «несобственное число» $+\infty$ $(-\infty)$. Знаки $+\infty$ и $-\infty$ читаются так: «плюс бесконечность» и «минус бесконечность». Относительно этих «несобственных» или «бесконечных» чисел мы считаем, что

$$-\infty < +\infty \quad \text{и} \quad -\infty < a < +\infty,$$

каково бы ни было вещественное («конечное») число a.

Если множество ограничено сверху, т. е. имеет конечную верхнюю границу M, то одновременно оно имеет и бесконечное множество верхних границ (так как, например, любое число, большее M, очевидно, также будет верхней границей). Из всех верхних границ особый интерес представляет наименьшая, которую мы будем называть *точной верхней границей*. Аналогично, если множество ограничено снизу, то наибольшую из всех нижних границ будем называть *точной нижней границей*. Так, для множества всех правильных дробей точными границами будут соответственно числа 0 и 1.

Возникает вопрос: всегда ли для ограниченного сверху (снизу) множества существует точная верхняя (нижняя) граница? Действительно, так как верхних (нижних) границ в этом случае бесконечное множество, а среди бесконечного множества чисел не всегда найдется наименьшее или наибольшее *), то самое существование такого наименьшего (наибольшего) числа из всех верхних (нижних) границ рассматриваемого множества требует доказательства.

Теорема. *Если множество $\mathscr{X} = \{x\}$ ограничено сверху (снизу), то оно имеет и точную верхнюю (нижнюю) границу* **)

Доказательство. Проведем рассуждение по отношению к верхней границе. Рассмотрим два случая:

1°. Предположим сначала, что среди чисел x множества $\mathscr{X}$ найдется наибольшее $\bar{x}$. Тогда все числа множества будут удовлетворять неравенству $x \leqslant \bar{x}$, т. е. $\bar{x}$ будет верхней границей

---

*) Как их нет, например, среди всех правильных дробей.

**) Эту теорему — лишь в других терминах — впервые в 1817 г. высказал чешский философ и математик Бернгард Больцано (1781—1848). Строгое доказательство ее стало возможным лишь после уточнения понятия вещественного числа.

для $\mathcal{X}$. С другой стороны, $\bar{x}$ принадлежит $\mathcal{X}$; следовательно, для любой верхней границы M выполняется неравенство $\bar{x} \leqslant M$. Отсюда заключаем, что $\bar{x}$ есть точная верхняя граница множества $\mathcal{X}$.

2°. Пусть теперь среди чисел x множества $\mathcal{X}$ нет наибольшего. Произведем сечение в области всех вещественных чисел следующим образом. К верхнему классу A' отнесем все верхние границы α' множества $\mathcal{X}$, а к нижнему классу A — все остальные вещественные числа α. При этом разбиении все числа x множества $\mathcal{X}$ попадут в класс A, ибо ни одно из них — по допущению — не будет наибольшим. Таким образом, оба класса A, A' непусты. Это разбиение действительно является сечением, так как все вещественные числа распределены по классам, и каждое число из класса A' больше любого числа из класса A. По основной теореме Дедекинда [5], должно существовать вещественное число β, производящее сечение. Все числа x, как принадлежащие классу A, не превосходят этого «пограничного» числа β, т. е. β служит верхней границей для x, следовательно, само принадлежит классу A' и является там наименьшим. Таким образом, β, как наименьшая из всех верхних границ, и есть искомая точная верхняя граница множества $\mathcal{X} = \{x\}$.

Совершенно так же доказывается и вторая половина теоремы (относящаяся к существованию точной нижней границы).

Если M^* есть точная верхняя граница числового множества $\mathcal{X} = \{x\}$, то для всех x будет

$$x \leqslant M^*.$$

Возьмем теперь произвольное число α, меньшее M^*. Так как M^* — наименьшая из верхних границ, то число α наверное не будет верхней границей для множества $\mathcal{X}$, т. е. найдется такое число x' из $\mathcal{X}$, что

$$x' > \alpha.$$

Этими двумя неравенствами вполне характеризуется точная верхняя граница M^* множества $\mathcal{X}$.

Аналогично, точная нижняя граница m^* множества $\mathcal{X}$ характеризуется тем, что для всех x

$$x \geqslant m^*,$$

и, каково бы ни было число β, бо́льшее m^*, найдется число x'' из $\mathcal{X}$ такое, что

$$x'' < \beta.$$

Для обозначения точной верхней границы M^* и точной нижней границы m^* множества чисел $\mathcal{X}$ употребляют символы

$$M^* = \sup \mathcal{X} = \sup \{x\}, \qquad m^* = \inf \mathcal{X} = \inf \{x\}$$

(по латыни: supremum — наивысшее, infimum — наинизшее).

Отметим одно очевидное умозаключение, которое часто будет встречаться в дальнейшем:

если все числа x *некоторого множества удовлетворяют неравенству* $x \leqslant M$, *то и* $\sup\{x\} \leqslant M$.

Действительно, число M оказывается одной из верхних границ множества, а потому наименьшая из всех верхних границ его не превосходит.

Аналогично, *из неравенства* $x \geqslant m$ *следует, что и* $\inf\{x\} \geqslant m$.

Условимся, наконец, если множество $\mathscr{X} = \{x\}$ не ограничено сверху, говорить, что его точная верхняя граница есть $+\infty$: $\sup\{x\} = +\infty$. Аналогично, если множество $\mathscr{X} = \{x\}$ не ограничено снизу, то говорят, что его точная нижняя граница есть $-\infty$: $\inf\{x\} = -\infty$.

§ 2. АРИФМЕТИЧЕСКИЕ ДЕЙСТВИЯ НАД ВЕЩЕСТВЕННЫМИ ЧИСЛАМИ

7. Определение и свойства суммы вещественных чисел. Пусть имеем два вещественных числа α и β. Станем рассматривать рациональные числа a, a' и b, b', удовлетворяющие неравенствам

$$a < \alpha < a', \qquad b < \beta < b'. \tag{1}$$

Суммой $\alpha + \beta$ *чисел* α *и* β *назовем такое вещественное число* γ, *которое содержится между всеми суммами вида* $a + b$, *с одной стороны, и всеми суммами вида* $a' + b'$ — *с другой*:

$$a + b < \gamma < a' + b'. \tag{2}$$

Удостоверимся, прежде всего, что такое число γ существует для любой пары вещественных чисел α, β.

Рассмотрим множество всевозможных сумм $a + b$. Это множество ограничено сверху, например, любой суммой вида $a' + b'$. Положим же [6]

$$\gamma = \sup\{a + b\}.$$

Тогда $a + b \leqslant \gamma$ и, в то же время, $\gamma \leqslant a' + b'$.

Так как, каковы бы ни были рациональные числа a, b, a', b', удовлетворяющие условиям (1), всегда можно числа a, b увеличить, а числа a', b' уменьшить с сохранением этих условий, то в полученных только что неравенствах, соединенных с равенствами, на деле ни в одном случае равенства быть не может. Таким образом, число γ удовлетворяет определению суммы.

Возникает, однако, вопрос, однозначно ли сумма $\gamma = \alpha + \beta$ определяется неравенствами (2). Для того чтобы убедиться в единственности суммы, подберем (по замечанию в п° 4) рациональные числа a, a', b, b' так, чтобы было

$$a' - a < e \quad \text{и} \quad b' - b < e,$$

где e — произвольно малое рациональное положительное число. Отсюда

$$(a' + b') - (a + b) = (a' - a) + (b' - b) < 2e,$$

т. е. и эта разность может быть сделана сколь угодно малой *). А тогда,

---

*) Число $2e$ становится меньше любого числа $e' > 0$, если взять $e < \frac{e'}{2}$.

по лемме 2, существует только одно число, содержащееся между суммами $a+b$ и $a'+b'$.

Наконец, заметим, что если числа α и β оба рациональны, то их обычная сумма $\gamma=\alpha+\beta$, очевидно, удовлетворяет неравенствам (2). Таким образом, данное выше общее определение суммы двух вещественных чисел не противоречит старому определению суммы двух рациональных чисел.

Для вещественных чисел сохраняются все основные свойства сложения:

$$1)\ \alpha+\beta=\beta+\alpha,\quad 2)\ (\alpha+\beta)+\gamma=\alpha+(\beta+\gamma),\quad 3)\ \alpha+0=\alpha$$

и, наконец,

$$4)\ \textit{из}\ \alpha>\beta\ \textit{следует}\ \alpha+\gamma>\beta+\gamma.$$

Их нетрудно доказать, опираясь на определение суммы, данное выше, и, разумеется, на известные свойства рациональных чисел; останавливаться на этом не будем. С помощью последнего свойства оправдывается почленное складывание двух неравенств.

8. Симметричные числа. Абсолютная величина. Докажем теперь, что *для каждого вещественного числа α существует (симметричное ему) число $-\alpha$, удовлетворяющее условию $\alpha+(-\alpha)=0$.*

При этом достаточно ограничиться случаем иррационального числа α.

Предполагая, что число α определяется сечением $A|A'$, мы определим число $-\alpha$ следующим образом. К нижнему классу $\bar{A}$ числа $-\alpha$ мы отнесем все рациональные числа $-a'$, где a' — любое число класса A', а к верхнему классу $\bar{A}'$ этого числа отнесем все числа $-a$, где a — любое число класса A. Нетрудно видеть, что построенное разбиение есть сечение и, действительно, определяет вещественное (в данном случае — иррациональное) число; это число обозначим $-\alpha$.

Установим теперь, что оно удовлетворяет указанному выше условию. Пользуясь самим определением числа $-\alpha$, видим, что сумма $\alpha+(-\alpha)$ есть вещественное число, заключенное между числами вида $a-a'$ и $a'-a$, где a и a' рациональны и $a<\alpha<a'$. Но, очевидно,

$$a-a'<0<a'-a,$$

так что и число 0 заключено между только что упомянутыми числами. Ввиду единственности числа, обладающего этим свойством, имеем

$$\alpha+(-\alpha)=0,$$

что и требовалось доказать.

Добавим к этому, что число, симметричное данному числу, единственно и обладает свойствами

$$-(-\alpha)=\alpha,\qquad -(\alpha+\beta)=(-\alpha)+(-\beta).$$

С помощью понятия симметричного числа исчерпывается вопрос о вычитании вещественных чисел, как о действии, обратном сложению. Назовем разностью α и β (и будем обозначать через $\alpha-\beta$) число γ, удовлетворяющее условию

$$\gamma+\beta=\alpha\quad (\text{или } \beta+\gamma=\alpha).$$

Опираясь на свойства сложения, легко показать, что таким числом будет $\gamma=\alpha+(-\beta)$; действительно,

$$\gamma+\beta=[\alpha+(-\beta)]+\beta=\alpha+[(-\beta)+\beta]=\alpha+[\beta+(-\beta)]=\alpha+0=\alpha.$$

Так же устанавливается и единственность разности.

Свойство 4) из n°7 позволяет теперь сделать полезное замечание о равносильности неравенств

$$\alpha > \beta \quad \text{и} \quad \alpha - \beta > 0,$$

а это дает возможность установить, что $\alpha > \beta$ влечет за собой $-\alpha < -\beta$.

Наконец, с понятием симметричного числа связано и понятие абсолютной величины числа. Из самого построения симметричного числа явствует, что при $\alpha > 0$ необходимо будет $-\alpha < 0$, а из $\alpha < 0$ следует $-\alpha > 0$. Иными словами, если только $\alpha \neq 0$, то из двух чисел α и $-\alpha$ одно (и только одно) будет больше нуля; его именно и называют абсолютной величиной как числа α, так и числа $-\alpha$, и обозначают символом

$$|\alpha| = |-\alpha|.$$

Абсолютную величину числа нуль полагают равной нулю: $|0| = 0$.

Сделаем в интересах дальнейшего еще два замечания об абсолютных величинах.

Прежде всего, установим, что неравенство $|\alpha| < \beta$ (где, конечно, $\beta > 0$) равносильно двойному неравенству: $-\beta < \alpha < \beta$.

Действительно, из $|\alpha| < \beta$ следует, что одновременно $\alpha < \beta$ и $-\alpha < \beta$, т. е. $\alpha > -\beta$. Обратно, если дано, что $\alpha < \beta$ и $\alpha > -\beta$, то имеем одновременно: $\alpha < \beta$ и $-\alpha < \beta$; но одно из этих чисел α, $-\alpha$ и есть $|\alpha|$, так ч наверное $|\alpha| < \beta$.

Аналогично оказываются равносильными и неравенства

$$|\alpha| \leqslant \beta \quad \text{и} \quad -\beta \leqslant \alpha \leqslant \beta.$$

Докажем, далее, полезное неравенство

$$|\alpha + \beta| \leqslant |\alpha| + |\beta|.$$

Складывая почленно очевидные неравенства

$$-|\alpha| \leqslant \alpha \leqslant |\alpha| \quad \text{и} \quad -|\beta| \leqslant \beta \leqslant |\beta|,$$

получим

$$-(|\alpha| + |\beta|) \leqslant \alpha + \beta \leqslant |\alpha| + |\beta|,$$

откуда, в силу сделанного выше замечания, и вытекает требуемое неравенство.

Доказанное неравенство с помощью математической индукции распространяется на случай любого числа слагаемых. Кроме того, из него легко получается

$$|\alpha + \beta| \geqslant |\alpha| - |\beta|,$$

а также

$$|\alpha| - |\beta| \leqslant |\alpha - \beta| \leqslant |\alpha| + |\beta|.$$

Так как одновременно и

$$|\beta| - |\alpha| \leqslant |\alpha - \beta|,$$

то, очевидно,

$$\big||\alpha| - |\beta|\big| \leqslant |\alpha - \beta|.$$

Все эти неравенства не раз будут полезны впоследствии.

9. Определение и свойства произведения вещественных чисел. Перейдем к умножению вещественных чисел, ограничиваясь сначала положительными числами. Пусть даны два таких числа α и β. Мы здесь также станем рассматривать всевозможные рациональные числа, удовлетворяющие неравенствам (1), но и эти числа предположим положительными.

Произведением $\alpha\beta$ *двух положительных вещественных чисел* α *и* β *назовем такое вещественное число* γ, *которое содержится между всеми произведениями вида* ab, *с одной стороны, и всеми произведениями вида* $a'b'$ — *с другой*:

$$ab < \gamma < a'b'. \tag{3}$$

Для доказательства существования такого числа γ возьмем множество всевозможных произведений ab; оно ограничено сверху любым из произведений вида $a'b'$. Если положить

$$\gamma = \sup \{ab\},$$

то, конечно, $ab \leqslant \gamma$, но одновременно и $\gamma \leqslant a'b'$.

Возможность увеличить числа a, b и уменьшить числа a', b' (как и в случае суммы) позволяет исключить здесь знак равенства, так что число γ удовлетворяет определению произведения.

Единственность произведения вытекает из следующих соображений. Подберем рациональные числа a, a' и b, b' так, чтобы было (см. п° 4, замечание)

$$a' - a < e \quad \text{и} \quad b' - b < e,$$

где e — произвольно малое рациональное положительное число. При этом можно считать, что числа a и b положительны, а числа a' и b' не превосходят соответственно некоторых наперед фиксированных чисел a'_0 и b'_0. Тогда разность

$$a'b' - ab = a'(b' - b) + b(a' - a) < (a'_0 + b'_0)\, e,$$

т. е. также может быть сделана сколь угодно малой *), а этого, по лемме 2, достаточно для утверждения, что неравенствам (3) может удовлетворять только одно число γ.

Если положительные числа α и β оба рациональны, то их обычное произведение $\alpha\beta$ удовлетворяет, очевидно, неравенствам (3), т. е. получается таким же и по общему определению произведения двух вещественных чисел — противоречия нет.

Наконец, для того чтобы определить произведение произвольной пары вещественных чисел (не обязательно положительных), заключим следующие соглашения.

Прежде всего условимся, что

$$\alpha \cdot 0 = 0 \cdot \alpha = 0$$

каково бы ни было α.

Если же оба множителя отличны от нуля, то положим в основу обычное «правило знаков»:

$$\alpha \cdot \beta = |\alpha| \cdot |\beta|, \text{ если } \alpha \text{ и } \beta \text{ одного знака,}$$
$$\alpha \cdot \beta = -(|\alpha| \cdot |\beta|), \text{ если } \alpha \text{ и } \beta \text{ разных знаков}$$

(что означает произведение положительных чисел $|\alpha|$ и $|\beta|$ — мы уже знаем).

---

*) Заметим, что $(a'_0 + b'_0)\, e$ становится меньшим любого числа $e' > 0$, если взять $e < \dfrac{e'}{a'_0 + b'_0}$.

Как и в случае рациональных чисел, для любых вещественных чисел сохраняются свойства

$$1)\ \alpha\cdot\beta=\beta\cdot\alpha,\quad 2)\ (\alpha\cdot\beta)\cdot\gamma=\alpha\cdot(\beta\cdot\gamma),\quad 3)\ \alpha\cdot 1=\alpha,$$

$$4)\ (\alpha+\beta)\cdot\gamma=\alpha\cdot\gamma+\beta\cdot\gamma,$$

а также

5) *из* $\alpha>\beta$ *и* $\gamma>0$ *следует* $\alpha\cdot\gamma>\beta\cdot\gamma$.

С помощью последнего свойства оправдывается почленное умножение двух неравенств с положительными членами.

Если определить частное $\frac{\alpha}{\beta}$ чисел α и β как такое число γ, которое удовлетворяет условию

$$\gamma\cdot\beta=\alpha\quad(\text{или } \beta\cdot\gamma=\alpha),$$

то можно установить существование и единственность частного, *лишь бы только делитель* β *был отличен от нуля.*

Заканчивая этим обзор арифметических действий над вещественными числами, мы еще раз подчеркнем, что все основные свойства рациональных чисел, на которых строится элементарная алгебра, имеют место и для вещественных чисел. Следовательно, *для вещественных чисел сохраняют силу все правила алгебры, относящиеся к арифметическим действиям и к сочетанию равенств и неравенств.*

§ 3. ДАЛЬНЕЙШИЕ СВОЙСТВА И ПРИЛОЖЕНИЯ ВЕЩЕСТВЕННЫХ ЧИСЕЛ

10. Существование корня. Степень с рациональным показателем. Определение умножения (и деления) вещественных чисел непосредственно приводит, как и обычно, к определению степени с целым положительным (и отрицательным) показателем. Переходя к степени с вообще рациональным показателем, остановимся прежде всего на вопросе о существовании корня.

Как мы помним, отсутствие в области рациональных чисел простейших корней послужило одним из поводов к расширению этой области; проверим же, в какой мере произведенное расширение заполнило старые пробелы (не создав при этом новых).

Пусть α — любое вещественное число, n — натуральное число.

Как известно, корнем n-й степени из числа α называют такое вещественное число ξ, что

$$\xi^n=\alpha.$$

Мы ограничимся случаем, когда α положительно, и будем искать положительное же ξ, удовлетворяющее этому соотношению, т. е. так называемое арифметическое значение корня. Мы докажем, что такое число ξ всегда существует, и притом только одно.

Последнее утверждение относительно единственности числа ξ, впрочем, сразу следует из того, что разным положительным числам соответствуют и разные степени их: если $0<\xi<\xi'$, то $\xi^n<\xi'^n$.

Если существует такое положительное рациональное число r, n-я степень которого равна α, то оно и будет искомым числом ξ. Поэтому впредь достаточно ограничиться предположением, что такого рационального числа нет.

Построим теперь сечение $X|X'$ в области всех рациональных чисел следующим образом. К классу X отнесем все отрицательные рациональные числа и нуль, а также те из положительных рациональных чисел x, для которых

$x^n < \alpha$. К классу X' отнесем положительные рациональные числа x', для которых $x'^n > \alpha$.

Легко видеть, что классы эти не пустые и что X содержит и положительные числа. Если взять, например, натуральное число m так, чтобы было $\frac{1}{m} < \alpha < m$, то и подавно $\frac{1}{m^n} < \alpha < m^n$, так что число $\frac{1}{m}$ входит в X, а число m — в X'.

Прочие требования, предъявляемые к сечению, проверяются непосредственно.

Пусть теперь ξ будет число, определяемое сечением $X|X'$; докажем, что $\xi^n = \alpha$, т. е. что $\xi = \sqrt[n]{\alpha}$.

Рассматривая ξ^n как произведение n сомножителей, равных ξ, на основании определения произведения положительных вещественных чисел заключаем, что, если x и x' суть рациональные числа, для которых

$$0 < x < \xi < x',$$

то

$$x^n < \xi^n < x'^n.$$

Так как, очевидно, x принадлежит классу X, а x' — классу X', то, по определению этих классов, одновременно и

$$x^n < \alpha < x'^n.$$

Но разность $x' - x$ может быть сделана меньшей любого числа $e > 0$ (n° **4**, замечание), причем ничто не мешает считать x' меньшим некоторого наперед фиксированного числа x'_0. В таком случае разность

$$x'^n - x^n = (x' - x)(x'^{n-1} + x \cdot x'^{n-2} + \ldots + x^{n-1}) < e \cdot n x_0'^{n-1},$$

т. е. также может быть сделана сколь угодно малой *). Отсюда, по лемме 2, и следует равенство чисел ξ^n и α.

После того как доказано существование корня, обычным путем устанавливается понятие степени с любым *рациональным* показателем r и проверяется, что для таких степеней справедливы обычные правила, выводимые в курсе элементарной алгебры:

$$\alpha^r \cdot \alpha^{r'} = \alpha^{r+r'}, \qquad \alpha^r : \alpha^{r'} = \alpha^{r-r'},$$
$$(\alpha^r)^{r'} = \alpha^{r \cdot r'}, \qquad (\alpha\beta)^r = \alpha^r \cdot \beta^r,$$
$$\left(\frac{\alpha}{\beta}\right)^r = \frac{\alpha^r}{\beta^r} \text{ и др.}$$

Подчеркнем еще, что при $\alpha > 1$ степень α^r *возрастает* с возрастанием рационального показателя r.

11. Степень с любым вещественным показателем. Обратимся к определению *степени любого вещественного* (*положительного*) *числа* α *с любым вещественным показателем* β.

Введем в рассмотрение степени числа α

$$\alpha^b \text{ и } \alpha^{b'}$$

с рациональными показателями b и b', удовлетворяющими неравенствам

$$b < \beta < b'.$$

---

*) Заметим, что число $e \cdot n x_0'^{n-1}$ становится меньшим любого числа $e' > 0$, если взять $e < \frac{e'}{n x_0'^{n-1}}$.

Степенью числа $\alpha > 1$ *) *с показателем* β *называют (и обозначают символом* α^β*) вещественное число* γ, *содержащееся между степенями* α^b *и* $\alpha^{b'}$:

$$\alpha^b < \gamma < \alpha^{b'}. \qquad (1)$$

Легко убедиться в том, что такое число всегда существует. Действительно, множество степеней $\{\alpha^b\}$ ограничено сверху, например, любой степенью $\alpha^{b'}$. Возьмем тогда [6]

$$\gamma = \sup_{b<\beta} \{\alpha^b\}.$$

Для этого числа будем иметь

$$\alpha^b \leqslant \gamma \leqslant \alpha^{b'}.$$

На деле же знак равенства здесь не нужен, ввиду возможности увеличить b и уменьшить b', так что построенное число γ удовлетворяет условиям (1).

Обратимся теперь к доказательству единственности числа, определяемого этими условиями.

Для этого, прежде всего, заметим, что лемма 2 n° 3 сохраняет свою силу и в том случае, если опустить требование, чтобы числа s, s' и e были непременно рациональными; доказательство остается то же.

Затем установим одно весьма простое, но часто полезное неравенство: если n — натуральное число, большее единицы, и $\gamma > 1$, то

$$\gamma^n > 1 + n(\gamma - 1). \qquad (2)$$

Действительно, положив $\gamma = 1 + \lambda$, где $\lambda > 0$, по формуле бинома Ньютона будем иметь

$$(1+\lambda)^n = 1 + n\lambda + \ldots;$$

так как ненаписанные члены положительны, то

$$(1+\lambda)^n > 1 + n\lambda,$$

что равносильно неравенству (2).

Положив в этом неравенстве $\gamma = \alpha^{\frac{1}{n}}$ $(\alpha > 1)$, получим неравенство

$$\alpha^{\frac{1}{n}} - 1 < \frac{\alpha - 1}{n}, \qquad (3)$$

которым мы сейчас и воспользуемся.

Мы знаем (n° 4, замечание), что числа b и b' можно выбрать так, чтобы разность $b' - b$ была меньше $\frac{1}{n}$ при любом наперед заданном натуральном n; тогда, по неравенству (3),

$$\alpha^{b'} - \alpha^b = \alpha^b(\alpha^{b'-b} - 1) < \alpha^b(\alpha^{\frac{1}{n}} - 1) < \alpha^b \cdot \frac{\alpha - 1}{n};$$

окончательно, если через b'_0 обозначить какое-либо из чисел b',

$$\alpha^{b'} - \alpha^b < \alpha^{b'_0} \cdot \frac{\alpha - 1}{n}.$$

---

*) Этим случаем можно ограничиться: при $\alpha < 1$ полагаем, например, $\alpha^\beta = \left(\frac{1}{\alpha}\right)^{-\beta}$.

Последнее выражение за счет n может быть сделано меньшим произвольно малого положительного числа ε: для этого достаточно взять

$$n > \frac{\alpha^{b'_0}(\alpha-1)}{\varepsilon}.$$

В таком случае, по обобщенной выше лемме 2, между границами α^b и $\alpha^{b'}$ не может быть двух различных чисел γ.

Если β рационально, то данное выше определение возвращает нас к обычному пониманию символа α^β.

Легко проверить, что для степени с любым вещественным показателем выполняются все обычные для степени правила, а также, что при $\alpha > 1$ степень α^β возрастает с возрастанием вещественного показателя β.

12. Логарифмы. Пользуясь данным определением степени с любым вещественным показателем, теперь легко установить существование логарифма для любого положительного вещественного числа γ при положительном основании α, отличном от единицы (мы будем, например, считать $\alpha > 1$).

Если существует такое рациональное число r, что

$$\alpha^r = \gamma,$$

то r и есть искомый логарифм. Предположим же, что такого рационального числа r нет.

Тогда можно произвести сечение $B \mid B'$ в области всех рациональных чисел по следующему правилу. К классу B отнесем рациональные числа b, для которых $\alpha^b < \gamma$, а к классу B' — рациональные числа b', для которых $\alpha^{b'} > \gamma$.

Покажем, что классы B и B' — не пустые. В силу неравенства (2)

$$\alpha^n > 1 + n(\alpha-1) > n(\alpha-1),$$

и достаточно взять

$$n > \frac{\gamma}{\alpha-1},$$

чтобы было $\alpha^n > \gamma$; такое натуральное число n относится к классу B'. В то же время имеем:

$$\alpha^{-n} = \frac{1}{\alpha^n} < \frac{1}{n(\alpha-1)},$$

и достаточно взять

$$n > \frac{1}{\gamma(\alpha-1)},$$

чтобы было $\alpha^{-n} < \gamma$ и число $-n$ попало в класс B.

Остальные требования, предъявляемые к сечению, здесь также выполнены.

Построенное сечение $B|B'$ определяет вещественное число β, которое является «пограничным» между числами обоих классов. По определению степени имеем

$$\alpha^b < \alpha^\beta < \alpha^{b'} \quad (b < \beta < b'),$$

причем α^β есть единственное число, удовлетворяющее всем подобным неравенствам. Но для числа γ имеем (по самому построению сечения)

$$\alpha^b < \gamma < \alpha^{b'}.$$

Следовательно,

$$\alpha^\beta = \gamma \text{ и } \beta = \log_\alpha \gamma;$$

существование логарифма доказано.

13. Измерение отрезков. Невозможность снабдить, оставаясь в множестве рациональных чисел, все отрезки длинами также была важнейшим поводом к введению иррациональных чисел. Покажем теперь, что произведенного расширения понятия числа достаточно для решения задачи измерения отрезков.

Прежде всего сформулируем самую задачу.

Требуется с каждым прямолинейным отрезком A связать некоторое положительное вещественное число $l(A)$, которое будем называть «длиной отрезка A», так, чтобы

1) *некоторый наперед выбранный отрезок E («эталон длины») имел длину единица: $l(E)=1$;*

2) *равные отрезки имели одну и ту же длину;*

3) *при сложении отрезков длина суммы всегда была равна сумме длин складываемых отрезков:*

$$l(A+B)=l(A)+l(B)$$

(«свойство аддитивности»).

Поставленные условия приводят к однозначному решению задачи.

Из 2) и 3) следует, что q-я часть эталона должна иметь длину $\frac{1}{q}$; если же эта часть повторена слагаемым p раз, то полученный отрезок, в силу 3), должен иметь длину $\frac{p}{q}$. Таким образом, если отрезок A соизмерим с эталоном длины и общая мера отрезков A и E укладывается в них соответственно p и q раз, то необходимо

$$l(A)=\frac{p}{q}.$$

Легко видеть, что это число не зависит от взятой общей меры и что, если отрезкам, соизмеримым с эталоном, приписать рациональные длины по этому правилу, то (для этих отрезков) задача измерения будет полностью решена.

Обращаясь к общему случаю, заметим, что если отрезок A больше отрезка B, так что $A=B+C$, где C есть также некоторый отрезок, то, в силу 3), должно быть

$$l(A)=l(B)+l(C),$$

и так как $l(C)>0$, то $l(A)>l(B)$. Итак, неравные отрезки должны иметь неравные длины, а именно, больший отрезок — бо́льшую длину.

Так как каждое положительное рациональное число $\frac{p}{q}$ является длиной некоторого отрезка, соизмеримого с эталоном длины E, то из сказанного, между прочим, ясно, что ни один отрезок, несоизмеримый с эталоном, не может иметь рациональную длину.

Пусть же Σ будет такой отрезок, несоизмеримый с E. Найдется бесчисленное множество отрезков S и S', соизмеримых с E и соответственно меньших или бо́льших Σ. Если положить $l(S)=s$, $l(S')=s'$, то искомая длина $l(\Sigma)$ должна удовлетворять неравенствам

$$s<l(\Sigma)<s' \text{ *)}.$$

Если распределить все рациональные числа на два класса S и S', отнеся к нижнему классу S числа s (и кроме них — все отрицательные числа и нуль),

*) Разумеется, и для длины отрезка Σ, соизмеримого с E, также выполняются эти неравенства.

а к верхнему классу S' — числа s', то получится сечение в множестве рациональных чисел. Так как в нижнем классе, очевидно, нет наибольшего числа, а в верхнем — наименьшего, то этим сечением определяется иррациональное число σ, которое и будет единственным вещественным числом, удовлетворяющим неравенствам $s < \sigma < s'$. Именно этому числу необходимо положить равной длину $l(\Sigma)$.

Предположим теперь, что всем отрезкам, как соизмеримым с E, так и несоизмеримым, приписаны длины в согласии с указанными правилами. Выполнение условий 1), 2) очевидно.

Рассмотрим два отрезка Р, Σ с длинами

$$\rho = l(P), \quad \sigma = l(\Sigma)$$

и их сумму $\mathrm{T} = \mathrm{P} + \Sigma$, длину которой обозначим через $\tau = l(\mathrm{T})$. Взяв любые положительные рациональные числа r, r', s, s' такие, что

$$r < \rho < r', \quad s < \sigma < s',$$

построим отрезки R, R', S, S', для которых именно эти числа соответственно служат длинами. Отрезок $R + S$ (длины $r + s$) будет меньше Т, а отрезок $R' + S'$ (длины $r' + s'$) — больше Т. Поэтому

$$r + s < \tau < r' + s'.$$

Но [7] единственным вещественным числом, содержащимся между числами вида $r + s$ *) и числами $r' + s'$, является сумма $\rho + \sigma$. Следовательно, $\tau = \rho + \sigma$, что и требовалось доказать.

Распространение «свойства аддитивности» на случай любого конечного числа слагаемых производится по методу математической индукции.

Если на оси (направленной прямой) (рис. 1) выбрать начальную точку O и эталон длины E, то *каждой точке X этой прямой отвечает*

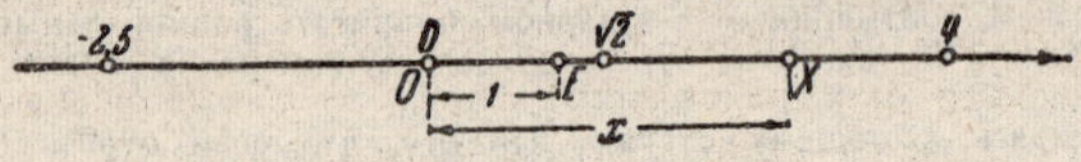

Рис. 1.

некоторое вещественное число — ее **абсцисса** x, равная длине отрезка OX, если X лежит в положительном направлении от O, или этой длине со знаком минус — в противном случае.

Естественно встает вопрос, будет ли верно и обратное: *каждое ли вещественное число x отвечает при этом некоторой точке прямой?* Вопрос этот в геометрии решается в утвердительном смысле, именно с помощью аксиомы о непрерывности прямой, устанавливающей для прямой, как множества точек, свойство, аналогичное свойству непрерывности множества вещественных чисел [n° 5].

Таким образом, между всеми вещественными числами и точками направленной прямой (оси) можно установить взаимно однозначное соответствие. Вещественные числа можно изображать точками на оси, которую в связи с этим называют числовой осью. Подобным изображением мы впредь постоянно будем пользоваться.

---

*) Ограничение **положительными** числами r и s, конечно, несущественно.

ГЛАВА ВТОРАЯ

ФУНКЦИИ ОДНОЙ ПЕРЕМЕННОЙ

§ 1. ПОНЯТИЕ ФУНКЦИИ

14. Переменная величина. При исследовании явлений природы и в своей практической деятельности человек сталкивается с множеством различных физических величин; сюда относятся время, длина, объем, скорость, масса, сила, и т. п. Каждая из них, в зависимости от условий вопроса, в котором она рассматривается, принимает либо различные значения, либо лишь одно. В первом случае мы имеем дело с переменной величиной, а во втором — с постоянной.

Если выбрать определенную единицу измерения (как мы это делали, например, в n° 13, говоря о длине), каждое значение величины можно выразить числом. Математика обычно отвлекается от физического смысла рассматриваемых величин, интересуясь лишь именно их численными значениями. Вот что говорит об этом закономерном процессе отвлечения Ф. Энгельс *). Констатируя, что «математика имеет своим объектом пространственные формы и количественные отношения действительного мира», Энгельс продолжает далее:

«Но чтобы быть в состоянии исследовать эти формы и отношения в чистом виде, необходимо совершенно отделить их от их содержания, оставить это последнее в стороне как нечто безразличное; таким путем мы получаем точки, лишенные измерений, линии, лишенные толщины и ширины, разные a и b, x и y, постоянные и переменные величины...»

Введение в математику переменной величины — его обычно связывают с именем Декарта — было событием огромной важности. Математика получила возможность не только устанавливать количественные соотношения между постоянными величинами, но и изучать протекающие в природе процессы, в которых участвуют и переменные величины. Ф. Энгельс **) подчеркивает это в следующих словах:

«Поворотным пунктом в математике была декартова *переменная величина.* Благодаря этому в математику вошли *движение* и

---

*) Ф. Энгельс, «Анти-Дюринг», изд. 1952 г., стр. 37.

**) Ф. Энгельс, «Диалектика природы», изд. 1952 г., стр. 206.

диалектика и благодаря этому же стало ***немедленно необходимым дифференциальное и интегральное исчисление...***»

15. Область изменения переменной величины. В математическом анализе — если только речь не идет об его приложениях — под *переменной величиной* (или короче — *переменной*) разумеется отвлеченная или числовая переменная. Ее обозначают каким-либо символом (буквой, например x), которому приписываются числовые значения. Переменная x считается заданной, если указано множество $\mathcal{X} = \{x\}$ значений, которые она может принимать. Это множество и называется *областью изменения* переменной x. Вообще, областью изменения переменной может служить любое числовое множество.

Постоянную величину (короче — *постоянную*) удобно рассматривать как частный случай переменной: он отвечает предположению, что множество $\mathcal{X} = \{x\}$ состоит из одного элемента.

Мы видели в n° 13, что числа геометрически истолковываются как точки на оси. Область $\mathcal{X}$ изменения переменной x на этой оси изображается в виде некоторого множества точек. В связи с этим обычно сами числовые значения переменной называют точками.

Часто приходится иметь дело с переменной n, принимающей всевозможные натуральные значения

$$1,\ 2,\ 3,\ \ldots,\ 100,\ 101,\ \ldots;$$

область изменения этой переменной, т. е. множество $\{n\}$ всех натуральных чисел, мы будем всегда обозначать через $\mathcal{N}$.

Однако обычно в анализе изучаются переменные, изменяющиеся, как говорят, непрерывным или сплошным образом: их прообразом являются физические величины — время, путь, проходимый движущейся точкой, и т. п. Областью изменения подобной переменной служит числовой промежуток. Чаще всего это будет конечный промежуток, ограниченный двумя вещественными числами a и b $(a < b)$ — его концами, которые сами могут быть включены в его состав или нет. В зависимости от этого мы будем различать

замкнутый промежуток $[a, b]$: $a \leqslant x \leqslant b$ (оба конца включены);

полуоткрытые промежутки $\begin{cases} (a, b]: a < x \leqslant b \\ [a, b): a \leqslant x < b \end{cases}$ (лишь один конец включен);

открытый промежуток (a, b): $a < x < b$ (ни один конец не включен).

Длиной промежутка во всех случаях называется число $b - a$. Геометрическим аналогом числового промежутка является, как легко понять, отрезок числовой оси, причем — в зависимости от типа промежутка — и к отрезку концы его приключаются или нет.

Приходится рассматривать и бесконечные промежутки, у которых одним из концов или обоими служат «несобственные» числа $-\infty$,

$+\infty$. Обозначения их аналогичны приведенным выше. Например, $(-\infty, +\infty)$ есть множество всех вещественных чисел; $(a, +\infty)$ означает множество чисел x, удовлетворяющих неравенству $x > a$; промежуток $(-\infty, b]$ определяется неравенством $x \leqslant b$. Геометрически бесконечные промежутки изображаются в виде бесконечной в обе стороны прямой или луча.

16. Функциональная зависимость между переменными. Примеры. Предметом изучения в математическом анализе является, однако, не изменение одной переменной самой по себе, а *зависимость* между двумя или несколькими переменными при их *совместном изменении*. Здесь мы ограничимся простейшим случаем двух переменных.

В различных областях науки и жизни — в самой математике, в физике, в технике — читатель не раз встречал такие *совместно изменяющиеся* переменные. Они не могут одновременно принимать любые значения (из своих областей изменения): если одной из них (*независимой переменной*) придано конкретное значение, то этим уже определяется и значение другой (*зависимой переменной, или функции*). Приведем несколько *примеров*.

1) Площадь Q круга есть функция от его радиуса R; ее значение может быть вычислено по заданному значению радиуса с помощью известной формулы

$$Q = \pi R^2.$$

2) В случае свободного падения тяжелой материальной точки — при отсутствии сопротивления — время t (*сек*), отсчитываемое от начала движения, и пройденный за это время путь s (*м*) связаны уравнением

$$s = \frac{gt^2}{2},$$

где $g = 9{,}81$ *м/сек*^{2} есть ускорение силы тяжести. Отсюда и определяется значение s, соответствующее взятому моменту t: путь s является функцией от протекшего времени t.

3) Рассмотрим некоторую массу (идеального) газа, содержащуюся под поршнем цилиндра. В предположении, что температура сохраняется неизменной, объем V (*л*) и давление p (*атм*) этой массы газа подчиняются закону Бойля — Мариотта:

$$pV = c = \text{const}.$$

Если произвольно изменять V, то p как функция от V будет всякий раз однозначно определяться по формуле

$$p = \frac{c}{V}.$$

Заметим тут же, что самый выбор независимой переменной из числа двух рассматриваемых иногда бывает безразличен или связан с соображениями простого удобства. В большинстве же случаев он диктуется целенаправленностью производимого исследования. Так, в последнем примере мы могли бы быть заинтересованы в зависимости объема V от переменного внешнего давления p на поршень (передающегося газу); тогда ее естественно было бы написать в виде

$$V=\frac{c}{p},$$

считая p независимой переменной, а V — функцией от p.

Функциональная зависимость в иных случаях характеризует процесс, реально протекающий во времени, — особенно, если, как в примере 2), само время является независимой переменной. Однако было бы ошибкой думать, что всегда изменение переменных связано с течением времени. В примере 1), изучая зависимость площади круга от его радиуса, мы не имели перед собой никакого временнóго процесса.

17. Определение понятия функции. Отвлечемся теперь, как обычно, от физического смысла рассматриваемых величин и дадим точное общее определение понятия функции — одного из основных понятий математического анализа.

Пусть даны две переменные x и y с областями изменения $\mathscr{X}$ и $\mathscr{Y}$. Предположим, что по условиям вопроса переменной x может быть приписано произвольное значение из области $\mathscr{X}$ без каких-либо ограничений. Тогда *переменная y называется функцией от переменной x в области ее изменения $\mathscr{X}$, если по некоторому правилу или закону каждому значению x из $\mathscr{X}$ ставится в соответствие одно определенное значение y (из $\mathscr{Y}$).*

Независимая переменная x называется также *аргументом* функции.

В этом определении существенны два момента: во-первых, указание области $\mathscr{X}$ изменения аргумента x (ее называют также *областью определения* функции) и, во-вторых, установление правила или закона соответствия между значениями x и y. (Область $\mathscr{Y}$ изменения функции y обычно не указывается, поскольку самый закон соответствия уже определяет множество принимаемых функцией значений.)

Можно в определении понятия функции стать на более общую точку зрения, допуская, чтобы каждому значению x из $\mathscr{X}$ отвечало не одно, а несколько значений y (и даже бесконечное множество их). В подобных случаях функцию называют многозначной, в отличие от однозначной функции, определенной выше. Впрочем, в курсе анализа, стоящем на точке зрения вещественной переменной, избегают многозначных функций, и впредь, говоря о функции, если не оговорено противное, мы будем разуметь однозначную функцию.

Для указания того факта, что y есть функция от x, пишут:

$$y=f(x),\quad y=\varphi(x),\quad y=F(x) \text{ и т. п.*)}$$

*) Произносится эта запись следующим образом: «игрек равно эф от икс», «игрек равно фи от икс» и т. д.

Буквы f, φ, F, ... характеризуют именно то правило, по которому получается значение y, отвечающее заданному x. Поэтому, если одновременно рассматриваются различные функции от одного и того же аргумента x, связанные с различными законами соответствия, их не следует обозначать одной и той же буквой.

Хотя именно буква «эф» (в различных алфавитах) связана со словом «функция», но для обозначения функциональной зависимости, разумеется, может применяться и любая другая буква; иногда даже повторяют ту же букву y: $y=y(x)$. В некоторых случаях пишут аргумент и в виде значка при функции, например y_x.

Если, рассматривая функцию, скажем, $y=f(x)$, мы хотим отметить ее частное значение, которое отвечает выбранному частному значению x, равному x_0, то для обозначения его употребляют символ $f(x_0)$. Например, если

$$f(x)=\frac{1}{1+x^2}, \quad g(t)=\frac{10}{t}, \quad h(u)=\sqrt{1-u^2},$$

то $f(1)$ означает численное значение функции $f(x)$ при $x=1$, т. е. попросту число $\frac{1}{2}$, аналогично, $g(5)$ означает число 2, $h\left(\frac{3}{5}\right)$ — число $\frac{4}{5}$ и т. п.

Обратимся теперь к самому правилу, или закону соответствия между значениями переменных, которое составляет сущность понятия функциональной зависимости. Правило это может быть весьма разнообразной природы, поскольку оно ничем не было ограничено.

Наиболее просто и естественно осуществление этого правила с помощью формулы, которая представляет функцию в виде аналитического выражения, указывающего те аналитические операции или действия над постоянными числами и над значением x, которые надо произвести, чтобы получить соответствующее значение y. Этот аналитический способ задания функции является наиболее важным для математического анализа (мы еще вернемся к нему в следующем номере). С ним читатель всего лучше знаком из школьного курса математики; наконец, именно аналитическим способом мы пользовались в приведенных в n°16 примерах.

Однако было бы ошибочным думать, что это — единственный способ, которым может быть задана функция. В самой математике нередки случаи, когда функция определяется без помощи формулы. Такова, например, функция $E(x)$ — «целая часть числа x» *). Легко сообразить, что

$$E(1)=1, \quad E(2{,}5)=2, \quad E(\sqrt{13})=3, \quad E(-\pi)=-4 \text{ и т. д.,}$$

хотя никакой формулы, выражающей $E(x)$, у нас нет.

*) Или точнее — наибольшее целое число, не превосходящее x (E есть начальная буква от французского слова entier, обозначающего «целый»).

В естественных науках и в технике зависимость между величинами часто устанавливается экспериментально или путем наблюдений. Например, если подвергнуть воду произвольно выбранному давлению p (*атм*), то на опыте можно определить соответствующую ему температуру θ° C кипения воды: θ есть функция от p. Однако эта функциональная зависимость задается не какой-либо формулой, а лишь таблицей, где просто сопоставлены полученные из опыта данные. Примеры табличного способа задания функции легко найти в любом техническом справочнике. Неудобство его заключается в том, что он дает значения функции лишь для некоторых значений аргумента.

Наконец, упомянем еще, что в некоторых случаях — при помощи самопишущих приборов — функциональная зависимость между физическими величинами задается непосредственно графиком. Например, «индикаторная диаграмма», снимаемая при помощи индикатора, дает зависимость между объемом V и давлением p пара в цилиндре работающей паровой машины; «барограмма», доставляемая барографом, представляет суточный ход атмосферного давления и т. п. Разумеется, такой способ задания позволяет определять значения функции лишь приближенно.

Мы не входим в подробности относительно табличного и графического способов задания функциональной зависимости, так как ими в математическом анализе не приходится пользоваться.

18. Аналитический способ задания функции. Сделаем ряд разъяснительных замечаний в связи со способом задания функции аналитическим выражением или формулой, который играет в математическом анализе исключительно важную роль.

1°. Прежде всего, какие аналитические операции или действия могут входить в эти формулы? На первом месте здесь разумеются все изученные в элементарной алгебре и тригонометрии операции: арифметические действия, возвышение в степень (и извлечение корня), логарифмирование, переход от углов к их тригонометрическим величинам и обратно (см. ниже § 2). Однако, и это важно подчеркнуть, к их числу по мере развития наших сведений по анализу будут присоединяться и другие операции, в первую голову — предельный переход, которому посвящена глава III.

Таким образом, полное содержание термина «аналитическое выражение» или «формула» будет раскрываться лишь постепенно.

2°. Второе замечание относится к области определения функции аналитическим выражением или формулой.

Каждое аналитическое выражение, содержащее аргумент x, имеет, так сказать, естественную область применения: это множество всех тех значений x, для которых оно сохраняет смысл, т. е. имеет *вполне определенное, конечное, вещественное значение*. Разъясним это на простейших примерах.

Так, для выражения $\frac{1}{1+x^2}$ такой областью будет все множество вещественных чисел. Для выражения $\sqrt{1-x^2}$ эта область сведется к замкнутому промежутку $[-1, 1]$, за пределами которого значение его перестает быть вещественным. Напротив, выражению $\frac{1}{\sqrt{1-x^2}}$ придется в качестве естественной области применения отнести открытый промежуток $(-1, 1)$, ибо на концах его знаменатель обращается в нуль. Иногда область значений, для которых выражение сохраняет смысл, состоит из разрозненных промежутков: для $\sqrt{x^2-1}$ это будут промежутки $(-\infty, -1]$ и $[1, +\infty)$, для $\frac{1}{x^2-1}$ — промежутки $(-\infty, -1)$, $(-1, 1)$ и $(1, +\infty)$ и т. д.*).

В последующем изложении нам придется рассматривать как более сложные, так и более общие аналитические выражения, и мы не раз будем заниматься исследованием свойств функций, задаваемых подобным выражением во всей области, где оно сохраняет смысл, т. е. изучением самого аналитического аппарата.

Однако возможно и другое положение вещей, на что мы считаем нужным заранее обратить внимание читателя. Представим себе, что какой-либо конкретный вопрос, в котором переменная x по существу дела ограничена областью изменения $\mathscr{X}$, привел к рассмотрению функции $f(x)$, допускающей аналитическое выражение. Хотя может случиться, что это выражение имеет смысл и вне области $\mathscr{X}$, выходить за ее пределы, разумеется, все же нельзя. Здесь аналитическое выражение играет подчиненную, вспомогательную роль.

Например, если, исследуя свободное падение тяжелой точки с высоты h над поверхностью Земли, мы прибегнем к формуле

$$s=\frac{gt^2}{2}$$

[16,2)], то нелепо было бы рассматривать отрицательные значения t или значения t, бóльшие, чем $T=\sqrt{\frac{2h}{g}}$, ибо, как легко видеть, при $t=T$ точка уже упадет на Землю. И это несмотря на то, что само выражение $\frac{gt^2}{2}$ сохраняет смысл для всех вещественных t.

3°. Может случиться, что функция определяется не одной и той же формулой для всех значений аргумента, но для одних — одной формулой, а для других — другой. Примером такой функции в

---

*) Для нас, разумеется, не представляют интереса такие выражения, которые ни при одном значении x вообще не имеют смысла.

промежутке $(-\infty, +\infty)$ может служить функция, определяемая следующими тремя формулами:

$$f(x)=1, \text{ если } |x|>1 \text{ (т. е. если } x>1 \text{ или } x<-1),$$
$$f(x)=-1, \text{ если } |x|<1 \text{ (т. е. если } -1<x<1)$$

и, наконец,

$$f(x)=0, \quad \text{если} \quad x=\pm 1.$$

Впрочем, не следует думать, что есть принципиальная разница между функцией, задаваемой одной формулой для всех значений x, и функцией, определение которой использует несколько формул. Обычно функция, задаваемая несколькими формулами (правда, ценой некоторого усложнения выражения), может быть задана и одной. В частности, это справедливо относительно приведенной выше функции [см. n°43,5)]. В последующем мы не раз будем встречать примеры того же рода.

19. График функции. Хотя в математическом анализе функции графически не задают, но к графической иллюстрации функции прибегают всегда. Легкая обозримость и наглядность графика делают его незаменимым вспомогательным средством исследования свойств функции.

Пусть в некотором промежутке $\mathscr{X}$ задана функция $y=f(x)$. Представим себе на плоскости две взаимно перпендикулярные оси координат — ось x и ось y. Рассмотрим пару соответствующих значений x и y, где x взято из промежутка $\mathscr{X}$, а $y=f(x)$; образом этой пары на плоскости служит точка $M(x, y)$ с абсциссой x и ординатой y. Совокупность всех таких точек, получающихся при изменении x в пределах своего промежутка, составляет график функции, который и является ее геометрическим образом. Обыкновенно график представляет собой кривую вроде кривой AB на рис. 2. В этих условиях само уравнение $y=f(x)$ называют уравнением кривой AB.

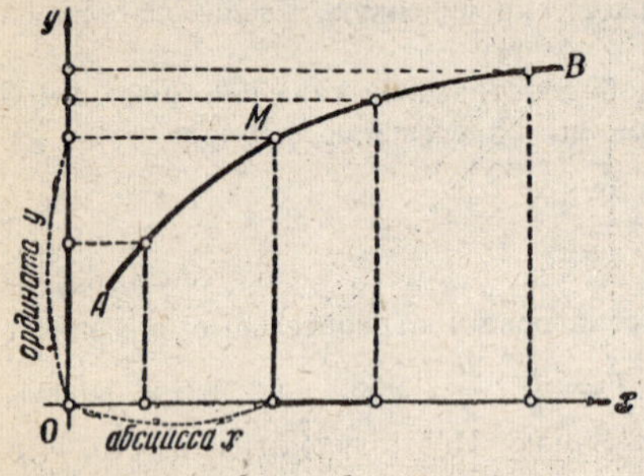

Рис. 2.

Например, на рис. 3 и 4 изображены графики функций

$$y=\pm\sqrt{1-x^2} \quad \text{и} \quad y=\pm\sqrt{x^2-1};$$
$$(|x|\leqslant 1) \qquad\qquad (|x|\geqslant 1)$$

читатель узнает в них окружность и равнобочную гиперболу. Много других примеров графического изображения функций читатель найдет в ближайших номерах.

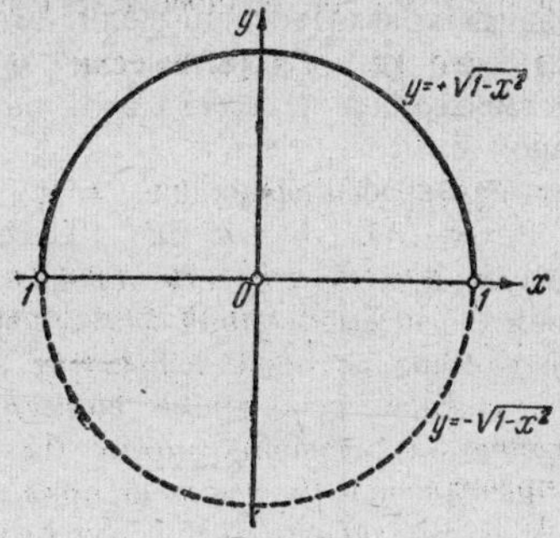

Рис. 3.

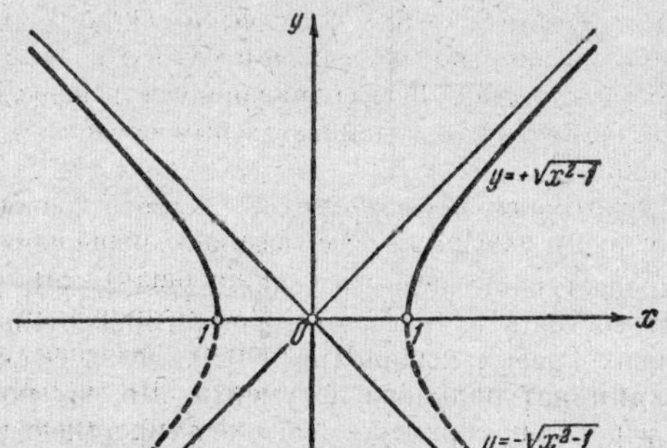

Рис. 4.

Строится график обычно по точкам. Берут в промежутке $\mathcal{X}$ ряд близких между собой значений x, вычисляют по формуле $y=f(x)$ соответствующие значения y:

$x=x_1$	x_2	...	x_n
$y=y_1$	y_2	...	y_n

и наносят на чертеж точки

$$(x_1, y_1), \quad (x_2, y_2), \ \ldots, \ (x_n, y_n).$$

Через эти точки от руки или с помощью лекала проводят кривую, которая (конечно, лишь с некоторым приближением) и дает искомый график. Чем плавнее ход графика и чем гуще взяты точки на нем, тем точнее начерченная кривая воспроизводит этот график.

Следует заметить, что хотя геометрический образ функции всегда можно себе «представить», но не всегда этот образ будет кривой в обычном, интуитивном смысле.

Построим, например, график функции $y = E(x)$. Так как в промежутках $\ldots$, $[-2, -1)$, $[-1, 0)$, $[0, 1)$, $[1, 2)$, $[2, 3)$, $\ldots$

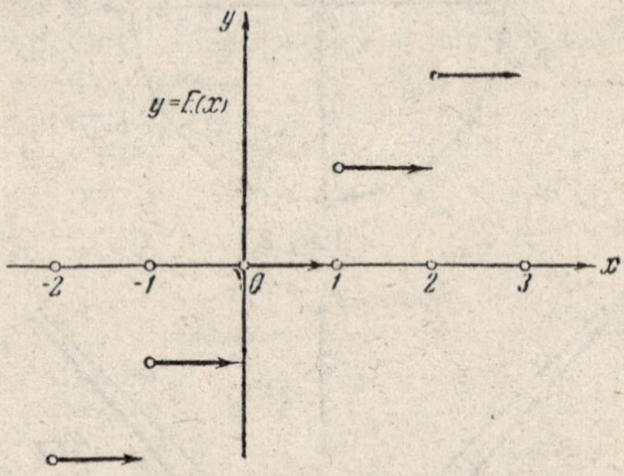

Рис. 5.

функция сохраняет постоянные значения $\ldots, -2, -1, 0, 1, 2, \ldots$, то график будет состоять из ряда отдельных горизонтальных отрезков, лишенных своих правых концов (рис. 5) *).

20. Функции натурального аргумента. До сих пор мы рассматривали исключительно примеры функций непрерывно изменяющегося аргумента, значения которого заполняли сплошной промежуток. Остановимся теперь на принципиально более простом (но не менее важном) случае функции $f(n)$ аргумента n, пробегающего лишь ряд $\mathcal{N}$ натуральных значений. Функции натурального аргумента будут играть в дальнейшем особую роль.

В обозначении такой функции часто отступают от обычного функционального обозначения и вместо $f(n)$ пишут какую-нибудь букву с указателем n внизу, например x_n. Если заменить этот указатель (который — напомним это — является здесь независимой переменной) конкретным натуральным числом, например 1, 23, 518 $\ldots$, то x_1, x_{23}, x_{518}, $\ldots$ будут соответствующими числовыми значениями функции x_n — наподобие того, как $f(1)$, $f(23)$, $f(518)$, $\ldots$ означали числовые значения функции $f(n)$.

---

*) Это обстоятельство символизируется стрелками, которые своими остриями указывают на точки, не принадлежащие графику.

В согласии с общим определением, *функция x_n считается заданной, если мы владеем правилом, по которому может быть вычислено* л ю б о е *ее значение, лишь только указано значение n.*

Обычный случай — это тот, когда функция x_n задается формулой, устанавливающей, какие аналитические операции надлежит произвести над переменным натуральным числом n (и над постоянными), чтобы получить соответствующее значение функции. Примеры:

$$x_n = \frac{n^2 - n + 2}{3n^2 + 2n - 4}, \quad a_n = q^n, \quad y_n = \log n \quad \text{и т. п.}$$

Но, разумеется, и в рассматриваемом здесь случае функция может быть задана любым другим правилом. В виде примера упомянем о «факториале числа n»:

$$n! = 1 \cdot 2 \cdot 3 \cdot \ldots \cdot n,$$

а также о функции $\tau(n)$, представляющей число делителей числа n, или о функции $\varphi(n)$, указывающей, сколько в ряду $1, 2, 3, \ldots, n$ имеется чисел, взаимно простых с n. Несмотря на своеобразный характер правил, которыми задаются эти функции, они позволяют вычислять значения функций с такой же определенностью, как и формулы:

$$\tau(10) = 4, \quad \tau(12) = 6, \quad \tau(16) = 5, \ldots$$
$$\varphi(10) = 4, \quad \varphi(12) = 4, \quad \varphi(16) = 8, \ldots$$

Еще пример: представим себе десятичные приближения (скажем, по недостатку) для $\sqrt{2}$ со все возрастающей точностью:

$$1{,}4; \quad 1{,}41; \quad 1{,}414; \quad 1{,}4142; \ldots$$

Зная правило для приближенного вычисления корней, мы вправе считать вполне определенной функцию, равную приближенному значению упомянутого корня с точностью до $\frac{1}{10^n}$, хотя общего выражения для этого приближения мы не имеем.

В школьном курсе математики читателю не раз приходилось встречаться с функциями натурального указателя. Если задана бесконечная геометрическая прогрессия

$$\div\!\!\div\, a, \; aq, \; aq^2, \; \ldots,$$

то функцией указателя n является и о б щ и й ч л е н этой прогрессии

$$a_n = aq^{n-1}$$

и сумма n членов прогрессии

$$s_n = \frac{a - aq^n}{1 - q} \qquad (q \neq 1).$$

В связи с определением длины окружности и площади круга, обычно рассматриваются правильные вписанные в окружность многоугольники, получаемые из вписанного шестиугольника последовательным удвоением числа сторон. Сторона такого многоугольника, его апофема, периметр и площадь — все являются функциями натурального указателя n, если за n принять попросту число повторений процесса удвоения.

21. Исторические замечания. Самый термин «функция» появился в одной работе Лейбница *) в 1692 г., а затем применялся братьями Якобом и Иоганном Бернулли **) для характеристики различных отрезков, так или иначе связанных с точками некоторой кривой. В 1718 г. Иоганн Бернулли впервые дает определение функции, свободное от геометрических представлений. Его ученик Эйлер ***) в своем учебнике «Введение в анализ бесконечно малых» (1748), по которому учились целые поколения математиков, воспроизводит определение Бернулли, несколько его уточняя:

«Функция переменного количества есть аналитическое выражение, составленное каким-либо образом из этого переменного количества и из чисел или постоянных количеств» ****).

Как видим, в этом определении функция попросту отождествляется с тем аналитическим выражением, которым она задается.

Наряду с «явными» функциями, Эйлер рассматривал и «неявные», определяемые неразрешенными уравнениями. В то же время — в связи с знаменитой задачей о колебании струны (о которой подробно будет рассказано во втором томе) — Эйлер считал возможным допустить в анализ не только «смешанные» функции, которые в разных частях промежутка задаются различными аналитическими выражениями [ср. n° 18, 3°], но даже функции, определяемые произвольно начерченными графиками. В предисловии к его «Дифференциальному исчислению» (1755 г.) мы находим еще более общую, хотя и менее определенную формулировку:

«Когда некоторые количества зависят от других таким образом, что при изменении последних и сами они подвергаются изменению, то первые называются функциями вторых» *****).

В течение ряда десятилетий существенного прогресса в определении понятия функции не было. Обычно приписывают Дирихле ******) заслугу выдвижения на первый план идеи соответствия, которая единственно и лежит в основе этого понятия.

---

*) Готфрид Вильгельм Лейбниц (1646—1716) — знаменитый немецкий философ и математик. Он разделяет с Ньютоном заслугу создания дифференциального и интегрального исчисления (см. исторический очерк в главе XIV).

**) Якоб Бернулли (1654—1705) и Иоганн Бернулли (1667—1748) принадлежали знаменитой в истории математики семье голландского происхождения; оба были сподвижниками Лейбница и много способствовали (особенно младший из них) распространению нового исчисления.

***) Леонард Эйлер (1707—1783) — выдающийся математик; швейцарец по происхождению, он большую часть своей сознательной жизни провел в России и состоял членом Петербургской Академии наук.

****) Имеется русский перевод тома I упомянутого сочинения (в оригинале написанного по-латыни), 1936 г.; см. стр. 30.

*****) См. русский перевод «Дифференциального исчисления», 1949 г., стр. 38.

******) Петер Густав Лежен-Дирихле (1805—1859) — выдающийся немецкий математик.

В 1837 г. он дал такое определение функции y от переменной x (в предположении, что последняя принимает все значения в некотором промежутке):

«Если каждому x отвечает единственное конечное y ..., то y называется ... функцией от x для этого промежутка. При этом вовсе нет необходимости, чтобы y во всем этом промежутке зависело от x по одному и тому же закону, и даже не обязательно представлять себе зависимость, выражаемую с помощью математических операций».

Это определение (несмотря на умаляющие его общность оговорки автора) сыграло важную роль в истории математического анализа.

Долгое время оставалось незамеченным, что Лобачевский *) высказал эту идею не только раньше, но и в безупречной форме. Примыкая поначалу к точке зрения Эйлера, Лобачевский постепенно отходит от нее и в своей работе «Об исчезании тригонометрических строк» (1834 г.) уже определенно говорит:

«Общее понятие требует, чтобы функцией от x называть число, которое дается для каждого x и вместе с x постепенно изменяется. Значение функции может быть дано или аналитическим выражением, или условием, которое подает средство испытывать все числа и выбирать одно из них, или, наконец, зависимость может существовать и оставаться неизвестной» **).

Заметим в заключение, что привычное для нас обозначение функции — $f(x)$ — принадлежит Эйлеру.

§ 2. ВАЖНЕЙШИЕ КЛАССЫ ФУНКЦИЙ

22. Элементарные функции. Перечислим здесь некоторые классы функций, получивших название *элементарных*.

1°. *Целая и дробная рациональные функции.* Функция, представляемая целым относительно буквы x многочленом

$$y = a_0x^n + a_1x^{n-1} + \ldots + a_{n-1}x + a_n$$

(a_0, a_1, a_2, ... — постоянные), называется целой рациональной функцией.

Отношение двух таких многочленов

$$y = \frac{a_0x^n + a_1x^{n-1} + \ldots + a_{n-1}x + a_n}{b_0x^m + b_1x^{m-1} + \ldots + b_{m-1}x + b_m}$$

представляет дробную рациональную функцию. Она определена для всех значений x, кроме тех, которые обращают знаменатель в нуль.

Для примера на рис. 6 даны графики функции $y = ax^2$ (параболы) при различных значениях коэффициента a, а на рис. 7 — графики функции $y = \frac{a}{x}$ (равнобочные гиперболы) также при различных значениях a.

---

*) Николай Иванович Лобачевский (1793—1856) — великий русский математик, прославившийся созданием неэвклидовой геометрии.

**) Н. И. Лобачевский, Полное собрание сочинений, т. V (1951), стр. 43.

2°. *Степенная функция.* Так называется функция вида

$$y = x^{\mu},$$

где μ — любое постоянное вещественное число. При целом μ получается рациональная функция. При μ дробном мы имеем здесь р а д и к а л. Например, пусть m — натуральное число и

$$y = x^{\frac{1}{m}} = \sqrt[m]{x}.$$

Эта функция определена для всех значений x, если m — нечетное, и лишь для неотрицательных значений — при m четном (в этом

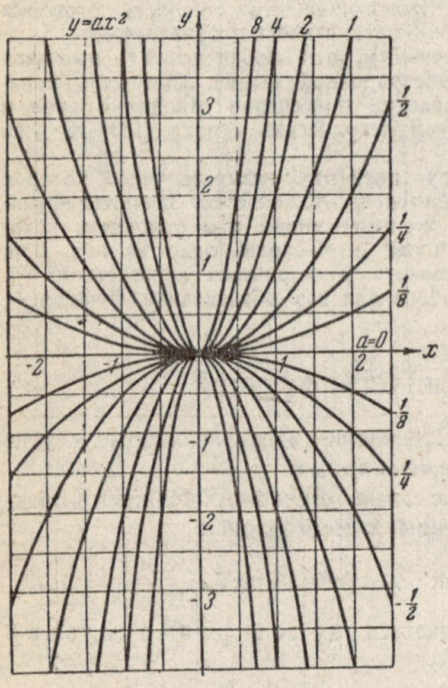

Рис. 6.

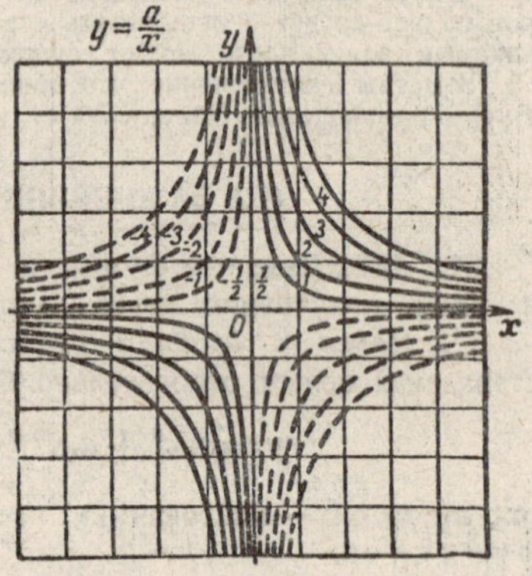

Рис. 7.

случае мы имеем в виду арифметическое значение радикала). Наконец, если μ — иррациональное число, мы будем предполагать $x > 0$ ($x = 0$ допускается лишь при $\mu > 0$).

На рис. 8 и 9 даны графики степенной функции при различных значениях μ.

3°. *Показательная функция*, т. е. функция вида

$$y = a^{x},$$

где a — положительное число, отличное от единицы; x принимает любое вещественное значение.

Графики показательной функции при различных значениях a даны на рис. 10.

4°. *Логарифмическая функция*, т. е. функция вида

$$y = \log_a x\ ^{*)},$$

где a, как и выше, — положительное число (отличное от единицы); x принимает лишь положительные значения.

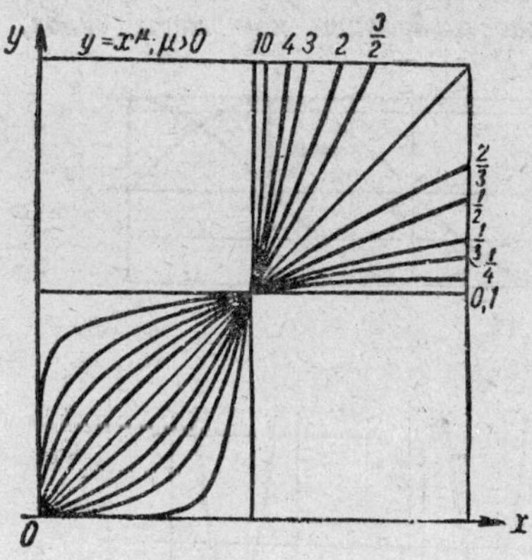

Рис. 8.

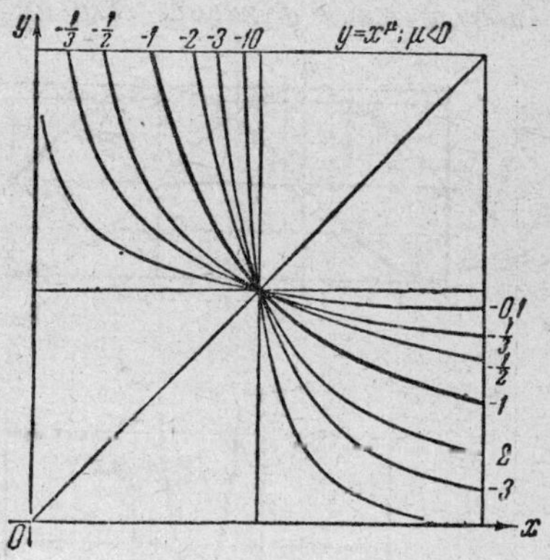

Рис. 9.

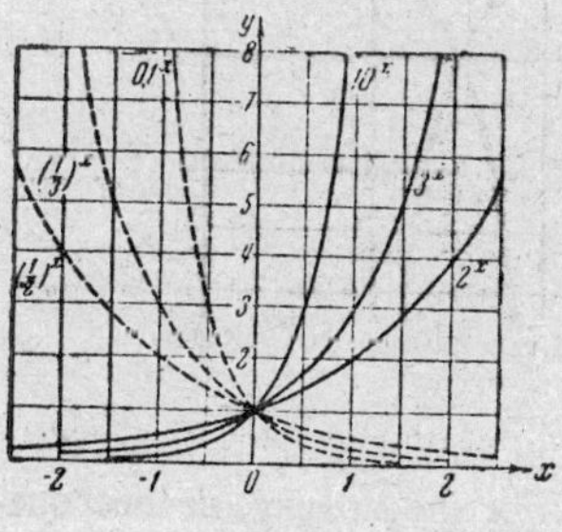

Рис. 10.

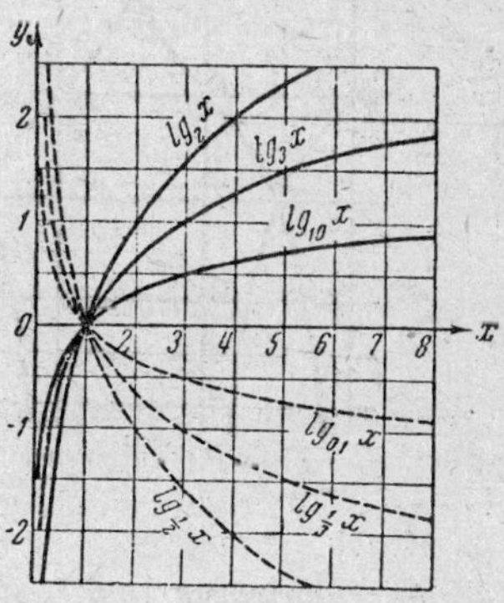

Рис. 11.

На рис. 11 даны графики этой функции при различных значениях a.

---

*) Обозначение $\log x$ мы сохраняем для десятичных логарифмов: $\log x = \log_{10} x$.

5°. *Тригонометрические функции:*

$$y=\sin x,\quad y=\cos x,\quad y=\operatorname{tg} x,\quad y=\operatorname{ctg} x,$$
$$y=\sec x,\quad y=\csc x.$$

Очень важно раз навсегда усвоить, что *аргументы тригонометрических функций, если их рассматривать как меры углов,*

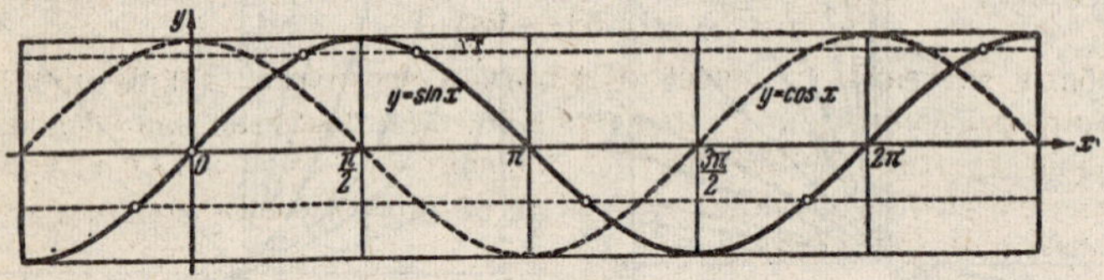

Рис. 12.

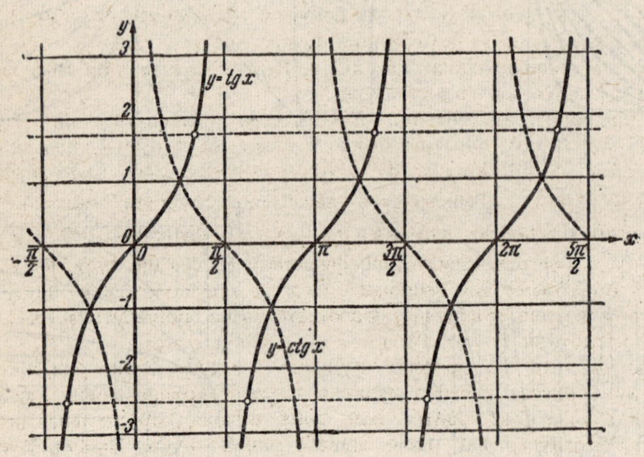

Рис. 13.

всегда выражают эти углы в ***радианах*** (поскольку не оговорено противное). Для $\operatorname{tg} x$ и $\sec x$ исключаются значения вида $(2k+1)\frac{\pi}{2}$, а для $\operatorname{ctg} x$ и $\csc x$ — значения вида $k\pi$ (k — целое).

Графики функций $y=\sin x$ ($\cos x$) и $y=\operatorname{tg} x$ ($\operatorname{ctg} x$) даны на рис. 12 и 13. График синуса обычно называют *синусоидой.*

23. Понятие обратной функции. Прежде чем перейти к обратным тригонометрическим функциям, сделаем пояснение относительно обратных функций вообще.

Предположим, что функция $y=f(x)$ задана в некоторой области $\mathcal{X}$, и пусть $\mathcal{Y}$ будет множество всех значений, которые эта функция принимает, когда x изменяется в пределах области $\mathcal{X}$. В нашей практике как $\mathcal{X}$, так и $\mathcal{Y}$ обычно будут представлять собою промежутки.

Выберем какое-нибудь значение $y=y_0$ из области $\mathcal{Y}$; тогда в области $\mathcal{X}$ необходимо найдется такое значение $x=x_0$, при котором наша функция принимает именно значение y_0, так что

$$f(x_0)=y_0;$$

подобных значений x_0 может оказаться и несколько. Таким образом, каждому значению y из $\mathcal{Y}$ ставится в соответствие одно или несколько значений x; этим определяется в области $\mathcal{Y}$ однозначная или многозначная функция $x=g(y)$, которая и называется обратной для функции $y=f(x)$.

Рассмотрим примеры.

1. Пусть $y=a^x$ $(a>1)$, где x - изменяется в промежутке $\mathcal{X}=(-\infty, +\infty)$. Значения y заполняют промежуток $\mathcal{Y}=(0, +\infty)$, причем каждому y из этого промежутка отвечает, как мы знаем [12], в $\mathcal{X}$ одно определенное $x=\log_a y$. В этом случае обратная функция оказывается однозначной.

2. Наоборот, для функции $y=x^2$, если x изменять в промежутке $\mathcal{X}=(-\infty, +\infty)$, обратная функция будет двузначной: каждому значению y из промежутка $\mathcal{Y}=[0, +\infty)$ отвечают два значения $x=\pm\sqrt{y}$ из $\mathcal{X}$. Вместо этой двузначной функции обычно рассматривают раздельно две однозначные функции $x=+\sqrt{y}$ и $x=-\sqrt{y}$ («ветви» двузначной функции). Их можно порознь также считать обратными для функции $y=x^2$, в предположении лишь, что область изменения x ограничена соответственно промежутком $[0, +\infty)$ или промежутком $(-\infty, 0]$.

Заметим, что по графику функции $y=f(x)$ легко сообразить, будет ли обратная для нее функция $x=g(y)$ однозначной или нет. Первый случай представится, если любая прямая, параллельная оси x, пересекает этот график разве лишь в одной точке. Наоборот, если некоторые из таких прямых пересекают график в нескольких точках, обратная функция будет многозначной. В этом случае по графику же легко разбить промежуток изменения x на части так, чтобы каждой части уже отвечала однозначная «ветвь» этой функции. Например, по одному взгляду на параболу рис. 14, которая служит графиком функции $y=x^2$, ясно, что обратная ей функция двузначна и что для получения однозначных «ветвей» достаточно раздельно рассматривать правую и левую части этой параболы, т. е. положительные и отрицательные значения x *).

---

*) Ниже [71] мы вернемся еще к вопросу о существовании и однозначности обратной функции.

Если функция $x = g(y)$ является обратной для функции $y = f(x)$, то, очевидно, графики обеих функций совпадают. Можно, однако, потребовать, чтобы и аргумент обратной функции обозначался буквой x, т. е. вместо функции $x = g(y)$ рассматривать $y = g(x)$. Тогда лишь придется горизонтальную ось назвать осью y, а вертикальную — осью x; график все еще останется прежним. Если же пожелать, чтобы (новая) ось x была бы, как привычно, горизонтальной, а (новая) ось y — вертикальной, то эти оси нужно будет переставить одну на место другой, что уже изменит и график. Для осуществления этого проще всего повернуть плоскость чертежа xOy на $180°$ вокруг биссектрисы первого координатного угла (рис. 15).

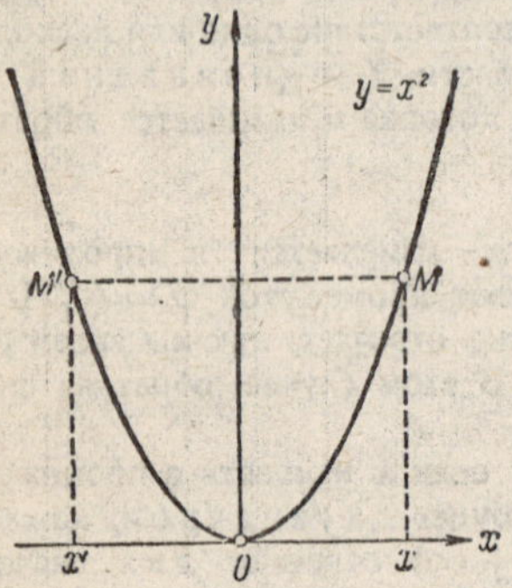

Рис. 14.

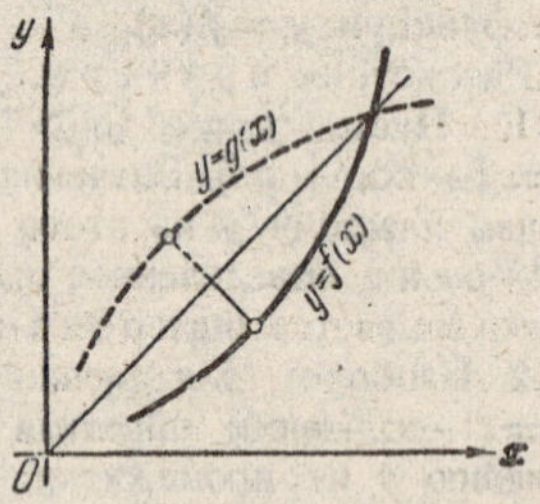

Рис. 15.

Таким образом, окончательно, график $y = g(x)$ получается как зеркальное отражение графика $y = f(x)$ относительно этой биссектрисы. По рис. 10 и 11, например, сразу видно, что они именно так получены один из другого. Точно так же, исходя из высказанных соображений, легко объяснить симметричность (относительно биссектрисы) каждого из рис. 8 и 9.

24. Обратные тригонометрические функции. В дополнение к тем классам элементарных функций, которые были упомянуты в n°22, рассмотрим теперь

6°. *Обратные тригонометрические функции:*

$$y = \arcsin x, \quad y = \arccos x, \quad y = \operatorname{arctg} x,$$
$$y = \operatorname{arcctg} x \quad (y = \operatorname{arcsc} x, \quad y = \operatorname{arccsc} x).$$

Остановимся сначала на первой из них. Функция $y = \sin x$ определена в промежутке $\mathscr{X} = (-\infty, +\infty)$, причем ее значения заполняют сплошь промежуток $\mathscr{Y} = [-1, 1]$. Параллель оси x пересекает синусоиду, т. е. график функции $y = \sin x$ (рис. 12), в б е с к о н е ч н о м м н о ж е с т в е точек; иначе говоря, каждому значению y из промежутка [—1, 1] отвечает бесконечное множество значений x. Поэтому обратная функция, которую обозначают так:

$$x = \mathrm{Arcsin}\, y^{*)},$$

будет (бесконечно-) многозначной.

Обычно рассматривают лишь одну «ветвь» этой функции, отвечающую изменению x между $-\frac{\pi}{2}$ и $\frac{\pi}{2}$. Каждому y из $[-1, 1]$ в этих пределах отвечает одно значение x; его обозначают через

$$x = \arcsin y$$

и называют главным значением арксинуса.

Поворачивая синусоиду около биссектрисы первого координатного угла, получаем график (рис. 16) многозначной функции $y = \mathrm{Arcsin}\, x$; жирно выделен график главной ветви ее $y = \arcsin x$, которая однозначно определена в промежутке $[-1, 1]$ значений x и притом удовлетворяет неравенству

$$-\frac{\pi}{2} \leqslant \arcsin x \leqslant \frac{\pi}{2},$$

которое характеризует ее среди других ветвей.

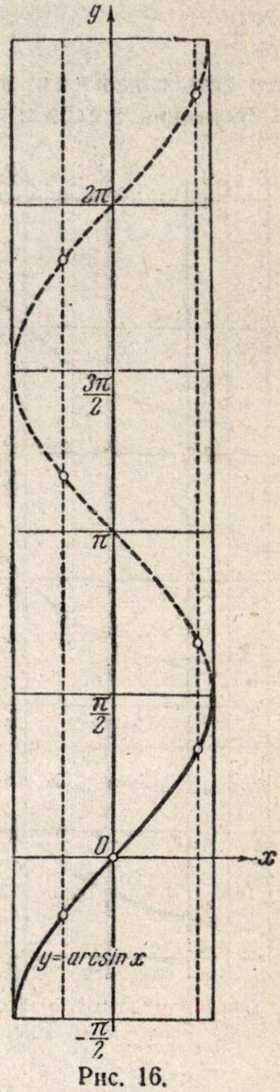

Рис. 16.

Вспоминая из элементарной тригонометрии, как выражаются все значения угла, имеющего данный синус, через одно из этих значений, легко написать формулы, дающие все значения арксинуса:

$$\mathrm{Arcsin}\, x = \arcsin x + 2k\pi$$
$$\text{или } (2k+1)\pi - \arcsin x$$
$$(k = 0, \pm 1, \pm 2, \ldots).$$

Подобные же рассуждения применимы к функции $y = \cos x$ $(-\infty < x < +\infty)$. И здесь обратная функция

$$y = \mathrm{Arccos}\, x \quad (-1 \leqslant x \leqslant 1)$$

---

*) Мы уже подчеркивали в свое время [22, 5°], что аргумент x тригонометрической функции выражает угол в радианах; разумеется, и здесь значения обратных тригонометрических функций — если их рассматривать как меры углов — все выражены в радианах.

оказывается (бесконечно-) многозначной (см. рис. 12). Для выделения **однозначной** ветви ее подчиняют условию

$$0 \leqslant \arccos x \leqslant \pi;$$

это есть **главная ветвь** арккосинуса.

Функция $\arccos x$ связана с $\arcsin x$ очевидным соотношением

$$\arccos x = \frac{\pi}{2} - \arcsin x;$$

действительно, не только косинус угла $\frac{\pi}{2} - \arcsin x$ равен $\sin(\arcsin x) = x$, но и сам угол содержится именно между 0 и π. Остальные значения $\operatorname{Arccos} x$ выражаются через главное значение по формуле

$$\operatorname{Arccos} x = 2k\pi \pm \arccos x$$
$$(k = 0, \pm 1, \pm 2, \ldots).$$

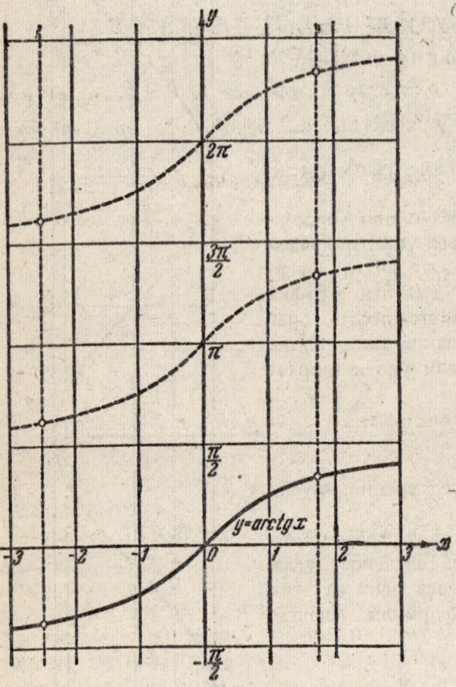

Рис. 17.

Функция $y = \operatorname{tg} x$ определена для всех значений x, кроме значений

$$x = (2k + 1)\frac{\pi}{2}$$
$$(k = 0, \pm 1, \pm 2, \ldots).$$

Значения y заполняют здесь промежуток $(-\infty, +\infty)$, причем каждому y снова соответствует бесконечное множество значений x (см. рис. 13). Поэтому обратная функция $x = \operatorname{Arctg} y$, заданная в промежутке $(-\infty, +\infty)$, будет (бесконечно-) многозначной. На рис. 17 изображен график функции $y = \operatorname{Arctg} x$, полученный поворотом на 180° вокруг биссектрисы первого координатного угла графика функции $y = \operatorname{tg} x$. За **главное значение** арктангенса, $\operatorname{arctg} x$, принимают то из значений этой многозначной функции, которое удовлетворяет неравенствам

$$-\frac{\pi}{2} < \operatorname{arctg} x < \frac{\pi}{2}.$$

Таким путем определяется однозначная функция — главная ветвь арктангенса, заданная для всех значений x. Остальные значения арктангенса, как легко показать, получаются так:

$$\operatorname{Arctg} x = \operatorname{arctg} x + k\pi \quad (k = 0, \pm 1, \pm 2, \ldots).$$

Нетрудно установить прямую связь между функциями $\operatorname{arctg} x$ и $\arcsin x$:

$$\underset{(-\infty<x<+\infty)}{\operatorname{arctg} x = \arcsin} \frac{x}{\sqrt{1+x^2}} \quad \text{или} \quad \underset{(-1<x<+1)}{\arcsin x = \operatorname{arctg}} \frac{x}{\sqrt{1-x^2}}.$$

Например, если положить $\alpha = \operatorname{arctg} x$, так что $\operatorname{tg} \alpha = x$, то $\sin \alpha = \frac{\operatorname{tg} \alpha}{\sqrt{1+\operatorname{tg}^2 \alpha}} = \frac{x}{\sqrt{1+x^2}}$, причем корень берется со знаком плюс, потому что $-\frac{\pi}{2} < \alpha < \frac{\pi}{2}$; отсюда и вытекает, что $\alpha = \arcsin \frac{x}{\sqrt{1+x^2}}$.

Упомянем еще о функции $\operatorname{Arcctg} x$ $(-\infty < x < +\infty)$; ее главное значение определяется неравенствами

$$0 < \operatorname{arcctg} x < \pi$$

и связано с $\operatorname{arctg} x$ соотношением

$$\operatorname{arcctg} x = \frac{\pi}{2} - \operatorname{arctg} x.$$

Остальные значения арккотангенса имеют вид

$$\operatorname{Arcctg} x = \operatorname{arcctg} x + k\pi \quad (k = 0, \pm 1, \pm 2, \ldots).$$

На функциях $\operatorname{arcsc} x$ $(-\infty < x \leqslant -1$ и $1 \leqslant x < +\infty)$ и $\operatorname{arccsc} x$ (те же промежутки изменения) останавливаться не будем, предоставляя читателю самому в них разобраться.

25. Суперпозиция функций. Заключительные замечания. Познакомимся с понятием суперпозиции (или наложения) функций, которая состоит в том, что вместо аргумента данной функции подставляется другая функция (от другого аргумента). Например, суперпозиция функций $y = \sin x$ и $z = \log y$ дает функцию $z = \log \sin x$; аналогично получаются и функции

$$\sqrt{1-x^2}, \ \operatorname{arctg} \frac{1}{x} \ \text{и т. п.}$$

В общем виде предположим, что функция $z = \varphi(y)$ определена в некоторой области $\mathscr{Y} = \{y\}$, а функция $y = f(x)$ определена для x в области $\mathscr{X} = \{x\}$, причем значения ее все содержатся в области $\mathscr{Y}$. Тогда переменная z, как говорят, через посредство y и сама является функцией от x:

$$z = \varphi(f(x)).$$

По заданному x из $\mathscr{X}$ сначала находят соответствующее ему (по правилу, характеризуемому знаком f) значение y из $\mathscr{Y}$, а затем устанавливают соответствующее этому значению y (по правилу, характеризуемому знаком φ) значение z; его и считают соответствующим выбранному x. Полученная *функция от функции*, или *сложная функция*, и есть результат *суперпозиции* функций $f(x)$ и $\varphi(y)$.

Предположение, что значения функции $f(x)$ не выходят за пределы той области $\mathscr{Y}$, в которой определена функция $\varphi(y)$, весьма существенно: если его опустить, то может получиться и нелепость. Например, полагая $z = \log y$, а $y = \sin x$, мы можем рассматривать лишь такие значения x, для которых $\sin x > 0$, ибо иначе выражение $\log \sin x$ не имело бы смысла.

Мы считаем полезным здесь же подчеркнуть, что характеристика функции, как сложной, связана не с природой функциональной зависимости z от x, а лишь со способом задания этой зависимости. Например, пусть $z = \sqrt{1 - y^2}$ для y в $[-1, 1]$, а $y = \sin x$ для x в $\left[-\frac{\pi}{2}, \frac{\pi}{2}\right]$. Тогда

$$z = \sqrt{1 - \sin^2 x} = \cos x.$$

Здесь функция $\cos x$ оказалась заданной в виде сложной функции.

Теперь, когда полностью выяснено понятие суперпозиции, мы можем точно охарактеризовать простейший из тех классов функций, которые изучаются в анализе: это, прежде всего, перечисленные выше элементарные функции 1°—6°, а затем — все те, которые из них получаются с помощью четырех арифметических действий и суперпозиций, последовательно примененных конечное число раз. Про них говорят, что они выражаются через элементарные в конечном виде; иногда их все также называют элементарными.

Впоследствии, овладев более сложным аналитическим аппаратом (бесконечные ряды, интегралы), мы познакомимся и с другими функциями, также играющими важную роль в анализе, но уже выходящими за пределы класса элементарных функций.

ГЛАВА ТРЕТЬЯ

ТЕОРИЯ ПРЕДЕЛОВ

§ 1. ПРЕДЕЛ ФУНКЦИИ

26. Исторические замечания. Понятие предела ныне пронизывает весь математический анализ, да и в других областях математики также играет важную роль. Однако (как читатель увидит в главе XIV) это понятие вовсе не лежало в основе дифференциального и интегрального исчисления при его возникновении. Впервые определение понятия предела появляется (по существу в той же форме, как это будет изложено ниже в n° 28) у Валлиса *) в «Арифметике бесконечных величин» (1655). Ньютон в знаменитых «Математических началах натуральной философии» (1686—1687) опубликовал свой метод первых и последних отношений (или сумм), в котором можно усмотреть зачатки теории пределов. Однако никому из великих математиков XVIII века не приходило в голову обосновать новое исчисление на понятии предела и тем ответить на справедливые нападки, которым оно подвергалось **). В этом смысле характерна позиция Эйлера, который в предисловии к трактату по «Дифференциальному исчислению» (1755) отчетливо говорит о пределе, но нигде во всей книге этим понятием не пользуется.

Перелом в указанном вопросе был создан «Алгебраическим анализом» Коши ***) (1821) и дальнейшими его публикациями, где впервые развита была теория пределов, послужившая в руках Коши действенным орудием для строгого построения всего математического анализа. Позиция Коши, развеявшая мистический туман, которым до него были покрыты начала анализа, получила всеобщее признание.

Впрочем, заслугу Коши разделяют и другие ученые, среди которых особое место занимает Больцано, в ряде случаев своими работами предупредивший не только Коши, но и позднейших математиков. Эти работы не получили распространения, и о них вспомнили лишь спустя много десятилетий.

27. Числовая последовательность. Установление основного в анализе понятия *предел* мы начнем с простейшего частного случая (известного даже из курса средней школы), именно — с предела функции x_n от натурального аргумента. Как увидим, к этому случаю принципиально сводятся и все более сложные случаи.

Аргумент n принимает все значения из натурального ряда

$$1,\ 2,\ 3,\ \ldots,\ n,\ \ldots,\ n',\ \ldots, \tag{1}$$

---

*) Джон Валлис (1616—1703) — английский математик.

**) Подробнее об этом см. в главе XIV.

***) Огюстен Луи Коши (1789—1857) — знаменитый французский аналист.

члены которого мы представляем себе упорядоченными по возрастанию, так что большее число n' следует за меньшим числом n, меньшее число n предшествует большему числу n'.

Если задана функция x_n, то ее аргумент, или указатель n, можно рассматривать как номер соответствующего значения переменной. Таким образом, x_1 есть первое ее значение, x_2 — второе, x_3 — третье и т. д. Мы всегда будем представлять себе это множество значений $\{x_n\}$ упорядоченным, наподобие натурального ряда (1), по возрастанию номеров, т. е. в виде *числовой последовательности*

$$x_1, x_2, x_3, \ldots, x_n, \ldots, x_{n'}, \ldots^{*}). \tag{2}$$

При $n' > n$ значение $x_{n'}$ следует за x_n (x_n предшествует $x_{n'}$) *независимо от того, будет ли само число $x_{n'}$ больше, меньше или даже равно x_n.*

Например, если задать функцию x_n одной из формул

$$x_n = 1, \quad x_n = (-1)^{n+1}, \quad x_n = \frac{1+(-1)^n}{n},$$

то соответствующие последовательности будут:

$$\underset{1}{1}, \quad \underset{2}{1}, \quad \underset{3}{1}, \quad \underset{4}{1}, \quad \underset{5}{1}, \quad \underset{6}{1}, \ldots$$

$$\underset{1}{1}, \quad \underset{2}{-1}, \quad \underset{3}{1}, \quad \underset{4}{-1}, \quad \underset{5}{1}, \quad \underset{6}{-1}, \ldots$$

$$\underset{1}{0}, \quad \underset{2}{1}, \quad \underset{3}{0}, \quad \underset{4}{\frac{1}{2}}, \quad \underset{5}{0}, \quad \underset{6}{\frac{1}{3}}, \ldots$$

В первом случае мы имеем просто постоянную величину: все «множество» принимаемых ею значений сводится к одному; во втором — это множество состоит из двух значений, принимаемых поочередно. Наконец, в третьем случае множество различных значений, принимаемых функцией x_n, бесконечно, но это не мешает значениям этой функции через одно равняться нулю. Таким образом, область изменения $\mathscr{X}$ функции x_n, как переменной величины, и последовательность (2) существенно отличаются одна от другой. Первое отличие в том, что в множестве $\mathscr{X}$ каждый элемент встречается по разу, а в последовательности (2) один и тот же элемент может повторяться несколько (и даже бесконечное множество) раз. Второе же — и самое существенное — отличие заключается в том, что множество $\mathscr{X}$ «аморфно», лишено порядка, а для элементов последовательности (2) установлен определенный порядок.

---

*) Аналогично можно было бы говорить и о последовательности точек прямой или каких-нибудь других объектов, занумерованных натуральными указателями.

Привычный способ записи последовательности [см. (2)] как бы предполагает пространственное расположение элементов последовательности. Но такая запись применяется лишь для удобства и с существом дела не связана. Если мы будем говорить, что переменная «пробегает» такую-то последовательность значений, то у читателя может возникнуть представление о прохождении переменной своих значений в последовательные моменты времени, но на деле и время тут не при чем. Лишь для образности языка употребляют иной раз и выражения: «далекие» значения переменной, начиная с некоторого «места» или с некоторого «момента» изменения, и т. п.

28. Определение предела последовательности. Упорядочение значений переменной x_n по возрастанию их номеров, приведшее к рассмотрению последовательности (2) этих значений, облегчает понимание самого «процесса» приближения переменной x_n — при безграничном возрастании n — к ее пределу a.

Число a называется пределом переменной x_n, если последняя отличается от a сколь угодно мало, начиная с некоторого места, т. е. для всех достаточно больших номеров n.

Этим суть дела выражена ярко, но что значит «сколь угодно мало» и «достаточно большие» — еще подлежит уточнению. Приведем теперь более длинное, но уже исчерпывающе строгое определение предела:

Число a называется пределом переменной x_n, если для каждого положительного числа ε, сколько бы мало оно ни было, существует такой номер N, что все значения x_n, у которых номер $n > N$, удовлетворяют неравенству

$$|x_n - a| < \varepsilon. \tag{3}$$

Тот факт, что a является пределом переменной x_n, записывают так:

$$\lim x_n = a$$

(lim есть сокращение латинского слова limes, означающего «предел»). Говорят еще, что переменная стремится к a, и пишут

$$x_n \to a.$$

Наконец, *число a называют также пределом последовательности* (2), и говорят, что эта последовательность сходится к a.

Неравенство (3), где ε произвольно, и есть точная запись утверждения, что x_n от a «отличается сколь угодно мало», а номер N как раз и указывает то «место», начиная с которого это обстоятельство осуществляется, так что «достаточно большими» будут все номера $n > N$.

Важно дать себе отчет в том, что номер N, вообще говоря, не может быть указан раз навсегда; он зависит от выбора числа ε.

Для того чтобы подчеркнуть это, мы иной раз вместо N будем писать N_ε. При уменьшении числа ε соответствующий номер $N=N_\varepsilon$, вообще говоря, увеличивается: чем большей близости значений переменной x_n к a мы требуем, тем «более далекие» значения ее в ряду (2) приходится рассматривать.

Исключение представляет тот случай, когда все значения переменной x_n равны постоянному числу a. Очевидно, что тогда $a=\lim x_n$, но на этот раз неравенство (3) будет выполняться для любого $\varepsilon>0$ одновременно при всех значениях x_n *).

Неравенство (3), как мы знаем [8], равносильно следующим:

$$-\varepsilon<x_n-a<\varepsilon$$

или

$$a-\varepsilon<x_n<a+\varepsilon; \qquad (4)$$

этим мы часто будем пользоваться впоследствии.

Открытый промежуток $(a-\varepsilon,\ a+\varepsilon)$, с центром в точке a, принято называть окрестностью этой точки. Таким образом, *какую бы малую окрестность точки a ни взять, все значения x_n, начиная с некоторого из них, должны попасть в эту окрестность* (так что вне ее может остаться разве лишь конечное

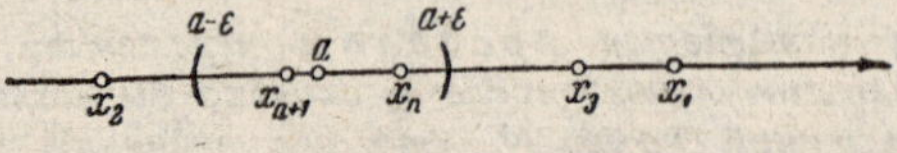

Рис. 18.

число этих значений). Если изобразить число a и значения переменной x_n точками на числовой оси [n°13] (рис. 18), то точка, изображающая число a, окажется как бы средоточием сгустка точек, изображающих значения x_n.

29. Бесконечно малые величины. Случай, когда переменная стремится к нулю: $x_n \to 0$, представляет особый интерес.

Переменная x_n, имеющая своим пределом нуль, называется бесконечно малой величиной, или просто бесконечно малой.

Если в определении предела переменной x_n [28] положить $a=0$, то неравенство (3) примет вид

$$|x_n-0|=|x_n|<\varepsilon \quad (\text{для } n>N_\varepsilon).$$

Таким образом, данное выше определение бесконечно малой можно подробнее сформулировать без упоминания термина «предел»:

---

*) Аналогичное обстоятельство имеет место для переменной x_n, значения которой становятся равными a, начиная с некоторого места.

Переменная x_n называется ***бесконечно малой***, *если она для достаточно больших номеров становится и остается по абсолютной величине меньшей сколь угодно малого наперед заданного числа* $\varepsilon > 0$.

Не вполне удачный (исторически сложившийся) термин «бесконечно малая» величина не должен вводить читателя в заблуждение: ни одно в отдельности взятое значение этой величины, если оно не нуль, не может квалифицироваться как «малое». Суть дела в том, что это — **переменная** величина *), которая **лишь в процессе своего изменения** способна в конце концов сделаться меньшей произвольно взятого числа ε.

Если вернуться к общему случаю переменной x_n, имеющей предел a, то разность

$$\alpha_n = x_n - a$$

между переменной и ее пределом, очевидно, будет бесконечно малой: ведь, в силу (3),

$$|\alpha_n| = |x_n - a| < \varepsilon \quad (\text{для } n > N_\varepsilon).$$

Обратно, если α_n есть бесконечно малая, то $x_n \to a$. Это приводит нас к следующему утверждению:

Для того чтобы переменная x_n имела своим пределом постоянное число a, ***необходимо и достаточно***, *чтобы разность между ними $\alpha_n = x_n - a$ была бесконечно малой.*

В связи с этим можно было бы дать и для понятия «предел» другое определение (равносильное старому):

Постоянное число a называется ***пределом*** *переменной x_n, если разность между ними есть бесконечно малая величина.*

Разумеется, если исходить из этого определения предела, то для бесконечно малой нужно использовать второе из приведенных выше определений. Иначе получился бы порочный круг: предел определялся бы через бесконечно малую, а бесконечно малая — через предел!

Итак, если переменная $x_n \to a$, то она может быть представлена в виде

$$x_n = a + \alpha_n,$$

где α_n есть бесконечно малая, и обратно, если переменная допускает такое представление, то она имеет пределом a. Этим часто пользуются на практике для установления предела переменной.

30. Примеры. 1) Рассмотрим переменные

$$x_n = \frac{1}{n}, \qquad x_n = -\frac{1}{n}, \qquad x_n = \frac{(-1)^{n+1}}{n};$$

---

*) Исключая неинтересный случай, когда она тождественно равна нулю.

им отвечают такие последовательности значений:

$$1,\quad \frac{1}{2},\quad \frac{1}{3},\quad \frac{1}{4},\ \ldots,$$
$$-1,\quad -\frac{1}{2},\quad -\frac{1}{3},\quad -\frac{1}{4},\ \ldots,$$
$$1,\quad -\frac{1}{2},\quad \frac{1}{3},\quad -\frac{1}{4},\ \ldots,$$

Все три переменные представляют собой бесконечно малые, т. е. имеют пределом нуль. Действительно, для них

$$|x_n| = \frac{1}{n} < \varepsilon,$$

лишь только $n > \frac{1}{\varepsilon}$. Таким образом, в качестве N_ε можно, например, взять наибольшее целое число, содержащееся в $\frac{1}{\varepsilon}$, т. е. $E\left(\frac{1}{\varepsilon}\right)$ *).

Отметим, что первая переменная все время больше своего предела нуль, вторая — все время меньше его, третья же — попеременно становится то больше, то меньше его.

2) Если положить

$$x_n = \frac{2 + (-1)^n}{n},$$

то переменная пробегает такую последовательность значений:

$$1,\quad \frac{3}{2},\quad \frac{1}{3},\quad \frac{3}{4},\quad \frac{1}{5},\quad \frac{3}{6},\ \ldots$$

И в этом случае $x_n \to 0$, так как

$$|x_n| \leqslant \frac{3}{n} < \varepsilon$$

для $n > \frac{3}{\varepsilon}$, так что за N_ε можно принять $E\left(\frac{3}{\varepsilon}\right)$.

Мы сталкиваемся здесь с любопытной особенностью: переменная поочередно то *приближается* к своему пределу нуль, то *удаляется* от него.

3) Пусть теперь

$$x_n = \frac{1 + (-1)^n}{n};$$

с этой переменной мы уже имели дело в n° 27. Здесь также $x_n \to 0$, ибо

$$|x_n| \leqslant \frac{2}{n} < \varepsilon,$$

лишь только $n > N_\varepsilon = E\left(\frac{2}{\varepsilon}\right)$.

Отметим, что для всех нечетных значений n переменная оказывается *равной своему пределу*.

---

*) См. стр. 41.

Эти простые примеры интересны тем, что они характеризуют многообразие тех возможностей, которые охватываются данным выше определением предела. Несущественно, лежат ли значения переменной с одной стороны от предела или нет; несущественно, приближается ли переменная с каждым шагом к своему пределу; несущественно, наконец, достигает ли переменная своего предела, т. е. принимает ли значения, равные пределу. Существенно лишь то, о чем говорится в определении: переменная должна отличаться от предела сколь угодно мало в конце концов, т. е. для достаточно далеких своих значений.

4) Определим переменную формулой

$$x_n = a^{\frac{1}{n}} = \sqrt[n]{a} \qquad (a>1)$$

и докажем, что $x_n \to 1$.

Если воспользоваться неравенством (3) в n° 11, то можно написать:

$$|x_n - 1| = \sqrt[n]{a} - 1 < \frac{a-1}{n} < \varepsilon, \text{ лишь только } n > N_\varepsilon = E\left(\frac{a-1}{\varepsilon}\right).$$

Можно, однако, рассуждать иначе. Неравенство

$$|x_n - 1| = a^{\frac{1}{n}} - 1 < \varepsilon$$

равносильно такому:

$$\frac{1}{n} < \log_a (1+\varepsilon) \text{ или } n > \frac{1}{\log_a (1+\varepsilon)},$$

так что оно выполняется при $n > N_\varepsilon = E\left(\frac{1}{\log_a (1+\varepsilon)}\right)$.

В соответствии с выбранным способом рассуждения мы пришли к различным выражениям для N_ε. Например, при $a=10$, $\varepsilon=0{,}01$ получаем $N_{0,01} = \frac{9}{0{,}01} = 900$ по первому способу и $N_{0,01} = E\left(\frac{1}{0{,}00432\ldots}\right) = 231$ — по второму. По второму способу мы получили наименьшее из возможных значений для $N_{0,01}$, ибо уже $10^{\frac{1}{231}} = 1{,}010017\ldots$ отличается от числа 1 больше чем на $\varepsilon = 0{,}01$. То же будет и в общем случае.

Заметим по этому поводу, что мы вовсе не заинтересованы именно в наименьшем возможном значении N_ε, если речь идет только об установлении факта стремления к пределу. Должно быть гарантировано выполнение неравенства (3), начиная хоть с какого-нибудь места, далекого или близкого — безразлично.

5) Важный пример бесконечно малой дает переменная

$$\alpha_n = q^n, \text{ где } |q| < 1.$$

Для доказательства того, что $\alpha_n \to 0$, рассмотрим неравенство

$$|\alpha_n| = |q|^n < \varepsilon;$$

оно равносильно таким:

$$n \cdot \log|q| < \log \varepsilon \quad \text{или} \quad n > \frac{\log \varepsilon}{\log|q|} \text{ *)}$$

---

*) Следует иметь в виду, что $|q|<1$ и $\log|q|<0$; поэтому при делении обеих частей неравенства на это число знак неравенства должен быть изменен на обратный.

Таким образом, если положить (считая $\varepsilon < 1$)

$$N_\varepsilon = E\left(\frac{\log \varepsilon}{\log |q|}\right),$$

то при $n > N_\varepsilon$ упомянутое неравенство наверное выполнится.

Аналогично легко убедиться в том, что и переменная

$$\beta_n = Aq^n,$$

где по-прежнему $|q| < 1$, а A — постоянное число, также есть бесконечно малая.

6) Рассмотрим, далее, бесконечную убывающую геометрическую прогрессию

$$\div\div a,\ aq,\ aq^2,\ \ldots,\ aq^{n-1},\ \ldots \qquad (|q| < 1)$$

и поставим вопрос об определении ее суммы.

Под суммой бесконечной прогрессии, как известно, разумеется предел, к которому стремится сумма s_n ее n членов при безграничном возрастании n. Но

$$s_n = \frac{a - aq^n}{1-q} = \frac{a}{1-q} - \frac{a}{1-q}\cdot q^n,$$

так что переменная s_n разнится от постоянного числа $\frac{a}{1-q}$ на величину $\alpha_n = -\frac{a}{1-q}\cdot q^n$, которая, как мы только что видели, является бесконечно малой. Следовательно, по второму определению предела искомая сумма прогрессии

$$s = \lim s_n = \frac{a}{1-q}.$$

31. Бесконечно большие величины. Бесконечно малым величинам, в некотором смысле, противопоставляются бесконечно большие величины (или просто бесконечно большие).

Переменная x_n называется бесконечно большой, если она для достаточно больших значений n становится и остается по абсолютной величине бо́льшей сколь угодно большого наперед заданного числа $E > 0$:

$$|x_n| > E \quad (\textit{для } n > N_E).$$

Как и в случае бесконечно малых, здесь также следует подчеркнуть, что ни одно в отдельности взятое значение бесконечно большой величины не может быть квалифицировано как «большое»; мы имеем здесь дело с переменной величиной, которая лишь в процессе своего изменения способна в конце концов сделаться бо́льшей произвольно взятого числа E.

Примерами бесконечно больших могут служить переменные

$$x_n = n, \quad x_n = -n, \quad x_n = (-1)^{n+1}n,$$

которые пробегают натуральный ряд чисел, но первая со знаком плюс, вторая со знаком минус, третья же — с чередующимися знаками.

Вот еще один пример бесконечно большой величины:

$$x_n = Q^n \quad \text{при} \quad |Q| > 1.$$

Действительно, каково бы ни было $E > 0$, неравенство

$$|x_n| = |Q|^n > E$$

выполняется, лишь только

$$n \cdot \log|Q| > \log E \quad \text{или} \quad n > \frac{\log E}{\log|Q|}\,^{*)},$$

так что за N_E можно взять число

$$E\left(\frac{\log E}{\log|Q|}\right).$$

Особенно важны те случаи, когда бесконечно большая величина x_n (по крайней мере, для достаточно больших n) сохраняет определенный знак ($+$ или $-$); *тогда, в соответствии со знаком, говорят, что переменная x_n имеет предел $+\infty$ или $-\infty$, а также что она стремится к* $+\infty$ или $-\infty$; при этом пишут

$$\lim x_n = +\infty, \quad x_n \to +\infty \quad \text{или} \quad \lim x_n = -\infty, \quad x_n \to -\infty.$$

Можно было бы дать для этих случаев и независимое определение, заменив неравенство $|x_n| > E$, смотря по случаю, неравенством

$$x_n > E \quad \text{или} \quad x_n < -E,$$

откуда уже вытекает, соответственно, что $x_n > 0$ или $x_n < 0$.

Очевидно, что бесконечно большая величина x_n в общем случае характеризуется соотношением $|x_n| \to +\infty$.

Из приведенных выше примеров бесконечно больших величин, очевидно, переменная $x_n = n$ стремится к $+\infty$, переменная $x_n = -n$ стремится к $-\infty$. Что же касается третьей переменной: $x_n = (-1)^{n+1} n$, то про нее нельзя сказать ни что она стремится к $+\infty$, ни что она стремится к $-\infty$. Наконец, относительно переменной $x_n = Q^n$ лишь при $Q > 1$ можно сказать, что она стремится к $+\infty$; при $Q < -1$ у нее предела нет.

С «несобственными числами» $\pm\infty$ мы уже сталкивались в n° 6; следует помнить, что их применение имеет совершенно условный смысл, и остерегаться производить над этими числами арифметические операции. Вместо $+\infty$ часто пишут просто ∞.

В заключение упомянем о простой связи, которая существует между бесконечно большими и бесконечно малыми величинами.

Если переменная x_n является бесконечно большой, то ее обратная величина $\alpha_n = \frac{1}{x_n}$ будет бесконечно малой.

Возьмем любое число $\varepsilon > 0$. По определению бесконечно большой, для числа $E = \frac{1}{\varepsilon}$ найдется такой номер N, что

$$|x_n| > \frac{1}{\varepsilon}, \quad \text{лишь только} \quad n > N.$$

*) Так как $|Q| > 1$, то $\log|Q| > 0$.

Тогда для тех же значений n, очевидно, будет

$$|\alpha_n| < \varepsilon,$$

что и доказывает наше утверждение.

Аналогично можно доказать и обратное утверждение:

Если переменная α_n *(не обращающаяся в нуль) является бесконечно малой, то обратная для нее величина* $x_n = \frac{1}{\alpha_n}$ *будет бесконечно большой.*

32. Определение предела функции. Рассмотрим числовое множество $\mathscr{X} = \{x\}$. *Точка* a *называется* ***точкой сгущения*** *этого множества, если в любой окрестности* $(a - \delta, a + \delta)$ [n° 28] *этой точки содержатся значения* x *из* $\mathscr{X}$, *отличные от* a. Сама точка сгущения при этом может принадлежать $\mathscr{X}$ или нет. Например, если $\mathscr{X} = [a, b]$ или $\mathscr{X} = (a, b]$, то a в обоих случаях является точкой сгущения для $\mathscr{X}$, но в первом случае она сама содержится в $\mathscr{X}$, а во втором — нет.

В предположении, что a есть точка сгущения для $\mathscr{X}$, можно извлечь из $\mathscr{X}$ — и притом бесчисленным множеством способов — такую последовательность

$$x_1, x_2, x_3, \ldots, x_n, \ldots \tag{2}$$

значений x, отличных от a, которая имела бы своим **пределом** a. Действительно, задавшись последовательностью положительных чисел δ_n, сходящейся к нулю, в каждой окрестности $(a - \delta_n, a + \delta_n)$ точки a (при $n = 1, 2, 3, \ldots$) найдем по точке $x = x_n$ из $\mathscr{X}$, отличной от a; так как $\delta_n \to 0$ и $|x_n - a| < \delta_n$, то $x_n \to a$.

Пусть теперь в области $\mathscr{X}$, для которой a является точкой сгущения, задана некоторая функция $f(x)$. Представляет интерес поведение этой функции при приближении x к a. Говорят, что *функция* $f(x)$ *имеет предел* A, *конечный или нет, при* ***стремлении*** x *к* a (или, короче, — *в точке* a), *если,* ***какую бы последовательность*** (2) *с пределом* a, *извлеченную из* $\mathscr{X}$, *ни пробегала независимая переменная* x, *соответствующая последовательность значений функции*

$$f(x_1), f(x_2), f(x_3), \ldots, f(x_n), \ldots \tag{5}$$

всегда имеет предел A. Обозначают этот факт так:

$$\lim_{x \to a} f(x) = A \tag{6}$$

или

$$f(x) \to A \text{ при } x \to a. \tag{7}$$

Предположим теперь, что множество $\mathscr{X} = \{x\}$ содержит сколь угодно большие положительные значения x; тогда говорят, что $+\infty$ *является точкой сгущения этого множества*. Если под **окрест-**

ностью точки $+\infty$ разуметь промежуток $(\Delta, +\infty)$, то можно высказанное предположение представить и в такой форме: *в каждой окрестности точки* $+\infty$ *должны содержаться числа из множества* $\mathscr{X}$.

Если это предположение выполнено, то можно из $\mathscr{X}$ выделить последовательность (2), имеющую пределом $+\infty$. Действительно, взяв любую положительную переменную Δ_n, стремящуюся к $+\infty$, для каждого Δ_n $(n=1, 2, 3, \ldots)$ найдем в $\mathscr{X}$ значение $x_n > \Delta_n$; очевидно, $x_n \to +\infty$.

В предположении, что $+\infty$ является точкой сгущения для $\mathscr{X}$, рассмотрим определенную в этой области функцию $f(x)$. Для нее можно установить понятие *предела при* $x \to +\infty$:

$$\lim_{x \to +\infty} f(x) = A$$

совершенно так же, как и выше, заменив лишь a на $+\infty$.

Аналогично устанавливается и понятие *предела функции* $f(x)$ *при* $x \to -\infty$:

$$\lim_{x \to -\infty} f(x) = A.$$

Здесь нужно лишь заранее предположить, что $-\infty$ *есть точка сгущения множества* $\mathscr{X}$ — смысл этого ясен сам собой.

Скажем в заключение о переносе на рассматриваемый общий случай предела функции терминологии, установленной в n° 29 и 31 для функций от натурального аргумента. Пусть при определенном предельном переходе по x функция $f(x)$ стремится к нулю; тогда эту функцию называют бесконечно малой величиной. Если функция $f(x)$ стремится к конечному пределу A, то разность $f(x) - A$ будет бесконечно малой, и наоборот. При стремлении $|f(x)|$ к $+\infty$ функцию называют бесконечно большой величиной*). Наконец, легко перенести на рассматриваемый общий случай и теоремы в конце n° 31, устанавливающие связь между бесконечно малыми и бесконечно большими.

33. Другое определение предела функции. Понятие предела функции $f(x)$ при стремлении x к a мы построили на ранее изученном и более элементарном понятии предела последовательности. Можно, однако, дать другое определение предела функции, вовсе не использующее предела последовательности.

Ограничимся сначала случаем, когда оба числа a и A конечны. Тогда — в предположении, что a является точкой сгущения области $\mathscr{X}$, где задана функция $f(x)$, — новое определение предела можно дать в такой форме:

---

*) Если это обстоятельство имеет место при $x \to a$, где a — конечно, то говорят также, что в точке a функция обращается в бесконечность.

Функция $f(x)$ имеет пределом число A при стремлении x к a, если для каждого числа $\varepsilon>0$ найдется такое число $\delta>0$, что

$$|f(x)-A|<\varepsilon, \quad \textit{лишь только} \quad |x-a|<\delta \tag{8}$$

(где x взято из $\mathscr{X}$ и отлично от a)*).

Это определение совершенно равносильно данному выше в n° 32. Для доказательства предположим сначала, что выполнено только что сформулированное условие, и по произвольно взятому $\varepsilon>0$ найдено соответствующее ему в указанном смысле число $\delta>0$. Извлечем из $\mathscr{X}$ произвольную последовательность (2), сходящуюся к a (причем все x_n отличны от a). По определению предела последовательности, числу $\delta>0$ отвечает такой номер N, что при $n>N$ будет выполняться неравенство $|x_n-a|<\delta$, а следовательно [см. (8)], и $|f(x_n)-A|<\varepsilon$. Этим и доказана сходимость последовательности (5) к A. Таким образом, выполнено условие, которое содержится в прежнем определении.

Предположим теперь, что предел функции существует в согласии с прежним определением. Для доказательства того, что одновременно выполняется и условие, содержащееся в новом определении, допустим противное. Тогда для **н е к о т о р о г о** числа $\varepsilon>0$ уже не существовало бы соответствующего δ, т. е. какое бы малое δ ни взять, всегда найдется хоть одно значение переменной $x=x'$ (отличное от a), для которого

$$|x'-a|<\delta, \quad \textit{но тем не менее} \quad |f(x')-A|\geqslant\varepsilon.$$

Возьмем последовательность положительных чисел δ_n, сходящуюся к нулю. На основании только что сказанного для **к а ж д о г о** числа $\delta=\delta_n$ найдется такое значение $x'=x'_n$, что

$$|x'_n-a|<\delta_n, \quad \textit{но тем не менее} \quad |f(x'_n)-A|\geqslant\varepsilon.$$

Из этих значений, таким образом, составляется некоторая последовательность

$$x'_1, x'_2, x'_3, \ldots, x'_n, \ldots,$$

для которой

$$|x'_n-a|<\delta_n \quad (n=1, 2, 3, \ldots);$$

так как $\delta_n\to 0$, то $x'_n\to a$.

По предположению, соответствующая последовательность значений функции

$$f(x'_1), f(x'_2), f(x'_3), \ldots, f(x'_n), \ldots$$

---

*) Именно из того, что a есть точка сгущения для $\mathscr{X}$, явствует, что такие значения x в окрестности $(a-\delta, a+\delta)$ точки a наверное существуют.

должна сходиться к A, а это невозможно ввиду того, что при всех $n = 1, 2, 3, \ldots$ имеем $|f(x'_n) - A| \geqslant \varepsilon$. Полученное противоречие и доказывает наше утверждение.

Легко указать новую форму определения предела и для тех случаев, когда одно из чисел a, A или оба они равны $+\infty$ или $-\infty$. Приведем для примера в развернутом виде определение, относящееся к случаю $a = +\infty$ и A конечного (или тоже равного $+\infty$):

Функция $f(x)$ при стремлении x к $+\infty$ имеет пределом конечное число A (или $+\infty$), если для каждого числа $\varepsilon > 0$ $(E > 0)$ найдется такое число $\Delta > 0$, что

$$|f(x) - A| < \varepsilon \quad (f(x) > E), \text{ лишь только } x > \Delta \qquad (x \text{ из } \mathscr{X}).$$

Доказательство равносильности этого определения с определением «на языке последовательностей» проводится так же, как и выше.

Если применить это определение к переменной x_n, как функции от независимой переменной n, при $n \to +\infty$, то мы вернемся к исходному определению предела такой функции, или — что то же — предела последовательности, данному в n° 28 и 31 (роль числа Δ там играет N). Таким образом, в то время как прежнее определение предела функции сводило это понятие к пределу последовательности, в свою очередь *определение предела последовательности оказывается попросту частным случаем определения предела функции вообще* — в его новой форме. Тот предел, который мы раньше обозначили через

$$\lim x_n,$$

по-новому должен был бы быть записан в виде

$$\lim_{n \to +\infty} x_n.$$

Впрочем, на деле указание $n \to +\infty$ всегда может быть опущено без опасности недоразумения, ибо никакого другого предельного перехода здесь не может подразумеваться: область $\mathscr{N}$ изменения натурального указателя n имеет е д и н с т в е н н у ю точку сгущения $+\infty$.

Несмотря на различие в определениях предела функции (в новой форме) применительно к различным предположениям относительно a и A, сущность их одна и та же: функция должна содержаться в п р о и з в о л ь н о й «окрестности» своего предела A, лишь только независимая переменная содержится в н а д л е ж а щ е в ы б р а н н о й «окрестности» своего предела a.

Итак, для важного в анализе понятия предела функции мы имеем два равносильных определения; в зависимости от удобства мы будем пользоваться то тем, то другим из них.

34. Примеры. 1) Аналогично доказанному в n° 30, 5) предельному соотношению

$$\lim a^{\frac{1}{n}} = 1 \qquad (a > 1)$$

можно получить более общее:

$$\lim_{x\to 0} a^x = 1 \qquad (a > 1).$$

Требуется для заданного $\varepsilon > 0$ *) найти такое $\delta > 0$, что

$$|a^x - 1| < \varepsilon, \text{ лишь только } |x| < \delta.$$

Но первое из этих неравенств или равносильные ему неравенства

$$1 - \varepsilon < a^x < 1 + \varepsilon$$

выполнятся, если

$$\log_a(1-\varepsilon) < x < \log_a(1+\varepsilon).$$

Так как

$$\log_a(1-\varepsilon) + \log_a(1+\varepsilon) = \log_a(1-\varepsilon^2) < 0 \quad \text{и} \quad \log_a(1-\varepsilon) < -\log_a(1+\varepsilon),$$

то упомянутые неравенства и подавно выполнятся, если

$$-\log_a(1+\varepsilon) < x < \log_a(1+\varepsilon) \text{ или } |x| < \log_a(1+\varepsilon).$$

Итак, стоит лишь положить $\delta = \log_a(1+\varepsilon)$, чтобы при $|x| < \delta$ было $|a^x - 1| < \varepsilon$. Этим завершается доказательство.

2) Докажем, что

$$\lim_{x\to+\infty} a^x = +\infty \quad (\text{при } a > 1).$$

При любом $E > 0$ достаточно взять $\Delta = \log_a E$, чтобы

$$x > \Delta \text{ влекло за собой } a^x > E,$$

что и доказывает наше утверждение **).

Аналогично доказывается, что

$$\lim_{x\to-\infty} a^x = 0 \qquad (\text{при } a > 1).$$

Именно, каково бы ни было $\varepsilon > 0$ ($\varepsilon < 1$), если взять

$$\Delta = \log_a \frac{1}{\varepsilon} = -\log_a \varepsilon,$$

то при $x < -\Delta$ необходимо $a^x < \varepsilon$.

Если же $0 < a < 1$, то с помощью преобразования

$$a^x = \left(\frac{1}{a}\right)^{-x}$$

легко установить результаты

$$\lim_{x\to+\infty} a^x = 0, \qquad \lim_{x\to-\infty} a^x = +\infty \quad (\text{при } 0 < a < 1).$$

3) Установим, что при $a > 1$ и $x > 0$

$$\lim_{x\to+\infty} \log_a x = +\infty, \qquad \lim_{x\to 0} \log_a x = -\infty.$$

---

*) Причем ничто не мешает нам считать $\varepsilon < 1$.

**) С более частным результатом

$$\lim a^n = +\infty$$

мы уже имели дело в n° 31.

При любом заданном $E>0$, лишь только $x>a^E$, будем иметь $\log_a x>E$ и, аналогично, лишь только $0<x<a^{-E}$, выполняется неравенство $\log_a x<-E$. Этим и доказаны оба соотношения.

4) Имеем, далее,

$$\lim_{x\to+\infty} \operatorname{arctg} x=\frac{\pi}{2}, \quad \lim_{x\to-\infty} \operatorname{arctg} x=-\frac{\pi}{2}.$$

Остановимся для примера на первом пределе. При любом $\varepsilon>0$ достаточно взять $x>\operatorname{tg}\left(\frac{\pi}{2}-\varepsilon\right)$, чтобы было: $\operatorname{arctg} x>\frac{\pi}{2}-\varepsilon$, так что

$$0<\frac{\pi}{2}-\operatorname{arctg} x<\varepsilon.$$

5) Теперь мы установим следующий (в а ж н ы й и д л я д а л ь н е й ш е г о) результат:

$$\lim_{x\to 0}\frac{\sin x}{x}=1. \tag{9}$$

Предварительно, однако, нам придется доказать некоторые полезные неравенства:

$$\sin x<x<\operatorname{tg} x \quad \text{при} \quad 0<x<\frac{\pi}{2}. \tag{10}$$

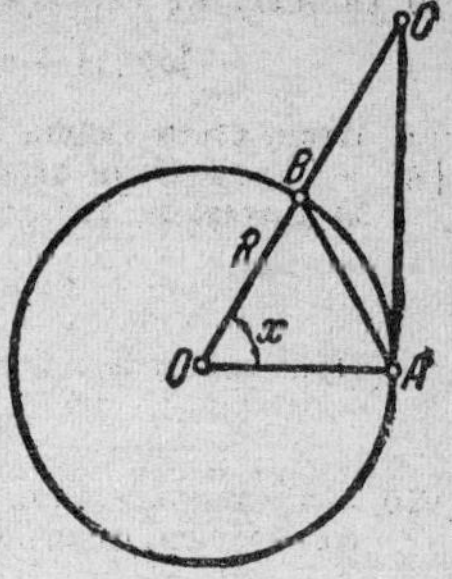

Рис. 19.

С этой целью в круге радиуса R рассмотрим о с т р ы й угол AOB, хорду AB и касательную AC к окружности в точке A (рис. 19). Тогда имеем: площадь $\triangle AOB<$ площади сектора $AOB<$ площади $\triangle AOC$ *).

Если через x обозначить р а д и а н н у ю м е р у угла AOB, так что длина дуги $\smile{AB}$ выразится произведением Rx, то эти неравенства перепишутся так:

$$\frac{1}{2}R^2\cdot\sin x<\frac{1}{2}R^2\cdot x<\frac{1}{2}R^2\cdot\operatorname{tg} x.$$

Отсюда — по сокращении на $\frac{1}{2}R^2$ — и приходим к неравенствам (10).

В предположении, что $0<x<\frac{\pi}{2}$, разделим $\sin x$ на каждый из членов неравенств (10). Мы получим

$$1>\frac{\sin x}{x}>\cos x,$$

откуда

$$0<1-\frac{\sin x}{x}<1-\cos x.$$

*) При этом мы пользуемся теми сведениями о площадях элементарных фигур, которые излагаются в школьном курсе.

Но

$$1-\cos x=2\sin^2\frac{x}{2}<2\sin\frac{x}{2}<x$$

[в силу (10)], так что

$$0<1-\frac{\sin x}{x}<x.$$

Отсюда вытекает неравенство

$$\left|\frac{\sin x}{x}-1\right|<|x|,$$

которое, очевидно, сохранится и при изменении знака x, т. е. будет справедливо для всех $x\neq 0$, лишь только $|x|<\frac{\pi}{2}$.

Полученное неравенство и решает вопрос. Действительно, если по произволу задано число $\varepsilon>0$, то за δ достаточно выбрать наименьшее из чисел ε, $\frac{\pi}{2}$: при $|x|<\delta$, прежде всего, применимо это неравенство $\left(\text{ведь } \delta\leqslant\frac{\pi}{2}\right)$, и именно в силу него (так как $\delta\leqslant\varepsilon$)

$$\left|\frac{\sin x}{x}-1\right|<\varepsilon.$$

6) Интересен, наконец, и пример, когда предел функции не существует: функция $\sin x$ при стремлении x к $+\infty$ $(-\infty)$ вовсе не имеет предела.

В отсутствии предела всего проще убедиться, стоя на «точке зрения последовательностей». Достаточно заметить, что двум последовательностям

$$\left\{\frac{2n-1}{2}\pi\right\} \text{ и } \left\{\frac{2n+1}{2}\pi\right\} \qquad (n=1, 2, 3, \ldots)$$

значений x, имеющим пределом $+\infty$, отвечают последовательности значений функции, стремящиеся к различным пределам:

$$\sin\frac{2n-1}{2}\pi=-1\to-1, \qquad \sin\frac{2n+1}{2}\pi=1\to 1.$$

Если вспомнить «колебательный» характер синусоиды, то отсутствие предела в рассматриваемом случае станет наглядным.

Аналогично, и функция $\sin\frac{1}{\alpha}$ при стремлении α к нулю (как при $\alpha>0$, так и при $\alpha<0$) предела не имеет. Это, в сущности, лишь другая форма приведенного выше примера: стоит лишь в функции $\sin x$ заменить x на $\frac{1}{\alpha}$. Очевидно, если α пробегает последовательность положительных (отрицательных) значений, приближающихся к нулю, то $x=\frac{1}{\alpha}$ стремится к $+\infty$ $(-\infty)$, и обратно.

Напишем снова в выражении $\sin\frac{1}{\alpha}$ вместо буквы α букву x (чтобы вернуться к привычному обозначению абсциссы) и рассмотрим поучительный график функции

$$y = \sin\frac{1}{x} \quad (x \neq 0),$$

ограничиваясь значениями x от 0 до $\frac{2}{\pi}$ $\left(\text{и от } -\frac{2}{\pi} \text{ до } 0\right)$.

Отметим последовательно убывающие до 0 значения x:

$$\frac{2}{\pi},\ \frac{1}{\pi},\ \frac{2}{3\pi},\ \frac{1}{2\pi},\ \frac{2}{5\pi},\ \frac{1}{3\pi},\ \frac{2}{7\pi}, \ldots,\ \frac{2}{(2n-1)\pi},\ \frac{1}{n\pi},\ \frac{2}{(2n+1)\pi}, \ldots;$$

им отвечают растущие до $+\infty$ значения $\frac{1}{x}$:

$$\frac{\pi}{2},\ \pi,\ \frac{3\pi}{2},\ 2\pi,\ \frac{5\pi}{2},\ 3\pi,\ \frac{7\pi}{2}, \ldots,\ \frac{(2n-1)\pi}{2},\ n\pi,\ \frac{(2n+1)\pi}{2}, \ldots$$

В промежутках между указанными значениями (при убывании x) наша функция попеременно убывает от 1 до 0 и от 0 до -1, затем возрастает от -1 до 0 и от 0 до 1 и т. д. Таким образом, функция $\sin\frac{1}{x}$ производит бесконечное множество колебаний, подобно функции $\sin x$, но, в то время как для последней эти колебания распределяются на бесконечный промежуток, здесь они все умещаются в конечном промежутке, сгущаясь к нулю.

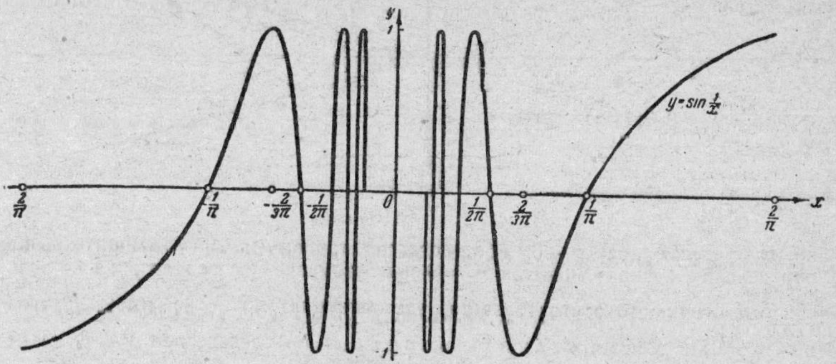

Рис. 20.

График изображен на рис. 20 (разумеется, не полностью — бесконечное множество колебаний воспроизвести невозможно!). Так как при изменении знака x и $\sin\frac{1}{x}$ меняется знак, то левая половина графика симметрична с правой относительно начала.

7) Если для $x \neq 0$ рассмотреть функцию $x \cdot \sin\frac{1}{x}$, которая отличается множителем x от только что изученной функции $\sin\frac{1}{x}$, то на этот раз предел при $x \to 0$ существует:

$$\lim_{x \to 0} x \cdot \sin\frac{1}{x} = 0,$$

что сразу ясно из неравенства

$$\left|x \cdot \sin\frac{1}{x}\right| \leqslant |x|.$$

При приближении x к нулю, наша функция по-прежнему производит бесконечное множество колебаний, но их амплитуда (благодаря множителю x) убывает, стремясь к нулю, чем и обеспечивается существование предела.

График функции

$$y = x \cdot \sin\frac{1}{x}$$

изображен на рис. 21; он умещается между двумя биссектрисами $y = x$ и $y = -x$ координатных углов *).

З а м е ч а н и е. Мы имели пределы

$$\lim_{x \to 0} \frac{\sin x}{x} = 1, \quad \lim_{x \to 0} x \cdot \sin\frac{1}{x} = 0,$$

объединенные одной особенностью: ни одна из рассматриваемых здесь функций не о п р е д е л е н а при $x = 0$. Но это нисколько не мешает говорить

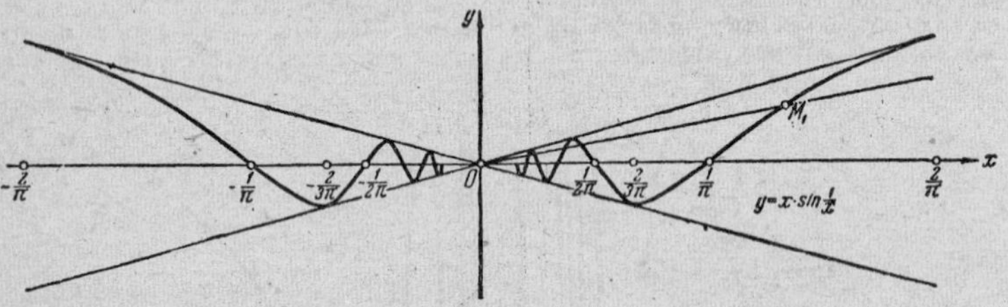

Рис. 21.

об их пределах при $x \to 0$, ибо, согласно точному смыслу данного выше определения, как раз значение $x = 0$ при этом н е р а с с м а т р и в а е т с я.

Аналогично, то обстоятельство, что функция $\sin\frac{1}{x}$ не имеет смысла при $x = 0$, не мешает с т а в и т ь в о п р о с об ее пределе при $x \to 0$; но на этот раз предел оказывается несуществующим.

35. Односторонние пределы. Если область $\mathscr{X}$ такова, что в любой близости от a, *но с п р а в а о т a*, найдутся значения x из $\mathscr{X}$, то можно специализировать данное в n° 32 и 33 определение предела функции, ограничившись лишь значениями $x > a$. В этом случае предел функции, если он существует, называется *пределом функции $f(x)$ при стремлении x к a с п р а в а* (или короче — *в точке a с п р а в а*) и обозначается символом

$$\lim_{x \to a+0} f(x) \quad \text{или} \quad f(a+0).$$

---

*) На рис. 20 и 21 для ясности пришлось по оси x взять бóльший масштаб, что создает и с к а ж е н и е.

Аналогично определяется понятие *предела функции при стремлении x к a (в точке a) слева*

$$\lim_{x \to a - 0} f(x) \quad \text{или} \quad f(a-0)\,^{*)}.$$

Оба эти предела называются **односторонними**.

Если область $\mathscr{X}$ допускает безграничное приближение к a и справа и слева, то можно рассматривать и тот и другой пределы. Легко

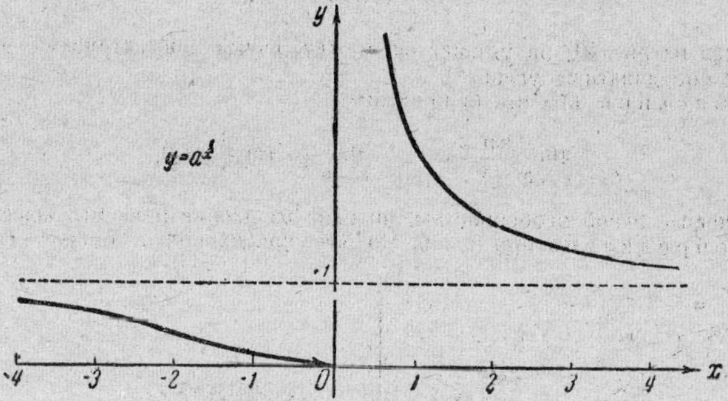

Рис. 22.

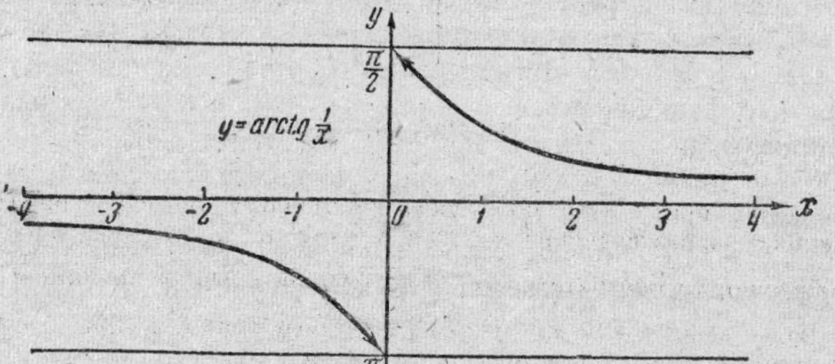

Рис. 23.

установить, что *для существования обыкновенного* («двустороннего») *предела* (6) *необходимо и достаточно существование порознь и* ***равенство*** *обоих пределов справа и слева:*

$$\lim_{x \to a+0} f(x) = \lim_{x \to a-0} f(x) = A.$$

Отметим, что эти пределы могут оба существовать, но не быть равными. Примеры тому легко построить, исходя из уже рассмотренных в п° **34** примеров 1) и 4).

---

*) Если само $a = 0$, то вместо $0+0$ ($0-0$) пишут просто $+0$ (-0).

Примеры. Определим две функции для $x \neq 0$ равенствами

$$f_1(x) = a^{\frac{1}{x}} \quad (a > 1), \quad f_2(x) = \operatorname{arctg}\frac{1}{x}.$$

Для первой из них имеем

$$f_1(+0) = \lim_{x \to +0} a^{\frac{1}{x}} = \lim_{z \to +\infty} a^z = +\infty,$$

$$f_1(-0) = \lim_{x \to -0} a^{\frac{1}{x}} = \lim_{z \to -\infty} a^z = 0.$$

Для второй же

$$f_2(+0) = \lim_{x \to +0} \operatorname{arctg}\frac{1}{x} = \lim_{z \to +\infty} \operatorname{arctg} z = \frac{\pi}{2},$$

$$f_2(-0) = \lim_{x \to -0} \operatorname{arctg}\frac{1}{x} = \lim_{z \to -\infty} \operatorname{arctg} z = -\frac{\pi}{2}.$$

Графики этих функций даны на рис. 22 и 23.

§ 2. ТЕОРЕМЫ О ПРЕДЕЛАХ

36. Свойства функции от натурального аргумента, имеющей конечный предел. Так как формулировка и доказательство теорем, относящихся к функции от натурального аргумента, выглядят проще, чем в случае функции общего вида, то мы всегда сначала будем формулировать и доказывать теоремы для отмеченного частного случая, а затем лишь сделаем указания относительно переноса их на общий случай.

1) *Если переменная x_n стремится к пределу a, и $a > p$ $(a < q)$, то и все значения переменной, начиная с некоторого, тоже будут больше p (меньше q).*

Выбрав положительное число $\varepsilon < a - p$ $(q - a)$, будем иметь

$$a - \varepsilon > p \quad (a + \varepsilon < q).$$

Но, по определению предела переменной x_n [n° 28], для этого ε найдется такое N, что при $n > N$ будет

$$a - \varepsilon < x_n < a + \varepsilon.$$

Для тех же значений и подавно: $x_n > p$ $(x_n < q)$.

Это простое предложение имеет ряд полезных следствий.

2) *Если переменная x_n стремится к пределу $a > 0$ (< 0), то и сама переменная $x_n > 0$ (< 0), начиная с некоторого места.*

Для доказательства достаточно применить предыдущее утверждение, взяв $p = 0$ $(q = 0)$.

3) Если переменная x_n стремится к пределу a, причем всегда

$$x_n \leqslant p \quad (\geqslant q),$$

то и

$$a \leqslant p \quad (\geqslant q).$$

Доказывается от противного, со ссылкой на 1).

Опираясь на предложение 1), докажем теперь единственность предела.

4) *Переменная x_n не может одновременно стремиться к двум различным (конечным) пределам.*

Действительно, допустим противное: пусть одновременно $x_n \to a$ и $x_n \to b$, причем $a < b$. Возьмем любое число r между a и b:

$$a < r < b.$$

Поскольку $x_n \to a$ и $a < r$, найдется такой номер N', что для $n > N'$ будет выполняться неравенство: $x_n < r$. С другой стороны, раз $x_n \to b$ и $b > r$, найдется и такой номер N'', что для $n > N''$ окажется $x_n > r$. Если взять номер n бо́льшим и N' и N'', то соответствующее значение переменной x_n будет одновременно и меньшим r, и бо́льшим r, что невозможно.

Это противоречие доказывает наше утверждение.

5) *Если переменная x_n имеет конечный предел, то она является ограниченной* в том смысле, что все ее значения содержатся между двумя конечными границами:

$$m \leqslant x_n \leqslant M \qquad (n = 1, 2, 3, \ldots). \tag{1}$$

Прежде всего, непосредственно из определения предела ясно, что, какое бы ни взять $\varepsilon > 0$, найдется такое N, что для $n > N$ будет

$$a - \varepsilon < x_n < a + \varepsilon.$$

Таким образом, для $n = N+1, N+2, \ldots$ значения x_n уже заключены между границами $a - \varepsilon$ и $a + \varepsilon$. Вне этих границ могут лежать лишь некоторые из первых N значений

$$x_1, \; x_2, \ldots, \; x_N.$$

Так как таких исключительных значений всего конечное число, то можно раздвинуть указанные границы так, чтобы между новыми границами m и M содержались уже все значения x_n. Например, можно за m взять наименьшее из чисел

$$a - \varepsilon, \; x_1, \; x_2, \; \ldots, \; x_N,$$

а за M — наибольшее из чисел

$$a + \varepsilon, \; x_1, \; x_2, \; \ldots, \; x_N.$$

Замечание. Отсюда ясно, в частности, что переменная, имеющая конечный предел, не может одновременно стремиться ни к $+\infty$, ни к $-\infty$. В этом состоит некоторое дополнение к теореме 4) об единственности предела.

37. Распространение на случай функции от произвольной переменной. Легко перефразировать содержание n° 36 на общий случай функции $f(x)$, заданной в некоторой области $\mathscr{X}$ с точкой сгущения a *).

1) *Если при стремлении x к a функция $f(x)$ имеет конечный предел A, и $A>p$ $(A<q)$, то для достаточно близких к a значений x (отличных от a) и сама функция удовлетворяет неравенству*

$$f(x)>p \quad (f(x)<q). \tag{2}$$

Выбрав положительное число $\varepsilon<A-p$ $(q-A)$, будем иметь

$$A-\varepsilon>p \quad (A+\varepsilon<q).$$

Но, по второму определению предела функции [n° 33], для этого ε найдется такое δ, что, лишь только $|x-a|<\delta$ (где x взято из $\mathscr{X}$ и отлично от a), тотчас же

$$A-\varepsilon<f(x)<A+\varepsilon.$$

Для тех же значений x и подавно будет выполняться (2).

Читатель видит, что никаких новых идей для доказательства привлекать не пришлось.

Отсюда непосредственно могут быть оправданы и утверждения, аналогичные 2), 3) и 4) из n° 36. Например, полагая в 1) $p=0$ $(q=0)$, получим:

2) *Если при $x \to a$ функция $f(x)$ имеет конечный положительный (отрицательный) предел, то и сама функция положительна (отрицательна), по крайней мере для значений x, достаточно близких к a, но отличных от a.*

Справедливо и утверждение, аналогичное 5), но в более слабой форме:

3) *Если при стремлении x к a функция $f(x)$ имеет конечный предел A, то для значений x, достаточно близких к a, функция будет ограниченной* в том смысле, что ее значения содержатся между двумя конечными границами:

$$m \leqslant f(x) \leqslant M \text{ лишь для } 0<|x-a|<\delta.$$

Действительно, по определению предела, задавшись числом $\varepsilon>0$, найдем такое $\delta>0$, что

$$A-\varepsilon<f(x)<A+\varepsilon, \quad \text{если} \quad 0<|x-a|<\delta.$$

Напомним, что аналогичный результат мы первоначально получили и для переменной x_n: неравенства

$$a-\varepsilon<x_n<a+\varepsilon$$

*) Число a может быть $+\infty$ или $-\infty$; но мы для определенности ограничимся случаем конечного a.

выполнялись только для $n > N$. Но в прежнем случае вне этих границ могло оказаться лишь конечное число значений, и легко было найти новые границы, между которыми содержались бы уже все значения без исключения. Здесь же этого, вообще говоря, уже сделать нельзя, ибо значений x, для которых $|x - a| \geqslant \delta$, может оказаться и бесконечное множество. Например, функция $f(x) = \frac{1}{x}$ (для $x > 0$) при $x \to 1$ стремится к единице; очевидно, $0 < f(x) < 2$, если $|x - 1| < \frac{1}{2}$, однако для всех рассматриваемых значений x функция $f(x)$ вовсе не будет ограниченной: при $x \to +0$ она стремится к $+\infty$.

38. Предельный переход в равенстве и неравенстве. Соединяя две переменные x_n и y_n знаками равенства или неравенства, мы всегда подразумеваем, что речь идет о соответствующих значениях их, т. е. о значениях с одним и тем же номером.

1) *Если две переменные x_n, y_n при всех их изменениях равны: $x_n = y_n$, причем каждая из них имеет конечный предел:*

$$\lim x_n = a, \quad \lim y_n = b,$$

то равны и эти пределы: $a = b$.

Непосредственно следует из единственности предела [36, 4)].

Этой теоремой пользуются обычно в форме предельного перехода в равенстве: из $x_n = y_n$ заключают, что $\lim x_n = \lim y_n$.

2) *Если для двух переменных x_n, y_n всегда выполняется неравенство $x_n \geqslant y_n$, причем каждая из них имеет конечный предел:*

$$\lim x_n = a, \quad \lim y_n = b,$$

то и $a \geqslant b$.

Допустим противное: пусть $a < b$. Рассуждая так же, как и в n° 36, 4), возьмем число r между a и b, так что $a < r < b$. Тогда, с одной стороны, найдется такой номер N', что для $n > N'$ будет $x_n < r$, с другой же — найдется и такой номер N'', что для $n > N''$ окажется $y_n > r$. Если N больше обоих чисел N', N'', то для номеров $n > N$ будут одновременно выполняться оба неравенства

$$x_n < r, \quad y_n > r, \quad \text{откуда } x_n < y_n,$$

что противоречит предположению. Теорема доказана.

Эта теорема устанавливает допустимость предельного перехода в неравенстве (соединенном с равенством): из $x_n \geqslant y_n$ можно заключить, что $\lim x_n \geqslant \lim y_n$.

Конечно, знак $>$ всюду может быть заменен знаком $<$.

Мы обращаем внимание читателя на то, что из строгого неравенства $x_n > y_n$, вообще говоря, не вытекает строгое же неравенство $\lim x_n > \lim y_n$, а только, по-прежнему: $\lim x_n \geqslant \lim y_n$. Так, например, $\frac{1}{n} > -\frac{1}{n}$ при всех n, и тем не менее

$$\lim \frac{1}{n} = \lim\left(-\frac{1}{n}\right) = 0.$$

Из теоремы 2), как частный случай, может быть получено утверждение 3) n° 36.

При установлении существования и величины предела часто бывает полезна теорема:

3) *Если для переменных* x_n, y_n, z_n *всегда выполняются неравенства*

$$x_n \leqslant y_n \leqslant z_n,$$

причем переменные x_n *и* z_n *стремятся к общему пределу* a:

$$\lim x_n = \lim z_n = a,$$

то и переменная y_n *имеет тот же предел:*

$$\lim y_n = a.$$

Зададимся произвольным $\varepsilon > 0$. По этому ε, прежде всего, найдется такой номер N', что при $n > N'$

$$a - \varepsilon < x_n < a + \varepsilon.$$

Затем найдется такой номер N'', что при $n > N''$

$$a - \varepsilon < z_n < a + \varepsilon.$$

Пусть N будет больше обоих чисел N' и N''; тогда, при $n > N$, выполняются оба предшествующих двойных неравенства, и потому

$$a - \varepsilon < x_n \leqslant y_n \leqslant z_n < a + \varepsilon.$$

Окончательно при $n > N$

$$a - \varepsilon < y_n < a + \varepsilon \text{ или } |y_n - a| < \varepsilon.$$

Таким образом, действительно, $\lim y_n = a$.

Из этой теоремы, в частности, следует: *если при всех* n

$$a \leqslant y_n \leqslant z_n$$

и известно, что $z_n \to a$, *то и* $y_n \to a$. Впрочем, это очень легко доказать и непосредственно.

Теоремы 1), 2) и 3) легко распространяются и на случай бесконечных пределов.

39. Леммы о бесконечно малых. В дальнейших теоремах нам придется рассматривать одновременно две переменные (или больше), сочетая их между собой знаками арифметических действий. При этом, как и выше, мы относим эти знаки к соответствующим значениям переменных. Например, говоря о сумме двух переменных x_n и y_n, пробегающих порознь последовательности значений

$$x_1, x_2, x_3, \ldots, x_n, \ldots$$

и

$$y_1, y_2, y_3, \ldots, y_n, \ldots,$$

мы имеем в виду переменную x_n+y_n, принимающую последовательность значений

$$x_1+y_1, x_2+y_2, x_3+y_3 \ldots, x_n+y_n, \ldots$$

При доказательстве теорем, относящихся к результатам арифметических операций над переменными, будут полезны следующие две леммы о бесконечно малых:

Лемма 1. Сумма любого конечного числа бесконечно малых есть также величина бесконечно малая.

Проведем доказательство для случая двух бесконечно малых α_n и β_n (общий случай исчерпывается аналогично).

Зададимся произвольным числом $\varepsilon>0$. Согласно определению бесконечно малой, по числу $\frac{\varepsilon}{2}$ для бесконечно малой α_n найдется такой номер N', что при $n>N'$ будет

$$|\alpha_n|<\frac{\varepsilon}{2}.$$

Точно так же и для бесконечно малой β_n найдется такой номер N'', что при $n>N''$ будет

$$|\beta_n|<\frac{\varepsilon}{2}.$$

Если взять натуральное число N бóльшим обоих чисел N' и N'', то при $n>N$ одновременно выполняются оба эти неравенства, так что

$$|\alpha_n+\beta_n|\leqslant|\alpha_n|+|\beta_n|<\frac{\varepsilon}{2}+\frac{\varepsilon}{2}=\varepsilon.$$

Итак, величина $\alpha_n+\beta_n$ действительно является бесконечно малой.

Лемма 2. Произведение ограниченной переменной x_n на бесконечно малую α_n есть величина бесконечно малая.

Пусть для всех значений n

$$m\leqslant x_n\leqslant M.$$

Обозначив через L наибольшую из абсолютных величин $|m|$, $|M|$, будем иметь

$$-L\leqslant m\leqslant x_n\leqslant M\leqslant L \quad \text{или} \quad |x_n|\leqslant L.$$

Если задано произвольное число $\varepsilon>0$, то по числу $\frac{\varepsilon}{L}$ для бесконечно малой α_n найдется такой номер N, что для $n>N$ будет

$$|\alpha_n|<\frac{\varepsilon}{L}.$$

Тогда для тех же значений n, очевидно,

$$|x_n \cdot \alpha_n| = |x_n| \cdot |\alpha_n| < L \cdot \frac{\varepsilon}{L} = \varepsilon.$$

Отсюда и следует, что $x_n \cdot \alpha_n$ есть бесконечно малая.

40. Арифметические операции над переменными. Следующие теоремы важны в том отношении, что с их помощью во многих случаях делается ненужным восхождение всякий раз к определению понятия предела — с разысканием по заданному ε соответствующего N и т. д. Этим вычисление пределов значительно облегчается.

1) *Если переменные x_n и y_n имеют конечные пределы:*

$$\lim x_n = a, \quad \lim y_n = b,$$

то и сумма (разность) их также имеет конечный предел, причем

$$\lim (x_n \pm y_n) = a \pm b.$$

Из условия теоремы следует, что

$$x_n = a + \alpha_n, \quad y_n = b + \beta_n, \tag{3}$$

где α_n и β_n — бесконечно малые. Тогда

$$x_n \pm y_n = (a \pm b) + (\alpha_n \pm \beta_n).$$

Здесь $\alpha_n \pm \beta_n$ есть бесконечно малая по лемме 1 n° 39; следовательно, можно утверждать, что переменная $x_n \pm y_n$ имеет предел, равный $a \pm b$, что и требовалось доказать.

Эта теорема и ее доказательство переносятся на случай любого конечного числа слагаемых.

2) *Если переменные x_n и y_n имеют конечные пределы:*

$$\lim x_n = a, \quad \lim y_n = b,$$

то и произведение их также имеет конечный предел, и

$$\lim x_n y_n = ab.$$

Исходя из тех же равенств (3), имеем на этот раз

$$x_n y_n = ab + (a\beta_n + b\alpha_n + \alpha_n\beta_n).$$

Выражение в скобках, в силу лемм 1 и 2, есть величина бесконечно малая. Отсюда и следует, что переменная $x_n y_n$ действительно имеет пределом ab.

Эта теорема может быть распространена на случай любого конечного числа сомножителей (например, методом математической индукции).

3) *Если переменные x_n и y_n имеют конечные пределы:*

$$\lim x_n = a, \quad \lim y_n = b,$$

причем b отлично от нуля, то и отношение их также имеет конечный предел, а именно,

$$\lim \frac{x_n}{y_n} = \frac{a}{b}.$$

Пусть, например, $b > 0$; вставим между нулем и b число r. Тогда, согласно утверждению n° 36, 1), начиная с некоторого места

$$y_n > r > 0,$$

так что во всяком случае $y_n \neq 0$. Ограничимся теми значениями номера n, для которых это выполняется; тогда отношение $\frac{x_n}{y_n}$ заведомо имеет смысл.

Исходя, по-прежнему, из равенств (3), имеем

$$\frac{x_n}{y_n} - \frac{a}{b} = \frac{a + \alpha_n}{b + \beta_n} - \frac{a}{b} = \frac{1}{by_n}(b\alpha_n - a\beta_n).$$

Выражение в скобках, в силу лемм 1 и 2, есть величина бесконечно малая. Множитель же при нем, на основании сказанного вначале, будет ограниченной переменной:

$$0 < \frac{1}{by_n} < \frac{1}{br}.$$

Следовательно, по лемме 2, все произведение справа будет бесконечно малым, а оно представляет разность между переменной $\frac{x_n}{y_n}$ и числом $\frac{a}{b}$. Итак, предел $\frac{x_n}{y_n}$ есть $\frac{a}{b}$, что и требовалось доказать.

41. Неопределенные выражения. В предыдущем номере мы рассматривали выражения

$$x_n \pm y_n, \quad x_n y_n, \quad \frac{x_n}{y_n} \tag{4}$$

и, в предположении, что переменные x_n и y_n стремятся к конечным пределам (из которых, в случае частного, предел y_n не должен был равняться нулю), устанавливали пределы каждого из этих выражений.

Оставлены были без рассмотрения случаи, когда пределы переменных x_n и y_n (один или оба) бесконечны или — если речь идет о частном — когда предел знаменателя нуль. Из этих случаев мы здесь остановимся лишь на четырех, представляющих некоторую важную и интересную особенность.

1°. Рассмотрим сначала частное $\frac{x_n}{y_n}$ и предположим, что обе переменные x_n и y_n одновременно стремятся к нулю. Здесь мы впервые сталкиваемся с совсем особым обстоятельством: хотя нам известны пределы x_n и y_n, но о пределе их отношения — не зная самих этих функций от n — никакого общего утверждения мы сделать не можем. *Этот предел, в зависимости от частного закона изменения обеих переменных, может иметь различные значения или даже вовсе не существовать.* Следующие простые примеры поясняют это.

Пусть, скажем, $x_n = \frac{1}{n^2}$ и $y_n = \frac{1}{n}$; обе переменные стремятся к нулю. Их отношение $\frac{x_n}{y_n} = \frac{1}{n}$ также стремится к нулю. Если же, наоборот, положить $x_n = \frac{1}{n}$, $y_n = \frac{1}{n^2}$, то, хотя они стремятся к нулю, на этот раз их отношение $\frac{x_n}{y_n} = n$ стремится к $+\infty$! Взяв же любое отличное от нуля число a и построив две бесконечно малые $x_n = \frac{a}{n}$ и $y_n = \frac{1}{n}$, видим, что отношение их имеет пределом a (так как тождественно равно a).

Наконец, если $x_n = \frac{(-1)^{n+1}}{n}$, $y_n = \frac{1}{n}$ (обе имеют пределом нуль), то отношение $\frac{x_n}{y_n} = (-1)^{n+1}$ оказывается вовсе не имеющим предела.

Таким образом, одно знание пределов переменных x_n и y_n в данном случае не позволяет еще судить о поведении их отношения: необходимо знать сами функции, т. е. закон их изменения вместе с n, и непосредственно исследовать отношение $\frac{x_n}{y_n}$. Для того чтобы характеризовать эту особенность, говорят, что, когда $x_n \to 0$ и $y_n \to 0$, *выражение* $\frac{x_n}{y_n}$ *представляет неопределенность вида* $\frac{0}{0}$.

2°. В случае, когда одновременно $x_n \to \pm\infty$ и $y_n \to \pm\infty$, имеет место подобное же обстоятельство. Не зная самих функций, общего утверждения о поведении их отношения сделать нельзя. Этот факт иллюстрируется примерами, вполне аналогичными приведенным в 1°:

$$x_n = n \to \infty, \quad y_n = n^2 \to \infty, \quad \frac{x_n}{y_n} = \frac{1}{n} \to 0;$$

$$x_n = n^2 \to \infty, \quad y_n = n \to \infty, \quad \frac{x_n}{y_n} = n \to \infty;$$

$$x_n = an \to \pm\infty \ (a \gtrless 0), \quad y_n = n \to \infty, \quad \frac{x_n}{y_n} = a \to a;$$

$x_n = [2 + (-1)^{n+1}]\, n \to \infty, \quad y_n = n \to \infty, \quad \frac{x_n}{y_n} = 2 + (-1)^{n+1}$ вовсе не имеет предела.

И в этом случае говорят, что *выражение* $\frac{x_n}{y_n}$ *представляет неопределенность*, на этот раз — *вида* $\frac{\infty}{\infty}$.

Обратимся к рассмотрению произведения $x_n y_n$.

3°. Если x_n стремится к нулю, в то время как y_n стремится к $\pm\infty$, то, исследуя поведение произведения $x_n y_n$, мы сталкиваемся с такой же особенностью, как и в пунктах 1° и 2°. Об этом свидетельствуют примеры:

$$x_n = \frac{1}{n^2} \to 0, \quad y_n = n \to \infty, \quad x_n y_n = \frac{1}{n} \to 0;$$

$$x_n = \frac{1}{n} \to 0, \quad y_n = n^2 \to \infty, \quad x_n y_n = n \to \infty;$$

$$x_n = \frac{a}{n} \to 0 \quad (a \gtrless 0), \quad y_n = n \to \infty, \quad x_n y_n = a \to a;$$

$$x_n = \frac{(-1)^{n+1}}{n} \to 0, \quad y_n = n \to \infty, \quad x_n y_n = (-1)^{n+1} \text{ вовсе не имеет}$$

предела.

В связи с этим, при $x_n \to 0$ и $y_n \to \infty$, говорят, что *выражение $x_n y_n$ представляет* *неопределенность* *вида* $0 \cdot \infty$.

Рассмотрим, наконец, сумму $x_n + y_n$.

4°. Здесь оказывается особым случай, когда x_n и y_n стремятся к бесконечности разных знаков: именно в этом случае о сумме $x_n + y_n$ ничего определенного сказать нельзя, не зная самих функций x_n и y_n. Различные возможности, представляющиеся здесь, иллюстрируются примерами:

$$x_n = 2n \to +\infty, \quad y_n = -n \to -\infty, \quad x_n + y_n = n \to +\infty;$$

$$x_n = n \to +\infty, \quad y_n = -2n \to -\infty, \quad x_n + y_n = -n \to -\infty;$$

$$x_n = n + a \to +\infty, \quad y_n = -n \to -\infty, \quad x_n + y_n = a \to a;$$

$$x_n = n + (-1)^{n+1} \to +\infty, \quad y_n = -n \to -\infty, \quad x_n + y_n = (-1)^{n+1}$$

вовсе не имеет предела.

Ввиду этого, при $x_n \to +\infty$ и $y_n \to -\infty$, говорят, что *выражение $x_n + y_n$ представляет* *неопределенность* *вида* $\infty - \infty$.

Таким образом, определить пределы арифметических выражений (4) по пределам переменных x_n и y_n, из которых они составлены, не всегда возможно. Мы нашли четыре случая, когда этого заведомо сделать нельзя: неопределенности вида

$$\frac{0}{0}, \ \frac{\infty}{\infty}, \ 0 \cdot \infty, \ \infty - \infty \ ^{*)}.$$

В этих случаях приходится, учитывая закон изменения x_n и y_n, непосредственно исследовать интересующее нас выражение. Подобное исследование получило название раскрытия неопределенности. Далеко не всегда оно так просто, как в приведенных выше схематических примерах.

---

*) Конечно, символы эти лишены всякого числового смысла. Каждый из них является лишь краткой условной характеристикой для выражений одного из четырех типов неопределенности.

42. Распространение на случай функции от произвольной переменной. Сделаем снова замечание относительно общего случая. Так как здесь мы имеем в виду теоремы, в которых переменные связываются знаками равенства, неравенства или арифметических действий, мы, прежде всего, должны оговорить, что, соединяя две или несколько функций $f(x)$, $g(x)$, ... (определенных в одной и той же области $\mathcal{X}$) такими знаками, мы всегда подразумеваем, что их значения отвечают одному и тому же значению x.

Все эти теоремы можно было бы доказать аналогичным образом наново, как мы это сделали в n° 37, но — и это важно подчеркнуть — *на деле вовсе нет необходимости их передоказывать*. Если, говоря о пределе функции, стоять на «точке зрения последовательностей», то, поскольку для переменных, зависящих от указателя n, теоремы доказаны, они верны и для функций в общем случае.

Для примера остановимся на теоремах 1), 2), 3) из n° 40.

Пусть в области $\mathcal{X}$ (с точкой сгущения a) заданы две функции $f(x)$ и $g(x)$, и при стремлении x к a обе имеют конечные пределы

$$\lim f(x) = A, \quad \lim g(x) = B.$$

Тогда и функции

$$f(x) \pm g(x), \quad f(x) \cdot g(x), \quad \frac{f(x)}{g(x)} \tag{5}$$

также имеют конечные пределы (в случае частного — в предположении, что $B \neq 0$), именно

$$A \pm B, \quad A \cdot B, \quad \frac{A}{B}.$$

На «языке последовательностей» данные соотношения расшифровываются так: если $\{x_n\}$ есть л ю б а я последовательность (отличных от a) значений x из $\mathcal{X}$, имеющая пределом a, то

$$f(x_n) \to A, \quad g(x_n) \to B.$$

Если к этим двум функциям уже от натурального аргумента n применить доказанные теоремы, то получаем сразу:

$$\lim [f(x_n) \pm g(x_n)] = A \pm B, \quad \lim f(x_n) \cdot g(x_n) = A \cdot B,$$

$$\lim \frac{f(x_n)}{g(x_n)} = \frac{A}{B},$$

а это (на «языке последовательностей») и выражает именно то, что нужно было доказать *).

---

*) В случае частного можно было бы заметить [аналогично тому, как мы это сделали для y_n в n° 40, 3)], что для x, достаточно близких к a, знаменатель $g(x) \neq 0$, так что дробь $\dfrac{f(x)}{g(x)}$ имеет смысл по крайней мере для этих значений x.

Таким же образом на общий случай, рассматриваемый нами теперь, переносится и сказанное в n° 41 относительно «неопределенных выражений», условно характеризуемых символами

$$\frac{0}{0}, \quad \frac{\infty}{\infty}, \quad 0\cdot\infty, \quad \infty-\infty.$$

Как и в простейшем случае, когда мы имели дело с функциями натурального аргумента, здесь для «раскрытия неопределенности» уже недостаточно знать лишь пределы функций $f(x)$ и $g(x)$, а нужно учесть и самый закон их изменения. Примеры раскрытия неопределенностей читатель найдет в следующем номере.

Мы вернемся к этому вопросу в § 3 главы VII, где будут даны общие методы раскрытия неопределенностей уже с применением дифференциального исчисления.

43. Примеры. 1) Пусть $p(x)$ будет многочлен, целый относительно x, с постоянными коэффициентами:

$$p(x)=a_0x^k+a_1x^{k-1}+\ldots+a_{k-1}x+a_k \qquad (a_0\neq 0).$$

Поставим вопрос о пределе его при $x\to+\infty$. Если бы все коэффициенты этого многочлена были положительны (отрицательны), то сразу ясно, что пределом $p(x)$ будет $+\infty$ $(-\infty)$. Но в случае коэффициентов разных знаков одни члены стремятся к $+\infty$, другие к $-\infty$, и налицо неопределенность вида $\infty-\infty$.

Для раскрытия этой неопределенности представим $p(x)$ в виде

$$p(x)=x^k\left(a_0+\frac{a_1}{x}+\ldots+\frac{a_{k-1}}{x^{k-1}}+\frac{a_k}{x^k}\right).$$

Так как все слагаемые в скобках, начиная со второго, при безграничном возрастании x будут бесконечно малыми, то выражение в скобках имеет пределом $a_0\neq 0$; первый же множитель стремится к $+\infty$. В таком случае все выражение стремится к $+\infty$ или $-\infty$, в зависимости от знака a_0.

Такой же результат, в частности, получится, если вместо непрерывно изменяющейся переменной x подставить натуральное число n.

Предоставляем читателю установить $\lim p(x)$ при $x\to-\infty$ (учитывая на этот раз четность или нечетность показателя k). Во всех случаях предел многочлена $p(x)$ совпадает с пределом его старшего члена a_0x^k.

Уничтожение «неопределенности» путем преобразования данного выражения, чем мы здесь и воспользовались, часто применяется для раскрытия неопределенности.

2) Если $q(x)$ есть такой же многочлен

$$q(x)=b_0x^l+b_1x^{l-1}+\ldots+b_{l-1}x+b_l \qquad (b_0\neq 0),$$

то частное $\frac{p(x)}{q(x)}$ при $x\to+\infty$ представит неопределенность вида $\frac{\infty}{\infty}$.

Преобразуя каждый из многочленов так, как это было сделано в примере 1), получим:

$$\frac{p(x)}{q(x)}=x^{k-l}\cdot\frac{a_0+\frac{a_1}{x}+\ldots+\frac{a_k}{x^k}}{b_0+\frac{b_1}{x}+\ldots+\frac{b_l}{x^l}}.$$

Второй множитель здесь имеет конечный предел $\frac{a_0}{b_0} \neq 0$. Если степени обоих полиномов равны: $k=l$, таков же будет и предел отношения $\frac{p(x)}{q(x)}$. При $k>l$ первый множитель при $x \to +\infty$ тоже стремится к $+\infty$, так что рассматриваемое отношение стремится к $\pm\infty$ $\left(\text{с учетом знака } \frac{a_0}{b_0}\right)$. Наконец, при $k<l$ пределом будет нуль. Здесь также вместо x можно подставить натуральное число n.

Легко установить и предел $\frac{p(x)}{q(x)}$ при $x \to -\infty$. Во всех случаях предел отношения многочленов совпадает с пределом отношения их старших членов.

3) Найти площадь Q фигуры OPM, образованной частью OM параболы $y=ax^2$ $(a>0)$, отрезком OP оси x и отрезком PM (рис. 24).

Разобьем отрезок OP на n равных частей и построим на них ряд входящих и выходящих прямоугольников. Площади Q_n и Q'_n составленных из них ступенчатых фигур разнятся площадью $\frac{x}{n}\cdot y$ наибольшего прямоугольника. Отсюда разность $Q'_n - Q_n \to 0$ (при $n \to \infty$) и, так как

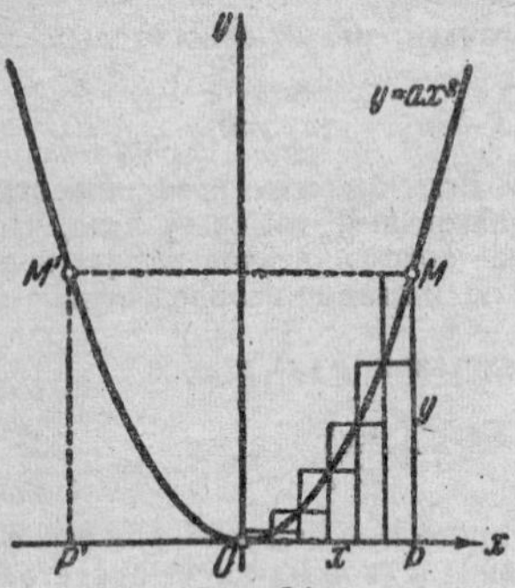

Рис. 24.

$$Q_n < Q < Q'_n,$$

очевидно,

$$Q = \lim Q_n = \lim Q'_n.$$

Так как высоты отдельных прямоугольников суть ординаты точек параболы с абсциссами

$$\frac{1}{n}x,\ \frac{2}{n}x,\ \ldots,\ \frac{n}{n}x = x,$$

и — в согласии с уравнением кривой — величины их равны, соответственно,

$$a\cdot\frac{1}{n^2}x^2,\ a\cdot\frac{2^2}{n^2}x^2,\ \ldots,\ a\cdot\frac{n^2}{n^2}x^2,$$

то для Q'_n получаем выражение *)

$$Q'_n = \frac{ax^2}{n^2}(1^2+2^2+\ldots+n^2)\cdot\frac{x}{n} = \frac{ax^3}{6}\cdot\frac{(n+1)(2n+1)}{n^2}.$$

Отсюда, если использовать пример 2,

$$Q = \lim Q'_n = \frac{ax^3}{3} = \frac{xy}{3}.$$

Опираясь на это, легко получить, что площадь параболического сегмента $M'OM$ равна $\frac{4}{3}xy$, т. е. двум третям площади описанного прямоугольника (этот результат был известен еще Архимеду) **).

*) Здесь мы используем известную формулу для суммы квадратов первых n натуральных чисел.

**) Архимед — величайший из математиков древности (III в. до нашей эры).

Замечание. Общее определение площади криволинейной фигуры будет дано лишь в главе XII; там же примененный здесь метод вычисления площади будет обобщен на другие криволинейные фигуры [n° 196].

4) Найти пределы переменных:

$$x_n = \frac{n}{\sqrt{n^2+n}}, \qquad z_n = \frac{n}{\sqrt{n^2+1}}$$

и, наконец,

$$y_n = \frac{1}{\sqrt{n^2+1}} + \frac{1}{\sqrt{n^2+2}} + \ldots + \frac{1}{\sqrt{n^2+n}}.$$

Выражения x_n и z_n представляют неопределенность вида $\frac{\infty}{\infty}$ (так как оба корня больше n, то они стремятся к бесконечности). Преобразуем, деля числитель и знаменатель на n:

$$x_n = \frac{1}{\sqrt{1+\frac{1}{n}}}, \qquad z_n = \frac{1}{\sqrt{1+\frac{1}{n^2}}}.$$

Так как оба корня в знаменателе имеют пределом единицу*), то $x_n \to 1$ и $z_n \to 1$.

Выражение для y_n имеет своеобразную форму: каждое слагаемое этой суммы зависит от n, но и число их растет вместе с n. Так как каждое слагаемое меньше первого и больше последнего, то

$$\frac{n}{\sqrt{n^2+n}} < y_n < \frac{n}{\sqrt{n^2+1}}, \quad \text{т. е.} \quad x_n < y_n < z_n.$$

Но (согласно уже найденному) переменные x_n и z_n стремятся к общему пределу — единице; следовательно, — по теореме 3) n° 38 — к тому же пределу стремится и переменная y_n.

5) Вернемся к функции $f(x)$, рассмотренной в n° 18, 3° и определенной там тремя различными формулами — для разных x. Положим теперь сразу для всех x:

$$f(x) = \lim_{n\to\infty} \frac{x^{2n}-1}{x^{2n}+1}.$$

Если $|x| > 1$, то имеем здесь неопределенность вида $\frac{\infty}{\infty}$, которая легко раскрывается путем деления числителя и знаменателя на x^{2n}; мы получаем $f(x)=1$. При $|x|<1$, очевидно, $x^{2n}\to 0$ и $f(x)=-1$. Наконец, если $x=\pm 1$, то числитель дроби постоянно равен нулю, а с ним и $f(x)=0$. Это — в точности та же функция, но задана она на этот раз одной формулой.

6) $\lim\limits_{x\to 0} \frac{\sqrt{1+x}-1}{x} = \frac{1}{2}.$

Действительно,

$$\frac{\sqrt{1+x}-1}{x} = \frac{1}{\sqrt{1+x}+1};$$

---

*) Это, например, для первого корня следует из неравенств

$$1 < \sqrt{1+\frac{1}{n}} < 1 + \frac{1}{n} \quad [\text{n° } 38,\ 3].$$

но

$$1-|x|<\sqrt{1+x}<1+|x|,$$

так что

$$\lim_{x\to 0}\sqrt{1+x}=1,$$

откуда и следует требуемый результат.

7) Предел [34, 5)]

$$\lim_{x\to 0}\frac{\sin x}{x}=1$$

часто используется для нахождения других пределов.

(а)
$$\lim_{x\to 0}\frac{1-\cos x}{x^2}=\frac{1}{2}\qquad\left(\frac{0}{0}\right).$$

Очевидно,

$$\frac{1-\cos x}{x^2}=\frac{2\sin^2\frac{x}{2}}{x^2}=\frac{1}{2}\left(\frac{\sin\frac{x}{2}}{\frac{x}{2}}\right)^2;$$

так как выражение в скобках стремится к единице, то общий предел и будет $\frac{1}{2}$.

(б)
$$\lim_{x\to 0}\frac{\operatorname{tg}x-\sin x}{x^3}=\frac{1}{2}\qquad\left(\frac{0}{0}\right).$$

И здесь преобразование легко приводит к уже изученным пределам:

$$\frac{\operatorname{tg}x-\sin x}{x^3}=\frac{1}{\cos x}\cdot\frac{\sin x}{x}\cdot\frac{1-\cos x}{x^2}.$$

Заметим, что $\cos x\to 1$ при $x\to 0$, как это вытекает, например, из предыдущего результата (а).

§ 3. МОНОТОННАЯ ФУНКЦИЯ

44. Предел монотонной функции от натурального аргумента. Теоремы о существовании пределов функций, которые приводились до сих пор, имели такой характер: в предположении, что для одних функций пределы существуют, устанавливалось существование пределов для других функций, так или иначе связанных с первыми. Вопрос о признаках существования конечного предела для заданной функции, безотносительно к другим функциям, не ставился. Оставляя решение этого вопроса в общем виде до § 4, мы рассмотрим здесь один простой и важный частный класс функций, для которых он решается легко, причем, как всегда, начнем с простейшего случая — функции x_n от натурального аргумента.

Переменная x_n называется *возрастающей*, если

$$x_1<x_2<\ldots<x_n<x_{n+1}<\ldots,$$

т. е. если из $n'>n$ следует $x_{n'}>x_n$. Ее называют неубывающей, если

$$x_1 \leqslant x_2 \leqslant \ldots \leqslant x_n \leqslant x_{n+1} \leqslant \ldots,$$

т. е. если из $n'>n$ следует лишь $x_{n'} \geqslant x_n$. Можно и в последнем случае называть переменную возрастающей, если придать этому термину более широкий смысл.

Аналогично устанавливается понятие об убывающей — в узком или широком смысле слова — функции от n: так называется переменная x_n, для которой соответственно

$$x_1 > x_2 > \ldots > x_n > x_{n+1} > \ldots$$

или

$$x_1 \geqslant x_2 \geqslant \ldots \geqslant x_n \geqslant x_{n+1} \geqslant \ldots,$$

так что из $n'>n$ следует (смотря по случаю) $x_{n'}<x_n$ или лишь $x_{n'} \leqslant x_n$.

Переменные всех этих типов, изменяющиеся при возрастании n в одном направлении, объединяются под общим названием *монотонных*. Обычно о переменной этого типа говорят, что она «монотонно возрастает» или «монотонно убывает».

Одновременно с переменной x_n, зависящей от натурального указателя, и последовательность

$$x_1, x_2, x_3, \ldots, x_n, \ldots$$

принимаемых ею значений — в соответствующих случаях — также называется возрастающей или убывающей.

По отношению к монотонным переменным имеет место следующая

Теорема. *Пусть дана монотонно возрастающая переменная x_n. Если она ограничена сверху:*

$$x_n \leqslant M \qquad (M = \text{const};\ n = 1, 2, 3, \ldots),$$

то необходимо имеет конечный предел, в противном же случае она стремится к $+\infty$.

Точно так же всегда имеет предел и монотонно убывающая переменная x_n. Ее предел конечен, если она ограничена снизу, в противном же случае ее пределом служит $-\infty$ *).

Доказательство. Ограничимся случаем возрастающей, хотя бы в широком смысле, переменной x_n (случай убывающей переменной исчерпывается аналогично).

---

*) Легко понять, что все заключения остаются в силе и для переменной, которая, лишь начиная с некоторого места, становится монотонной (ибо — без влияния на предел переменной — любое число первых ее значений можно отбросить).

В тексте теоремы, вместо монотонной переменной x_n, можно было бы говорить о монотонной последовательности.

Допустим сначала, что эта переменная ограничена сверху. Тогда, по теореме n° 6, для множества $\{x_n\}$ ее значений должна существовать и (конечная) точная верхняя граница:

$$a = \sup \{x_n\};$$

как мы покажем, именно это число и будет пределом переменной x_n.

Действительно, вспомним характерные свойства точной верхней границы [6]. Во-первых, для всех значений n будет

$$x_n \leqslant a.$$

Во-вторых, какое бы ни взять число $\varepsilon > 0$, найдется такое значение, скажем, x_N нашей переменной, которое превзойдет $a - \varepsilon$:

$$x_N > a - \varepsilon.$$

Так как, ввиду монотонности переменной x_n (здесь мы впервые на это опираемся), при $n > N$ будет $x_n \geqslant x_N$, т. е. и подавно $x_n > a - \varepsilon$, то для этих значений номера n выполняются неравенства

$$0 \leqslant a - x_n < \varepsilon, \quad \text{так что} \quad |x_n - a| < \varepsilon,$$

откуда и следует, что $\lim x_n = a$.

Пусть теперь переменная x_n не ограничена сверху. Тогда, сколь велико ни было бы число $E > 0$, найдется хоть одно значение переменной, которое больше E, пусть это будет x_N: $x_N > E$. Ввиду монотонности переменной x_n для $n > N$ и подавно

$$x_n > E,$$

а это и означает, что $\lim x_n = +\infty$.

Замечание. Наличие конечного предела у ограниченной монотонной переменной в первой половине прошлого века считалось чем-то само собою разумеющимся. Потребность в строгом доказательстве этого — фундаментальной важности — утверждения была фактически одним из поводов к созданию арифметической теории иррациональных чисел. Добавим, что упомянутое утверждение вполне эквивалентно свойству непрерывности множества вещественных чисел [n° 5].

Обратимся к примерам применения теоремы.

45. Примеры. 1) Рассмотрим выражение (считая $c > 0$)

$$x_n = \frac{c^n}{n!},$$

где $n! = 1 \cdot 2 \cdot \ldots \cdot n$. $\left(\text{Оно при } c > 1 \text{ представляет неопределенность вида } \frac{\infty}{\infty}\right)$.

Так как

$$x_{n+1} = \frac{c}{n+1} x_n,$$

то, лишь только $n > c - 1$, переменная становится убывающей; в то же время снизу она ограничена, например, нулем. Следовательно, переменная

x_n — по теореме — имеет конечный предел, который мы обозначим через a.

Для того чтобы найти его, перейдем к пределу в написанном выше равенстве; так как x_{n+1} пробегает ту же последовательность значений, что и x_n (с точностью до первого члена), и имеет тот же предел a, то мы получим

$$a = a \cdot 0,$$

отсюда $a = 0$ и, окончательно,

$$\lim \frac{c^n}{n!} = 0.$$

2) Считая снова $c > 0$, определим теперь x_n так:

$$x_1 = \sqrt{c}, \quad x_2 = \sqrt{c + \sqrt{c}}, \quad x_3 = \sqrt{c + \sqrt{c + \sqrt{c}}}, \ldots$$

и вообще

$$x_n = \underbrace{\sqrt{c + \sqrt{c + \ldots + \sqrt{c}}}}_{n \text{ корней}}.$$

Таким образом, x_{n+1} получается из x_n по формуле

$$x_{n+1} = \sqrt{c + x_n}.$$

Ясно, что переменная x_n монотонно возрастает. В то же время она ограничена сверху, например, числом $\sqrt{c} + 1$. Действительно, $x_1 = \sqrt{c}$ меньше этого числа; если допустить теперь, что какое-либо значение $x_n < \sqrt{c} + 1$, то и для следующего значения получаем

$$x_{n+1} < \sqrt{c + \sqrt{c} + 1} < \sqrt{c + 2\sqrt{c} + 1} = \sqrt{c} + 1.$$

Таким образом, наше утверждение оправдывается по методу математической индукции.

По основной теореме переменная x_n имеет некий конечный предел a. Для определения его перейдем к пределу в равенстве

$$x_{n+1}^2 = c + x_n;$$

мы получим, таким образом, что a удовлетворяет квадратному уравнению

$$a^2 = c + a.$$

Уравнение это имеет корни разных знаков; но интересующий нас предел a не может быть отрицательным, следовательно, равен именно *положительному* корню:

$$a = \frac{\sqrt{4c+1} + 1}{2} \text{ *)}.$$

Оба примера дают повод к следующему *замечанию*. Доказанная теорема является типичной «теоремой существования»: в ней

*) Этот интересный пример по существу принадлежит Якобу Бернулли, который рассматривал его под видом вычисления выражения

$$\sqrt{c + \sqrt{c + \sqrt{c +}}} \text{ и т. д. до бесконечности.}$$

устанавливается факт существования предела, но не дается никакого приема для его вычисления. Тем не менее, она имеет очень важное значение. С одной стороны, в теоретических вопросах часто только существование предела представляется нужным. С другой же стороны, во многих случаях возможность предварительно удостовериться в существовании предела важна тем, что открывает пути для его фактического вычисления. Так, в приведенных примерах именно знание факта существования предела позволило, с помощью перехода к пределу в некоторых равенствах, установить точное значение предела.

46. Лемма о вложенных промежутках. Остановимся теперь на сопоставлении двух монотонных переменных, изменяющихся «навстречу» одна другой.

Пусть даны монотонно возрастающая переменная x_n и монотонно убывающая переменная y_n, причем всегда

$$x_n < y_n. \tag{1}$$

Если их разность $y_n - x_n$ стремится к нулю, то обе переменные имеют общий конечный предел:

$$c = \lim x_n = \lim y_n.$$

Действительно, при всех значениях n имеем: $y_n \leqslant y_1$, а значит, ввиду (1), и $x_n < y_1$ ($n = 1, 2, 3, \ldots$). Возрастающая переменная x_n оказывается ограниченной сверху, следовательно, она имеет конечный предел

$$c = \lim x_n.$$

Аналогично, для убывающей переменной y_n будем иметь

$$y_n > x_n \geqslant x_1,$$

так что и она стремится к конечному пределу

$$c' = \lim y_n.$$

Но, по теореме 1) n° 40, разность обоих пределов

$$c' - c = \lim (y_n - x_n),$$

т. е. по условию равна нулю, так что $c' = c$; это и требовалось доказать.

Доказанному утверждению можно придать другую форму, в которой оно чаще применяется.

Условимся говорить, что промежуток $[a', b']$ содержится в промежутке $[a, b]$ или вложен в него, если все точки первого промежутка принадлежат второму или, что то же самое, если

$$a \leqslant a' < b' \leqslant b.$$

Геометрический смысл этого ясен.

Пусть имеется бесконечная последовательность вложенных один в другой промежутков

$$[a_1, b_1], [a_2, b_2], \ldots, [a_n, b_n], \ldots,$$

так что каждый последующий содержится в предыдущем, причем длины этих промежутков стремятся к нулю с возрастанием n:

$$\lim (b_n - a_n) = 0.$$

Тогда концы a_n и b_n промежутков (с разных сторон) стремятся к общему пределу

$$c = \lim a_n = \lim b_n.$$

Это есть лишь перефразировка доказанной выше теоремы: согласно условию,

$$a_n \leqslant a_{n+1} < b_{n+1} \leqslant b_n,$$

так что левый конец a_n и правый конец b_n n-го промежутка играют здесь роль монотонных переменных x_n и y_n.

Впоследствии нам не раз придется опираться на это предложение, которое будем называть «леммой о вложенных промежутках».

47. Предел монотонной функции в общем случае. Перейдем теперь снова к рассмотрению функции $f(x)$ от произвольной переменной. И здесь вопрос о самом существовании предела функции

$$\lim_{x \to a} f(x)$$

особенно просто решается для функций частного типа, представляющих обобщение понятия монотонной переменной x_n [44].

Пусть функция $f(x)$ определена в некоторой области $\mathscr{X} = \{x\}$. Функция называется возрастающей (убывающей) в этой области, если для любой пары принадлежащих ей значений x и x'

из $x' > x$ следует $f(x') > f(x)$ $[f(x') < f(x)]$.

Если же

из $x' > x$ следует лишь $f(x') \geqslant f(x)$ $[f(x') \leqslant f(x)]$,

то функцию называют неубывающей (невозрастающей). Иногда удобнее и в этом случае называть функцию возрастающей (убывающей) — но в широком смысле.

Функции всех этих типов носят общее название монотонных. Для монотонной функции имеет место теорема, вполне аналогичная той теореме о монотонной переменной x_n, зависящей от n, которая была установлена в n° 44.

Теорема. *Пусть функция $f(x)$ монотонно возрастает, хотя бы в широком смысле, в области $\mathscr{X}$, имеющей точкой сгущения число a, большее всех значений x (оно может быть конечным или равным $+\infty$). Если при этом функция ограничена сверху:*

$$f(x) \leqslant M \qquad (\text{для всех } x \text{ из } \mathscr{X}),$$

то при $x \to a$ функция имеет конечный предел; в противном случае она стремится к $+\infty$.

Доказательство. Допустим сначала, что функция $f(x)$ ограничена сверху, т. е. ограничено сверху множество $\{f(x)\}$ значений функции, отвечающих изменению x в области $\mathcal{X}$. Тогда для этого множества существует [n° 6] конечная точная верхняя граница A. Докажем, что это число A и будет искомым пределом.

Прежде всего, для всех значений x

$$f(x) \leqslant A.$$

Далее, задавшись произвольным числом $\varepsilon > 0$, по свойству точной верхней границы найдем такое значение $x' < a$, что $f(x') > A - \varepsilon$. Ввиду монотонности функции, для $x > x'$ и подавно будет: $f(x) > A - \varepsilon$, так что для упомянутых значений x выполнится неравенство

$$|f(x) - A| < \varepsilon.$$

Это и доказывает наше утверждение, стоит лишь при a конечном взять $\delta = a - x'$ (так что неравенство $x > x'$ может быть написано в виде $x > a - \delta$), а при $a = +\infty$ взять $\Delta = x'$.

Если функция $f(x)$ сверху не ограничена, то каково бы ни было число E, найдется такое x', что $f(x') > E$; тогда для $x > x'$ и подавно $f(x) > E$, и т. д.

Предоставляем читателю преобразовать эту теорему для случая, когда предельное значение a меньше всех значений x, равно как и для случая монотонно убывающей функции.

Ясно, что теорема о монотонной переменной x_n в n° 44 есть просто частный случай этой теоремы. Независимой переменной там был указатель n, областью изменения которого служил натуральный ряд $\mathcal{N} = \{n\}$, с точкой сгущения $+\infty$.

В последующем нам чаще придется в качестве области $\mathcal{X}$, в которой рассматривается функция $f(x)$, встречать сплошной промежуток $[a', a)$, где $a' < a$ и a — конечное число или $+\infty$, либо же — промежуток $(a, a']$, где $a' > a$ и a — конечное число или $-\infty$.

§ 4. ЧИСЛО e

48. Число e как предел последовательности. Мы используем здесь предельный переход для определения нового, до сих пор не встречавшегося нам числа, которое имеет исключительную важность как для самого анализа, так и для его приложений.

Рассмотрим переменную

$$x_n = \left(1 + \frac{1}{n}\right)^n$$

и попытаемся применить к ней теорему n° 44.

Так как с возрастанием показателя n основание степени здесь убывает, то «монотонный» характер переменной непосредственно не усматривается. Для того чтобы убедиться в нем, прибегнем к разложению по формуле бинома:

$$x_n=\left(1+\frac{1}{n}\right)^n=1+n\cdot\frac{1}{n}+\frac{n(n-1)}{1\cdot 2}\cdot\frac{1}{n^2}+$$
$$+\frac{n(n-1)(n-2)}{1\cdot 2\cdot 3}\cdot\frac{1}{n^3}+\ldots+\frac{n(n-1)\ldots(n-k+1)}{1\cdot 2\cdot\ldots\cdot k}\cdot\frac{1}{n^k}+\ldots$$
$$\ldots+\frac{n(n-1)\ldots(n-n+1)}{1\cdot 2\cdot\ldots\cdot n}\cdot\frac{1}{n^n}=$$
$$=1+1+\frac{1}{2!}\left(1-\frac{1}{n}\right)+\frac{1}{3!}\left(1-\frac{1}{n}\right)\left(1-\frac{2}{n}\right)+\ldots$$
$$\ldots+\frac{1}{k!}\left(1-\frac{1}{n}\right)\ldots\left(1-\frac{k-1}{n}\right)+\ldots$$
$$\ldots+\frac{1}{n!}\left(1-\frac{1}{n}\right)\ldots\left(1-\frac{n-1}{n}\right). \quad (1)$$

Если от x_n перейти теперь к x_{n+1}, т. е. увеличить n на единицу, то прежде всего добавится новый $(n+2)$-й (положительный) член, каждый же из написанных $n+1$ членов увеличится, ибо любой множитель в скобках вида $1-\frac{s}{n}$ заменится бо́льшим множителем $1-\frac{s}{n+1}$. Отсюда и следует, что

$$x_{n+1}>x_n,$$

т. е. переменная x_n оказывается возрастающей.

Теперь покажем, что она к тому же ограничена сверху. Опустив в выражении (1) все множители в скобках, мы этим увеличим его, так что

$$x_n<2+\frac{1}{2!}+\frac{1}{3!}+\ldots+\frac{1}{n!}=y_n.$$

Заменив, далее, каждый множитель в знаменателях дробей (начиная с третьей) числом 2, мы еще увеличим полученное выражение, так что, в свою очередь,

$$y_n<2+\frac{1}{2}+\frac{1}{2^2}+\ldots+\frac{1}{2^{n-1}}.$$

Но прогрессия $\left(\text{начинающаяся членом } \frac{1}{2}\right)$ имеет сумму, меньшую единицы, поэтому $y_n<3$, а значит и подавно $x_n<3$.

Отсюда уже следует, по теореме n° 44, что переменная x_n имеет конечный предел. По примеру Эйлера его обозначают всегда буквой e. Это число

$$e=\lim\left(1+\frac{1}{n}\right)^n$$

мы и имели в виду. Вот первые 15 знаков его разложения в десятичную дробь:

$$e = 2{,}71828\ 18284\ 59045\ \ldots$$

Хотя последовательность

$$x_1 = \left(1+\frac{1}{1}\right)^1 = 2;\quad x_2 = \left(1+\frac{1}{2}\right)^2 = 2{,}25;$$

$$x_3 = \left(1+\frac{1}{3}\right)^3 = 2{,}3703\ \ldots;\ \ldots;\ x_{100} = \left(1+\frac{1}{100}\right)^{100} = 2{,}7048\ \ldots;\ \ldots$$

и сходится к числу e, но медленно, и ею пользоваться для приближенного вычисления числа e — невыгодно. В следующем номере мы изложим удобный прием для этого вычисления, а также попутно докажем, что e есть число иррациональное.

49. Приближенное вычисление числа e. Вернемся к равенству (1). Если фиксировать k и, считая $n > k$, отбросить все члены последней части, следующие за $(k+1)$-м, то получим неравенство

$$x_n > 2 + \frac{1}{2!}\left(1-\frac{1}{n}\right) + \frac{1}{3!}\left(1-\frac{1}{n}\right)\left(1-\frac{2}{n}\right) + \ldots$$
$$\ldots + \frac{1}{k!}\left(1-\frac{1}{n}\right)\ldots\left(1-\frac{k-1}{n}\right).$$

Увеличивая здесь n до бесконечности, перейдем к пределу; так как все скобки имеют пределом единицу, то найдем:

$$e \geqslant 2 + \frac{1}{2!} + \frac{1}{3!} + \ldots + \frac{1}{k!} = y_k.$$

Это неравенство имеет место при любом натуральном k. Таким образом, имеем

$$x_n < y_n \leqslant e,$$

откуда ясно [в силу теоремы 3) n° 38], что и

$$\lim y_n = e.$$

Переменная y_n для приближенного вычисления числа e гораздо удобнее, чем x_n. Оценим степень близости y_n к e. С этой целью рассмотрим сначала разность между любым значением y_{n+m} $(m = 1, 2, 3, \ldots)$, следующим за y_n, и самим y_n. Имеем

$$y_{n+m} - y_n = \frac{1}{(n+1)!} + \frac{1}{(n+2)!} + \ldots + \frac{1}{(n+m)!} =$$
$$= \frac{1}{(n+1)!}\left\{1 + \frac{1}{n+2} + \frac{1}{(n+2)(n+3)} + \ldots + \frac{1}{(n+2)(n+3)\ldots(n+m)}\right\}.$$

Если в скобках $\{\ldots\}$ заменить все множители в знаменателях дробей через $n+2$, то получим неравенство

$$y_{n+m} - y_n < \frac{1}{(n+1)!}\left\{1 + \frac{1}{n+2} + \frac{1}{(n+2)^2} + \ldots + \frac{1}{(n+2)^{m-1}}\right\},$$

которое лишь усилится, если заменить скобки суммой бесконечной прогрессии:

$$y_{n+m}-y_n<\frac{1}{(n+1)!}\cdot\frac{n+2}{n+1}.$$

Сохраняя здесь n неизменным, станем увеличивать m до бесконечности; переменная y_{n+m} (занумерованная значком m) принимает последовательность значений

$$y_{n+1},\ y_{n+2},\ \ldots,\ y_{n+m},\ \ldots,$$

очевидно сходящуюся к e. Поэтому получаем в пределе

$$e-y_n\leqslant\frac{1}{(n+1)!}\cdot\frac{n+2}{n+1}$$

или, наконец,

$$0<e-y_n<\frac{1}{n!\,n}\ ^{*)}.$$

Если через θ обозначить отношение разности $e-y_n$ к числу $\frac{1}{n!\,n}$ (оно, очевидно, содержится между нулем и единицей), то можно написать также

$$e-y_n=\frac{\theta}{n!\,n}.$$

Заменяя здесь y_n его развернутым выражением, мы и придем к важной формуле:

$$e=1+\frac{1}{1!}+\frac{1}{2!}+\frac{1}{3!}+\ldots+\frac{1}{n!}+\frac{\theta}{n!\,n},\qquad(2)$$

которая послужит отправной точкой для вычисления e. Отбрасывая последний, «дополнительный», член и заменяя каждый из оставленных членов его десятичным приближением, мы и получим приближенное значение для e.

Поставим себе задачей с помощью формулы (2) вычислить e, скажем, с точностью до $\frac{1}{10^4}$. Прежде всего нужно установить, каким взять число n (которое находится в нашем распоряжении), чтобы осуществить эту точность.

Вычисляя последовательно числа, обратные факториалам (см. приведенную табличку), мы видим, что при $n=7$ «дополнительный» член формулы (2) будет уже

$$\frac{\theta}{n!\,n}=\frac{\theta}{7!\,7}<0{,}00003,$$

так что, отбрасывая его, мы делаем погрешность, значительно меньшую поставленной границы. Остановимся же на этом значении n. Каждый из остальных членов обратим в десятичную дробь, округляя (в запас точности) на пятом знаке так, чтобы погрешность по абсолютной величине была меньше половины единицы на пятом месте, т. е. меньше $\frac{1}{2}\cdot\frac{1}{10^5}$.

	2,00000
$\frac{1}{2!}=$	0,50000
$\frac{1}{3!}=$	0,16667 −
$\frac{1}{4!}=$	0,04167 −
$\frac{1}{5!}=$	0,00833 +
$\frac{1}{6!}=$	0,00139 −
$\frac{1}{7!}=$	0,00020 −
	2,71826

Мы свели результаты вычислений в табличку. Рядом с приближенным числом

*) Так как (это легко проверить) $\frac{n+2}{(n+1)^2}<\frac{1}{n}$.

поставлен знак (+ или —), указывающий на знак поправки, которую необходимо было бы прибавить для восстановления точного числа.

Итак, как мы видели, поправка на отбрасывание дополнительного члена меньше $\frac{3}{10^5}$. Учитывая теперь еще и поправки на округление (с их знаками), легко сообразить, что суммарная поправка к полученному приближенному значению числа e лежит между

$$-\frac{2}{10^5} \quad \text{и} \quad +\frac{3{,}5}{10^5}.$$

Отсюда само число e содержится между дробями

$$2{,}71824 \quad \text{и} \quad 2{,}718295,$$

так что можно положить

$$e = 2{,}7182 +_{0{,}0001}.$$

Отметим, что та же формула (2) может служить и для доказательства иррациональности числа e.

Рассуждая от противного, попробуем допустить, что e равно рациональной дроби $\frac{m}{n}$; тогда, если именно для этого n написать формулу (2), будем иметь

$$\frac{m}{n} = 1 + \frac{1}{1!} + \frac{1}{2!} + \ldots + \frac{1}{n!} + \frac{\theta}{n!\,n} \qquad (0 < \theta < 1).$$

Умножив обе части этого равенства на $n!$, по сокращении знаменателей всех дробей, кроме последней, мы получим слева целое число, а справа — целое число с дробью $\frac{\theta}{n}$, что невозможно. Полученное противоречие и доказывает то, что требовалось.

50. Основная формула для числа e. Натуральные логарифмы. Число e в n° 48 первоначально было определено как предел переменной, зависящей от натурального указателя:

$$e = \lim \left(1 + \frac{1}{n}\right)^n. \tag{3}$$

Теперь же мы установим более общий результат

$$e = \lim_{x \to 0} (1 + x)^{\frac{1}{x}}. \tag{4}$$

Для этого [35] достаточно доказать, что имеют место порознь соотношения

$$\lim_{x \to +0} (1 + x)^{\frac{1}{x}} = e \quad \text{и} \quad \lim_{x \to -0} (1 + x)^{\frac{1}{x}} = e. \tag{4a}$$

Воспользуемся на этот раз определением предела «на языке последовательностей» [32].

Кстати, если и предел (3), рассматривая его как предел функции от n, истолковать «на языке последовательностей», то придем к равенству

$$\lim \left(1+\frac{1}{n_k}\right)^{n_k}=e, \tag{5}$$

какова бы ни была последовательность $\{n_k\}$ натуральных чисел, растущих вместе с номером k до бесконечности.

Пусть теперь x пробегает какую-нибудь последовательность $\{x_k\}$ положительных значений, стремящихся к нулю; можно считать, что все $x_k<1$. Положим $n_k=E\left(\frac{1}{x_k}\right)$, так что

$$n_k \leqslant \frac{1}{x_k} < n_k+1 \quad \text{и} \quad n_k \to +\infty.$$

Так как при этом

$$\frac{1}{n_k+1} < x_k \leqslant \frac{1}{n_k},$$

то

$$\left(1+\frac{1}{n_k+1}\right)^{n_k} < (1+x_k)^{\frac{1}{x_k}} < \left(1+\frac{1}{n_k}\right)^{n_k+1}.$$

Два крайних выражения могут быть преобразованы так:

$$\left(1+\frac{1}{n_k+1}\right)^{n_k}=\frac{\left(1+\frac{1}{n_k+1}\right)^{n_k+1}}{1+\frac{1}{n_k+1}},$$

$$\left(1+\frac{1}{n_k}\right)^{n_k+1}=\left(1+\frac{1}{n_k}\right)^{n_k}\cdot\left(1+\frac{1}{n_k}\right),$$

причем, в силу (5),

$$\left(1+\frac{1}{n_k}\right)^{n_k} \to e, \quad \text{а также} \quad \left(1+\frac{1}{n_k+1}\right)^{n_k+1} \to e,$$

в то время как, очевидно,

$$1+\frac{1}{n_k} \to 1, \quad 1+\frac{1}{n_k+1} \to 1.$$

Таким образом, оба упомянутых выражения стремятся к общему пределу e, а тогда [по теореме 3), 38] и заключенное между ними выражение также стремится к e:

$$\lim (1+x_k)^{\frac{1}{x_k}}=e.$$

Этим и завершается доказательство первого из соотношений (4а) «на языке последовательностей».

Для доказательства же второго из них предположим теперь, что последовательность $\{x_k\}$ состоит из отрицательных значений, стремящихся к нулю; будем считать $x_k > -1$. Если положить $x_k = -y_k$, то

$$1 > y_k > 0, \qquad y_k \to 0.$$

Очевидно,

$$(1+x_k)^{\frac{1}{x_k}} = (1-y_k)^{-\frac{1}{y_k}} = \left(\frac{1}{1-y_k}\right)^{\frac{1}{y_k}} =$$
$$= \left(1+\frac{y_k}{1-y_k}\right)^{\frac{1-y_k}{y_k}} \cdot \left(1+\frac{y_k}{1-y_k}\right).$$

Так как, по доказанному, первый множитель последнего выражения стремится к e, второй же очевидно имеет пределом единицу, то и выражение слева также стремится к e. Формула (4) оправдана полностью.

Это замечательное свойство числа e лежит в основе всех его приложений. Именно оно делает особенно выгодным выбор этого числа в качестве основания для системы логарифмов. Логарифмы по основанию e называются *натуральными* и обозначаются знаком ln (logarithmus naturalis); в теоретических исследованиях пользуются исключительно натуральными логарифмами *).

Упомянем, что обычные, десятичные, логарифмы связаны с натуральными известной формулой:

$$\log x = \ln x \cdot M,$$

где M есть модуль перехода и равен

$$M = \log e = \frac{1}{\ln 10} = 0{,}434\,294\ \ldots;$$

это легко получить, если прологарифмировать по основанию 10 тождество

$$x = e^{\ln x}.$$

§ 5. ПРИНЦИП СХОДИМОСТИ

51. Частичные последовательности. Пусть дана некоторая последовательность

$$x_1,\ x_2,\ x_3,\ \ldots,\ x_n,\ \ldots,\ x_{n'},\ \ldots \tag{1}$$

*) Эти логарифмы иногда ошибочно называют неперовыми по имени шотландского математика Непера (1550—1617) — изобретателя логарифмов. Сам Непер не имел понятия об основании системы логарифмов, ибо строил их своеобразно, совсем на другом принципе, но его логарифмы соответствуют логарифмам по основанию, близкому к $\frac{1}{e}$. Близкое к e основание имеют логарифмы его современника швейцарского математика Бюрги (1552—1632).

Рассмотрим, наряду с нею, какую-либо извлеченную из нее частичную последовательность

$$x_{n_1}, x_{n_2}, x_{n_3}, \ldots, x_{n_k}, \ldots \tag{2}$$

где $\{n_k\}$ есть некоторая последовательность возрастающих натуральных чисел:

$$n_1 < n_2 < n_3 < \ldots < n_k < n_{k+1} < \ldots \tag{3}$$

Здесь роль номера, принимающего подряд все натуральные значения, играет уже не n, а k; n_k же представляет собой функцию от k, принимающую натуральные значения и, очевидно, стремящуюся к бесконечности при возрастании k.

Если последовательность (1) *имеет определенный предел a (конечный или нет), то тот же предел имеет и частичная последовательность* (2). Если же для последовательности (1) нет определенного предела, то это не исключает возможности существования предела для какой-либо частичной последовательности.

Пусть, например, $x_n = (-1)^{n+1}$; предела эта переменная не имеет. Если же заставить n пробегать лишь одни нечетные или одни четные значения, то частичные последовательности

$$x_1 = 1, \quad x_3 = 1, \ldots, x_{2k-1} = 1, \ldots$$

и

$$x_2 = -1, \quad x_4 = -1, \ldots, x_{2k} = -1, \ldots$$

будут иметь пределом, соответственно, число 1 или -1.

В случае неограниченной последовательности (1) иной раз оказывается невозможным выделение частичной последовательности (2), имеющей конечный предел [так будет, если сама последовательность (1) стремится к $\pm\infty$]. Наоборот, для ограниченной последовательности имеет место следующее утверждение, принадлежащее Больцано и Вейерштрассу *):

Лемма Больцано — Вейерштрасса. *Из любой ограниченной последовательности* (1) *всегда можно извлечь такую частичную последовательность* (2), *которая сходилась бы к конечному пределу.*

(Эта формулировка не исключает возможности и равных чисел в составе данной последовательности, что удобно в приложениях).

Доказательство. Пусть все числа x_n заключены между границами a и b. Разделим этот промежуток $[a, b]$ пополам, тогда хоть в одной половине будет содержаться бесконечное множество элементов данной последовательности, ибо, в противном случае, и во всем промежутке $[a, b]$ этих элементов содержалось бы конечное число, что невозможно. Итак, пусть $[a_1, b_1]$ будет та из половин, которая

---

*) Карл Вейерштрасс (1815—1897) — выдающийся немецкий математик.

содержит бесконечное множество чисел x_n (или, если обе половины таковы, то — любая из них).

Аналогично, из промежутка $[a_1, b_1]$ выделим его половину $[a_2, b_2]$ — под условием, чтобы в ней содержалось бесконечное множество чисел x_n, и т. д. Продолжая этот процесс, на k-й стадии его выделим промежуток $[a_k, b_k]$, также содержащий бесконечное множество чисел x_n; и так далее до бесконечности.

Каждый из построенных промежутков (начиная со второго) содержится в предыдущем, составляя его половину. Кроме того, длина k-го промежутка, равная

$$b_k - a_k = \frac{b-a}{2^k},$$

стремится к нулю с возрастанием k. Применяя сюда лемму о вложенных промежутках [n° **46**], заключаем, что a_k и b_k стремятся к общему пределу c.

Теперь построение частичной последовательности $\{x_{n_k}\}$ произведем индуктивно следующим образом. В качестве x_{n_1} возьмем любой (например, первый) из элементов x_n нашей последовательности, содержащихся в $[a_1, b_1]$. В качестве x_{n_2} возьмем любой (например, первый) из элементов x_n, следующих за x_{n_1} и содержащихся в $[a_2, b_2]$, и т. д. Вообще, в качестве x_{n_k} возьмем любой (например, первый) из элементов x_n, следующих за ранее выделенными $x_{n_1}, x_{n_2}, \ldots, x_{n_{k-1}}$ и содержащихся в $[a_k, b_k]$. Возможность такого выбора, производимого последовательно, обусловливается именно тем, что каждый из промежутков $[a_k, b_k]$ содержит бесконечное множество чисел x_n, т. е. содержит элементы x_n со сколь угодно большими номерами.

Далее, так как

$$a_k \leqslant x_{n_k} \leqslant b_k \quad \text{и} \quad \lim a_k = \lim b_k = c,$$

то по теореме 3) n° **38** и $\lim x_{n_k} = c$, что и требовалось доказать.

Метод, примененный при доказательстве этого утверждения и состоящий в последовательном делении пополам рассматриваемых промежутков, часто будет нам полезен и в других случаях.

Лемма Больцано — Вейерштрасса значительно облегчает доказательство многих трудных теорем, как бы вбирая в себя основную трудность рассуждения. Мы воспользуемся ею в ближайшем же номере.

52. Условие существования конечного предела для функции от натурального аргумента. Пусть дана переменная x_n, пробегающая последовательность значений (1); займемся, наконец, вопросом об общем признаке существования конечного предела для этой переменной (или для последовательности — что то же). Само определение предела для этой цели служить не может.

ибо в нем фигурирует уже тот предел, о существовании которого идет речь. Мы нуждаемся в признаке, который использовал бы лишь то, что нам дано, а именно — последовательность (1) значений переменной.

Поставленную задачу решает следующая замечательная теорема, принадлежащая Больцано (1817) и Коши (1821); ее называют часто *принципом сходимости.*

Теорема. *Для того чтобы переменная x_n имела конечный предел, необходимо и достаточно, чтобы для каждого числа $\varepsilon > 0$ существовал такой номер N, чтобы неравенство*

$$|x_n - x_{n'}| < \varepsilon \tag{4}$$

выполнялось, лишь только $n > N$ и $n' > N$.

Как видит читатель, суть дела здесь в том, чтобы значения переменной между собой безгранично сближались по мере возрастания их номеров. Обратимся к доказательству.

Необходимость. Пусть переменная x_n имеет определенный конечный предел, скажем a. По самому определению предела [n° 28], каково бы ни было число $\varepsilon > 0$, по числу $\frac{\varepsilon}{2}$ найдется такой номер N, что для $n > N$ всегда имеет место неравенство

$$|x_n - a| < \frac{\varepsilon}{2}.$$

Возьмем теперь любые два номера $n > N$ и $n' > N$; для них одновременно будет

$$|x_n - a| < \frac{\varepsilon}{2} \quad \text{и} \quad |a - x_{n'}| < \frac{\varepsilon}{2},$$

откуда

$$|x_n - x_{n'}| = |(x_n - a) + (a - x_{n'})| \leqslant$$
$$\leqslant |x_n - a| + |a - x_{n'}| < \frac{\varepsilon}{2} + \frac{\varepsilon}{2} = \varepsilon.$$

Этим необходимость условия доказана. Значительно труднее доказать его

Достаточность. Здесь именно мы и применим лемму предыдущего номера.

Итак, пусть условие выполнено, и по заданному $\varepsilon > 0$ найден такой номер N, что для $n > N$ и $n' > N$ имеет место неравенство (4). Если n' при этом фиксировать, то, переписав (4) так:

$$x_{n'} - \varepsilon < x_n < x_{n'} + \varepsilon,$$

видим, что переменная x_n, во всяком случае, будет ограниченной: ее значения для $n > N$ содержатся между числами $x_{n'} - \varepsilon$ и $x_{n'} + \varepsilon$, и нетрудно эти границы раздвинуть так, чтобы охватить и первые N значений: $x_1, x_2, \ldots, x_N$.

Тогда, по лемме Больцано — Вейерштрасса, можно выделить частичную последовательность $\{x_{n_k}\}$, сходящуюся к конечному пределу c:

$$\lim x_{n_k} = c.$$

Покажем, что к этому пределу стремится вообще и переменная x_n. Можно выбрать k настолько большим, чтобы было

$$|x_{n_k} - c| < \varepsilon$$

и, одновременно, $n_k > N$. Следовательно, в (4) можно взять $n' = n_k$:

$$|x_n - x_{n_k}| < \varepsilon$$

и, сопоставляя оба эти неравенства, окончательно находим

$$|x_n - c| < 2\varepsilon \text{ (для } n > N),$$

что и доказывает наше утверждение*).

Замечание. Хотя и Больцано и Коши утверждали достаточность высказанного ими условия существования конечного предела, но без строгой теории вещественных чисел, разумеется, доказать этого не могли.

53. Условие существования конечного предела для функции любого аргумента. Перейдем теперь к рассмотрению общего случая — функции $f(x)$, заданной в области $\mathscr{X} = \{x\}$, для которой a служит точкой сгущения. Для существования конечного предела этой функции при стремлении x к a может быть установлен такой же признак, как и в случае функции от натурального аргумента. Формулировку его мы дадим параллельно для случая конечного a и для случая $a = +\infty$.

Теорема. *Для того чтобы функция $f(x)$ при стремлении x к a имела конечный предел, необходимо и достаточно, чтобы для каждого числа $\varepsilon > 0$ существовало такое число $\delta > 0$ $(\Delta > 0)$, чтобы неравенство*

$$|f(x) - f(x')| < \varepsilon$$

выполнялось, лишь только

$$|x - a| < \delta \quad и \quad |x' - a| < \delta \quad (x > \Delta \text{ и } x' > \Delta).$$

Доказательство проведем в предположении, что a — конечное число.

Необходимость. Пусть существует конечный предел

$$\lim_{x \to a} f(x) = A.$$

---

*) Число 2ε в такой же мере «произвольно малое» число, как и ε. Если угодно, можно было сначала взять не ε, а $\frac{\varepsilon}{2}$, тогда мы здесь получили бы ε. Подобные вещи впредь мы будем предоставлять читателю.

Тогда по заданному $\varepsilon > 0$ найдется такое $\delta > 0$, что

$$|f(x) - A| < \frac{\varepsilon}{2},$$

если только $|x - a| < \delta$. Пусть и $|x' - a| < \delta$, так что и

$$|A - f(x')| < \frac{\varepsilon}{2}.$$

Отсюда получаем

$$|f(x) - f(x')| < \varepsilon$$

в предположении, что одновременно

$$|x - a| < \delta \quad \text{и} \quad |x' - a| < \delta.$$

Достаточность может быть установлена, например, путем сведения вопроса к уже рассмотренному случаю. Путь для этого нам открывает само определение понятия предела функции «на языке последовательностей» [n° 32].

Итак, пусть условие, сформулированное в теореме, выполнено, и по произвольно взятому $\varepsilon > 0$ установлено соответствующее $\delta > 0$.

Если $\{x_n\}$ есть любая последовательность значений из $\mathscr{X}$, сходящаяся к a, то, по определению предела последовательности, найдется такой номер N, что для $n > N$ будет: $|x_n - a| < \delta$. Возьмем, наряду с n, и другой номер $n' > N$, так что одновременно

$$|x_n - a| < \delta \text{ и } |x_{n'} - a| < \delta.$$

Тогда, в силу самого выбора числа δ,

$$|f(x_n) - f(x_{n'})| < \varepsilon.$$

Это неравенство выполняется при единственном требовании, чтобы оба номера n и n' были больше N. Это означает, что для функции $f(x_n)$ от натурального аргумента n выполняется условие n° 52 и, таким образом, последовательность

$$f(x_1), f(x_2), \ldots, f(x_n), \ldots$$

имеет конечный предел, скажем A.

Остается еще установить, что этот предел A не зависит от выбора последовательности $\{x_n\}$.

Пусть же $\{x'_n\}$ будет другая последовательность, извлеченная из $\mathscr{X}$ и также сходящаяся к a. Соответствующая ей последовательность значений функции $\{f(x'_n)\}$, по доказанному, имеет некоторый конечный предел A'. Для доказательства того, что $A' = A$, допустим противное. Составим тогда новую последовательность

$$x_1, x'_1, x_2, x'_2, \ldots, x_n, x'_n, \ldots$$

значений x, явно сходящуюся к a. Ей отвечает последовательность значений функции

$$f(x_1),\ f(x_1'),\ f(x_2),\ f(x_2'),\ \ldots,\ f(x_n),\ f(x_n'),\ \ldots,$$

вовсе не имеющая предела, так как частичные последовательности ее членов, стоящих на нечетных или четных местах, стремятся к различным пределам [n° **51**]. А это противоречит доказанному. Итак, при $x \to a$ функция $f(x)$ действительно стремится к конечному пределу A.

§ 6. КЛАССИФИКАЦИЯ БЕСКОНЕЧНО МАЛЫХ И БЕСКОНЕЧНО БОЛЬШИХ ВЕЛИЧИН

54. Сравнение бесконечно малых. Предположим, что в каком-либо исследовании одновременно рассматривается ряд бесконечно малых величин

$$\alpha,\ \beta,\ \gamma,\ \ldots,$$

которые, вообще говоря, будут функциями от одной и той же переменной, скажем x, стремящейся к конечному или бесконечному пределу a.

Во многих случаях представляет интерес сравнение названных бесконечно малых между собой по характеру их приближения к нулю. В основу сравнения двух бесконечно малых α и β кладется поведение их отношения *). На этот счет установим два соглашения:

I. *Если отношение* $\frac{\beta}{\alpha}$ $\left(\textit{а с ним и } \frac{\alpha}{\beta}\right)$ *имеет конечный и отличный от нуля предел, то бесконечно малые* α *и* β *считаются величинами одного порядка.*

II. *Если же отношение* $\frac{\beta}{\alpha}$ *само оказывается бесконечно малым* $\left(\textit{а отношение } \frac{\alpha}{\beta} \textit{ — бесконечно большим}\right)$, *то бесконечно малая* β *считается величиной высшего порядка, чем бесконечно малая* α, *и одновременно бесконечно малая* α *будет низшего порядка, чем бесконечно малая* β.

Например, если $\alpha = x \to 0$, то по сравнению с этой бесконечно малой одного порядка с нею будут бесконечно малые

$$\sin x,\ \operatorname{tg} x,\ \sqrt{1+x} - 1,$$

ибо, как мы знаем [n° **34**, 5); n° **43**, 6)],

$$\lim_{x \to 0} \frac{\sin x}{x} = 1, \quad \lim_{x \to 0} \frac{\sqrt{1+x} - 1}{x} = \frac{1}{2}.$$

---

*) Мы будем считать, что переменная, на которую мы делим, не обращается в нуль, по крайней мере, для значений x, достаточно близких к a.

Наоборот, бесконечно малые

$$1 - \cos x, \quad \operatorname{tg} x - \sin x \tag{1}$$

будут, очевидно, высшего порядка, чем x [n° 43, 7), (а) и (б)].

Конечно, может случиться, что отношение двух бесконечно малых не стремится ни к какому пределу, не будучи и бесконечно большим; например, если взять [см. 34, 6) и 7)]

$$\alpha = x, \quad \beta = x \sin \frac{1}{x},$$

то их отношение, равное $\sin \frac{1}{x}$, при $x \to 0$ предела не имеет. В таком случае говорят, что две бесконечно малые *несравнимы* между собой.

Заметим, что если бесконечно малая β оказывается высшего порядка, чем бесконечно малая α, то этот факт записывают так:

$$\beta = o(\alpha).$$

Например, можно писать:

$$1 - \cos x = o(x), \quad \operatorname{tg} x - \sin x = o(x) \text{ и т. п.}$$

Таким образом, символ $o(\alpha)$ служит *общим* обозначением для бесконечно малой высшего порядка, чем α. Этим удобным обозначением мы впредь будем пользоваться.

55. Шкала бесконечно малых. Иной раз встречается надобность в более точной сравнительной характеристике поведения бесконечно малых, в выражении порядков их *числами*. В этом случае, прежде всего, в качестве своего рода «эталона» выбирают одну из фигурирующих в данном исследовании бесконечно малых (скажем α); ее называют *основной*. Конечно, выбор основной бесконечно малой в известной мере произволен, но обычно берут простейшую из всех. Если рассматриваемые величины, как мы предположили, являются функциями от x и становятся бесконечно малыми при стремлении x к a, то в зависимости от того, будет ли a нулем, конечным и отличным от нуля числом или бесконечностью, естественно за основную бесконечно малую взять соответственно

$$|x|, \quad |x - a|, \quad \frac{1}{|x|}.$$

Далее, из степеней основной бесконечно малой α (мы будем считать $\alpha > 0$) с различными положительными показателями, α^k, составляют как бы шкалу для оценки бесконечно малых более сложной природы *).

---

*) Легко видеть, что при $k > 0$ величина α^k будет бесконечно малой одновременно с α.

III. *Уславливаются считать бесконечно малую* β *величиной* k*-го порядка (относительно основной бесконечно малой* α*), если* β *и* α^k $(k>0)$ *будут величинами одного порядка,* т. е. если отношение $\frac{\beta}{\alpha^k}$ имеет конечный и отличный от нуля предел.

Теперь, например, можно, не довольствуясь утверждением, что бесконечно малые (1) (при $x \to 0$) будут величинами высшего порядка, чем $\alpha = x$, сказать точно, что одна из них есть бесконечно малая второго порядка, а другая — третьего порядка относительно $\alpha = x$, ибо [43, 7), (а) и (б)]

$$\lim_{x \to 0} \frac{1-\cos x}{x^2} = \frac{1}{2}, \quad \lim_{x \to 0} \frac{\operatorname{tg} x - \sin x}{x^3} = \frac{1}{2}.$$

56. Эквивалентные бесконечно малые. Остановимся теперь на одном особенно важном частном случае бесконечно малых одного порядка.

IV. *Будем называть бесконечно малые* α *и* β *эквивалентными (в знаках:* $\alpha \sim \beta$*), если их разность* $\gamma = \beta - \alpha$ *оказывается величиной высшего порядка, чем каждая из бесконечно малых* α *и* β:

$$\gamma = o(\alpha) \text{ и } \gamma = o(\beta).$$

Впрочем, достаточно потребовать, чтобы γ была высшего порядка, чем одна из этих бесконечно малых, потому что, если, например, γ высшего порядка чем α, то она будет также высшего порядка чем β. Действительно, из того, что $\lim \frac{\gamma}{\alpha} = 0$, следует, что и

$$\lim \frac{\gamma}{\beta} = \lim \frac{\gamma}{\alpha+\gamma} = \lim \frac{\frac{\gamma}{\alpha}}{1+\frac{\gamma}{\alpha}} = 0.$$

Рассмотрим две эквивалентные бесконечно малые α и β, так что $\beta = \alpha + \gamma$, где $\gamma = o(\alpha)$. Если приближенно положить $\beta \doteq \alpha$ *), то — по мере уменьшения обеих величин — стремится к нулю не только абсолютная погрешность от этой замены, представляемая величиной $|\gamma|$, но и относительная погрешность, равная $\left|\frac{\gamma}{\alpha}\right|$. Иными словами, *при достаточно малых значениях* α *и* β *можно со сколь угодно большой относительной точностью положить* $\beta = \alpha$. На этом основана, при приближенных выкладках, замена сложных бесконечно малых эквивалентными им простыми.

Установим полезный критерий эквивалентности двух бесконечно малых, который в сущности дает второе определение этого понятия, равносильное ранее данному:

*) Знак $\doteq$ означает приближенное равенство.

Для того чтобы две бесконечно малые α и β были эквивалентны, необходимо и достаточно, чтобы было

$$\lim \frac{\beta}{\alpha} = 1.$$

Положив $\beta - \alpha = \gamma$, будем иметь

$$\frac{\beta}{\alpha} - 1 = \frac{\gamma}{\alpha}.$$

Отсюда сразу и вытекает наше утверждение. Действительно, если $\frac{\beta}{\alpha} \to 1$, то $\frac{\gamma}{\alpha} \to 0$, т. е. γ есть бесконечно малая высшего порядка чем α, и $\beta \sim \alpha$. Обратно, если дано, что $\beta \sim \alpha$, то $\frac{\gamma}{\alpha} \to 0$, а тогда $\frac{\beta}{\alpha} \to 1$.

С помощью этого критерия, например, видно, что при $x \to 0$ бесконечно малая $\sin x$ эквивалентна x, а $\sqrt{1+x} - 1$ эквивалентно $\frac{1}{2}x$. Отсюда — приближенные формулы:

$$\sin x \doteq x, \quad \sqrt{1+x} - 1 \doteq \frac{1}{2}x.$$

Доказанное свойство эквивалентных бесконечно малых приводит к использованию их при раскрытии неопределенности вида $\frac{0}{0}$, т. е. при разыскании предела отношения двух бесконечно малых $\frac{\beta}{\alpha}$. Каждая из них при этом может быть заменена, без влияния на предел, любой эквивалентной ей бесконечно малой.

Действительно, если $\bar{\alpha} \sim \alpha$ и $\bar{\beta} \sim \beta$, т. е.

$$\lim \frac{\bar{\alpha}}{\alpha} = 1 \text{ и } \lim \frac{\beta}{\bar{\beta}} = 1,$$

то отношение

$$\frac{\beta}{\alpha} = \frac{\beta}{\bar{\beta}} \cdot \frac{\bar{\beta}}{\bar{\alpha}} \cdot \frac{\bar{\alpha}}{\alpha},$$

отличающееся от отношения $\frac{\bar{\beta}}{\bar{\alpha}}$ множителями, стремящимися к единице, имеет предел одновременно с ним (и притом тот же).

Если удается выбрать $\bar{\alpha}$ и $\bar{\beta}$ достаточно простыми, то это может сразу значительно упростить задачу; например,

$$\lim_{x \to 0} \frac{\sqrt{1+x+x^2} - 1}{\sin 2x} = \lim_{x \to 0} \frac{\frac{1}{2}(x+x^2)}{2x} = \frac{1}{4}.$$

Из доказанного вытекает также, что *две бесконечно малые, эквивалентные третьей, эквивалентны между собой.*

57. Выделение главной части. Если выбрана основная бесконечно малая α, то *простейшими* бесконечно малыми естественно считать величины вида $c\cdot\alpha^k$, где c — постоянный коэффициент и $k>0$. Пусть бесконечно малая β будет k-го порядка относительно α, т. е.

$$\lim\frac{\beta}{\alpha^k}=c,$$

где c — конечное и отличное от нуля число. Тогда

$$\lim\frac{\beta}{c\alpha^k}=1,$$

и бесконечно малые β и $c\alpha^k$ оказываются эквивалентными: $\beta\sim c\alpha^k$. Эта *простейшая бесконечно малая $c\alpha^k$, эквивалентная данной бесконечно малой β, называется ее главной частью (или главным членом).*

Пользуясь установленными выше результатами, кроме уже указанных простых примеров, легко выделить главные части выражений:

$$1-\cos x\sim\frac{1}{2}x^2;\quad \operatorname{tg}x-\sin x\sim\frac{1}{2}x^3.$$

Здесь $x\to 0$, и именно $\alpha=x$ является основной бесконечно малой.

Пусть $\beta\sim c\alpha^k$, т. е. $\beta=c\alpha^k+\gamma$, где $\gamma=o(\alpha^k)$. Можно представить себе, что из бесконечно малой γ снова выделен главный член: $\gamma=c'\alpha^{k'}+\delta$, где $\delta=o(\alpha^{k'})$ $(k'>k)$ и т. д.

Этот процесс последовательного выделения из бесконечно малой простейших бесконечно малых все возрастающих порядков можно продолжать и дальше.

Мы ограничиваемся в настоящем параграфе установлением общих понятий, иллюстрируя их лишь немногими примерами. В последующем мы укажем систематический прием как для построения главной части данной бесконечно малой величины, так и для дальнейшего выделения из нее простейших бесконечно малых, о котором только что шла речь.

58. Задачи. Для иллюстрации изложенных соображений приведем две задачи, в которых они используются.

1) Пусть прямолинейное расстояние на местности измеряется с помощью мерной рейки длиной l метров. Так как фактически рейка прикладывается не точно вдоль измеряемой прямой, то результат измерения оказывается

Рис. 25.

несколько больше истинной длины. Сделаем самое невыгодное предположение, именно, что рейка прикладывается зигзагом, так что ее концы отстоят от прямой поочередно то в одну, то в другую сторону на расстояние λ *м* (рис. 25). Требуется оценить погрешность.

При однократном прикладывании рейки абсолютная погрешность равна разности между длиной l рейки и ее проекцией на измеряемую прямую; проекция же эта будет:

$$2\sqrt{\left(\frac{l}{2}\right)^2-\lambda^2}=l\sqrt{1-\frac{4\lambda^2}{l^2}}.$$

Воспользовавшись приближенной формулой

$$\sqrt{1+x}\doteq 1+\frac{1}{2}x$$

при $x=-\frac{4\lambda^2}{l^2}$ (что оправдано, ввиду малости величины λ относительно l), заменим выражение для проекции следующими:

$$l\left(1-\frac{2\lambda^2}{l^2}\right)=l-\frac{2\lambda^2}{l}.$$

В таком случае упомянутая погрешность есть $\frac{2\lambda^2}{l}$, а *относительная* погрешность, очевидно, будет $\frac{2\lambda^2}{l^2}$. Та же относительная погрешность сохранится и при многократном прикладывании рейки.

Если для этой погрешности установлена граница δ, т. е. должно быть $\frac{2\lambda^2}{l^2}<\delta$, то отсюда $\lambda<l\sqrt{\frac{\delta}{2}}$.

Например, при измерении двухметровой рейкой ($l=2$) для достижения относительной точности в 0,001, нужно, чтобы уклонение λ не превосходило $2\sqrt{0{,}0005}\doteq 0{,}045$ *м* или 4,5 *см*.

2) При разбивке дуг окружностей на местности имеет значение следующая задача: *найти отношение стрелы $f=DB$ дуги ABC окружности к стреле $f_1=D_1B_1$ половины AB_1B этой дуги* (рис. 26).

Если положить радиус окружности равным r,

$$\sphericalangle AOB=\varphi, \text{ то } \sphericalangle AOB_1=\frac{\varphi}{2} \text{ и}$$

$$f=DB=r(1-\cos\varphi),\quad f_1=r\left(1-\cos\frac{\varphi}{2}\right).$$

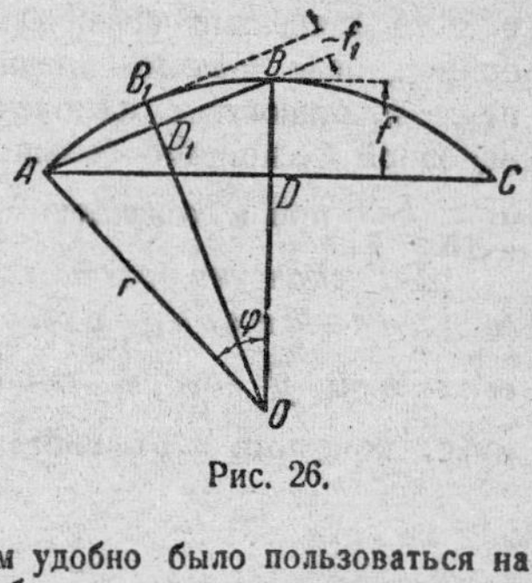

Рис. 26.

Таким образом, искомое отношение равно

$$\frac{f}{f_1}=\frac{1-\cos\varphi}{1-\cos\frac{\varphi}{2}}.$$

Выражение это слишком сложно, чтобы им удобно было пользоваться на практике. Найдем его предел при $\varphi\to 0$ (ибо для достаточно малых φ это выражение можно приближенно заменить его пределом). С этой целью заменяем числитель и знаменатель их главными частями и сразу находим:

$$\lim\frac{f}{f_1}=\lim\frac{\frac{1}{2}\varphi^2}{\frac{1}{2}\left(\frac{1}{2}\varphi\right)^2}=4.$$

Итак, для дуг, соответствующих небольшому центральному углу, приближенно можно считать, что *стрела полудуги вчетверо меньше стрелы дуги.* Это позволяет последовательно строить промежуточные точки дуги, для которой даны концы и середина.

59. Классификация бесконечно больших. Заметим, что для бесконечно больших величин может быть развита подобная же классификация. Как и в n° 54, будем считать рассматриваемые величины функциями от одной и той же переменной x, которые становятся бесконечно большими, когда x стремится к a.

I. *Две бесконечно большие y и z считаются величинами одного порядка, если их отношение $\frac{z}{y}$ $\left(а\ с\ ним\ и\ \frac{y}{z}\right)$ имеет конечный и отличный от нуля предел.*

II. *Если же отношение $\frac{z}{y}$ само оказывается бесконечно большим (а обратное отношение $\frac{y}{z}$ — бесконечно малым), то z считается бесконечно большой величиной высшего порядка чем y, и, одновременно, y будет бесконечно большой низшего порядка чем z.*

В случае, когда отношение $\frac{z}{y}$ ни к какому конечному пределу не стремится и в то же время не будет бесконечно большим, бесконечно большие y и z — несравнимы.

При одновременном рассматривании ряда бесконечно больших величин, одну из них (скажем, y) выбирают в качестве основной, и с ее степенями сравнивают остальные бесконечно большие. Например, если (как мы предположили выше) все они суть функции от x и становятся бесконечно большими при $x \to a$, то в качестве основной бесконечно большой обыкновенно берут $|x|$, если $a = \pm\infty$, и $\frac{1}{|x-a|}$ при a конечном.

III. *Бесконечно большая z называется величиной k-го порядка (относительно основной бесконечно большой y), если z и y^k будут одного порядка,* т. е., если отношение $\frac{z}{y^k}$ имеет конечный и отличный от нуля предел.

ГЛАВА ЧЕТВЕРТАЯ

НЕПРЕРЫВНЫЕ ФУНКЦИИ ОДНОЙ ПЕРЕМЕННОЙ

§ 1. НЕПРЕРЫВНОСТЬ (И РАЗРЫВЫ) ФУНКЦИИ

60. Определение непрерывности функции в точке. С понятием предела функции тесно связано другое важное понятие математического анализа — понятие непрерывности функции. Установление этого понятия в точной форме принадлежит Больцано и Коши, имена которых уже упоминались.

Рассмотрим функцию $f(x)$, определенную в некотором промежутке $\mathscr{X}$, и пусть x_0 будет точка этого промежутка, так что в ней функция имеет определенное значение $f(x_0)$.

Когда устанавливалось понятие предела функции при стремлении x к x_0 [n°n° 32, 33]

$$\lim_{x \to x_0} f(x),$$

неоднократно подчеркивалось, что значения x_0 переменная x не принимает; это значение могло даже не принадлежать области определения функции, а если и принадлежало, то значение $f(x_0)$ при образовании упомянутого предела не учитывалось.

Однако особый интерес представляет именно случай, когда

$$\lim_{x \to x_0} f(x) = f(x_0). \qquad (1)$$

Говорят, что *функция $f(x)$ непрерывна при значении $x = x_0$ (или в точке $x = x_0$), если выполняется это соотношение; если же оно нарушено*, то говорят, что *при этом значении (или в этой точке) функция имеет разрыв* *).

В случае непрерывности функции $f(x)$ в точке x_0 (и, очевидно, только в этом случае), при вычислении предела функции $f(x)$ при

*) Эта терминология связана с интуитивным представлением о непрерывности и разрывах кривой: функция непрерывна, если непрерывен ее график, точки разрыва функции отвечают точкам разрыва графика. На деле, однако, понятие непрерывности для кривой само требует обоснования, и простейший путь к нему лежит как раз через непрерывность функции!

$x \to x_0$ становится безразличным, будет ли x в своем стремлении к x_0 принимать, в частности, и значение x_0 или нет.

Определение непрерывности функции можно сформулировать в других терминах. Переход от значения x_0 к другому значению x можно себе представить так, что значению x_0 придано приращение $\Delta x = x - x_0$*). Новое значение функции $y = f(x) = f(x_0 + \Delta x)$ разнится от старого $y_0 = f(x_0)$ на приращение

$$\Delta y = f(x) - f(x_0) = f(x_0 + \Delta x) - f(x_0).$$

Для того чтобы функция $f(x)$ была непрерывна в точке x_0, необходимо и достаточно, чтобы ее приращение Δy в этой точке стремилось к нулю вместе с приращением Δx независимой переменной. Иными словами: *непрерывная функция характеризуется тем, что бесконечно малому приращению аргумента отвечает бесконечно малое же приращение функции.*

Возвращаясь к основному определению (1), раскроем его содержание «на языке последовательностей» [32]. Смысл непрерывности функции $f(x)$ в точке x_0 сводится к следующему: *какую бы последовательность значений x из $\mathscr{X}$:*

$$x_1, x_2, \ldots, x_n, \ldots$$

сходящуюся к x_0, ни взять, соответствующая последовательность значений функции

$$f(x_1), f(x_2), \ldots, f(x_n), \ldots$$

сходится к $f(x_0)$.

Наконец, «на языке ε-δ» [n°33] непрерывность выразится так: *каково бы ни было число $\varepsilon > 0$, для него найдется такое число $\delta > 0$, что неравенство*

$$|x - x_0| < \delta \text{ *влечет за собой* } |f(x) - f(x_0)| < \varepsilon.$$

Последнее неравенство, таким образом, должно выполняться в достаточно малой окрестности $(x_0 - \delta, x_0 + \delta)$ точки x_0.

Отметим, что, вычисляя предел (1), мы могли приближать x к x_0 и справа и слева, лишь бы x не выходило за пределы промежутка $\mathscr{X}$.

Установим теперь понятие об односторонней непрерывности или одностороннем разрыве функции в данной точке.

Говорят, что *функция $f(x)$ непрерывна в точке x_0 справа (слева)*, если выполняется предельное соотношение:

$$\left.\begin{aligned} f(x_0 + 0) &= \lim_{x \to x_0 + 0} f(x) = f(x_0) \\ [\text{или } f(x_0 - 0) &= \lim_{x \to x_0 - 0} f(x) = f(x_0)]. \end{aligned}\right\} \quad (2)$$

*) В анализе принято приращение величин $x, y, t \ldots$ обозначать через $\Delta x, \Delta y, \Delta t, \ldots$ Эти обозначения надлежит рассматривать как цельные символы, не отделяя Δ от x, и т. п.

Если же то или другое из этих соотношений не осуществляется, то *функция $f(x)$ имеет в точке x_0 разрыв соответственно справа или слева.*

По отношению к левому (правому) концу промежутка $\mathscr{X}$ *), в котором функция определена, может идти речь, очевидно, только о непрерывности или разрыве справа (слева). Если же x_0 есть внутренняя точка промежутка $\mathscr{X}$, т. е. не совпадает ни с одним из его концов, то для того, чтобы выполнялось равенство (1), выражающее непрерывность функции в точке x_0 в обычном смысле, необходимо и достаточно, чтобы имели место одновременно оба равенства (2) [35]. Иными словами, *непрерывность функции в точке x_0 равносильна ее непрерывности в этой точке одновременно справа и слева.*

Условимся говорить, для упрощения речи, что функция непрерывна в промежутке $\mathscr{X}$, если она непрерывна в каждой точке промежутка в отдельности.

61. Условие непрерывности монотонной функции. Рассмотрим функцию $f(x)$, монотонно возрастающую (убывающую) **) в промежутке $\mathscr{X}$ [n°47]. Этот промежуток может быть как конечным, так и бесконечным, замкнутым, полуоткрытым или открытым. Мы установим сейчас простой признак, с помощью которого для функций подобного типа сразу может быть обнаружена ее непрерывность во всем промежутке $\mathscr{X}$.

Теорема. Если множество значений монотонно возрастающей (убывающей) функции $f(x)$, которые она принимает, когда x изменяется в промежутке $\mathscr{X}$, содержится в некотором промежутке $\mathscr{Y}$ и заполняет его сплошь, то функция $f(x)$ в промежутке $\mathscr{X}$ непрерывна ***).

Возьмем любую точку x_0 из $\mathscr{X}$ и, предполагая, что она не является правым концом этого промежутка, докажем непрерывность функции $f(x)$ в точке x_0 справа; аналогично может быть доказана и непрерывность функции в точке x_0 слева, если x_0 не есть левый конец рассматриваемого промежутка, а отсюда по совокупности и следует заключение теоремы.

Точка $y_0=f(x_0)$ принадлежит промежутку $\mathscr{Y}$, не являясь его правым концом (ведь в $\mathscr{X}$ есть значения $x>x_0$, а им отвечают в $\mathscr{Y}$ значения $y=f(x)>y_0$). Пусть ε будет произвольно малое положительное число; впрочем, мы предположим его вдобавок настолько

---

*) Предполагая, что этот конец есть число конечное.

**) Для отчетливости мы будем предполагать функцию монотонно возрастающей в строгом смысле (хотя теорема верна и для монотонных функций в широком смысле).

***) Впоследствии [70] мы покажем, что то условие, которое здесь сформулировано как достаточное для непрерывности монотонной функции, является и необходимым.

малым, чтобы и значение $y_1 = y_0 + \varepsilon$ тоже принадлежало промежутку $\mathcal{Y}$. Так как по предположению $\mathcal{Y} = \{f(x)\}$, то в $\mathcal{X}$ найдется такое значение x_1, что будет

$$f(x_1) = y_1,$$

причем, очевидно, $x_1 > x_0$ (ибо, при $x \leqslant x_0$ и $f(x) \leqslant y_0$). Положим $\delta = x_1 - x_0$, так что $x_1 = x_0 + \delta$. Если теперь

$$0 < x - x_0 < \delta, \text{ т. е. } x_0 < x < x_1,$$

то

$$y_0 < f(x) < y_1 = y_0 + \varepsilon \text{ или } 0 < f(x) - f(x_0) < \varepsilon.$$

Это и значит, что

$$\lim_{x \to x_0 + 0} f(x) = f(x_0),$$

т. е. функция $f(x)$ действительно непрерывна в точке x_0 справа,

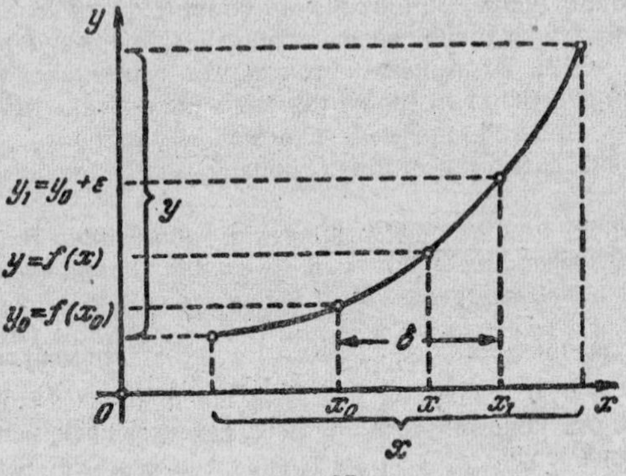

Рис. 27.

что и требовалось доказать. Рис. 27 служит иллюстрацией проведенного рассуждения.

62. Арифметические операции над непрерывными функциями. Прежде чем перейти к п р и м е р а м непрерывных функций, установим следующее простое предложение, которое позволит легко расширить их число.

Теорема. Если две функции $f(x)$ и $g(x)$ определены в одном и том же промежутке $\mathcal{X}$ и обе непрерывны в точке x_0, то в той же точке будут непрерывны и функции

$$f(x) \pm g(x), \quad f(x) \cdot g(x), \quad \frac{f(x)}{g(x)}$$

(последняя — при условии, что $g(x_0) \neq 0$).

Это непосредственно вытекает из теорем о пределе суммы, разности, произведения и частного двух функций, имеющих порознь пределы [n° 42].

Остановимся для примера на частном двух функций. Предположение о непрерывности функций $f(x)$ и $g(x)$ в точке x_0 равносильно наличию равенств

$$\lim_{x\to x_0} f(x)=f(x_0), \quad \lim_{x\to x_0} g(x)=g(x_0).$$

Но отсюда, по теореме о пределе частного (так как предел знаменателя не нуль), имеем:

$$\lim_{x\to x_0}\frac{f(x)}{g(x)}=\frac{f(x_0)}{g(x_0)},$$

а это равенство и означает, что функция $\frac{f(x)}{g(x)}$ непрерывна в точке x_0.

63. Непрерывность элементарных функций. 1°. Целая и дробная рациональные функции. Непрерывность функций от x, сводящихся к постоянной или к самому x, непосредственно ясна. Отсюда, на основании теоремы предыдущего номера, вытекает уже непрерывность любого одночленного выражения

$$ax^m=a\cdot\overbrace{x\cdot x\ldots x}^{m\text{ раз}}$$

как произведения непрерывных функций, а затем — и многочлена (целой рациональной функции)

$$a_0x^n+a_1x^{n-1}+\ldots+a_{n-1}x+a_n$$

как суммы непрерывных функций. Во всех упомянутых случаях непрерывность имеет место во всем промежутке $(-\infty, +\infty)$.

Очевидно, наконец, что и частное двух многочленов (дробная рациональная функция):

$$\frac{a_0x^n+a_1x^{n-1}+\ldots+a_{n-1}x+a_n}{b_0x^m+b_1x^{m-1}+\ldots+b_{m-1}x+b_m}$$

также будет непрерывно при каждом значении x, кроме тех, которые обращают знаменатель в нуль.

Непрерывность остальных элементарных функций мы установим, опираясь на теорему n° 61.

2°. Показательная функция $y=a^x\,(a>1)$ монотонно возрастает при изменении x в промежутке $\mathscr{X}=(-\infty, +\infty)$. Ее значения положительны и заполняют весь промежуток $\mathscr{Y}=(0, +\infty)$; это видно из существования логарифма $x=\log_a y$ для любого $y>0$ [n° 12]. Следовательно, показательная функция непрерывна при любом значении x.

3°. Логарифмическая функция $y=\log_a x\,(a>0,\ a\neq 1)$. Ограничиваясь случаем $a>1$, видим, что эта функция возрастает при изменении x в промежутке $\mathscr{X}=(0,+\infty)$. К тому же она, очевидно, принимает любое значение y из промежутка $\mathscr{Y}=(-\infty,+\infty)$, именно, для $x=a^y$. Отсюда — ее непрерывность.

4°. Степенная функция $y=x^\mu$ ($\mu \gtrless 0$) при возрастании x от нуля до $+\infty$ возрастает, если $\mu>0$, и убывает, если $\mu<0$. При этом она принимает любое положительное значение y (для $x=y^{\frac{1}{\mu}}$), следовательно, и она непрерывна *).

5°. Тригонометрические функции:

$$y=\sin x,\quad y=\cos x,\quad y=\operatorname{tg} x,\quad y=\operatorname{ctg} x,$$
$$y=\sec x,\quad y=\csc x.$$

Остановимся сначала на функции $y=\sin x$. Ее непрерывность, скажем, при изменении x в промежутке $\mathscr{X}=\left[-\frac{\pi}{2}, \frac{\pi}{2}\right]$, вытекает из ее монотонности в этом промежутке, да еще из того факта (устанавливаемого геометрически), что при этом она принимает каждое значение между -1 и 1. То же относится и к любому промежутку вида

$$\left[k\pi-\frac{\pi}{2},\ k\pi+\frac{\pi}{2}\right] \qquad (k=0,\ \pm 1,\ \pm 2,\ \ldots).$$

Окончательно видим, что функция $y=\sin x$ непрерывна для всех значений x. Аналогично устанавливается и непрерывность функции $y=\cos x$, также при любом значении x.

Отсюда, по теореме предыдущего номера, вытекает уже непрерывность функций

$$\operatorname{tg} x=\frac{\sin x}{\cos x},\quad \sec x=\frac{1}{\cos x},\quad \operatorname{ctg} x=\frac{\cos x}{\sin x},\quad \csc x=\frac{1}{\sin x}.$$

Исключение представляют для первых двух—значения вида $(2k+1)\frac{\pi}{2}$, обращающие $\cos x$ в нуль, а для последних двух — значения вида $k\pi$, обращающие $\sin x$ в нуль.

Наконец, упомянем

6°. Обратные тригонометрические функции:

$$y=\arcsin x,\quad y=\arccos x,\quad y=\operatorname{arctg} x,\quad y=\operatorname{arcctg} x.$$

Первые две непрерывны в промежутке $[-1, 1]$, а последние — в промежутке $(-\infty, +\infty)$. Доказательство предоставляем читателю.

---

*) Если $\mu>0$, то значение нуль включается как в промежуток изменения x, так и в промежуток изменения y; при $\mu<0$ значение нуль не включается. Далее, если μ — целое число $\pm n$ или дробное $\pm\frac{p}{q}$ с нечетным знаменателем, то степень x^μ можно рассматривать и для $x<0$; непрерывность ее для этих значений устанавливается аналогично.

Резюмируя, можно сказать, таким образом, что основные элементарные функции оказываются непрерывными во всех точках, где они имеют смысл, т. е. в соответствующих естественных областях их определения.

64. Суперпозиция непрерывных функций. Обширные классы непрерывных функций могут быть построены с помощью суперпозиции функций, непрерывность которых уже известна. В основе этого лежит следующая

Теорема. *Пусть функция $\varphi(y)$ определена в промежутке $\mathcal{Y}$, а функция $f(x)$ — в промежутке $\mathcal{X}$, причем значения последней функции не выходят за пределы $\mathcal{Y}$, когда x изменяется в $\mathcal{X}$. Если $f(x)$ непрерывна в точке x_0 из $\mathcal{X}$, а $\varphi(y)$ непрерывна в соответствующей точке $y_0 = f(x_0)$ из $\mathcal{Y}$, то и сложная функция $\varphi(f(x))$ будет непрерывна в точке x_0.*

Доказательство. Зададимся произвольным числом $\varepsilon > 0$. Так как $\varphi(y)$ непрерывна при $y = y_0$, то по ε найдется такое $\sigma > 0$, что

$$\text{из } |y - y_0| < \sigma \text{ следует } |\varphi(y) - \varphi(y_0)| < \varepsilon.$$

С другой стороны, ввиду непрерывности $f(x)$ при $x = x_0$, по σ найдется такое $\delta > 0$, что

$$\text{из } |x - x_0| < \delta \text{ следует } |f(x) - f(x_0)| = |f(x) - y_0| < \sigma.$$

По самому выбору числа σ отсюда следует, далее,

$$|\varphi(f(x)) - \varphi(y_0)| = |\varphi(f(x)) - \varphi(f(x_0))| < \varepsilon.$$

Этим «на языке ε-δ» и доказана непрерывность функции $\varphi(f(x))$ в точке x_0.

Например, если степенную функцию x^μ $(x > 0)$ представить в виде функции

$$x^\mu = e^{\mu \ln x},$$

которая получается от суперпозиции логарифмической и показательной функций, то из непрерывности последних двух функций уже будет вытекать непрерывность степенной функции.

65. Вычисление некоторых пределов. Непрерывность функций многообразно может быть использована при вычислении пределов *).

---

*) Фактически мы иной раз это делали и раньше; так, в примере 6) n° 43 мы попутно установили непрерывность функции $\sqrt{x}$ при $x = 1$ и использовали ее, а в примере 7) (б) так же поступили по отношению к функции $\cos x$ при $x = 0$.

Здесь мы, опираясь на непрерывность элементарных функций, установим ряд важных пределов, которые понадобятся нам в следующей главе:

1) $\lim\limits_{\alpha \to 0} \dfrac{\log_a(1+\alpha)}{\alpha} = \log_a e \qquad \left(\dfrac{0}{0}\right),$

2) $\lim\limits_{\alpha \to 0} \dfrac{a^\alpha - 1}{\alpha} = \ln a \qquad \left(\dfrac{0}{0}\right),$

3) $\lim\limits_{\alpha \to 0} \dfrac{(1+\alpha)^\mu - 1}{\alpha} = \mu \qquad \left(\dfrac{0}{0}\right).$

Имеем

$$\frac{\log_a(1+\alpha)}{\alpha} = \log_a(1+\alpha)^{\frac{1}{\alpha}};$$

так как выражение, стоящее справа под знаком логарифма, при $\alpha \to 0$ стремится к e [n°50, (4)], то (по непрерывности логарифмической функции) его логарифм стремится к $\log_a e$, что и требовалось доказать.

Отметим частный случай доказанной формулы, когда речь идет о натуральном логарифме ($a = e$):

$$\lim_{\alpha \to 0} \frac{\ln(1+\alpha)}{\alpha} = 1.$$

В простоте этого результата и коренятся, по существу, те преимущества, которые представляет натуральная система логарифмов.

Обращаясь к формуле 2), положим $a^\alpha - 1 = \beta$; тогда при $\alpha \to 0$ (по непрерывности показательной функции) и $\beta \to 0$. Имеем, далее, $\alpha = \log_a(1+\beta)$, так что, если воспользоваться уже доказанным результатом:

$$\lim_{\alpha \to 0} \frac{a^\alpha - 1}{\alpha} = \lim_{\beta \to 0} \frac{\beta}{\log_a(1+\beta)} = \frac{1}{\log_a e} = \ln a,$$

что и требовалось доказать.

Если, в частности, взять $\alpha = \dfrac{1}{n}$ $(n = 1, 2, 3, \ldots)$, то получится интересная формула:

$$\lim_{n \to \infty} n\left(\sqrt[n]{a} - 1\right) = \ln a \qquad (\infty \cdot 0).$$

Наконец, для доказательства формулы 3), положим $(1+\alpha)^\mu - 1 = \beta$; при $\alpha \to 0$ (по непрерывности степенной функции) будет и $\beta \to 0$. Логарифмируя равенство $(1+\alpha)^\mu = 1 + \beta$, получим, что

$$\mu \cdot \ln(1+\alpha) = \ln(1+\beta).$$

С помощью этого соотношения преобразуем данное нам выражение так:

$$\frac{(1+\alpha)^{\mu}-1}{\alpha}=\frac{\beta}{\alpha}=\frac{\beta}{\ln(1+\beta)}\cdot\mu\cdot\frac{\ln(1+\alpha)}{\alpha}.$$

По доказанному оба отношения

$$\frac{\beta}{\ln(1+\beta)} \text{ и } \frac{\ln(1+\alpha)}{\alpha}$$

стремятся к единице, так что всё произведение имеет пределом μ, что и требовалось доказать.

Предел, рассмотренный в n°43, 6), получается отсюда, как частный случай, при $\mu=\frac{1}{2}$.

66. Степенно-показательные выражения. Рассмотрим теперь *степенно-показательное* выражение u^v, где u и v являются функциями от одной и той же переменной x, с областью изменения $\mathscr{X}$, имеющей точку сгущения x_0; в частности, это могут быть две функции u_n и v_n от натурального аргумента.

Пусть существуют конечные пределы:

$$\lim_{x\to x_0} u=a \quad \text{и} \quad \lim_{x\to x_0} v=b,$$

причем $a>0$. Требуется найти предел выражения u^v.

Представим его в виде

$$u^v=e^{v\cdot\ln u};$$

функции v и $\ln u$ имеют пределы

$$\lim_{x\to x_0} v=b, \quad \lim_{x\to x_0} \ln u=\ln a$$

(здесь использована *непрерывность логарифмической функции*), так что

$$\lim_{x\to x_0} v\cdot\ln u=b\cdot\ln a.$$

Отсюда — *по непрерывности показательной функции* — окончательно

$$\lim_{x\to x_0} u^v=e^{b\cdot\ln a}=a^b.$$

Предел выражения u^v можно установить и в других случаях, *когда известен предел c произведения* $v\cdot\ln u$ — конечный или бесконечный. При конечном c искомый предел будет, очевидно, e^c; если же $c=-\infty$ или $+\infty$, то этот предел, соответственно, будет 0 или $+\infty$ [n° 34, 2)].

Самое же определение предела $c=\lim\{v\cdot\ln u\}$ — лишь по заданным пределам a и b возможно всегда, кроме случаев, когда это произведение при $x\to x_0$ представляет *неопределенность* вида $0\cdot\infty$. Легко сообразить, что исключительные случаи отвечают таким комбинациям значений a и b:

$$a=1, \qquad b=\pm\infty;$$
$$a=0, \qquad b=0;$$
$$a=+\infty, \qquad b=0.$$

В этих случаях говорят, что *выражение* u^v *представляет неопределенность вида* 1^∞, 0^0, ∞^0 *) (смотря по случаю). Для решения вопроса о пределе выражения u^v здесь мало знать лишь пределы функций u и v, а нужно непосредственно учесть закон, по которому они стремятся к своим пределам.

Выражение $\left(1+\frac{1}{n}\right)^n$, при $n\to\infty$, или более общее выражение $(1+\alpha)^{\frac{1}{\alpha}}$ при $\alpha\to 0$, имеющее пределом e, дает пример неопределенности вида 1^∞.

Как уже указывалось, общие методы раскрытия неопределенностей всех видов будут даны в § 3 главы VII.

67. Классификация разрывов. Примеры. Остановимся подробнее на вопросе о непрерывности и разрыве функций в точке x_0, скажем, справа. Предполагая, что функция $f(x)$ в некотором промежутке $[x_0, x_0+h]$ $(h>0)$ справа от этой точки о п р е д е л е н а, видим, что для непрерывности необходимо и достаточно: во-первых, чтобы существовал конечный предел $f(x_0+0)$ функции $f(x)$ при стремлении x к x_0 справа и, во-вторых, чтобы этот предел был равен значению $f(x_0)$ функции в точке x_0.

Поэтому легко дать себе отчет в том, при каких обстоятельствах для функции $f(x)$ в точке x_0 справа появляется р а з р ы в. Может случиться, что хотя конечный предел $f(x_0+0)$ и существует, но он не равен значению $f(x_0)$; такой разрыв называют *обыкновенным* или *разрывом первого рода* **). Но может быть и так, что предел $f(x_0+0)$ бесконечен, или его вовсе нет; тогда говорят о *разрыве второго рода*.

Если функция $f(x)$ определена только в промежутке $(x_0, x_0+h]$, но с у щ е с т в у е т конечный предел

$$f(x_0+0)=\lim_{x\to x_0+0} f(x),$$

то стоит лишь д о п о л н и т е л ь н о о п р е д е л и т ь функцию в точке x_0, положив $f(x_0)$ равным именно этому пределу, чтобы функция оказалась непрерывной в точке x_0 справа. Э т о о б ы ч н о м ы и б у д е м в п р е д ь п о д р а з у м е в а т ь. Впрочем, если функция определена и слева от x_0 — в промежутке $[x_0-h, x_0)$, и существует конечный предел

$$f(x_0-0)=\lim_{x\to x_0-0} f(x),$$

то восстановить непрерывность функции в точке x_0 можно лишь при условии совпадения обоих пределов.

---

*) Относительно самих этих символов можно было бы повторить сказанное в сноске на стр. 87.

**) В этом случае говорят также, что функция $f(x)$ в точке x_0 справа имеет с к а ч о к, по величине равный $f(x_0+0)-f(x_0)$.

Наконец, если для функции $f(x)$, определенной в промежутке $(x_0, x_0+h]$, конечного предела в точке x_0 справа не существует, то говорят, что функция имеет в точке x_0 справа *разрыв второго рода*, несмотря на то, что она в этой точке вовсе не определена: в этом случае, как бы дополнительно ни определить функцию при $x=x_0$, она неизбежно будет здесь иметь разрыв!

Примеры. 1) Рассмотрим функцию $y=E(x)$ (график ее представлен на рис. 5). Если x_0 не целое число и $E(x_0)=m$, т. е. $m<x_0<m+1$, то и для всех значений x в промежутке $(m, m+1)$ будет $E(x)=m$, так что непрерывность функции в точке x_0 непосредственно ясна.

Иначе обстоит дело, если x_0 равно целому числу m. Справа в этой точке будет иметь место непрерывность, ибо правее $x_0=m$, именно для значений x в $(m, m+1)$ будет $E(x)=m$, так что и $E(m+0)=m=E(m)$. Наоборот, левее $x_0=m$, для значений x в $(m-1, m)$, очевидно, $E(x)=m-1$; отсюда и $E(m-0)=m-1$, что не равно значению $E(m)$, и слева в точке $x_0=m$ функция имеет обыкновенный разрыв или скачок!

2) Для функции

$$f(x)=\frac{1}{x^2} \qquad (\text{при } x\neq 0)$$

точка $x=0$ есть точка разрыва второго рода с обеих сторон; именно, в ней функция и справа и слева обращается в бесконечность:

$$f(+0)=\lim_{x\to+0}\frac{1}{x^2}=+\infty, \qquad f(-0)=\lim_{x\to-0}\frac{1}{x^2}=-\infty.$$

3) Функция

$$f(x)=\sin\frac{1}{x} \qquad (\text{при } x\neq 0),$$

рассмотренная в n°34, 6), в точке $x=0$ имеет разрыв второго рода с обеих сторон, так как не существует вовсе предела этой функции в названной точке ни справа, ни слева.

4) Наоборот, если взять функцию [n°34, 7)]

$$f(x)=x\cdot\sin\frac{1}{x} \qquad (\text{при } x\neq 0)$$

для которой, как мы видели, существует предел

$$\lim_{x\to 0} f(x)=0,$$

то, положив $f(0)=0$, мы восстановим непрерывность и при $x=0$.

5) Определим, наконец, две функции равенствами

$$f_1(x)=a^{\frac{1}{x}}\ (a>1), \qquad f_2(x)=\operatorname{arctg}\frac{1}{x}$$

при $x\neq 0$ и дополнительным условием

$$f_1(0)=f_2(0)=0.$$

Как мы видели в n°35,

$$f_1(+0)=+\infty, \qquad f_1(-0)=0,$$

$$f_2(+0)=\frac{\pi}{2}, \qquad f_2(-0)=-\frac{\pi}{2}.$$

Таким образом, в точке $x=0$ для первой функции справа—разрыв второго рода, а слева — непрерывность; для второй функции — с обеих сторон скачки. [Ср. рис. 22 и 23.]

Остановимся в заключение на важном классе обычно рассматриваемых функций — монотонных или кусочно-монотонных*) — и покажем, что для них могут иметь место разве лишь обыкновенные разрывы. Это следует из того, что для такой функции $f(x)$ в каждой точке x_0, принадлежащей промежутку $\mathscr{X}$, где функция определена, всегда существуют конечные пределы $f(x_0+0)$ и $f(x_0-0)$ (или — один из них, если x_0 является концом промежутка $\mathscr{X}$). Пусть, например, функция $f(x)$ монотонно возрастает, и x_0 не будет левым концом промежутка $\mathscr{X}$; тогда для $x<x_0$ значения $f(x)$ ограничены сверху числом $f(x_0)$ и по теореме n°47 действительно существует конечный предел

$$f(x_0-0)=\lim_{x\to x_0-0} f(x).$$

§ 2. СВОЙСТВА НЕПРЕРЫВНЫХ ФУНКЦИЙ

68. Теорема об обращении функции в нуль. Займемся теперь изучением основных свойств функции, непрерывной в некотором промежутке. Интересные и сами по себе, эти свойства в дальнейшем изложении часто будут служить основой для различных умозаключений.

Первым на путь строгого обоснования их стал Больцано (1817), а вслед за ним — Коши (1821). Им и принадлежит приводимая ниже важная теорема.

Первая теорема Больцано — Коши. *Пусть функция $f(x)$ определена и непрерывна в замкнутом промежутке $[a, b]$ и на концах этого промежутка принимает значения разных знаков. Тогда между a и b необходимо найдется точка c, в которой функция обращается в нуль:*

$$f(c)=0 \qquad (a<c<b).$$

Теорема имеет очень простой геометрический смысл: если непрерывная кривая переходит с одной стороны оси x на другую, то она пересекает эту ось (черт. 28).

Доказательство мы проведем по методу деления промежутка [n°51]. Для определенности положим, что $f(a)<0$, а $f(b)>0$. Разделим промежуток $[a, b]$ пополам точкой $\frac{a+b}{2}$. Может случиться, что функция $f(x)$ обратится в нуль в этой точке, тогда теорема доказана: можно положить $c=\frac{a+b}{2}$. Пусть же $f\left(\frac{a+b}{2}\right)\neq 0$; тогда на концах одного из промежутков $\left[a, \frac{a+b}{2}\right]$, $\left[\frac{a+b}{2}, b\right]$

*) Функция называется кусочно-монотонной, если промежуток ее определения может быть разложен на конечное число частичных промежутков, в каждом из которых в отдельности функция монотонна.

функция будет принимать значения **разных знаков** (и притом отрицательное значение на левом конце и положительное — на правом). Обозначив этот промежуток через $[a_1, b_1]$, имеем

$$f(a_1) < 0, \quad f(b_1) > 0.$$

Разделим пополам промежуток $[a_1, b_1]$ и снова отбросим тот случай, когда $f(x)$ обращается в нуль в середине $\frac{a_1 + b_1}{2}$ этого проме-

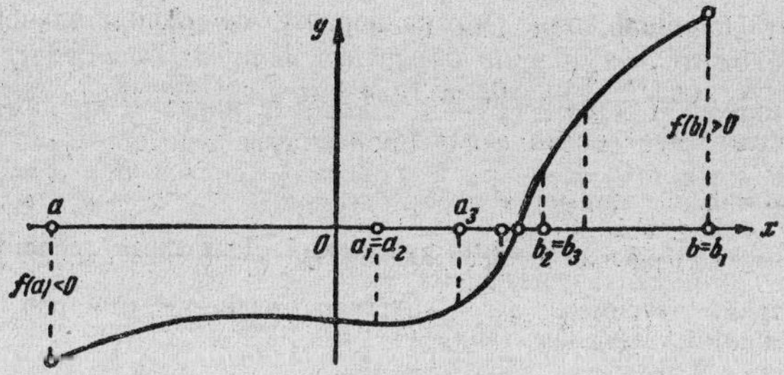

Рис. 28.

жутка, ибо тогда теорема доказана. Обозначим через $[a_2, b_2]$ ту из половин промежутка, для которой

$$f(a_2) < 0, \quad f(b_2) > 0.$$

Продолжим этот процесс построения промежутков. При этом **либо** мы после конечного числа шагов наткнемся в качестве точки деления на точку, где функция обращается в нуль, — и доказательство теоремы завершится, — **либо** получим бесконечную последовательность вложенных один в другой промежутков. Остановимся на этом последнем случае. Тогда для n-го промежутка $[a_n, b_n]$ $(n = 1, 2, 3, \ldots)$ будем иметь

$$f(a_n) < 0, \quad f(b_n) > 0, \tag{1}$$

причем длина его, очевидно, равна

$$b_n - a_n = \frac{b - a}{2^n}. \tag{2}$$

Построенная последовательность промежутков удовлетворяет условиям леммы о вложенных промежутках [n°46], ибо, ввиду (2), $\lim(b_n - a_n) = 0$; поэтому обе переменные a_n и b_n стремятся к общему пределу

$$\lim a_n = \lim b_n = c,$$

который, очевидно, принадлежит $[a, b]$ [36, 3)]. Покажем, что именно эта точка c удовлетворяет требованию теоремы.

Переходя к пределу в неравенствах (1) и используя при этом непрерывность функции (в частности, в точке $x=c$), получим, что одновременно

$$f(c)=\lim f(a_n)\leqslant 0 \quad \text{и} \quad f(c)=\lim f(b_n)\geqslant 0,$$

так что действительно $f(c)=0$. Теорема доказана.

Заметим, что требование непрерывности функции $f(x)$ в замкнутом промежутке $[a, b]$ — существенно: функция, имеющая разрыв хоть в одной точке, может перейти от отрицательного значения к положительному и не обращаясь в нуль. Так будет, например, с функцией $f(x)=E(x)-\frac{1}{2}$, которая нигде не принимает значения нуль, хотя $f(0)=-\frac{1}{2}$, а $f(1)=\frac{1}{2}$ (скачок при $x=1$).

§ 69. Применение к решению уравнений. Доказанная теорема имеет применение при решении уравнений.

Рассмотрим, например, алгебраическое уравнение нечетной степени (с вещественными коэффициентами)

$$f(x)\equiv a_0x^{2n+1}+a_1x^{2n}+\ldots+a_{2n}x+a_{2n+1}=0.$$

При достаточно больших по абсолютной величине значениях x многочлен имеет знак старшего члена, т. е. при положительном x — знак a_0, а при отрицательном x — обратный знак. Так как многочлен есть непрерывная функция, то, меняя знак, он в промежуточной точке необходимо обращается в нуль. Отсюда: *всякое алгебраическое уравнение нечетной степени (с вещественными коэффициентами) имеет по крайней мере один вещественный корень.*

Теоремой Больцано—Коши можно пользоваться не только для установления существования корня, но и для приближенного его вычисления. (Это и было отправной точкой зрения для Коши при доказательстве теоремы, помещенной им в разделе «О численном решении уравнений»). Поясним сказанное примером. Пусть $f(x)=x^4-x-1$. Так как $f(1)=-1$, $f(2)=13$, то многочлен имеет корень между 1 и 2. Разделим этот промежуток $[1, 2]$ на 10 равных частей точками 1,1; 1,2; 1,3; ... и станем последовательно вычислять:

$$f(1{,}1)=-0{,}63\ldots;\quad f(1{,}2)=-0{,}12\ldots;\quad f(1{,}3)=+0{,}55;\ldots$$

Видим, что корень содержится между 1,2 и 1,3. Разделив и этот промежуток на 10 частей, найдем:

$$f(1{,}21)=-0{,}06\ldots;\quad f(1{,}22)=-0{,}04\ldots;\quad f(1{,}23)=+0{,}058\ldots;\ldots$$

Теперь ясно, что корень лежит между 1,22 и 1,23; таким образом, мы уже знаем значение корня с точностью до 0,01 и т. д. *).

70. Теорема о промежуточном значении. Доказанная в n° 69 теорема непосредственно обобщается следующим образом:

*) Впрочем, практически этот путь невыгоден из-за большого количества вычислений; существуют приемы, гораздо быстрее ведущие к цели (они указываются в дифференциальном исчислении).

Вторая теорема Больцано—Коши. *Пусть функция $f(x)$ определена и непрерывна в замкнутом промежутке $[a, b]$ и на концах этого промежутка принимает неравные значения*

$$f(a)=A \quad \text{и} \quad f(b)=B.$$

Тогда, каково бы ни было число C, лежащее между A и B, найдется такая точка c между a и b, что

$$f(c)=C.\,^{*})$$

Доказательство. Будем считать, например,

$$A<B, \quad \text{так что } A<C<B.$$

Рассмотрим в промежутке $[a, b]$ вспомогательную функцию $\varphi(x)=f(x)-C$. Эта функция непрерывна в промежутке и на концах его имеет разные знаки:

$$\varphi(a)=f(a)-C=A-C<0, \qquad \varphi(b)=f(b)-C=B-C>0.$$

Тогда, по первой теореме, между a и b найдется точка c, для которой $\varphi(c)=0$, т. е.

$$f(c)-C=0 \quad \text{или} \quad f(c)=C,$$

что и требовалось доказать.

Мы установили, таким образом, важное свойство функции $f(x)$, непрерывной в промежутке: *переходя от одного своего значения к другому, функция хоть раз принимает в качестве значения каждое промежуточное число.*

Это свойство, на первый взгляд, кажется вскрывающим самую сущность непрерывности функции. Однако легко построить заведомо разрывные функции, которые все же этим свойством обладают. Например, функция [n°67, 3)]

$$f(x)=\sin\frac{1}{x} \quad (x\neq 0), \quad f(0)=0$$

в любом промежутке, содержащем точку разрыва $x=0$, принимает все вообще возможные для нее значения — от -1 до $+1$ **).

Из доказанного свойства непрерывной функции вытекает такое (по существу равносильное ему)

Следствие. *Если функция $f(x)$ определена и непрерывна в каком-либо промежутке $\mathscr{X}$ (замкнутом или нет, конечном или*

---

*) Очевидно, что первая теорема Больцано—Коши есть частный случай этой: если A и B — разных знаков, то в качестве C можно взять и нуль.

**) Недаром еще Больцано подчеркивал, что указанное свойство есть следствие непрерывности, но его нельзя класть в основу определения непрерывности.

бесконечном), то принимаемые ею значения сами также заполняют сплошь некоторый промежуток.

Обозначим множество значений функции $\{f(x)\}$ через $\mathcal{Y}$. Пусть

$$m = \inf \mathcal{Y}, \qquad M = \sup \mathcal{Y}\ ^{*)}$$

и l есть произвольное число между m и M:

$$m < l < M.$$

Необходимо найдутся значения функции $f(x_1)$ и $f(x_2)$ (x_1 и x_2 взяты из промежутка $\mathcal{X}$), такие, что

$$m \leqslant f(x_1) < l < f(x_2) \leqslant M;$$

это вытекает из самого определения точных границ числового множества. Но тогда, по доказанной теореме, существует между x_1 и x_2 такое значение $x = x_0$ (очевидно, также принадлежащее $\mathcal{X}$), что $f(x_0)$ в точности равно l; следовательно, это число входит в множество $\mathcal{Y}$.

Таким образом, $\mathcal{Y}$ представляет собой промежуток с концами m и M (которые сами могут ему принадлежать или нет — смотря по случаю; ср. n°73).

Мы видели в n°61, что в случае монотонной функции только что сформулированное свойство функции влечет за собой ее непрерывность. Что так будет не всегда, показывает приведенный выше пример.

Замечание. Для того частного случая, когда рассматриваемая функция представляет собой целый многочлен, обе теоремы высказывались задолго до строгого их доказательства в общем виде. Например, у Эйлера в его «Введении в анализ» мы находим — для указанного случая — полную формулировку теоремы настоящего номера, но без убедительного обоснования; эта теорема затем применяется к вопросу о существовании вещественных корней алгебраических уравнений [ср. n°69] **). Эйлер — подобно другим авторам — иной раз пользуется и геометрическими соображениями. Наконец, упомянем, что Лагранж ***) прямо начинает свой «Трактат о решении численных уравнений всех степеней» с аналитического доказательства (для многочлена!) теоремы n°68, основанного на разложении на множители.

71. Существование обратной функции. Применим изученные в предыдущем номере свойства непрерывной функции к установлению, при некоторых предположениях, существования однозначной обратной функции и ее непрерывности [ср. n°23].

Теорема. *Пусть функция $y = f(x)$ определена, монотонно возрастает (убывает)* ****) *и непрерывна в некотором промежутке $\mathcal{X}$. Тогда в соответствующем промежутке $\mathcal{Y}$ значений этой*

---

*) Напоминаем читателю, что если множество $\mathcal{Y}$ не ограничено сверху (снизу), то мы условились в n°6 полагать $\sup \mathcal{Y} = +\infty$ ($\inf \mathcal{Y} = -\infty$).

**) Стр. 44—46 русского перевода (см. сноску на стр. 48).

***) Жозеф-Луи Лагранж (1736—1813) — знаменитый французский математик и механик.

****) В строгом смысле слова (это здесь существенно).

функции существует однозначная обратная функция $x=g(y)$, также монотонно возрастающая (убывающая) и непрерывная.

Доказательство. Ограничимся случаем возрастающей функции. Мы видели выше [см. следствие], что значения непрерывной функции $f(x)$ заполняют сплошь некоторый промежуток $\mathcal{Y}$, так что для каждого значения y_0 из этого промежутка найдется хоть одно такое значение x_0 (из $\mathcal{X}$), что

$$f(x_0)=y_0.$$

Но, ввиду монотонности этой функции, такое значение может найтись только одно: если x больше или меньше x_0, то соответственно и $f(x)$ больше или меньше y_0.

Сопоставляя именно это значение x_0 произвольно взятому y_0 из $\mathcal{Y}$, мы получим однозначную функцию

$$x=g(y),$$

обратную для функции $y=f(x)$.

Легко видеть, что эта функция $g(y)$, подобно $f(x)$, также монотонно возрастает. Пусть

$$y'<y'' \quad \text{и} \quad x'=g(y'), \quad x''=g(y'');$$

тогда, по самому определению функции $g(y)$, одновременно

$$y'=f(x') \quad \text{и} \quad y''=f(x'').$$

Если бы было $x'>x''$, то, в силу возрастания функции $f(x)$, было бы и $y'>y''$, что противоречит условию. Не может быть и $x'=x''$, ибо тогда было бы и $y'=y''$, что также противоречит условию. Итак, возможно только неравенство $x'<x''$, так что $g(y)$ действительно возрастает.

Наконец, чтобы доказать непрерывность функции $x=g(y)$ достаточно сослаться на теорему в n°61, условия которой выполнены: названная функция монотонна и ее значения, очевидно, заполняют сплошь промежуток $\mathcal{X}$ *).

С помощью доказанной теоремы можно наново установить ряд уже известных нам результатов.

Например, если применить ее к функции x^n (n — натуральное число) в промежутке $\mathcal{X}=[0, +\infty)$, то придем к существованию и непрерывности (арифметического) корня

$$x=\sqrt[n]{y} \text{ для } y \text{ в } \mathcal{Y}=[0, +\infty).$$

72. Теорема об ограниченности функции. Если функция $f(x)$ определена (следовательно, принимает конечные значения) для всех

*) Какое бы x из $\mathcal{X}$ ни взять, стоит лишь положить $y=f(x)$, чтобы для этого y функция $g(y)$ имела своим значением именно взятое x.

значений x в некотором конечном промежутке, то это не влечет за собой с необходимостью ограниченности функции, т. е. ограниченности множества $\{f(x)\}$ принимаемых ею значений. Например, пусть $f(x)$ определена так:

$$f(x)=\frac{1}{x}, \quad \text{если } 0<x\leqslant 1 \text{ и } f(0)=0;$$

функция эта принимает только конечные значения, но она не ограничена, ибо при приближении x к нулю может принимать сколь угодно большие значения. Заметим попутно, что в полуоткрытом промежутке $(0, 1]$ она непрерывна, но в точке $x=0$ имеет разрыв.

Иначе обстоит дело с функциями, непрерывными в замкнутом промежутке.

Первая теорема Вейерштрасса. *Если функция $f(x)$ определена и непрерывна в замкнутом промежутке $[a, b]$, то она ограничена и снизу и сверху, т. е. существуют такие постоянные и конечные числа m и M, что*

$$m\leqslant f(x)\leqslant M \quad \text{при} \quad a\leqslant x\leqslant b.$$

Доказательство поведем от противного: допустим, что функция $f(x)$ при изменении x в промежутке $[a, b]$ оказывается неограниченной, скажем, сверху.

В таком случае для каждого натурального числа n найдется в промежутке $[a, b]$ такое значение $x=x_n$, что

$$f(x_n)\geqslant n. \tag{3}$$

По лемме Больцано—Вейерштрасса [n°51], из последовательности $\{x_n\}$ можно извлечь частичную последовательность $\{x_{n_k}\}$, сходящуюся к конечному пределу:

$$x_{n_k}\to x_0 \quad (\text{при } k\to+\infty).$$

причем, очевидно, $a\leqslant x_0\leqslant b$. Вследствие непрерывности функции в точке x_0, тогда должно быть и

$$f(x_{n_k})\to f(x_0),$$

а это невозможно, так как из (3) следует, что

$$f(x_{n_k})\to+\infty.$$

Полученное противоречие и доказывает теорему.

73. Наибольшее и наименьшее значения функции. Мы знаем, что бесконечное числовое множество, даже ограниченное, может не иметь в своем составе наибольшего (наименьшего) элемента. Если функция $f(x)$ определена и даже ограничена в некотором промежутке изменения x, то в составе множества ее значений $\{f(x)\}$ может не оказаться наибольшего (наименьшего). В этом случае точная верхняя (нижняя) граница значений функции $f(x)$ не достигается в названном промежутке. Так будет обстоять дело, например, с функцией

$$f(x) = x - E(x)$$

(график ее представлен на рис. 29). При изменении x в любом промежутке $[0, b]$ $(b \geqslant 1)$ точной верхней границей значений функции будет единица, но она не достигается, так что наибольшего значения функция не имеет.

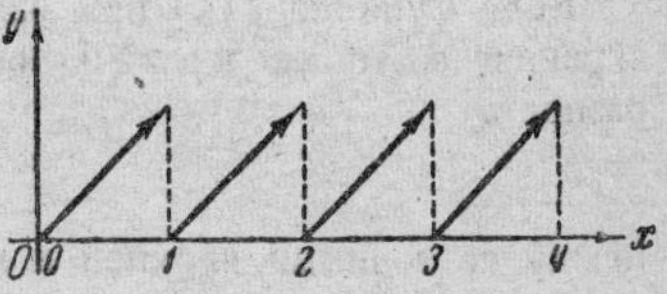

Рис. 29.

Читателю, вероятно, ясна связь этого обстоятельства с наличием у рассматриваемой функции разрывов при натуральных значениях x. Действительно, для непрерывных в замкнутом промежутке функций имеет место

Вторая теорема Вейерштрасса. *Если функция $f(x)$ определена и непрерывна в замкнутом промежутке $[a, b]$, то она достигает в этом промежутке своих точных верхней и нижней границ.*

Иными словами, *в промежутке $[a, b]$ найдутся такие точки x_0 и x_1, что значения $f(x_0)$ и $f(x_1)$ будут, соответственно, наибольшим и наименьшим из всех значений функции $f(x)$.*

Доказательство. Положим

$$M = \sup\{f(x)\};$$

по предыдущей теореме, это — число конечное. Предположим (вопреки тому, что нужно доказать), что всегда $f(x) < M$, т. е., что граница M не достигается. В таком случае, можно рассмотреть вспомогательную функцию

$$\varphi(x) = \frac{1}{M - f(x)}.$$

Так как, по предположению, знаменатель здесь в нуль не обращается, то эта функция будет непрерывна, а следовательно (по предыдущей теореме), ограничена: $f(x) \leqslant \mu$ $(\mu > 0)$. Но отсюда легко получить, что тогда

$$f(x) \leqslant M - \frac{1}{\mu},$$

т. е. число $M - \frac{1}{\mu}$, меньшее чем M, оказывается верхней границей для значений функции $f(x)$, чего быть не может, ибо M есть точная верхняя граница этих значений. Полученное противоречие доказывает теорему: в промежутке $[a, b]$ найдется такое значение x_0, что $f(x_0) = M$ будет наибольшим из всех значений $f(x)$.

Аналогично может быть доказано утверждение и относительно наименьшего значения.

Отметим, что приведенное доказательство есть чистое «доказательство существования». Средств для вычисления, например, значения $x = x_0$ никаких не дано. Впоследствии [в главе VII, § 1], правда, при более тяжелых предположениях относительно функции, мы научимся фактически находить значения независимой переменной, доставляющие функции наибольшее или наименьшее значения.

Если функция $f(x)$ при изменении x в каком-либо промежутке $\mathscr{X}$ ограничена, то ее колебанием в этом промежутке называется разность

$$\omega = M - m$$

между ее точными верхней и нижней границами. Иначе можно определить колебание ω как точную верхнюю границу абсолютных величин разностей $f(x'') - f(x')$, где x' и x'' принимают независимо одно от другого произвольные значения в промежутке $\mathscr{X}$:

$$\omega = \sup_{x',\, x''} \{|f(x'') - f(x')|\}.$$

Когда речь идет о непрерывной функции $f(x)$ в замкнутом конечном промежутке $\mathscr{X} = [a, b]$, то, как следует из доказанной теоремы, колебанием будет попросту *разность между наибольшим и наименьшим значениями функции* в этом промежутке. В этом случае промежуток $\mathscr{Y}$ значений функции есть замкнутый промежуток $[m, M]$, и колебание дает его длину.

74. Понятие равномерной непрерывности. Если функция $f(x)$ определена в некотором промежутке $\mathscr{X}$ (замкнутом или нет, конечном или бесконечном) и непрерывна в точке x_0 этого промежутка, то

$$\lim_{x \to x_0} f(x) = f(x_0)$$

или («на языке ε-δ», n°60): *для каждого числа* $\varepsilon > 0$ *найдется такое число* $\delta > 0$, *что*

$$|x - x_0| < \delta \text{ влечет за собой } |f(x) - f(x_0)| < \varepsilon.$$

Предположим теперь, что функция $f(x)$ непрерывна во всем промежутке $\mathscr{X}$, т. е. непрерывна в каждой точке x_0 этого промежутка. Тогда для каждой точки x_0 из $\mathscr{X}$ в отдельности по заданному ε найдется δ, соответствующее ему в упомянутом выше смысле. При изменении x_0 в пределах $\mathscr{X}$, даже если ε неизменно, число δ, вообще говоря, будет меняться. Одного взгляда на рис. 30 достаточно, чтобы убедиться в том, что число δ, пригодное на участке, где функция изменяется медленно (график представляет пологую кривую), может оказаться слишком большим для участка быстрого изменения функции (где график круто поднимается или опускается). Иными словами, число δ вообще зависит не только от ε, но и от x_0.

Если бы речь шла о конечном числе значений x_0 (при неизменном ε), то из конечного числа соответствующих им чисел δ можно было бы выбрать наименьшее, и это последнее годилось бы, очевидно, и для всех рассматриваемых точек x_0 одновременно.

Но по отношению к бесконечному множеству значений x_0, содержащихся в промежутке $\mathscr{X}$, так уже рассуждать нельзя: им (при постоянном ε) соответствует бесконечное множество чисел δ, среди которых могут найтись и сколь угодно малые. Таким образом, по отношению к функции $f(x)$, непрерывной в промежутке $\mathscr{X}$, встает вопрос: существует ли, при заданном ε, такое δ, которое годилось бы для всех точек x_0 из этого промежутка?

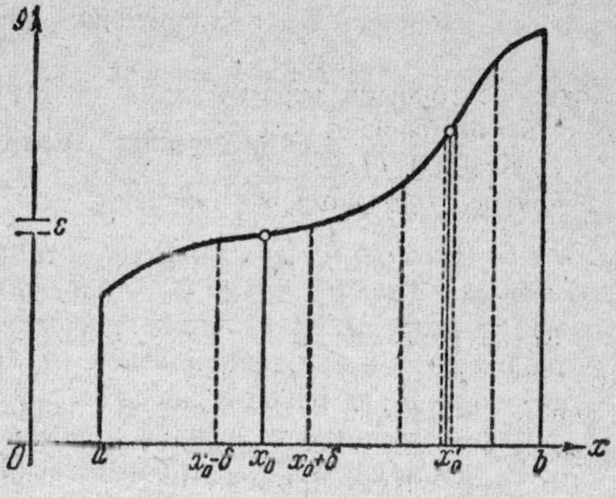

Рис. 30.

Если для каждого числа $\varepsilon > 0$ *найдется такое число* $\delta > 0$, *что*

$$|x - x_0| < \delta$$

влечет за собой

$$|f(x) - f(x_0)| < \varepsilon,$$

где бы в пределах рассматриваемого промежутка $\mathscr{X}$ *ни лежали точки* x_0 *и* x, *то функцию* $f(x)$ *называют* ***равномерно непрерывной*** *в промежутке* $\mathscr{X}$.

В этом случае число δ оказывается зависящим только от ε и может быть указано до выбора точки x_0: δ годится для всех x_0 одновременно.

Равномерная непрерывность означает, что во всех частях промежутка достаточна одна и та же степень близости двух значений аргумента, чтобы добиться заданной степени близости соответствующих значений функции.

Можно показать на примере, что непрерывность функции во всех точках промежутка не влечет необходимо за собой ее равномерной непрерывности в этом промежутке. Пусть, например, $f(x) = \sin \frac{1}{x}$ для x, содержащихся между 0 и $\frac{2}{\pi}$, исключая 0. В этом случае область изменения x есть незамкнутый промежуток $\left(0, \frac{2}{\pi}\right]$, и в каждой его точке функция непрерывна. Положим теперь $x_0=\frac{2}{(2n+1)\pi}$, $x=\frac{1}{n\pi}$, где n — любое натуральное число; тогда

$$f(x_0)=\sin(2n+1)\frac{\pi}{2}=\pm 1,\quad f(x)=\sin n\pi=0,$$

так что

$$|f(x)-f(x_0)|=1,$$

несмотря на то, что $|x-x_0|=\frac{1}{n(2n+1)\pi}$ с возрастанием n может быть сделано сколь угодно малым. Здесь при $\varepsilon=1$ нельзя найти δ, которое годилось бы одновременно для всех точек x_0 в $\left(0, \frac{2}{\pi}\right]$, хотя для каждого отдельного значения x, ввиду непрерывности функции, такое δ существует!

75. Теорема о равномерной непрерывности. Весьма замечательно, что в замкнутом промежутке $[a, b]$ аналогичного положения вещей быть уже не может, как явствует из следующей теоремы.

*Теорема Кантора**). *Если функция $f(x)$ определена и непрерывна в замкнутом промежутке $[a, b]$, то она и равномерно непрерывна в этом промежутке.*

Доказательство поведем от противного. Пусть для некоторого определенного числа $\varepsilon>0$ не существует такого числа $\delta>0$, о котором идет речь в определении равномерной непрерывности. В таком случае, какое бы число $\delta>0$ ни взять, найдутся в промежутке $[a, b]$ такие два значения x и x', что

$$|x-x'|<\delta \text{ и тем не менее } |f(x)-f(x')|\geqslant\varepsilon.$$

Возьмем теперь последовательность $\{\delta_n\}$ положительных чисел так, что $\delta_n\to 0$. В силу сказанного, для каждого δ_n найдутся в $[a, b]$ значения x_n и x'_n (они играют роль x и x') такие, что (при $n=1, 2, 3, \ldots$)

$$|x_n-x'_n|<\delta_n \text{ и тем не менее } |f(x_n)-f(x'_n)|\geqslant\varepsilon.$$

По лемме Больцано — Вейерштрасса [n°51], из ограниченной последовательности $\{x_n\}$ можно извлечь частичную последовательность, сходящуюся к некоторой точке x_0 промежутка $[a, b]$. Для того чтобы не осложнять обозначений, будем считать, что уже сама последовательность $\{x_n\}$ сходится к x_0.

Так как $x_n-x'_n\to 0$ (ибо $|x_n-x'_n|<\delta_n$, а $\delta_n\to 0$), то одновременно и последовательность $\{x'_n\}$ сходится к x_0. Тогда, ввиду непрерывности функции в точке x_0, должно быть

$$f(x_n)\to f(x_0) \quad\text{и}\quad f(x'_n)\to f(x_0),$$

---

*) Георг Кантор (1845—1918) — известный немецкий математик, основатель современной теории множеств.

так что

$$f(x_n) - f(x'_n) \to 0,$$

а это противоречит тому, что при всех значениях n

$$|f(x_n) - f(x'_n)| \geqslant \varepsilon.$$

Теорема доказана.

Из доказанной теоремы непосредственно вытекает такое следствие, которое ниже будет нам полезно:

Следствие. *Пусть функция $f(x)$ определена и непрерывна в замкнутом промежутке $[a, b]$. Тогда по заданному $\varepsilon > 0$ найдется такое $\delta > 0$, что если промежуток произвольно разбить на частичные промежутки с длинами, меньшими δ, то в каждом из них колебание функции $f(x)$ будет меньше ε.*

Действительно, если, по заданному $\varepsilon > 0$, в качестве δ взять число, о котором говорится в определении равномерной непрерывности, то в частичном промежутке с длиной, меньшей δ, разность между любыми двумя значениями функции будет по абсолютной величине меньше ε. В частности, это справедливо и относительно наибольшего и наименьшего из этих значений, разность которых и дает колебание функции в упомянутом частичном промежутке [n°73].

Так, на протяжении полустолетия, одно за другим доказывались основные свойства непрерывных функций, начиная от более «очевидных» и кончая тонким свойством равномерной непрерывности, установленным в последней теореме. Еще раз подчеркнем, что надлежащую строгость эти доказательства получили лишь на основе развитых во второй половине прошлого века арифметических теорий вещественных чисел.

ГЛАВА ПЯТАЯ

ДИФФЕРЕНЦИРОВАНИЕ ФУНКЦИЙ ОДНОЙ ПЕРЕМЕННОЙ

§ 1. ПРОИЗВОДНАЯ И ЕЕ ВЫЧИСЛЕНИЕ

76. Задача о вычислении скорости движущейся точки. Переходя к изложению основ дифференциального и интегрального исчисления, мы обращаем внимание читателя на то, что идеи этого исчисления зародились еще в XVII веке, т. е. задолго до тех тонких теорий, которые мы изучали в предшествующих главах. Лишь в заключительной главе этого тома мы будем иметь возможность коснуться важнейших моментов предыстории математического анализа и охарактеризовать заслуги двух великих математиков — Ньютона и Лейбница, завершивших работы своих предшественников созданием действительно нового исчисления. В нашем изложении мы будем руководствоваться уже современными требованиями к строгости, а не историей вопроса.

Впрочем, в качестве введения в дифференциальное исчисление, мы рассмотрим в настоящем номере задачу о скорости, а в ближайшем номере — задачу о касательной; обе задачи исторически оказались связанными с формированием основного понятия дифференциального исчисления, впоследствии получившего название производной.

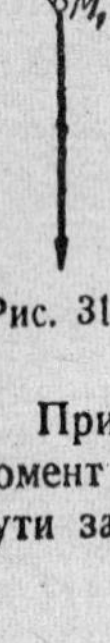

Рис. 31.

Начнем с частного примера, именно, рассмотрим свободное падение (в пустоте — чтобы не учитывать сопротивления воздуха) тяжелой материальной точки.

Если время t (сек.) отсчитывается от начала падения, то пройденный за это время путь s (*м*), по известной формуле, выразится так:

$$s = \frac{gt^2}{2}, \tag{1}$$

где $g = 9{,}81$. Исходя отсюда, *требуется определить скорость v движения точки в данный момент t*, когда точка находится в положении M (рис. 31).

Придадим переменной t некоторое приращение Δt и рассмотрим момент $t + \Delta t$, когда точка будет в положении M_1. Приращение MM_1 пути за промежуток времени Δt обозначим через Δs.

Подставляя в (1) $t+\Delta t$ вместо t, получим для нового значения пути выражение

$$s+\Delta s=\frac{g}{2}(t+\Delta t)^2,$$

откуда

$$\Delta s=\frac{g}{2}(2t\cdot\Delta t+\Delta t^2).$$

Разделив Δs на Δt, мы получим среднюю скорость падения точки на участке MM_1:

$$v_{\text{ср}}=\frac{\Delta s}{\Delta t}=gt+\frac{g}{2}\cdot\Delta t.$$

Как видим, эта скорость меняется вместе с изменением Δt, тем лучше характеризуя состояние падающей точки в момент t, чем меньше промежуток Δt, протекший после этого момента.

Скоростью v точки в момент времени t называют предел, к которому стремится средняя скорость $v_{\text{ср}}$ за промежуток Δt, когда Δt стремится к нулю.

В нашем случае, очевидно,

$$v=\lim_{\Delta t\to 0}\left(gt+\frac{g}{2}\Delta t\right)=gt.$$

Аналогично вычисляется скорость v и в общем случае, скажем, прямолинейного движения точки. Положение точки определяется ее расстоянием s, отсчитываемым от некоторой начальной точки O; это расстояние и называется пройденным путем. Время t отсчитывается от некоторого начального момента, причем не обязательно, чтобы в этот момент точка находилась в O. Движение считается вполне заданным, когда известно уравнение движения: $s=f(t)$, из которого положение точки определяется для любого момента времени; в рассмотренном примере такую роль играло уравнение (1).

Для определения скорости v в данный момент t пришлось бы, как и выше, придать t приращение Δt; этому отвечает увеличение пути s на Δs. Отношение

$$\frac{\Delta s}{\Delta t}$$

выразит среднюю скорость $v_{\text{ср}}$ за промежуток Δt. Мгновенная же скорость v в момент t получится отсюда предельным переходом:

$$v=\lim_{\Delta t\to 0}v_{\text{ср}}=\lim\frac{\Delta s}{\Delta t}.$$

Как увидим, другая важная задача, которую мы рассмотрим ниже, приводит к подобной же предельной операции.

77. Задача о проведении касательной к кривой. Пусть дана кривая (K) (рис. 32) и на ней точка M; обратимся к установлению самого понятия *касательной к кривой в ее точке* M.

В школьном курсе *касательную к окружности* определяют как «прямую, имеющую с кривой лишь одну общую точку». Но это определение имеет частный характер, не вскрывая существа дела. Если попытаться применить его, например, к параболе $y=ax^2$ (рис. 33, *а*), то в начале координат O обе координатные оси подошли бы под это определение; между тем — как, вероятно, непосредственно ясно и читателю, — на деле лишь ось x служит касательной к параболе в точке O!

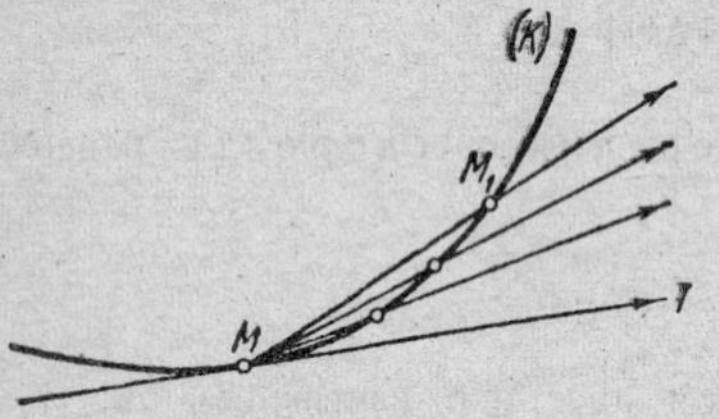

Рис. 32.

Мы дадим сейчас общее определение касательной. Возьмем на кривой (K) (рис. 32), кроме точки M, еще точку M_1 и проведем секущую MM_1. Когда точка M_1 вдоль по кривой будет перемещаться, эта секущая будет вращаться вокруг точки M.

Касательной к кривой (K) *в точке* M *называется предельное положение* MT *секущей* MM_1, *когда точка* M_1 *вдоль по кривой стремится к совпадению с* M. Смысл этого определения состоит в том, что угол M_1MT стремится к нулю, лишь только к нулю стремится хорда MM_1.

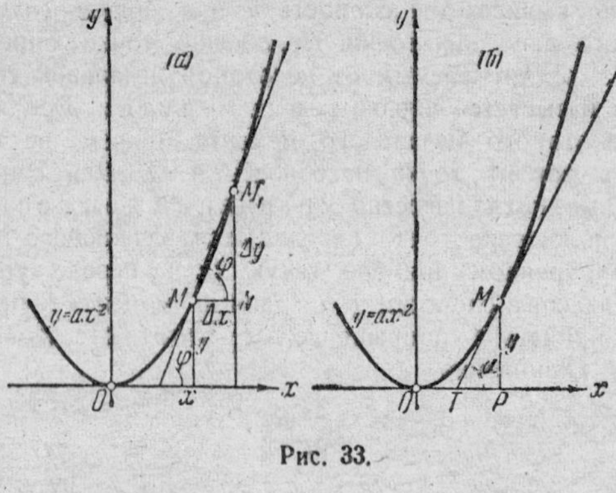

Рис. 33.

Применим для примера это определение к параболе $y=ax^2$ в произвольной ее точке $M(x, y)$. Так как касательная проходит через эту точку, то для уточнения ее положения достаточно знать еще ее угловой коэффициент. Мы и поставим себе задачей *найти угловой коэффициент* $\operatorname{tg}\alpha$ *касательной в точке* M.

Придав абсциссе x приращение Δx, от точки M кривой перейдем к точке M_1 с абсциссой $x+\Delta x$ и ординатой

$$y+\Delta y = a(x+\Delta x)^2$$

(рис. 33, *а*). Угловой коэффициент $\operatorname{tg}\varphi$ секущей MM_1 определится из прямоугольного треугольника MNM_1. В нем катет MN равен приращению абсциссы Δx, а катет NM_1, очевидно, есть соответствующее приращение ординаты

$$\Delta y = a(2x\cdot\Delta x+\Delta x^2),$$

так что

$$\operatorname{tg}\varphi = \frac{\Delta y}{\Delta x} = 2ax + a\Delta x.$$

Для получения углового коэффициента касательной, как легко понять, нужно перейти здесь к пределу при $\Delta x\to 0$, ибо это и равносильно тому, что хорда $MM_1\to 0$. При этом $\varphi\to\alpha$ и (по непрерывности функции $\operatorname{tg}\varphi$) $\operatorname{tg}\varphi\to\operatorname{tg}\alpha$.

Мы приходим, таким образом, к результату:

$$\operatorname{tg}\alpha = \lim_{\Delta x\to 0}(2ax+a\Delta x) = 2ax\ {}^{*)}.$$

В случае любой кривой с уравнением

$$y=f(x)$$

угловой коэффициент касательной устанавливается подобным же образом. Приращению Δx абсциссы отвечает приращение Δy ординаты, и отношение

$$\frac{\Delta y}{\Delta x}$$

выражает угловой коэффициент секущей, $\operatorname{tg}\varphi$. Угловой же коэффициент касательной получается отсюда путем перехода к пределу при $\Delta x\to 0$:

$$\operatorname{tg}\alpha = \lim_{\Delta x\to 0}\operatorname{tg}\varphi = \lim_{\Delta x\to 0}\frac{\Delta y}{\Delta x}.$$

78. Определение производной. Сопоставляя операции, которые мы осуществляли при решении рассмотренных выше фундаментальных задач, легко усмотреть, что в обоих случаях — если отвлечься от

---

*) Заметим попутно, что отсюда вытекает удобный прием для фактического построения касательной к параболе. Именно, из $\triangle MPT$ (рис. 33, *б*), отрезок

$$TP = \frac{y}{\operatorname{tg}\alpha} = \frac{ax^2}{2ax} = \frac{x}{2},$$

так что T есть середина отрезка OP. Итак, для того чтобы получить касательную к параболе в ее точке M, достаточно разделить пополам отрезок OP и середину его соединить с точкой M.

различия в истолковании переменных — по существу делалось одно и то же: приращение функции делилось на приращение независимой переменной и затем вычислялся предел их отношения. Таким путем мы и приходим к основному понятию дифференциального исчисления — к понятию п р о и з в о д н о й.

Пусть функция $y=f(x)$ определена в промежутке $\mathscr{X}$. Исходя из некоторого значения $x=x_0$ независимой переменной, придадим ему приращение $\Delta x \gtrless 0$, не выводящее его из промежутка $\mathscr{X}$, так что и новое значение $x_0+\Delta x$ принадлежит этому промежутку. Тогда значение $y_0=f(x_0)$ функции заменится новым значением $y_0+\Delta y=$ $=f(x_0+\Delta x)$, т. е. получит приращение

$$\Delta y=\Delta f(x_0)=f(x_0+\Delta x)-f(x_0).$$

Если существует предел отношения приращения функции Δy к вызвавшему его приращению независимой переменной Δx, при стремлении Δx к нулю, т. е.

$$\lim_{\Delta x \to 0} \frac{\Delta y}{\Delta x} = \lim_{\Delta x \to 0} \frac{f(x_0+\Delta x)-f(x_0)}{\Delta x},$$

то он называется п р о и з в о д н о й) функции $y=f(x)$ по независимой переменной x при данном ее значении (или в данной точке) $x=x_0$.*

Таким образом, производная п р и д а н н о м з н а ч е н и и $x=x_0$ — если существует — есть определенное ч и с л о **); если же производная существует во всем промежутке $\mathscr{X}$, т. е. при каждом значении x в этом промежутке, то она является ф у н к ц и е й от x.

Пользуясь только что введенным понятием, сказанное в n°76 о скорости движущейся точки можно резюмировать так:

Скорость v есть п р о и з в о д н а я от пройденного пути s по времени t.

Если слово «скорость» понимать в более общем смысле, то можно было бы производную в с е г д а трактовать, как некую «скорость». Именно, имея функцию y от независимой переменной x, можно поставить вопрос о с к о р о с т и и з м е н е н и я п е р е м е н н о й y по с р а в н е н и ю с п е р е м е н н о й x (при данном значении последней).

Если приращение Δx, приданное x, влечет за собой приращение Δy для y, то, по аналогии с n°76, с р е д н е й с к о р о с т ь ю изменения y по сравнению с x при изменении x на величину Δx можно считать отношение

$$V_{\text{ср}}=\frac{\Delta y}{\Delta x}.$$

---

*) Термин «производная» был введен Лагранжем уже на рубеже XVIII и XIX веков.

**) Пока мы ограничиваемся случаем, когда упомянутый выше предел к о н е ч е н [см. n°87].

Скоростью же изменения y при данном значении x естественно назвать предел этого отношения при стремлении Δx к нулю:

$$V = \lim_{\Delta x \to 0} V_{ср} = \lim_{\Delta x \to 0} \frac{\Delta y}{\Delta x},$$

т. е. как раз — производную от y по x.

В n°77 мы рассматривали кривую, заданную уравнением $y = f(x)$, и решили вопрос о проведении касательной к ней в заданной точке. Теперь мы можем сформулировать полученный нами результат так:

Угловой коэффициент $\operatorname{tg}\alpha$ *касательной есть производная от ординаты y по абсциссе x.*

Это геометрическое истолкование производной часто бывает полезным.

Приведем в дополнение к рассмотренным выше еще несколько примеров, выявляющих роль понятия производной.

Если скорость движения v не постоянна и сама изменяется с течением времени: $v = f(t)$, то рассматривают «скорость изменения скорости», называя ее ускорением.

Именно, если приращению времени Δt отвечает приращение скорости Δv, то отношение

$$a_{ср} = \frac{\Delta v}{\Delta t}$$

выразит среднее ускорение за промежуток времени Δt, а предел его даст ускорение движения в данный момент времени:

$$a = \lim_{\Delta t \to 0} a_{ср} = \lim_{\Delta t \to 0} \frac{\Delta v}{\Delta t}.$$

Таким образом, *ускорение есть производная от скорости по времени.*

Рассмотрим теперь «линейное» распределение массы непрерывным образом вдоль некоторого прямолинейного отрезка (т. е., собственно, вдоль стержня, шириной и толщиной которого мы пренебрегаем!). Пусть положение точки на этом отрезке определяется абсциссой x, отсчитываемой (например, в сантиметрах) от начала отрезка. Масса m, распределенная вдоль по отрезку $[0, x]$, будет зависеть от x: $m = f(x)$. Приращение Δx абсциссы конца отрезка вызовет приращение Δm массы: иными словами, Δm есть масса, связанная с отрезком $[x, x + \Delta x]$, примыкающим к точке x. Тогда средняя плотность распределения массы на указанном отрезке выразится отношением

$$\rho_{ср} = \frac{\Delta m}{\Delta x}.$$

Предел этой средней плотности при стягивании отрезка в точку, т. е. при $\Delta x \to 0$:

$$\rho = \lim_{\Delta x \to 0} \rho_{ср} = \lim_{\Delta x \to 0} \frac{\Delta m}{\Delta x}$$

называется (линейной) плотностью в точке x: эта *плотность есть производная от массы по абсциссе.*

Обратимся к учению о теплоте и с помощью производной установим понятие теплоемкости тела при данной температуре.

Обозначим входящие в вопрос физические величины следующим образом: θ — температура (в градусах С), W — количество тепла, которое нужно сообщить телу при нагревании его от $0°$ до $\theta°$ (в калориях). Ясно, что W есть функция от θ: $W=f(\theta)$. Придадим θ некоторое приращение $\Delta\theta$, тогда W также получит приращение ΔW. Средняя теплоемкость при нагревании от $\theta°$ до $(\theta+\Delta\theta)°$ будет

$$c_{\text{ср}}=\frac{\Delta W}{\Delta\theta}.$$

Но так как, вообще говоря, при изменении $\Delta\theta$ эта средняя теплоемкость меняется, мы не можем принять ее за теплоемкость при данной температуре θ. Для получения последней нужно перейти к пределу:

$$c=\lim_{\Delta\theta\to 0} c_{\text{ср}}=\lim_{\Delta\theta\to 0}\frac{\Delta W}{\Delta\theta}.$$

Итак, можно сказать, что *теплоемкость тела есть производная от количества тепла по температуре.*

Все эти применения производной (число которых легко было бы увеличить) с достаточной яркостью обнаруживают тот факт, что производная существенным образом связана с основными понятиями из различных областей знания, способствуя самому установлению этих понятий.

Вычисление производных, изучение и использование их свойств и составляет главный предмет *дифференциального исчисления.*

Для обозначения производной употребляют различные символы:

$$\frac{dy}{dx} \text{ или } \frac{df(x_0)}{dx}\,^{*)} \quad \text{(Лейбниц);}$$
$$y' \text{ или } f'(x_0) \quad \text{(Лагранж);}$$
$$Dy \text{ или } Df(x_0) \quad \text{(Коши).}$$

Мы будем пользоваться преимущественно простыми обозначениями Лагранжа. Если применяют функциональное обозначение (см. второй столбец), то буква x_0 в скобках указывает то именно значение независимой переменной, при котором вычисляется производная. Наконец, заметим, что в случаях, когда может возникнуть сомнение относи-

---

*) Пока мы рассматриваем обозначения Лейбница как цельные символы; ниже мы увидим, что их можно рассматривать и как дроби. Мы не будем пользоваться обозначением Ньютона $\dot{y}$, предполагающим, что роль независимой переменной играет время (см. по этому поводу n° 224).

тельно переменной, по которой взята производная (по сравнению с которой устанавливается «скорость изменения функции»); эта переменная указывается в виде значка внизу:

$$y'_x,\quad f'_x(x_0),\quad D_x y,\quad D_x f(x_0),$$

причем значок x не связан с тем частным значением x_0 независимой переменной, при котором вычисляется производная.

(В некотором смысле, можно сказать, что цельные символы

$$\frac{df}{dx},\quad f' \text{ или } f'_x,\quad Df \text{ или } D_x f$$

играют роль *функциональных обозначений* для производной функции).

Запишем теперь, пользуясь введенными для обозначения производных символами, некоторые из полученных выше результатов. Для *скорости* движения имеем

$$v=\frac{ds}{dt} \quad\text{или}\quad v=s'_t,$$

а для *ускорения*

$$a=\frac{dv}{dt} \quad\text{или}\quad a=v'_t.$$

Аналогично, *угловой коэффициент* касательной к кривой $y=f(x)$ напишется так:

$$\operatorname{tg}\alpha=\frac{dy}{dx} \quad\text{или}\quad \operatorname{tg}\alpha=y'_x$$

и т. п.

79. Примеры вычисления производных. В качестве примеров вычислим производные для ряда элементарных функций.

1°. Отметим, прежде всего, очевидные результаты: если $y=c=$ $=\text{const}$, то $\Delta y=0$, каково бы ни было Δx, так что $y'=0$; если же $y=x$, то $\Delta y=\Delta x$ и $y'=1$.

2°. *Степенная функция*: $y=x^\mu$ (где μ — любое вещественное число). Область изменения x зависит от μ; она была указана в n° 22, 2°. Имеем (при $x\neq 0$)

$$\frac{\Delta y}{\Delta x}=\frac{(x+\Delta x)^\mu-x^\mu}{\Delta x}=x^{\mu-1}\cdot\frac{\left(1+\dfrac{\Delta x}{x}\right)^\mu-1}{\dfrac{\Delta x}{x}}.$$

Если воспользоваться пределом, вычисленным в n° 65, 3), то получим

$$y'=\lim_{\Delta x\to 0}\frac{\Delta y}{\Delta x}=\mu x^{\mu-1} \text{ *)}.$$

---

*) Если $\mu>0$, то при $x=0$ легко непосредственно получить значение производной: $y'=0$.

В частности,

$$\text{если } y=\frac{1}{x}=x^{-1}, \quad \text{то} \quad y'=(-1)\cdot x^{-2}=-\frac{1}{x^2},$$

$$\text{если } y=\sqrt{x}=x^{\frac{1}{2}}, \text{ то } y'=\frac{1}{2}x^{-\frac{1}{2}}=\frac{1}{2\sqrt{x}}.$$

3°. Показательная функция: $y=a^x$ $(a>0,\ -\infty<x<+\infty)$. Здесь

$$\frac{\Delta y}{\Delta x}=\frac{a^{x+\Delta x}-a^x}{\Delta x}=a^x\cdot\frac{a^{\Delta x}-1}{\Delta x}.$$

Воспользовавшись пределом, вычисленным в n° 65, 2), найдем:

$$y'=\lim_{\Delta x\to 0}\frac{\Delta y}{\Delta x}=a^x\cdot\ln a.$$

В частности,

$$\text{если } y=e^x, \quad \text{то} \quad y'=e^x.$$

Итак, скорость возрастания показательной функции (при $a>1$) пропорциональна значению самой функции: чем большего значения функция уже достигла, тем быстрее в этот момент она растет. Это дает точную характеристику роста показательной функции.

4°. Логарифмическая функция: $y=\log_a x$ $(0<a\neq 1,\ 0<x<+\infty)$. В этом случае

$$\frac{\Delta y}{\Delta x}=\frac{\log_a(x+\Delta x)-\log_a x}{\Delta x}=\frac{1}{x}\cdot\frac{\log_a\left(1+\frac{\Delta x}{x}\right)}{\frac{\Delta x}{x}}.$$

Воспользуемся пределом, вычисленным в n° 65, 1):

$$y'=\lim_{\Delta x\to 0}\frac{\Delta y}{\Delta x}=\frac{\log_a e}{x}.$$

В частности для натурального логарифма получается исключительно простой результат:

$$\text{при } y=\ln x \quad \text{имеем} \quad y'=\frac{1}{x}.$$

Это дает (хотя, по существу, и не новое) основание для предпочтения, которое оказывается натуральным логарифмам при теоретических исследованиях.

То обстоятельство, что скорость возрастания логарифмической функции (при $a>1$) обратно пропорциональна значению аргумента и, оставаясь положительной, стремится к нулю при безграничном возрастании аргумента, хорошо характеризует рост логарифмической функции.

5°. Тригонометрические функции. Пусть $y = \sin x$, тогда

$$\frac{\Delta y}{\Delta x} = \frac{\sin(x+\Delta x) - \sin x}{\Delta x} = \frac{\sin\frac{\Delta x}{2}}{\frac{\Delta x}{2}} \cdot \cos\left(x + \frac{\Delta x}{2}\right).$$

Пользуясь непрерывностью функции $\cos x$ и известным [n° 34, 5)] пределом $\lim\limits_{\alpha \to 0} \frac{\sin \alpha}{\alpha} = 1$, получим

$$y' = \lim_{\Delta x \to 0} \frac{\Delta y}{\Delta x} = \cos x \text{ *}).$$

Аналогично найдем:

$$\text{если } y = \cos x, \quad \text{то} \quad y' = -\sin x.$$

В случае $y = \operatorname{tg} x$ имеем

$$\frac{\Delta y}{\Delta x} = \frac{\operatorname{tg}(x+\Delta x) - \operatorname{tg} x}{\Delta x} = \frac{\frac{\sin(x+\Delta x)}{\cos(x+\Delta x)} - \frac{\sin x}{\cos x}}{\Delta x} =$$

$$= \frac{\sin(x+\Delta x)\cos x - \cos(x+\Delta x)\sin x}{\Delta x \cdot \cos x \cdot \cos(x+\Delta x)} = \frac{\sin \Delta x}{\Delta x} \cdot \frac{1}{\cos x \cdot \cos(x+\Delta x)}.$$

Отсюда, как и выше,

$$y' = \lim_{\Delta x \to 0} \frac{\Delta y}{\Delta x} = \frac{1}{\cos^2 x} = \sec^2 x.$$

Аналогично,

$$\text{если } y = \operatorname{ctg} x, \quad \text{то} \quad y' = -\frac{1}{\sin^2 x} = -\csc^2 x.$$

80. Производная обратной функции. Прежде чем заняться вычислением производных от обратных тригонометрических функций, докажем следующую общую теорему.

Теорема. Пусть: 1) *функция $f(x)$ удовлетворяет условиям теоремы* n° 71 *о существовании обратной функции,* 2) *в точке $x = x_0$ имеет конечную и отличную от нуля производную $f'(x_0)$. Тогда для обратной функции $x = g(y)$ в соответствующей точке $y_0 = f(x_0)$ также существует производная, равная $\frac{1}{f'(x_0)}$.*

---

*) Отметим, что эта формула обязана своей простотой тому, что угол измеряется в радианах. Если бы мы стали измерять x, например, в градусах, предел отношения синуса к углу был бы равен не единице, а, как легко видеть, $\frac{\pi}{180}$, и тогда мы имели бы

$$(\sin x)' = \frac{\pi}{180} \cos x.$$

Доказательство. Придадим значению $y=y_0$ произвольное приращение Δy, тогда соответственное приращение Δx получит и функция $x=g(y)$. Заметим, что при $\Delta y \neq 0$, ввиду однозначности самой функции $y=f(x)$, и $\Delta x \neq 0$. Имеем

$$\frac{\Delta x}{\Delta y}=\frac{1}{\frac{\Delta y}{\Delta x}}.$$

Если теперь $\Delta y \to 0$ по любому закону, то — в силу непрерывности функции $x=g(y)$ — и приращение $\Delta x \to 0$. Но тогда знаменатель правой части написанного равенства стремится к пределу $f'(x_0) \neq 0$, следовательно, существует предел для левой части, равный обратной величине $\frac{1}{f'(x_0)}$; он и представляет собой производную $g'(y_0)$.

Итак, имеем простую формулу:

$$x'_y=\frac{1}{y'_x}.$$

Легко выяснить ее геометрический смысл. Мы знаем, что производная y'_x есть тангенс угла α, образованного касательной к графику функции $y=f(x)$ с осью x. Но обратная функция $x=g(y)$ имеет тот же график, лишь независимая переменная для нее откладывается по оси y. Поэтому производная x'_y равна тангенсу угла β, составленного той же касательной с осью y (рис. 34). Таким образом, выведенная формула сводится к известному соотношению

$$\operatorname{tg}\beta=\frac{1}{\operatorname{tg}\alpha},$$

связывающему тангенсы двух углов α и β, сумма которых равна $\frac{\pi}{2}$.

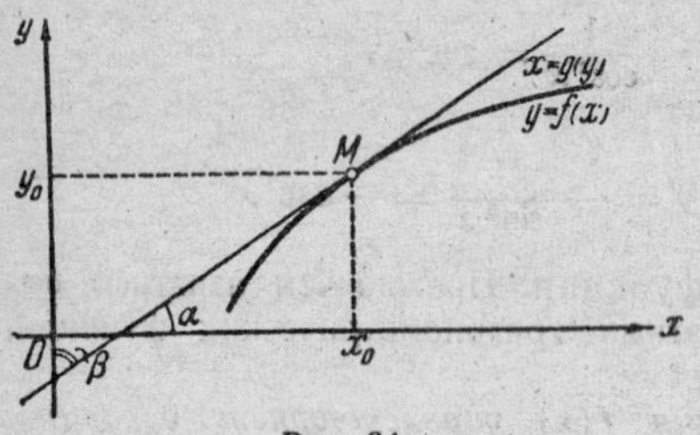

Рис. 34.

Положим для примера $y=a^x$. Обратной для нее функцией будет $x=\log_a y$. Так как (см. 3°) $y'_x=a^x\cdot\ln a$, то по нашей формуле

$$x'_y=\frac{1}{y'_x}=\frac{1}{a^x\cdot\ln a}=\frac{\log_a e}{y},$$

в согласии с 4°.

Переходя теперь к вычислению производных от обратных тригонометрических функций, мы для удобства поменяем ролями переменные x и y, переписав доказанную формулу в виде

$$y'_x=\frac{1}{x'_y}.$$

6°. Обратные тригонометрические функции. Рассмотрим функцию $y = \arcsin x$ $(-1 < x < 1)$, причем $-\frac{\pi}{2} < y < \frac{\pi}{2}$. Она является обратной для функции $x = \sin y$, имеющей для указанных значений y положительную производную $x'_y = \cos y$. В таком случае существует также производная y'_x, равная, по нашей формуле,

$$y'_x = \frac{1}{x'_y} = \frac{1}{\cos y} = \frac{1}{\sqrt{1 - \sin^2 y}} = \frac{1}{\sqrt{1 - x^2}};$$

корень мы берем со знаком плюс, так как $\cos y > 0$.

Мы исключаем значения $x = \pm 1$, ибо для соответствующих значений $y = \pm \frac{\pi}{2}$ производная $x'_y = \cos y = 0$.

Функция $y = \operatorname{arctg} x$ $(-\infty < x < +\infty)$ служит обратной для функции $x = \operatorname{tg} y$. По нашей формуле

$$y'_x = \frac{1}{x'_y} = \frac{1}{\sec^2 y} = \frac{1}{1 + \operatorname{tg}^2 y} = \frac{1}{1 + x^2}.$$

Аналогично можно получить:

для $y = \arccos x$

$$y' = -\frac{1}{\sqrt{1 - x^2}} \qquad (-1 < x < 1),$$

для $y = \operatorname{arcctg} x$

$$y' = -\frac{1}{1 + x^2} \qquad (-\infty < x < +\infty).$$

81. Сводка формул для производных. Сделаем сводку всех выведенных нами формул:

1. $y = c$	$y' = 0$
2. $y = x$	$y' = 1$
3. $y = x^{\mu}$	$y' = \mu x^{\mu - 1}$
$y = \frac{1}{x}$	$y' = -\frac{1}{x^2}$
$y = \sqrt{x}$	$y' = \frac{1}{2\sqrt{x}}$
4. $y = a^x$	$y' = a^x \cdot \ln a$
$y = e^x$	$y' = e^x$
5. $y = \log_a x$	$y' = \frac{\log_a e}{x}$
$y = \ln x$	$y' = \frac{1}{x}$
6. $y = \sin x$	$y' = \cos x$
7. $y = \cos x$	$y' = -\sin x$
8. $y = \operatorname{tg} x$	$y' = \sec^2 x = \frac{1}{\cos^2 x}$

9. $y = \operatorname{ctg} x$ $\qquad y' = -\csc^2 x = -\dfrac{1}{\sin^2 x}$

10. $y = \arcsin x$ $\qquad y' = \dfrac{1}{\sqrt{1-x^2}}$

11. $y = \arccos x$ $\qquad y' = -\dfrac{1}{\sqrt{1-x^2}}$

12. $y = \operatorname{arctg} x$ $\qquad y' = \dfrac{1}{1+x^2}$

13. $y = \operatorname{arcctg} x$ $\qquad y' = -\dfrac{1}{1+x^2}$

82. Формула для приращения функции. Докажем здесь два простых утверждения, имеющих приложения в дальнейшем.

Пусть функция $y = f(x)$ определена в промежутке $\mathscr{X}$. Исходя из определенного значения $x = x_0$ в этом промежутке, обозначим через $\Delta x \gtrless 0$ произвольное приращение x, подчиненное лишь тому ограничению, чтобы точка $x_0 + \Delta x$ не вышла за пределы $\mathscr{X}$. Тогда соответствующим приращением функции будет

$$\Delta y = \Delta f(x_0) = f(x_0 + \Delta x) - f(x_0).$$

1°. *Если функция $y = f(x)$ в точке x_0 имеет (конечную) производную $y'_x = f'(x_0)$, то приращение функции может быть представлено в виде*

$$\Delta f(x_0) = f'(x_0) \cdot \Delta x + \alpha \cdot \Delta x \tag{2}$$

или, короче,

$$\Delta y = y'_x \cdot \Delta x + \alpha \cdot \Delta x, \tag{2a}$$

где α есть величина, зависящая от Δx и вместе с ним стремящаяся к нулю.

Так как, по самому определению производной, при $\Delta x \to 0$

$$\frac{\Delta y}{\Delta x} \to y'_x,$$

то, полагая

$$\alpha = \frac{\Delta y}{\Delta x} - y'_x,$$

видим, что и $\alpha \to 0$. Определяя отсюда Δy, придем к формуле (2a).

Так как величина $\alpha \cdot \Delta x$ (при $\Delta x \to 0$) будет бесконечно малой высшего порядка, чем Δx, то, употребляя введенное в n° **54** обозначение, можно наши формулы переписать в виде

$$\Delta f(x_0) = f'(x_0) \cdot \Delta x + o(\Delta x) \tag{3}$$

или

$$\Delta y = y'_x \cdot \Delta x + o(\Delta x). \tag{3a}$$

Замечание. До сих пор мы считали $\Delta x \gtrless 0$; величина α и не была определена при $\Delta x = 0$. Когда мы говорили, что $\alpha \to 0$ при

$\Delta x \to 0$, то (как обычно) предполагали, что Δx стремится к нулю по любому закону, но не принимая нулевого значения. Положим теперь $\alpha = 0$ при $\Delta x = 0$; тогда, разумеется, формула (2) сохранится и при $\Delta x = 0$. Кроме того, соотношение

$$\alpha \to 0 \quad \text{при} \quad \Delta x \to 0$$

можно понимать и в более широком смысле, чем раньше, не исключая для Δx возможности стремиться к нулю, принимая в числе прочих и нулевые значения.

Из доказанных формул непосредственно вытекает:

2°. *Если функция $y = f(x)$ в точке x_0 имеет (конечную) производную, то в этой точке функция необходимо* ***непрерывна.***

Действительно, из (2а) ясно, что соотношение $\Delta x \to 0$ влечет за собою $\Delta y \to 0$.

83. Простейшие правила вычисления производных. В предыдущих номерах мы вычислили производные для элементарных функций. Здесь и в следующем номере мы установим ряд простых правил, с помощью которых станет возможным вычисление производной для любой функции, составленной из элементарных при посредстве конечного числа арифметических действий и суперпозиций [n° 25].

I. *Пусть функция $u = \varphi(x)$ имеет (в определенной точке x) производную u'. Докажем, что и функция $y = cu$ ($c = \text{const}$) также имеет производную (в той же точке), и вычислим ее.*

Если независимая переменная x получит приращение Δx, то функция u получит приращение Δu, перейдя от исходного значения u к значению $u + \Delta u$. Новое значение функции y будет $y + \Delta y = c(u + \Delta u)$. Отсюда $\Delta y = c \cdot \Delta u$ и

$$\lim_{\Delta x \to 0} \frac{\Delta y}{\Delta x} = c \cdot \lim_{\Delta x \to 0} \frac{\Delta u}{\Delta x} = c \cdot u'.$$

Итак, производная существует и равна

$$y' = (c \cdot u)' = c \cdot u'.$$

Эта формула выражает такое правило: **постоянный множитель может быть вынесен за знак производной.**

II. *Пусть функции $u = \varphi(x)$, $v = \psi(x)$ имеют (в определенной точке) производные u', v'. Докажем, что функция $y = u \pm v$ также имеет производную (в той же точке), и вычислим ее.*

Придадим x приращение Δx; тогда u, v и y получат, соответственно, приращения Δu, Δv и Δy. Их новые значения $u + \Delta u$, $v + \Delta v$, $y + \Delta y$ связаны тем же соотношением:

$$y + \Delta y = (u + \Delta u) \pm (v + \Delta v).$$

Отсюда

$$\Delta y = \Delta u \pm \Delta v, \quad \frac{\Delta y}{\Delta x} = \frac{\Delta u}{\Delta x} \pm \frac{\Delta v}{\Delta x}$$

и

$$\lim_{\Delta x \to 0} \frac{\Delta y}{\Delta x} = \lim_{\Delta x \to 0} \frac{\Delta u}{\Delta x} \pm \lim_{\Delta x \to 0} \frac{\Delta v}{\Delta x} = u' \pm v',$$

так что производная y' существует и равна

$$y' = (u \pm v)' = u' \pm v'.$$

Этот результат легко может быть распространен на любое число слагаемых (и притом — тем же методом).

III. *При тех же предположениях относительно функций u, v докажем, что функция $y = u \cdot v$ также имеет производную, и найдем ее.*

Приращению Δx отвечают, как и выше, приращения Δu, Δv и Δy; при этом $y + \Delta y = (u + \Delta u)(v + \Delta v)$, так что

$$\Delta y = \Delta u \cdot v + u \cdot \Delta v + \Delta u \cdot \Delta v$$

и

$$\frac{\Delta y}{\Delta x} = \frac{\Delta u}{\Delta x} \cdot v + u \cdot \frac{\Delta v}{\Delta x} + \frac{\Delta u}{\Delta x} \cdot \Delta v.$$

Так как при $\Delta x \to 0$, в силу n°82, 2°, и $\Delta v \to 0$, то

$$\lim_{\Delta x \to 0} \frac{\Delta y}{\Delta x} = \lim_{\Delta x \to 0} \frac{\Delta u}{\Delta x} \cdot v + u \cdot \lim_{\Delta x \to 0} \frac{\Delta v}{\Delta x} = u' \cdot v + u \cdot v',$$

т. е. производная y' существует и равна

$$y' = (u \cdot v)' = u' \cdot v + u \cdot v'.$$

Если $y = uvw$, причем u', v', w' существуют, то

$$y' = [(uv) \cdot w]' = (uv)' \cdot w + (uv) \cdot w' = u'vw + uv'w + uvw'.$$

Легко сообразить, что для случая n сомножителей будем иметь аналогично:

$$[\overbrace{uvw \ldots s}^{n}]' = u'vw \ldots s + uv'w \ldots s + uvw' \ldots s + \ldots + uvw \ldots s'.$$

Для того чтобы доказать это, можно воспользоваться методом математической индукции.

IV. *Наконец, если u, v удовлетворяют прежним предположениям и, кроме того, v отлично от нуля, то мы докажем, что функция $y = \frac{u}{v}$ также имеет производную, и найдем ее.*

При тех же обозначениях, что и выше, имеем

$$y + \Delta y = \frac{u + \Delta u}{v + \Delta v},$$

так что

$$\Delta y = \frac{\Delta u \cdot v - u \cdot \Delta v}{v(v + \Delta v)} \text{ и } \frac{\Delta y}{\Delta x} = \frac{\frac{\Delta u}{\Delta x} \cdot v - u \cdot \frac{\Delta v}{\Delta x}}{v(v + \Delta v)}.$$

Устремляя здесь Δx к нулю (причем одновременно и $\Delta v \to 0$), убеждаемся в существовании производной

$$y' = \left(\frac{u}{v}\right)' = \frac{u' \cdot v - u \cdot v'}{v^2}.$$

84. Производная сложной функции. Теперь мы можем установить весьма важное при практическом нахождении производных правило, позволяющее вычислить производную сложной функции, если известны производные составляющих функций.

V. *Пусть:* 1) *функция* $u = \varphi(x)$ *имеет в некоторой точке* x_0 *производную* $u'_x = \varphi'(x_0)$, 2) *функция* $y = f(u)$ *имеет в соответствующей точке* $u_0 = \varphi(x_0)$ *производную* $y'_u = f'(u_0)$. *Тогда сложная функция* $y = f(\varphi(x))$ *в упомянутой точке* x_0 *также будет иметь производную, равную произведению производных функций* $f(u)$ *и* $\varphi(x)$:

$$[f(\varphi(x))]' = f'_u(\varphi(x_0)) \cdot \varphi'(x_0) \text{ *)}$$

или, короче,

$$y'_x = y'_u \cdot u'_x.$$

Для доказательства придадим x произвольное приращение Δx; пусть Δu — соответствующее приращение функции $u = \varphi(x)$ и, наконец, Δy — приращение функции $y = f(u)$, вызванное приращением Δu. Воспользуемся соотношением (2а), которое, заменяя x на u, перепишем в виде

$$\Delta y = y'_u \cdot \Delta u + \alpha \cdot \Delta u$$

(α зависит от Δu и вместе с ним стремится к нулю). Разделив его почленно на Δx, получим

$$\frac{\Delta y}{\Delta x} = y'_u \cdot \frac{\Delta u}{\Delta x} + \alpha \cdot \frac{\Delta u}{\Delta x}.$$

Если Δx устремить к нулю, то будет стремиться к нулю и Δu [88, 2°], а тогда, как мы знаем, будет также стремиться к нулю зависящая от Δu величина α. Следовательно, существует предел

$$\lim_{\Delta x \to 0} \frac{\Delta y}{\Delta x} = y'_u \cdot \lim_{\Delta x \to 0} \frac{\Delta u}{\Delta x} = y'_u \cdot u'_x,$$

который и представляет собою искомую производную y'_x.

Замечание. Здесь сказывается полезность замечания в п° 82 относительно величины α при $\Delta x = 0$: покуда Δx есть приращение независимой переменной, мы могли предполагать его

---

*) Подчеркнем, что символ $f'_u(\varphi(x_0))$ означает производную функцию $f(u)$ по ее аргументу u (а не по x), вычисленную при значении $u_0 = \varphi(x_0)$ этого аргумента.

отличным от нуля, но когда Δx заменено приращением функции $u=\varphi(x)$, то даже при $\Delta x \neq 0$ мы уже не вправе считать, что $\Delta u \neq 0$.

85. Примеры *). Сначала приведем несколько примеров приложения правил I—IV.

1) Рассмотрим многочлен:

$$y=a_0x^n+a_1x^{n-1}+\ldots+a_{n-2}x^2+a_{n-1}x+a_n.$$

По правилу II, а затем I, будем иметь:

$$y'=(a_0x^n)'+(a_1x^{n-1})'+\ldots+(a_{n-2}x^2)'+(a_{n-1}x)'+(a_n)'=$$
$$=a_0(x^n)'+a_1(x^{n-1})'+\ldots+a_{n-2}(x^2)'+a_{n-1}(x)'+(a_n)'.$$

Использовав же формулы 1, 2, 3 [n° 81], окончательно получим

$$y'=na_0x^{n-1}+(n-1)a_1x^{n-2}+\ldots+2a_{n-2}x+a_{n-1}.$$

2) $y=(2x^2-5x+1)\cdot e^x$.

По правилу III

$$y'=(2x^2-5x+1)'\cdot e^x+(2x^2-5x+1)\cdot(e^x)'.$$

Опираясь на предыдущий пример и формулу 4 [n° 81], найдем

$$y'=(4x-5)\cdot e^x+(2x^2-5x+1)\cdot e^x=(2x^2-x-4)e^x.$$

3) $y=\dfrac{x\sin x+\cos x}{x\cos x-\sin x}$.

Здесь приходится пользоваться сначала правилом IV, а затем правилами II и III (и формулами 6, 7, n° 81):

$$y'=\frac{(x\sin x+\cos x)'(x\cos x-\sin x)-(x\sin x+\cos x)(x\cos x-\sin x)'}{(x\cos x-\sin x)^2}=$$
$$=\frac{x\cos x\,(x\cos x-\sin x)-(x\sin x+\cos x)(-x\sin x)}{(x\cos x-\sin x)^2}=$$
$$=\frac{x^2}{(x\cos x-\sin x)^2}.$$

Вычисление производных числителя и знаменателя мы произвели, не расчленяя его на отдельные шаги. Путем упражнения необходимо добиться того, чтобы вообще писать производные сразу.

Примеры на вычисление производных сложных функций:

4) Пусть $y=\ln\sin x$, иначе говоря, $y=\ln u$, где $u=\sin x$. По правилу V, $y'_x=y'_u\cdot u'_x$. Производная $y'_u=(\ln u)'_u=\dfrac{1}{u}$ (формула 5) должна быть взята при $u=\sin x$. Таким образом,

$$y'_x=\frac{1}{\sin x}\cdot(\sin x)'=\frac{\cos x}{\sin x}=\operatorname{ctg} x \quad \text{(формула 6).}$$

5) $y=e^{x^2}$, т. е. $y=e^u$, где $u=x^2$;

$$y'_x=e^{x^2}\cdot(x^2)'=2x\cdot e^{x^2} \qquad \text{(V; 4 и 3).}$$

*) Буквами x, y, u, v ниже обозначены переменные, а другими буквами — постоянные величины.

Конечно, в отдельном выписывании составляющих функций на деле нет надобности.

6) $y=\sin ax;\ y'_x=\cos ax\cdot(ax)'=a\cdot\cos ax$ (V; 7, I, 2).

7) $y=\operatorname{arctg}\frac{1}{x};\quad y'_x=\frac{1}{1+\frac{1}{x^2}}\cdot\left(\frac{1}{x}\right)'=\frac{x^2}{1+x^2}\cdot\left(-\frac{1}{x^2}\right)=$

$$=-\frac{1}{1+x^2}\qquad \text{(V; 12, 3)}.$$

Случай сложной функции, полученной в результате нескольких суперпозиций, исчерпывается последовательным применением правила V:

8) $y=\sqrt{\operatorname{tg}\frac{1}{2}x};$

тогда

$$y'_x=\frac{1}{2\sqrt{\operatorname{tg}\frac{1}{2}x}}\cdot\left(\operatorname{tg}\frac{1}{2}x\right)'_x= \qquad \text{(V; 3)}$$

$$=\frac{1}{2\sqrt{\operatorname{tg}\frac{1}{2}x}}\cdot\sec^2\frac{1}{2}x\cdot\left(\frac{1}{2}x\right)'_x= \qquad \text{(V; 8)}$$

$$=\frac{\sec^2\frac{1}{2}x}{4\sqrt{\operatorname{tg}\frac{1}{2}x}}.$$

Дадим еще несколько примеров на применение всех правил:

9) $y=\ln(x+\sqrt{x^2+c});\quad y'_x=\frac{1}{x+\sqrt{x^2+c}}\cdot(x+\sqrt{x^2+c})'_x=$

$$=\frac{1}{x+\sqrt{x^2+c}}\cdot\left(1+\frac{x}{\sqrt{x^2+c}}\right)=\frac{1}{\sqrt{x^2+c}}.$$

10) $y=\frac{x}{c\sqrt{x^2+c}};\ y'=\frac{1}{c}\cdot\frac{1\cdot\sqrt{x^2+c}-x\cdot\frac{x}{\sqrt{x^2+c}}}{(\sqrt{x^2+c})^2}=\frac{1}{(x^2+c)^{3/2}}.$

11) В виде упражнения исследуем еще вопрос о производной степенно-показательного выражения $y=u^v$ $(u>0)$, где u и v суть функции от x, имеющие в данной точке производные u', v'.

Прологарифмировав равенство $y=u^v$, получим

$$\ln y=v\cdot\ln u. \qquad (4)$$

Таким образом, выражение для y можно переписать в виде $y=e^{v\cdot\ln u}$, откуда уже ясно, что производная y' существует. Самое же вычисление ее проще осуществить, приравнивая производные по x от обеих частей равенства (4). При этом мы используем правила V и III (помня о том, что u, v и y суть функции от x). Мы получим

$$\frac{1}{y}\cdot y' = v'\cdot \ln u + v\cdot\frac{1}{u}\cdot u',$$

откуда

$$y' = y\left(\frac{vu'}{u} + v'\ln u\right)$$

или, подставляя вместо y его выражение,

$$y' = u^v\left(\frac{vu'}{u} + v'\ln u\right). \tag{5}$$

Эта формула впервые была установлена Лейбницем и И. Бернулли.

Например,

$$\text{если}\quad y = x^{\sin x},\quad\text{то}\quad y'_x = x^{\sin x}\left(\frac{\sin x}{x} + \cos x\cdot\ln x\right).$$

86. Односторонние производные. Обратимся в заключение к обзору ряда особых случаев, которые могут представиться в отношении производных. Начнем с установления понятия об односторонних производных. Если рассматриваемое значение x является одним из концов того промежутка $\mathscr{X}$, в котором определена функция $y = f(x)$, то при вычислении предела $\frac{\Delta y}{\Delta x}$ приходится ограничиться приближением Δx к нулю лишь справа (когда речь идет о левом конце промежутка) или слева (для правого конца). В этом случае говорят об односторонней производной, справа или слева. В соответствующих точках график функции имеет одностороннюю касательную.

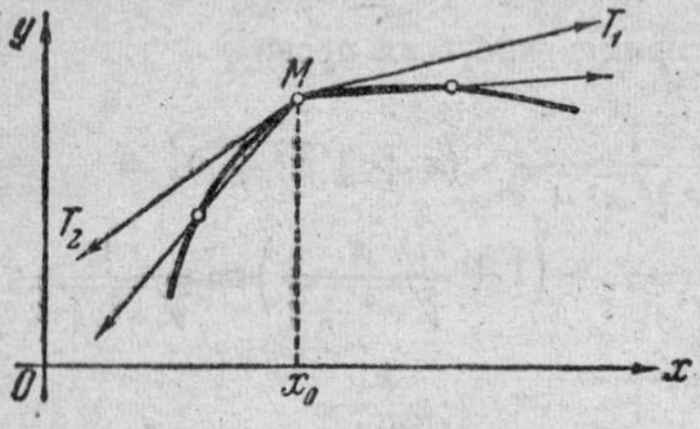

Рис. 35.

Может случиться, что и для внутренней точки x существуют лишь односторонние пределы отношения $\frac{\Delta y}{\Delta x}$ (при $\Delta x \to +0$ или $\Delta x \to -0$), не равные между собой; их также называют односторонними производными. Для графика функции в соответствующей точке будут существовать лишь односторонние касательные, составляющие угол: точка будет угловой (рис. 35).

В качестве примера рассмотрим функцию $y = f(x) = |x|$. Исходя из значения $x = 0$, будем иметь

$$\Delta y = f(0 + \Delta x) - f(0) = f(\Delta x) = |\Delta x|.$$

Если $\Delta x > 0$, то

$$\Delta y = \Delta x,\quad \lim_{\Delta x\to +0}\frac{\Delta y}{\Delta x} = 1.$$

отличным от нуля, но когда Δx заменено приращением функции $u=\varphi(x)$, то даже при $\Delta x \neq 0$ мы уже не вправе считать, что $\Delta u \neq 0$.

85. Примеры *). Сначала приведем несколько примеров приложения правил I—IV.

1) Рассмотрим многочлен:

$$y = a_0x^n + a_1x^{n-1} + \ldots + a_{n-2}x^2 + a_{n-1}x + a_n.$$

По правилу II, а затем I, будем иметь:

$$y' = (a_0x^n)' + (a_1x^{n-1})' + \ldots + (a_{n-2}x^2)' + (a_{n-1}x)' + (a_n)' =$$
$$= a_0(x^n)' + a_1(x^{n-1})' + \ldots + a_{n-2}(x^2)' + a_{n-1}(x)' + (a_n)'.$$

Использовав же формулы 1, 2, 3 [n° 81], окончательно получим

$$y' = na_0x^{n-1} + (n-1)a_1x^{n-2} + \ldots + 2a_{n-2}x + a_{n-1}.$$

2) $y = (2x^2 - 5x + 1)\cdot e^x$.

По правилу III

$$y' = (2x^2 - 5x + 1)' \cdot e^x + (2x^2 - 5x + 1)\cdot(e^x)'.$$

Опираясь на предыдущий пример и формулу 4 [n° 81], найдем

$$y' = (4x-5)\cdot e^x + (2x^2 - 5x + 1)\cdot e^x = (2x^2 - x - 4)\,e^x.$$

3) $y = \dfrac{x\sin x + \cos x}{x\cos x - \sin x}$.

Здесь приходится пользоваться сначала правилом IV, а затем правилами II и III (и формулами 6, 7, n° 81):

$$y' = \frac{(x\sin x + \cos x)'(x\cos x - \sin x) - (x\sin x + \cos x)(x\cos x - \sin x)'}{(x\cos x - \sin x)^2} =$$
$$= \frac{x\cos x\,(x\cos x - \sin x) - (x\sin x + \cos x)(-x\sin x)}{(x\cos x - \sin x)^2} =$$
$$= \frac{x^2}{(x\cos x - \sin x)^2}.$$

Вычисление производных числителя и знаменателя мы произвели, не расчленяя его на отдельные шаги. Путем упражнения необходимо добиться того, чтобы вообще писать производные сразу.

Примеры на вычисление производных сложных функций:

4) Пусть $y = \ln\sin x$, иначе говоря, $y = \ln u$, где $u = \sin x$. По правилу V, $y'_x = y'_u \cdot u'_x$. Производная $y'_u = (\ln u)'_u = \dfrac{1}{u}$ (формула 5) должна быть взята при $u = \sin x$. Таким образом,

$$y'_x = \frac{1}{\sin x}\cdot(\sin x)' = \frac{\cos x}{\sin x} = \operatorname{ctg} x \quad \text{(формула 6).}$$

5) $y = e^{x^2}$, т. е. $y = e^u$, где $u = x^2$;

$$y'_x = e^{x^2}\cdot(x^2)' = 2x\cdot e^{x^2} \qquad \text{(V; 4 и 3).}$$

---

*) Буквами x, y, u, v ниже обозначены переменные, а другими буквами — постоянные величины.

Если же $\Delta x < 0$, то

$$\Delta y = -\Delta x, \quad \lim_{\Delta x \to -0} \frac{\Delta y}{\Delta x} = -1.$$

Начало координат является угловой точкой для графика этой функции, состоящей из биссектрис первого и второго координатных углов.

87. Бесконечные производные. Если отношение приращений $\frac{\Delta y}{\Delta x}$ при $\Delta x \to 0$ стремится к $+\infty$ или к $-\infty$, то это несобственное число также называют производной и обозначают как обычно.

Геометрическое истолкование производной как углового коэффициента касательной распространяется и на этот случай; но здесь — касательная оказывается параллельной оси y (рис. 36, *а*, *б*).

Аналогично устанавливается понятие об односторонней бесконечной производной. Впрочем, на этот раз даже наличие различных по знаку односторонних бесконечных производных (рис. 36, *в*, *г*)

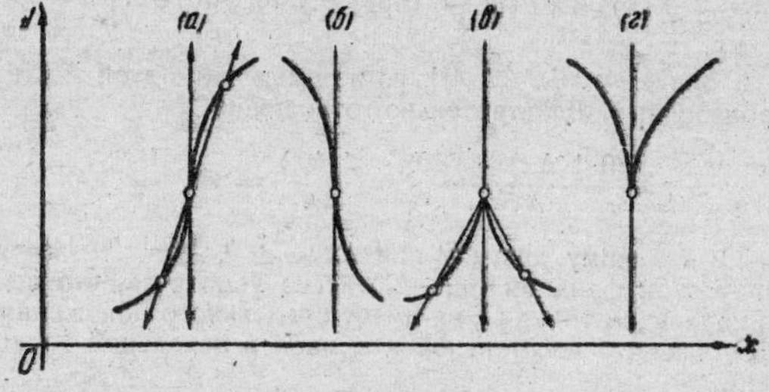

Рис. 36.

тоже влечет за собой существование единственной вертикальной касательной. Особенностью этого случая является наличие острия, направленного вверх или вниз.

Пусть, например, $f_1(x) = x^{\frac{1}{3}}$; при $x \neq 0$ формула 3 n°81 дает

$$f_1'(x) = \frac{1}{3} x^{-\frac{2}{3}} = \frac{1}{3x^{\frac{2}{3}}},$$

но она не приложима при $x = 0$. В этой точке вычислим производную, исходя непосредственно из ее определения; составив отношение

$$\frac{f_1(0 + \Delta x) - f_1(0)}{\Delta x} = \frac{(\Delta x)^{\frac{1}{3}}}{\Delta x} = \frac{1}{(\Delta x)^{\frac{2}{3}}},$$

видим, что его пределом при $\Delta x \to 0$ будет $+\infty$. Аналогично убеждаемся, что для функции $f_2(x) = x^{\frac{2}{3}}$ при $x = 0$ производная слева равна $-\infty$, а справа $+\infty$.

Пользуясь расширением понятия производной, можно было бы дополнить теорему n° 80 о производной обратной функции указанием, что и в тех случаях, когда $f'(x_0)$ равна нулю или $\pm\infty$, производная обратной функции $g'(y_0)$ существует и равна, соответственно, $\pm\infty$ или нулю. Например, так как функция $\sin x$ при $x = \pm\frac{\pi}{2}$ имеет производную $\cos\left(\pm\frac{\pi}{2}\right) = 0$, то для обратной функции $\arcsin y$ при $y = \pm 1$ существует бесконечная производная (именно, $+\infty$).

88. Дальнейшие примеры особых случаев. 1°. *Пример несуществования производной.* Уже функция $y = |x|$ в точке $x = 0$ [см. n° 86] не имеет обычной, двусторонней, производной. Но интереснее пример функции

$$f(x) = x \cdot \sin\frac{1}{x} \quad (\text{при } x \neq 0), \; f(0) = 0,$$

непрерывной и при $x = 0$ [n° 67, 4)], но не имеющей в этой точке даже односторонних производных. Действительно, отношение

$$\frac{f(0 + \Delta x) - f(0)}{\Delta x} = \frac{f(\Delta x)}{\Delta x} = \sin\frac{1}{\Delta x}$$

не стремится ни к какому пределу при $\Delta x \to \pm 0$.

По графику этой функции (рис. 21) легко усмотреть, что секущая OM_1, исходящая из начальной точки O, не имеет предельного положения при стремлении M_1 к O, так что касательной к кривой в начальной точке нет (даже односторонней).

Впоследствии мы познакомимся с замечательным примером функции, непрерывной при всех значениях аргумента, но ни при одном из них не имеющей производной.

2°. *Пример разрыва производной.* Если для данной функции $y = f(x)$ существует конечная производная $y' = f'(x)$ в каждой точке некоторого промежутка $\mathscr{X}$, то эта производная, в свою очередь, представляет собой в $\mathscr{X}$ функцию от x. В многочисленных примерах, которые нам до сих пор встречались, эта функция сама оказывалась непрерывной. Однако это может быть не так. Рассмотрим, например, функцию

$$f(x) = x^2 \sin\frac{1}{x} \quad (\text{при } x \neq 0), \; f(0) = 0.$$

Если $x \neq 0$, то ее производная вычисляется обычными методами:

$$f'(x) = 2x \cdot \sin\frac{1}{x} - \cos\frac{1}{x},$$

но полученный результат неприложим при $x = 0$. Обращаясь в этом случае непосредственно к самому определению понятия производной, будем иметь

$$f'(0) = \lim_{\Delta x \to 0} \frac{f(0 + \Delta x) - f(0)}{\Delta x} = \lim_{\Delta x \to 0} \Delta x \cdot \sin\frac{1}{\Delta x} = 0.$$

Вместе с тем ясно, что $f'(x)$ при $x \to 0$ не стремится ни к какому пределу, так что при $x=0$ функция $f'(x)$ имеет разрыв.

В этом примере разрыв производной оказывается второго рода. Это — не случайность: ниже мы увидим, что разрывов первого рода, т. е. скачков, производная иметь не может [n° 103].

§ 2. ДИФФЕРЕНЦИАЛ

89. Определение дифференциала. Пусть имеем функцию $y=f(x)$, определенную в некотором промежутке $\mathcal{X}$ и непрерывную в рассматриваемой точке x_0. Тогда приращению Δx аргумента отвечает приращение

$$\Delta y = \Delta f(x_0) = f(x_0 + \Delta x) - f(x_0),$$

бесконечно малое вместе с Δx. Большую важность имеет вопрос, *существует ли для Δy такая линейная относительно Δx бесконечно малая $A \cdot \Delta x$ ($A=\text{const}$), что их разность оказывается, по сравнению с Δx, бесконечно малой высшего порядка:*

$$\Delta y = A \cdot \Delta x + o(\Delta x). \tag{1}$$

При $A \neq 0$ наличие равенства (1) показывает, что бесконечно малая $A \cdot \Delta x$ эквивалентна бесконечно малой Δy и, значит, служит для последней ее главной частью, если за основную бесконечно малую взята Δx [n°n° 56, 57].

Если равенство (1) выполняется, то функция $y=f(x)$ называется дифференцируемой (при данном значении $x=x_0$), само же выражение $A \cdot \Delta x$ называется дифференциалом функции и обозначается символом dy или $df(x_0)$.

[В последнем случае в скобках указывается исходное значение x*)].

Еще раз повторяем, что дифференциал функции характеризуется двумя свойствами: (а) он представляет линейную однородную функцию от приращения Δx аргумента и (б) разнится от приращения функции на величину, которая при $\Delta x \to 0$ является бесконечно малой, порядка высшего, чем Δx.

Рассмотрим примеры.

1) Площадь Q круга радиуса r дается формулой $Q=\pi r^2$. Если радиус r увеличить на Δr, то соответствующее приращение ΔQ величины Q будет площадью кругового кольца, содержащегося между концентрическими окружностями радиуса r и $r+\Delta r$. Из выражения

$$\Delta Q = \pi (r + \Delta r)^2 - \pi r^2 = 2\pi r \cdot \Delta r + \pi (\Delta r)^2$$

сразу усматриваем, что главной частью ΔQ при $\Delta r \to 0$ будет $2\pi r \cdot \Delta r$; это и есть дифференциал dQ. Геометрически он выражает площадь прямоугольника (полученного как бы «выпрямлением» кольца) с основанием, равным длине окружности $2\pi r$, и высотой Δr.

---

*) Здесь df как единый символ играет роль функционального обозначения.

2) Рассмотрим свободное падение материальной точки по закону $s=\frac{gt^2}{2}$. За промежуток времени Δt, от t до $t+\Delta t$, движущаяся точка пройдет путь

$$\Delta s=\frac{g(t+\Delta t)^2}{2}-\frac{gt^2}{2}=gt\cdot\Delta t+\frac{g}{2}(\Delta t)^2.$$

При $\Delta t\to 0$ его главной частью будет $ds=gt\cdot\Delta t$. Вспомнив, что скорость в момент t будет $v=gt$ [n° 76], видим, что дифференциал пути (приближенно заменяющий приращение пути) вычисляется как путь, пройденный точкой, которая в течение всего промежутка времени Δt двигалась бы именно с этой скоростью.

90. Связь между дифференцируемостью и существованием производной. Легко установить теперь справедливость следующего утверждения:

Для того чтобы функция $y=f(x)$ в точке x_0 была дифференцируема, необходимо и достаточно, чтобы для нее в этой точке существовала конечная производная $y'=f'(x_0)$. При выполнении этого условия равенство (1) *имеет место при значении постоянной A, равном именно этой производной:*

$$\Delta y=y'_x\cdot\Delta x+o(\Delta x). \tag{1a}$$

Необходимость. Если выполняется (1), то отсюда

$$\frac{\Delta y}{\Delta x}=A+\frac{o(\Delta x)}{\Delta x},$$

так что, устремляя Δx к нулю, действительно получаем

$$A=\lim_{\Delta x\to 0}\frac{\Delta y}{\Delta x}=y'_x.$$

Достаточность сразу вытекает из n° **82**, 1° [см. там (3а)].

Итак, *дифференциал функции $y=f(x)$ всегда равен*

$$dy=y'_x\cdot\Delta x\text{ *)}. \tag{2}$$

Подчеркнем здесь же, что под Δx в этом выражении мы разумеем произвольное приращение независимой переменной, т. е. произвольное число (которое часто удобно бывает считать не зависящим от x). При этом вовсе не обязательно предполагать Δx бесконечно малой; но если $\Delta x\to 0$, то дифференциал dy также будет бесконечно малой, и именно (при $y'_x\neq 0$) — главной частью бесконечно малого приращения функции Δy. Это и дает основание приближенно полагать

$$\Delta y \doteq dy \tag{3}$$

---

*) Легко проверить, что именно так и составлялся дифференциал в примерах, рассмотренных в предыдущем номере. Например, в случае 1) имеем:

$$Q=\pi r^2,\quad Q'_r=2\pi r,\quad dQ=2\pi r\cdot\Delta r.$$

с тем большей точностью, чем меньше Δx. Мы вернемся к рассмотрению приближенного равенства (3) в n° **93**.

Чтобы истолковать геометрически дифференциал dy и его связь с приращением Δy функции $y=f(x)$, рассмотрим график этой функции (рис. 37). Значением x аргумента и y функции определится точка M на кривой. Проведем в этой точке кривой касательную MT; как мы уже видели в n° **78**, ее угловой коэффициент, $\operatorname{tg}\alpha$, равен производной y'_x. Если абсциссе x придать приращение Δx, то ордината кривой y получит приращение $\Delta y = NM_1$. В то же время ордината касательной получит приращение NK. Вычисляя NK как катет прямоугольного треугольника MNK, найдем:

$$NK = MN \cdot \operatorname{tg}\alpha = y'_x \cdot \Delta x = dy.$$

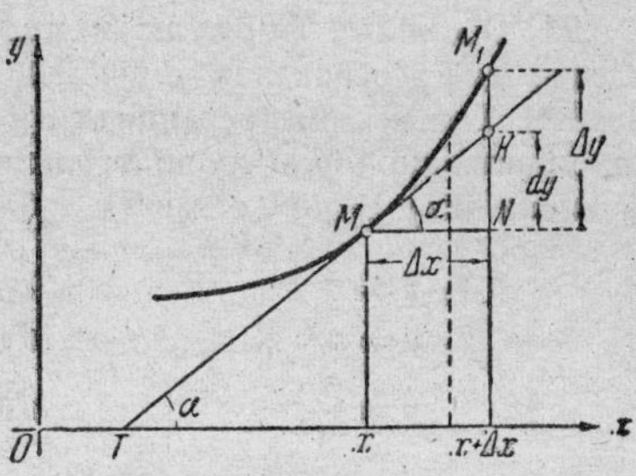

Рис. 37.

Итак, в то время как Δy есть приращение ординаты кривой, dy является соответственным приращением ординаты касательной.

В заключение остановимся на самой независимой переменной x: ее дифференциалом называют именно приращение Δx, т. е. условно полагают

$$dx \doteq \Delta x. \tag{4}$$

Если отождествить дифференциал независимой переменной x с дифференциалом функции $y=x$ (в этом — тоже своего рода соглашение!), то формулу (4) можно и доказать, ссылаясь на (2): $dx = x'_x \cdot \Delta x = 1 \cdot \Delta x = \Delta x$.

Учитывая соглашение (4), можно теперь переписать формулу (2), дающую определение дифференциала, в виде

$$dy = y'_x \cdot dx; \tag{5}$$

так ее обычно и пишут.

Отсюда получается

$$y'_x = \frac{dy}{dx}, \tag{6}$$

так что выражение, которое мы раньше рассматривали как цельный символ, теперь можно трактовать как дробь. То обстоятельство, что слева здесь стоит вполне определенное число, в то время как справа мы имеем отношение двух неопределенных чисел dy и dx (ведь $dx = \Delta x$ произвольно), не должно смущать читателя: числа dx и dy изменяются пропорционально, причем производная y'_x как раз является коэффициентом пропорциональности.

Понятие дифференциала и самый термин «дифференциал»*) принадлежат Лейбницу, который, однако, точного определения этого понятия не дал. Наряду с дифференциалами, Лейбниц рассматривал и дифференциальные частные, т. е. частные двух дифференциалов, что равносильно нашим производным; однако именно дифференциал был для Лейбница первоначальным понятием. Со времен Коши, который своей теорией пределов создал фундамент для всего анализа и впервые отчетливо определил производную как предел, стало обычным отправляться именно от производной, а понятие дифференциала строить уже на основе производной.

91. Основные формулы и правила дифференцирования. Вычисление дифференциалов функций носит название дифференцирования**). Так как дифференциал dy лишь множителем dx отличается от производной y'_x, то по таблице производных для элементарных функций [81] легко составить таблицу дифференциалов для них:

1. $y = c$	$dy = 0$
2. $y = x^{\mu}$	$dy = \mu x^{\mu-1}\,dx$
$y = \frac{1}{x}$	$dy = -\frac{dx}{x^2}$
$y = \sqrt{x}$	$dy = \frac{dx}{2\sqrt{x}}$
3. $y = a^x$	$dy = a^x \ln a\,dx$
$y = e^x$	$dy = e^x\,dx$
4. $y = \log_a x$	$dy = \frac{\log_a e}{x}\,dx$
$y = \ln x$	$dy = \frac{dx}{x}$
5. $y = \sin x$	$dy = \cos x\,dx$
6. $y = \cos x$	$dy = -\sin x\,dx$
7. $y = \operatorname{tg} x$	$dy = \sec^2 x\,dx = \frac{dx}{\cos^2 x}$
8. $y = \operatorname{ctg} x$	$dy = -\csc^2 x\,dx = -\frac{dx}{\sin^2 x}$
9. $y = \arcsin x$	$dy = \frac{dx}{\sqrt{1-x^2}}$
10. $y = \arccos x$	$dy = -\frac{dx}{\sqrt{1-x^2}}$
11. $y = \operatorname{arctg} x$	$dy = \frac{dx}{1+x^2}$
12. $y = \operatorname{arcctg} x$	$dy = -\frac{dx}{1+x^2}$

---

*) От латинского слова differentia, означающего «разность».

**) Впрочем, тем же термином обычно обозначают и вычисление производных, для которого на русском языке нет особого термина.

Правила дифференцирования *) выглядят так:

I. $d(cu) = c \cdot du$,

II. $d(u \pm v) = du \pm dv$,

III. $d(uv) = v\,du + u\,dv$,

IV. $d\left(\frac{u}{v}\right) = \frac{v\,du - u\,dv}{v^2}$.

Все они легко получаются из соответствующих правил для производных. Докажем, например, два последних:

$$d(uv) = (uv)' \cdot dx = (u'v + uv') \cdot dx = \\ = v(u' \cdot dx) + u(v' \cdot dx) = v\,du + u\,dv,$$

$$d\left(\frac{u}{v}\right) = \left(\frac{u}{v}\right)' \cdot dx = \frac{u'v - uv'}{v^2} \cdot dx = \\ = \frac{v(u' \cdot dx) - u(v' \cdot dx)}{v^2} = \frac{v\,du - u\,dv}{v^2}.$$

92. Инвариантность формы дифференциала. Правило дифференцирования сложной функции приведет нас к одному замечательному и важному свойству дифференциала.

Пусть функции $y = f(x)$ и $x = \varphi(t)$ таковы, что из них может быть составлена сложная функция: $y = f(\varphi(t))$. Если существуют производные y'_x и x'_t, то — по правилу V [n°**84**] — существует и производная

$$y'_t = y'_x \cdot x'_t. \tag{7}$$

Дифференциал dy, если x считать независимой переменной, выразится по формуле (5). Перейдем теперь к независимой переменной t; в этом предположении имеем другое выражение для дифференциала:

$$dy = y'_t \cdot dt.$$

Заменяя, однако, производную y'_t ее выражением (7) и замечая, что $x'_t \cdot dt$ есть дифференциал x как функции от t, окончательно получим

$$dy = y'_x \cdot x'_t\,dt = y'_x\,dx,$$

т. е. вернемся к прежней форме дифференциала!

Таким образом, мы видим, что *форма дифференциала может быть сохранена даже в том случае, если прежняя независимая переменная заменена новой.* Мы всегда имеем право писать дифференциал y в форме (5), будет ли x независимой переменной или нет; разница лишь в том, что, если за независимую переменную выбрано t, то dx означает не произвольное приращение Δx, а дифференциал x как функции от t. Это свойство и называют инвариантностью формы дифференциала.

*) Если речь идет именно о вычислении дифференциалов.

Так как из формулы (5) непосредственно получается формула (6), выражающая производную y'_x через дифференциалы dx и dy, то и последняя формула сохраняет силу, по какой бы независимой переменной (конечно, одной и той же в каждом случае) ни были вычислены названные дифференциалы.

Пусть, например, $y=\sqrt{1-x^2}$ $(-1<x<1)$, так что

$$y'_x=-\frac{x}{\sqrt{1-x^2}}.$$

Положим теперь $x=\sin t\left(-\frac{\pi}{2}<t<\frac{\pi}{2}\right)$. Тогда $y=\sqrt{1-\sin^2 t}=\cos t$, и мы будем иметь: $dx=\cos t\cdot dt$, $dy=-\sin t\cdot dt$. Легко проверить, что формула (6) дает лишь другое выражение для вычисленной выше производной.

Замечание. Возможность выражать производную через дифференциалы, взятые по любой переменной, в частности, приводит к тому, что формулы

$$\frac{dy}{dx}=\frac{1}{\frac{dx}{dy}},\quad \frac{dy}{dx}=\frac{dy}{du}\cdot\frac{du}{dx},$$

выражающие в лейбницевых обозначениях правила дифференцирования обратной функции и сложной функции, становятся простыми алгебраическими тождествами (поскольку все дифференциалы здесь могут быть взяты по одной и той же переменной). Не следует думать, впрочем, что этим дан новый вывод названных формул: прежде всего, здесь не доказывалось существование производных слева, главное же — мы существенно пользовались инвариантностью формы дифференциала, которая сама есть следствие правила V.

93. Дифференциалы как источник приближенных формул. Мы видели, что при $\Delta x\to 0$ дифференциал dy функции y (если только $y'_x\neq 0$) представляет собой главную часть бесконечно малого приращения функции Δy. Таким образом, $\Delta y\sim dy$, так что

$$\Delta y \doteq dy, \tag{3}$$

или, подробнее,

$$\Delta f(x_0)=f(x_0+\Delta x)-f(x_0)\doteq f'(x_0)\cdot\Delta x \tag{3a}$$

с точностью до бесконечно малой высшего порядка чем Δx. Это значит [п° 56], что относительная погрешность этого равенства становится сколь угодно малой при достаточно малом Δx.

Это обстоятельство может быть и непосредственно усмотрено из рис. 37, дающего геометрическое истолкование дифференциала. На графике видно, что при уменьшении Δx мы действительно все с бо́льшей относительной точностью можем заменять приращение ординаты кривой приращением ординаты касательной.

Выгода замены приращения функции Δy ее дифференциалом dy состоит, как ясно читателю, в том, что dy зависит от Δx линейно, в то время как Δy представляет собою обыкновенно более сложную функцию от Δx.

Если положить $\Delta x = x - x_0$ и $x_0 + \Delta x = x$, то равенство (3а) примет вид

$$f(x) - f(x_0) \doteq f'(x_0)(x - x_0)$$

или

$$f(x) \doteq f(x_0) + f'(x_0)(x - x_0).$$

По этой формуле, для значений x, близких к x_0, функция $f(x)$ приближенно заменяется линейной функцией. Геометрически это соответствует замене участка кривой $y = f(x)$, примыкающего к точке $(x_0, f(x_0))$, отрезком касательной к кривой в этой точке:

$$y = f(x_0) + f'(x_0)(x - x_0)\ ^{*)}$$

(ср. рис. 37). Взяв для простоты $x_0 = 0$ и ограничиваясь малыми значениями x, будем иметь приближенную формулу:

$$f(x) \doteq f(0) + f'(0) \cdot x.$$

Отсюда, подставляя вместо $f(x)$ различные элементарные функции, легко получить ряд формул:

$$(1 + x)^{\mu} \doteq 1 + \mu x, \quad \text{в частности,} \quad \sqrt{1 + x} \doteq 1 + \frac{1}{2}x,$$

$$e^x \doteq 1 + x, \quad \ln(1 + x) \doteq x, \quad \sin x \doteq x, \quad \operatorname{tg} x \doteq x \quad \text{и т. п.,}$$

из которых многие нам уже известны.

94. Применение дифференциалов при оценке погрешностей. Особенно удобно и естественно использовать понятие дифференциала в приближенных вычислениях при оценке погрешностей. Пусть, например, величину x мы измеряем или вычисляем непосредственно, а зависящую от нее величину y определяем по формуле $y = f(x)$. При измерении величины x обыкновенно вкрадывается погрешность Δx, которая влечет за собою погрешность Δy для величины y. Ввиду малой величины этих погрешностей, полагают

$$\Delta y = y'_x \cdot \Delta x,$$

т. е. заменяют приращение дифференциалом. Пусть δx будет максимальной абсолютной погрешностью величины x: $|\Delta x| \leqslant \delta x$ (в обычных условиях подобная граница погрешности при измерении известна). Тогда, очевидно, за максимальную абсолютную погрешность (границу погрешности) для y можно принять

$$\delta y = |y'_x| \cdot \delta x. \tag{8}$$

1) Пусть, например, для определения объема шара сначала (с помощью штангенциркуля, толщемера, микрометра и т. п.) непосредственно измеряют диаметр D шара, а затем объем V вычисляют по формуле

$$V = \frac{\pi}{6} D^3.$$

Так как $V'_D = \frac{\pi}{2} D^2$, то в этом случае, в силу (8),

$$\delta V = \frac{\pi}{2} D^2 \cdot \delta D.$$

---

*) Действительно уравнение прямой с угловым коэффициентом k, проходящей через точку (x_0, y_0), будет

$$y = y_0 + k(x - x_0);$$

в случае касательной здесь следует положить $y_0 = f(x_0)$, $k = f'(x_0)$.

Разделив это равенство на предыдущее, получим

$$\frac{\delta V}{V} = 3\frac{\delta D}{D},$$

так что (максимальная) относительная погрешность вычисленного значения объема оказывается втрое бо́льшей, чем (максимальная) относительная погрешность измеренного значения диаметра.

2) Если число x, для которого вычисляется его десятичный логарифм $y = \log x$, получено с некоторой погрешностью, то это отразится на логарифме, создавая и в нем погрешность.

Здесь $y'_x = \frac{M}{x}$ $(M \doteq 0{,}4343)$, так что, по формуле (8),

$$\delta y = 0{,}4343\,\frac{\delta x}{x}.$$

Таким образом, (максимальная) абсолютная погрешность логарифма просто определяется по (максимальной) относительной погрешности самого числа, и обратно.

Этот результат имеет многообразные применения. Например, с его помощью можно составить себе представление о точности обыкновенной логарифмической линейки со шкалой в 25 *см* = 250 *мм*. При отсчете или установке визира можно ошибиться, примерно, на 0,1 *мм* в ту или другую сторону, что отвечает погрешности в логарифме

$$\delta y = \frac{0{,}1}{250} = 0{,}0004.$$

Отсюда, по нашей формуле,

$$\frac{\delta x}{x} = \frac{0{,}0004}{0{,}4343} \doteq 0{,}001.$$

Относительная точность отсчетов во всех частях шкалы одна и та же!

§ 3. ПРОИЗВОДНЫЕ И ДИФФЕРЕНЦИАЛЫ ВЫСШИХ ПОРЯДКОВ

95. Определение производных высших порядков. Если функция $y = f(x)$ имеет конечную производную $y' = f'(x)$ в некотором промежутке $\mathscr{X}$, так что эта последняя сама представляет новую функцию от x, то может случиться, что эта функция в некоторой точке x_0 из $\mathscr{X}$, в свою очередь, имеет производную, конечную или нет. Ее называют производной второго порядка, или второй производной функции $y = f(x)$ в упомянутой точке, и обозначают одним из символов

$$\frac{d^2y}{dx^2},\ y'',\ D^2y;\quad \frac{d^2f(x_0)}{dx^2},\ f''(x_0),\ D^2f(x_0).$$

Так, например, мы видели в п° 78, что скорость v движения точки равна производной от пройденного точкой пути s по времени t: $v = \frac{ds}{dt}$, ускорение же a есть производная от скорости v по времени

$a=\frac{dv}{dt}$. Значит, ускорение является **второй производной** от пути по времени: $a=\frac{d^2s}{dt^2}$.

Аналогично, если функция $y=f(x)$ имеет конечную вторую производную во всем промежутке $\mathscr{X}$, т. е. в каждой точке этого промежутка, то ее производная, конечная или нет, в какой-либо точке x_0 из $\mathscr{X}$ называется **производной третьего порядка**, или **третьей производной** функции $y=f(x)$ в этой точке, и обозначается так:

$$\frac{d^3y}{dx^3},\ y''',\ D^3y;\ \frac{d^3f(x_0)}{dx^3},\ f'''(x_0),\ D^3f(x_0).$$

Подобным же образом от третьей производной переходим к четвертой и т. д. Если предположить, что понятие $(n-1)$-й производной уже определено и что $(n-1)$-я производная существует и конечна в промежутке $\mathscr{X}$, то ее производная в некоторой точке x_0 этого промежутка называется **производной n-го порядка**, или **n-й производной** от исходной функции $y=f(x)$; для обозначения ее применяются символы:

$$\frac{d^ny}{dx^n},\quad y^{(n)},\quad D^ny;\ \frac{d^nf(x_0)}{dx^n},\quad f^{(n)}(x_0),\quad D^nf(x_0).$$

Иной раз — при пользовании обозначениями Лагранжа или Коши — может возникнуть надобность в указании переменной, по которой берется производная; тогда ее пишут в виде значка внизу:

$$y''_{x^2},\quad D^3_{x^3}f(x),\quad f^{(n)}_{x^n}(x_0)\ \text{и т. п.},$$

причем x^2, x^3, ... есть условная сокращенная запись вместо xx, xxx, ... Например, можно писать: $a=s''_{t^2}$.

(Читателю ясно, что и здесь **цельные** символы

$$\frac{d^nf}{dx^n},\ f^{(n)}\ \text{или}\ f^{(n)}_{x^n},\quad D^nf\ \text{или}\ D^n_{x^n}f$$

можно рассматривать как функциональные обозначения.)

Таким образом, мы определили понятие n-й производной, как говорят, индуктивно, переходя по порядку от первой производной к последующим. Соотношение, определяющее n-ю производную

$$y^{(n)}=[y^{(n-1)}]',$$

называют также рекуррентным (или «возвратным»), поскольку оно «возвращает» нас от n-й производной к $(n-1)$-й.

Самое вычисление производных n-го порядка, **при численно заданном** n, производится по известным уже читателю правилам и формулам.

Например, если

$$y=\frac{1}{2}x^4-\frac{1}{6}x^3+2x^2+\frac{4}{3}x-\frac{1}{2},$$

то

$$y'=2x^3-\frac{1}{2}x^2+4x+\frac{4}{3},\quad y''=6x^2-x+4,$$

$$y'''=12x-1,\quad y''''=12,$$

так что все последующие производные равны тождественно нулю. Или пусть

$$y=\ln(x+\sqrt{x^2+1});$$

тогда

$$y'=\frac{1}{\sqrt{x^2+1}},\quad y''=-\frac{x}{(x^2+1)^{3/2}},\quad y'''=\frac{2x^2-1}{(x^2+1)^{5/2}}\ \text{и т. д.}$$

Заметим, что по отношению к производным высших порядков так же, индуктивно, можно установить понятие односторонней производной [ср. n° **86**]. Если функция $y=f(x)$ определена лишь в некотором промежутке $\mathcal{X}$, то, говоря о производной любого порядка на конце его, всегда имеют в виду именно одностороннюю производную.

96. Общие формулы для производных любого порядка. Итак, для того, чтобы вычислить n-ю производную от какой-либо функции, вообще говоря, нужно предварительно вычислить производные всех предшествующих порядков. Однако в ряде случаев удается установить такое общее выражение для n-й производной, которое зависит непосредственно от n и не содержит более обозначений предшествующих производных.

При выводе таких общих выражений иногда бывают полезны формулы:

$$(cu)^{(n)}=c\cdot u^{(n)},\quad (u\pm v)^{(n)}=u^{(n)}\pm v^{(n)},$$

обобщающие на случай высших производных известные читателю правила I и II n° **83**. Их легко получить последовательным применением этих правил.

1) Рассмотрим сначала степенную функцию $y=x^{\mu}$, где μ — любое вещественное число. Имеем последовательно:

$$y'=\mu x^{\mu-1},\quad y''=\mu(\mu-1)x^{\mu-2},$$

$$y'''=\mu(\mu-1)(\mu-2)x^{\mu-3},\ldots$$

Легко усмотреть отсюда и общий закон:

$$y^{(n)}=\mu(\mu-1)\ldots(\mu-n+1)x^{\mu-n},$$

который доказывается по методу математической индукции.

Если, например, взять $\mu=-1$, то получим

$$\left(\frac{1}{x}\right)^{(n)}=(-1)(-2)\ldots(-n)x^{-1-n}=\frac{(-1)^n\cdot n!}{x^{n+1}}.$$

Когда само μ есть натуральное число m, то m-я производная от x^m будет уже постоянным числом $m!$, а все следующие — нулями. Отсюда ясно, что и для целого многочлена степени m имеет место аналогичное обстоятельство.

2) Пусть теперь $y = \ln x$. Прежде всего, имеем

$$y' = (\ln x)' = \frac{1}{x}.$$

Возьмем отсюда производную $(n-1)$-го порядка по соответствующей формуле из 1), заменив в ней n на $n-1$; мы и получим тогда

$$y^{(n)} = (y')^{(n-1)} = \left(\frac{1}{x}\right)^{(n-1)} = \frac{(-1)^{n-1}(n-1)!}{x^n}.$$

3) Если $y = a^x$, то

$$y' = a^x \cdot \ln a, \quad y'' = a^x \cdot (\ln a)^2, \ldots$$

Общая формула

$$y^{(n)} = a^x \cdot (\ln a)^n$$

легко доказывается по методу математической индукции.

В частности, очевидно,

$$(e^x)^{(n)} = e^x.$$

4) Положим $y = \sin x$; тогда

$$y' = \cos x, \quad y'' = -\sin x, \quad y''' = -\cos x,$$
$$y'''' = \sin x, \quad y^{(5)} = \cos x, \ldots$$

На этом пути найти требуемое общее выражение для n-й производной трудно. Но дело сразу упрощается, если переписать формулу для первой производной в виде $y' = \sin\left(x + \frac{\pi}{2}\right)$; становится ясным, что при каждом дифференцировании к аргументу будет прибавляться $\frac{\pi}{2}$, так что

$$(\sin x)^{(n)} = \sin\left(x + n \cdot \frac{\pi}{2}\right).$$

Аналогично получается и формула

$$(\cos x)^{(n)} = \cos\left(x + n \cdot \frac{\pi}{2}\right).$$

5) Остановимся еще на функции $y = \operatorname{arctg} x$. Поставим себе задачей выразить $y^{(n)}$ через y. Так как $x = \operatorname{tg} y$, то

$$y' = \frac{1}{1+x^2} = \cos^2 y = \cos y \cdot \sin\left(y + \frac{\pi}{2}\right).$$

Дифференцируя вторично по x (и помня, что y есть функция от x), получим

$$y'' = \left[-\sin y \cdot \sin\left(y + \frac{\pi}{2}\right) + \cos y \cdot \cos\left(y + \frac{\pi}{2}\right)\right] \cdot y' =$$
$$= \cos^2 y \cdot \cos\left(2y + \frac{\pi}{2}\right) = \cos^2 y \cdot \sin 2\left(y + \frac{\pi}{2}\right).$$

Следующее дифференцирование дает:

$$y''' = \left[-2\sin y \cdot \cos y \cdot \sin 2\left(y + \frac{\pi}{2}\right) + 2\cos^2 y \cdot \cos 2\left(y + \frac{\pi}{2}\right)\right] \cdot y' =$$
$$= 2\cos^3 y \cdot \cos\left(3y + 2 \cdot \frac{\pi}{2}\right) = 2\cos^3 y \cdot \sin 3\left(y + \frac{\pi}{2}\right).$$

Общая формула

$$y^{(n)} = (n-1)!\, \cos^n y \cdot \sin n\left(y + \frac{\pi}{2}\right)$$

оправдывается по методу математической индукции.

97. Формула Лейбница. Как мы заметили в начале предыдущего номера, правила I и II n° **83** непосредственно переносятся и на случай производных любого порядка. Сложнее обстоит дело с правилом III, относящимся к дифференцированию произведения.

Предположим, что функции u, v от x имеют каждая в отдельности производные до n-го порядка включительно; докажем, что тогда их произведение $y = uv$ также имеет n-ю производную, и найдем ее выражение.

Станем, применяя правило III, последовательно дифференцировать это произведение; мы найдем:

$$y' = u'v + uv', \quad y'' = u''v + 2u'v' + uv'',$$
$$y''' = u'''v + 3u''v' + 3u'v'' + uv''', \ldots$$

Легко подметить закон, по которому построены все эти формулы: правые части их напоминают разложение степеней бинома: $u + v$, $(u+v)^2$, $(u+v)^3, \ldots$, лишь вместо степеней u, v стоят производные соответствующих порядков. Сходство станет более полным, если в полученных формулах вместо u, v писать $u^{(0)}$, $v^{(0)}$. Распространяя этот закон на случай любого n, придем к общей формуле *):

$$y^{(n)} = (uv)^{(n)} = \sum_{i=0}^{n} C_n^i u^{(n-i)} v^{(i)} =$$
$$= u^{(n)}v + nu^{(n-1)}v' + \frac{n(n-1)}{1\cdot 2} u^{(n-2)}v'' + \ldots$$
$$\ldots + \frac{n(n-1)\ldots(n-i+1)}{1\cdot 2\ldots i} u^{(n-i)}v^{(i)} + \ldots + uv^{(n)}. \qquad (1)$$

Для доказательства ее справедливости прибегнем снова к методу математической индукции. Допустим, что при некотором значении n она верна. Если для функций u, v существуют и $(n+1)$-е производные, то можно (1) еще раз продифференцировать по x; мы получим:

$$y^{(n+1)} = \sum_{i=0}^{n} C_n^i \left[u^{(n-i)}v^{(i)}\right]' = \sum_{i=0}^{n} C_n^i u^{(n-i+1)}v^{(i)} + \sum_{i=0}^{n} C_n^i u^{(n-i)}v^{(i+1)}.$$

Объединим теперь слагаемые обеих последних сумм, содержащие одинаковые произведения производных функций u и v (сумма порядков производных в таком произведении, как легко видеть, равна всегда $n+1$). Произведение $u^{(n+1)}v^{(0)}$ входит только в первую сумму (при $i=0$); коэффициент его в этой сумме есть $C_n^0 = 1$. Точно так же $u^{(0)}v^{(n+1)}$ входит только во вторую сумму (в слагаемое с номером $i=n$), с коэффициентом $C_n^n = 1$. Все остальные произведения, входящие в эти суммы, имеют вид $u^{(n+1-k)}v^{(k)}$, причем $1 \leqslant k \leqslant n$. Каждое такое произведение встретится как в первой сумме (слагаемое с номером $i=k$), так и во второй сумме (слагаемое с номером $i=k-1$). Сумма соответствующих коэффициентов будет $C_n^k + C_n^{k-1}$. Но, как известно,

$$C_n^k + C_n^{k-1} = C_{n+1}^k.$$

---

*) Символ $\sum$ означает сумму однотипных слагаемых. Когда слагаемые зависят от одного значка, меняющегося в определенных границах, то эти границы и указываются (снизу и сверху). Например,

$$\sum_{i=0}^{n} a_i = a_0 + a_1 + \ldots + a_n,$$

$$\sum_{k=1}^{m} \frac{1}{k} = 1 + \frac{1}{2} + \frac{1}{3} + \ldots + \frac{1}{m} \text{ и т. д.}$$

Таким образом, окончательно находим:

$$y^{(n+1)} = u^{(n+1)} v^{(0)} + \sum_{k=1}^{n} C_{n+1}^{k} u^{[(n+1)-k]} v^{(k)} + u^{(0)} v^{(n+1)} =$$

$$= \sum_{k=0}^{n+1} C_{n+1}^{k} u^{[(n+1)-k]} v^{(k)},$$

так как

$$C_{n+1}^{0} = C_{n+1}^{n+1} = 1.$$

Мы получили для $y^{(n+1)}$ выражение, вполне аналогичное выражению (1) (только n заменилось числом $n+1$); этим и доказана справедливость формулы (1) для всех натуральных значений n.

Установленная формула носит название *формулы Лейбница*. Она часто бывает полезна при выводе общих выражений для n-й производной.

Заметим, что такую же формулу можно было бы установить и для n-й производной произведения нескольких сомножителей $y = uv \ldots t$; она имеет сходство с разложением степени многочлена $(u + v + \ldots + t)^n$.

Пример. Найдем общее выражение для n-й производной функции

$$y = e^{ax} \cdot \sin bx.$$

По формуле Лейбница получим:

$$y^{(n)} = e^{ax} \cdot a^n \cdot \sin bx + ne^{ax} \cdot a^{n-1} b \cdot \cos bx - \frac{n(n-1)}{1 \cdot 2} e^{ax} \cdot a^{n-2} b^2 \cdot \sin bx -$$

$$- \frac{n(n-1)(n-2)}{1 \cdot 2 \cdot 3} e^{ax} \cdot a^{n-3} b^3 \cdot \cos bx + \ldots$$

или

$$y^{(n)} = e^{ax} \left\{ \sin bx \left[a^n - \frac{n(n-1)}{1 \cdot 2} a^{n-2} b^2 + \ldots \right] + \right.$$

$$\left. + \cos bx \left[na^{n-1} b - \frac{n(n-1)(n-2)}{1 \cdot 2 \cdot 3} a^{n-3} b^3 + \ldots \right] \right\}.$$

98. **Дифференциалы высших порядков.** Обратимся теперь к дифференциалам высших порядков; они также определяются индуктивно. *Дифференциалом второго порядка, или вторым дифференциалом*, функции $y = f(x)$ в некоторой точке называется дифференциал в этой точке от ее (первого) дифференциала; в обозначениях:

$$d^2 y = d(dy).$$

Дифференциалом третьего порядка, или третьим дифференциалом, называется дифференциал от второго дифференциала:

$$d^3 y = d(d^2 y).$$

Вообще, **дифференциалом n-го порядка** или **n-м дифференциалом** функции $y=f(x)$ называется дифференциал ее $(n-1)$-го дифференциала:

$$d^n y = d\,(d^{n-1} y).$$

Если пользоваться функциональным обозначением, то последовательные дифференциалы могут быть обозначены так:

$$d^2 f(x_0),\ d^3 f(x_0),\ \ldots,\ d^n f(x_0),\ \ldots,$$

причем получается возможность указать то частное значение $x=x_0$, при котором дифференциалы берутся.

При вычислении дифференциалов высших порядков очень важно помнить, что dx есть произвольное и *независящее от x число*, которое при дифференцировании по x надлежит рассматривать как *постоянный множитель*. В таком случае будем иметь (все время предполагая существование соответствующих производных):

$$d^2 y = d\,(dy) = d\,(y' \cdot dx) = dy' \cdot dx = (y'' \cdot dx) \cdot dx = y'' dx^2,$$
$$d^3 y = d\,(d^2 y) = d\,(y'' \cdot dx^2) = dy'' \cdot dx^2 = (y''' \cdot dx) \cdot dx^2 = y''' \, dx^3, ^{*})$$

и т. д. Легко угадываемый общий закон

$$d^n y = y^{(n)} \, dx^n \qquad (2)$$

доказывается методом математической индукции. Из него следует, что

$$y^{(n)} = \frac{d^n y}{dx^n},$$

так что отныне этот символ можно рассматривать как *дробь*.

Воспользовавшись равенством (2), легко теперь преобразовать формулу Лейбница к дифференциалам. Достаточно умножить обе части ее на dx^n, чтобы получить

$$d^n (uv) = \sum_{i=0}^{n} C_n^i \, d^{n-i} u \cdot d^i v \qquad (d^0 u = u, \quad d^0 v = v).$$

Сам Лейбниц нашел свою формулу именно в этом виде.

99. Нарушение инвариантности формы для дифференциалов высших порядков. Вспоминая, что первый дифференциал функции обладает свойством инвариантности формы, естественно поставить вопрос, обладают ли подобным свойством дифференциалы высших порядков. Покажем, например, что уже второй дифференциал этим свойством *не обладает*.

Итак, пусть $y=f(x)$ и $x=\varphi(t)$, так что y можно рассматривать как сложную функцию от t: $y=f(\varphi(t))$. Ее (первый)

---

*) Под dx^2, dx^3 ... и т. п. всегда разумеются *степени* дифференциала: $(dx)^2$, $(dx)^3$, ... Дифференциал от степени будет обозначаться так: $d\,(x^2)$, $d\,(x^3)$, ...

дифференциал по t можно написать в форме: $dy = y'_x \cdot dx$, где $dx = x'_t \cdot dt$ есть функция от t. Вычисляем второй дифференциал по t:

$$d^2y = d(y'_x \cdot dx) = dy'_x \cdot dx + y'_x \cdot d(dx).$$

Дифференциал dy'_x можно, снова пользуясь инвариантностью формы (первого) дифференциала, взять в форме: $dy'_x = y''_{x^2} \cdot dx$, так что окончательно

$$d^2y = y''_{x^2} \cdot dx^2 + y'_x \cdot d^2x, \tag{3}$$

в то время как при независимой переменной x второй дифференциал имел вид $d^2y = y''_{x^2} \cdot dx^2$. Конечно, выражение (3) для d^2y является более общим: если, в частности, x есть независимая переменная, то $d^2x = 0$ — и остается один лишь первый член.

Возьмем пример. Пусть $y = x^2$, так что, покуда x — независимая переменная:

$$dy = 2x \cdot dx, \qquad d^2y = 2dx^2.$$

Положим теперь $x = t^2$; тогда $y = t^4$, и

$$dy = 4t^3\,dt, \qquad d^2y = 12t^2\,dt^2.$$

Новое выражение для dy может быть получено и из старого, если туда подставить $x = t^2$, $dx = 2t\,dt$. Иначе обстоит дело с d^2y: сделав такую же подстановку, мы получим $8t^2\,dt^2$ вместо $12t^2\,dt^2$!

Формула (3) в этом случае имеет вид:

$$d^2y = 2dx^2 + 2x\,d^2x.$$

Подставив сюда $x = t^2$, $dx = 2t\,dt$, $d^2x = 2dt^2$, получим уже правильный результат: $12t^2\,dt^2$.

Итак, если x перестает быть независимой переменной, то дифференциал второго порядка d^2y выражается через дифференциалы x двучленной формулой (3). Для дифференциалов третьего и дальнейших порядков число добавочных (при переходе к новой независимой переменной) членов еще возрастает. В соответствии с этим, в выражениях высших производных y''_{x^2}, y'''_{x^3}, ... через дифференциалы

$$y''_{x^2} = \frac{d^2y}{dx^2}, \qquad y'''_{x^3} = \frac{d^3y}{dx^3}, \ \ldots \tag{4}$$

уже нельзя дифференциалы брать по любой переменной, но лишь по переменной x.

ГЛАВА ШЕСТАЯ

ОСНОВНЫЕ ТЕОРЕМЫ ДИФФЕРЕНЦИАЛЬНОГО ИСЧИСЛЕНИЯ

§ 1. ТЕОРЕМЫ О СРЕДНИХ ЗНАЧЕНИЯХ

100. Теорема Ферма. Знание производной (или ряда производных) некоторой функции позволяет делать заключения о поведении самой функции. В основе различных приложений понятия производной (см. главы VII и XIII) лежат некоторые простые, но важные теоремы и формулы, которым и посвящена настоящая глава.

Начнем с одного вспомогательного предложения, которое справедливо было бы назвать именем Ферма*). Разумеется, в приводимой ниже форме этого предложения у него нет (Ферма еще не располагал понятием производной), но оно все же воспроизводит сущность того приема, который применял Ферма для разыскания наибольших и наименьших значений функции (см. главу XIV).

Теорема Ферма. *Пусть функция $f(x)$ определена в некотором промежутке $\mathcal{X}$ и во внутренней точке c этого промежутка принимает наибольшее (наименьшее) значение. Если в этой точке существует конечная производная $f'(c)$, то необходимо $f'(c)=0$.*

Доказательство. Пусть для определенности $f(x)$ принимает в точке c наибольшее значение, так что для всех x из $\mathcal{X}$

$$f(x)\leqslant f(c).$$

По определению производной:

$$f'(c)=\lim_{x\to c}\frac{f(x)-f(c)}{x-c},$$

причем предел этот не зависит от того, будет ли x приближаться к c справа или слева. Но при $x>c$ выражение

$$\frac{f(x)-f(c)}{x-c}\leqslant 0,$$

*) Пьер Ферма (1601—1665) — выдающийся французский математик, творчество которого тесно связано с предысторией анализа бесконечно малых (см. главу XIV).

так что и в пределе, при $x \to c+0$, получится:

$$f'(c) \leqslant 0. \qquad (1)$$

Если же $x < c$, то

$$\frac{f(x)-f(c)}{x-c} \geqslant 0,$$

и, переходя здесь к пределу при $x \to c-0$, найдем:

$$f'(c) \geqslant 0. \qquad (2)$$

Сопоставляя соотношения (1) и (2), приходим к требуемому заключению:

$$f'(c)=0.$$

Замечание. Проведенное рассуждение, в сущности, доказывает, что в упомянутой точке c не может существовать и (двухсторонней) бесконечной производной. Таким образом, заключение теоремы сохранится, если предположить в этой точке существование (двухсторонней) производной, не делая наперед оговорки, что она конечна.

Вспомним [пп° 77, 78] геометрическое истолкование производной $y'=f'(x)$ как углового коэффициента касательной к кривой $y=f(x)$. Обращение в нуль производной $f'(c)$ геометрически означает, что в соответствующей точке этой кривой касательная параллельна оси x. Рисунок 38 делает это обстоятельство совершенно наглядным.

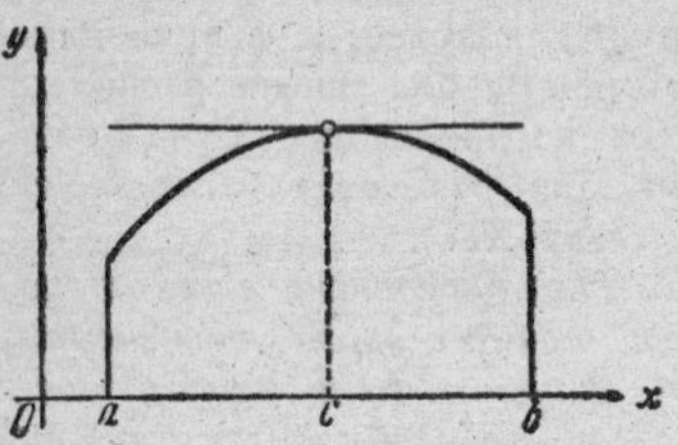

Рис. 38.

В доказательстве существенно было использовано предположение, что c является внутренней точкой промежутка, так как нам пришлось рассматривать и точки x справа от c, и точки x слева от c. Без этого предположения теорема перестала бы быть верной: если функция $f(x)$ определена в замкнутом промежутке и достигает своего наибольшего (наименьшего) значения на одном из концов этого промежутка, то производная $f'(x)$ на этом конце (если существует) может и не быть нулем. Предоставляем читателю подыскать соответствующий пример.

101. Теорема Ролля. В основе многих теорем и формул дифференциального исчисления и его приложений лежит следующая простая, но важная теорема, связываемая с именем Ролля *).

Теорема Ролля. *Пусть*: 1) *функция* $f(x)$ *определена и непрерывна в замкнутом промежутке* $[a, b]$; 2) *существует конечная*

---

*) Мишель Ролль (1652—1719) — французский математик, который долгое время был противником нового исчисления и примкнул к нему уже на склоне лет. Приводимая в тексте теорема была высказана им лишь для многочленов.

производная $f'(x)$, по крайней мере, в открытом промежутке (a, b) *); 3) *на концах промежутка функция принимает равные значения:* $f(a)=f(b)$.

Тогда между a и b найдется такая точка c $(a<c<b)$, что $f'(c)=0$.

Доказательство. $f(x)$ непрерывна в замкнутом промежутке $[a, b]$ и потому по второй теореме Вейерштрасса [n° 73] принимает в этом промежутке как свое наибольшее значение M, так и свое наименьшее значение m.

Рассмотрим два случая:

1. $M=m$. Тогда $f(x)$ в промежутке $[a, b]$ сохраняет постоянное значение: в самом деле, неравенство $m \leqslant f(x) \leqslant M$ в этом случае дает $f(x)=M$ при всех x; поэтому $f'(x)=0$ во всем промежутке, так что в качестве c можно взять любую точку из (a, b).

2. $M>m$. Мы знаем, что оба эти значения функцией достигаются, но, так как $f(a)=f(b)$, то они не могут оба достигаться на концах промежутка, и хоть одно из них достигается в некоторой точке c между a и b. В таком случае из теоремы Ферма следует, что производная $f'(c)$ в этой точке обращается в нуль. Теорема доказана.

На геометрическом языке теорема Ролля означает следующее: если крайние ординаты кривой $y=f(x)$ равны, то на кривой найдется точка, где касательная параллельна оси x (рис. 39).

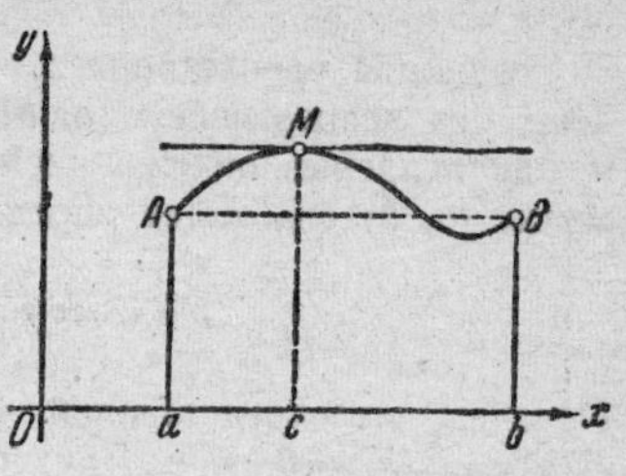

Рис. 39.

Обращаем внимание на то, что непрерывность функции $f(x)$ в замкнутом промежутке $[a, b]$ и наличие производной во всем открытом промежутке (a, b) существенны для справедливости заключения теоремы. Функция $f(x)=x-E(x)$ удовлетворяет в промежутке $[0, 1]$ всем условиям теоремы, за исключением того, что имеет разрыв при $x=1$, а производная $f'(x)=1$ везде в $(0, 1)$. Функция, определяемая равенствами $f(x)=x$ при $0 \leqslant x \leqslant \frac{1}{2}$ и $f(x)=1-x$ при $\frac{1}{2} \leqslant x \leqslant 1$, также удовлетворяет всем условиям в том же промежутке, исключая лишь то обстоятельство, что при $x=\frac{1}{2}$ не существует (двухсторонней) производной; в то же время производная $f'(x)=+1$ в левой половине промежутка и $f'(x)=-1$ — в правой.

Точно так же существенно и условие 3) теоремы: функция $f(x)=x$ в промежутке $[0, 1]$ удовлетворяет всем условиям теоремы, кроме условия 3), а ее производная $f'(x)=1$ повсюду.

Чертежи предоставляем читателю.

---

*) Конечно, непрерывность функции $f(x)$ в (a, b) уже следует из 2), но мы ни здесь, ни в последующем не ставим себе целью расчленять условие теоремы на взаимно независимые предположения.

102. Теорема о конечных приращениях. Обратимся к непосредственным следствиям теоремы Ролля. Первым из них является следующая теорема о конечных приращениях, принадлежащая Лагранжу.

Теорема Лагранжа. *Пусть*: 1) $f(x)$ *определена и непрерывна в замкнутом промежутке* $[a, b]$, 2) *существует конечная производная* $f'(x)$, *по крайней мере, в открытом промежутке* (a, b). *Тогда между* a *и* b *найдется такая точка* c $(a < c < b)$, *что для нее выполняется равенство*

$$\frac{f(b)-f(a)}{b-a}=f'(c). \tag{3}$$

Доказательство. Введем вспомогательную функцию, определив ее в промежутке $[a, b]$ равенством:

$$F(x)=f(x)-f(a)-\frac{f(b)-f(a)}{b-a}(x-a).$$

Эта функция удовлетворяет всем условиям теоремы Ролля. В самом деле, она непрерывна в $[a, b]$, так как представляет собой разность между непрерывной функцией $f(x)$ и линейной функцией. В промежутке (a, b) она имеет определенную конечную производную, равную

$$F'(x)=f'(x)-\frac{f(b)-f(a)}{b-a}.$$

Наконец, непосредственной подстановкой убеждаемся в том, что $F(a)=F(b)=0$, т. е. $F(x)$ принимает равные значения на концах промежутка.

Следовательно, к функции $F(x)$ можно применить теорему Ролля и утверждать существование в (a, b) такой точки c, что $F'(c)=0$. Таким образом,

$$f'(c)-\frac{f(b)-f(a)}{b-a}=0, \text{ откуда}$$

$$\frac{f(b)-f(a)}{b-a}=f'(c),$$

что и требовалось доказать.

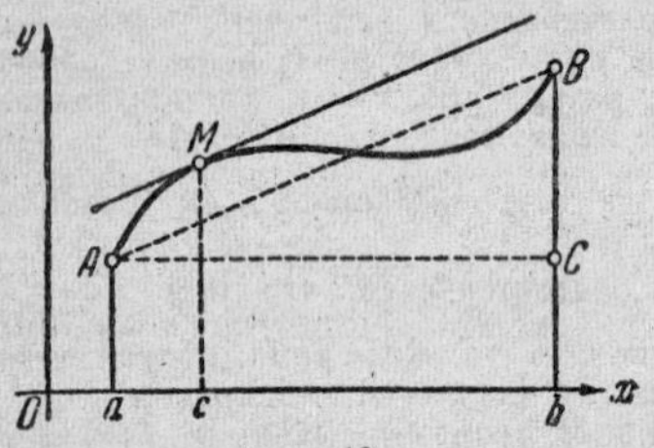

Рис. 40.

Теорема Ролля является частным случаем теоремы Лагранжа; замечания относительно условий 1) и 2) теоремы, сделанные выше, сохраняют свою силу и здесь.

Обращаясь к геометрическому истолкованию теоремы Лагранжа (рис. 40), заметим, что отношение

$$\frac{f(b)-f(a)}{b-a}=\frac{CB}{AC}$$

есть угловой коэффициент секущей AB, а $f'(c)$ есть угловой коэффициент касательной к кривой $y=f(x)$ в точке с абсциссой $x=c$. Таким образом, утверждение теоремы Лагранжа равносильно следующему: на дуге AB всегда найдется, по крайней мере, одна точка M, в которой касательная параллельна хорде AB.

Доказанная формула

$$\frac{f(b)-f(a)}{b-a}=f'(c) \quad \text{или} \quad f(b)-f(a)=f'(c)\cdot(b-a)$$

носит название формулы Лагранжа или формулы конечных приращений. Она, очевидно, сохраняет силу для случая $a>b$.

Возьмем любое значение x_0 в промежутке $[a, b]$ и придадим ему приращение $\Delta x \gtrless 0$, не выводящее его за пределы промежутка. Применим формулу Лагранжа к промежутку $[x_0, x_0+\Delta x]$ при $\Delta x>0$ или к промежутку $[x_0+\Delta x, x_0]$ при $\Delta x<0$. Тогда формула Лагранжа примет вид:

$$\frac{f(x_0+\Delta x)-f(x_0)}{\Delta x}=f'(c) \tag{3a}$$

или

$$\Delta f(x_0)=f(x_0+\Delta x)-f(x_0)=f'(c)\,\Delta x. \tag{4}$$

Число c, заключенное в этом случае между x_0 и $x_0+\Delta x$, можно представить так:

$$c=x_0+\theta\cdot\Delta x, \quad \text{где} \quad 0<\theta<1\ ^{*)}.$$

Это равенство, дающее точное выражение для приращения функции при любом конечном приращении Δx аргумента, естественно, противопоставляется приближенному равенству [n° **93**, (3a)]

$$\Delta f(x_0)=f(x_0+\Delta x)-f(x_0)\doteq f'(x_0)\cdot\Delta x,$$

относительная погрешность которого стремится к нулю лишь при бесконечно малом Δx. Отсюда и упоминание о «конечных приращениях» в названии формулы (и теоремы).

К невыгоде формулы Лагранжа — в ней фигурирует неизвестное нам число c (или θ) **). Это не мешает, однако, многообразным применениям этой формулы в анализе.

---

*) Иногда говорят, что θ есть «правильная дробь»; не следует только думать, что речь идет о рациональной дроби, — число θ может оказаться и иррациональным.

**) Лишь в немногих случаях мы можем его установить; например, для квадратичной функции $f(x)=ax^2+bx+c$, как легко проверить, имеем всегда $\theta=\frac{1}{2}$.

103. Предел производной. Полезный пример такого применения даст следующее замечание. Предположим, что функция $f(x)$ непрерывна в промежутке $[x_0, x_0+H]$ $(H>0)$ и имеет конечную производную $f'(x)$ для $x>x_0$. Если существует (конечный или нет) предел

$$\lim_{x\to x_0+0} f'(x)=K,$$

то такова же будет и производная в точке x_0 справа. Действительно, при $0<\Delta x\leqslant H$ имеем равенство (3а). Так как аргумент c производной содержится между x_0 и $x_0+\Delta x$, то при $\Delta x\to 0$ он стремится к x_0, так что правая часть равенства, а с нею и левая стремится к пределу K, что и требовалось доказать. Аналогичное утверждение устанавливается и для левосторонней окрестности точки x_0.

Рассмотрим в качестве примера функцию

$$f(x)=x\cdot\arcsin x+\sqrt{1-x^2}$$

в промежутке $[-1, 1]$. Если $-1<x<1$, то по обычным правилам дифференциального исчисления легко найти:

$$f'(x)=\arcsin x.$$

При $x\to 1-0$ $(x\to -1+0)$ эта производная, очевидно, стремится к пределу $\frac{\pi}{2}$ $\left(-\frac{\pi}{2}\right)$; значит и при $x=\pm 1$ существуют (односторонние) производные: $f'(\pm 1)=\pm\frac{\pi}{2}$.

Если вернуться к функциям $f_1(x)=x^{\frac{1}{3}}$, $f_2(x)=x^{\frac{2}{3}}$, которые мы рассматривали в n° 87, то для них (при $x\gtrless 0$) имеем:

$$f_1'(x)=\frac{1}{3x^{\frac{2}{3}}}, \qquad f_2'(x)=\frac{2}{3x^{\frac{1}{3}}}.$$

Так как первое из этих выражений при $x\to 0$ стремится к $+\infty$, а второе при $x\to\pm 0$ имеет, соответственно, пределы $\pm\infty$, то заключаем сразу, что $f_1(x)$ в точке $x=0$ имеет двустороннюю производную $+\infty$, в то время как для $f_2(x)$ в этой точке существуют лишь односторонние производные: $+\infty$ справа и $-\infty$ слева.

Из сказанного вытекает также, что, если конечная производная $f'(x)$ существует в некотором промежутке, то она представляет собой функцию, которая не может иметь обыкновенных разрывов или скачков: в каждой точке она либо непрерывна, либо имеет разрыв второго рода [ср. 88, 2°].

104. Обобщенная теорема о конечных приращениях. Коши следующим образом обобщил доказанную в предыдущем номере теорему о конечных приращениях.

Теорема Коши. *Пусть:* 1) *функции* $f(x)$ *и* $g(x)$ *непрерывны в замкнутом промежутке* $[a, b]$; 2) *существуют конечные производные* $f'(x)$ *и* $g'(x)$, *по крайней мере, в открытом промежутке* (a, b); 3) $g'(x)\neq 0$ *в промежутке* (a, b).

Тогда между a и b найдется такая точка c, что

$$\frac{f(b)-f(a)}{g(b)-g(a)}=\frac{f'(c)}{g'(c)}. \tag{5}$$

Эта формула носит название формулы Коши.

Доказательство. Установим сперва, что знаменатель левой части нашего равенства не равен нулю, так как в противном случае выражение это не имело бы смысла. Если бы было $g(b)=g(a)$, то, по теореме Ролля, производная $g'(x)$ в некоторой промежуточной точке была бы равна нулю, что противоречит условию 3); значит, $g(b)\neq g(a)$.

Рассмотрим теперь вспомогательную функцию

$$F(x)=f(x)-f(a)-\frac{f(b)-f(a)}{g(b)-g(a)}[g(x)-g(a)].$$

Эта функция удовлетворяет всем условиям теоремы Ролля. В самом деле, $F(x)$ непрерывна в $[a, b]$, так как непрерывны $f(x)$ и $g(x)$; производная $F'(x)$ существует в (a, b), именно, она равна

$$F'(x)=f'(x)-\frac{f(b)-f(a)}{g(b)-g(a)}g'(x).$$

Наконец, прямой подстановкой убеждаемся, что $F(a)=F(b)=0$. Применяя названную теорему, заключаем о существовании между a и b такой точки c, что $F'(c)=0$. Иначе говоря,

$$f'(c)-\frac{f(b)-f(a)}{g(b)-g(a)}\cdot g'(c)=0,$$

или

$$f'(c)=\frac{f(b)-f(a)}{g(b)-g(a)}\cdot g'(c).$$

Разделив на $g'(c)$ (это возможно, так как $g'(c)\neq 0$), получаем требуемое равенство.

Ясно, что теорема Лагранжа является частным случаем теоремы Коши. Для получения формулы конечных приращений из формулы Коши следует положить $g(x)=x$.

В теоремах n° **101, 102, 104** фигурирует, под знаком производной, некое *среднее значение* независимой переменной, которое — как указывалось — вообще нам неизвестно. Оно и производной доставляет, в некотором смысле, *среднее значение*. В связи с этим все эти теоремы называют «теоремами о средних значениях».

§ 2. ФОРМУЛА ТЕЙЛОРА

105. Формула Тейлора для многочлена. Если $p(x)$ есть целый многочлен степени n:

$$p(x)=a_0+a_1x+a_2x^2+a_3x^3+\ldots+a_nx^n, \tag{1}$$

то, последовательно дифференцируя его n раз:

$$p'(x)=a_1+2\cdot a_2x+3\cdot a_3x^2+\ldots+n\cdot a_nx^{n-1},$$
$$p''(x)=1\cdot 2\cdot a_2+2\cdot 3\cdot a_3x+\ldots+(n-1)n\cdot a_nx^{n-2},$$
$$p'''(x)=1\cdot 2\cdot 3\cdot a_3+\ldots+(n-2)\cdot(n-1)n\cdot a_nx^{n-3},$$
$$\cdots\cdots\cdots\cdots\cdots\cdots$$
$$p^{(n)}(x)=1\cdot 2\cdot 3\cdot\ldots\cdot n\cdot a_n$$

и полагая во всех этих формулах $x=0$, найдем **выражения коэффициентов многочлена через значения самого многочлена и его производных при $x=0$**:

$$a_0=p(0),\quad a_1=\frac{p'(0)}{1!},\quad a_2=\frac{p''(0)}{2!},$$
$$a_3=\frac{p'''(0)}{3!},\quad \ldots,\quad a_n=\frac{p^{(n)}(0)}{n!}.$$

Подставим эти значения коэффициентов в (1):

$$p(x)=p(0)+\frac{p'(0)}{1!}x+\frac{p''(0)}{2!}x^2+\frac{p'''(0)}{3!}x^3+\ldots+\frac{p^{(n)}(0)}{n!}x^n. \qquad (2)$$

Эта формула отличается от (1) записью коэффициентов.

Вместо того чтобы разлагать многочлен по степеням x, можно было бы взять его разложение по степеням $x-x_0$, где x_0 есть некоторое постоянное частное значение x:

$$p(x)=A_0+A_1(x-x_0)+A_2(x-x_0)^2+A_3(x-x_0)^3+\\+\ldots+A_n(x-x_0)^n. \qquad (3)$$

Полагая $x-x_0=\xi$, $p(x)=p(x_0+\xi)=P(\xi)$, для коэффициентов многочлена

$$P(\xi)=A_0+A_1\xi+A_2\xi^2+A_3\xi^3+\ldots+A_n\xi^n$$

имеем, по доказанному, выражения:

$$A_0=P(0),\quad A_1=\frac{P'(0)}{1!},\quad A_2=\frac{P''(0)}{2!},$$
$$A_3=\frac{P'''(0)}{3!},\quad \ldots,\quad A_n=\frac{P^{(n)}(0)}{n!}.$$

Но

$$P(\xi)=p(x_0+\xi),\quad P'(\xi)=p'(x_0+\xi),$$
$$P''(\xi)=p''(x_0+\xi),\ \ldots,$$

так что

$$P(0)=p(x_0),\quad P'(0)=p'(x_0),\quad P''(0)=p''(x_0),\ \ldots$$

и

$$\left.\begin{aligned}&A_0=p(x_0),\quad A_1=\frac{p'(x_0)}{1!},\quad A_2=\frac{p''(x_0)}{2!},\\&A_3=\frac{p'''(x_0)}{3!},\ \ldots,\ A_n=\frac{p^{(n)}(x_0)}{n!},\end{aligned}\right\} \qquad (4)$$

т. е. **коэффициенты разложения (3) оказались выраженными через значения самого многочлена и его производных при $x=x_0$.**

Подставим в (3) выражения (4):

$$p(x)=p(x_0)+\frac{p'(x_0)}{1!}(x-x_0)+\frac{p''(x_0)}{2!}(x-x_0)^2+\\+\frac{p'''(x_0)}{3!}(x-x_0)^3+\ldots+\frac{p^{(n)}(x_0)}{n!}(x-x_0)^n. \qquad (5)$$

Формула (5), так же как и ее частный (при $x_0=0$) случай (2), называется формулой Тейлора. Впрочем, формулу (2) обычно называют формулой Маклорена *). Известно, какие важные применения формула Тейлора имеет в алгебре.

Сделаем (полезное для дальнейшего) очевидное замечание, что если многочлен $p(x)$ представлен в виде

$$p(x)=c_0+\frac{c_1}{1!}(x-x_0)+\frac{c_2}{2!}(x-x_0)^2+\\+\frac{c_3}{3!}(x-x_0)^3+\ldots+\frac{c_n}{n!}(x-x_0)^n,$$

то необходимо

$$p(x_0)=c_0, \quad p'(x_0)=c_1, \quad p''(x_0)=c_2, \ \ldots, \ p^{(n)}(x_0)=c_n.$$

106. Разложение произвольной функции. Обратимся теперь к рассмотрению произвольной функции $f(x)$, вообще не являющейся целым многочленом, но определенной в некотором промежутке $\mathscr{X}$. Предположим, что для нее в точке x_0 (из $\mathscr{X}$) существуют производные всех порядков до n-го включительно. Это значит, точнее говоря, что функция имеет производные всех порядков до $(n-1)$-го включительно:

$$f'(x), \quad f''(x), \quad f'''(x), \ \ldots, \ f^{(n-1)}(x)$$

в некоторой окрестности точки x_0, и, кроме того, имеет производную n-го порядка $f^{(n)}(x_0)$ в самой точке x_0 **). Тогда, по образцу (5), и для функции $f(x)$ может быть составлен многочлен

$$p_n(x)=f(x_0)+\frac{f'(x_0)}{1!}(x-x_0)+\frac{f''(x_0)}{2!}(x-x_0)^2+\\+\frac{f'''(x_0)}{3!}(x-x_0)^3+\ldots+\frac{f^{(n)}(x_0)}{n!}(x-x_0)^n. \qquad (6)$$

---

*) Брук Тейлор (1685—1731) и Колин Маклорен (1698—1746) — английские математики, последователи Ньютона.

**) Если точка x_0 является одним из концов промежутка $\mathscr{X}$, то, говоря о производных в этой точке, мы имеем в виду односторонние производные; точно так же и под окрестностью точки x_0 в этом случае подразумевается односторонняя окрестность.

Согласно предшествующему замечанию, этот многочлен и его производные (до n-й включительно) в точке x_0 имеют те же значения, что и функция $f(x)$ и ее производные.

Но на этот раз, если только сама функция $f(x)$ не есть целый многочлен n-й степени, уже нельзя утверждать равенства $f(x)=p_n(x)$. Многочлен $p_n(x)$ дает лишь некоторое приближение к функции $f(x)$, с помощью которого она и может быть вычислена с некоторой степенью точности. В этой связи приобретает интерес оценка разности

$$r_n(x)=f(x)-p_n(x),$$

или

$$r_n(x)=f(x)-f(x_0)-\frac{f'(x_0)}{1!}(x-x_0)-\ldots-\frac{f^{(n)}(x_0)}{n!}(x-x_0)^n \tag{7}$$

для данного x из $\mathscr{X}$ и данного n.

Написанное выражение $r_n(x)$ для этой цели служить не может. Чтобы представить его в более удобной для исследования форме, нам придется наложить на функцию $f(x)$ более тяжелые условия, чем те, которые непосредственно нужны для составления самого многочлена $p_n(x)$. Именно, мы будем предполагать впредь, что для функции $f(x)$ существуют в $\mathscr{X}$ все производные до $(n+1)$-го порядка включительно:

$$f'(x),\quad f''(x),\quad \ldots,\quad f^{(n)}(x),\quad f^{(n+1)}(x).$$

Фиксируем теперь любое значение x из промежутка $\mathscr{X}$, и по образцу правой части формулы (7), заменяя постоянное число x_0 на переменную z, составим новую, вспомогательную, функцию:

$$\varphi(z)=f(x)-f(z)-\frac{f'(z)}{1!}(x-z)-\frac{f''(z)}{2!}(x-z)^2-\\ -\ldots-\frac{f^{(n)}(z)}{n!}(x-z)^n,$$

причем независимую переменную z считаем изменяющейся в промежутке $[x_0, x]$ *). В этом промежутке функция $\varphi(z)$ непрерывна и принимает на концах его значения [см. (7)]:

$$\varphi(x_0)=r_n(x),\quad \varphi(x)=0. \tag{8}$$

Кроме того, в промежутке (x_0, x) существует производная

$$\varphi'(z)=-f'(z)-\left[\frac{f''(z)}{1!}(x-z)-f'(z)\right]-\\ -\left[\frac{f'''(z)}{2!}(x-z)^2-\frac{f''(z)}{1!}(x-z)\right]-\\ \cdots\cdots\cdots\cdots\cdots\cdots\\ -\left[\frac{f^{(n+1)}(z)}{n!}(x-z)^n-\frac{f^{(n)}(z)}{(n-1)!}(x-z)^{n-1}\right]$$

---

*) Мы — для определенности — будем считать $x>x_0$.

или, после упрощения,

$$\varphi'(z) = -\frac{f^{(n+1)}(z)}{n!}(x-z)^n. \tag{9}$$

Если взять еще какую-нибудь функцию $\psi(z)$, непрерывную в промежутке $[x_0, x]$ и имеющую в открытом промежутке (x_0, x) производную, не обращающуюся в нуль, то к паре функций $\varphi(z)$, $\psi(z)$ можно будет применить формулу Коши [n° **104**]:

$$\frac{\varphi(x_0)-\varphi(x)}{\psi(x_0)-\psi(x)} = \frac{\varphi'(c)}{\psi'(c)},$$

где c лежит между x_0 и x, т. е. $c = x_0 + \theta(x-x_0)$ $(0<\theta<1)$. Учитывая (8) и (9), найдем отсюда

$$r_n(x) = -\frac{\psi(x_0)-\psi(x)}{\psi'(c)} \cdot \frac{f^{(n+1)}(c)}{n!}(x-c)^n. \tag{10}$$

Выберем сначала функцию $\psi(z)$ так:

$$\psi(z) = (x-z)^{n+1};$$

сформулированные выше условия для нее выполнены. Имеем

$$\psi(x_0) = (x-x_0)^{n+1}, \quad \psi(x) = 0, \quad \psi'(c) = -(n+1)(x-c)^n.$$

Подставляя это в (10), окончательно получим:

$$r_n(x) = \frac{f^{(n+1)}(c)}{(n+1)!}(x-x_0)^{n+1}. \tag{11}$$

Теперь, учитывая (7) и (11), функцию $f(x)$ можно представить формулой

$$f(x) = f(x_0) + \frac{f'(x_0)}{1!}(x-x_0) + \frac{f''(x_0)}{2!}(x-x_0)^2 + \\ + \ldots + \frac{f^{(n)}(x_0)}{n!}(x-x_0)^n + \frac{f^{(n+1)}(c)}{(n+1)!}(x-x_0)^{n+1}, \tag{12}$$

которая от формулы Тейлора для многочлена отличается именно наличием д о п о л н и т е л ь н о г о ч л е н а (11).

Форма (11) дополнительного члена принадлежит Лагранжу; в этой форме дополнительный член напоминает следующий очередной член формулы Тейлора, лишь вместо того, чтобы вычислять $(n+1)$-ю производную в точке x_0, эту производную берут для некоторого среднего — между x_0 и x — значения c.

Формулу (12) называют ф о р м у л о й Т е й л о р а с д о п о л н и т е л ь н ы м ч л е н о м в ф о р м е Л а г р а н ж а. Если перенести в ней $f(x_0)$ налево и положить $x - x_0 = \Delta x$, то она перепишется так:

$$\Delta f(x_0) = f(x_0+\Delta x) - f(x_0) = \frac{f'(x_0)}{1!}\Delta x + \frac{f''(x_0)}{2!}\Delta x^2 + \\ + \ldots + \frac{f^{(n)}(x_0)}{n!}\Delta x^n + \frac{f^{(n+1)}(c)}{(n+1)!}\Delta x^{n+1}. \tag{12a}$$

В этом виде она является прямым обобщением **формулы конечных приращений** [n° **102**, (4)]

$$\Delta f(x_0) = f(x_0 + \Delta x) - f(x_0) = f'(c) \cdot \Delta x,$$

которая отвечает $n = 0$.

Хотя дополнительный член в форме Лагранжа, в смысле простоты, не оставляет желать лучшего, но все же в отдельных случаях эта форма оказывается непригодной для оценки дополнительного члена, и приходится прибегать к другим формам, менее простым. Из них упомянем здесь о дополнительном члене в форме Коши. Он получается из (10), если положить на этот раз $\psi(z) = x - z$. При этом

$$\psi(x_0) = x - x_0, \quad \psi(x) = 0, \quad \psi'(c) = -1$$

и, так как

$$(x - c)^n = [x - x_0 - \theta(x - x_0)]^n = (1 - \theta)^n (x - x_0)^n,$$

то приходим к такому окончательному выражению:

$$r_n(x) = \frac{f^{(n+1)}(x_0 + \theta(x - x_0))}{n!} (1 - \theta)^n (x - x_0)^{n+1}. \qquad (13)$$

Несмотря на потерю (сравнительно с формой Лагранжа) множителя $n + 1$ в знаменателе, эта форма иной раз бывает выгоднее именно благодаря наличию в ней множителя $(1 - \theta)^n$.

Формула Тейлора с дополнительным членом в той или другой из указанных форм является, как видим, разновидностью теорем о средних значениях: здесь также фигурируют c и θ!

107. Другая форма дополнительного члена. Формы дополнительного члена в формуле Тейлора, выведенные выше, применяются в случаях, когда — при тех или иных фиксированных значениях x (отличных от x_0) — мы желаем заменить приближенно функцию $f(x)$ многочленом $p_n(x)$ и численно оценить проистекающую отсюда погрешность. Но бывают случаи, когда мы не заинтересованы в определенных значениях x, и нам важно лишь *поведение дополнительного члена при стремлении x к x_0*, точнее говоря, важен *порядок его малости*. Этот порядок может быть установлен даже при несколько более легких условиях, чем выше. Именно, предположим существование лишь n последовательных производных

$$f'(x), f''(x), \ldots, f^{(n)}(x)$$

в окрестности (двусторонней или односторонней) точки x_0 и *непрерывность последней из них в точке x_0* *). Тогда, заменяя

*) На деле, достаточно предположить лишь существование производной $f^{(n)}(x_0)$ в одной точке $x = x_0$. Мы наложили более тяжелые условия, чтобы упростить вывод.

в формуле (12) n на $n-1$, можем написать:

$$f(x)=f(x_0)+\frac{f'(x_0)}{1!}(x-x_0)+\frac{f''(x_0)}{2!}(x-x_0)^2+\\ +\ldots+\frac{f^{(n-1)}(x_0)}{(n-1)!}(x-x_0)^{n-1}+\frac{f^{(n)}(c)}{n!}(x-x_0)^n,$$

где c содержится между x_0 и x. Положим в последнем члене

$$\frac{f^{(n)}(c)}{n!}=\frac{f^{(n)}(x_0)}{n!}+\alpha(x); \tag{14}$$

так как при $x\to x_0$, очевидно, и $c\to x_0$, так что (по непрерывности) $f^{(n)}(c)\to f^{(n)}(x_0)$, то $\alpha(x)\to 0$ и $\alpha(x)\cdot(x-x_0)^n=o((x-x_0)^n)$. Окончательно получим:

$$f(x)=f(x_0)+\frac{f'(x_0)}{1!}(x-x_0)+\ldots+\\ +\frac{f^{(n)}(x_0)}{n!}(x-x_0)^n+o((x-x_0)^n); \tag{15}$$

таким образом, на этот раз

$$r_n(x)=o((x-x_0)^n), \tag{16}$$

т. е. о дополнительном члене мы здесь знаем лишь, что при постоянном n и $x\to x_0$ он будет бесконечно малой порядка выше n-го по сравнению с $x-x_0$, хотя — это важно подчеркнуть — мы и ничего не знаем об его величине ни при одном фиксированном x. Форма (16) дополнительного члена была указана Пеано *).

Мы видим, что формула (15) действительно имеет определенно «локальный» характер, характеризуя лишь поведение функции при стремлении x к x_0.

Если в (15) снова перенести $f(x_0)$ налево и положить $x-x_0=\Delta x$, то придем к разложению

$$\Delta f(x_0)=f'(x_0)\Delta x+\frac{f''(x_0)}{2!}\Delta x^2+\ldots+\frac{f^{(n)}(x_0)}{n!}\Delta x^n+o(\Delta x^n), \tag{15a}$$

которое служит обобщением формулы (3) n° **82**:

$$\Delta f(x_0)=f'(x_0)\Delta x+o(\Delta x),$$

получающейся отсюда при $n=1$.

Иной раз удобнее вместо (14) взять попросту

$$f^{(n)}(c)=f^{(n)}(x_0)+\alpha(x);$$

*) Джузеппе Пеано (1858—1932) — итальянский математик.

здесь также $\alpha(x)\to 0$ при $x\to x_0$, а формула Тейлора с дополнительным членом в форме Пеано напишется так:

$$f(x)=f(x_0)+\frac{f'(x_0)}{1!}(x-x_0)+\ldots+\frac{f^{(n-1)}(x_0)}{(n-1)!}(x-x_0)^{n-1}+$$
$$+\frac{f^{(n)}(x_0)+\alpha(x)}{n!}(x-x_0)^n. \quad (17)$$

В заключение сделаем еще следующее замечание. Если заменить в формулах (12а) и (15а) Δx на dx и вспомнить, что

$$f'(x_0)\,dx=df(x_0),\quad f''(x_0)\,dx^2=d^2f(x_0),\ \ldots,\ f^{(n)}(x_0)\,dx^n=d^nf(x_0)$$

и

$$f^{(n+1)}(c)\,dx^{n+1}=d^{n+1}f(c),$$

то, подставляя, представим эти разложения в виде

$$\Delta f(x_0)=df(x_0)+\frac{1}{2!}d^2f(x_0)+\ldots+\frac{1}{n!}d^nf(x_0)+\frac{1}{(n+1)!}d^{n+1}f(c)$$
$$(c=x_0+\theta\Delta x,\quad 0<\theta<1) \quad (12б)$$

или

$$\Delta f(x_0)=df(x_0)+\frac{1}{2!}d^2f(x_0)+\ldots+\frac{1}{n!}d^nf(x_0)+o(\Delta x^n). \quad (15б)$$

Таким образом, если предположить $\Delta x\to 0$, то по этим формулам из бесконечно малого приращения функции $\Delta f(x_0)$ выделяется не только его главный член — первый дифференциал, — но и члены более высоких порядков малости, которые — с точностью до факториалов в знаменателях — совпадают с последовательными высшими дифференциалами

$$d^2f(x_0),\ \ldots,\ d^nf(x_0).$$

108. Приложение полученных формул к элементарным функциям. Всего проще выглядит формула Тейлора, если $x_0=0$ *):

$$f(x)=f(0)+\frac{f'(0)}{1!}x+\frac{f''(0)}{2!}x^2+\ldots+\frac{f^{(n)}(0)}{n!}x^n+r_n(x). \quad (18)$$

К этому частному случаю всегда можно свести дело, взяв $x-x_0$ за новую независимую переменную.

Рассмотрим некоторые конкретные разложения по этой формуле для элементарных функций.

---

*) И эту формулу связывают с именем Маклорена.

1) Пусть $f(x)=e^x$; тогда $f^{(k)}(x)=e^x$ при любом $k=1, 2, 3, \ldots$ [96, 3)]. Так как в этом случае $f(0)=1$, $f^{(k)}(0)=1$, то, по формуле (18),

$$e^x=1+\frac{x}{1!}+\frac{x^2}{2!}+\ldots+\frac{x^n}{n!}+r_n(x).$$

2) Если $f(x)=\sin x$, то $f^{(k)}(x)=\sin\left(x+k\cdot\frac{\pi}{2}\right)$ [n°96, 4)], так что

$$f(0)=0, \quad f^{(2m)}(0)=\sin m\pi=0,$$

$$f^{(2m-1)}(0)=\sin\left(m\pi-\frac{\pi}{2}\right)=(-1)^{m-1} \qquad (m=1, 2, 3, \ldots).$$

Поэтому, положив в формуле (18) $n=2m$, имеем

$$\sin x=x-\frac{x^3}{3!}+\frac{x^5}{5!}-\ldots+(-1)^{m-1}\frac{x^{2m-1}}{(2m-1)!}+r_{2m}(x).$$

3) Аналогично, при $f(x)=\cos x$ [n° 96, 4)]

$$f^{(k)}(x)=\cos\left(x+k\cdot\frac{\pi}{2}\right); \quad f(0)=1, \quad f^{(2m)}(0)=(-1)^m,$$

$$f^{(2m-1)}(0)=0 \quad (m=1, 2, 3, \ldots).$$

Таким образом (если взять $n=2m+1$):

$$\cos x=1-\frac{x^2}{2!}+\frac{x^4}{4!}-\ldots+(-1)^m\frac{x^{2m}}{(2m)!}+r_{2m+1}.$$

4) Рассмотрим теперь степенную функцию x^m, где m — не натуральное число и не нуль. В этом случае при $x\to 0$ либо сама функция (если $m<0$), либо ее производные (начиная с некоторого порядка, при $n>m$) бесконечно возрастают. Следовательно, здесь уже нельзя брать $x_0=0$.

Возьмем $x_0=1$, т. е. станем разлагать x^m по степеням $x-1$. Впрочем, как уже упоминалось, можно ввести в качестве новой переменной $x-1$; мы ее попрежнему будем обозначать через x, и станем разлагать функцию $(1+x)^m$ по степеням x.

Как мы знаем [n° 96, 1)],

$$f^{(k)}(x)=m(m-1)\ldots(m-k+1)(1+x)^{m-k},$$

так что

$$f(0)=1, \quad f^{(k)}(0)=m(m-1)\ldots(m-k+1).$$

Разложение имеет вид

$$(1+x)^m=1+mx+\frac{m(m-1)}{1\cdot 2}x^2+\ldots+$$
$$+\frac{m(m-1)\ldots(m-n+1)}{1\cdot 2\ldots n}x^n+r_n(x).$$

5) Если перейти к логарифмической функции $\ln x$, которая стремится к $-\infty$ при $x \to +0$, то, как и в предыдущем примере, мы будем рассматривать функцию $f(x) = \ln(1+x)$ и разлагать ее по степеням x.

Тогда [n° 96, 2)]

$$f^{(k)}(x) = \frac{(-1)^{k-1}(k-1)!}{(1+x)^k} \text{ *)},$$

$$f(0) = 0, \qquad f^{(k)}(0) = (-1)^{k-1}(k-1)!$$

Отсюда

$$\ln(1+x) = x - \frac{x^2}{2} + \frac{x^3}{3} - \ldots + (-1)^{n-1}\frac{x^n}{n} + r_n(x).$$

6) Пусть теперь $f(x) = \operatorname{arctg} x$. Из n°96, 5) легко получить значения ее производных при $x = 0$:

$$f^{(2m)}(0) = 0, \quad f^{(2m-1)}(0) = (-1)^{m-1}(2m-2)!$$

так что ее разложение представится в виде

$$\operatorname{arctg} x = x - \frac{x^3}{3} + \frac{x^5}{5} - \ldots + (-1)^{m-1}\frac{x^{2m-1}}{2m-1} + r_{2m}(x).$$

109. Приближенные формулы. Примеры. Если в формуле (18) отбросить дополнительный член, то получится *приближенная формула*

$$f(x) \doteq f(0) + \frac{f'(0)}{1!}x + \frac{f''(0)}{2!}x^2 + \ldots + \frac{f^{(n)}(0)}{n!}x^n,$$

заменяющая функцию сложной природы многочленом. Качество этой формулы оценивается двояко: либо указывают границу погрешности $r_n(x)$, обычно пользуясь лагранжевой формой дополнительного члена:

$$r_n(x) = \frac{f^{(n+1)}(\theta x)}{(n+1)!}x^{n+1} \qquad (0 < \theta < 1),$$

либо довольствуются, следуя Пеано, указанием порядка малости этой погрешности при $x \to 0$:

$$r_n(x) = o(x^n).$$

Для *примеров* обратимся к рассмотренным выше разложениям элементарных функций.

1) Положим $f(x) = e^x$. Приближенная формула

$$e^x \doteq 1 + \frac{x}{1!} + \frac{x^2}{2!} + \ldots + \frac{x^n}{n!};$$

так как дополнительный член здесь

$$r_n(x) = \frac{e^{\theta x}}{(n+1)!}x^{n+1},$$

---

*) Мы подразумеваем, как всегда, что $0! = 1$.

то, например, при $x>0$ погрешность оценивается так:

$$0<r_n(x)<e^x\cdot\frac{x^{n+1}}{(n+1)!}.$$

В частности, если $x=1$,

$$e\doteq 1+\frac{1}{1!}+\frac{1}{2!}+\ldots+\frac{1}{n!},\quad 0<r_n(1)<\frac{3}{(n+1)!}.$$

Подобной формулой мы уже пользовались в n° 49 для приближенного вычисления числа e, но оценка дополнительного члена, полученная другим путем, там была более точной.

2) Взяв $f(x)=\sin x$, получим

$$\sin x\doteq x-\frac{x^3}{3!}+\frac{x^5}{5!}-\ldots+(-1)^{m-1}\frac{x^{2m-1}}{(2m-1)!}.$$

В этом случае дополнительный член:

$$r_{2m}(x)=\frac{\sin\left(\theta x+(2m+1)\frac{\pi}{2}\right)}{(2m+1)!}x^{2m+1}=(-1)^m\cos\theta x\cdot\frac{x^{2m+1}}{(2m+1)!},$$

и погрешность оценивается легко:

$$|r_{2m}(x)|\leqslant\frac{|x|^{2m+1}}{(2m+1)!}.$$

В частности, если мы довольствуемся одним членом и полагаем

$$\sin x\doteq x,$$

то для того, чтобы погрешность была меньше, скажем, чем 0,001, достаточно взять (считая $x>0$)

$$\frac{x^3}{6}<0{,}001,\quad\text{или}\quad x<0{,}1817,$$

что примерно равно 10°. При пользовании двучленной формулой

$$\sin x\doteq x-\frac{x^3}{6}$$

для достижения той же точности уже достаточно взять

$$\frac{x^5}{120}<0{,}001,\quad\text{или}\quad x<0{,}6544\quad(\doteq 37{,}5^\circ);$$

если же ограничиться углами $x<0{,}4129$ ($\doteq 23{,}5^\circ$), то погрешность будет даже $<0{,}0001$, и т. д.

3) Аналогично, для $f(x)=\cos x$ имеем

$$\cos x\doteq 1-\frac{x^2}{2!}+\frac{x^4}{4!}-\ldots+(-1)^m\frac{x^{2m}}{(2m)!},$$

причем

$$r_{2m+1}(x)=(-1)^{m+1}\cos\theta x\,\frac{x^{2m+2}}{(2m+2)!},$$

так что

$$|r_{2m+1}(x)|\leqslant\frac{|x|^{2m+2}}{(2m+2)!}.$$

Например, для формулы

$$\cos x \doteq 1 - \frac{x^2}{2}$$

погрешность

$$|r_3(x)| \leqslant \frac{x^4}{24}$$

и наверное будет, скажем, $< 0{,}0001$ для $x < 0{,}2213$ ($\doteq 13°$), и т. п.

Мы обращаем внимание читателя на существенное продвижение вперед по сравнению с формулами пп° 56, 57, 93: *теперь мы умеем устанавливать границы погрешности и располагаем формулами любой точности.*

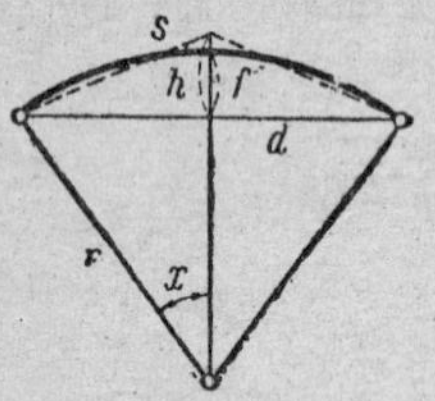

Рис. 41.

Наконец, приведем пример приближенной формулы совсем иного типа, но все же использующей формулу Тейлора.

4) Для приближенного спрямления дуги окружности, малой по сравнению с радиусом (рис. 41), Чебышёв *) дал следующее правило: *дуга s приближенно равна сумме равных сторон равнобедренного треугольника, построенного на хорде d и имеющего высотой* $\sqrt{\frac{4}{3}}$ *стрелки f.*

Если половину центрального угла обозначить через x, а радиус дуги — через r, то $s = 2rx$. С другой стороны,

$$\frac{1}{2}d = r\sin x = r\left\{x - \frac{x^3}{6} + o(x^4)\right\}, \quad \left(\frac{1}{2}d\right)^2 = r^2\left\{x^2 - \frac{x^4}{3} + o(x^5)\right\},$$

$$h = \sqrt{\frac{4}{3}}\,f = \sqrt{\frac{4}{3}}\,r(1-\cos x) = \sqrt{\frac{4}{3}}\,r\left\{\frac{1}{2}x^2 + o(x^3)\right\},$$

$$h^2 = r^2\left\{\frac{x^4}{3} + o(x^5)\right\},$$

так что упомянутая сумма сторон, по теореме Пифагора, равна

$$2\sqrt{\left(\frac{1}{2}d\right)^2 + h^2} = 2r\sqrt{x^2 + o(x^5)} = 2rx\sqrt{1 + o(x^3)} = 2rx + o(x^4).$$

Читателю ясно, что назначение множителя $\sqrt{\frac{4}{3}}$ в формуле Чебышёва именно в том, чтобы под корнем уничтожился член с x^4. В окончательном счете, полученное приближенное значение дуги отличается от самой дуги величиной выше четвертого порядка малости.

Мы вернемся к формуле Тейлора с дополнительным членом в главе XV (второй том), посвященной бесконечным рядам, где эта формула будет играть весьма важную роль. Там же будут приведены примеры приложения рядов к приближенным вычислениям, которые зачастую, по существу, являются применениями формулы Тейлора.

*) Академик Пафнутий Львович Чебышёв (1821—1894) — великий русский математик, основатель петербургской математической школы.

ГЛАВА СЕДЬМАЯ

ИССЛЕДОВАНИЕ ФУНКЦИЙ С ПОМОЩЬЮ ПРОИЗВОДНЫХ

§ 1. ИЗУЧЕНИЕ ХОДА ИЗМЕНЕНИЯ ФУНКЦИИ

110. Условие постоянства функции. При изучении хода изменения функции на первом месте появляется вопрос об условиях, при которых функция сохраняет в данном промежутке постоянное значение или изменяется в нем монотонно [n° 47].

Теорема. *Пусть функция $f(x)$ определена в промежутке $\mathcal{X}$* *) *и имеет внутри него конечную производную $f'(x)$, а на концах (если они принадлежат $\mathcal{X}$) сохраняет непрерывность. Для того чтобы $f(x)$ была в $\mathcal{X}$ постоянной, достаточно условие*

$$f'(x)=0 \quad \textit{внутри} \quad \mathcal{X}.$$

Доказательство. Пусть это условие выполнено. Фиксируем некоторую точку x_0 из промежутка $\mathcal{X}$ и возьмем любую другую его точку x. Для промежутка $[x_0, x]$ или $[x, x_0]$ удовлетворены все условия теоремы Лагранжа [n° 102]. Следовательно, можем написать

$$f(x)-f(x_0)=f'(c)(x-x_0),$$

где c содержится между x_0 и x, а значит, заведомо лежит внутри $\mathcal{X}$. Но, по предположению, $f'(c)=0$, так что для всех x из $\mathcal{X}$

$$f(x)=f(x_0)=\text{const},$$

и наше утверждение доказано.

Заметим, что высказанное условие, очевидно, является и необходимым для постоянства функции.

В интегральном исчислении важное приложение найдет вытекающее отсюда простое

Следствие. *Пусть две функции $f(x)$ и $g(x)$ определены в промежутке $\mathcal{X}$ и внутри него имеют конечные производные $f'(x)$ и $g'(x)$, а на концах (если они принадлежат $\mathcal{X}$) сохраняют непрерывность. Если при этом*

$$f'(x)=g'(x) \quad \textit{внутри} \ \mathcal{X},$$

*) Который может быть замкнутым или нет, конечным или бесконечным.

то во всем промежутке $\mathscr{X}$ эти функции разнятся лишь на постоянную:

$$f(x) = g(x) + C \quad (C = \text{const}).$$

Для доказательства достаточно применить теорему к разности $f(x) - g(x)$; так как ее производная $f(x) - g(x)$ внутри $\mathscr{X}$ сводится к нулю, то сама разность в $\mathscr{X}$ будет постоянной.

Рассмотрим в виде примера функции

$$\operatorname{arctg} x \quad \text{и} \quad \frac{1}{2}\operatorname{arctg}\frac{2x}{1-x^2}.$$

Легко проверить, что их производные совпадают во всех точках x, исключая $x = \pm 1$ (где вторая из функций теряет смысл). Поэтому тождество

$$\frac{1}{2}\operatorname{arctg}\frac{2x}{1-x^2} = \operatorname{arctg} x + C$$

оказывается установленным лишь для каждого из промежутков

$$\mathscr{X}_1 = (-1, 1), \quad \mathscr{X}_2 = (-\infty, -1), \quad \mathscr{X}_3 = (1, +\infty)$$

в отдельности. Любопытно, что и значения постоянной C для этих промежутков будут различными. Для первого из них $C = 0$ (в чем убеждаемся, полагая $x = 0$), а для двух других имеем, соответственно, $C = \frac{\pi}{2}$ или $C = -\frac{\pi}{2}$ (что легко усмотреть, если, например, устремить x к $-\infty$ или $+\infty$).

Все эти соотношения также могут быть доказаны элементарно.

Замечание. Значение доказанной теоремы проявляется в теоретических исследованиях и вообще в тех случаях, когда функция задана так, что из ее определения непосредственно не вытекает, что она сохраняет постоянное значение. Подобные случаи нам не раз встретятся в дальнейшем.

111. Условие монотонности функции. Выясним теперь, как по производной функции можно судить о возрастании (убывании) самой функции в данном промежутке.

Теорема. Пусть функция $f(x)$ определена в промежутке $\mathscr{X}$ и имеет внутри него конечную производную $f'(x)$, а на концах (если они принадлежат $\mathscr{X}$) сохраняет непрерывность. Для того чтобы $f(x)$ была в $\mathscr{X}$ монотонно возрастающей (убывающей) в узком смысле, достаточно условие:

$$f'(x) > 0 \ (< 0) \ \text{внутри} \ \mathscr{X}.$$

Доказательство проведем для случая возрастания. Пусть же указанное для этого случая условие выполнено. Возьмем два значения x' и x'' ($x' < x''$) из $\mathscr{X}$, и к функции $f(x)$ в промежутке $[x', x'']$ применим формулу Лагранжа:

$$f(x'') - f(x') = f'(c)(x'' - x') \quad (x' < c < x'').$$

Так как $f'(c)>0$, то

$$f(x'')>f(x'),$$

и функция $f(x)$ будет строго возрастающей.

На этот раз высказанное условие уже не является в полной мере необходимым. Утверждение теоремы сохраняет силу, например, и в том случае, если производная $f'(x)$ обращается в нуль в конечном числе точек, лежащих внутри промежутка $\mathscr{X}$. В этом легко убедиться, если применить теорему в отдельности к каждой из частей, на которые основной промежуток разбивается упомянутыми точками.

Установленная связь между **знаком** производной и **направлением изменения** функции геометрически совершенно очевидна, если вспомнить [nn°77, 78], что производная представляет собой угловой коэффициент касательной к графику функции. Знак этого углового коэффициента показывает, наклонена ли касательная вверх или вниз,

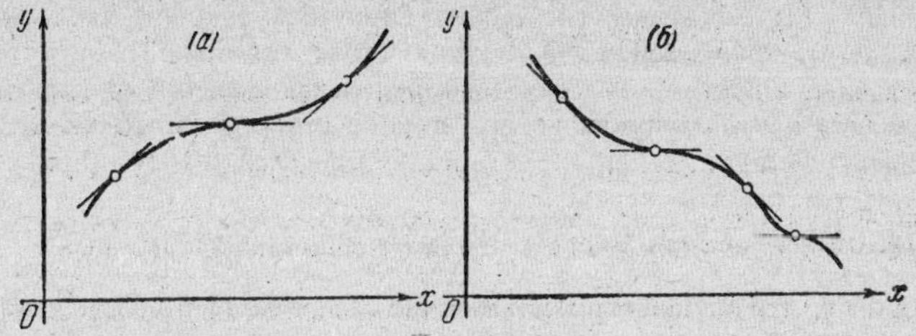

Рис. 42.

а с нею — идет ли вверх или вниз и сама кривая (рис. 42). В отдельных точках касательная при этом может оказаться и горизонтальной, что отвечает обращению производной в нуль.

Примеры. 1) Простейший пример последнего обстоятельства доставляет функция $f(x)=x^3$: она возрастает, и тем не менее производная ее $f'(x)=3x^2$ при $x=0$ обращается в нуль.

2) Аналогично, возрастающей будет и функция

$$f(x)=x-\sin x,$$

ибо ее производная

$$f'(x)=1-\cos x$$

не отрицательна, обращаясь в нуль для значений $x=2k\pi$ $(k=0, \pm 1, \pm 2, \ldots)$.

112. Максимумы и минимумы; необходимые условия. Если функция $f(x)$, определенная и непрерывная в промежутке $[a, b]$, не является в нем монотонной, то найдутся такие части $[\alpha, \beta]$ промежутка $[a, b]$, в которых наибольшее или наименьшее значение достигается функцией во **внутренней** точке, т. е. между α и β. На графике функции (рис. 43) таким промежуткам соответствуют характерные горбы или впадины.

Говорят, что *функция $f(x)$ имеет в точке x_0 максимум* (*или минимум*) *), *если эту точку можно окружить такой окрестностью* $(x_0-\delta,\ x_0+\delta)$, *содержащейся в промежутке, где задана функция, что для всех ее точек x выполняется неравенство*

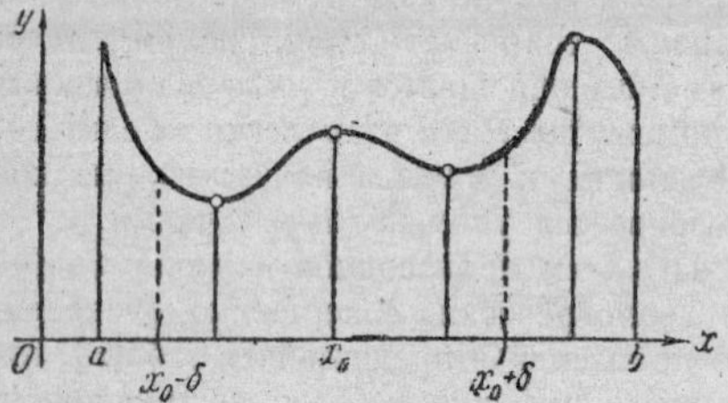

Рис. 43.

$$f(x)\leqslant f(x_0)$$

$$(\textit{или } f(x)\geqslant f(x_0)).$$

Иными словами, точка x_0 доставляет функции $f(x)$ максимум (минимум), если значение $f(x_0)$ оказывается наибольшим (наименьшим) из значений, принимаемых функцией в некоторой (хотя бы малой) окрестности этой точки. Отметим, что самое определение максимума (минимума) предполагает, что функция задана по обе стороны от точки x_0.

Если существует такая окрестность, в пределах которой (при $x\neq x_0$) выполняется строгое неравенство

$$f(x)<f(x_0)\quad(\text{или } f(x)>f(x_0)),$$

то говорят, что функция имеет в точке x_0 собственный максимум (минимум), в противном случае — несобственный.

Если функция имеет максимумы в точках x_0 и x_1, то, применяя к промежутку $[x_0, x_1]$ вторую теорему Вейерштрасса [73], видим, что наименьшего своего значения в этом промежутке функция достигает в некоторой точке x_2 между x_0 и x_1 и имеет там минимум. Аналогично, между двумя минимумами непременно найдется максимум. В том простейшем (и на практике — важнейшем) случае, когда функция имеет вообще лишь конечное число максимумов и минимумов, они попросту чередуются.

Заметим, что для обозначения максимума или минимума существует и объединяющий их термин — экстремум **).

Поставим задачу о разыскании всех значений аргумента, доставляющих функции экстремум. При решении ее основную роль будет играть производная.

Предположим сначала, что для функции $f(x)$ в промежутке (a, b) существует конечная производная. Если в точке x_0 функция имеет экстремум, то, применяя к промежутку $(x_0-\delta,\ x_0+\delta)$, о котором

*) По-латыни слова maximum и minimum означают «наибольшее» и «наименьшее» (значение)

**) Латинское extremum, что означает «крайнее» (значение).

была речь выше, теорему Ферма [n° 100], заключаем, что $f'(x_0)=0$: в этом состоит необходимое условие экстремума. Экстремум следует искать только в тех точках, где производная равна нулю; такие точки будем называть стационарными*).

Не следует думать, однако, что каждая стационарная точка доставляет функции экстремум: указанное только что необходимое условие не является достаточным. Мы видели, например, в n° 111,1), что для функции x^3 производная $3x^2$ обращается в нуль при $x=0$, но в этой точке функция не имеет экстремума: она все время возрастает.

Таким образом, стационарная точка для функции $f(x)$ представляется, так сказать, лишь «подозрительной» по экстремуму и подлежит дальнейшему испытанию.

Если расширить класс рассматриваемых функций, допуская, что в отдельных точках нет конечной производной, то не исключена возможность того, что экстремум придется на одну из таких точек. Поэтому их также нужно отнести к числу «подозрительных» по экстремуму и подвергнуть испытанию.

113. Первое правило. Итак, пусть точка x_0 является «подозрительной» по экстремуму для функции $f(x)$.

Предположим, что в некоторой окрестности $(x_0-\delta, x_0+\delta)$ этой точки (по крайней мере, для $x\neq x_0$) существует конечная производная $f'(x)$ и как слева от x_0, так и справа от x_0 (в отдельности) сохраняет определенный знак. Тогда возможны следующие три случая:

I. $f'(x)>0$ при $x<x_0$ и $f'(x)<0$ при $x>x_0$, т. е. *производная $f'(x)$ при переходе через точку x_0 меняет знак плюс на минус.* В этом случае, в промежутке $[x_0-\delta, x_0]$ функция $f(x)$ возрастает, а в промежутке $[x_0, x_0+\delta]$ убывает, так что значение $f(x_0)$ будет наибольшим в промежутке $[x_0-\delta, x_0+\delta]$, т. е. в точке x_0 функция имеет максимум.

II. $f'(x)<0$ при $x<x_0$ и $f'(x)>0$ при $x>x_0$, т. е. *производная $f'(x)$ при переходе через точку x_0 меняет знак минус на плюс.* В этом случае аналогично убеждаемся, что в точке x_0 функция имеет минимум.

III. $f'(x)>0$ как при $x<x_0$, так и при $x>x_0$, либо же $f'(x)<0$ и слева и справа от x_0, т. е., *при переходе через x_0, $f'(x)$ не меняет знака.* Тогда функция либо все время возрастает, либо все время убывает; в любой близости x_0 с одной стороны найдутся точки x, в которых $f(x)<f(x_0)$, а с другой — точки x, в которых $f(x)>f(x_0)$, так что в точке x_0 никакого экстремума нет.

Итак, мы получаем первое правило для испытания «подозрительного» значения x_0: *подставляя в производную $f'(x)$ сначала*

---

*) В них изменение функции как бы «приостанавливается»: скорость этого изменения [n° 78] обращается в нуль.

$x < x_0$, а затем $x > x_0$, устанавливаем знак производной поблизости от точки x_0 слева и справа от нее: если при этом производная $f'(x)$ меняет знак плюс на минус, то налицо максимум, если меняет знак минус на плюс, то — минимум; если же знака не меняет, то экстремума вовсе нет.

Охарактеризуем теперь тот класс функций, к которому мы будем применять это правило. Функция $f(x)$ предполагается непрерывной

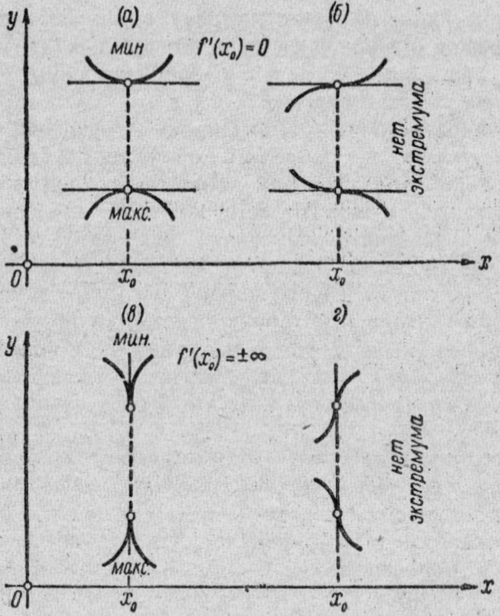

Рис. 44.

в промежутке $[a, b]$ и имеющей в нем непрерывную же производную $f'(x)$, за исключением разве лишь конечного числа точек. В этих точках производная $f'(x)$ как слева, так и справа стремится к бесконечным пределам, совпадающим по знаку или нет: в первом случае существует двусторонняя бесконечная производная, а во втором — разнящиеся знаками односторонние производные *). Наконец, допустим еще, что обращается в нуль производная тоже лишь в конечном числе точек. Графическая иллюстрация различных возможностей для «подозрительных» по экстремуму точек дана на рис. 44.

*) Различение этих случаев как раз и осуществляется с помощью того исследования знака производной, о котором только что была речь.

Отметим, что в случаях *б*, *в*, *г* кривая пересекает касательную, переходя с одной ее стороны на другую; в этих случаях, как говорят, кривая имеет перегиб.

Для функций рассматриваемого класса приведенное правило полностью решает интересующий нас вопрос. Дело в том, что для такой функции в промежутке (a, b) — всего лишь конечное число стационарных точек или точек, где отсутствует конечная производная:

$$a < x_1 < x_2 < \ldots < x_k < x_{k+1} < \ldots < x_{n-1} < b, \tag{1}$$

и в любом промежутке

$$(a, x_1), (x_1, x_2), \ldots, (x_k, x_{k+1}), \ldots, (x_{n-1}, b) \tag{2}$$

производная $f'(x)$ сохраняет постоянный знак. Действительно, если бы $f'(x)$ меняла знак, например, в промежутке (x_k, x_{k+1}), то, ввиду предположенной непрерывности $f'(x)$ — по теореме Больцано — Коши [68] — она обращалась бы в нуль в некоторой точке между x_k и x_{k+1}, что невозможно, поскольку все корни производной содержатся в ряду точек (1).

По теореме n° **111**, в каждом из промежутков (2) функция изменяется строго монотонно.

Замечание. Хотя указанный класс функций охватывает все практически интересные случаи, но все же полезно дать себе отчет в том, что могут быть случаи, где наше правило исследования «подозрительных» значений неприложимо. Если, например, рассмотреть функцию, определяемую равенствами

$$f(x) = x^2 \sin\frac{1}{x} \quad \text{при } x \neq 0 \text{ и } f(0) = 0,$$

то, как мы знаем [n°88, 2°], при $x = 0$ она имеет производную $f'(0) = 0$. Однако в любой близости от этой стационарной точки как слева, так и справа производная

$$f'(x) = 2x \sin\frac{1}{x} - \cos\frac{1}{x}$$

бесконечное множество раз обращается в нуль, меняя при этом знак: правило неприложимо (хотя и без него непосредственно ясно, что экстремума нет).

114. Второе правило. Если точка x_0 — стационарная:

$$f'(x_0) = 0$$

и функция $f(x)$ имеет не только первую производную $f'(x)$ в окрестности этой точки, но и вторую производную $f''(x_0)$ в самой точке x_0, то все испытание может быть сведено к рассмотрению знака этой последней производной, в предположении, что она отлична от нуля.

Действительно, по определению производной — с учетом (3) — имеем

$$f''(x_0) = \lim_{x \to x_0} \frac{f'(x) - f'(x_0)}{x - x_0} = \lim_{x \to x_0} \frac{f'(x)}{x - x_0}.$$

Но, по теореме 2) n°37, функция

$$\frac{f'(x)}{x - x_0} \tag{4}$$

приобретает знак своего предела $f''(x_0)$, лишь только x (будучи отличным от x_0) достаточно близко к x_0 ($|x - x_0| < \delta$).

Пусть же, скажем, $f''(x_0) > 0$; тогда дробь (4) положительна для всех упомянутых значений x. Но для $x < x_0$ знаменатель $x - x_0 < 0$, следовательно, числитель $f'(x)$ необходимо тоже меньше нуля; наоборот, при $x > x_0$ будем иметь $x - x_0 > 0$, так что и $f'(x) > 0$. Иными словами, получается, что производная $f'(x)$ меняет знак минус на плюс, а тогда — уже по первому правилу — в точке x_0 будет минимум. Аналогично устанавливается, что, если $f''(x) < 0$, в точке x_0 налицо максимум.

Таким образом, можно сформулировать **второе правило** для испытания «подозрительного» значения x_0: *подставляем x_0 во вторую производную $f''(x)$; если $f''(x_0) > 0$, то функция имеет минимум, если же $f''(x_0) < 0$, то — максимум.*

Это правило имеет, вообще говоря, более узкий круг применения; оно, например, явно неприложимо к тем точкам, где не существует конечной первой производной (ибо там и речи быть не может о второй). В тех случаях, когда вторая производная обращается в нуль, правило также ничего не дает. Решение вопроса зависит тогда от поведения высших производных [см. n°117].

115. Построение графика функции. Умение находить значения x, доставляющие функции $y = f(x)$ экстремальные значения, может быть использовано для построения графика функции, точно характеризующего **ход ее изменения** при возрастании x в промежутке $[a, b]$.

Раньше [n°19] мы строили график по точкам, взятым более или менее густо, но случайно и без учета особенностей графика (наперед не известных). Теперь же мы в состоянии с помощью указанных выше методов установить некоторое число «опорных» точек, **характерных именно для данного графика**. Мы имеем здесь в виду, прежде всего, «поворотные точки» графика, т. е. вершины его горбов и впадин, отвечающие экстремальным значениям функции. Впрочем, к ним надлежит присоединить все вообще точки, где касательная горизонтальна или вертикальна, даже если они не отвечают экстремумам функции.

Мы ограничимся рассмотрением функций $y = f(x)$, принадлежащих к указанному в n°113 классу. Тогда для построения графика такой функции $y = f(x)$ надлежит выполнить следующее:

1) определить значения x, для которых производная $y'=f'(x)$ равна нулю или бесконечности (или, по крайней мере, существуют бесконечные односторонние производные), и подвергнуть их исследованию на экстремум;

2) вычислить значения самой функции $y=f(x)$, отвечающие всем этим значениям x, а также концам a, b рассматриваемого промежутка.

Результаты удобно расположить в виде таблицы (см. ниже примеры) с непременным указанием особенности вычисленной точки графика: *максимум*, *минимум*, *перегиб*, $y'=0$, $y'=+\infty$, $y'=-\infty$ и, наконец, $y'=\pm\infty$ или $y'=\mp\infty$ (так мы условно обозначаем случай, когда существуют бесконечные односторонние производные разных знаков). К названным точкам графика при желании присоединяют еще некоторые другие, например точки пересечения графика с осями.

После нанесения на чертеж всех найденных точек (число которых обычно невелико), через них проводят самый график, учитывая при этом все упомянутые их особенности. Следует помнить, что в промежутках между ними, как разъяснено в n°113, производная сохраняет знак, и график идет все время вверх или все время вниз.

Вычисления и проведение кривой упрощаются, если функция не изменяет своего значения при изменении знака x (четная функция), так что график симметричен относительно вертикальной оси. Аналогичную услугу может оказать и симметрия относительно начала координат, которая аналитически выражается в том, что функция при изменении знака x также лишь меняет знак (нечетная функция).

Построенный подобным образом график — не претендуя на точность отдельных ординат — уже довольно полно отображает ход изменения функции (что и было нашей целью), точно отмечая промежутки ее возрастания и убывания, а также точки, где скорость изменения функции падает до нуля или возрастает до бесконечности.

116. Примеры. 1) Найти экстремумы функции

$$f(x)=\sin^3 x+\cos^3 x$$

и построить ее график.

Ввиду того что функция имеет период 2π, достаточно ограничиться промежутком $[0, 2\pi]$ изменения x. Производная

$$f'(x)=3\sin^2 x\cdot\cos x-3\sin x\cdot\cos^2 x=3\sin x\cdot\cos x\cdot(\sin x-\cos x).$$

Корни производной (стационарные точки) в этом случае будут:

$$0,\ \frac{\pi}{4},\ \frac{\pi}{2},\ \pi,\ \frac{5\pi}{4},\ \frac{3\pi}{2},\ 2\pi.$$

При переходе через $x=0$ множитель $\sin x$ меняет знак минус на плюс, а вся производная меняет знак плюс на минус, ибо последние два множителя сохраняют вблизи $x=0$ знак минус; налицо максимум. Множитель $\sin x-\cos x$, обращающийся в нуль при $x=\frac{\pi}{4}$, при переходе через эту точку меняет знак минус на плюс. То же будет и с производной, так как первые два множителя положительны; следовательно, здесь будет **минимум**. Аналогично исследуются и остальные стационарные точки: все они поочередно доставляют функции максимумы и минимумы.

Вместо исследования перемены знака первой производной можно было бы вычислить вторую производную

$$f''(x) = 3(\sin x + \cos x)(3\sin x \cos x - 1)$$

и в нее попросту подставить испытуемые значения x. Например, при $x=0$ получим $f''(0) = -3$, что отвечает **максимуму**, при $x=\frac{\pi}{4}$ имеем $f''\left(\frac{\pi}{4}\right) = \frac{3}{2}\sqrt{2}$, значит — **минимум**, и т. д.

Определим еще абсциссы точек пересечения графика с осью x, т. е. решим уравнение $\sin^3 x + \cos^3 x = 0$, откуда $\cos x = -\sin x$, так что $x = \frac{3\pi}{4}$ или $\frac{7\pi}{4}$.

Вычислим теперь значения функции, отвечающие найденным значениям x, и составим таблицу:

$x=$	0 $(2\pi = 6{,}28)$	$\frac{\pi}{4} = 0{,}78$	$\frac{\pi}{2} = 1{,}57$	$\frac{3\pi}{4} = 2{,}36$	$\pi = 3{,}14$	$\frac{5\pi}{4} = 3{,}94$	$\frac{3\pi}{2} = 4{,}71$	$\frac{7\pi}{4} = 5{,}50$
$y=$	1	$\frac{\sqrt{2}}{2} = 0{,}71$	1	0	-1	$-\frac{\sqrt{2}}{2} = -0{,}71$	-1	0
	$y'=0$	$y'=0$	$y'=0$		$y'=0$	$y'=0$	$y'=0$	
	макс.	*мин.*	*макс.*		*мин.*	*макс.*	*мин.*	

По этой таблице и построен график, изображенный на рис. 45.

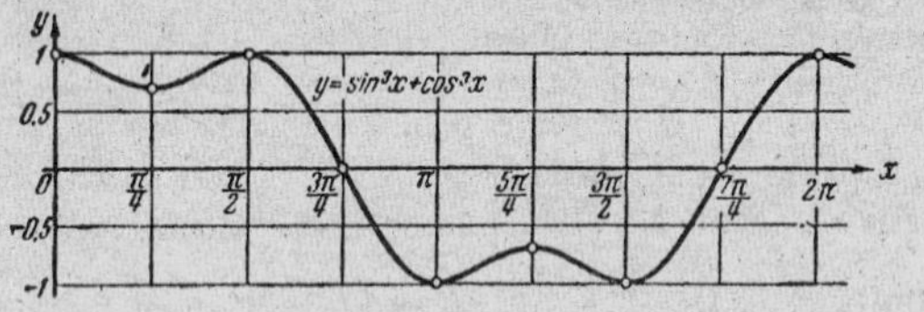

Рис. 45.

2) Найти экстремумы и построить график функции

$$f(x) = x^{\frac{2}{3}} - (x^2-1)^{\frac{1}{3}}.$$

На этот раз конечная производная

$$f'(x) = \frac{2}{3}x^{-\frac{1}{3}} - \frac{1}{3}(x^2-1)^{-\frac{2}{3}} \cdot 2x = \frac{2}{3}\,\frac{(x^2-1)^{\frac{2}{3}} - x^{\frac{4}{3}}}{x^{\frac{1}{3}}(x^2-1)^{\frac{2}{3}}}$$

существует везде, исключая точки $x=0$ и $x=\pm 1$. При приближении к ним как слева, так и справа производная имеет бесконечные пределы, значит, в этих точках обе односторонние производные бесконечны [103].

Для определения корней производной приравниваем нулю ее числитель; мы найдем: $x = \pm \frac{1}{\sqrt{2}}$. Итак, «подозрительными» по экстремуму будут точки:

$$-1,\quad -\frac{1}{\sqrt{2}},\quad 0,\quad \frac{1}{\sqrt{2}},\quad 1.$$

Впрочем, ввиду четности функции (и, следовательно, симметрии ее графика относительно оси y), достаточно ограничиться правой полуплоскостью, т. е. значениями $x \geqslant 0$.

При $x = 0$ (и вблизи этой точки) числитель и второй множитель знаменателя имеют знак плюс. Множитель же $x^{\frac{1}{3}}$ знаменателя меняет знак минус на плюс, производная — тоже: минимум. При $x = \frac{1}{\sqrt{2}}$ (и вблизи) знаменатель сохраняет знак плюс. Числитель же, имея в виду значения x, близкие к $\frac{1}{\sqrt{2}}$, перепишем так: $(1 - x^2)^{\frac{2}{3}} - x^{\frac{4}{3}}$; он обращается в нуль при $x = \frac{1}{\sqrt{2}}$, с уменьшением x — увеличивается, а с увеличением — уменьшается, так что меняет знак плюс на минус, и налицо максимум. При переходе через $x = 1$ множитель $(x^2 - 1)^{\frac{2}{3}}$ в знаменателе, который обращается в этой точке в нуль, не меняет знака; это же справедливо и для производной, так что при $x = 1$ экстремума нет.

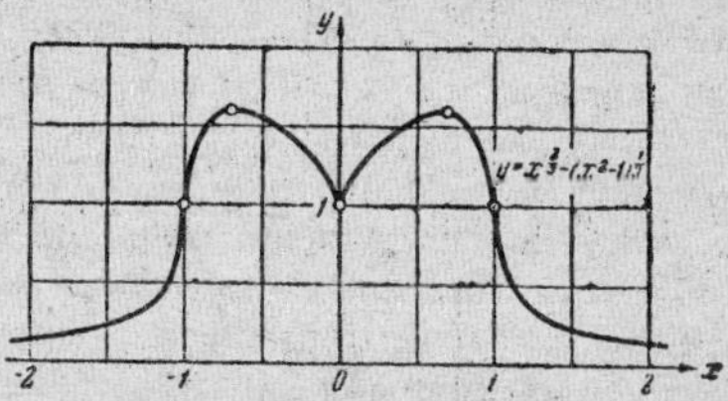

Рис. 46.

Хотя рассматриваемая функция определена и непрерывна во всем промежутке $(-\infty, +\infty)$, но построение графика, разумеется, может быть осуществлено лишь в конечном промежутке. Впрочем, можно охарактеризовать и поведение функции «на бесконечности», переписав ее так:

$$f(x) = \frac{1}{x^{\frac{4}{3}} + x^{\frac{2}{3}}(x^2 - 1)^{\frac{1}{3}} + (x^2 - 1)^{\frac{2}{3}}},$$

видим, что $f(x) > 0$ и стремится к нулю при $x \to \pm\infty$. Таким образом, график функции расположен над осью x, но по мере удаления в бесконечность как налево, так и направо, приближается к совпадению с этой осью.

Таблица:

$x=$	$-\infty$	-1	$-\frac{\sqrt{2}}{2} = -0{,}71$	0	$\frac{\sqrt{2}}{2} = 0{,}71$	1	$+\infty$
$y=$	0	1	$\sqrt[8]{4} = 1{,}59$	1	$\sqrt[8]{4} = 1{,}59$	1	0
		$y' = +\infty$	$y' = 0$ *макс.*	$y' = \pm\infty$ *мин.*	$y' = 0$ *макс.*	$y' = -\infty$	

График изображен на рис. 46.

117. Использование высших производных. Мы видели, что если $f'(x_0)=0$ и $f''(x_0)>0$, то функция $f(x)$ достигает в точке x_0 минимума; если же $f'(x_0)=0$ и $f''(x_0)<0$, то функция имеет в этой точке максимум. Случай, когда и $f'(x_0)=0$ и $f''(x_0)=0$, был оставлен нами неисследованным.

Предположим теперь, что в окрестности точки $x=x_0$ функция $f(x)$ имеет n последовательных производных, и n-я производная в точке $x=x_0$ непрерывна. Пусть все они, вплоть до $(n-1)$-й, в этой точке обращаются в нуль:

$$f'(x_0)=f''(x_0)=\ldots=f^{(n-1)}(x_0)=0,$$

между тем как $f^{(n)}(x_0)\neq 0$. Разложим приращение $f(x)-f(x_0)$ функции $f(x)$ по степеням разности $x-x_0$ по формуле Тейлора с дополнительным членом в форме Пеано [n° **107**, (17)]. Так как все производные порядков, меньших чем n, равны в точке x_0 нулю, то

$$f(x)-f(x_0)=\frac{f^{(n)}(x_0)+\alpha(x)}{n!}(x-x_0)^n.$$

Вследствие того, что $\alpha\to 0$ при $x\to x_0$, при достаточной близости x к x_0 знак суммы в числителе будет совпадать со знаком $f^{(n)}(x_0)$ как для $x<x_0$, так и для $x>x_0$. Рассмотрим два случая.

1°. n есть нечетное число: $n=2k+1$. При переходе от значений x, меньших чем x_0, к значениям, бо́льшим чем x_0, выражение $(x-x_0)^{2k+1}$ изменит знак на обратный, а так как знак первого множителя при этом не меняется, то и знак разности $f(x)-f(x_0)$ изменится. Таким образом, в точке x_0 функция $f(x)$ не может иметь экстремума, ибо вблизи этой точки принимает значения как меньшие, так и бо́льшие, чем $f(x_0)$.

2°. n есть четное число: $n=2k$. В этом случае разность $f(x)-f(x_0)$ не меняет знака при переходе от x, меньших чем x_0 к большим, так как $(x-x_0)^{2k}>0$ при всех x. Очевидно, вблизи x_0 как слева, так и справа, знак разности $f(x)-f(x_0)$ совпадает со знаком числа $f^{(n)}(x_0)$. Значит, если $f^{(n)}(x_0)>0$, то $f(x)>f(x_0)$ вблизи точки x_0, и в точке x_0 функция $f(x)$ имеет минимум; если же $f^{(n)}(x_0)<0$, то функция имеет максимум.

Отсюда получаем такое правило:

Если из производных, не обращающихся в точке x_0 в нуль, первой оказывается производная нечетного порядка, то функция не имеет в точке x_0 ни максимума, ни минимума. Если такой производной является производная четного порядка, функция в точке x_0 имеет максимум или минимум, смотря по тому, будет ли эта производная отрицательна или положительна *).

---

*) Это правило в 1742 г. указал Колин Маклорен в своем «Трактате о флюксиях».

Например, для функции $f(x) = e^x + e^{-x} + 2\cos x$ точка $x = 0$ является стационарной, так как в этой точке обращается в нуль производная

$$f'(x) = e^x - e^{-x} - 2\sin x.$$

Далее:

$$f''(x) = e^x + e^{-x} - 2\cos x, \qquad f''(0) = 0;$$
$$f'''(x) = e^x - e^{-x} + 2\sin x, \qquad f'''(0) = 0;$$
$$f''''(x) = e^x + e^{-x} + 2\cos x, \qquad f''''(0) = 4.$$

Так как первой в нуль не обратилась производная четного порядка, то налицо экстремум, а именно минимум, ибо $f''''(0) > 0$.

§ 2. НАИБОЛЬШЕЕ И НАИМЕНЬШЕЕ ЗНАЧЕНИЯ ФУНКЦИИ

118. Разыскание наибольших и наименьших значений. Пусть функция $f(x)$ определена и непрерывна в конечном замкнутом промежутке $[a, b]$. До сих пор мы интересовались лишь ее максимумами и минимумами, теперь же поставим вопрос о разыскании наибольшего и наименьшего из всех значений, которые она принимает в этом промежутке*); по известному свойству непрерывных функций [73], такие наибольшее и наименьшее значения существуют. Остановимся для определенности на наибольшем значении.

Если оно достигается в некоторой точке между a и b, то это одновременно будет одним из максимумов (очевидно, наибольшим); но наибольшее значение может достигаться и на одном из концов промежутка, a или b (рис. 47). Таким образом, нужно сравнить между собой все максимумы функции $f(x)$ и ее граничные значения $f(a)$ и $f(b)$; наибольшее из этих чисел и будет наибольшим из всех значений функции $f(x)$ в $[a, b]$. Аналогично разыскивается и наименьшее значение функции.

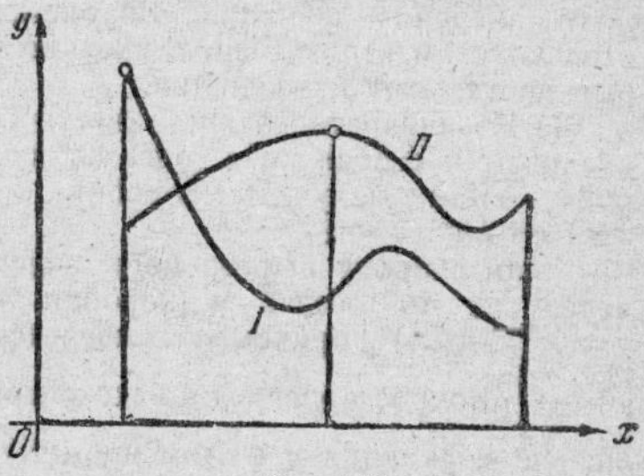

Рис. 47.

Если желают избежать исследования на максимум или минимум, то можно поступить иначе. Нужно лишь вычислить значения функции во всех «подозрительных» по экстремуму точках и сравнить их с граничными значениями $f(a)$ и $f(b)$; наибольшее и наименьшее из этих чисел, очевидно, и будут наибольшим и наименьшим из всех значений функции.

---

*) Таким образом, мы сохраняем за термином «максимум» его «локальный» смысл (наибольшее значение в непосредственной окрестности соответствующей точки) и отличаем его от наибольшего значения функции во всем рассматриваемом промежутке.

То же относится к минимуму и наименьшему значению функции.

Замечание. В прикладных задачах чаще всего встречается простой случай, когда между a и b оказывается лишь одна «подозрительная» точка x_0. Если в этой точке функция имеет максимум (минимум), то без сравнения с граничными значениями ясно, что это и будет наибольшее (наименьшее) значение функции в промежутке (рис. 48). Часто в подобных случаях оказывается более простым произвести исследование на максимум и минимум, чем вычислять и сравнивать частные значения функции (особенно, если в состав ее выражения входят буквенные постоянные).

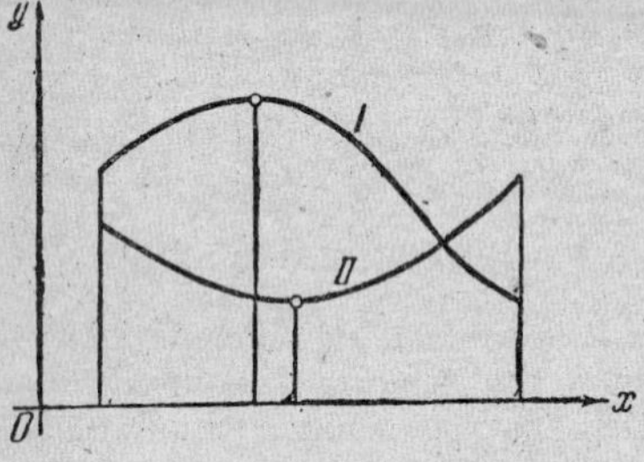

Рис. 48.

Важно подчеркнуть, что сказанное приложимо в полной мере и к открытому промежутку (a, b), а также к бесконечному промежутку.

119. Задачи. Изложим теперь несколько задач из разных областей, решение которых приводится именно к разысканию наибольшего или наименьшего значения функции. Впрочем, чаще всего интерес представляют не столько сами эти значения, сколько те точки (те значения аргумента), которые доставляют их функции.

1) Из квадратного листа жести со стороною a, вырезая по углам равные квадраты и сгибая края (рис. 49), составляют прямоугольную открытую коробку. Как получить коробку наибольшей вместимости?

Если сторону вырезаемого квадрата обозначить через x, то объем y коробки выразится так: $y = x(a-2x)^2$, причем x изменяется в промежутке $\left[0, \frac{a}{2}\right]$. Вопрос привелся к нахождению наибольшего значения функции y в этом промежутке.

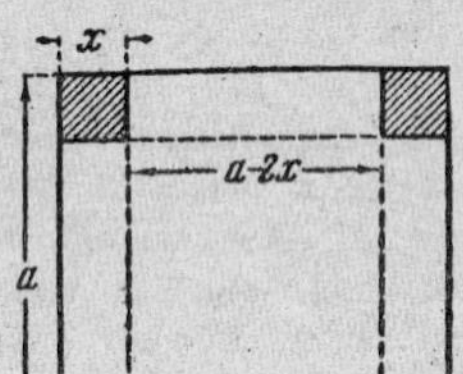

Рис. 49.

Так как производная $y' = (a-2x)(a-6x)$ между 0 и $\frac{a}{2}$ имеет единственный корень $x = \frac{a}{6}$, то, убедившись в том, что это значение доставляет функции максимум, одновременно получаем и искомое наибольшее значение. Или иначе: при $x = \frac{a}{6}$ имеем $y = \frac{2a^3}{27}$, в то время как граничные значения y равны нулю; следовательно, при $x = \frac{a}{6}$, действительно получается наибольшее значение для y.

2) Дано бревно с круглым сечением диаметра d. Требуется обтесать его так, чтобы получилась балка с прямоугольным сечением наибольшей прочности.

Указание. В теории сопротивления материалов устанавливается, что прочность прямоугольной балки пропорциональна произведению bh^2, где b — основание прямоугольника в сечении балки, а h — его высота.

Так как $h^2 = d^2 - b^2$, то речь идет о наибольшем значении для выражения $y = bh^2 = b(d^2 - b^2)$, причем «независимая переменная» b изменяется в промежутке $(0, d)$.

Производная $y' = d^2 - 3b^2$ обращается в нуль лишь однажды внутри этого промежутка, в точке $b = \frac{d}{\sqrt{3}}$. Вторая производная $y'' = -6b < 0$, следовательно, в названной точке достигается максимум, а с ним и наибольшее значение.

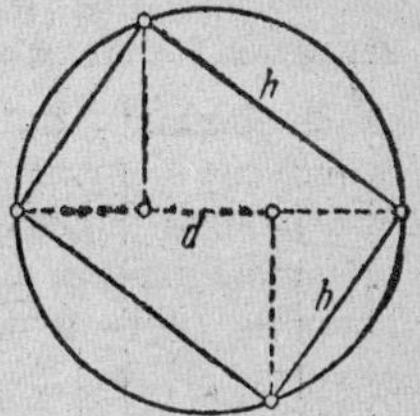

Рис. 50.

При $b = \frac{d}{\sqrt{3}}$ будет $h = d\sqrt{\frac{2}{3}}$, так что $d:h:b = \sqrt{3}:\sqrt{2}:1$. Из рис. 50 видно, как построить требуемый прямоугольник (диаметр разделен на три равные части, в точках деления восставлены перпендикуляры).

3) Пусть электрическая лампочка может передвигаться (например, на блоке) по вертикальной прямой OB (рис. 51). На каком расстоянии от горизонтальной плоскости OA ее следует поместить, чтобы в точке A этой плоскости получить наибольшую освещенность?

Указание. Освещенность J пропорциональна $\sin\varphi$ и обратно пропорциональна квадрату расстояния $r = AB$, т. е.

$$J = c \cdot \frac{\sin\varphi}{r^2},$$

где c зависит от силы света лампочки.

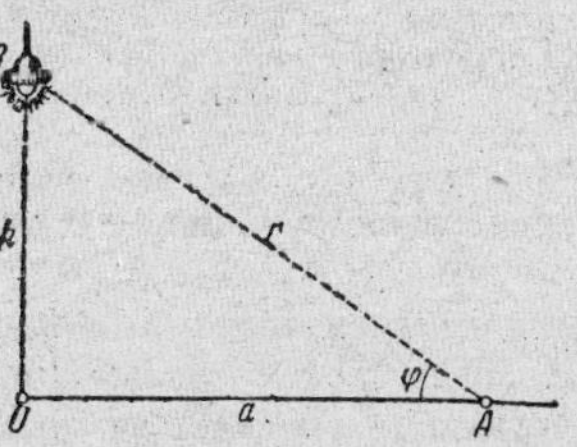

Рис. 51.

Если за независимую переменную выбрать $h = OB$, то

$$\sin\varphi = \frac{h}{r}, \quad r = \sqrt{h^2 + a^2}$$

и $J = c \cdot \frac{h}{(h^2 + a^2)^{3/2}}$ $\quad (0 < h < +\infty)$.

Далее, производная

$$J'_h = c \cdot \frac{a^2 - 2h^2}{(h^2 + a^2)^{5/2}}$$

обращается в нуль при $h = \frac{a}{\sqrt{2}} \doteq 0{,}7a$, меняя знак при переходе через это значение с плюса на минус. Это и есть наивыгоднейшее расстояние.

Замечание. Пользуемся случаем обратить внимание читателя на следующее обстоятельство. При разыскании наибольшего или наименьшего значения функции для определенного промежутка изменения аргумента легко может оказаться, что внутри этого промежутка вовсе нет корней производной или других «подозрительных» значений. Это свидетельствует о том, что в рассматриваемом промежутке функция оказывается монотонно возрастающей или убывающей и, следовательно, достигает как наибольшего, так и наименьшего своего значения на концах промежутка.

§ 3. РАСКРЫТИЕ НЕОПРЕДЕЛЕННОСТЕЙ

120. Неопределенности вида $\frac{0}{0}$. Используем теперь понятие производной для раскрытия неопределенностей всех типов. Сначала мы займемся основным случаем — неопределенностью типа $\frac{0}{0}$, т. е. исследуем вопрос о пределе отношения двух функций $f(x)$ и $g(x)$, стремящихся к нулю (например, при $x \to a$). Приводимая ниже теорема в основном принадлежит Иоганну Бернулли. Содержащееся в ней правило, однако, обычно называют «правилом Лопиталя», так как оно впервые (хотя и не совсем в таком виде) было опубликовано именно в книге Лопиталя*) «Анализ бесконечно малых», вышедшей в свет в 1696 г.

Теорема 1. Пусть: 1) *функции* $f(x)$ *и* $g(x)$ *определены в промежутке* $(a, b]$, 2) $\lim_{x \to a} f(x) = 0$, $\lim_{x \to a} g(x) = 0$, 3) *существуют в промежутке* $(a, b]$ *конечные производные* $f'(x)$ *и* $g'(x)$, *причем* $g'(x) \neq 0$, *и, наконец,* 4) *существует (конечный или нет) предел*

$$\lim_{x \to a} \frac{f'(x)}{g'(x)} = K.$$

Тогда и

$$\lim_{x \to a} \frac{f(x)}{g(x)} = K.$$

Доказательство. Дополним определение функций $f(x)$ и $g(x)$, положив их при $x = a$ равными нулю: $f(a) = g(a) = 0$ **). Тогда эти функции окажутся непрерывными во всем замкнутом промежутке $[a, b]$: их значения в точке a совпадают с пределами при $x \to a$ [ввиду 2)], а в прочих точках непрерывность вытекает из существования конечных производных [см. 3)]. Применяя теорему Коши [n° 104], получим

$$\frac{f(x)}{g(x)} = \frac{f(x) - f(a)}{g(x) - g(a)} = \frac{f'(c)}{g'(c)},$$

где $a < c < x$. То обстоятельство, что $g(x) \neq 0$, т. е. $g(x) \neq g(a)$, есть следствие предположения: $g'(x) \neq 0$, как это было установлено при выводе формулы Коши.

---

*) Гильом Франсуа де Лопиталь (1661—1704) — французский математик. Упомянутая в тексте книга является первым печатным курсом дифференциального исчисления.

**) Конечно, можно было бы просто предположить заранее функции определенными и непрерывными при $x = a$; но в приложениях иной раз удобнее формулировка условий теоремы, данная в тексте (см., например, теорему 1*).

Когда $x \to a$, очевидно, и $c \to a$, так что, в силу 4),

$$\lim_{x \to a} \frac{f(x)}{g(x)} = \lim_{c \to a} \frac{f'(c)}{g'(c)} = K,$$

что и требовалось доказать.

Таким образом, доказанная теорема сводит предел отношения функций к пределу отношения производных, если последний существует. Часто оказывается, что нахождение предела отношения производных проще и может быть осуществлено элементарными приемами.

Заметим, что мы лишь для определенности рассмотрели случай, когда a является левым концом промежутка, и переменная x стремится к a справа. Можно было бы считать, что a служит правым концом, и x стремится к нему слева. Наконец, допустим и двухсторонний предельный переход.

Примеры. 1) Найти предел

$$\lim_{x \to a} \frac{\sqrt{2a^3x - x^4} - a\sqrt[3]{a^2x}}{a - \sqrt[4]{ax^3}} \text{ *)}.$$

По правилу Лопиталя, он равен пределу

$$\lim_{x \to a} \frac{\dfrac{a^3 - 2x^3}{\sqrt{2a^3x - x^4}} - \dfrac{a^2}{3\sqrt[3]{ax^2}}}{-\dfrac{3a}{4\sqrt[4]{a^3x}}} = \frac{16}{9}a.$$

Окончательный результат здесь получается из отношения производных простой подстановкой $x = a$ ввиду непрерывности этого отношения в указанной точке.

2) Найти предел

$$\lim_{x \to 0} \frac{\operatorname{tg} x - x}{x - \sin x}.$$

Отношение производных последовательно упрощается:

$$\frac{\dfrac{1}{\cos^2 x} - 1}{1 - \cos x} = \frac{1}{\cos^2 x} \cdot \frac{1 - \cos^2 x}{1 - \cos x} = \frac{1 + \cos x}{\cos^2 x};$$

при $x \to 0$, оно, очевидно, стремится к двум. Таков же будет, согласно теореме, и искомый предел.

Обращаем внимание читателя на то, что здесь и отношение производных снова представило неопределенность вида $\frac{0}{0}$, но раскрыть эту неопределенность оказалось возможным путем элементарных преобразований. В других случаях может понадобиться применить теорему повторно. Важно подчеркнуть, что при этом допустимы всякие упрощения получаемых выражений, сокращение общих множителей, использование уже известных пределов и т. п.

---

*) Это и есть первый пример на раскрытие неопределенностей, приведенный в книге Лопиталя.

Теорема 1 легко распространяется на случай, когда аргумент x стремится к бесконечному пределу: $a=\pm\infty$. Именно, имеет место, например,

Теорема 1*. *Пусть:* 1) *функции* $f(x)$ *и* $g(x)$ *определены в промежутке* $[c, +\infty)$, 2) $\lim\limits_{x\to+\infty} f(x)=0$, $\lim\limits_{x\to+\infty} g(x)=0$, 3) *существуют в промежутке* $[c, +\infty)$ *конечные производные* $f'(x)$ *и* $g'(x)$, *причем* $g'(x)\neq 0$, *и, наконец,* 4) *существует (конечный или нет) предел*

$$\lim_{x\to+\infty}\frac{f'(x)}{g'(x)}=K.$$

Тогда и

$$\lim_{x\to+\infty}\frac{f(x)}{g(x)}=K.$$

Доказательство. Преобразуем переменную x по формуле $x=\frac{1}{t}$, $t=\frac{1}{x}$. Тогда, если $x\to+\infty$, то $t\to+0$, и обратно. Ввиду 2), имеем

$$\lim_{t\to+0} f\left(\frac{1}{t}\right)=0,\quad \lim_{t\to+0} g\left(\frac{1}{t}\right)=0,$$

а в силу 4),

$$\lim_{t\to+0}\frac{f'\left(\frac{1}{t}\right)}{g'\left(\frac{1}{t}\right)}=K.$$

К функциям $f\left(\frac{1}{t}\right)$ и $g\left(\frac{1}{t}\right)$ от новой переменной t можно применить теорему 1, что даст нам

$$\lim_{t\to+0}\frac{f\left(\frac{1}{t}\right)}{g\left(\frac{1}{t}\right)}=\lim_{t\to+0}\frac{f'\left(\frac{1}{t}\right)\cdot\left(-\frac{1}{t^2}\right)}{g'\left(\frac{1}{t}\right)\cdot\left(-\frac{1}{t^2}\right)}=\lim_{t\to+0}\frac{f'\left(\frac{1}{t}\right)}{g'\left(\frac{1}{t}\right)}=K\text{*)},$$

а тогда и

$$\lim_{x\to+\infty}\frac{f(x)}{g(x)}=K,$$

что и требовалось доказать.

121. Неопределенности вида $\frac{\infty}{\infty}$. Обратимся к рассмотрению неопределенных выражений вида $\frac{\infty}{\infty}$, т. е. исследуем вопрос о пределе отношения двух функций $f(x)$ и $g(x)$, стремящихся к беско-

---

*) Функции $f\left(\frac{1}{t}\right)$, $g\left(\frac{1}{t}\right)$ мы дифференцируем по t как сложные функции.

нечности (при $x \to a$). Покажем, что в этом случае применимо то же правило Лопиталя; следующая теорема есть простая перефразировка теоремы 1.

Теорема 2. Пусть: 1) *функции* $f(x)$ *и* $g(x)$ *определены в промежутке* $(a, b]$, 2) $\lim_{x\to a} f(x) = \infty$, $\lim_{x\to a} g(x) = \infty$, 3) *существуют в промежутке* $(a, b]$ *конечные производные* $f'(x)$ *и* $g'(x)$, *причем* $g'(x) \neq 0$, *и, наконец,* 4) *существует (конечный или нет) предел*

$$\lim_{x\to a} \frac{f'(x)}{g'(x)} = K.$$

Тогда и

$$\lim_{x\to a} \frac{f(x)}{g(x)} = K.$$

Доказательство. Ввиду 2), можно считать, что $f(x) > 0$ и $g(x) > 0$ для всех значений x.

Рассмотрим сначала случай конечного K. Если задаться произвольным числом $\varepsilon > 0$, то, в силу условия 4), найдется такое $\eta > 0$ ($\eta \leqslant b - a$), что при $a < x < a + \eta$ будет

$$\left|\frac{f'(x)}{g'(x)} - K\right| < \frac{\varepsilon}{2}.$$

Положим для краткости $a + \eta = x_0$ и возьмем x между a и x_0. К промежутку $[x, x_0]$ применим формулу Коши *):

$$\frac{f(x) - f(x_0)}{g(x) - g(x_0)} = \frac{f'(c)}{g'(c)},$$

где $x < c < x_0$, следовательно,

$$\left|\frac{f(x) - f(x_0)}{g(x) - g(x_0)} - K\right| < \frac{\varepsilon}{2}. \tag{1}$$

Напишем теперь тождество (которое проверяется непосредственно):

$$\frac{f(x)}{g(x)} - K = \frac{f(x_0) - Kg(x_0)}{g(x)} + \left[1 - \frac{g(x_0)}{g(x)}\right]\left[\frac{f(x) - f(x_0)}{g(x) - g(x_0)} - K\right].$$

Так как $g(x) \to \infty$ при $x \to a$, то найдется такое $\delta > 0$ (можно считать $\delta \leqslant \eta$), что для $a < x < a + \delta$ будет одновременно

$$g(x) > g(x_0) \quad \text{и} \quad \left|\frac{f(x_0) - Kg(x_0)}{g(x)}\right| < \frac{\varepsilon}{2}.$$

*) В этом — существенное отличие от доказательства теоремы 1: здесь нельзя применить формулу Коши к промежутку $[a, x]$, ибо, как бы ни определять функции $f(x)$ и $g(x)$ в точке a, ввиду 2) из них не получить функций, непрерывных в этой точке.

При указанных значениях x будем иметь тогда [см. (1)]

$$\left|\frac{f(x)}{g(x)}-K\right|<\frac{\varepsilon}{2}+\frac{\varepsilon}{2}=\varepsilon,$$

что и доказывает требуемое утверждение.

Пусть теперь $K=\infty$ (случай $K=-\infty$ при предположениях 2) невозможен); тогда $f'(x)\neq 0$, по крайней мере, для значений x, достаточно близких к a. Обменяв ролями функции f и g, будем иметь

$$\lim_{x\to a}\frac{g'(x)}{f'(x)}=0,$$

так что, по доказанному,

$$\lim_{x\to a}\frac{g(x)}{f(x)}=0,$$

откуда, наконец, в связи со сделанными вначале замечаниями,

$$\lim_{x\to a}\frac{f(x)}{g(x)}=\infty.$$

В тексте теоремы 2 можно было бы считать и $a=-\infty$ без существенных изменений в доказательстве. Если бы a было правым концом рассматриваемого промежутка, то, в частности, можно было бы считать $a=+\infty$. Таким образом, случай $a=\pm\infty$ охвачен по существу уже теоремой 2.

Примеры.

3) $\lim\limits_{x\to+\infty}\dfrac{\ln x}{x^{\mu}}=\lim\limits_{x\to+\infty}\dfrac{\frac{1}{x}}{\mu x^{\mu-1}}=\lim\limits_{x\to+\infty}\dfrac{1}{\mu x^{\mu}}=0$ (если $\mu>0$),

4) $\lim\limits_{x\to+\infty}\dfrac{x^{\mu}}{a^{x}}=\lim\limits_{x\to+\infty}\dfrac{\mu x^{\mu-1}}{a^{x}\cdot\ln a}$ $(a>1,\ \mu>0)$.

Если $\mu>1$, то справа снова имеем неопределенность того же типа $\frac{\infty}{\infty}$; но, продолжая этот процесс и повторно применяя теорему 2 в конце концов получим в числителе степень с отрицательным (или нулевым) показателем. Поэтому, во всяком случае

$$\lim_{x\to+\infty}\frac{x^{\mu}}{a^{x}}=0.$$

122. Другие виды неопределенностей. Предыдущие теоремы относились к неопределенностям вида $\frac{0}{0}$ и $\frac{\infty}{\infty}$.

Если имеем неопределенность вида $0\cdot\infty$, то ее можно привести к виду $\frac{0}{0}$ или $\frac{\infty}{\infty}$ и тогда воспользоваться правилом Лопиталя. Пусть

$$\lim_{x\to a}f(x)=0,\qquad \lim_{x\to a}g(x)=\infty,$$

причем $f(x)$ не меняет знака. Тогда имеем

$$f(x)\cdot g(x)=\frac{f(x)}{\dfrac{1}{g(x)}}=\frac{g(x)}{\dfrac{1}{f(x)}}.$$

Второе из этих выражений представляет при $x \to a$ неопределенность вида $\frac{0}{0}$, третье — неопределенность вида $\frac{\infty}{\infty}$.

Пример 5)

$$\lim_{x\to+0}(x^{\mu}\cdot\ln x)=\lim_{x\to+0}\frac{\ln x}{x^{-\mu}}=\lim_{x\to+0}\frac{\dfrac{1}{x}}{-\mu x^{-\mu-1}}=\lim_{x\to+0}\frac{x^{\mu}}{-\mu}=0$$

(мы считаем $\mu>0$).

К виду $\frac{0}{0}$ или $\frac{\infty}{\infty}$ всегда можно привести и неопределенности вида $\infty-\infty$. Пусть имеем выражение $f(x)-g(x)$, причем

$$\lim_{x\to a}f(x)=+\infty,\quad \lim_{x\to a}g(x)=+\infty.$$

Тогда можно произвести, например, следующее преобразование, сводящее это выражение к неопределенности вида $\frac{0}{0}$:

$$f(x)-g(x)=\frac{1}{\dfrac{1}{f(x)}}-\frac{1}{\dfrac{1}{g(x)}}=\frac{\dfrac{1}{g(x)}-\dfrac{1}{f(x)}}{\dfrac{1}{f(x)}\cdot\dfrac{1}{g(x)}}.$$

Часто, впрочем, того же удается достигнуть проще.

Пример 6)

$$\lim_{x\to 0}\left(\operatorname{ctg}^2 x-\frac{1}{x^2}\right)=\lim_{x\to 0}\frac{x^2\cdot\cos^2 x-\sin^2 x}{x^2\cdot\sin^2 x},$$

но

$$\frac{x^2\cdot\cos^2 x-\sin^2 x}{x^2\cdot\sin^2 x}=\frac{x\cdot\cos x+\sin x}{x}\cdot\frac{x\cdot\cos x-\sin x}{x\cdot\sin^2 x};$$

предел первого множителя находится элементарно:

$$\lim_{x\to 0}\frac{x\cdot\cos x+\sin x}{x}=\lim_{x\to 0}\left(\cos x+\frac{\sin x}{x}\right)=2,$$

а ко второму применяем теорему 1:

$$\lim_{x\to 0}\frac{x\cdot\cos x-\sin x}{x\cdot\sin^2 x}=\lim_{x\to 0}\frac{-x\cdot\sin x}{\sin^2 x+2x\cdot\sin x\cdot\cos x}=$$

$$=\lim_{x\to 0}\frac{-1}{\dfrac{\sin x}{x}+2\cos x}=-\frac{1}{3}.$$

Таким образом, искомый предел равен $-\frac{2}{3}$.

В случае неопределенных выражений вида 1^∞, 0^0, ∞^0, рекомендуется эти выражения предварительно прологарифмировать.

Пусть $y=[f(x)]^{g(x)}$; тогда $\ln y = g(x)\cdot \ln f(x)$. Предел $\ln y$ представляет собой неопределенность уже изученного типа $0\cdot\infty$. Допустим, что одним из указанных выше приемов удается найти $\lim\limits_{x\to a} \ln y$, который оказывается равным конечному числу k, $+\infty$ или $-\infty$. Тогда $\lim\limits_{x\to a} y$, соответственно, будет e^k, $+\infty$ или 0.

Пример 7) Пусть

$$y=\left(\frac{\sin x}{x}\right)^{\frac{1}{1-\cos x}}.$$

Требуется найти $\lim y$ при $x\to 0$ (неопределенность вида 1^∞).

Если считать $x>0$ (этим предположением, ввиду четности функции y, можно ограничиться), то

$$\ln y=\frac{\ln\sin x-\ln x}{1-\cos x}.$$

Воспользуемся теоремой 1:

$$\lim_{x\to 0}\ln y=\lim_{x\to 0}\frac{\dfrac{\cos x}{\sin x}-\dfrac{1}{x}}{\sin x}=\lim_{x\to 0}\frac{x\cdot\cos x-\sin x}{x\cdot\sin^2 x}.$$

Но мы только что видели, что этот предел равен $-\frac{1}{3}$. Таким образом,

$$\lim_{x\to 0} y=e^{-\frac{1}{3}}=\frac{1}{\sqrt[3]{e}}.$$

Замечание. Неопределенные выражения вида $\frac{\infty}{\infty}$, $0\cdot\infty$ и $\infty-\infty$ встречаются у Эйлера; показательные же виды неопределенностей ввел в рассмотрение Коши. Однако ни тот, ни другой не дали строгого доказательства для случая $\frac{\infty}{\infty}$!

ГЛАВА ВОСЬМАЯ

ФУНКЦИИ НЕСКОЛЬКИХ ПЕРЕМЕННЫХ

§ 1. ОСНОВНЫЕ ПОНЯТИЯ

123. Функциональная зависимость между переменными. Примеры. До сих пор мы изучали совместное изменение двух переменных, из которых одна зависела от другой: значением независимой переменной уже вполне определялось значение зависимой переменной, или функции. Нередки, однако, случаи, когда независимых переменных оказывается несколько, и для определения значения функции необходимо предварительно установить значения, совместно принимаемые всеми этими независимыми переменными.

1) Так, например, объем V кругового цилиндра есть функция от радиуса R его основания и от высоты H; зависимость между этими переменными выражается формулой

$$V = \pi R^2 H,$$

которая дает возможность, зная значения независимых переменных R и H, установить соответствующее значение V.

2) Пусть температура массы газа, находящегося под поршнем цилиндра, не постоянна; тогда объем V и давление p этой массы газа связаны с ее (абсолютной) температурой T так называемой формулой Клапейрона:

$$pV = RT \qquad (R = \text{const}).$$

Отсюда, считая, например, V и T независимыми переменными, функцию p можно выразить через них так:

$$p = \frac{RT}{V}.$$

3) Изучая физическое состояние какого-нибудь тела, часто приходится наблюдать изменение его свойств от точки к точке. Таковы: плотность, температура, электрический потенциал и т. п. Все эти величины суть «функции точки» или, если угодно, функции от координат x, y, z точки. Если физическое состояние тела меняется во времени, то к этим независимым переменным присоединяется еще и время t. В этом случае мы имеем дело с функциями от четырех независимых переменных.

Число подобных примеров читатель и сам может произвольно увеличить.

Уточнение понятия функции в случае нескольких независимых переменных начнем с простейшего случая, когда этих переменных две.

124. Функции двух переменных и области их определения. Говоря об изменении двух независимых переменных x и y, мы должны всякий раз указывать, какие пары значений (x, y) они могут принимать совместно; множество $\mathcal{M}$ этих пар и будет областью изменения переменных x, y.

Самое определение понятия функции дается в тех же выражениях, что и для случая одной независимой переменной:

Переменная z (с областью изменения $\mathcal{Z}$) называется функцией независимых переменных x, y в множестве $\mathcal{M}$, если каждой паре (x, y) их значений из $\mathcal{M}$ — по некоторому правилу или закону — ставится в соответствие одно определенное значение z (из $\mathcal{Z}$).

Здесь имеется в виду однозначная функция; легко распространить это определение и на случай многозначной функции.

Множество $\mathcal{M}$, о котором выше шла речь, и есть область определения функции. Сами переменные x, y — по отношению к их функции z — называются ее аргументами. Функциональная зависимость между z и x, y обозначается, аналогично случаю одной независимой переменной, так:

$$z=f(x, y), \quad z=\varphi(x, y), \quad z=z(x, y) \text{ и т. п.}$$

Если пара (x_0, y_0) взята из $\mathcal{M}$, то $f(x_0, y_0)$ означает то частное (числовое) значение функции $f(x, y)$, которое она принимает, когда $x=x_0$, $y=y_0$.

Приведем несколько примеров функций, заданных аналитически — формулами, с указанием их областей определения. Формула

$$1)\ z=x^2+y^2$$

определяет функцию для всех пар (x, y) без исключения. Формулы

$$2)\ z=\sqrt{1-x^2-y^2}, \qquad 3)\ z=\frac{1}{\sqrt{1-x^2-y^2}}$$

годятся (если мы хотим иметь дело с конечными вещественными значениями z) лишь для тех пар (x, y), которые удовлетворяют, соответственно, неравенству

$$x^2+y^2\leqslant 1 \quad \text{или} \quad x^2+y^2<1.$$

Формулой

$$4)\ z=\arcsin\frac{x}{a}+\arcsin\frac{y}{b}$$

функция определена для тех значений x и y, которые порознь удовлетворяют неравенствам

$$-a\leqslant x\leqslant a, \qquad -b\leqslant y\leqslant b.$$

Во всех этих случаях мы указали наиболее широкую — естественную [n°18, 2°] — область применения формулы.

Рассмотрим теперь такой пример.

5) Пусть стороны треугольника произвольно изменяются, с тем лишь ограничением, что периметр его сохраняет постоянную величину $2p$. Если

две стороны его обозначить через x и y, то третья сторона будет $2p-x-y$, так что треугольник вполне определяется сторонами x и y. Как зависит от них площадь z треугольника?

По известной формуле эта площадь выразится так:

$$z=\sqrt{p(p-x)(p-y)(x+y-p)}.$$

Что же касается области определения $\mathcal{M}$ этой функции, то она обусловливается, на этот раз, тем конкретным вопросом, который привел к рассмотрению функции. Так как длина каждой стороны треугольника есть положительное число, меньшее полупериметра, то должны выполняться неравенства

$$0<x<p,\quad 0<y<p,\quad x+y>p;$$

они характеризуют область $\mathcal{M}$, несмотря на то, что полученное аналитическое выражение само по себе сохраняет смысл и в более широкой области, например для $x>p$ и $y>p$.

Таким образом, в то время как для функции одной переменной стандартной областью изменения аргумента являлся (конечный или бесконечный) промежуток, в случае функции двух переменных мы уже сталкиваемся с большим разнообразием и сложностью возможных (и естественных) областей изменения аргументов.

Рассмотрение этих областей значительно облегчается их геометрической интерпретацией. Если взять на плоскости две взаимно перпендикулярные оси и обычным образом откладывать на них значения x и y, то, как известно, каждой парой (x, y) однозначно определяется точка на плоскости, имеющая эти значения своими координатами, и обратно.

Тогда для характеристики тех пар (x, y), для которых определена функция, проще всего указать, какая фигура на плоскости xy заполняется соответствующими точками.

Так, говорят, что функция 1) определена во всей плоскости, функции 2) и 3) — в круге, соответственно, замкнутом (т. е. включающем окружность)

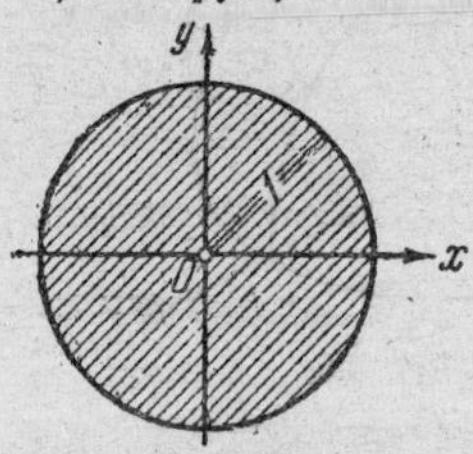

Рис. 52.

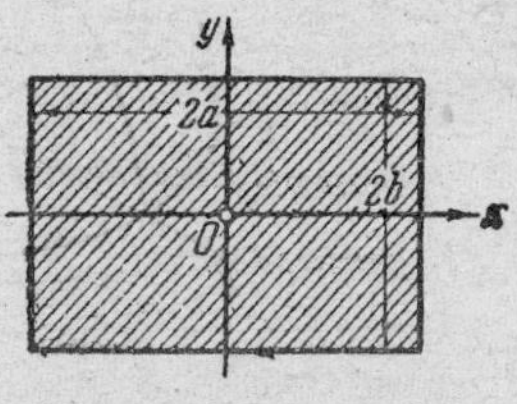

Рис. 53.

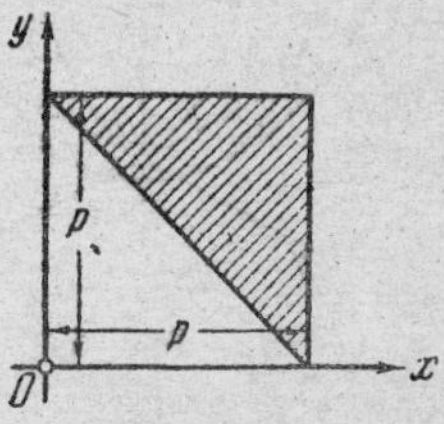

Рис. 54.

или открытом (без окружности; рис. 52); функция 4) определена в прямоугольнике (рис. 53); наконец, функция 5) рассматривается в открытом треугольнике (рис. 54).

Эта геометрическая интерпретация настолько удобна, что обычно самые пары чисел (x, y) называют «точками», а множество таких «точек», отвечающее тем или иным геометрическим образам, называют по имени этих образов. Так, множество «точек», или пар (x, y), для которых выполняются неравенства

$$a \leqslant x \leqslant b, \quad c \leqslant y \leqslant d,$$

есть «прямоугольник», измерения которого равны $b-a$ и $d-c$; его мы будем обозначать символом $[a, b; c, d]$, сходным с обозначением промежутка. Множество «точек», или пар (x, y), удовлетворяющих неравенству

$$(x-\alpha)^2+(y-\beta)^2 \leqslant r^2,$$

есть «круг» радиуса r с центром в «точке» (α, β), и т. п.

Наподобие того, как функция $y=f(x)$ геометрически иллюстрировалась своим **графиком** [n° 19], можно геометрически истолковать и уравнение $z=f(x, y)$. Возьмем в пространстве прямоугольную систему координатных осей x, y, z; изобразим на плоскости xy область $\mathcal{M}$ изменения переменных x и y, наконец в каждой точке $M(x, y)$ этой области восставим перпендикуляр к плоскости xy и отложим на нем значение $z=f(x, y)$. Геометрическое место полученных таким образом точек и явится своего рода **пространственным графиком** нашей функции. Это будет, вообще говоря, некоторая поверхность; в свою очередь, равенство $z=f(x, y)$ называется **уравнением поверхности**.

Для примера на рис. 55 и 56 изображены геометрические образы функций:

$$z=x^2+y^2 \quad \text{и} \quad z=\sqrt{1-x^2-y^2}.$$

Первый из них представляет собой параболоид вращения, а второй — полусферу.

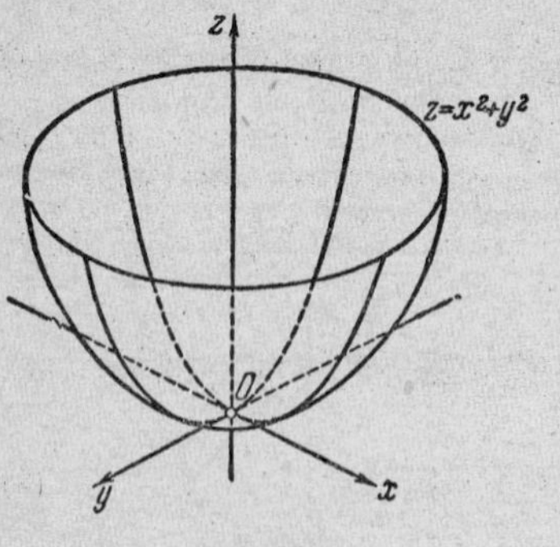

Рис. 55.

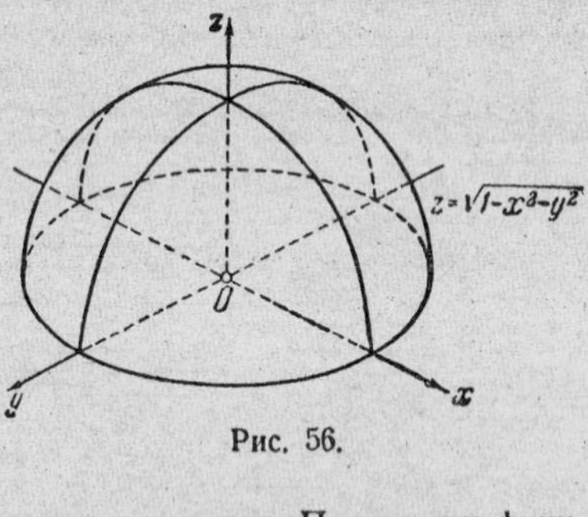

Рис. 56.

125. Арифметическое m-мерное пространство. Переходя к функциям от m независимых переменных (при $m \geqslant 3$), мы сначала остановимся на системах **совместных** значений этих переменных.

В случае $m=3$ такая система из трех чисел (x, y, z), как ясно читателю, еще может быть геометрически истолкована как **точка пространства**, а множество таких троек — как часть пространства или геометрическое тело. Но при $m>3$ возможности непосредственной геометрической интерпретации уже нет.

Тем не менее, желая распространить геометрические методы (оказавшиеся плодотворными для функций двух и трех переменных) и на теорию функций большего числа переменных, в анализе вводят понятие m-мерного «пространства» и при $m>3$.

Назовем m-мерной «точкой» систему из m вещественных чисел: $M(x_1, x_2, \ldots, x_m)$ *); сами числа $x_1, x_2, \ldots, x_m$ являются координатами этой «точки» M. Множество всех мыслимых m-мерных «точек» составляет m-мерное «пространство», которое иногда называют арифметическим.

Самые понятия «m-мерной точки» и «m-мерного (арифметического) пространства» восходят к Риману **), но терминология принадлежит Кантору.

Целесообразно ввести понятие «расстояния» $\overline{MM'}$ между двумя m-мерными «точками»:

$$M(x_1, x_2, \ldots, x_m) \text{ и } M'(x'_1, x'_2, \ldots, x'_m).$$

Подражая известной из аналитической геометрии формуле, полагают

$$\overline{MM'}=\overline{M'M}=\sqrt{\sum_{i=1}^{m}(x'_i-x_i)^2}=$$
$$=\sqrt{(x'_1-x_1)^2+(x'_2-x_2)^2+\ldots+(x'_m-x_m)^2}; \qquad (1)$$

при $m=2$ или 3 это «расстояние» совпадает с обычным расстоянием между двумя соответственными геометрическими точками.

Если взять еще одну точку

$$M''(x''_1, x''_2, \ldots, x''_m),$$

то, как можно доказать, для «расстояний» $\overline{MM'}$, $\overline{M'M''}$ и $\overline{MM''}$ выполняется неравенство

$$\overline{MM''}\leqslant\overline{MM'}+\overline{M'M''}, \qquad (2)$$

напоминающее известную теорему геометрии: «сторона треугольника не превосходит суммы двух других сторон».

---

*) Имея дело с неопределенным числом переменных, представляется удобным обозначать их не различными буквами, но одной и той же буквой лишь с различными номерами. Таким образом, x_i означает (вразрез с прежней практикой) не i-е значение некоей переменной, а самое i-ю переменную, которая сама по себе принимает различные значения.

**) Бернгард Риман (1826—1866) — выдающийся немецкий математик.

Действительно, для любого набора вещественных чисел $a_1, a_2, \ldots$ $\ldots, a_m$ и $b_1, b_2, \ldots, b_m$ имеет место неравенство

$$\sqrt{\sum_{i=1}^{m}(a_i+b_i)^2} \leqslant \sqrt{\sum_{i=1}^{m}a_i^2} + \sqrt{\sum_{i=1}^{m}b_i^2} \text{ *)}.$$

Если положить здесь

$$a_i = x_i' - x_i,\quad b_i = x_i'' - x_i',\ \text{так что}\ a_i + b_i = x_i'' - x_i,$$

то получим

$$\sqrt{\sum_{i=1}^{m}(x_i''-x_i)^2} \leqslant \sqrt{\sum_{i=1}^{m}(x_i'-x_i)^2} + \sqrt{\sum_{i=1}^{m}(x_i''-x_i')^2},$$

что равносильно (2). Таким образом, это существенное свойство расстояния оказывается налицо и в нашем «пространстве».

В m-мерном «пространстве» можно рассматривать и «прямые». Читатель вспомнит, что на плоскости x_1x_2 прямая определялась уравнением $\frac{x_1-\beta_1}{\alpha_1} = \frac{x_2-\beta_2}{\alpha_2}$, а в пространстве $x_1x_2x_3$ — уравнениями $\frac{x_1-\beta_1}{\alpha_1} = \frac{x_2-\beta_2}{\alpha_2} = \frac{x_3-\beta_3}{\alpha_3}$ (коэффициенты α здесь не могут обращаться одновременно в нуль). По аналогии с этим, назовем «прямой» в m-мерном «пространстве» множество «точек» $(x_1, x_2, \ldots, x_m)$, удовлетворяющих системе уравнений

$$\frac{x_1-\beta_1}{\alpha_1} = \frac{x_2-\beta_2}{\alpha_2} = \ldots = \frac{x_m-\beta_m}{\alpha_m}$$

---

*) Если возвести обе части его в квадрат и опустить в обеих частях равные члены, то это неравенство сведется к известному **неравенству Коши**:

$$\sum_{i=1}^{m} a_ib_i \leqslant \sqrt{\sum_{i=1}^{m} a_i^2} \cdot \sqrt{\sum_{i=1}^{m} b_i^2}.$$

Покажем, попутно, как это последнее может быть установлено элементарно. Квадратный трехчлен

$$\sum_{i=1}^{m}(a_ix+b_i)^2 = x^2 \cdot \sum_{i=1}^{m} a_i^2 + 2x \cdot \sum_{i=1}^{m} a_ib_i + \sum_{i=1}^{m} b_i^2$$

не принимает отрицательных значений. В таком случае он не может иметь различных вещественных корней, и его дискриминант неотрицателен:

$$\sum_{i=1}^{m} a_i^2 \cdot \sum_{i=1}^{m} b_i^2 - \left\{\sum_{i=1}^{m} a_ib_i\right\}^2 \geqslant 0,$$

что равносильно неравенству Коши.

(при прежнем условии относительно α). Если обозначить общее значение этих отношений через t, то можно определить «прямую» и параметрическими уравнениями:

$$x_1 = \alpha_1 t + \beta_1,\ x_2 = \alpha_2 t + \beta_2,\ \ldots,\ x_m = \alpha_m t + \beta_m,$$

предполагая параметр t изменяющимся от $-\infty$ до $+\infty$. Будем считать «точки» ее следующими одна за другой в порядке возрастания параметра; если $t' < t < t''$, то из соответствующих «точек» M', M, M'' именно «точка» M лежит между двумя другими, так как следует за M' и предшествует M''. При этих условиях, как легко показать, расстояния между ними удовлетворяют соотношению

$$\overline{M'M''} = \overline{M'M} + \overline{MM''},$$

что является характерным для прямой и в обычном пространстве.

Уравнения «прямой», проходящей через две заданные «точки»

$$M'(x_1', \ldots, x_m') \text{ и } M''(x_1'', \ldots, x_m''),$$

очевидно, могут быть написаны в виде:

$$x_1 = x_1' + t(x_1'' - x_1'),\ \ldots,\ x_m = x_m' + t(x_m'' - x_m')$$
$$(-\infty < t < +\infty),$$

причем сами «точки» M' и M'' получаются отсюда при $t=0$ и $t=1$. Если же изменять t от нуля до единицы, то получится «прямолинейный отрезок» $M'M''$, соединяющий эти «точки».

Наконец, если имеется несколько примыкающих один к другому «отрезков» $M'M_1$, $M_1M_2, \ldots$, M_kM'', то из них составится «ломаная» в m-мерном «пространстве».

126. Примеры областей в m-мерном пространстве. Обратимся теперь к рассмотрению простейших «тел» и «областей» в m-мерном «пространстве».

1) Множество «точек» $M(x_1, x_2, \ldots, x_m)$, координаты которых независимо одна от другой удовлетворяют неравенствам

$$a_1 \leqslant x_1 \leqslant b_1,\ a_2 \leqslant x_2 \leqslant b_2,\ \ldots,\ a_m \leqslant x_m \leqslant b_m,$$

называется m-мерным «прямоугольным параллелепипедом» и обозначается так:

$$[a_1, b_1; a_2, b_2; \ldots, a_m, b_m].$$

При $n=2$ отсюда, в частности, получается тот «прямоугольник», о котором уже была речь в n° 124; трехмерному «параллелепипеду» отвечает в пространстве обыкновенный прямоугольный параллелепипед.

Если в написанных соотношениях исключить равенство

$$a_1 < x_1 < b_1,\ a_2 < x_2 < b_2,\ \ldots,\ a_m < x_m < b_m,$$

то этим определится открытый «прямоугольный параллелепипед»:

$$(a_1,\ b_1;\ a_2,\ b_2;\ \ldots;\ a_m,\ b_m),$$

в отличие от которого рассмотренный выше называется замкнутым. Разности $b_1 - a_1,\ b_2 - a_2,\ \ldots,\ b_m - a_m$ называют измерениями обоих параллелепипедов, а точку

$$\left(\frac{a_1+b_1}{2},\ \frac{a_2+b_2}{2},\ \ldots,\ \frac{a_m+b_m}{2}\right)$$

— их центром.

Окрестностью «точки» $M_0(x_1^0,\ x_2^0,\ \ldots,\ x_m^0)$ называется любой открытый «параллелепипед»:

$$(x_1^0 - \delta_1,\ x_1^0 + \delta_1;\ x_2^0 - \delta_2,\ x_2^0 + \delta_2;\ \ldots;\ x_m^0 - \delta_m,\ x_m^0 + \delta_m) \qquad (3)$$

$(\delta_1,\ \delta_2,\ \ldots, \delta_m > 0)$ с центром в «точке» M_0; чаще всего это будет «куб»:

$$(x_1^0 - \delta,\ x_1^0 + \delta;\ x_2^0 - \delta,\ x_2^0 + \delta;\ \ldots;\ x_m^0 - \delta,\ x_m^0 + \delta)$$

$(\delta > 0)$, все измерения которого равны $(= 2\delta)$.

2) Рассмотрим множество «точек» $M(x_1,\ x_2,\ \ldots,\ x_m)$, удовлетворяющих неравенству

$$(x_1 - x_1^0)^2 + (x_2 - x_2^0)^2 + \ldots + (x_m - x_m^0)^2 \leqslant r^2 \quad (\text{или} < r^2),$$

где $M_0(x_1^0,\ x_2^0,\ \ldots,\ x_m^0)$ есть фиксированная «точка», а r — постоянное положительное число. Это множество называется замкнутой (или открытой) m-мерной «сферой» радиуса r с центром в «точке» M_0. Иными словами, «сфера» есть множество точек M, «расстояние» которых от некоторой фиксированной «точки» M_0 не превосходит (или меньше) r. Само собой ясно, что этой «сфере» при $m = 2$ отвечает круг [ср. n° **124**], а при $m = 3$ — обыкновенная сфера.

Открытую «сферу» любого радиуса $r > 0$ с центром в «точке» $M_0(x_1^0,\ \ldots,\ x_m^0)$ можно также рассматривать как окрестность этой точки; в отличие от той «параллелепипедальной» окрестности, которую мы ввели раньше, эту окрестность будем называть «сферической».

Полезно раз навсегда дать себе отчет в том, что если «точка» M_0 окружена окрестностью одного из указанных двух типов, то ее можно окружить и окрестностью второго типа так, чтобы эта окрестность содержалась в первой.

Пусть сначала задан «параллелепипед» (3) с центром в «точке» M_0. Достаточно взять открытую «сферу» с тем же центром и радиусом r, меньшим всех δ_i $(i = 1,\ 2,\ \ldots,\ m)$, чтобы эта сфера уже содержалась в названном «параллелепипеде». Действительно, для любой «точки» $M(x_1, x_2, \ldots, x_m)$ этой «сферы» будем иметь (при каждом i):

$$|x_i - x_i^0| \leqslant \sqrt{\sum_{k=1}^{m} (x_k - x_k^0)^2} = \overline{MM_0} < r < \delta_i$$

или

$$x_i^0 - \delta_i < x_i < x_i^0 + \delta_i,$$

так что эта точка принадлежит заданному «параллелепипеду».

Обратно, если задана «сфера» радиуса r с центром в M_0, то «параллелепипед» (3) в ней содержится, например, при $\delta_1 = \delta_2 = \ldots$ $\ldots = \delta_m = \frac{r}{\sqrt{m}}$. Это следует из того, что любая «точка» $M(x_1, x_2, \ldots, x_m)$ этого «параллелепипеда» отстоит от «точки» M_0 на «расстояние»

$$\overline{MM_0} = \sqrt{\sum_{k=1}^{m} (x_k - x_k^0)^2} < \sqrt{\sum_{k=1}^{m} \delta_k^2} = r$$

и, следовательно, принадлежит заданной «сфере».

127. Общее определение открытой и замкнутой областей. Назовем «точку» $M'(x_1', x_2', \ldots, x_m')$ в н у т р е н н е й «точкой» множества $\mathscr{M}$ в m-мерном «пространстве», если она принадлежит множеству $\mathscr{M}$ вместе с некоторой достаточно малой ее окрестностью. Из утверждения, доказанного в конце предыдущего номера, следует с очевидностью, что безразлично, какого типа окрестности здесь иметь в виду — «параллелепипедальные» или «сферические».

Для о т к р ы т о г о «прямоугольного параллелепипеда»

$$(a_1, b_1; \ldots; a_m, b_m) \tag{4}$$

каждая его «точка» является внутренней. Действительно, если

$$a_1 < x_1' < b_1, \ldots, a_m < x_m' < b_m,$$

то легко найти такое $\delta > 0$, чтобы было

$$a_1 < x_1' - \delta < x_1' + \delta < b_1, \ldots, a_m < x_m' - \delta < x_m' + \delta < b_m.$$

Аналогично, в случае о т к р ы т о й «сферы» радиуса r с центром в «точке» M_0, каждая принадлежащая ей точка M' также является для нее внутренней. Если взять ρ так, что

$$0 < \rho < r - \overline{M'M_0},$$

и описать вокруг M' «сферу» этим радиусом ρ, то она целиком будет содержаться в исходной «сфере»: лишь только $\overline{MM'} < \rho$, тотчас же [n° 125, (2)]

$$\overline{MM_0} \leqslant \overline{MM'} + \overline{M'M_0} < \rho + \overline{M'M_0} < r,$$

так что «точка» M принадлежит исходной «сфере».

Подобного рода *множество, целиком состоящее из внутренних «точек», будем называть открытой «областью».*

Таким образом, открытый «прямоугольный параллелепипед» и открытая «сфера» служат примерами открытых «областей».

Обобщим теперь понятие точки сгущения [n°32] на случай множества $\mathscr{M}$ в m-мерном «пространстве». *«Точка» M_0 называется «точкой сгущения» множества $\mathscr{M}$, если в каждой ее окрестности* (и снова — безразлично, какого типа) *содержится хоть одна «точка» множества $\mathscr{M}$, отличная от M_0.*

«Точки сгущения» для открытой «области», не принадлежащие ей, называются пограничными «точками» этой «области». Пограничные «точки» в их совокупности образуют «границу области». *Открытая «область» вместе с «границей» ее называется замкнутой «областью».*

Нетрудно видеть, что для открытого параллелепипеда (4) пограничными будут «точки» $M(x_1, \ldots, x_m)$, для которых

$$a_1 \leqslant x_1 \leqslant b_1, \ \ldots, \ a_m \leqslant x_m \leqslant b_m,$$

причем хоть в одном случае имеет место именно равенство.

Точно так же, для рассмотренной выше открытой «сферы» пограничными будут «точки» M, для которых в точности $\overline{MM_0} = r$.

Таким образом, замкнутый «прямоугольный параллелепипед» и замкнутая «сфера» дают примеры замкнутых «областей».

Впредь, говоря об «области», открытой или замкнутой, мы всегда будем иметь в виду «область» в указанном здесь специальном смысле.

Установим теперь, что *замкнутой «области» принадлежат уже все ее «точки сгущения».*

Пусть даны замкнутая «область» $\overline{\mathscr{D}}$ и «точка» M_0 вне ее. Докажем, что тогда M_0 не будет «точкой сгущения» для $\overline{\mathscr{D}}$.

Замкнутая «область» $\overline{\mathscr{D}}$ получается из некоторой открытой «области» $\mathscr{D}$ путем присоединения к ней ее «границы» $\mathscr{E}$. Очевидно, M_0 не является «точкой сгущения» для $\mathscr{D}$; следовательно, M_0 можно окружить такой открытой «сферой», чтобы в ней вовсе не содержалось «точек» из $\mathscr{D}$. Но тогда в ней не может быть и «точек» из $\mathscr{E}$: ведь, если бы какая-нибудь «точка» M' из $\mathscr{E}$ в нее попала, то в ней содержалась бы целиком и некоторая окрестность «точки» M', и в этой окрестности не было бы ни одной точки из $\mathscr{D}$, вопреки определению «границы». Итак, в упомянутой «сфере» нет «точек» из $\overline{\mathscr{D}}$, что и доказывает наше утверждение.

Вообще «точечное» множество $\mathscr{M}$, содержащее все свои «точки сгущения», называют замкнутым. Таким образом, замкнутая «область» есть частный случай замкнутого множества.

Все изложенное в последних номерах можно рассматривать как установление лишь некоего геометрического языка*); с этим не связано (при $m > 3$) никаких реальных геометрических представлений. Однако полезно подчеркнуть, что на деле m-мерное (арифметическое) «пространство» является лишь первым шагом к тем в высшей степени плодотворным обобщениям понятия пространства, которые лежат в основе многих более высоких частей современного анализа.

128. Функции m переменных. Пусть имеем m переменных $x_1, x_2, \ldots x_m$, совместные значения которых могут выбираться произвольно из некоторого множества $\mathcal{M}$ точек m-мерного пространства: эти переменные называются независимыми. Определение функции и все сказанное по этому поводу для случая двух независимых переменных [124] непосредственно переносится и на рассматриваемый случай, так что нет надобности на этом останавливаться.

Если точку $(x_1, x_2, \ldots, x_m)$ обозначить через M, то функцию $u=f(x_1, x_2, \ldots, x_m)$ от этих переменных иногда называют функцией точки M и обозначают тем же знаком: $u=f(M)$.

Предположим теперь, что в некотором множестве $\mathcal{P}$ точек k-мерного пространства (где k не связано с m) заданы m функций от k переменных $t_1, t_2, \ldots, t_k$

$$x_1=\varphi_1(t_1, t_2, \ldots, t_k), \ldots, x_m=\varphi_m(t_1, t_2, \ldots, t_k), \tag{5}$$

или, короче,

$$x_1=\varphi_1(P), \ldots, x_m=\varphi_m(P), \tag{5a}$$

где P означает точку $(t_1, t_2, \ldots, t_k)$ k-мерного пространства. Допустим, сверх того, что, когда точка $P(t_1, t_2, \ldots, t_k)$ изменяется в пределах множества $\mathcal{P}$, соответствующая ей m-мерная точка M, с координатами (5) или (5a), не выходит за пределы m-мерного множества $\mathcal{M}$, где определена функция $u=f(x_1, x_2, \ldots, x_m)=f(M)$.

Тогда переменную u можно рассматривать как сложную функцию от независимых переменных $t_1, t_2, \ldots, t_k$ (в множестве $\mathcal{P}$) — через посредство переменных $x_1, x_2, \ldots, x_m$:

$$u=f(\varphi_1(t_1, t_2, \ldots, t_k), \ldots, \varphi_m(t_1, t_2, \ldots, t_k));$$

u является *функцией от функций* $\varphi_1, \ldots, \varphi_m$. [Ср. n° 25.]

Самый процесс определения сложной функции по функциям $\varphi_1, \ldots, \varphi_m$ и функции f называется (как в простейшем случае функций одной переменной) *суперпозицией*.

---

*) Мы помещали в кавычках все геометрические термины, которые употреблялись в смысле, отличном от обычного: «точка», «расстояние», «область», и т. п. Впредь мы этого делать уже не будем.

Класс функций нескольких переменных, с которыми непосредственно приходится иметь дело на первых порах, очень невелик. По существу, он строится, с помощью суперпозиций, на элементарных функциях одной переменной [пп° **22, 24**] и на следующих функциях двух переменных:

$$z=x\pm y,\ z=xy,\ z=\frac{x}{y},\ z=x^y,$$

т. е. на четырех арифметических операциях и на так называемой степенно-показательной функции.

Арифметические операции, повторно примененные к независимым переменным $x_1, x_2, \ldots, x_m$ и постоянным, приводят прежде всего к целым многочленам:

$$P(x_1, x_2, \ldots, x_m)=\sum_{\nu_1, \nu_2, \ldots, \nu_m} C_{\nu_1, \nu_2, \ldots, \nu_m} x_1^{\nu_1} x_2^{\nu_2} \ldots x_m^{\nu_m}\,{}^{*)} \tag{6}$$

(целая рациональная функция) и к частным двух таких многочленов:

$$Q(x_1, x_2, \ldots, x_m)=\frac{\sum C_{\nu_1, \nu_2, \ldots, \nu_m} x_1^{\nu_1} x_2^{\nu_2} \ldots x_m^{\nu_m}}{\sum C'_{\mu_1, \mu_2, \ldots, \mu_m} x_1^{\mu_1} x_2^{\mu_2} \ldots x_m^{\mu_m}} \tag{7}$$

(дробная рациональная функция).

Привлечение элементарных функций одной переменной приводит к таким, например, функциям:

$$f(x, y, z)=\frac{\ln(x+y+z)}{\sqrt{x^2+y^2+z^2}},$$

$$\varphi(x, y, z, t)=\sin xy+\sin yz+\sin zt+\sin tx,$$

и т. п.

Те замечания, которые были сделаны в п° 18 по поводу аналитического задания функций одной переменной, могут быть повторены и здесь.

129. Предел функции нескольких переменных. Рассмотрим в m-мерном пространстве последовательность точек

$$\{M_n(x_1^{(n)}, x_2^{(n)}, \ldots, x_m^{(n)})\} \quad (n=1, 2, 3, \ldots). \tag{8}$$

Мы будем говорить, что эта последовательность сходится к предельной точке $M_0(a_1, a_2, \ldots, a_m)$, если координаты точки M_n порознь стремятся к соответствующим координатам точки M_0, т. е. если при $n\to\infty$

$$x_1^{(n)}\to a_1,\ x_2^{(n)}\to a_2,\ \ldots,\ x_m^{(n)}\to a_m. \tag{9}$$

---

*) Мы знаем, что знак $\sum$ означает сумму однотипных слагаемых. Здесь мы имеем более сложный случай, когда слагаемые зависят от нескольких значков.

Вместо этого можно было бы потребовать, чтобы расстояние между точками M_n и M_0 стремилось к нулю:

$$\overline{M_0 M_n} \to 0. \tag{10}$$

Равносильность обоих определений вытекает из доказанного в n°126 утверждения об окрестностях двух типов. Действительно, условие (9) означает, что, каково бы ни было число $\delta > 0$, точка M_n при достаточно большом n удовлетворяет неравенствам

$$|x_1^{(n)} - a_1| < \delta, \ \ldots, \ |x_m^{(n)} - a_m| < \delta,$$

т. е. содержится в открытом параллелепипеде

$$(a_1 - \delta, \ a_1 + \delta; \ \ldots; \ a_m - \delta, \ a_m + \delta)$$

с центром в точке M_0; требование же (10) имеет тот смысл, что, каково бы ни было число $r > 0$, точка M_n — снова при достаточно большом n — удовлетворяет неравенству

$$\overline{M_0 M_n} < r,$$

т. е. попадает в открытую сферу радиуса r с центром в той же точке.

Пусть дано некоторое множество $\mathcal{M}$ в m-мерном пространстве, и точка $M_0(a_1, \ldots, a_m)$ является его точкой сгущения. Тогда из $\mathcal{M}$ всегда можно извлечь такую последовательность (8) отличных от M_0 точек, которая сходилась бы к M_0 как к предельной точке.

Предположим теперь, что в упомянутом множестве определена функция $f(x_1, \ldots, x_m)$. Аналогично случаю функции от одной переменной, говорят, что

функция $f(x_1, \ldots, x_m) = f(M)$ имеет пределом число A при стремлении переменных $x_1, \ldots, x_m$, соответственно, к $a_1, \ldots, a_m$ (или — короче — при стремлении точки M к точке M_0), если, какую бы ни извлечь из $\mathcal{M}$ последовательность (8) отличных от $M_0(a_1, \ldots, a_m)$ точек, сходящуюся к M_0, числовая последовательность $\{f(x_1^{(n)}, \ldots, x_m^{(n)})\} = \{f(M_n)\}$, состоящая из соответствующих значений функции, всегда сходится к A.

Обозначают этот факт так:

$$A = \lim_{\substack{x_1 \to a_1 \\ \cdots \\ x_m \to a_m}} f(x_1, \ldots, x_m),$$

или, короче,

$$A = \lim_{M \to M_0} f(M).$$

Определение предела функции легко распространить и на случай, когда некоторые из чисел $A, a_1, \ldots, a_m$ или все они — бесконечны.

Подчеркнем, что и для функции нескольких переменных понятие предела функции приводится, таким образом, к понятию предела последовательности.

Однако и здесь определение предела может быть дано «на языке ε-δ», без упоминания о последовательностях. Вот как выглядит это определение для случая конечности всех чисел A, $a_1, \ldots, a_m$:

говорят, что *функция* $f(x_1, \ldots, x_m)$ *имеет пределом число* A *при стремлении переменных* $x_1, \ldots, x_m$, *соответственно, к* $a_1, \ldots, a_m$, *если для каждого числа* $\varepsilon > 0$ *найдется такое число* $\delta > 0$, *что*

$$|f(x_1, \ldots, x_m) - A| < \varepsilon,$$

лишь только

$$|x_1 - a_1| < \delta, \ldots, |x_m - a_m| < \delta.$$

При этом точка $(x_1, \ldots, x_m)$ предполагается взятой из $\mathcal{M}$ и отличной от $(a_1, \ldots, a_m)$. Итак, неравенство для функции должно выполняться во всех точках множества $\mathcal{M}$, лежащих в достаточно малой окрестности

$$(a_1 - \delta, a_1 + \delta; \ldots; a_m - \delta, a_m + \delta)$$

точки M_0, но исключая саму эту точку (даже если она принадлежит $\mathcal{M}$).

В геометрических терминах, вводя для точек $(x_1, \ldots, x_m)$ и $(a_1, \ldots, a_m)$ обозначения M и M_0, можно было бы перефразировать сказанное так: *число* A *называется пределом функции* $f(M)$ *при стремлении точки* M *к* M_0 *(или в точке* M_0*), если для каждого числа* $\varepsilon > 0$ *существует такое число* $r > 0$, *что*

$$|f(M) - A| < \varepsilon,$$

лишь только расстояние $\overline{M_0M} < r$.

Как и выше, точка M предполагается взятой из $\mathcal{M}$, но отличной от M_0. Таким образом, неравенство для функции должно выполняться во всех точках множества $\mathcal{M}$, лежащих в достаточно малой сферической окрестности точки M_0, за исключением самой этой точки.

Из замечания n°**126** об окрестностях разных типов непосредственно ясна равносильность обеих форм нового определения предела функции.

Что же касается равносильности нового определения и ранее данного — «на языке последовательностей», то она устанавливается так же, как и в случае функций от одной переменной [n° **33**].

Заметим в заключение, что вся теория пределов, развитая выше (глава III), распространяется и на общий случай функций нескольких переменных. В значительной части это распространение осуществляется автоматически, поскольку и здесь всё может быть сведено к последоват льности [ср. n° **42**].

130. Примеры. 1) Пользуясь теоремой о пределе произведения, прежде всего легко показать, что

$$\lim_{\substack{x_1 \to a_1 \\ \cdots \\ x_m \to a_m}} C x_1^{\nu_1} \ldots x_m^{\nu_m} = C a_1^{\nu_1} \ldots a_m^{\nu_m},$$

где C, $a_1, \ldots, a_m$ — любые вещественные, а $\nu_1, \ldots, \nu_m$ — неотрицательные целые числа. Отсюда, если через $P(x_1, \ldots, x_m)$ обозначить целую рациональную функцию (6), то по теореме о пределе суммы получается также

$$\lim_{\substack{x_1 \to a_1 \\ \cdots \\ x_m \to a_m}} P(x_1, \ldots, x_m) = P(a_1, \ldots, a_m).$$

Аналогично для дробной рациональной функции (7) по теореме о пределе частного имеем

$$\lim_{\substack{x_1 \to a_1 \\ \cdots \\ x_m \to a_m}} Q(x_1, \ldots, x_m) = Q(a_1, \ldots, a_m),$$

конечно, лишь при условии, что знаменатель в точке $(a_1, \ldots, a_m)$ в нуль не обращается.

2) Рассмотрим степенно-показательную функцию x^y при $x > 0$ и произвольном y. Тогда, если $a > 0$ и b — любое вещественное число, будем иметь

$$\lim_{\substack{x \to a \\ y \to b}} x^y = a^b.$$

Действительно, если взять любые зависящие от n переменные $x_n \to a$ и $y_n \to b$, то [ср. n° 66]

$$x_n^{y_n} = e^{y_n \cdot \ln x_n} \to e^{b \cdot \ln a} = a^b,$$

а это — на «языке последовательностей» — и устанавливает требуемый результат.

3) Поставим вопрос о пределе:

$$\lim_{\substack{x \to 0 \\ y \to 0}} \frac{xy}{x^2 + y^2};$$

функция здесь определена на всей плоскости за исключением именно точки $x = 0$, $y = 0$.

Если взять две частичные последовательности точек

$$\left\{M_n\left(\frac{1}{n}, \frac{1}{n}\right)\right\} \text{ и } \left\{M'_n\left(\frac{2}{n}, \frac{1}{n}\right)\right\},$$

очевидно сходящиеся к точке (0, 0), то окажется, что при всех n

$$f(M_n) = f\left(\frac{1}{n}, \frac{1}{n}\right) = \frac{1}{2}, \text{ а } f(M'_n) = f\left(\frac{2}{n}, \frac{1}{n}\right) = \frac{2}{5}.$$

Отсюда уже следует, что упомянутого предела не существует.

Предлагается аналогично убедиться в том, что не существует предела

$$\lim_{\substack{x\to 0\\ y\to 0}} \frac{x^2-y^2}{x^2+y^2}.$$

4) Наоборот, существует предел

$$\lim_{\substack{x\to 0\\ y\to 0}} \frac{x^2y}{x^2+y^2}=0.$$

Это сразу вытекает из неравенства

$$\left|\frac{x^2y}{x^2+y^2}\right|\leqslant\frac{1}{2}|x|.$$

131. Повторные пределы. Кроме рассмотренного выше предела функции $f(x_1, x_2, \ldots, x_m)$ при одновременном стремлении всех аргументов к их пределам, приходится иметь дело и с пределами другого рода, получаемыми в результате ряда последовательных предельных переходов по каждому аргументу в отдельности в том или ином порядке. Первый предел называется m-кратным (или двойным, тройным и т. д. — при $m=2, 3, \ldots$), а последний — повторным.

Ограничимся для простоты случаем функции двух переменных $f(x, y)$. Допустим к тому же, что область $\mathcal{M}$ изменения переменных x, y такова, что x (независимо от y) может принимать любое значение в некотором множестве $\mathcal{X}$, для которого a служит точкой сгущения, но ему не принадлежит, и аналогично y (независимо от x) изменяется в множестве $\mathcal{Y}$ с точкой сгущения b, не принадлежащей ему. Такую область $\mathcal{M}$ можно было бы символически обозначить, как $\mathcal{X}\times\mathcal{Y}$. Например,

$$(a,\ a+H;\ b,\ b+K)=(a,\ a+H)\times(b,\ b+K).$$

Если при любом фиксированном y из $\mathcal{Y}$ существует для функции $f(x, y)$ (которая оказывается функцией лишь от x) предел при $x\to a$, то этот предел, вообще говоря, будет зависеть от наперед фиксированного y:

$$\lim_{x\to a} f(x, y)=\varphi(y).$$

Затем можно поставить вопрос о пределе функции $\varphi(y)$ при $y\to b$:

$$\lim_{y\to b}\varphi(y)=\lim_{y\to b}\lim_{x\to a} f(x, y);$$

это и будет один из двух повторных пределов. Другой получится, если предельные переходы произвести в обратном порядке:

$$\lim_{x\to a}\lim_{y\to b} f(x, y).$$

Не следует думать, что повторные пределы эти необходимо равны.

Если, например, в области $\mathcal{M}$ $(0, +\infty; 0, +\infty)$ положить:

1) $$f(x, y)=\frac{x-y+x^2+y^2}{x+y}$$

и взять $a=b=0$, то получим:

$$\varphi(y)=\lim_{x\to 0} f(x, y)=y-1, \quad \lim_{y\to 0}\varphi(y)=\lim_{y\to 0}\lim_{x\to 0} f(x, y)=-1,$$

в то время как

$$\psi(x)=\lim_{y\to 0} f(x, y)=x+1, \quad \lim_{x\to 0}\psi(x)=\lim_{x\to 0}\lim_{y\to 0} f(x, y)=1.$$

Может случиться также, что один из повторных пределов существует, а другой — нет. Так будет, например, для функции:

2) $$f(x, y)=\frac{x\sin\frac{1}{x}+y}{x+y} \quad \text{или} \quad 3) \quad f(x, y)=x\cdot\sin\frac{1}{y};$$

в обоих случаях здесь существует повторный предел $\lim\limits_{y\to 0}\lim\limits_{x\to 0} f$, но нет повторного предела $\lim\limits_{x\to 0}\lim\limits_{y\to 0} f$ (а в последнем примере — нет даже простого предела $\lim\limits_{y\to 0} f$).

Эти простые примеры показывают, насколько осторожным нужно быть при перестановке двух предельных переходов по разным переменным: не раз ошибочные умозаключения проистекали именно от такой незаконной перестановки. В то же время многие важные вопросы анализа связаны именно с перестановкой предельных переходов, но, разумеется, всякий раз дозволительность перестановки должна быть особо обоснована.

Один из путей к такому обоснованию открывает следующая важная теорема, которая в то же время устанавливает связь между двойными и повторными пределами:

Теорема. *Если* 1) *существует (конечный или нет) двойной предел*

$$A=\lim_{\substack{x\to a\\ y\to b}} f(x, y)$$

и 2) *при любом y из $\mathcal{Y}$ существует (конечный) простой предел по x*

$$\varphi(y)=\lim_{x\to a} f(x, y),$$

то существует повторный предел

$$\lim_{y\to b}\varphi(y)=\lim_{y\to b}\lim_{x\to a} f(x, y),$$

равный двойному.

Докажем это для случая конечных A, a и b. Согласно определению предела функции «на языке ε-δ» [129], по заданному $\varepsilon > 0$ найдется такое $\delta > 0$, что

$$|f(x, y) - A| < \varepsilon, \tag{11}$$

лишь только $|x - a| < \delta$ и $|y - b| < \delta$ (причем x берется из $\mathscr{X}$, а y из $\mathscr{Y}$). Фиксируем теперь y так, чтобы выполнялось неравенство $|y - b| < \delta$, и перейдем в (11) к пределу, устремив x к a. Так как, ввиду 2), $f(x, y)$ при этом стремится к пределу $\varphi(y)$, то получим

$$|\varphi(y) - A| \leqslant \varepsilon.$$

Вспоминая, что y здесь есть любое число из $\mathscr{Y}$, подчиненное лишь условию $|y - b| < \delta$, приходим к заключению, что

$$A = \lim_{y \to b} \varphi(y) = \lim_{y \to b} \lim_{x \to a} f(x, y),$$

что и требовалось доказать.

Если, наряду с условиями 1) и 2), при любом x из $\mathscr{X}$ существует (конечный) простой предел по y

$$\psi(x) = \lim_{y \to b} f(x, y),$$

то, как следует из уже доказанного, если x и y поменять ролями, существует также и второй повторный предел

$$\lim_{x \to a} \psi(x) = \lim_{x \to a} \lim_{y \to b} f(x, y),$$

равный тому же числу A: в этом случае оба повторных предела равны.

Из доказанной теоремы сразу ясно, что в примерах 1) и 2) двойной предел не существует. В этом легко убедиться и непосредственно.

В примере 3), наоборот, двойной предел существует: из неравенства

$$\left| x \cdot \sin \frac{1}{y} \right| \leqslant |x|$$

усматриваем, что он равен нулю. Этот пример показывает, что условие 1) теоремы не влечет за собой условия 2).

Не следует думать, однако, что существование двойного предела необходимо для равенства повторных: в примере 3) предыдущего номера оба повторных предела существуют и равны нулю, хотя двойного предела нет.

§ 2. НЕПРЕРЫВНЫЕ ФУНКЦИИ

132. Непрерывность и разрывы функций нескольких переменных. Пусть функция $f(x_1, \ldots, x_m)$ определена в некотором множестве $\mathscr{M}$ точек m-мерного пространства, и $M'(x'_1, \ldots, x'_m)$ есть точка сгущения этого множества, принадлежащая самому множеству.

Говорят, что *функция* $f(x_1, \ldots, x_m)$ *непрерывна в точке* $M'(x'_1, \ldots, x'_m)$, *если имеет место равенство*

$$\lim_{\substack{x_1 \to x'_1 \\ \cdots \\ x_m \to x'_m}} f(x_1, \ldots, x_m) = f(x'_1, \ldots, x'_m); \tag{1}$$

в противном же случае функция терпит разрыв в точке M'.

На «языке ε-δ» непрерывность функции в точке M' выразится так [129]: *по любому заданному* $\varepsilon > 0$ *должно найтись такое* $\delta > 0$, что

$$|f(x_1, \ldots, x_m) - f(x'_1, \ldots, x'_m)| < \varepsilon, \tag{2}$$

лишь только

$$|x_1 - x'_1| < \delta, \ldots, |x_m - x'_m| < \delta, \tag{3}$$

или иначе: *по* $\varepsilon > 0$ *должно найтись такое* $r > 0$, *что*

$$|f(M) - f(M')| < \varepsilon,$$

лишь только расстояние

$$\overline{MM'} < r.$$

При этом точка $M(x_1, \ldots, x_m)$ предполагается принадлежащей множеству $\mathcal{M}$, в частности же, может совпасть и с M'. Именно ввиду того, что предел функции в точке M' тождествен со значением функции в этой точке, обычное требование, чтобы M была отлична от M', здесь становится ненужным.

Рассматривая разности $x_1 - x'_1, \ldots, x_m - x'_m$ как приращения $\Delta x_1, \ldots, \Delta x_m$ независимых переменных, а разность

$$f(x_1, \ldots, x_m) - f(x'_1, \ldots, x'_m)$$

— как приращение функции, можно сказать (как в случае функций одной переменной), что *функция непрерывна, если бесконечно малым приращениям независимых переменных отвечает бесконечно малое же приращение функции.*

Определенная выше непрерывность функции в точке M' есть, так сказать, непрерывность по всей совокупности переменных $x_1, \ldots, x_m$. Если она имеет место, то одновременно и

$$\lim_{x_1 \to x'_1} f(x_1, x'_2, \ldots, x'_m) = f(x'_1, x'_2, \ldots, x'_m),$$

$$\lim_{\substack{x_1 \to x'_1 \\ x_2 \to x'_2}} f(x_1, x_2, x'_3, \ldots, x'_m) = f(x'_1, x'_2, x'_3, \ldots, x'_m)$$

и т. п., ибо здесь мы осуществляем лишь частные законы приближения M к M'. Иными словами, функция оказывается непрерывной в отдельности по каждой переменной x_i, по каждой паре переменных x_i, x_j, и т. д.

С примерами непрерывных функций мы уже сталкивались. Так, в п° 130, 1) была установлена непрерывность целой и дробной рациональных функций от m аргументов во всех точках m-мерного пространства (для дробной функции — за исключением тех точек, которые обращают ее знаменатель в нуль). Там же, в 2), была доказана непрерывность степенно-показательной функции x^y для всех точек правой полуплоскости ($x>0$).

Если вновь рассмотреть функцию

$$f(x, y) = \frac{xy}{x^2+y^2} \quad (\text{для } x^2+y^2>0),$$

определенную этой формулой во всей плоскости, кроме начальной точки, и положить дополнительно $f(0, 0)=0$, то получим пример разрыва. Он имеет место именно в начальной точке, так как [п° 130, 3)] при $x \to 0$, $y \to 0$ для функции предела не существует.

Здесь мы сталкиваемся с таким интересным обстоятельством. Рассмотренная функция $f(x, y)$, хотя и не является непрерывной в точке $(0, 0)$ по совокупности обеих переменных, тем не менее будет непрерывна в этой точке как по x, так и по y в отдельности; это следует из того, что $f(x, 0)=f(0, y)=0$. Впрочем, сказанное перестает быть удивительным, если сообразить, что, говоря о непрерывности по x и по y в отдельности, мы учитываем лишь приближение к точке $(0, 0)$ по оси x или по оси y, оставляя в стороне бесчисленное множество других законов приближения.

Замечание. Коши в «Алгебраическом анализе» пытался доказать, что функция от нескольких переменных, непрерывная по каждой из них в отдельности, будет непрерывна и по их совокупности. Предыдущий пример как раз и служит опровержением этого утверждения.

Если для функции $f(M)$ при стремлении M к M' вовсе не существует определенного конечного предела

$$\lim_{M \to M'} f(M),$$

то говорят, что в точке M' функция имеет разрыв даже в том случае, когда в самой точке M' функция не определена.

133. Операции над непрерывными функциями. Легко сформулировать и доказать теорему о непрерывности суммы, разности, произведения, частного двух непрерывных функций [ср. п° **62**]; предоставляем это читателю.

Мы остановимся лишь на теореме о суперпозиции непрерывных функций. Как и в п° **128**, мы предположим, что, кроме функции $u=f(x_1, \ldots, x_m)$, заданной в множестве $\mathcal{M}$ m-мерных точек $M(x_1, \ldots, x_m)$, нам даны еще m функций

$$x_1 = \varphi_1(t_1, \ldots, t_k), \ldots, x_m = \varphi_m(t_1, \ldots, t_k) \tag{4}$$

в некотором множестве $\mathcal{P}$ k-мерных точек $P(t_1, \ldots, t_k)$, причем точка M с координатами (4) не выходит за пределы упомянутого множества $\mathcal{M}$.

Теорема. *Если функции* $\varphi_i(P)$ $(i=1, \ldots, m)$ *все непрерывны в точке* $P'(t'_1, \ldots, t'_k)$ *из* $\mathcal{P}$, *а функция* $f(M)$ *непрерывна в* *соответствующей* *точке* $M'(x'_1, \ldots, x'_m)$ *с координатами*

$$x'_1=\varphi_1(t'_1, \ldots, t'_k), \ldots, x'_m=\varphi_m(t'_1, \ldots, t'_k),$$

то и сложная функция

$$u=f(\varphi_1(t_1, \ldots, t_k), \ldots, \varphi_m(t_1, \ldots, t_k))=f(\varphi_1(P), \ldots, \varphi_m(P))$$

будет непрерывна в точке P'.

Действительно, сначала по $\varepsilon>0$ определится число $\delta>0$ такое, что из (3) следует (2) (ввиду непрерывности функции f). Затем по числу δ (ввиду непрерывности функций $\varphi_1, \ldots, \varphi_m$) найдется число $\eta>0$ такое, что неравенства

$$|t_1-t'_1|<\eta, \ldots, |t_k-t'_k|<\eta \tag{5}$$

влекут за собой неравенства

$$|x_1-x'_1|=|\varphi_1(t_1, \ldots, t_k)-\varphi_1(t'_1, \ldots, t'_k)|<\delta, \ldots$$
$$|x_m-x'_m|=|\varphi_m(t_1, \ldots, t_k)-\varphi_m(t'_1, \ldots, t'_k)|<\delta.$$

Но тогда, при наличии (5), будет также:

$$|f(x_1, \ldots, x_m)-f(x'_1, \ldots, x'_m)|=$$
$$=|f(\varphi_1(t_1, \ldots, t_k), \ldots, \varphi_m(t_1, \ldots, t_k))-$$
$$-f(\varphi_1(t'_1, \ldots, t'_k), \ldots, \varphi_m(t'_1, \ldots, t'_k))|<\varepsilon,$$

что и доказывает наше утверждение.

134. Теорема об обращении функции в нуль. Займемся теперь изучением свойств функции нескольких переменных, непрерывных в каждой точке некоторой области $\mathcal{D}$ (или — короче — непрерывной в области $\mathcal{D}$) m-мерного пространства*). Они вполне аналогичны свойствам функции одной переменной, непрерывной в промежутке (глава IV, § 2).

При изложении мы — лишь для краткости — ограничимся случаем двух независимых переменных. Перенесение на общий случай производится непосредственно и не представляет труда. Впрочем, некоторые замечания по этому поводу будут сделаны попутно.

Для того чтобы сформулировать теорему, аналогичную первой теореме Больцано — Коши [n° **68**], мы нуждаемся в понятии *связной области:* так называется область, любые две точки которой могут быть соединены ломаной [n° **125**], лежащей в этой области всеми своими точками.

---

*) Понимая «область» в смысле n° **127**.

Теорема. *Пусть функция $f(x, y)$ определена и непрерывна в некоторой* *с в я з н о й* *области $\mathscr{D}$. Если в двух точках $M'(x', y')$ и $M''(x'', y'')$ этой области функция принимает значения разных знаков:*

$$f(x', y') < 0, \quad f(x'', y'') > 0,$$

то в этой области найдется и точка $M_0(x_0, y_0)$, в которой функция обращается в нуль: $f(x_0, y_0) = 0$.

Доказательство мы построим на сведении к случаю функции одной независимой переменной.

Ввиду связности области $\mathscr{D}$, точки M' и M'' можно соединить л о м а н о й, лежащей в $\mathscr{D}$ (рис. 57). Если в какой-либо из ее вершин функция $f(x, y)$ обращается в нуль, то утверждение теоремы оправдано. В противном случае, перебирая стороны ломаной одну за другой, непременно придем к такому п р я м о л и н е й н о м у о т р е з к у, на концах которого функция принимает значения разных знаков. Таким образом, можно было бы, не умаляя общности, с самого начала считать, что именно прямолинейный отрезок $M'M''$, имеющий уравнения

$$x = x' + t(x'' - x'),$$
$$y = y' + t(x'' - x')$$
$$(0 \leqslant t \leqslant 1),$$

всеми точками принадлежит области $\mathscr{D}$.

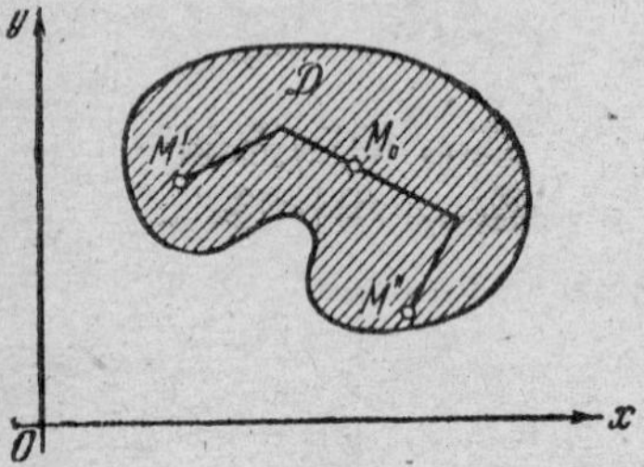

Рис. 57.

Если точка $M(x, y)$ передвигается вдоль этого отрезка, то наша первоначальная функция $f(x, y)$ превратится в сложную функцию одной переменной t:

$$F(t) = f(x' + t(x'' - x'), \quad y' + t(y'' - y')),$$

очевидно, непрерывную — по теореме предыдущего номера. Но для $F(t)$ имеем:

$$F(0) = f(x', y') < 0 \quad \text{и} \quad F(1) = f(x'', y'') > 0.$$

Применяя к функции $F(t)$ уже доказанную в n° **68** теорему, заключаем, что $F(t_0) = 0$ при некотором значении t_0 между нулем и единицей. Вспоминая определение функции $F(t)$, имеем, таким образом:

$$f(x_0, y_0) = 0,$$

если положить

$$x_0 = x' + t_0(x'' - x'), \quad y_0 = y' + t_0(y'' - y').$$

Точка $M_0(x_0, y_0)$ и есть искомая.

Отсюда вытекает теорема, аналогичная второй теореме Больцано — Коши (которая, впрочем, могла быть получена и сразу).

Читатель видит, что переход к пространству m измерений (при $m>2$) не создает никаких затруднений, ибо в m-мерной связной области точки также могут быть соединены ломаной, и вопрос сведется, как и только что, к рассмотрению сложной функции от одной переменной.

135. Лемма Больцано — Вейерштрасса. Для дальнейшего изложения нам понадобится обобщение леммы n° 51 на случай последовательности точек в пространстве любого числа измерений. Условимся называть множество точек $\mathcal{M}$ в этом пространстве ограниченным, если это множество содержится в некотором параллелепипеде. Как всегда, остановимся лишь на «плоском» случае.

Из любой ограниченной последовательности точек

$$M_1(x_1, y_1),\ M_2(x_2, y_2), \ldots,\ M_n(x_n, y_n), \ldots$$

всегда можно извлечь такую частичную последовательность

$$M_{n_1}(x_{n_1}, y_{n_1}),\ M_{n_2}(x_{n_2}, y_{n_2}), \ldots,\ M_{n_k}(x_{n_k}, y_{n_k}), \ldots$$

$$(n_1 < n_2 < \ldots < n_k < \ldots,\ n_k \to +\infty),$$

которая сходилась бы к предельной точке.

Доказательство проще всего построить, если использовать лемму, уже доказанную в n° 51 для случая линейной последовательности.

Так как наша последовательность предположена ограниченной, то все ее точки содержатся в некотором прямоугольнике $[a, b; c, d]$, так что

$$a \leqslant x_n \leqslant b,\ c \leqslant y_n \leqslant d \quad (\text{для } n = 1, 2, 3, \ldots).$$

Применив лемму n° 51 сначала к последовательности $\{x_n\}$, выделим частичную последовательность $\{x_{n_k}\}$, сходящуюся к некоторому пределу $\bar{x}$. Таким образом, для частичной последовательности точек

$$(x_{n_1}, y_{n_1}),\ (x_{n_2}, y_{n_2}), \ldots,\ (x_{n_k}, y_{n_k}), \ldots$$

первые координаты уже имеют предел. Вторично применим упомянутую теорему к последовательности вторых координат $\{y_{n_k}\}$ и выделим такую частичную последовательность $\{y_{n_{k_i}}\}$, которая тоже стремится к некоторому пределу $\bar{y}$. Тогда, очевидно, частичная последовательность точек

$$(x_{n_{k_1}}, y_{n_{k_1}}),\ (x_{n_{k_2}}, y_{n_{k_2}}), \ldots,\ (x_{n_{k_i}}, y_{n_{k_i}}), \ldots$$

будет стремиться к предельной точке $(\bar{x}, \bar{y})$.

И здесь рассуждение легко переносится на случай пространства $m>2$ измерений: лишь выделение частичных последовательностей в общем случае пришлось бы повторить не два раза, а m раз.

136. Теорема об ограниченности функции. С помощью доказанной теоремы легко может быть установлена для функций двух переменных первая теорема Вейерштрасса:

Теорема. *Если функция $f(x, y)$ определена и непрерывна в ограниченной замкнутой области $\mathscr{D}$* *), *то она ограничена как снизу, так и сверху, т. е. все ее значения содержатся между двумя конечными границами:*

$$m \leqslant f(x, y) \leqslant M.$$

Доказательство (от противного) вполне аналогично рассуждению n° **72**. Пусть функция $f(x, y)$ при изменении (x, y) в $\mathscr{D}$ оказывается неограниченной, скажем, сверху. Тогда для любого n найдется в $\mathscr{D}$ такая точка M_n (x_n, y_n), что

$$f(x_n, y_n) > n. \tag{6}$$

По лемме n° **135** из ограниченной последовательности $\{M_n\}$ можно извлечь частичную последовательность $\{M_{n_k}\}$, сходящуюся к предельной точке $\overline{M}(\overline{x}, \overline{y})$.

Отметим, что эта точка $\overline{M}$ необходимо принадлежит области $\mathscr{D}$. Действительно, в противном случае точки M_{n_k} все были бы от нее отличны, и точка $\overline{M}$ была бы точкой сгущения области $\mathscr{D}$, ей не принадлежащей, что невозможно ввиду замкнутости области $\mathscr{D}$ [см. **127**].

Вследствие непрерывности функции в точке $\overline{M}$ должно быть

$$f(M_{n_k}) = f(x_{n_k}, y_{n_k}) \to f(\overline{M}) = f(\overline{x}, \overline{y}),$$

а это находится в противоречии с (6).

Вторая теорема Вейерштрасса формулируется и доказывается (со ссылкой на предыдущую теорему) совершенно так же, как и в n° **73**.

Заметим, что — без существенных изменений в рассуждениях — обе теоремы Вейерштрасса переносятся и на случай, когда функция непрерывна в любом ограниченном замкнутом множестве $\mathscr{M}$ (хотя бы и не представляющем собою области).

Как и в случае функции одной переменной, для функции $f(x, y)$, определенной и ограниченной в множестве $\mathscr{M}$, разность между точными верхней и нижней границами значений функции в $\mathscr{M}$ называется ее колебанием в этом множестве. Если $\mathscr{M}$ ограничено и замкнуто (в частности, если $\mathscr{M}$ есть ограниченная замкнутая область) и функция f в нем непрерывна, то колебание есть попросту разность между наибольшим и наименьшим ее значениями.

137. Равномерная непрерывность. Мы знаем, что непрерывность функции $f(x, y)$ в определенной точке (x_0, y_0) множества $\mathscr{M}$,

---

*) Которая на этот раз может быть и несвязной.

где функция задана, на «языке ε-δ» выражается так: по любому $\varepsilon > 0$ должно найтись такое $\delta > 0$, что неравенство

$$|f(x, y) - f(x_0, y_0)| < \varepsilon$$

выполняется для всякой точки (x, y) из $\mathscr{M}$, лишь только

$$|x - x_0| < \delta, \quad |y - y_0| < \delta.$$

Пусть теперь функция $f(x, y)$ непрерывна во всем множестве $\mathscr{M}$; тогда возникает вопрос, можно ли по данному $\varepsilon > 0$ найти такое $\delta > 0$, которое годилось бы — в указанном смысле — для всех точек (x_0, y_0) из $\mathscr{M}$ одновременно. Если это возможно (при любом ε), то говорят, что функция в $\mathscr{M}$ равномерно непрерывна.

Теорема Кантора. *Если функция $f(x, y)$ непрерывна в ограниченной замкнутой области $\mathscr{D}$, то она будет и равномерно непрерывна в $\mathscr{D}$.*

Доказательство поведем от противного. Допустим, что для некоторого числа $\varepsilon > 0$ не существует числа $\delta > 0$, которое годилось бы одновременно для всех точек (x_0, y_0) области $\mathscr{D}$.

Возьмем последовательность стремящихся к нулю положительных чисел

$$\delta_1 > \delta_2 > \ldots > \delta_n > \ldots > 0, \quad \delta_n \to 0.$$

Так как ни одно из чисел δ_n не может годиться — в указанном смысле — одновременно для всех точек (x_0, y_0) области $\mathscr{D}$, то для каждого δ_n найдется в $\mathscr{D}$ такая конкретная точка (x_n, y_n), для которой δ_n не годится. Это значит, что существует в $\mathscr{D}$ точка (x'_n, y'_n), для которой

$$|x'_n - x_n| < \delta_n, \quad |y'_n - y_n| < \delta_n,$$

и тем не менее

$$|f(x'_n, y'_n) - f(x_n, y_n)| \geq \varepsilon. \tag{7}$$

Из ограниченной последовательности точек $\{(x_n, y_n)\}$, по лемме Больцано — Вейерштрасса, извлечем такую частичную последовательность $\{(x_{n_k}, y_{n_k})\}$, что $x_{n_k} \to \bar{x}$, $y_{n_k} \to \bar{y}$, причем предельная точка $(\bar{x}, \bar{y})$ необходимо принадлежит области $\mathscr{D}$ (ввиду ее замкнутости).

Так как, далее,

$$|x'_{n_k} - x_{n_k}| < \delta_{n_k}, \quad |y'_{n_k} - y_{n_k}| < \delta_{n_k}$$

и, при возрастании k, $n_k \to +\infty$ и $\delta_{n_k} \to 0$, то

$$x'_{n_k} - x_{n_k} \to 0, \quad y'_{n_k} - y_{n_k} \to 0,$$

так что и

$$x'_{n_k} \to \bar{x}, \quad y'_{n_k} \to \bar{y}.$$

Ввиду непрерывности функции $f(x, y)$ в точке $(\bar{x}, \bar{y})$, принадлежащей области $\mathscr{D}$, мы должны иметь как

$$f(x_{n_k}, y_{n_k}) \to f(\bar{x}, \bar{y}),$$

так и

$$f(x'_{n_k}, y'_{n_k}) \to f(\bar{x}, \bar{y}),$$

откуда

$$f(x_{n_k}, y_{n_k}) - f(x'_{n_k}, y'_{n_k}) \to 0,$$

что оказывается в противоречии с неравенством (7). Теорема доказана.

Для формулировки вытекающего отсюда следствия нам понадобится понятие диаметра точечного множества: так называется точная верхняя граница расстояний между любыми двумя точками множества.

Следствие. *Если функция $f(x, y)$ непрерывна в ограниченной замкнутой области $\mathscr{D}$, то по данному $\varepsilon > 0$ найдется такое $\delta > 0$, что, на какие бы частичные замкнутые же области $\mathscr{D}_1, \ldots, \mathscr{D}_k$ с диаметрами, меньшими δ, ни разбить эту область *), колебание функции в каждой части в отдельности будет меньше ε.*

Достаточно за δ взять то число, о котором говорится в определении равномерной непрерывности. Если диаметр частичной области $\mathscr{D}_i$ меньше δ, то расстояние между любыми двумя ее точками (x, y) и (x_0, y_0) меньше δ: $\sqrt{(x-x_0)^2 + (y-y_0)^2} < \delta$. Отсюда и подавно $|x - x_0| < \delta$ и $|y - y_0| < \delta$, так что $|f(x, y) - f(x_0, y_0)| < \varepsilon$. Если эти точки выбрать так, чтобы $f(x, y)$ и $f(x_0, y_0)$ были, соответственно, наибольшим и наименьшим из значений функции в области $\mathscr{D}_i$, то и получим требуемое утверждение.

Легко видеть, что доказанная теорема без изменений переносится (подобно теоремам Вейерштрасса) на случай функции, непрерывной в любом ограниченном замкнутом множестве $\mathscr{M}$.

---

*) Эти частичные области могут иметь общими лишь пограничные точки.

ГЛАВА ДЕВЯТАЯ

ДИФФЕРЕНЦИРОВАНИЕ ФУНКЦИЙ НЕСКОЛЬКИХ ПЕРЕМЕННЫХ

§ 1. ПРОИЗВОДНЫЕ И ДИФФЕРЕНЦИАЛЫ ФУНКЦИЙ НЕСКОЛЬКИХ ПЕРЕМЕННЫХ

138. Частные производные. Для упрощения записи и изложения мы ограничимся случаем функций от трех переменных; всё дальнейшее, однако, справедливо и для функций любого числа переменных.

Итак, пусть в некоторой (открытой) области $\mathscr{D}$ имеем функцию $u=f(x, y, z)$; возьмем точку $M_0(x_0, y_0, z_0)$ в этой области. Если мы припишем y и z постоянные значения y_0 и z_0 и будем изменять x, то и u будет функцией от одной переменной x в окрестности x_0; можно поставить вопрос о вычислении ее производной в точке x_0. Придадим этому значению x_0 приращение Δx, тогда функция получит приращение

$$\Delta_x u=f(x_0+\Delta x, y_0, z_0)-f(x_0, y_0, z_0),$$

которое можно было бы назвать ее частным приращением (по x), поскольку оно вызвано изменением значения лишь одной переменной. По самому определению производной, она представляет собою предел

$$\lim_{\Delta x\to 0}\frac{\Delta_x u}{\Delta x}=\lim_{\Delta x\to 0}\frac{f(x_0+\Delta x, y_0, z_0)-f(x_0, y_0, z_0)}{\Delta x}.$$

Эта производная называется *частной производной функции $f(x, y, z)$ по x в точке* (x_0, y_0, z_0).

Как видим, в этом определении не все координаты равноправны, так как y_0 и z_0 фиксированы, а x меняется, стремясь к x_0.

Частную производную обозначают одним из символов:

$$\frac{\partial u}{\partial x},\quad \frac{\partial f(x_0, y_0, z_0)}{\partial x}\,^{*)};\quad u'_x,\ f'_x(x_0, y_0, z_0);\quad D_x u,\quad D_x f(x_0, y_0, z_0).$$

---

*) Обычно пользуются круглым ∂ (вместо прямого d) в обозначении именно частной производной.

Заметим, что буква x внизу в этих обозначениях лишь указывает, по какой из переменных берется производная, и не связана с тем, в какой точке (x_0, y_0, z_0) мы производную вычисляем *).

Аналогично, считая x и z постоянными, а y переменным, можно рассматривать предел

$$\lim_{\Delta y \to 0} \frac{\Delta_y u}{\Delta y} = \lim_{\Delta y \to 0} \frac{f(x_0, y_0 + \Delta y, z_0) - f(x_0, y_0, z_0)}{\Delta y}.$$

Предел этот называется *частной производной функции* $f(x, y, z)$ *по* y *в точке* (x_0, y_0, z_0) и обозначается символами, аналогичными предыдущим:

$$\frac{\partial u}{\partial y}, \quad \frac{\partial f(x_0, y_0, z_0)}{\partial y}; \quad u'_y, \quad f'_y(x_0, y_0, z_0); \quad D_y u, \quad D_y f(x_0, y_0, z_0).$$

Точно так же определяется и *частная производная функции* $f(x, y, z)$ *по* z *в точке* (x_0, y_0, z_0).

Самое вычисление частной производной по существу не представляет ничего нового по сравнению с вычислением обыкновенной производной.

Примеры. 1) Пусть $u = x^y$ $(x > 0)$; частные производные этой функции будут:

$$\frac{\partial u}{\partial x} = yx^{y-1}, \quad \frac{\partial u}{\partial y} = x^y \cdot \ln x.$$

Первая из них вычисляется как производная степенной функции от x (при $y = \mathrm{const}$), а вторая — как производная показательной функции от y (при $x = \mathrm{const}$).

2) Если $u = \operatorname{arctg} \frac{x}{y}$, то

$$\frac{\partial u}{\partial x} = \frac{y}{x^2 + y^2}, \quad \frac{\partial u}{\partial y} = -\frac{x}{x^2 + y^2}.$$

3) Для $u = \frac{x}{x^2 + y^2 + z^2}$ имеем:

$$\frac{\partial u}{\partial x} = \frac{y^2 + z^2 - x^2}{(x^2 + y^2 + z^2)^2}, \quad \frac{\partial u}{\partial y} = -\frac{2xy}{(x^2 + y^2 + z^2)^2}, \quad \frac{\partial u}{\partial z} = -\frac{2xz}{(x^2 + y^2 + z^2)^2}.$$

---

*) И здесь цельные символы

$$\frac{\partial f}{\partial x}, \quad f'_x, \quad D_x f$$

можно рассматривать как функциональные обозначения для частной производной по x. Подобных примечаний впредь мы повторять уже не станем.

Заметим, что общепринятые обозначения частных производных (с круглыми ∂) следует рассматривать только как цельные символы, а не как частные или дроби.

139. Полное приращение функции. Если, исходя из значений $x=x_0$, $y=y_0$, $z=z_0$ независимых переменных, придать всем трем некоторые приращения Δx, Δy, Δz, то функция $u=f(x, y, z)$ получит приращение

$$\Delta u=\Delta f(x_0, y_0, z_0)=f(x_0+\Delta x, y_0+\Delta y, z_0+\Delta z)-f(x_0, y_0, z_0),$$

которое называется *полным приращением функции*.

В случае функции $y=f(x)$ от одной переменной, в предположении существования в точке x_0 (конечной) производной $f'(x_0)$, для приращения функции имеет место формула [82, (2)]:

$$\Delta y=\Delta f(x_0)=f'(x_0)\cdot\Delta x+\alpha\cdot\Delta x,$$

где α зависит от Δx и $\alpha\to 0$ при $\Delta x\to 0$.

Мы имеем в виду установить аналогичную формулу для приращения функции $u=f(x, y, z)$:

$$\Delta u=\Delta f(x_0, y_0, z_0)=$$
$$=f'_x(x_0, y_0, z_0)\cdot\Delta x+f'_y(x_0, y_0, z_0)\cdot\Delta y+f'_z(x_0, y_0, z_0)\cdot\Delta z+$$
$$+\alpha\cdot\Delta x+\beta\cdot\Delta y+\gamma\cdot\Delta z, \quad (1)$$

где α, β, γ зависят от Δx, Δy, Δz и вместе с ними стремятся к нулю. Однако на этот раз придется наложить на функцию более тяжелые ограничения.

1°. *Если частные производные $f'_x(x, y, z)$, $f'_y(x, y, z)$, $f'_z(x, y, z)$ существуют не только в точке (x_0, y_0, z_0), но и в некоторой ее окрестности, и, кроме того, непрерывны (как функции от x, y, z) в этой точке, то имеет место формула* (1).

Для доказательства представим полное приращение функции Δu в виде

$$\Delta u=[f(x_0+\Delta x, y_0+\Delta y, z_0+\Delta z)-f(x_0, y_0+\Delta y, z_0+\Delta z)]+$$
$$+[f(x_0, y_0+\Delta y, z_0+\Delta z)-f(x_0, y_0, z_0+\Delta z)]+$$
$$+[f(x_0, y_0, z_0+\Delta z)-f(x_0, y_0, z_0)].$$

Каждая из этих разностей представляет *частное* приращение функции лишь по одной переменной. Так как мы предположили существование частных производных в окрестности точки (x_0, y_0, z_0), то — при достаточной малости Δx, Δy, Δz — к этим разностям по отдельности можно применить формулу конечных приращений [n° 102] *); мы получим:

$$\Delta u = f'_x(x_0 + \theta\,\Delta x,\ y_0 + \Delta y,\ z_0 + \Delta z)\cdot\Delta x + \\ + f'_y(x_0,\ y_0 + \theta_1\,\Delta y,\ z_0 + \Delta z)\cdot\Delta y + f'_z(x_0,\ y_0,\ z_0 + \theta_2\,\Delta z)\cdot\Delta z.$$

Если положить здесь

$$f'_x(x_0 + \theta\,\Delta x,\ y_0 + \Delta y,\ z_0 + \Delta z) = f'_x(x_0,\ y_0,\ z_0) + \alpha,$$
$$f'_y(x_0,\ y_0 + \theta_1\,\Delta y,\ z_0 + \Delta z) = f'_y(x_0,\ y_0,\ z_0) + \beta,$$
$$f'_z(x_0,\ y_0,\ z_0 + \theta_2\,\Delta z) = f'_z(x_0,\ y_0,\ z_0) + \gamma,$$

то придем к выражению (1) для Δu. При $\Delta x \to 0$, $\Delta y \to 0$, $\Delta z \to 0$ аргументы производных в левых частях этих равенств стремятся к x_0, y_0, z_0 (ибо θ, θ_1, θ_2 — правильные дроби), следовательно, сами производные, ввиду предположенной непрерывности их для этих значений переменных, стремятся к производным в правых частях, а величины α, β, γ — к нулю. Этим и завершается доказательство.

Доказанная теорема дает возможность, между прочим, установить, что

2°. *Из существования и непрерывности в данной точке частных производных вытекает непрерывность в этой точке самой функции.*

Действительно, если $\Delta x \to 0$, $\Delta y \to 0$, $\Delta z \to 0$, то, очевидно, и $\Delta u \to 0$.

Для того чтобы формулу (1) можно было написать в более компактной форме, введем в рассмотрение выражение

$$\rho = \sqrt{\Delta x^2 + \Delta y^2 + \Delta z^2}$$

— расстояние между точками $(x_0,\ y_0,\ z_0)$ и $(x_0 + \Delta x,\ y_0 + \Delta y,\ z_0 + \Delta z)$.

Пользуясь им, можем написать:

$$\alpha\,\Delta x + \beta\,\Delta y + \gamma\,\Delta z = \left(\alpha\cdot\frac{\Delta x}{\rho} + \beta\cdot\frac{\Delta y}{\rho} + \gamma\cdot\frac{\Delta z}{\rho}\right)\rho.$$

Обозначив выражение, стоящее в скобках, через ε, будем иметь

$$\alpha\,\Delta x + \beta\,\Delta y + \gamma\,\Delta z = \varepsilon\rho,$$

*) Если взять, например, первую разность, то ее можно рассматривать как приращение функции $f(x,\ y_0 + \Delta y,\ z_0 + \Delta z)$ от одной переменной x, отвечающее переходу от $x = x_0$ к $x = x_0 + \Delta x$. Производная по x от этой функции, т. е. $f'_x(x,\ y_0 + \Delta y,\ z_0 + \Delta z)$, по предположению, существует для всех значений x в промежутке $[x_0,\ x_0 + \Delta x]$, так что формула конечных приращений применима, и т. д.

где ε зависит от Δx, Δy, Δz и стремится к нулю, если $\Delta x \to 0$, $\Delta y \to 0$, $\Delta z \to 0$, или, короче, если $\rho \to 0$. Итак, формулу (1) можно теперь переписать в виде:

$$\Delta u = \Delta f(x_0, y_0, z_0) = f'_x(x_0, y_0, z_0) \cdot \Delta x + f'_y(x_0, y_0, z_0) \cdot \Delta y + \\ + f'_z(x_0, y_0, z_0) \cdot \Delta z + \varepsilon \cdot \rho, \quad (2)$$

где $\varepsilon \to 0$ при $\rho \to 0$. Величина $\varepsilon \cdot \rho$, очевидно, может быть записана как $o(\rho)$ (если распространить введенное в n° **54** обозначение и на случай функций нескольких переменных).

Заметим, что в нашем рассуждении не был формально исключен случай, когда приращения Δx, Δy, Δz порознь или даже все сразу равны нулю. Таким образом, говоря о предельных соотношениях

$$\alpha \to 0, \ \beta \to 0, \ \gamma \to 0, \ \varepsilon \to 0$$

при $\Delta x \to 0$, $\Delta y \to 0$, $\Delta z \to 0$, мы понимаем их в широком смысле и не исключаем для этих приращений возможности в процессе их изменения обращаться в нуль. [Ср. аналогичное замечание в n° **82**].

При доказательстве предыдущей теоремы мы потребовали от функции нескольких переменных больше, чем в случае функции одной переменной. Для того чтобы показать, что без соблюдения этих требований формула (1) или (2) здесь могла бы оказаться и неприложимой, рассмотрим, в заключение, следующий п р и м е р (где для простоты мы имеем дело всего лишь с двумя независимыми переменными).

Определим функцию $f(x, y)$ равенствами

$$f(x, y) = \frac{x^2 y}{x^2 + y^2} \quad (\text{если } x^2 + y^2 > 0), \quad f(0, 0) = 0.$$

Эта функция непрерывна на всей плоскости; для точки (0, 0) это следует из n° **130**, 4). Далее, существуют частные производные по x и по y также на всей плоскости. При $x^2 + y^2 > 0$, очевидно,

$$f'_x(x, y) = \frac{2xy^3}{(x^2 + y^2)^2}, \quad f'_y(x, y) = \frac{x^2(x^2 - y^2)}{(x^2 + y^2)^2}.$$

В начальной же точке имеем: $f'_x(0, 0) = f'_y(0, 0) = 0$; это непосредственно вытекает, по самому определению частных производных, из того, что $f(x, 0) = f(0, y) = 0$. Легко показать, что в точке (0, 0) непрерывность производных нарушается (для первой из них достаточно, например, положить $y = x = \frac{1}{n} \to 0$).

Формула вида (1) или (2) для нашей функции в точке (0, 0) не имеет места. В самом деле, если допустить противное, то было бы

$$\Delta f(0, 0) = \frac{\Delta x^2 \cdot \Delta y}{\Delta x^2 + \Delta y^2} = \varepsilon \cdot \sqrt{\Delta x^2 + \Delta y^2},$$

где $\varepsilon \to 0$ при $\Delta x \to 0$ и $\Delta y \to 0$. Положив, в частности, $\Delta y = \Delta x > 0$, имели бы

$$\frac{1}{2}\Delta x = \varepsilon\sqrt{2}\cdot\Delta x, \quad \text{откуда} \quad \varepsilon = \frac{1}{2\sqrt{2}},$$

и ε не стремилось бы к нулю при $\Delta x \to 0$, что противоречит допущению.

140. Производные от сложных функций. В виде приложения полученной формулы (1), займемся вопросом о дифференцировании сложных функций. Пусть имеем функцию

$$u = f(x, y, z),$$

определенную в области $\mathscr{D}$, причем каждая из переменных x, y, z, в свою очередь, является функцией от переменной t в некотором промежутке:

$$x = \varphi(t), \quad y = \psi(t), \quad z = \chi(t).$$

Пусть, кроме того, при изменении t точки (x, y, z) не выходят за пределы области $\mathscr{D}$.

Подставив значения x, y и z в функцию u, получим сложную функцию:

$$u = f(\varphi(t), \psi(t), \chi(t)).$$

Предположим, что u имеет по x, y и z непрерывные частные производные u'_x, u'_y, u'_z и что x'_t, y'_t и z'_t существуют. Тогда можно доказать существование производной сложной функции и вместе с тем вычислить ее.

Действительно, придадим переменной t некоторое приращение Δt, тогда x, y и z получат соответственные приращения Δx, Δy и Δz, функция же u получит приращение Δu.

Представив приращение функции u в форме (1) (это мы сделать можем, так как предположили существование *непрерывных* частных производных u'_x, u'_y, u'_z), получим

$$\Delta u = u'_x\cdot\Delta x + u'_y\cdot\Delta y + u'_z\cdot\Delta z + \alpha\cdot\Delta x + \beta\cdot\Delta y + \gamma\cdot\Delta z,$$

где α, β, $\gamma \to 0$ при Δx, Δy, $\Delta z \to 0$. Разделив обе части равенства на Δt, будем иметь

$$\frac{\Delta u}{\Delta t} = u'_x\cdot\frac{\Delta x}{\Delta t} + u'_y\cdot\frac{\Delta y}{\Delta t} + u'_z\cdot\frac{\Delta z}{\Delta t} + \alpha\cdot\frac{\Delta x}{\Delta t} + \beta\cdot\frac{\Delta y}{\Delta t} + \gamma\cdot\frac{\Delta z}{\Delta t}.$$

Устремим теперь приращение Δt к нулю; тогда Δx, Δy, Δz будут стремиться к нулю, так как функции x, y и z от t непрерывны (мы предположили существование производных x'_t, y'_t и z'_t), а потому α, β и γ также будут стремиться к нулю. В пределе получим

$$u'_t = u'_x\cdot x'_t + u'_y\cdot y'_t + u'_z\cdot z'_t. \tag{3}$$

Видим, что при сделанных предположениях производная сложной функции действительно существует. Если воспользоваться дифференциальным обозначением, то формулу (3) можно записать так:

$$\frac{du}{dt}=\frac{\partial u}{\partial x}\cdot\frac{dx}{dt}+\frac{\partial u}{\partial y}\cdot\frac{dy}{dt}+\frac{\partial u}{\partial z}\cdot\frac{dz}{dt}. \tag{4}$$

Теперь рассмотрим тот случай, когда x, y и z зависят не от одной переменной t, а от нескольких переменных; например,

$$x=\varphi(t, v), \quad y=\psi(t, v), \quad z=\chi(t, v).$$

Кроме существования и непрерывности частных производных функции $f(x, y, z)$, мы предполагаем здесь существование производных от функций x, y, z по t и v.

После подстановки функций φ, ψ и χ в функцию f мы будем иметь некоторую функцию от двух переменных t и v, и возникает вопрос о существовании и вычислении частных производных u'_t и u'_v. Но этот случай не отличается существенно от уже изученного, ибо при вычислении частной производной функции от двух переменных мы одну из переменных фиксируем, и у нас остается функция только от одной переменной. Следовательно, для этого случая формула (3) остается без изменения, а формулу (4) нужно переписать в виде:

$$\frac{\partial u}{\partial t}=\frac{\partial u}{\partial x}\cdot\frac{\partial x}{\partial t}+\frac{\partial u}{\partial y}\cdot\frac{\partial y}{\partial t}+\frac{\partial u}{\partial z}\cdot\frac{\partial z}{\partial t}. \tag{4a}$$

141. Примеры. 1) Рассмотрим степенно-показательную функцию

$$u=x^y.$$

Положив $x=\varphi(t)$, $y=\psi(t)$ и продифференцировав по только что выведенному правилу дифференцирования сложной функции, получим известную уже нам формулу Лейбница и И. Бернулли:

$$u'_t=y\cdot x^{y-1}\cdot x'_t+x^y\cdot\ln x\cdot y'_t.$$

Раньше мы установили ее (в других обозначениях) с помощью искусственного приема [n° 85, (5)].

Формула (3) сходна с формулой $u'_t=u'_x\cdot x'_t$ для случая функции u от одной переменной x. Подчеркнем, однако, снова разницу в условиях, при которых были выведены эти формулы. Если u зависит от одной переменной, то достаточно было предположить существование производной u'_x; в случае же нескольких переменных мы вынуждены были предположить еще и непрерывность производных u'_x, u'_y, ... Следующий пример показывает, что одного существования этих производных для действительности формулы (3) вообще недостаточно.

2) Определим функцию $u=f(x, y)$, полагая

$$f(x, y)=\frac{x^2y}{x^2+y^2} \quad (\text{при } x^2+y^2>0), \quad f(0, 0)=0.$$

Эта функция, как мы видели, имеет частные производные во всех точках, не исключая и начальной (0, 0), причем

$$f'_x(0, 0)=0, \quad f'_y(0, 0)=0;$$

заметим, что именно в этой точке производные терпят разрыв.

Если ввести новую переменную t, положив $x=y=t$, то получим сложную функцию от t. По формуле (3) производная этой функции при $t=0$ была бы равна

$$u'_t=u'_x\cdot x'_t+u'_y\cdot y'_t=0.$$

Но, с другой стороны, если на деле подставить значения x и y в данную функцию $u=f(x, y)$, получим при $t\neq 0$

$$u=\frac{t^2\cdot t}{t^2+t^2}=\frac{1}{2}t.$$

Это верно и при $t=0$.

Продифференцировав теперь непосредственно по t, будем иметь $u'_t=\frac{1}{2}$ при любом значении t, значит и при $t=0$.

Оказывается, что формула (3) в данном случае неприменима.

3) Из уравнения $\frac{x^2}{a^2}+\frac{y^2}{b^2}=1$ переменная y определяется как функция от x:

$$y=\pm\frac{b}{a}\sqrt{a^2-x^2} \quad (-a<x<a),$$

имеющая производную

$$y'_x=\mp\frac{b}{a}\cdot\frac{x}{\sqrt{a^2-x^2}}=-\frac{b^2}{a^2}\cdot\frac{x}{y}.$$

Найти эту производную, не разрешая уравнения относительно y.

Решение. Если представить себе, что упомянутая функция подставлена вместо y в уравнение, то последнее удовлетворится тождественно. Продифференцировав полученное тождество по x (с использованием правила дифференцирования сложной функции), найдем

$$\frac{2x}{a^2}+\frac{2y}{b^2}\cdot y'_x=0,$$

откуда по-прежнему

$$y'=-\frac{b^2}{a^2}\cdot\frac{x}{y}.$$

4) Пусть, в общем случае, имеем уравнение

$$F(x, y)=0,$$

неразрешенное относительно y (F здесь непрерывна вместе со своими производными). При известных условиях (см. главу XX второго тома) можно утверждать, что этим уравнением переменная y определяется как функция от x, к тому же имеющая производную (хотя аналитического выражения самой этой функции мы можем и не знать!). В подобном случае y называется неявной функцией от x. Найти производную неявной функции.

Решение. Как и в частном примере, представим себе, что вместо y подставлена именно эта неявная функция. Продифференцировав по x полученное тождество, придем к результату:

$$F'_x(x, y)+F'_y(x, y)\cdot y'_x=0,$$

откуда (конечно, если $F'_y \neq 0$)

$$y'_x = -\frac{F'_x(x, y)}{F'_y(x, y)}.$$

142. Полный дифференциал. В случае функции $y = f(x)$ одной переменной мы рассматривали в n° **89** вопрос о представимости ее приращения $\Delta y = \Delta f(x_0) = f(x_0 + \Delta x) - f(x_0)$ в виде:

$$\Delta f(x_0) = A \cdot \Delta x + o(\Delta x) \quad (A = \text{const}). \tag{5}$$

Оказалось [n° **90**], что для возможности такого представления необходимо и достаточно, чтобы в точке $x = x_0$ существовала конечная производная $f'(x_0)$, причем написанное равенство осуществляется именно при $A = f'(x_0)$. Линейную часть

$$A \cdot \Delta x = f'(x_0) \cdot \Delta x = y'_x \cdot \Delta x$$

приращения функции мы и назвали ее *дифференциалом* dy.

Переходя к функции нескольких, например трех, переменных $f(x, y, z)$, определенной в некоторой (скажем, открытой) области $\mathscr{D}$, естественно поставить аналогичный вопрос о представимости приращения

$$\Delta u = \Delta f(x_0, y_0, z_0) = f(x_0 + \Delta x, y_0 + \Delta y, z_0 + \Delta z) - f(x_0, y_0, z_0)$$

в виде

$$\Delta f(x_0, y_0, z_0) = A \cdot \Delta x + B \cdot \Delta y + C \cdot \Delta z + o(\rho), \tag{6}$$

где A, B и C — постоянные, а $\rho = \sqrt{\Delta x^2 + \Delta y^2 + \Delta z^2}$.

Как и в n° **90**, легко показать, что, если имеет место разложение (6), то в точке (x_0, y_0, z_0) существуют частные производные по каждой из переменных, причем

$$f'_x(x_0, y_0, z_0) = A, \quad f'_y(x_0, y_0, z_0) = B, \quad f'_z(x_0, y_0, z_0) = C.$$

Действительно, например, полагая в (6) $\Delta y = \Delta z = 0$ и $\Delta x \neq 0$, получим [ср. n° **90**, (1а)]:

$$\Delta_x f(x_0, y_0, z_0) = f(x_0 + \Delta x, y_0, z_0) - f(x_0, y_0, z_0) = A \cdot \Delta x + o(|\Delta x|),$$

откуда и следует, что существует

$$f'_x(x_0, y_0, z_0) = \lim_{\Delta x \to 0} \frac{f(x_0 + \Delta x, y_0, z_0) - f(x_0, y_0, z_0)}{\Delta x} = A.$$

Таким образом, соотношение (6) может быть осуществлено только в виде

$$\Delta f(x_0, y_0, z_0) = f'_x(x_0, y_0, z_0) \cdot \Delta x + \\ + f'_y(x_0, y_0, z_0) \cdot \Delta y + f'_z(x_0, y_0, z_0) \cdot \Delta z + o(\rho), \tag{7}$$

или — в более короткой записи —

$$\Delta u = u'_x \cdot \Delta x + u'_y \cdot \Delta y + u'_z \cdot \Delta z + o(\rho). \tag{7a}$$

Однако, в то время как в случае функции одной переменной существования производной $y'_x = f'(x_0)$ в рассматриваемой точке было уже и достаточно для наличия соотношения (5), в нашем случае существование частных производных

$$u'_x = f'_x(x_0, y_0, z_0), \quad u'_y = f'_y(x_0, y_0, z_0), \quad u'_z = f'_z(x_0, y_0, z_0)$$

еще не обеспечивает разложения (6). Для случая функции двух переменных мы это видели на примере n° **139**. Там же были указаны достаточные условия для выполнения соотношения (6): это — существование частных производных в окрестности точки (x_0, y_0, z_0) и их непрерывность в этой точке.

При наличии формулы (7) *функция* $f(x, y, z)$ *называется* ***дифференцируемой*** *в точке* (x_0, y_0, z_0) *и* (только в этом случае!) *выражение*

$$u'_x \cdot \Delta x + u'_y \cdot \Delta y + u'_z \cdot \Delta z =$$
$$= f'_x(x_0, y_0, z_0) \cdot \Delta x + f'_y(x_0, y_0, z_0) \cdot \Delta y + f'_z(x_0, y_0, z_0) \cdot \Delta z,$$

т. е. линейная часть приращения функции, называется ее (*полным*) ***дифференциалом*** и обозначается символом du или $df(x_0, y_0, z_0)$.

В случае функции нескольких переменных утверждение: «функция дифференцируема» в данной точке, как видим, уже не равнозначно утверждению: «функция имеет частные производные по всем переменным» в этой точке, но означает нечто бо́льшее. Впрочем, мы обычно будем предполагать существование и непрерывность частных производных, а это уже перекрывает дифференцируемость.

Под дифференциалами независимых переменных dx, dy, dz условливаются разуметь произвольные приращения Δx, Δy, Δz *); поэтому можно написать

$$df(x_0, y_0, z_0) =$$
$$= f'_x(x_0, y_0, z_0) \cdot dx + f'_y(x_0, y_0, z_0) \cdot dy + f'_z(x_0, y_0, z_0) \cdot dz,$$

или

$$du = u'_x \cdot dx + u'_y \cdot dy + u'_z \cdot dz.$$

---

*) Если отождествить дифференциал независимой переменной x с дифференциалом x, как функции от независимых переменных x, y, z, то, по общей формуле, можно написать

$$dx = x'_x \cdot \Delta x + x'_y \cdot \Delta y + x'_z \cdot \Delta z = 1 \cdot \Delta x + 0 \cdot \Delta y + 0 \cdot \Delta z = \Delta x;$$

тогда равенство $dx = \Delta x$ оказывается доказанным.

143. Инвариантность формы (первого) дифференциала. Пусть функция $u=f(x, y, z)$ имеет непрерывные частные производные u'_x, u'_y, u'_z причем x, y, z, в свою очередь, являются функциями от новых переменных t и v:

$$x=\varphi(t, v), \quad y=\psi(t, v), \quad z=\chi(t, v),$$

также имеющими непрерывные же частные производные x'_t, x'_v, y'_t, y'_v, z'_t, z'_v. Тогда [n° 140] не только существуют производные от сложной функции u по t и v, но эти производные также непрерывны по t и v, как это легко усмотреть из (3).

Если бы x, y и z были независимыми переменными, то, как мы знаем, полный дифференциал функции u был бы равен

$$du=u'_x\,dx+u'_y\,dy+u'_z\,dz.$$

В данном же случае u зависит — через посредство x, y, z — от переменных t и v. Следовательно, по отношению к этим переменным дифференциал напишется так:

$$du=u'_t\cdot dt+u'_v\cdot dv.$$

Но, в силу (3),

$$u'_t=u'_x\cdot x'_t+u'_y\cdot y'_t+u'_z\cdot z'_t$$

и, аналогично,

$$u'_v=u'_x\cdot x'_v+u'_y\cdot y'_v+u'_z\cdot z'_v.$$

Подставив эти значения в выражение для du, будем иметь:

$$du=(u'_x\cdot x'_t+u'_y\cdot y'_t+u'_z\cdot z'_t)\,dt+(u'_x\cdot x'_v+u'_y\cdot y'_v+u'_z\cdot z'_v)\,dv.$$

Перегруппируем члены следующим образом:

$$du=u'_x\cdot(x'_t\cdot dt+x'_v\cdot dv)+u'_y\cdot(y'_t\cdot dt+y'_v\cdot dv)+$$
$$+u'_z\cdot(z'_t\cdot dt+z'_v\cdot dv).$$

Нетрудно видеть, что выражения, стоящие в скобках, суть не что иное, как дифференциалы ф у н к ц и й x, y, z (от t и v), так что мы можем написать

$$du=u'_x\cdot dx+u'_y\cdot dy+u'_z\cdot dz.$$

Мы пришли к той же самой ф о р м е дифференциала, что и в случае, когда x, y, z были независимыми переменными (но смысл символов dx, dy, dz здесь, конечно, уже другой).

Итак, *для функций нескольких переменных имеет место* ***инвариантность формы*** *(первого) дифференциала*, как и для функций одной переменной *).

Может случиться, что x, y и z будут зависеть от различных переменных, например

$$x=\varphi(t),\quad y=\psi(t,\ v),\quad z=\chi(v,\ w).$$

В таком случае мы всегда можем считать, что

$$x=\varphi_1(t,\ v,\ w),\qquad y=\psi_1(t,\ v,\ w),\qquad z=\chi_1(t,\ v,\ w),$$

и все предыдущие рассуждения будут применимы и к этому случаю.

Следствия. Для случая, когда x и y были функциями одной переменной, мы имели следующие формулы:

$$d(cx)=c\cdot dx,\quad d(x\pm y)=dx\pm dy,\quad d(xy)=y\cdot dx+x\cdot dy,$$

$$d\left(\frac{x}{y}\right)=\frac{y\cdot dx-x\cdot dy}{y^2}.$$

Эти формулы верны и в том случае, когда x и y являются функциями любого числа переменных, т. е. когда

$$x=\varphi(t,\ v,\ \ldots),\qquad y=\psi(t,\ v,\ \ldots).$$

Докажем, например, последнюю формулу.

Для этого примем сначала x и y за независимые переменные; тогда

$$d\left(\frac{x}{y}\right)=\frac{1}{y}\cdot dx-\frac{x}{y^2}\cdot dy=\frac{y\cdot dx-x\cdot dy}{y^2}.$$

Видим, что при этом предположении дифференциал имеет тот же вид, что и для функций одной переменной. На основании же инвариантности формы дифференциала можно утверждать, что эта формула справедлива и в том случае, когда x и y являются функциями любого числа переменных.

Доказанное свойство полного дифференциала и следствия из него позволяют упрощать вычисление дифференциалов, например

$$d\operatorname{arctg}\frac{x}{y}=\frac{1}{1+\left(\frac{x}{y}\right)^2}\cdot d\left(\frac{x}{y}\right)=\frac{y\cdot dx-x\cdot dy}{x^2+y^2}.$$

Так как коэффициентами при дифференциалах независимых переменных являются соответствующие частные производные, то отсюда сразу же

---

*) Отметим, что то же заключение справедливо и при одном предположении дифференцируемости всех рассматриваемых функций. Чтобы убедиться в этом, достаточно показать, что результатом суперпозиции дифференцируемых функций будет также дифференцируемая функция.

получаются и значения этих последних. Например, для $u = \operatorname{arctg}\frac{x}{y}$ имеем непосредственно

$$\frac{\partial u}{\partial x} = \frac{y}{x^2+y^2}, \qquad \frac{\partial u}{\partial y} = -\frac{x}{x^2+y^2}$$

[ср. n° 138, 2)].

144. Применение полного дифференциала в приближенных вычислениях. Аналогично дифференциалу функции от одной переменной [n° 94], и полный дифференциал функции от нескольких переменных с успехом применяется в приближенных вычислениях при оценке погрешностей. Пусть, например, мы имеем функцию $u = f(x, y)$, причем, определяя значения x и y, мы допускаем погрешности, скажем, Δx и Δy. Тогда и значение u, вычисленное по неточным значениям аргументов, также получится с погрешностью $\Delta u = f(x+\Delta x, y+\Delta y) - f(x, y)$. Речь идет об о ц е н к е этой погрешности, если известны оценки погрешностей Δx и Δy.

Заменяя (приближенно) приращение функции ее дифференциалом (что оправдано лишь при достаточно малых значениях Δx и Δy), получим

$$\Delta u = \frac{\partial u}{\partial x}\cdot\Delta x + \frac{\partial u}{\partial y}\cdot\Delta y. \tag{8}$$

Здесь и погрешности Δx, Δy, и коэффициенты при них могут быть как положительными, так и отрицательными; заменяя те и другие их абсолютными величинами, придем к неравенству

$$|\Delta u| \leqslant \left|\frac{\partial u}{\partial x}\right|\cdot|\Delta x| + \left|\frac{\partial u}{\partial y}\right|\cdot|\Delta y|.$$

Если через δx, δy, δu обозначить м а к с и м а л ь н ы е абсолютные погрешности (или г р а н и ц ы для абсолютных погрешностей), то можно, очевидно, принять

$$\delta u = \left|\frac{\partial u}{\partial x}\right|\cdot\delta x + \left|\frac{\partial u}{\partial y}\right|\cdot\delta y. \tag{9}$$

Приведем п р и м е р ы.

1) Прежде всего, с помощью выведенных формул легко установить обычные в практике приближенных вычислений п р а в и л а. Пусть $u = xy$ (где $x > 0$, $y > 0$), так что $du = y\,dx + x\,dy$; заменяя дифференциалы приращениями, получим $\Delta u = y\cdot\Delta x + x\cdot\Delta y$ [см. (8)] или, переходя к границам погрешностей [см. (9)]:

$$\delta u = y\cdot\delta x + x\cdot\delta y.$$

Деля обе части этого равенства на $u = xy$, придем к окончательной формуле:

$$\frac{\delta u}{u} = \frac{\delta x}{x} + \frac{\delta y}{y}, \tag{10}$$

выражающей такое п р а в и л о: *(максимальная) относительная погрешность произведения равна сумме (максимальных) относительных погрешностей сомножителей.*

Можно было бы поступить проще — сначала прологарифмировать формулу $u = xy$, а затем продифференцировать:

$$\ln u = \ln x + \ln y, \quad \frac{du}{u} = \frac{dx}{x} + \frac{dy}{y} \text{ *)} \quad \text{и т. д.}$$

Если $u = \frac{x}{y}$, то по этому методу найдем

$$\ln u = \ln x - \ln y, \quad \frac{du}{u} = \frac{dx}{x} - \frac{dy}{y};$$

переходя к абсолютным величинам и к максимальным погрешностям, мы получим снова формулу (10). Таким образом, (*максимальная*) *относительная погрешность частного равна сумме* (*максимальных*) *относительных погрешностей делимого и делителя.*

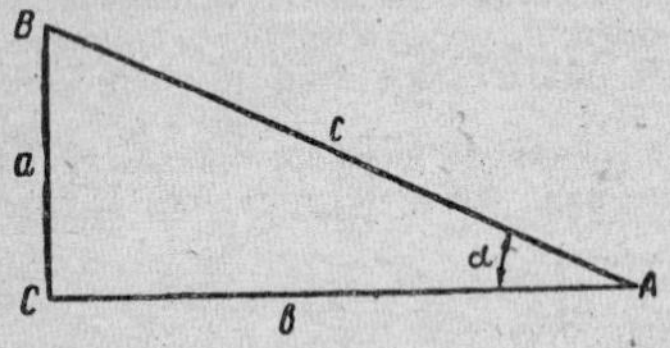

Рис. 58.

2) Частое применение находит исчисление погрешностей в топографии, главным образом при вычислении не измеренных непосредственно элементов треугольника — по измеренным его элементам. Приведем пример из этой области.

Пусть в прямоугольном треугольнике ABC (рис. 58) катет $AC = b$ и прилежащий угол $BAC = \alpha$ измерены; второй же катет a вычисляется по формуле: $a = b \cdot \operatorname{tg} \alpha$. Как отражаются на значении a погрешности при измерении b и α?

Дифференцируя, получим:

$$da = \operatorname{tg} \alpha \, db + \frac{b}{\cos^2 \alpha} \, d\alpha,$$

так что и

$$\delta a = \operatorname{tg} \alpha \cdot \delta b + \frac{b}{\cos^2 \alpha} \cdot \delta\alpha.$$

145. Однородные функции. Как известно, однородными многочленами называются многочлены, состоящие из членов одного и того же измерения. Например, выражение

$$3x^2 - 2xy + 5y^2$$

есть однородный многочлен второй степени. Если умножить здесь x и y на некоторый множитель t, то весь многочлен приобретет множитель t во второй степени. Подобное обстоятельство имеет место для любого однородного многочлена.

Однако и функции более сложной природы могут обладать таким же свойством; если взять, например, выражение

$$x \cdot \frac{\sqrt{x^4 + y^4}}{x - y} \cdot \ln \frac{x}{y},$$

*) Обращаем внимание читателя на то, что дифференциал $\ln u$ мы вычисляем так, как если бы u была независимой переменной, хотя на деле она является функцией от x и y. Это замечание следует иметь в виду и ниже.

то и оно приобретает множитель t^2 при умножении обоих аргументов x и y на t, уподобляясь в этом отношении однородному многочлену второй степени. Подобную функцию естественно также назвать **однородной функцией** второй степени.

Дадим общее определение:

*Функция $f(x_1, \ldots, x_m)$ от m аргументов, определенная в области $\mathcal{D}$, называется **однородной функцией** k-й степени, если при умножении всех ее аргументов на множитель t функция приобретает этот же множитель в k-й степени*, т. е. если тождественно выполняется равенство

$$f(tx_1, \ldots, tx_m) = t^k \cdot f(x_1, \ldots, x_m). \tag{11}$$

Для простоты мы ограничимся предположением, что $x_1, \ldots, x_m$ и t здесь принимают лишь положительные значения. Область $\mathcal{D}$, в которой мы рассматриваем функцию f, вместе с любой своей точкой $M(x_1, \ldots, x_m)$ предполагается содержащей и все точки вида $M_t(tx_1, \ldots, tx_m)$ при $t > 0$, т. е. весь луч, исходящий из начальной точки и проходящий через точку M.

Степень однородности k может быть любым вещественным числом; так, например, функция

$$x^\pi \cdot \sin\frac{y}{x} + y^\pi \cdot \cos\frac{y}{x}$$

является однородной функцией степени π от аргументов x и y.

Постараемся теперь получить **общее выражение** однородной функции степени k.

Пусть сперва $f(x_1, \ldots, x_m)$ есть однородная функция **нулевой** степени; тогда

$$f(tx_1, tx_2, \ldots, tx_m) = f(x_1, x_2, \ldots, x_m).$$

Положив $t = \frac{1}{x_1}$, получим

$$f(x_1, x_2, \ldots, x_m) = f\left(1, \frac{x_2}{x_1}, \ldots, \frac{x_m}{x_1}\right).$$

Если ввести функцию от $m-1$ аргументов:

$$\varphi(u_1, \ldots, u_{m-1}) = f(1, u_1, \ldots, u_{m-1}),$$

то окажется, что

$$f(x_1, x_2, \ldots, x_m) = \varphi\left(\frac{x_2}{x_1}, \ldots, \frac{x_m}{x_1}\right).$$

Итак, всякая однородная функция нулевой степени представляется в виде функции отношений всех аргументов к одному из них. Обратное, очевидно, также верно, так что предшествующее равенство дает **общее выражение однородной функции нулевой степени.**

Если $f(x_1, x_2, \ldots, x_m)$ есть однородная функция k-й степени, то отношение ее к x_1^k будет однородной функцией нулевой степени, так что, по доказанному,

$$\frac{f(x_1, x_2, \ldots, x_m)}{x_1^k} = \varphi\left(\frac{x_2}{x_1}, \ldots, \frac{x_m}{x_1}\right)$$

и

$$f(x_1, x_2, \ldots, x_m) = x_1^k \cdot \varphi\left(\frac{x_2}{x_1}, \ldots, \frac{x_m}{x_1}\right).$$

Если, наоборот, для функции $f(x_1, x_2, \ldots, x_m)$ выполняется подобное равенство, то она, как легко проверить, будет однородной функцией степени k. Таким образом мы получили *общий вид однородной функции степени* k.

Пример:

$$x \cdot \frac{\sqrt{x^4 + y^4}}{x - y} \cdot \ln \frac{x}{y} = x^2 \cdot \frac{\sqrt{1 + \left(\frac{y}{x}\right)^4}}{\frac{y}{x} - 1} \cdot \ln \frac{y}{x}.$$

Предположим теперь, что однородная (степени k) функция $f(x, y, z)$ *) имеет в (открытой) области $\mathcal{D}$ непрерывные частные производные по всем аргументам. Фиксируя по произволу точку (x_0, y_0, z_0) из $\mathcal{D}$, в силу основного тождества (11) будем иметь для любого $t > 0$:

$$f(tx_0, ty_0, tz_0) = t^k \cdot f(x_0, y_0, z_0).$$

Продифференцируем теперь это равенство по t: левую часть равенства — по правилу дифференцирования сложной функции **), правую — просто как степенную функцию. Получим:

$$f_x(tx_0, ty_0, tz_0) \cdot x_0 + f_y'(tx_0, ty_0, tz_0) \cdot y_0 + \\ + f_z'(tx_0, ty_0, tz_0) \cdot z_0 = k \cdot t^{k-1} \cdot f(x_0, y_0, z_0).$$

Если положить здесь $t = 1$, то придем к следующей формуле:

$$f_x(x_0, y_0, z_0) \cdot x_0 + f_y'(x_0, y_0, z_0) \cdot y_0 + \\ + f_z'(x_0, y_0, z_0) \cdot z_0 = k \cdot f(x_0, y_0, z_0).$$

Таким образом, для любой точки (x, y, z) имеет место равенство

$$f_x'(x, y, z) \cdot x + f_y'(x, y, z) \cdot y + f_z'(x, y, z) \cdot z = k \cdot f(x, y, z). \qquad (12)$$

Это равенство носит название *формулы Эйлера*.

---

*) Лишь для упрощения письма мы ограничиваемся здесь случаем трех переменных.

**) Именно для того, чтобы иметь право применить это правило, мы и предположили непрерывность частных производных [n° 140].

Мы видели, что этому равенству удовлетворяет любая однородная функция степени k, имеющая непрерывные частные производные. Можно показать, что и обратно — каждая функция, непрерывная вместе со своими частными производными и удовлетворяющая равенству Эйлера (12), необходимо является однородной функцией степени k.

Замечание. Эйлер в «Дифференциальном исчислении» рассматривает лишь частные типы однородных выражений — целые, дробные, радикальные и их сочетания, и не дает общего определения. Но при выводе формулы, носящей его имя, он исходит из представления однородной функции в виде произведения степени одного из аргументов на функцию от отношений к нему остальных.

§ 2. ПРОИЗВОДНЫЕ И ДИФФЕРЕНЦИАЛЫ ВЫСШИХ ПОРЯДКОВ

146. Производные высших порядков. Если функция $u = f(x, y, z)$ *) имеет в некоторой (открытой) области $\mathscr{D}$ частную производную по одной из переменных, то названная производная, сама являясь функцией от x, y, z, может, в свою очередь, в некоторой точке (x_0, y_0, z_0) иметь частные производные по той же или по любой другой переменной. Для исходной функции $u = f(x, y, z)$ эти последние производные будут частными производными второго порядка (или вторыми частными производными).

Если первая производная была взята, например, по x, то ее производные по x, y, z обозначаются так:

$$\frac{\partial^2 u}{\partial x^2} = \frac{\partial^2 f(x_0, y_0, z_0)}{\partial x^2}, \qquad \frac{\partial^2 u}{\partial x\, \partial y} = \frac{\partial^2 f(x_0, y_0, z_0)}{\partial x\, \partial y},$$

$$\frac{\partial^2 u}{\partial x\, \partial z} = \frac{\partial^2 f(x_0, y_0 z_0)}{\partial x\, \partial z},$$

или

$$u''_{x^2} = f''_{x^2}(x_0, y_0, z_0), \quad u''_{xy} = f''_{xy}(x_0, y_0, z_0),$$

$$u''_{xz} = f''_{xz}(x_0, y_0, z_0)\ ^{**}).$$

Аналогично определяются производные третьего, четвертого и т. д. порядков (третьи, четвертые, ... производные). Общее определение частной производной n-го порядка может быть дано индуктивно.

---

*) Мы и здесь для простоты письма ограничиваемся случаем функции от трех переменных.

**) Разумеется, дифференциальные обозначения следует рассматривать как цельные символы. Квадрат ∂x^2 в знаменателе заменяет условно $\partial x\, \partial x$ и указывает на дифференцирование дважды по x; точно так же значок x^2 внизу заменяет xx. Это нужно иметь в виду и дальше.

Заметим, что частная производная высшего порядка, взятая по различным переменным, например

$$\frac{\partial^2 u}{\partial x\,\partial y},\qquad \frac{\partial^2 u}{\partial y\,\partial x},\qquad \frac{\partial^4 u}{\partial x\,\partial y\,\partial z^2},\ \ldots,$$

называется *смешанной* частной производной.

Примеры. 1) Пусть $u=x^4y^3z^2$, тогда:

$$\begin{array}{llll} u'_x=4x^3y^3z^2, & u''_{xy}=12x^3y^2z^2, & u'''_{xyz}=24x^3y^2z, & u^{(4)}_{xyzx}=72x^2y^2z,\\ u'_y=3x^4y^2z^2, & u''_{yx}=12x^3y^2z^2, & u'''_{yxx}=36x^2y^2z^2, & u^{(4)}_{yxxz}=72x^2y^2z,\\ u'_z=2x^4y^3z, & u''_{zx}=8x^3y^3z, & u'''_{zxy}=24x^3y^2z, & u^{(4)}_{zxyx}=72x^2y^2z. \end{array}$$

2) Мы имели уже [n° 138, 2)] частные производные для функции $u=\operatorname{arctg}\frac{x}{y}$:

$$\frac{\partial u}{\partial x}=\frac{y}{x^2+y^2},\qquad \frac{\partial u}{\partial y}=-\frac{x}{x^2+y^2};$$

вычислим теперь дальнейшие производные:

$$\frac{\partial^2 u}{\partial x^2}=\frac{\partial}{\partial x}\left(\frac{y}{x^2+y^2}\right)=-\frac{2xy}{(x^2+y^2)^2},$$
$$\frac{\partial^2 u}{\partial x\,\partial y}=\frac{\partial}{\partial y}\left(\frac{y}{x^2+y^2}\right)=\frac{x^2-y^2}{(x^2+y^2)^2},$$
$$\frac{\partial^2 u}{\partial y\,\partial x}=\frac{\partial}{\partial x}\left(-\frac{x}{x^2+y^2}\right)=\frac{x^2-y^2}{(x^2+y^2)^2},$$
$$\frac{\partial^2 u}{\partial y^2}=\frac{\partial}{\partial y}\left(-\frac{x}{x^2+y^2}\right)=\frac{2xy}{(x^2+y^2)^2},$$
$$\frac{\partial^3 u}{\partial x^2\,\partial y}=\frac{\partial}{\partial y}\left(-\frac{2xy}{(x^2+y^2)^2}\right)=\frac{6xy^2-2x^3}{(x^2+y^2)^3},$$
$$\frac{\partial^3 u}{\partial y\,\partial x^2}=\frac{\partial}{\partial x}\left(\frac{x^2-y^2}{(x^2+y^2)^2}\right)=\frac{6xy^2-2x^3}{(x^2+y^2)^3}$$

и т. д.

147. Теоремы о смешанных производных. При рассмотрении примеров 1) и 2) бросается в глаза совпадение смешанных производных, взятых по одним и тем же переменным, но в разном порядке.

Нужно сразу же отметить, что это вовсе не вытекает с необходимостью из *определения* смешанных производных, так как существуют случаи, когда упомянутого совпадения нет.

Для примера рассмотрим функцию

$$f(x,y)=xy\,\frac{x^2-y^2}{x^2+y^2}\quad (\text{при } x^2+y^2>0),\quad f(0,0)=0.$$

Имеем:

$$f'_x(x,y)=y\cdot\left[\frac{x^2-y^2}{x^2+y^2}+\frac{4x^2y^2}{(x^2+y^2)^2}\right]\quad (\text{при } x^2+y^2>0),$$
$$f'_x(0,0)=0.$$

Если придать x частное значение равное нулю, то при любом y (в том числе и при $y=0$) будем иметь: $f'_x(0,y)=-y$. Продифференцировав эту функцию по y, получим $f''_{xy}(0,y)=-1$. Отсюда следует, в частности, что и в точке (0, 0) будем иметь:

$$f''_{xy}(0,\ 0) = -1.$$

Вычислив таким же образом f''_{yx} в точке (0, 0), получим

$$f''_{yx}(0,\ 0) = 1.$$

Итак, для рассматриваемой функции $f''_{xy}(0,\ 0) \neq f''_{yx}(0,\ 0)$.

Тем не менее, подмеченное на примерах совпадение смешанных производных, отличающихся лишь порядком дифференцирований, не случайно: оно имеет место в широком классе случаев.

Теорема. *Предположим, что:* 1) *функция* $f(x,\ y)$ *определена в* (*открытой*) *области* $\mathcal{D}$, 2) *в этой области существуют первые производные* f'_x *и* f'_y, *а также вторые* *смешанные* *производные* f''_{xy} *и* f''_{yx}, *и, наконец,* 3) *эти последние производные* f''_{xy} *и* f''_{yx}, *как функции* x *и* y, *непрерывны в некоторой точке* $(x_0,\ y_0)$ *области* $\mathcal{D}$. *Тогда в этой точке*

$$f''_{xy}(x_0,\ y_0) = f''_{yx}(x_0,\ y_0). \tag{1}$$

Доказательство. Рассмотрим выражение

$$W = \frac{f(x_0+h,\ y_0+k) - f(x_0+h,\ y_0) - f(x,\ y_0+k) + f(x_0,\ y_0)}{hk},$$

где h, k отличны от нуля, например положительны, и притом настолько малы, что в $\mathcal{D}$ содержится весь прямоугольник $[x_0,\ x_0+h;\ y_0,\ y_0+k]$; такими мы их фиксируем до конца рассуждения.

Введем теперь вспомогательную функцию от x:

$$\varphi(x) = \frac{f(x,\ y_0+k) - f(x,\ y_0)}{k},$$

которая в промежутке $[x_0,\ x_0+h]$, в силу 2), имеет производную

$$\varphi'(x) = \frac{f'_x(x,\ y_0+k) - f'_x(x,\ y_0)}{k}$$

и, следовательно, непрерывна. С помощью этой функции выражение W, которое равно

$$W = \frac{1}{h}\left[\frac{f(x_0+h,\ y_0+k) - f(x_0+h,\ y_0)}{k} - \frac{f(x_0,\ y_0+k) - f(x_0,\ y_0)}{k}\right],$$

можно переписать в виде:

$$W = \frac{\varphi(x_0+h) - \varphi(x_0)}{h}.$$

Так как для функции $\varphi(x)$ в промежутке $[x_0,\ x_0+h]$ выполняются все условия теоремы Лагранжа [n° **102**], то мы можем, по формуле конечных приращений, преобразовать выражение W так:

$$W = \varphi'(x_0+\theta h) = \frac{f'_x(x_0+\theta h,\ y_0+k) - f'_x(x_0+\theta h,\ y_0)}{k}$$

$$(0 < \theta < 1).$$

Пользуясь существованием второй производной $f''_{xy}(x, y)$, снова применим формулу конечных приращений, на этот раз — к функции от y: $f'_x(x_0+\theta h, y)$ в промежутке $[y_0, y_0+k]$. Окончательно получим:

$$W=f''_{xy}(x_0+\theta h,\ y_0+\theta_1 k) \qquad (0<\theta,\ \theta_1<1). \tag{2}$$

Но выражение W содержит x и h, с одной стороны, и y и k, с другой, одинаковым образом. Поэтому можно поменять их роли и, введя вспомогательную функцию

$$\phi(y)=\frac{f(x_0+h,\ y)-f(x_0,\ y)}{h},$$

путем аналогичных рассуждений получить результат:

$$W=f''_{yx}(x_0+\theta_2 h,\ y_0+\theta_3 k) \qquad (0<\theta_2,\ \theta_3<1). \tag{3}$$

Из сопоставления (2) и (3) находим:

$$f''_{xy}(x_0+\theta h,\ y_0+\theta_1 k)=f''_{yx}(y_0+\theta_2 h,\ y_0+\theta_3 k).$$

Устремив теперь h и k к нулю, перейдем в этом равенстве к пределу. Ввиду ограниченности множителей θ, θ_1, θ_2, θ_3, аргументы и справа и слева стремятся, соответственно, к x_0, y_0. А тогда, в силу 3), окончательно и получим:

$$f''_{xy}(x_0,\ y_0)=f''_{yx}(x_0,\ y_0),$$

что и требовалось доказать.

Таким образом, *непрерывные смешанные производные* f''_{xy} и f''_{yx} *всегда равны.*

В приведенном выше примере эти производные

$$f''_{xy}=f''_{yx}=\frac{x^2-y^2}{x^2+y^2}\cdot\left\{1+\frac{8x^2y^2}{(x^2+y^2)^2}\right\} \qquad (x^2+y^2>0)$$

не имеют вовсе предела при $x\to 0$, $y\to 0$ и, следовательно, в точке (0, 0) терпят разрыв: к этому случаю наша теорема, естественно, неприложима.

Замечание. Упоминание о равенстве смешанных производных и попытки доказать его находим еще у Эйлера и Клеро*) (1740). Строгое доказательство впервые дал Шварц**) лишь в 1873 г.

---

*) Алексис Клод Клеро (1713—1765) — выдающийся французский математик.

**) Карл Герман Армандуа Шварц (1843—1921) — немецкий математик.

• Отметим связь вопроса о перестановке двух дифференцирований с общим вопросом о перестановке двух предельных переходов, рассмотренным в n°**131**.

Имеет место и общая теорема о смешанных производных:

Теорема. *Пусть функция $u=f(x_1, x_2, \ldots, x_m)$ от m переменных определена в открытой m-мерной области $\mathscr{D}$ и имеет в этой области всевозможные частные производные до $(n-1)$-го порядка включительно и смешанные производные n-го порядка, причем все эти производные непрерывны в $\mathscr{D}$.*

При этих условиях значение любой n-й смешанной производной не зависит от того порядка, в котором производятся последовательные дифференцирования.

Мы не будем останавливаться на ее доказательстве, которое проводится на основе предыдущей теоремы.

Так как непрерывность производных мы впредь всегда будем предполагать, то для нас порядок последовательных дифференцирований будет безразличен. При пользовании смешанной производной мы обычно будем собирать вместе дифференцирования по одной и той же переменной.

148. Дифференциалы высших порядков. Пусть в области $\mathscr{D}$ задана некоторая функция $u=f(x_1, x_2, \ldots, x_m)$, имеющая непрерывные частные производные первого порядка. Тогда, как мы знаем, (полным) дифференциалом du называется следующее выражение:

$$du=\frac{\partial u}{\partial x_1}dx_1+\frac{\partial u}{\partial x_2}dx_2+\ldots+\frac{\partial u}{\partial x_m}dx_m,$$

где $dx_1, \ldots, dx_m$ — произвольные приращения независимых переменных $x_1, \ldots, x_m$.

Мы видим, что du также является некоторой функцией от $x_1, \ldots, x_m$. Если предположить существование непрерывных частных производных второго порядка для u, то du будет иметь непрерывные частные производные первого порядка, и можно говорить о полном дифференциале от этого дифференциала du, $d(du)$, который называется *дифференциалом второго порядка* (или *вторым дифференциалом*) от u; он обозначается символом d^2u.

Важно подчеркнуть, что приращения $dx_1, dx_2, \ldots, dx_m$ при этом рассматриваются как *постоянные* и остаются одними и теми же при переходе от одного дифференциала к следующему (вторые дифференциалы $d^2x_1, d^2x_2, \ldots, d^2x_m$ будут нулями!).

Таким образом, если воспользоваться известными правилами дифференцирования n°**143**, будем иметь:

$$d^2u=d(du)=d\left(\frac{\partial u}{\partial x_1}dx_1+\frac{\partial u}{\partial x_2}dx_2+\ldots+\frac{\partial u}{\partial x_m}dx_m\right)=$$

$$=d\left(\frac{\partial u}{\partial x_1}\right)\cdot dx_1+d\left(\frac{\partial u}{\partial x_2}\right)\cdot dx_2+\ldots+d\left(\frac{\partial u}{\partial x_m}\right)\cdot dx_m$$

или, раскрывая:

$$
\begin{aligned}
d^2u = &\left(\frac{\partial^2 u}{\partial x_1^2}dx_1 + \frac{\partial^2 u}{\partial x_1 \partial x_2}dx_2 + \ldots + \frac{\partial^2 u}{\partial x_1 \partial x_m}dx_m\right)\cdot dx_1 + \\
&+\left(\frac{\partial^2 u}{\partial x_2 \partial x_1}dx_1 + \frac{\partial^2 u}{\partial x_2^2}dx_2 + \ldots + \frac{\partial^2 u}{\partial x_2 \partial x_m}dx_m\right)\cdot dx_2 + \\
&\ldots\ldots\ldots\ldots\ldots\ldots\ldots\ldots\ldots\ldots \\
&+\left(\frac{\partial^2 u}{\partial x_m \partial x_1}dx_1 + \frac{\partial^2 u}{\partial x_m \partial x_2}dx_2 + \ldots + \frac{\partial^2 u}{\partial x_m^2}dx_m\right)\cdot dx_m = \\
&= \frac{\partial^2 u}{\partial x_1^2}dx_1^2 + \frac{\partial^2 u}{\partial x_2^2}dx_2^2 + \ldots + \frac{\partial^2 u}{\partial x_m^2}dx_m^2 + \\
&+ 2\frac{\partial^2 u}{\partial x_1 \partial x_2}dx_1\,dx_2 + 2\frac{\partial^2 u}{\partial x_1 \partial x_3}dx_1\,dx_3 + \ldots \\
&\ldots + 2\frac{\partial^2 u}{\partial x_2 \partial x_3}dx_2\,dx_3 + \ldots + 2\frac{\partial^2 u}{\partial x_{m-1}\partial x_m}dx_{m-1}\,dx_m.
\end{aligned}
$$

Аналогично определяется дифференциал третьего порядка d^3u, и т. д. Вообще, если дифференциал $(n-1)$-го порядка $d^{n-1}u$ уже определен, то дифференциал n-го порядка d^nu определяется как (полный) дифференциал от дифференциала $(n-1)$-го порядка:

$$d^nu = d\,(d^{n-1}u).$$

Если для функции u существуют непрерывные частные производные всех порядков до n-го порядка включительно, то существование этого n-го дифференциала обеспечено. Но развернутые выражения последовательных дифференциалов становятся все более и более сложными. В целях упрощения их записи прибегают к следующему приему.

Прежде всего, в выражении первого дифференциала условно «вынесем букву u за скобки»; тогда его символически можно будет записать следующим образом:

$$du = \left(\frac{\partial}{\partial x_1}dx_1 + \frac{\partial}{\partial x_2}dx_2 + \ldots + \frac{\partial}{\partial x_m}dx_m\right)\cdot u.$$

Теперь замечаем, что если в выражении для второго дифференциала также «вынести u за скобки», то остающееся в скобках выражение формально представляет в раскрытом виде квадрат выражения

$$\frac{\partial}{\partial x_1}dx_1 + \frac{\partial}{\partial x_2}dx_2 + \ldots + \frac{\partial}{\partial x_m}dx_m;$$

поэтому второй дифференциал символически можно записать так:

$$d^2u = \left(\frac{\partial}{\partial x_1}dx_1 + \frac{\partial}{\partial x_2}dx_2 + \ldots + \frac{\partial}{\partial x_m}dx_m\right)^2\cdot u.$$

Аналогично можно записать третий дифференциал и т. д. Это правило — общее: при всяком n будем иметь символическое равенство

$$d^n u = \left(\frac{\partial}{\partial x_1} dx_1 + \frac{\partial}{\partial x_2} dx_2 + \ldots + \frac{\partial}{\partial x_m} dx_m\right)^n \cdot u, \qquad (4)$$

которое надлежит понимать так: сначала «многочлен», стоящий в скобках, формально возводится по правилам алгебры в степень, затем все полученные члены «умножаются» на u (которое дописывается в числителях при ∂^n), и только после этого всем символам возвращается их значение как производных и дифференциалов.

Доказательство правила (4) можно осуществить по методу математической индукции.

Таким образом, n-й дифференциал является однородным целым многочленом степени n, или, как говорят, является формой n-й степени относительно дифференциалов независимых переменных, коэффициентами при которых служат частные производные n-го порядка, умноженные на целочисленные постоянные («полиномиальные» коэффициенты).

Например, если $u = f(x, y)$, то

$$d^2u = \frac{\partial^2 u}{\partial x^2} dx^2 + 2\frac{\partial^2 u}{\partial x\, \partial y} dx\, dy + \frac{\partial^2 u}{\partial y^2} dy^2,$$

$$d^3u = \frac{\partial^3 u}{\partial x^3} dx^3 + 3\frac{\partial^3 u}{\partial x^2\, \partial y} dx^2\, dy + 3\frac{\partial^3 u}{\partial x\, \partial y^2} dx\, dy^2 + \frac{\partial^3 u}{\partial y^3} dy^3,$$

$$d^4u = \frac{\partial^4 u}{\partial x^4} dx^4 + 4\frac{\partial^4 u}{\partial x^3\, dy} dx^3\, dy + 6\frac{\partial^4 u}{\partial x^2 dy^2} dx^2\, dy^2 + \\ + 4\frac{\partial^4 u}{\partial x\, \partial y^3} dx\, dy^3 + \frac{\partial^4 u}{\partial y^4} dy^4,$$

и т. д. Положив конкретно $u = \operatorname{arctg}\frac{x}{y}$, будем иметь

$$du = \frac{y\,dx - x\,dy}{x^2 + y^2}, \qquad d^2u = \frac{2xy\,(dy^2 - dx^2) + 2\,(x^2 - y^2)\,dx\,dy}{(x^2 + y^2)^2},$$

$$d^3u = \frac{(6x^2y - 2y^3)\,dx^3 + (18xy^2 - 6x^3)\,dx^2\,dy}{(x^2 + y^2)^3} + \\ + \frac{(6y^3 - 18x^2y)\,dx\,dy^2 + (2x^3 - 6xy^2)\,dy^3}{(x^2 + y^2)^3}$$

и т. д.

149. Дифференциалы сложных функций. Пусть мы теперь имеем сложную функцию:

$$u = f(x_1, x_2, \ldots, x_m),$$

где, в свою очередь,

$$x_i = \varphi_i(t_1, t_2, \ldots, t_k) \qquad (i = 1, 2, \ldots, m).$$

В этом случае первый дифференциал может быть сохранен в прежнем виде:

$$du = \frac{\partial u}{\partial x_1} dx_1 + \frac{\partial u}{\partial x_2} dx_2 + \ldots + \frac{\partial u}{\partial x_m} dx_m$$

(на основании инвариантности формы первого дифференциала, n° 143). Но здесь уже $dx_1, dx_2, \ldots, dx_m$ являются дифференциалами не независимых переменных, а функций и, следовательно, сами будут функциями и могут не быть постоянными, как в предыдущем случае.

Вычислив теперь второй дифференциал нашей функции, будем иметь (если воспользоваться правилами дифференцирования, n° 143):

$$d^2u = d\left(\frac{\partial u}{\partial x_1}\right) \cdot dx_1 + d\left(\frac{\partial u}{\partial x_2}\right) \cdot dx_2 + \ldots + d\left(\frac{\partial u}{\partial x_m}\right) \cdot dx_m +$$

$$+ \frac{\partial u}{\partial x_1} \cdot d(dx_1) + \frac{\partial u}{\partial x_2} \cdot d(dx_2) + \ldots + \frac{\partial u}{\partial x_m} \cdot d(dx_m) =$$

$$= \left(\frac{\partial}{\partial x_1} dx_1 + \frac{\partial}{\partial x_2} dx_2 + \ldots + \frac{\partial}{\partial x_m} dx_m\right)^2 \cdot u +$$

$$+ \frac{\partial u}{\partial x_1} \cdot d^2x_1 + \frac{\partial u}{\partial x_2} \cdot d^2x_2 + \ldots + \frac{\partial u}{\partial x_m} \cdot d^2x_m.$$

Мы видим, что для дифференциала порядка выше первого инвариантность формы *вообще* не имеет места.

Рассмотрим теперь *частный* случай, когда $x_1, x_2, \ldots, x_m$ являются *линейными* функциями от $t_1, t_2, \ldots, t_k$, т. е. когда

$$x_i = \alpha_i^{(1)} t_1 + \alpha_i^{(2)} t_2 + \ldots + \alpha_i^{(m)} t_m + \beta_i \qquad (i = 1, 2, \ldots, m),$$

где $\alpha_i^{(j)}$ и β_i — постоянные.

В этом случае будем иметь

$$dx_i = \alpha_i^{(1)} dt_1 + \ldots + \alpha_i^{(m)} dt_m = \alpha_i^{(1)} \Delta t_1 + \ldots + \alpha_i^{(m)} \Delta t_m.$$

Мы видим, что все первые дифференциалы функций $x_1, x_2, \ldots, x_m$ в этом случае *постоянны*, не зависят от $t_1, t_2, \ldots, t_k$; следовательно, применимы без изменений выкладки n°148. Отсюда вытекает, что *в случае замены независимых переменных* $x_1, x_2, \ldots, x_m$ *линейными функциями от новых переменных* $t_1, t_2, \ldots, t_k$, *могут быть сохранены прежние выражения даже для дифференциалов высших порядков.* В них дифференциалы $dx_1, dx_2, \ldots, dx_m$ совпадают с приращениями $\Delta x_1, \Delta x_2, \ldots, \Delta x_m$, но эти приращения не произвольны, а обусловливаются приращениями $\Delta t_1, \Delta t_2, \ldots, \Delta t_k$.

Это простое и важное замечание принадлежит Коши; мы используем его непосредственно в следующем номере.

150. Формула Тейлора. Мы уже знаем [n°107, (12б)], что функция $F(t)$, при условии существования ее $n+1$ первых производных, может быть следующим образом разложена по формуле Тейлора:

$$\Delta F(t_0) = dF(t_0) + \frac{1}{2!} d^2F(t_0) + \ldots + \frac{1}{n!} d^nF(t_0) + \\ + \frac{1}{(n+1)!} d^{n+1} F(t_0 + \theta \Delta t) \qquad (0 < \theta < 1).$$

При этом важно подчеркнуть, что величина dt, входящая в различных степенях в выражения дифференциалов справа, в точности равна тому приращению Δt, которое фигурирует в приращении функции слева:

$$\Delta F(t_0) = F(t_0 + \Delta t) - F(t_0).$$

Именно в последней форме формула Тейлора распространяется и на случай функции от нескольких переменных (Коши).

Для упрощения письма ограничимся функцией $f(x, y)$ двух переменных.

Предположим, что в окрестности некоторой определенной точки (x_0, y_0) эта функция имеет непрерывные производные всех порядков до $(n+1)$-го включительно. Придадим x_0 и y_0 некоторые приращения Δx и Δy так, чтобы прямолинейный отрезок, соединяющий точки (x_0, y_0) и $(x_0 + \Delta x, y_0 + \Delta y)$, не вышел за пределы рассматриваемой окрестности точки (x_0, y_0).

Требуется доказать, что при сделанных предположениях относительно функции $f(x, y)$ справедливо следующее равенство:

$$\Delta f(x_0, y_0) = f(x_0 + \Delta x, y_0 + \Delta y) - f(x_0, y_0) = \\ = df(x_0, y_0) + \frac{1}{2!} d^2f(x_0, y_0) + \ldots + \frac{1}{n!} d^nf(x_0, y_0) + \\ + \frac{1}{(n+1)!} d^{n+1}f(x_0 + \theta \Delta x, y_0 + \theta \Delta y) \qquad (5)$$

$$(0 < \theta < 1),$$

причем фигурирующие справа в различных степенях дифференциалы dx и dy равны именно тем приращениям Δx и Δy независимых переменных, которые породили приращение функции слева.

Для доказательства введем в рассмотрение новую независимую переменную t, положив

$$x = x_0 + t \cdot \Delta x, \qquad y = y_0 + t \cdot \Delta y. \qquad (0 \leqslant t \leqslant 1). \qquad (6)$$

Подставив эти значения x и y в функцию $f(x, y)$, получим *сложную* функцию от одной переменной t:

$$F(t) = f(x_0 + t \cdot \Delta x, y_0 + t \cdot \Delta y).$$

Мы знаем, что введенные нами в рассмотрение формулы (6) геометрически выражают прямолинейный отрезок, соединяющий точки $M_0(x_0, y_0)$ и $M_1(x_0 + \Delta x, y_0 + \Delta y)$.

Очевидно, вместо приращения

$$\Delta f(x_0, y_0) = f(x_0 + \Delta x, y_0 + \Delta y) - f(x_0, y_0)$$

мы можем рассматривать приращение вспомогательной функции:

$$\Delta F(0) = F(1) - F(0),$$

так как оба приращения равны. Но $F(t)$ является функцией от одной переменной и имеет $n+1$ производных: следовательно, применив к ней уже выведенную ранее формулу Тейлора, получим:

$$\Delta F(0) = F(1) - F(0) = dF(0) + \frac{1}{2!} d^2F(0) + \ldots$$
$$\ldots + \frac{1}{n!} d^nF(0) + \frac{1}{(n+1)!} d^{n+1}F(\theta) \quad (0 < \theta < 1), \quad (7)$$

при этом дифференциал dt, входящий в различных степенях справа, равен $\Delta t = 1 - 0 = 1$.

Теперь, пользуясь тем, что при линейной замене переменных свойство инвариантности формы имеет место и для высших дифференциалов, получим

$$dF(0) = f'_x(x_0, y_0) \cdot dx + f'_y(x_0, y_0) \cdot dy = df(x_0, y_0),$$
$$d^2F(0) = f''_{x^2}(x_0, y_0) \cdot dx^2 + 2f''_{xy}(x_0, y_0) \cdot dx\,dy +$$
$$+ f''_{y^2}(x_0, y_0) \cdot dy^2 = d^2f(x_0, y_0),$$

и т. д. Наконец, для $(n+1)$-го дифференциала будем иметь:

$$d^{n+1}F(\theta) = d^{n+1}f(x_0 + \theta\Delta x, y_0 + \theta\Delta y).$$

Важно отметить, что здесь дифференциалы dx и dy ничем не отличаются от ранее взятых приращений Δx и Δy. Действительно, так как $dt = 1$,

$$dx = \Delta x \cdot dt = \Delta x, \qquad dy = \Delta y \cdot dt = \Delta y.$$

Подставив все это в разложение (7), мы и придем к требуемому разложению (5).

Читатель должен дать себе отчет в том, что, хотя в дифференциальной форме формула Тейлора для случая функции нескольких переменных имеет такой же простой вид, как и для случая функции одной переменной, но в развернутом виде она гораздо сложнее.

§ 3. ЭКСТРЕМУМЫ, НАИБОЛЬШИЕ И НАИМЕНЬШИЕ ЗНАЧЕНИЯ

151. Экстремумы функции нескольких переменных. Необходимые условия. Пусть функция

$$u = f(x_1, x_2, \ldots, x_m)$$

определена в области $\mathscr{D}$ и $(x_1^0, x_2^0, \ldots, x_m^0)$ будет внутренней точкой этой области.

Говорят, что *функция* $f(x_1, x_2, \ldots, x_m)$ *в точке* $(x_1^0, x_2^0, \ldots, x_m^0)$ *имеет* ***максимум*** *(**минимум**), если ее можно окружить такой окрестностью*

$$(x_1^0 - \delta_1, x_1^0 + \delta_1; x_2^0 - \delta_2, x_2^0 + \delta_2; \ldots; x_m^0 - \delta_m, x_m^0 + \delta_m),$$

чтобы для всех точек этой окрестности выполнялось неравенство

$$f(x_1, x_2, \ldots, x_m) \leqslant f(x_1^0, x_2^0, \ldots, x_m^0).$$
$$(\geqslant)$$

Если эту окрестность можно взять настолько малой, чтобы знак равенства был исключен, т. е. чтобы в каждой точке ее, кроме самой точки $(x_1^0, x_2^0, \ldots, x_m^0)$, выполнялось строгое неравенство

$$f(x_1, x_2, \ldots, x_m) < f(x_1^0, x_2^0, \ldots, x_m^0),$$
$$(>)$$

то говорят, что в точке $(x_1^0, x_2^0, \ldots, x_m^0)$ имеет место **собственный** максимум (минимум); в противном случае, максимум (минимум) называется **несобственным**.

Для обозначения максимума и минимума употребляется и общий термин — экстремум.

Предположим, что наша функция в некоторой точке $(x_1^0, x_2^0, \ldots, x_m^0)$ имеет экстремум.

Покажем, что **если** в этой точке существуют конечные частные производные

$$f'_{x_1}(x_1^0, \ldots, x_m^0), \ldots, f'_{x_m}(x_1^0, \ldots, x_m^0),$$

то все эти частные производные равны нулю, так что *обращение в нуль частных производных первого порядка является* ***необходимым*** *условием существования экстремума.*

С этой целью положим $x_2 = x_2^0, \ldots, x_m = x_m^0$, сохраняя x_1 переменным; тогда у нас получится функция от одной переменной x_1:

$$u = f(x_1, x_2^0, \ldots, x_m^0).$$

Так как мы предположили, что в точке $(x_1^0, x_2^0, \ldots, x_m^0)$ существует экстремум (для определенности — пусть это будет максимум), то, в частности, отсюда следует, что в некоторой окрестности $(x_1^0 - \delta_1, x_1^0 + \delta_1)$ точки $x_1 = x_1^0$ необходимо должно выполняться неравенство

$$f(x_1, x_2^0, \ldots, x_m^0) \leqslant f(x_1^0, x_2^0, \ldots, x_m^0),$$

так что упомянутая выше функция одной переменной в точке $x_1 = x_1^0$ будет иметь максимум, а отсюда по теореме Ферма [n° 100] следует, что

$$f'_{x_1}(x_1^0, x_2^0, \ldots, x_m^0) = 0.$$

Таким же образом можно показать, что в точке $(x_1^0, x_2^0, \ldots, x_m^0)$ и остальные частные производные также равны нулю.

Итак, «подозрительными» по экстремуму являются те точки, в которых частные производные первого порядка все обращаются в нуль; их координаты можно найти, решив систему уравнений

$$\left.\begin{aligned} f'_{x_1}(x_1, x_2, \ldots, x_m) &= 0, \\ f'_{x_2}(x_1, x_2, \ldots, x_m) &= 0, \\ \cdots\cdots\cdots\cdots & \\ f'_{x_m}(x_1, x_2, \ldots, x_m) &= 0. \end{aligned}\right\} \qquad (1)$$

Как и в случае функции одной переменной, подобные точки называют *стационарными*.

152. Исследование стационарных точек (случай двух переменных). Как и в случае функции одной переменной, в стационарной точке вовсе не обеспечено наличие экстремума. Если для примера

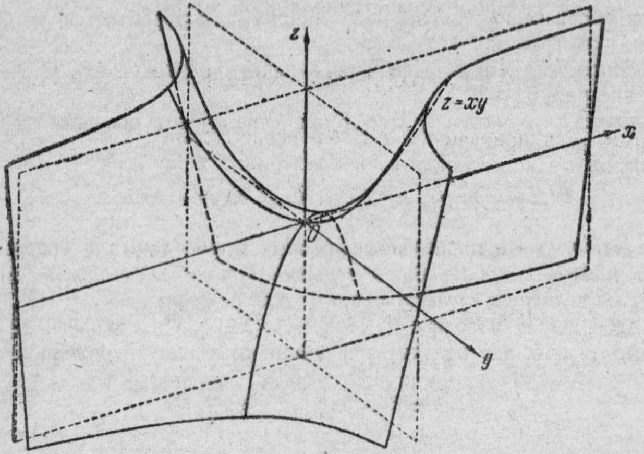

Рис. 59.

взять простую функцию $z = xy$, то для нее $z'_x = y$ и $z'_y = x$ обращаются одновременно в нуль в единственной — начальной точке (0, 0), в которой $z = 0$. В то же время непосредственно ясно, что в любой окрестности этой точки функция принимает как положительные, так и отрицательные значения, и экстремума нет. На рис. 59 изображена поверхность (гиперболический параболоид), выражаемая уравнением $z = xy$; вблизи начальной точки она имеет седлообразную форму, изгибаясь в одной вертикальной плоскости вверх, а в другой — вниз.

Таким образом, встает вопрос об условиях, *достаточных* для существования (или отсутствия) экстремума, о том *исследовании*, которому должна быть дополнительно подвергнута стационарная точка.

Мы ограничимся случаем функции двух переменных $f(x, y)$. Предположим, что эта функция определена, непрерывна и имеет непрерывные частные производные первого и второго порядков в окрестности некоторой точки (x_0, y_0), которая является стационарной, т. е. удовлетворяет условиям

$$f'_x(x_0, y_0) = 0, \quad f'_y(x_0, y_0) = 0. \tag{1a}$$

Чтобы установить, действительно ли наша функция имеет в точке (x_0, y_0) экстремум или нет, естественно обратиться к рассмотрению разности

$$\Delta = f(x, y) - f(x_0, y_0).$$

Разложим ее по формуле Тейлора с дополнительным членом в форме Лагранжа [n° 150, (5)], ограничиваясь двумя членами. Впрочем, так так точка (x_0, y_0) предположена стационарной, то первый член исчезает, и мы будем иметь просто

$$\Delta = \frac{1}{2!}\{f''_{x^2} \cdot \Delta x^2 + 2f''_{xy} \cdot \Delta x \Delta y + f''_{y^2} \cdot \Delta y^2\}. \tag{2}$$

При этом роль приращений Δx, Δy играют разности $x - x_0$, $y - y_0$, и производные все вычислены в некоторой точке

$$(x_0 + \theta\Delta x, \quad y_0 + \theta\Delta y).$$

Введем в рассмотрение значения этих производных в самой испытуемой точке:

$$a_{11} = f''_{x^2}(x_0, y_0), \quad a_{12} = f''_{xy}(x_0, y_0), \quad a_{22} = f''_{y^2}(x_0, y_0) \tag{3}$$

и положим

$$f''_{x^2}(x_0 + \theta\Delta x, y_0 + \theta\Delta y) = a_{11} + \alpha_{11},$$

$$f''_{xy}(\ldots) = a_{12} + \alpha_{12}, \quad f''_{y^2}(\ldots) = a_{22} + \alpha_{22},$$

так что, ввиду непрерывности вторых производных,

$$\text{все } \alpha \to 0 \quad \text{при} \quad \Delta x \to 0, \quad \Delta y \to 0. \tag{4}$$

Разность Δ напишется в виде:

$$\Delta = \frac{1}{2}\{a_{11}\Delta x^2 + 2a_{12}\Delta x\Delta y + a_{22}\Delta y^2 + \alpha_{11}\Delta x^2 + 2\alpha_{12}\Delta x\Delta y + \alpha_{22}\Delta y^2\}.$$

Как мы установим, поведение разности Δ существенно зависит от знака выражения $a_{11}a_{22}-a_{12}^2$.

Для облегчения рассуждений положим теперь $\Delta x = \rho\cos\varphi$, $\Delta y = \rho\sin\varphi$, где $\rho=\sqrt{\Delta x^2+\Delta y^2}$ есть расстояние между точками (x_0, y_0) и (x, y). Тогда, окончательно,

$$\Delta=\frac{\rho^2}{2}\{a_{11}\cos^2\varphi+2a_{12}\cos\varphi\sin\varphi+a_{22}\sin^2\varphi+$$
$$+\alpha_{11}\cos^2\varphi+2\alpha_{12}\cos\varphi\sin\varphi+\alpha_{22}\sin^2\varphi\}.$$

1°. Пусть, сначала, $a_{11}a_{22}-a_{12}^2>0$.

В этом случае $a_{11}a_{22}>0$, так что $a_{11}\neq 0$, и первый трехчлен в скобках $\{\ldots\}$ может быть представлен так:

$$\frac{1}{a_{11}}[(a_{11}\cos\varphi+a_{12}\sin\varphi)^2+(a_{11}a_{22}-a_{12}^2)\sin^2\varphi]. \quad (5)$$

Отсюда ясно, что выражение в скобках $[\ldots]$ всегда положительно, так что *упомянутый трехчлен при всех значениях* φ, *не обращаясь в нуль, сохраняет знак коэффициента* a_{11}. Его абсолютная величина, как непрерывная в промежутке $[0, 2\pi]$ функция от φ, имеет (очевидно, *положительное*) наименьшее значение m:

$$|a_{11}\cos^2\varphi+2a_{12}\cos\varphi\sin\varphi+a_{22}\sin^2\varphi|\geqslant m>0.$$

С другой стороны, если обратиться ко *второму* трехчлену в скобках $\{\ldots\}$, то, ввиду (4),

$$|\alpha_{11}\cos^2\varphi+2\alpha_{12}\cos\varphi\sin\varphi+\alpha_{22}\sin^2\varphi|\leqslant|\alpha_{11}|+2|\alpha_{12}|+|\alpha_{22}|<m$$

сразу для всех φ, если только ρ (а с ним и Δx, Δy) достаточно мало. Но тогда всё выражение в скобках $\{\ldots\}$, а значит и разность Δ, будет сохранять тот же знак, что и первый из трехчленов, т. е. знак a_{11}.

Итак, если $a_{11}>0$, то и $\Delta>0$, т. е. функция в рассматриваемой точке (x_0, y_0) имеет *минимум*, а при $a_{11}<0$ будет и $\Delta<0$, т. е. налицо *максимум*.

2°. Предположим теперь, что $a_{11}a_{22}-a_{12}^2<0$.

Остановимся на случае, когда $a_{11}\neq 0$; тогда можно и здесь использовать преобразование (5). При $\varphi=\varphi_1=0$ выражение в скобках $[\ldots]$ будет *положительным*, ибо сведется к a_{11}^2. Наоборот, если определить $\varphi=\varphi_2$ из условия

$$a_{11}\cos\varphi_2+a_{12}\sin\varphi_2=0 \qquad (\sin\varphi_2\neq 0),$$

то это выражение сведется к $(a_{11}a_{22}-a_{12})^2\sin^2\varphi_2$ и будет *отрицательным*. При достаточно малом ρ второй трехчлен в скобках $\{\ldots\}$, как при $\varphi=\varphi_1$, так и при $\varphi=\varphi_2$, будет сколь угодно мал, и знак Δ определится знаком первого трехчлена. Таким образом, в любой близости от рассматриваемой точки (x_0, y_0) на лучах, определяемых углами $\varphi=\varphi_1$ и $\varphi=\varphi_2$, разность Δ будет иметь значения противоположных знаков. Следовательно, в этой точке экстремума быть не может.

Если $a_{11}=0$, и первый трехчлен в скобках $\{\ldots\}$ сведется к

$$2a_{12}\cos\varphi\sin\varphi+a_{22}\sin^2\varphi=\sin\varphi\cdot(2a_{12}\cos\varphi+a_{22}\sin\varphi),$$

то, пользуясь тем, что наверное $a_{12}\neq 0$, можно определить угол $\varphi_1\neq 0$ так, что

$$|a_{22}||\sin\varphi_1|<2|a_{12}||\cos\varphi_1|.$$

Тогда при $\varphi=\varphi_1$ и $\varphi=\varphi_2=-\varphi_1$ упомянутый трехчлен будет иметь противоположные знаки, и рассуждение завершается, как и выше.

Итак, *если $a_{11}a_{22}-a_{12}^2>0$, то в испытуемой стационарной точке (x_0, y_0) функция $f(x, y)$ имеет экстремум, именно, максимум при $a_{11}<0$ и минимум при $a_{11}>0$. Если же $a_{11}a_{22}-a_{12}^2<0$, то экстремума нет.*

В случае же $a_{11}a_{22}-a_{12}^2=0$ для решения вопроса приходится привлекать высшие производные; этот «сомнительный» случай мы оставим в стороне.

Замечание. Эйлер первым отметил необходимость условий

$$f'_x(x_0, y_0)=0,\quad f'_y(x_0, y_0)=0$$

для того, чтобы функция $f(x, y)$ в точке (x_0, y_0) имела экстремум. Однако он ошибался, думая, что достаточным условием является наличие для функции однотипного экстремума по каждой переменной в отдельности (что будет иметь место, например, если производные f''_{x^2} и f''_{y^2} — одного знака). Лагранж понял ошибку Эйлера и в качестве достаточного условия установил неравенство

$$f''_{x^2}\cdot f''_{y^2}-(f''_{xy})^2>0.$$

Он же указал, что обратное неравенство обусловливает отсутствие экстремума, но обосновал это неполностью.

Примеры. 1) Исследуем на максимум и минимум функцию

$$z=\frac{x^2}{2p}+\frac{y^2}{2q}\qquad(p>0,\ q>0).$$

Вычислим частные производные:

$$z'_x=\frac{x}{p},\quad z'_y=\frac{y}{q}.$$

Отсюда сразу видим, что единственной стационарной точкой является начало координат (0, 0)

Вычислив a_{11}, a_{12} и a_{22}, получим

$$a_{11}=\frac{1}{p},\quad a_{12}=0,\quad a_{22}=\frac{1}{q};$$

отсюда $a_{11}a_{22}-a_{12}^2>0$. Следовательно, в точке $(0, 0)$ функция z имеет минимум: впрочем, это ясно и непосредственно.

Геометрическим образом нашей функции будет эллиптический параболоид с вершиной в начальной точке (ср. черт. 55 на стр. 220).

2) $$z=\frac{x^2}{2p}-\frac{y^2}{2q}\quad(p>0,\quad q>0);$$

имеем $$z'_x=\frac{x}{p},\qquad z'_y=-\frac{y}{q}.$$

И здесь видим, что стационарной точкой является $(0, 0)$.

Вычисляем

$$a_{11}=\frac{1}{p},\quad a_{12}=0,\quad a_{22}=-\frac{1}{q};$$

отсюда $a_{11}a_{22}-a_{12}^2<0$. Следовательно, экстремума нет.

Геометрически мы здесь имеем дело с гиперболическим параболоидом, вершина которого — в начале координат.

3) $$z=y^2+x^4\quad\text{или}\quad z=y^2+x^3;$$

в обоих случаях стационарной является точка $(0, 0)$ и в ней $a_{11}a_{22}-a_{12}^2=0$.

Наш критерий не дает ответа; при этом в первом случае, как непосредственно видно, налицо минимум, а во втором — экстремума нет.

153. Наибольшее и наименьшее значения функции. Примеры. Пусть функция $u=f(x_1, x_2, \ldots, x_m)$ определена и непрерывна в некоторой ограниченной замкнутой области $\mathcal{D}$ и имеет в этой области конечные частные производные. По теореме Вейерштрасса [n° **136**], в этой области найдется точка $(x_1^0, x_2^0, \ldots, x_m^0)$, в которой функция получает наибольшее (наименьшее) из всех значений. Если точка $(x_1^0, x_2^0, \ldots, x_m^0)$ лежит внутри области $\mathcal{D}$, то в ней функция, очевидно, имеет максимум (минимум), так что в этом случае интересующая нас точка наверное содержится среди «подозрительных» по экстремуму стационарных точек. Однако своего наибольшего (наименьшего) значения функция u может достигать и на границе области. Поэтому, *для того чтобы найти наибольшее (наименьшее) значение функции $u=f(x_1, \ldots, x_m)$ в области $\mathcal{D}$, нужно найти все внутренние стационарные точки, «подозрительные» по экстремуму, вычислить значения функции в них и сравнить со значениями функции в пограничных точках области: наибольшее (наименьшее) из этих значений и будет наибольшим (наименьшим) значением функции во всей области.*

Поясним сказанное примерами.

1) Пусть требуется найти наибольшее значение функции

$$u=\sin x+\sin y-\sin(x+y)$$

в треугольнике, ограниченном осью x, осью y и прямою $x+y=2\pi$ (рис. 60). Имеем

$$u'_x=\cos x-\cos(x+y),\quad u'_y=\cos y-\cos(x+y).$$

В н у т р и области производные обращаются в нуль в единственной точке $\left(\frac{2\pi}{3},\ \frac{2\pi}{3}\right)$, в которой $u=\frac{3\sqrt{3}}{2}$. Так как на границе области, т. е. на прямых $x=0$, $y=0$ и $x+y=2\pi$ наша функция равна нулю, то, очевидно, найденная выше точка $\left(\frac{2\pi}{3},\ \frac{2\pi}{3}\right)$ и доставляет функции наибольшее значение.

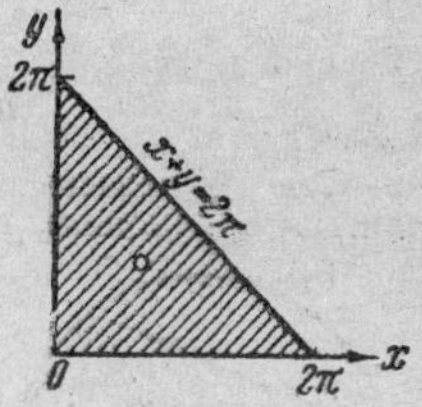

Рис. 60.

2) Найти наибольшее значение для произведения

$$u=xyzt$$

неотрицательных чисел x, y, z, t при условии, что сумма их сохраняет постоянную величину:

$$x+y+z+t=4c.$$

Покажем, что наибольшее для u значение получится, когда множители все равны: $x=y=z=t=c$*).

Определив t из данного условия: $t=4c-x-y-z$, подставим в u это выражение:

$$u=xyz(4c-x-y-z).$$

Мы имеем здесь функцию от трех **н е з а в и с и м ы х** переменных x, y, z в трехмерной области, определяемой условиями

$$x\geqslant 0,\quad y\geqslant 0,\quad z\geqslant 0,\quad x+y+z\leqslant 4c.$$

Геометрически эта область представляется в виде **т е т р а э д р а**, ограниченного плоскостями $x=0$, $y=0$, $z=0$, $x+y+z=4c$.

Вычисляем производные и приравниваем их нулю:

$$\frac{\partial u}{\partial x}=yz(4\ -2x-y-z)=0,\quad \frac{\partial u}{\partial y}=zx(4c-x-2y-z)=0,$$

$$\frac{\partial u}{\partial z}=xy(4c-x-y-2z)=0.$$

В н у т р и области уравнения эти удовлетворяются лишь в точке $x=y=z=c$, в которой $u=c^4$. Так как на границе области $u=0$, то в найденной точке действительно достигается для функции наибольшее значение.

Утверждение наше доказано, ибо при $x=y=z=c$ также и $t=c$**).

---

*) Мы лишь для определенности взяли число сомножителей равным четырем; результат будет тот же для любого числа сомножителей.

**) Из сказанного следует, что произведение положительных чисел $xyzt$, сумма которых равна $4c$, не превосходит c^4, так что

$$\sqrt[4]{xyzt}\leqslant c=\frac{x+y+z+t}{4},$$

т. е. **с р е д н е е г е о м е т р и ч е с к о е н е п р е в о с х о д и т с р е д н е г о а р и ф м е т и ч е с к о г о**. Это справедливо для любого количества чисел.

Замечание. В приведенных примерах внутри рассматриваемой области существовала одна лишь стационарная точка. Можно было бы удостовериться, что в ней налицо максимум. Однако, в отличие от того, что было отмечено для случая функции одной переменной (см. замечание в n°118), *здесь из этого одного нельзя было бы сделать заключение, что мы имеем дело с наибольшим значением функции в области.*

Следующий простой пример показывает, что подобное заключение в действительности может привести к неверному результату. Рассмотрим в прямоугольнике $[-5, 5; -1, 1]$ функцию

$$u = x^3 - 4x^2 + 2xy - y^2.$$

Ее производные

$$u'_x = 3x^2 - 8x + 2y, \quad u'_y = 2x - 2y$$

в пределах области обращаются в нуль лишь в точке $(0, 0)$. Как легко убедиться с помощью признака n°152, в ней функция имеет максимум (равный нулю). Однако значение это не будет наибольшим в области, ибо, например, в точке $(5, 0)$ значение функции равно 25.

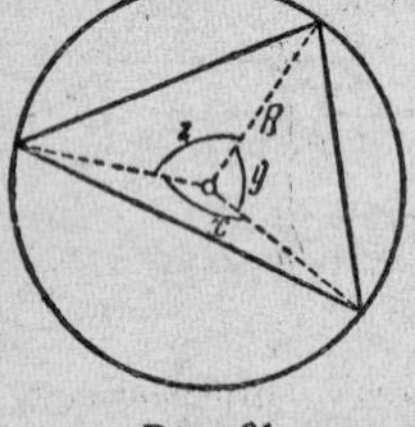

Рис. 61.

Вследствие этого, в случае функции нескольких переменных (при разыскании наибольшего или наименьшего значения функции в области) исследование на максимум и минимум оказывается практически ненужным.

154. Задачи. Многие задачи — как из области математики, так и из других областей науки и техники — приводят к вопросу о нахождении наибольшего или наименьшего значения некоторой функции.

Решение задач 1) и 2) связано с уже рассмотренными в предыдущем номере примерами.

1) Среди всех вписанных в данный круг радиуса R треугольников найти тот, площадь которого наибольшая (рис. 61).

Если через x, y, z обозначить центральные углы, опирающиеся на стороны треугольника, то они связаны зависимостью $x + y + z = 2\pi$, откуда $z = 2\pi - x - y$. Площадь треугольника P выражается через них так:

$$P = \frac{1}{2} R^2 \cdot \sin x + \frac{1}{2} R^2 \cdot \sin y + \frac{1}{2} R^2 \cdot \sin z =$$
$$= \frac{1}{2} R^2 \cdot [\sin x + \sin y - \sin(x + y)].$$

Область изменения переменных x и y здесь определяется условиями $x \geqslant 0$, $y \geqslant 0$, $x + y \leqslant 2\pi$. Нужно найти те значения переменных, которые сообщают выражению в скобках наибольшую величину.

Мы уже знаем [n°153, 1)], что это будут $x = y = \frac{2\pi}{3}$, так что и $z = \frac{2\pi}{3}$: получается равносторонний треугольник.

2) Среди всех треугольников данного периметра $2p$ найти тот, площадь которого P наибольшая.

Пусть x, y, z означают стороны треугольника; тогда по известной формуле

$$P = \sqrt{p(p - x)(p - y)(p - z)}.$$

Можно было бы, подставив сюда $z = 2p - x - y$, преобразовать P к виду

$$P = \sqrt{p(p - x)(p - y)(2p - x - y)}$$

и искать наибольшее значение этой функции в треугольной области, о которой уже была речь в n° 124, 5).

Мы поступим иначе: задача сводится к нахождению наибольшего значения для произведения положительных чисел

$$u = (p - x)(p - y)(p - z)$$

— при условии, что их сумма постоянна:

$$(p - x) + (p - y) + (p - z) = 3p - 2p = p.$$

А мы уже знаем [n° 153, 2)], что для этого все множители должны быть равны, так что $x = y = z = \frac{2p}{3}$: снова получается **равносторонний** треугольник.

3) Рассмотрим **электрическую питательную сеть** с параллельным включением. На рис. 62 представлена схема сети, причем A и B —

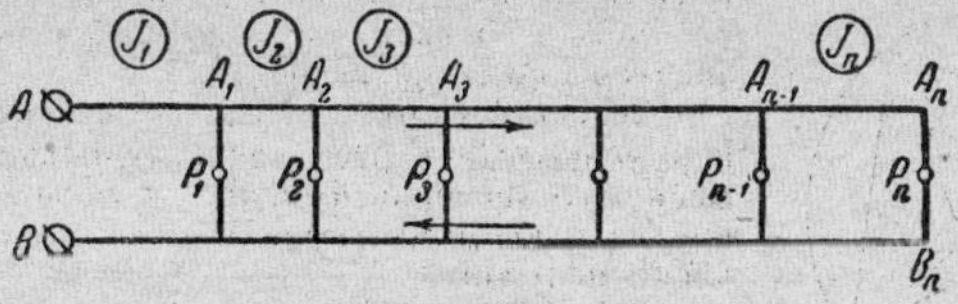

Рис. 62.

зажимы источника тока и $P_1, P_2, \ldots, P_n$ — приемники тока, потребляющие, соответственно, токи $i_1, i_2, \ldots, i_n$. Требуется, **при наперед заданном допустимом общем падении потенциала в цепи** $2e$, определить сечения проводов так, чтобы на всю магистраль пошло наименьшее количество меди.

Очевидно, достаточно ограничиться рассмотрением одного из проводов, скажем AA_n, так как другой провод находится в совершенно аналогичных условиях. Обозначим через $l_1, l_2, \ldots, l_n$ длины частей $AA_1, A_1A_2, \ldots, A_{n-1}A_n$ (в метрах), через $q_1, q_2, \ldots, q_n$ — площади их поперечных сечений (в кв. миллиметрах). Тогда выражение

$$u = l_1q_1 + l_2q_2 + \ldots + l_nq_n$$

как раз и представит объем всей затраченной меди (в куб. сантиметрах); для него нам нужно добиться наименьшей величины, **принимая во внимание, что общее падение потенциала в проводе** AA_n **должно равняться** e.

Легко подсчитать, какие токи $J_1, J_2, \ldots, J_n$ будут протекать в отрезках $AA_1, A_1A_2, \ldots, A_{n-1}A_n$ цепи:

$$J_1 = i_1 + i_2 + \ldots + i_n, \quad J_2 = i_2 + \ldots + i_n, \ldots, \quad J_n = i_n.$$

Если обозначить через ρ сопротивление медной проволоки длиной в 1 *м* и с сечением в 1 *мм*^{2}, то сопротивления этих отрезков будут

$$r_1 = \frac{\rho l_1}{q_1}, \quad r_2 = \frac{\rho l_2}{q_2}, \ldots, \quad r_n = \frac{\rho l_n}{q_n},$$

так что соответствующие падения потенциала в этих отрезках, согласно закону Ома, выразятся так:

$$e_1 = r_1J_1 = \frac{\rho l_1J_1}{q_1}, \quad e_2 = r_2J_2 = \frac{\rho l_2J_2}{q_2}, \ldots, \quad e_n = r_nJ_n = \frac{\rho l_nJ_n}{q_n}.$$

Чтобы избежать сложных выкладок, мы, вместо переменных $q_1, q_2, \ldots, q_n$, введем именно эти величины $e_1, e_2, \ldots, e_n$, связанные простым условием $e_1 + e_2 + \ldots + e_n = e$, откуда $e_n = e - e_1 - e_2 - \ldots - e_{n-1}$. Тогда, в свою очередь,

$$q_1 = \frac{\rho l_1 J_1}{e_1}, \quad q_2 = \frac{\rho l_2 J_2}{e_2}, \ldots, \quad q_n = \frac{\rho l_n J_n}{e_n} = \frac{\rho l_n J_n}{e - e_1 - e_2 - \ldots - e_{n-1}}$$

и

$$u = \rho \left[\frac{l_1^2 J_1}{e_1} + \frac{l_2^2 J_2}{e_2} + \ldots + \frac{l_{n-1}^2 J_{n-1}}{e_{n-1}} + \frac{l_n^2 J_n}{e - e_1 - e_2 - \ldots - e_{n-1}} \right],$$

причем область изменения независимых переменных $e_1, e_2, \ldots, e_{n-1}$ определяется неравенствами

$$e_1 > 0, \quad e_2 > 0, \ldots, \quad e_{n-1} > 0, \quad e_1 + e_2 + \ldots + e_{n-1} < e.$$

Приравнивая нулю производные u по всем переменным, получим систему уравнений

$$-\frac{l_1^2 J_1}{e_1^2} + \frac{l_n^2 J_n}{(e - e_1 - \ldots - e_{n-1})^2} = 0,$$

$$-\frac{l_2^2 J_2}{e_2^2} + \frac{l_n^2 J_n}{(e - e_1 - \ldots - e_{n-1})^2} = 0, \ldots$$

$$\ldots, -\frac{l_{n-1}^2 J_{n-1}}{e_{n-1}^2} + \frac{l_n^2 J_n}{(e - e_1 - \ldots - e_{n-1})^2} = 0,$$

откуда (снова вводя e_n)

$$\frac{l_1^2 J_1}{e_1^2} = \frac{l_2^2 J_2}{e_2^2} = \ldots = \frac{l_n^2 J_n}{e_n^2}.$$

Удобно обозначить общую величину всех этих отношений через $\frac{1}{\lambda^2}$ $(\lambda > 0)$. Тогда

$$e_1 = \lambda l_1 \sqrt{J_1}, \quad e_2 = \lambda l_2 \sqrt{J_2}, \ldots, \quad e_n = \lambda l_n \sqrt{J_n},$$

причем λ легко определяется из условия $e_1 + e_2 + \ldots + e_n = e$:

$$\lambda = \frac{e}{l_1 \sqrt{J_1} + l_2 \sqrt{J_2} + \ldots + l_n \sqrt{J_n}}.$$

Наконец, возвращаясь к нашим основным переменным $q_1, q_2, \ldots, q_n$, находим

$$q_1 = \frac{\rho}{\lambda} \sqrt{J_1}; \quad q_2 = \frac{\rho}{\lambda} \sqrt{J_2}, \ldots, \quad q_n = \frac{\rho}{\lambda} \sqrt{J_n},$$

так что наивыгоднейшие сечения проводов оказываются пропорциональными корням квадратным из соответствующих сил тока.

Замечание. Так как в данном случае область изменения переменных $e_1, e_2, \ldots, e_{n-1}$ — открытая, то непосредственно вторая теорема Вейерштрасса [n° 136] неприложима. Учтем, однако, что граница области определяется соотношениями

$$e_1 \geqslant 0, \quad e_2 \geqslant 0, \ldots, \quad e_{n-1} \geqslant 0, \quad e_1 + e_2 + \ldots + e_{n-1} \leqslant e,$$

где хоть в одном случае имеет место равенство. Тогда, при приближении точки $(e_1, e_2, \ldots, e_{n-1})$ к границе, величина u растет до бесконечности. Отсюда уже можно заключить, что найденные значения $e_1, e_2, \ldots, e_{n-1}$ действительно доставляют функции u наименьшее значение.

ГЛАВА ДЕСЯТАЯ

ПЕРВООБРАЗНАЯ ФУНКЦИЯ (НЕОПРЕДЕЛЕННЫЙ ИНТЕГРАЛ)

§ 1. НЕОПРЕДЕЛЕННЫЙ ИНТЕГРАЛ И ПРОСТЕЙШИЕ ПРИЕМЫ ЕГО ВЫЧИСЛЕНИЯ

155. Понятие первообразной функции (и неопределенного интеграла). Во многих вопросах науки и техники приходится восстанавливать функцию по известной ее производной.

В n° 78, предполагая известным уравнение движения $s=f(t)$, т. е. закон изменения пути с течением времени, мы путем дифференцирования нашли сначала скорость $v=\frac{ds}{dt}$, а затем и ускорение $a=\frac{dv}{dt}$. На деле, однако, часто приходится решать обратную задачу: *ускорение* a *задано в функции от времени* t: $a=a(t)$, *требуется определить скорость* v *и пройденный путь* s *в зависимости от* t. Таким образом, здесь оказывается нужным по функции $a=a(t)$ восстановить ту функцию $v=v(t)$, для которой a является производной, а затем, зная функцию v, найти ту функцию $s=s(t)$, для которой производной будет v.

Аналогично, зная массу $m=m(x)$, непрерывно распределенную вдоль прямолинейного отрезка $[0, x]$ оси x, в n° 78 дифференцированием мы нашли «линейную» плотность $\rho=\rho(x)$. Но естественно возникает вопрос, как *по заданному закону изменения плотности* $\rho=\rho(x)$ *найти величину самой распределенной массы*, т. е. опять-таки по известной функции $\rho(x)$ найти ту функцию $m=m(x)$, для которой ρ служит производной.

*Функция $F(x)$ в данном промежутке $\mathscr{X}$ называется **первообразной функцией****) *для функции $f(x)$ или **интегралом** от $f(x)$, если во всем этом промежутке $f(x)$ является производной*

---

*) И термин «первообразная» (или «примитивная») функция принадлежит Лагранжу. (См. сноску на стр. 111.)

для функции $F(x)$ *или, что то же,* $f(x)\,dx$ *служит для* $F(x)$ *дифференциалом:*

$$F'(x)=f(x) \quad \text{или} \quad dF(x)=f(x)\,dx\text{*)}.$$

Разыскание для функции всех ее первообразных, называемое интегрированием ее, и составляет одну из задач *интегрального исчисления*; как видим, эта задача является обратной основной задаче дифференциального исчисления.

Теорема. *Если в некотором (конечном или бесконечном, замкнутом или нет) промежутке* $\mathcal{X}$ *функция* $F(x)$ *есть первообразная для функции* $f(x)$, *то и функция* $F(x)+C$, *где* C — *любая постоянная, также будет первообразной. Обратно,* к а ж д а я *функция, первообразная для* $f(x)$ *в промежутке* $\mathcal{X}$, *может быть представлена в этой форме.*

Доказательство. То обстоятельство, что, наряду с $F(x)$, и $F(x)+C$ является первообразной для $f(x)$, вполне очевидно, ибо $[F(x)+C]'=F'(x)=f(x)$.

Пусть теперь $\Phi(x)$ будет л ю б а я первообразная для $f(x)$ функция, так что в промежутке $\mathcal{X}$

$$\Phi'(x)=f(x).$$

Так как функции $F(x)$ и $\Phi(x)$ в рассматриваемом промежутке имеют одну и ту же производную, то они разнятся на постоянную [n° **110**, следствие]:

$$\Phi(x)=F(x)+C,$$

что и требовалось доказать.

Из теоремы следует, что достаточно найти для данной функции $f(x)$ только одну первообразную функцию $F(x)$, чтобы знать все первообразные, так как они отличаются друг от друга только постоянными слагаемыми.

В силу этого, *выражение* $F(x)+C$, *где* C — *произвольная постоянная, представляет собой* о б щ и й в и д *функции, которая имеет производную* $f(x)$ *или дифференциал* $f(x)\,dx$. Это выражение называется н е о п р е д е л е н н ы м и н т е г р а л о м $f(x)$ и обозначается символом

$$\int f(x)\,dx,$$

в котором неявным образом уже заключена произвольная постоянная. Произведение $f(x)\,dx$ называется п о д ы н т е г р а л ь н ы м в ы р а ж е н и е м, а функция $f(x)$ — подынтегральной функцией.

---

*) В этом случае говорят также, что функция $F(x)$ является первообразной (или интегралом) для дифференциального выражения $f(x)\,dx$.

Пример. Пусть $f(x)=x^2$; тогда, как нетрудно видеть, неопределенный интеграл этой функции будет

$$\int x^2\,dx=\frac{x^3}{3}+C.$$

Это легко проверить обратным действием — дифференцированием.

Обращаем внимание читателя на то, что под знаком «интеграла» $\int$ пишут дифференциал искомой первообразной функции, а не производную (в нашем примере: x^2dx, а не x^2). Такой способ записи, как будет выяснено ниже [n° 175], создался исторически; к тому же он представляет ряд преимуществ, и его сохранение вполне целесообразно.

Из определения неопределенного интеграла непосредственно вытекают следующие свойства:

1. $$d\int f(x)\,dx=f(x)\,dx,$$

т. е. *знаки d и $\int$, когда первый помещен перед вторым, взаимно сокращаются.*

2. Так как $F(x)$ есть первообразная функция для $F'(x)$, то имеем

$$\int F'(x)\,dx=F(x)+C,$$

что может быть переписано так:

$$\int dF(x)=F(x)+C.$$

Отсюда видим, что знаки d и $\int$, *стоящие перед $F(x)$, сокращаются и тогда, когда d стоит после $\int$, но только к $F(x)$ нужно прибавить произвольную постоянную.*

Возвращаясь к той механической задаче, которую мы поставили вначале, мы можем теперь написать, что

$$v=\int a(t)\,dt \quad \text{и} \quad s=\int v(t)\,dt.$$

Предположим для определенности, что мы имеем дело с равноускоренным движением, например, под действием силы тяжести; тогда $a=g$ (если направление вертикали вниз считать положительным) и — как нетрудно сообразить —

$$v=\int g\,dt=gt+C.$$

Мы получили выражение для скорости v, в которое, кроме времени t, входит еще и произвольная постоянная C. При различных значениях C мы будем получать и различные значения для скорости в один и тот же момент времени; следовательно, имеющихся у нас данных недостаточно для полного решения задачи. Чтобы получить вполне определенное решение задачи, достаточно знать величину скорости в один какой-нибудь момент времени. Например, пусть нам известно, что в момент $t=t_0$ скорость $v=v_0$; подставим эти значения в полученное выражение для скорости

$$v_0=gt_0+C, \quad \text{откуда} \quad C=v_0-gt_0,$$

и теперь наше решение принимает уже вполне определенный вид:

$$v=g(t-t_0)+v_0.$$

Найдем, далее, выражение для пути s. Имеем

$$s=\int [g(t-t_0)+v_0]\,dt=\frac{1}{2}g(t-t_0)^2+v_0(t-t_0)+C'$$

(дифференцированием легко проверить, что первообразная функция может быть взята в такой форме). Неизвестную нам новую постоянную C' можно установить, если, например, дано, что путь $s=s_0$ в момент $t=t_0$; найдя, что $C'=s_0$, перепишем решение в окончательном виде

$$s=\frac{1}{2}g(t-t_0)^2+v_0(t-t_0)+s_0.$$

Значения t_0, s_0, v_0 условно называются **начальными значениями** величин t, s и v.

Точно так же можно написать:

$$m=\int \rho(x)\,dx.$$

И здесь при интегрировании появится постоянная C, которая на этот раз легко определяется из того условия, что при $x=0$ и масса m должна обратиться в нуль.

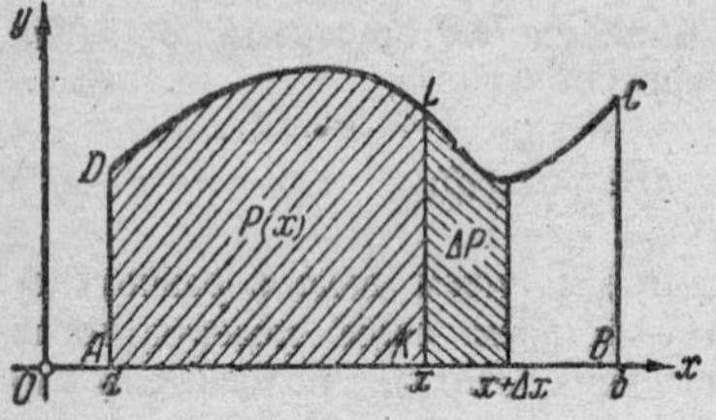

Рис. 63.

156. Интеграл и задача об определении площади. Так как исторически понятие первообразной функции было теснейшим образом связано с задачей об определении площади, то мы остановимся на этой задаче уже здесь (пользуясь интуитивным представлением о площади плоской фигуры и откладывая точную постановку этого вопроса до главы XII).

Пусть дана в промежутке $[a, b]$ непрерывная функция $y=f(x)$, принимающая лишь положительные (неотрицательные) значения. Рассмотрим фигуру $ABCD$ (рис. 63), ограниченную кривой $y=f(x)$, двумя ординатами $x=a$ и $x=b$ и отрезком оси x; подобную фигуру будем называть **криволинейной трапецией**. Желая определить величину площади P этой фигуры, мы изучим поведение площади переменной фигуры $AKLD$, заключенной между начальной ординатой $x=a$ и ординатой, отвечающей произвольно выбранному в промежутке $[a, b]$ значению x. При изменении x эта последняя площадь будет соответственно изменяться, причем каждому x отвечает вполне определенное ее значение, так что площадь криволинейной трапеции $AKLD$ является некоторой функцией от x; обозначим ее через $P(x)$.

Поставим себе сначала задачей **найти производную этой функции**. С этой целью придадим x некоторое (скажем, положительное) приращение Δx; тогда площадь $P(x)$ получит приращение ΔP.

Обозначим через m и M, соответственно, наименьшее и наибольшее значения функции $f(x)$ в промежутке $[x, x+\Delta x]$ [n° 73] и сравним площадь ΔP с площадями прямоугольников, построенных на основании Δx и имеющих высоты m и M. Очевидно,

$$m\,\Delta x < \Delta P < M\,\Delta x,$$

откуда

$$m < \frac{\Delta P}{\Delta x} < M.$$

Если $\Delta x \to 0$, то, вследствие непрерывности, m и M будут стремиться к $f(x)$, а тогда и

$$P'(x) = \lim_{\Delta x \to 0} \frac{\Delta P}{\Delta x} = f(x).$$

Таким образом, мы приходим к замечательной теореме, обычно называемой **теоремой Ньютона и Лейбница** *): *производная от переменной площади $P(x)$ по конечной абсциссе равна конечной ординате $y=f(x)$.*

Иными словами, *переменная площадь $P(x)$ представляет собой **первообразную функцию** для данной функции $y=f(x)$.* В ряду других первообразных эта первообразная выделяется по тому признаку, что она обращается в нуль при $x=a$. Поэтому, если известна **какая-либо** первообразная $F(x)$ для функции $f(x)$, и по теореме предыдущего номера

$$P(x) = F(x) + C,$$

то постоянную C легко определить, положив здесь $x=a$:

$$0 = F(a) + C, \quad \text{так что} \quad C = -F(a).$$

Окончательно

$$P(x) = F(x) - F(a).$$

---

*) В действительности это предложение — хотя и в другой форме — опубликовал еще Исаак **Барроу** (1630—1677), учитель Ньютона.

В частности, для получения площади P всей криволинейной трапеции $ABCD$ нужно взять $x=b$:

$$P=F(b)-F(a).$$

В виде примера найдем площадь $P(x)$ фигуры, ограниченной параболой $y=ax^2$, ординатой, отвечающей данной абсциссе x, и отрезком оси x (рис. 64); так как в начале координат парабола касается оси x, то начальное значение x здесь равно нулю. Для функции $f(x)=ax^2$ легко найти первообразную: $F(x)=\frac{ax^3}{3}$. Эта функция как раз и обращается в нуль при $x=0$, так что

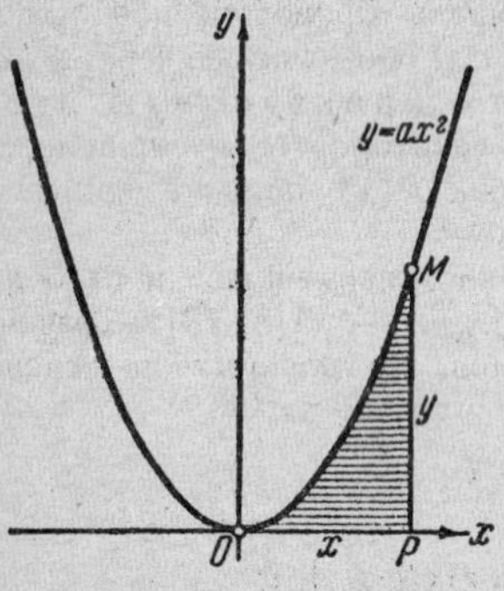

Рис. 64.

$$P(x)=F(x)=\frac{ax^3}{3}=\frac{xy}{3}$$

[ср. n° 43, 3)].

Ввиду той связи, которая существует между вычислением интегралов и нахождением площадей плоских фигур, т. е. квадратурой их, стало обычным и самое вычисление интегралов называть квадратурой.

Для распространения всего сказанного выше на случай функции, принимающей и отрицательные значения, достаточно условиться считать отрицательными площади частей фигуры, расположенных под осью x.

Таким образом, какова бы ни была непрерывная в промежутке $[a, b]$ функция $f(x)$, читатель всегда может представить себе первообразную для нее функцию в виде переменной площади, ограниченной графиком данной функции. Однако считать эту геометрическую иллюстрацию доказательством существования первообразной, разумеется, нельзя, поскольку самое понятие площади еще не обосновано.

В следующей главе [n° 183] мы сможем дать строгое и притом чисто аналитическое доказательство того важного факта, что *каждая непрерывная в данном промежутке функция $f(x)$ имеет в нем первообразную*. Это утверждение мы принимаем уже сейчас.

В настоящей главе мы будем говорить о первообразных лишь для непрерывных функций. Если функция задана конкретно и имеет точки разрыва, то рассматривать ее будем лишь в промежутках ее непрерывности. Поэтому, допустив сформулированное выше утверждение, мы освобождаемся от необходимости всякий раз оговаривать существование интегралов: рассматриваемые нами интегралы все существуют.

157. Таблица основных интегралов. Каждая формула дифференциального исчисления, устанавливающая, что для некоторой функции

$F(x)$ производной будет $f(x)$, непосредственно приводит к соответствующей формуле интегрального исчисления

$$\int f(x)\,dx = F(x) + C.$$

Перебрав формулы n° 81, по которым вычислялись производные элементарных функций, мы можем теперь составить следующую **таблицу интегралов**:

1. $\int 0 \cdot dx = C$

2. $\int 1 \cdot dx = \int dx = x + C$

3. $\int x^{\mu}\,dx = \dfrac{x^{\mu+1}}{\mu+1} + C$
   $(\mu \neq -1)$

4. $\int \dfrac{1}{x}\,dx = \int \dfrac{dx}{x} = \ln|x| + C$

5. $\int \dfrac{1}{1+x^2}\,dx = \int \dfrac{dx}{1+x^2} = \operatorname{arctg} x + C$

6. $\int \dfrac{1}{\sqrt{1-x^2}}\,dx = \int \dfrac{dx}{\sqrt{1-x^2}} = \arcsin x + C$

7. $\int a^x\,dx = \dfrac{a^x}{\ln a} + C, \quad \int e^x\,dx = e^x + C$

8. $\int \sin x\,dx = -\cos x + C$

9. $\int \cos x\,dx = \sin x + C$

10. $\int \dfrac{1}{\sin^2 x}\,dx = \int \dfrac{dx}{\sin^2 x} = -\operatorname{ctg} x + C$

11. $\int \dfrac{1}{\cos^2 x}\,dx = \int \dfrac{dx}{\cos^2 x} = \operatorname{tg} x + C$

По поводу формулы 4 сделаем пояснение. Она приложима в любом промежутке, не содержащем нуля. Действительно, если этот промежуток лежит вправо от нуля, так что $x > 0$, то из известной формулы дифференцирования $[\ln x]' = \dfrac{1}{x}$ непосредственно следует

$$\int \frac{dx}{x} = \ln x + C.$$

Если же промежуток лежит влево от нуля и $x<0$, то дифференцированием легко убедиться в том, что $[\ln(-x)]'=\frac{1}{x}$, откуда

$$\int \frac{dx}{x}=\ln(-x)+C.$$

Обе эти формулы и объединены в формуле 4.

Рамки приведенной выше таблицы интегралов раздвигаются при помощи правил интегрирования.

158. Простейшие правила интегрирования. I. Если a — постоянная ($a \neq 0$), то

$$\int a\cdot f(x)\,dx=a\cdot\int f(x)\,dx.$$

Действительно, дифференцируя выражение справа, мы получим [n° 91, I]

$$d\left[a\cdot\int f(x)\,dx\right]=a\cdot d\left[\int f(x)\,dx\right]=a\cdot f(x)\,dx,$$

так что это выражение является первообразной для дифференциального выражения $a\cdot f(x)\,dx$, что и требовалось доказать.

Итак, *постоянный множитель можно выносить из-под знака интеграла.*

II. $\int\left[f(x)\pm g(x)\right]dx=\int f(x)\,dx\pm\int g(x)\,dx.$

Дифференцируем выражение справа [n° 91, II]:

$$d\left[\int f(x)\,dx\pm\int g(x)\,dx\right]=d\int f(x)\,dx\pm d\int g(x)\,dx=$$
$$=\left[f(x)\pm g(x)\right]dx;$$

таким образом, это выражение является первообразной функцией для последнего дифференциального выражения, что и требовалось доказать.

Неопределенный интеграл от суммы (разности) дифференциалов равен сумме (разности) интегралов от каждого дифференциала в отдельности.

Замечание. По поводу этих двух формул заметим следующее. В них входят неопределенные интегралы, содержащие каждый произвольное постоянное слагаемое. Равенства подобного типа понимаются в том смысле, что разность между правой и левой частью его есть постоянная. Можно понимать эти равенства и буквально, но тогда один из фигурирующих в них интегралов перестает быть произвольной первообразной: постоянная в нем устанавливается после выбора постоянных в других интегралах. Это важное замечание следует иметь в виду и впредь.

III. Если

$$\int f(t)\,dt=F(t)+C,$$

то

$$\int f(ax+b)\,dx=\frac{1}{a}\cdot F(ax+b)+C'.$$

Действительно, данное соотношение равносильно следующему

$$\frac{d}{dt}F(t)=F'(t)=f(t).$$

Но тогда

$$\frac{d}{dx}F(ax+b)=F'(ax+b)\cdot a=a\cdot f(ax+b),$$

так что

$$\frac{d}{dx}\left[\frac{1}{a}F(ax+b)\right]=f(ax+b),$$

т. е. $\frac{1}{a}F(ax+b)$ действительно оказывается первообразной для функции $f(ax+b)$.

Особенно часто встречаются случаи, когда $a=1$ или $b=0$:

$$\int f(x+b)\,dx=F(x+b)+C_1,\qquad \int f(ax)\,dx=\frac{1}{a}F(ax)+C_2.$$

(На деле правило III есть очень частный случай правила замены переменной в неопределенном интеграле, о чем будет речь ниже, в п° 160.)

159. Примеры. 1) $\int (6x^2-3x+5)\,dx$.

Пользуясь правилами II и I (и формулами 3, 2), имеем:

$$\int (6x^2-3x+5)\,dx=\int 6x^2\,dx-\int 3x\,dx+\int 5\,dx=$$
$$=6\int x^2\,dx-3\int x\,dx+5\int dx=$$
$$=2x^3-\frac{3}{2}x^2+5x+C.$$

Легко проинтегрировать многочлен и в общем виде.

2) $$\int (1+\sqrt{x})^4\,dx=\int (1+4\sqrt{x}+6x+4x\sqrt{x}+x^2)\,dx=$$
$$=\int dx+4\int x^{\frac{1}{2}}\,dx+6\int x\,dx+4\int x^{\frac{3}{2}}\,dx+\int x^2\,dx=$$
$$=x+\frac{8}{3}x^{\frac{3}{2}}+3x^2+\frac{8}{5}x^{\frac{5}{2}}+\frac{1}{3}x^3+C. \qquad \text{(II, I; 3, 2)}$$

3) $$\int \frac{(x-\sqrt{x})(1+\sqrt{x})}{\sqrt[3]{x}}\,dx=\int \frac{x\sqrt{x}-\sqrt{x}}{\sqrt[3]{x}}\,dx=$$
$$=\int x^{\frac{7}{6}}\,dx-\int x^{\frac{1}{6}}\,dx=\frac{6}{13}x^{\frac{13}{6}}-\frac{6}{7}x^{\frac{7}{6}}+C. \qquad \text{(II; 3)}$$

Дадим ряд примеров на применение правила III:

4) (а) $\int \frac{dx}{x-a} = \ln|x-a| + C,$ (III; 4)

(б) $\int \frac{dx}{(x-a)^k} = \int (x-a)^{-k}\,dx =$
$(k>1)$
$= \frac{1}{-k+1}(x-a)^{-k+1} + C = -\frac{1}{(k-1)(x-a)^{k-1}} + C.$ (III; 3)

5) (а) $\int \sin mx\,dx = -\frac{1}{m}\cos mx + C,$ (III; 8)
$(m \neq 0)$

(б) $\int \cos mx\,dx = \frac{1}{m}\sin mx + C.$ (III; 9)
$(m \neq 0)$

6) (а) $\int \frac{dx}{\sqrt{a^2-x^2}} = \frac{1}{a}\int \frac{dx}{\sqrt{1-\left(\frac{x}{a}\right)^2}} = \arcsin\frac{x}{a} + C,$ (III; 6)
$(a>0)$

(б) $\int \frac{dx}{x^2+a^2} = \frac{1}{a^2}\cdot\int \frac{dx}{1+\left(\frac{x}{a}\right)^2} = \frac{1}{a}\operatorname{arctg}\frac{x}{a} + C.$ (III; 5)

Интегрирование дроби со сложным знаменателем часто облегчается разложением ее на сумму дробей с более простыми знаменателями. Например,

$$\frac{1}{x^2-a^2} = \frac{1}{(x-a)(x+a)} = \frac{1}{2a}\left(\frac{1}{x-a} - \frac{1}{x+a}\right);$$

поэтому

7) $\int \frac{dx}{x^2-a^2} = \frac{1}{2a}\left[\int \frac{dx}{x-a} - \int \frac{dx}{x+a}\right] = \frac{1}{2a}\ln\left|\frac{x-a}{x+a}\right| + C.$

Некоторые тригонометрические выражения, после тех или иных элементарных преобразований, интегрируются также при помощи простейших приемов.

Очевидно, например,

$$\cos^2 mx = \frac{1+\cos 2mx}{2}, \qquad \sin^2 mx = \frac{1-\cos 2mx}{2},$$

откуда

8) (а) $\int \cos^2 mx\,dx = \frac{1}{2}x + \frac{1}{4m}\sin 2mx + C,$
$(m \neq 0)$
(б) $\int \sin^2 mx\,dx = \frac{1}{2}x - \frac{1}{4m}\sin 2mx + C.$

160. Интегрирование путем замены переменной. Изложим один из сильнейших приемов для интегрирования функций — метод замены переменной, или подстановки. В основе его лежит следующее простое замечание:

если известно, что

$$\int g(t)\,dt = G(t) + C,$$

то тогда

$$\int g(\omega(x))\,\omega'(x)\,dx = G(\omega(x)) + C.$$

[Все фигурирующие здесь функции $g(t)$, $\omega(x)$, $\omega'(x)$ предполагаются непрерывными.]

Это прямо вытекает из правила дифференцирования сложной функции [n° 84]

$$\frac{d}{dx}G(\omega(x)) = G'(\omega(x))\cdot\omega'(x) = g(\omega(x))\cdot\omega'(x),$$

если учесть, что $G'(t) = g(t)$. То же можно выразить и иначе, сказав, что соотношение

$$dG(t) = g(t)\,dt$$

сохраняет силу и при замене независимой переменной t на функцию $\omega(x)$ [n° 92].

Пусть требуется вычислить интеграл

$$\int f(x)\,dx.$$

Во многих случаях удается в качестве новой переменной выбрать такую функцию от x: $t = \omega(x)$, чтобы подынтегральное выражение представилось в виде

$$f(x)\,dx = g(\omega(x))\cdot\omega'(x)\,dx, \tag{1}$$

где $g(t)$ — более удобная для интегрирования функция, чем $f(x)$. Тогда, по сказанному выше, достаточно найти интеграл

$$\int g(t)\,dt = G(t) + C,$$

чтобы из него подстановкой $t = \omega(x)$ получить искомый интеграл. Обыкновенно пишут просто

$$\int f(x)\,dx = \int g(t)\,dt, \tag{2}$$

подразумевая уже, что в функции от t, которая представлена интегралом справа, произведена указанная замена.

Найдем, например, интеграл

$$\int \sin^3 x \cos x\,dx.$$

Так как $d\sin x = \cos x\,dx$, то, полагая $t = \sin x$, преобразуем подынтегральное выражение к виду

$$\sin^3 x \cos x\,dx = \sin^3 x\,d\sin x = t^3\,dt,$$

Интеграл от последнего выражения вычисляется легко

$$\int t^3\,dt=\frac{t^4}{4}+C.$$

Остается лишь вернуться к переменной x, подставляя $\sin x$ вместо t:

$$\int \sin^3 x\cos x\,dx=\frac{\sin^4 x}{4}+C.$$

Обращаем внимание на то, что при выборе подстановки $t=\omega(x)$, упрощающей подынтегральное выражение, нужно помнить, что в его составе должен найтись множитель $\omega'(x)\,dx$, дающий дифференциал новой переменной dt [см. (1)]. В предыдущем примере удача подстановки $t=\sin x$ обусловливались наличием множителя $\cos x\,dx=dt$.

В этой связи поучителен пример

$$\int \sin^3 x\,dx;$$

здесь подстановка $t=\sin x$ была бы непригодна именно ввиду отсутствия упомянутого множителя. Если попробовать выделить из подынтегрального выражения, в качестве дифференциала новой переменной, множитель $\sin x\,dx$ или лучше $-\sin x\,dx$, то это приведет к подстановке $t=\cos x$; так как остающееся выражение

$$-\sin^2 x=\cos^2 x-1$$

этой подстановкой упрощается, то подстановка оправдана. Имеем

$$\int \sin^3 x\,dx=\int (t^2-1)\,dt=\frac{t^3}{3}-t+C=\frac{\cos^3 x}{3}-\cos x+C.$$

Иной раз подстановка применяется в форме, отличной от указанной. Именно, в подынтегральное выражение $f(x)\,dx$ непосредственно подставляют, вместо x, функцию $x=\varphi(t)$ от новой переменной t и получают в результате выражение

$$f(\varphi(t))\,\varphi'(t)\,dt=g(t)\,dt.$$

Очевидно, если в этом выражении произвести подстановку $t=\omega(x)$, где $\omega(x)$ — функция, обратная для $\varphi(t)$, то вернемся к исходному подынтегральному выражению $f(x)\,dx$. Поэтому, как и прежде, имеет место равенство (2), где справа, после вычисления интеграла, следует положить $t=\omega(x)$.

Для примера найдем интеграл

$$\int \sqrt{a^2-x^2}\,dx.$$

Разность квадратов под корнем (из которых первый постоянен) подсказывает нам тригонометрическую подстановку $x = a\sin t$*). Имеем

$$\sqrt{a^2 - x^2} = a\cos t, \quad dx = a\cos t\,dt$$

и

$$\int \sqrt{a^2 - x^2}\,dx = a^2 \int \cos^2 t\,dt.$$

Но мы уже знаем интеграл

$$a^2 \int \cos^2 t\,dt = a^2\left[\frac{1}{2}t + \frac{1}{4}\sin 2t\right] + C$$

[n° 159, 8)]. Для перехода к x подставляем $t = \arcsin\frac{x}{a}$; преобразование второго слагаемого облегчается тем, что

$$\frac{a^2}{4}\sin 2t = \frac{1}{2}a\sin t \cdot a\cos t = \frac{1}{2}x\sqrt{a^2 - x^2}.$$

Окончательно

$$\int \sqrt{a^2 - x^2}\,dx = \frac{1}{2}x\sqrt{a^2 - x^2} + \frac{a^2}{2}\arcsin\frac{x}{a} + C.$$

Уменье разыскивать выгодные подстановки создается упражнением. Хотя общих указаний по этому поводу дать нельзя, но отдельные частные замечания, облегчающие это разыскивание, читатель найдет в следующем номере. В канонических случаях подстановки будут просто указаны в курсе.

161. Примеры. 1) (а) $\int e^{x^2} \cdot x\,dx$, (б) $\int \frac{x\,dx}{1 + x^4}$.

а) Решение. Полагая $t = x^2$, имеем $dt = 2x\,dx$, так что

$$\int e^{x^2} \cdot x\,dx = \frac{1}{2}\int e^t\,dt = \frac{1}{2}e^t + C = \frac{1}{2}e^{x^2} + C.$$

б) Указание. Та же подстановка. Ответ. $\frac{1}{2}\operatorname{arctg} x^2 + C$. В обоих случаях интегралы имели вид

$$\int g(x^2) \cdot x\,dx = \frac{1}{2}\int g(x^2)\,dx^2,$$

где g — удобная для интегрирования функция; для таких интегралов естественна подстановка $t = x^2$.

2) (а) $\int \frac{\ln x}{x}\,dx$, (б) $\int \frac{dx}{x\ln x}$, (в) $\int \frac{dx}{x\ln^2 x}$.

---

*) Уместно указать, что x мы считаем изменяющимся между $-a$ и a, а t — между $-\frac{\pi}{2}$ и $\frac{\pi}{2}$. Поэтому $t = \arcsin\frac{x}{a}$.

Указание. Все эти интегралы имеют вид

$$\int g(\ln x)\,\frac{dx}{x}=\int g(\ln x)\,d\ln x$$

и берутся подстановкой $t=\ln x$.

Ответ. (а) $\frac{1}{2}\ln^2 x+C$; (б) $\ln\ln x+C$; (в) $-\frac{1}{\ln x}+C$.

3) Интегралы вида

$$\int g(\sin x)\cdot\cos x\,dx,\qquad \int g(\cos x)\cdot\sin x\,dx,\qquad \int g(\operatorname{tg} x)\cdot\frac{dx}{\cos^2 x}$$

берутся соответственно подстановками

$$t=\sin x,\quad t=\cos x,\quad t=\operatorname{tg} x.$$

Например,

(а) $\int\frac{\cos x\,dx}{1+\sin^2 x}=\int\frac{dt}{1+t^2}=\operatorname{arctg} t+C=\operatorname{arctg}\sin x+C;$

(б) $\int\operatorname{tg} x\,dx=\int\frac{\sin x}{\cos x}\,dx=-\int\frac{du}{u}=$

$$=-\ln|u|+C=-\ln|\cos x|+C.$$

4) (а) $\int\frac{2x\,dx}{x^2+1}$, (б) $\int\operatorname{ctg} x\,dx$.

Решение. (а) Если положить $t=x^2+1$, то числитель $2x\,dx$ дает в точности dt; интеграл сведется к

$$\int\frac{dt}{t}=\ln|t|+C=\ln(x^2+1)+C.$$

Заметим, что всегда, когда предложенный интеграл имеет вид

$$\int\frac{f'(x)}{f(x)}\,dx=\int\frac{df(x)}{f(x)},$$

так что в подынтегральном выражении числитель представляет собой дифференциал знаменателя, подстановка $t=f(x)$ сразу приводит к цели:

$$\int\frac{dt}{t}=\ln|t|+C=\ln|f(x)|+C.$$

По этому образцу имеем

(б) $\int\operatorname{ctg} x\,dx=\int\frac{d\sin x}{\sin x}=\ln|\sin x|+C$ [ср. 3 (б)].

5) $\int\frac{dx}{(x^2+a^2)^2}$.

Подстановка: $x=a\cdot\operatorname{tg} t$ *), $dx=\frac{a\,dt}{\cos^2 t}$, $x^2+a^2=\frac{a^2}{\cos^2 t}$, так что

$$\int\frac{dx}{(x^2+a^2)^2}=\frac{1}{a^3}\int\cos^2 t\,dt=\frac{1}{2a^3}(t+\sin t\cos t)+C$$ [см. n° 159, 8)].

---

*) Причем достаточно предположить t изменяющимся между $-\frac{\pi}{2}$ и $\frac{\pi}{2}$.

Перейдем теперь к переменной x, полагая $t = \operatorname{arctg}\frac{x}{a}$ и выражая $\sin t$ и $\cos t$ через $\operatorname{tg} t = \frac{x}{a}$. Окончательно

$$\int \frac{dx}{(x^2+a^2)^2} = \frac{1}{2a^2}\frac{x}{x^2+a^2} + \frac{1}{2a^3}\operatorname{arctg}\frac{x}{a} + C.$$

6) $\int \frac{dx}{\sqrt{x^2+\alpha}}$ $(\alpha \gtrless 0)$.

Положим $\sqrt{x^2+\alpha} = t - x$ и примем t за новую переменную. При возведении в квадрат x^2 в обеих частях можно опустить, и в результате

$$x = \frac{t^2-\alpha}{2t},$$

так что

$$\sqrt{x^2+\alpha} = t - \frac{t^2-\alpha}{2t} = \frac{t^2+\alpha}{2t}, \quad dx = \frac{t^2+\alpha}{2t^2}\,dt.$$

Окончательно

$$\int \frac{dx}{\sqrt{x^2+\alpha}} = \int \frac{dt}{t} = \ln|t| + C = \ln|x+\sqrt{x^2+\alpha}| + C.$$

162. Интегрирование по частям. Пусть $u = f(x)$ и $v = g(x)$ будут две функции от x, имеющие непрерывные производные $u' = f'(x)$ и $v' = g'(x)$. Тогда, по правилу дифференцирования произведения, $d(uv) = u\,dv + v\,du$, или $u\,dv = d(uv) - v\,du$. Для выражения $d(uv)$ первообразной, очевидно, будет uv; поэтому имеет место формула

$$\int u\,dv = uv - \int v\,du. \tag{3}$$

Эта формула выражает *правило интегрирования по частям*. Оно приводит интегрирование выражения $u\,dv = uv'\,dx$ к интегрированию выражения $v\,du = vu'\,dx$.

Пусть, например, требуется найти интеграл $\int x\cos x\,dx$. Положим

$$u = x, \quad dv = \cos x\,dx, \text{ так что } du = dx, \quad v = \sin x\,^{*)}$$

и, по формуле (3),

$$\int x\cos x\,dx = \int x\,d\sin x = x\sin x - \int \sin x\,dx = x\sin x + \cos x + C. \tag{4}$$

Таким образом, интегрирование по частям позволило заменить сложную подынтегральную функцию $x\cos x$ на простую $\sin x$. Попутно для получения v пришлось проинтегрировать выражение $\cos x\,dx$ — отсюда и название: интегрирование *по частям*.

---

*) Так как для наших целей достаточно представить $\cos x\,dx$ хоть одним способом в виде dv, то нет надобности писать наиболее общее выражение для v, содержащее произвольную постоянную. Это замечание следует иметь в виду и впредь.

Применяя формулу (3) к вычислению предложенного интеграла, приходится разбивать подынтегральное выражение на два множителя: u и $dv = v'\,dx$, из которых первый дифференцируется, а второй интегрируется при переходе к интегралу в правой части. Нужно стараться, чтобы интегрирование дифференциала dv не представляло трудностей и чтобы замена u на du и dv на v в совокупности влекла за собой упрощение подынтегрального выражения. Так, в разобранном примере было бы явно невыгодно взять, скажем, $x\,dx$ за dv, а $\cos x$ за u.

При некотором навыке нет надобности вводить обозначения u, v и можно сразу применять формулу [ср. (4)].

Правило интегрирования по частям имеет более ограниченную область применения, чем замена переменной. Но есть целые классы интегралов, например

$$\int x^k \ln^m x\,dx, \quad \int x^k \sin bx\,dx, \quad \int x^k \cos bx\,dx, \quad \int x^k e^{ax}\,dx \quad \text{и др.},$$

которые вычисляются именно с помощью интегрирования по частям.

163. Примеры. 1) $\int x^3 \ln x\,dx$.

Дифференцирование $\ln x$ приводит к упрощению, поэтому полагаем

$$u = \ln x, \quad dv = x^3\,dx, \text{ так что } du = \frac{dx}{x}, \quad v = \frac{1}{4}x^4$$

и

$$\int x^3 \ln x\,dx = \frac{1}{4}x^4 \ln x - \frac{1}{4}\int x^3\,dx = \frac{1}{4}x^4 \ln x - \frac{1}{16}x^4 + C.$$

2) (а) $\int \ln x\,dx$, (б) $\int \operatorname{arctg} x\,dx$.

Принимая в обоих случаях $dx = dv$, получим:

(а) $\int \ln x\,dx = x\ln x - \int x\,d\ln x = x\ln x - \int dx = x(\ln x - 1) + C;$

(б) $$\int \operatorname{arctg} x\,dx = x\operatorname{arctg} x - \int x\,d\operatorname{arctg} x = x\operatorname{arctg} x - \int \frac{x}{x^2+1}\,dx =$$

$$= x\operatorname{arctg} x - \frac{1}{2}\ln(x^2+1) + C$$ [n° 161, 4 (а)].

3) $\int x^2 \sin x\,dx$.

Имеем

$$\int x^2\,d(-\cos x) = -x^2\cos x - \int (-\cos x)\,d(x^2) =$$

$$= -x^2\cos x + 2\int x\cos x\,dx.$$

Таким образом, мы привели искомый интеграл к уже известному [n° 162, (4)]; подставляя его значение, получим

$$\int x^2 \sin x\,dx = -x^2\cos x + 2(x\sin x + \cos x) + C.$$

В общей сложности здесь правило интегрирования по частям пришлось применить двукратно.

Так же, повторным применением этого правила, вычисляются интегралы

$$\int P(x)\, e^{ax}\, dx, \qquad \int P(x) \sin bx\, dx, \qquad \int P(x) \cos bx\, dx,$$

где $P(x)$ — целый относительно x многочлен.

4) Любопытный пример представляют интегралы

$$\int e^{ax} \cos bx\, dx, \quad \int e^{ax} \sin bx\, dx.$$

Если к ним применить интегрирование по частям (в обоих случаях взяв, скажем, $dv = e^{ax}\, dx$, $v = \frac{1}{a} e^{ax}$), то получим

$$\int e^{ax} \cos bx\, dx = \frac{1}{a} e^{ax} \cos bx + \frac{b}{a} \int e^{ax} \sin bx\, dx,$$

$$\int e^{ax} \sin bx\, dx = \frac{1}{a} e^{ax} \sin bx - \frac{b}{a} \int e^{ax} \cos bx\, dx.$$

Таким образом, каждый из этих интегралов оказался выраженным через другой *).

Однако если в первую формулу подставить выражение второго интеграла из второй формулы, то придем к уравнению относительно первого интеграла, из которого он и определится:

$$\int e^{ax} \cos bx\, dx = \frac{b \sin bx + a \cos bx}{a^2 + b^2} e^{ax} + C.$$

Аналогично находим и второй интеграл

$$\int e^{ax} \sin bx\, dx = \frac{a \sin bx - b \cos bx}{a^2 + b^2} e^{ax} + C'.$$

5) В качестве последнего примера применения метода интегрирования по частям выведем рекуррентную формулу для вычисления интеграла

$$J_n = \int \frac{dx}{(x^2 + a^2)^n} \qquad (n = 1, 2, 3, \ldots).$$

Применим к нему формулу (3), полагая

$$u = \frac{1}{(x^2 + a^2)^n}, \quad dv = dx, \quad \text{так что} \quad du = -\frac{2nx \cdot dx}{(x^2 + a^2)^{n+1}}, \quad v = x.$$

Мы получим

$$J_n = \frac{x}{(x^2 + a^2)^n} + 2n \int \frac{x^2}{(x^2 + a^2)^{n+1}}\, dx.$$

---

*) Если под интегралами разуметь определенные первообразные [ср. замечание в n° 158], то, желая во второй формуле иметь те же функции, что и в первой, мы, строго говоря, должны были справа присоединить еще некоторую постоянную. Конечно, она была бы поглощена постоянными C и C' в окончательных выражениях.

Последний интеграл можно преобразовать следующим образом:

$$\int \frac{x^2}{(x^2+a^2)^{n+1}}\,dx = \int \frac{(x^2+a^2)-a^2}{(x^2+a^2)^{n+1}}\,dx =$$
$$= \int \frac{dx}{(x^2+a^2)^n} - a^2 \int \frac{dx}{(x^2+a^2)^{n+1}} = J_n - a^2 J_{n+1}.$$

Подставляя это выражение в предыдущее равенство, придем к соотношению

$$J_n = \frac{x}{(x^2+a^2)^n} + 2nJ_n - 2na^2 J_{n+1},$$

откуда

$$J_{n+1} = \frac{1}{2na^2}\,\frac{x}{(x^2+a^2)^n} + \frac{2n-1}{2n}\,\frac{1}{a^2}\,J_n. \tag{5}$$

Полученная формула сводит вычисление интеграла J_{n+1} к вычислению интеграла J_n с меньшим на единицу значком. Зная интеграл

$$J_1 = \frac{1}{a}\operatorname{arctg}\frac{x}{a}$$

[n° 159, 6) (6); мы берем одно из его значений], по этой формуле, при $n = 1$, найдем

$$J_2 = \frac{1}{2a^2}\,\frac{x}{x^2+a^2} + \frac{1}{2a^3}\operatorname{arctg}\frac{x}{a}$$

[что мы выше получили другим путем, см. n° **161**, 5)]. Полагая в формуле (5) $n = 2$, получим далее

$$J_3 = \frac{1}{4a^2}\,\frac{x}{(x^2+a^2)^2} + \frac{3}{4a^2}J_2 = \frac{1}{4a^2}\,\frac{x}{(x^2+a^2)^2} + \frac{3}{8a^4}\,\frac{x}{x^2+a^2} + \frac{3}{8a^5}\operatorname{arctg}\frac{x}{a}$$

и т. д. Таким образом можно вычислить интеграл J_n для любого натурального показателя.

§ 2. ИНТЕГРИРОВАНИЕ РАЦИОНАЛЬНЫХ ВЫРАЖЕНИЙ

164. Постановка задачи интегрирования в конечном виде. Мы познакомились с элементарными приемами вычисления неопределенных интегралов. Эти приемы не предопределяют точно пути, по которому надлежит идти, чтобы вычислить данный интеграл, предоставляя многое искусству вычислителя. В этом и следующих параграфах мы остановимся подробнее на некоторых важных частных классах функций и по отношению к их интегралам установим вполне определенный порядок вычислений.

Теперь выясним, что именно нас будет интересовать при интегрировании функций упомянутых классов и по какому принципу будет произведено самое их выделение.

В n° **25** было охарактеризовано то многообразие функций, к которым в первую очередь применяется анализ; это — так называемые элементарные функции и функции, которые выражаются через элементарные с помощью конечного числа арифметических действий и суперпозиций (без предельного перехода).

В главе V мы видели, что все такие функции дифференцируемы, и их производные принадлежат к тому же многообразию. Иначе обстоит дело с их интегралами: очень часто оказывается, что интеграл от функции, принадлежащей упомянутому классу, сам этому классу не принадлежит, т. е. не выражается через элементарные функции с помощью конечного числа названных выше операций. К числу таких заведомо невыражающихся в конечном виде интегралов относятся, например,

$$\int e^{-x^2}\,dx, \quad \int \sin x^2\,dx, \quad \int \cos x^2\,dx,$$

$$\int \frac{\sin x}{x}\,dx, \quad \int \frac{\cos x}{x}\,dx, \quad \int \frac{dx}{\ln x};$$

другие примеры подобного рода будут приведены ниже [n°n° **169**, **172** и сл.]. *Важно подчеркнуть, что все эти интегралы реально существуют*), но они лишь представляют собой совершенно новые функции и не приводятся к тем функциям, которые мы назвали элементарными.*

Известны сравнительно немногие классы функций, для которых интегрирование может быть выполнено в конечном виде; этими классами мы ближайшим образом и займемся. На первом месте среди них надлежит поставить важный класс рациональных функций.

165. Простые дроби и их интегрирование. Так как из неправильной рациональной дроби можно исключить целую часть, интегрирование которой не представляет трудностей, то достаточно заняться интегрированием правильных дробей (у которых степень числителя ниже степени знаменателя).

Из них мы остановимся здесь на так называемых простых дробях; это будут дроби следующих четырех типов:

$$\text{I. } \frac{A}{x-a}, \quad \text{II. } \frac{A}{(x-a)^k}, \quad \text{III. } \frac{Mx+N}{x^2+px+q}, \quad \text{IV. } \frac{Mx+N}{(x^2+px+q)^m},$$

$$(k=2,\ 3,\ldots) \qquad\qquad (m=2,\ 3,\ldots)$$

где A, M, N, a, p, q — вещественные числа; кроме того, по отношению к дробям вида III и IV предполагается, что трехчлен x^2+px+q не имеет вещественных корней, так что

$$q-\frac{p^2}{4}>0.$$

*) См. сказанное по этому поводу в n° 156. Мы вернемся к этому ниже в n° 183.

Дроби вида I и II мы уже умеем интегрировать [n° 159, 4)]:

$$A\int\frac{dx}{x-a}=A\ln|x-a|+C,$$

$$A\int\frac{dx}{(x-a)^k}=-\frac{A}{k-1}\frac{1}{(x-a)^{k-1}}+C.$$

Что же касается дробей вида III и IV, то их интегрирование облегчается следующей подстановкой. Выделим из выражения x^2+px+q полный квадрат двучлена

$$x^2+px+q=x^2+2\cdot\frac{p}{2}\cdot x+\left(\frac{p}{2}\right)^2+\left[q-\left(\frac{p}{2}\right)^2\right]=$$

$$=\left(x+\frac{p}{2}\right)^2+\left(q-\frac{p^2}{4}\right).$$

Последнее выражение в скобках, по предположению, есть число положительное, его можно положить равным a^2, если взять

$$a=+\sqrt{q-\frac{p^2}{4}}.$$

Теперь прибегнем к подстановке

$$x+\frac{p}{2}=t,\qquad dx=dt,$$

$$x^2+px+q=t^2+a^2,\qquad Mx+N=Mt+\left(N-\frac{Mp}{2}\right).$$

В случае III будем иметь:

$$\int\frac{Mx+N}{x^2+px+q}dx=\int\frac{Mt+\left(N-\frac{Mp}{2}\right)}{t^2+a^2}dt=$$

$$=\frac{M}{2}\int\frac{2t\,dt}{t^2+a^2}+\left(N-\frac{Mp}{2}\right)\int\frac{dt}{t^2+a^2}=$$

$$=\frac{M}{2}\ln(t^2+a^2)+\frac{1}{a}\left(N-\frac{Mp}{2}\right)\operatorname{arctg}\frac{t}{a}+C,$$

или, возвращаясь к x и подставляя вместо a его значение:

$$\int\frac{Mx+N}{x^2+px+q}dx=\frac{M}{2}\ln(x^2+px+q)+\frac{2N-Mp}{\sqrt{4q-p^2}}\operatorname{arctg}\frac{2x+p}{\sqrt{4q-p^2}}+C.$$

Для случая IV та же подстановка даст:

$$\int\frac{Mx+N}{(x^2+px+q)^m}dx=\int\frac{Mt+\left(N-\frac{Mp}{2}\right)}{(t^2+a^2)^m}dt=$$

$$=\frac{M}{2}\int\frac{2t\,dt}{(t^2+a^2)^m}+\left(N-\frac{Mp}{2}\right)\int\frac{dt}{(t^2+a^2)^m}.\qquad(1)$$

Первый из интегралов справа легко вычисляется подстановкой $t^2 + a^2 = u$, $2t\,dt = du$:

$$\int \frac{2t\,dt}{(t^2+a^2)^m} = \int \frac{du}{u^m} = -\frac{1}{m-1}\,\frac{1}{u^{m-1}} + C =$$
$$= -\frac{1}{m-1}\,\frac{1}{(t^2+a^2)^{m-1}} + C. \qquad (2)$$

Второй же из интегралов справа, при любом m, может быть вычислен по рекуррентной формуле n° 163, (5). Затем останется лишь положить в результате $t = \frac{2x+p}{2}$, чтобы вернуться к переменной x.

Этим исчерпывается вопрос об интегрировании простых дробей.

166. Интегрирование правильных дробей. Итак, простые дроби мы интегрировать умеем. Что же касается произвольной правильной дроби, то ее интегрирование основывается на следующей важной теореме, которая доказывается в курсе алгебры:

Каждая правильная дробь

$$\frac{P(x)}{Q(x)}$$

может быть представлена в виде суммы конечного числа простых дробей.

Это разложение правильной дроби на простые дроби теснейшим образом связано с разложением ее знаменателя на простые множители. Как известно, каждый целый многочлен с вещественными коэффициентами разлагается (и притом единственным образом) на вещественные же множители типа $x - a$ и $x^2 + px + q$; при этом квадратичные множители предполагаются не имеющими вещественных корней и, следовательно, неразложимыми на вещественные линейные множители. Объединяя одинаковые множители (если таковые имеются) и полагая, для простоты, старший коэффициент многочлена $Q(x)$ равным единице, можно записать разложение этого многочлена схематически в виде

$$Q(x) = (x-a)^k \ldots (x^2+px+q)^m \ldots, \qquad (3)$$

где $k, \ldots, m, \ldots$ суть натуральные числа.

Заметим, что если степень полинома Q есть n, то, очевидно, сумма всех показателей k, сложенная с удвоенной суммой всех показателей m, в точности даст n:

$$\sum k + 2\sum m = n. \qquad (4)$$

В алгебре устанавливается, что каждому множителю вида $(x-a)^k$ в разложении знаменателя правильной дроби отвечает группа из k простых дробей:

$$\frac{A_1}{x-a} + \frac{A_2}{(x-a)^2} + \ldots + \frac{A_k}{(x-a)^k}, \qquad (5)$$

а каждому множителю вида $(x^2+px+q)^m$ — группа из m простых дробей:

$$\frac{M_1x+N_1}{x^2+px+q}+\frac{M_2x+N_2}{(x^2+px+q)^2}+\ldots+\frac{M_mx+N_m}{(x^2+px+q)^m}, \qquad (6)$$

причем A, M, N здесь — числовые коэффициенты. Таким образом, зная разложение (3), мы тем самым знаем знаменатели тех простых дробей, на которые разлагается данная дробь $\frac{P}{Q}$. Остановимся на вопросе об определении числителей, т. е. коэффициентов A, M, N. Так как числители группы дробей (5) содержат k коэффициентов, а числители группы дробей (6) $2m$ коэффициентов, то, ввиду (4), всего их будет n.

Для определения упомянутых коэффициентов обычно прибегают к методу неопределенных коэффициентов, который состоит в следующем. Зная форму разложения дроби $\frac{P}{Q}$, пишут его с буквенными коэффициентами в числителях справа. Общим знаменателем всех простых дробей, очевидно, будет Q; складывая их, получим правильную дробь *). Если отбросить теперь слева и справа знаменатель Q, то придем к равенству двух многочленов $(n-1)$-й степени, тождественному относительно x. Коэффициентами при различных степенях x многочлена справа будут линейные однородные многочлены относительно n коэффициентов, обозначенных буквами; приравнивая их соответствующим численным коэффициентам полинома P, получим, наконец, систему n линейных уравнений, из которых буквенные коэффициенты и определятся. Ввиду того, что возможность разложения на простые дроби наперед установлена, упомянутая система никогда не может оказаться противоречивой.

Больше того, так как упомянутая система уравнений имеет решение, каков бы ни был набор свободных членов (коэффициентов полинома P), то ее определитель необходимо будет отличен от нуля. Иными словами, система всегда оказывается определенной. Это простое замечание попутно доказывает и единственность разложения правильной дроби на простые дроби.

Поясним сказанное примером.

Пусть дана дробь $\frac{2x^2+2x+13}{(x-2)(x^2+1)^2}$. Согласно общей теореме, для нее имеется разложение

$$\frac{2x^2+2x+13}{(x-2)(x^2+1)^2}=\frac{A}{x-2}+\frac{Bx+C}{x^2+1}+\frac{Dx+E}{(x^2+1)^2}.$$

Коэффициенты A, B, C, D, E определим, исходя из тождества

$$2x^2+2x+13=A\,(x^2+1)^2+(Bx+C)\,(x^2+1)\,(x-2)+(Dx+E)\,(x-2).$$

---

*) Сумма правильных рациональных дробей всегда представляет собой правильную же дробь.

Приравнивая коэффициенты при одинаковых степенях x слева и справа, придем к системе из пяти уравнений

$$\begin{array}{l|l} x^4 & A+B=0, \\ x^3 & -2B+C=0, \\ x^2 & 2A+B-2C+D=2, \\ x^1 & -2B+C-2D+E=2, \\ x^0 & A-2C-2E=13, \end{array}$$

откуда

$$A=1,\ B=-1,\ C=-2,\ D=-3,\ E=-4.$$

Окончательно

$$\frac{2x^2+2x+13}{(x-2)(x^2+1)^2}=\frac{1}{x-2}-\frac{x+2}{x^2+1}-\frac{3x+4}{(x^2+1)^2}.$$

Алгебраический факт, который мы только что установили, имеет непосредственное применение к интегрированию рациональных дробей. Как мы видели в предыдущем номере, простые дроби интегрируются в конечном виде. Теперь мы то же можем сказать о любой рациональной дроби. Если всмотреться в те функции, через которые выражаются интегралы от целого многочлена и от правильных дробей, то можно сформулировать более точный результат:

Интеграл от любой рациональной функции выражается в конечном виде с помощью рациональной же функции, логарифма и арктангенса.

Например, возвращаясь к только что рассмотренному примеру и вспоминая выведенные выше формулы [165], имеем:

$$\int\frac{2x^2+2x+13}{(x-2)(x^2+1)^2}\,dx=\int\frac{dx}{x-2}-\int\frac{x+2}{x^2+1}\,dx-\int\frac{3x+4}{(x^2+1)^2}\,dx=$$
$$=\frac{1}{2}\,\frac{3-4x}{x^2+1}+\frac{1}{2}\ln\frac{(x-2)^2}{x^2+1}-4\operatorname{arctg}x+C.$$

Замечание. Разложение на простые дроби ведет свое происхождение от Лейбница. Он легко справляется с линейными множителями в знаменателе, даже отвечающими кратным корням. В случае мнимых корней Лейбниц сопоставляет каждый такой корень с сопряженным ему и из двух мнимых линейных выражений получает вещественное квадратичное выражение. Однако это не всегда ему удается: так, разложение

$$x^4+a^4=(x^2+\sqrt{2}\,ax+a^2)(x^2-\sqrt{2}\,ax+a^2)$$

Лейбниц получить не смог (его впоследствии указал Тейлор).

Определение числителей простых дробей по методу неопределенных коэффициентов принадлежит Иоганну Бернулли.

167. Метод Остроградского для выделения рациональной части интеграла. Остроградский*) указал прием, с помощью которого нахождение интеграла от правильной рациональной дроби значительно упрощается. Этот прием позволяет чисто алгебраическим путем выделить рациональную часть интеграла.

---

*) Академик Михаил Васильевич Остроградский (1801—1861) — выдающийся русский математик и механик.

Мы видели [n°165], что рациональные члены в составе интеграла получаются при интегрировании простых дробей вида II и IV. В первом случае интеграл можно написать сразу:

$$\int \frac{A}{(x-a)^k} dx = -\frac{A}{k-1} \frac{1}{(x-a)^{k-1}} + C. \tag{7}$$

Установим теперь, какой вид имеет рациональная часть интеграла

$$\int \frac{Mx+N}{(x^2+px+q)^m} dx \quad \left(m > 1,\ q - \frac{p^2}{4} > 0\right).$$

Прибегнув к знакомой уже нам подстановке $x + \frac{p}{2} = t$, используем равенства (1), (2) и формулу приведения (5) n° 163 при $n = m-1$. Если вернуться к переменной x, то получим

$$\int \frac{Mx+N}{(x^2+px+q)^m} dx = \frac{M'x+N'}{(x^2+px+q)^{m-1}} + \alpha \int \frac{dx}{(x^2+px+q)^{m-1}},$$

где M', N' и α означают некоторые постоянные коэффициенты. По этой же формуле, заменяя m на $m-1$, для последнего интеграла найдем (если $m > 2$)

$$\int \frac{\alpha\, dx}{(x^2+px+q)^{m-1}} = \frac{M''x+N''}{(x^2+px+q)^{m-2}} + \beta \int \frac{dx}{(x^2+px+q)^{m-2}}$$

и т. д., пока не сведем показатель трехчлена x^2+px+q в интеграле справа к единице. Все последовательно выделяемые рациональные члены суть правильные дроби. Объединяя их вместе, получим результат вида

$$\int \frac{Mx+N}{(x^2+px+q)^m} dx = \frac{R(x)}{(x^2+px+q)^{m-1}} + \lambda \int \frac{dx}{x^2+px+q}, \tag{8}$$

где $R(x)$ — целый полином, степени низшей, чем знаменатель *), а λ — постоянная.

Пусть имеем правильную дробь $\frac{P}{Q}$, которую будем предполагать несократимой, и пусть знаменатель ее Q разложен на простые множители [см. (3)]. Тогда интеграл от этой дроби представится в виде суммы интегралов от дробей вида (5) или (6). Если k (или m) больше единицы, то интегралы всех дробей группы (5) [или (6)], кроме первой, преобразуются по формуле (7) или (8)]. Объединяя все эти результаты, окончательно придем к формуле вида

$$\int \frac{P(x)}{Q(x)} dx = \frac{P_1(x)}{Q_1(x)} + \int \frac{P_2(x)}{Q_2(x)} dx. \tag{9}$$

Рациональная часть интеграла $\frac{P_1}{Q_1}$ получена от сложения выделенных выше рациональных частей; следовательно, прежде всего она является **правильной дробью** *), а ее знаменатель имеет разложение

$$Q_1(x) = (x-a)^{k-1} \dots (x^2+px+q)^{m-1} \dots$$

---

*) См. сноску на стр. 300.

Что же касается дроби $\frac{P_2}{Q_2}$, оставшейся под знаком интеграла, то она получилась от сложения дробей вида I и III, так что она также правильная и

$$Q_2(x) = (x-a)\ldots(x^2+px+q)\ldots$$

Очевидно [см. (3)], $Q = Q_1Q_2$.

Формула (9) и называется *формулой Остроградского*.

Дифференцируя, можно представить ее в равносильной форме

$$\frac{P}{Q} = \left[\frac{P_1}{Q_1}\right]' + \frac{P_2}{Q_2}. \tag{10}$$

Мы видели, что многочлены Q_1 и Q_2 легко находятся, если известно разложение (3) многочлена Q. Но они могут быть определены и без этого разложения. Действительно, так как производная Q' содержит все простые множители, на которые разлагается Q, именно с показателями на единицу меньшими, то Q_1 является наибольшим общим делителем Q и Q', так что может быть определено по этим многочленам, например, по способу последовательного деления. Если Q_1 известно, то Q_2 определится простым делением Q на Q_1.

Обратимся к определению числителей P_1 и P_2 в формуле (10). Для этого также пользуются методом неопределенных коэффициентов.

Обозначим через n, n_1, n_2, соответственно, степени многочленов Q, Q_1, Q_2, так что $n_1 + n_2 = n$; тогда степени многочленов P, P_1, P_2 будут не выше $n-1$, n_1-1, n_2-1. Подставим в качестве P_1 и P_2 многочлены степеней n_1-1 и n_2-1 с буквенными коэффициентами; всего этих коэффициентов будет n_1+n_2, т. е. n. Выполним в (10) дифференцирование

$$\frac{P_1'Q_1 - P_1Q_1'}{Q_1^2} + \frac{P_2}{Q_2} = \frac{P}{Q}.$$

Покажем теперь, что первую дробь всегда можно привести к знаменателю Q, сохраняя целым числитель. Именно,

$$\frac{P_1'Q_1 - P_1Q_1'}{Q_1^2} = \frac{P_1'Q_2 - P_1\frac{Q_1'Q_2}{Q_1}}{Q_1Q_2} = \frac{P_1'Q_2 - P_1H}{Q},$$

если H означает частное $\frac{Q_1'Q_2}{Q_1}$. Но это частное можно представить в виде целого многочлена. Действительно, если $(x-a)^k$, при $k \geqslant 1$, входит в состав Q_1, то $(x-a)^{k-1}$ войдет в Q_1', а $x-a$ в состав Q_2; такое же заключение можно сделать и о множителе вида $(x^2+px+q)^m$ при $m \geqslant 1$. Следовательно, числитель H нацело делится на знаменатель, и впредь под H можно разуметь целый многочлен (степени n_2-1).

Освобождаясь от общего знаменателя Q, придем к тождеству двух многочленов (степени $n-1$)

$$P_1'Q_2 - P_1H + P_2Q_1 = P.$$

Отсюда, как и выше, для определения n введенных буквенных коэффициентов получим систему из n линейных уравнений.

Так как возможность разложения (10) установлена, каково бы ни было P, то упомянутая система должна быть совместной при любых свободных членах. Отсюда само собой вытекает, что определитель ее отличен от нуля, а значит — система необходимо оказывается определенной, и разложение (10) — при указанных знаменателях Q_1 и Q_2 — возможно лишь единственным образом *).

Пример. Пусть требуется выделить рациональную часть интеграла

$$\int \frac{4x^4+4x^3+16x^2+12x+8}{(x+1)^2(x^2+1)^2}\,dx.$$

Имеем

$$Q_1=Q_2=(x+1)(x^2+1)=x^3+x^2+x+1,$$

$$\frac{4x^4+4x^3+16x^2+12x+8}{(x^3+x^2+x+1)^2}=\left[\frac{ax^2+bx+c}{x^3+x^2+x+1}\right]'+\frac{dx^2+ex+f}{x^3+x^2+x+1},$$

откуда

$$4x^4+4x^3+16x^2+12x+8=(2ax+b)(x^3+x^2+x+1)-$$
$$-(ax^2+bx+c)(3x^2+2x+1)+(dx^2+ex+f)(x^3+x^2+x+1).$$

Приравнивая коэффициенты при одинаковых степенях в обеих частях, получим систему уравнений, из которых и определятся неизвестные $a, b \ldots, f$:

x^5	$d=0$ (в последующем уже d в расчет не берем)	
x^4	$-a+e=4$	
x^3	$-2b+e+f=4$	$a=-1,\ b=1,$
x^2	$a-b-3c+e+f=16$	$c=-4,\ d=0,$
x^1	$2a-2c+e+f=12$	$e=3,\quad f=3.$
x_0	$b-c+f=8$	

Итак, искомый интеграл

$$\int \frac{4x^4+4x^3+16x^2+12x+8}{(x+1)^2(x^2+1)^2}\,dx=-\frac{x^2-x+4}{x^3+x^2+x+1}+$$
$$+3\int\frac{dx}{x^2+1}=-\frac{x^2-x+4}{x^3+x^2+x+1}+3\operatorname{arctg}x+C.$$

В этом примере вычисление последнего интеграла легко было произвести сразу. В других случаях приходится снова разлагать на простые дроби. Можно, впрочем, и этот процесс объединить с предыдущим.

§ 3. ИНТЕГРИРОВАНИЕ НЕКОТОРЫХ ВЫРАЖЕНИЙ, СОДЕРЖАЩИХ РАДИКАЛЫ

168. Интегрирование выражений вида $R\left(x, \sqrt[m]{\frac{\alpha x+\beta}{\gamma x+\delta}}\right)dx$ **).

Выше мы научились интегрировать в конечном виде рациональные дифференциалы. В дальнейшем основным приемом интегрирования тех или других классов дифференциальных выражений будет разыскивание таких подстановок $t=\omega(x)$ (где ω сама выражается через

*) Ср. аналогичное замечание по поводу разложения правильной дроби на простые дроби, стр. 300.

**) Условимся раз навсегда буквой R обозначать рациональную функцию от своих аргументов.

элементарные функции), которые привели бы подынтегральное выражение к рациональному виду. Назовем этот прием **методом рационализации подынтегрального выражения**.

В качестве первого примера его применения рассмотрим интеграл вида

$$\int R\left(x, \sqrt[m]{\frac{\alpha x+\beta}{\gamma x+\delta}}\right) dx, \tag{1}$$

где R означает рациональную функцию от двух аргументов, m — натуральное число, а α, β, γ, δ — постоянные.

Положим

$$t=\omega(x)=\sqrt[m]{\frac{\alpha x+\beta}{\gamma x+\delta}}, \quad t^m=\frac{\alpha x+\beta}{\gamma x+\delta}, \quad x=\varphi(t)=\frac{\delta t^m-\beta}{\alpha-\gamma t^m}.$$

Интеграл перейдет в

$$\int R(\varphi(t), t)\, \varphi'(t)\, dt;$$

здесь дифференциал имеет уже рациональный вид, так как R, φ, φ' — рациональные функции. Вычислив этот интеграл по правилам предыдущего параграфа, к старой переменной вернемся, подставив $t=\omega(x)$.

К интегралу вида (1) сводятся и более общие интегралы

$$\int R\left(x, \left(\frac{\alpha x+\beta}{\gamma x+\delta}\right)^r, \left(\frac{\alpha x+\beta}{\gamma x+\delta}\right)^s, \ldots\right) dx,$$

где все показатели r, s, ... рациональны; стоит лишь привести эти показатели к общему знаменателю m, чтобы под знаком интеграла получить рациональную функцию от x и от радикала $\sqrt[m]{\frac{\alpha x+\beta}{\gamma x+\delta}}$.

Пример. $\displaystyle\int \frac{dx}{\sqrt[3]{(x-1)(x+1)^2}}=\int \sqrt[3]{\frac{x+1}{x-1}}\,\frac{dx}{x+1}.$

Полагаем

$$t=\sqrt[3]{\frac{x+1}{x-1}}, \quad x=\frac{t^3+1}{t^3-1}, \quad dx=-\frac{6t^2dt}{(t^3-1)^2};$$

тогда

$$\int \sqrt[3]{\frac{x+1}{x-1}}\,\frac{dx}{x+1}=\int\frac{-3\,dt}{t^3-1}=\int\left(-\frac{1}{t-1}+\frac{t+2}{t^2+t+1}\right)dt=$$

$$=\frac{1}{2}\ln\frac{t^2+t+1}{(t-1)^2}+\sqrt{3}\operatorname{arctg}\frac{2t+1}{\sqrt{3}}+C,$$

где $t=\sqrt[3]{\frac{x+1}{x-1}}$.

169. Интегрирование биномиальных дифференциалов. Биномиальными называются дифференциалы вида

$$x^m(a+bx^n)^p\,dx,$$

где a, b — любые постоянные, а показатели m, n, p — рациональные числа. Выясним случаи, когда эти выражения интегрируются в конечном виде.

Один такой случай ясен непосредственно: если p — число целое (положительное, нуль или отрицательное), то рассматриваемое выражение относится к типу, изученному в предыдущем номере. Именно, если через λ обозначить наименьшее общее кратное знаменателей дробей m и n, то мы имеем здесь выражение вида $R(\sqrt[\lambda]{x})\,dx$, так что для рационализации его достаточна подстановка $t=\sqrt[\lambda]{x}$.

Преобразуем теперь данное выражение подстановкой $z=x^n$. Тогда

$$x^m(a+bx^n)^p\,dx=\frac{1}{n}(a+bz)^p z^{\frac{m+1}{n}-1}\,dz$$

и, положив для краткости

$$\frac{m+1}{n}-1=q,$$

будем иметь

$$\int x^m(a+bx^n)^p dx=\frac{1}{n}\int(a+bz)^p z^q dz. \qquad (2)$$

Если q — число целое, то мы снова приходим к выражению изученного типа. Действительно, если обозначить через ν знаменатель дроби p, то преобразованное выражение имеет вид $R(z,\sqrt[\nu]{a+bz})$. Рационализации подынтегрального выражения можно достигнуть и сразу — подстановкой

$$t=\sqrt[\nu]{a+bz}=\sqrt[\nu]{a+bx^n}.$$

Наконец, перепишем второй из интегралов (2) так:

$$\int\left(\frac{a+bz}{z}\right)^p z^{p+q}dz.$$

Легко усмотреть, что при $p+q$ целом мы также имеем изученный случай: преобразованное выражение имеет вид $R\left(z,\sqrt[\nu]{\frac{a+bz}{z}}\right)$. Подынтегральное выражение в данном интеграле рационализируется и сразу — подстановкой

$$t=\sqrt[\nu]{\frac{a+bz}{z}}=\sqrt[\nu]{ax^{-n}+b}.$$

Таким образом, *оба интеграла* (2) *выражаются в конечном виде, если оказывается целым одно из чисел*

$$p,\ q,\ p+q$$

или (что то же) *одно из чисел*

$$p,\ \frac{m+1}{n},\ \frac{m+1}{n}+p.$$

Эти случаи интегрируемости, по существу, известны были еще Ньютону. Однако лишь в середине прошлого столетия Чебышев установил замечательный факт, что других случаев интегрируемости в конечном виде для биномиальных дифференциалов нет.

Рассмотрим примеры.

1) $$\int \frac{\sqrt[3]{1+\sqrt[4]{x}}}{\sqrt{x}}\,dx=\int x^{-\frac{1}{2}}\left(1+x^{\frac{1}{4}}\right)^{\frac{1}{3}}dx.$$

Здесь $m=-\frac{1}{2}$, $n=\frac{1}{4}$, $p=\frac{1}{3}$; так как $\frac{m+1}{n}=\frac{-\frac{1}{2}+1}{\frac{1}{4}}=2$, то имеем второй случай интегрируемости. Заметив, что $\nu=3$, положим (по общему правилу)

$$t=\sqrt[3]{1+\sqrt[4]{x}},\quad x=(t^3-1)^4,\quad dx=12t^2(t^3-1)^3\,dt,$$

тогда

$$\int \frac{\sqrt[3]{1+\sqrt[4]{x}}}{\sqrt{x}}\,dx=12\int (t^6-t^3)\,dt=\frac{3}{7}t^4(4t^3-7)+C \text{ и т. д.}$$

2) $$\int \frac{dx}{\sqrt[4]{1+x^4}}=\int x^0(1+x^4)^{-\frac{1}{4}}\,dx.$$

На этот раз $m=0$, $n=4$, $p=-\frac{1}{4}$ — третий случай интегрируемости, так как $\frac{m+1}{n}+p=\frac{1}{4}-\frac{1}{4}=0$. Здесь $\nu=4$; положим

$$t=\sqrt[4]{x^{-4}+1}=\frac{\sqrt[4]{1+x^4}}{x},\quad x=(t^4-1)^{-\frac{1}{4}},$$

$$dx=-t^3(t^4-1)^{-\frac{5}{4}}\,dt,$$

так что $\sqrt[4]{1+x^4}=tx=t(t^4-1)^{-\frac{1}{4}}$ и

$$\int \frac{dx}{\sqrt[4]{1+x^4}}=-\int \frac{t^2dt}{t^4-1}=\frac{1}{4}\int\left(\frac{1}{t+1}-\frac{1}{t-1}\right)dt-$$
$$-\frac{1}{2}\int\frac{dt}{t^2+1}=\frac{1}{4}\ln\left|\frac{t+1}{t-1}\right|-\frac{1}{2}\operatorname{arctg} t+C$$

и т. д.

170. Интегрирование выражений вида $R(x, \sqrt{ax^2+bx+c})$. Подстановки Эйлера. Переходим к рассмотрению очень важного класса интегралов

$$\int R(x, \sqrt{ax^2+bx+c})\,dx. \qquad (3)$$

Предполагаем, конечно, что квадратный трехчлен не имеет равных корней, так что корень из него не может быть заменен рациональным выражением. Мы изучим три подстановки, называемые *подстановками Эйлера*, с помощью которых всегда можно достигнуть здесь рационализации подынтегрального выражения.

Первая подстановка приложима в случае, если $a>0$. Тогда полагают

$$\sqrt{ax^2+bx+c}=t-\sqrt{a}\,x\text{*)}.$$

Возводя это равенство в квадрат, найдем (по уничтожении членов ax^2 в обеих частях) $bx+c=t^2-2\sqrt{a}\,tx$, так что

$$x=\frac{t^2-c}{2\sqrt{a}\,t+b},\quad \sqrt{ax^2+bx+c}=\frac{\sqrt{a}\,t^2+bt+c\sqrt{a}}{2\sqrt{a}\,t+b},$$
$$dx=2\frac{\sqrt{a}\,t^2+bt+c\sqrt{a}}{(2\sqrt{a}\,t+b)^2}\,dt.$$

Все остроумие эйлеровой подстановки именно в том, что для определения x получается уравнение первой степени, так что x, а одновременно с ним также и радикал $\sqrt{ax^2+bx+c}$, выражается *рационально* через t.

Если полученные выражения подставить в (3), то вопрос сведется к интегрированию рациональной функции от t. В результате, возвращаясь к x, нужно будет положить

$$t=\sqrt{ax^2+bx+c}+\sqrt{a}\,x.$$

Вторая подстановка приложима, если $c>0$. В этом случае можно положить

$$\sqrt{ax^2+bx+c}=xt+\sqrt{c}\text{**)}.$$

---

*) Можно было бы положить и $\sqrt{ax^2+bx+c}=t+\sqrt{a}\,x$.

**) Или $\sqrt{ax^2+bx+c}=xt-\sqrt{c}$.

Если возвести в квадрат, уничтожить c в обеих частях и сократить на x, то получим $ax+b=xt^2+2\sqrt{c}\,t$ — снова уравнение первой степени относительно x. Отсюда

$$x=\frac{2\sqrt{c}\,t-b}{a-t^2},\quad \sqrt{ax^2+bx+c}=\frac{\sqrt{c}\,t^2-bt+a\sqrt{c}}{a-t^2},$$

$$dx=2\frac{\sqrt{c}\,t^2-bt+\sqrt{c}\,a}{(a-t^2)^2}\cdot dt.$$

Подставив это в (3), очевидно, осуществим рационализацию подынтегрального выражения. Проинтегрировав, в результате положим

$$t=\frac{\sqrt{ax^2+bx+c}-\sqrt{c}}{x}.$$

Замечание I. Случаи, рассмотренные выше ($a>0$ и $c>0$) приводятся один к другому подстановкой $x=\frac{1}{z}$. Поэтому всегда можно избежать пользования второй подстановкой.

Наконец, третья подстановка пригодна в том случае, если квадратный трехчлен ax^2+bx+c имеет (различные) вещественные корни λ и μ. Тогда этот трехчлен, как известно, разлагается на линейные множители

$$ax^2+bx+c=a(x-\lambda)(x-\mu).$$

Положим

$$\sqrt{ax^2+bx+c}=t(x-\lambda).$$

Возводя в квадрат и сокращая на $x-\lambda$, получим и здесь уравнение первой степени $a(x-\mu)=t^2(x-\lambda)$, так что

$$x=\frac{-a\mu+\lambda t^2}{t^2-a},\quad \sqrt{ax^2+bx+c}=\frac{a(\lambda-\mu)t}{t^2-a},$$

$$dx=\frac{2a(\mu-\lambda)t}{(t^2-a)^2}dt$$

и т. д.

Замечание II. При сделанных предположениях радикал $\sqrt{a(x-\lambda)(x-\mu)}$ (считая для определенности, скажем, $x>\lambda$) можно преобразовать к виду

$$(x-\lambda)\sqrt{a\frac{x-\mu}{x-\lambda}},$$

так что в рассматриваемом случае

$$R(x,\sqrt{ax^2+bx+c})=R_1\left(x,\sqrt{a\frac{x-\mu}{x-\lambda}}\right),$$

и мы, в сущности, имеем дело с дифференциалом изученного в n° 168 типа. Третья подстановка Эйлера, которую можно записать в форме

$$t=\sqrt{a\,\frac{x-\mu}{x-\lambda}},$$

тождественна с подстановкой, уже указанной в n° 168.

Покажем теперь, что первой и третьей подстановок Эйлера одних достаточно для того, чтобы осуществить рационализацию подынтегрального выражения в (3) во всех возможных случаях. Действительно, если трехчлен ax^2+bx+c имеет вещественные корни, то, как мы видели, приложима третья подстановка. Если же вещественных корней нет, т. е. $b^2-4ac<0$, то трехчлен

$$ax^2+bx+c=\frac{1}{4a}\left[(2ax+b)^2+(4ac-b^2)\right]$$

при всех значениях переменной x имеет знак a. Случай $a<0$ нас не интересует, ибо тогда радикал вовсе не имел бы вещественных значений. В случае же $a>0$ применима первая подстановка.

Эти соображения приводят вместе с тем к общему утверждению: *интегралы типа* (3) *всегда берутся в конечном виде, причем для представления их, кроме функций, через которые выражаются интегралы от рациональных дифференциалов, нужны еще лишь квадратные корни.*

Примеры. 1) В n° 161, 6) мы фактически применили первую подстановку к вычислению интеграла

$$\int\frac{dx}{\sqrt{x^2\pm a^2}}\qquad(\alpha=\pm a^2).$$

Хотя второй основной интеграл

$$\int\frac{dx}{\sqrt{a^2-x^2}}$$

нам известен из элементарных соображений, но — для упражнения — мы все же к нему применим эйлеровы подстановки.

(а) Если воспользоваться сначала третьей подстановкой

$$\sqrt{a^2-x^2}=t\,(a-x),$$

то

$$x=a\,\frac{t^2-1}{t^2+1},\quad dx=\frac{4at\,dt}{(t^2+1)^2},\quad \sqrt{a^2-x^2}=\frac{2at}{t^2+1}$$

и

$$\int\frac{dx}{\sqrt{a^2-x^2}}=2\int\frac{dt}{t^2+1}=2\operatorname{arctg}t+C=2\operatorname{arctg}\sqrt{\frac{a+x}{a-x}}+C.$$

Так как имеет место тождество

$$2\operatorname{arctg}\sqrt{\frac{a+x}{a-x}}=\arcsin\frac{x}{a}+\frac{\pi}{2}\qquad(-a<x<a),$$

то этот результат лишь формой разнится от уже известного нам.

Читателю и впредь следует считаться с возможностью для интеграла получаться в разных ф о р м а х, в зависимости от примененного для его вычисления метода.

(б) Если к тому же интегралу применить в т о р у ю п о д с т а н о в к у

$$\sqrt{a^2-x^2}=xt-a,$$

то аналогично получим:

$$\int\frac{dx}{\sqrt{a^2-x^2}}=-2\int\frac{dt}{t^2+1}=-2\operatorname{arctg}t+C=$$

$$=-2\operatorname{arctg}\frac{a+\sqrt{a^2-x^2}}{x}+C.$$

Здесь мы сталкиваемся с другим любопытным обстоятельством: этот результат годится о т д е л ь н о для промежутка $(-a, 0)$ и для промежутка $(0, a)$, ибо в точке $x=0$ выражение

$$-2\operatorname{arctg}\frac{a+\sqrt{a^2-x^2}}{x}$$

лишено смысла. Пределы этого выражения при $x\to-0$ и при $x\to+0$ р а з л и ч н ы: они равны, соответственно, π и $-\pi$; выбирая для упомянутых промежутков р а з л и ч н ы е же значения постоянной C так, чтобы второе из них было на 2π больше первого, можно составить функцию, непрерывную во всем промежутке $(-a, a)$, если принять за ее значение при $x=0$ общий предел слева и справа.

И на этот раз мы получили прежний результат лишь в другой ф о р м е, ибо имеют место тождества

$$-2\operatorname{arctg}\frac{a+\sqrt{a^2-x^2}}{x}=\begin{cases}\arcsin\dfrac{x}{a}-\pi & \text{для } 0<x<a,\\ \arcsin\dfrac{x}{a}+\pi & \text{для } -a<x<0.\end{cases}$$

2) $\displaystyle\int\frac{dx}{x+\sqrt{x^2-x+1}}$.

(а) Сначала применим п е р в у ю п о д с т а н о в к у: $\sqrt{x^2-x+1}=t-x$

$$x=\frac{t^2-1}{2t-1},\quad dx=2\frac{t^2-t+1}{(2t-1)^2}dt,$$

$$\int\frac{dx}{x+\sqrt{x^2-x+1}}=\int\frac{2t^2-2t+2}{t(2t-1)^2}dt=$$

$$=\int\left[\frac{2}{t}-\frac{3}{2t-1}+\frac{3}{(2t-1)^2}\right]dt=$$

$$=-\frac{3}{2}\cdot\frac{1}{2t-1}+2\ln|t|-\frac{3}{2}\ln|2t-1|+C.$$

Если подставить сюда $t=x+\sqrt{x^2-x+1}$, то окончательно получим:

$$\int\frac{dx}{x+\sqrt{x^2-x+1}}=-\frac{3}{2}\,\frac{1}{2x+2\sqrt{x^2-x+1}-1}-$$

$$-\frac{3}{2}\ln|2x+2\sqrt{x^2-x+1}-1|+2\ln|x+\sqrt{x^2-x+1}|+C.$$

(б) Применим теперь вторую подстановку: $\sqrt{x^2-x+1}=tx-1$,

$$x=\frac{2t-1}{t^2-1}, \quad dx=-2\frac{t^2-t+1}{(t^2-1)^2}dt, \quad \sqrt{x^2-x+1}=\frac{t^2-t+1}{t^2-1},$$

$$x+\sqrt{x^2-x+1}=\frac{t}{t-1},$$

$$\int\frac{dx}{x+\sqrt{x^2-x+1}}=\int\frac{-2t^2+2t-2}{t(t-1)(t+1)^2}dt=$$

$$=\int\left[\frac{2}{t}-\frac{1}{2}\frac{1}{t-1}-\frac{3}{2}\frac{1}{t+1}-\frac{3}{(t+1)^2}\right]dt=$$

$$=\frac{3}{t+1}+2\ln|t|-\frac{1}{2}\ln|t-1|-\frac{3}{2}\ln|t+1|+C.$$

Остается подставить сюда $t=\frac{\sqrt{x^2-x+1}+1}{x}$; после очевидных упрощений получим:

$$\int\frac{dx}{x+\sqrt{x^2-x+1}}=\frac{3x}{\sqrt{x^2-x+1}+x+1}+$$

$$+2\ln|\sqrt{x^2-x+1}+1|-\frac{1}{2}\ln|\sqrt{x^2-x+1}-x+1|-$$

$$-\frac{3}{2}\ln|\sqrt{x^2-x+1}+x+1|+C.$$

Это выражение, хотя и разнится от ранее полученного по форме, но при $C'=C+\frac{3}{2}$ отождествляется с ним.

§ 4. ИНТЕГРИРОВАНИЕ ВЫРАЖЕНИЙ, СОДЕРЖАЩИХ ТРИГОНОМЕТРИЧЕСКИЕ И ПОКАЗАТЕЛЬНУЮ ФУНКЦИИ

171. Интегрирование дифференциалов $R(\sin x, \cos x)\,dx$. Дифференциалы этого вида могут быть рационализированы подстановкой $t=\operatorname{tg}\frac{x}{2}$ $(-\pi<x<\pi)$. Действительно,

$$\sin x=\frac{2\operatorname{tg}\frac{x}{2}}{1+\operatorname{tg}^2\frac{x}{2}}=\frac{2t}{1+t^2}, \quad \cos x=\frac{1-\operatorname{tg}^2\frac{x}{2}}{1+\operatorname{tg}^2\frac{x}{2}}=\frac{1-t^2}{1+t^2},$$

$$x=2\operatorname{arctg}t, \quad dx=\frac{2dt}{1+t^2},$$

так что

$$R(\sin x, \cos x)\,dx=R\left(\frac{2t}{1+t^2}, \frac{1-t^2}{1+t^2}\right)\cdot\frac{2dt}{1+t^2}.$$

Таким образом, *интегралы типа*

$$\int R(\sin x, \cos x)\,dx \tag{1}$$

всегда берутся в конечном виде; для их выражения, кроме функций, встречающихся при интегрировании рациональных дифференциалов, нужны лишь еще тригонометрические функции.

Упомянутая подстановка, являющаяся универсальной для интегралов типа (1), приводит иной раз к сложным выкладкам. Ниже указаны случаи, когда цель может быть достигнута с помощью более простых подстановок. Предварительно сделаем следующие элементарные замечания из области алгебры.

Если целая или дробная рациональная функция $R(u, v)$ не меняет своего значения при изменении знака одного из аргументов, например u, т. е. если

$$R(-u, v) = R(u, v),$$

то она может быть приведена к виду

$$R(u, v) = R_1(u^2, v),$$

содержащему лишь четные степени u.

Если же, наоборот, при изменении знака u функция $R(u, v)$ также меняет знак, т. е. если

$$R(-u, v) = -R(u, v),$$

то она приводится к виду

$$R(u, v) = R_2(u^2, v) \cdot u;$$

это сразу вытекает из предыдущего замечания, если его применить к функции $\frac{R(u, v)}{u}$.

I. Пусть теперь $R(u, v)$ меняет знак при изменении знака u; тогда

$$R(\sin x, \cos x)\,dx = R_0(\sin^2 x, \cos x)\sin x\,dx = \\ = -R_0(1-\cos^2 x, \cos x)\,d\cos x,$$

и рационализация достигается подстановкой $t = \cos x$.

II. Аналогично, если $R(u, v)$ меняет знак при изменении знака v, то

$$R(\sin x, \cos x)\,dx = R_0^*(\sin x, \cos^2 x)\cos x\,dx = \\ = R_0^*(\sin x, 1-\sin^2 x)\,d\sin x,$$

так что здесь целесообразна подстановка $t = \sin x$.

III. Предположим, наконец, что функция $R(u, v)$ не меняет своего значения при одновременном изменении знаков u и v:

$$R(-u, -v) = R(u, v).$$

В этом случае, заменяя u на $\frac{u}{v}v$, будем иметь

$$R(u, v) = R\left(\frac{u}{v}v, v\right) = R^*\left(\frac{u}{v}, v\right).$$

По свойству функции R, если изменить знаки u и v $\left(\text{отношение } \frac{u}{v}\right.$ при этом не изменится$\left.\right)$,

$$R^*\left(\frac{u}{v},\ -v\right)=R^*\left(\frac{u}{v},\ v\right),$$

а тогда, как мы знаем,

$$R^*\left(\frac{u}{v},\ v\right)=R_1^*\left(\frac{u}{v},\ v^2\right).$$

Поэтому

$$R(\sin x,\ \cos x)=R_1^*(\operatorname{tg} x,\ \cos^2 x)=R_1^*\left(\operatorname{tg} x,\ \frac{1}{1+\operatorname{tg}^2 x}\right),$$

т. е. попросту

$$R(\sin x,\ \cos x)=\tilde{R}(\operatorname{tg} x).$$

Здесь достигает цели подстановка $t=\operatorname{tg} x$ $\left(-\frac{\pi}{2}<x<\frac{\pi}{2}\right)$, ибо

$$R(\sin x,\ \cos x)\,dx=\tilde{R}(t)\frac{dt}{1+t^2} \text{ и т. д.}$$

Замечание. Нужно сказать, что, каково бы ни было рациональное выражение $R(u,\ v)$, его всегда можно представить в виде суммы трех выражений рассмотренных выше частных типов. Например, можно положить

$$R(u,\ v)=\frac{R(u,\ v)-R(-u,\ v)}{2}+\frac{R(-u,\ v)-R(-u,\ -v)}{2}+ \\ +\frac{R(-u,\ -v)+R(u,\ v)}{2}.$$

Первое из этих выражений меняет знак при изменении знака u, второе меняет знак при изменении знака v, а третье сохраняет значение при одновременном изменении знаков u и v. Разбив выражение $R(\sin x,\ \cos x)$ на соответствующие слагаемые, можно к первому из них применить подстановку $t=\cos x$, ко второму — подстановку $t=\sin x$ и, наконец, к третьему — подстановку $t=\operatorname{tg} x$. Таким образом, для вычисления интегралов типа (1) достаточно этих трех подстановок.

Примеры. 1) $\int \sin^2 x \cos^3 x\,dx$. Подынтегральное выражение меняет знак от замены $\cos x$ на $-\cos x$. Подстановка $t=\sin x$:

$$\int \sin^2 x\cos^3 x\,dx=\int t^2(1-t^2)\,dt=\frac{t^3}{3}-\frac{t^5}{5}+C=\frac{\sin^3 x}{3}-\frac{\sin^5 x}{5}+C.$$

2) $\int \frac{dx}{\sin^4 x \cos^2 x}$. Подынтегральное выражение не изменяет своего значения при замене $\sin x$ на $-\sin x$ и $\cos x$ на $-\cos x$. Подстановка $t = \operatorname{tg} x$:

$$\int \frac{dx}{\sin^4 x \cos^2 x} = \int \frac{(1+t^2)^2}{t^4}\, dt = t - \frac{2}{t} - \frac{1}{3t^3} + C =$$
$$= \operatorname{tg} x - 2 \operatorname{ctg} x - \frac{1}{3} \operatorname{ctg}^3 x + C.$$

3) $\int \frac{dx}{\sin x \cos 2x} = \int \frac{dx}{\sin x\,(2\cos^2 x - 1)}$. Подстановка $t = \cos x$:

$$\int \frac{dx}{\sin x\,(2\cos^2 x - 1)} = \int \frac{dt}{(1-t^2)(1-2t^2)} =$$
$$= \frac{1}{\sqrt{2}} \ln \left| \frac{1+t\sqrt{2}}{1-t\sqrt{2}} \right| + \frac{1}{2} \ln \left| \frac{1-t}{1+t} \right| + C =$$
$$= \frac{1}{\sqrt{2}} \ln \left| \frac{1+\sqrt{2}\cos x}{1-\sqrt{2}\cos x} \right| + \ln \left| \operatorname{tg} \frac{x}{2} \right| + C.$$

4) $\frac{1}{2} \int \frac{1-r^2}{1-2r\cos x + r^2}\, dx$ $(0 < r < 1,\ -\pi < x < \pi)$. Применим здесь универсальную подстановку $t = \operatorname{tg} \frac{x}{2}$. Имеем

$$\frac{1}{2} \int \frac{1-r^2}{1-2r\cos x + r^2}\, dx = (1-r^2) \int \frac{dt}{(1-r)^2 + (1+r)^2 t^2} =$$
$$= \operatorname{arctg} \left(\frac{1+r}{1-r}\, t \right) + C = \operatorname{arctg} \left(\frac{1+r}{1-r} \operatorname{tg} \frac{x}{2} \right) + C.$$

К этому интегралу приводится и такой:

$$\int \frac{1-r\cos x}{1-2r\cos x + r^2}\, dx = \int \left[\frac{1}{2} + \frac{1}{2}\, \frac{1-r^2}{1-2r\cos x + r^2} \right] dx =$$
$$= \frac{1}{2} x + \operatorname{arctg} \left(\frac{1+r}{1-r} \operatorname{tg} \frac{x}{2} \right) + C.$$

172. Обзор других случаев. В n° 163 мы уже упоминали о том, как интегрируются выражения вида

$$P(x)\, e^{ax}\, dx, \quad P(x) \sin bx\, dx, \quad P(x) \cos bx\, dx,$$

где P — целый многочлен. Любопытно отметить, что дробные выражения (n — натуральное число)

$$\frac{e^x}{x^n}\, dx, \quad \frac{\sin x}{x^n}\, dx, \quad \frac{\cos x}{x^n}\, dx$$

уже *не интегрируются в конечном виде.*

С помощью интегрирования по частям легко установить для интегралов от этих выражений рекуррентные формулы и свести их соответственно к трем основным:

I. $\int \frac{e^x}{x} dx = \int \frac{dy}{\ln y} = \operatorname{li} y$ *) («интегральный логарифм»);

II. $\int \frac{\sin x}{x} dx = \operatorname{si} x$ («интегральный синус»);

III. $\int \frac{\cos x}{x} dx = \operatorname{ci} x$ («интегральный косинус») **).

Мы знаем уже [n° **163**, 4)] интегралы

$$\int e^{ax} \sin bx\, dx = \frac{a \sin bx - b \cos bx}{a^2 + b^2} e^{ax} + C,$$

$$\int e^{ax} \cos bx\, dx = \frac{b \sin bx + a \cos bx}{a^2 + b^2} e^{ax} + C.$$

Отправляясь от них, можно в конечном виде найти интегралы

$$\int x^n e^{ax} \sin bx\, dx, \quad \int x^n e^{ax} \cos bx\, dx,$$

где $n = 1, 2, 3, \ldots$ Именно, интегрируя по частям, получим:

$$\int x^n e^{ax} \sin bx\, dx = x^n \frac{a \sin bx - b \cos bx}{a^2 + b^2} e^{ax} - \\ - \frac{na}{a^2 + b^2} \int x^{n-1} e^{ax} \sin bx\, dx + \frac{nb}{a^2 + b^2} \int x^{n-1} e^{ax} \cos bx\, dx,$$

$$\int x^n e^{ax} \cos bx\, dx = x^n \frac{b \sin bx + a \cos bx}{a^2 + b^2} e^{ax} - \\ - \frac{nb}{a^2 + b^2} \int x^{n-1} e^{ax} \sin bx\, dx - \frac{na}{a^2 + b^2} \int x^{n-1} e^{ax} \cos bx\, dx.$$

Эти рекуррентные формулы позволяют свести интересующие нас интегралы к случаю $n = 0$.

§ 5. ЭЛЛИПТИЧЕСКИЕ ИНТЕГРАЛЫ

173. Определения. К рассмотренным в n° 170 интегралам вида

$$\int R(x, \sqrt{ax^2 + bx + c})\, dx,$$

*) Подстановка $x = \ln y$.

**) Впрочем, во всех трех случаях надлежит еще фиксировать произвольную постоянную; это будет сделано впоследствии.

которые всегда вычисляются в конечном виде, естественно примыкают интегралы вида

$$\int R(x, \sqrt{ax^3+bx^2+cx+d})\,dx, \tag{1}$$

$$\int R(x, \sqrt{ax^4+bx^3+cx^2+dx+e})\,dx, \tag{2}$$

содержащие квадратный корень из многочленов третьей или четвертой степени. Это — очень важный класс интегралов, нередко встречающийся в приложениях. Однако нужно сказать, *интегралы вида* (1) *и* (2) — *как правило — уже не выражаются в конечном виде через элементарные функции.* Поэтому знакомство с ними мы отнесли к заключительному параграфу, чтобы не прерывать основной линии изложения настоящей главы, посвященной, главным образом, изучению классов интегралов, берущихся в конечном виде.

Многочлены под корнем предполагаются имеющими вещественные коэффициенты. Кроме того, мы всегда будем считать, что у них нет кратных корней, ибо иначе можно было бы вынести линейный множитель из-под знака корня; вопрос свелся бы к интегрированию выражений уже ранее изученных типов, и интеграл выразился бы в конечном виде. Последнее обстоятельство может иметь место иной раз и при отсутствии кратных корней; например, легко проверить, что

$$\int \frac{1+x^4}{1-x^4}\frac{dx}{\sqrt{1-x^4}} = \frac{x}{\sqrt{1-x^4}} + C,$$

$$\int \frac{5x^3+1}{\sqrt{2x^3+1}} = x\sqrt{2x^3+1} + C.$$

Интегралы от выражений типа (1) и (2) вообще называют *эллиптическими* в связи с тем обстоятельством, что впервые с ними столкнулись при решении задачи о спрямлении эллипса [n° 201, 4)]. Впрочем, это название, в точном смысле, относят обычно лишь к тем из них, которые не берутся в конечном виде; другие же, вроде только что приведенных, называют *псевдоэллиптическими.*

Изучение и табулирование (т. е. составление таблиц значений) интегралов от выражений (1) и (2) при произвольных коэффициентах $a, b, c, \ldots$, разумеется, затруднительно. Поэтому естественно желание свести все эти интегралы к немногим таким, в состав которых входило бы по возможности меньше произвольных коэффициентов (параметров).

174. Приведение к канонической форме. Заметим, прежде всего, что вообще достаточно ограничиться случаем многочлена четвертой степени под корнем, ибо к нему легко приводится и случай, когда под корнем многочлен третьей степени. Действительно, многочлен третьей степени ax^3+bx^2+cx+d с вещественными коэффициентами необходимо имеет вещественный корень [n° 69], скажем λ, и, следовательно, допускает вещественное разложение

$$ax^3+bx^2+cx+d = a(x-\lambda)(x^2+px+q).$$

Подстановка $x-\lambda=t^2$ или ($x-\lambda=-t^2$) и осуществляет требуемое приведение

$$\int R(x, \sqrt{ax^3+\ldots})\,dx = \int R(t^2+\lambda, t\sqrt{at^4+\ldots})\,2t\,dt.$$

Впредь мы станем рассматривать лишь интегралы, содержащие корень из многочлена четвертой степени вида (2).

С помощью элементарных преобразований и подстановок, на которых мы не имеем возможности здесь останавливаться, прежде всего каждый эллиптический интеграл (2) — помимо интегралов, выражающихся в конечном виде, — приводится к так называемому канонически интегралу вида

$$\int \frac{R(z^2)\,dz}{\sqrt{(1-z^2)(1-k^2z^2)}}, \tag{3}$$

где k есть некоторая положительная правильная дробь: $0<k<1$.

Выделяя из рациональной функции R целую часть, а оставшуюся правильную дробь разлагая на простые, приходят в результате к такому общему заключению: *все эллиптические интегралы с помощью элементарных подстановок — и с точностью до слагаемых, выражающихся в конечном виде, — приводятся к следующим трем стандартным интегралам*:

$$\int \frac{dz}{\sqrt{(1-z^2)(1-k^2z^2)}}, \quad \int \frac{z^2\,dz}{\sqrt{(1-z^2)(1-k^2z^2)}}$$

и $$(0<k<1)$$

$$\int \frac{dz}{(1+hz^2)\sqrt{(1-z^2)(1-k^2z^2)}},$$

где в последнем интеграле h может оказаться и комплексным. Эти интегралы, как показал Лиувилль, в конечном виде уже не берутся. Их Лежандр *) назвал *эллиптическими интегралами*, соответственно, *1-го, 2-го* и *3-го рода*. Первые два содержат лишь один параметр k, а последний, кроме него, еще (комплексный) параметр h.

Лежандр внес в эти интегралы еще дальнейшие упрощения, выполнив в них подстановку $z=\sin\varphi$ $\left(\varphi \text{ изменяется от } 0 \text{ до } \frac{\pi}{2}\right)$. При этом первый из них непосредственно переходит в интеграл

$$\int \frac{d\varphi}{\sqrt{1-k^2\sin^2\varphi}}; \tag{4}$$

второй преобразуется так:

$$\int \frac{\sin^2\varphi\,d\varphi}{\sqrt{1-k^2\sin^2\varphi}} = \frac{1}{k^2}\int \frac{d\varphi}{\sqrt{1-k^2\sin^2\varphi}} - \frac{1}{k^2}\int \sqrt{1-k^2\sin^2\varphi}\,d\varphi,$$

т. е. приводится к предыдущему интегралу и к новому интегралу

$$\int \sqrt{1-k^2\sin^2\varphi}\,d\varphi. \tag{5}$$

Наконец, третий интеграл при указанной подстановке переходит в

$$\int \frac{d\varphi}{(1+h\sin^2\varphi)\sqrt{1-k^2\sin^2\varphi}}. \tag{6}$$

Интегралы (4), (5) и (6) также называются *эллиптическими интегралами 1-го, 2-го и 3-го рода — в форме Лежандра*.

Из них особую важность и частое применение имеют первые два. Если считать, что эти интегралы при $\varphi=0$ обращаются в нуль, и тем фиксировать содержащиеся в них произвольные постоянные, то получатся две вполне определенные функции от φ, которые Лежандр обозначил соответственно

---

*) Адриан Мари Лежандр (1752—1833) и Жозеф Лиувилль (1809—1882) — выдающиеся французские математики.

через $F(k, \varphi)$ и $E(k, \varphi)$. Здесь, кроме независимой переменной φ, указан также параметр k, называемый **модулем**, который входит в выражения этих функций.

Лежандром были составлены обширные таблицы значений этих функций при различных φ и различных k. В них не только аргумент φ, трактуемый как **угол**, выражается в градусах, но и модуль k (правильная дробь!) рассматривается как синус некоторого угла θ, который и указывается в таблице вместо модуля, и притом также в градусах.

Кроме того, как Лежандром, так и другими учеными были изучены глубокие свойства этих функций, установлен ряд относящихся к ним формул и т. д. Благодаря этому, функции F и E Лежандра вошли в семью функций, встречающихся в анализе и его приложениях, на равных правах с элементарными функциями.

Низшая часть интегрального исчисления, которой в основном мы вынуждены пока ограничиться, занимается «интегрированием в конечном виде». Однако было бы ошибочно думать, что этим ограничиваются задачи интегрального исчисления вообще: эллиптические интегралы F и E являются примерами таких функций, которые плодотворно изучаются по их интегральным выражениям и с успехом применяются, хотя и не могут быть представлены через элементарные функции в конечном виде.

ГЛАВА ОДИННАДЦАТАЯ

ОПРЕДЕЛЕННЫЙ ИНТЕГРАЛ

§ 1. ОПРЕДЕЛЕНИЕ И УСЛОВИЯ СУЩЕСТВОВАНИЯ ОПРЕДЕЛЕННОГО ИНТЕГРАЛА

175. Другой подход к задаче о площади. Вернемся к задаче об определении площади P криволинейной трапеции $ABCD$ (рис. 65), которой мы уже занимались в n° 156. Мы изложим сейчас другой подход к решению этой задачи *).

Рис. 65.

Разделим основание AB нашей фигуры произвольным образом на части и проведем ординаты, соответствующие точкам деления; тогда криволинейная трапеция разобьется на ряд полосок (см. чертеж).

Заменим теперь приближенно каждую полоску некоторым прямоугольником, основание которого то же, что и у полоски, а высота совпадает с одной из ординат полоски, скажем, с крайней слева. Таким образом, криволинейная фигура заменится некоторой ступенчатой фигурой, составленной из отдельных прямоугольников.

Обозначим абсциссы точек деления через

$$x_0 = a < x_1 < x_2 < \ldots < x_i < x_{i+1} < \ldots < x_n = b. \qquad (1)$$

Основание i-го прямоугольника ($i = 0, 1, 2, \ldots, n-1$), очевидно, равно разности $x_{i+1} - x_i$, которую мы будем обозначать через Δx_i. Что же касается высоты, то, по сказанному, она равна $y_i = f(x_i)$. Поэтому площадь i-го прямоугольника будет $y_i \Delta x_i = f(x_i)\,\Delta x_i$.

Просуммировав площади всех прямоугольников, получим приближенное значение площади P криволинейной трапеции:

$$P \doteq \sum_{i=0}^{n-1} y_i\,\Delta x_i \quad \text{или} \quad P \doteq \sum_{i=0}^{n-1} f(x_i)\,\Delta x_i.$$

---

*) Обобщая при этом идею, уже однажды примененную в частном примере [n° 43, 3)].

Погрешность этого равенства при безграничном убывании всех Δx_i стремится к нулю. Точное значение площади P получится как п р е д е л:

$$P = \lim \sum y_i \Delta x_i = \lim \sum f(x_i) \Delta x_i \tag{2}$$

в предположении, что все длины Δx_i одновременно стремятся к нулю.

Тот же прием пригоден и для вычисления площади $P(x)$ фигуры $AKLD$ (рис. 63), лишь дробить на части пришлось бы отрезок AK. Заметим еще, что случай, когда $y = f(x)$ принимает и отрицательные значения, исчерпывается заключенным в n° **156** условием считать площади частей фигуры под осью x — отрицательными.

Для обозначения с у м м ы вида $\sum y \Delta x$ (вернее сказать — п р е д е л ь н о г о з н а ч е н и я этой суммы) Лейбниц и ввел символ $\int y\,dx$, где $y\,dx$ напоминает типичное слагаемое суммы, а $\int$ есть стилизованная буква S — начальная буква латинского слова Summa*). Так как площадь, представляющая это предельное значение, в то же время является первообразной для функции $f(x)$, то тот же символ сохранился и для обозначения первообразной функции. Впоследствии, с введением функционального обозначения, стали писать

$$\int f(x)\,dx,$$

если речь идет о переменной площади, и

$$\int_a^b f(x)\,dx$$

— в случае площади фиксированной фигуры $ABCD$, отвечающей изменению x от a до b.

Мы воспользовались интуитивным представлением о площади, чтобы естественно подойти к рассмотрению пределов своеобразных сумм вида (2), которые исторически и были введены в связи с задачей о вычислении площади. Однако самое понятие площади нуждается в обосновании, и — если речь идет о криволинейной трапеции — оно достигается именно с помощью упомянутых пределов. Разумеется, этому должно быть предпослано изучение пределов (2) самих по себе, вне связи с геометрическими представлениями, чему и посвящена настоящая глава.

Пределы вида (2) играют исключительно важную роль в математическом анализе и в разнообразных его приложениях. К тому же в различных видоизменениях развиваемые здесь идеи будут неоднократно повторяться на всем протяжении курса.

---

*) Термин «интеграл» (от латинского integer = целый) был предложен учеником и сподвижником Лейбница Иоганном Бернулли; сам Лейбниц первоначально говорил: «сумма всех $y\,dx$».

176. Определение. Пусть функция $f(x)$ задана в некотором промежутке $[a, b]$. Разобьем этот промежуток произвольным образом на части, вставив между a и b точки деления (1). Наибольшую из разностей $\Delta x_i = x_{i+1} - x_i$ $(i = 0, 1, \ldots, n-1)$ будем впредь обозначать через λ.

Возьмем в каждом из частичных промежутков $[x_i, x_{i+1}]$ по произволу точку $x = \xi_i$ *)

$$x_i \leqslant \xi_i \leqslant x_{i+1} \quad (i = 0, 1, \ldots, n-1)$$

и составим сумму

$$\sigma = \sum_{i=0}^{n-1} f(\xi_i)\,\Delta x_i.$$

Установим теперь понятие (конечного) предела этой суммы:

$$I = \lim_{\lambda \to 0} \sigma. \tag{3}$$

Представим себе, что промежуток $[a, b]$ последовательно разбивается на части, сначала одним способом, затем — вторым, третьим и т. д. Такую последовательность разбиений промежутка на части мы будем называть основной, если соответствующая последовательность значений $\lambda = \lambda_1, \lambda_2, \lambda_3, \ldots$ сходится к нулю.

Равенство (3) мы понимаем в том смысле, что *последовательность значений суммы σ, отвечающая любой основной последовательности разбиений промежутка, всегда стремится к пределу I, как бы ни выбирать при этом ξ_i.*

Можно и здесь дать определение предела «на языке ε-δ». Именно, говорят, что *сумма σ при $\lambda \to 0$ имеет предел I, если для каждого числа $\varepsilon > 0$ найдется такое число $\delta > 0$, что, лишь только $\lambda < \delta$ (т. е. основной промежуток разбит на части, с длинами $\Delta x_i < \delta$), неравенство*

$$|\sigma - I| < \varepsilon$$

выполняется при любом выборе чисел ξ.

Доказательство равносильности обоих определений может быть проведено в том же порядке идей, что и в n° 33. Первое определение «на языке последовательностей» позволяет перенести основные понятия и предложения теории пределов и на этот новый вид предела.

---

*) Выше мы в качестве ξ_i брали во всех случаях наименьшее значение x_i.

Конечный предел I суммы σ при $\lambda \to 0$ называется определенным интегралом функции $f(x)$ в промежутке от a до b и обозначается символом *)

$$I = \int_a^b f(x)\,dx; \tag{4}$$

если такой предел существует, то функция $f(x)$ называется интегрируемой в промежутке $[a, b]$.

Числа a и b носят название, соответственно, нижнего и верхнего пределов интеграла. При постоянных пределах определенный интеграл представляет собой постоянное число.

Приведенное общее определение принадлежит Риману, который впервые высказал его в общей форме и исследовал область его применения. И самую сумму σ иногда называют римановой суммой, хотя на деле еще Коши отчетливо пользовался пределами подобных сумм для случая непрерывной функции. Мы же будем предпочтительно называть ее интегральной суммой, чтобы подчеркнуть ее связь с интегралом.

Поставим теперь себе задачей выяснить условия, при которых интегральная сумма σ имеет конечный предел, т. е. существует определенный интеграл (4).

Прежде всего заметим, что высказанное определение в действительности может быть приложено лишь к ограниченной функции. В самом деле, если бы функция $f(x)$ была в промежутке $[a, b]$ неограничена, то — при любом разбиении промежутка на части — она сохранила бы подобное свойство хоть в одной из частей. Тогда за счет выбора в этой части точки ξ можно было бы сделать $f(\xi)$, а с ней и сумму σ, сколь угодно большой; при этих условиях конечного предела для σ, очевидно, существовать не могло бы. Итак, *интегрируемая функция необходимо ограничена.*

Поэтому в дальнейшем исследовании мы будем наперед предполагать рассматриваемую функцию $f(x)$ ограниченной:

$$m \leqslant f(x) \leqslant M, \quad \text{если } a \leqslant x \leqslant b.$$

177. Суммы Дарбу. В качестве вспомогательного средства исследования, наряду с интегральными суммами, введем в рассмотрение, по примеру Дарбу **), еще другие, сходные с ними, но более простые суммы.

---

*) Это обозначение для определенного интеграла ввел французский математик и физик Жан Баптист Жозеф Фурье (1768—1830). Эйлер писал более громоздко:

$$\int P\,dx \begin{bmatrix} \text{от} & x = a \\ \text{до} & x = b \end{bmatrix}.$$

**) Гастон Дарбу (1842—1917) — французский математик.

Обозначим через m_i и M_i, соответственно, точные нижнюю и верхнюю границы функции $f(x)$ в i-м промежутке $[x_i, x_{i+1}]$ и составим суммы

$$s=\sum_{i=0}^{n-1} m_i \Delta x_i, \quad S=\sum_{i=0}^{n-1} M_i \Delta x_i.$$

Эти суммы и носят название соответственно нижней и верхней (интегральных) сумм, или сумм Дарбу.

В частном случае, когда $f(x)$ непрерывна, они являются просто наименьшей и наибольшей из интегральных сумм, отвечающих взятому разбиению, так как в этом случае функция $f(x)$ в каждом промежутке достигает своих точных границ, и точки ξ_i можно выбрать так, чтобы — по желанию — было

$$f(\xi_i)=m_i \quad \text{или} \quad f(\xi_i)=M_i.$$

Переходя к общему случаю, из самого определения нижней и верхней границ имеем

$$m_i \leqslant f(\xi_i) \leqslant M_i.$$

Умножив члены обоих этих неравенств на Δx_i (Δx_i положительно) и просуммировав по i, получим

$$s \leqslant \sigma \leqslant S.$$

При фиксированном разбиении суммы s и S будут постоянными числами, в то время как сумма σ еще остается переменной ввиду произвольности чисел ξ_i. Но легко видеть, что за счет выбора ξ_i можно значения $f(\xi_i)$ сделать сколь угодно близкими как к m_i, так и к M_i, а значит — сумму σ сделать сколь угодно близкой к s или к S. А тогда предыдущие неравенства приводят к следующему уже общему замечанию: *при данном разбиении промежутка суммы Дарбу s и S служат точными соответственно нижней и верхней границами для интегральных сумм.*

Суммы Дарбу обладают следующими простыми свойствами:

Первое свойство. *Если к имеющимся точкам деления добавить новые точки, то нижняя сумма Дарбу может от этого разве лишь возрасти, а верхняя сумма — разве лишь уменьшиться.*

Доказательство. Для доказательства этого свойства достаточно ограничиться присоединением к уже имеющимся точкам деления еще одной точки деления x'.

Пусть эта точка попадает между точками x_k и x_{k+1}, так что

$$x_k < x' < x_{k+1}.$$

Если через S' обозначить новую верхнюю сумму, то от прежней S она будет отличаться только тем, что в сумме S промежутку $[x_k, x_{k+1}]$ отвечало слагаемое

$$M_k(x_{k+1}-x_k),$$

а в новой сумме S' этому промежутку отвечает сумма двух слагаемых

$$\overline{M}_k(x' - x_k) + \overline{\overline{M}}_k(x_{k+1} - x'),$$

где $\overline{M}_k$ и $\overline{\overline{M}}_k$ суть точные верхние границы функции $f(x)$ в промежутках $[x_k, x']$ и $[x', x_{k+1}]$. Так как эти промежутки являются частями промежутка $[x_k, x_{k+1}]$, то

$$\overline{M}_k \leqslant M_k, \quad \overline{\overline{M}}_k \leqslant M_k,$$

так что

$$\overline{M}_k(x' - x_k) \leqslant M_k(x' - x_k), \quad \overline{\overline{M}}_k(x_{k+1} - x') \leqslant M_k(x_{k+1} - x').$$

Складывая эти неравенства почленно, получим

$$\overline{M}_k(x' - x_k) + \overline{\overline{M}}_k(x_{k+1} - x') \leqslant M_k(x_{k+1} - x_k).$$

Отсюда и следует, что $S' \leqslant S$. Для нижней суммы доказательство аналогично этому.

Второе свойство *Каждая нижняя сумма Дарбу не превосходит каждой верхней суммы, хотя бы отвечающей и другому разбиению промежутка.*

Доказательство. Разобьем промежуток $[a, b]$ произвольным образом на части и составим для этого разбиения суммы Дарбу

$$s_1 \text{ и } S_1. \tag{I}$$

Рассмотрим теперь некоторое другое, никак не связанное с первым, разбиение промежутка $[a, b]$. Ему также будут отвечать его суммы Дарбу

$$s_2 \text{ и } S_2. \tag{II}$$

Требуется доказать, что $s_1 \leqslant S_2$. С этой целью, объединим те и другие точки деления; тогда получим некоторое третье, вспомогательное, разбиение, которому будут отвечать суммы

$$s_3 \text{ и } S_3. \tag{III}$$

Третье разбиение мы получили из первого добавлением новых точек деления; поэтому, на основании доказанного первого свойства сумм Дарбу, имеем

$$s_1 \leqslant s_3.$$

Сопоставив теперь второе и третье разбиения, точно так же заключаем, что

$$S_3 \leqslant S_2.$$

Но $s_3 \leqslant S_3$, поэтому из только что полученных неравенств вытекает

$$s_1 \leqslant S_2,$$

что и требовалось доказать.

Из доказанного следует, что все множество $\{s\}$ нижних сумм ограничено сверху, например, любой верхней суммой S. В таком случае [n° 6] это множество имеет конечную точную верхнюю границу

$$I_* = \sup\{s\}$$

и, кроме того,

$$I_* \leqslant S,$$

какова бы ни была верхняя сумма S. Так как множество верхних сумм, таким образом, оказывается ограниченным снизу числом I_*, то оно имеет конечную точную нижнюю границу

$$I^* = \inf\{S\},$$

причем, очевидно,

$$I_* \leqslant I^*.$$

Сопоставляя все сказанное, имеем

$$s \leqslant I_* \leqslant I^* \leqslant S \tag{5}$$

для любых нижней и верхней сумм Дарбу.

178. Условие существования интеграла. С помощью сумм Дарбу теперь легко сформулировать это условие.

Теорема. *Для существования определенного интеграла необходимо и достаточно, чтобы было*

$$\lim_{\lambda \to 0} (S - s) = 0. \tag{6}$$

Сказанное в n° 176 достаточно для уяснения смысла этого предела. Например, «на языке ε-δ», условие (6) означает, что для любого $\varepsilon > 0$ найдется такое $\delta > 0$, что лишь только $\lambda < \delta$ (т. е. промежуток разбит на части с длинами $\Delta x_i < \delta$), тотчас выполняется неравенство

$$S - s < \varepsilon.$$

Доказательство. Необходимость Предположим, что существует интеграл (4). Тогда по любому заданному $\varepsilon > 0$ найдется такое $\delta > 0$, что лишь только все $\Delta x_i < \delta$, тотчас

$$|\sigma - I| < \varepsilon \quad \text{или} \quad I - \varepsilon < \sigma < I + \varepsilon,$$

как бы мы ни выбирали ξ_i в пределах соответствующих промежутков. Но суммы s и S при заданном разбиении промежутка являются, как мы установили, для интегральных сумм, соответственно, точными нижней и верхней границами; поэтому для них будем иметь

$$I - \varepsilon \leqslant s \leqslant S \leqslant I + \varepsilon,$$

так что

$$\lim_{\lambda \to 0} s = I, \quad \lim_{\lambda \to 0} S = I, \tag{7}$$

откуда и следует (6).

Достаточность. Предположим, что условие (6) выполнено; тогда из (э) сразу ясно, что $I_* = I^*$ и, если обозначить их общее значение через I,

$$s \leqslant I \leqslant S. \tag{5*}$$

Если под σ разуметь одно из значений интегральной суммы, отвечающих тому же разбиению промежутка, что и суммы s, S, то, как мы знаем,

$$s \leqslant \sigma \leqslant S.$$

Согласно условию (6), если предположить все Δx_i достаточно малыми, суммы s и S разнятся меньше, чем на произвольно взятое $\varepsilon > 0$. Но в таком случае это справедливо и относительно заключенных между ними чисел σ и I:

$$|\sigma - I| < \varepsilon,$$

так что I является пределом для σ, т. е. определенным интегралом.

Если обозначить колебание $M_i - m_i$ функции в i-м частичном промежутке через ω_i, то будем иметь

$$S - s = \sum_{i=0}^{n-1} (M_i - m_i)\,\Delta x_i = \sum_{i=0}^{n-1} \omega_i \Delta x_i,$$

и условие существования определенного интеграла может быть переписано так:

$$\lim_{\lambda \to 0} \sum_{i=0}^{n-1} \omega_i \Delta x_i = 0. \tag{8}$$

В этой форме оно обычно и применяется.

179. Классы интегрируемых функций. Применим найденный нами признак к установлению некоторых классов интегрируемых функций.

I. *Если функция $f(x)$ непрерывна в промежутке $[a, b]$, то она интегрируема.*

Доказательство. Раз функция $f(x)$ непрерывна, то на основании следствия из теоремы Кантора [n° 75] по заданному $\varepsilon > 0$ всегда найдется такое $\delta > 0$, что лишь только промежуток $[a, b]$ разбит на части с длинами $\Delta x_i < \delta$, то все $\omega_i < \varepsilon$. Отсюда

$$\sum_{i=0}^{n-1} \omega_i \Delta x_i < \varepsilon \sum_{i=0}^{n-1} \Delta x_i = \varepsilon (b - a).$$

Так как $b - a$ есть постоянное число, а ε произвольно мало, то условие (8) выполняется, а из него вытекает существование интеграла. Можно несколько обобщить доказанное утверждение.

II. *Если ограниченная функция $f(x)$ в $[a, b]$ имеет лишь конечное число точек разрыва, то она интегрируема.*

Доказательство ограничим случаем, когда между a и b содержится лишь одна точка разрыва x' (рис. 66). Возьмем произвольное $\varepsilon > 0$. Окружим точку x' окрестностью $(x' - \varepsilon, x' + \varepsilon)$. В двух оставшихся (замкнутых) промежутках функция $f(x)$ будет непрерывной, и мы можем применить к каждому из них в отдельности следствие из теоремы Кантора. Из полученных по ε двух чисел δ выберем наименьшее (его мы также будем обозначать буквой δ).

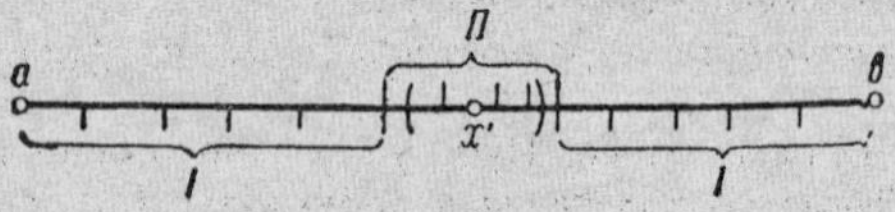

Рис. 66.

Тогда оно будет годиться для каждого из указанных выше промежутков. Ничто нам не мешает взять вдобавок $\delta < \varepsilon$. Разобьем теперь наш промежуток $[a, b]$ произвольно на части так, чтобы их длины Δx_i все были меньше δ. Полученные частичные промежутки будут двух родов:

I) промежутки, лежащие целиком вне выделенной окрестности точки разрыва. В них колебание функции $\omega_i < \varepsilon$;

II) промежутки, либо заключенные целиком внутри выделенной окрестности, либо частью на эту окрестность налегающие.

Так как функция $f(x)$ предположена ограниченной то колебание ее в любом из этих промежутков не превосходит ее колебания Ω во всем промежутке $[a, b]$.

Сумму

$$\sum_i \omega_i \Delta x_i$$

разобьем на две:

$$\sum_{i'} \omega_{i'} \Delta x_{i'} \quad \text{и} \quad \sum_{i''} \omega_{i''} \Delta x_{i''},$$

распространенные, соответственно, на промежутки первого и второго рода.

Для первой суммы, как и в предыдущей теореме, будем иметь

$$\sum_{i'} \omega_{i'} \Delta x_{i'} < \varepsilon \sum_{i'} \Delta x_{i'} < \varepsilon (b - a).$$

Что касается второй суммы, то заметим, что длины промежутков второго рода, целиком попавших внутрь выделенной окрестности, в сумме меньше или равны 2ε; промежутков же, лишь частично налегающих на них, может быть не больше двух, и сумма их длин меньше 2δ, а значит и подавно меньше 2ε. Следовательно,

$$\sum_{i''} \omega_{i''} \Delta x_{i''} < \Omega \sum_{i''} \Delta x_{i''} < \Omega \cdot 4\varepsilon.$$

Таким образом, окончательно, при $\Delta x_i < \delta$ имеем:

$$\sum_{i''} \omega_{i''} \Delta x_{i''} < \varepsilon [(b-a) + 4\Omega].$$

Это и доказывает наше утверждение, так как в квадратных скобках содержится постоянное число, а ε произвольно мало.

Наконец, укажем еще один простой класс интегрируемых функций, не покрывающийся предыдущим.

III. *Монотонная ограниченная функция $f(x)$ всегда интегрируема.*

Доказательство. Пусть $f(x)$ — монотонно возрастающая функция. Тогда ее колебание в промежутке $[x_i, x_{i+1}]$ будет

$$\omega_i = f(x_{i+1}) - f(x_i).$$

Зададимся любым $\varepsilon > 0$ и положим

$$\delta = \frac{\varepsilon}{f(b) - f(a)}.$$

Как только $\Delta x_i < \delta$, тотчас будем иметь

$$\sum \omega_i \Delta x_i < \delta \sum [f(x_{i+1}) - f(x_i)] = \delta [f(b) - f(a)] = \varepsilon,$$

откуда и следует интегрируемость функции.

Замечание. Отметим, что *изменение значений интегрируемой функции в конечном* (равном k) *числе точек не отразится ни на существовании, ни на величине интеграла.*

Так как упомянутое изменение коснется не более, чем k членов суммы $\sum \omega_i \Delta x_i$, то при $\lambda \to 0$ сумма по-прежнему будет стремиться к нулю. Что же касается до значения самого интеграла, то для обеих функций — исходной и измененной — точки ξ_i в интегральной сумме всегда можно выбирать так, чтобы они не совпадали с теми точками, для которых их значения разнятся.

§ 2. СВОЙСТВА ОПРЕДЕЛЕННЫХ ИНТЕГРАЛОВ

180. Интеграл по ориентированному промежутку. До сих пор, говоря об «определенном интеграле в промежутке от a до b», мы всегда подразумевали, что $a < b$. Устраним теперь это стеснительное ограничение.

С этой целью мы, прежде всего, установим понятие направленного или ориентированного промежутка. *Под ориентированным промежутком* $[a, b]$ (где может быть и $a < b$ и $a > b$) *мы будем разуметь множество значений x, удовлетворяющих неравенствам, соответственно,*

$$a \leqslant x \leqslant b \quad \textit{или} \quad a \geqslant x \geqslant b$$

и расположенных, или упорядоченных, от a к b, т. е. в порядке возрастания, если $a < b$, или убывания, если $a > b$. Таким образом, мы различаем промежутки $[a, b]$ и $[b, a]$: совпадая по своему составу (как числовые множества), они разнятся по направлению.

Можно сказать, что то определение интеграла, которое было дано в n° 176, относится к ориентированному промежутку $[a, b]$ лишь для случая, когда $a < b$.

Обратимся к определению интеграла в ориентированном промежутке $[a, b]$ в предположении, что $a > b$. Можно повторить для этого случая обычный процесс дробления промежутка, вставляя точки деления в направлении от a к b:

$$x_0 = a > x_1 > x_2 > \ldots > x_i > x_{i+1} > \ldots > x_n = b.$$

Выбрав в каждом частичном промежутке $[x_i, x_{i+1}]$ по точке ξ_i, так что $x_i \geqslant \xi_i \geqslant x_{i+1}$, составим интегральную сумму

$$\sigma = \sum_{i=0}^{n-1} f(\xi_i)\,\Delta x_i,$$

где — на этот раз — все $\Delta x_i = x_{i+1} - x_i < 0$. Наконец, предел этой суммы при $\lambda = \max \Delta x_i \to 0$ и приведет нас к понятию интеграла

$$\int_a^b f(x)\,dx = \lim_{\lambda \to 0} \sigma.$$

Если для промежутков $[a, b]$ и $[b, a]$ (где $a \lessgtr b$) взять те же точки деления и те же точки ξ, то отвечающие им интегральные суммы будут разниться лишь знаками. Отсюда, переходя к пределам получаем такое предложение:

1° *Если $f(x)$ интегрируема в промежутке* $[a, b]$, то *она интегрируема и в промежутке* $[b, a]$, *причем*

$$\int_a^b f(x)\,dx = -\int_b^a f(x)\,dx.$$

Впрочем, можно было бы именно это равенство принять за определение интеграла $\int_a^b$ при $a > b$ в предположении, что интеграл $\int_b^a$ существует.

Заметим еще, что по определению же полагают

$$\int_a^a f(x)\,dx = 0.$$

181. Свойства, выражаемые равенствами. Перечислим дальнейшие свойства определенных интегралов, выражаемые равенствами *).

2°. *Пусть $f(x)$ интегрируема в наибольшем из промежутков $[a, b]$, $[a, c]$ и $[c, b]$ **). Тогда она интегрируема в двух других, и имеет место равенство*

$$\int_a^b f(x)\,dx = \int_a^c f(x)\,dx + \int_c^b f(x)\,dx,$$

каково бы ни было взаимное расположение точек a, b и c.

Доказательство. Положим сначала, что $a < c < b$ и функция интегрируема в промежутке $[a, b]$.

Рассмотрим разбиение промежутка $[a, b]$ на части, причем точку c будем считать одной из точек деления. Тогда, прежде всего,

$$\sum_a^b \omega\,\Delta x = \sum_a^c \omega\,\Delta x + \sum_c^b \omega\,\Delta x \text{ ***)}$$

и — ввиду положительности всех слагаемых — из стремления к нулю суммы слева следует то же и для сумм справа, так что интегрируемость функции $f(x)$ в промежутках $[a, c]$ и $[c, b]$ установлена. А теперь, очевидно,

$$\sum_a^b f(\xi)\,\Delta x = \sum_a^c f(\xi)\,\Delta x + \sum_c^b f(\xi)\,\Delta x.$$

Переходя к пределу при $\lambda \to 0$, мы получим требуемое равенство.

Другие случаи расположения точек a, b, c приводятся к этому. Пусть, например, $b < a < c$ и функция $f(x)$ интегрируема в промежутке $[c, b]$ или — что то же, ввиду 1°, — в промежутке $[b, c]$. В этом случае, по доказанному, будем иметь

$$\int_b^c f(x)\,dx = \int_b^a f(x)\,dx + \int_a^c f(x)\,dx,$$

---

*) Здесь и впредь, если речь идет об интеграле $\int_a^b$, мы считаем возможным (при отсутствии специальной оговорки) оба случая: $a < b$ и $a > b$.

**) Вместо этого можно было бы предположить, что функция $f(x)$ интегрируема в каждом из двух меньших промежутков: тогда она была бы интегрируема и в большем.

***) Смысл обозначений ясен сам собою.

откуда, перенося первый и второй интегралы из одной части равенства в другую и переставив пределы (на основании свойства 1°), придем опять к прежнему соотношению.

3° *Если* $f(x)$ *интегрируема в промежутке* $[a, b]$, *то и* $k \cdot f(x)$ (*где* $k = \text{const}$) *также интегрируема в этом промежутке, причем*

$$\int_a^b k \cdot f(x)\, dx = k \cdot \int_a^b f(x)\, dx.$$

4° *Если* $f(x)$ *и* $g(x)$ — *обе интегрируемы в промежутке* $[a, b]$, *то и* $f(x) \pm g(x)$ *также интегрируема в этом промежутке, причем*

$$\int_a^b [f(x) \pm g(x)]\, dx = \int_a^b f(x)\, dx \pm \int_a^b g(x)\, dx.$$

В обоих случаях доказательство строится аналогично, с помощью перехода к пределу в интегральных суммах. Проведем его, например, для последнего утверждения.

Разобьем промежуток $[a, b]$ произвольно на части и составим интегральные суммы для всех трех интегралов. При этом точки ξ_i в каждом частичном промежутке выбираем произвольно, но для всех сумм одни и те же; тогда будем иметь

$$\sum [f(\xi_i) \pm g(\xi_i)]\, \Delta x_i = \sum f(\xi_i)\, \Delta x_i \pm \sum g(\xi_i)\, \Delta x_i.$$

Пусть теперь $\lambda \to 0$; так как для обеих сумм справа пределы существуют, то существует предел и для суммы слева, чем устанавливается интегрируемость функции $f(x) \pm g(x)$. Переходя в предыдущем равенстве к пределам, приходим к требуемому соотношению.

182. Свойства, выражаемые неравенствами. До сих пор мы рассматривали свойства интегралов, выражаемые равенствами; перейдем теперь к таким, которые выражаются неравенствами.

5° *Если функция* $f(x)$, *интегрируемая в промежутке* $[a, b]$, *неотрицательна и* $a < b$, *то*

$$\int_a^b f(x)\, dx \geqslant 0.$$

Доказательство очевидно.

Простым следствием отсюда (и из 4°) является

6°. *Если обе функции $f(x)$ и $g(x)$ интегрируемы в промежутке $[a, b]$ и всегда $f(x) \leqslant g(x)$, то и*

$$\int_a^b f(x)\,dx \leqslant \int_a^b g(x)\,dx$$

в предположении, что $a < b$.

Нужно лишь применить предыдущее свойство к разности $g(x) - f(x)$.

7°. *Пусть функция $f(x)$ интегрируема в промежутке $[a, b]$ и $a < b$; тогда и функция $|f(x)|$ интегрируема в этом промежутке, и имеет место неравенство*

$$\left|\int_a^b f(x)\,dx\right| \leqslant \int_a^b |f(x)|\,dx.$$

Прежде всего убедимся в существовании интеграла от $|f(x)|$. Если в промежутке $[x_i, x_{i+1}]$ взять любые две точки x' и x'', то [n° 8]

$$\bigl||f(x'')| - |f(x')|\bigr| \leqslant |f(x'') - f(x')|.$$

Поэтому, обозначив через ω_i^* колебание функции $|f(x)|$ в промежутке $[x_i, x_{i+1}]$, по определению колебания [n° 73], будем иметь $\omega_i^* \leqslant \omega_i$, так что

$$0 \leqslant \sum \omega_i^* \Delta x_i \leqslant \sum \omega_i \Delta x_i\ ^{*)},$$

и стремление к нулю суммы справа влечет за собой то же для суммы слева.

Самое же неравенство легко получить непосредственно, исходя из интегральных сумм

$$\left|\sum f(\xi_i)\,\Delta x_i\right| \leqslant \sum |f(\xi_i)|\,\Delta x_i\ ^{*)}$$

и переходя к пределам.

8°. *Если $f(x)$ интегрируема в $[a, b]$, где $a < b$, и если во всем этом промежутке имеет место неравенство*

$$m \leqslant f(x) \leqslant M,$$

то

$$m(b - a) \leqslant \int_a^b f(x)\,dx \leqslant M(b - a).$$

Можно применить свойство 6° к функциям m, $f(x)$ и M, но проще непосредственно воспользоваться очевидными неравенствами

$$m \sum \Delta x_i \leqslant \sum f(\xi_i)\,\Delta x_i \leqslant M \sum \Delta x_i$$

и перейти к пределу.

---

*) Так как $a < b$, то все $\Delta x_i > 0$.

Доказанным соотношениям можно придать более удобную форму равенства, освобождаясь в то же время от ограничения $a<b$.

9° *Теорема о среднем значении. Пусть $f(x)$ интегрируема в $[a, b]$ $(a \lessgtr b)$ и пусть во всем этом промежутке $m \leqslant f(x) \leqslant M$; тогда*

$$\int_a^b f(x)\,dx = \mu(b-a),$$

где $m \leqslant \mu \leqslant M$.

Доказательство. Если $a<b$, то по свойству 8° будем иметь

$$m \leqslant \frac{1}{b-a}\int_a^b f(x)\,dx \leqslant M.$$

Положив

$$\frac{1}{b-a}\int_a^b f(x)\,dx = \mu,$$

получаем требуемое равенство.

Для случая, когда $a>b$, проводим то же рассуждение для $\int_b^a$ а затем, переставив пределы, приходим к прежней формуле.

Только что доказанное равенство принимает особенно простой вид, когда функция $f(x)$ непрерывна. Действительно, если считать, что m и M суть наибольшее и наименьшее значения функции, существующие по теореме Вейерштрасса [n° 73], то и промежуточное значение μ, по теореме Больцано — Коши [n° 70], должно приниматься функцией $f(x)$ в некоторой точке c промежутка $[a, b]$. Таким образом,

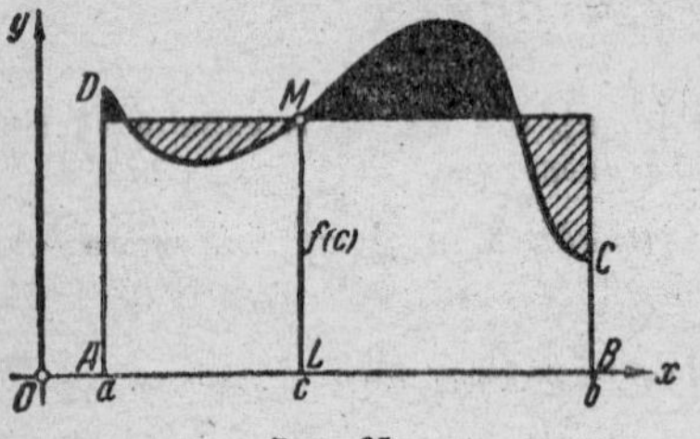

Рис. 67.

$$\int_a^b f(x)\,dx = (b-a)f(c),$$

где c содержится в $[a, b]$.

Геометрический смысл последней формулы ясен. Пусть $f(x) \geqslant 0$. Рассмотрим криволинейную фигуру $ABCD$ (рис. 67) под кривой $y=f(x)$. Тогда площадь криволинейной фигуры (выражаемая определенным интегралом) равна площади прямоугольника с тем же основанием и с некоторой средней ординатой LM в качестве высоты.

10°. ***Обобщенная теорема о среднем значении.*** *Пусть:* 1) $g(x)$ *и произведение* $f(x)\cdot g(x)$ интегрируемы в промежутке

$[a, b]$; 2) $m \leqslant f(x) \leqslant M$; 3) $g(x)$ *во всем промежутке не меняет знака*: $g(x) \geqslant 0$ $[g(x) \leqslant 0]$. *Тогда*

$$\int_a^b f(x)\, g(x)\, dx = \mu \int_a^b g(x)\, dx,$$

где $m \leqslant \mu \leqslant M$.

Доказательство. Пусть сначала $g(x) \geqslant 0$ и $a < b$; тогда имеем

$$mg(x) \leqslant f(x)\, g(x) \leqslant Mg(x).$$

Из этого неравенства, на основании свойств 6° и 3°, получаем

$$m\int_a^b g(x)\, dx \leqslant \int_a^b f(x)\, g(x)\, dx \leqslant M\int_a^b g(x)\, dx.$$

Ввиду предположения о функции $g(x)$, по 5° имеем

$$\int_a^b g(x)\, dx \geqslant 0.$$

Если этот интеграл равен нулю, то из предыдущих неравенств ясно, что одновременно также

$$\int_a^b f(x)\, g(x)\, dx = 0,$$

и утверждение теоремы становится очевидным. Если же интеграл больше нуля, то, разделив на него все части полученного выше двойного неравенства, положим

$$\frac{\int_a^b f(x)\, g(x)\, dx}{\int_a^b g(x)\, dx} = \mu$$

и придем к требуемому результату.

На самом деле ограничения, что $a < b$ и $g(x) \geqslant 0$, не нужны: перестановка пределов или изменение знака $g(x)$ не нарушат равенства.

Если $f(x)$ непрерывна, то эта формула может быть записана следующим образом:

$$\int_a^b f(x)\, g(x)\, dx = f(c) \int_a^b g(x)\, dx,$$

где c содержится в $[a, b]$.

Замечание. Переменную интегрирования мы постоянно обозначали буквой x; но, разумеется, ничто не изменилось бы, если бы, вместо x, мы пользовались какой-нибудь другой буквой, лишь бы сохранились пределы a и b, между которыми переменная меняется, и подынтегральная функция f. Символ $\int_a^b f(x)\,dx$ означает ровно то же число, что и $\int_a^b f(t)\,dt$ или $\int_a^b f(z)\,dz$ и т. п. Этим очевидным замечанием мы сейчас воспользуемся.

183. Определенный интеграл как функция верхнего предела. Если функция $f(x)$ интегрируема в промежутке $[a, b]$ $(a \gtrless b)$, то [181, 2°] она интегрируема и в промежутке $[a, x]$, где x есть любое значение из $[a, b]$. Заменив предел b определенного интеграла переменной x, получим выражение

$$\Phi(x) = \int_a^x f(t)\,dt\,^{*)}, \tag{1}$$

которое, очевидно, является функцией от x. Эта функция обладает следующими свойствами:

11°. *Если функция $f(x)$ интегрируема в $[a, b]$, то $\Phi(x)$ будет непрерывной функцией от x в том же промежутке.*

Доказательство. Придав x произвольное приращение $\Delta x = h$ с тем лишь, чтобы $x+h$ не выходило за пределы рассматриваемого промежутка, получим новое значение функции (1):

$$\Phi(x+h) = \int_a^{x+h} f(t)\,dt = \int_a^x + \int_x^{x+h}$$

[см. 2°], так что

$$\Phi(x+h) - \Phi(x) = \int_x^{x+h} f(t)\,dt.$$

Применим к этому интегралу теорему о среднем значении 9°:

$$\Phi(x+h) - \Phi(x) = \mu h; \tag{2}$$

здесь μ содержится между точными границами m' и M' функции $f(x)$ в промежутке $[x, x+h]$, а следовательно, и подавно между (постоянными) границами ее m и M в основном промежутке $[a, b]$ **).

Если устремить теперь h к нулю, то, очевидно,

$$\Phi(x+h) - \Phi(x) \to 0 \quad \text{или} \quad \Phi(x+h) \to \Phi(x),$$

что и доказывает непрерывность функции $\Phi(x)$.

---

*) Переменную интегрирования мы обозначили здесь через t, чтобы не смешивать ее с верхним пределом x.

**) Напомним, что интегрируемая функция ограничена [n° 176].

12°. *Если функцию $f(t)$ предположить* ***непрерывной*** *в точке $t=x$, то в этой точке функция $\Phi(x)$ имеет производную, равную*

$$\Phi'(x)=f(x)\ ^{*)}.$$

Доказательство. Действительно, из (2) имеем

$$\frac{\Phi(x+h)-\Phi(x)}{h}=\mu, \quad \text{где} \quad m'\leqslant\mu\leqslant M'.$$

Но, ввиду непрерывности функции $f(t)$ при $t=x$, по любому $\varepsilon>0$ найдется такое $\delta>0$, что при $|h|<\delta$

$$f(x)-\varepsilon<f(t)<f(x)+\varepsilon$$

для всех значений t в промежутке $[x, x+h]$. В таком случае имеют место и неравенства [6]

$$f(x)-\varepsilon\leqslant m'\leqslant M'\leqslant f(x)+\varepsilon,$$

так что и

$$f(x)-\varepsilon\leqslant\mu\leqslant f(x)+\varepsilon \quad \text{или} \quad |\mu-f(x)|\leqslant\varepsilon.$$

Теперь ясно, что

$$\Phi'(x)=\lim_{h\to 0}\frac{\Phi(x+h)-\Phi(x)}{h}=\lim_{h\to 0}\mu=f(x),$$

что и требовалось доказать.

Мы пришли к заключению, имеющему огромное принципиальное и прикладное значение. Если предположить функцию $f(x)$ непрерывной во всем промежутке $[a, b]$, то она интегрируема [n° **179**, I] и предыдущее утверждение оказывается приложимым к **любой** точке x этого промежутка: *производная от интеграла* (1) *по переменному верхнему пределу x везде равна значению $f(x)$ подынтегральной функции на этом пределе.*

Иными словами, *для* ***непрерывной*** *в промежутке* $[a, b]$ *функции $f(x)$ всегда существует* ***первообразная****; примером ее является определенный интеграл* (1) *с переменным верхним пределом.*

Таким образом, мы, наконец, установили то предложение, о котором упоминали еще в n° **156**.

В частности, мы теперь можем записать функции F и E Лежандра [174] в виде определенных интегралов:

$$F(k, \varphi)=\int_0^{\varphi}\frac{d\theta}{\sqrt{1-k^2\sin^2\theta}}, \qquad E(k, \varphi)=\int_0^{\varphi}\sqrt{1-k^2\sin^2\theta}\,d\theta.$$

---

*) Это важное предложение — для функции, непрерывной во всем промежутке, — впервые строго доказал Коши (в 1823 г.).

Если вспомнить геометрическое истолкование определенного интеграла как площади [n° 175], то теорема 12° отождествится с так называемой теоремой Ньютона и Лейбница [n° 156].

По доказанному только что, это будут первообразные функции, соответственно, для функций

$$\frac{1}{\sqrt{1-k^2\sin^2\varphi}}, \qquad \sqrt{1-k^2\sin^2\varphi}$$

и притом обращающиеся в нуль при $\varphi=0$.

Замечание. Утверждения, доказанные в настоящем номере, легко распространяются на случай интеграла с переменным нижним пределом, так как вследствие 1°

$$\int_x^b f(t)\,dt = -\int_b^x f(t)\,dt.$$

Производная от этого интеграла по x, очевидно, равна $-f(x)$, если x есть точка непрерывности.

§ 3. ВЫЧИСЛЕНИЕ И ПРЕОБРАЗОВАНИЕ ОПРЕДЕЛЕННЫХ ИНТЕГРАЛОВ

184. Вычисление с помощью интегральных сумм. Приведем примеры вычисления определенного интеграла, непосредственно как предела интегральных сумм — в согласии с его определением. Зная наперед, что интеграл для непрерывной функции существует, для вычисления его мы можем выбирать разбиение промежутка и точки ξ, руководствуясь исключительно соображениями удобства.

1) $\int_a^b \sin x\,dx$. Разделив промежуток $[a, b]$ на n равных частей, положим $h=\frac{b-a}{n}$; функцию $\sin x$ вычислим для правых концов, если $a<b$, и для левых при $a>b$. Тогда

$$\sigma_n = h\sum_{i=1}^{n}\sin(a+ih).$$

Найдем сжатое выражение для суммы справа. Умножив и разделив ее на $2\sin\frac{h}{2}$, а затем представляя все слагаемые в виде разности косинусов, легко получим:

$$\sum_{i=1}^{n}\sin(a+ih)=\frac{1}{2\sin\frac{h}{2}}\sum_{i=1}^{n}2\sin(a+ih)\sin\frac{h}{2}=$$

$$=\frac{1}{2\sin\frac{h}{2}}\sum_{i=1}^{n}\left[\cos\left(a+ih-\frac{1}{2}h\right)-\cos\left(a+ih+\frac{1}{2}h\right)\right]=$$

$$=\frac{\cos\left(a+\frac{1}{2}h\right)-\cos\left(a+nh+\frac{1}{2}h\right)}{2\sin\frac{h}{2}}. \qquad (1)$$

Таким образом,

$$\sigma_n = \frac{\frac{h}{2}}{\sin\frac{h}{2}}\left[\cos\left(a+\frac{1}{2}h\right)-\cos\left(b+\frac{1}{2}h\right)\right].$$

Так как $h \to 0$ при $n \to \infty$, то

$$\int_a^b \sin x\,dx = \lim_{h\to 0}\frac{\frac{h}{2}}{\sin\frac{h}{2}}\left[\cos\left(a+\frac{1}{2}h\right)-\cos\left(b+\frac{1}{2}h\right)\right] = \cos a - \cos b.$$

2) $\int_a^b x^\mu\,dx \quad (b > a > 0;\ \mu$ — произвольное вещественное число).

На этот раз мы разобьем промежуток $[a, b]$ на **неравные** части, а именно между a и b вставим $n-1$ средних геометрических. Иными словами, положив

$$q = q_n = \sqrt[n]{\frac{b}{a}},$$

рассмотрим ряд чисел

$$a,\ aq,\ \ldots,\ aq^i,\ \ldots,\ aq^n = b.$$

Заметим, что при $n\to\infty$ отношение $q = q_n \to 1$, разности же $aq^{i+1} - aq^i$ все меньше величины $b\,(q-1)\to 0$.

Вычисляя функцию для **левых** концов, имеем

$$\sigma_n = \sum_{i=0}^{n-1}(aq^i)^\mu\,(aq^{i+1}-aq^i) = a^{\mu+1}\,(q-1)\sum_{i=0}^{n-1}(q^{\mu+1})^i.$$

Предположим сначала, что $\mu \neq -1$; тогда

$$\sigma_n = a^{\mu+1}\,(q-1)\,\frac{\left(\frac{b}{a}\right)^{\mu+1}-1}{q^{\mu+1}-1} = (b^{\mu+1}-a^{\mu+1})\,\frac{q-1}{q^{\mu+1}-1}$$

и, используя уже известный предел [n° 65, 3)], получим

$$\int_a^b x^\mu\,dx = \lim_{n\to\infty}\sigma_n = (b^{\mu+1}-a^{\mu+1})\lim_{q\to 1}\frac{q-1}{q^{\mu+1}-1} = \frac{b^{\mu+1}-a^{\mu+1}}{\mu+1}.$$

В случае же $\mu = -1$ будет

$$\sigma_n = n\,(q_n - 1) = n\left(\sqrt[n]{\frac{b}{a}}-1\right),$$

и на основании другого известного результата [там же, 2)]

$$\int_a^b \frac{dx}{x} = \lim_{n\to\infty}\sigma_n = \lim_{n\to\infty} n\left(\sqrt[n]{\frac{b}{a}}-1\right) = \ln b - \ln a.$$

185. Основная формула интегрального исчисления. Мы видели в n° **183**, что для непрерывной в промежутке $[a, b]$ функции $f(x)$ интеграл

$$\Phi(x)=\int_a^x f(t)\,dt$$

оказывается первообразной функцией. Если $F(x)$ есть любая первообразная для $f(x)$ функция [например, найденная методами § 1—4 предыдущей главы], то [n° **155**]

$$\Phi(x)=F(x)+C.$$

Постоянную C легко определить, положив здесь $x=a$, ибо $\Phi(a)=0$; будем иметь

$$0=\Phi(a)=F(a)+C, \qquad \text{откуда} \qquad C=-F(a).$$

Окончательно

$$\Phi(x)=F(x)-F(a).$$

В частности, при $x=b$ получим

$$\Phi(b)=\int_a^b f(x)\,dx=F(b)-F(a). \tag{A}$$

Это — *основная формула интегрального исчисления* *).

Итак, *значение определенного интеграла выражается разностью двух значений, при $x=b$ и при $x=a$, любой первообразной функции.*

Формула (A) дает эффективное и простое средство для вычисления определенного интеграла от непрерывной функции $f(x)$. Ведь для ряда простых классов таких функций мы умеем выражать первообразную в конечном виде через элементарные функции. В этих случаях определенный интеграл вычисляется непосредственно по основной формуле. Заметим лишь, что разность справа обычно изображают символом $F(x)\Big|_a^b$ («двойная подстановка от a до b») и формулу пишут в виде

$$\int_a^b f(x)\,dx=F(x)\Big|_a^b. \tag{A *}$$

---

*) Рассуждения здесь вполне аналогичны тем, которыми мы пользовались в n° **156** при вычислении функции $P(x)$ и площади P. Сама формула (A) легко могла бы быть получена сопоставлением результатов n° **156** и n° **175**.

Так, например, сразу находим:

1) $\int_a^b \sin x\,dx = -\cos x\Big|_a^b = \cos a - \cos b,$

2) $\int_a^b x^\mu\,dx = \frac{x^{\mu+1}}{\mu+1}\Big|_a^b = \frac{b^{\mu+1}-a^{\mu+1}}{\mu+1} \qquad (\mu \neq -1),$

3) $\int_a^b \frac{dx}{x} = \ln x\Big|_a^b = \ln b - \ln a \qquad (a>0,\quad b>0)$

— результаты, не без труда полученные нами в предыдущем номере.

186. Формула замены переменной в определенном интеграле. Та же основная формула (А) позволит нам установить правило замены переменной под знаком определенного интеграла.

Пусть требуется вычислить интеграл $\int_a^b f(x)\,dx$, где $f(x)$ непрерывная в промежутке $[a, b]$ функция. Положим $x=\varphi(t)$, подчинив функцию $\varphi(t)$ условиям:

1) $\varphi(t)$ определена и непрерывна в некотором промежутке $[\alpha, \beta]$ и ее значения не выходят за пределы промежутка $[a, b]$ *), когда t изменяется в $[\alpha, \beta]$;

2) $\varphi(\alpha)=a,\ \varphi(\beta)=b$;

3) существует в $[\alpha, \beta]$ непрерывная производная $\varphi'(t)$.

Тогда имеет место формула

$$\int_a^b f(x)\,dx = \int_\alpha^\beta f(\varphi(t))\,\varphi'(t)\,dt. \tag{2}$$

Ввиду предположенной непрерывности подынтегральных функций существуют не только эти определенные интегралы, но и соответствующие им неопределенные, и в обоих случаях можно воспользоваться основной формулой. Но если $F(x)$ будет одной из первообразных для дифференциала $f(x)\,dx$, то функция $\Phi(t)=F(\varphi(t))$, как мы знаем, будет первообразной для дифференциала $f(\varphi(t))\cdot\varphi'(t)\,dt$ [ср. n° 160]. Поэтому имеем одновременно

$$\int_a^b f(x)\,dx = F(b) - F(a)$$

---

*) Может случиться, что функция $f(x)$ определена и непрерывна в более широком, чем $[a, b]$, промежутке $[A, B]$, тогда достаточно потребовать, чтобы значения $\varphi(t)$ не выходили за пределы промежутка $[A, B]$.

и

$$\int_{\alpha}^{\beta} f(\varphi(t))\,\varphi'(t)\,dt = \Phi(\beta) - \Phi(\alpha) = F(\varphi(\beta)) - F(\varphi(\alpha)) = F(b) - F(a),$$

откуда и вытекает доказываемое равенство.

Замечание. Отметим одну важную особенность формулы (2). В то время, как при вычислении неопределенного интеграла с помощью замены переменной, получив искомую функцию выраженной через переменную t, мы должны были возвращаться к старой переменной x, *здесь в этом нет надобности*. Если вычислен второй из определенных интегралов (2), который представляет собой *число*, то тем самым вычислен и первый.

Примеры. 1) Найдем интеграл $\int_0^a \sqrt{a^2 - x^2}\,dx$ с помощью подстановки $x = a \sin t$; роль α и β здесь играют значения 0 и $\frac{\pi}{2}$. Имеем:

$$\int_0^a \sqrt{a^2 - x^2}\,dx = a^2 \int_0^{\frac{\pi}{2}} \cos^2 t\,dt = \frac{a^2}{2}\left(t + \frac{\sin 2t}{2}\right)\Bigg|_0^{\frac{\pi}{2}} = \frac{\pi a^2}{4}$$

[ср. n° 160].

2) Рассмотрим интеграл

$$\int_0^{\pi} \frac{x \sin x}{1 + \cos^2 x} = \int_0^{\frac{\pi}{2}} + \int_{\frac{\pi}{2}}^{\pi}.$$

Последний интеграл подстановкой $x = \pi - t$ $\left(\text{где } t \text{ изменяется от } \frac{\pi}{2} \text{ до } 0\right)$ приводится к виду

$$\int_{\frac{\pi}{2}}^{0} \frac{(\pi - t)\sin t}{1 + \cos^2 t}\,dt = \int_0^{\frac{\pi}{2}} \frac{(\pi - t)\sin t}{1 + \cos^2 t}\,dt$$

и представляется в виде разности

$$\pi \int_0^{\frac{\pi}{2}} \frac{\sin t}{1 + \cos^2 t}\,dt - \int_0^{\frac{\pi}{2}} \frac{t \sin t}{1 + \cos^2 t}\,dt.$$

Подставляя, после сокращений получим:

$$\int_0^{\pi} \frac{x \sin x}{1 + \cos^2 x}\,dx = \pi \int_0^{\frac{\pi}{2}} \frac{\sin t}{1 + \cos^2 t}\,dt = -\pi \operatorname{arctg}(\cos t)\Bigg|_0^{\frac{\pi}{2}} = \frac{\pi^2}{4}.$$

187. Интегрирование по частям в определенном интеграле. Мы имели в n° 162 формулу интегрирования по частям

$$\int u\,dv = uv - \int v\,du, \tag{3}$$

в предположении, что функции u, v от независимой переменной x непрерывны в рассматриваемом промежутке $[a, b]$ вместе со своими производными u', v'. Теперь, с помощью все той же основной формулы (A), мы преобразуем формулу (3) в аналогичную формулу уже в определенных интегралах, сводящую вычисление одного определенного интеграла к вычислению другого (вообще более простого).

Обозначим последний интеграл в формуле (3) через $\varphi(x)$. Тогда — по формуле (A):

$$\int_a^b u\,dv = [uv - \varphi(x)]\Big|_a^b = uv\Big|_a^b - \varphi(x)\Big|_a^b.$$

Так как в то же время, в силу (A),

$$\int_a^b v\,du = \varphi(x)\Big|_a^b,$$

то и приходим окончательно к формуле

$$\int_a^b u\,dv = uv\Big|_a^b - \int_a^b v\,du. \tag{4}$$

Формула (4), устанавливающая соотношение между **ч и с л а м и**, принципиально проще формулы (3), в которой участвуют **ф у н к ц и и**; она особенно выгодна, если двойная подстановка равна нулю.

П р и м е р. Вычислить интегралы

$$J_m = \int_0^{\frac{\pi}{2}} \sin^m x\,dx, \qquad J'_m = \int_0^{\frac{\pi}{2}} \cos^m x\,dx$$

при натуральном m.

Интегрируя по частям, найдем:

$$J_m = \int_0^{\frac{\pi}{2}} \sin^{m-1} x\,d(-\cos x) = -\sin^{m-1} x \cos x\Big|_0^{\frac{\pi}{2}} + (m-1)\int_0^{\frac{\pi}{2}} \sin^{m-2} x \cos^2 x\,dx.$$

Двойная подстановка обращается в нуль. Заменяя $\cos^2 x$ через $1 - \sin^2 x$, получим

$$J_m = (m-1)\,J_{m-2} - (m-1)\,J_m,$$

откуда р е к у р р е н т н а я ф о р м у л а:

$$J_m = \frac{m-1}{m}\,J_{m-2},$$

по которой интеграл J_m последовательно приводится к J_0 или J_1. Именно, при $m=2n$ имеем:

$$J_{2n}=\int_0^{\frac{\pi}{2}} \sin^{2n} x\,dx=\frac{(2n-1)(2n-3)\ldots 3\cdot 1}{2n(2n-2)\ldots 4\cdot 2}\cdot\frac{\pi}{2},$$

если же $m=2n+1$, то

$$J_{2n+1}=\int_0^{\frac{\pi}{2}} \sin^{2n+1} x\,dx=\frac{2n(2n-2)\ldots 4\cdot 2}{(2n+1)(2n-1)\ldots 3\cdot 1}.$$

Такие же точно результаты получаются и для J'_m *).

Для более короткой записи найденных выражений введем символ $m!!$, который означает произведение натуральных чисел, не превосходящих m и *одной с ним четности* (так что, например, $6!!=2\cdot 4\cdot 6$, а $7!!=1\cdot 3\cdot 5\cdot 7$). Тогда можно будет написать

$$\int_0^{\frac{\pi}{2}} \sin^m x\,dx=\int_0^{\frac{\pi}{2}} \cos^m x\,dx=\begin{cases}\dfrac{(m-1)!!}{m!!}\cdot\dfrac{\pi}{2} & \text{при } m \text{ четном}\\[2mm] \dfrac{(m-1)!!}{m!!} & \text{при } m \text{ нечетном.}\end{cases} \qquad (5)$$

188. Формула Валлиса. Из формулы (5) легко вывести знаменитую *формулу Валлиса*, которая опубликована в 1655 г. в его «Арифметике бесконечных величин».

Предполагая $0<x<\frac{\pi}{2}$, имеем неравенства

$$\sin^{2n+1} x<\sin^{2n} x<\sin^{2n-1} x.$$

Проинтегрируем эти неравенства в промежутке от 0 до $\frac{\pi}{2}$:

$$\int_0^{\frac{\pi}{2}} \sin^{2n+1} x\,dx<\int_0^{\frac{\pi}{2}} \sin^{2n} x\,dx<\int_0^{\frac{\pi}{2}} \sin^{2n-1} x\,dx.$$

Отсюда, в силу (5), находим

$$\frac{2n!!}{(2n+1)!!}<\frac{(2n-1)!!}{2n!!}\cdot\frac{\pi}{2}<\frac{(2n-2)!!}{(2n-1)!!},$$

или

$$\left[\frac{2n!!}{(2n-1)!!}\right]^2\frac{1}{2n+1}<\frac{\pi}{2}<\left[\frac{2n!!}{(2n-1)!!}\right]^2\cdot\frac{1}{2n}.$$

Так как разность между двумя крайними выражениями

$$\frac{1}{(2n+1)\,2n}\left[\frac{2n!!}{(2n-1)!!}\right]^2<\frac{1}{2n}\cdot\frac{\pi}{2},$$

очевидно, стремится к нулю при $n\to\infty$, то $\frac{\pi}{2}$ является их общим пределом.

*) Заметим, что J'_m переходит в J_m с помощью подстановки $x=\frac{\pi}{2}-t$.

Итак,

$$\frac{\pi}{2}=\lim_{n\to\infty}\left[\frac{2n!!}{(2n-1)!!}\right]^2\frac{1}{2n+1},$$

или

$$\frac{\pi}{2}=\lim_{n\to\infty}\frac{2}{1}\cdot\frac{2}{3}\cdot\frac{4}{3}\cdot\frac{4}{5}\cdot\ldots\cdot\frac{2n}{2n-1}\cdot\frac{2n}{2n+1}.$$

Это и есть *формула Валлиса* *). Она имеет исторический интерес как первое представление числа π в виде предела легко вычисляемой рациональной переменной. В теоретических исследованиях ею пользуются и сейчас, но для приближенного вычисления числа π теперь существуют методы, гораздо более быстро ведущие к цели.

§ 4. ПРИБЛИЖЕННОЕ ВЫЧИСЛЕНИЕ ИНТЕГРАЛОВ

189. Формула трапеций. Пусть требуется вычислить определенный интеграл $\int_a^b f(x)\,dx$, где $f(x)$ есть некоторая заданная в промежутке $[a, b]$ непрерывная функция. В § 3 мы вычисляли подобный интеграл преимущественно по формуле (А), с помощью первообразной. Но первообразная в конечном виде выражается лишь для узкого класса функций; за его пределами обычно приходится прибегать к различным методам приближенного вычисления. Эти методы дают приближенное выражение для интеграла через значения подынтегральной функции, вычисленные для ряда значений независимой переменной. В простейших случаях получение такого выражения облегчается геометрическими соображениями, поскольку определенный интеграл может быть истолкован как площадь «криволинейной трапеции» $ABCD$ (рис. 68), ограниченной кривою $y=f(x)$ [n° 175], и наша задача сводится к приближенному вычислению такой площади.

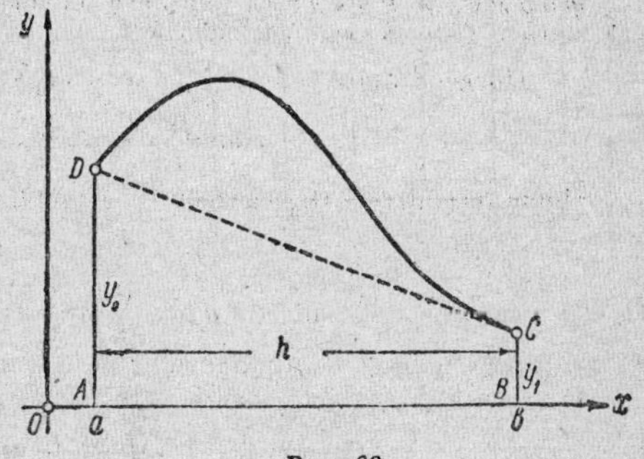

Рис. 68.

Прежде всего, естественно заменить кривую CD ее хордой, а криволинейную трапецию — обыкновенной трапецией. Для определения площади последней достаточно знать лишь начальную и конечную ординаты

$$f(a)=y_0,\qquad f(b)=y_1$$

*) В оригинале дана формула для $\frac{4}{\pi}$

и основание $b-a=h$. Таким образом мы приходим к приближенной формуле

$$\int_a^b f(x)\,dx \doteq \frac{b-a}{2}[f(a)+f(b)]=\frac{h}{2}(y_0+y_1). \qquad (1)$$

Конечно, эта формула дает лишь грубое приближение. Для получения более точной формулы разобьем промежуток $[a, b]$ точками $x_1, x_2, \ldots, x_{n-1}$ на n равных частичных промежутков

$$[a, x_1], [x_1, x_2], \ldots, [x_{n-1}, b] \qquad (2)$$

и проведем соответствующие взятым точкам ординаты; они разобьют нашу фигуру на n полосок, каждую из которых мы приближенно заменим трапецией, подобно тому как выше сделали это со всей фигурой (рис. 69).

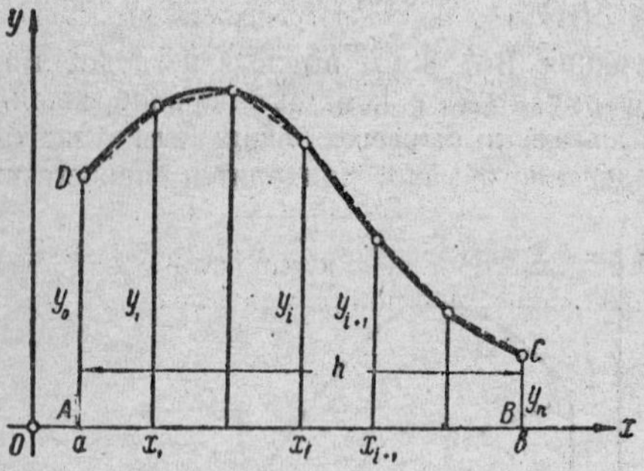

Рис. 69.

Так как высоты всех трапеций равны $\frac{h}{n}$, то, полагая

$$f(a)=y_0,\quad f(x_1)=y_1, \ldots,$$
$$f(x_{n-1})=y_{n-1},\quad f(b)=y_n,$$

для площадей трапеций по порядку будем иметь значения:

$$\frac{h}{2n}(y_0+y_1),$$
$$\frac{h}{2n}(y_1+y_2), \ldots,$$
$$\frac{h}{2n}(y_{n-1}+y_n).$$

Складывая, придем к приближенной формуле:

$$\int_a^b f(x)\,dx \doteq \frac{h}{n}\left[\frac{y_0+y_n}{2}+y_1+\ldots+y\right]. \qquad (3)$$

Это и есть так называемая *формула трапеций*.

Можно показать, что при возрастании n до бесконечности погрешность формулы трапеций безгранично убывает. Таким образом, при достаточно большом n эта формула воспроизводит искомое значение интеграла с произвольной степенью точности.

Для примера возьмем известный нам интеграл

$$\int_0^1 \frac{dx}{1+x^2}=\frac{\pi}{4}=0{,}785398\ldots$$

и применим к нему выведенную приближенную формулу, беря $n=10$ и вычисляя на четыре знака.

По формуле трапеций имеем

		$x_1=0{,}1$	$y_1=0{,}9901$
$x_0=0{,}0$	$y_0=1{,}0000$	$x_2=0{,}2$	$y_2=0{,}9615$
$x_{10}=1{,}0$	$y_{10}=0{,}5000$	$x_3=0{,}3$	$y_3=0{,}9174$
	Сумма 1,5000	$x_4=0{,}4$	$y_4=0{,}8621$
		$x_5=0{,}5$	$y_5=0{,}8000$
		$x_6=0{,}6$	$y_6=0{,}7353$
		$x_7=0{,}7$	$y_7=0{,}6711$
		$x_8=0{,}8$	$y_8=0{,}6098$
		$x_9=0{,}9$	$y_9=0{,}5525$
			Сумма 7,0998

$$\frac{1}{10}\left(\frac{1{,}5000}{2}+7{,}0998\right)=0{,}78498$$

Полученный приближенный результат разнится от истинного значения меньше, чем на 0,0005.

Читатель, конечно, дает себе отчет в том, что погрешность мы смогли оценить здесь лишь потому, что наперед знали точное значение интеграла. Для того чтобы наша формула была действительно пригодна для приближенных вычислений, нужно иметь удобное выражение для погрешности, которое позволяло бы не только оценивать погрешность при данном n, но и выбирать n, обеспечивающее требуемую степень точности. К этому вопросу мы вернемся в n° 191.

190. Параболическая формула. Вернемся к криволинейной фигуре $ABCD$ и, разделив ее основание AB пополам в точке E, проведем соответствующую ей ординату EF (рис. 70). Ординаты

$$AD=y_0,\quad EF=y_{1/2},\quad BC=y_1$$

и основание $AB=h$ предполагаем известными. Вместо хорд CF и FD заменим на этот раз кривую CD приближенно дугой **п а р а б о л ы** (с вертикальной осью!), проходящей через три точки C, F, D — в расчете на то, что парабола лучше воспроизведет данную кривую, чем ломаная CFD.

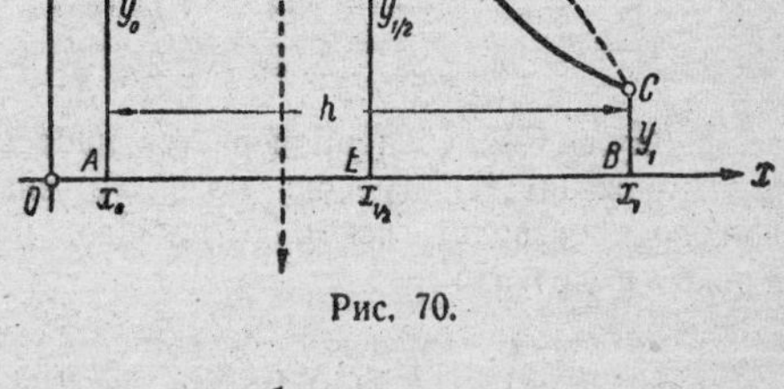

Рис. 70.

Конечно, прежде всего нужно удостовериться, что через произвольные три точки плоскости

$$(x_0,\ y_0),\qquad (x_{1/2},\ y_{1/2}),\qquad (x_1,\ y_1)\qquad (x_0<x_{1/2}<x_1)$$

действительно всегда может быть проведена такая парабола, и притом только одна. У›авнение параболы с вертикальной осью имеет вид

$$y = ax^2 + bx + c,$$

и его коэффициенты однозначно определяются из трех условий:

$$ax_0^2 + bx_0 + c = y_0, \qquad ax_{1/2}^2 + bx_{1/2} + c = y_{1/2},$$
$$ax_1^2 + bx_1 + c = y_1,$$

ибо определитель системы

$$\begin{vmatrix} x_0^2 & x_0 & 1 \\ x_{1/2}^2 & x_{1/2} & 1 \\ x_1^2 & x_1 & 1 \end{vmatrix}$$

(«определитель Вандермонда») отличен от нуля *).

Теперь займемся вычислением площади P фигуры, ограниченной сверху именно дугой параболы. Как мы покажем, эта площадь выразится формулой

$$P = \frac{h}{6}(y_0 + 4y_{1/2} + y_1); \tag{4}$$

ее обычно связывают с именем Симпсона **).

Не умаляя общности, можно считать, что ось y проходит через точку A. Тогда

$$P = \int_0^h (ax^2 + bx + c)\,dx = \frac{h}{6}(2ah^2 + 3bh + 6c).$$

Если учесть, что

$$y_0 = c, \qquad y_{1/2} = a\frac{h^2}{4} + b\frac{h}{2} + c, \qquad y_1 = ah^2 + bh + c,$$

то формула Симпсона проверяется непосредственно.

Выражение (4), дающее *точное* значение площади под параболой, воспроизводит искомую площадь под кривой $y = f(x)$ лишь *приближенно*:

$$\int_a^b f(x)\,dx \doteq \frac{h}{6}(y_0 + 4y_{1/2} + y_1). \tag{5}$$

---

*) При $a = 0$ парабола вырождается в прямую.

**) Томас *Симпсон* (1710—1761) — английский математик. По-видимому, формула была известна еще до него.

Для повышения точности поступим так же, как и выше: разделим промежуток $[a, b]$ сначала на n равных частей (1), а рассматриваемую фигуру — на n полосок, к каждой из которых в отдельности применим формулу типа (5). Так как эта формула использует кроме крайних еще и среднюю ординату, то нам придется каждый из n частичных промежутков (1) разделить с помощью точек $x_{1/2}$, $x_{3/2}$, ..., $x_{n-1/2}$ еще пополам (так что в общей сложности основной промежуток окажется разложенным на $2n$ частей). Так как основания всех n (а не $2n$!) полосок равны $\frac{h}{n}$, то для площадей их получим соответственно приближенные выражения

$$\frac{h}{6n}(y_0 + 4y_{1/2} + y_1),$$

$$\frac{h}{6n}(y_1 + 4y_{3/2} + y_2), \ldots, \frac{h}{6n}(y_{n-1} + 4y_{n-1/2} + y_n).$$

Складывая их, придем к новой приближенной формуле:

$$\int_a^b f(x)\,dx \doteq \frac{h}{6n}[(y_0 + y_n) + 2(y_1 + \ldots + y_{n-1}) + \\ + 4(y_{1/2} + \ldots + y_{n-1/2})], \quad (6)$$

которая называется *параболической формулой*, или *формулой Симпсона*; этой формулой пользуются для приближенного вычисления интегралов чаще, чем формулой трапеций, ибо она — при той же затрате труда — дает обычно более точный результат.

Для сравнения вычислим снова интеграл $\int_0^1 \frac{dx}{1+x^2}$ по формуле Симпсона. Мы возьмем $2n=4$, так что число использованных ординат на этот раз будет даже меньшим, чем раньше. Имеем (вычисляя на пять знаков).

$$x_0 = 0 \quad x_{1/2} = \frac{1}{4} \quad x_1 = \frac{1}{2} \quad x_{3/2} = \frac{3}{4} \quad x_2 = 1$$

$$y_0 = 1 \quad 4y_{1/2} = 3{,}76471 \quad 2y_1 = 1{,}6 \quad 4y_{3/2} = 2{,}56 \quad y_2 = 0{,}5$$

$$\frac{1}{12}(1 + 3{,}76471 + 1{,}6 + 2{,}56 + 0{,}5) = 0{,}78539\ \ldots$$

— все пять знаков верны!

Конечно, по отношению к формуле (5) могут быть повторены замечания, сделанные в конце предыдущего номера. К оценке погрешности приближенных формул мы сейчас и переходим.

191. Дополнительные члены приближенных формул. Рассмотрим сначала простейший частный случай формулы трапеций, отвечающий предположению $n=1$, т. е. формулу (1). Восстанавливая точность этой формулы с помощью некоего «дополнительного члена» ρ, можем написать:

$$\int_a^b f(x)\,dx = \frac{b-a}{2}[f(a)+f(b)]+\rho,$$

и задача состоит в нахождении выражения ρ, удобного для оценки.

Предположим, что функция $f(x)$ имеет в промежутке $[a, b]$ непрерывные производные первых двух порядков. Тогда следующие элементарные преобразования интеграла $\int_a^b f(x)\,dx$, сводящиеся к трижды повторенному интегрированию по частям, непосредственно приводят к искомому выражению для ρ.

Имеем:

$$\int_a^b f(x)\,dx = \int_a^b f(x)\,d(x-a) = f(b)(b-a) - \int_a^b f'(x)(x-a)\,dx,$$

$$\int_a^b f'(x)(x-a)\,dx = \int_a^b f'(x)(x-a)\,d(x-b) = -\int_a^b (x-b)\,d[f'(x)(x-a)] =$$

$$= -\int_a^b f''(x)(x-a)(x-b)\,dx - \int_a^b f'(x)(x-b)\,dx,$$

$$\int_a^b f'(x)(x-b)\,dx = \int_a^b (x-b)\,df(x) = f(a)(b-a) - \int_a^b f(x)\,dx.$$

Сопоставляя все это, получим

$$\int_a^b f(x)\,dx = (b-a)[f(a)+f(b)] - \int_a^b f(x)\,dx + \int_a^b f''(x)(x-a)(x-b)\,dx,$$

откуда

$$\int_a^b f(x)\,dx = \frac{b-a}{2}[f(a)+f(b)] + \frac{1}{2}\int_a^b f''(x)(x-a)(x-b)\,dx,$$

так что

$$\rho = \frac{1}{2}\int_a^b f''(x)(x-a)(x-b)\,dx.$$

Так как функция $f''(x)$ непрерывна, а множитель $(x-a)(x-b)$ не меняет знака в промежутке $[a, b]$, то — по обобщенной теореме о среднем [n° 182, 10°]

$$\rho = \frac{1}{2}f''(\bar{\xi})\int_a^b (x-a)(x-b)\,dx = -\frac{(b-a)^3}{12}f''(\bar{\xi}),$$

где $a \leqslant \bar{\xi} \leqslant b$ *).

---

*) Этот простой вывод выражения для дополнительного члена формулы (1) принадлежит студенту Г. Цейтину.

Если промежуток $[a, b]$ разделен на $n > 1$ равных частей, то для каждого частичного промежутка $[x_i, x_{i+1}]$ — по доказанному — будем иметь точную формулу

$$\int_{x_i}^{x_{i+1}} f(x)\,dx = \frac{b-a}{n}\cdot\frac{y_i+y_{i+1}}{2} - \frac{(b-a)^3}{12n^3} f''(\xi_i) \qquad (x_i \leqslant \xi_i \leqslant x_{i+1}).$$

Сложив эти равенства (при $i = 0, 1, \ldots, n-1$) почленно, получим:

$$\int_a^b f(x)\,dx = \frac{h}{n}\left(\frac{y_0+y_n}{2} + y_1 + \ldots + y_n\right) + R_n$$

$$(h = b - a)$$

где выражение

$$R_n = -\frac{h^3}{12n^2}\cdot\frac{f''(\xi_0)+f''(\xi_1)+\ldots+f''(\xi_{n-1})}{n}$$

и есть дополнительный член формулы трапеций (3).

Обозначим через m и M, соответственно, наименьшее и наибольшее значения непрерывной функции $f''(x)$ в промежутке $[a, b]$ [n° 73]; тогда и среднее арифметическое

$$\frac{f''(\xi_0)+f''(\xi_1)+\ldots+f''(\xi_{n-1})}{n}$$

также будет содержаться между m и M. По известному свойству непрерывной функции [n° 70] найдется в $[a, b]$ такая точка, ξ, что упомянутое выражение в точности равняется $f''(\xi)$. Поэтому окончательно имеем

$$R_n = -\frac{h^3}{12n^2} f''(\xi) \qquad (a \leqslant \xi \leqslant b). \tag{7}$$

При возрастании n этот дополнительный член убывает, примерно, как $\frac{1}{n^2}$ *).

Вернемся, для примера, к вычислению интеграла $\int_0^1 \frac{dx}{1+x^2}$, произведенному в n° 189. Для подынтегральной функции $f(x) = \frac{1}{1+x^2}$ имеем $f''(x) = 2\frac{3x^2-1}{(1+x^2)^3}$; эта производная в промежутке $[0, 1]$ меняет знак, но по абсолютной величине остается меньшей двух. Отсюда, по формуле (7), $|R_{10}| < 0{,}0017$. Мы вычисляли ординаты на четыре знака с точностью до 0,00005; нетрудно видеть, что погрешность от округления ординат может быть включена в приведенную выше оценку. Истинная погрешность, действительно, меньше этой границы.

По отношению к формуле Симпсона (6) мы ограничимся тем, что приведем ее дополнительный член без вывода. В предположении существования

*) Мы говорим примерно, ибо и ξ может изменяться с изменением n. Это следует помнить и впредь.

для функции $f(x)$ четырех непрерывных производных, этот дополнительный член (если промежуток разделен на $2n$ частей) имеет такой вид:

$$R_{2n}=-\frac{h^5}{180\cdot(2n)^4}f^{(4)}(\eta)\qquad(a\leqslant\eta\leqslant b).\tag{8}$$

Обратимся снова к интегралу $\int\limits_0^1\frac{dx}{1+x^2}$. Для того чтобы избежать вычисления четвертой производной, фигурирующей в формуле (8), мы заметим, что функция $f(x)=\frac{1}{1+x^2}$ сама является производной от $y=\operatorname{arctg}x$, так что мы можем воспользоваться готовой формулой из n° 96, 5). В согласии с ней

$$f^{(4)}(x)=y^{(5)}=24\cos^5 y\sin 5\left(y+\frac{\pi}{2}\right),$$

откуда $|f^{(4)}(x)|\leqslant 24$, так что по формуле (7) $|R_4|<\frac{1}{1920}<0{,}0006$. Истинная погрешность, как мы видели, значительно меньше этой границы.

192. Пример. В заключение, чтобы дать пример приближенного вычисления определенного интеграла, значение которого нам наперед неизвестно, поставим себе задачей вычислить полный эллиптический интеграл второго рода *)

$$E\left(\frac{1}{\sqrt{2}}\right)=\int\limits_0^{\frac{\pi}{2}}\sqrt{1-\frac{1}{2}\sin^2 x}\,dx$$

с точностью до 0,001 по формуле Симпсона.

Для функции $f(x)=\sqrt{1-\frac{1}{2}\sin^2 x}$, при изменении x от 0 до $\frac{\pi}{2}$, имеем $|f^{(4)}(x)|<12$ **), поэтому [см. (7)]

$$|R_{2n}|<\frac{\left(\frac{\pi}{2}\right)^5}{180\cdot(2n)^4}\cdot 12<\frac{2}{3}\cdot\frac{1}{(2n)^4},\ \text{так как}\ \left(\frac{\pi}{2}\right)^5<10.$$

---

*) Полными называют интегралы $F(k,\varphi)$ и $E(k,\varphi)$ Лежандра при $\varphi=\frac{\pi}{2}$: в этом случае в их обозначении мы будем опускать второй аргумент и писать просто $F(k)$, $E(k)$. Для полных интегралов существуют особые таблицы.

**) Очевидно, $y=f(x)\geqslant\frac{1}{\sqrt{2}}$; дифференцируя тождество

$$y^2=1-\frac{1}{2}\sin^2 x,$$

легко последовательно получить оценки сверху абсолютных величин производных y', y'', y''', y''''.

Возьмем $2n = 6$, так что $|R_6| < 0{,}00052$. Тогда

$$
\begin{array}{lll}
x_0 = 0 \quad (0°) & y_0 = 1{,}0000 & \\
x_{1/2} = \frac{\pi}{12}\,(15°) & 4y_{1/2} = \sqrt{12+\sqrt{12}} = 3{,}9324 & \\
x_1 = \frac{\pi}{6}\,(30°) & 2y_1 = \sqrt{14}/2 = 1{,}8708 & \\
x_{3/2} = \frac{\pi}{4}\,(45°) & 4y_{3/2} = \sqrt{12} = 3{,}4641 & \frac{\pi}{2}\cdot\frac{15{,}4771}{18} = 1{,}35063\ldots \\
x_2 = \frac{\pi}{3}\,(60°) & 2y_2 = \sqrt{10}/2 = 1{,}5811 & \\
x_{5/2} = \frac{5\pi}{12}\,(75°) & 4y_{5/2} = \sqrt{12-\sqrt{12}} = 2{,}9216 & \\
x_3 = \frac{\pi}{2}\,(90°) & y_3 = \sqrt{2}/2 = 0{,}7071 & \\
\hline
 & \text{Сумма } 15{,}4771 &
\end{array}
$$

К полученному результату, кроме поправки R_6, следует добавить еще (неотрицательную) поправку на округление, которая не превосходит $\frac{0{,}0003\cdot\pi}{36} < 0{,}00003$.

Таким образом,

$$1{,}35011 < E\left(\frac{1}{\sqrt{2}}\right) < 1{,}35118,$$

и можно утверждать, что $E\left(\frac{1}{\sqrt{2}}\right) = 1{,}351_{\pm 0{,}001}$.

(На деле в полученном результате все знаки верны!)

Этот пример интересен в том отношении, что соответствующая первообразная функция в конечном виде не выражается, так что ею воспользоваться для вычисления определенного интеграла было бы невозможно.

Наоборот, если в этом и аналогичных случаях первообразные представить в виде определенных интегралов с переменным верхним пределом, то можно было бы вычислить значения этих интегралов, отвечающих ряду значений верхнего предела. Этим, с принципиальной стороны, выясняется возможность составления для функций, заданных лишь их интегральными выражениями, таких же таблиц, какие известны читателю для элементарных функций.

ГЛАВА ДВЕНАДЦАТАЯ

ГЕОМЕТРИЧЕСКИЕ И МЕХАНИЧЕСКИЕ ПРИЛОЖЕНИЯ ИНТЕГРАЛЬНОГО ИСЧИСЛЕНИЯ

§ 1. ПЛОЩАДИ И ОБЪЕМЫ

193. Определение понятия площади. Квадрируемые области. Многоугольной областью, или — короче — многоугольником, мы будем называть произвольную конечную (возможно и несвязную) плоскую фигуру, ограниченную одной или несколькими замкнутыми ломаными. Для такой фигуры понятие площади было достаточно изучено в школьном курсе геометрии, его мы положим в основу.

Возьмем теперь произвольную фигуру (P) на плоскости, представляющую собой ограниченную замкнутую область. Ее границу или контур (K) мы всегда будем себе представлять в виде замкнутой кривой (или нескольких таких кривых).

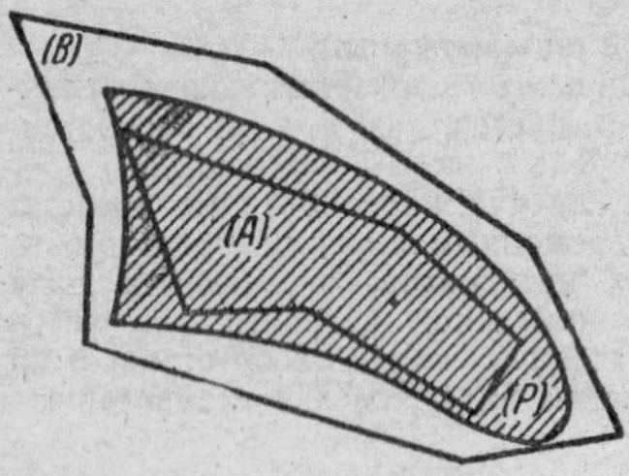

Рис. 71.

Станем рассматривать всевозможные многоугольники (A), целиком содержащиеся в (P), и многоугольники (B), целиком содержащие в себе (P) (рис. 71). Если A и B означают, соответственно, их площади, то всегда $A \leqslant B$. Множество чисел $\{A\}$, ограниченное сверху любым B, имеет точную верхнюю границу P_* [n° 6], причем $P_* \leqslant B$. Точно так же множество чисел $\{B\}$, ограниченное снизу числом P_*, имеет точную нижнюю границу $P^* \geqslant P_*$. Эти границы можно было бы назвать — первую — внутренней, а вторую — внешней площадью фигуры (P).

Если обе границы

$$P_* = \sup\{A\} \quad \text{и} \quad P^* = \inf\{B\}$$

совпадают, то общее их значение P называется площадью фигуры (P). В этом случае фигуру (P) называют квадрируемой.

1°. *Для существования площади необходимо и достаточно, чтобы для любого* $\varepsilon > 0$ *нашлись таких два многоугольника* (A) *и* (B), *что* $B - A < \varepsilon$.

Действительно, необходимость этого условия вытекает из основных свойств точных границ [n° 6]: если площадь P существует, то найдется $A > P - \frac{\varepsilon}{2}$ и $B < P + \frac{\varepsilon}{2}$. Достаточность сразу же следует из неравенств

$$A \leqslant P_* \leqslant P^* \leqslant B.$$

Та же мысль может быть выражена и иначе: существенную роль в вопросе о квадрируемости области (P) играет кривая (K), служащая ее контуром.

Если квадрируемость налицо, то, как мы только что видели, по заданному $\varepsilon > 0$ кривая (K) может быть заключена в некоторую многоугольную область $(B - A)$, содержащуюся между контурами обоих многоугольников (A) и (B) (см. рис. 71) и имеющую площадь $B - A < \varepsilon$.

Допустим теперь, обратно, что контур (K) может быть заключен в многоугольную область (C) с площадью $C < \varepsilon$, где ε — любое наперед заданное положительное число. При этом, без умаления общности, можно предположить, что (C) не покрывает всей фигуры P. Тогда из точек области (P), не попадающих внутрь (C), составится многоугольная область (A), содержащаяся в (P); если же к (A) присоединить (C), то получится многоугольная область (B), уже содержащая в себе (P). Так как разность $B - A = C < \varepsilon$, то — в силу 1° — отсюда следует квадрируемость области (P).

Для облегчения речи условимся говорить, что (замкнутая или незамкнутая) к р и в а я (K) и м е е т п л о щ а д ь, р а в н у ю н у л ю, если ее можно покрыть многоугольной областью с произвольно малой площадью. Тогда приведенное выше рассуждение позволяет сформулировать условие квадрируемости в новой форме:

2°. *Для того чтобы фигура* (P) *была квадрируема, необходимо и достаточно, чтобы ее контур* (K) *имел площадь, равную нулю.*

В связи с этим приобретает важность выделение широких классов кривых с нулевой площадью.

Легко показать, что этим свойством обладает любая непрерывная кривая, выражаемая я в н ы м уравнением вида

$$\begin{matrix} y = f(x) & \text{или} & x = g(y) \\ (a \leqslant x \leqslant b) & & (c \leqslant y \leqslant d) \end{matrix} \tag{1}$$

(f и g — непрерывные функции).

Пусть, например, мы имеем дело с первым из этих уравнений. По заданному $\varepsilon > 0$ можно промежуток $[a, b]$ разложить на части $[x_i, x_{i+1}]$ $(i = 0, 1, \ldots, n-1)$ так, чтобы в каждой из них колебание ω_i функции f было $< \frac{\varepsilon}{b - a}$ [n° 75]. Если обозначить, как обычно, через m_i и M_i наименьшее и наибольшее значения функции f в i-м промежутке, то вся наша кривая покроется фигурой, составленной из прямоугольников

$$[x_i, x_{i+1}; m_i, M_i] \qquad (i = 0, 1, \ldots, n-1)$$

(рис. 72) с общей площадью

$$\sum_i (M_i - m_i)(x_{i+1} - x_i) = \sum_i \omega_i \Delta x_i < \frac{\varepsilon}{b-a} \sum_i \Delta x_i = \varepsilon,$$

что и требовалось доказать. Значит, кривая (1) имеет нулевую площадь. Отсюда следует:

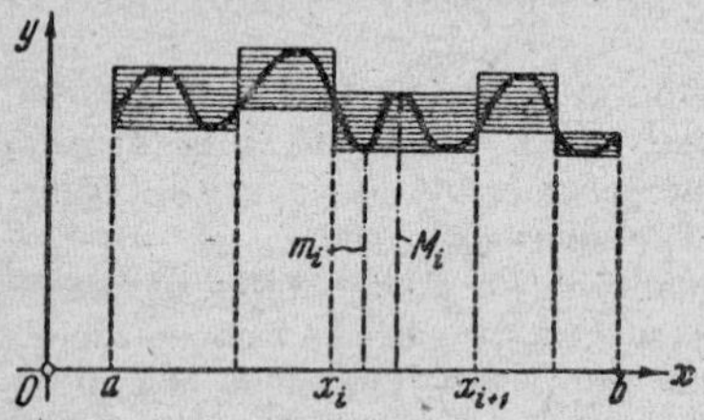

Рис. 72.

3°. *Если фигура (P) ограничена несколькими непрерывными кривыми, каждая из которых порознь выражается явным уравнением* (1) *(того или другого типа), то эта фигура квадрируема.*

Действительно, поскольку каждая из упомянутых кривых имеет нулевую площадь, то и весь контур, очевидно, так же будет иметь площадь, равную нулю.

194. Аддитивность площади. Представим себе, что фигура (P) разложена на две фигуры (P_1) и (P_2) *): это можно осуществить, например, с помощью кривой, соединяющей две точки ее контура или целиком лежащей внутри (P) (рис. 73, *а* и *б*). Тогда имеет место теорема:

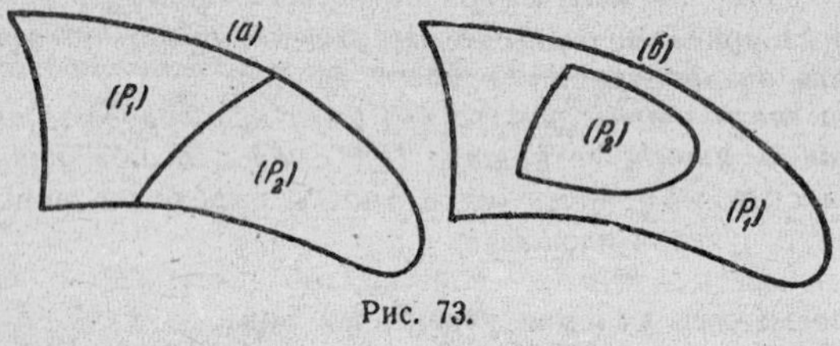

Рис. 73.

4°. *Квадрируемость двух из этих трех фигур* (P), (P_1), (P_2) *влечет за собой квадрируемость третьей, причем всегда*

$$P = P_1 + P_2, \tag{2}$$

т. е. площадь обладает свойством аддитивности.

*) Они могут иметь частично общую границу, но не налегают одна на другую, т. е. не имеют общих внутренних точек.

Утверждение относительно квадрируемости сразу вытекает из условия 2°. Остается лишь доказать равенство (2). Рассмотрим соответствующие фигурам (P_1) и (P_2) входящие и выходящие многоугольники (A_1), (B_1) и (A_2), (B_2). Из взаимно неналегающих многоугольников (A_1), (A_2) составится многоугольная область (A) с площадью $A = A_1 + A_2$, целиком содержащаяся в области (P). Из многоугольников же (B_1) и (B_2), возможно, и взаимно налегающих, составится область (B) с площадью $B \leqslant B_1 + B_2$, содержащая в себе область (P).

Имеем одновременно

$$A_1 + A_2 \leqslant P \leqslant B \leqslant B_1 + B_2$$

и

$$A_1 + A_2 \leqslant P_1 + P_2 \leqslant B_1 + B_2,$$

так что числа P и $P_1 + P_2$ содержатся между одними и теми же и притом произвольно близкими границами $A_1 + A_2$ и $B_1 + B_2$, следовательно, эти числа равны, что и требовалось доказать.

Отметим, в частности, что отсюда $P_1 < P$, так что *часть фигуры имеет площадь, меньшую, чем вся фигура.*

195. Площадь как предел. Условие квадрируемости 1°, сформулированное в предыдущем номере, может быть перефразировано так:

5°. *Для того чтобы фигура (P) была квадрируема, необходимо и достаточно, чтобы существовали такие две последовательности многоугольников $\{(A_n)\}$ и $\{(B_n)\}$, соответственно содержащихся в (P) и содержащих (P), площади которых имели бы общий предел*

$$\lim A_n = \lim B_n = P. \tag{3}$$

Этот предел, очевидно, и будет площадью фигуры (P).

Иногда вместо многоугольников выгоднее использовать другие фигуры, квадрируемость которых уже установлена:

6°. *Если для фигуры (P) можно построить такие две последовательности квадрируемых фигур $\{(Q_n)\}$ и $\{(R_n)\}$, соответственно содержащихся в (P) и содержащих (P), площади которых имеют общий предел*

$$\lim Q_n = \lim R_n = P,$$

то фигура (P) также квадрируема, причем упомянутый предел и будет ее площадью.

Это сразу вытекает из предыдущего утверждения, если заменить каждую фигуру (Q_n) содержащимся в ней многоугольником (A_n), а фигуру (R_n) — содержащим ее многоугольником (B_n), настолько близкими к ним по площади, чтобы одновременно выполнялось и (3).

196. Выражение площади интегралом. Обратимся теперь к вычислению площадей плоских фигур при помощи интегралов.

На первом месте рассмотрим, *впервые — в строгом изложении,* уже встречавшуюся нам задачу об определении площади криволинейной трапеции $ABCD$ (рис. 74). Эта фигура ограничена сверху кривой DC, имеющей уравнение

$$y=f(x),$$

где $f(x)$ — положительная и непрерывная в промежутке $[a, b]$ функция; снизу она ограничена отрезком AB оси x, а с боков — двумя ординатами AD и BC (каждая из которых может свестись в точке).

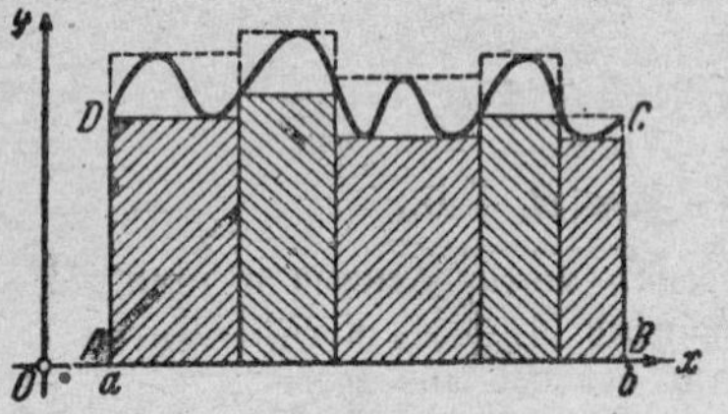

Рис. 74.

Собственно, существование площади P рассматриваемой фигуры $ABCD$ следует из 3°, и речь идет лишь об ее вычислении.

С этой целью разобьем промежуток $[a, b]$, как обычно, на части, вставив между a и b ряд точек

$$a=x_0<x_1<x_2<\ldots$$
$$\ldots<x_i<x_{i+1}<\ldots<x_n=b.$$

Обозначив через m_i и M_i, соответственно, наименьшее и наибольшее значения функции $f(x)$ в i-м промежутке ($i=0, 1, \ldots, n-1$), составим суммы (Дарбу)

$$s=\sum_i m_i \Delta x_i, \qquad S=\sum_i M_i \Delta x_i.$$

Они, очевидно, представляют собой площади ступенчатых фигур, составленных соответственно из входящих и выходящих прямоугольников (см. рисунок). Поэтому

$$s<P<S.$$

Но при стремлении к нулю наибольшей из разностей Δx_i обе суммы имеют своим пределом интеграл $\int_a^b f(x)\,dx$ *), следовательно, ему и равна искомая площадь

$$P=\int_a^b y\,dx=\int_a^b f(x)\,dx. \tag{4}$$

Если криволинейная трапеция $CDFE$ ограничена и снизу и сверху кривыми (рис. 75), уравнения которых

$$y_1=f_1(x) \quad \text{и} \quad y_2=f_2(x) \qquad (a \leqslant x \leqslant b),$$

*) В силу 5° это само по себе доказывает квадрируемость криволинейной трапеции $ABCD$; чтобы получить упоминавшиеся там последовательности фигур, можно было бы, например, делить промежуток на n равных частей, увеличивая n до бесконечности.

то, рассматривая ее как разность двух фигур $ABFE$ и $ABDC$, получим площадь названной трапеции [см. 4°] в виде

$$P=\int_a^b (y_2-y_1)\,dx=\int_a^b [f_2(x)-f_1(x)]\,dx. \tag{5}$$

Пусть теперь дан сектор AOB (рис. 76), ограниченный кривой AB и двумя радиусами-векторами OA и OB (каждый из которых может свестись к точке). При этом кривая AB задается полярным

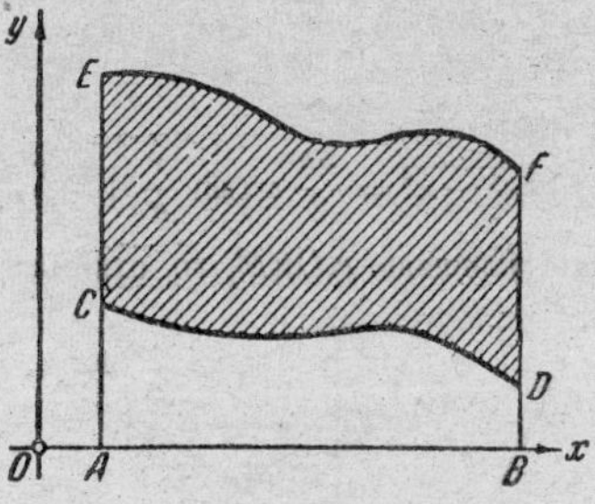

Рис. 75.

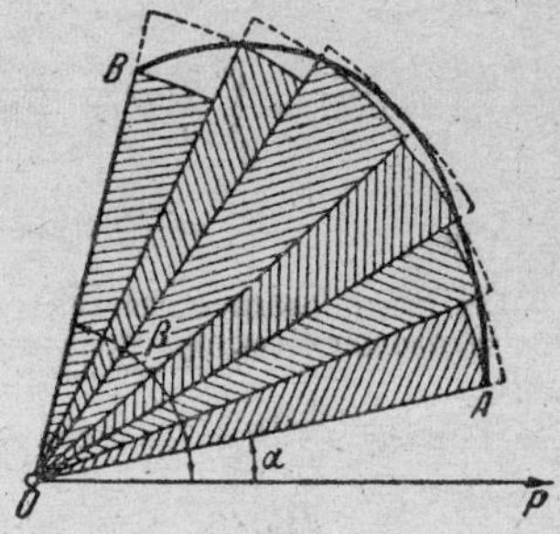

Рис. 76.

уравнением $r=g(\theta)$, где $g(\theta)$ — положительная непрерывная в промежутке $[\alpha, \beta]$ функция.

Вставив между α и β (см. рисунок) значения

$$\alpha=\theta_0<\theta_1<\theta_2<\ldots<\theta_i<\theta_{i+1}<\ldots<\theta_n=\beta,$$

проведем соответствующие этим углам радиусы-векторы. Если ввести и здесь наименьшее и наибольшее из значений функции $g(\theta)$ в $[\theta_i, \theta_{i+1}]$: μ_i и M_i, то круговые секторы, описанные этими радиусами, будут соответственно входящими и выходящими для фигуры (P). Составим отдельно из входящих секторов и из выходящих секторов две фигуры, площади которых будут

$$\sigma=\frac{1}{2}\sum_i \mu_i^2\Delta\theta_i \quad \text{и} \quad \Sigma=\frac{1}{2}\sum_i M_i^2\Delta\theta_i.$$

В этих суммах σ и Σ легко узнать суммы Дарбу для интеграла $\frac{1}{2}\int_\alpha^\beta [g(\theta)]^2\,d\theta$; при стремлении к нулю наибольшей из разностей $\Delta\theta_i$ обе они имеют пределом этот интеграл. Тогда в силу 6° *) фигура

*) Чтобы получить упоминавшиеся в 6° последовательности фигур, и здесь можно было бы делить промежуток на n равных частей.

(P) квадрируема и

$$P=\frac{1}{2}\int_{\alpha}^{\beta} r^2 d\theta=\frac{1}{2}\int_{\alpha}^{\beta}[g(\theta)]^2 d\theta. \tag{6}$$

Примеры. 1) Даны эллипс $\frac{x^2}{a^2}+\frac{y^2}{b^2}=1$ и точка $M(x, y)$ на нем (рис. 77). Определить площадь криволинейной трапеции $BOKM$ и сектора OMB.

Из уравнения эллипса имеем $y=\frac{b}{a}\sqrt{a^2-x^2}$, так что по формуле (4)

$$P_1=\text{пл. } BOKM=\int_0^x \frac{b}{a}\sqrt{a^2-x^2}\,dx=$$

$$=\frac{ab}{2}\arcsin\frac{x}{a}+\frac{b}{2a}x\sqrt{a^2-x^2}=\frac{ab}{2}\arcsin\frac{x}{a}+\frac{xy}{2}.$$

Так как последнее слагаемое представляет площадь $\triangle OKM$, то, отнимая ее, для площади сектора получим выражение

$$P_2=\text{пл. } OMB=\frac{ab}{2}\arcsin\frac{x}{a}.$$

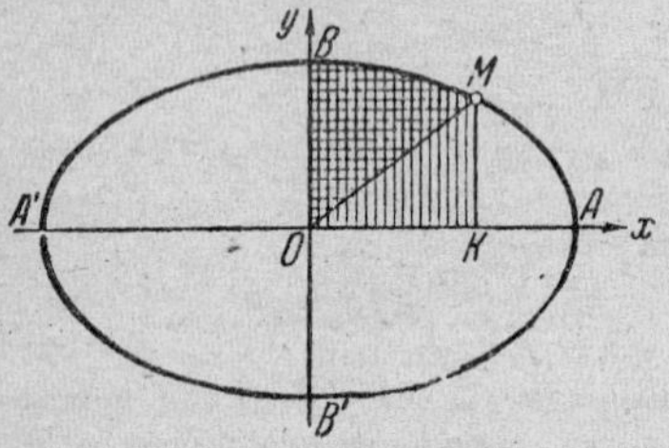

Рис. 77.

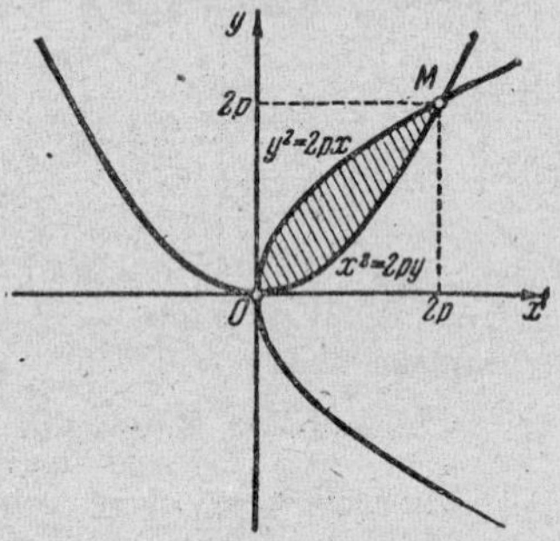

Рис. 78.

При $x=a$ для площади четверти эллипса найдем значение $\frac{\pi ab}{4}$, так что площадь всего эллипса $P=\pi ab$. Для круга $a=b=r$ и получается известная формула $P=\pi r^2$.

2) Определить площадь фигуры, заключенной между двумя конгруентными параболами $y^2=2px$ и $x^2=2py$ (рис. 78).

Очевидно, нужно воспользоваться формулой (5), полагая там

$$y_1=\frac{x^2}{2p}, \quad y_2=\sqrt{2px}.$$

Для установления промежутка интегрирования решим совместно данные уравнения и найдем абсциссу точки M пересечения обеих парабол, отличной от начала; она равна $2p$. Имеем:

$$P=\int_0^{2p}\left(\sqrt{2px}-\frac{x^2}{2p}\right)dx=\left(\frac{2}{3}\sqrt{2p}\,x^{\frac{3}{2}}-\frac{x^3}{6p}\right)\Big|_0^{2p}=\frac{4}{3}p^2.$$

3) Формула (4) может быть использована и в том случае, если кривая, ограничивающая криволинейную трапецию, задана параметрически или уравнениями

$$x=\varphi(t),\ y=\psi(t)$$
$$(t_0 \leqslant t \leqslant T).$$

Произведя замену переменной в интеграле (4), получим (в предположении, что $x=a$ при $t=t_0$ и $x=b$ при $t=T$):

$$P=\int_{t_0}^{T} y x'_t\,dt=\int_{t_0}^{T}\psi(t)\,\varphi'(t)\,dt. \tag{7}$$

Если, например, при вычислении площади эллипса исходить из его параметрического представления

$$x=a\cos t,\quad y=b\sin t$$

и учесть, что x возрастает от $-a$ до a, когда t убывает от π до нуля, то найдем

$$P=2\int_{\pi}^{0} b\sin t\cdot(-a\sin t)\,dt=2ab\int_{0}^{\pi}\sin^2 t\,dt=\pi ab.$$

Мы вычислили здесь площадь верхней половины эллипса и удвоили ее.

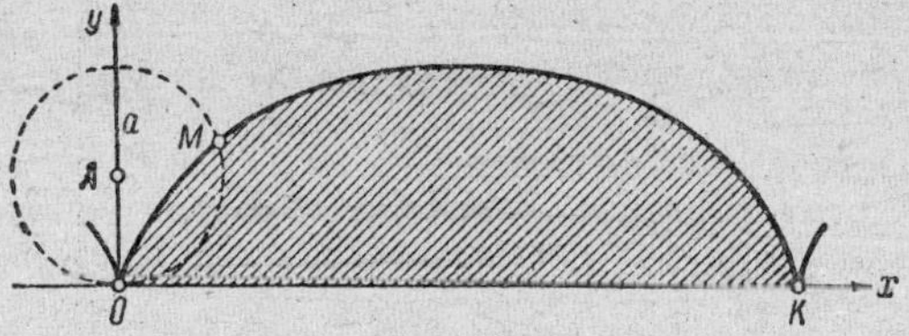

Рис. 79.

4) Аналогично вычисляется площадь фигуры, ограниченной циклоидой $x=a(t-\sin t)$, $y=a(1-\cos t)$ (рис. 79). Имеем по формуле (7)

$$P=\int_{0}^{2\pi} a^2(1-\cos t)^2\,dt=a^2\left(\frac{3}{2}t-2\sin t+\frac{1}{4}\sin 2t\right)\Bigg|_0^{2\pi}=3\pi a^2.$$

Таким образом, искомая площадь оказалась равной утроенной площади круга радиуса a.

5) Найти площадь одного витка архимедовой спирали $r=a\theta$ (рис. 80).

Имеем по формуле (6)

$$P=\frac{1}{2}a^2\int_{0}^{2\pi}\theta^2 d\theta=\frac{a^2}{6}\theta^3\Big|_0^{2\pi}=\frac{4}{3}\pi^3a^2,$$

в то время как площадь круга радиуса $2\pi a$ будет $4\pi^3a^2$. Площадь витка спирали равна трети площади круга (этот результат был известен еще Архимеду).

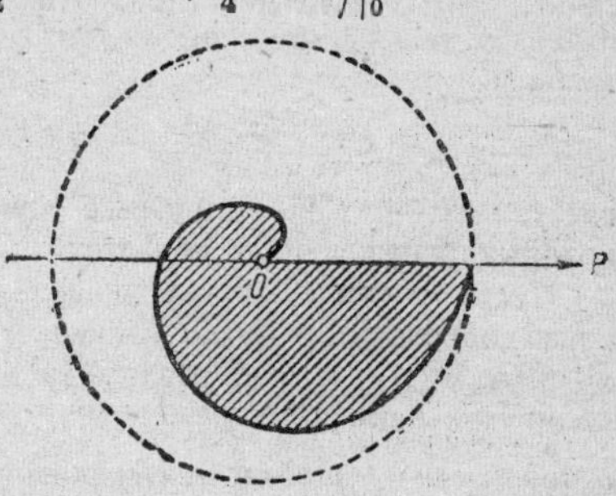

Рис. 80.

197. Определение понятия объема, его свойства. Наподобие того, как в n° **193**, исходя из понятия площади многоугольника, мы установили понятие площади для произвольной плоской фигуры, мы сейчас дадим определение объема тела, опираясь на объем многогранника.

Итак, пусть дано произвольной формы тело (V), т. е. ограниченная замкнутая область в трехмерном пространстве. Границей (S) тела пусть служит замкнутая поверхность (или несколько таких поверхностей).

Мы будем рассматривать многогранники (X) объема X, целиком содержащиеся в нашем теле, и многогранники (Y) объема Y, содержащие в себе это тело. Существуют всегда точная верхняя граница V_* для X и точная нижняя граница V^* для Y, причем $V_* \leqslant V^*$; их можно было бы назвать, соответственно, **внутренним** и **внешним объемами** тела.

Если обе величины

$$V_* = \sup\{X\} \quad \text{и} \quad V^* = \inf\{Y\}$$

*совпадают, то их общее значение V называется **объемом тела*** (V). В этом случае тело (V) иногда называют **кубируемым**.

И здесь легко доказать теорему:

1°. *Для существования объема необходимо и достаточно, чтобы для любого $\varepsilon > 0$ нашлись таких два многогранника (X) и (Y), для которых $Y - X < \varepsilon$.*

Можно ее представить в другой форме:

2°. *Для того чтобы тело (V) имело объем, необходимо и достаточно, чтобы ограничивающая его поверхность (S) имела нулевой объем,* т. е. чтобы ее можно было заключить в многогранное тело с произвольно малым объемом.

К числу поверхностей с нулевым объемом, прежде всего, принадлежат поверхности, выражаемые явным уравнением одного из трех типов

$$z = f(x, y), \quad y = g(z, x), \quad x = h(y, z),$$

где f, g, h — **непрерывные** функции от двух аргументов в некоторых ограниченных областях.

Пусть, скажем, дано уравнение первого типа в области (P), которая содержится в прямоугольнике (R). По теореме п° **137**, каково бы ни было $\varepsilon > 0$, можно разложить этот прямоугольник на столь малые прямоугольники (R_i) $(i = 1, 2, \ldots, n)$, чтобы колебание функции f в той части (P_i) области (P), которая содержится в (R_i), было $< \frac{\varepsilon}{R}$. Если m_i и M_i — наименьшее и наибольшее из значений функции f в (P_i), то вся наша поверхность может быть заключена в многогранник, составленный из прямоугольных параллелепипедов с площадями оснований R_i и высотами $\omega_i = M_i - m_i$. Объем этого многогранника будет

$$\sum_i \omega_i R_i < \frac{\varepsilon}{R} \sum_i R_i = \varepsilon,$$

что и требовалось доказать.

Поэтому:

3°. *Если тело (V) ограничено несколькими непрерывными поверхностями, каждая из которых порознь выражается явным уравнением (одного из трех типов), то это тело имеет объем.*

Подобно площади, и объем обладает свойством аддитивности:

4°. *Если тело (V) разложено на два тела (V_1) и (V_2), то из существования объема для двух из этих трех тел вытекает существование объема для третьего. При этом*

$$V = V_1 + V_2.$$

Легко перефразировать для объемов и те предложения 5°, 6°, которые в n° **195** были доказаны для площадей:

5°. *Для того чтобы тело (V) имело объем, необходимо и достаточно, чтобы существовали такие две последовательности, соответственно, входящих и выходящих многогранников $\{(X_n)\}$ и $\{(Y_n)\}$, объемы которых имели бы общий предел*

$$\lim X_n = \lim Y_n = V.$$

Этот предел и будет объемом тела (V).

Полезно отметить и такое предложение, где вместо многогранников фигурируют произвольные тела, заведомо имеющие объемы.

6°. *Если для тела (V) можно построить такие две последовательности, соответственно, входящих и выходящих тел $\{(T_n)\}$ и $\{(U_n)\}$, которые имеют объемы, причем эти объемы стремятся к общему пределу*

$$\lim T_n = \lim U_n = V,$$

то и тело (V) имеет объем, равный упомянутому пределу.

198. Выражение объема интегралом. Начнем с почти очевидного замечания: *прямой цилиндр высоты H, основанием которого служит квадрируемая плоская фигура (P), имеет объем, равный произведению площади основания на высоту:* $V = PH$.

Возьмем многоугольники (A_n) и (B_n), соответственно содержащиеся в (P) и содержащие в себе (P), так, чтобы их площади A_n и B_n стремились к P [n° **195**, 5°]. Если на этих многоугольниках построить прямые призмы (X_n) и (Y_n) высоты H, то их объемы

$$X_n = A_n H \quad \text{и} \quad Y_n = B_n H$$

будут стремиться к общему пределу $V = PH$, который (в силу n° **197**, 5°) и будет объемом нашего цилиндра.

Рассмотрим теперь некоторое тело (V), содержащееся между плоскостями $x = a$ и $x = b$, и станем рассекать его плоскостями, перпендикулярными к оси x (рис. 81). Допустим, что все эти сечения

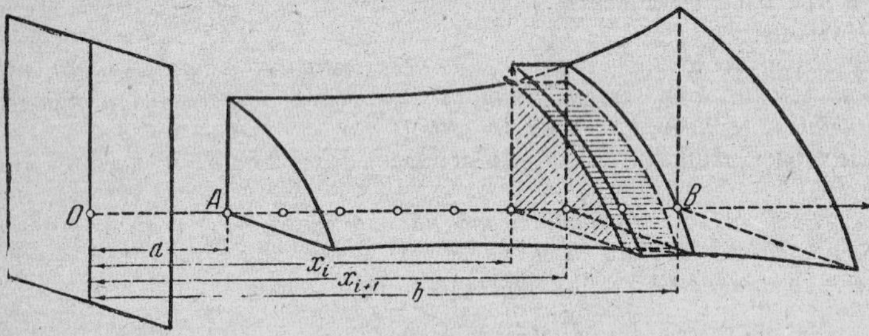

Рис. 81.

квадрируемы, и пусть площадь сечения, отвечающего абсциссе x, — обозначим ее через $P(x)$ — будет непрерывной функцией от x (для $a \leqslant x \leqslant b$).

Если спроектировать без искажения два подобных сечения на какую-либо плоскость, перпендикулярную к оси x, то они могут

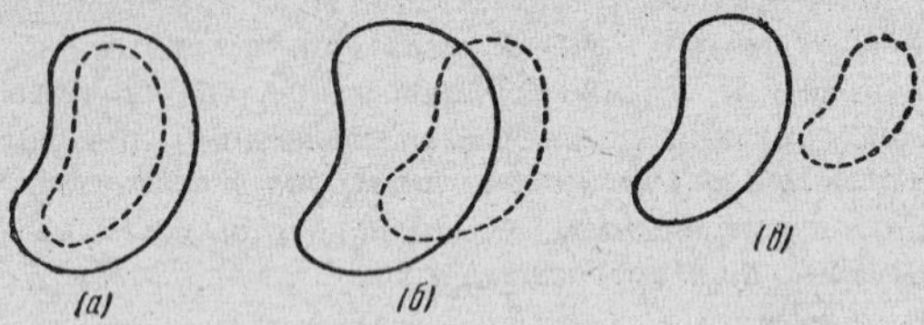

Рис. 82.

либо содержаться одно в другом (как на рис. 82, *а*), либо частично одно на другое налегать, или лежать одно вне другого (рис. 82, *б* и *в*).

Мы остановимся на том случае, когда два различных сечения, будучи спроектированы на плоскость, перпендикулярную к оси x, оказываются всегда содержащимися одно в другом.

В этом предположении можно утверждать, что тело имеет объем, который выражается формулой

$$V = \int_a^b P(x)\,dx. \tag{8}$$

Для доказательства разобьем отрезок $[a, b]$ на оси x точками

$$a=x_0<x_1<\ldots<x_i<x_{i+1}<\ldots<x_n=b$$

на части и разложим плоскостями $x=x_i$, проведенными через точки деления, все тело на слои. Рассмотрим i-й слой, содержащийся между плоскостями $x=x_i$ и $x=x_{i+1}$ $(i=0, 1, \ldots, n-1)$. В промежутке $[x_i, x_{i+1}]$ функция $P(x)$ имеет наибольшее значение M_i и наименьшее значение m_i; если сечения, отвечающие различным значениям x в этом промежутке, поместить на одну плоскость, скажем, $x=x_i$, то все они при сделанном предположении будут содержаться в наибольшем, имеющем площадь M_i, и содержать в себе наименьшее, с площадью m_i. Если на этих, наибольшем и наименьшем, сечениях построить прямые цилиндры высоты $\Delta x_i=x_{i+1}-x_i$, то бо́льший из них будет содержать в себе рассматриваемый слой нашего тела, а меньший сам будет содержаться в этом слое. На основании сделанного вначале замечания объемы этих цилиндров будут соответственно $M_i\Delta x_i$ и $m_i\Delta x_i$.

Из входящих цилиндров составится тело (T), а из выходящих — тело (U); их объемы равны соответственно

$$\sum_i M_i\Delta x_i \quad \text{и} \quad \sum_i m_i\Delta x_i$$

и, когда стремится к нулю $\lambda=\max\Delta x_i$, имеют общий предел (8). В силу n° **197**, 6°, таков же будет и объем тела (V) *).

Важный частный случай, когда заведомо выполняется указанное выше предположение о взаимном расположении сечений, представляют тела вращения. Вообразим на плоскости xy кривую, заданную уравнением $y=f(x)$ $(a\leqslant x\leqslant b)$, где $f(x)$ непрерывна и неотрицательна; станем вращать ограниченную ею криволинейную трапецию вокруг оси x (рис. 83, *а* и *б*). Полученное тело (V), очевидно, подходит под рассматриваемый случай, ибо сечения его проектируются на перпендикулярную к оси x плоскость в виде концентрических кругов. Здесь

$$P(x)=\pi y^2=\pi[f(x)]^2,$$

так что

$$V=\pi\int_a^b y^2\,dx=\pi\int_a^b [f(x)]^2\,dx. \tag{9}$$

Если криволинейная трапеция ограничена и снизу и сверху кривыми $y_1=f_1(x)$ и $y_2=f_2(x)$, то, очевидно,

$$V=\pi\int_a^b [y_2^2-y_1^2]\,dx=\pi\int_a^b \{[f_2(x)]^2-[f_1(x)]^2\}\,dx, \tag{10}$$

---

*) Деля, например, промежуток на равные части, легко выделить те последовательности входящих и выходящих тел, о которых говорится в цитированном предложении.

хотя предположение о сечениях здесь может и не выполняться. Вообще доказанный результат легко распространяется на все такие тела, которые получаются путем сложения или вычитания из тел, удовлетворяющих упомянутому предположению.

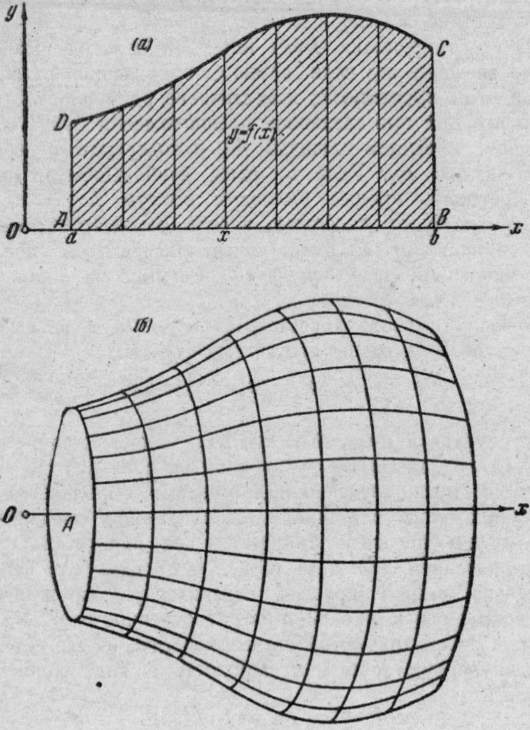

Рис. 83.

В общем случае можно утверждать лишь следующее: ***если тело (V) имеет объем *), то он выражается формулой*** (8).

Примеры. 1) Пусть эллипс $\frac{x^2}{a^2}+\frac{y^2}{b^2}=1$ вращается вокруг оси x. Так как

$$y^2=\frac{b^2}{a^2}(a^2-x^2),$$

---

*) Так будет, например, если тело удовлетворяет условиям теоремы 3°.

то для объема эллипсоида вращения найдем

$$V=\pi\int_{-a}^{a}\frac{b^2}{a^2}(a^2-x^2)\,dx=2\pi\frac{b^2}{a^2}\int_0^a(a^2-x^2)\,dx=$$
$$=2\pi\frac{b^2}{a^2}\left(a^2x-\frac{x^3}{3}\right)\Big|_0^a=\frac{4}{3}\pi ab^2\,{}^{*)}.$$

Аналогично для объема тела, полученного от вращения вокруг оси y, найдем выражение $\frac{4}{3}\pi a^2b$. Предполагая же в этих формулах $a=b=r$, мы получим для объема шара радиуса r известное значение $\frac{4}{3}\pi r^3$.

2) То же — для ветви циклоиды $x=a(t-\sin t)$, $y=a(1-\cos t)$ $(0\leqslant t\leqslant 2\pi)$.

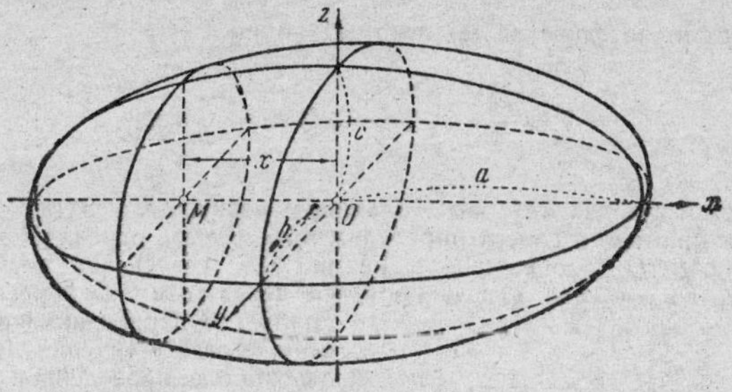

Рис. 84.

Параметрические уравнения кривой облегчают выполнение подстановки $x=a(t-\sin t)$, $dx=a(1-\cos t)\,dt$ в формуле

$$V=\pi\int_0^{2\pi a}y^2\,dx.$$

Именно:

$$V=\pi a^3\int_0^{2\pi}(1-\cos t)^3\,dt=\pi a^3\left(\frac{5}{2}t-4\sin t+\frac{3}{4}\sin 2t+\frac{1}{3}\sin^3 t\right)\Big|_0^{2\pi}=5\pi^2a^3.$$

3) Найти объем трехосного эллипсоида, заданного каноническим уравнением

$$\frac{x^2}{a^2}+\frac{y^2}{b^2}+\frac{z^2}{c^2}=1$$

(рис. 84).

---

*) Легко видеть, что $\int_{-a}^{0}=\int_0^a$ (подстановка $x=-t$).

Плоскость, перпендикулярная к оси x и проходящая через точку $M(x)$ на этой оси, пересечет эллипсоид по эллипсу; уравнение проекции его (без искажения) на плоскость yz будет таково:

$$\frac{y^2}{b^2\left(1-\frac{x^2}{a^2}\right)}+\frac{z^2}{c^2\left(1-\frac{x^2}{a^2}\right)}=1 \qquad (x=\text{const}).$$

Отсюда ясно, что полуоси его будут соответственно

$$b\sqrt{1-\frac{x^2}{a^2}} \quad \text{и} \quad c\sqrt{1-\frac{x^2}{a^2}},$$

а площадь [n° 196, 1)] выразится так:

$$P(x)=\pi bc\left(1-\frac{x^2}{a^2}\right)=\frac{\pi bc}{a^2}(a^2-x^2).$$

Таким образом, по формуле (8) искомый объем

$$V=\frac{\pi bc}{a^2}\int_{-a}^{a}(a^2-x^2)\,dx=\frac{4}{3}\pi abc.$$

4) Рассмотрим два круговых цилиндра радиуса r, оси которых пересекаются под прямым углом, и определим объем тела, ограниченного ими.

Тело $OABCD$, изображенное на рис. 85, составляет восьмую часть интересующего нас тела. Ось x проведем через точку O пересечения осей цилиндров перпендикулярно к обеим осям. Тогда в сечении тела $OABCD$ плоскостью, проведенной на расстоянии x от O, перпендикулярно к оси x, получится квадрат $KLMN$, сторона которого $MN=\sqrt{r^2-x^2}$, так что $P(x)=r^2-x^2$. Тогда по формуле (8)

$$V=8\int_{0}^{r}(r^2-x^2)\,dx=\frac{16}{3}r^3.$$

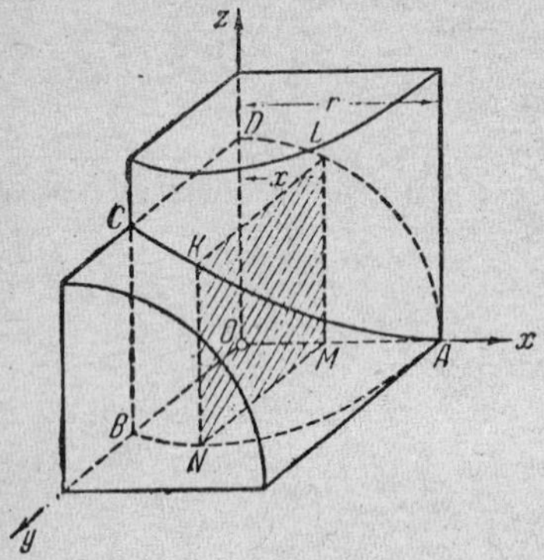

Рис. 85.

5) Решим в заключение ту же задачу, но в предположении, что цилиндры имеют различные радиусы: r и $R>r$.

Разница, по сравнению с прежним, будет лишь в том, что, вместо квадрата, в сечении рассматриваемого тела плоскостью на расстоянии x от O получится прямоугольник со сторонами $\sqrt{r^2-x^2}$ и $\sqrt{R^2-x^2}$. Таким образом, в этом случае объем V выразится уже *эллиптическим интегралом*

$$V=8\int_{0}^{r}\sqrt{(R^2-x^2)(r^2-x^2)}\,dx$$

или, если сделать подстановку $x = r\sin\varphi$ и положить $k = \frac{r}{R}$,

$$V = 8Rr^2 \int_0^{\frac{\pi}{2}} \cos^2\varphi \cdot \sqrt{1 - k^2\sin^2\varphi}\, d\varphi = 8Rr^2 \cdot I.$$

Займемся сведением интеграла I к полным эллиптическим интегралам *) обоих видов. Прежде всего,

$$I = \int_0^{\frac{\pi}{2}} \frac{\cos^2\varphi}{\sqrt{1 - k^2\sin^2\varphi}}\, d\varphi - k^2 \int_0^{\frac{\pi}{2}} \frac{\sin^2\varphi\cos^2\varphi}{\sqrt{1 - k^2\sin^2\varphi}}\, d\varphi = I_1 + I_2.$$

Но

$$I_1 = \int_0^{\frac{\pi}{2}} \frac{1 - \sin^2\varphi}{\sqrt{1 - k^2\sin^2\varphi}}\, d\varphi = \frac{k^2 - 1}{k^2} \int_0^{\frac{\pi}{2}} \frac{d\varphi}{\sqrt{1 - k^2\sin^2\varphi}} +$$

$$+ \frac{1}{k^2} \int_0^{\frac{\pi}{2}} \sqrt{1 - k^2\sin^2\varphi}\, d\varphi = \left(1 - \frac{1}{k^2}\right) F(k) + \frac{1}{k^2} E(k).$$

С другой стороны, интегрируя по частям, имеем:

$$I_2 = \frac{1}{2} \int_0^{\frac{\pi}{2}} \sin 2\varphi\, d\sqrt{1 - k^2\sin^2\varphi} = \frac{1}{2} \sin 2\varphi \sqrt{1 - k^2\sin^2\varphi}\,\Big|_0^{\frac{\pi}{2}} -$$

$$- \int_0^{\frac{\pi}{2}} \cos 2\varphi \cdot \sqrt{1 - k^2\sin^2\varphi}\, d\varphi = \int_0^{\frac{\pi}{2}} (1 - 2\cos^2\varphi) \sqrt{1 - k^2\sin^2\varphi}\, d\varphi =$$

$$= E(k) - 2I.$$

Отсюда

$$I = \frac{1}{3}\left[\left(\frac{1}{k^2} + 1\right) E(k) - \left(\frac{1}{k^2} - 1\right) F(k)\right].$$

Таким образом, окончательно

$$V = \frac{8R^3}{3}\left[(1 + k^2)\, E(k) - (1 - k^2)\, F(k)\right].$$

---

*) См. сноску на стр. 352.

§ 2. ДЛИНА ДУГИ

199. Определение понятия длины дуги. Рассмотрим на плоскости (поначалу — незамкнутую) кривую AB, заданную параметрическими уравнениями

$$x=\varphi(t),\quad y=\psi(t), \qquad (1)$$
$$(t_0 \leqslant t \leqslant T)$$

где функции φ и ψ предполагаются непрерывными. Будем считать, что точка A отвечает значению $t=t_0$, а точка B — значению $t=T$. При этом пусть кратных точек на кривой нет, так что различным значениям параметра t отвечают и различные точки кривой.

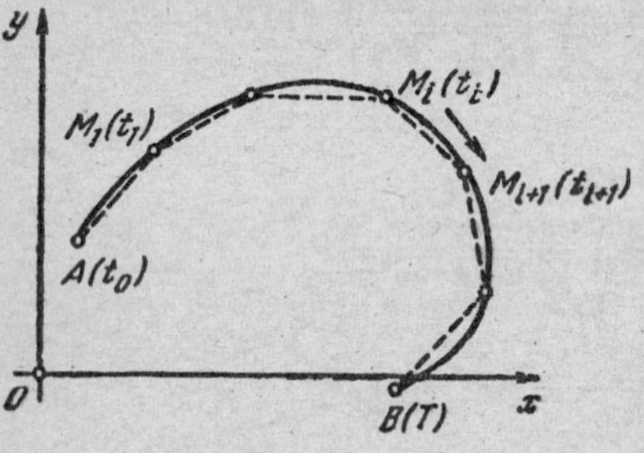

Рис. 86.

Если считать точки кривой расположенными в порядке возрастания параметра t (т. е. из двух точек ту принимать за следующую, которая отвечает бо́льшему значению параметра), то этим на кривой создается определенное направление (рис. 86).

Возьмем теперь на кривой AB ряд точек

$$A=M_0,\ M_1,\ M_2,\ \ldots,\ M_i,\ M_{i+1},\ \ldots,\ M_m=B,$$

идущих одна за другой в указанном направлении; им отвечает ряд возрастающих значений параметра

$$t_0<t_1<t_2<\ldots<t_i<t_{i+1}<\ldots<t_m=T.$$

Впишем в кривую AB ломаную $(p)=AM_1M_2\ldots B$ и обозначим через p ее периметр.

Конечный предел s для периметра p, при стремлении к нулю наибольшей из сторон M_iM_{i+1} ломаной (p), называется длиной дуги AB:

$$s=\overset{\frown}{AB}=\lim p.$$

Если такой предел существует, то сама кривая называется спрямляемой.

Содержание этого определения может быть раскрыто так: *какую бы ни взять последовательность вписанных в кривую ломаных $\{(p_n)\}$, удовлетворяющую лишь тому условию, что наибольшая из сторон ломаной (p_n) при возрастании n стремится к нулю, периметр p_n всякий раз стремится к пределу s.*

Можно выразить его и «на языке ε-δ»: *для каждого* $\varepsilon > 0$ *должно найтись такое* $\delta > 0$, *что неравенство*

$$0 \leqslant s - p < \varepsilon$$

выполняется, лишь только все стороны вписанной ломаной

$$\overline{M_i M_{i+1}} < \delta.$$

Равносильность обоих определений устанавливается как обычно.

Важным свойством длины дуги является ее аддитивность: *Если на дуге AB взять еще точку C, то из спрямляемости дуги AB вытекает спрямляемость обеих дуг AC и CB, причем*

$$\breve{AB} = \breve{AC} + \breve{CB}.$$

Мы примем здесь это утверждение без доказательства: для тех кривых, которые мы обычно будем рассматривать [см. n° **201**], не только будет обеспечено существование длины дуги, но и аддитивность будет вытекать из самого выражения длины дуги интегралом.

Обратимся теперь к случаю замкнутой кривой, для которой точки A и B совпадают (но кратных точек все же нет, т. е. каждая отличная от $A \equiv B$ точка получается лишь при одном значении параметра t). Нетрудно видеть, что в этом случае приведенное выше определение длины дуги уже не может быть применено безоговорочно: ведь даже при соблюдении указанного условия ничто не мешало бы ломаной стягиваться в точку, а ее периметру стремиться к нулю (рис. 87). Суть дела в том, что при незамкнутой кривой одно убывание всех звеньев ломаной (p) до нуля уже обеспечивает все более тесное примыкание их к соответствующим частичным дугам; поэтому-то и естественно предел ее периметра p принять за длину всей дуги. В случае же замкнутой кривой дело обстоит уже не так *).

Рис. 87.

Можно было бы видоизменить это определение (неизбежно усложнив его) с тем, чтобы оно охватило и случай замкнутой кривой. Мы предпочтем — для простоты — другой путь, именно, представим себе замкнутую кривую, с помощью произвольно взятой на ней точки C разложенной на два незамкнутых куска, и сумму их длин (если они оба спрямляемы) назовем длиной всей кривой. Опираясь

*) Если вспомнить из курса элементарной геометрии определение длины окружности как предела периметра правильного вписанного многоугольника, то именно оговорка относительно правильности многоугольника как раз и предотвращает здесь указанную в тексте возможность!

на аддитивность длины дуги, легко показать, что эта сумма на деле не зависит от выбора точек A и C.

200. Леммы. Рассмотрим вновь незамкнутую кривую (1) без кратных точек. Докажем для нее следующих два вспомогательных утверждения:

Лемма 1. Если точки M' и M'' отвечают значениям t' и t'' параметра ($t'<t''$), то для любого $\delta>0$ найдется такое $\eta>0$, что при $t''-t'<\eta$ длина хорды $\overline{M'M''}<\delta$.

Действительно, ввиду равномерной непрерывности функций φ и ψ из (1), по $\delta>0$ найдется такое $\eta>0$, что при $|t''-t'|<\eta$ будет одновременно

$$|\varphi(t'')-\varphi(t')|<\frac{\delta}{\sqrt{2}},\quad |\psi(t'')-\psi(t')|<\frac{\delta}{\sqrt{2}},$$

а тем самым — и

$$\overline{M'M''}=\sqrt{[\varphi(t'')-\varphi(t')]^2+[\psi(t'')-\psi(t')]^2}<\delta.$$

Имеет место и

Лемма 2. Для любого $\eta>0$ существует такое $\delta>0$, что, лишь только длина хорды $\overline{M'M''}<\delta$, тотчас же разность $t''-t'$ ($t'<t''$) значений параметра, соответствующих ее концам, будет $<\eta$.

Допустим противное; тогда для некоторого $\eta>0$, при любом $\delta>0$, найдутся такие две точки $M'(t')$ и $M''(t'')$, что $\overline{M'M''}<\delta$ и в то же время $t''-t'\geqslant\eta$. Взяв последовательность $\{\delta_n\}$, сходящуюся к нулю, и полагая поочередно $\delta=\delta_n$ ($n=1, 2, 3, \ldots$), придем к двум последовательностям точек $\{M'_n(t'_n)\}$ и $\{M''_n(t''_n)\}$, для которых

$$\overline{M'_nM''_n}<\delta_n,\quad \text{но}\quad t''_n-t'_n\geqslant\eta\quad (n=1, 2, 3, \ldots).$$

По лемме Больцано — Вейерштрасса [n° 51], без умаления общности можно предположить, что при этом

$$t'_n\to t^*,\quad t''_n\to t^{**}$$

(этого легко добиться, переходя — в случае надобности — к частичным последовательностям). Очевидно,

$$t^{**}-t^*\geqslant\eta,$$

так что $t^*\neq t^{**}$. В то же время для соответствующих точек M^* и M^{**} имеем $\overline{M^*M^{**}}=0$, т. е. эти точки должны совпасть, что невозможно, так как кривая не имеет кратных точек и незамкнута. Полученное противоречие завершает доказательство.

Эти две леммы показывают, что — при определении длины незамкнутой кривой — совершенно безразлично, исходить ли из требования, чтобы стремилась к нулю наибольшая из сторон $\overline{M_iM_{i+1}}$ вписанной ломаной [в согласии с n° 199], или из требования, чтобы стремилась к нулю наибольшая из разностей $\Delta t_i=t_{i+1}-t_i$, так как оба требования вытекают одно из другого! Сейчас нам удобнее будет характеризовать предельный процесс именно последним требованием.

201. Выражение длины дуги интегралом. Предположим дополнительно, что функции φ и ψ, фигурирующие в уравнениях (1) незамкнутой кривой, имеют непрерывные производные φ' и ψ'. При этих условиях, как мы докажем, кривая спрямляема и длина дуги выражается формулой

$$s=\int_{t_0}^{T}\sqrt{x_t'^2+y_t'^2}\,dt=\int_{t_0}^{T}\sqrt{[\varphi'(t)]^2+[\psi'(t)]^2}\,dt. \tag{2}$$

Мы будем исходить из разбиения промежутка $[t_0, T]$ точками

$$t_0 < t_1 < t_2 < \ldots < t_i < t_{i+1} < \ldots < t_n = T$$

на части длины $\Delta t_i = t_{i+1} - t_i$. Этим значениям t отвечают вершины ломаной $AM_1 \ldots M_{n-1} B$, вписанной в дугу $\overset{\frown}{AB}$, и (как мы разъяснили выше) *длину ее s можно определить как предел периметра p ломаной при стремлении $\lambda^* = \max \Delta t_i$ к нулю.*

Положим

$$\varphi(t_i) = x_i, \quad \psi(t_i) = y_i \qquad (i = 0, 1, \ldots, n)$$

и

$$\Delta x_i = x_{i+1} - x_i, \quad \Delta y_i = y_{i+1} - y_i \qquad (i = 0, 1, \ldots, n-1).$$

Длина i-го звена $M_i M_{i+1}$ вписанной ломаной выразится так:

$$\overline{M_i M_{i+1}} = \sqrt{\Delta x_i^2 + \Delta y_i^2}.$$

Применив к приращениям Δx_i и Δy_i функций (1) порознь формулу конечных приращений, получим:

$$\Delta x_i = \varphi(t_i + \Delta t_i) - \varphi(t_i) = \varphi'(\tau_i)\, \Delta t_i,$$
$$\Delta y_i = \psi(t_i + \Delta t_i) - \psi(t_i) = \psi'(\tau_i^*)\, \Delta t_i,$$

причем о значениях τ_i и τ_i^* мы ничего не знаем, кроме того, что оба они содержатся между t_i и t_{i+1}. Имеем теперь

$$\overline{M_i M_{i+1}} = \sqrt{[\varphi'(\tau_i)]^2 + [\psi'(\tau_i^*)]^2}\, \Delta t_i,$$

так что для периметра всей ломаной получается следующее выражение:

$$p = \sum_i \sqrt{[\varphi'(\tau_i)]^2 + [\psi'(\tau_i^*)]^2}\, \Delta t_i.$$

Если заменить во втором слагаемом под знаком корня везде τ_i^* на τ_i, то преобразованное выражение

$$\sigma = \sum_i \sqrt{[\varphi'(\tau_i)]^2 + [\psi'(\tau_i)]^2}\, \Delta t_i,$$

очевидно, представит собой интегральную сумму как раз для интеграла (2). При стремлении λ^* к нулю эта сумма и будет иметь своим пределом упомянутый интеграл *). Для того чтобы показать, что к тому же пределу стремится и периметр p ломаной, достаточно обнаружить, что разность $p - \sigma$ стремится к нулю.

С этой целью произведем оценку этой разности

$$|p - \sigma| \leqslant \sum_i \left| \sqrt{[\varphi'(\tau_i)]^2 + [\psi'(\tau_i^*)]^2} - \sqrt{[\varphi'(\tau_i)]^2 + [\psi'(\tau_i)]^2} \right| \Delta t_i.$$

---

*) Существование его не вызывает сомнений, ибо подынтегральная функция непрерывна [п° 179, I].

Элементарное неравенство

$$\left| \sqrt{a^2+b_1^2} - \sqrt{a^2+b^2} \right| \leqslant |b_1 - b|\ ^{*)},$$

если применить его к каждому слагаемому написанной выше суммы в отдельности, даст нам

$$|p-\sigma| \leqslant \sum_i |\psi'(\tau_i^*) - \psi'(\tau_i)|\,\Delta t_i.$$

Ввиду непрерывности функции $\psi'(t)$, по любому заданному $\varepsilon > 0$ найдется такое $\delta > 0$, что $|\psi'(t^*) - \psi'(t)| < \varepsilon$ лишь только $|t^* - t| < \delta$. Если взять все $\Delta t_i < \delta$, то и $|\tau_i^* - \tau_i| < \delta$, так что $|\psi'(\tau_i^*) - \psi'(\tau_i)| < \varepsilon$ и

$$|p-\sigma| \leqslant \varepsilon \sum_i \Delta t_i = \varepsilon (T - t_0).$$

Это и доказывает наше утверждение.

Если кривая задана явным уравнением в прямоугольных координатах

$$y = f(x) \qquad (x_0 \leqslant x \leqslant X),$$

то, принимая x за параметр, из формулы (2), как ее частный случай, получим

$$s = \int_{x_0}^{X} \sqrt{1 + y_x'^2}\,dx = \int_{x_0}^{X} \sqrt{1 + [f'(x)]^2}\,dx. \tag{2а}$$

Наконец, и случай полярного задания кривой

$$r = g(\theta) \qquad (\theta_0 \leqslant \theta \leqslant \Theta)$$

также приводится к параметрическому с помощью обычных формул перехода

$$x = r\cos\theta = g(\theta)\cos\theta, \qquad y = r\sin\theta = g(\theta)\sin\theta;$$

роль параметра здесь играет θ. Для этого случая

$$x'_\theta = r'_\theta \cos\theta - r\sin\theta, \qquad y'_\theta = r'_\theta \sin\theta + r\cos\theta,$$

так что

$$x_\theta'^2 + y_\theta'^2 = r^2 + r_\theta'^2 \tag{3}$$

и

$$s = \int_{\theta_0}^{\Theta} \sqrt{r^2 + r_\theta'^2}\,d\theta = \int_{\theta_0}^{\Theta} \sqrt{[g(\theta)]^2 + [g'(\theta)]^2}\,d\theta. \tag{2б}$$

---

*) Неравенство это очевидно при $a = 0$; если же $a \neq 0$, то оно непосредственно вытекает из тождества

$$\sqrt{a^2+b_1^2} - \sqrt{a^2+b^2} = \frac{b_1 + b}{\sqrt{a^2+b_1^2} + \sqrt{a^2+b^2}}\,(b_1 - b),$$

так как множитель при разности в скобках по абсолютной величине меньше единицы.

Замечание. Формула (2) непосредственно распространяется и на случай замкнутой кривой. Возьмем в этом случае произвольное t' между t_0 и T, разложим данную замкнутую кривую (1) соответствующей точкой $M'(t')$ на две незамкнутые кривые AM' и $M'B$ и к каждой кривой в отдельности применим формулу типа (2):

$$s_1 = \breve{AM'} = \int_{t_0}^{t'}, \quad s_2 = \breve{M'B} = \int_{t'}^{T}.$$

Сложив эти результаты, для длины всей замкнутой кривой получим

$$s = s_1 + s_2 = \int_{t_0}^{T}.$$

Примеры. 1) Парабола: $y = \frac{x^2}{2p}$.

Приняв за начало отсчета дуг вершину $O\,(x=0)$, для произвольной точки M с абсциссой x имеем:

$$s = \breve{OM} = \frac{1}{p}\int_0^x \sqrt{x^2+p^2}\,dx =$$
$$= \frac{1}{p}\left[\frac{1}{2}x\sqrt{x^2+p^2} + \frac{p^2}{2}\ln\left(x+\sqrt{x^2+p^2}\right)\right]_0^x =$$
$$= \frac{x}{2p}\sqrt{x^2+p^2} + \frac{p}{2}\ln\frac{x+\sqrt{x^2+p^2}}{p}.$$

2) Циклоида: $x = a\,(t - \sin t)$, $y = a\,(1-\cos t)$.
Здесь (при $0 \leqslant t \leqslant 2\pi$)

$$\sqrt{x_t'^2 + y_t'^2} = a\sqrt{(1-\cos t)^2 + \sin^2 t} = 2a\sin\frac{t}{2};$$

длина одной ветви циклоиды, по формуле (2), будет

$$S = 2a\int_0^{2\pi}\sin\frac{t}{2}\,dt = -4a\cos\frac{t}{2}\Big|_0^{2\pi} = 8a.$$

3) Архимедова спираль: $r = a\theta$.
По формуле (2б), отсчитывая дугу от полюса O до любой точки M (отвечающей углу θ), получаем

$$s = \breve{OM} = a\int_0^{\theta}\sqrt{1+\theta^2}\,d\theta = \frac{a}{2}\left[\theta\sqrt{1+\theta^2} + \ln\left(\theta+\sqrt{1+\theta^2}\right)\right].$$

Любопытно, что, подставив здесь $\theta = \frac{r}{a}$, мы придем к выражению, формально сходному с выражением для длины дуги параболы [см. 1)].

4) Эллипс: $\frac{x^2}{a^2}+\frac{y^2}{b^2}=1$.

Удобнее, впрочем, взять уравнения эллипса в параметрической форме $x=a\sin t$, $y=b\cos t$. Очевидно,

$$\sqrt{x_t'^2+y_t'^2}=\sqrt{a^2\cos^2 t+b^2\sin^2 t}=\sqrt{a^2-(a^2-b^2)\sin^2 t}=a\sqrt{1-\varepsilon^2\sin^2 t},$$

где $\varepsilon=\frac{\sqrt{a^2-b^2}}{a}$ есть численный эксцентриситет эллипса.

Вычисляя длину дуги эллипса от верхнего конца малой оси до любой его точки в первом квадранте, получим

$$s=a\int_0^t\sqrt{1-\varepsilon^2\sin^2 t}\,dt=a\cdot E(\varepsilon,\ t).$$

Таким образом, длина дуги эллипса выражается эллиптическим интегралом второго рода [n° 174, см. также n° 183]; как указывалось, этот факт послужил поводом для названия «эллиптический».

В частности, длина четверти обвода эллипса выражается через полный эллиптический интеграл *)

$$a\int_0^{\frac{\pi}{2}}\sqrt{1-\varepsilon^2\sin^2 t}\,dt=a\cdot E(\varepsilon).$$

Длина же всего обвода будет

$$S=4a\cdot E(\varepsilon).$$

202. Переменная дуга, ее дифференциал. Возьмем на дуге AB точку M, отвечающую произвольному значению t параметра. Тогда длина дуги $\smile{AM}$, вместо (2), выразится формулой

$$s=s(t)=\overset{\frown}{AM}=\int_{t_0}^{t}\sqrt{x_t'^2+y_t'^2}\,dt \tag{4}$$

и, очевидно, будет возрастающей и непрерывной функцией от t.

Больше того, ввиду непрерывности подынтегральной функции, эта переменная дуга $s=s(t)$ будет иметь по t производную, равную подынтегральной функции [n° 183, 12°]:

$$s_t'=\sqrt{x_t'^2+y_t'^2}. \tag{5}$$

Если возвести это равенство в квадрат и умножить почленно на dt^2, то получим замечательную по простоте формулу

$$ds^2=dx^2+dy^2, \tag{6}$$

*) См. сноску на стр. 352.

которая к тому же обладает геометрической наглядностью. На рис. 88 в криволинейном прямоугольном треугольнике MNM_1 «катетами» служат приращения координат точки $M: MN = \Delta x$, $NM_1 = \Delta y$, а «гипотенузой» — дуга $\overset{\frown}{MM_1} = \Delta s$, которая является приращением дуги $\overset{\frown}{AM} = s$. Оказывается, что если не для самих приращений, то для их главных частей — дифференциалов — имеет место своеобразная «теорема Пифагора».

Полезно отметить частные случаи важной формулы (5), отвечающие различным частным типам задания кривой. Так, если кривая задана явным уравнением в декартовых координатах $y = f(x)$, то в роли параметра оказывается x, дуга зависит от x: $s = s(x)$, и формула (5) принимает вид

$$s'_x = \sqrt{1 + y'^2_x}. \qquad (5а)$$

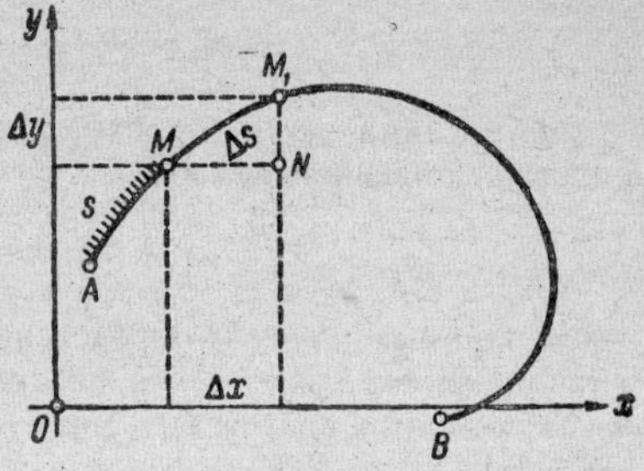

Рис. 88.

Если же кривая задана полярным уравнением $r = g(\theta)$, и параметром будет θ, то дуга на этот раз будет функцией от θ: $s = s(\theta)$. Ввиду (3), формула (5) преобразуется так:

$$s_\theta = \sqrt{r^2 + r'^2_\theta}. \qquad (5б)$$

Часто представляется удобным взять в качестве начальной точки A для отсчета дуг не один из концов дуги, а какую-либо внутреннюю точку ее. В этом случае естественно дуги, откладываемые от нее в направлении возрастания параметра, считать положительными, а в другом — отрицательными и, соответственно этому, длину дуги в первом случае снабжать знаком плюс, а во втором — знаком минус. Вот эту в е л и ч и н у д у г и с о з н а к о м мы для краткости будем называть просто д у г о й. Формулы (4), (5), (5а), (5б) имеют место во всех случаях.

Так как переменная дуга $s = \overset{\frown}{AM}$ является непрерывной монотонно возрастающей функцией от параметра t, то и последний, в свою очередь, может быть рассматриваем как однозначная и непрерывная функция от s: $t = \omega(s)$ [n° 71]. Подставляя это выражение t в уравнения (1), мы получим текущие координаты x и y выраженными в функции от s:

$$x = \varphi(\omega(s)) = \Phi(s), \qquad y = \psi(\omega(s)) = \Psi(s).$$

Несомненно, дуга $s = \overset{\frown}{AM}$, играющая роль «криволинейной абсциссы» точки M, является самым естественным параметром для определения ее положения.

Предположим, что при данном значении t обе производные x'_t и y'_t одновременно в нуль не обращаются (геометрический смысл этого предположения будет выяснен в n° **210**), тогда

$$s'_t = \sqrt{x'^2_t + y'^2_t} > 0,$$

и для соответствующего значения s существует производная [n° **80**]

$$t'_s = \omega'(s) = \frac{1}{\sqrt{x'^2_t + y'^2_t}},$$

а следовательно, и производные

$$x'_s = \Phi'(s), \quad y'_s = \Psi'(s).$$

203. Длина дуги пространственной кривой. По отношению к пространственной кривой

$$x = \varphi(t), \quad y = \psi(t), \quad z = \chi(t)$$

— без кратных точек — определение длины дуги может быть дано в таком же виде, как и для плоской кривой [**199—201**]. Здесь также для длины дуги получается формула, аналогичная (2):

$$s = \breve{AB} = \int_{t_0}^{T} \sqrt{x'^2_t + y'^2_t + z'^2_t}\, dt$$

и т. д. На этот случай переносится, почти без изменений, все сказанное относительно случая плоской кривой. Не задерживаясь на этом, приведем **примеры**.

1) Винтовая линия: $x = a\cos t$, $y = a\sin t$, $z = ct$.

Так как здесь

$$\sqrt{x'^2_t + y'^2_t + z'^2_t} = \sqrt{a^2 + c^2},$$

то длина дуги кривой от точки $A\,(t = 0)$ до точки $M\,(t$ — любое) будет

$$s = \breve{AM} = \int_0^t \sqrt{a^2 + c^2}\, dt = \sqrt{a^2 + c^2}\, t$$

— результат очевидный, если вспомнить, что при разворачивании цилиндрической поверхности винтовая линия на ней превратится в наклонную прямую.

2) Кривая: $x = R\sin^2 t$, $y = R\sin t\cos t$, $z = R\cos t$, где $0 \leqslant t \leqslant \frac{\pi}{2}$.

Имеем

$$\sqrt{x'^2_t + y'^2_t + z'^2_t} = R\sqrt{1 + \sin^2 t}.$$

В таком случае длина всей кривой выразится полным эллиптическим интегралом второго рода

$$S = R\int_0^{\frac{\pi}{2}} \sqrt{1+\sin^2 t}\,dt = R\int_0^{\frac{\pi}{2}} \sqrt{1+\cos^2 t}\,dt =$$

$$= \sqrt{2}R\int_0^{\frac{\pi}{2}} \sqrt{1-\frac{1}{2}\sin^2 t}\,dt = \sqrt{2}R\cdot E\left(\frac{1}{\sqrt{2}}\right).$$

§ 3. ВЫЧИСЛЕНИЕ МЕХАНИЧЕСКИХ И ФИЗИЧЕСКИХ ВЕЛИЧИН

204. Схема применения определенного интеграла. Прежде чем перейти к применениям определенного интеграла в области механики, физики и техники, полезно наперед уяснить себе тот путь, по которому в прикладных вопросах обычно приходят к определенному интегралу. С этой целью мы набросаем общую схему применения интеграла, иллюстрируя ее примерами уже изученных геометрических задач.

Вообразим, что требуется определить некоторую постоянную величину Q (геометрическую или иную), связанную с промежутком $[a, b]$. При этом пусть каждому частичному промежутку $[\alpha, \beta]$, содержащемуся в $[a, b]$, отвечает некоторая часть величины Q так, что разложение промежутка $[a, b]$ на частичные промежутки влечет за собой разложение на соответствующие части и величины Q.

Точнее говоря, речь идет о некоторой «функции от промежутка» $Q([\alpha, \beta])$, обладающей свойством аддитивности, так что, если промежуток $[\alpha, \beta]$ состоит из частичных промежутков $[\alpha, \gamma]$ и $[\gamma, \beta]$, то тогда и

$$Q([\alpha, \beta]) = Q([\alpha, \gamma]) + Q([\gamma, \beta]).$$

Задача же состоит в вычислении ее значения, отвечающего всему промежутку $[a, b]$.

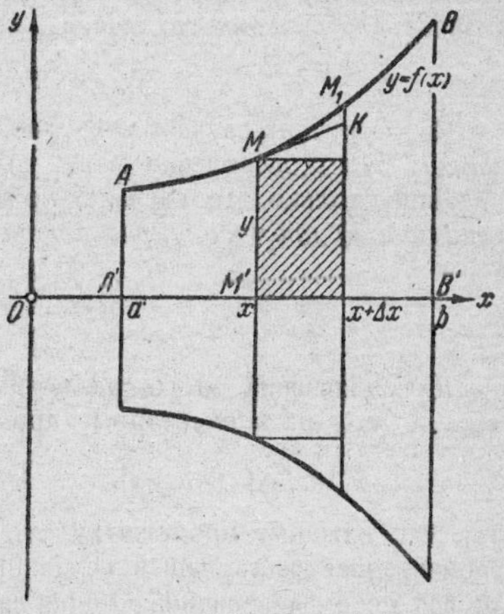

Рис. 89.

Для примера возьмем на плоскости кривую $y=f(x)$ $(a \leqslant x \leqslant b)$ (рис. 89). Тогда: 1) длина S кривой AB, 2) площадь P ограниченной ею криволинейной трапеции $AA'B'B$ и 3) объем V тела, полученного от вращения этой трапеции вокруг оси x, — все три являются величинами указанного типа. Нетрудно дать себе отчет в том, какие «функции от промежутка» ими порождаются.

Рассмотрим «элемент» ΔQ величины Q, отвечающий «элементарному промежутку» $[x, x+\Delta x]$. Исходя из условий вопроса, стараются найти для ΔQ приближенное выражение вида $q(x)\,\Delta x$, линейное относительно Δx, так, чтобы оно разнилось от ΔQ разве лишь на бесконечно малую порядка, высшего, чем Δx. Иными словами, *из бесконечно малого (при $\Delta x \to 0$) «элемента» ΔQ выделяют его главную часть.* Ясно, что тогда относительная погрешность приближенного равенства

$$\Delta Q \doteq q(x)\,\Delta x \tag{1}$$

будет стремиться к нулю вместе с Δx.

Так, в примере 1) элемент дуги $\overset{\frown}{MM_1}$ можно заменить отрезком касательной MK, так что из ΔS выделяется линейная часть

$$\sqrt{1+y_x'^2}\,\Delta x = \sqrt{1+[f'(x)]^2}\,\Delta x.$$

В примере 2) естественно заменить элементарную полоску ΔP входящим прямоугольником с площадью

$$y\,\Delta x = f(x)\,\Delta x.$$

Наконец, в примере 3) из элементарного слоя ΔV выделяется его главная часть в виде входящего кругового цилиндра, с объемом

$$\pi y^2\,\Delta x = \pi\,[f(x)]^2\,\Delta x.$$

Во всех трех случаях нетрудно показать, что погрешность от такой замены будет бесконечно малой высшего порядка, чем Δx.

Лишь только это сделано, можно уже утверждать, что *искомая величина Q точно выражается интегралом*

$$Q = \int_a^b q(x)\,dx. \tag{2}$$

Для пояснения этого разложим промежуток $[a, b]$ точками $x_1, x_2, \ldots, x_{n-1}$ на элементарные промежутки

$$[a, x_1],\ [x_1, x_2],\ \ldots,\ [x_i, x_{i+1}],\ \ldots,\ [x_{n-1}, b].$$

Так как каждому промежутку $[x_i, x_{i+1}]$ или $[x_i, x_i+\Delta x_i]$ отвечает элементарная часть нашей величины, приближенно равная $q(x_i)\,\Delta x_i$, то вся искомая величина Q приближенно выразится суммой

$$Q \doteq \sum_i q(x_i)\,\Delta x_i.$$

Степень точности полученного значения будет тем выше, чем мельче частичные промежутки, так что Q, очевидно, будет пределом упомянутой суммы, т. е. действительно выразится определенным интегралом $\int_a^b q(x)\,dx$.

Это в полной мере относится ко всем трем рассмотренным примерам. Если выше мы получили формулы для величин S, P, V несколько иначе, то это потому, что задача наша состояла не только в вычислении их, но и в доказательстве их существования — в согласии с ранее данными определениями.

Таким образом, все дело сводится к установлению приближенного равенства (1), которое обыкновенно пишут в форме

$$dQ = q(x)\,dx. \tag{3}$$

Затем остается лишь «просуммировать» эти «элементы», что приводит к формуле (2).

Мы подчеркиваем, что пользование здесь интегралом, вместо обыкновенной суммы, весьма существенно. Сумма давала бы лишь приближенное выражение для Q, ибо на ней отразились бы погрешности отдельных равенств типа (3); предельный же переход, с помощью которого из суммы получается интеграл, уничтожает погрешность и приводит к совершенно точному результату. Итак, сначала в интересах простоты, в выражении элемента dQ отбрасываются бесконечно малые высших порядков и выделяется главная часть, а затем, в интересах точности, суммирование заменяется интегрированием, и просто получаемый результат оказывается точным.

Впрочем, можно было бы подойти к вопросу и с иной точки зрения. Обозначим через $Q(x)$ переменную часть величины Q, отвечающую промежутку $[a, x]$, причем $Q(a)$, естественно, полагаем равным нулю. Ясно, каким образом рассмотренная выше «функция промежутка» $Q([\alpha, \beta])$ выражается через эту «функцию точки» $Q(x)$:

$$Q([\alpha, \beta]) = Q(\beta) - Q(\alpha).$$

В наших примерах функциями точки являются: 1) переменная дуга $\overset{\frown}{AM}$, 2) площадь переменной трапеции $AA'M'M$ и, наконец, 3) объем тела, полученного от вращения именно этой трапеции.

Величина ΔQ есть попросту приращение функции $Q(x)$, а произведение $q(x)\,dx$, представляющее собой его главную часть, есть не что иное, как дифференциал этой функции. Таким образом, равенство (3), написанное в дифференциальных обозначениях, на деле является теперь не приближенным, а точным. Отсюда также сразу получается требуемый результат:

$$\int_a^b q(x)\,dx = Q(b) - Q(a) = Q([a, b]) = Q.$$

Отметим все же, что в приложениях более удобной и плодотворной является идея суммирования бесконечно малых элементов (Лейбниц!) — с подразумевающимся предельным переходом.

205. Площадь поверхности вращения. В виде первого примера применения изложенной схемы мы рассмотрим вопрос из области геометрии — о вычислении площади поверхности вращения.

Мы лишены возможности установить здесь в общем виде понятие площади кривой (т. е. неплоской) поверхности — это будет сделано во втором томе. Поэтому сейчас мы лишь научимся вычислять площадь поверхности вращения, считая ее существующей и обладающей свойством аддитивности. Впоследствии мы убедимся, что полученная нами формула входит как частный случай в общую формулу для площади кривой поверхности.

Итак, пусть имеем на плоскости xy (именно в верхней полуплоскости) некоторую кривую AB, заданную уравнениями вида

$$x = \varphi(t), \quad y = \psi(t), \qquad (4)$$
$$(t_0 \leqslant t \leqslant T)$$

где φ и ψ — функции от параметра, непрерывные вместе со своими производными. Для простоты будем предполагать ее незамкнутой и лишенной кратных точек.

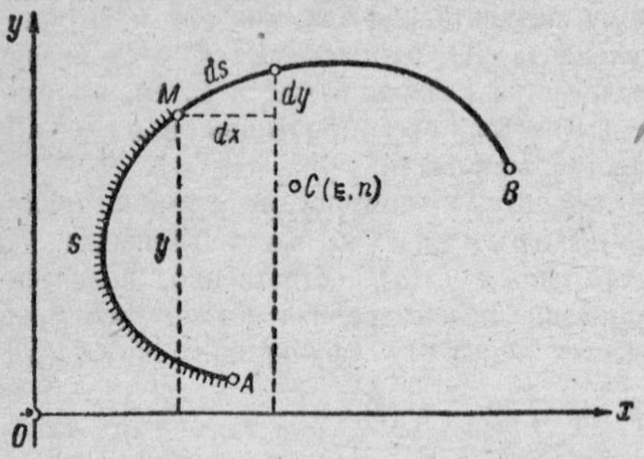

Рис. 90.

Нам удобно, в данном случае, ввести в качестве параметра дугу s, отсчитываемую от точки $A(t_0)$, и перейти к представлению

$$x = \Phi(s); \quad y = \Psi(s), \qquad (5)$$
$$(0 \leqslant s \leqslant S)$$

о котором была речь в n° **202**. Параметр s изменяется здесь от 0 до S, если через S обозначить длину всей кривой AB.

Задача состоит в определении площади Q поверхности, полученной от вращения кривой AB вокруг оси x. Обращаем внимание читателя на то, что роль независимой переменной здесь играет s, с промежутком изменения $[0, S]$.

Если выделить элемент ds кривой (рис. 90), то его приближенно можно принять за прямолинейный и вычислять соответствующий ему элемент площади dQ как площадь усеченного конуса с образующей ds и радиусами основания y и $y + dy$. Тогда по известной из школьного курса формуле

$$dQ = 2\pi \frac{y + (y + dy)}{2} ds.$$

Впрочем, это еще не та формула, к которой мы стремимся — произведение $dy \cdot ds$ двух бесконечно малых надлежит отбросить. Мы придем к линейной относительно ds формуле

$$dQ = 2\pi y\, ds,$$

откуда уже, «суммируя», окончательно получим

$$Q = 2\pi \int_0^S y\, ds, \tag{6}$$

где под y надлежит разуметь фигурирующую в (5) функцию $\Psi(s)$.

Если вернуться к общему параметрическому заданию (4) нашей кривой, то, произведя в предшествующем интеграле замену переменной [см. n° 186, (2)], преобразуем его к виду

$$Q = 2\pi \int_{t_0}^{T} y \sqrt{x_t'^2 + y_t'^2}\, dt = 2\pi \int_{t_0}^{T} \psi(t) \sqrt{[\varphi'(t)]^2 + [\psi'(t)]^2}\, dt. \tag{6а}$$

В частности, если кривая задана явным уравнением $y = f(x)$ $(a \leqslant x \leqslant b)$, так что в роли параметра оказывается x, будем иметь:

$$Q = 2\pi \int_a^b y \sqrt{1 + y_x'^2}\, dx = 2\pi \int_a^b f(x) \sqrt{1 + [f'(x)]^2}\, dx. \tag{6б}$$

Примеры. 1) Определить площадь поверхности шарового пояса.

Пусть полукруг, описанный около начала радиусом r, вращается вокруг оси x. Из уравнения круга имеем $y = \sqrt{r^2 - x^2}$; далее,

$$y_x' = -\frac{x}{\sqrt{r^2 - x^2}}, \quad \sqrt{1 + y_x'^2} = \frac{r}{\sqrt{r^2 - x^2}},$$

$$y\sqrt{1 + y_x'^2} = r.$$

В таком случае площадь поверхности пояса, описанного дугой, концы которой имеют абсциссы x_1 и $x_2 > x_1$, по формуле (6б) будет

$$Q = 2\pi \int_{x_1}^{x_2} r\, dx = 2\pi r\,(x_2 - x_1) = 2\pi r\, h,$$

где h — высота пояса. Таким образом, площадь поверхности шарового пояса равна произведению окружности большого круга на высоту пояса.

В частности, при $x_1 = -r$, $x_2 = r$, т. е. при $h = 2r$, получаем площадь всей шаровой поверхности $Q = 4\pi r^2$.

2) Найти площадь поверхности, образованной вращением дуги циклоиды $x = a(t - \sin t)$, $y = a(1 - \cos t)$.

Так как $y=2a\sin^2\frac{t}{2}$, $ds=2a\sin\frac{t}{2}\,dt$, то

$$Q=2\pi\int_0^{2\pi}4a^2\sin^3\frac{t}{2}\,dt=16\pi a^2\int_0^{\pi}\sin^3 u\,du=$$

$$=16\pi a^2\left(\frac{\cos^3 u}{3}-\cos u\right)\Big|_0^{\pi}=\frac{64}{3}\pi a^2.$$

206. Нахождение статических моментов и центра тяжести кривой. Как известно, статический момент K материальной точки массы m относительно некоторой оси равен произведению из массы m на расстояние d точки от оси. В случае системы n материальных точек с массами $m_1, m_2, \ldots, m_n$, лежащих в одной плоскости с осью, соответственно, на расстояниях $d_1, d_2, \ldots, d_n$ от оси, статический момент выразится суммой

$$K=\sum_i m_i d_i.$$

При этом расстояния точек, лежащих по одну сторону от оси, берутся со знаком плюс, а расстояния точек по другую сторону — со знаком минус.

Если же массы не сосредоточены в отдельных точках, но расположены сплошным образом, заполняя линию или плоскую фигуру, то тогда для выражения статического момента вместо суммы потребуется интеграл.

Остановимся на определении статического момента K_x относительно оси x масс, расположенных вдоль некоторой плоской кривой AB (рис. 90). При этом мы предположим кривую однородной, так что ее линейная плотность ρ (т. е. масса, приходящаяся на единицу длины) будет постоянной; для простоты допустим даже, что $\rho=1$ (в противном случае придется полученный результат лишь умножить на ρ). При этих предположениях масса любой дуги нашей кривой измеряется просто ее длиной, и понятие о статическом моменте приобретает чисто геометрический характер. Заметим, вообще, что когда говорят о статическом моменте (или центре тяжести) кривой — без упоминания о распределении вдоль по ней масс, то всегда имеют в виду статический момент (центр тяжести), определенный именно при указанных предположениях.

Выделим снова некий элемент ds кривой (масса которого также выражается числом ds). Приняв этот элемент приближенно за материальную точку, лежащую на расстоянии y от оси, для его статического момента получим выражение

$$dK_x=y\,ds.$$

Суммируя эти элементарные статические моменты, причем за независимую переменную возьмем дугу s, отсчитываемую от точки A, получим

$$K_x = \int_0^S y\, ds.$$

Аналогично выражается и момент относительно оси y:

$$K_y = \int_0^S x\, ds.$$

Конечно, здесь предполагается, что y (или x) выражено через s. Практически в этих формулах выражают s через ту переменную t, x или θ, которая играет роль независимой в аналитическом представлении кривой.

Статические моменты K_x и K_y кривой позволяют легко установить положение ее **центра тяжести** $C(\xi, \eta)$. Точка C обладает тем свойством, что если в ней сосредоточить всю «массу» S кривой (выражаемую тем же числом, что и длина), то момент этой массы относительно любой оси совпадает с моментом кривой относительно этой оси; в частности, если рассмотреть моменты кривой относительно осей координат, то найдем

$$S\xi = K_y = \int_0^S x\, ds, \qquad S\eta = K_x = \int_0^S y\, ds,$$

откуда

$$\xi = \frac{K_y}{S} = \frac{\int_0^S x\, ds}{S}, \qquad \eta = \frac{K_x}{S} = \frac{\int_0^S y\, ds}{S}. \tag{7}$$

Из формулы для ординаты η центра тяжести мы получаем замечательное геометрическое следствие. В самом деле, имеем

$$\eta S = \int_0^S y\, ds,$$

откуда

$$2\pi\eta \cdot S = 2\pi \int_0^S y\, ds;$$

но правая часть этого равенства есть площадь Q поверхности, полученной от вращения кривой AB [**205**, (6)], в левой же части равенства $2\pi\eta$ обозначает длину окружности, описанной центром тяжести кривой при вращении ее около оси x, а S есть длина нашей кривой. Таким образом, приходим к следующей *теореме Гульдина* *):

Величина поверхности, полученной от вращения кривой около некоторой не пересекающей ее оси, равна длине дуги этой кривой, умноженной на длину окружности, описанной центром тяжести C кривой (рис. 90).

Эта теорема позволяет установить координату η центра тяжести кривой, если известны ее длина S и площадь Q описанной ею поверхности вращения. Вот тому

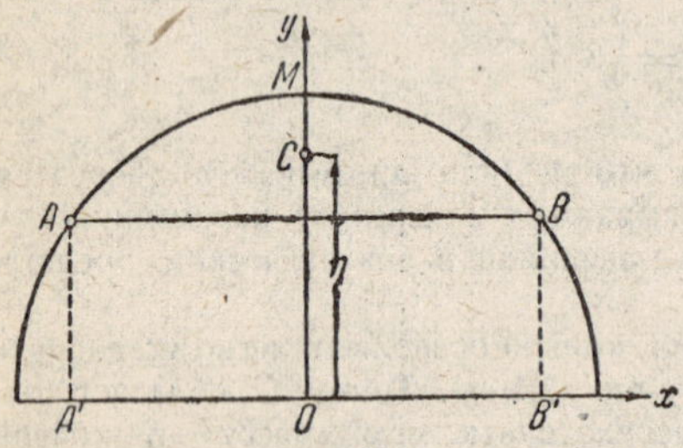

Рис. 91.

примеры:

1) Пользуясь теоремой Гульдина, определить положение центра тяжести дуги AB (рис. 91) круга радиуса r.

Так как эта дуга симметрична относительно радиуса OM, проходящего через ее середину M, то ее центр тяжести C лежит на этом радиусе, и для полного определения положения центра тяжести необходимо лишь найти его расстояние η от центра O. Выбираем оси, как указано на чертеже, и обозначим длину дуги $\breve{AB}$ через s, а ее хорды $AB\,(=A'B')$ — через h. От вращения рассматриваемой дуги вокруг оси x получается шаровой пояс, площадь поверхности Q которого, как мы знаем [n° 205, 1)] равна $2\pi rh$. По теореме Гульдина та же поверхность равна $2\pi\eta s$, так что $s\eta = rh$ и $\eta = \frac{rh}{s}$.

В частности, для полуокружности $h = 2r$, $s = \pi r$ и $\eta = \frac{2}{\pi} r \doteq 0{,}637\, r$.

2) Определить центр тяжести ветви циклоиды (рис. 79 на стр. 361):

$$x = a\,(t - \sin t), \qquad y = a\,(1 - \cos t) \qquad (0 \leqslant t \leqslant 2\pi).$$

Если принять в расчет симметрию, то сразу ясно, что $\xi = \pi a$. Учитывая же результаты примера 2) n° 205, легко получить затем: $\eta = \frac{4}{3} a$.

207. Нахождение статических моментов и центра тяжести плоской фигуры. Рассмотрим плоскую фигуру $AA'B'B$ (рис. 92), ограниченную сверху кривой AB, которая задана явным уравнением $y = f(x)$. Предположим, что вдоль по этой фигуре равномерно распределены массы, так что поверхностная плотность их ρ (т. е. масса, приходящаяся на единицу площади) постоянна. Без существенного умаления общности можно тогда принять, что $\rho = 1$, т. е. что масса любой части нашей фигуры измеряется ее площадью. Это всегда и подразумевается, если говорят просто о статических моментах (или о центре тяжести) плоской фигуры.

*) Пауль Гульдин (1577—1643) — швейцарский математик. Заметим, впрочем, что обе его теоремы (см. следующий номер) были известны еще Паппу — выдающемуся греческому математику III века нашей эры.

Желая определить статические моменты K_x, K_y этой фигуры относительно осей координат, мы выделим, как обычно, какой-нибудь элемент нашей фигуры в виде бесконечно узкой вертикальной полоски (см. рисунок). Приняв эту полоску приближенно за прямоугольник, мы видим, что масса ее (выражаемая тем же числом, что и площадь) будет $y\,dx$. Для определения соответствующих элементарных моментов dK_x, dK_y предположим всю массу полоски сосредоточенной в ее центре тяжести (т. е. в центре прямоугольника), что, как

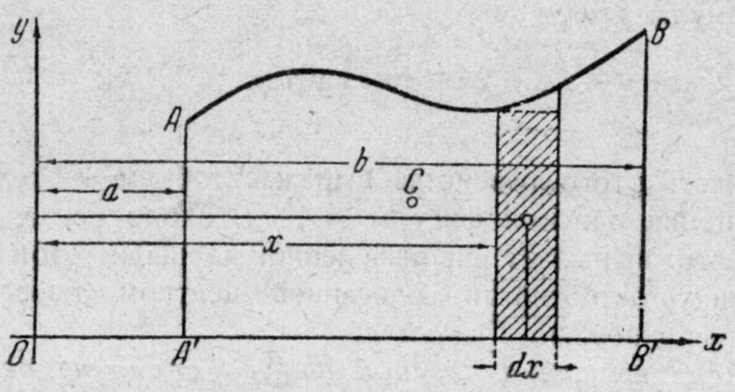

Рис. 92.

известно, не изменяет величины статических моментов. Полученная материальная точка отстоит от оси x на расстоянии $\frac{1}{2}y$, от оси y — на расстоянии $\left(x+\frac{1}{2}dx\right)$; последнее выражение можно заменить просто через x, ибо отброшенная величина $\frac{1}{2}dx$, умноженная на массу $y\,dx$, дала бы бесконечно малую второго порядка. Итак, имеем

$$dK_x = \frac{1}{2}y^2\,dx, \qquad dK_y = xy\,dx.$$

Просуммировав эти элементарные моменты, придем к результатам

$$K_x = \frac{1}{2}\int_a^b y^2\,dx, \quad K_y = \int_a^b xy\,dx, \tag{8}$$

причем под y разумеется, конечно, функция $f(x)$, фигурирующая в уравнении кривой AB.

Как в случае кривой, по этим статическим моментам рассматриваемой фигуры относительно осей координат легко определить теперь и координаты ξ, η центра тяжести фигуры. Если через P обозначить площадь (а следовательно, и массу) фигуры, то по основному свойству центра тяжести

$$P\xi = K_y = \int_a^b xy\,dx, \qquad P\eta = K_x = \frac{1}{2}\int_a^b y^2\,dx,$$

откуда

$$\xi = \frac{K_y}{P} = \frac{\int\limits_a^b xy\,dx}{P}, \qquad \eta = \frac{K_x}{P} = \frac{\frac{1}{2}\int\limits_a^b y^2\,dx}{P}. \tag{9}$$

И в данном случае мы получаем важное геометрическое следствие из формулы для ординаты η центра тяжести. В самом деле, из этой формулы имеем

$$2\pi\eta P = \pi \int\limits_a^b y^2\,dx.$$

Правая часть этого равенства выражает объем V тела, полученного от вращения плоской фигуры $AA'B'B$ около оси x [n°198, (9)], левая же часть выражает произведение площади этой фигуры P на $2\pi\eta$ — длину окружности, описанной центром тяжести фигуры. Отсюда вторая *теорема Гульдина*:

Объем тела вращения плоской фигуры около не пересекающей ее оси равен произведению площади этой фигуры на длину окружности, описанной центром тяжести фигуры:

$$V = P\cdot 2\pi\eta.$$

Заметим, что формулы (8), (9) распространяются на случай фигуры, ограниченной кривыми и снизу и сверху (рис. 75 на стр. 359). Например, для этого случая

$$K_x = \frac{1}{2}\int\limits_a^b (y_2^2 - y_1^2)\,dx, \qquad K_y = \int\limits_a^b x\,(y_2 - y_1)\,dx; \tag{8a}$$

отсюда ясно уже, как преобразуются формулы (9). Если вспомнить формулу (5) n°196, то легко усмотреть, что теорема Гульдина справедлива также и для этого случая.

Примеры. 1) Найти статические моменты K_x, K_y и координаты центра тяжести фигуры, ограниченной параболой $y^2 = 2px$, осью x и ординатой, соответствующей абсциссе x.

Так как $y = \sqrt{2px}$, то по формулам (8)

$$K_x = \frac{1}{2}\cdot 2p\int\limits_0^x x\,dx = \frac{1}{2}px^2, \qquad K_y = \sqrt{2p}\int\limits_0^x x^{\frac{3}{2}}\,dx = \frac{2\sqrt{2p}}{5}\,x^{\frac{5}{2}}.$$

С другой стороны, площадь [n°196, (4)]

$$P = \sqrt{2p}\int\limits_0^x x^{\frac{1}{2}}\,dx = \frac{2\sqrt{2p}}{3}\,x^{\frac{3}{2}}.$$

В таком случае, по формулам (9),

$$\xi = \frac{3}{5}x, \quad \eta = \frac{3}{8}\sqrt{2px} = \frac{3}{8}y.$$

Пользуясь значениями ξ и η, легко найти — по теореме Гульдина — объем тела вращения рассматриваемой фигуры вокруг осей координат или вокруг конечной ординаты. Например, если остановиться на последнем случае, так как расстояние центра тяжести от оси вращения есть $\frac{2}{5}x$, то искомый объем будет $V = \frac{8}{15}\pi x^2 y$.

2) Найти центр тяжести фигуры, ограниченной ветвью циклоиды $x = a(t - \sin t)$, $y = a(1 - \cos t)$ и осью x.

Воспользовавшись n°196, 4) и n°198, 2), по теореме Гульдина легко установить $\eta = \frac{5}{6}a$. По симметрии: $\xi = \pi a$.

208. Механическая работа. Пусть точка M движется по прямой (этим случаем мы ограничиваемся для простоты), причем на перемещении s на нее вдоль той же прямой действует постоянная сила F. Из элементов механики читателю известно, что тогда работа W этой силы выразится произведением $F \cdot s$.

Чаще, однако, случается, что величина силы не остается постоянной, а непрерывно меняется от точки к точке, и для выражения работы снова приходится прибегнуть к определенному интегралу.

Пусть путь s, проходимый точкой, будет независимой переменной; при этом предположим, что начальному положению A нашей точки M соответствует значение $s = s_0$, а конечному B — значение $s = S$ (рис. 93). Каждому значению s в промежутке $[s_0, S]$ отвечает

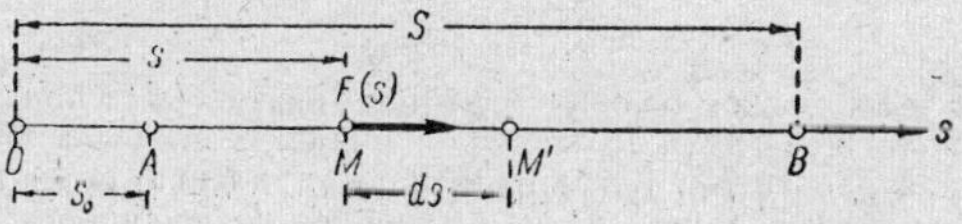

Рис. 93.

определенное положение движущейся точки, а также определенное значение величины F, которую, таким образом, можно рассматривать как функцию от s. Взяв точку M в каком-нибудь ее положении, определяемом значением s пути, найдем теперь приближенное выражение для элемента работы, соответствующего приращению ds пути, от s до $s + ds$, при котором точка M перейдет в близкое положение M' (см. рисунок). В положении M на точку действует определенная сила F; так как изменение этой величины при переходе точки из M в M' — при малом ds — также мало, пренебрежем этим изменением и, считая величину силы F приближенно постоянной, найдем для элемента работы на перемещении ds выражение

$$dW = F \cdot ds,$$

так что вся работа W представится интегралом

$$W=\int_{s_0}^{S} F\,ds. \tag{10}$$

Пример. Применим в виде примера формулу (10) к вычислению работы растяжения (или сжатия) пружины с укрепленным одним концом (рис. 94); с этим приходится иметь дело, например, при расчете буферов у железнодорожных вагонов.

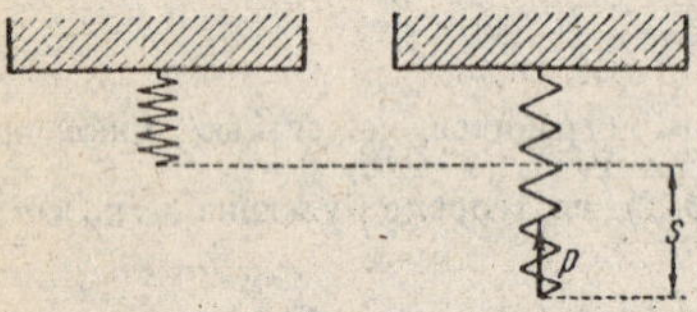

Рис. 94.

Известно, что растяжение s пружины (если только пружина не перегружена) создает натяжение p, по величине пропорциональное растяжению, так что $p=cs$, где c — некоторая постоянная, зависящая от упругих свойств пружины («жесткость» пружины). Сила, растягивающая пружину, должна преодолевать это натяжение. Если учитывать только ту часть действующей силы, которая на это затрачивается, то ее работа при возрастании растяжения от $s_0=0$ до S выразится так:

$$W=\int_{0}^{S} p\,ds=c\int_{0}^{S} s\,ds=\frac{cS^2}{2}.$$

Обозначив через P наибольшую величину натяжения или преодолевающей ее силы, соответствующую растяжению пружины (и равную cS), мы можем представить выражение для работы в виде

$$W=\frac{1}{2}PS.$$

Если бы к свободному концу пружины сразу была приложена сила P (например, подвешен груз), то на перемещении S ею была бы произведена вдвое бо́льшая работа PS. Как видим, лишь половина ее затрачивается на растяжение пружины; другая половина пойдет на сообщение пружине с грузом кинетической энергии.

ГЛАВА ТРИНАДЦАТАЯ

НЕКОТОРЫЕ ГЕОМЕТРИЧЕСКИЕ ПРИЛОЖЕНИЯ ДИФФЕРЕНЦИАЛЬНОГО ИСЧИСЛЕНИЯ

§ 1. КАСАТЕЛЬНАЯ И КАСАТЕЛЬНАЯ ПЛОСКОСТЬ

209. Аналитическое представление кривых на плоскости. В настоящей главе мы в виде примера коснемся лишь немногих приложений дифференциального исчисления к геометрии — преимущественно на плоскости. Подробно эти приложения изучаются в дифференциальной геометрии, представляющей собой самостоятельную математическую дисциплину.

Вспомним сначала различные способы аналитического представления кривых на плоскости (известные читателю из аналитической геометрии), предполагая, что в основу положена некоторая прямоугольная система координат *).

1°. Выше мы не раз рассматривали уравнение вида

$$y=f(x) \quad [\text{или } x=g(y)] \tag{1}$$

и изучали соответствующую ему кривую. Такого рода задание кривой, когда одна из текущих координат ее точки непосредственно представляется в виде однозначной функции от другой координаты, мы будем называть явным заданием (или представлением) кривой. Оно обладает особой простотой и наглядностью.

Примером может служить *парабола* $y=ax^2$.

2°. Впрочем, в аналитической геометрии кривая чаще задавалась уравнением, не разрешенным ни относительно x, ни относительно y:

$$F(x, y)=0, \tag{2}$$

которое называют неявным уравнением кривой.

---

*) Оговорим раз навсегда, что функции, о которых будет идти речь в этой главе, как правило, предполагаются непрерывными и имеющими непрерывные же производные по своим аргументам; в случае надобности, мы будем требовать существования и непрерывности и дальнейших производных.

Пример. *Эллипс* $\frac{x^2}{a^2}+\frac{y^2}{b^2}-1=0$. Иной раз мы в состоянии выразить из уравнения (2) одну переменную через другую, например, y через x, и представить кривую (или ее часть) явным уравнением (1). Так, в случае эллипса:

$$y=\pm\frac{b}{a}\sqrt{a^2-x^2}$$

(для $-a\leq x\leq a$).

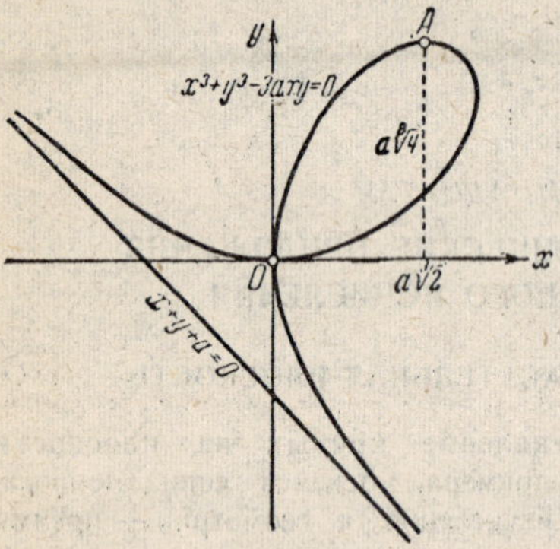

Рис. 95.

В других случаях, хотя зависимость, скажем y от x, и определяется уравнением (2), и — при известных условиях *) — существует однозначная функция (1), удовлетворяющая уравнению (2), и даже можно утверждать, что эта «неявная» функция непрерывна и имеет непрерывную производную, но явного выражения для нее мы написать не можем. Так, например, будет в случае *декартова листа:* $x^3+y^3-3axy=0$ (рис. 95).

3°. Наконец, в предыдущем изложении упоминалось о том, что уравнения вида

$$x=\varphi(t),\qquad y=\psi(t),\qquad (3)$$

устанавливающие зависимость текущих координат точки от некоторого параметра t, также определяют кривую на плоскости. Подобные уравнения называют параметрическими; они дают параметрическое представление кривой.

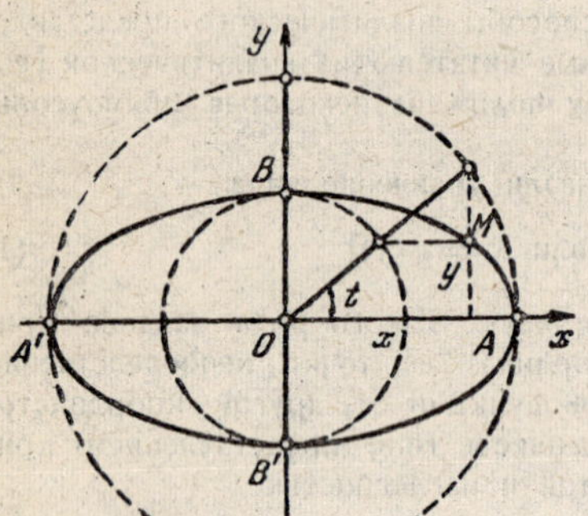

Рис. 96.

Примером, прежде всего, может служить параметрическое представление *эллипса:*

$$x=a\cos t,\qquad y=b\sin t.$$

При изменении параметра t (геометрический смысл которого ясен из рис. 96) от нуля до 2π, эллипс описывается против часовой стрелки, начиная от конца $A(a, 0)$ большой оси.

В качестве второго примера, упомянем не раз встречавшуюся нам *циклоиду:*

$$x=a(t-\sin t),\qquad y=a(1-\cos t),$$

---

*) См. по этому поводу главу XIX во втором томе.

которая представляет собой траекторию точки круга, катящегося по прямой (рис. 97). В роли параметра здесь оказывается угол $t = \sphericalangle NDM$ между подвижным радиусом DM и первоначальным его положением OA. При

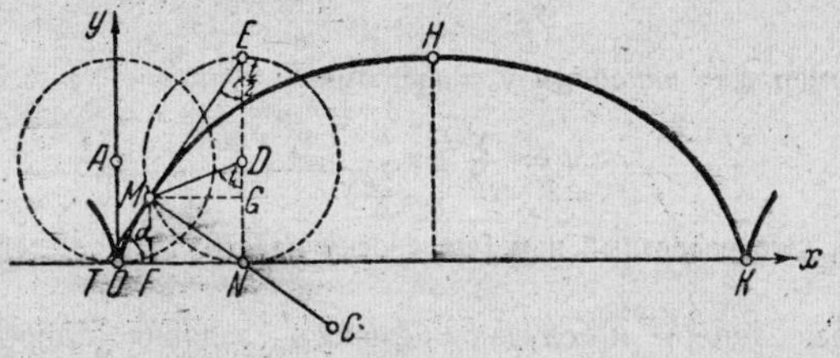

Рис. 97.

изменении t от нуля до 2π точка опишет дугу, изображенную на чертеже. Вся кривая, отвечающая изменению t от $-\infty$ до $+\infty$, состоит из бесчисленного множества таких дуг.

210. Касательная к плоской кривой. Понятие *касательной* нам уже встречалось не раз [см., например, n° **77**]. Кривая, заданная явным уравнением

$$y = f(x),$$

в каждой своей точке (x, y) имеет касательную, угловой коэффициент которой $\operatorname{tg} \alpha$ выражается формулой

$$\operatorname{tg} \alpha = y'_x = f'(x).$$

Таким образом, уравнение касательной имеет вид:

$$Y - y = y'_x (X - x). \tag{4}$$

Здесь (как и ниже) X, Y означают текущие координаты, а x, y — координаты точки касания.

Легко получить и уравнение *нормали*, т. е. прямой, проходящей через точку касания перпендикулярно к касательной:

$$Y - y = -\frac{1}{y'_x}(X - x),$$

или

$$X - x + y'_x (Y - y) = 0. \tag{5}$$

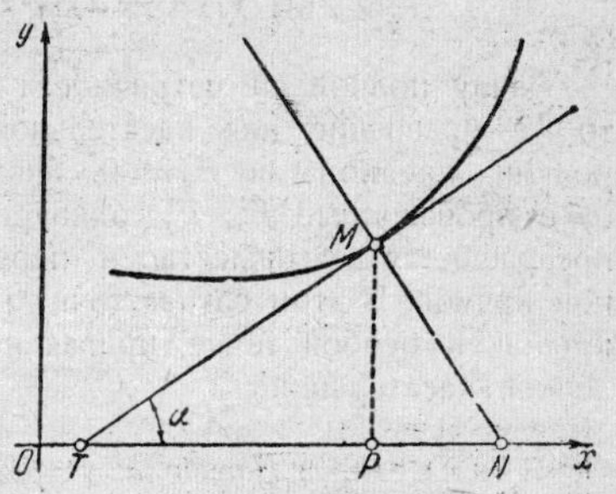

Рис. 98.

В связи с касательной и нормалью рассматривают некоторые отрезки — именно отрезки TM и MN и их проекции TP и PN на ось x (рис. 98). Последние называются, соответственно, *подкасательной* и *поднормалью* и обозначаются через sbt (subtangens) и sbn (subnormal). Полагая в уравнениях (4) и (5) $Y = 0$, легко вычислить, что

$$sbt = TP = \frac{y}{y'_x}, \qquad sbn = PN = yy'_x. \tag{6}$$

1) Например, для *параболы* $y = ax^2$ имеем:

$$sbt = \frac{y}{y'_x} = \frac{ax^2}{2ax} = \frac{x}{2}$$

— результат, уже известный нам [см. сноску на стр. 143].

Обратимся теперь к случаю неявного задания кривой уравнением (2). Если допустить, что это уравнение вблизи интересующей нас точки равносильно уравнению вида (1) *), то кривая в этой точке заведомо имеет касательную (4). В n°**141**, 4) мы научились выражать производную y'_x «неявной» функции — нам непосредственно не известной — через известные производные F'_x и F'_y; именно, мы имели

$$y'_x = -\frac{F'_x(x, y)}{F'_y(x, y)},$$

в предположении, что $F'_y \neq 0$. [Заметим попутно, что это как раз и есть то условие, при соблюдении которого уравнение (2) в о к р е с т н о с т и р а с с м а т р и в а е м о й т о ч к и к р и в о й оказывается равносильным уравнению вида (1).] Подставляя найденное выражение для y'_x в уравнение касательной, после простых преобразований получим уравнение:

$$F'_x(x, y)(X - x) + F'_y(x, y)(Y - y) = 0. \tag{7}$$

Ввиду полной симметричности его относительно x и y, ясно, что то же уравнение для касательной получится, если обменять x и y ролями, предполагая $F'_x \neq 0$. Лишь если в рассматриваемой точке о б е производные F'_x, F'_y одновременно равны нулю, равенство (7) превращается в тождество и перестает быть уравнением определенной прямой. В этом случае точку (x, y) называют о с о б о й т о ч к о й кривой; в особой точке кривая на деле может и не иметь определенной касательной!

П р и м е р ы. 2) *Парабола:* $y^2 = 2px$ (рис. 99). Продифференцируем это равенство, считая y функцией от x; получим $yy'_x = p$. Таким образом [см. (6)], поднормаль параболы есть постоянная величина. Отсюда вытекает простой способ построения нормали, а с ней и касательной к параболе.

*) Та же сноска, что на стр. 392.

Впрочем, в этом случае и подкасательная выражается просто — разделив

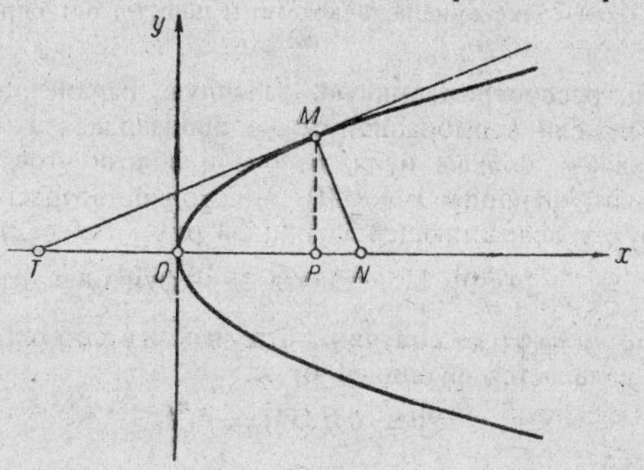

Рис. 99.

уравнение параболы почленно на только что полученное равенство, сразу находим:

$$\frac{y}{y'_x} = 2x, \quad \text{или} \quad sbt = 2x.$$

3) *Эллипс*: $\frac{x^2}{a^2} + \frac{y^2}{b^2} = 1$ (рис. 100).

По формуле (7) имеем такое уравнение касательной:

$$\frac{x}{a^2}(X - x) + \frac{y}{b^2}(Y - y) = 0.$$

Учитывая само уравнение эллипса, можно последнее уравнение переписать в более простом виде:

$$\frac{xX}{a^2} + \frac{yY}{b^2} = 1.$$

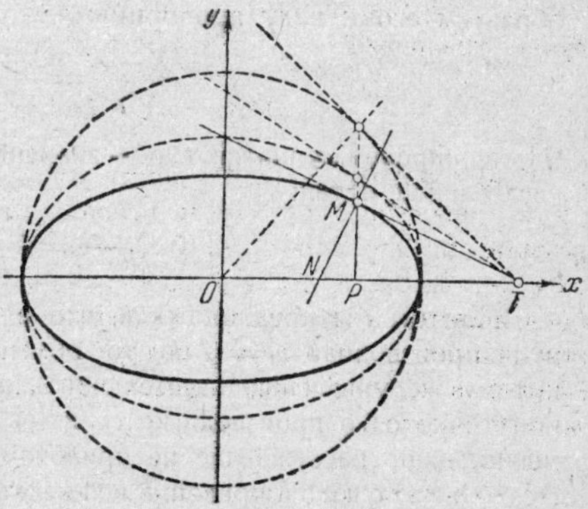

Рис. 100.

Полагая здесь $Y = 0$, найдем $X = \frac{a^2}{x}$. Таким образом, точка T пересечения касательной с осью x не зависит ни от y, ни от b. Касательные к различным эллипсам, отвечающим различным значениям b, в их точках, имеющих абсциссу x, все проходят через одну и ту же точку T на оси x. Так как при $b = a$ получается окружность, для которой касательная строится просто, то точка T сразу определяется, и это приводит к простому способу построения касательной к эллипсу, ясному из чертежа

4) Для *декартова листа*: $x^3 + y^3 - 3axy = 0$ обе частные производные от левой части уравнения

$$3(x^2 - ay) \text{ и } 3(y^2 - ax)$$

обращаются в нуль одновременно в начале координат; как видно из рис. 95, в этой *особой* точке кривой, в действительности, нет определенной касательной.

Наконец, рассмотрим кривую, заданную параметрическими уравнениями (3). Если в выбранной точке производная $x'_t = \varphi'(t)$ отлична от нуля, скажем, больше нуля, то она и вблизи этой точки положительна; значит, функция $x = \varphi(t)$ монотонно возрастает [n°**111**], а тогда и t будет возрастающей функцией от x: $t = t(x)$ [n°**71**], с производной $t'_x = \frac{1}{x'_t}$ [n°**80**]. Подставляя эту функцию от x, вместо t, в уравнение $y = \psi(t)$, получим, что *на некотором участке кривой* y является функцией от x:

$$y = \psi(t(x)) = f(x),$$

также имеющей производную. Таким образом оказывается, что примыкающий к взятой точке отрезок кривой способен выражаться и явным уравнением: в таком случае кривая в этой точке имеет касательную.

Угловой коэффициент касательной может быть выражен следующим образом:

$$\operatorname{tg}\alpha = y'_x = \frac{dy}{dx} = \frac{\frac{dy}{dt}}{\frac{dx}{dt}} = \frac{y'_t}{x'_t}. \tag{8}$$

Подставляя это выражение в уравнение (4) касательной, легко преобразуем его к виду пропорции:

$$\frac{X - x}{x'_t} = \frac{Y - y}{y'_t}. \tag{9}$$

Часто, впрочем, умножают оба знаменателя на dt и пишут уравнение касательной и так:

$$\frac{X - x}{dx} = \frac{Y - y}{dy}. \tag{10}$$

Если бы мы предположили, что в выбранной точке отлична от нуля производная $y'_t = \psi'(t)$, то, обменяв x, y ролями, пришли бы к тому же уравнению касательной. Лишь в том случае, когда в данной точке *обе* производные x'_t и y'_t обращаются в нуль одновременно, наше рассуждение не приложимо. Такая точка тоже называется *особой точкой* кривой: в ней касательной может и не быть. Кстати, и уравнения (9) или (10) теряют смысл: оба знаменателя — нули.

5) В качестве *примера* рассмотрим задачу о проведении касательной к *циклоиде*: $x = a(t - \sin t)$, $y = a(1 - \cos t)$ (рис. 97). Имеем в этом случае

$$x'_t = a(1 - \cos t), \quad y'_t = a \sin t,$$

так что особыми будут точки, отвечающие $t=2k\pi$ $(k=0,\ \pm 1,\ \pm 2,\ \ldots)$. За исключением этих точек, по формуле (8),

$$\operatorname{tg}\alpha=\frac{\sin t}{1-\cos t}=\operatorname{ctg}\frac{t}{2}=\operatorname{tg}\left(\frac{\pi}{2}-\frac{t}{2}\right),$$

и можно принять $\alpha=\frac{\pi}{2}-\frac{t}{2}$.

Вспомним (рис. 97), что $t=\sphericalangle MDN$, так что $\sphericalangle MEN=\frac{t}{2}$. Если продолжить прямую EM до пересечения в T с осью x, то $\sphericalangle ETx=\frac{\pi}{2}-\frac{t}{2}=\alpha$. Следовательно, прямая ME, соединяющая точку циклоиды с высшей точкой катящегося круга в соответствующем положении, и будет касательной. Отсюда ясно, что прямая MN будет нормалью.

Впоследствии нам полезно будет выражение для отрезка n нормали до пересечения с осью x, которое легко получить из прямоугольного треугольника MEN. Именно,

$$n=MN=2a\sin\frac{t}{2}.$$

На этот раз и в особых точках касательные существуют — они параллельны оси y; однако самое расположение кривой относительно касательных в этих точках необычно: налицо острия («точки возврата»).

211. Положительное направление касательной. До сих пор мы определяли положение касательной к кривой се угловым коэффициентом $\operatorname{tg}\alpha$, не различая двух противоположных направлений на самой касательной: $\operatorname{tg}\alpha$ для обоих один и тот же. В некоторых исследованиях, однако, представляется необходимым фиксировать одно из этих направлений.

Представим себе кривую, заданную параметрическими уравнениями (3), и рассмотрим «обыкновенную», т. е. не особую, ее точку. В этой точке, как мы видели в n° **202**, существуют производные

$$x'_s=\frac{dx}{ds},\quad y'_s=\frac{dy}{ds},$$

причем

$$\left(\frac{dx}{ds}\right)^2+\left(\frac{dy}{ds}\right)^2=1, \tag{11}$$

как это легко получить из основного соотношения

$$dx^2+dy^2=ds^2$$

[**202**, (6)] делением на ds^2.

Прежде чем перейти к существу указанного в заголовке вопроса, установим одно вспомогательное утверждение, которое будет нам полезно и в последующем.

Лемма. *Пусть M — обыкновенная точка кривой* (рис. 101). *Если через M_1 обозначить переменную точку той же кривой, то* *при стремлении M_1 к M отношение длины хорды MM_1 к длине дуги $\overset{\frown}{MM_1}$ будет стремиться к единице:*

$$\lim_{M_1 \to M} \frac{MM_1}{\overset{\frown}{MM_1}} = 1. \tag{12}$$

Примем дугу за параметр, и пусть точка M отвечает значению s дуги, а точка M_1 — значению $s + \Delta s$. Их координаты пусть будут, соответственно, x, y и $x + \Delta x$, $y + \Delta y$. Тогда $\overset{\frown}{MM_1} = |\Delta s|$, а $MM_1 = \sqrt{\Delta x^2 + \Delta y^2}$, так что

$$\frac{MM_1}{\overset{\frown}{MM_1}} = \frac{\sqrt{\Delta x^2 + \Delta y^2}}{|\Delta s|} = \sqrt{\left(\frac{\Delta x}{\Delta s}\right)^2 + \left(\frac{\Delta y}{\Delta s}\right)^2}.$$

Переходя справа к пределу при $\Delta s \to 0$, в силу (11) и получаем требуемый результат.

Итак, при указанных условиях *бесконечно малые хорда и дуга оказываются эквивалентными.*

Пусть теперь на рассматриваемой кривой выбраны начальная точка и определенное направление для отсчета дуг; возьмем снова дугу за параметр, определяющий положение точки на кривой.

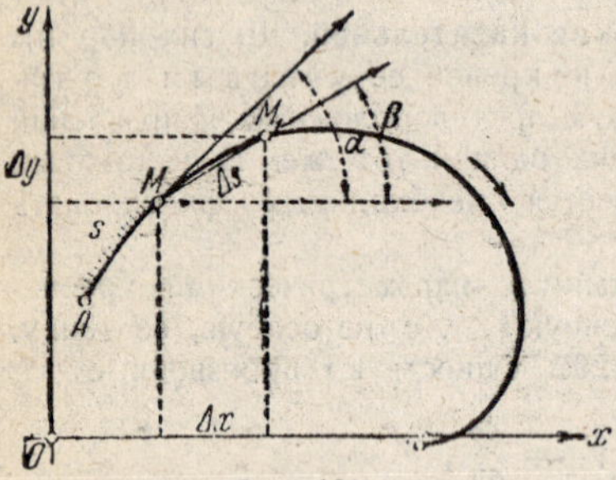

Рис. 101.

Пусть точке M, о которой была речь, отвечает дуга s. Если придать s *положительное* приращение Δs, то дуга $s + \Delta s$ определит новую точку M_1, лежащую от M *в сторону возрастания дуг*. Секущую направим от M к M_1, и угол, составленный именно этим направлением секущей с положительным направлением оси x, обозначим через β. Проектируя отрезок MM_1 на оси координат (рис. 101), по известной теореме из теории проекций, получим

$$\text{пр.}_x\, MM_1 = \Delta x = MM_1 \cos\beta, \qquad \text{пр.}_y\, MM_1 = \Delta y = MM_1 \sin\beta,$$

откуда

$$\cos\beta = \frac{\Delta x}{MM_1}, \qquad \sin\beta = \frac{\Delta y}{MM_1}.$$

Так как $\overset{\frown}{MM_1} = \Delta s$, то эти равенства можно переписать так:

$$\cos\beta = \frac{\Delta x}{\Delta s} \cdot \frac{\overset{\frown}{MM_1}}{MM_1}, \quad \sin\beta = \frac{\Delta y}{\Delta s} \cdot \frac{\overset{\frown}{MM_1}}{MM_1}. \tag{13}$$

Будем называть п о л о ж и т е л ь н ы м *то направление касательной, которое идет* в с т о р о н у в о з р а с т а н и я д у г; точнее говоря, оно определяется как предельное положение при $\Delta s \to 0$ для луча MM_1, направленного так, как это разъяснено выше. Если угол положительного направления касательной с положительным направлением оси x обозначить через α, то из (13) получим в пределе, с учетом (12),

$$\cos\alpha = \frac{dx}{ds}, \qquad \sin\alpha = \frac{dy}{ds}. \tag{14}$$

Эти формулы определяют угол α уже с точностью до $2k\pi$ (k — целое), следовательно, действительно фиксируют о д н о из двух возможных направлений касательной, именно — п о л о ж и т е л ь н о е.

212. Случай пространственной кривой. На этом случае мы остановимся лишь вкратце, ввиду полной аналогии его со случаем плоской кривой.

Подобно тому, как мы это делали на плоскости, координаты переменной точки п р о с т р а н с т в е н н о й к р и в о й можно задать в функции от некоторой вспомогательной переменной — п а р а м е т р а t:

$$x = \varphi(t), \quad y = \psi(t), \quad z = \chi(t), \tag{15}$$

с тем, чтобы при изменении параметра t точка, координаты которой даются этими уравнениями, описывала рассматриваемую кривую.

В случае пространственной кривой (15), определение касательной остается тем же, что и для плоской кривой. Исключим из рассмотрения о с о б ы е точки кривой, для которых производные x'_t, y'_t, z'_t обращаются в нуль одновременно, и возьмем какую-либо о б ы к н о в е н н у ю точку $M(x, y, z)$ кривой, определяемую значением t параметра. Придадим t приращение Δt, тогда наращенному значению $t + \Delta t$ параметра будет отвечать другая точка $M_1(x + \Delta x, y + \Delta y, z + \Delta z)$. Уравнения секущей MM' будут иметь вид

$$\frac{X - x}{\Delta x} = \frac{Y - y}{\Delta y} = \frac{Z - z}{\Delta z},$$

где X, Y, Z — текущие координаты. Геометрический смысл этих уравнений не изменится, если мы все знаменатели разделим на Δt:

$$\frac{X - x}{\frac{\Delta x}{\Delta t}} = \frac{Y - y}{\frac{\Delta y}{\Delta t}} = \frac{Z - z}{\frac{\Delta z}{\Delta t}}.$$

Если эти уравнения в пределе, при $\Delta t \to 0$, сохраняют определенный смысл, то этим будет установлено существование п р е д е л ь н о г о п о л о ж е н и я секущей, т. е. к а с а т е л ь н о й*). Но в пределе

*) Мы переходили к пределу при $\Delta t \to 0$, но можно показать, что это равносильно, так сказать, более геометричному предположению: $MM_1 \to 0$.

мы получим

$$\frac{X-x}{x'_t}=\frac{Y-y}{y'_t}=\frac{Z-z}{z'_t}, \tag{16}$$

и эти уравнения, действительно, выражают прямую, поскольку не все знаменатели — нули. Таким образом, в каждой обыкновенной точке кривой касательная и существует и выражается этими уравнениями. Для особой точки вопрос о касательной остается открытым.

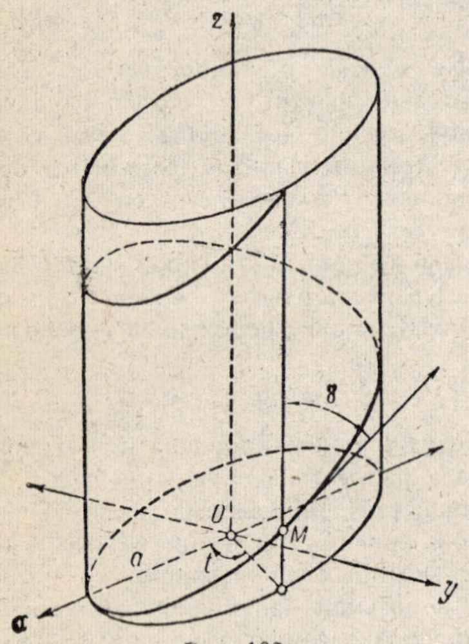

Рис. 102.

Иногда уравнения (16) удобно писать в виде

$$\frac{X-x}{dx}=\frac{Y-y}{dy}=\frac{Z-z}{dz}, \tag{17}$$

который получается из (16) умножением всех знаменателей на dt.

Если через α, β, γ обозначить углы, составленные касательной с осями координат, то направляющие косинусы $\cos\alpha$, $\cos\beta$, $\cos\gamma$ выразятся так:

$$\cos\alpha=\frac{x'_t}{\pm\sqrt{x'^2_t+y'^2_t+z'^2_t}},$$

$$\cos\beta=\frac{y'_t}{\pm\sqrt{x'^2_t+y'^2_t+z'^2_t}},$$

$$\cos\gamma=\frac{z'_t}{\pm\sqrt{x'^2_t+y'^2_t+z'^2_t}}.$$

Выбор определенного знака перед радикалом отвечает выбору определенного направления касательной.

В качестве **примера** рассмотрим *винтовую линию* (рис. 102)

$$x=a\cos t,\quad y=a\sin t,\quad z=ct.$$

В этом случае

$$x'_t=-a\sin t,\quad y'_t=a\cos t,\quad z'_t=c,$$

и уравнения касательной имеют вид:

$$\frac{X-x}{-a\sin t}=\frac{Y-y}{a\cos t}=\frac{Z-z}{c}.$$

Направляющие косинусы касательной:

$$\cos\alpha=-\frac{a\sin t}{\sqrt{a^2+c^2}},\quad \cos\beta=\frac{a\cos t}{\sqrt{a^2+c^2}},\quad \cos\gamma=\frac{c}{\sqrt{a^2+c^2}}.$$

Отметим, что $\cos\gamma = \text{const}$, следовательно, и $\gamma = \text{const}$. Если представить себе винтовую линию навернутой на прямой круглый цилиндр, то можно сказать, что винтовая линия пересекает все образующие этого цилиндра под постоянным углом.

Для пространственной кривой, так же как и для плоской, в качестве параметра, определяющего положение точки, может быть выбрана дуга s, отсчитываемая от произвольно выбранного начала в определенном направлении. За положительное направление касательной выбирают направление в сторону возрастания дуг. Если речь идет об обыкновенной точке кривой, то для нее направляющие косинусы положительно направленной касательной выразятся так:

$$\cos\alpha = \frac{dx}{ds}, \quad \cos\beta = \frac{dy}{ds}, \quad \cos\gamma = \frac{dz}{ds} \tag{18}$$

[ср. n° **211**].

213. Касательная плоскость к поверхности. Мы имели уже дело [n° **124**] с поверхностью, задаваемой уравнением

$$z = f(x, y); \tag{19}$$

это — явное задание поверхности *). В аналитической геометрии чаще поверхность задается неявным уравнением:

$$F(x, y, z) = 0, \tag{20}$$

не разрешенным относительно ни одной переменной.

Примеры. $\dfrac{x^2}{a^2} + \dfrac{y^2}{b^2} + \dfrac{z^2}{c^2} - 1 = 0$ *(эллипсоид)*,

$$\frac{x^2}{a^2} + \frac{y^2}{b^2} - \frac{z^2}{c^2} = 0 \quad \textit{(конус второго порядка)}.$$

Как и в случае неявного задания плоской кривой, при известных условиях **), и здесь уравнение (20) оказывается равносильным уравнению вида (19), определяя одну из координат как функцию от двух остальных (с непрерывными частными производными), хотя мы можем и не знать явного выражения для этой функции.

Пусть $M(x, y, z)$ будет какая-либо точка поверхности (20). Проведем через M по поверхности произвольную кривую и в названной точке построим к этой кривой касательную; таких кривых (и касательных к ним) существует бесчисленное множество.

Если все касательные в точке M к различным кривым, проведенным через эту точку по поверхности, лежат в одной плоскости, то саму плоскость называют **касательной**

---

*) Конечно, особая роль z случайна; явным будет и задание поверхности уравнениями вида: $x = g(y, z)$ или $y = h(z, x)$.

**) См. сноску на стр. 392.

плоскостью к поверхности в точке M; точку же M при этом называют точкой касания.

Кривую, проведенную по поверхности (20), можно вообще представить себе аналитически выраженной уравнениями вида (15). Так как, по предположению, кривая лежит на поверхности всеми своими точками, то при подстановке в уравнение (20) вместо x, y, z, соответственно, функций φ, ψ, χ, это уравнение обратится в тождество относительно параметра t. Дифференцируя это тождество по t, получим [с использованием инвариантности формы (первого) дифференциала, n° 143]:

$$F'_x \cdot dx + F'_y \cdot dy + F'_z \cdot dz = 0, \tag{21}$$

где в качестве значений аргументов функций F'_x, F'_y, F'_z можно, в частности, взять координаты x, y, z точки касания M, а под dx, dy, dz надлежит разуметь дифференциалы функций (15) при соответствующем значении t. С другой стороны, касательная к рассматриваемой кривой в точке $M(x, y, z)$ выразится уравнениями (17), где X, Y, Z — текущие координаты, а dx, dy, dz — те же, что и только что. Подставляя в (21) вместо dx, dy, dz пропорциональные им — в силу (17) — разности $X-x$, $Y-y$, $Z-z$, получим окончательно равенство

$$F'_x(X-x) + F'_y(Y-y) + F'_z(Z-z) = 0, \tag{22}$$

которое, таким образом, выполняется для всех точек любой из (упомянутых в определении) касательных. Если хоть одна из производных F'_x, F'_y, F'_z в точке M отлична от нуля, то равенство (22) представляет уравнение плоскости, которая и будет касательной плоскостью.

В том исключительном случае, когда в рассматриваемой точке одновременно

$$F'_x = F'_y = F'_z = 0$$

(такая точка называется особой), равенство (22) обращается в тождество, и касательная плоскость может и не существовать.

Примеры. 1) *Эллипсоид*:

$$\frac{x^2}{a^2} + \frac{y^2}{b^2} + \frac{z^2}{c^2} = 1.$$

Касательная плоскость получается по формуле (22), с учетом самого уравнения эллипсоида, в виде:

$$\frac{xX}{a^2} + \frac{yY}{b^2} + \frac{zZ}{c^2} = 1.$$

2) *Конус второго порядка*:

$$\frac{x^2}{a^2} + \frac{y^2}{b^2} - \frac{z^2}{c^2} = 0.$$

Касательная плоскость:

$$\frac{xX}{a^2}+\frac{yY}{b^2}-\frac{zZ}{c^2}=0.$$

В вершине (0, 0, 0) конуса, которая является особой точкой, это уравнение теряет смысл, и касательной плоскости нет.

Направляющие косинусы нормали к поверхности (так называется перпендикуляр к касательной плоскости в точке касания), очевидно, будут

$$\cos\lambda=\frac{F'_x}{\pm\sqrt{F'^2_x+F'^2_y+F'^2_z}},\quad \cos\mu=\frac{F'_y}{\pm\sqrt{F'^2_x+F'^2_y+F'^2_z}},$$

$$\cos\nu=\frac{F'_z}{\pm\sqrt{F'^2_x+F'^2_y+F'^2_z}}.$$

Явное уравнение (19) можно, переписав в виде

$$z-f(x, y)=0,$$

рассматривать как частный случай уравнения (20). Если ввести стандартные обозначения:

$$\frac{\partial f}{\partial x}=p,\quad \frac{\partial f}{\partial y}=q,$$

то для этого случая уравнение касательной плоскости (22) перепишется так:

$$Z-z=p(X-x)+q(Y-y), \tag{23}$$

а направляющие косинусы нормали будут:

$$\left.\begin{aligned}\cos\lambda=\frac{-p}{\pm\sqrt{1+p^2+q^2}},\quad \cos\mu=\frac{-q}{\pm\sqrt{1+p^2+q^2}},\\ \cos\nu=\frac{1}{\pm\sqrt{1+p^2+q^2}}.\end{aligned}\right\} \tag{24}$$

§ 2. КРИВИЗНА ПЛОСКОЙ КРИВОЙ

214. Направление вогнутости, точки перегиба. Рассмотрим какую-либо плоскую кривую, заданную, скажем, явным уравнением $y=f(x)$, и точку $M(x_0, f(x_0))$ на ней.

Говорят, что *в точке M кривая направлена вогнутостью в определенную сторону от касательной*, если в достаточно малой окрестности точки M кривая всеми точками лежит именно с этой стороны касательной (рис. 103). Точку называют *точкой перегиба*, если — снова в достаточно малой окрестности ее — точки кривой с абсциссами

$x < x_0$ лежат по одну сторону касательной, а точки с абсциссами $x > x_0$ — по другую, т. е. если в точке M кривая переходит с одной стороны касательной на другую или, короче, пересекает касательную (рис. 104).

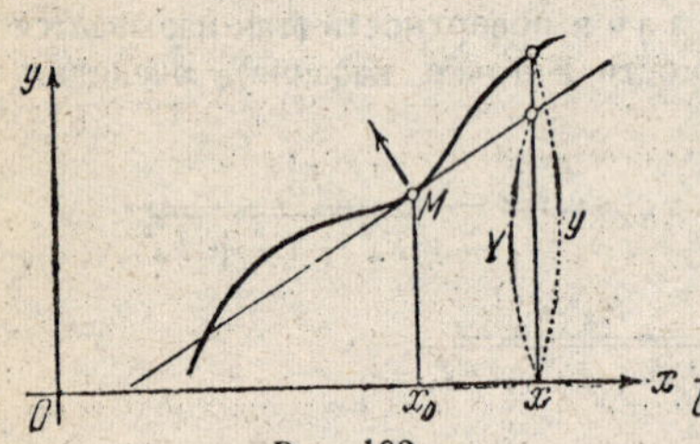

Рис. 103.

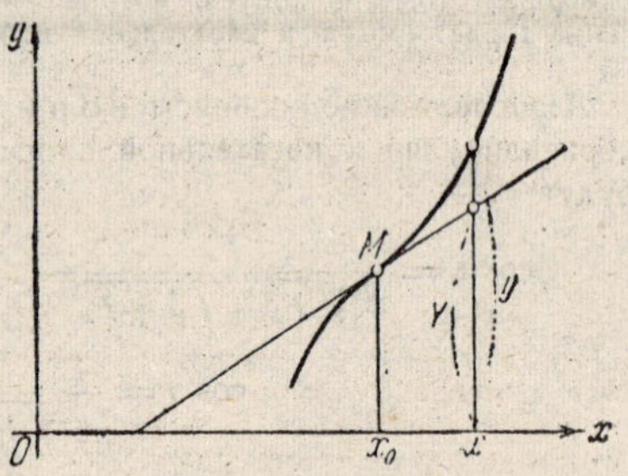

Рис. 104.

Так как уравнение касательной в точке M будет таково:

$$Y = f(x_0) + f'(x_0)(x - x_0)\ ^{*)},$$

то для решения вопроса о направлении вогнутости или о наличии перегиба нужно изучить знак разности

$$y - Y = f(x) - f(x_0) - f'(x_0)(x - x_0)$$

в окрестности точки x_0. Предположим существование в этой окрестности непрерывной второй производной $f''(x)$.

Пусть сначала $f''(x_0) \neq 0$. Прибегнув к формуле Тейлора с дополнительным членом в форме Пеано [n° **107, (17)**] при $n = 2$, получим:

$$y - Y = \frac{f''(x_0) + \alpha}{2!}(x - x_0)^2,$$

где $\alpha \to 0$ при $x \to x_0$. Для значений x, достаточно близких к x_0, эта разность сохраняет знак числа $f''(x_0)$, следовательно, *при* $f''(x_0) > 0$ *кривая в точке* M *вогнутостью направлена вверх, а при* $f''(x_0) < 0$ — *вниз*.

Если $f''(x_0) = 0$, то справа остается лишь член $\frac{\alpha}{2}$, который ничего не говорит о знаке разности $y - Y$. В этом случае возьмем дополнительный член в форме Лагранжа [n° **106, (12)**] также при $n = 2$:

$$y - Y = \frac{f''(c)}{2!}(x - x_0)^2,$$

*) Мы отошли здесь от обозначений, использованных в n° **210** [см. (4)], но по-прежнему обозначили текущую ординату точки касательной через Y, чтобы отличить ее от ординаты $y = f(x)$ точки кривой с той же абсциссой x.

где либо $x < c < x_0$, либо $x_0 < c < x$. *Если вблизи значения* x_0 *вторая производная* $f''(x)$ *сохраняет (как слева, так и справа) знак плюс или минус, то тот же знак сохраняет и разность* $y - Y$, *и вогнутость в точке* M, *направлена соответственно вверх или вниз.*

Наоборот, *если* $f''(x)$ *меняет знак при переходе через точку* x_0, *то меняет знак и разность* $y - Y$, *и в точке* M *налицо перегиб.* В этом случае точка перегиба M, если ограничиться достаточно малой ее окрестностью, как бы отделяет те точки, где вогнутость кривой направлена вверх, от точек с направлением вогнутости вниз *).

Для примера рассмотрим *синусоиду*: $y = \sin x$; здесь $y'' = -\sin x = -y$. Следовательно, в промежутках, где $\sin x$ сохраняет знак плюс (минус), синусоида вогнутостью направлена вниз (вверх). Для значений вида $x = k\pi$ (k — целое) y'' обращается в нуль, меняя при этом знак; им отвечают точки перегиба синусоиды. Наоборот, для функции $y = x^4$ имеем $y'' = 12x^2$, и хотя при $x = 0$ вторая производная обращается в нуль, но при других значениях x она сохраняет знак плюс, и кривая везде направлена вогнутостью вверх.

Для наличия перегиба (если предположить существование второй производной) условие $y'' = 0$ *является* ***необходимым***, *но* ***не достаточным.***

В этом легко усматривается аналогия с теорией экстремумов [ср. **112** и след.].

Заметим в заключение, что, вместо исследования знака второй производной $f''(x)$ вблизи точки x_0, здесь также можно рассматривать последовательные производные $f'''(x_0), f^{(4)}(x_0), \ldots$ в самой точке x_0. Так как относящиеся сюда соображения вполне аналогичны проведенным в n° **117**, то предоставляем их читателю.

Замечание. Исследование кривой на точки перегиба позволяет уточнить построение графиков функций по сравнению с тем, что об этом сказано в n° **115**.

215. Понятие кривизны. Рассмотрим дугу кривой без кратных и особых точек, заданную параметрическими уравнениями

$$x = \varphi(t), \quad y = \psi(t). \tag{1}$$

Если в каждой ее точке провести касательную (скажем, в положительном направлении), то вследствие «искривленности» кривой эта касательная с перемещением точки касания будет вращаться; этим кривая существенно отличается от прямой, для которой касательная (совпадающая с ней) сохраняет одно и то же направление для всех точек.

Важным элементом, характеризующим течение кривой, является «степень искривленности» или «кривизна» ее в различных точках; эту кривизну можно выразить числом.

---

*) Иногда именно это свойство кладут в основу определения точек перегиба. Такое определение не вполне равносильно определению, данному в тексте.

Пусть $\overset{\smile}{MM_1}$ (рис. 105) есть дуга кривой; рассмотрим касательные MT и M_1T_1, проведенные (в положительном направлении) в конечных точках этой дуги. Естественно кривизну кривой характеризовать углом поворота касательной, рассчитанным на единицу длины дуги, т. е. отношением $\frac{\omega}{\sigma}$, где угол ω измеряется в радианах, а длина σ — в выбранных единицах длины. *Это отношение называют **средней кривизной дуги** кривой.*

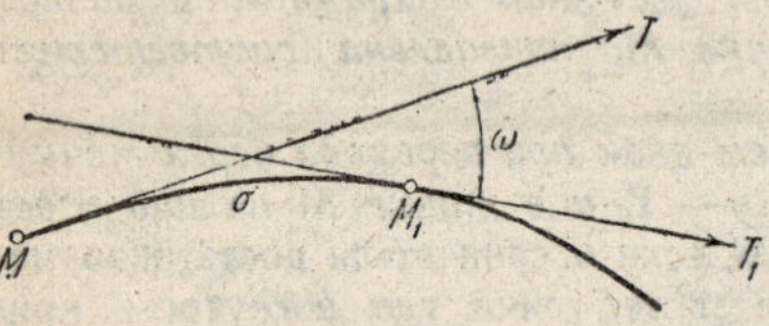

Рис. 105.

На различных участках кривой средняя кривизна ее будет, вообще говоря, различной. Существует, впрочем (единственная), кривая, для которой средняя кривизна везде одинакова: это окружность *). Действительно, для нее имеем (рис. 106)

$$\frac{\omega}{\sigma}=\frac{\omega}{R\omega}=\frac{1}{R},$$

о какой бы дуге окружности ни шла речь.

От понятия средней кривизны дуги $\overset{\smile}{MM_1}$ перейдем к понятию кривизны в точке.

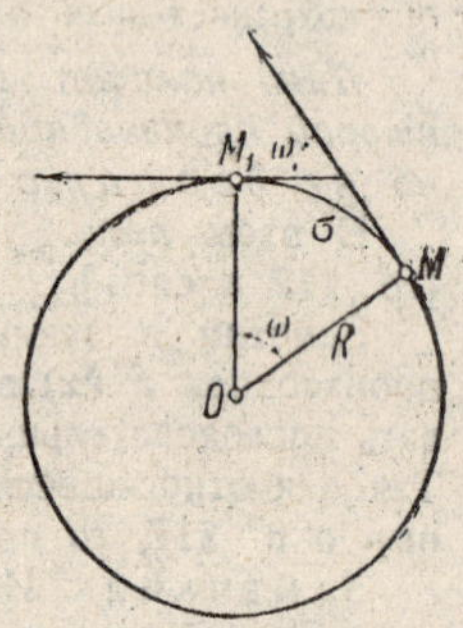

Рис. 106.

Кривизной кривой в точке M называется предел, к которому стремится средняя кривизна дуги $\overset{\smile}{MM_1}$, когда точка M_1 вдоль по кривой стремится к M.

Обозначив кривизну кривой в данной точке буквой k, будем иметь

$$k=\lim_{\sigma\to 0}\frac{\omega}{\sigma}.$$

Для окружности, очевидно, $k=\frac{1}{R}$, т. е. кривизна окружности есть величина, обратная радиусу окружности.

Замечание. Понятия средней кривизны и кривизны в данной точке совершенно аналогичны понятиям средней скорости и скорости в данный момент для движущейся точки. Можно сказать, что средняя кривизна характеризует среднюю скорость изменения направления касательной на некоторой дуге, а кривизна в точке — истинную скорость изменения этого направления, приуроченную к данной точке.

*) Не считая, разумеется, прямой, для которой кривизна всегда нуль.

Обратимся теперь к выводу аналитического выражения для кривизны, по которому ее можно было бы вычислять, исходя из параметрического задания кривой.

Предположим сначала, что в роли параметра фигурирует дуга. Возьмем на кривой обыкновенную точку M, и пусть ей отвечает значение s дуги. Придав s произвольное приращение Δs, получим другую точку $M_1(s+\Delta s)$ (рис. 107). Приращение $\Delta\alpha$ угла наклона касательной при переходе от M к M_1 даст угол ω между обеими касательными: $\omega=\Delta\alpha$. Так как $\sigma=\Delta s$, то средняя кривизна будет равна $\frac{\Delta\alpha}{\Delta s}$.

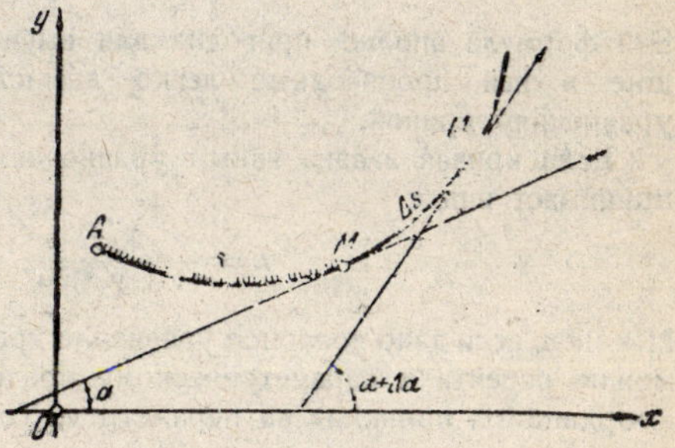

Рис. 107.

Устремив $\overset{\frown}{MM_1}=\Delta s$ к нулю, для кривизны кривой в точке M получим выражение

$$k=\frac{d\alpha}{ds}. \tag{2}$$

Важно отметить, впрочем, что эта формула верна лишь с точностью до знака, так как кривизна, по нашему определению, есть число неотрицательное, а справа может получиться и отрицательный результат. Дело в том, что как $\Delta\alpha$, так и Δs могут быть отрицательными, так что, строго говоря, следовало бы писать: $\omega=|\Delta\alpha|$, $\sigma=|\Delta s|$ и, наконец,

$$k=\left|\frac{d\alpha}{ds}\right|.$$

Это замечание следует иметь в виду и впредь.

Для того чтобы придать формуле (2) вид, удобный для непосредственного вычисления (а вместе с тем установить самое существование кривизны), на этот раз предположим, что функции φ и ψ, фигурирующие в параметрическом задании (1) кривой, имеют непрерывные производные первых двух порядков.

Если рассматриваемая точка $M(t)$ является обыкновенной, то без умаления общности можно считать, что именно $x'_t=\varphi'(t)\neq 0$.

Перепишем теперь формулу (2) иначе:

$$k=\frac{d\alpha}{ds}=\frac{\alpha'_t}{s'_t}. \tag{3}$$

Но $s'_t=\sqrt{x'^2_t+y'^2_t}$ [n° **202**, (5)], остается лишь найти α'_t. Так как [n° **211**, (8)]

$$\operatorname{tg}\alpha=\frac{y'_t}{x'_t} \quad \text{и} \quad \alpha=\operatorname{arctg}\frac{y'_t}{x'_t},$$

то

$$\alpha'_t = \frac{1}{1+\left(\frac{y'_t}{x'_t}\right)^2} \frac{x'_t y''_{t^2} - x''_{t^2} y'_t}{x'^2_t} = \frac{x'_t y''_{t^2} - x''_{t^2} y'_t}{x'^2_t + y'^2_t}. \tag{4}$$

Подставив в (3) значения s'_t и α'_t, придем к окончательной формуле:

$$k = \frac{x'_t y''_{t^2} - x''_{t^2} y'_t}{(x'^2_t + y'^2_t)^{3/2}}. \tag{5}$$

Эта формула вполне пригодна для вычисления, ибо все фигурирующие в ней производные легко вычисляются по параметрическим уравнениям кривой.

Если кривая задана явным уравнением $y = f(x)$, то эта формула принимает вид

$$k = \frac{y''_{x^2}}{(1 + y'^2_x)^{3/2}}. \tag{5а}$$

Наконец, если дано полярное уравнение кривой: $r = g(\theta)$, то, как обычно, можно перейти к параметрическому представлению в прямоугольных координатах, принимая за параметр θ. Тогда с помощью (5) получим

$$k = \frac{r^2 + 2r'^2_\theta - rr''_{\theta^2}}{(r^2 + r'^2_\theta)^{3/2}}. \tag{5б}$$

216. Круг кривизны и радиус кривизны. Во многих исследованиях представляется удобным приближенно заменить кривую вблизи рассматриваемой точки окружностью, имеющей ту же кривизну, что и кривая в этой точке.

Мы будем называть кругом) кривизны кривой в данной на ней точке M круг, который*

1) *касается кривой в точке M;*

2) *направлен вогнутостью в этой точке в ту же сторону, что и кривая;*

3) *имеет ту же кривизну, что и кривая в точке M* (рис. 108).

Центр C круга кривизны называется просто центром кривизны, а радиус этого круга — радиусом кривизны (кривой в данной точке).

Из определения круга кривизны явствует, что центр кривизны всегда лежит на нормали к кривой в рассматриваемой точке со стороны вогнутости. Если кривизну кривой в данной точке обозначить через k, то, вспоминая (п° 215), что для окружности имели формулу $k = \frac{1}{R}$, теперь для радиуса кривизны, очевидно, будем иметь

$$R = \frac{1}{k}.$$

---

*) В этом контексте слово «круг» привычным образом употребляется в смысле «окружность».

Пользуясь различными выражениями, выведенными в предыдущем номере для кривизны, мы можем сразу же написать ряд формул для радиуса кривизны:

$$R=\frac{ds}{d\alpha}, \qquad (6)$$

$$R=\frac{\left(x_t'^2+y_t'^2\right)^{3/2}}{x_t'y_{t^2}''-x_{t^2}''y_t'}, \qquad (7)$$

$$R=\frac{\left(1+y_x'^2\right)^{3/2}}{y_{x^2}''}, \qquad (7а)$$

$$R=\frac{\left(r^2+r_\theta'^2\right)^{3/2}}{r^2+2r_\theta'^2-rr_{\theta^2}''}, \qquad (7б)$$

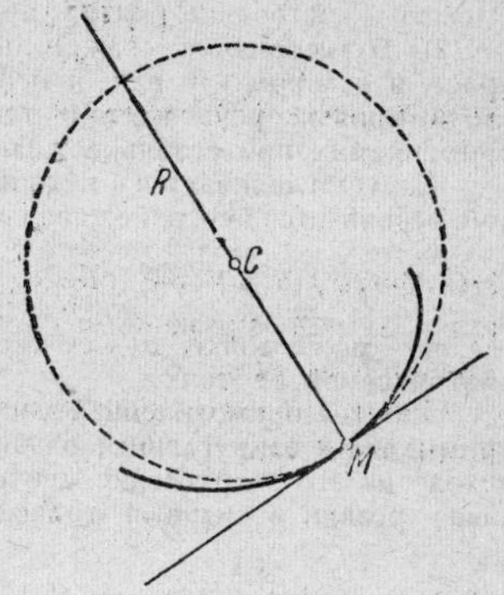

Рис. 108.

которые и применяются в соответственных случаях.

Сюда также относится замечание о знаке, которое было сделано по поводу выражения для кривизны [n° 215].

Впрочем, вместо отбрасывания знака, можно было бы истолковать его геометрически, связывая это с тем, в какую сторону от (положительно направленной [n° 211]) касательной приходится откладывать радиус кривизны по нормали в точке касания. Именно, *при обычном расположении координатных осей* положительный знак радиуса кривизны указывает на то, что он направлен влево от касательной, при отрицательном же знаке — он направлен вправо *). Это особенно легко проверить на случае явного задания кривой, ибо тогда [см. (7а)] знак радиуса кривизны совпадает со знаком y_{x^2}'', а последний — как мы знаем [n° **214**] — как раз и определяет, в какую сторону от касательной направлена вогнутость кривой (а с нею — и радиус кривизны).

Примеры. 1) Определить радиус кривизны *циклоиды*: $x=a(t-\sin t)$, $y=a(1-\cos t)$ (рис. 97 на стр. 393).

Так как [n° **210**, 5)] $\alpha=\frac{\pi}{2}-\frac{t}{2}$, то $d\alpha=-\frac{1}{2}dt$; с другой же стороны [n° **201**, 2)], $\sqrt{x_t'^2+y_t'^2}=2a\sin\frac{t}{2}$, т. е. $ds=2a\sin\frac{t}{2}dt$. В таком случае для вычисления R можно воспользоваться формулой (6):

$$R=\frac{ds}{d\alpha}=\frac{2a\sin\frac{t}{2}\,dt}{-\frac{1}{2}dt}=-4a\sin\frac{t}{2}.$$

---

*) При этом следует помнить, что положительное направление отсчета дуг отвечает возрастанию параметра (t, x или θ).

Если вспомнить выведенное нами в n° 210, 5) выражение для отрезка нормали n до пересечения с осью x, то окажется, что

$$R = -2n.$$

Отсюда — построение центра кривизны C, ясное из рисунка.

2) В заключение скажем несколько слов об одном практическом вопросе, в котором как раз и используется существенно изменение кривизны вдоль кривой: речь идет о так называемых **переходных кривых**, применяемых при разбивке железнодорожных закруглений.

Как устанавливается в механике, при движении материальной точки по кривой развивается центробежная сила, величина которой определяется формулой

$$F = \frac{mv^2}{R},$$

где m — масса точки, v — ее скорость, а R — радиус кривизны кривой в рассматриваемой ее точке.

Если бы прямолинейная часть железнодорожного пути непосредственно примыкала к закруглению, разбитому по дуге круга (рис. 109, *а*), то при переходе на это закругление центробежная сила возникала бы мгновенно, создавая резкий и сильный толчок, вредный для подвижного состава и для

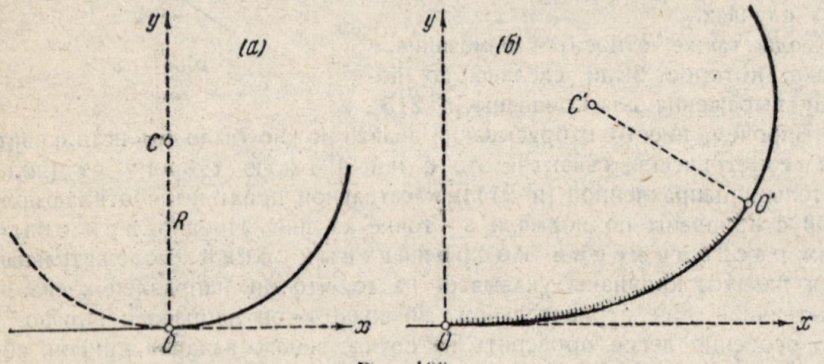

Рис. 109.

верхнего строения пути. Для избежания этого прямолинейную часть пути сопрягают с круговой при помощи некоей **переходной кривой** (рис. 109, *б*). Вдоль нее радиус кривизны **постепенно** убывает от бесконечного значения — в точке стыка с прямолинейной частью — до величины радиуса круга — в точке стыка с круговой дугой, и соответственно этому **постепенно** нарастает центробежная сила.

В качестве переходной кривой, например, используется кубическая парабола $y = \frac{x^3}{6q}$. В этом случае, очевидно, имеем

$$y' = \frac{x^2}{2q}, \quad y'' = \frac{x}{q},$$

так что для радиуса кривизны получается выражение

$$R = \frac{q}{x}\left(1 + \frac{x^4}{4q^2}\right)^{\frac{3}{2}}.$$

При $x = 0$ имеем $y' = 0$ и $R = \infty$, и наша кривая в начале координат касается оси x и имеет нулевую кривизну.

ГЛАВА ЧЕТЫРНАДЦАТАЯ

ИСТОРИЧЕСКИЙ ОЧЕРК ВОЗНИКНОВЕНИЯ ОСНОВНЫХ ИДЕЙ МАТЕМАТИЧЕСКОГО АНАЛИЗА

§ 1. ПРЕДЫСТОРИЯ ДИФФЕРЕНЦИАЛЬНОГО И ИНТЕГРАЛЬНОГО ИСЧИСЛЕНИЯ

217. XVII век и анализ бесконечно малых. Это был период, переходный от средневековья к новому времени, начало расцвета капитализма, который в своей борьбе с феодальным строем представлял тогда прогрессивную силу. Точные науки от самой жизни получали мощные импульсы для быстрого развития. Мореплавание вызвало повышенный интерес к астрономии и оптике. Кораблестроение, устройство плотин и каналов, создание различных машин и сооружений, запросы баллистики и вообще военное дело — содействовали развитию механики. В свою очередь астрономия, оптика, механика — да и сама техника непосредственно — требовали решительного обновления тогдашней математики.

Это обновление произошло под знаком введения *переменной величины*, которое Энгельс справедливо назвал «поворотным пунктом в математике» (см. цитату на стр. 37—38). Лишь математика переменных величин могла обслужить потребности нарождавшегося математического естествознания. Новые задачи привели к созданию новых методов исследования, связанных с рассмотрением «бесконечно малых» величин (или «инфинитезимальных» методов). Отсюда математический анализ, оформившийся к концу века в самостоятельную научную дисциплину, и получил название «анализа бесконечно малых», удержавшееся даже до нашего времени.

Вначале в этой области преобладало «кустарное производство»: установление каждого отдельного факта нуждалось в специальном подходе со стороны исследователя. Но с течением времени положение вещей изменилось. Стали появляться общие методы для решения однотипных задач, устанавливались связи между задачами разных типов, постепенно выяснялись общие понятия, лежащие в основе решения, и все это блестяще завершилось — в руках Ньютона и Лейбница — открытием дифференциального и интегрального исчисления.

Первый параграф посвящен обзору достижений, по меньшей мере двух поколений математиков, которые на протяжении полустолетия подготовили это открытие.

218. Метод неделимых. Начнем с *предыстории интегрального исчисления*, которая на деле восходит еще к далекой древности; что касается вычисления площадей и объемов, а также определения положения центров тяжести фигур, то здесь истинным учителем математиков XVII века был Архимед (III век до н. э.).

В дошедшем до нас «Послании Архимеда к Эратосфену» *) сообщается о том, что свои результаты — в предварительном порядке — он получал с помощью своеобразного метода, в котором формально использовалась теория равновесия рычага, но в существе лежала *мысль о составлении плоских фигур из линий, а тел — из плоскостей.* Истины, найденные этим «атомистическим» методом, впоследствии публиковались со строгими их доказательствами, по обычаю того времени, от противного. Однако математикам XVII века это «Послание» не было известно — на протяжении двух тысячелетий оно считалось утерянным, и текст его совершенно случайно был обнаружен лишь в начале нашего столетия. Таким образом, в интересующую нас эпоху о методе, которым Архимед пользовался для открытия своих результатов, можно было только догадываться по другим сохранившимся его сочинениям. В них иной раз и следа не оставалось от того пути, на котором результаты фактически были получены. Но в некоторых работах, при самом доказательстве от противного, Архимед все же пользовался разложением плоской фигуры (или тела) на элементы, правда, взятые в конечном числе и конечной толщины; в связи с этим он рассматривал также вписанные и описанные ступенчатые фигуры (тела), которые являются геометрическим прообразом наших интегральных сумм.

Первую попытку раскрыть архимедов метод и расширить область его применения осуществил немецкий астроном и математик Иоганн Кеплер (1571—1630). Он опубликовал в 1615 г. книгу под названием «Новая стереометрия винных бочек» **). Хотя сочинение это написано по случайному поводу и, казалось бы, на сугубо практическую тему, но оно содержит новый для того времени подход к вопросу о квадратурах и кубатурах: плоская фигура разлагается на бесконечное число бесконечно малых элементов, а затем из тех же элементов — в случае надобности, деформированных — составляется новая фигура с уже известной площадью (и аналогично — для тела).

Отметим, что упомянутые элементы у Кеплера не вовсе лишены толщины: он говорит о «тончайших кружочках», о «частях крайне малой ширины, как бы линейных» и т. п.

Таким путем Кеплер сначала получает прямые выводы для ряда результатов, известных еще Архимеду, а затем — в разделе, названном им «Дополнение к Архимеду» — вычисляет объемы 87 новых тел вращения!

Преемником идей Кеплера и основоположником «метода неделимых», как такового, явился ученый итальянский монах, ученик Галилея — Бонавентура Кавальери (1598—1647), для которого пропаганда этого метода стала делом всей его жизни. В 1635 г. вышел в свет его основной труд «Геометрия, изложенная новым способом неделимых непрерывного», впоследствии (в 1647 г.) дополненный «Шестью геометрическими опытами» ***). В этих работах, по существу, воскресла атомистическая точка зрения Архимеда.

«Для определения размера плоских фигур применяются, говорит Кавальери, прямые линии, параллельные некоторой прямой. . ., которые мы воображаем себе проведенными в бесконечном числе в этих фигурах» (рис. 110). Аналогично он поступает и с телами, только там вместо линий проводятся плоскости. Эти линии (плоскости) и суть пресловутые «неделимые»; они «не ограничены числом и лишены какой бы то ни было толщины» (в этом Кавальери противопоставляет себя Кеплеру!). Однако Кавальери не решается

*) Имеется в русском переводе: «Новое сочинение Архимеда» (Одесса, Mathesis, 1909).

**) Имеется в русском переводе (ГТТИ, 1935).

***) Имеется русский перевод двух книг: «Геометрии» и «Опыта IV» (ГТТИ, 1940).

утверждать, что фигуры или тела состоят из этих неделимых, лишенных толщины. Его основное положение формулируется осторожнее: «Плоские фигуры (или тела) относятся как все их неделимые, взятые вместе». Например, если параллелограмм $ABCD$ (рис. 111) диагональю AC разложить на два треугольника и вообразить в них прямые, параллельные основанию CD, то «все линии (OR) параллелограмма» относятся ко «всем линиям (QR) треугольника» как 2 : 1, ибо таково отношение площади параллелограмма к площади треугольника.

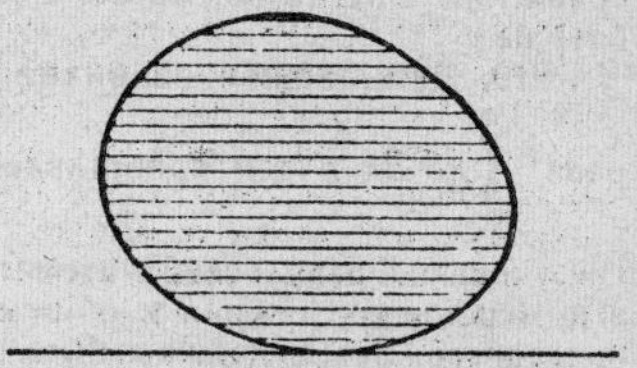

Рис. 110.

Под «всеми линиями» фигуры Кавальери понимал, как можно думать, сумму этих линий, т. е. величину бесконечную («неограниченную»), так что лишь отношение двух подобных сумм могло оказаться конечным. По-видимому (хотя Кавальери нигде не говорит этого явно), неделимые находятся на равных расстояниях друг от друга, но эти расстояния нигде не фигурируют. Если попытаться передать мысль Кавальери в привычных нам терминах, то можно сказать, что он использует сумму ординат (или сумму значений функции), не умножая их на приращении абциссы (независимой переменной). Так, сформулированное выше утверждение, если за параллелограмм взять для простоты квадрат со стороной a и восстановить умножение на расстояние h между неделимыми, можно (конечно, весьма условно!) проиллюстрировать цепью равенств:

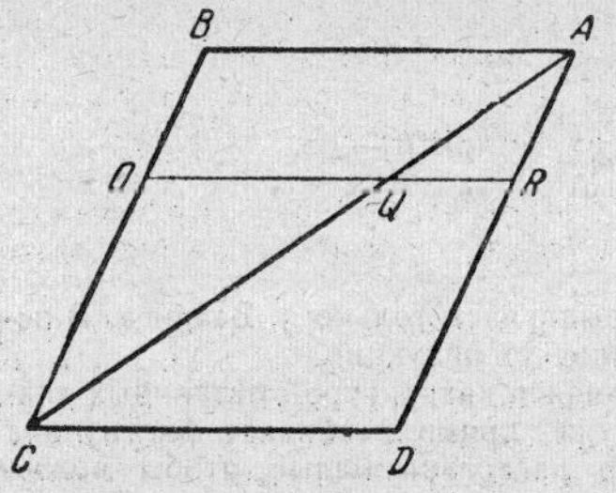

Рис. 111.

$$\frac{\sum OR}{\sum QR}=\frac{\sum a}{\sum x}=\frac{\sum ah}{\sum xh}=\frac{\int\limits_0^a a\,dx}{\int\limits_0^a x\,dx}=2.$$

Важный дальнейший шаг делает Кавальери, устанавливая в «Геометрии» отношение «всех квадратов (линий OR) параллелограмма» ко «всем квадратам (линий QR) треугольника». В результате длинного ряда умозаключений, оно оказывается равным трем. В «Опыте IV» он сопоставляет далее «все кубы» и «все квадрато-квадраты» (линий) параллелограмма и треугольника: здесь отношения получаются равными четырем и пяти. Отсюда Кавальери сделал заключение о справедливости подобного же закона и для случая степени с любым натуральным показателем m. Этот закон можно было бы в наших символах записать так:

$$\frac{\int\limits_0^a a^m\,dx}{\int\limits_0^a x^m\,dx}=m+1,$$

так что, по сути, здесь речь идет о вычислении интеграла

$$\int\limits_0^a x^m\,dx=\frac{1}{m+1}\int\limits_0^a a^m\,dx=\frac{1}{m+1}\,a^{m+1}.$$

Свои результаты Кавальери немедленно же применяет к различным квадратурам и кубатурам, но получает их совершенно независимо от приложений. В этой общности постановки задачи (именно как задачи вычисления определенного интеграла) заключается продвижение вперед по сравнению с Кеплером, выполнявшим всякий раз лишь конкретные кубатуры.

219. Дальнейшее развитие учения о неделимых. Вычислением интеграла $\int\limits_0^a x^m\,dx$ путем сопоставления его с $\int\limits_0^a a^m\,dx = a^{m+1}$ занимались и другие ученые. Французский математик Пьер Ферма (1601 — 1665), как видно из его переписки, пришел к общему результату Кавальери несколько раньше последнего. Затем должны быть упомянуты Блез Паскаль (1623 — 1662) — французский математик, физик и философ — с его работой «Сумма числовых степеней» (1654), а так же английский ученый Джон Валлис (1616 — 1703), о книге которого «Арифметика бесконечных величин» (1655) нам уже приходилось говорить. Все они исходили из арифметических соображений и связывали это вычисление с рассмотрением суммы m-х степеней последовательных натуральных чисел. На привычном нам языке суть дела может быть выражена так: если разложить промежуток $[0, a]$ на n равных частей длины $h = \frac{a}{n}$, то отношение интегральных сумм

$$\frac{\sum\limits_{i=1}^{n}\left(\frac{i}{n}a\right)^m h}{\sum\limits_{i=1}^{n} a^m h} = \frac{\sum\limits_{i=1}^{n} i^m}{n^{m+1}} \to \frac{1}{m+1} \text{ при } n \to \infty.$$

Предельный переход, впрочем, отчетливо выступает только у Валлиса. В основе всех рассуждений лежит умозаключение по индукции.

В более поздних работах *) Ферма, занимаясь квадратурой различных «парабол»: $y^m = cx^n$ и «гипербол»: $y^m x^n = c$, уже прямо разбивает фигуру под кривой на полоски (как это делаем мы), но настолько малые, чтобы можно было «приравнять» их прямоугольникам. При этом абсциссы у него образуют даже не арифметическую, а геометрическую прогрессию [ср. 184, 2)]. Таким путем Ферма оказался в состоянии вычислять интегралы от степеней x^r с рациональными показателями $r = \pm\frac{n}{m}$ (исключая лишь случай $r = -1$, отвечающий классической гиперболе).

Ближе подошел к современному пониманию определенного интеграла и раскрыл мощь (еще не созданного!) интегрального исчисления — Паскаль. Мы имеем в виду те его сочинения, которые в совокупности дают решение выдвинутого им же в 1658 г. ряда задач, связанных с циклоидой и требующих вычисления различных площадей, объемов, длин дуг и определения положения центров тяжести. Эти работы первоначально были опубликованы им под псевдонимом, как «Различные открытия А. Деттонвилля в геометрии».

Паскаль продолжает пользоваться «языком неделимых», но в обстоятельном «Предуведомлении» тщательно разъясняет, как этот язык

---

*) Отрывки из них можно найти в «Хрестоматии по истории математики» Вилейтнера, вып. IV (ГТТИ, 1932), стр. 70.

M «неограниченно малыми». Связав координаты $f-e$ и $m-$ очки N уравнением кривой, Барроу отбрасывает в полученном соотношени се члены, вовсе не содержащие ни e, ни a, (они на деле взаимно уничто катся), а также члены степени выше первой относительно e и a («тби ти члены не будут иметь никакого значения»). Здесь впервые явно высту ает *принцип пренебрежения членами высшего порядка малости* (у Ферм го можно лишь подозревать!).

Теперь уже легко определить отношение a к e, или — что то же — от ошение ординаты $PM = m$ к подкасательной $TP = t$. Равенство обоих от ошений следует из подобия конечного треугольника TPM и бесконечн малого треугольника NRM (в котором вместо «частицы кривой» именно ввиду ее «неограниченной малости», подстав ляется «частица касательной»).

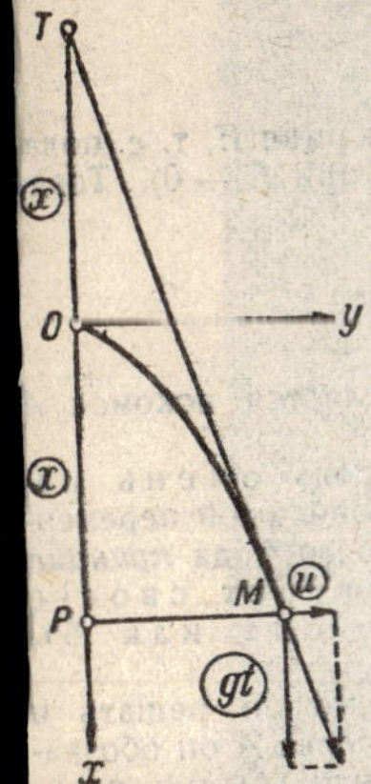

Рис. 118.

Эти подобные треугольники с той поры прочно вхо дят в обиход анализа бесконечно малых. Впоследстви Лейбниц назвал их «характеристическими»*).

221. Проведение касательных с помощью кинема тических соображений. Французский математик Жил Персонн де Роберваль (1602—1675) и италья ский физик и математик Эванджелиста Торричелл (1608—1647) независимо друг от друга и пример одновременно (их исследования впервые были опубли кованы в 1644 г.) пришли к мысли использовать дл проведения касательных к кривым кинематически соображения. Именно, если кривую удается представит как траекторию движения точки, составленного из дву более простых движений, для которых скорости п величине и направлению непосредственно даны, то на правление скорости составного движения — а с ним направление касательной к траектории — определяетс по «правилу параллелограмма».

В качестве примера приведем принадлежащее Тор ричелли решение задачи о касательной к параболе. О использует при этом кинематические соображени своего учителя Галилея, которые для краткости мы отступая от оригинала, изложим на языке аналитической геометрии. Пуст точка в начальный момент времени находится в O (рис. 118) и свободн падает с ускорением g (а значит — со скоростью gt, если через t обозначит время) вдоль вертикальной прямой, которая сама перемещается горизон тально с постоянной скоростью u. Тогда, при обозначениях чертежа, в мо мент t будем иметь:

$$x = \frac{1}{2} gt^2, \qquad y = ut,$$

откуда, исключая t, найдем: $y^2 = 2\frac{u^2}{g}x$. Таким образом, в качестве траек тории точки получается парабола (которая, за счет выбора u, может быть отождествлена с произвольной параболой $y^2 = 2px$). Отношение вертикаль ной скорости к горизонтальной равно

$$\frac{gt}{u} = \frac{gt^2}{ut} = \frac{2x}{y},$$

*) Впрочем, по его утверждению, идея бесконечно малого «характери стического» треугольника была им заимствована не у Барроу, а у Паскаля [см. n° 219, рис. 114].

надлежит понимать. Например, если диаметр полукруга (рис. 112) разделен на «неограниченное» число равных частей в точках Z, и проведены ординаты ZM, то под «суммой ординат» разумеется «сумма неограниченного числа прямоугольников, составленных каждой ординатой с каждой из маленьких равных частей диаметра», причем эта сумма «отличается от площади полукруга на величину, меньшую любой данной». На рис. 113 дуга BC круга разделена на «неограниченное» число равных дуг в точках D, из которых опущены перпендикуляры DE, называемые «синусами». В таком случае, «если говорят просто сумма синусов DE, то под этим понимают сумму прямоугольников, составленных каждым синусом DE и каждой из выпрямленных маленьких дуг DD, так как эти синусы порождены равными делениями дуги». В приведенных примерах само собою ясно, на части какой линии следует умножать рассматриваемые там ординаты, или синусы; в других случаях эта линия должна быть явно упомянута. Таким образом, независимая переменная, которую оставил в тени Кавальери, рассматривавший лишь сумму значений функции, здесь с полной отчетливостью восстанавливается в правах: значения функции умножаются на приращения независимой переменной.

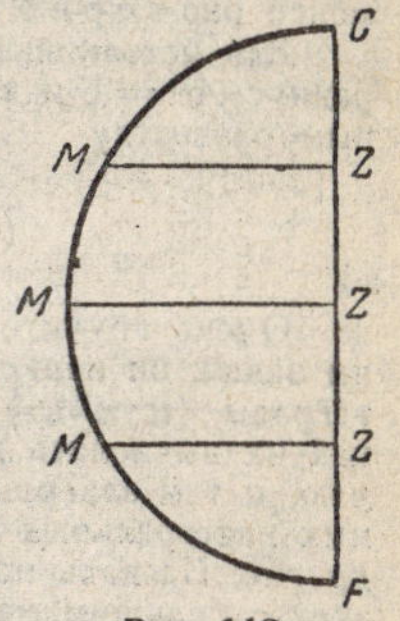

Рис. 112.

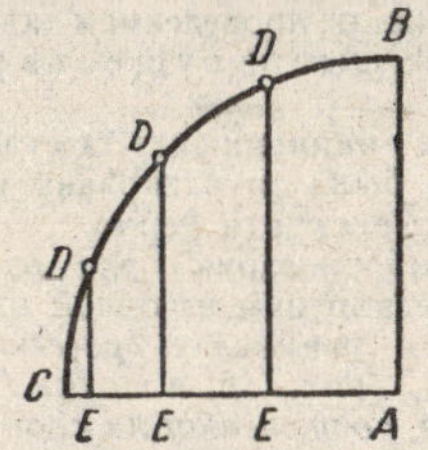

Рис. 113.

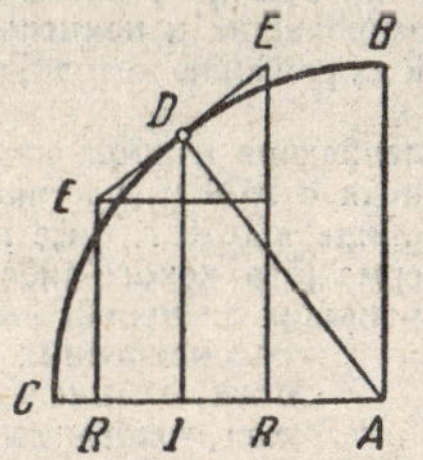

Рис. 114.

Для того чтобы дать образец рассуждения, которым пользуется Паскаль для вычисления нужных ему интегралов, приведем одно предложение из «Трактата о синусах четверти круга»*). Прежде всего устанавливается очевидная лемма (см. рис. 114, из которого ясны и обозначения):

$$DI \times EE = RR \times AB. \qquad (1)$$

Само же упомянутое предложение гласит: *сумма синусов дуги BF* (рис. 115) *равна отрезку AO, умноженному на радиус AB.*

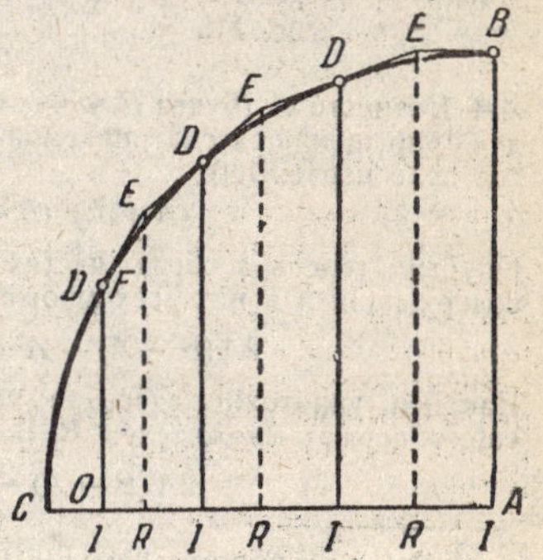

Рис. 115.

Заменяя в (1) каждую касательную EE дугой DD и складывая все равенства этого типа, слева получим нужную нам «сумму синусов», а справа сумму всех RR или — что то же — линию AO, умноженную на AB. Этим и завершается доказательство.

За ним следует интересное «Предуведомление», в котором Паскаль предлагает читателю не удивляться тому, «что все расстояния RR вместе равны AO, а также что каждая касательная EE

*) Выдержки из него имеются в упоминавшейся уже «Хрестоматии» Вилейтнера, вып. IV, стр. 81.

равна каждой из маленьких дуг DD, ибо достаточно известно, что хотя это равенство неверно, когда множество синусов конечно, но тем не менее оно верно, когда это множество неограниченно».

Для истолкования доказанного утверждения на нашем языке, положим радиус $AB = 1$ и введем угол $\varphi = \measuredangle BAD$; тогда оно окажется равносильным равенству

$$\int_0^{\varphi} \cos \varphi \, d\varphi = \sin \varphi.$$

Очень поучителен и самый подход Паскаля к решению поставленных им задач: он наперед в общем виде точно перечисляет, какого типа интегралы («суммы») для этого оказываются нужными. Затем он показывает, как их вычислить применительно к интересующему его конкретному случаю, и тем завершает решение. Упомянем еще о различных довольно сложных интегральных формулах, преобразующих одни интегралы («суммы») в другие; Паскаль получает их из стереометрических соображений и использует с большим мастерством.

220. Нахождение наибольших и наименьших, проведение касательных. Обратимся к предыстории дифференциального исчисления. В этой области зачинателем следует считать Ферма, который занимался как раз обеими задачами, обычно относимыми к дифференциальному исчислению: разысканием наибольших и наименьших и проведением касательных, и первым применил к их решению методы, имеющие по существу инфинитезимальный характер.

Работа Ферма «Метод исследования наибольших и наименьших» *) стала известна из его писем, начиная с 1629 г., частично была опубликована в 1642—1644 гг., а полностью — лишь в 1679 г., уже после смерти Ферма.

Правило, предложенное Ферма (без какого-либо обоснования!) для разыскания наибольших или наименьших значений, мы разъясним на одной из рассмотренных им же задач: *рассечь данную линию AC* (рис. 116) *в точке B так, чтобы тело, построенное на квадрате AB и на линии BC, было наибольшим.*

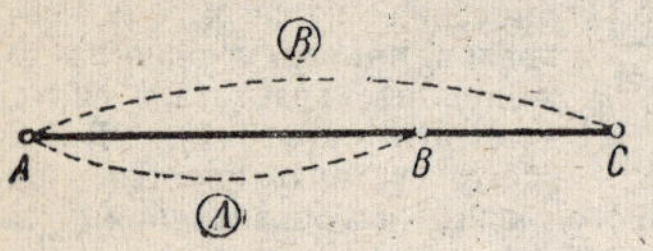

Рис. 116.

Обозначая данный отрезок AC через B, а искомый AB — через A, для наибольшего объема получим выражение: $A^2(B-A)$ **). Подставив сюда $A+E$ вместо A (буква E у Ферма служит стандартным обозначением для приращения рассматриваемой величины A), приравняем оба выражения (на деле неравные!):

$$(A+E)^2(B-A-E) = A^2(B-A).$$

Опустим теперь в обеих частях общие члены и сократим оставшиеся на содержащийся в них всех множитель E:

$$2A(B-A) - A^2 + E(B-A-E) - 2AE = 0.$$

Наконец, уничтожим здесь те члены, которые и после этого сокращения еще содержат множителем E. В результате получится:

$$2A(B-A) - A^2 = 0, \text{ или } 2AB = 3A^2.$$

*) См. «Хрестоматию» Вилейтнера, вып. IV, стр. 78.

**) Мы здесь и везде дальше пользуемся привычными нам алгебраическими обозначениями, независимо от того, как на деле пишет цитируемый автор.

Это будет уже, по выражению Ферма, «истинное» равенство, в т предшествующие равенства были лишь «вымышленными» или ными». Из последнего равенства и определяется $A\left(=\frac{2}{3}B\right)$.

В общем виде, если использовать функциональные обозначени Ферма» выглядит так. Для разыскания величины A, доставляющ ние $f(A)$ наибольшее или наименьшее значение, Ферма сначала ближенные» равенства

$$f(A+E) = f(A) \text{ или } f(A+E) - f(A) = 0,$$

откуда, деля на E, получает

$$\frac{f(A+E) - f(A)}{E} = 0.$$

В последнем равенстве он уничтожает члены, еще содержащие E гает $E=0$ (а это равносильно здесь переходу к пределу при E получается, наконец, уже «истинное» равенство

$$\left[\frac{f(A+E) - f(A)}{E}\right]_{E=0} = 0$$

или — в наших обозначениях — $f'(A) = 0$, откуда и определяется [ср. 100 и 112].

Величина E, хотя Ферма этого не говорит, играет роль о лого (если не бесконечно малого) приращения независимс ной A. Исходное равенство $f(A+E) = f(A)$ выражает своего ро *остановки*: в тот момент, когда величина достигает наибольшего или наименьшего значения, она останавливается в своем изменении*).

В той же работе Ферма указывает, что его методом можно задачу о проведении касательных к кривым. На этот раз через A чает подкасательную, а через E — ее приращение (или убы зуясь уравнением кривой, он составляет сначала «приближенное» применяет прежнюю процедуру, и в результате получает равенство, из которого определяется A.

К исследованиям Ферма примыкают правила, данные для решения названных задач другими авторами и либо упрощающие правила Ферма, либо расширяющие область их применения. Мы упомянем лишь о методе проведения касательных, который излагает учитель Ньютона — Исаак Барроу (1630—1677) в своих «Лекциях по оптике и геометрии» (1660—1670), указывая, что делает это «по совету друга» (по-видимому — Ньютона!)

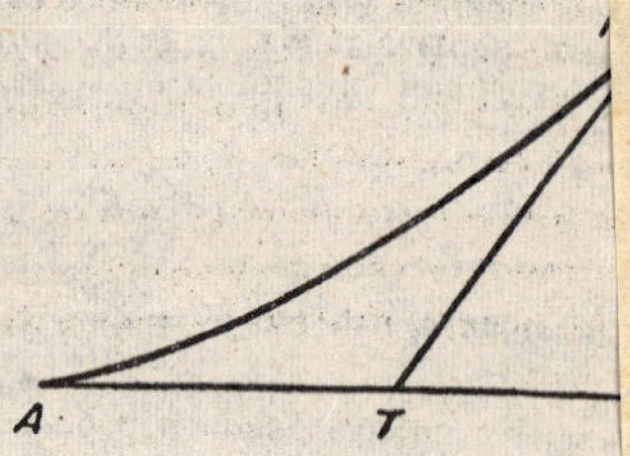

Рис. 117.

Барроу вводит стандартные обозначения для обеих координат кривой (рис. 117) и для их приращений, полагая $AP = f$, $PM = m$, $RM = a$, причем считает эти приращения — вместе с

*) Подобный принцип уже формулировался раньше, например, К

откуда — с учетом подобия треугольников — и усматривается, что касательная пересекает ось параболы позади ее вершины на расстоянии x [ср. 210, 2)].

Мы остановились именно на этом примере в связи с тем, что здесь для проведения касательной использовано разложение движения по кривой на составляющие движения по горизонтальному и вертикальному направлениям.

Впоследствии Барроу, обобщая эту идею, стал представлять движение уже по произвольной кривой как бы составленным из двух движений — горизонтального (которое всегда можно считать равномерным) и вертикального. Тогда положение касательной TM (рис. 118) определится отношением отрезков TP и PM, которое равно отношению скорости «опускания» к скорости «бокового движения».

222. Взаимная обратность задач проведения касательной и квадратуры. Исключительный интерес и важность представляют десятая и одиннадцатая из «Лекций по геометрии» Барроу: в них проведение касательных связывается с квадратурами. Из большого числа относящихся сюда предложений мы выделим теоремы XI из лекции X и XIX из лекции XI, в которых впервые в предыстории анализа бесконечно малых прямо противопоставляются две основные задачи дифференциального и интегрального исчисления в геометрической форме, именно — проведение касательной к кривой и квадратура кривой *). Переведя эти теоремы на аналитический язык, в привычных нам обозначениях содержание их можно сформулировать так:

I. Если $y=\int\limits_0^x z\,dx$, то $\dfrac{dy}{dx}=z$.

II. Если $z=\dfrac{dy}{dx}$, то $\int\limits_0^x z\,dx=y$ (подразумевается, что $y=0$ при $x=0$).

Чтобы дать представление о том, что же на самом деле сделано у Барроу, изложим вкратце формулировку и доказательство второй из этих теорем.

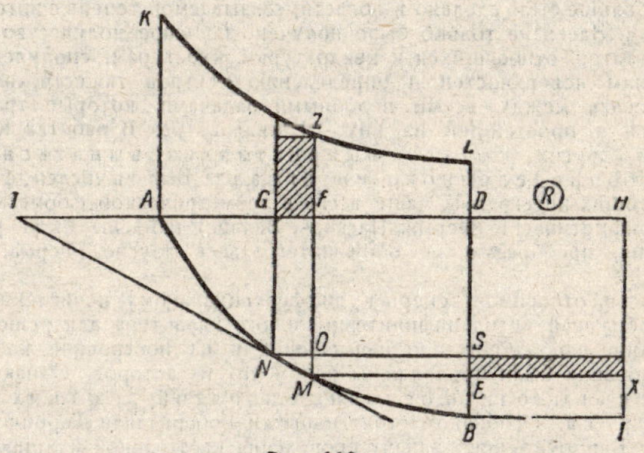

Рис. 119.

Дана произвольная кривая AB (рис. 119). *Пусть MT — касательная к ней в точке M. Вторую кривую KL определим условием:*

*) См. «Хрестоматию» Вилейтнера, вып. IV, стр. 89.

$FZ:R = FM:TF$, где R — данный отрезок ($=DH$). Тогда площадь $ADLK$ равна произведению $DB \times R$.

Для доказательства, возмем на кривой AB «неограниченно малый отрезок MN» и проведем указанные на чертеже линии. Тогда (как мы уже знаем)

$$MO:NO = FM:TF = FZ:R,$$

откуда

$$NO \times FZ = MO \times R \text{ или } GF \times FZ = ES \times EX.$$

«Но так как все прямоугольники $GF \times FZ$ отличаются от площади $ADLK$ сколь угодно мало, и все соответствующие прямоугольники $ES \times EX$ образуют прямоугольник $DHIB$, то утверждение является достаточно ясным».

Если положить $AF = x$, $FM = y$, $FZ = z$ и $R = 1$, то по условию, определяющему вторую кривую, как раз и будет

$$\frac{z}{1} = \frac{FM}{TF} = \frac{dy}{dx},$$

а заключение теоремы равносильно тому, что

$$\int_0^x z\,dx = y \times 1 = y.$$

Тщетно, однако, было бы искать у Барроу даже простого сопоставления этих двух теорем (в книге они отделены двумя десятками других); к тому же они почти не используются. Здесь именно и сказалось то обстоятельство, что Барроу говорит на геометрическом языке, не владея теми общими понятиями, которые одни только и могли бы осветить существо вопроса и открыть дорогу широким приложениям.

223. Обзор предыдущего. Подведем же итоги тому, что было достигнуто в XVII веке в направлении «анализа бесконечно малых» — до появления на математическом поприще Ньютона и Лейбница.

Всего больше было сделано в области, связываемой теперь с интегральным исчислением. Здесь не только было получено большое количество конкретных результатов, относящихся к квадратурам, кубатурам, спрямлениям дуг, компланациям поверхностей и определению центров тяжести, но и была осознана связь между всеми подобными задачами, которые традиционно приводились к простейшей из них — к квадратуре. В работах Кавальери, Паскаля и других начало выкристаллизовываться самое понятие определенного интеграла. Был вычислен фактически ряд простейших интегралов, чаще всего в геометрической форме, но иногда и чисто арифметически (Ферма, Паскаль, Валлис); найдены были различные соотношения, преобразующие одни интегралы в другие (Ферма, Паскаль, Барроу).

В области, относимой теперь к дифференциальному исчислению, Ферма дал единообразный метод инфинитезимального характера для решения задач на разыскание наибольших или наименьших и на построение касательных. Его исследования были продолжены рядом других авторов. Однако здесь не удалось выделить основных понятий, лежащих в существе вопроса. Особняком стоят попытки Роберваля и Торричелли, продолженные Барроу, решить задачу проведения касательной к кривой, исходя из кинематических соображений (это впоследствии нашло отражение в концепциях Ньютона).

Наконец, как мы только что видели, Барроу удалось частично перебросить мост от задач одной группы к задачам другой.

Таким образом, почва для нового исчисления была подготовлена, но исчисления как такового все еще не было. А между тем, как впоследствии ярко выразился Лейбниц, «после таких успехов науки недоставало только одного — нити Ариадны в лабиринте задач, именно аналитического исчисления по образцу алгебры». Здесь, прежде всего, нужно было установить в общей форме основные понятия нового исчисления и их взаимосвязь. Затем—введя подходящую символику—надлежало создать регулярный процесс, или алгорифм, для вычисления. Это и было выполнено Ньютоном и Лейбницем, независимо друг от друга *) и притом по-разному.

Обзору их работ, относящихся к анализу бесконечно малых, мы предпошлем еще следующее замечание о самом понятии «бесконечно малой». В ту пору — да и в течение еще долгого времени — под бесконечно или неограниченно малой понимали, часто, не говоря этого явно, так сказать, статическую, т. е. неизменяющуюся величину, не равную нулю и в то же время (абсолютно) меньшую всякой конечной величины. Это понятие «актуально» бесконечно малой — при нашей концепции числа и пространства — противоречиво и носит мистический характер. Ему противопоставляется — привычное нам теперь — понятие «потенциально» бесконечно малой как переменной величины, которая лишь в процессе своего изменения становится (абсолютно) меньшей любой конечной величины. Переход от одного понимания бесконечно малой к другому встретился с большими трудностями, ибо требовал ясного представления о предельном процессе. Борьбу этих двух концепций читатель увидит и в трудах Ньютона и Лейбница, к рассмотрению которых мы переходим.

§ 2. ИСААК НЬЮТОН (1642—1727)

224. Исчисление флюксий. Основной работой Ньютона, где излагается это исчисление, является трактат: «Метод флюксий и бесконечных рядов» **). Он был составлен около 1671 г. (основные идеи его оформились, вероятно, еще раньше), но вышел в свет лишь в 1736 г. — уже после смерти автора. Переменные величины Ньютон называет «флюэнтами» (т. е. «текущими» величинами) и обозначает последними буквами латинского алфавита: u, y, z, x; они рассматриваются как растущие (убывающие) во времени. Скорости же, с которыми они возрастают, называются их «флюксиями» и обозначаются теми же буквами, но с точками: $\dot{u}$, $\dot{y}$, $\dot{z}$, $\dot{x}$. Таким образом, для Ньютона скорость есть понятие непосредственно ясное, не нуждающееся в определении, а через него уже определяется флюксия, т. е. — как сказали бы мы — производная от флюэнты по времени ***).

Правда, Ньютон оговаривает, что время здесь понимается не буквально — за «время» может быть принята любая величина, скажем, x, равномерно растущая вместе с настоящим временем, например, такая, что $\dot{x} = 1$. Но следует помнить, что все флюэнты зависят от этого «времени», т. е. от одной и той же универсальной независимой переменной. Таким образом, ни функций от нескольких независимых переменных, ни частных производных у Ньютона нет.

Первую основную проблему Ньютон затем формулирует так:

---

*) Мы совершенно оставляем в стороне необоснованный спор о приоритете открытия нового исчисления, который возник впоследствии.

**) Имеется русский перевод; см. «Математические работы Ньютона» (ОНТИ, 1937), стр. 25—166.

***) Хотя символикой Ньютона сейчас не пользуются, но в механике и физике до сих пор сохранилось обыкновение именно производные по времени обозначать точками.

«По данному соотношению между флюэнтами определить соотношение между флюксиями».

Эта проблема более обща, чем просто вычисление флюксии от заданной флюэнты. Но решает ее Ньютон непосредственно лишь для алгебраических уравнений. Для примера он берет уравнение

$$x^3 - ax^2 + axy - y^3 = 0. \tag{1}$$

Предлагаемое Ньютоном правило сводится к следующему: каждый член, содержащий степень x, умножается на показатель степени x, и один из множителей x заменяется на $\dot{x}$; аналогично, каждый член, содержащий степень y, умножается на показатель степени y, и один из множителей y заменяется на $\dot{y}$; сумма всех найденных таким образом членов приравнивается нулю. В данном примере получится

$$3x^2\dot{x} - 2ax\dot{x} + ay\dot{x} + ax\dot{y} - 3y^2\dot{y} = 0.$$

Легко понять, как переносится это правило на общий случай алгебраического уравнения, связывающего любое число флюэнт. При наличии дробей или радикалов Ньютон прибегает к обходному пути. Пусть дано уравнение

$$x^3 - ay^2 + \frac{by^3}{a+y} - x^2\sqrt{ay+x^2} = 0.$$

Полагая

$$\frac{by^3}{a+y} = z \text{ и } x^2\sqrt{ay+x^2} = u,$$

Ньютон сводит его к уравнению

$$x^3 - ay^2 + z - u = 0,$$

к которому применимо указанное правило:

$$3x^2\dot{x} - 2ay\dot{y} + \dot{z} - \dot{u} = 0.$$

Что же касается $\dot{z}$, $\dot{u}$, то они, в свою очередь, определяются из соотношений, получающихся, если применить то же правило к уравнениям:

$$az + yz - by^3 = 0, \quad ax^4y + x^6 - u^2 = 0.$$

Переходя к д о к а з а т е л ь с т в у правила, Ньютон вводит новое понятие: «моменты» текущих величин. Это — «те неограниченно малые их части, благодаря прибавлению которых в неограниченно малые части времени беспрерывно увеличиваются сами величины». Эти моменты пропорциональны скоростям, с которыми величины изменяются, т. е. флюксиям. Вводя неограниченно малую величину o (это не нуль, а «актуально» бесконечно малое приращение времени), Ньютон записывает моменты величин так: $\dot{u}o$, $\dot{y}o$, $\dot{z}o$, $\dot{x}o$ (лейбницевские дифференциалы!).

Самое доказательство Ньютон проводит на уже рассмотренном примере, в основном повторяя п р о ц е д у р у Ф е р м а. Подставив в равенство (1) $x+\dot{x}o$ вместо x и $y+\dot{y}o$ вместо y, он почленно вычитает (1), сокращает на o и, наконец, пренебрегает теми членами, которые и после этого еще содержат o: «так как — поясняет Ньютон — мы предположили o бесконечно малой величиной, ..., то члены, которые на нее умножены, можно считать за ничто в сравнении с другими». Ни этот принцип, ни само правило формально не новы, но с у щ е с т в е н н о н о в ы м я в л я е т с я т о, ч т о р е з у л ь т а т з д е с ь у т в е р ж д а е т с я д л я ф л ю э н т л ю б о й п р и р о д ы, безотносительно к каким-либо частным задачам.

Впоследствии Ньютон ввел и флюксию от флюксии, т. е. вторую флюксию: $\ddot{u}$, $\ddot{y}$, $\ddot{z}$, $\ddot{x}$, и даже флюксии высших порядков.

Свое исчисление флюксий Ньютон применяет сначала к задачам, о которых уже не раз была речь выше.

«Определить наибольшие и наименьшие значения величин».

Сначала формулируется *принцип остановки*: «когда величина есть наибольшая или наименьшая из всех возможных, то она в этот момент не течет ни вперед, ни назад». Отсюда правило: найти флюксию и приравнять ее нулю При этом, как подчеркивает Ньютон, соотношение, определяющее флюэнту, может содержать и иррациональности, чего не допускали ранее опубликованные правила.

«Провести касательные к кривым».

В основном случае, когда непосредственно дано уравнение между декартовыми координатами x, y переменной точки кривой, Ньютон рассуждает подобно Барроу [n° 221], лишь бесконечно малые приращения (убыли) e и a он заменяет моментами $\dot{x}\cdot o$ и $\dot{y}\cdot o$, так что (сохраняя обозначения черт. 117)

$$PM : TP = \dot{y} : \dot{x};$$

отношение же флюксий определяется по указанному правилу из уравнения кривой. Ньютон рассматривает и ряд других способов проведения касательной, отвечающих другим способам задания кривой.

Совершенно новой по постановке является задача:

«Определить величину кривизны какой-либо данной кривой в данной точке».

Сформулировав ее, Ньютон присовокупляет: «Существует мало задач в учении о кривых, которые были бы изящнее этой и глубже вскрывали бы их природу».

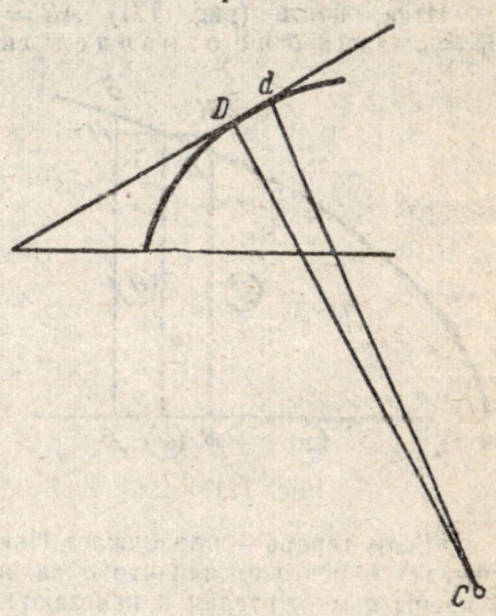

Рис. 120.

Определения понятия кривизны не дается. Для круга — кривизна одна и та же во всех точках, для разных кругов она обратно пропорциональна диаметру. Кривизна кривой в данной точке D (рис. 120) совпадает с кривизной такого круга, который теснее всего примыкает к кривой вблизи этой точки (фактически Ньютон считает кривую и круг сливающимися по бесконечно малой дуге Dd). Если C есть центр этого круга («центр кривизны»), то в нем пересекаются бесконечно близкие нормали CD и Cd к кривой. Для радиуса круга («радиуса кривизны») Ньютон выводит формулу, которая лишь формой записи разнится от привычной нам.

225. Исчисление, обратное исчислению флюксий; квадратуры. После первой основной проблемы Ньютон в «Методе флюксий» формулирует и обратную ей вторую проблему:

«По данному уравнению, содержащему флюксии, найти соотношение между флюэнтами».

В таком виде это есть (как мы сказали бы теперь) задача об интегрировании обыкновенного дифференциального уравнения, гораздо более общая и трудная, чем непосредственное нахождение флюэнты по ее флюксии, т. е. разыскание первообразной. Мы не будем касаться здесь упомянутой общей задачи (ее Ньютон решает преимущественно с помощью бесконечных рядов) и остановимся лишь на задаче разыскания первообразной, которую Ньютон всегда трактует геометрически — как задачу к в а д р а т у р ы к р и в о й.

В основе лежит фундаментальное предложение о том, что (если воспользоваться привычной нам терминологией) п р о и з в о д н а я о т п е р е м е н н о й п л о щ а д и п о а б с ц и с с е е с т ь о р д и н а т а, т а к ч т о с а м а п л о щ а д ь д л я о р д и н а т ы и с л у ж и т п е р в о о б р а з н о й [ср. 156].

Представляет интерес то доказательство этого предложения, которое Ньютон дал в своей более ранней работе*), е щ е д о о ф о р м л е н и я м е т о д а ф л ю к с и й. Желая установить, что для кривой $y = ax^{\frac{m}{n}}$ площадь z (отсчитываемая от точки, где $y=0$) выразится формулой $z = \frac{an}{m+n} x^{\frac{m+n}{n}}$, Ньютон идет обратным путем и из выражения для площади получает выражение для ординаты. Начинает он с частного случая: если $z = \frac{2}{3} x^{\frac{3}{2}}$, то $y = x^{\frac{1}{2}}$; воспроизведем относящиеся сюда рассуждения, имеющие совершенно общий характер.

Итак, пусть (рис. 121) $AB = x$, $BD = y$ и пл. $ADB = z$. Положим $B\beta = o$ (здесь o н е о з н а ч а е т еще приращения времени, как в теории флюксий!) и введем $BK = v$ так, чтобы прямоугольник $B\beta HK$, с площадью ov, был равновелик фигуре $B\beta\delta D$; тогда $A\beta = x + o$ и $A\delta\beta = z + ov$.

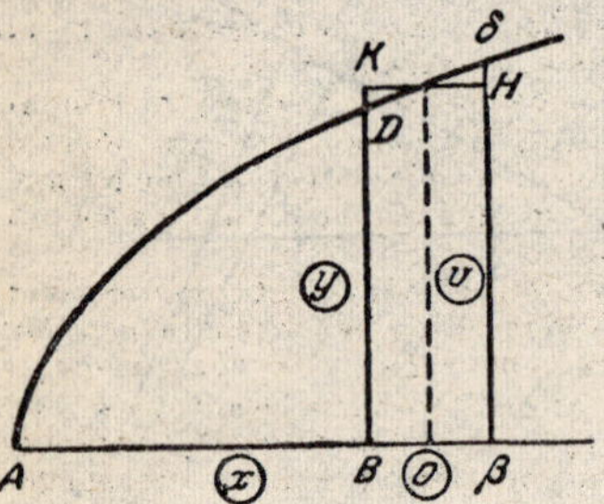

Рис. 121.

Подставив эти выражения вместо x и z в соотношение $\frac{2}{3} x^{\frac{3}{2}} = z$ или $\frac{4}{9} x^3 = z^2$, после обычной процедуры отбрасывания равных членов и сокращения на o придем к равенству

$$\frac{4}{9}(3x^2 + 3xo + o^2) = 2zv + ov^2.$$

«Если теперь — продолжает Ньютон — предположить, что $B\beta$ бесконечно убывает и исчезает или что o является нулем, то v и y делаются равными, и члены с множителем o исчезают». Отсюда уже легко получается и требуемый результат: $y = x^{\frac{1}{2}}$.

Так как v, собственно, и есть отношение приращения площади ($= ov$) к приращению абсциссы ($= o$), и утверждение, что v делается равной ординате при бесконечном убывании o, не связано с рассматриваемой частной задачей, то по существу это и есть доказательство [ср. 156] сформулированного выше предложения. Отметим, что $o = B\beta$ здесь скорее является бесконечно малой в нашем смысле, и чувствуется определенный намек на предельный переход!

Иначе поступает Ньютон в «Методе флюксий». Наряду с переменной криволинейной фигурой ADB, он рассматривает и переменный прямоуголь-

*) «Анализ с помощью уравнений с бесконечным числом членов»; см. «Математические работы Ньютона», стр. 3 — 24. Это сочинение было написано еще в 1666—1667 гг., но напечатано лишь в 1711 г.

ник $ACEB$ с высотой $AC = 1$ (рис. 122). Обе площади «порождаются» движением, соответственно, прямых BD и BE. «Тогда приращения этих площадей *) и их флюксии будут всегда в том же отношении, что и описывающие их линии». При прежних обозначениях (с учетом того, что площадь прямоугольника есть x) будем иметь

$$\frac{\dot{z}}{\dot{x}} = \frac{y}{1} \quad \text{или} \quad \dot{z} = y\dot{x}.$$

В предположении же, что $\dot{x} = 1$, получим просто: $\dot{z} = y$. Обоими этими результатами Ньютон постоянно пользуется.

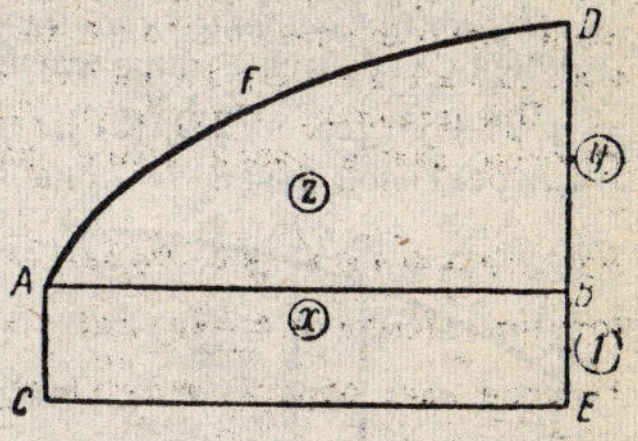

Рис. 122.

Теперь легко решается задача:

«Найти сколько угодно кривых, площади которых представляются с помощью конечного уравнения».

Именно, задавшись наперед произвольным уравнением между x и z, нужно найти из него уравнение между x и $\dot{z} = y$; таким путем и получается кривая, площадь которой имеет заранее известное выражение через абсциссу (или, вообще, связана с ней известным уравнением).

Вслед за этим Ньютон ставит задачу:

«Найти сколько угодно кривых, площади которых связаны с площадью какой-либо данной кривой конечным уравнением».

Коротко говоря, здесь один интеграл проводится к другому с помощью подстановки, но операция производится — как и только что — в обратном порядке: ищется функция, интеграл которой с помощью наперед заданной подстановки мог бы быть выражен наперед заданным уравнением через данный интеграл.

Пользуясь этими двумя приемами, Ньютон составил обширные «каталоги» кривых, крадратура которых либо выполняется непосредственно, либо же — с помощью указываемых подстановок — приводится к квадратуре эллипса или гиперболы («площади которых можно считать некоторым образом известными»). Приведение к квадратуре конических сечений фактически означало использование простейших трансцендентных функций — логарифмической и обратных круговых, которые в то время еще не были введены в анализ.

Специально вычислению квадратур посвящена другая работа Ньютона: «Рассуждение о квадратуре кривых», написанная вскоре после «Метода флюксий» и вышедшая в свет в 1704 г. **). Там рассматриваются выражения и более сложного вида, например,

$$z^{\theta}(e + fz^{\eta} + gz^{2\eta} + \ldots)^{\lambda}\ (a + bz^{\eta} + cz^{2\eta} + \ldots),$$

где θ, λ, η — рациональные показатели. Как частный случай отметим нахождение биномиальных интегралов, т. е. разыскание первообразных для выражений вида

$$z^{\theta}(e + fz^{\eta})^{\lambda}.$$

Впрочем, более подробно Ньютон об этом говорит в одном из писем, предназначенных для Лейбница (1676): он знает, что квадратура выполняется алгебраически, если $\frac{\theta + 1}{\eta}$ есть целое (положительное) число или $\frac{\theta + 1}{\eta} + \lambda$ оказывается целым (отрицательным) числом [ср. n° 169].

*) На этот раз, видимо, «актуально» бесконечно малые.

**) См. «Математические работы Ньютона», стр. 167 — 193. Введение и другие части «Рассуждения» носят следы позднейшей обработки.

Что касается приложений исчисления квадратур, то в «Методе флюксий» Ньютон отчетливо подчеркивает, что таблицами площадей кривых можно воспользоваться для определения и величин другого рода по заданным их флюксиям. Примером может служить задача:

«Определить длины кривых».

Вопрос сводится к определению дуги $t = QR$ (рис. 123) по ее флюксии $\dot{t} = \sqrt{\dot{z}^2 + \dot{y}^2}$ [ср. n° 202, (5)], где $z = MN$ и $y = NR$ суть абсцисса и ордината переменной точки R кривой y. Сама же формула для $\dot{t}$ непосредственно вытекает из рассмотрения прямоугольного $\triangle RSr$, сторонами которого служат «моменты» величин z, y, t.

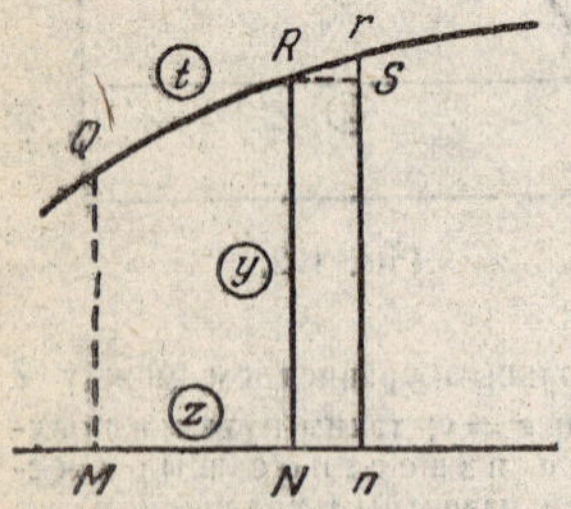

Рис. 123.

226. Ньютоновы «Начала» и зарождение теории пределов. Произведением, которое больше всех других доставило Ньютону славу, были вышедшие в 1686—1687 гг. «Математические начала натуральной философии» *). В нем заложены основы всей механики вообще и небесной механики — в особенности.

Ньютон говорит в одном письме, что он нашел важнейшие предложения своих «Начал» методом флюксий. Однако на самом изложении это обстоятельство никак не отразилось: обычно приводятся — по примеру древних — лишь доказательства предложений в синтетически геометрической форме.

Но вместе с тем «Начала» содержат и нечто существенно новое и важное в методологическом отношении. Первый же отдел первой книги («О движении тел») Ньютон посвящает своеобразной теории пределов, под названием «Метода первых и последних отношений».

«Первыми отношениями» или «последними отношениями» двух величин называются их предельные отношения. Первым термином Ньютон пользуется для обозначения предела отношения двух «зарождающихся» (бесконечно малых) величин, а второй он применяет безразлично как к отношению «исчезающих» (бесконечно малых) величин, так и к отношению величин конечных или даже бесконечно больших. Говорит Ньютон также о «первой сумме зарождающихся» или «последней сумме исчезающих» величин. Важно подчеркнуть, что все эти понятия не определяются, и их содержание выясняется лишь из самого способа их применения. Своеобразие терминологии Ньютона связано с представлением о достижении переменной своего предела, который является, таким образом, для нее «последним» («первым») значением.

Вся ньютонова теория пределов состоит из одиннадцати лемм геометрического содержания. Как Ньютон указывает в следующем за ними «Поучении», они приводятся в целях сокращения доказательств. Того же можно было бы достигнуть и при помощи метода неделимых, но последний представляется «менее геометричным». «Поэтому, — продолжает он, — если во всем последующем изложении я и рассматриваю какие-либо величины как бы состоящими из постоянных частиц, ... то следует разуметь, что это не неделимые, а исчезающие делимые величины, что это не суммы и не отношения конечных частей, а последние суммы и последние отношения исчезающих величин...». И далее: «если в последующем для простоты речи я буду говорить о величинах весьма малых или исчезающих или

*) Есть русский перевод акад. А. Н. Крылова (1915—1916), воспроизведенный также и в т. VII «Собрания сочинений акад. А. Н. Крылова» (1936).

зарождающихся, то не следует под этим разуметь количеств определенной величины, но надо их рассматривать, как уменьшающиеся беспредельно». Таким образом, здесь провозглашается принципиально близкая к современной точка зрения: взамен «актуально» бесконечно малых вводятся в рассмотрение «потенциально» бесконечно малые и п р е д е л ы их сумм и отношений!

227. Вопросы обоснования у Ньютона. Мы видим, что позиция Ньютона в вопросах обоснования его исчисления — уже на протяжении двадцати лет — претерпела значительную эволюцию.

В «Методе флюксий», отражающем его старые взгляды, «моменты» величин явно суть «актуально» бесконечно малые, рост величины сводится к последовательному их прибавлению. Свободно используется *принцип пренебрежения бесконечно малыми величинами* по сравнению с конечными.

В «Началах» Ньютон уже отмежевывается от точки зрения неделимых. Во введении к «Квадратуре кривых», написанном позже, он говорит: «Я здесь рассматриваю математические величины не как состоящие из мельчайших частиц, но как описанные непрерывным движением». Из одного замечания во втором издании «Начал» (1713) явствует, что именно «в способе образования величин» Ньютон усматривает главное отличие своего метода от метода Лейбница. Теория пределов, которую — хотя и в зачаточной форме — мы находим в «Началах», представляет существенное продвижение в вопросе обоснования нового анализа. Впоследствии, в упомянутом уже введении к «Квадратуре кривых», Ньютон и самый вывод флюксии от x^n связывает с рассмотрением «последнего отношения» двух исчезающих величин, т. е. по существу — с предельным переходом.

Однако Ньютон все же не выдерживает этой точки зрения до конца. Не далее, как во второй книге «Начал», он снова вводит неясное понятие «моментов» величин, т. е. их «мгновенных приращений или уменьшений»!

Относительно этих «моментов» устанавливается ряд простых утверждений (к тому времени, нужно сказать, в эквивалентной форме, уже опубликованных Лейбницем!). Вот, например, одно из них: *если моменты величины A, B суть a, b, то момент произведения AB есть $Ab + Ba$.* Любопытно, что при доказательстве его Ньютон не исходит из естественно возникающего равенства

$$(A + a)(B + b) - AB = Ab + Ba + ab,$$

ибо тогда ему пришлось бы п р е н е б р е ч ь членом ab по сравнению с другими (что как раз и делает Лейбниц!), но прибегает к уловке, а именно, пользуется равенством

$$\left(A + \frac{1}{2}a\right)\left(B + \frac{1}{2}b\right) - \left(A - \frac{1}{2}a\right)\left(B - \frac{1}{2}b\right) = Ab + Ba,$$

которое, правда, сразу приводит к нужному результату, но вовсе не вытекает из существа дела.

Таким образом, попытка Ньютона своим «Методом первых и последних отношений» подвести рациональный фундамент под новое исчисление не была последовательной. Она получила дальнейшее развитие и завершение лишь более чем через столетие — уже в трудах математиков начала XIX века [п° 233].

§ 3. ГОТФРИД ВИЛЬГЕЛЬМ ЛЕЙБНИЦ (1646—1716)

228. Начальные шаги в создании нового исчисления. В отличие от Ньютона, после Лейбница осталось огромное рукописное наследство — и притом с датами, позволяющими восстановить порядок развития его идей. В одной из его рукописей, помеченных 1675 г., впервые встречается знак $\int$: «Удобно будет, говорит Лейбниц, писать $\int$ вместо *все*, $\int l$ вместо *все* l, т. е. вместо *суммы l* (*l* здесь означает л и н и ю). Вскоре появляется и знак *разности d*, устанавливаются простейшие формулы, относящиеся к этим символам. Лишь постепенно Лейбниц начинает писать dx или dy п о д з н а к о м $\int$!

В течение 1676—1677 гг. Ньютон и Лейбниц (через посредство третьего лица) дважды обменивались письмами. Ньютон в них излагает свои результаты по разложению в бесконечные ряды и квадратурам. Упомянув о подготовленном им трактате (по-видимому, имелся в виду «Метод флюксий»), Ньютон сообщает, что обладает методом, с помощью которого не только решаются задачи на касательные или на наибольшие и наименьшие величины, но и облегчается разыскание квадратур; однако самый метод он скрыл. Лейбниц немедленно ответил на это изложением своего метода, ограничиваясь, правда, лишь дифференциальным исчислением. Он пишет:

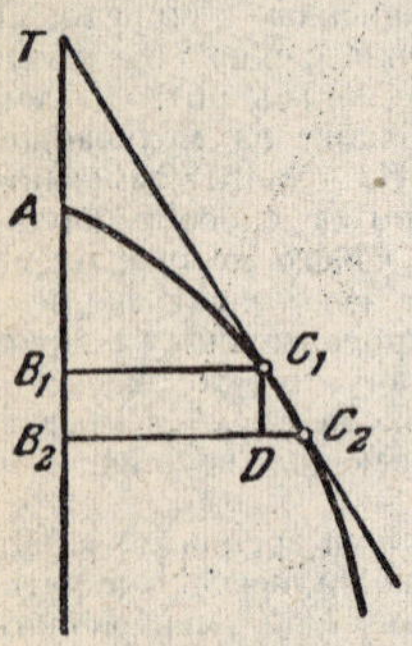

Рис. 124.

«Отрезок TB_1 (рис. 124) относится к ординате B_1C_1 *) как C_1D (разность двух абсцисс AB_1, AB_2) относится к DC_2 (разности двух ординат) ... Отсюда явствует, что нахождение касательных есть не что иное, как нахождение разностей ординат, если угодно разности абсцисс положить равными между собой. Поэтому, если называть в последующем через dy разность двух ближайших y и через dx разность двух ближайших x, очевидно, что $d(y^2)$ есть $2y\,dy$, $d(y^3)$ есть $3y^2dy$ и т. д.» Например,

$$dy^2 = (y + dy)^2 - y^2$$

или, если опустить взаимно уничтожающиеся величины, а также квадрат $(dy)^2$ — «по основаниям, известным из метода наибольших и наименьших» **), то будет $d(y^2) = 2y\,dy$.

Далее, Лейбниц приводит формулы дифференцирования произведения и корня (рассматривая корень как степень), дифференцирует и более сложные радикальные выражения, подчеркивая, что «весьма удивительным и чрезвычайно удобным образом оказывается, что dy и dx всегда находятся вне иррациональной связи».

229. Первая печатная работа по дифференциальному исчислению. Лишь в 1684 г. был опубликован первый мемуар Лейбница под длинным названием: «Новый метод наибольших и наименьших, а также касательных, для которого не служат препятствием ни дробные, ни иррациональные величины, и особый для этого род исчисления» ***).

Здесь Лейбниц первоначально пытается избежать бесконечно малых и по отношению к «разностям» (differentia) или «дифференциалам» (quantitas differentialis) переменных величин становится на другую точку зрения, по сравнению с цитированным выше письмом его к Ньютону. Пусть (черт. 125) YY будет произвольная кривая, Y — переменная точка на ней с абсциссой $AX = x$ и ординатой $YX = y$. Через dx Лейбниц обозначает попросту п р о и з в о л ь н о в з я т ы й о т р е з о к. Если YD есть касательная к кривой

---

*) Здесь и впредь следует иметь в виду, что Лейбниц обычно откладывает абсциссы по вертикали, а ординаты — по горизонтали.

**) Намек на Ферма и других, решавших задачу разыскания наибольших и наименьших.

***) На русском языке имеются в переводе «Избранные отрывки из математических сочинений Лейбница» (Успехи математических наук, т. III, в. 1, 1948; стр. 166—173).

в точке Y, то отрезок, относящийся к dx так, как ордината y относится к (подкасательной) XD, называется dy.

Таким образом, в отличие от Ньютона, для которого первоначальным понятием была скорость, у Лейбница здесь первоначальным понятием оказывается касательная!

Затем Лейбниц сообщает — без всякого вывода — «правила исчисления» относящиеся к дифференцированию постоянной, суммы, разности, произведения, частного, степени, корня *). «Если знать, так сказать, алгорифм этого исчисления, которое я называю дифференциальным, то ... можно будет находить наибольшие и наименьшие, а также касательные, не испытывая притом необходимости в устранении дробей или иррациональностей ..., как это приходилось, однако, делать, пользуясь доныне обнародованными методами». Что же касается доказательства всего этого, то для него нужно принять во внимание, что dx, dy, ... можно считать соответственно пропорциональными «мгновенным приращениям или уменьшениям x, y, ...». Таким образом, в конечном счете дело все же сводится к рассмотрению бесконечно малых, как и в упомянутом выше письме к Ньютону!

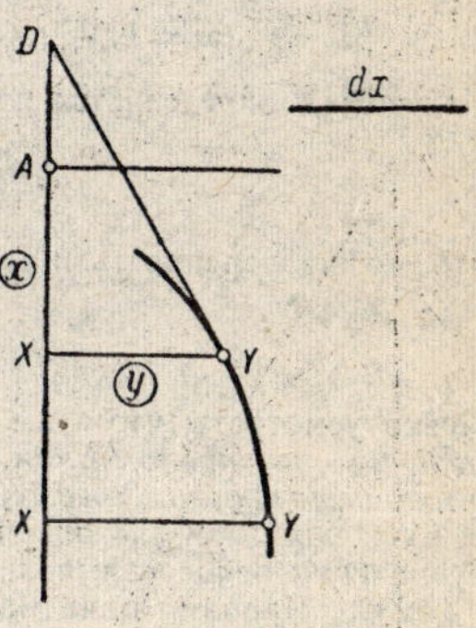

Рис. 125.

Лейбниц указывает, что наибольшая или наименьшая ордината определяется условием, что касательная не наклонена ни в одну, ни в другую сторону, т. е. тем, что $dy = 0$; в этот момент ординаты «ни возрастают, ни убывают, но находятся в покое». Он отличает наибольшее значение от наименьшего по тому, направлена ли кривая к оси своей вогнутостью или выпуклостью, а об этом судит по знаку $d\,dy$. Наконец, он исследует и точки перегиба (допуская, правда, здесь неточности).

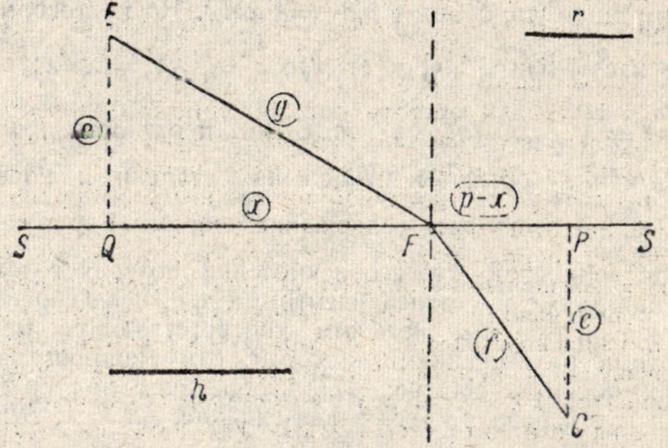

Рис. 126.

В заключение Лейбниц решает своим методом ряд задач, в том числе знаменитую задачу, которой занимались Ферма и другие ученые XVII века: *каков должен быть путь света от точки C в одной среде до точки E в другой среде* (рис. 126), *чтобы он был пройден в кратчайшее время?*

*) В некоторых из них встречаются двойные знаки в связи с тем, что подкасательная не снабжается знаком.

Лейбниц вводит «плотности» h и r рассматриваемых сред (в смысле «сопротивления, которое испытывают в них лучи света») и ищет на прямой SS, изображающей плоскость раздела, такую точку F, чтобы путь CFE «был наиболее легким из всех возможных», т. е. чтобы величина

$$w = CF \cdot h + FE \cdot r$$

была наименьшей. При обозначениях чертежа

$$w = hf + rg = h\sqrt{(p-x)^2 + c^2} + r\sqrt{x^2 + e^2}.$$

Искомое x определяется из условия $dw = 0$, или

$$\frac{h(p-x)}{f} = \frac{rx}{g},$$

что можно переписать и так:

$$\frac{p-x}{f} : \frac{x}{g} = r : h.$$

Легко усмотреть, что этим выражен известный закон физики: *синусы углов падения и преломления обратно пропорциональны* *оптическим плотностям обеих сред.* «Другие ученейшие мужи, — заключает Лейбниц, — вынуждены были сложными путями добиваться того, что опытный в этом исчислении человек выполнит в трех строках».

230. Первая печатная работа по интегральному исчислению. В 1686 г. Лейбниц опубликовал мемуар «О глубокой геометрии и анализе неделимых, а также бесконечных» *), где впервые встречается знак $\int$ (на этот раз — в виде строчной буквы s).

Сначала речь идет об одной теореме Барроу. Если через y, x и p обозначить абсциссу, ординату и поднормаль, то $p\,dy = x\,dx$ (это легко получить, использовав бесконечно малый «характеристический» треугольник с катетами dy и dx). «Если обратить это разностное (дифференциальное) уравнение в суммирующее, то будет $\int p\,dy = \int x\,dx$. Но из того, что я изложил в моем методе касательных, явствует, что $d\left(\frac{1}{2}x^2\right) = x\,dx$; следовательно, и обратно, $\frac{1}{2}x^2 = \int x\,dx$ (ибо у нас суммы и разности или $\int$ и d — взаимно обратны, как в обычном исчислении степени и корни)». Отсюда $\int p\,dy = \frac{1}{2}x^2$, что и составляет содержание теоремы Барроу.

Лейбниц подчеркивает, что его исчисление позволяет выражать с помощью уравнений также и «трансцендентные», т. е. неалгебраические линии, например, циклоиду. Мы изложим соответствующее место мемуара, пополнив его теми разъяснениями, которые сам Лейбниц дает по этому поводу в своих письмах. На рис. 127 изображены полукруг и половина дуги циклоиды; пусть радиус круга равен единице, $AB = x$, $BE = v$, $BC = y$, $\overset{\frown}{AE} = a$, $GD = dx$, $DL = dv$. Тогда, по известной теореме геометрии, $v = \sqrt{2x - x^2}$, так что

$$dv = \frac{1-x}{\sqrt{2x-x^2}}\,dx,\quad GL = \sqrt{(dx)^2 + (dv)^2} = \frac{dx}{\sqrt{2x-x^2}},\quad a = \int \frac{dx}{\sqrt{2x-x^2}}.$$

*) См. «Избранные отрывки из математических сочинений Лейбница», стр. 175–177.

Так как, по самому происхождению циклоиды, $EC=a$ и $y=a+v$, то

$$y=\sqrt{2x-x^2}+\int\frac{dx}{\sqrt{2x-x^2}}.$$

«Это уравнение в совершенстве выражает соотношение между ординатой y и абсциссой x, и из него могут быть выведены все свойства циклоиды». (Например, путем дифференцирования отсюда легко получить известное построение касательной или нормали к циклоиде.) Таким образом, интегрирование служит для Лейбница средством для построения трансцендентных функций, которых он иначе ни записать, ни исследовать не умеет.

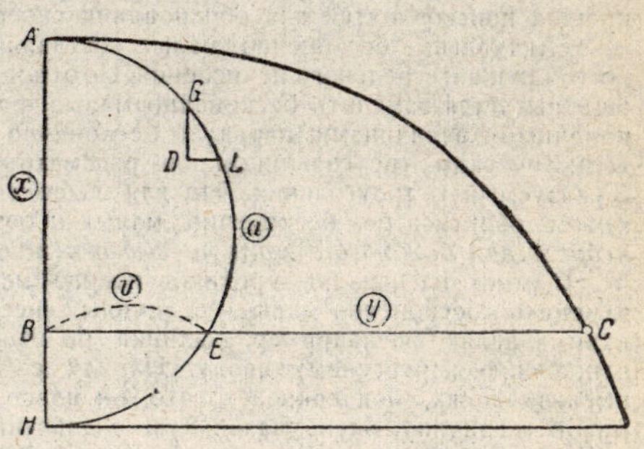

Рис. 127.

В конце мемуара Лейбниц делает важное предупреждение о том, что не следует под знаком $\int$ пренебрегать множителем dx, ибо это преградило бы путь к преобразованию одной фигуры в другую. Ясно, что здесь имеется в виду преобразование переменной, позволяющее одну квадратуру свести к другой, а осуществление этого, действительно, упрощается наличием множителя dx.

Итак, в интегральном исчислении для Лейбница основным понятием была с у м м а «актуально» бесконечно малых прямоугольников $y\,dx$ (которую он позже, по примеру братьев Бернулли, стал называть и н т е г р а л о м); Ньютон же, как мы видели, в основу положил понятие первообразной. Для приложений точка зрения Лейбница была удобнее, хотя самое вычисление интеграла и он сводит к нахождению первообразной.

231. Дальнейшие работы Лейбница. Создание школы. Содержание нескольких десятков статей и заметок Лейбница, а также его переписки с выдающимися математиками его времени — очень разнообразно. Оно охватывает, прежде всего, дальнейшее развитие созданного им исчисления. Некоторые из относящихся сюда вопросов мы уже упоминали по ходу изложения самого анализа в предыдущих главах: дифференцирование степенно-показательных выражений [п° 85, (5)], формулу для дифференциалов высших порядков от произведения [п° 98], разложение рациональных дробей, для облегчения их интегрирования, на простые дроби [п° 166]. Другие работы Лейбница связаны с разложением функций в бесконечные ряды или принадлежат более высоким областям анализа [мы встретимся с ними во втором томе]. Наряду с построением аппарата анализа, Лейбниц занимался и его приложениями, особенно в области «дифференциальной» геометрии. Он часто ставит своим современникам различные прикладные задачи и, в свою очередь, решает задачи, поставленные другими.

Особо важное значение имел тот факт, что у Л е й б н и ц а п о я в и л а с ь ш к о л а, главными представителями которой были братья Б е р н у л л и, Якоб (1654—1705) и Иоганн (1667—1748), а также Гильом Франсуа д е Л о п и т а л ь (1661—1704), автор первого учебника дифференциального исчисления. Созданию школы содействовали научный энтузиазм

Лейбница, непрерывная публикация выходящих из-под его пера работ и его деятельная научная переписка.

Нельзя недооценить и роли введенных им удобных обозначений, весьма приспособленных к геометрическим и механическим исследованиям (недаром же именно лейбницевские обозначения в основном сохранились и до нашего времени!). Целесообразная символика, несомненно, облегчила создание настоящего алгорифма, о котором он мечтал с самого начала. Этот алгорифм постепенно стал общим достоянием.

232. Вопросы обоснования у Лейбница *). В этом направлении Лейбниц испытывал серьезнейшие затруднения, до конца жизни не прекращая поисков путей для обоснования своего исчисления.

«Актуально» бесконечно малые составляют основу как дифференциального, так и интегрального исчисления. По отношению к первому Лейбниц [n°229] еще пытается заменить бесконечно малые разности пропорциональными им конечными величинами; наряду с бесконечно малым («неуказуемым») характеристическим треугольником он рассматривает подобный ему конечный («указуемый») треугольник. Но для вывода своих формул он все же не может обойтись без бесконечно малых и без использования *принципа пренебрежения бесконечно малыми высших порядков.*

В ответ на нападки критиков нового исчисления, Лейбниц предлагает заменить «бесконечно малые» величины «несравнимо малыми» величинами, какими являются, например, пылинка по отношению к Земле или Земля по отношению к небесному своду. Наряду с этим Лейбниц, в других своих высказываниях, подчеркивает, что он вовсе не разумеет под бесконечно малой «величину, очень маленькую в действительности, но всегда постоянную и определенную»; эта величина должна быть лишь достаточно мала для того, чтобы ошибка была меньше любой указанной. В этом, если угодно, можно усмотреть намек на сближение с точкой зрения «потенциально» бесконечно малых.

Возможный выход из положения Лейбниц видит даже в том, чтобы считать бесконечно малые как бы «фиктивными» или «идеальными» понятиями, служащими лишь для облегчения открытий и сокращения рассуждений, наподобие мнимых корней в обыкновенном анализе. Наконец, он намечает еще один круг идей, которым пытается обосновать законность своих умозаключений — это его «принцип непрерывности», имеющий некоторую связь с предельным переходом. Но все попытки Лейбница обосновать свое исчисление, видимо, не были до конца убедительными и для него самого. Поставив в одной рукописи вопрос, будут ли бесконечно малые действительно существующими и могут ли они быть строго обоснованы, Лейбниц заявляет: «Я думаю, что это может быть оставлено под сомнением».

С другой стороны, в одной из своих полемических статей он высказывается так: «Я высоко ценю старательность тех, которые стремятся все доказать, вплоть до первоначальных положений, и нередко сам прилагаю к этому старания; однако я не советовал бы чрезмерной тщательностью ставить преграды искусству открытия или под этим предлогом отбрасывать наилучшие открытия и самим себя лишать их плодов...». Таким образом, даже не имея уверенности в возможности обосновать созданное им исчисление, Лейбниц считает применение его оправданным теми результатами, к которым оно приводило.

Это положение вещей как нельзя лучше охарактеризовано Марксом в следующих словах, относящихся именно к математикам той эпохи: «сами верили в мистический характер новооткрытого исчисления, которое давало правильные (и притом в геометрическом применении прямо поразительные)

---

*) См. «Избранные отрывки из математических сочинений Лейбница», стр. 187—196.

результаты математически положительно неправильным путем. Таким образом, сами себя мистифицировали и тем более ценили новое открытие...» *).

233. Послесловие. Ближайшее столетие было ознаменовано дальнейшим расцветом математического анализа, методы его совершенствовались, область применения значительно расширилась. Тем не менее оно в значительной степени сохранило свой «мистический» характер: основы его, неоднократно подвергавшиеся критике, оставались неясными.

Правда, понятие предела, лишь намечавшееся у математиков XVII века, в последующем было уточнено. В предисловии к своему «Дифференциальному исчислению» (1755) знаменитый петербургский академик Леонард Эйлер (1707—1783) с полной отчетливостью говорит о пределе, к которому все более и более приближается отношение приращения двух величин, по мере того как сами приращения становятся все меньшими и меньшими. Мы уже упоминали об этом в n°26, но там же подчеркнули, что в самом трактате Эйлера понятие предела ни разу не используется. Около того же времени французский математик и философ Жак Лерон Даламбер (1717—1783), в своих статьях в известной «Энциклопедии», дал и общее определение предела, причем Даламбер высказал убеждение, что «теория пределов и есть основа для истинной метафизики дифференциального исчисления». В конце XVIII столетия широко пропагандировал применение теории пределов в анализе и геометрии русский математик и механик академик Семен Емельянович Гурьев (1764—1813). Но на деле *понятие предела все же не стало действенным орудием для обоснования математического анализа.* Так, в 1797 г. Лазарь Карно (1753—1823) выступил со своими «Размышлениями о метафизике бесконечно малых» **), где, повторяя уже и ранее высказывавшуюся мысль, он пытается обосновать неизменную правильность результатов, получаемых с помощью сомнительных средств, — взаимной компенсацией погрешностей!

Лишь математики начала XIX столетия — в особенности Огюстен Люи Коши (1789—1857) — *сделали из понятия предела настоящий фундамент для последовательного построения математического анализа в целом,* окончательно изгнав из него всякую мистику. Впрочем, как мы знаем, в этом фундаменте еще оставалась брешь — не хватало строгого обоснования самого понятия вещественного числа и установления непрерывности области вещественных чисел; это было выполнено уже во второй половине прошлого века.

Теперь, наконец, читатель получил возможность уяснить себе в целом картину зарождения, развития и уточнения тех основных понятий дифференциального и интегрального исчисления, которые изучались в этом томе.

---

*) К. Маркс, «Математические рукописи» (Под знаменем марксизма, I, 1933), стр. 65.

**) Есть русский перевод (ГТТИ, 1933).

АЛФАВИТНЫЙ УКАЗАТЕЛЬ

(*Цифры обозначают страницы*)

ГРИГОРИЙ МИХАЙЛОВИЧ
ФИХТЕНГОЛЬЦ

ОСНОВЫ
МАТЕМАТИЧЕСКОГО АНАЛИЗА (1)
ИЗДАНИЕ ЧЕТВЕРТОЕ,
СТЕРЕОТИПНОЕ

Генеральный директор А.Л. Кноп
Директор издательства О.В. Смирнова
Главный редактор Ю.А. Сандулов
Художественный редактор С.Л. Шапиро
Корректор О.Г. Бураковская

ЛР № 065466 от 21.10.97 г.

Гигиенический сертификат 78.01.07.953.П.001665.03.02
от 18.03.2002 г., выдан ЦГСЭН в СПб

Издательство «Лань»
lan@lpbl.spb.ru
www. lanpbl.spb. ru
193012, Санкт-Петербург, пр. Обуховской обороны, 277.

Издательство: тел./факс: (812)262-24-95, тел.: (812)262-11-78;
pbl@lpbl.spb.ru; print@lpbl.spb.ru

Торговый отдел: 193029, Санкт-Петербург, ул. Крупской, 13,
тел./факс(812)567-54-93, тел.: (812)567-85-78, (812)567-14-45;
trade@ lanpbl.spb.ru

Филиал в Москве:
109263, Москва, 7-я ул. Текстильщиков, 5,
тел.: (095)919-96-00, 787-59-47, 787-59-48;
lanmsk@gpress.ru

Филиал в Краснодаре:
350072, Краснодар, ул. Зиповская, 7, тел.: (8612) 62-97-73.

Сдано в набор 14.01.99. Подписано в печать 05.07.2002 г.
Бумага типографская. Формат $84x108^1/_{32}$.
Гарнитура Школьная. Печать высокая.
Печ. л. 28. Уч.-изд. л. 23,52. Тираж 5000 экз.
Заказ № 873.

ФГУП Владимирская книжная типография
600000, г. Владимир, Октябрьский проспект, д. 7.
Качество печати соответствует качеству представленных диапозитивов

Г. М. ФИХТЕНГОЛЬЦ

ОСНОВЫ МАТЕМАТИЧЕСКОГО АНАЛИЗА

2

ИЗДАНИЕ ЧЕТВЕРТОЕ,
СТЕРЕОТИПНОЕ

Москва
2002

ББК 22.12
Ф 65

Фихтенгольц Г. М.

Ф 65 Основы математического анализа. Часть 2. 4-е изд., стер. — СПб.: Издательство «Лань», 2002. — 464 с. — (Учебники для вузов. Специальная литература).

ISBN 5-9511-0010-0
ISBN 5-8114-0191-4 (Ч. 2)

Учебник отличается систематическим и строгим изложением основ математического анализа. Материал излагается в логической последовательности и сопровождается примерами, облегчающими процесс усвоения теоретических положений курса. Автор уделяет особое внимание прикладному значению анализа как в самой математике, так и в смежных областях знания — в физике, механике и технике.

Учебник предназначен для студентов первого и второго курсов математических отделений вузов.

ББК 22.12

Оформление обложки
С. Л. Шапиро, А. А. Олексенко

ОГЛАВЛЕНИЕ

ГЛАВА ПЯТНАДЦАТАЯ

ЧИСЛОВЫЕ РЯДЫ

ГЛАВА ШЕСТНАДЦАТАЯ

ФУНКЦИОНАЛЬНЫЕ ПОСЛЕДОВАТЕЛЬНОСТИ И РЯДЫ

ГЛАВА СЕМНАДЦАТАЯ

НЕСОБСТВЕННЫЕ ИНТЕГРАЛЫ

§ 1. Несобственные интегралы с бесконечными пределами

§ 2. Несобственные интегралы от неограниченных функций

§ 3. Преобразование и вычисление несобственных интегралов

ГЛАВА ВОСЕМНАДЦАТАЯ

ИНТЕГРАЛЫ, ЗАВИСЯЩИЕ ОТ ПАРАМЕТРА

§ 1. Элементарная теория

§ 2. Равномерная сходимость интегралов

§ 3. Использование равномерной сходимости интегралов

ГЛАВА ДВАДЦАТЬ ПЕРВАЯ

ДВОЙНЫЕ ИНТЕГРАЛЫ

ГЛАВА ДВАДЦАТЬ ВТОРАЯ

ПЛОЩАДЬ ПОВЕРХНОСТИ. ПОВЕРХНОСТНЫЕ ИНТЕГРАЛЫ

ГЛАВА ДВАДЦАТЬ ТРЕТЬЯ

ТРОЙНЫЕ ИНТЕГРАЛЫ

ГЛАВА ДВАДЦАТЬ ЧЕТВЕРТАЯ

РЯДЫ ФУРЬЕ

§ 4. Замкнутость и полнота тригонометрической системы функций

§ 5. Очерк истории тригонометрических рядов

ЗАКЛЮЧЕНИЕ

ОЧЕРК ДАЛЬНЕЙШЕГО РАЗВИТИЯ МАТЕМАТИЧЕСКОГО АНАЛИЗА

ГЛАВА ПЯТНАДЦАТАЯ

ЧИСЛОВЫЕ РЯДЫ

§ 1. ВВЕДЕНИЕ

234. Основные понятия. Пусть задана некоторая бесконечная последовательность чисел

$$a_1, a_2, a_3, \ldots, a_n, \ldots \tag{1}$$

Составленный из этих чисел символ

$$a_1 + a_2 + a_3 + \ldots + a_n + \ldots \tag{2}$$

называется бесконечным рядом (или — просто — рядом), а сами числа (1) — членами ряда. Вместо (2), пользуясь знаком суммы, часто пишут так:

$$\sum_{n=1}^{\infty} a_n; \tag{2a}$$

указатель n пробегает здесь все значения от 1 до ∞ *).

Станем последовательно складывать члены ряда, составляя (в бесконечном количестве) суммы:

$$\left.\begin{array}{c} A_1 = a_1,\ A_2 = a_1 + a_2,\ A_3 = a_1 + a_2 + a_3, \ldots \\ \ldots,\ A_n = a_1 + a_2 + \ldots + a_n, \ldots; \end{array}\right\} \tag{3}$$

их называют частичными суммами или отрезками ряда. Эту последовательность частичных сумм $\{A_n\}$ мы всегда будем сопоставлять с рядом (2): роль этого символа и заключается в порождении упомянутой последовательности.

Конечный или бесконечный предел A частичной суммы A_n ряда (2) *при* $n \to \infty$:

$$A = \lim A_n,$$

---

*) Впрочем, нумерацию членов ряда иногда бывает удобнее начинать не с единицы, а с нуля или же с какого-либо натурального числа, большего единицы.

называют *суммой ряда* и пишут

$$A = a_1 + a_2 + \ldots + a_n + \ldots = \sum_{n=1}^{\infty} a_n,$$

придавая тем самым символу (2) или (2а) числовой смысл. *Если ряд имеет конечную сумму, его называют сходящимся, в противном же случае (т. е. если сумма равна $\pm\infty$, либо же суммы вовсе нет) — расходящимся.*

Таким образом, вопрос о сходимости ряда (2), по определению, равносилен вопросу о существовании конечного предела для последовательности (3). Обратно, какую бы последовательность

$$x_1, x_2, x_3, \ldots, x_n, \ldots$$

наперед ни взять, вопрос о наличии для нее конечного предела может быть сведен к вопросу о сходимости ряда

$$x_1 + (x_2 - x_1) + (x_3 - x_2) + \ldots + (x_n - x_{n-1}) + \ldots, \tag{4}$$

для которого частичными суммами как раз и будут члены этой последовательности. При этом сумма ряда совпадает с пределом последовательности.

Иными словами, рассмотрение бесконечного ряда и его суммы есть просто новая форма изучения последовательности и ее предела. Но эта форма, как читатель увидит из дальнейшего изложения, представляет неоценимые преимущества как при установлении самого существования предела, так и при его вычислении. Это обстоятельство делает бесконечные ряды важнейшим орудием исследования в математическом анализе и его приложениях.

Примеры. 1) Простейший пример бесконечного ряда получаем, суммируя (уже знакомую читателю) геометрическую прогрессию:

$$a + aq + aq^2 + \ldots + aq^{n-1} + \ldots$$

Его частичная сумма будет (если $q \neq 1$)

$$s_n = \frac{a - aq^n}{1 - q}.$$

Если знаменатель прогрессии, q, по абсолютной величине меньше единицы, то [как мы уже знаем, n° 30, 6)] s_n имеет конечный предел

$$s = \frac{a}{1 - q},$$

т. е. наш ряд сходится, и s будет его суммой.

При $|q| \geq 1$ та же прогрессия дает пример расходящегося ряда. Если $q \geq 1$, то его суммой будет $+\infty$ или $-\infty$ (смотря по знаку a); в прочих случаях суммы вовсе нет. Отметим любопытный ряд, который получается при $a=1,\ q=-1$:

$$1-1+1-1+\ldots\equiv 1+(-1)+1+(-1)+\ldots\ ^{*)}.$$

Его частичные суммы попеременно равны то 1, то 0.

2) Легко установить расходимость ряда

$$\sum_{n=1}^{\infty}\frac{1}{\sqrt{n}}=1+\frac{1}{\sqrt{2}}+\frac{1}{\sqrt{3}}+\ldots+\frac{1}{\sqrt{n}}+\ldots$$

В самом деле, так как члены его убывают, то его n-я частичная сумма

$$1+\frac{1}{\sqrt{2}}+\frac{1}{\sqrt{3}}+\ldots+\frac{1}{\sqrt{n}}>n\cdot\frac{1}{\sqrt{n}}=\sqrt{n}$$

и растет до бесконечности вместе с n.

3) Наконец, менее тривиальный пример нам доставит переменная

$$y_n=1+\frac{1}{1!}+\frac{1}{2!}+\ldots+\frac{1}{n!},$$

про которую в n° 49 мы доказали, что она стремится к числу e. Это равносильно утверждению, что e является суммой бесконечного ряда:

$$e=1+\frac{1}{1!}+\frac{1}{2!}+\ldots+\frac{1}{n!}+\ldots=1+\sum_{n=1}^{\infty}\frac{1}{n!}.$$

Вспоминая приближенное вычисление числа e в n° 49, читатель на этом примере сможет оценить выгоду последовательного введения все менее и менее значительных поправок, постепенно улучшающих получаемые в виде частичных сумм приближенные значения e.

235. Простейшие теоремы. Если в ряде (2) отбросить первые m членов, то получится ряд:

$$a_{m+1}+a_{m+2}+\ldots+a_{m+k}+\ldots=\sum_{n=m+1}^{\infty}a_n, \tag{5}$$

называемый о с т а т к о м р я д а (2) п о с л е m-го ч л е н а.

1°. *Если сходится ряд* (2), *то сходится и любой из его остатков* (5); *обратно, из сходимости остатка* (5) *вытекает сходимость исходного ряда* (2).

Фиксируем m и обозначим k-ю частичную сумму ряда (5) через A'_k:

$$A'_k=a_{m+1}+a_{m+2}+\ldots+a_{m+k}.$$

Тогда, очевидно,

$$A'_k=A_{m+k}-A_m. \tag{6}$$

Если ряд (2) сходится, так что $A_n\to A$, то — при безграничном возрастании k — существует конечный предел

$$A'=A-A_m \tag{7}$$

и для суммы A'_k, что и означает сходимость ряда (5).

---

*) Если какой-либо член a ряда оказывается о т р и ц а т е л ь н ы м числом: $a=-b$ (где $b>0$), то вместо $\ldots+(-b)+\ldots$ пишут $\ldots-b+\ldots$

Подчеркнем, что членом ряда здесь будет все же $-b$, а не b.

Обратно, если дано, что сходится ряд (5), так что $A'_k \to A'$, то перепишем равенство (6), полагая в нем $k = n - m$ (при $n > m$), так:

$$A_n = A_m + A'_{n-m};$$

отсюда можно усмотреть, что — при безграничном возрастании n — частичная сумма A_n имеет предел

$$A = A_m + A', \tag{8}$$

т. е. сходится ряд (2).

Иными словами, *отбрасывание конечного числа начальных членов ряда или присоединение в начале его нескольких новых членов не отражается на поведении ряда* (в смысле его сходимости или расходимости).

Сумму ряда (5), если он сходится, обозначим вместо A' символом α_m, указывая значком, после какого члена берется остаток. Тогда формулы (8) и (7) перепишутся следующим образом:

$$A = A_m + \alpha_m, \quad \alpha_m = A - A_m. \tag{9}$$

Если увеличивать m до бесконечности, то $A_m \to A$ и $\alpha_m \to 0$. Итак:

2°. *Если ряд* (2) *сходится, то сумма α_m его остатка после m-го члена с возрастанием m стремится к нулю.*

Упомянем следующие простые свойства сходящихся рядов:

3°. *Если члены сходящегося ряда* (2) *умножить на один и тот же множитель c, то его сходимость не нарушится, а сумма лишь умножится на c.*

В самом деле, частичная сумма $\overline{A}_n$ ряда

$$ca_1 + ca_2 + \ldots + ca_n + \ldots,$$

очевидно, равна

$$\overline{A}_n = ca_1 + ca_2 + \ldots + ca_n = c(a_1 + a_2 + \ldots + a_n) = cA_n$$

и имеет пределом cA.

4°. *Два сходящихся ряда*

$$A = a_1 + a_2 + \ldots + a_n + \ldots$$

и

$$B = b_1 + b_2 + \ldots + b_n + \ldots$$

можно почленно складывать или вычитать, так что ряд

$$(a_1 \pm b_1) + (a_2 \pm b_2) + \ldots + (a_n \pm b_n) + \ldots$$

также сходится, и его сумма равна, соответственно, $A \pm B$.

Если A_n, B_n и C_n означают частичные суммы упомянутых рядов, то, очевидно,

$$C_n = (a_1 \pm b_1) + (a_2 \pm b_2) + \ldots + (a_n \pm b_n) =$$
$$= (a_1 + a_2 + \ldots + a_n) \pm (b_1 + b_2 + \ldots + b_n) = A_n \pm B_n.$$

Переходя к пределу, найдем, что

$$\lim C_n = \lim A_n \pm \lim B_n,$$

что и доказывает наше утверждение.

В заключение сделаем еще одно замечание.

5°. *Общий член* a_n *сходящегося ряда стремится к нулю.*

Это может быть доказано совершенно элементарно: раз A_n (а с ним и A_{n-1}) имеет конечный предел A, то

$$a_n = A_n - A_{n-1} \to 0.$$

В предыдущем утверждении содержится *необходимое условие для сходимости ряда*, которым мы будем часто пользоваться. При нарушении его ряд заведомо расходится. Однако важно подчеркнуть, что это условие не является само по себе достаточным для сходимости ряда. Иными словами, даже при выполнении его ряд может расходиться. Примером этого служит ряд

$$\sum_{n=1}^{\infty} \frac{1}{\sqrt{n}},$$

рассмотренный выше [n° 234, 2)]; многочисленные другие примеры этого же рода читатель найдет в последующем.

§ 2. СХОДИМОСТЬ ПОЛОЖИТЕЛЬНЫХ РЯДОВ

236. Условие сходимости положительного ряда. Займемся теперь вопросом об установлении сходимости или расходимости ряда. Этот вопрос всего проще решается для рядов, члены которых неотрицательны; для краткости такие ряды мы будем называть просто положительными.

Пусть ряд

$$\sum_{n=1}^{\infty} a_n = a_1 + a_2 + \ldots + a_n + \ldots \tag{A}$$

будет положительным, т. е. $a_n \geqslant 0$ $(n = 1, 2, 3, \ldots)$. Тогда, очевидно,

$$A_{n+1} = A_n + a_{n+1} \geqslant A_n,$$

т. е. переменная A_n оказывается возрастающей. Вспоминая теорему о пределе монотонной переменной [n° 44], мы непосредственно приходим к следующему основному в теории положительных рядов предложению:

Теорема. *Положительный ряд* (A) *всегда имеет сумму; эта сумма будет конечной (и, следовательно, ряд — сходящимся), если* *частичные суммы ряда ограничены сверху, и бесконечной (а ряд — расходящимся) в противном случае.*

Все практические признаки сходимости и расходимости положительных рядов, в конечном счете, основаны на этой простой теореме. Но непосредственное ее применение лишь в редких случаях позволяет судить о характере ряда. Приведем примеры этого рода.

1) Рассмотрим ряд

$$\sum_{n=1}^{\infty} \frac{1}{n} = 1 + \frac{1}{2} + \frac{1}{3} + \ldots + \frac{1}{n} + \ldots,$$

известный под именем гармонического ряда *).

Имеем очевидное неравенство:

$$\frac{1}{n} + \frac{1}{n+1} + \ldots + \frac{1}{2n-1} > n \cdot \frac{1}{2n} = \frac{1}{2}. \qquad (1)$$

Если все члены гармонического ряда, начиная со второго, последовательно разбить на группы по 2, 4, 8, ... членов в каждой:

$$\underbrace{\frac{1}{2} + \frac{1}{3}}_{2};\ \underbrace{\frac{1}{4} + \frac{1}{5} + \frac{1}{6} + \frac{1}{7}}_{2^2};\ \underbrace{\frac{1}{8} + \ldots + \frac{1}{15}}_{2^3};\ \ldots;$$

$$\underbrace{\frac{1}{2^{k-1}} + \ldots + \frac{1}{2^k - 1}}_{2^{k-1}};\ \ldots,$$

то каждая из этих сумм в отдельности будет больше $\frac{1}{2}$; в этом легко убедиться, полагая в (1) поочередно $n = 2, 4, 8, \ldots, 2^{k-1}, \ldots$ Обозначим n-ю частичную сумму гармонического ряда через H_n; тогда, очевидно,

$$H_{2^k} > k \cdot \frac{1}{2}.$$

Мы видим, что частичные суммы не могут быть ограничены сверху: ряд имеет бесконечную сумму.

Упомянем уже здесь, что H_n с возрастанием n возрастает очень медленно. Эйлер, например, вычислил, что

$$H_{1\,000} = 7{,}48\ \ldots,\ H_{1\,000\,000} = 14{,}39\ \ldots \text{ и т. д.}$$

Впоследствии мы будем иметь случай точнее охарактеризовать возрастание сумм H_n [n° 238, 4)].

2) Рассмотрим теперь более общий ряд

$$\sum_{n=1}^{\infty} \frac{1}{n^s} = 1 + \frac{1}{2^s} + \frac{1}{3^s} + \ldots + \frac{1}{n^s} + \ldots,$$

---

*) Каждый член его, начиная со второго, представляет собой среднее гармоническое двух соседних членов. Число c называется средним гармоническим чисел a и b, если

$$\frac{1}{c} = \frac{1}{2}\left(\frac{1}{a} + \frac{1}{b}\right).$$

где s — любое вещественное число; он содержит в себе, как частный случай (при $s=1$), предыдущий ряд. По сходству с рядом (1), и этот ряд тоже называют гармоническим.

Так как при $s<1$ члены рассматриваемого ряда больше соответствующих членов ряда (1), то, в этом предположении, частичные суммы и подавно не ограничены сверху, так что ряд расходится.

Займемся случаем, когда $s>1$; положим для удобства $s=1+\sigma$, где $\sigma>0$. Аналогично (1), имеем на этот раз:

$$\frac{1}{n^s}+\frac{1}{(n+1)^s}+\ldots+\frac{1}{(2n-1)^s}<n\cdot\frac{1}{n^s}=\frac{1}{n^\sigma}. \tag{2}$$

Выделяя, как и выше, последовательные группы членов:

$$\underbrace{\frac{1}{2^s}+\frac{1}{3^s}}_{2};\ \underbrace{\frac{1}{4^s}+\frac{1}{5^s}+\frac{1}{6^s}+\frac{1}{7^s}}_{2^2};\ \underbrace{\frac{1}{8^s}+\ldots+\frac{1}{15^s}}_{2^3};\ \ldots;$$

$$\underbrace{\frac{1}{(2^{k-1})^s}+\ldots+\frac{1}{(2^k-1)^s}}_{2^{k-1}};\ \ldots,$$

с помощью (2) легко показать, что эти суммы соответственно меньше членов прогрессии

$$\frac{1}{2^\sigma},\ \frac{1}{4^\sigma}=\frac{1}{2^{2\sigma}},\ \frac{1}{8^\sigma}=\frac{1}{2^{3\sigma}},\ \ldots,\ \frac{1}{(2^{k-1})^\sigma}=\frac{1}{2^{(k-1)\sigma}},\ \ldots$$

В таком случае ясно, что какую бы частичную сумму рассматриваемого ряда ни взять, она будет меньше постоянного числа

$$\frac{1}{1-\frac{1}{2^\sigma}},$$

следовательно, ряд сходится.

237. Теоремы сравнения рядов. Сходимость или расходимость положительного ряда часто устанавливают путем сравнения его с другим рядом, заведомо сходящимся или расходящимся. В основе такого сравнения лежит следующая простая теорема.

Теорема 1. Пусть даны два положительных ряда

$$\sum_{n=1}^{\infty} a_n=a_1+a_2+\ldots+a_n+\ldots \tag{A}$$

и

$$\sum_{n=1}^{\infty} b_n=b_1+b_2+\ldots+b_n+\ldots \tag{B}$$

Если, хотя бы начиная с некоторого места (скажем, для $n>N$), *выполняется неравенство:* $a_n\leqslant b_n$, *то из сходимости ряда* (B) *вытекает сходимость ряда* (A) *или — что то же — из расходимости ряда* (A) *следует расходимость ряда* (B).

Доказательство. На основании того, что отбрасывание конечного числа начальных членов ряда не отражается на его поведении [n° 235, 1°], мы можем считать, не нарушая общности, что $a_n \leqslant b_n$ при всех значениях $n = 1, 2, 3, \ldots$ Обозначив частичные суммы рядов (A) и (B), соответственно, через A_n и B_n, будем иметь:

$$A_n \leqslant B_n.$$

Пусть ряд (B) сходится; тогда, по основной теореме [n° 236], суммы B_n ограничены:

$$B_n \leqslant L \quad (L = \text{const}; \; n = 1, 2, 3, \ldots).$$

В силу предыдущего неравенства, и подавно

$$A_n \leqslant L,$$

а это, по той же теореме, влечет за собой сходимость ряда (A).

Иногда на практике более удобна следующая теорема, вытекающая из первой:

Теорема 2. *Если существует предел*

$$\lim \frac{a_n}{b_n} = K\,^{*)} \quad (0 \leqslant K \leqslant \infty),$$

то из сходимости ряда (B), *при* $K < \infty$, *вытекает сходимость ряда* (A), *а из расходимости первого ряда, при* $K > 0$, *вытекает расходимость второго.* [Таким образом, при $0 < K < \infty$ оба ряда сходятся или оба расходятся одновременно.]

Доказательство. Пусть ряд (B) сходится и $K < \infty$. Взяв произвольное число $\varepsilon > 0$, по самому определению предела, для достаточно больших n будем иметь

$$\frac{a_n}{b_n} < K + \varepsilon, \text{ откуда } a_n < (K + \varepsilon)\, b_n.$$

В силу n° 235, 3°, одновременно с рядом (B) будет сходиться и ряд $\sum (K + \varepsilon)\, b_n$, полученный умножением его членов на постоянное число $K + \varepsilon$. Отсюда, по предыдущей теореме, вытекает сходимость ряда (A).

Если же ряд (B) расходится и $K > 0$, то в этом случае обратное отношение $\frac{b_n}{a_n}$ имеет конечный предел; ряд (A) должен быть расходящимся, ибо, если бы он сходился, то, по доказанному, сходился бы и ряд (B).

Наконец, приведем еще одну теорему сравнения, также представляющую собой следствие первой.

---

*) Мы предполагаем при этом, что $b_n \neq 0$.

Теорема 3. *Если, хотя бы начиная с некоторого места (скажем, для $n > N$), выполняется неравенство*

$$\frac{a_{n+1}}{a_n} \leqslant \frac{b_{n+1}}{b_n} \text{ *}), \tag{3}$$

то из сходимости ряда (B) *вытекает сходимость ряда* (A) *или — что то же — из расходимости ряда* (A) *вытекает расходимость ряда* (B).

Доказательство. Как и выше, при доказательстве теоремы 1, не умаляя общности, можно считать, что неравенство (3) справедливо для всех значений $n = 1, 2, 3, \ldots$ В таком случае будем иметь:

$$\frac{a_2}{a_1} \leqslant \frac{b_2}{b_1}, \quad \frac{a_3}{a_2} \leqslant \frac{b_3}{b_2}, \ldots, \frac{a_n}{a_{n-1}} \leqslant \frac{b_n}{b_{n-1}}.$$

Перемножив почленно эти неравенства, получим:

$$\frac{a_n}{a_1} \leqslant \frac{b_n}{b_1} \text{ или } a_n \leqslant \frac{a_1}{b_1} \cdot b_n \quad (n = 1, 2, 3, \ldots).$$

Пусть ряд (B) сходится; вместе с ним сходится ряд $\sum \frac{a_1}{b_1} \cdot b_n$, полученный умножением его членов на постоянный множитель $\frac{a_1}{b_1}$. А тогда, по теореме 1, сходится и ряд (A), что и требовалось доказать.

Перейдем теперь к примерам установления сходимости или расходимости рядов непосредственным применением теорем сравнения.

238. Примеры. 1) $\sum_{n=1}^{\infty} \frac{(n!)^2}{(2n)!}$ сходится, так как

$$\frac{(n!)^2}{(2n)!} = \frac{n!}{2^n \cdot (2n-1)!!} < \frac{1}{2^n}$$

(теорема 1).

2) Сравнение с гармоническими рядами [n° 236] позволяет установить поведение многих рядов. По теореме 1:

(а) $\sum_{n=1}^{\infty} \frac{1}{\sqrt{n(n^2+1)}}$ сходится: $\frac{1}{\sqrt{n(n^2+1)}} < \frac{1}{n^{3/2}}$;

(б) $\sum_{n=2}^{\infty} \frac{1}{(\ln n)^p}$ $(p > 0)$ расходится: $(\ln n)^p < n$ для достаточно больших n;

---

*) При этом a_n и b_n, конечно, предполагаются отличными от нуля.

(в) $\sum_{n=2}^{\infty} \frac{1}{(\ln n)^{\ln n}}$ сходится: $\frac{1}{(\ln n)^{\ln n}} = \frac{1}{n^{\ln \ln n}} < \frac{1}{n^2}$ для достаточно больших n.

3) По теореме 2:

(а) $\sum_{n=1}^{\infty} \sin \frac{x}{n} (0 < x < \pi)$ расходится: $\sin \frac{x}{n} : \frac{1}{n} \to x$; аналогично, расходятся и ряды

$$\sum_{n=1}^{\infty} \ln \left(1 + \frac{x}{n}\right) (x > 0), \quad \sum_{n=1}^{\infty} (\sqrt[n]{a} - 1) (a > 1);$$

(б) $\sum_{n=1}^{\infty} \left(1 - \cos \frac{x}{n}\right)$ сходится: $\left(1 - \cos \frac{x}{n}\right) : \frac{1}{n^2} \to \frac{x^2}{2}$.

4) Наконец, рассмотрим ряд

$$\sum_{n=1}^{\infty} \left(\frac{1}{n} - \ln \frac{n+1}{n}\right).$$

Методами дифференциального исчисления легко установить неравенство:

$$\ln(1+x) < x \quad (x \neq 0, \quad -1 < x < \infty).$$

Пользуясь им, можем написать:

$$\ln \frac{n+1}{n} = \ln \left(1 + \frac{1}{n}\right) < \frac{1}{n},$$

и в то же время

$$\ln \frac{n+1}{n} = -\ln \frac{n}{n+1} = -\ln \left(1 - \frac{1}{n+1}\right) > \frac{1}{n+1}.$$

Поэтому

$$0 < \frac{1}{n} - \ln \frac{n+1}{n} < \frac{1}{n} - \frac{1}{n+1} < \frac{1}{n(n+1)} < \frac{1}{n^2}.$$

Таким образом, члены данного ряда положительны и меньше соответственных членов сходящегося ряда $\sum_{n=1}^{\infty} \frac{1}{n^2}$ [n° 236], следовательно, и данный ряд сходится.

Если обозначить его сумму через C, то частичная сумма

$$\sum_{k=1}^{n} \left(\frac{1}{k} - \ln \frac{k+1}{k}\right) = H_n - \ln(n+1) \to C$$

(H_n обозначает, как всегда, частичную сумму гармонического ряда). Можно заменить здесь $\ln(n+1)$ на $\ln n$, так как их разность, равная $\ln\left(1+\frac{1}{n}\right)$, стремится к нулю. Окончательно: обозначая через γ_n некоторую бесконечно малую, имеем для H_n замечательную формулу

$$H_n = \ln n + C + \gamma_n. \tag{4}$$

Она показывает, что при бесконечном возрастании n частичная сумма H_n гармонического ряда растет, как $\ln n$.

Фигурирующая в формуле (4) постоянная C называется эйлеровой постоянной. Ее численное значение (которое удается вычислить из других соображений) таково:

$$C = 0{,}577215\ldots$$

239. Признаки Коши и Даламбера. Сравнение данного ряда

$$\sum_{n=1}^{\infty} a_n = a_1 + a_2 + \ldots + a_n + \ldots \tag{A}$$

с различными стандартными рядами, заведомо сходящимися или расходящимися, может быть проведено и в другой, так сказать, более организованной форме.

Возьмем для сравнения в качестве ряда (B), с одной стороны, сходящуюся геометрическую прогрессию

$$\sum q^n = q + q^2 + \ldots + q^n + \ldots \quad (0 < q < 1),$$

а с другой стороны — расходящуюся прогрессию

$$\sum 1 = 1 + 1 + \ldots + 1 + \ldots$$

Сравнивая испытуемый ряд (A) с этими рядами по схеме теоремы 1, придем к следующему признаку:

Признак Коши. *Составим для ряда* (A) *выражение*

$$\mathscr{C}_n = \sqrt[n]{a_n}.$$

Если, при достаточно больших n, выполняется неравенство

$$\mathscr{C}_n \leqslant q,$$

где q — постоянное число, меньшее единицы, то ряд сходится; если же, начиная с некоторого места,

$$\mathscr{C}_n \geqslant 1,$$

то ряд расходится.

Действительно, неравенства $\sqrt[n]{a_n} \leqslant q$ или $\sqrt[n]{a_n} \geqslant 1$ равносильны, соответственно, таким: $a_n \leqslant q^n$ или $a_n \geqslant 1$; остается применить теорему 1 *).

Чаще, однако, этот признак применяют в другой, предельной, форме:

Допустим, что выражение $\mathscr{C}_n$ имеет предел (конечный или нет):

$$\lim \mathscr{C}_n = \mathscr{C}.$$

Тогда при $\mathscr{C} < 1$ ряд сходится, а при $\mathscr{C} > 1$ ряд расходится.

Если $\mathscr{C} < 1$, то возьмем положительное число ε, меньшее, чем $1 - \mathscr{C}$, так что и $\mathscr{C} + \varepsilon < 1$. По определению предела, для $n > N$ будет:

$$\mathscr{C} - \varepsilon < \mathscr{C}_n < \mathscr{C} + \varepsilon.$$

Число $\mathscr{C} + \varepsilon$ играет роль числа q в предыдущей формулировке: ряд сходится.

Если же $\mathscr{C} > 1$ и конечно, то, взяв $\varepsilon = \mathscr{C} - 1$, так что $\mathscr{C} - \varepsilon = 1$, для достаточно больших значений n на этот раз будем иметь $\mathscr{C}_n > 1$: ряд расходится. Аналогичный результат и при $\mathscr{C} = \infty$.

В случае, когда $\mathscr{C} = 1$, этот признак не дает возможности судить о поведении ряда.

Если сравнение ряда (А) с указанными стандартными рядами производить по теореме 3, то придем к такому признаку:

Признак Даламбера. *Рассмотрим для ряда* (А) *отношение*

$$\mathscr{D}_n = \frac{a_{n+1}}{a_n}.$$

Если, при достаточно больших n, выполняется неравенство

$$\mathscr{D}_n \leqslant q,$$

где q — постоянное число, меньшее единицы, то ряд сходится; если же, начиная с некоторого места,

$$\mathscr{D}_n \geqslant 1,$$

то ряд расходится **).

Удобнее, однако, пользоваться предельной формой признака:

Допустим, что отношение $\mathscr{D}_n$ имеет предел (конечный или нет):

$$\lim \mathscr{D}_n = \mathscr{D}.$$

---

*) Расходимость ряда, конечно, может быть установлена и простой ссылкой на нарушение необходимого условия сходимости [n° 235, 5°].

**) И здесь расходимость прямо вытекает из нарушения необходимого условия сходимости: ведь, если $\frac{a_{n+1}}{a_n} \geqslant 1$ или $a_{n+1} \geqslant a_n$, то a_n не может стремиться к нулю.

Тогда при $\mathscr{D}<1$ *ряд сходится, а при* $\mathscr{D}>1$ *ряд расходится.* Доказательство — такое же, как и в случае признака Коши.

И этот признак ничего не дает, если оказывается, что $\mathscr{D}=1$.

Замечание. Мы сохранили за изложенным признаком имя Даламбера, как это делается обычно. Но на деле у Даламбера не было отчетливого представления о сходимости ряда и об его сумме как пределе частичных сумм. Даламбер предостерегает от пользования рядами, у которых отношение последующего члена к предыдущему окончательно становится абсолютно бо́льшим единицы и считает такие ряды «ошибочными». Для того чтобы ряд был «хорошим и неошибочным», он требует лишь, чтобы упомянутое отношение окончательно становилось (абсолютно) меньшим единицы; подчеркнем, что мы потребовали выше другого, а именно, чтобы это отношение становилось меньшим постоянной правильной дроби q! Условие Даламбера недостаточно для сходимости ряда в современном смысле: оно, например, выполняется для заведомо расходящегося гармонического ряда $\sum_{n=1}^{\infty}\frac{1}{n}$.

В предельной форме признак был впервые точно сформулирован и доказан Коши.

Примеры: 1) Пусть дан ряд $\sum_{n=1}^{\infty}\left(1-\frac{1}{n}\right)^{n^2}$. К нему естественно применить признак Коши:

$$\mathscr{C}_n=\left(1-\frac{1}{n}\right)^n, \qquad \mathscr{C}=\frac{1}{e}<1,$$

так что ряд сходится.

2) Применим признак Даламбера к следующим рядам:

(а)
$$1+\sum_{n=1}^{\infty}\frac{x^n}{n!} \quad (x>0); \quad \mathscr{D}_n=\frac{x}{n+1}, \quad \mathscr{D}=0,$$

ряд сходится, каково бы ни было значение x;

(б)
$$\sum_{n=1}^{\infty}n!\left(\frac{x}{n}\right)^n \quad (x>0); \quad \mathscr{D}_n=\frac{x}{\left(1+\frac{1}{n}\right)^n}, \quad \mathscr{D}=\frac{x}{e},$$

ряд сходится при $x<e$ и расходится при $x>e$; при $x=e$ признак Даламбера, в предельной форме, ничего не дает, но так как $\left(1+\frac{1}{n}\right)^n<e$ и всегда $\mathscr{D}_n>1$, то ряд все же расходится.

3) К гармоническим рядам

$$\sum_{n=1}^{\infty}\frac{1}{n^s}=1+\frac{1}{2^s}+\ldots+\frac{1}{n^s}\ldots \qquad (s>0) \qquad (\mathrm{H}_s)$$

указанные признаки не приложимы. Действительно, в этом случае $\mathscr{C}_n = \frac{1}{n^{s/n}} < 1$, но $\lim \mathscr{C}_n = 1$, так как

$$\ln \mathscr{C}_n = -s \cdot \frac{\ln n}{n} \to 0 \qquad [\text{n}^\circ\, 121, 3)].$$

Аналогично, и $\mathscr{D}_n = \frac{1}{\left(1+\frac{1}{n}\right)^s} < 1$, но, очевидно, также $\lim \mathscr{D}_n = 1$.

Из других соображений [n° 236] мы, однако, знаем, что гармонический ряд сходится при $s > 1$ и расходится при $s \leqslant 1$.

240. Признак Раабе. В тех случаях, когда указанные простые признаки не дают ответа, приходится прибегать к более сложным признакам, основанным на сравнении испытуемого ряда уже с другими стандартными рядами, так сказать, „медленнее" сходящимися или „медленнее" расходящимися, чем прогрессия.

Мы рассмотрим здесь еще признак Раабе*), осуществляющий сравнение данного ряда (A) именно с гармоническими рядами (H_s). При этом приходится рассматривать такое выражение:

$$\mathscr{R}_n = n\left(1 - \frac{a_{n+1}}{a_n}\right).$$

Признак Раабе. *Если, при достаточно больших n, выполняется неравенство*

$$\mathscr{R}_n \geqslant r,$$

где r — постоянное число, бо́льшее единицы, то ряд сходится; если же, начиная с некоторого места

$$\mathscr{R}_n \leqslant 1,$$

то ряд расходится.

Итак, пусть при достаточно больших n имеем

$$n\left(1 - \frac{a_{n+1}}{a_n}\right) \geqslant r > 1 \qquad \text{или} \qquad \frac{a_{n+1}}{a_n} \leqslant 1 - \frac{r}{n}.$$

Возьмем теперь какое-нибудь число s между 1 и r: $1 < s < r$. Так как — по известному предельному соотношению [n° 65, 3)] —

$$\lim_{n\to\infty} \frac{\left(1-\frac{1}{n}\right)^s - 1}{-\frac{1}{n}} = s,$$

*) Иозеф Людвиг Раабе (1801—1859) — немецкий математик.

то для достаточно больших n будет [n° 36, 1°]

$$\frac{\left(1-\frac{1}{n}\right)^s-1}{-\frac{1}{n}}<r \quad \text{или} \quad \left(1-\frac{1}{n}\right)^s>1-\frac{r}{n},$$

а следовательно, и

$$\frac{a_{n+1}}{a_n}<\left(1-\frac{1}{n}\right)^s.$$

Это неравенство можно переписать следующим образом:

$$\frac{a_{n+1}}{a_n}<\left(\frac{n-1}{n}\right)^s=\frac{\frac{1}{n^s}}{\frac{1}{(n-1)^s}}.$$

Справа мы имеем отношение двух последовательных членов *сходящегося* ряда (H_s) ($s>1$!); применив теорему 3, убеждаемся в сходимости ряда (A).

Если же, начиная с некоторого места,

$$n\left(1-\frac{a_{n+1}}{a_n}\right)\leqslant 1,$$

то отсюда сразу находим, что

$$\frac{a_{n+1}}{a_n}\geqslant\frac{n-1}{n}=\frac{\frac{1}{n}}{\frac{1}{n-1}};$$

применив к ряду (A) и к *расходящемуся* ряду (H_1) теорему 3, заключаем о расходимости ряда (A).

Признак Раабе тоже применяется преимущественно в предельной форме.

Допустим, что выражение $\mathscr{R}_n$ имеет предел (конечный или нет):

$$\lim \mathscr{R}_n=\mathscr{R}.$$

Тогда при $\mathscr{R}>1$ ряд сходится, а при $\mathscr{R}<1$ ряд расходится.

Сравнивая признаки Даламбера и Раабе, видим, что последний значительно сильнее первого. Если предел $\mathscr{D}=\lim \mathscr{D}_n$ существует и отличен от единицы, то для $\mathscr{R}_n=n(1-\mathscr{D}_n)$ существует предел $\mathscr{R}$, равный $+\infty$ при $\mathscr{D}<1$ и $-\infty$ при $\mathscr{D}>1$. Таким образом, если признак Даламбера дает ответ на вопрос о поведении данного ряда, то признак Раабе и подавно его дает; больше того, все такие случаи охватываются всего *двумя* из возможных значений $\mathscr{R}$, именно $\pm\infty$. Все остальные значения $\mathscr{R}$ (исключая $\mathscr{R}=1$), также дающие ответ на вопрос о сходимости, соответствуют, таким образом, случаям, когда признак Даламбера заведомо ответа не дает, потому что $\mathscr{D}=1$.

В качестве примера применения признака Раабе рассмотрим ряд:

$$1+\sum_{n=1}^{\infty}\frac{(2n-1)!!}{(2n)!!}\cdot\frac{1}{2n+1}.$$

Признак Даламбера к этому ряду неприложим, ибо $\mathscr{D}_n=\frac{(2n-1)^2}{2n(2n+1)}\to 1$ (и притом $\mathscr{D}_n<1$). Составим выражение Раабе:

$$\mathscr{R}_n=n\left(1-\frac{(2n-1)^2}{2n(2n+1)}\right)=\frac{6n-1}{2(2n+1)}.$$

Так как $\mathscr{R}=\lim\mathscr{R}_n=\frac{3}{2}>1$, то ряд сходится.

Однако при $\mathscr{R}=1$ мы все же снова не имеем ответа на вопрос о поведении ряда. В подобных случаях (которые очень редки) приходится прибегать к еще более тонким и сложным признакам.

241. Интегральный признак Маклорена—Коши. В заключение мы выведем еще один признак, отличающийся по форме от всех предыдущих.

Пусть предложенный ряд имеет форму

$$\sum_{n=1}^{\infty}a_n\equiv\sum_{n=1}^{\infty}f(n), \tag{5}$$

где $f(n)$ есть значение при $x=n$ некоторой функции $f(x)$, определенной для $x\geqslant 1$ *); функцию эту предположим непрерывной, положительной и монотонно убывающей.

Рассмотрим какую-либо первообразную функцию для $f(x)$:

$$F(x)=\int f(x)\,dx.$$

Так как ее производная $F'(x)=f(x)>0$, то $F(x)$ возрастает вместе с x и при $x\to\infty$ наверно имеет предел L, *конечный или нет* [n° 47]. На различении этих случаев и построен следующий признак сходимости и расходимости, который был высказан в геометрической форме еще в 1742 г. Маклореном, но остался незамеченным, и вновь был открыт в 1827 г. Коши.

Интегральный признак. *Ряд* (5) *сходится, если предел L первообразной $F(x)$ конечен, и расходится, если $L=\infty$.*

---

*) Начальным значением номера n, вместо 1, может быть и любое другое натуральное число n_0; тогда и функцию $f(x)$ надлежит рассматривать при $x\geqslant n_0$.

Очевидно, безразлично, о какой из первообразных вести речь, ибо любые две первообразные могут разниться лишь на постоянную; положим

$$F(x)=\int_1^x f(x)\,dx. \tag{6}$$

Ввиду монотонности функции $f(x)$, для $n\leqslant x\leqslant n+1$,

$$a_{n+1}=f(n+1)\leqslant f(x)\leqslant f(n)=a_n,$$

так что и

$$a_{n+1}\leqslant \int_n^{n+1} f(x)\,dx\leqslant a_n.$$

Для ряда

$$\sum_{n=1}^{\infty}\int_n^{n+1} f(x)\,dx$$

n-я частичная сумма есть

$$\int_1^{n+1} f(x)\,dx=F(n+1);$$

ясно, что этот ряд сходится или расходится именно в зависимости от того, будет ли L конечным или нет. При конечном L, по «теореме сравнения» 1 [n° 237] сходится и ряд с меньшими членами: $\sum_1^{\infty} a_{n+1}$, а с ним и ряд (5); наоборот, при $L=\infty$ и подавно расходится ряд с бо́льшими членами: $\sum_1^{\infty} a_n$, т. е. ряд (5).

Примеры. 1) Рассмотрим прежде всего вновь гармонические ряды:

$$\text{(а)}\ \sum_{n=1}^{\infty}\frac{1}{n},\quad \text{(б)}\ \sum_{n=1}^{\infty}\frac{1}{n^s}\quad (s>1).$$

В случае (а):

$$f(x)=\frac{1}{x},\quad F(x)=\int\frac{dx}{x}=\ln x\to\infty \text{ при } x\to\infty,$$

ряд расходится.

В случае (б):

$$f(x)=\frac{1}{x^s},\quad F(x)=\int\frac{dx}{x^s}=-\frac{1}{s-1}\,x^{-(s-1)}\to 0 \text{ при } x\to\infty,$$

ряд сходится.

Эти уже знакомые нам результаты [n° 236] пополним новым:

2) $\sum_{n=2}^{\infty} \frac{1}{n \cdot \ln n}$.

Здесь

$$f(x) = \frac{1}{x \cdot \ln x}, \quad F(x) = \int \frac{dx}{x \cdot \ln x} = \ln \ln x \to \infty \quad \text{при} \quad x \to \infty,$$

ряд расходится.

Заметим, что предел интеграла (6) при $x \to \infty$ называют интегралом от 1 до ∞*) и обозначают так:

$$F(\infty) = \int_1^{\infty} f(x)\,dx$$

Таким образом, можно сказать, что *предложенный ряд* (5) *сходится или расходится, смотря по тому, имеет ли этот интеграл конечное значение или нет.*

В такой форме интегральный признак допускает простое геометрическое истолкование, близкое к идее Маклорена. Если изобразить функцию $f(x)$ кривой (рис. 1), то интеграл $F(x)$ будет выражать площадь фигуры, ограниченной этой кривой, осью x и двумя ординатами; интеграл же $F(\infty)$, в некотором смысле, можно рассматривать, как выражение для площади **всей** бесконечно простирающейся направо фигуры под кривой. С другой же стороны, члены $a_1, a_2, \ldots, a_n, \ldots$ ряда (5) выражают величины ординат в точках $x = 1, 2, \ldots, n, \ldots$ или, что то же, площади прямоугольников с основаниями 1 и с высотами, равными упомянутым ординатам.

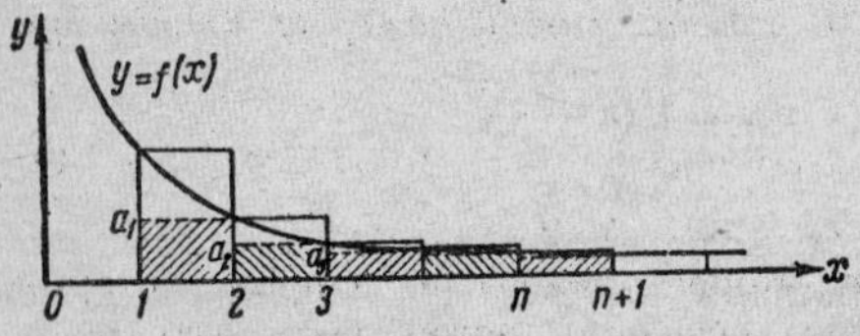

Рис. 1.

Таким образом, сумма ряда (5) есть не что иное, как сумма площадей **выходящих** прямоугольников, и лишь первым членом отличается от суммы площадей **входящих** прямоугольников. Это делает совершенно наглядным установленный выше результат: если площадь криволинейной фигуры конечна, то и подавно конечна площадь заключенной в ней ступенчатой фигуры, и предложенный ряд сходится; если же площадь криволинейной фигуры бесконечна, то бесконечна и площадь содержащей ее ступенчатой фигуры, так что в этом случае ряд расходится.

*) Это так называемый **несобственный интеграл**; подобными интегралами мы будем заниматься в главе XVII.

§ 3. СХОДИМОСТЬ ПРОИЗВОЛЬНЫХ РЯДОВ

242. Принцип сходимости. Обратимся к вопросу о сходимости рядов, члены которых могут иметь произвольные знаки. Мы знаем [n°234], что — по самому определению — вопрос о сходимости ряда

$$\sum_{n=1}^{\infty} a_n = a_1 + a_2 + \ldots + a_n + a_{n+1} + \ldots + a_{n+m} + \ldots$$

тождествен с вопросом о существовании конечного предела для последовательности частичных сумм

$$A_1,\ A_2,\ \ldots,\ A_n,\ A_{n+1},\ \ldots,\ A_{n+m},\ \ldots \tag{1}$$

В n°52 был установлен принцип сходимости для последовательности, дающий общее условие, необходимое и достаточное для существования такого предела. Перефразируя этот принцип применительно к последовательности (1), можно теперь сформулировать его так:

Для того чтобы ряд (A) *сходился, необходимо и достаточно, чтобы каждому числу* $\varepsilon > 0$ *отвечал такой номер* N, *чтобы при* $n > N$ *неравенство*

$$|A_{n+m} - A_n| = |a_{n+1} + a_{n+2} + \ldots + a_{n+m}| < \varepsilon \tag{2}$$

выполнялось, каково бы ни было $m = 1, 2, 3, \ldots$ *).

(Здесь $n + m$ играет роль второго номера n' в n°52, который не зависит от n и, без умаления общности, может быть взят бо́льшим, чем n.)

Если, предполагая ряд сходящимся, в неравенстве (2), в частности, положить $m = 1$, то получим:

$$|a_{n+1}| < \varepsilon \quad (\text{при } n > N),$$

так что $a_{n+1} \to 0$ или (что то же) $a_n \to 0$, и мы возвращаемся к необходимому условию n°235, 5°. Оно само по себе еще не обеспечивает сходимости ряда, и именно потому, что далеко не исчерпывает содержания высказанного выше условия: нужно не только, чтобы достаточно далекие члены ряда в отдельности были сколь угодно малы, но и чтобы суммы таких членов оказывались сколь угодно малыми, независимо от того, сколько их ни взять. Это хорошо иллюстрируется примером гармонического ряда $\sum_{n=1}^{\infty} \frac{1}{n}$, у которого общий член $\left(= \frac{1}{n}\right)$ стремится к 0, и

---

*) Авторы этого условия — Больцано и Коши — оба дали его применительно именно к вопросу о сходимости бесконечного ряда.

в то же время, если за этим членом взять еще $n-1$ следующих членов, то сумма всех оказывается $>\frac{1}{2}$ [n° **236**, (1)].

243. Абсолютная сходимость. Так как непосредственное применение принципа сходимости чаще всего вызывает затруднения, то представляет интерес изучение классов случаев, когда вопрос решается с помощью более простых средств.

Мы видели в предыдущем параграфе, что в отношении положительных рядов сходимость по большей части устанавливается легко, благодаря наличию ряда удобных признаков. Поэтому естественно начать с тех случаев, когда вопрос о сходимости данного ряда приводится к вопросу о сходимости положительного ряда.

Если члены ряда не все положительны, но, начиная с некоторого места, становятся положительными, то, отбросив достаточное количество начальных членов ряда [n° **235**, 1°], сведем дело к исследованию положительного ряда. Если члены ряда отрицательны или, по крайней мере, с некоторого места становятся отрицательными, то мы вернемся к уже рассмотренным случаям путем изменения знаков всех членов [n° **235**, 3°]. Таким образом, существенно новым случаем будет тот, когда среди членов ряда есть бесконечное количество как положительных, так и отрицательных членов.

Дадим следующее определение: *если ряд*

$$\sum_{n=1}^{\infty} a_n = a_1 + a_2 + \ldots + a_n + \ldots \tag{A}$$

сходится одновременно с рядом

$$\sum_{n=1}^{\infty} |a_n| = |a_1| + |a_2| + \ldots + |a_n| + \ldots, \tag{A*}$$

то ряд (A) *называется* ***абсолютно сходящимся.***

Имеет место

Теорема Коши. *Сходимость одного лишь ряда* (A*), *составленного из абсолютных величин членов данного ряда* (A), *влечет за собой уже и сходимость этого последнего.*

Доказательство сразу получается из принципа сходимости: неравенство

$$|a_{n+1} + a_{n+2} + \ldots + a_{n+m}| \leqslant |a_{n+1}| + |a_{n+2}| + \ldots + |a_{n+m}|$$

показывает, что если условие сходимости выполняется для ряда (A*), то оно тем более выполняется для ряда (A).

Можно рассуждать и иначе. Рассмотрим в отдельности положительные члены ряда (A) и абсолютные величины его отрицательных членов. Перенумеровав и те и другие в том порядке, в каком эти члены встречаются в ряде (A), составим два (положительных) ряда

$$\sum_{k=1}^{\infty} b_k = b_1 + b_2 + \ldots \quad (B), \qquad \sum_{m=1}^{\infty} c_m = c_1 + c_2 + \ldots \quad (C).$$

Из сходимости ряда (A*) вытекает сходимость обоих этих рядов. Действительно, любая частичная сумма, B_k или C_m, того или другого из них может быть превзойдена некоторой частичной суммой ряда (A*) и, следовательно, остается меньшей суммы A^* этого ряда [n° 236].

Если взять теперь частичную сумму A_n ряда (A), то ее можно представить в виде разности

$$A_n = B_k - C_m,$$

где k и m означают, соответственно, число положительных или отрицательных слагаемых в составе суммы A_n, так что k и m зависят от n и возрастают вместе с n до бесконечности*). Тогда, очевидно, существует конечный предел

$$A = \lim A_n = B - C, \tag{3}$$

где B и C — суммы рядов (B) и (C), и сходимость ряда (A) доказана. Вместе с тем попутно дополнительно установлено полезное утверждение, что при сделанных предположениях сумма данного ряда равна разности между суммой ряда, составленного из одних положительных его членов, и суммой ряда, составленного из абсолютных величин отрицательных членов.

Таким образом, одной лишь сходимости ряда (A*) достаточно для абсолютной сходимости ряда (A).

Как увидим ниже, возможны случаи, когда ряд (A) сходится, а ряд (A*) — нет. *Тогда ряд* (A) *называют неабсолютно сходящимся.*

Для установления абсолютной сходимости ряда (A) к положительному ряду (A*) могут быть применены все признаки сходимости, изученные в предыдущем параграфе. Но нужно быть осторожным с признаками расходимости: если даже ряд (A*) окажется расходящимся, то ряд (A) может все же сходиться (неабсолютно). Исключение представляют только признаки Коши и Даламбера, и именно потому, что, когда они констатируют расходимость ряда (A*), то это значит, что общий член $|a_n|$ ряда (A*) не стремится к нулю**), а тогда и a_n к нулю не стремится, так что и ряд (A) также расходится. Поэтому упомянутые признаки могут

---

*) Мы все время имеем в виду случай, когда среди членов ряда (A) бесконечно много и положительных и отрицательных.

**) См. сноски на стр. 22.

быть перефразированы применительно к произвольному ряду. Сделаем это, например, для признака Даламбера:

Признак Даламбера. *Пусть для отношения* $\mathscr{D}_n^* = \frac{|a_{n+1}|}{|a_n|}$ *существует определенный предел:*

$$\mathscr{D}^* = \lim \mathscr{D}_n^*;$$

тогда при $\mathscr{D}^* < 1$ *данный ряд* (A) *абсолютно сходится, а при* $\mathscr{D}^* > 1$ *он расходится.*

Примеры. 1) Применим признак Даламбера к рядам (а) и (б), о которых была речь в 2) n° 239, но отбросив требование $x > 0$. Мы получим, что

(а) ряд абсолютно сходится для всех значений x;

(б) ряд абсолютно сходится при $-e < x < e$ и расходится при $x \geqslant e$ или $x \leqslant -e$ (при $x = \pm e$ нарушается необходимое условие сходимости).

2) Для ряда

$$\sum_{n=1}^{\infty} (-1)^{n-1} \frac{x^n}{n} = x - \frac{x^2}{2} + \frac{x^3}{3} - \ldots \pm \frac{x^n}{n} \mp \ldots$$

имеем:

$$\mathscr{D}_n^* = \frac{n}{n+1} |x|, \qquad \mathscr{D}^* = |x|,$$

так что ряд сходится абсолютно для $|x| < 1$, расходится для $|x| > 1$. При $x = -1$ ряд также расходится, ибо получается из гармонического изменением знаков его членов. При $x = 1$ мы приходим к ряду

$$1 - \frac{1}{2} + \frac{1}{3} - \ldots + (-1)^{n-1} \frac{1}{n} + \ldots,$$

относительно которого вопрос о сходимости пока остается открытым.

244. Знакопеременные ряды. С помощью соображений предыдущего номера, если и может быть установлена, то только абсолютная сходимость ряда — к неабсолютно сходящимся рядам они заведомо неприложимы. Поэтому мы рассмотрим, в заключение, вопрос о сходимости одного специального, но важного класса рядов, называемых знакопеременными, среди которых есть и неабсолютно сходящиеся.

Знакопеременными называются ряды, члены которых поочередно имеют то положительный, то отрицательный знаки. Знакопеременный ряд удобнее записать так, чтобы знаки членов были выявлены, например (если считать все $c_n > 0$),

$$c_1 - c_2 + c_3 - c_4 + \ldots + (-1)^{n-1} c_n + \ldots \tag{4}$$

По отношению к подобным рядам еще в 1714 г. Лейбниц (в письме к И. Бернулли) высказал следующую простую теорему.

Теорема Лейбница. *Если члены знакопеременного ряда* (4) *монотонно убывают по абсолютной величине:*

$$c_{n+1} < c_n \qquad (n = 1, 2, 3, \ldots) \tag{5}$$

и стремятся к нулю:

$$\lim c_n = 0,$$

то ряд сходится.

Доказательство. Частичную сумму четного порядка C_{2m} можно написать в виде:

$$C_{2m} = (c_1 - c_2) + (c_3 - c_4) + \ldots + (c_{2m-1} - c_{2m}).$$

Так как каждая скобка, ввиду (5), есть положительное число, то отсюда ясно, что с возрастанием m сумма C_{2m} также возрастает. С другой стороны, если переписать C_{2m} так:

$$C_{2m} = c_1 - (c_2 - c_3) - \ldots - (c_{2m-2} - c_{2m-1}) - c_{2m},$$

то легко усмотреть, что C_{2m} остается сверху ограниченной:

$$C_{2m} < c_1.$$

В таком случае, по теореме о монотонной переменной [n° 44], при безграничном возрастании m частичная сумма C_{2m} имеет конечный предел

$$\lim_{m\to\infty} C_{2m} = C.$$

Переходя к частичной сумме нечетного порядка C_{2m-1}, имеем, очевидно, $C_{2m-1} = C_{2m} + c_{2m}$. Так как общий член стремится к нулю, то и

$$\lim_{m\to\infty} C_{2m-1} = C.$$

Отсюда следует, что C и будет суммой данного ряда.

Замечание. Мы видели, что частичные суммы четного порядка C_{2m} приближаются к сумме C ряда возрастая. Написав C_{2m-1} в виде

$$C_{2m-1} = c_1 - (c_2 - c_3) - \ldots - (c_{2m-2} - c_{2m-1}),$$

легко установить, что суммы нечетного порядка стремятся к C убывая. Таким образом, всегда

$$C_{2m} < C < C_{2m-1}.$$

В частности, можно утверждать, что

$$0 < C < c_1. \qquad (6)$$

Это позволяет дать весьма простую и удобную оценку для остатка рассматриваемого ряда (который и сам представляет собой такой же знакопеременный ряд). Именно:

$$\gamma_n = (-1)^{n-1} \{c_n - c_{n+1} + \ldots\}.$$

В силу (6), выражение в скобках положительно и меньше c_n.

Таким образом, во всех случаях *остаток ряда лейбницевского типа* *) *имеет знак своего первого члена и меньше его по абсолютной величине.*

Это замечание часто используется при приближенных вычислениях с помощью рядов [см. n°**260**].

Простейшими примерами рядов лейбницевского типа служат ряды

(а) $$\sum_{n=1}^{\infty}\frac{(-1)^{n-1}}{n}=1-\frac{1}{2}+\frac{1}{3}-\ldots+(-1)^{n-1}\frac{1}{n}+\ldots$$

и

(б) $$\sum_{n=1}^{\infty}\frac{(-1)^{n-1}}{2n-1}=1-\frac{1}{3}+\frac{1}{5}-\ldots+(-1)^{n-1}\frac{1}{2n-1}+\ldots$$

Сходимость обоих рядов вытекает из доказанной теоремы.

В то же время ряды, составленные из абсолютных величин их членов, расходятся: для ряда (а) это будет гармонический ряд, для ряда же (б) получится ряд

$$1+\frac{1}{3}+\frac{1}{5}+\ldots+\frac{1}{2n-1}+\ldots,$$

расходимость которого ясна из того, что его частичная сумма

$$\sum_{k=1}^{n}\frac{1}{2k-1}>\sum_{k=1}^{n}\frac{1}{2k}=\frac{1}{2}H_n.$$

Таким образом, ряды (а) и (б) дают первые примеры неабсолютно сходящихся рядов. [Ниже мы установим, что сумма первого из них есть $\ln 2$, а сумма второго равна $\frac{\pi}{4}$ (см. n° **256** (22) и n° **255** (20)).]

§ 4. СВОЙСТВА СХОДЯЩИХСЯ РЯДОВ

245. Сочетательное свойство. Понятие суммы бесконечного ряда существенно отличается от понятия суммы конечного числа слагаемых (рассматриваемого в арифметике и алгебре) тем, что включает в себя предельный переход. Хотя некоторые свойства обычных сумм переносятся и на суммы бесконечных рядов, но чаще всего лишь при выполнении определенных условий, которые и подлежат изучению. В иных же случаях привычные нам свойства сумм разительным образом нарушаются, так что, вообще, в этом вопросе надлежит соблюдать осторожность.

*) Так мы называем знакопеременный ряд, удовлетворяющий условиям теоремы Лейбница.

Рассмотрим сходящийся ряд

$$\sum_{n=1}^{\infty} a_n = a_1 + a_2 + \ldots + a_n + \ldots; \tag{A}$$

последовательность его частичных сумм

$$A_1,\ A_2,\ \ldots,\ A_n,\ \ldots \tag{1}$$

сходится к сумме ряда A. Станем объединять члены ряда произвольным образом в группы, не меняя при этом их расположения:

$$a_1 + \ldots + a_{n_1},\qquad a_{n_1+1} + \ldots + a_{n_2},\ \ldots,$$
$$a_{n_{k-1}+1} + \ldots + a_{n_k},\ \ldots$$

Здесь $\{n_k\}$ есть некоторая, извлеченная из натурального ряда, частичная возрастающая последовательность номеров.

Теорема. *Ряд, составленный из этих сумм:*

$$(a_1 + \ldots + a_{n_1}) +$$
$$+ (a_{n_1+1} + \ldots + a_{n_2}) + \ldots + (a_{n_{k-1}+1} + \ldots + a_{n_k}) + \ldots \tag{$\tilde{A}$}$$

всегда сходится и имеет ту же сумму A, что и исходный ряд. Иными словами: *сходящийся ряд обладает сочетательным свойством.*

Действительно, последовательность частичных сумм нового ряда

$$\tilde{A}_1,\ \tilde{A}_2,\ \ldots,\ \tilde{A}_k,\ \ldots$$

есть не что иное, как частичная последовательность

$$A_{n_1},\ A_{n_2},\ \ldots,\ A_{n_k},\ \ldots$$

для последовательности (1) и, следовательно, сходится к тому же пределу A.

Мы видим — пока — полную аналогию с обычными суммами; но эта аналогия нарушается, если мы попытаемся применять сочетательное свойство, так сказать, в обратном порядке. Если дан сходящийся ряд ($\tilde{A}$), члены которого каждый в отдельности представляют собой сумму конечного числа слагаемых, то, опустив скобки, мы получим новый ряд (A), могущий оказаться и расходящимся. Вот простой тому пример: ряд

$$(1-1) + (1-1) + (1-1) + \ldots,$$

очевидно, сходится, между тем как полученный из него опусканием скобок ряд

$$1 - 1 + 1 - 1 + 1 - 1 + \ldots$$

будет расходящимся.

Конечно, *если — опустив скобки — мы получим сходящийся ряд* (А), *то его сумма та же, что и у ряда* ($\tilde{\text{A}}$). Это вытекает из доказанного выше.

Замечание. При некоторых условиях можно наперед гарантировать, что ряд (А) будет сходиться. Простейшим случаем этого рода является тот, когда все слагаемые в ($\tilde{\text{A}}$) внутри одних и тех же скобок будут одного знака*).

Действительно, тогда при изменении n от n_{k-1} до n_k частичная сумма A_n будет изменяться монотонно, следовательно, будет содержаться между $A_{n_{k-1}} = \tilde{A}_{k-1}$ и $A_{n_k} = \tilde{A}_k$. При достаточно большом k эти последние суммы произвольно мало разнятся от суммы $\tilde{A}$ ряда ($\tilde{\text{A}}$), следовательно, то же справедливо и относительно суммы A_n — при достаточно большом n, так что $A_n \to \tilde{A}$.

246. Переместительное свойство абсолютно сходящихся рядов. Пусть дан сходящийся ряд (А), имеющий сумму A. Переставив в нем члены произвольным образом, мы получим новый ряд:

$$\sum_{k=1}^{\infty} a'_k = a'_1 + a'_2 + \ldots + a'_k + \ldots \qquad (\text{A}')$$

Каждый член a'_k этого ряда отождествляется с определенным членом a_{n_k} исходного ряда**).

Возникает вопрос, сходится ли ряд (А') и — в случае сходимости — будет ли его сумма равна сумме A исходного ряда. При рассмотрении этого вопроса нам придется провести резкое различие между абсолютно и неабсолютно сходящимися рядами.

*Теорема Дирихле****). *Если ряд* (А) ***абсолютно сходится, то ряд*** (А'), ***полученный из него перестановкой членов, также сходится и имеет ту же сумму*** A, ***что и исходный ряд.*** Иными словами, *абсолютно сходящийся ряд обладает переместительным свойством.*

Доказательство. Проведем доказательство в два приема. (а) Предположим сначала, что ряд (А) — положительный.

Рассмотрим произвольную частичную сумму A'_k ряда (А'). Так как

$$a'_1 = a_{n_1}, \quad a'_2 = a_{n_2}, \quad \ldots, \quad a'_k = a_{n_k},$$

то, взяв n' бо́льшим всех номеров $n_1, n_2, \ldots, n_k$, очевидно, будем иметь $A'_k \leqslant A_{n'}$, а следовательно, и подавно

$$A'_k \leqslant A.$$

---

*) Этот знак, от одних скобок к другим, может меняться.

**) Причем последовательность номеров $\{n_k\}$ без пропусков и повторений воспроизводит — с точностью до порядка — натуральный ряд.

***) Петер Густав Лежен-Дирихле (1805—1859) — немецкий математик.

В таком случае (A') будет сходящимся [n° **236**], и его сумма A' не превзойдет A:

$$A' \leqslant A.$$

Но и ряд (A) из (A') получается перестановкой членов, поэтому аналогично:

$$A \leqslant A'.$$

Сопоставляя полученные соотношения, придем к требуемому равенству:

$$A' = A.$$

(б) Пусть теперь (A) будет произвольный абсолютно сходящийся ряд.

Так как сходящийся положительный ряд:

$$\sum_{n=1}^{\infty} |a_n| = |a_1| + |a_2| + \ldots + |a_n| + \ldots, \qquad (A^*)$$

по доказанному, при любой перестановке членов останется сходящимся, то по теореме n° **243** сохранит при этом свою (абсолютную) сходимость и ряд (A).

Далее, мы видели в n° **243**, что, в случае абсолютной сходимости ряда (A), его сумма выражается так:

$$A = B - C,$$

где B и C суть суммы положительных рядов (B) и (C), составленных, соответственно, из положительных членов ряда (A) и из абсолютных величин его отрицательных членов. Перестановка членов в ряде (A) вызовет перестановку членов и в этих рядах, но не отразится (по доказанному) на их суммах B и C. Следовательно, и сумма ряда (A) останется прежней, что и требовалось доказать.

247. Случай неабсолютно сходящихся рядов. Обратимся теперь к рассмотрению неабсолютно сходящихся рядов и установим, что *они переместительным свойством не обладают.*

Сделаем одно предварительное замечание. Предположим, что ряд (A) сходится, но не абсолютно. Из сходимости следует, что $\lim a_n = 0$ [n° **235**, 5°]. Что же касается рядов

$$\sum_{k=1}^{\infty} b_k \quad (B), \qquad \sum_{m=1}^{\infty} c_m \quad (C),$$

о которых мы упоминали в предыдущем номере, то, хотя, очевидно,

$$\lim_{k\to\infty} b_k = 0 \quad \text{и} \quad \lim_{m\to\infty} c_m = 0, \qquad (2)$$

но в данном случае они оба расходятся. Действительно, если среди первых n членов ряда (А) есть k положительных и m отрицательных, то

$$A_n = B_k - C_m, \qquad A_n^* = B_k + C_m.$$

Второе из этих равенств показывает, что оба ряда (В) и (С) не могут одновременно сходиться, ибо иначе сходился бы и ряд (А*), вопреки предположению. А из первого усматриваем, что если бы один из этих рядов сходился, а другой нет, то расходился бы ряд (А), что также противоречит предположению.

Докажем теперь следующую интересную теорему:

***Теорема Римана.** Если ряд* (А) *сходится неабсолютно, то какое бы ни взять наперед число L, конечное или равное $\pm\infty$, можно так переставить члены в этом ряде, чтобы преобразованный ряд имел своей суммой именно L.*

Доказательство. Остановимся на случае конечного L. Начнем с замечания, что ввиду n° **235**, 1° и все остатки рядов (В) и (С) также будут расходящимися, так что в каждом из этих рядов, начиная с любого места, можно набрать столько членов, чтобы их сумма превзошла любое число.

Пользуясь этим, мы следующим образом произведем перестановку членов ряда (А).

Сначала возьмем столько положительных членов нашего ряда в том порядке, в каком они в нем расположены, чтобы их сумма превзошла число L:

$$b_1 + b_2 + \ldots + b_{k_1} > L.$$

Вслед за ними выпишем отрицательные члены (в том порядке, в каком они расположены в данном ряде), взяв их столько, чтобы общая сумма стала меньше L:

$$b_1 + b_2 + \ldots + b_{k_1} - c_1 - c_2 - \ldots - c_{m_1} < L.$$

После этого снова поместим положительные члены из числа оставшихся так, чтобы было

$$b_1 + \ldots + b_{k_1} - c_1 - \ldots - c_{m_1} + b_{k_1+1} + \ldots + b_{k_2} > L.$$

Затем наберем столько отрицательных членов из числа оставшихся, чтобы было

$$b_1 + \ldots + b_{k_1} - c_1 - \ldots - c_{m_1} + b_{k_1+1} + \ldots + b_{k_2} - c_{m_1+1} - \ldots - c_{m_2} < L$$

и т. д. Процесс этот мы мыслим продолженным до бесконечности; очевидно, каждый член ряда (А), и притом со своим знаком, встретится на определенном месте.

Если всякий раз, выписывая члены b или c, набирать их не больше, чем необходимо для осуществления требуемого неравенства, то уклонение от числа L в ту или другую сторону не превзойдет по абсолютной величине последнего написанного члена. Тогда из (2) ясно, что ряд

$$(b_1+\ldots+b_{k_1})-(c_1+\ldots+c_{m_1})+\ldots$$
$$\ldots+(b_{k_{l-1}+1}+\ldots+b_{k_l})-(c_{m_{l-1}+1}+\ldots+c_{m_l})+\ldots$$

имеет своей суммой L. В силу замечания n° **245**, это останется верным и после раскрытия скобок.

Если $L=+\infty$, то можно было бы набор положительных чисел подчинить требованию, чтобы суммы последовательно становились больше 1, 2, 3 и т. д., а из отрицательных членов помещать лишь по одному после каждой группы положительных. Таким путем, очевидно, составился бы ряд, имеющий сумму $+\infty$. Аналогично можно получить и ряд с суммой $-\infty$.

Установленный результат подчеркивает тот факт, что *неабсолютная* сходимость осуществляется лишь благодаря взаимному погашению положительных и отрицательных членов, и именно потому существенно зависит от порядка, в котором они следуют один за другим, между тем как *абсолютная* сходимость основана на быстроте убывания этих членов — и от порядка их не зависит.

Пример. Рассмотрим заведомо неабсолютно сходящийся ряд:

$$\underbrace{1-\frac{1}{2}}+\underbrace{\frac{1}{3}-\frac{1}{4}}+\ldots+\underbrace{\frac{1}{2k-1}-\frac{1}{2k}}+\ldots, \tag{3}$$

сумма которого, как увидим ниже, есть $\ln 2$ *). Переместив его члены так, чтобы после одного положительного следовали два отрицательных:

$$\underbrace{1-\frac{1}{2}-\frac{1}{4}}+\underbrace{\frac{1}{3}-\frac{1}{6}-\frac{1}{8}}+\ldots+\underbrace{\frac{1}{2k-1}-\frac{1}{4k-2}-\frac{1}{4k}}+\ldots, \tag{4}$$

мы утверждаем, что *сумма ряда от такого перемещения уменьшится вдвое*.

В самом деле, если обозначить частичные суммы этих рядов, соответственно, через A_n и A'_n, то

$$A'_{3m}=\sum_{k=1}^{m}\left(\frac{1}{2k-1}-\frac{1}{4k-2}-\frac{1}{4k}\right)=\sum_{k=1}^{m}\left(\frac{1}{4k-2}-\frac{1}{4k}\right)=$$
$$=\frac{1}{2}\sum_{k=1}^{m}\left(\frac{1}{2k-1}-\frac{1}{2k}\right)=\frac{1}{2}A_{2m},$$

---

*) Здесь для нас существенно лишь то, что эта сумма отлична от нуля [n° 244, (6)].

так что $A'_{3m} \to \frac{1}{2}\ln 2$. Так как

$$A'_{3m-1} = A'_{3m} + \frac{1}{4m} \quad \text{и} \quad A'_{3m-2} = A'_{3m-1} + \frac{1}{4m-2}$$

стремятся к тому же пределу $\frac{1}{2}\ln 2$, то ряд (4) сходится и имеет суммой именно это число.

248. Умножение рядов. О почленном сложении или вычитании двух сходящихся рядов, равно как о почленном умножении сходящегося ряда на постоянный множитель, уже была речь в n° 235, 3° и 4°. Теперь мы займемся вопросом об *умножении рядов*.

Пусть даны два сходящихся ряда:

$$A = \sum_{n=1}^{\infty} a_n = a_1 + a_2 + \ldots + a_n + \ldots \tag{A}$$

и

$$B = \sum_{m=1}^{\infty} b_m = b_1 + b_2 + \ldots + b_m + \ldots \tag{B}$$

Подражая правилу умножения конечных сумм, рассмотрим и здесь всевозможные парные произведения членов этих рядов: $a_i b_k$; из них составится бесконечная прямоугольная матрица:

$$\begin{array}{|cccccc}
a_1b_1 & a_2b_1 & a_3b_1 & \ldots & a_ib_1 & \ldots \\
a_1b_2 & a_2b_2 & a_3b_2 & \ldots & a_ib_2 & \ldots \\
a_1b_3 & a_2b_3 & a_3b_3 & \ldots & a_ib_3 & \ldots \\
\cdot & \cdot & \cdot & \cdot & \cdot & \cdot \\
a_1b_k & a_2b_k & a_3b_k & \ldots & a_ib_k & \ldots \\
\cdot & \cdot & \cdot & \cdot & \cdot & \cdot
\end{array} \tag{5}$$

Эти произведения можно многими способами располагать в виде простой последовательности.

Например, как это впервые сделал Коши, можно выписывать произведения *по диагоналям*:

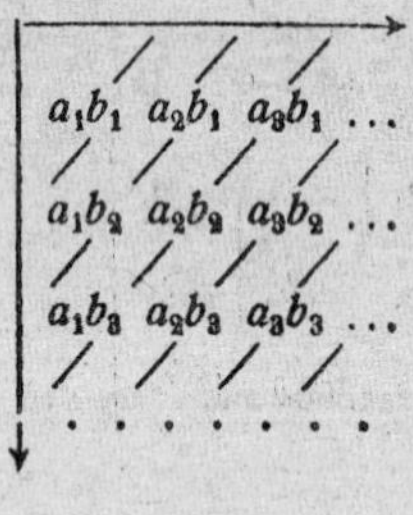

объединяя при этом члены, стоящие на одной диагонали:

$$a_1b_1+(a_1b_2+a_2b_1)+(a_1b_3+a_2b_2+a_3b_1)+\ldots$$
$$\ldots+(a_1b_n+a_2b_{n-1}+\ldots+a_{n-1}b_2+a_nb_1)+\ldots \qquad (6)$$

Теорема Коши. *Если оба ряда* (A) *и* (B) *сходятся абсолютно, то ряд* (6), *составленный из произведений* (5), *также сходится и имеет своей суммой произведение сумм AB.*

Доказательство. По предположению, ряды

$$\sum_{n=1}^{\infty}|a_n|=|a_1|+|a_2|+\ldots+|a_n|+\ldots \qquad (A^*)$$

и

$$\sum_{m=1}^{\infty}|b_m|=|b_1|+|b_2|+\ldots+|b_m|+\ldots \qquad (B^*)$$

сходятся, т. е. имеют конечные суммы, скажем, A^* и B^*. Если для этих рядов составить ряд, вроде (6):

$$|a_1|\cdot|b_1|+(|a_1|\cdot|b_2|+|a_2|\cdot|b_1|)+$$
$$+(|a_1|\cdot|b_3|+|a_2|\cdot|b_2|+|a_3|\cdot|b_1|)+\ldots+$$
$$+(|a_1|\cdot|b_n|+|a_2|\cdot|b_{n-1}|+\ldots+|a_{n-1}|\cdot|b_2|+$$
$$+|a_n|\cdot|b_1|)+\ldots, \qquad (6^*)$$

то он явно будет сходящимся, ибо его n-я частичная сумма меньше

$$(|a_1|+|a_2|+\ldots+|a_n|)(|b_1|+|b_2|+\ldots+|b_n|)<A^*B^*$$

[n° 236]. Сходимость сохранится и в том случае, если скобки в (6*) опустить [см. замечание n° 245]. Отсюда следует [n° 243], что ряд, полученный из (6) опусканием скобок,

$$a_1b_1+a_1b_2+a_2b_1+a_1b_3+a_2b_2+a_3b_1+\ldots,$$

также сходится и притом абсолютно. В таком случае он обладает не только сочетательным, но и переместительным свойством [n° 245, 246]. Его сумма, совпадающая с суммой ряда (6), проще всего может быть определена так. Расположим его члены не по диагоналям, а по квадратам:

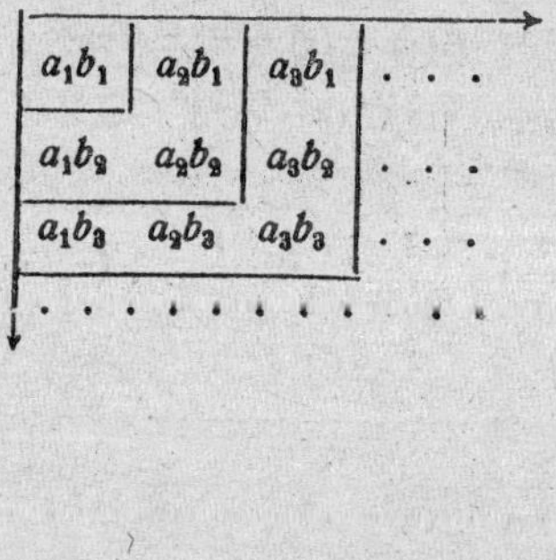

и вдобавок объединим последовательные группы, которые отличают один квадрат от другого:

$$a_1b_1+(a_1b_2+a_2b_2+a_2b_1)+\\+(a_1b_3+a_2b_3+a_3b_3+a_3b_2+a_3b_1)+\dots \tag{7}$$

Частичные суммы ряда (7) будут

$$A_1B_1,\ A_2B_2,\ A_3B_3,\ \dots,\ A_nB_n,\ \dots$$

(если через A_n, B_n, как обычно, обозначить частичные суммы рядов (A) и (B)); они стремятся к произведению AB, которое, таким образом, является суммой не только ряда (7), но и ряда (6).

Примеры. 1) Помножив ряд

$$\frac{1}{1-x}=\sum_{0}^{\infty}x^n=1+x+x^2+\dots+x^n+\dots \qquad (|x|<1)$$

на самого себя, получим:

$$\frac{1}{(1-x)^2}=\sum_{1}^{\infty}nx^{n-1}=1+2x+3x^2+\dots+nx^{n-1}+\dots$$

2) Как мы знаем уже [n° 243, 1) (а)], ряд

$$\sum_{n=0}^{\infty}\frac{x^n}{n!}=1+\frac{x}{1!}+\frac{x^2}{2!}+\frac{x^3}{3!}+\dots+\frac{x^n}{n!}+\dots$$

абсолютно сходится при всех значениях x. Обозначим его сумму через $E(x)$. Произведение $E(x)$ на $E(y)$ может быть построено по правилу умножения рядов. Общий член произведения будет таков:

$$1\cdot\frac{y^n}{n!}+\frac{x}{1!}\cdot\frac{y^{n-1}}{(n-1)!}+\frac{x^2}{2!}\cdot\frac{y^{n-2}}{(n-2)!}+\dots+\frac{x^k}{k!}\cdot\frac{y^{n-k}}{(n-k)!}+\dots+\frac{x^n}{n!}\cdot 1=\\=\sum_{k=0}^{n}\frac{1}{k!\,(n-k)!}x^ky^{n-k}=\frac{1}{n!}\sum_{k=0}^{n}C_n^kx^ky^{n-k}=\frac{(x+y)^n}{n!}.$$

Таким образом для функции $E(x)$ получается соотношение

$$E(x)\cdot E(y)=E(x+y).$$

[Впоследствии мы увидим, что $E(x)=e^x$.]

3) Ряд

$$\sum_{n=1}^{\infty}\frac{(-1)^{n-1}}{\sqrt{n}}=1-\frac{1}{\sqrt{2}}+\frac{1}{\sqrt{3}}-\dots+(-1)^{n-1}\frac{1}{\sqrt{n}}+\dots,$$

по теореме Лейбница, сходится, но не абсолютно [n° 234, 2)]. Если, все же, попытаться умножить его на самого себя по правилу Коши, то получится ряд с общим членом

$$(-1)^{n-1}\left(\frac{1}{1\cdot\sqrt{n}}+\frac{1}{\sqrt{2}\cdot\sqrt{n-1}}+\ldots+\right.$$
$$\left.+\frac{1}{\sqrt{k}\cdot\sqrt{n-k+1}}+\ldots+\frac{1}{\sqrt{n}\cdot 1}\right).$$

Так как каждое слагаемое в скобках больше $\frac{1}{n}$, то все выражение по абсолютной величине >1, и — ввиду нарушения необходимого условия сходимости — ряд расходится! Этот пример принадлежит самому Коши.

Замечание. Можно показать, что, если из двух сходящихся рядов (A) и (B) хоть один сходится абсолютно, то правило Коши еще сохраняет силу. Только, если оба перемножаемых ряда сходятся неабсолютно (как в предыдущем примере), их произведение может оказаться расходящимся.

§ 5. БЕСКОНЕЧНЫЕ ПРОИЗВЕДЕНИЯ

249. Основные понятия. Если

$$p_1, p_2, \ldots, p_n, \ldots \tag{1}$$

есть некоторая заданная последовательность чисел, то составленный из них символ

$$p_1\cdot p_2\cdot p_3\cdot\ldots\cdot p_n\cdot\ldots=\prod_{n=1}^{\infty} p_n\ ^{*)} \tag{2}$$

называют бесконечным произведением.

Станем последовательно перемножать числа (1), составляя частичные произведения

$$P_1=p_1,\quad P_2=p_1\cdot p_2,\quad P_3=p_1\cdot p_2\cdot p_3,\ \ldots,$$
$$P_n=p_1\cdot p_2\cdot\ldots\cdot p_n,\ \ldots \tag{3}$$

Эту последовательность частичных произведений $\{P_n\}$ мы всегда будем сопоставлять символу (2).

Конечный или бесконечный предел P частичного произведения P_n при $n\to\infty$:

$$\lim P_n = P,$$

---

*) Символ $\prod$ и означает произведение.

называют *значением* *произведения* (2) и пишут:

$$P = p_1 \cdot p_2 \cdot \ldots \cdot p_n \cdot \ldots = \prod_{n=1}^{\infty} p_n.$$

Если бесконечное произведение имеет конечное значение P и притом отличное от нуля, то само произведение называют сходящимся, в противном же случае — расходящимся *).

Достаточно одному из сомножителей произведения быть нулем, чтобы и значение всего произведения также было равно нулю. В дальнейших рассмотрениях мы этот случай будем исключать, так что для нас всегда $p_n \neq 0$.

Читатель легко установит аналогию с рядами [n° 234] и уяснит себе, что — подобно рядам — и рассмотрение бесконечного произведения также есть лишь своеобразная форма изучения последовательности и ее предела. С этой формой полезно познакомиться, так как в иных случаях она представляется более удобной, чем другие.

Примеры. 1) $\prod_{n=2}^{\infty}\left(1-\frac{1}{n^2}\right)$. Так как частичное произведение

$$P_n = \left(1-\frac{1}{2^2}\right)\left(1-\frac{1}{3^2}\right)\cdot\ldots\cdot\left(1-\frac{1}{n^2}\right) = \frac{1}{2}\cdot\frac{n+1}{n} \to \frac{1}{2},$$

то бесконечное произведение сходится, и его значением будет $\frac{1}{2}$.

2) Формула Валлиса [n° 188]

$$\frac{\pi}{2} = \lim_{n\to\infty} \frac{2\cdot 2\cdot 4\cdot 4\cdot\ldots\cdot 2n\cdot 2n}{1\cdot 3\cdot 3\cdot 5\cdot\ldots\cdot(2n-1)\cdot(2n+1)},$$

очевидно, равносильна разложению числа $\frac{\pi}{2}$ в бесконечное произведение

$$\frac{\pi}{2} = \frac{2}{1}\cdot\frac{2}{3}\cdot\frac{4}{3}\cdot\frac{4}{5}\cdot\ldots\cdot\frac{2n}{2n-1}\cdot\frac{2n}{2n+1}\cdot\ldots$$

Она же приводит к формулам

$$\prod_{m=1}^{\infty}\left[1-\frac{1}{(2m+1)^2}\right] = \frac{\pi}{4}, \qquad \prod_{m=1}^{\infty}\left(1-\frac{1}{4m^2}\right) = \frac{2}{\pi}.$$

---

*) Таким образом (подчеркнем это), если $P = 0$, то произведение для нас будет расходящимся. Хотя эта терминология идет в разрез с терминологией, привычной для рядов, но она общепринята, ибо облегчает формулировку многих теорем.

250. Простейшие теоремы. Связь с рядами. Отбросив в бесконечном произведении (2) первые m членов, получим о с т а т о ч н о е произведение

$$\pi_m = p_{m+1} \cdot p_{m+2} \cdot \ldots \cdot p_{m+k} \cdot \ldots = \prod_{n=m+1}^{\infty} p_n, \tag{4}$$

которое вполне аналогично о с т а т к у бесконечного ряда.

1°. *Если сходится произведение* (2), *то сходится, при любом* m, *и произведение* (4); *обратно, из сходимости произведения* (4) *вытекает сходимость исходного произведения* (2) *).

Доказательство предоставляем читателю [ср. n° 235, 1°].

Таким образом, и в случае бесконечного произведения *отбрасывание конечного числа начальных множителей или присоединение вначале нескольких новых множителей (отличных от* 0) *на его поведении не отражается.*

2°. *Если бесконечное произведение* (2) *сходится, то*

$$\lim_{m \to \infty} \pi_m = 1$$

[см. (4)].

Это следует из равенства

$$\pi_m = \frac{P}{P_m}$$

и из того, что P_m стремится к $P \neq 0$.

3°. *Если бесконечное произведение* (2) *сходится, то*

$$\lim_{n \to \infty} p_n = 1.$$

Действительно, вместе с P_n, и P_{n-1} стремится к P, так что

$$\lim_{n \to \infty} p_n = \lim \frac{P_n}{P_{n-1}} = \frac{P}{P} = 1.$$

[Ср. n° 235, 5°.]

Не перечисляя других свойств бесконечных произведений, аналогичных свойствам бесконечных рядов, мы обратимся к установлению связи между сходимостью бесконечных произведений и рядов, что позволит нам непосредственно использовать для произведений подробно развитую для рядов теорию.

В случае сходящегося произведения множители p_n, начиная с некоторого места, будут положительны (3°). Впрочем, ввиду 1°, мы не нарушим общности, если будем в п р е д ь п р е д п о л а г а т ь в с е $p_n > 0$.

---

*) Напомним, что мы раз навсегда предположили $p_n \neq 0$.

4°. *Для того чтобы бесконечное произведение* (2) *сходилось, необходимо и достаточно, чтобы сходился ряд*

$$\sum_{n=1}^{\infty} \ln p_n. \tag{5}$$

При выполнении этого условия, если L *есть сумма ряда, имеем:*

$$P = e^L.$$

Обозначив через L_n частичную сумму ряда (5), будем иметь:

$$L_n = \ln P_n, \quad P_n = e^{L_n}.$$

Из непрерывности логарифмической и показательной функций теперь следует, что если P_n стремится к конечному положительному пределу P, то L_n стремится к $\ln P$, и обратно — если L_n имеет конечный предел L, то для P пределом будет e^L.

При исследовании сходимости бесконечного произведения (2) часто представляется удобным, полагая

$$p_n = 1 + a_n,$$

записывать его в виде

$$\prod_{n=1}^{\infty} (1 + a_n), \tag{2*}$$

а ряд (5) — в виде

$$\sum_{n=1}^{\infty} \ln (1 + a_n). \tag{5*}$$

В этих обозначениях имеем простую теорему:

5°. *Если, по крайней мере, для достаточно больших* n *будет*

$$a_n > 0 \ (\textit{или } a_n < 0),$$

то для сходимости произведения (2*) *необходима и достаточна сходимость ряда*

$$\sum_{n=1}^{\infty} a_n. \tag{6}$$

Так как для сходимости как произведения (2*), так и ряда (6) во всяком случае необходимо, чтобы было

$$\lim_{n \to \infty} a_n = 0 \tag{7}$$

[см. 3°], то предположим это условие выполненным. Тогда имеет место соотношение

$$\lim_{n\to\infty}\frac{\ln(1+a_n)}{a_n}=1$$

[n°**65**, 1)]. В таком случае, ввиду того, что члены обоих рядов (5*) и (6), начиная с некоторого места, сохраняют определенный знак, по теореме 2 n°**237** эти ряды сходятся или расходятся одновременно. Отсюда, в связи с 4°, и следует наше утверждение.

Упомянем о случае, когда бесконечное произведение «расходится» к 0.

6°. *Для того чтобы бесконечное произведение* (2) [*или* (2*)] *имело нулевое значение, необходимо и достаточно, чтобы ряд* (5) [*или* (5*)] *имел суммой* $-\infty$.

В частности, это будет так, если $a_n<0$ *и ряд* (6) *расходится.*

Предоставляем доказательство читателю.

В заключение используем связь между произведением (2) [или (2*)] и рядом (5) [или (5*)] для установления понятия абсолютной сходимости бесконечного произведения. *Произведение называют абсолютно сходящимся именно в том случае, когда абсолютно сходится соответствующий ряд из логарифмов его множителей.*

Исследования n°**246** и **247** сразу же позволяют заключить, что абсолютно сходящиеся произведения обладают переместительным свойством, в то время как неабсолютно сходящиеся заведомо им не обладают.

Легко доказать, по образцу 5°, что

7°. *Для абсолютной сходимости произведения* (2*) *необходима и достаточна абсолютная же сходимость ряда* (6).

251. Примеры. 1) Применим доказанные теоремы к бесконечным произведениям:

(а) $\prod_{n=1}^{\infty}\left(1+\frac{1}{n^x}\right)$ сходится при $x>1$ и расходится при $0<x\leqslant 1$,

в согласии с таким же поведением ряда $\sum_{n=1}^{\infty}\frac{1}{n^x}$ (5°).

(б) $\prod_{n=1}^{\infty}\left(1-\frac{1}{n^x}\right)$ при $x>1$ сходится (5°), а при $0<x\leqslant 1$ расходится к нулю (6°).

2) Докажем, что (при $\alpha>\beta>0$)

$$\lim_{n\to\infty}\frac{\beta(\beta+1)\dots(\beta+n-1)}{\alpha(\alpha+1)\dots(\alpha+n-1)}=0.$$

Для этого достаточно установить расходимость бесконечного произведения

$$\prod_{n=0}^{\infty}\frac{\beta+n}{\alpha+n}\equiv\prod_{n=0}^{\infty}\left(1-\frac{\alpha-\beta}{\alpha+n}\right)$$

или [см. 6°] расходимость ряда

$$\sum_{n=0}^{\infty}\frac{\alpha-\beta}{\alpha+n}.$$

А это легко вытекает из сравнения написанного ряда с гармоническим.

Этот пример показывает, как иной раз действительно выгодно сводить разыскание предела последовательности к исследованию бесконечного произведения с использованием развитой для бесконечных произведений теории.

3) Приведем в заключение замечательный пример преобразования бесконечного произведения в ряд, принадлежащий Эйлеру. Если перенумеровать п р о с т ы е числа в порядке возрастания:

$$p_1=2,\quad p_2=3,\quad p_3=5,\ \ldots,\ p_k,\ \ldots,$$

то при $x>1$ имеет место тождество

$$\frac{1}{\left(1-\frac{1}{2^x}\right)\left(1-\frac{1}{3^x}\right)\left(1-\frac{1}{5^x}\right)\cdot\ldots\cdot\left(1-\frac{1}{p_k^x}\right)\cdot\ldots}=$$

$$=1+\frac{1}{2^x}+\frac{1}{3^x}+\frac{1}{4^x}+\ldots+\frac{1}{n^x}+\ldots$$

или

$$\prod_{k=1}^{\infty}\frac{1}{1-\frac{1}{p_k^x}}=\sum_{n=1}^{\infty}\frac{1}{n^x}.$$

Имеем по формуле для суммы геометрической прогрессии:

$$\frac{1}{1-\frac{1}{p_k^x}}=1+\frac{1}{p_k^x}+\frac{1}{(p_k^2)^x}+\ldots+\frac{1}{(p_k^m)^x}+\ldots$$

Если перемножить к о н е ч н о е число таких рядов, отвечающих всем простым числам, не превосходящим натурального числа N, то частичное произведение окажется равным

$$P_x^{(N)}=\prod_{p_k\leq N}\frac{1}{1-\frac{1}{p_k^x}}=\sum_{n=1}^{\infty}{}'\frac{1}{n^x}=\sum_{n=1}^{N}\frac{1}{n^x}+\sum_{n=N+1}^{\infty}{}'\frac{1}{n^x},\tag{8}$$

где штрих означает, что суммирование распространяется не на все натуральные числа, а лишь (не считая единицы) на те из них, которые в своем разложении на простые множители содержат только уже введенные простые числа (первые N натуральных чисел этим свойством, конечно, обладают). Отсюда и подавно

$$0 < P_x^{(N)} - \sum_{n=1}^{N} \frac{1}{n^x} < \sum_{n=N+1}^{\infty} \frac{1}{n^x}.$$

Ввиду сходимости ряда $\sum_{n=1}^{\infty} \frac{1}{n^x}$ выражение справа, представляющее его остаток после N-го члена, стремится к 0 при $N \to \infty$; переходя к пределу, и получим требуемый результат.

Эта формула Эйлера впоследствии (1859 г.) была использована Риманом в его исследованиях относительно распределения простых чисел.

4) При $x = 1$ соотношение (8) еще сохраняет силу; отсюда

$$P_1^{(N)} = \prod_{p_k \leqslant N} \frac{1}{1 - \frac{1}{p_k}} > \sum_{n=1}^{N} \frac{1}{n} = H_N,$$

так что при $N \to \infty$ на этот раз $P_1^{(N)} \to \infty$, т. е. произведение

$$\frac{1}{\left(1-\frac{1}{2}\right)\left(1-\frac{1}{3}\right)\left(1-\frac{1}{5}\right)\cdot\ldots\cdot\left(1-\frac{1}{p_k}\right)\ldots} = \prod_{k=1}^{\infty} \frac{1}{1-\frac{1}{p_k}}$$

расходится и имеет значение $+\infty$.

В этом состоит данное Эйлером новое доказательство того, что множество простых чисел бесконечно (чем, по существу, в проведенном рассуждении мы не пользовались); ведь при конечности этого множества и произведение имело бы конечное значение. Если полученный результат переписать так:

$$\left(1-\frac{1}{2}\right)\left(1-\frac{1}{3}\right)\left(1-\frac{1}{5}\right)\cdot\ldots\cdot\left(1-\frac{1}{p_k}\right)\cdot\ldots = \prod_{k=1}^{\infty}\left(1-\frac{1}{p_k}\right) = 0,$$

то, в связи с 5°, можно заключить о расходимости ряда

$$\frac{1}{2} + \frac{1}{3} + \frac{1}{5} + \ldots + \frac{1}{p_k} + \ldots = \sum_{k=1}^{\infty} \frac{1}{p_k}.$$

Это важное предложение дает, сверх того, еще некоторую характеристику роста простых чисел; оно гораздо сильнее утверждения о расходимости гармонического ряда $\sum_{n=1}^{\infty} \frac{1}{n}$, ибо здесь речь идет лишь о части его членов!

§ 6. РАЗЛОЖЕНИЯ ЭЛЕМЕНТАРНЫХ ФУНКЦИЙ В СТЕПЕННЫЕ РЯДЫ

252. Ряд Тейлора. Мы уже встречали в примерах степенные ряды вида:

$$\sum_{0}^{\infty} a_n x^n = a_0 + a_1 x + a_2 x^2 + \ldots + a_n x^n + \ldots, \tag{1}$$

расположенные по степеням x.

Рассматривают и степенные ряды более общего вида:

$$\sum_{0}^{\infty} a_n (x - x_0)^n = a_0 + a_1 (x - x_0) + \ldots + a_n (x - x_0)^n + \ldots, \tag{2}$$

расположенные по степеням двучлена $x - x_0$ (вместо x). Такой ряд не разнится существенно от ряда вида (1), ибо приводится к нему простой заменой переменной: $x - x_0 = y$ (с точностью до обозначения переменной).

В последующем мы детально изучим свойства степенных рядов, которые во многом уподобляются многочленам. Отрезками степенного ряда являются многочлены, что делает степенные ряды удобным средством для приближенных вычислений. В связи со всем этим приобретает большую важность вопрос о возможности *наперед заданную функцию разложить по степеням* $x - x_0$ (в частности, по степеням x), т. е. представить ее в виде суммы ряда типа (2) [или (1)].

Мы займемся здесь подобным разложением по отношению к элементарным функциям, причем путь к решению поставленного вопроса нам открывает формула Тейлора, подробно изученная в n° 105—108. В самом деле, предположим, что рассматриваемая функция $f(x)$ в промежутке $[x_0, x_0 + H]$ или $[x_0 - H, x_0]$ $(H > 0)$ имеет производные всех порядков (тем самым — непрерывные). Тогда, как мы видели в n° 106, для всех значений x в этом промежутке имеет место формула

$$f(x) = f(x_0) + \frac{f'(x_0)}{1!}(x - x_0) + \frac{f''(x_0)}{2!}(x - x_0)^2 + \ldots$$
$$\ldots + \frac{f^{(n)}(x_0)}{n!}(x - x_0)^n + r_n(x), \tag{3}$$

где дополнительный член $r_n(x)$ может быть представлен в одной из указанных в n° 106 форм. При этом n мы можем брать сколь угодно большим, т. е. доводить это разложение до сколь угодно высоких степеней $x - x_0$.

Это, естественно, приводит к мысли о бесконечном разложении:

$$f(x)=f(x_0)+\frac{f'(x_0)}{1!}(x-x_0)+\frac{f''(x_0)}{2!}(x-x_0)^2+\ldots$$
$$\ldots+\frac{f^{(n)}(x_0)}{n!}(x-x_0)^n+\ldots \quad (4)$$

Такой ряд — независимо от того, сходится ли он и имеет ли, на самом деле, своей суммой $f(x)$ — называется *рядом Тейлора* для функции $f(x)$. Он имеет вид (2), причем коэффициенты его:

$$a_0=f(x_0),\ a_1=\frac{f'(x_0)}{1!},\quad a_2=\frac{f''(x_0)}{2!},\ \ldots,\ a_n=\frac{f^{(n)}(x_0)}{n!},\ \ldots$$

носят название *коэффициентов Тейлора.*

Так как разность между $f(x)$ и суммой $n+1$ членов ряда Тейлора, ввиду (3), есть как раз $r_n(x)$, то, очевидно: *для того, чтобы при некотором значении x действительно имело место разложение* (4), *необходимо и достаточно, чтобы дополнительный член $r_n(x)$ формулы Тейлора — при этом значении x — стремился к* 0 *с возрастанием n:*

$$\lim_{n\to\infty} r_n(x)=0. \quad (5)$$

При исследовании вопроса, имеет ли место это равенство и при каких именно значениях x, нам и будут полезны различные формы дополнительного члена $r_n(x)$, в ы я в л я ю щ и е е г о з а в и с и м о с т ь от n.

Чаще всего приходится иметь дело со случаем, когда $x_0=0$ и функция $f(x)$ разлагается в ряд непосредственно по степеням x:

$$f(x)=f(0)+\frac{f'(0)}{1!}x+\frac{f''(0)}{2!}x^2+\ldots+\frac{f^{(n)}(0)}{n!}x^n+\ldots\text{*)}; \quad (6)$$

этот ряд имеет вид (1) с коэффициентами:

$$a_0=f(0),\ a_1=\frac{f'(0)}{1!},\quad a_2=\frac{f''(0)}{2!},\ \ldots,\ a_n=\frac{f^{(n)}(0)}{n!},\ \ldots \quad (7)$$

Выпишем теперь подробнее дополнительный член $r_n(x)$ применительно именно к этому частному предположению $x_0=0$ [n° **106**]:

в ф о р м е Л а г р а н ж а

$$r_n(x)=\frac{f^{(n+1)}(\theta x)}{(n+1)!}x^{n+1}, \quad (8)$$

в ф о р м е К о ш и

$$r_n(x)=\frac{f^{(n+1)}(\theta x)}{(n+1)!}(1-\theta)^n x^{n+1}. \quad (9)$$

---

*) Этот ряд обыкновенно называют *рядом Маклорена.*

При этом о множителе θ известно только то, что он содержится между 0 и 1, но он может меняться при изменении x или n (и даже — при переходе от одной формы к другой).

Перейдем к конкретным разложениям.

253. Разложение в ряд показательной и основных тригонометрических функций. Докажем сначала следующее простое предложение, которым сразу будет охвачен ряд важных случаев:

Если функция $f(x)$ в промежутке $[0, H]$ или $[-H, 0]$ $(H>0)$ имеет производные всех порядков и все эти производные при изменении x в указанном промежутке оказываются по абсолютной величине ограниченными одним и тем же числом:

$$|f^{(n)}(x)| \leqslant L \tag{10}$$

(где L не зависит от n), то во всем промежутке имеет место разложение (6).

В самом деле, взяв дополнительный член $r_n(x)$ в форме Лагранжа [см. (8)], имеем, в силу (10):

$$|r_n(x)| = \frac{|f^{(n+1)}(\theta x)|}{(n+1)!}|x|^{n+1} \leqslant L \cdot \frac{H^{n+1}}{(n+1)!}.$$

При безграничном возрастании n выражение $\frac{H^{n+1}}{(n+1)!}$ стремится к 0 [n° 45, 1)]; это [в силу n° 235, 5°] следует и из сходимости ряда

$$1 + \sum_{n=0}^{\infty} \frac{H^{n+1}}{(n+1)!}$$

[n° 239, 2) (а)]. Но в таком случае и $r_n(x)$ имеет пределом 0, что и доказывает наше утверждение.

Это предложение непосредственно приложимо к функциям

$$f(x) = e^x, \ \sin x, \ \cos x$$

в любом промежутке $[-H, H]$, ибо производные их, соответственно равные

$$f^{(n)}(x) = e^x, \ \sin\left(x + n\cdot\frac{\pi}{2}\right), \ \cos\left(x + n\cdot\frac{\pi}{2}\right),$$

будут в нем по абсолютной величине ограничены числом e^H — для функции e^x, и единицей — для $\sin x$ и $\cos x$.

Так как коэффициенты Тейлора мы уже вычисляли для этих функций в n° 108, 1) — 3), то можем сразу написать разложения:

$$e^x = 1 + \frac{x}{1!} + \frac{x^2}{2!} + \frac{x^3}{3!} + \ldots + \frac{x^n}{n!} + \ldots, \tag{11}$$

$$\sin x = x - \frac{x^3}{3!} + \frac{x^5}{5!} - \ldots + (-1)^{k-1}\frac{x^{2k-1}}{(2k-1)!} + \ldots, \tag{12}$$

$$\cos x = 1 - \frac{x^2}{2!} + \frac{x^4}{4!} - \ldots + (-1)^k \frac{x^{2k}}{2k!} + \ldots \tag{13}$$

Все они имеют место — ввиду произвольности H — при любом значении x.

254. Формулы Эйлера. Самый вид коэффициентов только что полученных замечательных разложений *подсказывает мысль о некоей связи между ними,* но — если оставаться в области вещественных чисел — установить такую связь невозможно. Эйлеру удалось осуществить это путем введения *степени с мнимым показателем.*

Хотя в излагаемом курсе рассматриваются лишь вещественные числа и вещественные переменные, но — отступая от этой основной линии — мы все же приведем здесь *формулы Эйлера,* выражающие тригонометрические функции от вещественного аргумента через показательную функцию от чисто-мнимого аргумента.

Если подставить (пока — чисто формально!) в (11), вместо вещественного числа x, мнимое число yi, то получим:

$$e^{yi}=1+yi+\frac{(yi)^2}{2!}+\frac{(yi)^3}{3!}+\frac{(yi)^4}{4!}+\frac{(yi)^5}{5!}+\ldots=$$

$$=1+yi-\frac{y^2}{2!}-\frac{y^3}{3!}i+\frac{y^4}{4!}+\frac{y^5}{5!}i+\ldots$$

или, отделяя вещественную часть от мнимой,

$$e^{yi}=\left(1-\frac{y^2}{2!}+\frac{y^4}{4!}-\ldots\right)+i\left(y-\frac{y^3}{3!}+\frac{y^5}{5!}-\ldots\right).$$

Выражения в скобках как раз и представляют собой известные уже нам [см. (13) и (12)] разложения функций $\cos y$ и $\sin y$. Итак,

$$e^{yi}=\cos y+i\sin y. \qquad (14)$$

Заменяя здесь y на $-y$, будем иметь аналогично

$$e^{-yi}=\cos y-i\sin y.$$

Почленное сложение и вычитание этих двух соотношений и приводит нас к знаменитым *формулам Эйлера.*

$$\cos y=\frac{e^{yi}+e^{-yi}}{2}, \quad \sin y=\frac{e^{yi}-e^{-yi}}{2i}. \qquad (15)$$

Формулы (14) и (15) имеют в анализе широкое применение.

Обратимся к логическому осмыслению сказанного *). Начнем с рассмотрения комплексной переменной $z_n=x_n+iy_n$, зависящей от натурального указателя n. Определение предела ее дается в тех же терминах, что и для вещественного случая [п° 28]: *комплексное число $c=a+ib$ называется пределом переменной z_n, если, каково бы ни было положительное число ε, всегда найдется такой номер N, что для $n>N$ выполняется неравенство $|z_n-c|<\varepsilon$* **).

Так как

$$|z_n-c|=|(x_n-a)+i(y_n-b)|=\sqrt{(x_n-a)^2+(y_n-b)^2},$$

---

*) С учетом того, что с комплексными числами и с комплексной переменной читатель уже знаком из курса высшей алгебры.

**) Здесь $|\alpha+i\beta|$ обозначает «модуль» комплексного числа $\alpha+i\beta$, равный $\sqrt{\alpha^2+\beta^2}$.

то сразу ясно, что $z_n \to c$ *в том и только в том случае, если для вещественных и мнимых составляющих* x_n *и* y_n *по отдельности имеем:* $x_n \to a$ *и* $y_n \to b$.

Рассмотрим теперь комплексный ряд

$$\sum_{n=1}^{\infty} c_n. \tag{C}$$

Он называется *сходящимся*, если его частичная сумма

$$C_n = c_1 + c_2 + \ldots + c_n$$

с возрастанием n стремится как к пределу к некоторому комплексному числу C — *сумме ряда*. Разлагая все упомянутые здесь числа на вещественную и мнимую составляющие:

$$C = A + iB, \quad c_n = a_n + ib_n, \quad C_n = A_n + iB_n,$$

причем

$$A_n = a_1 + a_2 + \ldots + a_n, \quad B_n = b_1 + b_2 + \ldots + b_n,$$

из предшествующего замечания заключаем, что

$$C_n \to C \text{ одновременно с } A_n \to A, \ B_n \to B,$$

т. е. сходимость комплексного ряда (C) к сумме C равносильна сходимости, порознь, вещественных рядов

$$\sum_{n=1}^{\infty} a_n \quad \text{(A)} \quad \text{и} \quad \sum_{n=1}^{\infty} b_n \quad \text{(B)},$$

соответственно, к суммам A и B. Отсюда, в частности, вытекает, что сходящиеся комплексные ряды — подобно вещественным — обладают с о ч е т а т е л ь н ы м свойством [n° 245].

Если сходится ряд $\sum_{1}^{\infty} |c_n|$, составленный из модулей ряда (C), то, ввиду неравенств

$$|a_n| \leqslant |c_n|, \quad |b_n| \leqslant |c_n|,$$

сходятся и ряды

$$\sum_{1}^{\infty} |a_n|, \quad \sum_{1}^{\infty} |b_n|,$$

откуда вытекает ходимость рядов (A) и (B) [n° 243], а следовательно — и ряда (C). В этом случае ряд (C) называется *абсолютно сходящимся*. Например, ряд

$$1 + \frac{z}{1!} + \frac{z^2}{2!} + \ldots + \frac{z^n}{n!} + \ldots \tag{16}$$

при любом комплексном значении z абсолютно сходится, ибо сходится вещественный ряд модулей его членов

$$1 + \frac{|z|}{1!} + \frac{|z|^2}{2!} + \ldots + \frac{|z|^n}{n!} + \ldots$$

Абсолютно сходящийся ряд (С) обладает переместительным свойством, потому что этим свойством обладают ряды (А) и (В) [n° 246]. Наконец, на комплексные абсолютно сходящиеся ряды распространяется и теорема об умножении [n° 248]; доказательство, данное для вещественного случая — после сделанных замечаний — здесь может быть повторено дословно.

Поставим теперь в общем виде вопрос об определении степени e^z при комплексном z. В том случае, когда z есть вещественное число, x, эта степень уже была определена; в предыдущем номере мы доказали, что для нее имеет место разложение (11). В случае мнимого показателя z степень e^z еще не определена; подражая упомянутому разложению, мы на этот раз по определению полагаем e^z равной сумме ряда (16) (заведомо существующей!). Очень важно, что при этом *сохраняется основное свойство показательной функции*

$$e^z \cdot e^{z'} = e^{z+z'},$$

в чем легко убедиться, перемножая ряды, дающие e^z и $e^{z'}$ [ср. n° 248, 2)].

Таким образом, заменяя выше в разложении (11) x на yi, мы попросту использовали указанное расширение понятия степени.

Отметим в заключение, что, если $z = x + yi$, то по правилу показателей $e^z = e^x \cdot e^{yi}$, так что, с учетом (14), окончательно:

$$e^{x+yi} = e^x (\cos y + i \sin y). \tag{17}$$

255. Разложение арктангенса. К функции $y = \operatorname{arctg} x$ доказанное выше [n° 253] общее предложение уже неприложимо. Действительно, выражение для ее n-й производной, найденное в n° 96, 5):

$$y^{(n)} = (n-1)! \cos^n y \cdot \sin n\left(y + \frac{\pi}{2}\right) \tag{18}$$

не гарантирует существования общей границы для всех $y^{(n)}$!

Так как соответствующий ряд Тейлора (см. n° 108, 6)]

$$x - \frac{x^3}{3} + \frac{x^5}{5} - \ldots + (-1)^{k-1} \frac{x^{2k-1}}{2k-1} + \ldots$$

сходится лишь в промежутке $[-1, 1]$ *), то вне этого промежутка не приходится уже говорить о выражении функции $\operatorname{arctg} x$ этим рядом. Наоборот, для $|x| \leqslant 1$ имеем по формуле Лагранжа (8) [с учетом (18) и полагая $y_\theta = \operatorname{arctg} \theta x$]

$$|r_n(x)| \leqslant \frac{\left|\cos^{n+1} y_\theta \cdot \sin (n+1)\left(y_\theta + \frac{\pi}{2}\right)\right|}{n+1} |x|^{n+1} \leqslant \frac{1}{n+1}.$$

Отсюда ясно, что $r_n(x) \to 0$, так что для всех значений x в промежутке $[-1, 1]$ имеет место разложение

$$\operatorname{arctg} x = x - \frac{x^3}{3} + \frac{x^5}{5} - \ldots + (-1)^{k-1} \frac{x^{2k-1}}{2k-1} + \ldots \tag{19}$$

---

*) По признаку Даламбера [n° 243] легко убедиться, что ряд (абсолютно) сходится, если $|x| < 1$, и расходится при $|x| > 1$. Сходимость (неабсолютная) при $x = \pm 1$ вытекает из теоремы Лейбница [n° 244].

Мы еще раз подчеркиваем, что, хотя $\operatorname{arctg} x$ и вне этого промежутка имеет определенный смысл, но разложение (19) там уже не действительно, поскольку ряд не имеет суммы.

Из ряда (19) при $x=1$, в частности, получается знаменитый *ряд Лейбница*

$$\frac{\pi}{4}=1-\frac{1}{3}+\frac{1}{5}-\ldots+(-1)^{k-1}\frac{1}{2k-1}+\ldots \tag{20}$$

— первый ряд, в истории анализа, представляющий разложение числа π.

256. Логарифмический ряд. Если в качестве функции $f(x)$ взять $\ln(1+x)$ $(x>-1)$, то соответствующий ряд Тейлора будет таков [n° 108, 5)]:

$$x-\frac{x^2}{2}+\frac{x^3}{3}-\frac{x^4}{4}+\ldots+(-1)^{n-1}\frac{x^n}{n}+\ldots$$

Он сходится лишь для значений x в промежутке $(-1, 1]$ *); значит, только для этих значений и имеет смысл исследовать поведение дополнительного члена $r_n(x)$.

Возьмем его сначала в форме Лагранжа (8). Так как

$$f^{(n+1)}(x)=(-1)^n\frac{n!}{(1+x)^{n+1}}$$

[n° 96, 2)], то

$$r_n(x)=(-1)^n\frac{1}{n+1}\cdot\frac{x^{n+1}}{(1+\theta x)^{n+1}} \qquad (0<\theta<1).$$

Если $0\leqslant x\leqslant 1$, то последний множитель не превосходит единицы и отсюда

$$|r_n(x)|\leqslant\frac{1}{n+1}, \text{ так что } r_n(x)\to 0 \text{ (при } n\to\infty).$$

Но при $x<0$ поведение этого множителя становится неясным, и приходится прибегнуть к форме Коши дополнительного члена [см. (9)].

Имеем

$$r_n(x)=(-1)^n x^{n+1}\frac{(1-\theta)^n}{(1+\theta x)^{n+1}} \qquad (0<\theta<1),$$

так что

$$|r_n(x)|\leqslant\frac{|x|^{n+1}}{1-|x|}\cdot\left(\frac{1-\theta}{1+\theta x}\right)^n.$$

---

*) И здесь абсолютная сходимость при $|x|<1$ и расходимость при $|x|>1$ устанавливается с помощью признака Даламбера. При $x=1$ налицо (неабсолютная) сходимость по теореме Лейбница, а при $x=-1$ получается расходящийся гармонический ряд с измененными знаками.

Так как при $x > -1$ будет $1 + \theta x > 1 - \theta$, то последний множитель меньше единицы; следовательно, лишь только $|x| < 1$, заведомо $r_n(x) \to 0$.

Любопытно, что, хотя форма Коши вполне исчерпывает вопрос для всех значений x между -1 и 1, она ничего не дает при $x = 1$; в этом случае мы получаем

$$|r_n(1)| < (1-\theta)^n,$$

но ввиду возможности для θ меняться вместе с n нельзя заключить о том, что $(1-\theta)^n \to 0$.

Итак, по совокупности, для всех значений x в промежутке $(-1, 1]$, действительно будет

$$\ln(1+x) = x - \frac{x^2}{2} + \frac{x^3}{3} - \ldots + (-1)^{n-1}\frac{x^n}{n} + \ldots \tag{21}$$

В частности, при $x = 1$ получаем уже знакомый нам ряд

$$\ln 2 = 1 - \frac{1}{2} + \frac{1}{3} - \ldots + (-1)^{n-1}\frac{1}{n} + \ldots \tag{22}$$

Из ряда (21) можно вывести и другие полезные разложения. Например, заменяя в нем x на $-x$ (при этом мы считаем $|x| < 1$) и вычитая полученный ряд почленно из ряда (21), придем к следующему ряду:

$$\ln\frac{1+x}{1-x} = 2x\left(1 + \frac{1}{3}x^2 + \frac{1}{5}x^4 + \ldots + \frac{1}{2m+1}x^{2m} + \ldots\right). \tag{23}$$

Положим здесь $x = \frac{1}{2n+1}$, где n — произвольное натуральное число. Так как тогда

$$\frac{1+x}{1-x} = \frac{n+1}{n},$$

то мы получим разложение

$$\ln\frac{n+1}{n} = \frac{2}{2n+1}\left[1 + \frac{1}{3}\cdot\frac{1}{(2r+1)^2} + \frac{1}{5}\cdot\frac{1}{(2n+1)^4} + \ldots\right], \tag{24}$$

которое нам понадобится при вычислении логарифмов [n° **262**].

257. Формула Стирлинга. В качестве другого приложения разложения (24) покажем, как с его помощью может быть выведена одна важная формула анализа, носящая имя Стирлинга *).

С этой целью перепишем разложение (24) в виде:

$$\left(n + \frac{1}{2}\right)\ln\left(1 + \frac{1}{n}\right) = 1 + \frac{1}{3}\cdot\frac{1}{(2n+1)^2} + \frac{1}{5}\cdot\frac{1}{(2n+1)^4} + \ldots$$

---

*) Джемс Стирлинг (1692—1770) — английский математик. Приводимая ниже формула была им опубликована в 1730 г.

Это выражение, очевидно, больше единицы, но меньше, чем

$$1+\frac{1}{3}\left[\frac{1}{(2n+1)^2}+\frac{1}{(2n+1)^4}+\ldots\right]=1+\frac{1}{12n(n+1)}.$$

Итак, имеем

$$1<\left(n+\frac{1}{2}\right)\ln\left(1+\frac{1}{n}\right)<1+\frac{1}{12n(n+1)},$$

откуда, потенцируя, найдем

$$e<\left(1+\frac{1}{n}\right)^{n+\frac{1}{2}}<e^{1+\frac{1}{12n(n+1)}}.$$

Введем теперь такую функцию от натурального указателя n:

$$a_n=\frac{n!\,e^n}{n^{n+\frac{1}{2}}}.$$

Тогда

$$\frac{a_n}{a_{n+1}}=\frac{\left(1+\frac{1}{n}\right)^{n+\frac{1}{2}}}{e},$$

и из предыдущих неравенств следует, что

$$1<\frac{a_n}{a_{n+1}}<e^{\frac{1}{12n(n+1)}}=\frac{e^{\frac{1}{12n}}}{e^{\frac{1}{12(n+1)}}},$$

так что, с одной стороны, $a_n>a_{n+1}$, с другой же,

$$a_n\cdot e^{-\frac{1}{12n}}<a_{n+1}\cdot e^{-\frac{1}{12(n+1)}}.$$

Таким образом, с возрастанием n переменная a_n убывает (оставаясь ограниченной снизу, например, нулем) и стремится к конечному пределу a, переменная же $a_ne^{-\frac{1}{12n}}$ возрастает, стремясь, очевидно, к тому же пределу a (ибо $e^{-\frac{1}{12n}}\to 1$). Так как, при любом n, выполняются неравенства

$$a_n\cdot e^{-\frac{1}{12n}}<a<a_n,$$

то найдется такое число θ, заключенное между нулем и единицей, что

$$a=a_n\cdot e^{-\frac{\theta}{12n}}\quad\text{или}\quad a_n=a\cdot e^{\frac{\theta}{12n}}.$$

(Заметим, что число θ, вообще говоря, зависит от n.) Вспоминая определение переменной a_n, находим:

$$n!=a\sqrt{n}\cdot\left(\frac{n}{e}\right)^n\cdot e^{\frac{\theta}{12n}}\qquad(0<\theta<1). \tag{25}$$

Остается теперь определить величину постоянной a. С этой целью вспомним формулу Валлиса [n° 188], которую можно записать в виде:

$$\sqrt{\frac{\pi}{2}} = \lim_{n\to\infty} \frac{1}{\sqrt{2n+1}} \cdot \frac{2n!!}{(2n-1)!!}.$$

Последний множитель преобразуем следующим образом:

$$\frac{2n!!}{(2n-1)!!} = \frac{(2n!!)^2}{2n!} = \frac{2^{2n}\cdot(n!)^2}{2n!};$$

подставив сюда вместо $n!$ выражение

$$\sqrt{n}\cdot\left(\frac{n}{e}\right)^n\cdot a_n,$$

а вместо $2n!$ аналогичное выражение

$$\sqrt{2n}\cdot\left(\frac{2n}{e}\right)^{2n}\cdot a_{2n},$$

после элементарных упрощений получим

$$\sqrt{\frac{\pi}{2}} = \lim_{n\to\infty} \frac{n}{\sqrt{2n(2n+1)}} \cdot \frac{a_n^2}{a_{2n}} = \frac{a}{2},$$

так что $a = \sqrt{2\pi}$.

Подставляя это значение a в формулу (25), мы и придем к *формуле Стирлинга*

$$n! = \sqrt{2\pi n}\cdot\left(\frac{n}{e}\right)^n\cdot e^{\frac{\theta}{12n}} \qquad (0<\theta<1).$$

Если отбросить последний множитель, то получится приближенная формула*)

$$n! \doteq \sqrt{2\pi n}\left(\frac{n}{e}\right)^n,$$

позволяющая вычислить величину факториала $n!$ при больших значениях n. Отброшенный же множитель дает возможность легко оценивать допущенную относительную погрешность, которая, очевидно, меньше $e^{\frac{1}{12n}} - 1$.

Формула Стирлинга часто применяется в теории вероятностей и статистике.

258. Биномиальный ряд. Возьмем, наконец, $f(x) = (1+x)^m$, где m — любое вещественное число, отличное от 0 и от всех натуральных чисел (при натуральном m получается известное конечное разложение по формуле Ньютона). В этом случае ряд Тейлора имеет вид [n° 108, 4)]:

$$1 + mx + \frac{m(m-1)}{1\cdot 2}x^2 + \ldots + \frac{m(m-1)\cdot\ldots\cdot(m-n+1)}{1\cdot 2\cdot\ldots\cdot n}x^n + \ldots;$$

*) Ее, собственно, и установил Стирлинг.

его называют *биномиальным рядом*, а коэффициенты его — *биномиальными коэффициентами*. При сделанных относительно m предположениях ни один из этих коэффициентов не будет нулем (наоборот, если бы m было натуральным числом, то коэффициент при x^{m+1} и все следующие обратились бы в нуль). С помощью признака Даламбера [n° **243**] легко установить, что при $|x|<1$ биномиальный ряд абсолютно сходится, а при $|x|>1$ расходится. Исследование дополнительного члена $r_n(x)$ мы будем производить в предположении, что $|x|<1$, причем сразу возьмем его в форме Коши (9) [форма Лагранжа и здесь дает ответ не при всех интересующих нас значениях x!].

Так как

$$f^{(n+1)}(x)=m(m-1)\ldots(m-n+1)(m-n)(1+x)^{m-n-1},$$

то дополнительный член

$$r_n(x)=\frac{m(m-1)\cdot\ldots\cdot(m-n)(1+\theta x)^{m-n-1}}{1\cdot2\cdot\ldots\cdot n}(1-\theta)^n x^{n+1}.$$

Представим его, перегруппировав множители, в виде:

$$r_n(x)=\frac{(m-1)(m-2)\ldots(\overline{m-1}-n+1)}{1\cdot2\cdot\ldots\cdot n}x^n\cdot mx(1+\theta x)^{m-1}\left(\frac{1-\theta}{1+\theta x}\right)^n.$$

Первое из этих трех выражений представляет собой общий член биномиального же ряда, но отвечающего показателю $m-1$; так как при $|x|<1$ биномиальный ряд сходится, каков бы ни был показатель, то это выражение при $n\to\infty$ стремится к нулю. Что же касается двух других выражений, то второе по абсолютной величине содержится между границами

$$|mx|\cdot(1-|x|)^{m-1} \text{ и } |mx|\cdot(1+|x|)^{m-1},$$

не зависящими от n, а третье, как и в n° **256**, меньше единицы. Таким образом, $r_n(x)\to0$, т. е. для $|x|<1$ имеет место разложение

$$(1+x)^m=1+mx+\frac{m(m-1)}{1\cdot2}x^2+\ldots$$
$$\ldots+\frac{m(m-1)\ldots(m-n+1)}{1\cdot2\cdot\ldots\cdot n}x^n+\ldots, \quad (26)$$

которое также связано с именем Ньютона.

Мы не касались вопроса о применимости его при значениях $x=\pm1$, так как его решение требует кропотливого исследования дополнительного члена. Ограничимся указанием, что при $x=1$ разложение (26) имеет место для $m>-1$, а при $x=-1$ для $m>0$.

Отметим некоторые частные случаи биномиального ряда, отвечающие, например, $m=-1,\ \frac{1}{2},\ -\frac{1}{2}$:

$$\frac{1}{1+x}=1-x+x^2-\ldots+(-1)^n x^n+\ldots \qquad (-1<x<1)$$

(обыкновенная геометрическая прогрессия), затем

$$\sqrt{1+x}=1+\frac{1}{2}x-\frac{1}{8}x^2+\frac{1}{16}x^3-\frac{5}{128}x^4+\ldots$$
$$\ldots+(-1)^{n-1}\frac{(2n-3)!!}{2n!!}x^n+\ldots \qquad (-1\leqslant x\leqslant 1)$$

и

$$\frac{1}{\sqrt{1+x}}=1-\frac{1}{2}x+\frac{3}{8}x^2-\frac{5}{16}x^3+\frac{35}{128}x^4-\ldots$$
$$\ldots+(-1)^n\frac{(2n-1)!!}{2n!!}x^n+\ldots \qquad (-1<x\leqslant 1).$$

Важно подчеркнуть, что в случае рационального m сумма биномиального ряда дает всегда **арифметическое** значение радикала.

259. Замечание об исследовании дополнительного члена. В рассмотренных выше примерах разложения функций в ряд Тейлора всегда оказывалось, что для всех значений x, при которых ряд сходился, его сумма равнялась именно исходной функции. Поэтому у читателя могло возникнуть подозрение, что вообще достаточно установить сходимость ряда, даже не проверяя соотношения (5):

$$\lim_{n\to\infty} r_n(x)=0,$$

чтобы уже было обеспечено разложение (4) или (6) (стр. 51).

На деле, однако, это не так. Рассмотрим, вместе с Коши, в виде примера функцию, определяемую равенствами

$$f(x)=e^{-\frac{1}{x^2}} \quad (\text{при } x\neq 0),\ f(0)=0.$$

При $x\neq 0$ она имеет производные всех порядков

$$f'(x)=\frac{2}{x^3}e^{-\frac{1}{x^2}}, \qquad f''(x)=\left(-\frac{6}{x^4}+\frac{4}{x^6}\right)e^{-\frac{1}{x^2}},\ \ldots$$

и, вообще,

$$f^{(n)}(x)=P_n\left(\frac{1}{x}\right)\cdot e^{-\frac{1}{x^2}} \qquad (n=1,\ 2,\ 3,\ldots), \tag{27}$$

где $P_n(z)$ есть целый относительно z многочлен (степени $3n$). В общности этого закона легко убедиться по методу математической индукции.

Установим теперь, что и в точке $x=0$ для нашей функции существуют производные всех порядков, **причем все они равны нулю***). Действительно, прежде всего,

$$\frac{f(x)-f(0)}{x}=\frac{\frac{1}{x}}{e^{\frac{1}{x^2}}}\to 0 \quad \text{при} \quad x\to 0,$$

так что $f'(0)=0$ **). Допустим, что доказываемое утверждение верно для всех производных до n-го порядка включительно. Тогда [см. (27)]

$$\frac{f^{(n)}(x)-f^{(n)}(0)}{x}=\frac{\frac{1}{x}\cdot P_n\left(\frac{1}{x}\right)}{e^{\frac{1}{x^2}}}\to 0 \quad \text{при} \quad x\to 0,$$

поскольку числитель представляет собой сумму членов вида $\frac{c}{x^m}$. Значит, и $f^{(n+1)}(0)=0$. По методу математической индукции утверждение оправдано полностью.

Ряд Маклорена (6) для этой функции — со сплошь нулевыми коэффициентами, конечно, сходится при всех значениях x, но ни при одном из этих значений (кроме $x=0$) не воспроизводит исходной функции.

Таким образом, предварительное определение области сходимости ряда Тейлора имеет лишь вспомогательное назначение: оно позволяет иной раз наперед исключить из рассмотрения те значения x, для которых отрицательный результат наперед ясен, поскольку ряд расходится. В тех же точках, где ряд сходится, только исследование дополнительного члена **формулы** Тейлора дает возможность доказать, что суммой **ряда** Тейлора будет именно исходная функция.

§ 7. ПРИБЛИЖЕННЫЕ ВЫЧИСЛЕНИЯ С ПОМОЩЬЮ РЯДОВ

260. Постановка вопроса. На примере полученных нами конкретных разложений мы разъясним, как бесконечные ряды могут быть использованы для целей приближенных вычислений. Предпошлем ряд общих замечаний.

Если число A разложено в ряд:

$$A=a_1+a_2+a_3+\ldots+a_n+\ldots,$$

где $a_1, a_2, a_3, \ldots$ — удобные (обыкновенно, рациональные) числа, и мы положим приближенно:

$$A \doteq A_n=a_1+a_2+\ldots+a_n,$$

---

*) Заметим попутно, что Лагранж считал невозможным, чтобы функция (не равная тождественно нулю) обращалась в какой-либо точке в нуль **вместе со всеми своими производными**. Коши построил свой пример именно для опровержения этого мнения Лагранжа.

**) Это вытекает из общего замечания (которое следует иметь в виду и дальше), что, каков бы ни был показатель $\mu>0$,

$$\lim_{z\to\infty}\frac{z^\mu}{e^z}=0$$

[см. n° 121, 4)]. Здесь роль z играет $\frac{1}{x^2}$ (при $x\to 0$).

то поправка на отбрасывание всех остальных членов выразится остатком

$$\alpha_n = a_{n+1} + a_{n+2} + \ldots$$

При достаточно большом n эта погрешность станет сколь угодно малой, так что A_n воспроизведет A с любой наперед заданной точностью.

Мы заинтересованы в возможности просто производить оценку остатка α_n; это позволило бы нам и вовремя остановиться при вычислении последовательных частичных сумм, когда уже будет получено приближение требуемой точности.

Если рассматриваемый ряд оказывается знакопеременным и притом с монотонно убывающими по абсолютной величине членами («лейбницевского типа»), то, как мы видели [n° 244, замечание], остаток имеет знак своего первого члена и по абсолютной величине меньше его. Эта оценка в смысле простоты не оставляет желать лучшего.

Несколько сложнее обстоит дело в случае положительного ряда. Тогда обыкновенно стараются найти положительный же ряд с бо́льшими членами, который бы легко суммировался: $\sum\limits_1^\infty a'_n$, $a'_n \geqslant a_n$, и в качестве оценки для остатка α_n берут величину остатка α'_n этого нового ряда: $\alpha_n \leqslant \alpha'_n$. Например, для ряда $\sum\limits_1^\infty \frac{1}{m^2}$ можно получить:

$$\sum_{m=n+1}^{\infty} \frac{1}{m^2} < \sum_{m=n+1}^{\infty} \frac{1}{m(m-1)} = \sum_{m=n+1}^{\infty} \left(\frac{1}{m-1} - \frac{1}{m}\right) = \frac{1}{n},$$

а для ряда $1 + \sum\limits_1^\infty \frac{1}{m!}$:

$$\sum_{m=n+1}^{\infty} \frac{1}{m!} = \frac{1}{n!} \sum_{m=n+1}^{\infty} \frac{1}{(n+1)\cdot\ldots\cdot m} < \frac{1}{n!} \sum_{m=n+1}^{\infty} \frac{1}{(n+1)^{m-n}} = \frac{1}{n!\,n}$$

[этой оценкой мы фактически и пользовались при вычислении числа e в n° 49].

Обыкновенно ищется десятичное приближение числа A, в то время как члены ряда могут и не быть выражены десятичными дробями. При обращении их в десятичную дробь округление служит источником новой погрешности, которую также следует учесть.

Наконец, отметим, что далеко не всякий ряд, имеющий суммой интересующее нас число A, пригоден для фактического вычисления этого числа (даже если его члены просты, и оценка остатка производится легко). Вопрос — в быстроте сходимости, т. е. в быстроте приближения частичной суммы к числу A.

Возьмем для примера ряды [см. n° 255, (20) и n° 256, (22)]

$$1 - \frac{1}{3} + \frac{1}{5} - \frac{1}{7} + \ldots \quad \text{и} \quad 1 - \frac{1}{2} + \frac{1}{3} - \frac{1}{4} + \frac{1}{5} - \ldots,$$

дающие соответственно разложение чисел $\frac{\pi}{4}$ и $\ln 2$. Они сходятся очень медленно, и для того, чтобы с их помощью найти приближенные значения этих чисел с высокой точностью, нужно было бы сложить огромное количество членов. Ниже мы без особого труда найдем десятичные приближения упомянутых чисел с большой точностью, использовав более подходящие ряды.

261. Вычисление числа π. Воспользуемся известным рядом для арктангенса [n° 255, (19)]:

$$\operatorname{arctg} x = x - \frac{x^3}{3} + \frac{x^5}{5} - \frac{x^7}{7} + \ldots \qquad (-1 \leqslant x \leqslant 1).$$

Если взять $x = \frac{1}{\sqrt{3}}$, то $\operatorname{arctg} x = \frac{\pi}{6}$, и мы получим ряд

$$\frac{\pi}{6} = \frac{1}{\sqrt{3}}\left(1 - \frac{1}{3}\cdot\frac{1}{3} + \frac{1}{5}\cdot\frac{1}{3^2} - \frac{1}{7}\cdot\frac{1}{3^3} + \ldots\right),$$

уже пригодный для вычисления.

Существуют, однако, ряды гораздо более удобные для вычисления числа π. Положим $\alpha = \operatorname{arctg}\frac{1}{5}$, тогда

$$\operatorname{tg}\alpha = \frac{1}{5}, \quad \operatorname{tg} 2\alpha = \frac{\frac{2}{5}}{1 - \frac{1}{25}} = \frac{5}{12}, \quad \operatorname{tg} 4\alpha = \frac{\frac{10}{12}}{1 - \frac{25}{144}} = \frac{120}{119}.$$

Ввиду близости этого числа к 1, ясно, что угол 4α близок к $\frac{\pi}{4}$; положив $\beta = 4\alpha - \frac{\pi}{4}$, будем иметь:

$$\operatorname{tg}\beta = \frac{\frac{120}{119} - 1}{1 + \frac{120}{119}} = \frac{1}{239}, \text{ так что } \beta = \operatorname{arctg}\frac{1}{239}.$$

Отсюда получается такая формула:

$$\pi = 16\alpha - 4\beta = 16\left\{\frac{1}{5} - \frac{1}{3}\cdot\frac{1}{5^3} + \frac{1}{5}\cdot\frac{1}{5^5} - \frac{1}{7}\cdot\frac{1}{5^7} + \right.$$
$$\left. + \frac{1}{9}\cdot\frac{1}{5^9} - \frac{1}{11}\cdot\frac{1}{5^{11}} + \ldots\right\} - 4\left\{\frac{1}{239} - \frac{1}{3}\cdot\frac{1}{239^3} + \ldots\right\}.$$

Вычислим по ней число π с семью знаками после запятой. Для этого достаточно тех членов формулы, которые фактически выписаны. Так как оба ряда — типа Лейбница, то поправки в уменьшаемом и вычитаемом на отбрасывание невыписанных членов, соответственно, будут:

$$0 < \Delta_1 < \frac{16}{13\cdot 5^{13}} < \frac{1}{10^8} \text{ и } 0 < \Delta_2 < \frac{4}{5\cdot 239^5} < \frac{1}{10^8}.$$

Сохраненные члены обратим в десятичные дроби, округляя их (по правилу дополнения) на восьмом знаке. Вычисления сведены в таблицу (+ или — в скобках указывает з н а к поправки):

$$\begin{array}{rl} \frac{16}{5} = 3{,}20000000 & \\ +\frac{16}{5\cdot 5^5} = 0{,}00102400 & \\ \frac{16}{9\cdot 5^9} = 0{,}00000091 & (+) \\ \hline 3{,}20102491 & \end{array} \qquad \begin{array}{rl} \frac{16}{3\cdot 5^3} = 0{,}04266667 & (-) \\ +\frac{16}{7\cdot 5^7} = 0{,}00002926 & (-) \\ \frac{16}{11\cdot 5^{11}} = 0{,}00000003 & (-) \\ \hline 0{,}04269596 & \end{array}$$

$$\begin{array}{r} -\begin{array}{r} 3{,}20102491 \\ 0{,}04269596 \end{array} \\ \hline 3{,}15832895 \end{array} \qquad \begin{array}{rl} \frac{4}{239} = 0{,}01673640 & (+) \\ -\frac{4}{3\cdot 239^3} = 0{,}00000010 & (-) \\ \hline 0{,}01673630 & \end{array}$$

Учитывая все поправки, имеем:

$$3{,}15832895 < 16\alpha < 3{,}15832898,$$
$$-0{,}01673632 < -4\beta < -0{,}01673630,$$

так что

$$3{,}14159263 < \pi < 3{,}14159268.$$

Итак, окончательно, $\pi = 3{,}1415926\ldots$, причем все выписанные знаки верны.

262. Вычисление логарифмов. В основе вычисления лежит ряд (24) n° 256:

$$\ln\frac{n+1}{n} = \ln(n+1) - \ln n =$$
$$= \frac{2}{2n+1}\left[1 + \frac{1}{3}\cdot\frac{1}{(2n+1)^2} + \frac{1}{5}\cdot\frac{1}{(2n+1)^4} + \ldots\right]. \quad (1)$$

При $n = 1$ получим разложение для $\ln 2$:

$$\ln 2 = \frac{2}{3}\left(1 + \frac{1}{3}\cdot\frac{1}{9} + \frac{1}{5}\cdot\frac{1}{9^2} + \frac{1}{7}\cdot\frac{1}{9^3} + \frac{1}{9}\cdot\frac{1}{9^4} + \frac{1}{11}\cdot\frac{1}{9^5} + \right.$$
$$\left. + \frac{1}{13}\cdot\frac{1}{9^6} + \frac{1}{15}\cdot\frac{1}{9^7} + \frac{1}{17}\cdot\frac{1}{9^8} + \ldots\right).$$

Этот ряд вполне пригоден для вычислений. Покажем, например, что, ограничиваясь лишь выписанными членами, можно найти $\ln 2$ с девятью правильными десятичными знаками.

В самом деле, если отбросить члены этого ряда, начиная с десятого, то соответствующая поправка будет:

$$\Delta = \frac{2}{3}\left(\frac{1}{19}\cdot\frac{1}{9^9} + \frac{1}{21}\cdot\frac{1}{9^{10}} + \ldots\right) < \frac{2}{3\cdot 19\cdot 9^9}\left(1 + \frac{1}{9} + \frac{1}{9^2} + \ldots\right) =$$
$$= \frac{1}{12\cdot 19\cdot 9^8} < \frac{2}{10^{10}}.$$

Вычисления, на 10 знаков, сведены в таблицу:

$$\frac{2}{3} = 0{,}66666\ 66667\ (-)$$

$$\frac{2}{3\cdot 3\cdot 9} = 0{,}02469\ 13580\ (+)$$

$$\frac{2}{3\cdot 5\cdot 9^2} = 0{,}00164\ 60905\ (+)$$

$$\frac{2}{3\cdot 7\cdot 9^3} = 0{,}00013\ 06421\ (+)$$

$$\frac{2}{3\cdot 9\cdot 9^4} = 0{,}00001\ 12901\ (-)$$

$$\frac{2}{3\cdot 11\cdot 9^5} = 0{,}00000\ 10264\ (-)$$

$$\frac{2}{3\cdot 13\cdot 9^6} = 0{,}00000\ 00965\ (-)$$

$$\frac{2}{3\cdot 15\cdot 9^7} = 0{,}00000\ 00093\ (-)$$

$$\frac{2}{3\cdot 17\cdot 9^8} = 0{,}00000\ 00009\ (+)$$

$$0{,}69314\ 71805$$

Учитывая все поправки, имеем:

$$0{,}6931471802 < \ln 2 < 0{,}6931471809,$$

так что

$$\ln 2 = 0{,}693147180\ldots,$$

и все написанные 9 знаков верны.

Полагая теперь в (1) $n=4$, найдем:

$$\ln 5 = 2\ln 2 + \frac{2}{9}\left(1 + \frac{1}{3}\cdot\frac{1}{81} + \frac{1}{5}\cdot\frac{1}{81^2} + \ldots\right).$$

Пользуясь уже вычисленным значением $\ln 2$, по этой формуле легко вычислить $\ln 5$, а затем $\ln 10 = \ln 2 + \ln 5$. После этого, с произвольной степенью точности, может быть вычислен модуль

$$M = \frac{1}{\ln 10}$$

для перехода от натуральных логарифмов к десятичным; он равен $M = 0{,}434294481\ldots$ Умножив на модуль, найдем десятичные логарифмы: $\log 2$ и $\log 5$.

Перейдем к десятичным логарифмам и в основной формуле (1):

$$\log(n+1) - \log n = \frac{2M}{2n+1}\left[1 + \frac{1}{3}\cdot\frac{1}{(2n+1)^2} + \frac{1}{5}\cdot\frac{1}{(2n+1)^4} + \ldots\right]. \quad (2)$$

Полагая здесь $n = 80 = 2^3 \cdot 10$ и принимая во внимание, что $n+1 = 81 = 3^4$, найдем

$$4\log 3 - 3\log 2 = \frac{2M}{161}\left(1 + \frac{1}{3}\cdot\frac{1}{25921} + \frac{1}{5}\cdot\frac{1}{25921^2} + \ldots\right) + 1,$$

откуда легко найти $\log 3$. Полагая, далее, в формуле (2) $n = 2400 = 3\cdot 2^3\cdot 10^2$, будем иметь $n+1 = 2401 = 7^4$ и

$$4\log 7 - 3\log 2 - \log 3 - 2 = \frac{2M}{4801}\left(1 + \frac{1}{3}\cdot\frac{1}{23049601} + \ldots\right),$$

так что найдем и $\log 7$. Подбирая подобные числовые комбинации, можно с произвольной степенью точности найти логарифмы простых чисел, а по ним путем умножения на натуральные множители и сложения найдутся логарифмы составных чисел.

Можно было бы поступить и иначе, непосредственно вычисляя логарифмы последовательных натуральных чисел и переходя от $\log n$ к $\log(n+1)$ при помощи формулы (2). Так, для вычисления логарифмов чисел от 1000 до 10 000, возьмем в формуле (2) только один член, т. е. приближенно положим

$$\log(n+1) - \log n = \frac{2M}{2n+1} \quad (10^3 \leqslant n \leqslant 10^4).$$

Поправка при этом будет

$$\Delta = \frac{2M}{2n+1}\left[\frac{1}{3}\cdot\frac{1}{(2n+1)^2} + \frac{1}{5}\cdot\frac{1}{(2n+1)^4} + \ldots\right] <$$

$$< \frac{2M}{3(2n+1)^3}\left[1 + \frac{1}{(2n+1)^2} + \frac{1}{(2n+1)^4} + \ldots\right] =$$

$$= \frac{2M}{3(2n+1)\cdot 2n\cdot(2n+2)} < \frac{2M}{24n^3}.$$

Так как у нас $n \geqslant 10^3$, а $2M < 1$, то

$$\Delta < \frac{1}{24\cdot 10^9} < \frac{1}{2\cdot 10^{10}}.$$

Если бы даже все ошибки суммировались, то в общем все же погрешность была бы меньше, чем $\frac{10^4}{2\cdot 10^{10}} = \frac{1}{2\cdot 10^6}$. Но легко избегнуть такого накопления погрешностей, вычислив целый ряд контрольных логарифмов по первому методу. Таким путем можно достигнуть гораздо большей точности, сохранив в то же время присущий второму методу а в т о м а т и з м вычислений, который очень ценен, особенно при составлении обширных таблиц.

ГЛАВА ШЕСТНАДЦАТАЯ

ФУНКЦИОНАЛЬНЫЕ ПОСЛЕДОВАТЕЛЬНОСТИ И РЯДЫ

§ 1. РАВНОМЕРНАЯ СХОДИМОСТЬ

263. Вводные замечания. Мы изучали выше бесконечные последовательности и их пределы, бесконечные ряды и их суммы; элементами этих последовательностей или членами рядов были постоянные числа. Правда, иной раз в их состав и входили, в роли параметров, те или иные переменные величины, но во время исследования им неизменно приписывались определенные постоянные значения. Так, например, когда мы устанавливали, что последовательность

$$\left(1+\frac{x}{1}\right)^1,\ \left(1+\frac{x}{2}\right)^2,\ \left(1+\frac{x}{3}\right)^3,\ \ldots,\ \left(1+\frac{x}{n}\right)^n,\ldots$$

имеет пределом e^x или что ряд

$$x-\frac{x^2}{2}+\frac{x^3}{3}-\ldots+(-1)^{n-1}\frac{x^n}{n}+\ldots$$

имеет суммой $\ln(1+x)$, для нас x было числом постоянным. Ф у н к ц и о н а л ь н а я п р и р о д а элементов последовательности и ее предела или членов ряда и его суммы нами вовсе не учитывалась; сейчас же именно к этому моменту будет привлечено наше внимание.

Предположим, что дана п о с л е д о в а т е л ь н о с т ь, элементами которой являются функции

$$f_1(x),\ f_2(x),\ f_3(x),\ \ldots,\ f_n(x),\ldots \tag{1}$$

от одной и той же переменной x, определенные в некоторой области ее изменения $\mathcal{X}=\{x\}$ *). Пусть для каждого x из $\mathcal{X}$ эта последовательность имеет конечный предел; так как он вполне

---

*) Чаще всего это будет промежуток; но мы сохраняем пока наибольшую общность, разумея под $\mathcal{X}$ любое бесконечное числовое множество.

определяется значением x, то также представляет собою функцию от x в $\mathcal{X}$:

$$f(x) = \lim_{n \to \infty} f_n(x), \tag{2}$$

которую мы будем называть **предельной функцией** для последовательности (1) или для функции $f_n(x)$.

Теперь мы будем интересоваться не одним лишь существованием предела в отдельных точках x, но и функциональными свойствами предельной функции — вопросами об ее непрерывности, об ее производной и интеграле.

Мы уже видели [n° **234**], что рассмотрение числового ряда и его суммы есть лишь другая форма исследования последовательности чисел и ее предела. Рассмотрим теперь *ряд*, членами которого являются функции от одной и той же переменной x в некоторой области $\mathcal{X}$:

$$\sum_{n=1}^{\infty} u_n(x) = u_1(x) + u_2(x) + \ldots + u_n(x) + \ldots \tag{3}$$

Пусть этот ряд сходится при каждом значении x в $\mathcal{X}$; тогда его сумма также представит собой некоторую функцию от x: $f(x)$. Эта сумма определится предельным равенством вида (2), если под $f_n(x)$ разуметь частичную сумму

$$f_n(x) = u_1(x) + u_2(x) + \ldots + u_n(x). \tag{4}$$

Обратно, вопрос о предельной функции для произвольно заданной последовательности (1) можно рассматривать под видом суммирования ряда (3), если положить

$$u_1(x) = f_1(x),$$
$$u_2(x) = f_2(x) - f_1(x), \ \ldots, \ u_n(x) = f_n(x) - f_{n-1}(x), \ \ldots$$

Нам чаще придется иметь дело именно с функциональными рядами, так как эта форма исследования предельной функции на практике обычно удобнее.

И здесь также следует подчеркнуть, что предметом наших ближайших исследований будут не одни лишь вопросы сходимости ряда (3), но и функциональные свойства его суммы, о которых мы упоминали выше.

Как оказывается, функциональные свойства предельной функции (суммы ряда) $f(x)$ существенно зависят не только от функциональных свойств функций $f_n(x)$ (или членов ряда), но и от самого **характера приближения** $f_n(x)$ к $f(x)$. Изучением типических возможностей, которые здесь представляются, мы прежде всего и займемся.

264. Равномерная и неравномерная сходимость. Допустим, что для всех x из $\mathcal{X}$ имеет место равенство (2). По самому определению предела это значит следующее: лишь только фиксировано значение x из $\mathcal{X}$ (для того чтобы иметь дело с определенной числовой последовательностью), по любому заданному $\varepsilon>0$ найдется такой номер N, что для всех $n>N$ выполняется неравенство

$$|f_n(x)-f(x)|<\varepsilon, \tag{5}$$

где под x разумеется именно то значение, которое было заранее фиксировано.

Если взять другое значение x, то получится другая числовая последовательность, и — при том же ε — найденный номер N может оказаться уже непригодным; тогда его пришлось бы заменить бо́льшим. Но x принимает бесконечное множество значений, так что пред нами бесконечное же множество различных числовых последовательностей, сходящихся к пределу. Для каждой из них в отдельности найдется свое N; возникает вопрос: существует ли такой номер N, который (при заданном ε) способен был бы обслужить одновременно все эти последовательности?

Покажем на примерах, что в одних случаях такой номер существует, а в других — его нет.

1) Пусть сначала

$$f_n(x)=\frac{x}{1+n^2x^2},\quad f(x)=\lim_{n\to\infty} f_n(x)=0\quad (0\leqslant x\leqslant 1).$$

Так как здесь

$$0\leqslant f_n(x)=\frac{1}{2n}\cdot\frac{2nx}{1+n^2x^2}\leqslant\frac{1}{2n},$$

то сразу ясно, что для осуществления неравенства $f_n(x)<\varepsilon$ достаточно, каково бы ни было x, взять $n>\frac{1}{2\varepsilon}$. Таким образом, например, число $N=E\left(\frac{1}{2\varepsilon}\right)$ *) в этом случае годится для всех x одновременно.

2) Положим теперь:

$$f_n(x)=\frac{nx}{1+n^2x^2},\quad f(x)=\lim_{n\to\infty} f_n(x)=0\qquad (0\leqslant x\leqslant 1).$$

Для любого фиксированного $x>0$ достаточно взять $n>E\left(\frac{1}{x\varepsilon}\right)$, чтобы было: $f_n(x)<\frac{1}{nx}<\varepsilon$. Но, с другой стороны, сколь большим ни взять n, для функции $f_n(x)$ в промежутке $[0, 1]$ всегда найдется точка, именно точка $x=\frac{1}{n}$, в которой ее значение равно $\frac{1}{2}$: $f_n\left(\frac{1}{n}\right)=\frac{1}{2}$. Таким образом, за счет увеличения n сделать $f_n(x)<\frac{1}{2}$

*) По поводу символа $E(x)$ см. т. I, стр. 41.

для всех значений x от 0 до 1 одновременно никак нельзя. Иными словами, уже для $\varepsilon = \frac{1}{2}$ не существует номера N, который годился бы для всех x одновременно.

На рис. 2 изображены графики этих функций, отвечающие $n = 4$ и $n = 40$: характерен горб высоты $\frac{1}{2}$, передвигающийся с возрастанием n справа налево. Хотя по каждой вертикали, в отдельности взятой, точки последовательных кривых с возрастанием n бесконечно приближаются к оси x, но ни одна кривая в целом не примыкает к этой оси на всем протяжении от $x = 0$ до $x = 1$.

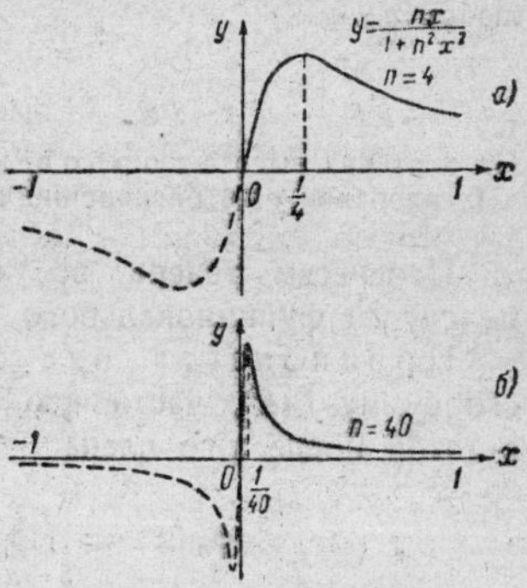

Рис. 2.

Иначе обстоит дело с функциями, рассмотренными на первом месте; мы не приводим их графиков, ибо они, например при $n = 4$ или $n = 40$, получаются из графиков, изображенных на рис. 2, путем уменьшения всех ординат, соответственно, в 4 или в 40 раз. В этом случае кривые сразу на всем своем протяжении примыкают к оси x.

Дадим теперь основное определение:

Если: 1) *последовательность* (1) *имеет в* $\mathscr{X}$ *предельную функцию* $f(x)$ *и* 2) *для каждого числа* $\varepsilon > 0$ *существует такой не зависящий от* x *номер* N, *что при* $n > N$ *неравенство* (5) *выполняется одновременно для всех* x *из* $\mathscr{X}$, *то говорят, что последовательность* (1) *сходится* [или — *функция* $f_n(x)$ *стремится*] *к функции* $f(x)$ *равномерно относительно* x *в области* $\mathscr{X}$.

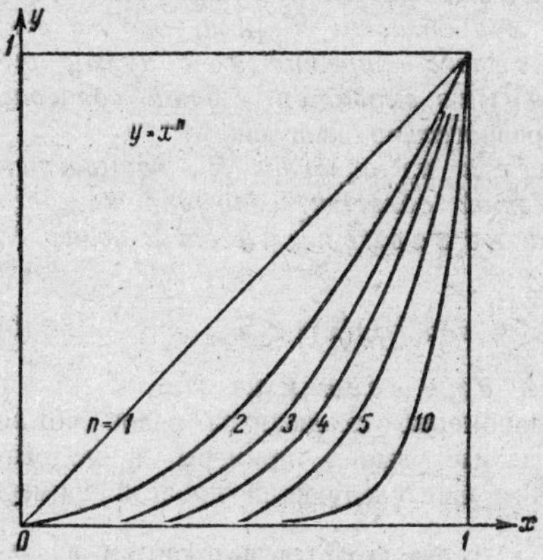

Рис. 3.

Таким образом, в первом из приведенных примеров функция $f_n(x)$ стремится к нулю равномерно относительно x в промежутке $[0, 1]$, а во втором — нет.

Рассмотрим дальнейшие примеры неравномерной сходимости.

3) Если

$$f_n(x) = x^n \qquad (0 \leqslant x \leqslant 1),$$

то

$$f(x) = \lim_{n \to \infty} f_n(x) = 0$$

при $x < 1$ и $f(1) = 1$.

В этом случае невозможность неравенства $x^n < \varepsilon$ (при $\varepsilon < 1$) одновременно для всех $x < 1$ видна хотя бы из того, что $x^n \to 1$, если (при фиксированном n) $x \to 1$. Рисунок 3 дает представление о своеобразном характере нарушения равномерности: здесь предельная функция изменяется скачком, а горб неподвижен.

4) Пусть, наконец,

$$f_n(x) = 2n^2 x \cdot e^{-n^2x^2} \qquad (0 \leqslant x \leqslant 1).$$

Невозможность равномерного приближения в $[0, 1]$ к предельной функции, которая здесь тождественно равна 0, следует хотя бы из того, что, при любом n,

$$f_n\left(\frac{1}{n}\right) = \frac{2n}{e}.$$

На этот раз высота горбов, которые мешают равномерному стремлению к 0, вдобавок еще бесконечно возрастает вместе с n.

Перенесем теперь все сказанное выше о сходимости функций на случай функционального ряда (3).

Предполагая ряд сходящимся, введем в рассмотрение его сумму $f(x)$, частичную сумму $f_n(x)$ [см. (4)] и, наконец, его остаток после n-го члена

$$\varphi_n(x) = \sum_{k=n+1}^{\infty} u_k(x) = f(x) - f_n(x).$$

При любом фиксированном x

$$\lim_{n\to\infty} f_n(x) = f(x) \quad \text{и} \quad \lim_{n\to\infty} \varphi_n(x) = 0.$$

Если частичная сумма $f_n(x)$ стремится к сумме ряда $f(x)$ равномерно относительно x в области $\mathscr{X}$ [или, что то же, остаток ряда $\varphi_n(x)$ равномерно стремится к нулю], то говорят, что ряд (3) равномерно сходится в этой области.

Это определение, очевидно, равносильно следующему:

Ряд (3), сходящийся для всех x из области $\mathscr{X}$, называется равномерно сходящимся в этой области, если для каждого числа $\varepsilon > 0$ существует такой не зависящий от x номер N, что при $n > N$ неравенство

$$|f_n(x) - f(x)| < \varepsilon \quad \textit{или} \quad |\varphi_n(x)| < \varepsilon \tag{6}$$

выполняется одновременно для всех x из $\mathscr{X}$.

Примеры равномерно и неравномерно сходящихся рядов можно составить, преобразовав приведенные выше примеры последовательностей. Мы присоединим к ним еще следующий простой пример.

5) Рассмотрим прогрессию $\sum_{n=1}^{\infty} x^{n-1}$; она сходится в открытом промежутке $\mathscr{X} = (1, -1)$. Для любого x из $\mathscr{X}$ остаток после n-го члена имеет вид:

$$\varphi_n(x) = \frac{x^n}{1-x},$$

Если n произвольно фиксировать, то очевидно:

$$\lim_{x \to -1+0} |\varphi_n(x)| = \frac{1}{2}, \qquad \lim_{x \to 1-0} \varphi_n(x) = \infty.$$

И то, и другое показывает, что осуществить, для всех x одновременно, неравенство

$$|\varphi_n(x)| < \varepsilon \qquad \left(\text{если } \varepsilon < \frac{1}{2}\right)$$

при одном и том же номере n невозможно. Сходимость прогрессии в промежутке $(-1, 1)$ неравномерна; это же относится к промежуткам $(-1, 0]$ и $[0, 1)$ в отдельности.

265. Условие равномерной сходимости. Теорема Больцано — Коши [n° 52], устанавливающая условие существования конечного предела для заданной числовой последовательности («принцип сходимости»), естественно приводит к следующему условию равномерной сходимости для заданной в области $\mathscr{X}$ последовательности функций (1):

Для того чтобы последовательность (1): 1) *имела предельную функцию и* 2) *сходилась к этой функции равномерно относительно x в области $\mathscr{X}$, необходимо и достаточно, чтобы для каждого числа $\varepsilon > 0$ существовал такой не зависящий от x номер N, чтобы при $n > N$ и любом $m = 1, 2, 3, \ldots$ неравенство*

$$|f_{n+m}(x) - f_n(x)| < \varepsilon \tag{7}$$

имело место для всех x из $\mathscr{X}$ одновременно.

[Требование это можно кратко сформулировать так: принцип сходимости для последовательности (1) должен осуществляться «равномерно» для всех x из $\mathscr{X}$.]

Доказательство. Необходимость. Если последовательность (1) имеет предельную функцию $f(x)$ и сходится к ней равномерно в $\mathscr{X}$, то по заданному $\varepsilon > 0$ найдется не зависящий от x номер N, такой, что при $n > N$ будет

$$|f_n(x) - f(x)| < \frac{1}{2}\varepsilon$$

для всех x. Аналогично и

$$|f_{n+m}(x) - f(x)| < \frac{1}{2}\varepsilon \qquad (m = 1, 2, 3, \ldots),$$

а из этих обоих неравенств вытекает (7).

Достаточность. Пусть условие, указанное в теореме, выполнено. Тогда, какое бы значение x из $\mathscr{X}$ ни фиксировать, в лице последовательности (1) мы будем иметь числовую последовательность, для которой выполняется условие Больцано — Коши. Следовательно, для этой последовательности существует конечный предел, чем доказано существование для последовательности (1) предельной функции $f(x)$.

Теперь, взяв по произволу $n > N$ и x из $\mathscr{X}$, станем в неравенстве (7) безгранично увеличивать m (при постоянных n и x). Переходя к пределу, получим:

$$|f(x) - f_n(x)| \leqslant \varepsilon.$$

Этим устанавливается равномерное стремление $f_n(x)$ к $f(x)$.

Нетрудно перефразировать доказанное условие для случая функционального ряда:

Для того чтобы ряд (3) *сходился равномерно в области* $\mathscr{X}$, *необходимо и достаточно, чтобы для каждого числа* $\varepsilon > 0$ *существовал такой не зависящий от* x *номер* N, *что при* $n > N$ *и любом* $m = 1, 2, 3, \ldots$ *неравенство*

$$\left|\sum_{k=n+1}^{n+m} u_k(x)\right| = |u_{n+1}(x) + u_{n+2}(x) + \ldots + u_{n+m}(x)| < \varepsilon \tag{8}$$

имеет место для всех x *из* $\mathscr{X}$ *одновременно.*

Для установления на практике равномерной сходимости конкретных последовательностей или рядов пользуются более удобными в применении достаточными признаками, которые формулируются обычно для рядов.

Вот простейший и чаще всего применяемый признак:

Признак Вейерштрасса. *Если члены функционального ряда* (3) *удовлетворяют в области* $\mathscr{X}$ *неравенствам*

$$|u_n(x)| \leqslant c_n \quad (n = 1, 2, 3, \ldots), \tag{9}$$

где c_n *суть члены некоторого сходящегося числового ряда*

$$\sum_{n=1}^{\infty} c_n = c_1 + c_2 + \ldots + c_n + \ldots, \tag{C}$$

то ряд (3) *сходится в* $\mathscr{X}$ *равномерно.*

При наличии неравенства (9) говорят, что ряд (3) мажорируется рядом (C), или что (C) служит мажорантным рядом для (3).

Действительно, из (9) получаем неравенство

$$|u_{n+1}(x) + u_{n+2}(x) + \ldots + u_{n+m}(x)| \leqslant c_{n+1} + c_{n+2} + \ldots + c_{n+m},$$

справедливое одновременно для всех x из области $\mathscr{X}$. Согласно принципу сходимости, который мы применяем к числовому ряду (C), для любого $\varepsilon > 0$ найдется такое N, что при $n > N$ правая часть предыдущего неравенства будет уже меньше ε, а с нею — и левая, притом для всех x сразу. Отсюда, в силу доказанного выше условия, и вытекает наше утверждение.

Таким образом, например, в любом промежутке равномерно сходятся ряды

$$\sum_{n=1}^{\infty} a_n \sin nx, \qquad \sum_{n=1}^{\infty} a_n \cos nx,$$

если только ряд $\sum_{n=1}^{\infty} a_n$ сходится абсолютно. Ведь

$$|a_n \sin nx| \leqslant |a_n|, \quad |a_n \cos nx| \leqslant |a_n|,$$

так что роль мажорантного здесь играет ряд $\sum_{n=1}^{\infty} |a_n|$.

§ 2. ФУНКЦИОНАЛЬНЫЕ СВОЙСТВА СУММЫ РЯДА

266. Непрерывность суммы ряда. Мы переходим теперь к изучению функциональных свойств суммы ряда, составленного из функций, в связи со свойствами этих последних. Выше уже указывалось на эквивалентность точки зрения последовательностей и точки зрения бесконечных рядов. В изложении мы отдаем предпочтение последней точке зрения, потому что в приложениях встречаются почти исключительно именно бесконечные ряды. Перенесение сказанного о функциональных рядах на случай последовательностей функций не представляет затруднений.

Введенное выше понятие равномерной сходимости во всем дальнейшем будет играть решающую роль, так что важность его выявится с полной силой.

Начнем с вопроса о непрерывности суммы ряда, составленного из непрерывных функций. Читателю известно, что сумма конечного числа непрерывных функций непрерывна [n° 62]; справедливо ли подобное же утверждение и для случая бесконечного числа слагаемых? Следующий простой пример показывает, что это не всегда так.

Рассмотрим ряд

$$\sum_{n=1}^{\infty} x^{n-1}(1-x) = (1-x) + x(1-x) + \ldots + x^{n-1}(1-x) + \ldots$$
$$(0 \leqslant x \leqslant 1).$$

При $x = 1$ все члены ряда, а с ними — и сумма ряда, обращаются в 0; при $x < 1$, суммируя прогрессию, получаем 1. Хотя члены ряда непрерывны в промежутке $[0, 1]$, но сумма ряда в точке $x = 1$ терпит разрыв! Отметим, что сходимость ряда здесь не равномерна, так как остаток ряда после n-го члена, равный x^n (для $x < 1$), стремится к 0 неравномерно [n° 264, 3)].

Имеет место

Теорема 1. *Если функции $u_n(x)$ $(n=1, 2, 3, \ldots)$ определены и непрерывны в промежутке $\mathscr{X}=[a, b]$ и ряд*

$$\sum_{n=1}^{\infty} u_n(x) = u_1(x) + u_2(x) + \ldots + u_n(x) + \ldots \tag{1}$$

сходится в $\mathscr{X}$ равномерно к сумме $f(x)$, то и эта сумма будет непрерывна в промежутке $\mathscr{X}$.

Доказательство. Возьмем в промежутке $\mathscr{X}$ какую-либо точку x_0 и установим непрерывность функции $f(x)$ в этой точке. Сохраняя прежние обозначения, имеем при любом $n=1, 2, 3, \ldots$ и любом x из $\mathscr{X}$:

$$f(x) = f_n(x) + \varphi_n(x) \tag{2}$$

и, в частности,

$$f(x_0) = f_n(x_0) + \varphi_n(x_0),$$

откуда

$$|f(x) - f(x_0)| \leqslant |f_n(x) - f_n(x_0)| + |\varphi_n(x)| + |\varphi_n(x_0)|. \tag{3}$$

Зададимся теперь произвольным $\varepsilon > 0$. Ввиду равномерной сходимости ряда можно фиксировать номер n так, бы неравенство

$$|\varphi_n(x)| < \frac{\varepsilon}{3} \tag{4}$$

выполнялось для всех значений x в промежутке $\mathscr{X}$ (в том числе и для $x=x_0$). Отметим, что при фиксированном n функция $f_n(x)$ есть сумма определенного конечного числа функций $u_k(x)$, непрерывных в точке $x=x_0$. Поэтому она также непрерывна в этой точке, и по заданному $\varepsilon > 0$ найдется такое $\delta > 0$, что при $|x-x_0| < \delta$ будет

$$|f_n(x) - f_n(x_0)| < \frac{\varepsilon}{3}. \tag{5}$$

Тогда, ввиду (3), (4) и (5), неравенство $|x-x_0| < \delta$ влечет за собой

$$|f(x) - f(x_0)| < \varepsilon,$$

что и доказывает теорему *)

Замечание. Мы видели на примере, что утверждение теоремы может оказаться неверным, если опустить требование равномерной сходимости ряда. Однако равномерная сходимость фигурирует в теореме все

---

*) Фактически здесь доказано, что из непрерывности членов ряда в определенной точке следует непрерывность его суммы в этой же точке.

же лишь как достаточное условие и не следует думать, что это условие необходимо для непрерывности суммы ряда. Например, ряды

$$\left.\begin{aligned}&\sum_{n=1}^{\infty} 2x\,[n^2e^{-n^2x^2} - (n-1)^2\,e^{-(n-1)^2x^2}],\\ &\sum_{n=1}^{\infty}\left[\frac{nx}{1+n^2x^2} - \frac{(n-1)\,x}{1+(n-1)^2\,x^2}\right]\end{aligned}\right\} \tag{6}$$

[ср. n° 264, 4) и 2)] в промежутке [0, 1] имеют непрерывную сумму, тождественно равную нулю, хотя в указанном промежутке оба сходятся неравномерно.

Легко перефразировать доказанную теорему для случая последовательности функций:

Теорема 1*. *Если последовательность функций*

$$f_1(x),\ f_2(x),\ \ldots,\ f_n(x),\ \ldots, \tag{7}$$

определенных и непрерывных в промежутке $\mathscr{X} = [a, b]$, сходится к предельной функции $f(x)$ равномерно в $\mathscr{X}$, то и $f(x)$ непрерывна в $\mathscr{X}$.

267. Случай положительных рядов. Для рядов этого частного типа, как доказал Дини*), равномерная сходимость оказывается не только достаточным, но и необходимым условием непрерывности суммы ряда:

Теорема 2. *Пусть члены ряда* (1) *непрерывны в промежутке $\mathscr{X} = [a, b]$ и неотрицательны. Если ряд имеет сумму $f(x)$, также непрерывную в промежутке $\mathscr{X}$, то ряд сходится в этом промежутке равномерно.*

Доказательство. Рассмотрим остатки ряда (1):

$$\varphi_n(x) = \sum_{k=n+1}^{\infty} u_k(x) = f(x) - f_n(x).$$

Функция $\varphi_n(x)$, как разность двух непрерывных функций, также непрерывна. Ввиду положительности членов ряда, последовательность $\{\varphi_n(x)\}$, при постоянном x, является убывающей (невозрастающей):

$$\varphi_1(x) \geqslant \varphi_2(x) \geqslant \ldots \geqslant \varphi_n(x) \geqslant \varphi_{n+1}(x) \geqslant \ldots$$

Наконец, поскольку ряд (1) сходится в промежутке $\mathscr{X}$, при любом постоянном x

$$\lim_{n\to\infty} \varphi_n(x) = 0.$$

---

*) Улисс Дини (1845—1918) — итальянский математик.

Для того чтобы установить равномерную сходимость ряда, достаточно доказать, что для каждого числа $\varepsilon > 0$ существует хоть одно значение n, при котором $\varphi_n(x) < \varepsilon$ одновременно для всех x (ибо тогда для бо́льших значений n это неравенство выполнялось бы и подавно).

Доказательство этого будем вести от противного. Предположим, что для некоторого $\varepsilon > 0$ такого номера n не существует. Тогда при любом $n = 1, 2, 3, \ldots$ в промежутке $\mathscr{X}$ найдется такое значение $x = x_n$, что $\varphi_n(x_n) \geqslant \varepsilon$. К последовательности $\{x_n\}$, все элементы которой содержатся в конечном промежутке $\mathscr{X}$, применим лемму Больцано — Вейерштрасса [n° 51] и выделим из нее частичную последовательность $\{x_{n_k}\}$, сходящуюся к пределу x_0.

Ввиду непрерывности $\varphi_m(x)$, имеем:

$$\lim_{k \to \infty} \varphi_m(x_{n_k}) = \varphi_m(x_0),$$

каково бы ни было m. С другой стороны, при любом m, для достаточно больших k:

$$n_k \geqslant m, \text{ так что } \varphi_m(x_{n_k}) \geqslant \varphi_{n_k}(x_{n_k}) \geqslant \varepsilon.$$

Переходя здесь к пределу при $k \to \infty$, найдем, что

$$\lim_{k \to \infty} \varphi_m(x_{n_k}) = \varphi_m(x_0) \geqslant \varepsilon.$$

А это неравенство, имеющее место при любом m, противоречит тому, что

$$\lim_{m \to \infty} \varphi_m(x_0) = 0.$$

Теорема доказана.

Если перефразировать теорему Дини на случай последовательностей, то получится

Теорема 2*. *Пусть последовательность* (7) *непрерывных в промежутке* $\mathscr{X} = [a, b]$ *функций стремится при* $n \to \infty$ *к предельной функции* $f(x)$, *монотонно возрастая, так что*

$$f_{n+1}(x) \geqslant f_n(x).$$

Если функция $f(x)$ *также непрерывна в* $\mathscr{X}$, *то* $f_n(x)$ *сходится к* $f(x)$ *равномерно в* $\mathscr{X}$.

268. Почленный переход к пределу. Приведем еще одну теорему, которая является обобщением теоремы 1. В ней $\mathscr{X}$ есть произвольное бесконечное множество, имеющее точку сгущения a (конечную или нет) [n° 32]; эта точка сама может и не принадлежать множеству $\mathscr{X}$.

Теорема 3. *Пусть каждая из функций $u_n(x)$ ($n=1, 2, 3, \ldots$) определена в области $\mathscr{X}$ и имеет, при стремлении x к a, конечный предел:*

$$\lim_{x \to \infty} u_n(x) = c_n. \tag{8}$$

Если ряд (1) в области $\mathscr{X}$ сходится равномерно, то 1) сходится ряд, составленный из этих пределов:

$$\sum_{n=1}^{\infty} c_n = C \tag{C}$$

и 2) сумма ряда (1), $f(x)$, также имеет при $x \to a$ предел, именно:

$$\lim_{x \to \infty} f(x) = C. \tag{9}$$

Доказательство. Согласно условию равномерной сходимости n° **265**, для произвольно взятого $\varepsilon > 0$ существует такой номер N, что при $n > N$ и $m = 1, 2, 3, \ldots$ неравенство (8) на стр. 74 выполняется для всех x из $\mathscr{X}$. Переходя здесь к пределу при $x \to a$, с учетом (8), найдем, что

$$|c_{n+1} + c_{n+2} + \ldots + c_{n+m}| \leqslant \varepsilon,$$

так что для ряда (C) выполняется условие сходимости n° **242**.

Если C, C_n и γ_n означают, как обычно, его сумму, частичную сумму и остаток, то

$$C = C_n + \gamma_n.$$

Вычитая это равенство почленно из (2), легко получить:

$$|f(x) - C| \leqslant |f_n(x) - C_n| + |\varphi_n(x)| + |\gamma_n|. \tag{10}$$

Ввиду равномерной сходимости ряда (1) и сходимости ряда (C), по любому $\varepsilon > 0$ можно фиксировать n столь большим, чтобы для всех x из $\mathscr{X}$ было:

$$|\varphi_n(x)| < \frac{\varepsilon}{3}, \text{ а также } |\gamma_n| < \frac{\varepsilon}{3}. \tag{11}$$

Так как, очевидно,

$$\lim_{x \to a} f_n(x) = \lim_{x \to a} \sum_{k=1}^{n} u_k(x) = \sum_{k=1}^{n} c_k = C_n,$$

то — если ограничиться случаем конечного a — найдется такое $\delta > 0$, что при $|x - a| < \delta$ будет:

$$|f_n(x) - C_n| < \frac{\varepsilon}{3}. \tag{12}$$

Тогда, при указанных значениях x, в силу (10), (11) и (12), будет выполняться неравенство

$$|f(x)-C|<\varepsilon,$$

что и приводит к (9) *).

Равенство (9) можно написать в форме [см. (8)]:

$$\lim_{x\to a}\sum_{n=1}^{\infty}u_n(x)=\sum_{n=1}^{\infty}\{\lim_{x\to a}u_n(x)\};$$

таким образом, при наличии равномерной сходимости, *предел суммы функционального ряда равен сумме ряда, составленного из пределов его членов*, или, иными словами, *в функциональном ряде допустим предельный переход «почленно»*.

Пример. В качестве примера применения этой общей теоремы изложим вывод известного читателю логарифмического ряда [n° 256, (21)], исходя из биномиального ряда [n° 258, (26)], с помощью предельного соотношения [n° 65, 2)]

$$\ln a=\lim_{k\to\infty}k(\sqrt[k]{a}-1).$$

(По существу, именно так приходит к логарифмическому ряду Эйлер в своем «Введении в анализ», но, разумеется, без строгого обоснования!)

Положим $a=1+x$ (где $|x|<1$) и подставим вместо $(1+x)^{\frac{1}{k}}$ его разложение

$$(1+x)^{\frac{1}{k}}=1+\frac{1}{k}x+\frac{\frac{1}{k}\left(\frac{1}{k}-1\right)}{1\cdot 2}x^2+\ldots$$
$$\ldots+\frac{\frac{1}{k}\left(\frac{1}{k}-1\right)\cdot\ldots\cdot\left(\frac{1}{k}-n+1\right)}{1\cdot 2\cdot\ldots\cdot n}x^n+\ldots$$

Тогда $\ln(1+x)$ представится как предел при $k\to\infty$ выражения

$$k\left[(1+x)^{\frac{1}{k}}-1\right]=x-\frac{x^2}{2}\left(1-\frac{1}{k}\right)+\frac{x^3}{3}\left(1-\frac{1}{k}\right)\left(1-\frac{1}{2k}\right)-\ldots$$
$$\ldots+(-1)^{n-1}\frac{x^n}{n}\left(1-\frac{1}{k}\right)\left(1-\frac{1}{2k}\right)\cdot\ldots\cdot\left(1-\frac{1}{(n-1)k}\right)+\ldots \qquad (13)$$

Подчеркнем, что здесь x означает постоянное число. Члены этого ряда содержат, в качестве переменной, натуральный параметр k. Во всей области его изменения **) ряд (13) сходится равномерно; это

*) Читатель узнает в этом рассуждении то, которое уже было применено для доказательства теоремы 1.

**) Напомним, что область изменения $\mathscr{X}$ переменной x, о которой шла речь в теореме 3, могла быть какой угодно; в частности, она могла свестись и к множеству натуральных чисел с тем, что $a=+\infty$.

(по признаку Вейерштрасса) следует из того, что он мажорируется рядом

$$|x|+\frac{|x|^2}{2}+\frac{|x|^3}{3}+\ldots+\frac{|x|^n}{n}+\ldots \quad (x=\text{const},\ |x|<1),$$

уже не содержащим k. В таком случае, по теореме 3, в ряде (13) можно перейти к пределу при $k\to\infty$ почленно, что и приводит к логарифмическому ряду.

269. Почленное интегрирование рядов. Перейдем теперь к рассмотрению вопроса об интегрировании суммы сходящегося функционального ряда.

Теорема 4. Если функции $u_n(x)$ $(n=1,\ 2,\ 3,\ \ldots)$ *непрерывны в промежутке* $\mathcal{X}=[a,\ b]$ *и составленный из них ряд* (1) *сходится в этом промежутке равномерно, то интеграл от суммы* $f(x)$ *ряда* (1) *представляется следующим образом:*

$$\int_a^b f(x)\,dx=\sum_{n=1}^{\infty}\int_a^b u_n(x)\,dx=$$

$$=\int_a^b u_1(x)\,dx+\int_a^b u_2(x)\,dx+\ldots+\int_a^b u_n(x)\,dx+\ldots \tag{14}$$

Доказательство. Ввиду непрерывности функций $u_n(x)$ и $f(x)$ [n°266, теорема 1] существование всех этих интегралов очевидно. Проинтегрировав тождество

$$f(x)=u_1(x)+u_2(x)+\ldots+u_n(x)+\varphi_n(x)$$

в промежутке $[a,\ b]$, получим:

$$\int_a^b f(x)\,dx=$$

$$=\int_a^b u_1(x)\,dx+\int_a^b u_2(x)\,dx+\ldots+\int_a^b u_n(x)\,dx+\int_a^b \varphi_n(x)\,dx.$$

Таким образом, сумма n членов ряда (14) разнится от интеграла $\int_a^b f(x)\,dx$ дополнительным членом $\int_a^b \varphi_n(x)\,dx$. Для доказательства разложения (14) нужно лишь установить, что

$$\lim_{n\to\infty}\int_a^b \varphi_n(x)\,dx=0. \tag{15}$$

В силу равномерной сходимости ряда (1), для любого $\varepsilon > 0$ найдется номер N такой, что при $n > N$

$$|\varphi_n(x)| < \varepsilon$$

сразу для всех x в рассматриваемом промежутке. Тогда для тех же значений n будет:

$$\left|\int_a^b \varphi_n(x)\,dx\right| \leqslant \int_a^b |\varphi_n(x)|\,dx < (b-a)\varepsilon,$$

что и доказывает предельное соотношение (15).

Равенство (14) может быть написано в виде

$$\int_a^b \left\{\sum_{n=1}^{\infty} u_n(x)\right\} dx = \sum_{n=1}^{\infty} \left\{\int_a^b u_n(x)\,dx\right\},$$

так что, в случае равномерно сходящегося функционального ряда, *интеграл от суммы ряда равен сумме ряда, составленного из интегралов его членов*, или, иными словами, *допустимо почленное интегрирование ряда.*

Замечание. Как и в случае теоремы 1, требование равномерной сходимости существенно для справедливости разложения (14), т. е. не может быть просто опущено, но все же не является необходимым. Ряды (6), рассмотренные в п° 266, как раз и иллюстрируют это обстоятельство. Оба они в промежутке [0, 1] сходятся к функции $f(x) = 0$ неравномерно. Но интегрируя первый почленно, мы в качестве суммы ряда интегралов получим

$$\lim_{n\to\infty} \int_0^1 2n^2 x \cdot e^{-n^2x^2}\,dx = \lim_{n\to\infty} (1 - e^{-n^2}) = 1,$$

хотя

$$\int_0^1 f(x)\,dx = 0;$$

для второго же ряда аналогично найдем

$$\lim_{n\to\infty} \int_0^1 \frac{nx}{1+n^2x^2}\,dx = \lim_{n\to\infty} \frac{\ln(1+n^2)}{2n} = 0 = \int_0^1 f(x)\,dx.$$

Пример. Поставим себе задачей разложить так называемый полный эллиптический интеграл первого рода

$$F(k) = \int_0^{\frac{\pi}{2}} \frac{d\varphi}{\sqrt{1-k^2\sin^2\varphi}}$$

по степеням модуля k $(0 < k < 1)$.

Исходя из разложения $(1+x)^{-\frac{1}{2}}$ в биномиальный ряд [n° 258] и полагая в нем $x=-k^2\sin^2\varphi$, получим

$$\frac{1}{\sqrt{1-k^2\sin^2\varphi}}=1+\sum_{n=1}^{\infty}\frac{(2n-1)!!}{2n!!}k^{2n}\cdot\sin^{2n}\varphi.$$

Этот ряд сходится равномерно относительно φ, ибо мажорируется сходящейся прогрессией $1+\sum_{n=1}^{\infty}k^{2n}$; следовательно, здесь допустимо почленное интегрирование по φ в промежутке $\left[0, \frac{\pi}{2}\right]$. Выполнив его и используя известные интегралы [n° 187]

$$\int_0^{\frac{\pi}{2}}\sin^{2n}\varphi\,d\varphi=\frac{(2n-1)!!}{2n!!}\cdot\frac{\pi}{2},$$

получим

$$F(k)=\frac{\pi}{2}\left\{1+\sum_{n=1}^{\infty}\left[\frac{(2n-1)!!}{2n!!}\right]^2\cdot k^{2n}\right\}.$$

Это разложение — особенно, при малых k — может быть применено к приближенным вычислениям.

Приведем аналог теоремы 4 для последовательностей:

Теорема 4*. *Если последовательность* (7) *функций, непрерывных в промежутке* $\mathscr{X}=[a, b]$, *сходится к предельной функции* $f(x)$ *равномерно в* $\mathscr{X}$, *то*

$$\int_a^b f(x)\,dx=\lim_{n\to\infty}\int_a^b f_n(x)\,dx. \tag{16}$$

Это равенство можно переписать в виде

$$\lim_{n\to\infty}\int_a^b f_n(x)\,dx=\int_a^b\{\lim_{n\to\infty}f_n(x)\}\,dx,$$

так что предел, относящийся к интегралу, оказывается возможным отнести непосредственно к подинтегральной функции. В этом случае говорят, что *допустим предельный переход под знаком интеграла.*

В главе XVIII мы вернемся к этому вопросу в более общей постановке.

270. Почленное дифференцирование рядов. С помощью теоремы 4 предыдущего номера легко доказывается следующая

Теорема 5. *Пусть функции $u_n(x)$ ($n = 1, 2, 3, \ldots$) определены в промежутке $\mathscr{X} = [a, b]$ и имеют в нем непрерывные производные $u'_n(x)$. Если в этом промежутке не только сходится ряд* (1), *но и равномерно сходится ряд, составленный из производных:*

$$\sum_{n=1}^{\infty} u'_n(x) = u'_1(x) + u'_2(x) + \ldots + u'_n(x) + \ldots, \tag{17}$$

то и сумма $f(x)$ ряда (1) *имеет в $\mathscr{X}$ производную, причем*

$$f'(x) = \sum_{n=1}^{\infty} u'_n(x). \tag{18}$$

Доказательство. Обозначим через $f^*(x)$ сумму ряда (17); в силу теоремы 1, это будет непрерывная функция от x. Воспользовавшись теперь теоремой 4, проинтегрируем ряд (17) почленно в промежутке от a до произвольного значения x из $\mathscr{X}$; мы получим

$$\int_a^x f^*(t)\,dt = \sum_{n=1}^{\infty} \int_a^x u'_n(t)\,dt.$$

Но, очевидно, $\int_a^x u'_n(t)\,dt = u_n(x) - u_n(a)$, так что

$$\int_a^x f^*(t)\,dt = \sum_{n=1}^{\infty} [u_n(x) - u_n(a)] =$$
$$= \sum_{n=1}^{\infty} u_n(x) - \sum_{n=1}^{\infty} u_n(a) = f(x) - f(a).$$

Так как интеграл слева, ввиду непрерывности подинтегральной функции, имеет производную, равную $f^*(x)$ [n° **183**, 12°], то ту же производную имеет и функция $f(x)$, которая от интеграла отличается лишь на постоянную.

Равенство (18) можно переписать (если воспользоваться, следуя, Коши, обозначением D для производной) в виде

$$D\left\{\sum_{n=1}^{\infty} u_n(x)\right\} = \sum_{n=1}^{\infty} Du_n(x).$$

Таким образом, при указанных условиях, *производная от суммы ряда оказывается равна сумме ряда, составленного из производных его членов*, или, иными словами, *допустимо «почленное» дифференцирование ряда.*

Замечание. Рассмотрим ряды

$$\sum_{n=1}^{\infty}\left[e^{-(n-1)^2x^2}-e^{-n^2x^2}\right]$$

и

$$\frac{1}{2}\ln(1+x^2)+\sum_{n=2}^{\infty}\left[\frac{1}{2n}\ln(1+n^2x^2)-\frac{1}{2(n-1)}\ln(1+(n-1)^2x^2)\right]$$

Первый из них сходится к 0 при $x=0$ и к 1 в остальных точках, а сумма второго везде равна 0. Если продифференцировать их почленно, то получатся уже знакомые нам ряды (6) n° 266, сходящиеся во всем промежутке [0, 1] к 0, но оба — неравномерно. В первом случае ряд из производных сходится и при $x=0$, где сумма первоначального ряда производной иметь не может, ибо разрывна в этой точке. Во втором случае, наоборот, почленное дифференцирование повсюду приводит к верному результату. Этими примерами иллюстрируется роль требования, чтобы ряд производных сходился равномерно: оно существенно, но не необходимо.

Перефразировку теоремы 5 на случай функциональной последовательности предоставляем читателю.

Все эти теоремы о почленном предельном переходе, почленном интегрировании и дифференцировании устанавливают аналогию между функциональными рядами и суммами конечного числа функций. Аналогия эта, однако, ограничена известными условиями, в характеристике которых равномерная сходимость занимает исключительное место.

271. Пример непрерывной функции без производной. В заключение этого параграфа мы приведем, используя функциональный ряд, пример непрерывной функции, которая ни в одной точке не имеет конечной производной.

Первый пример такого рода принадлежит Вейерштрассу; он был опубликован в 1875 г. *); его функция определяется рядом:

$$f(x)=\sum_{n=0}^{\infty}a^n\cos b^n\pi x,$$

где $0<a<1$, а b есть нечетное натуральное число $\left(\text{причем } ab>1+\frac{3}{2}\pi\right)$.

Этот ряд мажорируется сходящейся прогрессией $\sum_{0}^{\infty}a^n$, следовательно [n° 265; 266, теорема 1], сходится равномерно, и его сумма является всюду непрерывной функцией от x. Кропотливым исследованием Вейерштрассу удалось показать, что тем не менее ни в одной точке для нее не существует конечной производной.

---

*) Впрочем, и здесь его опередил Больцано, построивший подобную функцию ранее (1830 г.)

Мы приведем более простой пример ван-дер-Вардена, построенный по существу на той же идее: лишь колеблющиеся кривые $y=\cos\omega x$ заменены колеблющимися ломаными.

Итак, обозначим через $u_0(x)$ абсолютную величину разности между числом x и ближайшим к нему целым числом. Эта функция будет линейной в каждом промежутке вида $\left[\frac{s}{2}, \frac{s+1}{2}\right]$, где s — целое; она непрерывна и

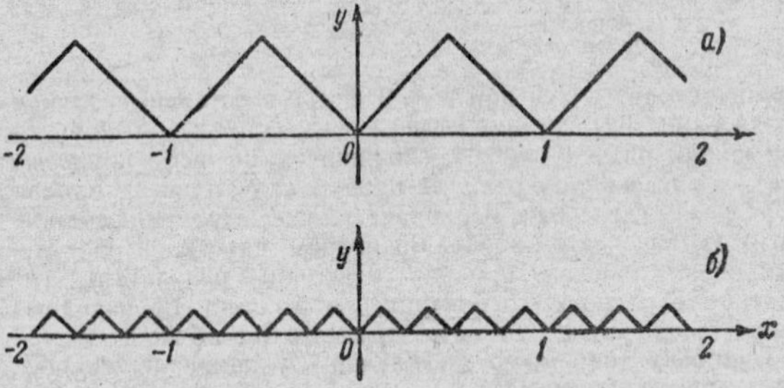

Рис. 4.

имеет период 1. Ее график представляет собой ломаную, он изображен на рис. 4, *а*; отдельные звенья ломаной имеют угловой коэффициент ± 1.

Положим, затем, для $k=1, 2, 3, \ldots$

$$u_k(x)=\frac{u_0(4^k x)}{4^k}.$$

Эта функция будет линейной в промежутках вида $\left[\frac{s}{2\cdot 4^k}, \frac{s+1}{2\cdot 4^k}\right]$; она также непрерывна и имеет период $\frac{1}{4^k}$. Ее график также есть ломаная, но с более мелкими зубчиками; на рис. 4, *б*, например, изображен график функции $u_1(x)$. Во всех случаях угловые коэффициенты отдельных звеньев ломаной и здесь равны ± 1.

Определим теперь, для всех вещественных значений x, функцию $f(x)$ равенством

$$f(x)=\sum_{k=0}^{\infty} u_k(x).$$

Так как, очевидно, $0\leqslant u_k(x)\leqslant\frac{1}{2\cdot 4^k}$ $(k=0, 1, 2, \ldots)$, так что ряд мажорируется сходящейся прогрессией $\sum_0^{\infty}\frac{1}{2\cdot 4^k}$, то (как и в случае функции Вейерштрасса) ряд сходится равномерно, и функция $f(x)$ всюду непрерывна.

Остановимся на любом значении $x=x_0$. Вычисляя его с точностью до $\frac{1}{2\cdot 4^n}$ (где $n=0, 1, 2, \ldots$) по недостатку и по избытку, мы заключим его между числами вида:

$$\frac{s_n}{2\cdot 4^n}\leqslant x_0<\frac{s_n+1}{2\cdot 4^n},$$

где s_n — целое. Очевидно, что замкнутые промежутки

$$\Delta_n=\left[\frac{s_n}{2\cdot 4^n},\ \frac{s_n+1}{2\cdot 4^n}\right]\quad (n=0,\ 1,\ 2,\ \ldots)$$

оказываются вложенными один в другой. В каждом из них найдется такая точка x_n, что расстояние ее от точки x_0 равно половине длины промежутка:

$$|x_n-x_0|=\frac{1}{4^{n+1}};$$

ясно, что с возрастанием n переменная $x_n\to x_0$.

Составим теперь отношение приращений

$$\frac{f(x_n)-f(x_0)}{x_n-x_0}=\sum_{k=0}^{\infty}\frac{u_k(x_n)-u_k(x_0)}{x_n-x_0}.$$

Но, при $k>n$, число $\frac{1}{4^{n+1}}$ есть целое кратное периода $\frac{1}{4^k}$ функции $u_k(x)$, так что $u_k(x_n)=u_k(x_0)$, соответствующие члены ряда обращаются в 0 и могут быть опущены. Если же $k\leqslant n$, то функция $u_k(x)$, линейная в промежутке Δ_k, будет линейной и в содержащемся в нем промежутке Δ_n, причем

$$\frac{u_k(x_n)-u_k(x_0)}{x_n-x_0}=\pm 1\qquad (k=0,\ 1,\ \ldots,\ n).$$

Таким образом, имеем окончательно

$$\frac{f(x_n)-f(x_0)}{x_n-x_0}=\sum_{k=0}^{n}(\pm 1);$$

иными словами, это отношение равно четному целому числу при нечетном n и нечетному целому числу при четном n. Отсюда ясно, что при $n\to\infty$ отношение приращений ни к какому конечном упределу стремиться не может, так что наша функция при $x=x_0$ конечной производной не имеет.

§ 3. СТЕПЕННЫЕ РЯДЫ И РЯДЫ МНОГОЧЛЕНОВ

272. Промежуток сходимости степенного ряда. Изложенная в предыдущем параграфе теория находит себе важное приложение при изучении свойств степенных рядов, расположенных либо просто по степеням переменной x:

$$\sum_{n=0}^{\infty}a_nx^n=a_0+a_1x+a_2x^2+\ldots+a_nx^n+\ldots,\tag{1}$$

либо же — в общем случае — по степеням двучлена $x - x_0$:

$$\sum_{n=0}^{\infty} a_n (x - x_0)^n = a_0 + a_1 (x - x_0) + \ldots + a_n (x - x_0)^n + \ldots \quad (2)$$

(a_0, a_1, a_2, ... означают здесь постоянные коэффициенты). С подобными рядами в конкретных случаях мы уже не раз встречались (особо см. § 6 главы XV). Теперь же мы займемся изучением в общем виде, так сказать, самого этого аналитического аппарата для представления функций. Очевидно, можно ограничиться рядами (1), так как ряд (2) приводится к (1) заменой переменной.

Попытаемся прежде всего выяснить строение «области сходимости» степенного ряда, т. е. множества $\mathscr{X} = \{\bar{x}\}$ тех значений $x = \bar{x}$ переменной, для которых ряд (1) сходится. Путь к этому открывает следующая

Лемма. *Если ряд* (1) *сходится для значения* $x = \bar{x}$, *отличного от* 0, *то он абсолютно сходится для любого значения* x, *удовлетворяющего неравенству:* $|x| < |\bar{x}|$.

Из сходимости ряда:

$$\sum_{n=0}^{\infty} a_n \bar{x}^n = a_0 + a_1 \bar{x} + a_2 \bar{x}^2 + \ldots + a_n \bar{x}^n + \ldots$$

вытекает, что его общий член стремится к 0 [n° 235, 5°], а следовательно, ограничен [n° 36, 5)]:

$$|a_n \bar{x}^n| \leqslant M \quad (n = 0,\ 1,\ 2,\ \ldots). \quad (3)$$

Возьмем теперь любое x, для которого $|x| < |\bar{x}|$, и составим ряд

$$\sum_{n=0}^{\infty} |a_n x^n| = |a_0| + |a_1 x| + |a_2 x^2| + \ldots + |a_n x^n| + \ldots \quad (4)$$

Так как [см. (3)]:

$$|a_n x^n| = |a_n \bar{x}^n| \cdot \left|\frac{x}{\bar{x}}\right|^n \leqslant M \cdot \left|\frac{x}{\bar{x}}\right|^n$$

и члены ряда (4) оказываются меньшими соответствующих членов сходящейся геометрической прогрессии (со знаменателем $\left|\frac{x}{\bar{x}}\right| < 1$):

$$M + M \cdot \left|\frac{x}{\bar{x}}\right| + M \cdot \left|\frac{x}{\bar{x}}\right|^2 + \ldots + M \cdot \left|\frac{x}{\bar{x}}\right|^n + \ldots,$$

то, по теореме 1 n° 237, ряд (4) сходится. В таком случае, как мы знаем, ряд (1) сходится абсолютно, что и требовалось доказать.

При $x=0$ сходится, очевидно, всякий ряд (1). Но есть степенные ряды, которые — помимо этого — не сходятся ни при одном значении x. Примером такого «всюду расходящегося» ряда может служить ряд $\sum_1^\infty n!\,x^n$, как в этом легко убедиться с помощью признака Даламбера. Подобные ряды для нас не представляют интереса.

Предположим же, что для ряда (1) среди значений $\bar{x}$ переменной, при которых он сходится, есть и отличные от 0. Рассмотрим множество $\{|\bar{x}|\}$; оно либо ограничено сверху, либо нет.

В последнем случае, какое бы значение x ни взять, необходимо найдется такое $\bar{x}$, что $|x|<|\bar{x}|$, а тогда по лемме при взятом значении x ряд абсолютно сходится. Ряд оказывается «всюду сходящимся».

Пусть теперь множество $\{|\bar{x}|\}$ сверху ограничено, и R будет его точная верхняя граница (так что $0<R<\infty$). Если $|x|>R$, то это значение x заведомо разнится от всех $\bar{x}$, и ряд расходится. Возьмем теперь любое x, для которого $|x|<R$. По определению точной границы [n° 6], необходимо найдется такое $\bar{x}$, что $|x|<|\bar{x}|\leq R$; а это по лемме снова влечет за собой абсолютную сходимость ряда (1).

Таким образом, доказана общая

Теорема. *Для каждого степенного ряда* (1), *если только он не является всюду расходящимся, существует такое положительное число R (оно может быть и $+\infty$), что*

ряд абсолютно сходится для $|x|<R$
и ряд расходится для $|x|>R$ (если $R<\infty$).

Это число R называется радиусом сходимости ряда.

Тем самым разрешен вопрос об «области сходимости» $\mathscr{X}$ ряда: она представляет собою сплошной промежуток от $-R$ до R; лишь о концах его нельзя сделать общего утверждения: как увидим из примеров, там может иметь место как сходимость (абсолютная или нет), так и расходимость. Промежуток $\mathscr{X}$ называется промежутком сходимости ряда.

Для всюду расходящегося ряда принимают $R=0$: его «промежуток сходимости» сводится к точке $x=0$.

Примеры. 1) Для ряда

$$1+\sum_{n=1}^{\infty}\frac{x^n}{n!}$$

$R=\infty$, промежуток сходимости $(-\infty,\ +\infty)$ [n° 253].

2) В случае прогрессии

$$1+\sum_{n=1}^{\infty}x^n$$

$R=1$, промежуток сходимости $(-1,\ +1)$. оба конца не включаются.

3) Ряд

$$\sum_{n=1}^{\infty} (-1)^{n-1} \frac{x^{2n-1}}{2n-1}$$

имеет $R=1$, промежуток сходимости $[-1, +1]$: оба конца включаются, но сходимость там неабсолютная [n° 255].

4) Для ряда

$$\sum_{n=1}^{\infty} (-1)^{n-1} \frac{x^n}{n}$$

$R=1$, промежуток сходимости $(-1, +1]$: левый конец не включается, а на правом — ряд сходится неабсолютно [n° 256].

5) Наконец, рассмотрим ряд

$$\sum_{n=1}^{\infty} \frac{x^n}{n^2};$$

здесь тоже $R=1$, промежуток сходимости $[-1, +1]$, ряд сходится абсолютно и на концах $\left(\text{ввиду сходимости ряда } \sum_{1}^{\infty} \frac{1}{n^2}\right)$.

Все сказанное сохраняет силу и для общего ряда (2), лишь роль точки 0, играет точка x_0: промежуток сходимости простирается от $x_0 - R$ до $x_0 + R$ (со включением концов или нет, смотря по случаю).

Замечание. Если повторить изложенные соображения для ряда

$$\sum_{n=0}^{\infty} c_n z^n = c_0 + c_1 z + c_2 z^2 + \ldots + c_n z^n + \ldots, \tag{1a}$$

расположенного по степеням комплексной переменной z, с комплексными же коэффициентами [n° 254], то окажется, что и для таких рядов теорема справедлива: для каждого ряда (1a) (если исключить всюду расходящиеся!) существует такое число R, $0 < R \leqslant +\infty$, что для $|z| < R$ ряд абсолютно сходится, а для $|z| > R$ — расходится. Но на «комплексной плоскости» точки, для которых $|z| < R$, заполняют круг радиуса R (с центром в точке $z=0$); таким образом, здесь появляется круг сходимости (вместо промежутка сходимости), и становится понятным происхождение названия радиуса сходимости.

273. Непрерывность суммы степенного ряда. Пусть ряд (1) имеет радиус сходимости $R > 0$. Прежде всего можно утверждать:

1°. *Какое бы положительное число $r < R$ ни взять, ряд* (1) *будет сходиться равномерно относительно x в замкнутом* *промежутке* $[-r, r]$. Действительно, так как $r < R$, то при $x = r$ ряд (1) сходится абсолютно, т. е. сходится положительный ряд:

$$\sum_{n=0}^{\infty} |a_n| \cdot r^n = |a_0| + |a_1| \cdot r + |a_2| \cdot r^2 + \ldots + |a_n| \cdot r^n + \ldots \quad (5)$$

При $|x| \leqslant r$ члены ряда (1) по абсолютной величине не превосходят соответствующих членов этого ряда, который, таким образом, играет роль мажорантного ряда, и по признаку Вейерштрасса ряд (1) для указанных значений x сходится равномерно.

Хотя число r и может быть взято сколь угодно близким к R, но из доказанного все же не вытекает равномерная сходимость в промежутке $(-R, R)$: это видно хотя бы на примере прогрессии [n° **264**,5)].

Теперь, как следствие теоремы 1, n° **266**, получаем:

2°. *Сумма $f(x)$ степенного ряда* (1) *внутри его промежутка сходимости представляет собой непрерывную функцию от x.*

Какое бы значение $x = x_0$ внутри промежутка сходимости, т. е. между $-R$ и R, ни взять, можно выбрать число $0 < r < R$ так, чтобы было $|x_0| < r$. Применив упомянутую теорему 1 в промежутке $[-r, r]$, ввиду 1°, установим непрерывность функции $f(x)$ в этом промежутке, следовательно, в частности, и при $x = x_0$.

[Обращаем внимание читателя на то, что мы избежали применения теоремы 1 в промежутке $(-R, R)$, где равномерная сходимость не может быть гарантирована.]

Непрерывность суммы степенного ряда может быть использована для доказательства теоремы о тождестве степенных рядов (напоминающей подобную же теорему для целых многочленов):

3°. *Если два степенных ряда*

$$\sum_{n=0}^{\infty} a_n x^n = a_0 + a_1 x + a_2 x^2 + \ldots + a_n x^n + \ldots$$

и

$$\sum_{n=0}^{\infty} b_n x^n = b_0 + b_1 x + b_2 x^2 + \ldots + b_n x^n + \ldots$$

в окрестности точки $x = 0$ *) *имеют одну и ту же сумму, то эти ряды тождественны*, т. е. соответственные коэффициенты их попарно равны:

$$a_0 = b_0, \quad a_1 = b_1, \quad a_2 = b_2, \ \ldots, \ a_n = b_n, \ \ldots$$

---

*) Здесь имеется в виду не только двусторонняя окрестность $(-\delta, \delta)$ точки $x = 0$, но и односторонняя окрестность вида $[0, \delta)$ или $(-\delta, 0]$.

Полагая $x=0$ в тождестве

$$a_0+a_1x+\ldots=b_0+b_1x+\ldots,$$

сразу убеждаемся в равенстве $a_0=b_0$. Отбрасывая эти члены в обеих частях написанного тождества и деля их на x (в этом случае мы вынуждены считать $x\neq 0$), получим новое тождество

$$a_1+a_2x+\ldots=b_1+b_2x+\ldots$$

Оно также имеет место в окрестности точки $x=0$, но исключая саму эту точку, так что безоговорочно положить в этом тождестве $x=0$ мы не имеем права. Лишь непрерывность сумм обоих рядов при $x=0$ позволяет нам заключить, что тождество все же выполняется и в исключенной точке, а тогда — полагая $x=0$ — получим, что $a_1=b_1$. Отбрасывая эти члены, деля на $x\neq 0$ и снова опираясь на непрерывность (как и только что), найдем, что $a_2=b_2$, и т. д. Общее утверждение оправдывается с помощью математической индукции.

Эта теорема, устанавливающая единственность разложения функции в степенной ряд, впервые была указана Эйлером.

274. Непрерывность на конце промежутка сходимости. Рассмотрим теперь более тонкий вопрос о поведении степенного ряда (1) вблизи одного из концов $x=\pm R$ его промежутка сходимости (считая R конечным). При этом мы можем ограничиться правым концом $x=R$; все сказанное о нем, с помощью простой замены x на $-x$, переносится и на случай левого конца $x=-R$.

В виде дополнения к теореме 2° о непрерывности суммы степенного ряда в открытом промежутке $(-R, R)$, имеет место

4°. ***Теорема Абеля*** *). *Если степенной ряд* (1) *сходится (хотя бы неабсолютно) при $x=R$, то его сумма $f(x)$ при этом значении непрерывна слева, т. е.*

$$f(R-0)=\lim_{x\to R-0}\sum_{n=0}^{\infty}a_nx^n=\sum_{n=0}^{\infty}a_nR^n.$$

Для доказательства можно было бы установить, что предположения теоремы влекут за собой равномерную сходимость ряда (1) в замкнутом промежутке $[0, R]$, а затем применить общую теорему 1 n° 266. Мы предпочитаем дать прямое доказательство.

Без умаления общности можно считать $R=1$ (к этому случаю вопрос сводится заменой x на Rx). Итак, зная, что сходится ряд

$$\sum_{n=0}^{\infty}a_n=A,$$

---

*) Нильс Генрик Абель (1802—1829) — знаменитый норвежский математик.

требуется доказать, что

$$\lim_{x\to 1-0} \sum_{n=0}^{\infty} a_n x^n = A.$$

С этой целью, считая впредь $0 < x < 1$, умножим по правилу Коши ряд (1) на прогрессию

$$\sum_{n=0}^{\infty} x^n = \frac{1}{1-x};$$

мы получим

$$\frac{1}{1-x} \cdot \sum_{n=0}^{\infty} a_n x^n = \sum_{n=0}^{\infty} A_n x^n, \text{ где } A_n = a_0 + a_1 + \ldots + a_n.$$

Вычтем теперь почленно ряды

$$A = (1-x) \sum_{n=0}^{\infty} A x^n$$

и

$$\sum_{n=0}^{\infty} a_n x^n = (1-x) \sum_{n=0}^{\infty} A_n x^n.$$

Полагая $A - A_n = \alpha_n$, придем к тождеству

$$A - \sum_{n=0}^{\infty} a_n x^n = (1-x) \sum_{n=0}^{\infty} \alpha_n x^n. \tag{6}$$

Так как $\alpha_n \to 0$ [n° 235, 2°], то по произвольно заданному $\varepsilon > 0$ найдется такой номер N, что $|\alpha_n| < \frac{1}{2}\varepsilon$, лишь только $n > N$.

Разобьем сумму ряда в правой части (6) на две суммы

$$(1-x) \sum_{n=0}^{N} \alpha_n x^n \text{ и } (1-x) \sum_{n=N+1}^{\infty} \alpha_n x^n.$$

Вторая оценивается сразу и независимо от x:

$$\left|(1-x) \sum_{n=N+1}^{\infty} \alpha_n x^n\right| \leqslant (1-x) \sum_{n=N+1}^{\infty} |\alpha_n| x^n < \frac{\varepsilon}{2} \cdot (1-x) \sum_{n=N+1}^{\infty} x^n < \frac{\varepsilon}{2}.$$

Что же касается первой, то она стремится к 0 при $x \to 1$, и при достаточной близости x к 1 будет

$$\left|(1-x) \sum_{n=0}^{N} \alpha_n x^n\right| < \frac{\varepsilon}{2},$$

так что окончательно

$$\left|A-\sum_{n=1}^{\infty} a_n x^n\right| < \varepsilon,$$

что и доказывает высказанное утверждение.

Отсюда вытекает такое простое

Следствие. Если для функции $f(x)$, получено разложение в степенной ряд лишь в открытом промежутке

$$f(x)=\sum_{n=0}^{\infty} a_n x^n \quad (-R<x<R),$$

но функция определена и непрерывна, а ряд продолжает сходиться и на конце этого промежутка, скажем, при $x=R$, то разложение остается верным и для $x=R$.

В этом легко убедиться, переходя в написанном равенстве к пределу при $x \to R-0$.

275. Почленное интегрирование степенного ряда. По отношению к интегрированию и дифференцированию степенные ряды — в пределах их промежутка сходимости — ведут себя, как обыкновенные целые многочлены.

5°. *Степенной ряд* (1) *в промежутке* $[0, x]$, *где* $|x|<R$, *всегда можно интегрировать почленно*, так что — обозначая через $f(x)$ сумму ряда:

$$\int_0^x f(x)\,dx = a_0 x + \frac{a_1}{2}x^2 + \frac{a_2}{3}x^3 + \ldots + \frac{a_{n-1}}{n}x^n + \ldots \tag{7}$$

Для доказательства возьмем r между $|x|$ и R. В силу 1° ряд (1) сходится равномерно в промежутке $[-r, r]$, а тогда по теореме 4 n° **269** в промежутке $[0, x]$ ряд можно почленно интегрировать.

Проиллюстрируем многообразные приложения этой теоремы на примерах.

1) Почленным интегрированием прогрессий

$$\frac{1}{1+x} = 1 - x + x^2 - \ldots + (-1)^{n-1}x^{n-1} + \ldots,$$

$$\frac{1}{1+x^2} = 1 - x^2 + x^4 - \ldots + (-1)^{n-1}x^{2(n-1)} + \ldots$$

в промежутке $[0, x]$, где $|x|<1$, сразу получаются разложения

$$\int_0^x \frac{dx}{1+x} = \ln(1+x) = x - \frac{x^2}{2} + \frac{x^3}{3} - \ldots + (-1)^{n-1}\frac{x^n}{n} + \ldots,$$

$$\int_0^x \frac{dx}{1+x^2} = \operatorname{arctg} x = x - \frac{x^3}{3} + \frac{x^5}{5} - \ldots + (-1)^{n-1}\frac{x^{2n-1}}{2n-1} + \ldots,$$

которые в n° 257 и 256 были установлены гораздо более сложным путем. Так как первый ряд сходится при $x=1$, а второй — при $x=\pm 1$, то соответствующие разложения (по следствию из теоремы Абеля) имеют место и при этих значениях.

2) Возьмем известное нам разложение в ряд функции $(1+x)^{-\frac{1}{2}}$ [n° 258] и заменим в нем x на $-x^2$ (считая $|x|<1$); в результате найдем, что

$$\frac{1}{\sqrt{1-x^2}}=1+\sum_{n=1}^{\infty}\frac{(2n-1)!!}{2n!!}x^{2n} \quad (-1<x<1).$$

Проинтегрируем теперь этот ряд почленно в промежутке $[0, x]$ $(-1<x<1)$; окончательно получим новое для нас разложение арксинуса:

$$\int_0^x \frac{dx}{\sqrt{1-x^2}}=\arcsin x=x+\frac{1}{2}\cdot\frac{x^3}{3}+\frac{1\cdot 3}{2\cdot 4}\cdot\frac{x^5}{5}+\ldots$$

$$\ldots+\frac{1\cdot 3\cdot\ldots\cdot(2n-1)}{2\cdot 4\cdot\ldots\cdot 2n}\cdot\frac{x^{2n+1}}{2n+1}+\ldots$$

По следствию из теоремы Абеля [n° 274], это разложение имеет место и на концах $x=\pm 1$ промежутка, поскольку ряд справа сходится и в этих точках [см., например, n° 240].

3) Особую роль почленное интегрирование играет при разложении в бесконечные степенные ряды многих интегралов, не выражающихся через элементарные функции в конечном виде [n° 165]. Например, исходя из известного разложения

$$e^{-x^2}=1-\frac{x^2}{1!}+\frac{x^4}{2!}-\ldots+(-1)^n\frac{x^{2n}}{n!}+\ldots$$

[n° 253, (11)], найдем

$$\int_0^x e^{-x^2}dx=x-\frac{1}{1!}\cdot\frac{x^3}{3}+\frac{1}{2!}\cdot\frac{x^5}{5}-\ldots+(-1)^n\frac{1}{n!}\cdot\frac{x^{2n+1}}{2n+1}+\ldots$$

Подобные разложения с успехом могут быть использованы для приближенных вычислений и для составления таблиц значений интегралов, не выражающихся в конечном виде.

276. Почленное дифференцирование степенного ряда. 6°. *Степенной ряд* (1) *внутри его промежутка сходимости можно дифференцировать почленно,* так что для суммы $f(x)$ ряда существует производная и выражается так:

$$f'(x)=\sum_{n=1}^{\infty}na_nx^{n-1}=a_1+2a_2x+\ldots+na_nx^{n-1}+\ldots \tag{8}$$

Какое бы значение $x=x_0$, $-R<x_0<R$, ни взять, можно выбрать два числа r_0 и r так, чтобы было $|x_0|<r_0<r<R$.

Ввиду сходимости ряда (5) [n°273], его общий член ограничен:

$$|a_n|\cdot r^n \leqslant L \quad (n=1,\ 2,\ 3,\ \ldots;\ L=\text{const}).$$

Тогда, при $|x|\leqslant r_0$,

$$n|a_nx^{n-1}|\leqslant n|a_n|\cdot r_0^{n-1}=n|a_n|\cdot r^{n-1}\cdot\left(\frac{r_0}{r}\right)^{n-1}\leqslant L_0\cdot n\left(\frac{r_0}{r}\right)^{n-1}$$

$$(n=1,\ 2,\ 3,\ \ldots;\ L_0=\frac{L}{r}=\text{const}),$$

так что члены ряда (8), для указанных значений x, не превосходят соответствующих членов мажорантного ряда

$$L_0+L_0\cdot 2\left(\frac{r_0}{r}\right)+L_0\cdot 3\left(\frac{r_0}{r}\right)^2+\ldots+L_0\cdot n\left(\frac{r_0}{r}\right)^{n-1}+\ldots,$$

в сходимости которого легко убедиться с помощью признака Даламбера (приняв во внимание, что $\frac{r_0}{r}<1$). Поэтому в промежутке $[-r_0, r_0]$ ряд (8), составленный из производных членов ряда (1), сходится равномерно, и — по теореме 5 n°270 — почленное дифференцирование ряда (1) оправдано для всего промежутка $[-r_0, r_0]$ и, в частности, для точки $x=x_0$.

Замечание. Мы доказали в 5° и 6°, что ряды (7) и (8) сходятся в открытом промежутке $(-R, R)$, следовательно, их радиусы сходимости не меньше R. Но ведь, в свою очередь, ряд (1) получается почленным дифференцированием (7) и почленным интегрированием (8), так что и R не может быть меньше упомянутых радиусов сходимости. В совокупности из сказанного вытекает, что *радиусы сходимости всех трех рядов* (1), (7), (8) *равны между собой.*

Пример. Чтобы показать теорему 6° в действии, рассмотрим дифференциальное уравнение

$$xu''+u'+xu=0$$

(простейший случай так называемого уравнения Бесселя*, часто встречающегося в математической физике и ее приложениях). Поставим себе задачей найти такое его решение u, которое разлагалось бы в ряд для всех x.

Напишем разложение искомой функции в виде ряда с неопределенными коэффициентами:

$$u=\sum_{n=0}^{\infty}a_nx^n$$

---

*) Фридрих Вильгельм Бессель (1784—1846) — немецкий астроном.

и, считая его всюду сходящимся, дважды продифференцируем почленно; мы получим

$$xu = \sum_{n=0}^{\infty} a_n x^{n+1} = \sum_{n=2}^{\infty} a_{n-2} x^{n-1},$$

$$u' = \sum_{n=1}^{\infty} n a_n x^{n-1},$$

$$xu'' = \sum_{n=2}^{\infty} n(n-1) a_n x^{n-1}.$$

Подставляя это в уравнение, придем к тождеству

$$a_1 + \sum_{n=2}^{\infty} (a_{n-2} + n^2 \cdot a_n) x^{n-1} = 0,$$

а тогда, по теореме 3°,

$$a_1 = 0, \quad n^2 \cdot a_n + a_{n-2} = 0 \quad (n = 2, 3, \ldots).$$

Отсюда, прежде всего, по индукции заключаем, что все коэффициенты с нечетными значками $a_{2m-1} = 0$ $(m = 1, 2, 3, \ldots)$; что же касается коэффициентов с четными значками a_{2m}, то по рекуррентной формуле

$$a_{2m} = -\frac{1}{4m^2} a_{2m-2}$$

они выразятся через a_0:

$$a_{2m} = (-1)^m \frac{1}{(m!)^2 \cdot 2^{2m}} a_0.$$

Итак, с точностью до произвольного множителя a_0, получается окончательно ряд

$$\sum_{m=0}^{\infty} (-1)^m \frac{x^{2m}}{(m!)^2 \cdot 2^{2m}}.$$

Что этот ряд действительно всюду сходится, легко проверить непосредственно. А из самого способа его получения явствует, что представляемая им функция *) удовлетворяет уравнению.

Обращаем внимание читателя на своеобразное использование *метода неопределенных коэффициентов*: здесь этих коэффициентов бесконечное множество, и пришлось прибегнуть к теореме о тождестве степенных рядов, вместо обычно применяемой теоремы о тождестве многочленов.

277. Степенной ряд как ряд Тейлора. Последняя теорема 6° открывает возможность последовательного многократного дифференцирования степенного ряда. Таким образом, по-прежнему обозначая через $f(x)$ функцию, представляемую степенным

---

*) Это «бесселева функция с нулевым значком»; ее обозначают через $J_0(x)$.

рядом (1) в его промежутке сходимости, будем иметь повсюду внутри этого промежутка:

$$f(x)=a_0+a_1x+a_2x^2+\ldots+a_nx^n+\ldots$$
$$f'(x)=1\cdot a_1+2\cdot a_2x+3\cdot a_3x^2+\ldots+n\cdot a_nx^{n-1}+\ldots$$
$$f''(x)=1\cdot 2\cdot a_2+2\cdot 3\cdot a_3x+\ldots+(n-1)\cdot n\cdot a_nx^{n-2}+\ldots$$
$$f'''(x)=1\cdot 2\cdot 3\cdot a_3+\ldots+(n-2)\cdot(n-1)\cdot n\cdot a_nx^{n-3}+\ldots$$
$$\cdots\cdots\cdots\cdots\cdots\cdots\cdots\cdots\cdots\cdots$$
$$f^{(n)}(x)=1\cdot 2\cdot 3\cdot\ldots\cdot(n-1)\cdot na_n+\ldots$$
$$\cdots\cdots\cdots\cdots\cdots\cdots$$

Если положить во всех этих равенствах $x=0$, то придем к хорошо нам знакомым выражениям коэффициентов степенного ряда:

$$a_0=f(0),\quad a_1=f'(0),\quad a_2=\frac{f''(0)}{2!},$$
$$a_3=\frac{f'''(0)}{3!},\ \ldots,\ a_n=\frac{f^{(n)}(0)}{n!},\ \ldots$$

[ср. n° **252**, (7)]. Если бы речь шла о ряде общего вида (2) [n° **272**], то пришлось бы здесь лишь вместо значения $x=0$ подставить $x=x_0$. Итак:

7°. *Функция, представляемая степенным рядом в его промежутке сходимости, имеет внутри этого промежутка производные всех порядков. Самый ряд, по отношению к этой функции, является не чем иным, как ее рядом Тейлора.*

Это замечательное предложение проливает свет на вопросы разложения функций в степенные ряды, которыми мы занимались в предыдущей главе. Мы видим, что если функция вообще разлагается в степенной ряд, то необходимо — в ряд Тейлора; поэтому-то мы и ограничивались исследованием возможности для функции быть представленной именно своим рядом Тейлора.

278. Разложение непрерывной функции в ряд многочленов. Класс функций, допускающих разложение в степенной ряд, крайне ограничен. Теорема 7° предыдущего номера говорит о том, что функция, разлагающаяся в каком-либо промежутке в степенной ряд, во всяком случае должна иметь здесь производные всех порядков; да и это тяжелое условие, как мы знаем из § 6 главы XV [особо см. n° 259!], далеко не обеспечивает возможности степенного разложения.

В этой связи приобретает важность доказанная Вейерштрассом (в 1885 г.) теорема, которая устанавливает для произвольной непрерывной функции возможность разложения в равномерно сходящийся ряд, составленный из целых многочленов. Мы сформулируем ее на языке последовательностей:

Теорема Вейерштрасса. *Если функция $f(x)$ непрерывна в конечном замкнутом промежутке $[a, b]$, то существует последовательность целых* *многочленов* $\{P_n(x)\}$, *которая в этом промежутке равномерно сходится к* $f(x)$.

Предположим сначала, что речь идет о промежутке $[0, 1]$. Тогда требованиям теоремы удовлетворяет конкретная последовательность многочленов

$$B_n(x) = \sum_{\nu=0}^{n} f\left(\frac{\nu}{n}\right) \cdot C_n^\nu x^\nu (1-x)^{n-\nu} \text{ *)}. \tag{9}$$

Для доказательства этого нам понадобится ряд простых тождеств. Прежде всего, при любом натуральном n,

$$\sum_{\nu=0}^{n} C_n^\nu x^\nu (1-x)^{n-\nu} = 1, \tag{10}$$

что сразу получается из разложения $(a+b)^n$ по биномиальной формуле Ньютона, если взять $a = x$, $b = 1 - x$. Далее,

$$\sum_{\nu=0}^{n} \nu C_n^\nu x^\nu (1-x)^{n-\nu} = nx. \tag{11}$$

Действительно, отбрасывая слагаемое, отвечающее $\nu = 0$, каждое из остальных можно переписать в виде

$$nx \cdot \frac{(n-1)(n-2)\cdot\ldots\cdot(\overline{n-1}-\overline{\nu-1}+1)}{1\cdot 2\cdot\ldots\cdot(\nu-1)} x^{\nu-1}(1-x)^{\overline{n-1}-\overline{\nu-1}}$$

или, если ввести значок $\mu = \nu - 1$,

$$nx \cdot C_{n-1}^\mu x^\mu (1-x)^{\overline{n-1}-\mu}.$$

Вынося nx за скобки, в скобках получим сумму

$$\sum_{\mu=0}^{n-1} C_{n-1}^\mu x^\mu (1-x)^{\overline{n-1}-\mu},$$

равную 1 в силу (10). Аналогично и

$$\sum_{\nu=0}^{n} \nu(\nu-1) C_n^\nu x^\nu (1-x)^{n-\nu} = n(n-1)x^2 \cdot \sum_{\lambda=0}^{n-2} C_{n-2}^\lambda x^\lambda (1-x)^{\overline{n-2}-\lambda} =$$
$$= n(n-1)x^2. \tag{12}$$

Наконец, умножая (10) на n^2x^2, а (11) на $-(2nx-1)$, сложим эти тождества почленно с (12). В результате мы придем к тождеству

$$\sum_{\nu=0}^{n} [n^2x^2-(2nx-1)\nu+\nu(\nu-1)] \cdot C_n^\nu x^\nu (1-x)^{n-\nu} = n^2x^2-(2nx-1)nx+n(n-1)x^2$$

---

*) Мы воспроизводим простейшее из многочисленных доказательств теоремы Вейерштрасса, которое принадлежит советскому академику С. Н. Бернштейну. Написанные многочлены $B_n(x)$, которые легко строятся по значениям функции $f(x)$ в рациональных точках $\frac{\nu}{n}$, получили название «многочленов Бернштейна» функции $f(x)$.

или, после упрощений,

$$\sum_{\nu=0}^{n} (\nu - nx)^2 C_n^\nu x^\nu (1-x)^{n-\nu} = nx(1-x).$$

Если принять во внимание, что — при любом x —

$$x(1-x) = \frac{1}{4} - \left(\frac{1}{2} - x\right)^2 \leqslant \frac{1}{4},$$

то получится неравенство

$$\sum_{\nu=0}^{n} (\nu - nx)^2 \cdot C_n^\nu x^\nu (1-x)^{n-\nu} \leqslant \frac{n}{4}, \tag{13}$$

которым мы непосредственно и воспользуемся.

Фиксируем по произволу x в промежутке $[0, 1]$. Ввиду (10), можно написать

$$f(x) = \sum_{\nu=0}^{n} f(x) \cdot C_n^\nu x^\nu (1-x)^{n-\nu}.$$

Вычтем последнее равенство почленно из (9):

$$B_n(x) - f(x) = \sum_{\nu=0}^{n} \left[f\left(\frac{\nu}{n}\right) - f(x)\right] \cdot C_n^\nu x^\nu (1-x)^{n-\nu}. \tag{14}$$

Для оценки этой разности отдельно рассмотрим слагаемые, отвечающие близким к x точкам $\frac{\nu}{n}$, и прочие слагаемые. Точнее говоря, по заданному числу $\varepsilon > 0$ — ввиду непрерывности, а следовательно [n° 75] и равномерной непрерывности функции $f(x)$ — найдется такое число $\delta > 0$, зависящее только от ε, что

$$\text{из } |x'' - x'| < \delta \text{ следует } |f(x'') - f(x')| < \varepsilon \quad (0 \leqslant x', x'' \leqslant 1).$$

Вот мы и разобьем сумму в (14) на две, Σ_1 и Σ_2, относя в первую слагаемые, для которых $\left|\frac{\nu}{n} - x\right| < \delta$, а во вторую — те, для которых $\left|\frac{\nu}{n} - x\right| \geqslant \delta$. В первом случае, очевидно, $\left|f\left(\frac{\nu}{n}\right) - f(x)\right| < \varepsilon$ и [см. (10)]

$$\left|\Sigma_1\right| < \varepsilon \cdot \sum_{\left|\frac{\nu}{n} - x\right| < \delta} C_n^\nu x^\nu (1-x)^{n-\nu} \leqslant \varepsilon \cdot \sum_{\nu=0}^{n} C_n^\nu x^\nu (1-x)^{n-\nu} = \varepsilon.$$

Во втором же, вводя наибольшее значение M для $|f(x)|$, имеем такую оценку:

$$\left|\Sigma_2\right| < 2M \cdot \sum_{\left|\frac{\nu}{n} - x\right| \geqslant \delta} C_n^\nu x^\nu (1-x)^{n-\nu}.$$

Но здесь $(\nu - nx)^2 \geqslant \delta^2 n^2$, так что тем более

$$\left|\sum\nolimits_2\right| < \frac{2M}{\delta^2 n^2} \cdot \sum_{\left|\frac{\nu}{n} - x\right| \geqslant \delta} (\nu - nx)^2 \cdot C_n^\nu x^\nu (1-x)^{n-\nu} \leqslant$$

$$\leqslant \frac{2M}{\delta^2 n^2} \sum_{\nu=0}^{n} (\nu - nx)^2 \cdot C_n^\nu x^\nu (1-x)^{n-\nu}.$$

Окончательно, используя неравенство (13), получаем

$$\left|\sum\nolimits_2\right| < \frac{M}{2\delta^2 n}.$$

Если взять $n > \frac{M}{2\delta^2 \varepsilon}$, то (независимо от x!) будет и

$$\left|\sum\nolimits_2\right| < \varepsilon,$$

а тогда, по совокупности,

$$|B_n(x) - f(x)| < 2\varepsilon,$$

что и доказывает требуемое утверждение — пока для промежутка $[0, 1]$.

Случай же произвольного промежутка $[a, b]$ приводится к рассмотренному простым преобразованием переменной: $x = a + y(b-a)$, где $0 \leqslant y \leqslant 1$. Построенная по непрерывной функции от y: $f(a + y(b-a))$ последовательность многочленов $B_n(y)$ сходится к ней равномерно для y в $[0, 1]$. Тогда последовательность многочленов $P_n(x) = B_n\left(\frac{x-a}{b-a}\right)$ будет сходиться к функции $f(x)$ равномерно для x в $[a, b]$. Теорема доказана.

Переходя обычным образом от функциональной последовательности к функциональному ряду [см. n° **263** и **264**], можно представить теорему Вейерштрасса и в такой форме:

Каждая непрерывная в промежутке $[a, b]$ *функция* $f(x)$ *разлагается в этом промежутке в равномерно сходящийся ряд*

$$f(x) = \sum_{n=1}^{\infty} p_n(x),$$

составленный из целых многочленов *).

Подобное разложение в отношении практических применений, разумеется, уступает разложению в ряд Тейлора, но, благодаря чрезвычайной общности, имеет большое теоретическое значение. В частности, отсюда вытекает, что *каждая непрерывная функция может быть задана единым «аналитическим выражением»* [n° 18; ср. точку зрения Эйлера, n° 21].

§ 4. ОЧЕРК ИСТОРИИ РЯДОВ

279. Эпоха Ньютона и Лейбница. Параллельно с созданием в XVII веке дифференциального и интегрального исчисления [глава XIV] в математическую практику вошли и бесконечные ряды. Начнем с появившихся в 1668 г. в Англии работ, так или иначе связанных с логарифмическим рядом.

*) Например, можно положить $p_1(x) = P_1(x)$, $p_n(x) = P_n(x) - P_{n-1}(x)$ (для $n > 1$).

В этом году было опубликовано небольшое сочинение Николая Меркатора (1620—1687) «Логаритмотехника», посвященная методам вычисления логарифмов. В одной из последних глав автор занимается квадратурой гиперболы $xy=1$, отнесенной к асимптотам. Полагая $x=1+a$, он пишет уравнение гиперболы в виде

$$y=\frac{1}{1+a}.$$

Путем деления Меркатор переходит к разложению в геометрическую прогрессию

$$\frac{1}{1+a}=1-a+a^2-a^3+\ldots,$$

а затем, интегрируя по a почленно, получает для площади гиперболы известный ряд [n° 256, (21)]

$$a-\frac{a^2}{2}+\frac{a^3}{3}-\frac{a^4}{4}+\ldots$$

Вопрос об области применимости ряда не затрагивается (на приложенном чертеже случайно оказывается $a>1$, так что разложение на деле неприменимо!). На этом вопросе останавливается в своей рецензии Валлис. Наконец, Вильям Броункер (1620—1684) дал чисто геометрический вывод частной формулы

$$\ln 2=\frac{1}{1\cdot 2}+\frac{1}{3\cdot 4}+\frac{1}{5\cdot 6}+\ldots$$

Для практического вычисления он употребляет более быстро сходящийся ряд, причем — путем сравнения с геометрической прогрессией — находит границы для остатка.

Несколько ранее начал заниматься бесконечными рядами Ньютон, но его исследования в этой области, переплетающиеся с исследованиями в других областях анализа, были опубликованы, как мы знаем, с большим опозданием. Сюда относятся, прежде всего, его письма от 1676 г., предназначенные для Лейбница, и его две фундаментальные работы: «Анализ с помощью уравнений с бесконечным числом членов» и «Метод флюксий и бесконечных рядов», о которых была речь в главе XIV.

По-видимому не позже 1666 г. Ньютон уже владел биномиальным рядом для дробных или отрицательных значений показателя. Сначала он пришел к нему с помощью умозаключений по аналогии; разложения корней проверялись путем возведения в степень. Впоследствии Ньютон находит прямой метод деления степенных рядов и извлечения корней из рядов, перенося сюда принципы уже известного к тому времени учения о десятичных дробях. Разлагая различные выражения в степенные ряды, Ньютон сводит нахождение их флюксий и флюэнт к таким же операциям над степенями и этим значительно расширяет область применимости созданного им анализа.

Нередко Ньютон прибегает к обращению ряда, т. е., исходя из разложения одной величины по степеням другой, устанавливает разложение второй по степеням первой. Так, отправляясь от логарифмического ряда

$$z=x-\frac{1}{2}x^2+\frac{1}{3}x^3-\ldots,$$

он получает

$$x=z+\frac{1}{2}z^2+\frac{1}{6}z^3+\frac{1}{24}z^4+\ldots,$$

т. е. по существу — показательный ряд (добавив в обеих частях по единице, мы получили бы слева число $1+x$, натуральный логарифм которого как раз и равен z). Любопытно, что разложение синуса x по степеням дуги z *)

$$x=z-\frac{1}{6}z^3+\frac{1}{120}z^5-\ldots,$$

Ньютон находит обращением ряда, выражающего дугу

$$z=x+\frac{1}{6}x^3+\frac{3}{40}x^5+\ldots,$$

т. е. из разложения арксинуса, которое Ньютону естественно представляется более простым, ибо получается интегрированием флюксии арксинуса $(1-x^2)^{-\frac{1}{2}}$, легко разворачиваемой в биномиальный ряд [n° 275, 2)].

Бесконечные ряды широко используются Ньютоном для решения уравнений, как алгебраических, так и дифференциальных. Применяемый им метод, по существу, есть метод неопределенных коэффициентов.

Излагая в «Анализе» вопрос о решении уравнения с помощью ряда, Ньютон останавливается на доказательстве сходимости ряда именно к корню уравнения. Но в других случаях, разлагая в ряд наперед известные величины, он сходимостью не занимается. Впрочем, так как главное назначение рядов Ньютон видит в приближенных вычислениях, то его, естественно, не интересует формальное установление факта сходимости ряда — ему нужна быстрая сходимость! Например, вычисление $\ln 2$ Ньютон осуществляет не с помощью медленно сходящегося ряда

$$\ln 2=1-\frac{1}{2}+\frac{1}{3}-\frac{1}{4}+\ldots,$$

а исходя из формулы $\ln 2=2\ln 1{,}2-\ln 0{,}8-\ln 0{,}9$: аргументы 1,2, 0,8, 0,9 мало разнятся от единицы, что и обеспечивает быструю сходимость логарифмического ряда. Оценки допускаемой погрешности у Ньютона нет.

Лейбниц, независимо от Ньютона, пришел к некоторым из тех разложений, которыми Ньютон владел раньше. В 1693 г. Лейбниц предложил для интегрирования дифференциальных уравнений в точности метод неопределенных коэффициентов («предполагая самый искомый ряд как бы найденным»). В частности, этим путем он вновь получил разложения логарифма и синуса, исходя из дифференциальных уравнений, которым они удовлетворяют.

В 1682 г. впервые Лейбницем был опубликован ряд

$$1-\frac{1}{3}+\frac{1}{5}-\frac{1}{7}+\ldots,$$

выражающий число $\frac{\pi}{4}$; владел этим рядом Лейбниц уже давно **). Попутно Лейбниц дает оценку погрешности при замене числа $\frac{\pi}{4}$ отрезком ряда. Эти указания впоследствии были им обобщены на случай любого знакопеременного ряда с членами, по абсолютной величине убывающими до нуля (например, в письме к И. Бернулли, 1714 г.). При этом, впрочем, существование суммы само собою разумеется, и устанавливается фактически лишь

*) Радиус круга принят равным единице.

**) Но, по-видимому, все же был опережен англичанином Джемсом Грегори (1638—1675), который в 1671 г. в письме сообщил ряд для арктангенса.

неограниченное приближение к ней частичных сумм попеременно с разных сторон [ср. n° 244, замечание].

В более поздних письмах Лейбниц говорит о рядах, «сходящихся» к своим суммам, понимая сходимость, как и мы. Но в то же время он соглашается с утверждением, что ряд $1-1+1-1+\ldots$ имеет суммой число $\frac{1}{2}$; это получается из разложения

$$\frac{1}{1+x}=1-x+x^2-x^3+\ldots$$

при $x=1$: если оно верно при $x<1$, то по «закону непрерывности» должно быть верно и при $x=1$! Отсутствие ясности, по-видимому, ощущает и сам Лейбниц; недаром он говорит в одном письме: «... верить рассуждениям о бесконечных рядах следует только тогда, когда истину можно доказать и с помощью конечных (величин) по методу Архимеда».

Бесконечными рядами занимались оба сподвижника Лейбница — братья Бернулли, особенно — старший из них, Якоб: совокупность его работ по рядам (1689—1704) дает изложение всего, что известно было в этой области в его время. В частности, сначала Иоган, а затем Якоб дали доказательство того, что «сумма бесконечного гармонического ряда

$$1+\frac{1}{2}+\frac{1}{3}+\frac{1}{4}+\ldots$$

бесконечна». Доказательство Якоб Бернулли основано на том же принципе, что и обычное [n° 236, 1)]. Он справедливо подчеркивает в заключение, что «сумма бесконечного ряда, коего последний член исчезает, иногда конечна, а иногда бесконечна». Разумеется, «последний член» должен быть истолкован как предел общего члена. Нужно отметить, что Я. Бернулли свободно пользуется расходящимися рядами и даже получает с их помощью сходящиеся разложения.

280. Период формального развития теории рядов. В XVIII веке принципиальные вопросы не привлекали к себе большого внимания, но зато практика рядов — главным образом в руках Эйлера — достигла высокого развития.

В начале века, в 1715 г., вышла в свет небольшая книга Тейлора «Метод разностей, прямой и обратный». Неясность изложения имела следствием то, что она не сразу получила распространение. Тейлор исходил из рассмотрения конечных разностей и лишь затем, переходя, как к предельному случаю, к бесконечно малым разностям и их отношениям, установил разложение наращенного значения функции x от z по степеням приращения v величины z:

$$x+\frac{v}{1}\frac{dx}{dz}+\frac{v^2}{1\cdot 2}\frac{d^2x}{dz^2}+\frac{v^3}{1\cdot 2\cdot 3}\frac{d^3x}{dz^3}+\ldots;$$

это разложение впоследствии и стали называть рядом Тейлора. Сам автор, видимо, не полностью оценил свое открытие: приложений в книге оно находит мало.

Значение этой формулы было выявлено лишь в обширном «Трактате о флюксиях» Маклорена, вышедшем в 1742 г. Маклорен пришел к тому же ряду другим путем: он кладет в основу разложение по степеням x с неопределенными коэффициентами, повторно дифференцирует его и, полагая всякий раз $z=0$, последовательно определяет коэффициенты [ср. n° 277, 7°]. В виде примера он получает биномиальный ряд. При выводе разложений других простейших функций Маклорен использует и дифференциальные уравнения, которым они удовлетворяют.

В «Трактате» мы находим еще две вещи, заслуживающие упоминания. Во-первых, Маклорен отчетливо устанавливает, правда — лишь в геометрической форме, **интегральный признак** сходимости и расходимости положительных рядов (впоследствии аналитически наново доказанный Коши; см. n° 241). Затем он выводит (независимо от Эйлера, который сделал это несколькими годами раньше) знаменитую формулу *), связывающую суммирование членов данного вида с вычислением некоего интеграла.

С 1730 г. начинается блестящая серия работ **Эйлера** по бесконечным рядам. Им посвящены многочисленные статьи, которые на протяжении более полувека публиковались в трудах Петербургской Академии наук; много места отведено им и в знаменитых трактатах Эйлера по анализу. Перечислим вкратце достижения Эйлера, не придерживаясь при этом хронологического порядка.

Эйлер впервые выводит, с помощью подразумевающихся предельных переходов, показательный и логарифмический ряды, исходя из биномиального [ср. n° 268]. Точно так же он получает ряды для косинуса и синуса из известных формул для $\cos nz$ и $\sin nz$. Он уподобляет бесконечный степенной ряд обыкновенному многочлену и разлагает его на множители, и таким путем приходит к представлению синуса и других функций в виде бесконечного произведения. Распространяя известное правило перемножения двучленов с одинаковыми первыми членами на случай бесконечного их числа, он получает замечательные формулы

$$1+\frac{1}{2^2}+\frac{1}{3^2}+\ldots=\frac{\pi^2}{6}, \qquad 1+\frac{1}{2^4}+\frac{1}{3^4}+\ldots=\frac{\pi^4}{90}$$

и другие, подобные им. Эйлеру принадлежат и разложения $\frac{1}{\sin z}$ и $\operatorname{ctg} z$ на простые дроби [см. ниже, n° 406, 3), замечание].

Эйлер рассматривает ряды и с комплексными членами; сопоставление рядов для $\sin x$, $\cos x$ и e^x приводит его к знаменитым формулам, связывающим эти функции [n° 254] — их в свое время Лагранж назвал «одним из самых прекрасных аналитических открытий, сделанных в этом веке».

Много занимался Эйлер суммированием рядов. Как упоминалось, он раньше Маклорена пришел к известной формуле суммирования и не раз к ней возвращался. В частности, он применил ее к частичной сумме гармонического ряда [ср. n° 236, 1) и n° 238, 4)]. Эйлер многообразно сопоставляет ряды и интегралы; на этом пути он находит и изучает важные интегралы, впоследствии получившие его имя [им посвящен § 4 главы XVIII].

С Маклореном Эйлер соприкасается еще в одном пункте: те же соображения, которые привели Маклорена к его интегральному признаку, Эйлер уже раньше применял к установлению границ, между которыми содержится сумма ряда.

Из других вопросов, которыми интересовался Эйлер, упомянем о преобразовании рядов — в целях улучшения их сходимости, о преобразовании бесконечных произведений в ряды [см., например, n° 251, 3)]. Наконец, что особенно важно отметить, мы находим у Эйлера разнообразные приложения рядов не только в самом анализе, но также в алгебре, в теории чисел и в других областях.

Однако все эти воистину замечательные достижения не получили у Эйлера сколько-нибудь убедительного обоснования. Подобно большинству своих современников, Эйлер к вопросам сходимости относится беззаботно и свободно пользуется расходящимися рядами. Например, складывая разложения

$$\frac{n}{1-n}=n+n^2+n^3+\ldots \quad \text{и} \quad \frac{n}{n-1}=1+\frac{1}{n}+\frac{1}{n^2}+\ldots,$$

---

*) Ее называют **формулой Эйлера — Маклорена**. К сожалению, ей не нашлось места в нашем курсе.

он заключает, что бесконечный в обе стороны ряд

$$\ldots+\frac{1}{n^2}+\frac{1}{n}+1+n+n^2+n^3+\ldots\,^{*)}$$

равен 0! Аналогично, исходя из равенства

$$\frac{1}{1-x}=1+x+x^2+x^3+\ldots,$$

Эйлер не только выводит отсюда при $x=-1$ ряд, занимавший еще Лейбница:

$$1-1+1-1+\ldots=\frac{1}{2},$$

но и пытается осмыслить равенство

$$1+2+4+8+\ldots=-1,$$

получающееся при $x=2$. Впрочем, Эйлер дает себе отчет в том, что для подобных *расходящихся* рядов нельзя говорить о суммах в таком же смысле, как о сумме сходящегося ряда, к которой можно произвольно приблизиться, последовательно складывая его члены. Эйлер считает, что «сумма некоторого бесконечного ряда есть конечное выражение, из разложения которого возникает этот ряд» **). В таком, так сказать, «обобщенном» понимании суммы есть уже зерно истины (и оно соприкасается с современной точно обоснованной теорией расходящихся рядов).

Против пользования расходящимися рядами резко восставал *Даламбер*: рассуждения, проводимые с их помощью, кажутся ему «подозрительными», *даже если результаты их согласуются с истиной*. Впрочем, самое понятие сходимости и расходимости у Даламбера имело «локальный» характер, будучи связано с тем, оказывается ли последующий член (абсолютно) меньшим или большим предыдущего. Таким образом, по его терминологии, ряд мог до определенного места сходиться и лишь потом начать расходиться, и наоборот [ср. замечание n° 239].

Остановимся в заключение на *Лагранже* — одном из крупнейших математиков рассматриваемого периода. Прежде всего, надлежит упомянуть о носящем его имя ряде, дающем разложение корня $x=p$ уравнения $a-x+\varphi(x)=0$, и даже — любой функции $\psi(p)$ от этого корня.

В сочинении «Теория аналитических функций» (1797 г.) Лагранж делает попытку освободить дифференциальное исчисление «от рассмотрения бесконечно малых или исчезающих величин, пределов или флюксий» и свести его к «алгебраическому анализу конечных величин» ***). В этой попытке отправной точкой призваны были служить именно степенные ряды. *Допустив*, что для функции $f(x)$ имеет место разложение

$$f(x+i)=f(x)+pi+qi^2+ri^3+\ldots,$$

где $p, q, r, \ldots$ — функции от x, Лагранж прямо *определяет* последовательные «производные функции» (здесь впервые появляется этот термин!) через коэффициенты разложения, исходя из привычных соотношений

$$p=f'(x),\quad q=\frac{f''(x)}{2},\quad r=\frac{f'''(x)}{2\cdot 3},\ldots$$

---

*) Читатель, конечно, заметит, что вовсе нет значений n, при которых обе прогрессии сходились бы *одновременно*.

**) См. Л. *Эйлер*, «Дифференциальное исчисление», § 111.

***) Впрочем, те же идеи Лагранж высказывал и раньше.

На этой основе Лагранжу удалось изложить не только анализ, но и его приложения к геометрии и механике. Тем не менее, эта точка зрения, явившаяся — как раз в преддверии нового периода в истории анализа — реакцией на неудачу всех прежних попыток его строгого обоснования, распространения не получила.

В том же сочинении Лагранж устанавливает и известную [n° 106] удобную форму для дополнительного члена в формуле Тейлора. Впрочем, для Лагранжа этот член был просто выражением остатка ряда, сходимость которого подразумевалась, его назначением было лишь облегчить оценку погрешности, проистекающей от пренебрежения последними членами ряда.

Самую сходимость ряда Лагранж (подобно Эйлеру и другим современникам) понимал как стремление к нулю общего члена. Определения понятия суммы сходящегося ряда у него нет, хотя в достаточно близкой нам форме оно уже не раз встречалось, например, у Маклорена (1742 г.) и у Варинга (1776 г.). В начале XIX века французский математик Фурье в своем знаменитом сочинении «Аналитическая теория теплоты» (1811 г.; опубликовано в 1822 г.) дает правильное определение сходимости ряда и его суммы, замечая при этом, что для сходимости ряда вовсе не достаточно, чтобы члены ряда «непрерывно уменьшались» до нуля. Как мы помним, это обстоятельство больше чем за сто лет до того — на примере гармонического ряда — подчеркнул еще Якоб Бернулли!

Таким образом, рассматриваемая эпоха, необычайно богатая формальными достижениями в области теории рядов, для логического ее обоснования дала мало.

281. Создание точной теории. Лишь в последующую эпоху — уже в XIX веке, ряды стали предметом изучения сами по себе, и критический пересмотр основ анализа на первых же порах коснулся именно их.

В 1813 г. вышла в свет работа Гаусса*) «Общие исследования относительно ряда

$$1+\frac{\alpha\cdot\beta}{1\cdot\gamma}x+\frac{\alpha(\alpha+1)\cdot\beta(\beta+1)}{1\cdot 2\cdot\gamma(\gamma+1)}x^2+\ldots\text{ ».}$$

(Этот ряд получил название «гипергеометрического».) Хотя в понимании сходимости и расходимости Гаусс, видимо, был близок к Даламберу, но все же именно здесь мы впервые находим точно сформулированный признак, который по отношению к приведенному ряду дает полное решение вопроса о сходимости.

Современное определение понятия суммы ряда и его сходимости или расходимости, основанное на понятии предела, окончательно установилось после работ Больцано (1817 г.) и Коши (1821 г.). В предисловии к «Алгебраическому анализу» Коши прямо говорит, что «расходящийся ряд не имеет суммы». Кроме того, оба названных ученых установили в общей форме условие, необходимое и достаточное для сходимости ряда [n° 242]. Коши дал также несколько простых и удобных признаков, достаточных для удостоверения сходимости или расходимости положительного ряда [n° 239, 241]. Впоследствии появилось огромное количество подобных достаточных признаков, все более и более тонких и сложных**); интерес к исследованиям этого рода несколько ослабел к началу нашего века.

Далее, Коши принадлежит утверждение о том, что сходимость ряда Σa_n следует из сходимости ряда $\Sigma|a_n|$ [n° 243], и различение случаев «абсолютной» и «неабсолютной» сходимости (хотя и без применения этих терминов).

---

*) Карл Фридрих Гаусс (1777—1855) — крупнейший немецкий математик.

**) Из русских математиков ими занимались Н. И. Лобачевский и В. П. Ермаков (1845—1922).

Самый факт существования неабсолютно сходящихся рядов, по примеру ряда

$$1-\frac{1}{2}+\frac{1}{3}-\frac{1}{4}+\ldots,$$

был известен еще со времен Лейбница и братьев Бернулли, но Коши первым обратил внимание на то, что неабсолютная сходимость отражается на других свойствах ряда. Прежде всего, как показал Коши еще в 1821 г., к неабсолютно сходящимся рядам может оказаться неприменимой его теорема об умножении рядов [n° **248**, 3)]. Затем, как раз по поводу вышеприведенного ряда, Коши (в 1833 г.) отметил, что сходимость его может быть нарушена при перестановке членов ряда.

В 1837 г. Дирихле высказал общее утверждение о том, что в абсолютно сходящемся ряде при перестановке членов сохраняется сходимость и величина суммы [n° **246**]. В то же время он на примерах пояснил, что в случае неабсолютной сходимости от такой перестановки не только может нарушиться сходимость — это было известно и раньше, — но даже при сохранении сходимости может измениться самая величина суммы. Общий и окончательный — в этом направлении — результат [n° **247**] установил Р и м а н; он был опубликован лишь в 1867 г. — уже посмертно.

В «Алгебраическом анализе» Коши (1821 г.) мы находим исследования, относящиеся к степенным рядам для случая как вещественной, так и комплексной переменной. Им был не только установлен вид области сходимости подобного ряда (промежуток или круг сходимости), но и дано точное выражение радиуса сходимости через коэффициенты ряда. Внутри области сходимости Коши обращается со степенным рядом, как с обыкновенным многочленом, например дифференцирует его почленно, не находя нужным дать обоснование этого.

По отношению к общим функциональным рядам Коши пытается д о к а з а т ь непрерывность суммы сходящегося ряда непрерывных функций (1821 г.) и право интегрировать подобный ряд почленно (1823 г.), притом без каких-либо ограничений относительно характера сходимости ряда [ср. n° **266** и **269**]: понятием равномерной сходимости Коши не владел и, пользуясь языком бесконечно малых, иной раз не давал себе отчета в том, от каких переменных они фактически зависят.

На ошибочность первого утверждения Коши указал А б е л ь — в знаменитом своем мемуаре, посвященном биномиальному ряду (1826 г.). В качестве опровергающего примера Абель приводит ряд, составленный из синусов:

$$\sin x-\frac{1}{2}\sin 2x+\frac{1}{3}\sin 3x-\ldots;$$

хотя он сходится при всех значениях x, но его сумма в точках $x=(2m+1)\pi$ (m — целое) терпит разрыв. В то же время по отношению к с т е п е н н о м у ряду Абель строго доказывает непрерывность его суммы при каждом значении переменной, при котором ряд сходится, даже если это значение совпадает с концом промежутка сходимости [n° **273**, **274**]. В процессе доказательства Абель фактически устанавливает наличие именно того свойства, которое впоследствии получило название равномерной сходимости.

По поводу почленного интегрирования высказал (в 1845 г.) свои сомнения Ч е б ы ш ё в, который подчеркнул, что оно допустимо «только в частных случаях». Так постепенно создавалось убеждение, что на бесконечные функциональные ряды нельзя безоговорочно распространять привычные для конечных сумм правила, хотя оставалось неясным, в каких же случаях это все же можно делать. Решающую роль здесь сыграло изучение самого характера сходимости функциональных рядов и введение понятия р а в н о м е р н о й с х о д и м о с т и.

Это понятие — и самый термин, — по-видимому, впервые появились в 1841 г. в одной (опубликованной лишь значительно позже) работе В е й е р ш т р а с с а и применялись им с тех пор на лекциях. В печати различение равномерной и неравномерной сходимости было проведено Зайделем *) в 1848 г. и Стоксом **) в 1849 г. Если сумма ряда непрерывных функций имеет точку разрыва, то вблизи нее «ряд сходится п р о и з в о л ь н о медленно» (Зайдель) или «сходимость ряда становится б е с к о н е ч н о замедленной» (Стокс).

При этом Стокс думал, что и, обратно, из непрерывности суммы такого ряда можно заключить об отсутствии замедленности, т. е. — как сказали бы мы — о наличии равномерной сходимости; Зайдель же считал этот вопрос открытым. Впоследствии на примерах было показано, что обратное заключение вообще неверно; справедливость его с п е ц и а л ь н о д л я с л у ч а я п о л о ж и т е л ь н о г о р я д а в 1876 г. доказал Д и н и [n° 267].

Этим мы заканчиваем наш очерк. Дополнением к нему может служить «Очерк истории тригонометрических рядов» в конце главы XXIV [см. также в n° 313 «Исторические замечания о перестановке двух предельных операций»].

---

*) Филипп Людвиг З а й д е л ь (1821—1896) — немецкий математик.

**) Джон Габриель С т о к с (1819—1903) — английский физик и математик.

ГЛАВА СЕМНАДЦАТАЯ

НЕСОБСТВЕННЫЕ ИНТЕГРАЛЫ

§ 1. НЕСОБСТВЕННЫЕ ИНТЕГРАЛЫ С БЕСКОНЕЧНЫМИ ПРЕДЕЛАМИ

282. Определение интегралов с бесконечными пределами. В главе XI было изучено понятие определенного интеграла $\int\limits_a^b f(x)\,dx$ для случая конечного промежутка $[a, b]$ и ограниченной функции $f(x)$. Настоящая глава посвящена обобщению этого понятия в различных направлениях. Начнем с рассмотрения интеграла, распространенного на бесконечный промежуток.

Пусть функция $f(x)$ определена в промежутке $[a, \infty)$, т. е. для $x \geqslant a$, и интегрируема в любой конечной его части $[a, A]$, так что интеграл $\int\limits_a^A f(x)\,dx$ имеет смысл при любом $A > a$.

Конечный или бесконечный предел этого интеграла при $A \to \infty$ называют (несобственным) интегралом функции $f(x)$ в промежутке от a до ∞ и обозначают символом

$$\int\limits_a^\infty f(x)\,dx = \lim_{A \to \infty} \int\limits_a^A f(x)\,dx. \tag{1}$$

В случае существования такого конечного предела говорят, что интеграл (1) сходится, а функцию $f(x)$ называют интегрируемой в бесконечном промежутке $[a, \infty]$. В отличие от изученного ранее интеграла в собственном смысле или собственного интеграла, только что определенный интеграл (1) называется несобственным*).

Если предел (1) бесконечен или вовсе не существует, то про интеграл говорят, что он расходится.

---

*) Напомним, что мы уже сталкивались с понятием несобственного интеграла в п° 241.

Аналогично (1), определяется и *интеграл функции* $f(x)$ *от* $-\infty$ *до* a:

$$\int_{-\infty}^{a} f(x)\,dx = \lim_{A' \to -\infty} \int_{A'}^{a} f(x)\,dx \quad (A' < a), \tag{2}$$

равно как и *интеграл функции* $f(x)$ *от* $-\infty$ *до* $+\infty$:

$$\int_{-\infty}^{+\infty} f(x)\,dx = \lim_{\substack{A' \to -\infty \\ A \to +\infty}} \int_{A'}^{A} f(x)\,dx. \tag{3}$$

При этом сохраняется и терминология, введенная по поводу интеграла (1). В последнем случае, взяв любое a, можно положить

$$\int_{A'}^{A} f(x)\,dx = \int_{A'}^{a} f(x)\,dx + \int_{a}^{A} f(x)\,dx,$$

и существование предела при $A' \to -\infty$, $A \to +\infty$ для интеграла слева, очевидно, равносильно существованию порознь пределов (1) и (2) для интегралов справа. Таким образом, интеграл от $-\infty$ до $+\infty$ можно определить и равенством

$$\int_{-\infty}^{+\infty} f(x)\,dx = \int_{-\infty}^{a} f(x)\,dx + \int_{a}^{+\infty} f(x)\,dx$$

в предположении существования порознь интегралов справа*). Определение это не зависит на деле от выбора точки a.

Примеры. 1) Функция $\frac{1}{1+x^2}$ интегрируема в любом конечном промежутке $[0, A]$ $(A > 0)$, причем имеем

$$\int_{0}^{A} \frac{dx}{1+x^2} = \operatorname{arctg} A.$$

Так как для этого интеграла при $A \to \infty$ существует конечный предел $\frac{\pi}{2}$, то интеграл от 0 до ∞ сходится и имеет значение

$$\int_{0}^{\infty} \frac{dx}{1+x^2} = \lim_{A \to \infty} \int_{0}^{A} = \frac{\pi}{2}.$$

2) $$\int_{-\infty}^{0} \frac{dx}{1+x^2} = \lim_{A' \to -\infty} \int_{A'}^{0} \frac{dx}{1+x^2} = \lim_{A' \to -\infty} (-\operatorname{arctg} A') = \frac{\pi}{2}.$$

3) $$\int_{-\infty}^{+\infty} \frac{dx}{1+x^2} = \int_{0}^{+\infty} + \int_{-\infty}^{0} = \pi.$$

---

*) Исключается лишь случай, когда эти интегралы равны бесконечности разных знаков.

283. Применение основной формулы интегрального исчисления. В приведенных выше примерах интеграл по конечному промежутку вычислялся с помощью первообразной функции, а затем осуществлялся переход к пределу. Можно объединить оба момента в одной формуле.

Пусть, например, функция $f(x)$ определена и непрерывна в промежутке $[a, \infty)$, так что для $f(x)$ в этом промежутке существует первообразная функция $F(x)$ [n° 183], и по основной формуле интегрального исчисления [n° 185]

$$\int_a^A f(x)\,dx = F(A) - F(a) = F(x)\Big|_a^A.$$

Отсюда ясно, что несобственный интеграл (1) существует в том и только в том случае, если существует конечный предел

$$\lim_{A \to \infty} F(A) = F(\infty),$$

и тогда

$$\int_a^\infty f(x)\,dx = F(\infty) - F(a) = F(x)\Big|_a^\infty.$$

Аналогично,

$$\int_{-\infty}^a f(x)\,dx = F(x)\Big|_{-\infty}^a,$$

$$\int_{-\infty}^{+\infty} f(x)\,dx = F(x)\Big|_{-\infty}^{+\infty},$$

если под $F(-\infty)$ разуметь предел $\lim\limits_{A' \to -\infty} F(A')$. Самая возможность вычисления двойной подстановки, связанная с существованием и конечностью фигурирующего в ней предела, свидетельствует уже о существовании интеграла.

Обратимся к дальнейшим примерам.

4) Изучим прежде всего вопрос, при каких значениях показателя λ существует несобственный интеграл

$$\int_a^\infty \frac{dx}{x^\lambda} \qquad (a > 0).$$

Пусть $\lambda \neq -1$, тогда

$$\int_a^\infty \frac{dx}{x^\lambda} = \frac{1}{1-\lambda} x^{1-\lambda}\Big|_a^\infty.$$

При $\lambda > 1$ двойная подстановка — а с нею и интеграл — имеет конечное значение, при $\lambda < 1$ оба выражения обращаются в ∞. При $\lambda = 1$ имеем

$$\int_a^\infty \frac{dx}{x} = \ln x \Big|_a^\infty = \infty.$$

Таким образом, предложенный интеграл при $\lambda > 1$ сходится, а при $\lambda \leqslant 1$ расходится.

5) Рассмотрим интегралы ($a > 0$)

$$\int_0^\infty e^{-ax} \sin bx\, dx,$$

$$\int_0^\infty e^{-ax} \cos bx\, dx.$$

Вспоминая соответствующие им первообразные [n° 164, 4)], получаем сразу

$$\int_0^\infty e^{-ax} \sin bx\, dx = -\frac{a \sin bx + b \cos bx}{a^2 + b^2} e^{-ax} \Big|_0^\infty = \frac{b}{a^2 + b^2},$$

$$\int_0^\infty e^{-ax} \cos bx\, dx = \frac{b \sin bx - a \cos bx}{a^2 + b^2} e^{-ax} \Big|_0^\infty = \frac{a}{a^2 + b^2}.$$

6) Наконец, интегралы

$$\int_0^\infty \sin x\, dx, \qquad \int_0^\infty \cos x\, dx$$

не существуют, поскольку двойные подстановки

$$-\cos x \Big|_0^\infty, \qquad \sin x \Big|_0^\infty$$

лишены смысла: $\cos x$ и $\sin x$ при $x \to \infty$ пределов не имеют.

284. Аналогия с рядами. Простейшие теоремы. В последующем мы ограничимся интегралами вида (1): все сказанное о них легко переносится на случаи (2) и (3). При этом мы всегда будем предполагать, что функция $f(x)$ интегрируема в *собственном смысле* между любыми пределами a и $A > a$, так что вопрос относится только к *несобственному* интегралу от a до ∞.

Между несобственными интегралами $\int_a^\infty f(x)\, dx$ и числовыми рядами $\sum_1^\infty a_n$ существует глубокая аналогия, которую полезно подчеркнуть.

Если процесс суммирования по n заменить процессом интегрирования по x, то аналогами будут

общий член ряда a_n	*подинтегральная функция* $f(x)$
частичная сумма ряда $\sum_1^N a_n$	*собственный интеграл* $\int_a^A f(x)\,dx$
сумма ряда $\sum_1^\infty a_n$ *как предел частичной суммы при* $N \to \infty$	*несобственный интеграл* $\int_a^\infty f(x)\,dx$ *как предел предыдущего интеграла при* $A \to \infty$
остаток ряда $\sum_{N+1}^\infty a_n$	*интеграл* $\int_A^\infty f(x)\,dx$

Мы перечислим простейшие теоремы о несобственных интегралах, сходные с теоремами n° **235** о рядах. Доказательство их — с использованием указанной аналогии — предоставляем читателю.

1°. *Если сходится интеграл* $\int_a^\infty f(x)\,dx$, *то сходится также интеграл* $\int_A^\infty f(x)\,dx$ $(A > a)$, *и наоборот. При этом*

$$\int_a^\infty f(x)\,dx = \int_a^A f(x)\,dx + \int_A^\infty f(x)\,dx.$$

2°. *В случае сходимости интеграла* $\int_a^\infty f(x)\,dx$ *имеем*

$$\lim_{A \to \infty} \int_A^\infty f(x)\,dx = 0.$$

3°. *Из сходимости интеграла* $\int_a^\infty f(x)\,dx$ *вытекает и сходимость интеграла* $\int_a^\infty c\cdot f(x)\,dx$ $(c = \text{const})$, *причем*

$$\int_a^\infty c\cdot f(x)\,dx = c\cdot\int_a^\infty f(x)\,dx.$$

Наконец:

4°. *Если сходятся оба интеграла* $\int_a^\infty f(x)\,dx$ *и* $\int_a^\infty g(x)\,dx$, *то сходится интеграл* $\int_a^\infty [f(x)\pm g(x)]\,dx$, *и*

$$\int_a^\infty [f(x)\pm g(x)]\,dx = \int_a^\infty f(x)\,dx \pm \int_a^\infty g(x)\,dx.$$

285. Сходимость интеграла в случае положительной функции. Если функция $f(x)$ положительна (неотрицательна), то интеграл

$$\Phi(A) = \int_a^A f(x)\,dx \tag{4}$$

представляет собой монотонно возрастающую функцию от переменной A. Вопрос о существовании для нее конечного предела при $A\to\infty$ решается очень просто — на основании теоремы о пределе монотонной функции [n° 47]:

Для сходимости несобственного интеграла (1) — *в случае положительной функции* $f(x)$ — *необходимо и достаточно, чтобы интеграл* (4) *при возрастании* A *оставался ограниченным сверху*:

$$\int_a^A f(x)\,dx \leqslant L \qquad (L = \text{const}).$$

Если же это условие не выполнено, то интеграл (1) *имеет значение* ∞. [Ср. n° 236.]

На этом основана следующая «теорема сравнения» для интегралов от положительных функций:

Теорема 1. *Если, хотя бы при* $x \geqslant A$ $(A \geqslant a)$, *имеет место неравенство* $f(x) \leqslant g(x)$, *то из сходимости интеграла* $\int\limits_a^\infty g(x)\,dx$ *следует сходимость интеграла* $\int\limits_a^\infty f(x)\,dx$ *или, что то же, из расходимости* $\int\limits_a^\infty f(x)\,dx$ *следует расходимость* $\int\limits_a^\infty g(x)\,dx$.

Доказательство можно скопировать с доказательства теоремы 1 n° 237.

Часто полезна следующая теорема, являющаяся следствием первой:

Теорема 2. *Если существует предел*

$$\lim_{x \to \infty} \frac{f(x)}{g(x)} = K \qquad (0 \leqslant K \leqslant +\infty),$$

то из сходимости интеграла $\int\limits_a^\infty g(x)\,dx$, *при* $K < +\infty$, *вытекает сходимость интеграла* $\int\limits_a^\infty f(x)\,dx$, *а из расходимости первого интеграла, при* $K > 0$, *вытекает расходимость второго.* [Таким образом, при $0 < K < +\infty$, оба интеграла сходятся или оба расходятся одновременно.]

Доказательство — такое же, как и для аналогичной теоремы 2 n° 237.

Выбирая конкретную функцию для сравнения, можно отсюда получить частные признаки сходимости или расходимости интеграла $\int\limits_a^\infty f(x)\,dx$. Практическое значение имеет сравнение с функцией $\frac{1}{x^\lambda}$, которая интегрируема от $a > 0$ до ∞ при $\lambda > 1$ и не интегрируема при $\lambda \leqslant 1$ [n° 283, 4)]. На этом построены следующие признаки.

Пусть для достаточно больших x *функция* $f(x)$ *имеет вид*

$$f(x) = \frac{\varphi(x)}{x^\lambda} \qquad (\lambda > 0).$$

Тогда: 1) *если* $\lambda > 1$ *и* $\varphi(x) \leqslant c < +\infty$, *то интеграл* $\int\limits_a^\infty f(x)\,dx$ *сходится,* 2) *если же* $\lambda \leqslant 1$ *и* $\varphi(x) \geqslant c > 0$, *то этот интеграл расходится.*

Для доказательства надо воспользоваться теоремой 1; функцией сравнения является $\frac{c}{x^\lambda}$ [n° **284**, 3°].

Если при $x \to \infty$ *функция* $f(x)$ *является бесконечно малой порядка* $\lambda > 0$ $\left(\text{по сравнению с } \frac{1}{x}\right)$, *то интеграл* $\int\limits_a^\infty f(x)\,dx$ *сходится или расходится в зависимости от того, будет ли* $\lambda > 1$ *или* $\leqslant 1$.

Здесь следует сослаться на теорему 2; роль функции $g(x)$ играет $\frac{1}{x^\lambda}$.

Примеры:

$$\int\limits_0^\infty \frac{x^{3/2}}{1+x^2}\,dx, \qquad \int\limits_1^\infty \frac{dx}{x\sqrt{1+x^2}}.$$

Подинтегральные выражения при $x \to \infty$ представляют собою бесконечно малые, соответственно, порядка $^1/_2$ и 2. Следовательно, первый интеграл расходится, а второй — сходится.

286. Сходимость интеграла в общем случае. Вопрос о сходимости несобственного интеграла $\int\limits_a^\infty f(x)\,dx$, согласно общему определению (1), приводится к вопросу о существовании конечного предела при $A \to \infty$ для функции (4) от A. Применяя к этой функции теорему Больцано — Коши [n° **53**], можно условие сходимости несобственного интеграла представить в следующей форме:

Для сходимости несобственного интеграла $\int\limits_a^\infty f(x)\,dx$ *необходимо и достаточно, чтобы каждому числу* $\varepsilon > 0$ *отвечало такое число* $A_0 > a$, *чтобы при* $A > A_0$ *и* $A' > A$ *выполнялось неравенство*

$$|\Phi(A') - \Phi(A)| = \left|\int\limits_a^{A'} f(x)\,dx - \int\limits_a^{A} f(x)\,dx\right| = \left|\int\limits_A^{A'} f(x)\,dx\right| < \varepsilon.$$

Этот критерий позволяет с легкостью установить такое предложение:

Если сходится интеграл $\int\limits_a^\infty |f(x)|\,dx$, *то и подавно сходится интеграл* $\int\limits_a^\infty f(x)\,dx$.

В самом деле, применяя изложенный критерий к интегралу $\int\limits_a^\infty |f(x)|\,dx$, который предполагаем сходящимся, видим, что для любого $\varepsilon > 0$ найдется такое $A_0 > a$, что

$$\int\limits_A^{A'} |f(x)|\,dx < \varepsilon,$$

лишь только $A' > A > A_0$. Но, очевидно,

$$\left|\int\limits_A^{A'} f(x)\,dx\right| \leqslant \int\limits_A^{A'} |f(x)|\,dx$$

и, следовательно, для тех же A, A' тем более выполняется неравенство

$$\left|\int\limits_A^{A'} f(x)\,dx\right| < \varepsilon,$$

откуда, в силу нашего критерия, вытекает сходимость интеграла $\int\limits_a^\infty f(x)\,dx$.

Отметим, что из сходимости последнего интеграла, вообще говоря, не следует сходимость интеграла $\int\limits_a^\infty |f(x)|\,dx$. Это обстоятельство дает основание особо отличать следующий случай. Если наряду с интегралом $\int\limits_a^\infty f(x)\,dx$ сходится и интеграл $\int\limits_a^\infty |f(x)|\,dx$, то интеграл $\int\limits_a^\infty f(x)\,dx$ называют абсолютно сходящимся, а функцию $f(x)$ — абсолютно интегрируемой в промежутке $[a, \infty]$ *). Пример интеграла, сходящегося неабсолютно, будет дан в n° 287.

Доказанная теорема позволяет установить сходимость интеграла от знакопеременной функции $f(x)$, применяя признаки предыдущего номера к положительной функции $|f(x)|$: если

*) Снова — аналогия с бесконечными рядами [ср. n° 243].

эта функция оказывается интегрируемой, то функция $f(x)$ также будет интегрируема и притом абсолютно.

Пусть, например, предложен интеграл $\int\limits_0^\infty \frac{\cos ax}{k^2+x^2}\,dx$. Так как

$$\left|\frac{\cos ax}{k^2+x^2}\right| \leqslant \frac{1}{k^2+x^2},$$

и интеграл от функции справа сходится, то [n° 285, теорема 1] сходится интеграл от функции слева, а с ним — (абсолютно) сходится и предложенный интеграл.

Как видно, для знакопеременной функции изложенные здесь соображения — в благоприятном случае — могут установить лишь абсолютную сходимость. Если же интеграл от данной функции расходится или сходится, но не абсолютно, то различить эти случаи с помощью признаков, установленных для положительных функций, нельзя.

287. Более тонкие признаки. Мы дадим сейчас признаки другого типа, которые позволяют устанавливать сходимость несобственных интегралов в ряде случаев, когда абсолютная сходимость отсутствует.

Пусть имеем две функции $f(x)$ и $g(x)$, определенные и непрерывные в промежутке $[a, \infty)$; относительно функции $g(x)$ будем еще предполагать, что она монотонна и имеет непрерывную же производную (очевидно, не меняющую знака!). Нас интересуют условия, обеспечивающие сходимость интеграла от произведения

$$\int\limits_a^\infty f(x)\,g(x)\,dx. \tag{5}$$

Предположим, что

(I) 1) *интеграл* (4)

$$\Phi(A) = \int\limits_a^A f(x)\,dx$$

представляет собою ограниченную функцию от A:

$$|\Phi(A)| \leqslant K \qquad (K = \text{const},\ a \leqslant A < \infty)$$

$\Big($хотя бы предела $\lim\limits_{A\to\infty} \Phi(A)$, т. е. несобственного интеграла $\int\limits_a^\infty f(x)\,dx$, и не существовало$\Big)$;

2) $g(x) \to 0$ *при* $x \to \infty$.

Тогда интеграл (5) *сходится.*

При любых $A' > A > a$ имеем, интегрируя по частям:

$$\int\limits_A^{A'} f(x)\,g(x)\,dx = \Phi(A')\,g(A') - \Phi(A)\,g(A) - \int\limits_A^{A'} \Phi(x)\,g'(x)\,dx;$$

если к последнему интегралу применить обобщенную теорему о среднем [n° 182, 10°], то он представится в виде

$$\int_A^{A'} \Phi(x) g'(x)\, dx = \Phi(\xi) \int_A^{A'} g'(x)\, dx = \Phi(\xi)\, [g(A') - g(A)] \qquad (A \leqslant \xi \leqslant A')$$

и окончательно

$$\int_A^{A'} f(x) g(x)\, dx = [\Phi(A') - \Phi(\xi)]\, g(A') + [\Phi(\xi) - \Phi(A)]\, g(A). \tag{6}$$

Так как, в силу 1), обе скобки по абсолютной величине не превосходят $2K$, а, ввиду 2), найдется такое A_0, что при $x > A_0$

$$|g(x)| < \frac{\varepsilon}{4K}$$

(где $\varepsilon > 0$ взято наперед по произволу), то при $A' > A > A_0$

$$\left| \int_A^{A'} f(x) g(x) \right| < \varepsilon,$$

откуда и следует сходимость интеграла (5) [n° 286].

Можно заменить высказанные условия другими, потребовав бо́льшего от множителя f, но зато облегчив условие, налагаемое на множитель g. Именно, *пусть теперь*

(II) 1′) *существует несобственный интеграл*

$$\int_a^{\infty} f(x)\, dx = \lim_{A \to \infty} \Phi(A);$$

2′) *функция* $g(x)$ *оказывается ограниченной:*

$$|g(x)| \leqslant L \qquad (L = \text{const};\ a \leqslant x < \infty).$$

И при этих условиях интеграл (5) *сходится.*

На этот раз в (6) вторые множители ограничены, а первые — за счет A и A' — могут быть сделаны сколь угодно малыми, что приводит к тому же результату.

Обратимся к п р и м е р а м.

Интегралы

$$\int_a^{\infty} \frac{\sin x}{x^{\lambda}}\, dx, \qquad \int_a^{\infty} \frac{\cos x}{x^{\lambda}}\, dx$$

(при $a > 0$ и $\lambda > 0$) сходятся по признаку (I). За функцию $f(x)$ здесь можно взять, соответственно, $\sin x$ или $\cos x$, так как

$$\left| \int_a^{A} \sin x\, dx \right| = |\cos a - \cos A| \leqslant 2, \qquad \left| \int_a^{A} \cos x\, dx \right| \leqslant 2,$$

хотя в бесконечном промежутке эти функции и не интегрируемы [n° 283, 6)]; роль $g(x)$ играет $\dfrac{1}{x^{\lambda}}$.

При $\lambda > 1$ эти интегралы сходятся абсолютно, поскольку сходится [n° 283, 4)] интеграл

$$\int_a^\infty \frac{dx}{x^\lambda},$$

а $|\sin x|$ и $|\cos x| \leqslant 1$. Наоборот, при $\lambda \leqslant 1$ оба интеграла сходятся неабсолютно. Для того чтобы доказать это, например, для интеграла

$$\int_a^\infty \frac{\sin x}{x}\,dx,$$

нужно установить, что интеграл

$$\int_a^\infty \frac{|\sin x|}{x}\,dx$$

расходится. Действительно, если бы этот интеграл сходился, то ввиду неравенства

$$|\sin x| \geqslant \sin^2 x$$

и подавно [n° 285, теорема 1] сходился бы и интеграл

$$\int_a^\infty \frac{\sin^2 x}{x}\,dx = \frac{1}{2}\int_a^\infty \frac{1-\cos 2x}{x}\,dx;$$

прибавив к нему заведомо сходящийся интеграл

$$\frac{1}{2}\int_a^\infty \frac{\cos 2x}{x}\,dx,$$

мы пришли бы к заключению, что сходится интеграл

$$\frac{1}{2}\int_a^\infty \frac{dx}{x},$$

чего на деле нет [n° 283, 4)].

Замечание. Теперь, когда мы установили сходимость интегралов

$$\int_a^\infty \frac{\sin x}{x}\,dx \quad \text{и} \quad \int_a^\infty \frac{\cos x}{x}\,dx,$$

мы можем, наконец, уточнить определение неэлементарных функций $\operatorname{si} x$ («интегральный синус») и $\operatorname{ci} x$ («интегральный косинус»), о котором мы упоминали в первом томе (стр. 316). Именно, полагают

$$\operatorname{si} x = -\int_x^\infty \frac{\sin t}{t}\,dt, \qquad \operatorname{ci} x = -\int_x^\infty \frac{\cos t}{t}\,dt.$$
$$(x \geqslant 0) \qquad\qquad (x > 0)$$

Если, например, вторую из этих формул написать в виде:

$$\operatorname{ci} x = \int_1^x \frac{\cos t}{t}\,dt - \int_1^\infty \frac{\cos t}{t}\,dt,$$

то — по известному свойству определенного интеграла [n° 183, 12°] — ясно, что производная от $\operatorname{ci} x$ действительно равна $\frac{\cos x}{x}$.

§ 2. НЕСОБСТВЕННЫЕ ИНТЕГРАЛЫ ОТ НЕОГРАНИЧЕННЫХ ФУНКЦИЙ

288. Определение интегралов от неограниченных функций. Рассмотрим теперь функцию $f(x)$, заданную в конечном промежутке $[a, b]$, но неинтегрируемую в этом промежутке. Предположим более определенно, что она интегрируема в любом промежутке $[a, b-\eta]$, где $0<\eta<b-a$, но оказывается неинтегрируемой в каждом промежутке $[b-\eta, b]$ слева от точки b. Точка b носит при этом название особой точки.

Можно показать, что вблизи точки b функция $f(x)$ тогда необходимо будет неограниченной, и именно в этом причина того, что вблизи b она неинтегрируема. Обычным для нас будет случай, когда функция $f(x)$ в точке b «обращается в бесконечность» (напомним, что под этим разумеется лишь то, что при $x \to b$ функция стремится к бесконечности).

Конечный или бесконечный предел интеграла $\int_a^{b-\eta} f(x)\,dx$ *при* $\eta \to 0$ *называют (несобственным) интегралом функции* $f(x)$ *в промежутке от* a *до* b и обозначают:

$$\int_a^b f(x)\,dx = \lim_{\eta \to 0} \int_a^{b-\eta} f(x)\,dx. \tag{1}$$

В случае существования такого конечного предела говорят, что интеграл (1) сходится, а функцию $f(x)$ называют интегрируемой в промежутке $[a, b]$. В противном случае про интеграл говорят, что он расходится.

Пример. 1) Функция $\frac{1}{\sqrt{1-x^2}}$ ограничена и интегрируема в любом промежутке $[0, 1-\eta]$ $(0<\eta<1)$, и

$$\int_0^{1-\eta} \frac{dx}{\sqrt{1-x^2}} = \arcsin(1-\eta).$$

В точке $x=1$ функция обращается в бесконечность. Очевидно, точка $x=1$ и является особой.

Так как вычисленный интеграл при $\eta \to 0$ стремится к пределу $\arcsin 1 = \frac{\pi}{2}$, то существует несобственный интеграл

$$\int_0^1 \frac{dx}{\sqrt{1-x^2}} = \lim_{\eta \to 0} \int_0^{1-\eta} = \frac{\pi}{2}.$$

Пусть теперь функция $f(x)$ ограничена и интегрируема в любом промежутке $[a+\eta', b]$ $(0 < \eta' < b-a)$, но оказывается неинтегрируемой в каждом промежутке $[a, a+\eta']$ справа от точки a (особая точка). Тогда (*несобственный*) *интеграл функции* $f(x)$ *от* a *до* b *определяется равенством*

$$\int_a^b f(x)\,dx = \lim_{\eta' \to 0} \int_{a+\eta'}^b f(x)\,dx. \tag{2}$$

Если обе точки a и b оказываются особыми, то *определение интеграла от* a *до* b *дается равенством*

$$\int_a^b f(x)\,dx = \lim_{\substack{\eta_1 \to 0 \\ \eta_2 \to 0}} \int_{a+\eta_1}^{b-\eta_2} f(x)\,dx. \tag{3}$$

Определение (3) можно заменить таким:

$$\int_a^b f(x)\,dx = \int_a^c f(x)\,dx + \int_c^b f(x)\,dx,$$

в предположении, что $a < c < b$ и оба несобственных интеграла справа существуют (при этом выбор точки c роли не играет) *).

По отношению к несобственным интегралам (2) и (3) сохраняется та же терминология, что и выше.

Примеры.

2) $\int_{-1}^0 \frac{dx}{\sqrt{1-x^2}}$, особая точка -1,

$$\int_{-1}^0 \frac{dx}{\sqrt{1-x^2}} = \lim_{\eta' \to 0} \int_{-1+\eta'}^0 \frac{dx}{\sqrt{1-x^2}} = \lim_{\eta' \to 0} [-\arcsin(-1+\eta')] = \frac{\pi}{2};$$

3) $\int_{-1}^1 \frac{dx}{\sqrt{1-x^2}}$, две особые точки -1 и 1,

$$\int_{-1}^1 \frac{dx}{\sqrt{1-x^2}} = \int_{-1}^0 + \int_0^1 = \pi.$$

*) См. сноску на стр. 111.

Нетрудно понять, как определяется несобственный интеграл $\int_a^b f(x)\,dx$ при наличии любого (конечного) числа особых точек.

Наконец, рассмотрим функцию $f(x)$, заданную в бесконечном промежутке, например, в $[a, \infty]$, и имеющую в нем конечное число особых точек *), вблизи которых она перестает быть интегрируемой. Предположим, что в каждом конечном промежутке $[a, A]$ интеграл $\int_a^A f(x)\,dx$ существует, как собственный или как несобственный, согласно данному выше определению. Тогда, переходя еще раз к пределу при $A \to \infty$, можно равенством (1) [n° 282] определить несобственный интеграл в промежутке $[a, \infty]$.

289. Применение основной формулы интегрального исчисления. Пусть функция $f(x)$ определена и непрерывна в промежутке $[a, b)$, в то время как b служит для нее особой точкой. Для $f(x)$ в промежутке $[a, b)$ существует первообразная функция $F(x)$, и

$$\int_a^{b-\eta} f(x)\,dx = F(b-\eta) - F(a) = F(x)\Big|_a^{b-\eta},$$

так что сходимость несобственного интеграла (1) равносильна существованию конечного предела $\lim\limits_{\eta\to 0} F(b-\eta)$. Если последний существует, то его естественно принять за значение $F(b)$ первообразной функции при $x=b$, достигнув этим непрерывности $F(x)$ во всем промежутке $[a, b]$. Для вычисления интеграла (1) мы имеем тогда формулу обычного вида:

$$\int_a^b f(x)\,dx = F(b) - F(a) = F(x)\Big|_a^b. \tag{4}$$

Та же формула имеет место и в том случае, если особая точка лежит внутри промежутка или при наличии нескольких особых точек, но (это нужно твердо помнить) при непременном условии, чтобы первообразная функция $F(x)$, имеющая $f(x)$ своей производной всюду, исключая особые точки, *была непрерывна и в этих последних*. Существование такой первообразной обеспечивает сходимость несобственного интеграла. Если же первообразная на конце промежутка или внутри него обращается в бесконечность, то интеграл расходится.

---

*) Особых точек может быть и бесконечное множество, лишь бы в каждом конечном промежутке $[a, A]$ $(A > a)$ их было лишь конечное число (которое может расти до бесконечности вместе с A).

Обратимся к **примерам**.

4) Исследуем, при каких значениях показателя $\lambda > 0$ сходится несобственный интеграл

$$\int_a^b \frac{dx}{(x-a)^\lambda} \qquad (b > a).$$

Предполагая $\lambda \neq 1$, имеем

$$\int_a^b \frac{dx}{(x-a)^\lambda} = \frac{1}{1-\lambda}(x-a)^{1-\lambda}\Big|_a^b,$$

так что интеграл сходится при $\lambda < 1$ и расходится при $\lambda > 1$: первообразная на конце $x = a$ обращается в бесконечность. По той же причине расходится интеграл и при $\lambda = 1$:

$$\int_a^b \frac{dx}{x-a} = \ln(x-a)\Big|_a^b.$$

5) Аналогичный результат может быть установлен относительно интеграла

$$\int_a^b \frac{dx}{(b-x)^\lambda} \qquad (b > a,\ \lambda > 0),$$

который несущественно разнится от предыдущего.

6) Для интеграла $\int_0^1 \ln x\, dx$ особая точка $x = 0$. Имеем

$$\int_0^1 \ln x\, dx = x \ln x - x\Big|_0^1 = -1,$$

так как при $x \to 0$ первообразная имеет предельное значение 0.

290. Условия и признаки сходимости интеграла. Мы остановимся лишь на случае, связанном с определением (1), так как перефразировка для других случаев не представляет трудностей. Ввиду полной аналогии с несобственным интегралом, распространенным на бесконечный промежуток $[a, \infty]$, мы не будем перечислять простейших теорем [ср. n° 284], а по вопросу о существовании интеграла ограничимся формулировкой некоторых основных положений — их доказательства аналогичны приведенным выше. Во всех случаях интегрируемость (в собственном смысле!) рассматриваемых функций в любом промежутке $[a, b-\eta]$ $(\eta > 0)$ предполагается, и единственно точка $x = b$ является **особой**.

Как и в n° 285:

Для существования несобственного интеграла (1) *в случае* *положительной* *функции* $f(x)$ *необходимо и достаточно, чтобы интеграл* $\int\limits_a^{b-\eta} f(x)\,dx$ $(\eta > 0)$ *оставался ограниченным сверху:*

$$\int\limits_a^{b-\eta} f(x)\,dx \leqslant L \qquad (L = \text{const}).$$

Если же это условие не выполнено, то интеграл (1) *имеет значением* $+\infty$.

Теоремы сравнения 1 и 2 из n° **285** для положительных функций и здесь имеют место. Мы не станем их воспроизводить, но сформулируем основанные на них признаки.

Пусть для достаточно близких к b *значений* x *функция* $f(x)$ *имеет вид:*

$$f(x) = \frac{\varphi(x)}{(b-x)^\lambda} \qquad (\lambda > 0).$$

Тогда: 1) *если* $\lambda < 1$ *и* $\varphi(x) \leqslant c < \infty$, *то интеграл* $\int\limits_a^b f(x)\,dx$ *сходится,* 2) *если же* $\lambda \geqslant 1$ *и* $\varphi(x) \geqslant c > 0$, *то этот интеграл расходится.*

Более частная форма, удобная на практике:

Если при $x \to b$ *функция* $f(x)$ *является бесконечно большой порядка* $\lambda > 0$ $\left(\text{по сравнению с } \frac{1}{b-x}\right)$, *то интеграл* $\int\limits_a^b f(x)\,dx$ *сходится или расходится в зависимости от того, будет ли* $\lambda < 1$ *или* $\lambda \geqslant 1$.

Примеры.

1) $\int\limits_0^1 \frac{dx}{\sqrt[4]{1-x^4}}$.

Подынтегральная функция при $x \to 1$ представляет бесконечно большую порядка $\frac{1}{4}$:

$$\frac{1}{\sqrt[4]{1-x^4}} : \frac{1}{\sqrt[4]{1-x}} = \frac{1}{\sqrt[4]{1+x+x^2+x^3}} \to \frac{1}{\sqrt[4]{4}} \quad \text{при } x \to 1.$$

Следовательно, интеграл сходится.

2) $\int\limits_0^{\frac{\pi}{2}} (\operatorname{tg} x)^p\,dx \qquad (p \neq 0).$

Если $p>0$, то особой точкой является $\frac{\pi}{2}$, при $p<0$ особая точка 0. В обоих случаях подинтегральное выражение является бесконечно большой порядка $|p|$. Итак, сходимость при $|p|<1$ и расходимость при $|p|>1$.

3) $\int\limits_0^1 x^{a-1}(1-x)^{b-1}\,dx.$

При $a<1$ особая точка 0, при $b<1$ особая точка 1. Разложим предложенный интеграл на два, например, так: $\int\limits_0^1 = \int\limits_0^{\frac{1}{2}} + \int\limits_{\frac{1}{2}}^1$. Так как подинтегральная функция при $x\to 0$ является бесконечно большой (если $a<1$) порядка $1-a$, то первый интеграл существует лишь при условии $1-a<1$, т. е. $a>0$; аналогично, второй существует при $b>0$. Итак, предложенный интеграл сходится в том и только в том случае, если одновременно $a>0$ и $b>0$.

4) $\int\limits_0^\infty x^{p-1}e^{-x}\,dx.$

Особые точки ∞ и 0 (при $p<1$). $\int\limits_0^1$ существует лишь при $p>0$ $\left(\text{бесконечно большая порядка } 1-p \text{ по отношению к } \frac{1}{x}\right)$. $\int\limits_1^\infty$ существует, каково бы ни было p, так как, взяв $\lambda>1$, имеем

$$\frac{x^{p-1}e^{-x}}{\frac{1}{x^\lambda}} = \frac{x^{\lambda+p-1}}{e^x} \to 0 \text{ при } x\to\infty;$$

$\int\limits_0^\infty$ существует при $p>0$.

Замечание. Мы упоминали в первом томе (стр. 316) о неэлементарной функции $\operatorname{li} y = \int \frac{dy}{\ln y}$ («интегральный логарифм»). Чтобы уточнить содержащуюся в интеграле произвольную постоянную, полагают

$$\operatorname{li} y = \int\limits_0^y \frac{dt}{\ln t}.$$

При $y<1$ этот интеграл существует как собственный. Однако при $y>1$ интеграл теряет смысл — даже как несобственный, так как при $t=1$ подинтегральная функция является бесконечно большой первого порядка

$\left(\text{по сравнению с } \frac{1}{t-1}\right)$. В этом случае написанный выше интеграл понимают как предел

$$\lim_{\varepsilon \to 0} \left\{ \int_0^{1-\varepsilon} + \int_{1+\varepsilon}^{y} \right\} \frac{dt}{\ln t}.$$

На доказательстве существования такого предела останавливаться не будем.

В случае знакопеременной функции, применяя признак Больцано — Коши, имеем такое общее условие сходимости:

Для сходимости несобственного интеграла $\int_a^b f(x)\,dx$, *где* b — *особая точка, необходимо и достаточно, чтобы каждому числу* $\varepsilon > 0$ *отвечало такое число* $\delta > 0$, *чтобы при* $0 < \eta < \delta$ *и* $0 < \eta' < \delta$ *выполнялось неравенство*

$$\left| \int_{b-\eta}^{b-\eta'} f(x)\,dx \right| < \varepsilon.$$

Отсюда, как и выше, вытекает:

Если сходится интеграл $\int_a^b |f(x)|\,dx$, *то и подавно сходится интеграл* $\int_a^b f(x)\,dx$.

Обратное, вообще говоря, неверно. Поэтому и здесь особо отличают случай, когда наряду с интегралом $\int_a^b f(x)\,dx$ сходится и $\int_a^b |f(x)|\,dx$; тогда первый интеграл называют **абсолютно сходящимся**, а функцию $f(x)$ — **абсолютно интегрируемой** в промежутке $[a, b]$.

§ 3. ПРЕОБРАЗОВАНИЕ И ВЫЧИСЛЕНИЕ НЕСОБСТВЕННЫХ ИНТЕГРАЛОВ

291. Интегрирование по частям в случае несобственных интегралов. Пусть функции $u = u(x)$ и $v = v(x)$ определены и непрерывны вместе со своими первыми производными во всех точках промежутка $[a, b]$, исключая точку b (которая может быть равна и

$+\infty$). Тогда имеет место равенство

$$\int_a^b u\,dv = uv\Big|_a^b - \int_a^b v\,du,$$

если под двойной подстановкой понимать разность

$$\lim_{x\to b} u(x)\cdot v(x) - u(a)\cdot v(a).$$

При этом предполагается, что из трех входящих в равенство выражений (два интеграла и двойная подстановка) имеют конечное значение два: для третьего это уже отсюда вытекает.

В самом деле, взяв $a < x_0 < b$, напишем обычную формулу интегрирования по частям для промежутка $[a, x_0]$, где все интегралы — собственные:

$$\int_a^{x_0} u\,dv = [u(x_0)\cdot v(x_0) - u(a)\cdot v(a)] - \int_a^{x_0} v\,du.$$

Пусть теперь в этом равенстве x_0 стремится к b. По условию, два из входящих в него выражений имеют конечные пределы при $x_0 \to b$ *). Следовательно, имеет конечный предел также третье выражение, и доказываемое равенство оправдывается с помощью предельного перехода.

Пример.

$$\int_0^{\frac{\pi}{2}} \ln\sin x\,dx = x\cdot\ln\sin x\Big|_0^{\frac{\pi}{2}} - \int_0^{\frac{\pi}{2}} x\cdot\frac{\cos x}{\sin x}\,dx = -\int_0^{\frac{\pi}{2}} \frac{x}{\operatorname{tg} x}\,dx$$

— интегрированием по частям здесь удалось свести несобственный интеграл к собственному и тем доказать существование несобственного интеграла.

292. Замена переменных в несобственных интегралах. Пусть функция $f(x)$ определена и непрерывна в конечном или бесконечном промежутке $[a, b)$ и, следовательно, интегрируема в собственном смысле в каждой его части, не содержащей точки b, которая может быть и $+\infty$; эта точка, по предположению, является единственной особой точкой для функции $f(x)$.

---

*) Это верно и в том случае, когда какой-либо из интегралов $\int_a^b$ оказывается собственным [n° 183, 11°].

Рассмотрим теперь монотонно возрастающую функцию $x=\varphi(t)$, непрерывную вместе со своей производной $\varphi'(t)$ в промежутке $[\alpha, \beta)$, где β может быть и $+\infty$, и допустим, что $\varphi(\alpha)=a$ и $\varphi(\beta)=b$. Последнее равенство надлежит понимать в том смысле, что $\lim\limits_{t\to\beta}\varphi(t)=b$.

При этих условиях имеет место равенство

$$\int_a^b f(x)\,dx=\int_\alpha^\beta f(\varphi(t))\cdot\varphi'(t)\,dt \tag{1}$$

в предположении, что сходится один из этих интегралов (сходимость другого отсюда уже вытекает). Второй интеграл будет либо собственным, либо несобственным — с единственной особой точкой β.

По теореме об обратной функции [n°71] ясно, что и t можно рассматривать как монотонно возрастающую и непрерывную функцию от x в $[a, b)$: $t=\theta(x)$, причем $\lim\limits_{x\to b}\theta(x)=\beta$.

Пусть теперь x_0 и t_0 будут произвольные, но соответствующие одно другому значения x и t из промежутков (a, b) и (α, β). Тогда с помощью замены переменной в собственном интеграле будем иметь

$$\int_a^{x_0} f(x)\,dx=\int_\alpha^{t_0} f(\varphi(t))\cdot\varphi'(t)\,dt.$$

Если сходится, скажем, второй из интегралов (1), то станем приближать произвольным образом x_0 к b; при этом $t_0=\theta(x_0)$ устремится к β, и мы установим формулу (1) одновременно с доказательством сходимости интеграла слева.

Наше рассуждение одинаково применимо в случае монотонно убывающей функции $\varphi(t)$, когда $\alpha>\beta$ *). Так же исчерпываются и другие возможные случаи распределения особых точек. При расстановке пределов в преобразованном интеграле всегда следует помнить, что *нижний предел α должен соответствовать нижнему пределу a, а верхний предел β — верхнему пределу b, независимо от того, будет ли $\alpha<\beta$ или $\alpha>\beta$.*

Примеры. 1) Вычислить интеграл

$$\int_a^b \frac{dx}{\sqrt{(x-a)(b-x)}}$$

---

*) И в случае несобственных интегралов, при $\alpha>\beta$, мы полагаем

$$\int_\alpha^\beta=-\int_\beta^\alpha.$$

подстановкой

$$x = a\cos^2\varphi + b\sin^2\varphi.$$

Здесь $\alpha = 0$, $\beta = \frac{\pi}{2}$, и искомый интеграл приводится к собственному интегралу

$$2\int_0^{\frac{\pi}{2}} d\varphi = \pi.$$

2) Для установления сходимости интеграла $\int_0^\infty \sin x^2\,dx$ выполним в нем замену переменной: $x = \sqrt{t}$, $dx = \frac{dt}{2\sqrt{t}}$, $a = \alpha = 0$, $b = \beta = \infty$. Мы получим заведомо сходящийся [n° 287] интеграл $\frac{1}{2}\int_0^\infty \frac{\sin t}{\sqrt{t}}\,dt$, следовательно сходится и предложенный интеграл. Интересно отметить, что подинтегральная функция в нем при $x \to \infty$ не стремится ни к какому пределу, колеблясь между -1 и $+1$.

Аналогично исчерпывается вопрос о сходимости интеграла $\int_0^\infty \cos x^2\,dx$.

3) Вычисление интеграла

$$I = \int_0^\infty \frac{dx}{1+x^4}$$

может быть очень упрощено применением целесообразных подстановок.

Прежде всего, к нему приводится интеграл

$$\int_0^\infty \frac{x^2\,dx}{1+x^4}$$

одстановкой $x = \frac{1}{t}$ $(a = 0,\ b = \infty,\ \alpha = \infty,\ \beta = 0)$, так что можно написать

$$I = \frac{1}{2}\int_0^\infty \frac{(1+x^2)\,dx}{1+x^4} = \frac{1}{2}\int_0^\infty \frac{\left(1+\frac{1}{x^2}\right)dx}{x^2+\frac{1}{x^2}}.$$

Если теперь прибегнуть к подстановке $x - \frac{1}{x} = z$ $(a = 0,\ b = \infty,\ \alpha = -\infty,\ \beta = \infty)$, то сразу получим

$$I = \frac{1}{2}\int_{-\infty}^{+\infty} \frac{dz}{z^2+2} = \frac{1}{2\sqrt{2}}\operatorname{arctg}\frac{z}{\sqrt{2}}\Bigg|_{-\infty}^{+\infty} = \frac{\pi}{2\sqrt{2}}.$$

293. Вычисление интегралов с помощью искусственных приемов. Мы вычислим несколько важных несобственных интегралов с применением искусственных приемов: соответствующие первообразные функции здесь в конечном виде не выражаются, и ими воспользоваться нельзя. Все эти интегралы были известны еще математикам XVIII века (в частности — Эйлеру), но — без строгого вывода.

1°. Поставим себе задачей вычислить интеграл

$$J=\int_0^{\frac{\pi}{2}} \ln \sin x\, dx,$$

в существовании которого мы уже убедились [n° 291].

Это вычисление основано на использовании замены переменной. Имеем, полагая $x=2t$:

$$J=2\int_0^{\frac{\pi}{4}} \ln \sin 2t\, dt=\frac{\pi}{2}\ln 2+2\int_0^{\frac{\pi}{4}} \ln \sin t\, dt+2\int_0^{\frac{\pi}{4}} \ln \cos t\, dt.$$

Подставляя в последнем интеграле $t=\frac{\pi}{2}-u$, приведем его к виду $2\int_{\frac{\pi}{4}}^{\frac{\pi}{2}} \ln \sin u\, du$, так что, окончательно, для определения J получаем уравнение

$$J=\frac{\pi}{2}\cdot\ln 2+2J, \quad \text{откуда} \quad J=-\frac{\pi}{2}\ln 2.$$

2°. Обратимся к вычислению интеграла

$$K=\int_0^{\infty} e^{-x^2}\, dx,$$

встречающегося в теории вероятностей *). С этой целью предварительно докажем некоторые неравенства.

Обычными в дифференциальном исчислении методами нетрудно установить, что функция $(1+t)\,e^{-t}$ достигает своего наибольшего значения 1 при $t=0$. Следовательно, для $t\neq 0$ будет

$$(1+t)\,e^{-t}<1.$$

Полагая здесь $t=\pm x^2$, мы получим

$$(1-x^2)\,e^{x^2}<1 \quad \text{и} \quad (1+x^2)\,e^{-x^2}<1,$$

откуда

$$1-x^2<e^{-x^2}<\frac{1}{1+x^2}.$$

---

*) Существование этого интеграла не вызывает сомнений, так как (при $x>1$) $e^{-x^2}<e^{-x}$, а интеграл для e^{-x} вычисляется непосредственно.

Ограничив в первом из этих неравенств изменение x промежутком $(0, 1)$ (так что $1-x^2>0$), а во втором, считая $x>0$ любым, возводим все эти выражения в степень с любым натуральным показателем n; это даст нам *)

$$(1-x^2)^n<e^{-nx^2} \text{ и } e^{-nx^2}<\frac{1}{(1+x^2)^n}.$$
$$(0<x<1) \qquad\qquad (x>0)$$

Интегрируя первое неравенство в промежутке от 0 до 1, а второе — от 0 до ∞, получим

$$\int_0^1 (1-x^2)^n\,dx<\int_0^1 e^{-nx^2}\,dx<\int_0^\infty e^{-nx^2}\,dx<\int_0^\infty \frac{dx}{(1+x^2)^n}.$$

Но

$$\int_0^\infty e^{-nx^2}\,dx=\frac{1}{\sqrt{n}}\cdot K \qquad (\text{подстановка } u=\sqrt{n}\cdot x),$$

$$\int_0^1 (1-x^2)^n\,dx=\int_0^{\frac{\pi}{2}} \sin^{2n+1}t\,dt=\frac{2n!!}{(2n+1)!!}$$

(подстановка $x=\cos t$)

и, наконец,

$$\int_0^\infty \frac{dx}{(1+x^2)^n}=\int_0^{\frac{\pi}{2}} \sin^{2n-2}t\,dt=\frac{(2n-3)!!}{(2n-2)!!}\cdot\frac{\pi}{2}$$

(подстановка $x=\operatorname{ctg} t$).

Мы воспользовались здесь известными выражениями для $\int_0^{\frac{\pi}{2}} \sin^m x\,dx$ [n° 187, (5)]. Таким образом, искомое значение K может быть заключено между следующими двумя выражениями:

$$\sqrt{n}\cdot\frac{2n!!}{(2n+1)!!}<K<\sqrt{n}\cdot\frac{(2n-3)!!}{(2n-2)!!}\cdot\frac{\pi}{2},$$

так что, возводя в квадрат и преобразуя:

$$\frac{n}{2n+1}\cdot\left[\frac{2n!!}{(2n-1)!!}\right]^2\cdot\frac{1}{2n+1}<K^2<\frac{n}{2n-1}\cdot\left[\frac{(2n-3)!!}{(2n-2)!!}\right]^2(2n-1)\cdot\left(\frac{\pi}{2}\right)^2.$$

Из формулы Валлиса [n° 188]:

$$\frac{\pi}{2}=\lim_{n\to\infty}\left[\frac{2n!!}{(2n-1)!!}\right]^2\cdot\frac{1}{2n+1}$$

*) Для неравенств с положительными членами возвышение в натуральную степень почленно — допустимо.

легко усмотреть теперь, что оба крайних выражения при $n \to \infty$ стремятся к одному и тому же пределу $\frac{\pi}{4}$, следовательно,

$$K^2 = \frac{\pi}{4} \quad \text{и} \quad K = \frac{\sqrt{\pi}}{2} \quad (\text{так как } K > 0).$$

3°. Рассмотрим, наконец, интеграл

$$L = \int_0^\infty \frac{\sin x}{x}\, dx,$$

сходимость которого нам уже известна [n° 287]. Если определение этого несобственного интеграла

$$L = \lim_{A \to \infty} \int_0^A \frac{\sin x}{x}\, dx$$

истолковать «на языке последовательностей» [n° 32], то, в частности, можно положить

$$L = \lim_{n \to \infty} \int_0^{n \cdot \frac{\pi}{2}} \frac{\sin x}{x}\, dx.$$

С другой стороны, вместо предела последовательности можно [n° 234] искать сумму бесконечного ряда

$$\int_0^{\frac{\pi}{2}} + \left\{ \int_0^{\pi} - \int_0^{\frac{\pi}{2}} \right\} + \left\{ \int_0^{\frac{3\pi}{2}} - \int_0^{\pi} \right\} + \ldots = \int_0^{\frac{\pi}{2}} + \int_{\frac{\pi}{2}}^{\pi} + \int_{\pi}^{\frac{3\pi}{2}} + \ldots,$$

так что окончательно

$$L = \sum_{\nu=0}^{\infty} \int_{\nu \cdot \frac{\pi}{2}}^{(\nu+1)\frac{\pi}{2}} \frac{\sin x}{x}\, dx.$$

Положив $\nu = 2\mu$ или $2\mu - 1$ и прибегнув, соответственно, к подстановке $x = \mu\pi + t$ или $x = \mu\pi - t$, будем иметь:

$$\int_{2\mu \cdot \frac{\pi}{2}}^{(2\mu+1)\frac{\pi}{2}} = (-1)^\mu \int_0^{\frac{\pi}{2}} \frac{\sin t}{\mu\pi + t}\, dt$$

и

$$\int_{(2\mu-1)\frac{\pi}{2}}^{2\mu \cdot \frac{\pi}{2}} = (-1)^{\mu-1} \int_0^{\frac{\pi}{2}} \frac{\sin t}{\mu\pi - t}\, dt.$$

Отсюда

$$L=\int_0^{\frac{\pi}{2}} \frac{\sin t}{t}\,dt+\sum_{\mu=1}^{\infty}\int_0^{\frac{\pi}{2}}(-1)^\mu\left(\frac{1}{t+\mu\pi}+\frac{1}{t-\mu\pi}\right)\sin t\,dt.$$

Так как ряд

$$\sum_{\mu=1}^{\infty}(-1)^\mu\left(\frac{1}{t+\mu\pi}+\frac{1}{t-\mu\pi}\right)$$

в промежутке $0\leqslant t\leqslant\frac{\pi}{2}$ сходится равномерно, ибо мажорируется сходящимся рядом $\frac{1}{\pi}\sum_{1}^{\infty}\frac{1}{\mu^2-\frac{1}{4}}$, то его можно — по умножении всех его членов на ограниченную функцию $\sin t$ — интегрировать почленно. Это дает нам право написать выражение для L в виде:

$$L=\int_0^{\frac{\pi}{2}}\sin t\cdot\left[\frac{1}{t}+\sum_{1}^{\infty}(-1)^\mu\left(\frac{1}{t+\mu\pi}+\frac{1}{t-\mu\pi}\right)\right]dt.$$

Как мы увидим впоследствии [n° 406, 3), замечание], выражение в скобках равно $\frac{1}{\sin t}$, представляя собой так называемое «разложение на простые дроби» для этой функции. Принимая этот факт без доказательства уже сейчас, для искомого интеграла окончательно получим

$$L=\int_0^{\frac{\pi}{2}}dt=\frac{\pi}{2}.$$

Приведенный изящный вывод принадлежит Лобачевскому, который первым обратил внимание на нестрогость тех приемов, с помощью которых этот важный интеграл вычислялся раньше.

На деле Лобачевский своим методом получил даже более общую формулу:

$$\int_0^{\infty}f(x)\,\frac{\sin x}{x}\,dx=\int_0^{\frac{\pi}{2}}f(x)\,dx,$$

в предположении, что $f(x+\pi)=f(x)$ и $f(\pi-x)=f(x)$; в рассмотренном случае $f(x)=1$.

Замечание. Найденный результат позволяет заключить, что

$$L(a)=\int_0^\infty \frac{\sin at}{t}\,dt=\begin{cases} \frac{\pi}{2} & \text{при } a>0, \\ 0 & \text{при } a=0, \\ -\frac{\pi}{2} & \text{при } a<0. \end{cases}$$

При $a>0$ этот интеграл приводится к L простой подстановкой $x=at$; изменение знака a влечет за собой изменение знака интеграла, а при $a=0$ равенство нулю интеграла очевидно.

Это простое замечание, принадлежащее Фурье, произвело сильное впечатление на его современников: функция от a, по-разному выражаемая при различных значениях этой переменной, в то же время допускает и единое «аналитическое выражение»! [Ср. n° 18, 3° и ниже n° 422 и 423].

ГЛАВА ВОСЕМНАДЦАТАЯ

ИНТЕГРАЛЫ, ЗАВИСЯЩИЕ ОТ ПАРАМЕТРА

§ 1. ЭЛЕМЕНТАРНАЯ ТЕОРИЯ

294. Постановка задачи. Рассмотрим функцию $f(x, y)$ двух переменных, определенную для всех значений x в некотором — конечном или бесконечном — промежутке $[a, b]$, и всех значений y в множестве $\mathcal{Y} = \{y\}$. Пусть при каждом постоянном значении y из $\mathcal{Y}$ функция $f(x, y)$ будет интегрируема в промежутке $[a, b]$, в собственном или несобственном смысле. Тогда интеграл

$$I(y) = \int_a^b f(x, y)\, dx \tag{1}$$

будет, очевидно, функцией от вспомогательной переменной или параметра y.

Говоря в n° 269 о последовательности функций $\{f_n(x)\}$, мы рассматривали интегралы

$$I_n = \int_a^b f_n(x)\, dx,$$

которые представляют собой частный случай интегралов (1): в роли параметра здесь фигурирует натуральный указатель n.

По отношению к функции $I(y)$ естественно возникает ряд вопросов — о существовании и выражении ее предела при определенном предельном переходе, в частности, об ее непрерывности по y, об ее дифференцируемости и выражении для ее производной, наконец, об ее интеграле. Всем этим вопросам и посвящена настоящая глава.

Изучение свойств функции, выраженной интегралом (1), зависящим от параметра, может представить самостоятельный интерес [в этом отношении см., например, § 4]. Но, помимо того, эти свойства, как читатель увидит, имеют и многообразные применения, в особенности к вопросу о вычислении несобственных интегралов.

295. Равномерное стремление к предельной функции. Важную роль в предстоящих исследованиях будет играть указанное в заголовке понятие. Пусть функция $f(x, y)$ определена, в общем случае, в двумерном множестве $\mathcal{M} = \mathcal{X} \times \mathcal{Y}$, где $\mathcal{X}$ и $\mathcal{Y}$ означают множества значений, принимаемых порознь переменными x и y, причем $\mathcal{Y}$ имеет своей точкой сгущения, скажем, конечное число y_0.

Если: 1) *для функции* $f(x, y)$ *при* $y \to y_0$ *существует конечная предельная функция*

$$\lim_{y \to y_0} f(x, y) = \varphi(x) \qquad (x \text{ из } \mathcal{X}) \tag{2}$$

и 2) *для любого числа* $\varepsilon > 0$ *найдется такое не зависящее от* x *число* $\delta > 0$, *что*

$$\text{при } |y - y_0| < \delta \text{ будет } |f(x, y) - \varphi(x)| < \varepsilon \tag{3}$$

сразу для всех x *из* $\mathcal{X}$, *то говорят, что функция* $f(x, y)$ *стремится к предельной функции* $\varphi(x)$ *равномерно относительно* x в области $\mathcal{X}$.

Нетрудно перефразировать это определение и на тот случай, когда y_0 есть несобственное число, например $+\infty$: при этом лишь неравенство вида $|y - y_0| < \delta$ заменяется неравенством вида $y_0 > \Delta$. В главе XVI [n° 264] мы имели уже дело с частным случаем такого равномерного приближения к предельной функции; там речь шла о функции $f_n(x)$, содержащей в качестве параметра натуральный указатель n.

В n° 265, имея дело с последовательностью функций, мы установили, что для равномерной сходимости необходимо и достаточно, так сказать, «равномерное выполнение» принципа сходимости. То же можно сделать и в общем случае. Именно, если ограничиться предположением, что y_0 конечно:

1°. *Для того чтобы функция* $f(x, y)$ *при* $y \to y_0$ *имела предельную функцию и стремилась к ней равномерно относительно* x *в области* $\mathcal{X}$, *необходимо и достаточно, чтобы для каждого числа* $\varepsilon > 0$ *существовало такое не зависящее от* x *число* $\delta > 0$, *чтобы неравенство*

$$|f(x, y') - f(x, y)| < \varepsilon \tag{4}$$

выполнялось для всех x *из* $\mathcal{X}$ *сразу, лишь только*

$$|y - y_0| < \delta, \quad |y' - y_0| < \delta \quad (y, y' \text{ из } \mathcal{Y}). \tag{5}$$

[В случае $y_0 = +\infty$ взамен последних неравенств появляются неравенства $y > \Delta$, $y' > \Delta$.]

Необходимость. Пусть имеет место равномерная сходимость. Заменив в определении ε на $\frac{\varepsilon}{2}$ и соответственно выбрав δ, возьмем теперь два значения y и y' из $\mathcal{Y}$ так, чтобы выполнялись условия (5). Тогда будем иметь, каково бы ни было x,

$$|f(x,y')-\varphi(x)|<\frac{\varepsilon}{2} \text{ и } |\varphi(x)-f(x,y)|<\frac{\varepsilon}{2},$$

откуда и следует (4).

Достаточность. Если упомянутое условие выполнено, то прежде всего ясно существование предельной функции (2). Переходя затем к пределу в неравенстве (4) при $y'\to y_0$ (причем y фиксировано так, что $|y-y_0|<\delta$), получим:

$$|\varphi(x)-f(x,y)|\leqslant\varepsilon.$$

Этим и установлено равномерное стремление функции $f(x,y)$ к предельной функции $\varphi(x)$.

Пусть теперь множество $\mathcal{X}$ представляет собой конечный промежуток $[a,b]$. По теореме 1* n° **266**, если последовательность $\{f_n(x)\}$ непрерывных функций равномерно сходится к предельной функции, то и последняя необходимо будет непрерывной; это утверждение переносится и на общий случай:

2°. *Если функция $f(x,y)$ при любом y из $\mathcal{Y}$ непрерывна по x в промежутке $\mathcal{X}=[a,b]$ и при $y\to y_0$ равномерно стремится к предельной функции $\varphi(x)$, то и эта последняя функция также будет непрерывна.*

Действительно, стоит лишь взять любую последовательность $\{y_n\}$ из $\mathcal{Y}$, имеющую пределом y_0, чтобы соответствующая последовательность функций $\{f(x,y_n)\}$ равномерно сходилась к $\varphi(x)$: например, при конечном y_0 неравенство

$$|f(x,y_n)-\varphi(x)|<\varepsilon$$

будет выполняться для всех x из $\mathcal{X}$, лишь только n настолько велико, что $|y_n-y_0|<\delta$ [см. (3)]. Остается лишь сослаться на упомянутую теорему.

Легко обобщается и теорема Дини [n° **267**, теорема 2*]; на этот раз мы предполагаем, что все $y<y_0$.

3°. *Пусть функция $f(x,y)$ при любом y из $\mathcal{Y}$ будет непрерывна по x в промежутке $\mathcal{X}=[a,b]$ и при возрастании y, монотонно возрастая, стремится к непрерывной же предельной функции $\varphi(x)$. Тогда стремление это необходимо будет равномерным относительно x в промежутке $\mathcal{X}$.*

Для доказательства выделим из $\mathcal{Y}$ монотонно возрастающую последовательность $\{y_n\}$ значений y, стремящихся к y_0, и рассмотрим соответствующую последовательность функций $\{f(x,y_n)\}$, очевидно, также монотонно возрастающих вместе с n.

Теорема Дини позволяет утверждать, что эта последовательность сходится к $\varphi(x)$ равномерно относительно x в промежутке $\mathcal{X}$.

Следовательно, по заданному $\varepsilon > 0$ найдется такой номер n_0, что неравенство

$$|\varphi(x) - f(x, y_{n_0})| < \varepsilon$$

окажется выполненным сразу для всех x из $\mathscr{X}$. Ввиду монотонного возрастания функции f вместе с y, тогда подавно выполняется и неравенство

$$|\varphi(x) - f(x, y)| < \varepsilon,$$

лишь только $y > y_{n_0}$; этим доказывается наше утверждение.

Хотя установленный частный признак равномерного приближения и кажется очень узким, но он нередко бывает полезен, избавляя от необходимости иным путем убеждаться в наличии равномерного приближения.

296. Предельный переход под знаком интеграла. Обращаемся теперь к рассмотрению интеграла (1), зависящего от параметра y, ограничиваясь вначале случаем конечного промежутка $[a, b]$ и непрерывной функции.

Предполагая, что область $\mathscr{Y}$ изменения параметра y имеет точку сгущения y_0, поставим вопрос о п р е д е л е функции (1) при $y \to y_0$.

Теорема 1. Если функция $f(x, y)$ при постоянном y непрерывна по x в $[a, b]$ и при $y \to y_0$ стремится к предельной функции (2) равномерно относительно x, то имеет место равенство

$$\lim_{y \to y_0} I(y) = \lim_{y \to y_0} \int_a^b f(x, y)\, dx = \int_a^b \varphi(x)\, dx. \tag{6}$$

Д о к а з а т е л ь с т в о *). Непрерывность предельной функции $\varphi(x)$ уже известна [п° 295, 2°]. Задавшись произвольным числом $\varepsilon > 0$, найдем такое число $\delta > 0$, чтобы имело место (3). Тогда при $|y - y_0| < \delta$ будем иметь

$$\left| \int_a^b f(x, y)\, dx - \int_a^b \varphi(x)\, dx \right| = \left| \int_a^b [f(x, y) - \varphi(x)]\, dx \right| \leqslant$$

$$\leqslant \int_a^b |f(x, y) - \varphi(x)|\, dx < \varepsilon(b - a),$$

что и доказывает формулу (6).

Формула (6) может быть переписана в виде

$$\lim_{y \to y_0} \int_a^b f(x, y)\, dx = \int_a^b \lim_{y \to y_0} f(x, y)\, dx.$$

*) Для определенности мы предполагаем, что y_0 конечно.

При наличии ее говорят, что *предельный переход по параметру допустим «под знаком интеграла»*.

Предполагая, что все $y < y_0$, имеем на основании обобщенной теоремы Дини [n° **295**, 3°]:

Следствие. *Если функция* $f(x, y)$ *при постоянном* y *непрерывна по* x *в* $[a, b]$ *и при возрастании* y *стремится к непрерывной же предельной функции, монотонно возрастая, то справедлива формула* (6).

В предположении, что область $\mathcal{Y}$ сама представляет собой конечный промежуток $[c, d]$, рассмотрим в заключение вопрос о непрерывности функции (1).

Теорема 2. *Если функция* $f(x, y)$ *определена и непрерывна, как функция от двух переменных, в прямоугольнике* $[a, b; c, d]$, *то интеграл* (1) *будет непрерывной функцией от параметра* y *в промежутке* $[c, d]$.

Доказательство. Ввиду равномерной непрерывности функции $f(x, y)$ [n° **137**], по произвольному $\varepsilon > 0$ найдется такое $\delta > 0$, что из неравенств

$$|x'' - x'| < \delta, \quad |y'' - y'| < \delta$$

следует неравенство

$$|f(x'', y'') - f(x', y')| < \varepsilon.$$

Положим, в частности, $x' = x'' = x$, $y' = y_0$, $y'' = y$; тогда при $|y - y_0| < \delta$, каково бы ни было x, будем иметь

$$|f(x, y) - f(x, y_0)| < \varepsilon.$$

Таким образом, функция $f(x, y)$, при стремлении y к любому частному значению y_0, стремится к $f(x, y_0)$ равномерно относительно x. В таком случае, по теореме 1,

$$\lim_{y \to y_0} \int_a^b f(x, y)\, dx = \int_a^b f(x, y_0)\, dx$$

или

$$\lim_{y \to y_0} I(y) = I(y_0),$$

что и доказывает наше утверждение.

297. Дифференцирование под знаком интеграла. При изучении свойств функции (1), которая задана интегралом, содержащим параметр y, важное значение имеет вопрос о производной этой функции по параметру.

При известных предположениях для вычисления производной $I'(y)$ может быть применена формула

$$I'(y) = \int_a^b f'_y(x, y)\,dx \tag{7}$$

или — если воспользоваться более выразительными обозначениями Коши —

$$D_y \int_a^b f(x, y)\,dx = \int_a^b D_y f(x, y)\,dx.$$

Если такая перестановка знаков производной по y и интеграла по x допустима, то говорят, что функцию (1) *можно дифференцировать по параметру «под знаком интеграла».*

Впервые подобный метод Лейбниц сообщил в 1697 г. в письме к И. Бернулли, чем привел последнего в восторг. Самое вычисление производной по указанной формуле и получило название «правила Лейбница».

Следующая теорема устанавливает простые достаточные условия для применимости этого правила.

Теорема 3. Пусть функция $f(x, y)$, определенная в прямоугольнике $[a, b; c, d]$, будет непрерывна по x в $[a, b]$ при любом постоянном y в $[c, d]$. Предположим, далее, что во всей области существует частная производная $f'_y(x, y)$, непрерывная как функция двух переменных). Тогда при любом y из $[c, d]$ имеет место формула* (7).

Непрерывность функции $f(x, y)$ по x обеспечивает существование интеграла (1).

Фиксируя любое значение $y = y_0$, придадим ему приращение $\Delta y = k$. Тогда

$$I(y_0) = \int_a^b f(x, y_0)\,dx, \quad I(y_0 + k) = \int_a^b f(x, y_0 + k)\,dx,$$

так что

$$\frac{I(y_0 + k) - I(y_0)}{k} = \int_a^b \frac{f(x, y_0 + k) - f(x, y_0)}{k}\,dx. \tag{8}$$

Интеграл справа зависит от параметра k. Нам предстоит доказать, что при $k \to 0$ здесь допустим предельный переход под знаком

---

*) Из этих условий, собственно, уже вытекает и непрерывность функции $f(x, y)$ по обоим аргументам, но мы ею пользоваться не будем.

интеграла. Этим будет установлено и существование производной

$$I'(y_0)=\lim_{k\to 0}\frac{I(y_0+k)-I(y_0)}{k}$$

и наличие требуемого равенства

$$I'(y_0)=\lim_{k\to 0}\int_a^b \frac{f(x,y_0+k)-f(x,y_0)}{k}\,dx=$$

$$=\int_a^b \lim_{k\to 0}\frac{f(x,y_0+k)-f(x,y_0)}{k}\,dx=\int_a^b f'_y(x,y_0)\,dx.$$

С этой целью сначала по формуле Лагранжа напишем

$$\frac{f(x,y_0+k)-f(x,y_0)}{k}=f'_y(x,y_0+\theta k)\quad(0<\theta<1). \tag{9}$$

Пользуясь же *равномерной* непрерывностью функции $f'_y(x,y)$, по произвольному $\varepsilon>0$ найдем такое $\delta>0$, что при

$$|x''-x'|<\delta \text{ и } |y''-y'|<\delta$$

будет выполняться неравенство

$$|f'_y(x'',y'')-f'_y(x',y')|<\varepsilon.$$

Полагая здесь $x'=x''=x$, $y'=y_0$, $y''=y_0+\theta k$ и считая $|k|<\delta$, получим, с учетом (9), что *сразу для всех* x будет

$$\left|\frac{f(x,y_0+k)-f(x,y_0)}{k}-f'_y(x,y_0)\right|<\varepsilon.$$

Отсюда ясно, что подинтегральная функция (9) при $k\to 0$ *равномерно* относительно x стремится к предельной функции $f'_y(x,y_0)$. Этим, по теореме 1, и оправдывается предельный переход под знаком интеграла (8).

298. Интегрирование под знаком интеграла. Поставим, наконец, вопрос об *интеграле по* y *от функции* (1), скажем, в промежутке $[c, d]$.

Нас особо будет интересовать случай, когда этот интеграл выразится формулой:

$$\int_c^d I(y)\,dy=\int_c^d\left\{\int_a^b f(x,y)\,dx\right\}dy=\int_a^b\left\{\int_c^d f(x,y)\,dy\right\}dx,$$

которую — без скобок — пишут обычно так:

$$\int_c^d dy\int_a^b f(x,y)\,dx=\int_a^b dx\int_c^d f(x,y)\,dy. \tag{10}$$

При наличии ее говорят, что функцию (1) *можно интегрировать по параметру* y *«под знаком интеграла»* (взятого по переменной x).

Простейшие условия, достаточные для равенства двух повторных интегралов (10), дает

Теорема 4. *Если функция* $f(x, y)$ *непрерывна (по обеим переменным) в прямоугольнике* $[a, b; c, d]$, *то имеет место формула* (10).

Докажем более общее равенство

$$\int_c^\eta dy \int_a^b f(x, y)\,dx = \int_a^b dx \int_c^\eta f(x, y)\,dy, \tag{10a}$$

где $c \leqslant \eta \leqslant d$.

В левой и правой его частях мы имеем две функции от параметра η; вычислим их производные по η.

Внешний интеграл в левой части имеет подынтегральную функцию (1), непрерывную по y в силу теоремы 2. Поэтому его производная по переменному верхнему пределу будет равна подинтегральной функции, вычисленной при $y=\eta$, т. е. интегралу

$$I(\eta) = \int_a^b f(x, \eta)\,dx.$$

В правой части (10а) стоит интеграл

$$\int_a^b \varphi(x, \eta)\,dx, \text{ где } \varphi(x, \eta) = \int_c^\eta f(x, y)\,dy;$$

функция $\varphi(x, \eta)$ удовлетворяет условиям теоремы 3. Действительно, $\varphi(x, \eta)$ непрерывна по x в силу теоремы 2 *). Затем, производная

$$\varphi'_\eta(x, \eta) = f(x, \eta)$$

непрерывна как функция двух переменных. Поэтому к упомянутому интегралу применимо правило Лейбница:

$$D_\eta \int_a^b \varphi(x, \eta)\,dx = \int_a^b \varphi'_\eta(x, \eta)\,dx = \int_a^b f(x, \eta)\,dx = I(\eta).$$

Таким образом, левая и правая части равенства (10а), как функции от η, имеют равные производные, следовательно, могут разниться разве лишь на постоянную. Но при $\eta = c$ оба упомянутых выражения обращаются, очевидно, в нуль; следовательно, они тождественны при всех значениях η, и равенство (10а) доказано.

При $\eta = d$ из него, в частности, и получается равенство (10).

---

*) Здесь роль параметра играет x.

Замечание. Это равенство впервые было указано Эйлером в 1769 г. (напечатано в следующем году). Оно лишь иллюстрируется примером, «так как основание этого вполне ясно из природы дифференциалов и интегралов».

299. Случай, когда и пределы интеграла зависят от параметра. Обратимся к рассмотрению более сложного случая, когда не только подинтегральное выражение содержит параметр, но и самые пределы интеграла зависят от него. В этом случае интеграл имеет вид

$$I(y)=\int_{\alpha(y)}^{\beta(y)} f(x, y)\,dx. \tag{11}$$

Ограничимся исследованием вопроса о непрерывности и дифференцируемости по параметру подобного интеграла.

Теорема 5. *Пусть функция $f(x, y)$ определена и непрерывна в прямоугольнике $[a, b; c, d]$, а кривые*

$$x=\alpha(y),\ x=\beta(y)\ (c\leqslant y\leqslant d)$$

непрерывны и не выходят за его пределы. Тогда интеграл (11) *представляет собой непрерывную функцию от y в $[c, d]$.*

Если y_0 есть любое частное значение y, то интеграл (11) можно написать в виде

$$I(y)=\int_{\alpha(y_0)}^{\beta(y_0)} f(x,y)\,dx+\int_{\beta(y_0)}^{\beta(y)} f(x,y)\,dx-\int_{\alpha(y_0)}^{\alpha(y)} f(x,y)\,dx. \tag{12}$$

Первый интеграл, в котором пределы уже постоянны, при $y\to y_0$ стремится к

$$I(y_0)=\int_{\alpha(y_0)}^{\beta(y_0)} f(x, y_0)\,dx$$

по теореме 2. Остальные же два интеграла допускают оценку

$$\left|\int_{\beta(y_0)}^{\beta(y)} f(x, y)\,dx\right|\leqslant M\cdot|\beta(y)-\beta(y_0)|,$$

$$\left|\int_{\alpha(y_0)}^{\alpha(y)} f(x,y)\,dx\right|\leqslant M\cdot|\alpha(y)-\alpha(y_0)|,$$

где $M=\max|f(x,y)|$, и — в силу непрерывности функций $\alpha(y)$ и $\beta(y)$ — при $y\to y_0$ стремятся к нулю.

Таким образом, окончательно

$$\lim_{y\to y_0} I(y)=I(y_0),$$

что и доказывает теорему.

Теорема 6. *Если, сверх сказанного, функция $f(x, y)$ допускает в прямоугольнике $[a, b; c, d]$ непрерывную производную $f'_y(x, y)$, а также существуют и производные $\alpha'(y)$, $\beta'(y)$, то интеграл (11) имеет производную по параметру, которая выражается формулой*

$$I'(y)=\int_{\alpha(y)}^{\beta(y)} f'_y(x, y)\,dx+\beta'(y)\cdot f(\beta(y), y)-\alpha'(y)\cdot f(\alpha(y), y). \tag{13}$$

И здесь мы будем исходить из равенства (12). Первый интеграл при $y=y_0$ имеет производную, представляемую интегралом от производной

$$\int_{\alpha(y_0)}^{\beta(y_0)} f'_y(x, y_0)\,dx$$

— по теореме 3. Для второго интеграла (значение которого при $y=y_0$ есть нуль) имеем по теореме о среднем:

$$\frac{1}{y-y_0}\int_{\beta(y_0)}^{\beta(y)} f(x, y)\,dx=\frac{\beta(y)-\beta(y_0)}{y-y_0}\cdot f(\bar{x}, y),$$

где $\bar{x}$ содержится между $\beta(y_0)$ и $\beta(y)$. Отсюда производная второго интеграла при $y=y_0$, которая совпадает с пределом предшествующего выражения при $y \to y_0$, будет

$$\beta'(y_0)\cdot f(\beta(y_0), y_0).$$

Аналогично, для производной третьего интеграла при $y=y_0$ получим

$$-\alpha'(y_0)\cdot f(\alpha(y_0), y_0).$$

Объединяя все эти результаты, убедимся в том, что производная $I'(y_0)$ существует и дается указанной формулой.

З а м е ч а н и е. Заключения обеих теорем сохраняют свою силу и в предположении, что функция $f(x, y)$ задана (и обладает указанными свойствами) лишь в области, содержащейся м е ж д у кривыми

$$x=\alpha(y) \text{ и } x=\beta(y).$$

Возможность рассматривать функцию и вне этой области использована была для упрощения рассуждений.

Поучительно взглянуть на установленные результаты и с такой точки зрения: интеграл $I(y)$ получается из интеграла

$$I(y, u, v)=\int_u^v f(x, y)\,dx,$$

зависящего от т р е х параметров y, u, v, подстановкой $u=\alpha(y)$, $v=\beta(y)$. Вопрос исчерпывается применением общих теорем о непрерывности и о дифференцировании сложной функции. В частности, формула (13) написана по классической схеме:

$$\frac{dI}{dy}=\frac{\partial I}{\partial y}+\frac{\partial I}{\partial u}\cdot\alpha'(y)+\frac{\partial I}{\partial v}\cdot\beta'(y).$$

300. Примеры. 1) Вычислить интеграл

$$I=\int_0^1 \frac{x^b-x^a}{\ln x}\,dx \qquad (0<a\leq b).$$

Представив подынтегральное выражение, в свою очередь, в виде интеграла

$$\frac{x^b-x^a}{\ln x}=\int_a^b x^y\,dy$$

и переставив — по теореме 4 — в повторном интеграле

$$I=\int_0^1 dx\int_a^b x^y\,dy$$

интегрирования по x и по y, сразу получаем результат

$$I=\int_a^b dy\int_0^1 x^y\,dx=\int_a^b\frac{dy}{y+1}=\ln\frac{b+1}{a+1}.$$

2) Этому вычислению можно придать и другую форму, если рассматривать интеграл I — при фиксированном a — как функцию от переменного параметра b $(b\geq a)$. По теореме 3:

$$\frac{dI}{db}=\int_0^1 x^b\,dx=\frac{1}{b+1}.$$

Следовательно,

$$I=\ln(b+1)+C.$$

Но при $b=a$ интеграл I, очевидно, обращается в 0, так что $C=-\ln(a+1)$. Подставляя, придем к тому же результату, что и выше.

3) В рассмотренных случаях выполнение условий теоремы 3 или 4 было непосредственно ясно. При нарушении этих условий заключение теоремы может оказаться неверным. Приведем пример этого.

Пусть $f(x,y)=\dfrac{y^2-x^2}{(x^2+y^2)^2}$ в прямоугольнике $[0,1;\ 0,1]$. Тогда

$$\int_0^1 f(x,y)\,dx=\frac{x}{x^2+y^2}\Bigg|_{x=0}^{x=1}=\frac{1}{1+y^2} \qquad (y>0),$$

$$\int_0^1 dy\int_0^1 f(x,y)\,dx=\operatorname{arctg} y\Bigg|_0^1=\frac{\pi}{4},$$

в то время как

$$\int_0^1 dx\int_0^1 f(x,y)\,dy=-\frac{\pi}{4}.$$

Отметим, что в точке $(0,0)$ функция $f(x,y)$ терпит разрыв.

§ 2. РАВНОМЕРНАЯ СХОДИМОСТЬ ИНТЕГРАЛОВ

301. Определение равномерной сходимости интегралов. При распространении изложенной теории интегралов, зависящих от параметра, на случай несобственных интегралов особую роль играет понятие равномерной сходимости интегралов, которое мы предварительно и выясним.

Предположим, что функция $f(x, y)$ задана для всех значений $x \geqslant a$ и всех значений y в некоторой области $\mathcal{Y}$. Пусть, далее, при каждом y в этой области существует интеграл

$$I(y) = \int_a^\infty f(x, y)\,dx. \tag{1}$$

По самому определению несобственного интеграла с бесконечным пределом [n°282]:

$$\int_a^\infty f(x, y)\,dx = \lim_{A\to\infty} \int_a^A f(x, y)\,dx.$$

Таким образом, интеграл

$$F(A, y) = \int_a^A f(x, y)\,dx, \tag{2}$$

представляющий собой функцию от A и y, при $y = \text{const}$ и $A \to \infty$ имеет пределом $I(y)$. *Если стремление этого интеграла к $I(y)$ происходит равномерно относительно y в области $\mathcal{Y}$, то интеграл $I(y)$ называют равномерно сходящимся относительно y для указанных значений параметра.*

Это значит, что для любого $\varepsilon > 0$ найдется такое не зависящее от y число $A_0 \geqslant a$, что, лишь только $A > A_0$, неравенство

$$\left|\int_a^\infty f(x, y)\,dx - \int_a^A f(x, y)\,dx\right| = \left|\int_A^\infty f(x, y)\,dx\right| < \varepsilon$$

будет выполняться одновременно для всех значений y в $\mathcal{Y}$.

Если сопоставить интеграл (1), зависящий от параметра y, с бесконечным функциональным рядом

$$\sum_{n=1}^\infty u_n(x),$$

где роль параметра играет x, и вспомнить сказанное в n° 284 об аналогии между несобственными интегралами и бесконечными рядами, то станет ясным полный параллелизм между данным выше определением и определением равномерной сходимости ряда в n° **264**.

Заметим, что именно Зайдель и Стокс, которые первыми противопоставили равномерную и неравномерную сходимость функционального ряда [n° 281], одновременно указали на подобные же возможности и для интеграла $\int\limits_a^\infty$, содержащего параметр.

Для примера рассмотрим интеграл

$$\int\limits_0^\infty ye^{-xy}\,dx,$$

который сходится при каждом фиксированном значении $y \geqslant 0$.

Вычислим непосредственно интеграл

$$\int\limits_A^\infty ye^{-xy}\,dx.$$

При $y=0$ он равен 0, каково бы ни было A; если же $y>0$, то с помощью подстановки $xy=t$ легко находим

$$\int\limits_A^\infty ye^{-xy}\,dx = \int\limits_{Ay}^\infty e^{-t}\,dt = e^{-Ay}.$$

Когда y *фиксировано*, это выражение при $A\to\infty$, очевидно, стремится к 0, и, каково бы ни было $\varepsilon>0$, неравенство

$$e^{-Ay} < \varepsilon \tag{3}$$

будет выполняться для всех $A > A_0(y)$, где

$$A_0(y) = \frac{\ln\frac{1}{\varepsilon}}{y}$$

зависит от y.

Если изменение y ограничено промежутком $[c, d]$, где $c>0$, то найдется и *не зависящее* от y число A_0, такое, что при $A>A_0$ неравенство (3) будет выполняться *сразу для всех* y: достаточно за A_0 принять $A_0(c)$, ибо при $A>A_0$ будет тогда

$$e^{-Ay} \leqslant e^{-Ac} < \varepsilon \qquad (c \leqslant y \leqslant d).$$

Иными словами, наш интеграл *сходится равномерно* относительно y в промежутке $[c, d]$.

Иначе обстоит дело, если параметр y изменяется в промежутке $[0, d]$ $(d>0)$. На этот раз такого A_0 уже не существует (по крайней мере, если $\varepsilon < 1$). Это видно хотя бы из того, что, сколь большим ни взять A, выражение e^{-Ay} стремится к 1 при $y \to 0$, так что для достаточно малых значений y оно будет больше любого числа $\varepsilon < 1$. Сходимость интеграла при изменении y в промежутке $[0, d]$ уже не будет равномерной относительно y.

302. Условие и достаточные признаки равномерной сходимости. Пользуясь общим критерием равномерного стремления функции к пределу [n° **295**, 1°], можно применительно к рассматриваемому случаю сформулировать его так:

Для того чтобы интеграл (1) *сходился равномерно относительно y в области $\mathcal{Y}$, необходимо и достаточно, чтобы при любом заданном $\varepsilon > 0$ нашлось такое число A_0, не зависящее от y, чтобы неравенство*

$$\left|\int_a^{A'} f(x, y)\,dx - \int_a^{A} f(x, y)\,dx\right| = \left|\int_A^{A'} f(x, y)\,dx\right| < \varepsilon$$

выполнялось одновременно для всех y из $\mathcal{Y}$, лишь только $A' > A > A_0$.

Установим теперь некоторые признаки, по которым обыкновенно на практике судят о равномерной сходимости интегралов.

1°. Мы будем предполагать функцию $f(x, y)$ непрерывной по x для $x \geqslant a$. *Если существует такая, зависящая лишь от x, функция $\varphi(x)$, интегрируемая в бесконечном промежутке $[a, \infty]$, что при всех значениях y в $\mathcal{Y}$*

$$|f(x, y)| \leqslant \varphi(x) \qquad (\text{для } x \geqslant a),$$

то интеграл (1) *сходится равномерно относительно y (в указанной области его значений).*

Это непосредственно вытекает из неравенства

$$\left|\int_A^{A'} f(x, y)\,dx\right| \leqslant \int_A^{A'} |f(x, y)|\,dx \leqslant \int_A^{A'} \varphi(x)\,dx,$$

если воспользоваться только что доказанным критерием.

При указанных условиях иногда говорят, что функция $f(x, y)$ имеет интегрируемую мажоранту $\varphi(x)$ или что интеграл (1) мажорируется сходящимся интегралом

$$\int_a^{\infty} \varphi(x)\,dx,$$

не содержащим параметра.

Легко усмотреть сходство этого признака с известным признаком равномерной сходимости функционального ряда принадлежащим Вейерштрассу [n° **265**].

Пример. 1) Интеграл

$$\int_0^\infty \frac{\cos ax}{k^2+x^2}\,dx \qquad (k \neq 0)$$

сходится равномерно относительно параметра a (в любой области его изменения), ибо мажорируется сходящимся интегралом

$$\int_0^\infty \frac{dx}{k^2+x^2},$$

не содержащим a.

2°. Рассмотрим интегралы

$$\int_a^\infty f(x, y)\cdot g(x)\,dx \quad (4а), \qquad \int_a^\infty f(x)\cdot g(x, y)\,dx \quad (4б)$$

от произведения двух функций, из которых лишь в одну входит параметр y, изменяющийся в некоторой области $\mathcal{Y}$, и сформулируем для них более тонкие признаки равномерной сходимости, которые скопируем с признаков n° 287.

Функции f и g (в случае надобности — при $y = \text{const}$) мы, как и там, считаем непрерывными функциями от x, а g, сверх того, монотонной и имеющей непрерывную производную по x. Тогда

(I) *интеграл* (4а) *сходится равномерно относительно y в $\mathcal{Y}$, если:*

1) *интеграл*

$$\Phi(A, y) = \int_a^A f(x, y)\,dx$$

является равномерно ограниченным при всех A и всех y:

$$|\Phi(A, y)| \leqslant K \qquad (K = \text{const});$$

2) $g(x) \to 0$ *при* $x \to \infty$.

Точно так же

(II) *интеграл* (4б) *сходится равномерно относительно y, если*

1') *интеграл*

$$\int_a^\infty f(x)\,dx$$

сходится, а

2') *функция $g(x, y)$ равномерно ограничена для всех x и всех y:*

$$|g(x, y)| \leqslant L \qquad (L = \text{const}).$$

Что касается доказательства, то оно, по существу, остается прежним, так как — ввиду независимости постоянных K и L от y — и оценка интеграла

$$\int_A^{A'} f\cdot g\,dx$$

получается независимо от y, чем и обеспечивается равномерная сходимость.

Примеры. 2) Интеграл

$$\int_0^\infty \frac{x \sin ax}{k^2 + x^2}\, dx$$

сходится равномерно относительно a, для $a \geqslant a_0 > 0$ — по признаку (I). Действительно, положив $f(x, a) = \sin ax$, имеем

$$\left| \int_0^A \sin ax\, dx \right| = \frac{1 - \cos aA}{a} \leqslant \frac{2}{a_0} = K;$$

с другой стороны, функция

$$g(x) = \frac{x}{k^2 + x^2},$$

монотонно убывая (по крайней мере, для достаточно больших x), стремится к 0 при $x \to \infty$.

3) Интеграл

$$\int_0^\infty e^{-ax} \frac{\sin x}{x}\, dx$$

сходится равномерно относительно a, для $a \geqslant 0$ — по признаку (II). Здесь $f(x) = \dfrac{\sin x}{x}$ интегрируема от 0 до ∞, а монотонно убывающая (в широком смысле!) функция $g(x, a) = e^{-ax}$ ограничена единицей.

303. Случай интегралов с конечными пределами. Рассмотрим теперь функцию $f(x, y)$, определенную для значений x в конечном промежутке $[a, b]$ и значений y в некоторой области $\mathcal{Y}$; пусть при $y = \text{const}$ она интегрируема по x (в собственном смысле или нет) от a до b. Тогда интеграл

$$I(y) = \int_a^b f(x, y)\, dx, \tag{5}$$

будь он собственный или нет, является пределом при $\eta \to 0$ интеграла

$$\varphi(\eta, y) = \int_a^{b-\eta} f(x, y)\, dx. \tag{6}$$

Если стремление этого интеграла при $\eta \to 0$ к пределу $I(y)$ происходит равномерно относительно y для значений y в области $\mathcal{Y}$, то говорят, что интеграл (5) *сходится равномерно относительно y в указанной области.*

Это значит, что для любого $\varepsilon > 0$ найдется такое не зависящее от y число $\delta > 0$, что лишь только $\eta \leqslant \delta$, неравенство

$$\left|\int_a^b f(x,y)\,dx - \int_a^{b-\eta} f(x,y)\,dx\right| = \left|\int_{b-\eta}^b f(x,y)\,dx\right| < \varepsilon$$

будет выполняться одновременно для всех значений y из $\mathscr{Y}$.

Нетрудно сформулировать здесь условие, необходимое и достаточное для равномерной сходимости, равно как и перенести на рассматриваемый случай достаточные признаки n° **302**. Предоставляем это читателю.

Мы рассматривали интеграл (5) от a до b как предел интеграла (6) от a до $b-\eta$ и нас интересовал характер приближения последнего интеграла к своему пределу. Таким образом, особую роль здесь играет точка $x=b$ (как в n° **301** — точка $x=\infty$). Может понадобиться (в зависимости от обстоятельств, которые выяснятся дальше) отвести подобную же роль и другой точке промежутка. Например, тот же интеграл (5) можно рассматривать как предел при $\eta \to 0$ интеграла

$$\psi(\eta, y) = \int_{a+\eta}^{b} f(x,y)\,dx.$$

Если последний при $\eta \to 0$ приближается к своему пределу равномерно относительно y, то также говорят о равномерной сходимости интеграла (5). Все сказанное выше переносится и на этот случай.

Если может возникнуть сомнение относительно того, о каком случае равномерной сходимости идет речь, говорят, что *интеграл сходится равномерно* (относительно y в определенной области), соответственно, *при* $x=\infty$, *при* $x=b$, *при* $x=a$ и т. п.

Отметим, что, как правило, равномерная сходимость интеграла (5), скажем, при $x=b$, нас будет интересовать в тех случаях, когда именно точка $x=b$ оказывается особой для интеграла (5) в смысле n° **288** — при тех или иных значениях y. Но определение не только формально сохраняет силу и тогда, когда интеграл (5) при всех значениях оказывается собственным, но, как увидим, может оказаться реально полезным также и в этом случае.

Например, интеграл

$$\int_0^1 \frac{y}{x^2+y^2}\,dx$$

для каждого значения y в промежутке $[0, d]$, где $d>0$, будет существовать как собственный. Однако для указанного промежутка изменения y его сходимость не будет равномерной при $x=0$. Действительно, неравенству

$$\int_0^\eta \frac{y}{x^2+y^2}\,dx = \operatorname{arctg}\frac{\eta}{y} < \varepsilon,$$

если только $\varepsilon < \frac{\pi}{2}$, нельзя удовлетворить одновременно для всех значений $y>0$: сколь малым ни взять η, его левая часть при $y \to 0$ стремится к $\frac{\pi}{2}$ и, для достаточно малых значений y, будет наверно больше, чем ε.

§ 3. ИСПОЛЬЗОВАНИЕ РАВНОМЕРНОЙ СХОДИМОСТИ ИНТЕГРАЛОВ

304. Предельный переход под знаком интеграла. Мы займемся теперь изучением интеграла с бесконечным пределом

$$I(y) = \int_a^\infty f(x, y)\,dx, \tag{1}$$

который зависит от параметра y (изменяющегося в области $\mathcal{Y}$), и докажем для него ряд теорем, сходных с теоремами n° **296—298**, установленными для интегралов в собственном смысле. Переход от одних к другим будет осуществляться по тому же плану, которому мы следовали в n° **266—270** при перенесении свойств конечной суммы функций на случай суммы бесконечного функционального ряда. Подобно тому как там решающую роль играла равномерная сходимость функционального ряда, здесь такую же роль будет играть равномерная сходимость интеграла вида (1). Таким образом, руководящей идеей для нас снова будет та аналогия между бесконечными рядами и несобственными интегралами, которую мы не раз подчеркивали [n° **284**, **301**].

Начнем мы с вопроса о предельном переходе под знаком интеграла, распространенного на бесконечный промежуток.

Теорема 1 n° **296** на этот случай не распространяется: если даже во всем бесконечном промежутке функция $f(x, y)$ при $y \to y_0$ р а в н о м е р н о стремится к предельной функции $\varphi(x)$, предельный переход под знаком интеграла может оказаться недопустимым.

Рассмотрим, в виде примера, функцию ($n = 1, 2, 3, \ldots$):

$$\begin{cases} f_n(x) = \dfrac{n}{x^3}\cdot e^{-\frac{n}{2x^2}} & (x>0), \\ f_n(0) = 0. \end{cases}$$

Обычными методами дифференциального исчисления легко установить, что наибольшего значения эта функция достигает при $x=\sqrt{\frac{n}{3}}$, и равно оно $\frac{3\sqrt{3}}{\sqrt{n}}e^{-\frac{3}{2}}$. Так как при $n\to\infty$ это значение стремится к нулю, то отсюда ясно, что функция $f_n(x)$ при $n\to\infty$ во всем промежутке $[0, \infty]$ равномерно стремится к $\varphi(x)=0$. Тем не менее интеграл

$$\int_0^\infty f_n(x)\,dx=1$$

при $n\to\infty$ вовсе не стремится к нулю.

Условия, достаточные для допустимости предельного перехода, даются следующей теоремой:

Теорема 1. *Пусть функция $f(x, y)$, определенная для $x\geqslant a$ и для y из $\mathcal{Y}$:* 1) *непрерывна по x и* 2) *при $y\to y_0$ стремится к предельной функции $\varphi(x)$ — равномерно относительно x в каждом конечном промежутке $[a, A]$. Если, сверх того,* 3) *интеграл* (1) *сходится равномерно относительно y в области $\mathcal{Y}$, то*

$$\lim_{y\to y_0}\int_a^\infty f(x, y)\,dx=\int_a^\infty \varphi(x)\,dx. \tag{2}$$

Отметим, прежде всего, что функция $\varphi(x)$ будет также непрерывной [n° **295**, 2°]. По условию равномерной сходимости [n° **302**] для любого $\varepsilon>0$ найдется такое $A_0>a$, что

$$\left|\int_A^{A'} f(x, y)\,dx\right|<\varepsilon$$

для всех y из $\mathcal{Y}$ одновременно, лишь только $A'>A>A_0$. Переходя здесь к пределу при $y\to y_0$ под знаком интеграла [n° **296**, теорема 1], получим

$$\left|\int_A^{A'} \varphi(x)\,dx\right|<\varepsilon,$$

откуда следует [n° **286**], что функция $\varphi(x)$ интегрируема в бесконечном промежутке $[0, \infty]$.

Далее, при любом $A>a$, имеем:

$$\left|\int_a^\infty f(x, y)\,dx-\int_a^\infty \varphi(x)\,dx\right|\leqslant\left|\int_a^A f(x, y)\,dx-\int_a^A \varphi(x)\,dx\right|+$$
$$+\left|\int_A^\infty f(x, y)\,dx\right|+\left|\int_A^\infty \varphi(x)\,dx\right|$$

Если взять по произволу число $\varepsilon > 0$, то можно сначала фиксировать A так, чтобы второе и третье слагаемые справа стали $< \frac{\varepsilon}{3}$ (независимо от y!), а затем настолько приблизить y к y_0, чтобы сделать и первое слагаемое $< \frac{\varepsilon}{3}$ [n° **296**]. Тогда, для указанных y, будет

$$\left| \int_a^\infty f(x, y)\, dx - \int_a^\infty \varphi(x)\, dx \right| < \varepsilon,$$

что и приводит к (2).

Отсюда, применяя обобщенную теорему Дини [n° **295**, 3°], можно получить такое

Следствие. *Пусть неотрицательная функция $f(x, y)$ непрерывна по x для $x \geqslant a$ и стремится, возрастая с возрастанием y, к предельной функции $\varphi(x)$, также непрерывной в указанном промежутке. Тогда из существования интеграла*

$$\int_a^\infty \varphi(x)\, dx \tag{3}$$

уже вытекает как существование интеграла (1) (при всех y из $\mathcal{Y}$), *так и наличие формулы* (2).

По упомянутой теореме при указанных условиях стремление функции $f(x, y)$ к $\varphi(x)$ будет равномерным относительно x в любом конечном промежутке. Далее, в силу теоремы 1 n° **285** существует интеграл (1), так как

$$f(x, y) \leqslant \varphi(x).$$

Функция $\varphi(x)$ играет одновременно и роль мажоранты [n° **302**], обеспечивающей равномерную (относительно y) сходимость интеграла (1). Таким образом, соблюдены все условия для применения предыдущей теоремы.

С предельным переходом под знаком интеграла чаще всего приходится иметь дело применительно к последовательности функций $\{f_n(x)\}$. Переходя от последовательностей к бесконечным рядам, можно получить, таким образом, новые теоремы о почленном интегрировании функциональных рядов.

Вот, например, какую форму получает следствие:

Пусть ряд

$$\sum_{n=1}^{\infty} u_n(x),$$

состоящий из положительных и непрерывных для $x \geqslant a$ функций, имеет для этих значений x непрерывную же сумму $\varphi(x)$. Если последняя в промежутке $[a, +\infty]$ интегрируема, то в этом промежутке ряд можно интегрировать почленно.

Наконец, простым следствием из теоремы (1) является и теорема о непрерывности интеграла (1) по параметру.

Теорема 2. *Пусть функция $f(x, y)$ определена и непрерывна (как функция двух переменных) для значений $x \geqslant a$ и значений y в промежутке $[c, d]$. Если интеграл (1) сходится равномерно относительно y в промежутке $[c, d]$, то он представляет собою непрерывную функцию от параметра y в этом промежутке.*

Действительно, как мы видели в n° **296**, при изменении x в любом конечном промежутке $[a, A]$ функция $f(x, y)$ при $y \to y_0$ (где y_0 — любое частное значение y) равномерно относительно x стремится к предельной функции $f(x, y_0)$. А тогда, по теореме 1, в интеграле (1) можно перейти к пределу под знаком интеграла:

$$\lim_{y \to y_0} I(y) = \lim_{y \to y_0} \int_a^\infty f(x, y)\, dx = \int_a^\infty f(x, y_0)\, dx = I(y_0),$$

что и доказывает наше утверждение.

Просто доказывается и аналог теоремы Дини [n° **267**]:

Теорема 3. *Если непрерывная функция $f(x, y)$ неотрицательна, то из непрерывности интеграла (1) как функции от параметра, вытекает равномерная его сходимость.*

В этом случае непрерывная [по теореме 2 n° **296**] функция от y

$$\int_a^A f(x, y)\, dx$$

при возрастании A — возрастает и, следовательно [по обобщенной теореме Дини, n° **295**, 3°], стремится к своему пределу (1) равномерно относительно y, что и требовалось доказать.

305. Интегрирование интеграла по параметру. Сначала докажем следующую теорему:

Теорема 4. *При предположениях теоремы 2 имеет место формула:*

$$\int_c^d I(y)\, dy = \int_c^d dy \int_a^\infty f(x, y)\, dx = \int_a^\infty dx \int_c^d f(x, y)\, dy. \tag{4}$$

Действительно, при любом $A > a$

$$\int_c^d I(y)\, dy = \int_c^d dy \int_a^A f(x, y)\, dx + \int_c^d dy \int_A^\infty f(x, y)\, dx;$$

но — по теореме 4 n° **298** —

$$\int_c^d dy \int_a^A f\,dx = \int_a^A dx \int_c^d f\,dy,$$

так что разность

$$\int_c^d I(y)\,dy - \int_a^A dx \int_c^d f\,dy$$

напишется в виде

$$\int_c^d I(y)\,dy - \int_c^d dy \int_a^A f\,dx = \int_c^d dy \int_A^\infty f\,dx.$$

Если теперь — при произвольно малом $\varepsilon > 0$ — взять A настолько большим, чтобы было

$$\left|\int_A^\infty f\,dx\right| < \varepsilon$$

при всех y, то упомянутая разность будет (абсолютно) меньше $\varepsilon(d-c)$. В таком случае

$$\int_c^d I(y)\,dy = \lim_{A\to\infty} \int_a^A dx \int_c^d f\,dy,$$

что равносильно (4).

Если воспользоваться теоремой 3 [n° **304**], то легко вывести отсюда такое

Следствие. *В случае неотрицательной функции* $f(x, y)$ *одна непрерывность интеграла* (1) *по* y *влечет за собой формулу* (4).

Таким образом, мы — при известных условиях — установили право переставлять два интеграла, из которых один распространен на бесконечный промежуток, а другой — на конечный.

Между тем во многих случаях как раз приходится переставлять интегралы, взятые оба в бесконечных промежутках, по формуле

$$\int_c^\infty dy \int_a^\infty f(x, y)\,dx = \int_a^\infty dx \int_c^\infty f(x, y)\,dy. \tag{5}$$

Оправдать такую перестановку часто представляется делом сложным и кропотливым.

Лишь для узкого класса случаев удается обосновать формулу (5) общими соображениями; например:

Теорема 5. *Пусть функция $f(x, y)$ определена и непрерывна для $x \geqslant a$ и $y \geqslant c$ и притом* ***неотрицательна.*** *Предположим, далее, что оба интеграла*

$$\int_a^\infty f(x, y)\,dx, \qquad \int_c^\infty f(x, y)\,dy$$

являются ***непрерывными*** *функциями, первый — от y, а второй — от x. Тогда, если существует один из двух повторных интегралов*

$$\int_c^\infty dy \int_a^\infty f(x, y)\,dx, \qquad \int_a^\infty dx \int_c^\infty f(x, y)\,dy, \tag{6}$$

то другой также существует, и имеет место равенство (5).

Допустим, что существует **второй** из интегралов (6). По предыдущему следствию, для любого конечного $C > c$ будем иметь

$$\int_c^C dy \int_a^\infty f\,dx = \int_a^\infty dx \int_c^C f\,dy. \tag{7}$$

Подинтегральная функция

$$\int_c^C f\,dy$$

интеграла справа, как функция от x и C, непрерывна по x [теорема 2 n° 296] и — с возрастанием C до бесконечности — **возрастая**, стремится к функции

$$\int_c^\infty f\,dy,$$

по предположению непрерывной и интегрируемой по x от a до ∞. Применив к интегралу в правой части (7) следствие n° 296, можем в этом интеграле перейти к пределу при $C \to \infty$ под знаком интеграла. В таком случае не только существует и предел интеграла в левой части (7), т. е. первый из интегралов (6), но и оба повторных интеграла оказываются равными.

306. Дифференцирование интеграла по параметру. Относящуюся сюда теорему мы выведем из теоремы 4 предыдущего номера, наподобие того, как в n° 270 мы доказали теорему 5, опираясь на теорему 4 n° 269.

Теорема 6. *Пусть функция $f(x, y)$, определенная и непрерывная по x для $x \geqslant a$ и y в $[c, d]$, имеет для указанных значений и непрерывную по обеим переменным производную $f'_y(x, y)$.*

Предположим, далее, что интеграл (1) *сходится для всех* y *в* $[c, d]$, *а интеграл*

$$\int_a^\infty f'_y(x, y)\,dx \tag{8}$$

не только существует, но сходится равномерно относительно y *в том же промежутке. Тогда при любом* y *из* $[c, d]$ *имеет место формула*

$$I'(y) = \int_a^\infty f'_y(x, y)\,dx.$$

Применив к функции $f'_y(x, y)$ теорему 4, лишь заменив d на любое y $(c \leqslant y \leqslant d)$, будем иметь

$$\int_c^y dy \int_a^\infty f'_y(x, y)\,dx = \int_a^\infty dx \int_c^y f'_y(x, y)\,dy =$$
$$= \int_a^\infty f(x, y)\,dx - \int_a^\infty f(x, c)\,dx.$$

Так как подинтегральная функция интеграла слева, т. е. интеграл

$$\int_a^\infty f'_y(x, y)\,dx,$$

есть непрерывная функция от y [по теореме 2 n° **304**], то интеграл слева будет именно ее иметь своей производной по y [n° **183**, 12°]. Следовательно, ту же производную будет иметь и интеграл (1) в последней части равенства, разнящийся от интеграла слева лишь на постоянную. Теорема доказана.

307. Замечание об интегралах с конечными пределами. Мы подробно рассмотрели вопрос о свойствах интеграла

$$I(y) = \int_a^\infty f(x, y)\,dx, \tag{1}$$

для которого единственным особым значением x была ∞. Подобная же теория может быть развита и для случаев, когда особое значение x будет конечным, например, совпадет с верхним пределом b интеграла

$$I(y) = \int_a^b f(x, y)\,dx. \tag{9}$$

Во всех доказанных утверждениях можно роль ∞ отвести числу b, заменив повсюду равномерную сходимость при $x=\infty$ равномерной же сходимостью при $x=b$ [n° 303]. Вот, например, как перефразируется теорема 1:

Теорема 1*. *Пусть функция $f(x,y)$, определенная для $a\leqslant x<b$ и для y из $\mathcal{Y}$: 1) непрерывна по x и 2) при $y\to y_0$ стремится к предельной функции $\varphi(x)$ — равномерно относительно x в каждом промежутке $[a,b-\eta]$. Если, сверх того, 3) интеграл (9) сходится равномерно относительно y в области $\mathcal{Y}$, то*

$$\lim_{y\to y_0}\int_a^b f(x,y)\,dx=\int_a^b \varphi(x)\,dx.$$

Конечно, может случиться, что налицо два особых значения x, скажем, $x=a$ и $x=\infty$ в том же интеграле (1). Можно перенести все утверждения и на этот случай; часто, однако, представляется удобным попросту представить интеграл (1) в виде суммы двух

$$\int_a^\infty=\int_a^b+\int_b^\infty \qquad (a<b<\infty)$$

и применить изложенную теорию к каждому из слагаемых в отдельности.

308. Вычисление некоторых несобственных интегралов. Теория интегралов, зависящих от параметра, с пользой прилагается к вычислению многих классических несобственных интегралов.

1°. Поставим себе задачей вычисление интеграла (Эйлер)

$$E=\int_0^\infty \frac{x^{a-1}}{1+x}\,dx.$$

Прежде всего, установим, для каких значений параметра a этот интеграл вообще имеет смысл. Особые значения: $x=\infty$, $x=0$ (при $a\geqslant 1$ последняя точка не будет особой). Разобьем интеграл на два:

$$E=E_1+E_2=\int_0^1+\int_1^\infty,$$

первый существует при $a>0$, ибо тогда — если $a<1$ — подинтегральная функция при $x\to 0$ будет бесконечно большой, порядка $1-a<1$, по сравнению с $\frac{1}{x}$ [n° 290], а второй — при $a<1$: тогда подинтегральная функция при $x\to\infty$ будет бесконечно малой порядка $2-a>1$, по сравнению с $\frac{1}{x}$ [n° 285]. Итак, рассматриваемый интеграл сходится, если $0<a<1$; в этом предположении и займемся его вычислением.

Для $0<x<1$ имеем разложение в ряд

$$\frac{x^{a-1}}{1+x}=\sum_{\mu=0}^{\infty}(-1)^{\mu}x^{a+\mu-1},$$

который сходится равномерно, лишь если $0<\varepsilon\leqslant x\leqslant 1-\varepsilon'<1$. Но частичная сумма имеет интегрируемую в [0, 1] мажоранту

$$0\leqslant\sum_{\mu=0}^{n-1}(-1)^{\mu}x^{a+\mu-1}=\frac{x^{a-1}[1-(-x)^n]}{1+x}<x^{a-1},$$

следовательно, интеграл от нее сходится равномерно как при $x=0$, так и при $x=1$. Интегрируя почленно по (модифицированной) теореме 1, получим:

$$E_1=\sum_{\mu=0}^{\infty}\int_0^1(-1)^{\mu}x^{a+\mu-1}\,dx=\sum_{\mu=0}^{\infty}\frac{(-1)^{\mu}}{a+\mu}.$$

Интеграл E_2 подстановкой $x=\frac{1}{z}$ приводим к виду

$$E_2=\int_0^1\frac{x^{-a}}{1+x}\,dx=\int_0^1\frac{x^{(1-a)-1}}{1+x}\,dx.$$

Применяя уже полученное выше разложение, найдем:

$$E_2=\sum_{\mu=1}^{\infty}\frac{(-1)^{\mu}}{a-\mu}.$$

Таким образом,

$$E=\frac{1}{a}+\sum_{\mu=1}^{\infty}(-1)^{\mu}\left(\frac{1}{a+\mu}+\frac{1}{a-\mu}\right).$$

Мы уже встречали «разложение на простые дроби» функции $\frac{1}{\sin t}$ [в n° 293, 3°; см. ниже n° 406, 3), замечание]:

$$\frac{1}{\sin t}=\frac{1}{t}+\sum_{\mu=1}^{\infty}(-1)^{\mu}\left(\frac{1}{t+\mu\pi}+\frac{1}{t-\mu\pi}\right)$$

Полагая здесь $t=\pi a$, приходим к окончательному результату:

$$E=\int_0^{\infty}\frac{x^{a-1}}{1+x}dx=\frac{\pi}{\sin\pi a}\qquad(0<a<1).$$

2°. Для вычисления интеграла

$$\int_0^{\infty}\frac{\sin x}{x}dx$$

[ср. n° **293**, 3°] введем в рассмотрение более общий интеграл, содержащий параметр:

$$I(a)=-\int_0^{\infty}e^{-ax}\frac{\sin x}{x}dx\qquad(a\geqslant 0),$$

из которого предложенный интеграл получается при $a=0$. Мы уже знаем, что интеграл $I(a)$ сходится равномерно относительно a, для $a\geqslant 0$ [n° **302**, 3)], и, следовательно — по теореме 2 n° **304** — представляет непрерывную функцию от параметра a для указанных его значений. В частности,

$$I(0)=\lim_{a\to 0}I(a).\tag{10}$$

Найдем теперь производную $I'(a)$ при $a>0$. Дифференцируя под знаком интеграла, получим

$$I'(a)=-\int_0^{\infty}e^{-ax}\sin x\,dx=-\frac{1}{1+a^2}$$

[n° **283**, 5)]. Последний интеграл сходится равномерно для $a\geqslant a_0$ (где a_0 — любое фиксированное число, большее нуля), ибо мажорируется сходящимся интегралом $\int_0^{\infty}e^{-a_0x}dx$ [n° **302**, 1°]; поэтому, по крайней мере для упомянутых значений a, применение теоремы 6 n° **306** оправдано. Но какое бы ни взять $a>0$, всегда можно выбрать $a_0>0$ так, чтобы было $a>a_0$. Значит, полученный результат верен для любого $a>0$. В таком случае, для $a>0$, имеем

$$I(a)=C-\operatorname{arctg}a.$$

Для определения постоянной C устремим a к ∞; так как

$$|I(a)|\leqslant\int_0^{\infty}e^{-ax}dx=\frac{1}{a},$$

то при этом $I(a)\to 0$, и C оказывается равной $\frac{\pi}{2}$. Окончательно, ввиду (10),

$$I(0)=\int_0^\infty \frac{\sin x}{x}\,dx=\frac{\pi}{2}.$$

3°. Чтобы наново вычислить интеграл

$$K=\int_0^\infty e^{-x^2}\,dx$$

[ср. n° 293, 2°], положим в нем $x=ut$, где u — любое положительное число; мы получим

$$K=u\int_0^\infty e^{-u^2t^2}\,dt.$$

Умножим теперь обе части этого равенства на $e^{-u^2}\,du$ и проинтегрируем по u от 0 до ∞:

$$K\cdot\int_0^\infty e^{-u^2}\,du=K^2=\int_0^\infty e^{-u^2}u\,du\int_0^\infty e^{-u^2t^2}\,dt.$$

Нетрудно видеть, что перестановка интегралов ведет здесь весьма быстро к результату. В самом деле, после перестановки получим

$$K^2=\int_0^\infty dt\int_0^\infty e^{-(1+t^2)u^2}\cdot u\,du=\frac{1}{2}\int_0^\infty\frac{dt}{1+t^2}=\frac{\pi}{4},$$

откуда (так как, очевидно, $K>0$)

$$K=\int_0^\infty e^{-x^2}\,dx=\frac{\sqrt{\pi}}{2}.$$

Для оправдания произведенной перестановки интегралов попробуем прибегнуть к теореме 5 n° 305. Но в то время как интеграл

$$\int_0^\infty e^{-(1+t^2)u^2}u\,du=\frac{1}{2}\cdot\frac{1}{1+t^2}$$

есть непрерывная функция от t для всех $t\geqslant 0$, интеграл

$$\int_0^\infty e^{-(1+t^2)u^2}u\,dt=e^{-u^2}\cdot K$$

— лишь для $u>0$, а при $u=0$ обращается в 0, терпя в этой точке разрыв. Поэтому применить теорему 5 непосредственно к прямоугольнику $[0, \infty; 0, \infty]$ нельзя! Мы ее применим к прямоугольнику $[u_0, \infty; 0, \infty]$, где $u_0>0$, пользуясь тем, что интеграл

$$\int_{u_0}^{\infty} e^{-(1+t^2)u^2} u\,du = \frac{1}{2}\cdot\frac{1}{1+t^2} e^{-(1+t^2)u_0}$$

является непрерывной функцией от t для всех $t\geqslant 0$. Этим оправдывается равенство

$$\int_{u_0}^{\infty} du \int_0^{\infty} e^{-u^2(1+t^2)} u\,dt = \int_0^{\infty} dt \int_{u_0}^{\infty} e^{-u^2(1+t^2)} u\,du.$$

Остается лишь, уменьшая u_0, перейти здесь к пределу при $u_0\to 0$, что в правой части можно выполнить под знаком интеграла — на основании следствия n° **304**.

4°. Наконец, обратимся к так называемым интегралам Лапласа *):

$$y=\int_0^{\infty} \frac{\cos ax}{k^2+x^2}\,dx \quad \text{и} \quad z=\int_0^{\infty} \frac{x\sin ax}{k^2+x^2}\,dx.$$

Прежде всего отметим равномерную сходимость относительно параметра a, следовательно (по теореме 2), и непрерывность по a первого из этих интегралов, y, и притом для всех значений $a\geqslant 0$ (см. n° **302**, 1)]. Ограничиваясь значениями $a>0$, с помощью дифференцирования по a под знаком интеграла (теорема 6) установим, что

$$\frac{dy}{da}=-z; \tag{11}$$

здесь мы опираемся на равномерную сходимость второго из интегралов, z, для всех $a\geqslant a_0$, где a_0 — любое фиксированное положительное число [см. n° **302**, 2)].

Дальнейшее дифференцирование по a производить под знаком интеграла невозможно, ибо в результате такого дифференцирования получился бы уже расходящийся интеграл.

Однако, если к написанному равенству почленно прибавить равенство (см. выше 2°)

$$\frac{\pi}{2}=\int_0^{\infty} \frac{\sin ax}{x}\,dx \text{ **)},$$

*) Пьер Симон Лаплас (1749—1827) — выдающийся французский астроном, математик и физик.

**) Впрочем, для дальнейшего нам вовсе не нужно значение этого интеграла; достаточно лишь знать, что при всех $a>0$ он сохраняет постоянное значение, а в этом легко убедиться простой подстановкой $t=ax$.

то получим:

$$\frac{dy}{da}+\frac{\pi}{2}=k^2\int_0^{\infty}\frac{\sin ax}{x(k^2+a^2)}\,dx.$$

Здесь дифференцировать под знаком интеграла снова можно, и таким путем мы найдем

$$\frac{d^2y}{da^2}=k^2\int_0^{\infty}\frac{\cos ax}{k^2+x^2}\,dx,$$

так что

$$\frac{d^2y}{da^2}=k^2y.$$

Для этого простого линейного **дифференциального уравнения** второго порядка с постоянными коэффициентами, по корням $\pm k$ «характеристического уравнения», легко составить общее решение

$$y=C_1e^{ka}+C_2e^{-ka},\tag{12}$$

где C_1 и C_2 — постоянные. Но при всех значениях a величина y ограничена:

$$|y|\leqslant\int_0^{\infty}\frac{dx}{k^2+x^2}=\frac{\pi}{2k},$$

значит, необходимо $C_1=0$ (ибо иначе, при $a\to\infty$, и величина y безгранично возрастала бы). Для определения же постоянной C_2 положим $a=0$, так как, ввиду непрерывности y, соотношение (12) сохраняет силу и при этом значении a; очевидно:

$$C_2=\frac{\pi}{2k}.$$

Окончательно,

$$y=\int_0^{\infty}\frac{\cos ax}{k^2+x^2}\,dx=\frac{\pi}{2k}\,e^{-ka}\qquad(a\geqslant 0).$$

Отсюда дифференцированием [см. (11)] определяется и z:

$$z=\int_0^{\infty}\frac{x\sin ax}{k^2+x^2}\,dx=\frac{\pi}{2}\,e^{-ka}\qquad(a>0).$$

§ 4. ЭЙЛЕРОВЫ ИНТЕГРАЛЫ

309. Эйлеров интеграл первого рода. Так называется (по предложению Лежандра) интеграл вида

$$\mathrm{B}(a, b) = \int_0^1 x^{a-1}(1-x)^{b-1}\, dx, \tag{1}$$

где $a, b > 0$. Он представляет функцию от двух переменных параметров a и b: *функцию* B («Бета»).

Рассматриваемый интеграл, как мы знаем [n° **290**, 3)], для положительных значений a и b (хотя бы и меньших единицы) сходится *) и, следовательно, действительно может быть положен в основу определения функции B. Установим некоторые ее свойства.

1°. Прежде всего, почти непосредственно (подстановкой $x = 1 - t$) получаем:

$$\mathrm{B}(a, b) = \mathrm{B}(b, a),$$

так что функция B является симметричной относительно a и b.

2°. С помощью интегрирования по частям из формулы (1), при $b > 1$, находим **):

$$\mathrm{B}(a, b) = \int_0^1 (1-x)^{b-1}\, d\,\frac{x^a}{a} =$$

$$= \frac{x^a (1-x)^{b-1}}{a}\Big|_0^1 + \frac{b-1}{a}\int_0^1 x^a (1-x)^{b-2}\, dx =$$

$$= \frac{b-1}{a}\int_0^1 x^{a-1}(1-x)^{b-2}\, dx - \frac{b-1}{a}\int_0^1 x^{a-1}(1-x)^{b-1}\, dx =$$

$$= \frac{b-1}{a}\mathrm{B}(a, b-1) - \frac{b-1}{a}\mathrm{B}(a, b),$$

откуда

$$\mathrm{B}(a, b) = \frac{b-1}{a+b-1}\mathrm{B}(a, b-1). \tag{2}$$

Эту формулу можно применять с целью уменьшения b, пока b остается больше 1; таким образом всегда можно достигнуть того, чтобы второй аргумент стал $\leqslant 1$.

---

*) Наоборот, если значение хоть одного из параметров a, b будет $\leqslant 0$, то интеграл расходится.

**) Мы используем при этом тождество

$$x^a (1-x)^{b-2} = x^{a-1}(1-x)^{b-2} - x^{a-1}(1-x)^{b-1}.$$

Впрочем, того же можно добиться и в отношении первого аргумента, так как — ввиду симметричности B — имеет место и другая формула приведения:

$$B(a,\ b)=\frac{a-1}{a+b-1}B(a-1,\ b)\quad (a>1). \tag{2'}$$

Если b равно натуральному числу n, то, последовательно применяя формулу (2), найдем:

$$B(a,\ n)=\frac{n-1}{a+n-1}\cdot\frac{n-2}{a+n-2}\cdot\ldots\cdot\frac{1}{a+1}B(a,\ 1).$$

Но

$$B(a,\ 1)=\int_0^1 x^{a-1}dx=\frac{1}{a}.$$

Поэтому для $B(a,\ n)$ и — одновременно — для $B(n,\ a)$ получается окончательное выражение

$$B(n,a)=B(a,n)=\frac{1\cdot2\cdot3\cdot\ldots\cdot(n-1)}{a\cdot(a+1)\cdot(a+2)\cdot\ldots\cdot(a+n-1)}. \tag{3}$$

Если и a равно натуральному числу m, то

$$B(m,\ n)=\frac{(n-1)!\ (m-1)!}{(m+n-1)!}.$$

Эту формулу можно применять и при $m=1$ или $n=1$, если под символом $0!$ разуметь 1.

3°. Дадим для функции B другое аналитическое представление, которое часто бывает полезно. Именно, если в интеграле (1) произвести подстановку $x=\frac{y}{1+y}$, где y — новая переменная, изменяющаяся от 0 до ∞, то и получим

$$B(a,\ b)=\int_0^\infty\frac{y^{a-1}}{(1+y)^{a+b-1}}dy. \tag{4}$$

Полагая здесь $b=1-a$ (в предположении, что $0<a<1$), найдем

$$B(a,\ 1-a)=\int_0^\infty\frac{y^{a-1}}{1+y}dy.$$

Читатель узнает уже вычисленный выше интеграл, также связываемый с именем Эйлера [n° **308**, 1°]. Подставляя его значение, приходим к формуле

$$B(a,\ 1-a)=\frac{\pi}{\sin\pi a}\qquad (0<a<1). \tag{5}$$

Если, в частности, взять

$$a = 1 - a = \frac{1}{2},$$

то получим:

$$\mathrm{B}\left(\frac{1}{2}, \frac{1}{2}\right) = \pi.$$

Мы ограничимся этими немногими свойствами функции «Бета» потому, что — как увидим ниже [n° **311**, 4°] — она очень просто выражается через другую функцию — «Гамма», на которой мы остановимся подробнее.

310. Эйлеров интеграл второго рода. Это название было присвоено Лежандром замечательному интегралу:

$$\Gamma(a) = \int_0^\infty x^{a-1} e^{-x}\, dx, \tag{6}$$

который сходится при любом $a > 0$ [n° **290**, 4)] *) и определяет *функцию* Γ («Гамма»). Функция Γ, после элементарных, является одной из важнейших функций для анализа и его приложений. Изучение свойств функции Γ, исходя из ее интегрального определения (6), послужит одновременно и прекрасным примером применения изложенной выше теории интегралов, зависящих от параметра.

Если положить в (6)

$$x = \ln\frac{1}{z},$$

то найдем:

$$\Gamma(a) = \int_0^1 \left(\ln\frac{1}{z}\right)^{a-1} dz.$$

Как известно [n° **65**, 2)],

$$\ln\frac{1}{z} = \lim_{n\to\infty} n\left(1 - z^{\frac{1}{n}}\right),$$

причем выражение $n\left(1 - z^{\frac{1}{n}}\right)$ при возрастании n стремится к своему пределу в о з р а с т а я **). В таком случае на основании n° **304** (следствие) и **307**

$$\Gamma(a) = \lim_{n\to\infty} n^{a-1} \int_0^1 \left(1 - z^{\frac{1}{n}}\right)^{a-1} dz$$

---

*) При $a \leqslant 0$ интеграл расходится.

**) В этом можно убедиться методами дифференциального исчисления, рассматривая выражение $\frac{1 - z^a}{a}$ как функцию от a.

или, если прибегнуть к подстановке $z=y^n$:

$$\Gamma(a)=\lim_{n\to\infty} n^a \int_0^1 y^{n-1}(1-y)^{a-1}\,dy.$$

Но, согласно (3),

$$\int_0^1 y^{n-1}(1-y)^{a-1}\,dy=\mathrm{B}(n,\,a)=\frac{1\cdot 2\cdot 3\cdot\ldots\cdot(n-1)}{a\cdot(a+1)\cdot(a+2)\cdot\ldots\cdot(a+n-1)}.$$

Таким образом, окончательно, приходим к знаменитой формуле Эйлера — Гаусса:

$$\Gamma(a)=\lim_{n\to\infty} n^a\cdot\frac{1\cdot 2\cdot 3\cdot\ldots\cdot(n-1)}{a\cdot(a+1)\cdot(a+2)\cdot\ldots\cdot(a+n-1)}.$$

Эту формулу Эйлер еще в 1729 г. сообщил в письме к Гольдбаху, но она была забыта. Гаусс впоследствии именно ее положил в основу самого определения функции $\Pi(a)=\Gamma(a+1)$. Много занимались функцией Γ Лежандр и Лобачевский, причем Лобачевский исходил из своеобразного определения функции Γ, использующего бесконечные ряды.

311. Простейшие свойства функции Γ. 1°. *Функция* $\Gamma(a)$, *при всех значениях* $a>0$, *непрерывна и имеет непрерывные же производные всех порядков.* Достаточно доказать лишь существование производных. Дифференцируя интеграл (6) под знаком интеграла, получим

$$\Gamma'(a)=\int_0^\infty x^{a-1}\cdot\ln x\cdot e^{-x}\,dx. \tag{7}$$

Применение правила Лейбница оправдано тем, что оба интеграла

$$\int_0^1 x^{a-1}\cdot\ln x\cdot e^{-x}\,dx \quad\text{и}\quad \int_1^\infty x^{a-1}\cdot\ln x\cdot e^{-x}\,dx$$

сходятся равномерно относительно a: первый при $x=0$ для $a\geqslant a_0>0$ (мажоранта $x^{a_0-1}\,|\ln x|$), а второй при $x=\infty$ для $a\leqslant A<\infty$ (мажоранта $x^A\,e^{-x}$ *)).

Таким же путем можно убедиться и в существовании второй производной

$$\Gamma''(a)=\int_0^\infty x^{a-1}(\ln x)^2 e^{-x}\,dx \tag{7*}$$

и всех дальнейших.

---

*) Для $x>0$, очевидно, $\ln x<x$.

2°. Из (6), интегрированием по частям, сразу получаем:

$$a\int_0^\infty x^{a-1}e^{-x}\,dx = x^a e^{-x}\Big|_0^\infty + \int_0^\infty x^a e^{-x}\,dx,$$

т. е.

$$\Gamma(a+1) = a\cdot\Gamma(a). \tag{8}$$

Эта формула, повторно примененная, дает

$$\Gamma(a+n) = (a+n-1)\cdot(a+n-2)\cdot\ldots\cdot(a+1)\cdot a\,\Gamma(a). \tag{8*}$$

Таким путем вычисление Γ для произвольного значения аргумента a может быть приведено к вычислению Γ для $0 < a \leqslant 1$ (или, если угодно, для $1 < a \leqslant 2$).

Если в (8*) взять $a = 1$ и принять во внимание, что

$$\Gamma(1) = \int_0^\infty e^{-x}\,dx = 1, \tag{9}$$

то окажется, что

$$\Gamma(n+1) = n! \tag{10}$$

Функция Γ *является,* таким образом, *естественным распространением на область любых положительных значений аргумента — функции* $n!$, *определенной лишь для натуральных значений* n.

3°. Ход изменения функции Γ. Теперь мы можем составить себе общее представление о поведении функции $\Gamma(a)$ при возрастании a от 0 до ∞.

Из (9) и (10) имеем: $\Gamma(1) = \Gamma(2) = 1$, так что, по теореме Ролля, между 1 и 2 должен лежать корень a_0 производной $\Gamma'(a)$. Эта производная постоянно возрастает, ибо вторая производная $\Gamma''(a)$, как видно из ее выражения (7*), всегда положительна. Следовательно, при $0 < a < a_0$ производная $\Gamma'(a) < 0$, и функция $\Gamma(a)$ убывает, а при $a_0 < a < \infty$ будет $\Gamma'(a) > 0$, так что $\Gamma(a)$ возрастает; при $a = a_0$ налицо минимум. Вычисление, которого мы не приводим, дает:

$$a_0 = 1{,}4616\ \ldots,\quad \min\Gamma(a) = \Gamma(a_0) = 0{,}8856\ldots$$

Интересно установить еще предел для $\Gamma(a)$ при приближении a к 0 или к ∞. Из (8) (и из 1°) ясно, что

$$\Gamma(a) = \frac{\Gamma(a+1)}{a} \to +\infty$$

при $a \to +0$. С другой стороны, ввиду (10),

$$\Gamma(a) > n!,\ \text{лишь только}\ a > n+1,$$

т. е. $\Gamma(a) \to +\infty$ и при $a \to +\infty$.

График функции $\Gamma(a)$ представлен на рис. 5.

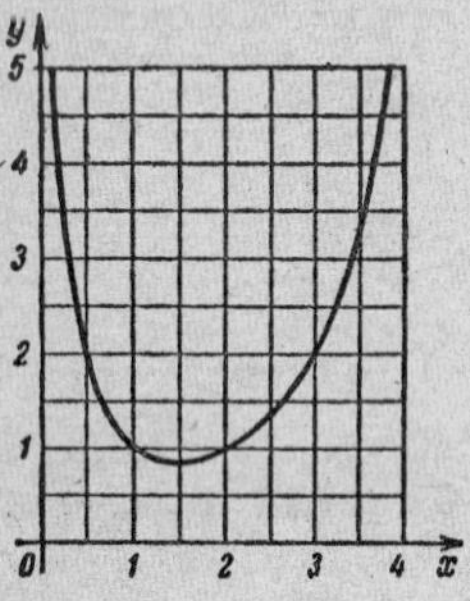

Рис. 5.

4°. Связь между функциями B и Г. Для того чтобы установить эту связь, мы подстановкой $x = ty\ (t > 0)$ преобразуем (6) к виду:

$$\frac{\Gamma(a)}{t^a} = \int_0^\infty y^{a-1} e^{-ty}\, dt. \tag{11}$$

Заменяя здесь a на $a+b$ и одновременно t на $1+t$, получим:

$$\frac{\Gamma(a+b)}{(1+t)^{a+b}} = \int_0^\infty y^{a+b-1} e^{-(1+t)\,y}\, dy.$$

Умножим теперь обе части этого равенства на t^{a-1} и проинтегрируем по t от 0 до ∞:

$$\Gamma(a+b)\int_0^\infty \frac{t^{a-1}}{(1+t)^{a+b}}\, dt = \int_0^\infty t^{a-1}\, dt \int_0^\infty y^{a+b-1} e^{-(1+t)\,y}\, dy.$$

В интеграле слева мы узнаем функцию $B(a, b)$ [см. (4)]; справа же переставим интегралы. В результате получим [с учетом (7) и (6)]:

$$\Gamma(a+b)\cdot B(a, b) = \int_0^\infty y^{a+b-1} e^{-y}\, dy \int_0^\infty t^{a-1} e^{-ty}\, dt =$$

$$= \int_0^\infty y^{a+b-1} e^{-y}\cdot\frac{\Gamma(a)}{y^a}\, dy = \Gamma(a)\int_0^\infty y^{b-1} e^{-y}\, dy = \Gamma(a)\cdot\Gamma(b),$$

откуда, наконец,

$$B(a, b) = \frac{\Gamma(a)\cdot\Gamma(b)}{\Gamma(a+b)}. \tag{12}$$

Приведенный изящный вывод этого соотношения Эйлера принадлежит Дирихле. Впрочем, для обоснования его надлежит еще оправдать перестановку интегралов.

Мы сделаем это, ограничиваясь поначалу предположением, что $a > 1,\ b > 1$. Тогда для функции

$$t^{a-1}\, y^{a+b-1}\, e^{-(1+t)\,y}$$

оказываются выполненными все условия теоремы 5 n° **305**: эта функция непрерывна (и притом положительна) для $y \geqslant 0$ и $t \geqslant 0$, а интегралы

$$t^{a-1} \int_0^\infty y^{a+b-1} e^{-(1+t)y} \, dy = \Gamma(a+b) \frac{t^{a-1}}{(1+t)^{a+b}}$$

и

$$y^{a+b-1} e^{-y} \int_0^\infty t^{a-1} e^{-ty} \, dt = \Gamma(a) \, y^{b-1} e^{-y}$$

в свою очередь представляют собою непрерывные функции: первый — от t для $t \geqslant 0$, второй — от y для $y \geqslant 0$. Ссылка на теорему оправдывает перестановку интегралов, а с нею и формулу (12) — для случая $a > 1$, $b > 1$.

Если же известно лишь, что $a > 0$ и $b > 0$, то — по доказанному — имеем

$$\mathrm{B}(a+1, b+1) = \frac{\Gamma(a+1)\Gamma(b+1)}{\Gamma(a+b+2)}.$$

А отсюда, используя формулы приведения (2), (2') для функции B и (8) для функции Г, легко вновь получить формулу (12), уже без ненужных ограничений.

5°. Формула дополнения. Если в формуле (12) положить $b = 1 - a$ (считая $0 < a < 1$), то, ввиду (5) и (9), получим соотношение

$$\Gamma(a)\Gamma(1-a) = \frac{\pi}{\sin a\pi}, \tag{13}$$

которое и называется формулой дополнения.

При $a = \frac{1}{2}$ отсюда находим (так как $\Gamma(a) > 0$):

$$\Gamma\left(\frac{1}{2}\right) = \sqrt{\pi}. \tag{14}$$

Выполнив в интеграле

$$\int_0^\infty \frac{e^{-z}}{\sqrt{z}} \, dz = \sqrt{\pi}$$

подстановку $z = x^2$, мы вновь получим уже известный нам интеграл

$$\int_0^\infty e^{-x^2} \, dx = \frac{\sqrt{\pi}}{2}.$$

6°. **Формула Лежандра.** Если в интеграле

$$\mathrm{B}(a, a)=\int_0^1 x^{a-1}(1-x)^{a-1}\,dx=\int_0^1\left[\frac{1}{4}-\left(\frac{1}{2}-x\right)^2\right]^{a-1}dx=$$

$$=2\int_0^{\frac{1}{2}}\left[\frac{1}{4}-\left(\frac{1}{2}-x\right)^2\right]^{a-1}dx$$

сделать подстановку

$$\frac{1}{2}-x=\frac{1}{2}\sqrt{t},$$

то получим

$$\mathrm{B}(a, a)=\frac{1}{2^{2a-1}}\int_0^1 t^{-\frac{1}{2}}(1-t)^{a-1}\,dt=\frac{1}{2^{2a-1}}\mathrm{B}\left(\frac{1}{2},\ a\right).$$

Заменим в обоих случаях функцию B ее выражением (12) через Г:

$$\frac{\Gamma(a)\,\Gamma(a)}{\Gamma(2a)}=\frac{1}{2^{2a-1}}\cdot\frac{\Gamma\left(\frac{1}{2}\right)\Gamma(a)}{\Gamma\left(a+\frac{1}{2}\right)}.$$

Сокращая на $\Gamma(a)$ и подставляя вместо $\Gamma\left(\frac{1}{2}\right)$ его значение $\sqrt{\pi}$ [см. (14)], придем к **формуле Лежандра**:

$$\Gamma(a)\,\Gamma\left(a+\frac{1}{2}\right)=\frac{\sqrt{\pi}}{2^{2a-1}}\Gamma(2a).$$

Существует еще много других формул, выявляющих глубокие свойства функции Г. Мы не имеем возможности останавливаться здесь на них, равно как и на способах приближенного вычисления значений самой функции Г и ее логарифма. Ограничимся упоминанием о том, что еще Лежандр, используя свойства функции Г и аппарат бесконечных рядов, составил таблицу десятичных логарифмов $\Gamma(a)$ для a от 1 до 2 через 0,001, сначала с 7, а затем с 12 десятичными знаками.

Новая, уже не элементарная, функция Г является в такой же мере освоенной нами, как и привычные нам функции, которые мы назвали элементарными.

312. Примеры. Приведем теперь несколько простых примеров использования функции Г.

1) Интеграл

$$\int_0^1 x^{p-1}(1-x^m)^{q-1}\,dx \qquad (p,\ q,\ m>0)$$

подстановкой $x^m=y$ сразу сводится к эйлерову интегралу первого рода:

$$\frac{1}{m}\,\mathrm{B}\left(\frac{p}{m},\ q\right)=\frac{1}{m}\,\frac{\Gamma\left(\frac{p}{m}\right)\Gamma(q)}{\Gamma\left(\frac{p}{m}+q\right)}.$$

2) Вычислим интеграл

$$\int_0^{\frac{\pi}{2}} \sin^{a-1}\varphi\cos^{b-1}\varphi\,d\varphi \qquad (a,\ b>0).$$

Если положить $x=\sin\varphi$, то он приведется к интегралу

$$\int_0^1 x^{a-1}(1-x^2)^{\frac{b}{2}-1}\,dx.$$

Используя предыдущий пример, будем иметь

$$\int_0^{\frac{\pi}{2}} \sin^{a-1}\varphi\cos^{b-1}\varphi\,d\varphi=\frac{1}{2}\,\mathrm{B}\left(\frac{a}{2},\ \frac{b}{2}\right)=\frac{1}{2}\,\frac{\Gamma\left(\frac{a}{2}\right)\Gamma\left(\frac{b}{2}\right)}{\Gamma\left(\frac{a+b}{2}\right)}.$$

В частности, при $b=1$, получим отсюда

$$\int_0^{\frac{\pi}{2}} \sin^{a-1}\varphi\,d\varphi=\frac{\sqrt{\pi}}{2}\,\frac{\Gamma\left(\frac{a}{2}\right)}{\Gamma\left(\frac{a+1}{2}\right)}.$$

Легко проверить, что этой одной формулой охватываются и о б е формулы (5) n° 187.

Если же в исходном интеграле взять $a=1+c$, $b=1-c$, где $|c|<1$, то найдем (применяя формулу дополнения)

$$\int_0^{\frac{\pi}{2}} \operatorname{tg}^c\varphi\,d\varphi=\frac{1}{2}\,\Gamma\left(\frac{1+c}{2}\right)\Gamma\left(\frac{1-c}{2}\right)=\frac{\pi}{2\cos\frac{c\pi}{2}}.$$

3) Рассмотрим, наконец, еще интеграл

$$\int_0^\infty \frac{\sin^{\frac{p}{q}} x}{x}\,dx,$$

где p и q — взаимно простые н е ч е т н ы е натуральные числа.

Переписав интеграл в виде

$$\int_0^\infty \sin^{\frac{p-q}{q}} x \cdot \frac{\sin x}{x}\,dx,$$

применим к нему общую формулу Лобачевского, упомянутую на стр. 135. Условия:

$$f(x+\pi)=f(x) \text{ и } f(\pi-x)=f(x),$$

при которых эта формула верна, для функции

$$f(x)=\sin^{\frac{p-q}{q}} x$$

выполнены. Таким образом получим [см. 2)]

$$\int_0^\infty \frac{\sin^{\frac{p}{q}} x}{x}\,dx=\int_0^{\frac{\pi}{2}} \sin^{\frac{p}{q}-1} x\,dx=\frac{\sqrt{\pi}}{2}\cdot\frac{\Gamma\left(\frac{p}{2q}\right)}{\Gamma\left(\frac{p+q}{2q}\right)}.$$

Из этих немногих примеров читателю становится ясным, насколько — благодаря введению функции Γ — расширяются возможности представления интегралов в конечном виде через и з в е с т н ы е функции. Иной раз, даже если функция Γ и не входит в конечный результат, получение его облегчается использованием свойств этой функции.

313. Исторические замечания о перестановке двух предельных операций. Целью этого заключительного номера является сопоставление — в историческом освещении — всего сказанного в разных местах курса по поводу *перестановки двух предельных операций*. Под «предельной операцией» мы разумеем здесь не только непосредственно п р е д е л ь н ы й п е р е х о д по какому-либо из аргументов рассматриваемой функции, но и другие операции, в конечном счете приводящиеся к такому предельному переходу, как-то: с у м м и р о в а н и е б е с к о н е ч н о г о р я д а, д и ф ф е р е н ц и р о в а н и е ф у н к ц и и и, наконец, и н т е г р и р о в а н и е ф у н к ц и и м е ж д у п о с т о я н н ы м и п р е д е л а м и (в собственном или несобственном смысле).

В n° 131 была речь о равенстве двух повторных пределов

$$\lim_{y\to b}\lim_{x\to a} f(x,y)=\lim_{x\to a}\lim_{y\to b} f(x,y). \tag{15}$$

Мы видели, что подобное равенство имеет место не всегда, и установили некоторые условия, обеспечивающие его справедливость. Аналогичным было положение вещей и в n° 147 по отношению к равенству двух смешанных производных

$$D_y\, D_x\, f(x, y) = D_x\, D_y\, f(x, y). \tag{16}$$

Глава XVI («Функциональные последовательности и ряды») главным образом была посвящена именно вопросам рассматриваемого типа: там изучались условия, при которых оказывалась дозволительной перестановка операции суммирования бесконечного ряда — с обычным предельным переходом [n° 266, 268], дифференцированием [n° 270] и интегрированием [n° 269]. Наконец, то же можно сказать и об основном содержании настоящей главы; только на этот раз одной из переставляемых операций неизменно являлась операция интегрирования, которую мы — при соблюдении известных условий — так же последовательно переставляли с другими предельными операциями [n° 296—298, 304—307].

Еще задолго до того, как те операции, о которых здесь идет речь, были осознаны как «предельные» (а этот процесс завершился, как известно, лишь к началу XIX века), перестановка двух таких операций прочно вошла в математическую практику. Она фактически осуществляется даже основоположниками анализа: вспомним почленное дифференцирование и интегрирование рядов у Ньютона, Лейбница и их современников, а также «правило Лейбница» для дифференцирования интеграла по параметру. С такой перестановкой мы непрерывно встречаемся и на всем протяжении XVIII века, чаще — без обоснования, а иной раз и с доказательствами, разумеется, на уровне строгости того времени; для примера упомянем рассуждения Эйлера и Клеро, обосновывающие перестановку двух дифференцирований (1739 г.). Можно сказать, что в истории математического анализа перестановка двух предельных операций всегда служила могущественным средством для получения многих общих утверждений и отдельных математических фактов. Но — неправильно примененная, она же являлась источником ошибок и парадоксов. Самая мысль о том, что перестановка двух предельных операций не всегда дозволительна, созревала медленно — именно на основе анализа ошибок, и сделалась общим достоянием около середины XIX века. Строгое же обоснование привычных в анализе случаев такой перестановки было завершено примерно лишь к концу века.

По отношению к простейшему вопросу о перестановке двух предельных переходов ясность была достигнута, естественно, раньше всего. На рубеже XVIII и XIX веков на простых примерах уже было отмечено, что равенство (15) может не иметь место, т. е. что повторный предел иной раз оказывается зависящим от того порядка, в котором производятся предельные переходы. В одной заметке Коши от 1815 г. (опубликованной в 1827 г.) мы находим последовательное и правильное изложение этого вопроса.

Точно так же как Коши, так и Гауссу было известно, что порядок интегрирований в повторном интеграле, если подинтегральная функция терпит разрыв (например, обращается в бесконечность), не может быть безоговорочно изменен. Но отсюда было еще далеко до ясности в отношении перестановки двух предельных операций вообще.

Нам уже приходилось упоминать [n° 281] неудачные попытки Коши даже доказать утверждения о непрерывности суммы ряда непрерывных функций и о почленном интегрировании такого ряда, из которых первое сразу же было опровергнуто Абелем, а второе впоследствии вызвало возражении Чебышёва. К сказанному мы здесь добавим еще, что в 1823 г. Коши дал столь же неверное доказательство безоговорочной применимости «правила Лейбница», относящегося к дифференцированию интеграла по параметру; и это — несмотря на то, что тогда уже были известны примеры неприложимости упомянутого правила! Отметим, что в 1828 г. Остроградский уже ясно понимал, что — в случае обращения подинтегральной функции в бесконечность — дифференцирование под знаком интеграла может оказаться недопустимым. Позже на это обстоятельство указывали и другие авторы.

В учебных руководствах по анализу бесконечно малых еще вплоть до сороковых годов нередко попадались неверные утверждения, относящиеся к рассматриваемым здесь вопросам. Наряду с этим умножались и примеры, подчеркивавшие необходимость осторожности в этих вопросах. Мы приведем из них лишь один наиболее ранний, указанный еще Фурье:

$$\int_0^\infty \frac{\sin at}{t}\,dt$$

[n° 293, замечание]. Очевидно, что

$$\lim_{a\to\pm 0}\int_0^\infty \frac{\sin at}{t}\,dt \neq \int_0^\infty \lim_{a\to\pm 0}\frac{\sin at}{t}\,dt = 0,$$

с другой же стороны, дифференцирование этого интеграла по параметру a, выполненное под знаком интеграла, приводит к результату

$$\int_0^\infty \cos at\,dt,$$

лишенному смысла при всех значениях a! [n° 283, 6)]

Стала отчетливо ощущаться необходимость уточнения условий, при которых перестановка предельных операций — того или другого типа — оказывается допустимой. Этому уточнению способствовало введение в конце сороковых годов понятия равномерной сходимости ряда [n° 281] и родственного ему понятия равномерной сходимости интеграла [n° 301]. Однако самый процесс внесения надлежащей строгости в изложение того круга вопросов, которыми мы здесь занимаемся, потребовал еще нескольких десятилетий. Так, например, первое строгое обоснование формулы (16) мы находим у Шварца лишь в 1873 г. Еще в 1892 г. Бельгийская академия присудила де ла Валле Пуссену *) премию за сочинение, где даны условия дифференцирования и интегрирования под знаком интеграла, распространенного на бесконечный промежуток, и т. д.

---

*) Шарль Жан де ла Валле Пуссен (род. в 1866 г.) — современный бельгийский математик.

ГЛАВА ДЕВЯТНАДЦАТАЯ

НЕЯВНЫЕ ФУНКЦИИ. ФУНКЦИОНАЛЬНЫЕ ОПРЕДЕЛИТЕЛИ *)

§ 1. НЕЯВНЫЕ ФУНКЦИИ

814. Понятие неявной функции от одной переменной. Предположим, что значения двух переменных x и y связаны между собой уравнением, которое (если все члены его перенести налево) в общем случае имеет вид

$$F(x, y)=0. \tag{1}$$

Здесь $F(x, y)$ есть функция двух переменных, заданная в какой-либо области. Если для каждого значения x — в некотором промежутке — существует одно или несколько значений y, которые совместно с x удовлетворяют уравнению (1), то этим определяется, однозначная или многозначная, функция $y=f(x)$, для которой равенство

$$F(x, f(x))=0 \tag{2}$$

имеет место уже тождественно относительно x.

Возьмем, например, уравнение

$$\frac{x^2}{a^2}+\frac{y^2}{b^2}-1; \tag{1a}$$

оно, очевидно, определяет y как двузначную функцию от x в промежутке $[-a, a]$, именно

$$y=\pm\frac{b}{a}\sqrt{a^2-x^2}.$$

И если вместо y подставить в уравнение (1а) эту функцию, то получится тождество.

Здесь удалось найти для y очень простое аналитическое выражение через x, даже в элементарных функциях, но так обстоит дело далеко не всегда.

---

*) Продолжение глав VIII и IX первого тома.

Функция $y=f(x)$ называется *неявной*, если она задана при посредстве неразрешенного (относительно y) уравнения (1); она становится *явной*, если рассматривается непосредственная зависимость y от x. Читателю ясно, что эти термины характеризуют лишь способ задания функции $y=f(x)$ и не имеют отношения к ее природе. Строго говоря, противопоставление неявного и явного задания функции с полной четкостью возможно лишь, если под явным заданием разуметь явное аналитическое задание; если же, в качестве явного, допускать задание с помощью любого правила [n° **17**], то задание функции y от x с помощью уравнения (1) ничем не хуже всякого другого.

В простейшем случае, когда уравнение (1) — алгебраическое, т. е. когда функция $F(x, y)$ есть целый относительно x и y многочлен, определяемая им неявная функция y от x (вообще многозначная) называется алгебраической. Если степень уравнения (относительно y) не выше четырех, то алгебраическая функция допускает явное выражение в радикалах, при степени выше четырех такое выражение возможно только в виде исключения.

Сейчас нас будет интересовать лишь вопрос о существовании и однозначности «неявной» функции (равно как и других ее свойствах), независимо от возможности представить ее в «явном» виде аналитической формулой. Впрочем, в этой постановке вопрос для нас не нов; с частным случаем его мы имели дело, когда речь шла о существовании и о свойствах обратной функции и уравнением

$$y-f(x)=0$$

переменная x определялась как «неявная» функция от y.

Поучительна геометрическая трактовка указанного вопроса. Уравнение (1), при известных условиях, выражает кривую на плоскости [например, уравнение (1а), как известно, выражает эллипс (рис. 6)]; в этом случае оно называется *неявным уравнением* кривой. Вопрос заключается в том, может ли кривая (1) (или ее часть) быть выражена обычным уравнением вида $y=f(x)$, с однозначной функцией справа; геометрически это означает, что кривая (или ее часть) параллелью оси y пересекается лишь в одной точке.

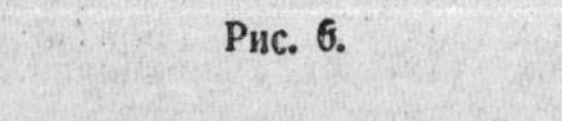

Рис. 6.

Если мы желаем иметь однозначную функцию, то, как видно на примере того же эллипса, нужно ограничить не только область изменения x, но и область изменения y.

Мы будем говорить, для краткости, что *в прямоугольнике $(a, b; c, d)$ уравнение* (1) *определяет y как однозначную функцию от x, $y=f(x)$, если при каждом значении x в про-*

межутке (a, b) *уравнение* (1) *имеет один, и только один, корень* $y=f(x)$ *в промежутке* (c, d).

Очень важно твердо усвоить, что при указанных условиях *оба уравнения*

$$F(x, y)=0 \quad и \quad y=f(x)$$

в прямоугольнике $(a, b; c, d)$ *совершенно равносильны*, т. е. удовлетворяются одними и теми же точками этого прямоугольника.

Обычно нас будет интересовать определенная точка $M_0(x_0, y_0)$, удовлетворяющая уравнению (1) (лежащая на кривой), и в роли упомянутого прямоугольника будет фигурировать окрестность этой точки. Так, например, в случае эллипса (черт. 6), очевидно, можно утверждать, что уравнение (1а) определяет ординату y как однозначную функцию от абсциссы x в достаточно малой окрестности любой точки эллипса, кроме вершин его A, A' на большой оси.

315. Существование и свойства неявной функции. Теперь мы укажем простые и легко проверяемые условия, относящиеся к известной нам функции $F(x, y)$, которые обеспечивают не только существование однозначной неявной функции $y=f(x)$, но и наличие у последней свойств непрерывности и дифференцируемости.

Теорема 1. *Предположим, что:* 1) *функция* $F(x, y)$ *определена и непрерывна, вместе со своими частными производными* F'_x *и* F'_y, *в некоторой окрестности точки* $M_0(x_0, y_0)$;

2) $F(x, y)$ *в этой точке обращается в нуль:* $F(x_0, y_0)=0$, *напротив,*

3) *производная* $F'_y(x, y)$ *в ней отлична от нуля:* $F'_y(x_0\ y_0)\neq 0$.

Тогда:

а) *в некоторой окрестности*

$$\mathscr{D}_0=(x_0-\delta,\ x_0+\delta;\ y_0-\delta',\ y_0+\delta')$$

точки $M_0(x_0, y_0)$ *уравнение* (1) *определяет* y *как однозначную функцию от* x: $y=f(x)$;

б) *при* $x=x_0$ *эта функция принимает значение* y_0: $f(x_0)=y_0$;

в) *в промежутке* $(x_0-\delta, x_0+\delta)$ *функция* $f(x)$ *непрерывна и*

г) *она имеет в этом промежутке непрерывную производную.*

Доказательство: а) Пусть, скажем, $F'_y(x_0, y_0)>0$. В силу предположенной в 1) непрерывности производной F'_y, эта производная будет положительна

$$F'_y(x, y)>0$$

и в достаточно малой окрестности точки (x_0, y_0) *). Возьмем

---

*) Например, в такой, где выполняется неравенство

$$|F'_y(x, y)-F'_y(x_0, y_0)|<F'_y(x_0, y_0).$$

замкнутый прямоугольник

$$\mathcal{D}=[x_0-\delta',\ x_0+\delta';\ y_0-\delta',\ y_0'+\delta'],$$

целиком лежащий в этой окрестности, так что написанное неравенство имеет место во всех его точках.

Отсюда сразу вытекает, что — при любом постоянном x из промежутка $[x_0-\delta',\ x_0+\delta']$ — $F(x,\ y)$ как функция от y будет монотонно возрастающей [n° 111].

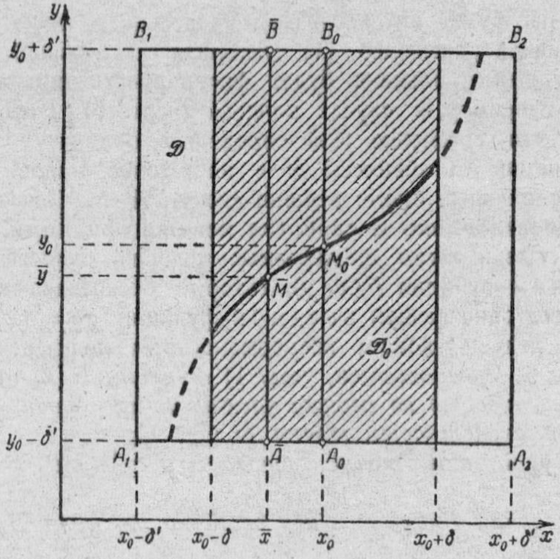

Рис. 7.

Станем передвигаться вдоль вертикали, проходящей через точку $M_0(x_0,\ y_0)$ (рис. 7), т. е. фиксируем $x=x_0$; тогда рассматриваемая функция $F(x,\ y)$ сведется к функции $F(x_0,\ y)$ от одной переменной y. В силу 2), она при $y=y_0$ обращается в 0. В то же время, как мы сейчас установили, функция $F(x_0,\ y)$ возрастает вместе с y, так что для $y<y_0$ ее значения меньше нуля, а для $y>y_0$ — больше нуля. В частности, следовательно, она будет иметь значения разных знаков в точках $A_0(x_0,\ y_0-\delta')$ и $B_0(x_0,\ y_0+\delta')$, именно

$$F(A_0)=F(x_0,\ y_0-\delta')<0,\ F(B_0)=F(x_0,\ y_0+\delta')>0.$$

Перейдем теперь к горизонтальным прямым, проходящим через эти точки A_0 и B_0, т. е. фиксируем на этот раз $y=y_0-\delta'$ или $y=y_0+\delta'$. Получатся две функции от одной переменной x: $F(x,\ y_0-\delta')$ и $F(x,\ y_0+\delta')$, которые при $x=x_0$ имеют: первая —

отрицательное значение, а вторая — положительное. Но по условию 1) эти функции непрерывны *), а потому найдется некоторая окрестность $(x_0-\delta,\ x_0+\delta)$ точки x_0 $(0<\delta\leqslant\delta')$, в которой обе функции сохраняют свой знак **), так что при $x_0-\delta<x<x_0+\delta$

$$F(x,\ y_0-\delta')<0,\quad F(x,\ y_0+\delta')>0.$$

Иными словами, на нижнем и верхнем основаниях A_1A_2 и B_1B_2 исходного прямоугольника вдоль отрезков длины 2δ с центрами в точках A_0 и B_0 заданная функция $F(x,\ y)$ имеет отрицательные значения на первом и положительные — на втором.

Фиксируем в промежутке $(x_0-\delta,\ x_0+\delta)$ любое значение $x=\overline{x}$ и рассмотрим вертикальный отрезок, соединяющий точки $\overline{A}(\overline{x},\ y_0-\delta')$ и $\overline{B}(\overline{x},\ y_0+\delta')$. Вдоль него наша функция снова сведется к функции $F(\overline{x},\ y)$ от одной переменной y. Так как она непрерывна *) и, как сказано, на концах промежутка $[y_0-\delta',\ y_0+\delta']$ имеет значения разных знаков:

$$F(\overline{A})=F(\overline{x},\ y_0-\delta')<0,\quad F(\overline{B})=F(\overline{x},\ y_0+\delta')>0,$$

то, по теореме Больцано — Коши [n° 68], при некотором значении $y=\overline{y}$, содержащемся между $y_0-\delta'$ и $y_0+\delta'$, эта функция $F(\overline{x},\ y)$ обращается в нуль:

$$F(\overline{x},\ \overline{y})=0.$$

И здесь из монотонности функции $F(\overline{x},\ y)$ следует, что при $y\gtrless\overline{y}$ будем иметь, соответственно, $F(\overline{x},y)\gtrless 0$, так что $\overline{y}$ есть единственное значение y в промежутке $(y_0-\delta',\ y_0+\delta')$, которое совместно с $x=\overline{x}$ удовлетворяет уравнению (1). *На каждом вертикальном отрезке $\overline{A}\overline{B}$ найдется только одна точка $\overline{M}(\overline{x},\ \overline{y})$, обращающая левую часть уравнения в нуль.*

Таким образом, в окрестности

$$\mathscr{D}_0=(x_0-\delta,\ x_0+\delta;\ y_0-\delta',\ y_0+\delta')$$

точки $M_0(x_0,\ y_0)$ уравнение (1), действительно, определяет y как однозначную функцию от x: $y=f(x)$.

б) В то же время предыдущее рассуждение, ввиду 2), показывает также, что $f(x_0)=y_0$. Именно из того, что $F(x_0,\ y_0)=0$, усматриваем, что y_0 и есть то единственное значение y в промежутке $(y_0-\delta',\ y_0+\delta')$, которое совместно с $x=x_0$ удовлетворяет уравнению (1).

---

*) Мы предположили непрерывность функции $F(x,\ y)$ по совокупности переменных $x,\ y$; но в таком случае она будет непрерывна и по каждой переменной в отдельности.

**) Это следует из n° 37, 2). Ср. сноску на стр. 181.

в) Переходя к доказательству утверждений в) и г), будем под y разуметь именно ту неявную функцию $y=f(x)$, которая определяется уравнением (1) и тождественно ему удовлетворяет. Придадим x приращение Δx; наращенному значению $x+\Delta x$ будет соответствовать значение $y+\Delta y=f(x+\Delta x)$, вместе с ним удовлетворяющее уравнению (1): $F(x+\Delta x, y+\Delta y)=0$. Очевидно, и приращение

$$\Delta F(x, y)=F(x+\Delta x, y+\Delta y)-F(x, y)=0.$$

Преобразуем теперь это равенство, используя формулу конечных приращений [n° 102]:

$$\begin{aligned} 0 &= F(x+\Delta x, y+\Delta y)-F(x, y)= \\ &= [F(x+\Delta x, y+\Delta y)-F(x, y+\Delta y)]+ \\ &\quad +[F(x, y+\Delta y)-F(x, y)]= \\ &= F'_x(x+\theta\Delta x, y+\Delta y)\cdot\Delta x+F'_y(x, y+\theta_1\Delta y)\cdot\Delta y \\ &\qquad (0<\theta, \theta_1<1), \end{aligned}$$

откуда

$$\frac{\Delta y}{\Delta x}=-\frac{F'_x(x+\theta\Delta x, y+\Delta y)}{F'_y(x, y+\theta_1\Delta y)}. \tag{3}$$

Прежде всего установим, что при $\Delta x\to 0$ будет и $\Delta y\to 0$, т. е. что функция $y=f(x)$ непрерывна. Имеем

$$\left|\frac{\Delta y}{\Delta x}\right|=\frac{|F'_x(x+\theta\Delta x, y+\Delta y)|}{F'_y(x, y+\theta_1\Delta y)}.$$

Но непрерывная в $\mathcal{D}$ функция $|F'_x|$ ограничена сверху конечным числом M [n° 137]

$$|F'_x|\leqslant M,$$

и в то же время положительная непрерывная функция F'_y, имеющая в $\mathcal{D}$ наименьшее значение m [n° 137], также положительное, ограничена им снизу:

$$F'_y\geqslant m>0.$$

Теперь легко получить оценку

$$\left|\frac{\Delta y}{\Delta x}\right|\leqslant\frac{M}{m}$$

или

$$|\Delta y|\leqslant\frac{M}{m}|\Delta x|,$$

откуда и следует требуемое утверждение.

г) Возвращаясь к равенству (3), предположим теперь, что $\Delta x \to 0$. Так как мы уже знаем, что при этом и $\Delta y \to 0$, то, по непрерывности функций F'_x и F'_y и с учетом того, что $F'_y \neq 0$, справа в пределе получим

$$-\frac{F'_x(x, y)}{F'_y(x, y)}.$$

Таков же будет и предел левой части равенства (3), так что существует производная y по x:

$$f'(x) = y'_x = \lim_{\Delta x \to 0} \frac{\Delta y}{\Delta x} = -\frac{F'_x(x, y)}{F'_y(x, y)}. \tag{4}$$

Подставляя сюда $f(x)$ вместо y, получим

$$f'(x) = -\frac{F'_x(x, f(x))}{F'_y(x, f(x))};$$

поскольку в числителе и знаменателе имеем непрерывные функции от непрерывных же функций и знаменатель не обращается в нуль, отсюда ясно, что $f'(x)$ — также непрерывная функция. Теорема доказана полностью.

Таким образом, по свойствам функции $f(x, y)$, которая нам дана непосредственно, мы можем судить о свойствах функции $y = f(x)$, для которой непосредственного задания мы не имеем!

Мы уже упоминали в n° **314** о геометрической трактовке изученного здесь вопроса. Если кривая задана «неявным» уравнением (1) и в какой-либо ее точке $F'_y \neq 0$, то в окрестности этой точки кривая может быть выражена «явным» уравнением вида: $y = f(x)$. Разумеется, x и y можно обменять ролями: если в некоторой точке $F'_x \neq 0$, то в ее окрестности кривую можно выразить «явным» же уравнением другого вида: $x = g(y)$. Лишь в «особой» точке [n° **210**], где одновременно и $F'_x = 0$ и $F'_y = 0$, наша теорема не находит приложения.

316. Неявная функция от нескольких переменных. Аналогично уравнению (1), можно рассматривать и уравнение с бо́льшим числом переменных. Пусть, например, имеем уравнение с т р е м я переменными:

$$F(x, y, z) = 0. \tag{5}$$

При известных условиях этим уравнением z определяется как «неявная» функция от двух переменных x и y:

$$z = h(x, y),$$

которая, вообще говоря, будет многозначной. Если подставить ее вместо z, то будем иметь

$$F(x, y, h(x, y)) = 0 \tag{6}$$

уже т о ж д е с т в е н н о относительно x, y.

Мы будем говорить, что *в параллелепипеде*

$$(a,\ b;\ c,\ d;\ e,\ f)$$

уравнение (5) *определяет* z *как однозначную функцию от* x и y: $z = h(x, y)$, *если для любой точки* (x, y), *содержащейся в прямоугольнике*

$$(a,\ b;\ c,\ d),$$

уравнение (5) *имеет один, и только один, корень* $z = h(x, y)$ *в промежутке* (e, f).

Если это имеет место, то *уравнения*

$$F(x, y, z) = 0 \quad и \quad z = h(x, y)$$

в параллелепипеде $(a, b; c, d; e, f)$ *оказываются совершенно равносильными.*

В роли такого параллелепипеда обычно будет фигурировать окрестность интересующей нас точки $P_0(x_0, y_0, z_0)$.

Сформулируем теперь относящуюся к уравнению (5) теорему.

Теорема 2. *Предположим, что*:

1) *функция* $F(x, y, z)$ *определена и непрерывна, вместе со своими частными производными, в некоторой окрестности точки* $P_0(x_0, y_0, z_0)$;

2) *функция* F *в точке* $P_0(x_0, y_0, z_0)$ *обращается в нуль; и, наконец,*

3) *производная* F'_z *в этой точке не равна нулю.*

Тогда:

а) *в некоторой окрестности точки* $P_0(x_0, y_0, z_0)$

$$\mathscr{E}_0 = (x_0 - \Delta,\ x_0 + \Delta;\ y_0 - \Delta',\ y_0 + \Delta';\ z_0 - \Delta'',\ z_0 + \Delta'')$$

уравнение (5) *определяет* z *как однозначную функцию от* x *и* y: $z = h(x, y)$;

б) *при* $x = x_0$, $y = y_0$ *эта функция принимает значение* z_0: $h(x_0, y_0) = z_0$;

в) *функция* $h(x, y)$ *непрерывна по совокупности своих аргументов и*

г) *она имеет непрерывные же частные производные* h'_x, h'_y.

На доказательстве мы останавливаться не будем, так как оно совершенно аналогично доказательству теоремы 1.

На этот раз геометрическим образом уравнения (5) является поверхность. При условии $F'_z \neq 0$ в окрестности соответствующей точки поверхность выражается и явным уравнением вида $z = h(x, y)$. Если в какой-либо точке одновременно $F'_x = F'_y = F'_z = 0$, то теорема неприложима — точка «особая» [n° 213].

317. Определение неявных функций из системы уравнений. Наконец, в самом общем случае может быть дана система из m уравнений с $n+m$ переменными:

$$\left.\begin{array}{l} F_1(x_1, \ldots, x_n; y_1, \ldots, y_m)=0, \\ F_2(x_1, \ldots, x_n; y_1, \ldots, y_m)=0, \\ \cdot\ \cdot\ \cdot\ \cdot\ \cdot\ \cdot\ \cdot\ \cdot \\ \cdot\ \cdot\ \cdot\ \cdot\ \cdot\ \cdot\ \cdot\ \cdot \\ F_m(x_1, \ldots, x_n; y_1, \ldots, y_m)=0. \end{array}\right\} \qquad (7)$$

Здесь речь идет об определении этой системой m переменных $y_1, \ldots, y_m$ как «неявных» функций от n переменных $x_1, \ldots, x_n$:

$$y_1=f_1(x_1, \ldots, x_n), \ldots, y_m=f_m(x_1, \ldots, x_n),$$

так что при подстановке их в (5) получаются тождества относительно $x_1, \ldots, x_n$.

Подробно мы рассмотрим простейший случай — систему из двух уравнений с тремя переменными:

$$\underbrace{F(x, y, z)=0, \quad G(x, y, z)=0.} \qquad (8)$$

Говорят, что в параллелепипеде

$$(a, b; c, d; e, f)$$

эта система определяет y и z как однозначные функции от x: $y=f(x)$, $z=g(x)$, если для каждого значения x в промежутке (a, b) система уравнений (8) имеет одну, и только одну, систему решений ($y=f(x)$, $z=h(x)$) из прямоугольника $(c, d; e, f)$.

При этих условиях ясно, что снова *система* (8) *в пределах параллелепипеда равносильна системе*

$$\underbrace{y=f(x), \ z=g(x).}$$

Мы видели, что в вопросе о существовании однозначной неявной функции, определяемой одним уравнением (1) [или (5)], решающую роль играло требование, чтобы в рассматриваемой точке, удовлетворяющей уравнению, не обращалась в нуль производная F'_y [соответственно, F'_z] именно по той переменной, которая подлежит определению как неявная функция. В вопросе же о существовании однозначных неявных функций y, z, определяемых системой уравнений (8), к которому мы сейчас переходим, аналогичную роль будет играть определитель, составленный из четырех частных производных от функций, стоящих в левых частях по подлежащим определению переменным y и z:

$$J=J(x, y, z)=\begin{vmatrix} F'_y & F'_z \\ G'_y & G'_z \end{vmatrix}. \qquad (9)$$

Теорема 3. Предположим, что:

1) *функции* $F(x, y, z)$ *и* $G(x, y, z)$ *определены и непрерывны, вместе со всеми своими частными производными, в некоторой окрестности точки* $P_0(x_0, y_0, z_0)$;

2) *точка* P_0 *удовлетворяет системе* (8):

$$F(x_0, y_0, z_0) = 0, \quad G(x_0, y_0, z_0) = 0;$$

3) *определитель* $J(x, y, z,)$ *в этой точке отличен от нуля*: $J(x_0, y_0, z_0) \neq 0$.

Тогда:

а) *в некоторой окрестности*

$$\mathscr{M} = (x_0 - \delta,\ x_0 + \delta;\ y_0 - \delta',\ y_0 + \delta';\ z_0 - \delta'',\ z_0 + \delta'')$$

точки P_0 *система уравнений* (8) *определяет* y *и* z *как однозначные функции от* x: $y = f(z)$, $z = g(x)$;

б) при $x = x_0$ *эти функции принимают, соответственно, значения* y_0 *и* z_0: $f(x_0) = y_0$, $g(x_0) = z_0$;

в) *в промежутке* $(x_0 - \delta,\ x_0 + \delta)$ *функции* $f(x)$ *и* $g(x)$ *непрерывны и*

г) *имеют непрерывные же производные* $f'(x)$, $g'(x)$.

Доказательство. Поскольку определитель J в точке $P_0(x_0, y_0, z_0)$ отличен от нуля, во втором его столбце хоть один элемент также не равен нулю в этой точке; пусть, например,

$$F'_z(x_0, y_0, z_0) \neq 0.$$

В таком случае, по теореме 2, в некоторой окрестности

$$\mathscr{E}_0 = (x_0 - \Delta,\ x_0 + \Delta;\ y_0 - \Delta',\ y_0 + \Delta';\ z_0 - \Delta'',\ z_0 + \Delta'')$$

точки P_0 первое из уравнений (8) определяет z как однозначную функцию от x и y: $z = h(x, y)$, со свойствами, перечисленными в заключениях б), в) и г) этой теоремы. Заменяя в системе (8) первое уравнение равносильным ему (*в пределах* $\mathscr{E}_0$!) уравнением $z = h(x, y)$, получим равносильную систему

$$G(x, y, z) = 0,\ z = h(x, y).$$

Наконец, если в G подставить $h(x, y)$ на место z, то придем к более простой, но все еще равносильной системе

$$\Phi(x, y) = 0,\ z = h(x, y), \tag{10}$$

где для краткости мы положим

$$\Phi(x, y) \equiv G(x, y, h(x, y)). \tag{11}$$

Таким образом, мы свели задачу к доказательству того, что в некоторой (содержащейся в $\mathscr{E}_0$) окрестности $\mathscr{M}_0$ точки P_0 система уравнений (10) определяет y и z как однозначные функции от x, обладающие всеми требуемыми свойствами. Воспользуемся же тем удобным для нас обстоятельством, что первое из уравнений (10) содержит только переменные x, y, и применим к нему уже доказанную теорему 1: если нам удастся установить, что этим уравнением y определяется как однозначная функция от x: $y=f(x)$, то и z уже без труда определится как однозначная функция от x по второму из уравнений (10):

$$z=h(x, f(x))=g(x). \qquad (12)$$

Приступая к проверке выполнения условий теоремы 1 для функции Φ, отметим, прежде всего, что

$$h(x_0, y_0)=z_0 \qquad (13)$$

[б) теоремы 2], и в силу непрерывности функции $h(x, y)$ в точке $M_0(x_0, y_0)$ значение этой функции вблизи M_0 разнится от z_0 сколь угодно мало. Тогда в достаточно малой окрестности точки M_0 функция $\Phi(x, y)$ будет непрерывна, вместе со своими частными производными, потому что таковы функции $G(x, y, z)$ (вблизи P_0) и $h(x, y)$ (вблизи M_0), из которых она составлена [см. (11)].

Точно так же выполняется условие 2) теоремы 1:

$$\Phi(x_0, y_0)=G(x_0, y_0, h(x_0, y_0))=G(x_0, y_0, z_0)=0,$$

в силу (11), (13) и предположения 2) настоящей теоремы.

Остается проверить выполнение условия 3) теоремы 1. Дифференцируя (11) по y, найдем

$$\Phi'_y(x, y)=G'_y+G'_z\cdot h'_y. \qquad (14)$$

Но h'_y может быть получено дифференцированием по y тождества (6):

$$F'_y+F'_z\cdot h'_y=0, \text{ откуда } h'_y=-\frac{F'_y}{F'_z}.$$

Подставляя это выражение в (14), придем к результату

$$\Phi'_y(x, y)=G'_y-G'_z\cdot\frac{F'_y}{F'_z}=-\frac{J}{F'_z},$$

причем справа вместо аргумента z везде должно быть подставлено $h(x, y)$. Точке $M_0(x_0, y_0)$ слева отвечает, ввиду (13), точка $P_0(x_0, y_0, z_0)$ справа. Так как, по условию 3), определитель J в точке P_0 отличен от нуля, то это справедливо и относительно производной Φ'_y в точке M_0.

Теперь мы уже вправе применить к уравнению $\Phi(x, y)=0$ теорему 1 и утверждать, что в некоторой окрестности точки M_0:

$$(x_0-\delta, x_0+\delta; y_0-\delta', y_0+\delta')$$

(где $0<\delta<\Delta$, $0<\delta'<\Delta'$) это уравнение, действительно, определяет y как однозначную функцию от x: $y=f(x)$, а тогда (как уже отмечалось) формула (12) определит и z как однозначную функцию от x.

За окрестность $\mathcal{M}_0$, о которой идет речь в а), можно взять параллелепипед

$$(x_0-\delta,\ x_0+\delta;\ y_0-\delta',\ y_0+\delta';\ z_0-\delta'',\ z_0+\delta''),$$

полагая $\delta''=\Delta''$. Заключения б), в) и г) теоремы оправдываются свойствами функций $f(x)$ и $h(x, y)$, которые сформулированы в теоремах 1 и 2.

И здесь теореме может быть дано геометрическое истолкование. Система (8), вообще говоря, выражает кривую в пространстве — пересечение двух поверхностей, представляемых каждым из уравнений порознь. Если в некоторой точке отличен от нуля какой-либо из определителей второго порядка матрицы частных производных:

$$\begin{pmatrix} F'_x, & F'_y, & F'_z \\ G'_x, & G'_y, & G'_z \end{pmatrix},$$

скажем, определитель (9), то в окрестности рассматриваемой точки две из координат (в данном случае: y и z) могут быть рассматриваемы как функции третьей (x), т. е. кривая может быть выражена «явными» уравнениями $y=f(x)$, $z=g(x)$. Мы не можем применить теорему лишь в «особой» точке, где все три определителя матрицы одновременно обращаются в нуль.

Аналогичная теорема может быть доказана и для системы уравнений (7) общего вида по методу математической индукции. При этом индукция проводится относительно числа уравнений, наподобие того, как мы только что свели случай двух уравнений к случаю одного уравнения. Не останавливаясь на формулировке и доказательстве общей теоремы, мы подчеркнем лишь, что в вопросе о существовании системы неявных функций $y_1, \ldots, y_m$, определяемых системой (7), решающую роль играет определитель

$$\begin{vmatrix} \frac{\partial F_1}{\partial y_1} & \frac{\partial F_1}{\partial y_2} & \cdots & \frac{\partial F_1}{\partial y_m} \\ \frac{\partial F_2}{\partial y_1} & \frac{\partial F_2}{\partial y_2} & \cdots & \frac{\partial F_2}{\partial y_m} \\ \cdot & \cdot & \cdot & \cdot \\ \cdot & \cdot & \cdot & \cdot \\ \frac{\partial F_m}{\partial y_1} & \frac{\partial F_m}{\partial y_2} & \cdots & \frac{\partial F_m}{\partial y_m} \end{vmatrix}$$

— он должен быть отличен от нуля в той точке, об окрестности которой идет речь.

З а м е ч а н и е. Мы обращаем внимание читателя на локальный характер всех теорем существования неявных функций: речь идет все время лишь о некоторой окрестности рассматриваемой точки. Но и в таком виде эти теоремы полезны; например, для изучения свойств геометрического образа в данной его точке совершенно достаточно ограничиться непосредственной ее окрестностью.

318. Вычисление производных неявных функций. Ход рассуждений, с помощью которых устанавливались теоремы существования неявных функций, не всегда давал представление о самом способе вычисления производных (первого порядка) от неявных функций. О производных высшего порядка и вовсе не было речи. Теперь на этих важных вопросах мы остановимся специально.

Начнем с простейшего случая, когда дано уравнение (1). Будем считать выполненными, в окрестности рассматриваемой точки, условия теоремы 1; существенную роль в дальнейшем будет играть требование $F'_y \neq 0$.

Так как существование самой неявной функции y от x и ее производной y'_x уже наперед известно, то процесс вычисления этой производной можно осуществить путем дифференцирования по x равенства (1)

$$F(x, y) = 0,$$

которое превращается в тождество, если под y разумсть как раз определяемую отсюда неявную функцию. Мы получим [как уже имели в n° 141,4)]

$$F'_x(x, y) + F'_y(x, y) \cdot y'_x = 0, \tag{15}$$

откуда возвращаемся к уже известной формуле (4)

$$y'_x = -\frac{F'_x(x, y)}{F'_y(x, y)}.$$

Теперь мы можем пойти дальше. Если функция $F(x, y)$ имеет непрерывные производные второго порядка, то выражение, стоящее в формуле (4) справа, может быть продифференцировано по x, следовательно, существует и производная от y'_x, т. е. вторая производная y''_{x^2} от неявной функции y. Выполняя дифференцирование и подставляя всякий раз вместо y'_x ее выражение (4), найдем:

$$y''_{x^2} = \frac{(F''_{xy} + F''_{y^2} \cdot y'_x) \cdot F'_x - (F''_{x^2} + F''_{xy} \cdot y'_x) \cdot F'_y}{F'^2_y} =$$

$$= \frac{2F'_x \cdot F'_y \cdot F''_{xy} - F'^2_y \cdot F''_{x^2} - F'^2_x \cdot F''_{y^2}}{F'^3_y};$$

отсюда же видим, что вторая производная будет непрерывной функцией от x.

Если функция $F(x, y)$ имеет непрерывные производные третьего порядка, то, очевидно, существует и третья производная от неявной функции y'''_{x^3}; ее выражение снова может быть получено непосредственным дифференцированием выражения для y''_{x^2} и т. д. С помощью математической индукции легко доказать, что *существование непрерывных производных функции $F(x, y)$ до k-го порядка ($k > 1$) включительно обеспечивает и существование (непрерывной) производной k-го порядка от неявной функции.*

После того как, таким образом, самый факт существования последовательных производных от неявной функции установлен, вычисление их проще производить путем повторного дифференцирования тождества (15), с учетом того, что y есть функция от x. Например, первое же дифференцирование этого тождества даст нам

$$F''_{x^2}+F''_{xy}\cdot y'_x+(F''_{xy}+F''_{y^2}\cdot y'_x)\cdot y'_x+F'_y\cdot y''_{x^2}=0,$$

откуда (ведь $F'_y\neq 0$!)

$$y''_{x^2}=-\frac{F''_{x^2}+2F''_{xy}\cdot y'_x+F''_{y^2}\cdot y'^2_{x}}{F'_y};$$

подставив вместо y'_x его выражение (4), вернемся к уже найденному выражению для y''_{x^2}; и т. д.

Пример. 1) Пусть y связано с x уравнением

$$\ln\sqrt{x^2+y^2}=\operatorname{arctg}\frac{y}{x}.$$

Дифференцируя последовательно по x (причем y считаем функцией от x), получим

$$\frac{x+yy'}{x^2+y^2}=\frac{xy'-y}{x^2+y^2}\quad\text{или}\quad x+yy'=xy'-y;$$

затем

$$1+y'^2+yy''=xy''; \ldots$$

Из первого уравнения находим

$$y'=\frac{x+y}{x-y},$$

из второго (если подставить найденное значение y')

$$y''=\frac{1+y'^2}{x-y}=2\frac{x^2+y^2}{(x^2-y)^2}$$

и т. д.

Аналогично обстоит дело и в случае уравнения (5)

$$F(x, y, z)=0.$$

Здесь предполагаем выполненными условия теоремы 2. Если под z разуметь неявную функцию, определяемую этим уравнением, то оно превратится в тождество, которое можно дифференцировать как по x, так и по y. В результате получим

$$z'_x=-\frac{F'_x}{F'_z},\quad z'_y=-\frac{F'_y}{F'_z}.$$

(Второе равенство мы, собственно, уже получили этим же приемом в процессе доказательства теоремы 3.)

Если функция F имеет непрерывные производные второго, третьего, . . . порядка, то такие же производные имеет и функция z: все это сходно со сказанным выше относительно уравнения (1).

Если нужны все производные первого, второго, . . . порядка, то проще сразу вычислить dz, d^2z, . . . Продифференцируем же наше тождество полным образом, т. е. приравняем нулю полный дифференциал от его левой части (используя при этом инвариантность формы первого дифференциала, n° 143):

$$\frac{\partial F}{\partial x}dx+\frac{\partial F}{\partial y}dy+\frac{\partial F}{\partial z}dz=0,$$

так что

$$dz=-\frac{\frac{\partial F}{\partial x}}{\frac{\partial F}{\partial z}}dx-\frac{\frac{\partial F}{\partial y}}{\frac{\partial F}{\partial z}}dy.$$

В то же время

$$dz=\frac{\partial z}{\partial x}dx+\frac{\partial z}{\partial y}dy.$$

Ввиду произвольности dx и dy отсюда ясно *), что

$$\frac{\partial z}{\partial x}=-\frac{\frac{\partial F}{\partial x}}{\frac{\partial F}{\partial z}},\quad \frac{\partial z}{\partial y}=-\frac{\frac{\partial F}{\partial y}}{\frac{\partial F}{\partial z}},$$

как мы и получили выше.

Дифференцируя еще раз, получим

$$\left[\frac{\partial^2 F}{\partial x^2}dx+\frac{\partial^2 F}{\partial x\,\partial y}dy+\frac{\partial^2 F}{\partial x\,\partial z}dz\right]dx+\ldots+\frac{\partial F}{\partial z}d^2z=0$$

и определим d^2z, что приведет нас к выражениям для

$$\frac{\partial^2 z}{\partial x^2},\quad \frac{\partial^2 z}{\partial x\,\partial y},\quad \frac{\partial^2 z}{\partial y^2},$$

и т. д. Мы видим, что во всех этих выкладках основную роль играет условие, что

$$F'_z=\frac{\partial F}{\partial z}\neq 0.$$

Пример. 2) Пусть неявная функция z от x, y определяется уравнением

$$\frac{x^2}{a^2}+\frac{y^2}{b^2}+\frac{z^2}{c^2}=1.$$

Имеем последовательно

$$\frac{x\,dx}{a^2}+\frac{y\,dy}{b^2}+\frac{z\,dz}{c^2}=0,\quad dz=-\frac{c^2x}{a^2z}dx-\frac{c^2y}{b^2z}dy,$$

так что

$$\frac{\partial z}{\partial x}=-\frac{c^2x}{a^2z},\quad \frac{\partial z}{\partial y}=-\frac{c^2y}{b^2z}.$$

Затем

$$\frac{dx^2}{a^2}+\frac{dy^2}{b^2}+\frac{dz^2}{c^2}+\frac{z\,d^2z}{c^2}=0,$$

откуда (если воспользоваться известным уже выражением для dz)

$$d^2z=-\frac{c^4}{z^3}\left[\left(\frac{x^2}{a^2}+\frac{z^2}{c^2}\right)\frac{dx^2}{a^2}+\frac{2xy}{a^2b^2}dx\,dy+\left(\frac{y^2}{b^2}+\frac{z^2}{c^2}\right)\frac{dy^2}{b^2}\right],$$

---

*) Равенство $A\,dx+B\,dy=A'\,dx+B'\,dy$ при произвольных значениях dx и dy может иметь место лишь тогда, когда $A=A'$ и $B=B'$.

что дает нам

$$\frac{\partial^2 z}{\partial x^2} = -\frac{c^4}{a^2 z^3}\left(\frac{x^2}{a^2} + \frac{z^2}{c^2}\right), \quad \frac{\partial^2 z}{\partial x\, \partial y} = -\frac{c^4 xy}{a^2 b^2 z^3},$$

$$\frac{\partial^2 z}{\partial y^2} = -\frac{c^4}{b^2 z^3}\left(\frac{y^2}{b^2} + \frac{z^2}{c^2}\right)$$

и т. д.

Перейдем теперь к рассмотрению системы уравнений (8):

$$F(x, \underbrace{y, z) = 0, \quad G(x}, y, z) = 0.$$

Будем предполагать, что в окрестности взятой точки выполняются условия теоремы 3. Снова обращаем внимание на роль, которую будет играть требование $J \neq 0$.

Мы знаем, что неявные функции y и z от x имеют производные по x. Самое в ы ч и с л е н и е их производится дифференцированием тождеств, которые получатся из (8), если под y и z разуметь именно упомянутые неявные функции. Дифференцирование по x, например, дает

$$\frac{\partial F}{\partial x} + \frac{\partial F}{\partial y} \cdot \frac{dy}{dx} + \frac{\partial F}{\partial z} \cdot \frac{dz}{dx} = 0,$$

$$\frac{\partial G}{\partial x} + \frac{\partial G}{\partial y} \cdot \frac{dy}{dx} + \frac{\partial G}{\partial z} \cdot \frac{dz}{dx} = 0.$$

Это — система л и н е й н ы х уравнений относительно неизвестных $\frac{dy}{dx}$ и $\frac{dz}{dx}$ с о т л и ч н ы м о т н у л я определителем J. Отсюда обе производные по x легко определяются; то же можно выполнить и для производных по y.

Мы не станем повторять здесь замечаний относительно использования дифференцирования п о л н ы м о б р а з о м, существования и вычисления производных высших порядков.

Наконец, все сказанное распространяется и на общий случай.

П р и м е р. 3) Пусть дана система

$$x + y + z + u = a, \quad x^2 + y^2 + z^2 + u^2 = b^2, \quad x^3 + y^3 + z^3 + u^3 = c^3,$$

определяющая y, z, u как функции от x. Имеем

$$1 + y' + z' + u' = 0, \quad x + yy' + zz' + uu' = 0,$$

$$x^2 + y^2 y' + z^2 z' + u^2 u' = 0$$

Предполагая определитель

$$\begin{vmatrix} 1 & 1 & 1 \\ y & z & u \\ y^2 & z^2 & u^2 \end{vmatrix} = (z - y)(u - y)(u - z)$$

неравным нулю, имеем отсюда

$$y' = -\frac{(z - x)(u - x)}{(z - y)(u - y)} \quad \text{и т. д.}$$

§ 2. НЕКОТОРЫЕ ПРИЛОЖЕНИЯ ТЕОРИИ НЕЯВНЫХ ФУНКЦИЙ

319. Относительные экстремумы. Рассмотрим вопрос об экстремуме функции $f(x_1, \ldots, x_{n+m})$ от $n+m$ переменных в предположении, что эти переменные подчинены еще m «уравнениям связи»

$$\Phi_i(x_1, \ldots, x_n, x_{n+1}, \ldots, x_{n+m}) = 0$$
$$(i = 1, 2, \ldots, m).$$

Мы уточним понятие о таком относительном экстремуме и укажем приемы для его разыскания.

Говорят, что *в точке* $P_0(x_1^0, \ldots, x_{n+m}^0)$, *удовлетворяющей уравнениям связи, функция* $f(x_1 \ldots, x_{n+m})$ *имеет относительный максимум (минимум), если неравенство*

$$f(x_1, \ldots, x_{n+m}) \leqslant f(x_1^0, \ldots, x_{n+m}^0)$$
$$(\geqslant)$$

выполняется в некоторой окрестности точки M_0 *для всех точек* $(x_1, \ldots, x_{n+m})$, *удовлетворяющих уравнениям связи.*

Если, например, речь идет о функции $u = f(x, y, z)$ трех переменных x, y, z, подчиненных еще уравнению связи

$$F(x, y, z) = 0,$$

то разыскание относительного экстремума функции u означает геометрически, что экстремум ищется на поверхности, выраженной написанным уравнением: и сама экстремальная точка и точки, которые с нею сопоставляются, должны лежать на этой поверхности. Если налицо два уравнения связи

$$F(x, y, z) = 0, \quad G(x, y, z) = 0,$$

то, очевидно, дело сводится к рассмотрению лишь точек на кривой, которая задается этими уравнениями.

Переходя к детальному изложению вопроса, мы для упрощения письма ограничимся функцией

$$u = f(x, y, z, t)$$

от четырех переменных, считая их подчиненными двум уравнениям связи:

$$F(x, y, z, t) = 0, \quad G(x, y, z, t) = 0. \tag{1}$$

Пусть функция f имеет относительный экстремум в точке $P_0(x_0, y_0, z_0, t_0)$. Мы будем предполагать, что как функция f, так и функции F и G имеют в окрестности рассматриваемой точки непрерывные частные производные по всем аргументам. Пусть, далее, в точке P_0 отличен от нуля хоть один из определителей второго порядка матрицы, составленной из частных производных*)

$$\begin{pmatrix} F'_x & F'_y & F'_z & F'_t \\ G'_x & G'_y & G'_z & G'_t \end{pmatrix},$$

например, определитель

$$J = \begin{vmatrix} F'_z & F'_t \\ G'_z & G'_t \end{vmatrix}. \tag{2}$$

Тогда, если ограничиться надлежащей окрестностью точки P_0 (по теореме, аналогичной теореме 3 n° 317), система (1) равносильна системе вида

$$z = \varphi(x, y), \quad t = \psi(x, y), \tag{3}$$

где φ, ψ суть неявные функции, определяемые системой (1). Иными словами, требование, чтобы значения переменных x, y, z, t удовлетворяли уравнениям связи (1), можно заменить предположением, что переменные z и t представляют собой функции (3) от x и y. Таким образом, вопрос об относительном экстремуме для функции $f(x, y, z, t)$ от четырех переменных в точке $P_0(x_0, y_0, z_0, t_0)$ сводится к вопросу об обыкновенном (абсолютном) экстремуме для сложной функции от двух переменных

$$f(x, y, \varphi(x, y), \psi(x, y)) \tag{4}$$

в точке $M_0(x_0, y_0)$.

Эти соображения указывают и на реальный путь для нахождения точки, доставляющий относительный экстремум функции $f(x, y, z, t)$: если мы умеем фактически разрешить уравнения связи, например, относительно переменных z и t, и найти явные выражения для функций (3), то дело сводится к нахождению абсолютного экстремума для сложной функции (4). Собственно говоря, мы так именно и поступали в ряде ранее решенных задач [n° 153, 154], например, когда мы искали наибольшее значение для произведения $xyzt$ при условии $x+y+z+t=4c$, и т. п.

Укажем теперь другой путь для нахождения точки $P_0(x_0, y_0, z_0, t_0)$, не предполагая, что мы имеем явные выражения для (неявных) функций (3), хотя существованием этих функций мы будем пользоваться и здесь.

Итак, пусть в точке P_0 функция $f(x, y, z, t)$ имеет относительный экстремум или — что то же — сложная функция (4) в точке M_0 имеет экстремум абсолютный.

Тогда в этой точке обращаются в 0 обе производные, по x и по y, функции (4), а следовательно, и ее дифференциал. По

*) В этом случае говорят, что матрица имеет (в точке P_0) ранг 2.

инвариантности формы (первого) дифференциала [n° 143] это условие можно записать так:

$$\frac{\partial f}{\partial x} dx + \frac{\partial f}{\partial y} dy + \frac{\partial f}{\partial z} dz + \frac{\partial f}{\partial t} dt = 0, \tag{5}$$

где под dz и dt разумеются дифференциалы функций (3) в точке M_0, в то время как частные производные вычислены в точке P_0, ибо

$$\varphi(x_0, y_0) = z_0, \quad \psi(x_0, y_0) = t_0. \tag{6}$$

Из (5) *нельзя, конечно, заключить о равенстве нулю коэффициентов при дифференциалах, так как не все эти дифференциалы произвольны.* Для того чтобы свести дело к произвольно выбираемым дифференциалам, т. е. к дифференциалам dx и dy независимых переменных, мы постараемся исключить отсюда дифференциалы dz и dt переменных зависимых. Это легко сделать, если продифференцировать полным образом уравнения связи (1), разумея под z и t функции (3) *):

$$\left.\begin{aligned} \frac{\partial F}{\partial x} dx + \frac{\partial F}{\partial y} dy + \frac{\partial F}{\partial z} dz + \frac{\partial F}{\partial t} dt = 0, \\ \frac{\partial G}{\partial x} dx + \frac{\partial G}{\partial y} dy + \frac{\partial G}{\partial z} dz + \frac{\partial G}{\partial t} dt = 0. \end{aligned}\right. \tag{7}$$

Здесь, как и выше, ввиду (6), частные производные вычислены в точке P_0. Так как, по предположению, определитель (2) в этой точке — не нуль, то dz и dt могут быть отсюда линейно выражены через dx и dy. Если эти выражения подставить в (5), то получится равенство вида

$$A\,dx + B\,dy = 0,$$

где A и B означают выражения, рациональные относительно частных производных функций F, G, и здесь взятых в точке P_0. Так как в этом равенстве фигурируют только дифференциалы dx, dy независимых переменных, т. е. совершенно произвольные числа, то в точке M_0 имеем

$$A = 0, \quad B = 0.$$

Вместе с уравнениями связи это дает четыре уравнения для определения неизвестных x, y, z и t.

Конечно, мы установили лишь необходимые условия для экстремальной точки $P(x_0, y_0, z_0, t_0)$. Но и в таком виде условия могут быть полезны даже для разыскания наибольшего (или наименьшего) значения функции f при условиях (1), если по характеру

*) Точнее говоря, мы дифференцируем те тождества, которые получаются из уравнений (1), если вместо z и t в них подставить неявные функции (3). Подобный способ речи мы будем применять и впредь.

вопроса наперед ясно, что внутри рассматриваемой области должна существовать точка, где это наибольшее (наименьшее) значение достигается, или если такое допущение сделано в порядке наведения, с тем, чтобы найденную точку апробировать другими соображениями.

Примеры приведены ниже, в n° 321.

320. Метод неопределенных множителей Лагранжа. В изложенном выше способе нарушается симметрия в отношении переменных: часть из них трактуется как независимые, часть — как зависимые, одни дифференциалы исключаются, другие сохраняются. Иногда это влечет за собой усложнение выкладок. Лагранж предложил метод, при котором все переменные сохраняют одинаковую роль.

Умножим равенства (7), соответственно, на произвольные пока («неопределенные») множители λ, μ и результаты почленно сложим с (5). Мы получим равенство

$$\left(\frac{\partial f}{\partial x}+\lambda\frac{\partial F}{\partial x}+\mu\frac{\partial G}{\partial x}\right)dx+\left(\frac{\partial f}{\partial y}+\lambda\frac{\partial F}{\partial y}+\mu\frac{\partial G}{\partial y}\right)dy+$$
$$+\left(\frac{\partial f}{\partial z}+\lambda\frac{\partial F}{\partial z}+\mu\frac{\partial G}{\partial z}\right)dz+\left(\frac{\partial f}{\partial t}+\lambda\frac{\partial F}{\partial t}+\mu\frac{\partial G}{\partial t}\right)dt=0, \quad (8)$$

где по-прежнему dz и dt означают дифференциалы неявных функций (3) (в рассуждении мы пока сохраняем неравноправие переменных); производные вычислены в точке P_0.

Выберем теперь значения множителей λ и μ так, чтобы обращались в нуль именно коэффициенты при зависимых дифференциалах dz и dt:

$$\frac{\partial f}{\partial z}+\lambda\frac{\partial F}{\partial z}+\mu\frac{\partial G}{\partial z}=0, \quad \frac{\partial f}{\partial t}+\lambda\frac{\partial F}{\partial t}+\mu\frac{\partial G}{\partial t}=0. \quad (9)$$

Это сделать можно, поскольку определитель (2) системы линейных уравнений, получающейся для определения λ и μ, отличен от нуля. При выбранных значениях множителей равенство (8) примет вид

$$\left(\frac{\partial f}{\partial x}+\lambda\frac{\partial F}{\partial x}+\mu\frac{\partial G}{\partial x}\right)dx+\left(\frac{\partial f}{\partial y}+\lambda\frac{\partial F}{\partial y}+\mu\frac{\partial G}{\partial y}\right)dy=0. \quad (10)$$

Здесь мы снова имеем дело лишь с дифференциалами независимых переменных, поэтому коэффициенты при них должны быть нулями, т. е. наряду с (9) имеем и

$$\frac{\partial f}{\partial x}+\lambda\frac{\partial F}{\partial x}+\mu\frac{\partial G}{\partial x}=0, \quad \frac{\partial f}{\partial y}+\lambda\frac{\partial F}{\partial y}+\mu\frac{\partial G}{\partial y}=0. \quad (9^*)$$

Итак, для определения четырех неизвестных x, y, z, t, да еще двух множителей λ и μ, имеем столько же уравнений, именно два уравнения связи и четыре уравнения (9*) и (9).

Для того чтобы облегчить выписывание этих уравнений, обыкновенно вводят вспомогательную функцию

$$\Phi=f+\lambda F+\mu G;$$

тогда упомянутые уравнения могут быть записаны в виде

$$\frac{\partial \Phi}{\partial x}=0, \quad \frac{\partial \Phi}{\partial y}=0, \quad \frac{\partial \Phi}{\partial z}=0, \quad \frac{\partial \Phi}{\partial t}=0. \tag{11}$$

Они выглядят так же, как и условия обыкновенного экстремума для функции F. *Это следует рассматривать лишь как указание, облегчающее запоминание.*

И метод Лагранжа приводит к необходимым условиям. В остальном здесь может быть повторено то, что было сказано в конце предыдущего номера.

Замечание. В изложенной теории существенную роль играло предположение о ранге матрицы из частных производных, которым мы воспользовались трижды. При решении задач одним из указанных методов — для уверенности в том, что не пропущена ни одна точка, доставляющая функции относительный экстремум, — следовало бы предварительно установить, что упомянутое предположение выполняется на деле во всех точках рассматриваемой области, удовлетворяющих уравнениям связи. В простых случаях мы будем предоставлять это читателю.

Перейдем к примерам и задачам.

321. Примеры и задачи. 1) Пусть требуется найти экстремум функции $u=xyzt$ при условии $x+y+z+t=4c$; область изменения переменных определяется неравенствами $x\geqslant 0$, $y\geqslant 0$, $z\geqslant 0$, $t\geqslant 0$. Мы уже решили эту задачу в n° 153, 2), фактически выражая t из последнего условия.

Применяя к той же задаче метод Лагранжа, введем вспомогательную функцию

$$\Phi=xyzt+\lambda(x+y+z+t)^{*)}$$

и составим условия:

$$\Phi'_x=yzt+\lambda=0, \ \ldots, \ \Phi'_t=xyz+\lambda=0,$$

откуда

$$yzt=xzt=xyt=xyz, \text{ так что } x=y=z=t=c.$$

2) Вернемся к задаче о наивыгоднейших сечениях проводов в электрической сети с параллельным включением [n° 154, 3)]. Сохраняя принятые там обозначения, будем искать экстремум функции

$$f(q_1, q_2, \ldots, q_n)=l_1q_1+l_2q_2+\ldots+l_nq_n$$

при условии, что

$$F(q_1, q_2, \ldots, q_n)=\frac{\rho l_1J_1}{q_1}+\frac{\rho l_2J_2}{q_2}+\ldots+\frac{\rho l_nJ_n}{q_n}=e;$$

при этом мы не станем даже вводить, взамен $q_1, q_2, \ldots, q_n$, другие переменные, как сделали это выше, ибо нашими новыми методами задача и так решается просто.

---

*) Если вспомнить роль этой функции, то станет ясно, что постоянное слагаемое в составе Φ здесь может быть опущено без вреда.

Итак, дифференцируя полным образом уравнение $F=0$, получим затем следующее выражение для дифференциала dq_n:

$$dq_n = -\frac{q_n^2}{l_n J_n}\left\{\frac{l_1 J_1}{q_1^2}dq_1 + \ldots + \frac{l_{n-1}J_{n-1}}{q_{n-1}^2}dq_{n-1}\right\}.$$

Подставляя его в равенство $df = l_1\,dq_1 + l_2\,dq_2 + \ldots + l_{n-1}\,dq_{n-1} + l_n\,dq_n = 0$, придем к результату:

$$\left(l_1 - \frac{q_n^2}{J_n}\cdot\frac{l_1 J_1}{q_1^2}\right)dq_1 + \ldots + \left(l_{n-1} - \frac{q_n^2}{J_n}\cdot\frac{l_{n-1}J_{n-1}}{q_{n-1}^2}\right)dq_{n-1} = 0.$$

Так как $dq_1, \ldots, dq_{n-1}$ уже произвольны, то коэффициенты при них порознь — нули, откуда

$$\frac{q_1^2}{J_1} = \frac{q_2^2}{J_2} = \cdots = \frac{q_{n-1}^2}{J_{n-1}} = \frac{q_n^2}{J_n} = \lambda^2$$

и

$$q_1 = \lambda\sqrt{J_1}, \quad q_2 = \lambda\sqrt{J_2}, \ \ldots, \ q_n = \lambda\sqrt{J_n}. \tag{12}$$

Множитель пропорциональности λ легко определить из уравнения связи:

$$\lambda = \frac{\rho}{e}\cdot\sum_{i=1}^{n} l_i\sqrt{J_i}.$$

Если применить метод Лагранжа, то нужно построить вспомогательную функцию *)

$$\Phi(q_1, q_2, \ldots, q_n) = l_1 q_1 + \ldots + l_n q_n + \lambda^2\left(\frac{l_1 J_1}{q_1} + \ldots + \frac{l_n J_n}{q_n}\right)$$

и приравнять нулю ее производные:

$$\frac{\partial\Phi}{\partial q_1} = l_1 - \frac{\lambda^2 l_1 J_1}{q_1^2} = 0, \ \ldots, \ \frac{\partial\Phi}{\partial q_n} = l_n - \frac{\lambda^2 l_n J_n}{q_n^2} = 0,$$

откуда снова получаем (12), и т. д.

3) В качестве более сложного примера рассмотрим такую задачу: трехосный эллипсоид $\frac{x^2}{a^2}+\frac{y^2}{b^2}+\frac{z^2}{c^2}=1$ $(a>b>c)$ пересечен плоскостью $lx + my + nz = 0$, проходящей через его центр; требуется определить полуоси получающегося в сечении эллипса. Иными словами, нужно найти экстремальные значения функции $r^2 = x^2 + y^2 + z^2$, если переменные подчинены указанным выше двум уравнениям связи.

Метод исключения зависимых дифференциалов n° 319 здесь приводит к сложным выкладкам; поэтому мы сразу прибегнем к методу Лагранжа.

Для того чтобы убедиться, что ранг матрицы

$$\begin{pmatrix} \frac{x}{a^2} & \frac{y}{b^2} & \frac{z}{c^2} \\ l & m & n \end{pmatrix}$$

---

*) «Неопределенный множитель» мы для удобства берем в форме λ^2 и включаем в него постоянную ρ.

равен 2 во всех точках пересечения эллипсоида с плоскостью *), допустим противное. Из обращения в 0 всех определителей второго порядка следует пропорциональность элементов верхней и нижней строк; но тогда равенство $lx+my+nz=0$ влечет за собой $\frac{x^2}{a^2}+\frac{y^2}{b^2}+\frac{z^2}{c^2}=0$, что невозможно.

Составив вспомогательную функцию

$$\Phi(x, y, z)=x^2+y^2+z^2+\lambda\left(\frac{x^2}{a^2}+\frac{y^2}{b^2}+\frac{z^2}{c^2}\right)+2\mu(lx+my+nz),$$

приравняем нулю ее производные:

$$x+\lambda\cdot\frac{x}{a^2}+\mu l=0,\quad y+\lambda\cdot\frac{y}{b^2}+\mu m=0,\quad z+\lambda\cdot\frac{z}{c^2}+\mu n=0. \tag{13}$$

Умножая эти уравнения, соответственно, на x, y, z и складывая, получим (с учетом уравнений связи), что $\lambda=-r^2$.

Если предположить, для определенности, что ни одно из чисел l, m, n не равно нулю, то из (13) можно усмотреть, что r не равно ни a, ни b, ни c. Тогда уравнения (13) перепишутся в виде:

$$x=-\mu\frac{la^2}{a^2-r^2},\quad y=-\mu\frac{mb^2}{b^2-r^2},\quad z=-\mu\frac{nc^2}{c^2-r^2}.$$

Отсюда легко найти μ, а с ним и x, y, z; но, минуя это, можно, сложив эти равенства, предварительно умноженные на l, m, n, получить уравнение

$$\frac{l^2a^2}{a^2-r^2}+\frac{m^2b^2}{b^2-r^2}+\frac{n^2c^2}{c^2-r^2}=0,$$

откуда непосредственно и определяются интересующие нас два экстремальных значения r^2.

Так как существование этих экстремальных значений наперед известно, то здесь, таким образом, получается полное решение вопроса.

322. Понятие независимости функций. Рассмотрим систему функций

$$\left.\begin{aligned} y_1&=f_1(x_1, x_2, \ldots, x_n),\\ y_2&=f_2(x_1, x_2, \ldots, x_n),\\ &\ldots\ldots\ldots\ldots\\ &\ldots\ldots\ldots\ldots\\ y_m&=f_m(x_1, x_2, \ldots, x_n)\end{aligned}\right\} \tag{14}$$

определенных и непрерывных, вместе со своими частными производными, в некоторой n-мерной открытой области $\mathcal{D}$.

Может случиться, что одна из них, например y_j, является функцией от остальных:

$$y_j=\Phi(y_1, \ldots, y_{j-1}, y_{j+1}, \ldots, y_m)^{**}), \tag{15}$$

*) См. замечание в n° 320.

) Существенно, что функция Φ в числе своих **непосредственных аргументов не содержит x-ов.

где Φ также предполагается непрерывной функцией от всех аргументов с непрерывными же частными производными, в $(m-1)$-мерной области $\mathscr{E}$, содержащей всевозможные системы значений $y_1, \ldots, y_{j-1}, y_{j+1}, \ldots, y_m$, которые принимают эти функции, когда n-мерная точка $(x_1, x_2, \ldots, x_n)$ пробегает область $\mathscr{D}$. При этом мы подразумеваем, что равенство (15) выполняется **тождественно** относительно $x_1, x_2, \ldots, x_n$ в области $\mathscr{D}$. Тогда говорят, что **в этой области функция y_j зависит от остальных.** В частности, так будет, если y_j сводится к постоянной: в этом случае можно положить и $\Phi = \text{const}$.

Функции $y_1, y_2, \ldots, y_m$ называют вообще **зависимыми** в области $\mathscr{D}$, если одна из них (все равно какая) зависит от остальных.

Если ни в области $\mathscr{D}$, ни в какой-либо частичной, в ней содержащейся, области не имеет место тождество вида (15), то функции $y_1, y_2, \ldots, y_m$ называют **независимыми** в области $\mathscr{D}$.

Ответ на вопрос о независимости функций дает рассмотрение так называемой **функциональной матрицы**, составленной из частных производных этих функций по всем независимым переменным:

$$\begin{pmatrix} \frac{\partial y_1}{\partial x_1} & \frac{\partial y_1}{\partial x_2} & \ldots & \frac{\partial y_1}{\partial x_n} \\ \frac{\partial y_2}{\partial x_1} & \frac{\partial y_2}{\partial x_2} & \ldots & \frac{\partial y_2}{\partial x_n} \\ \cdots & \cdots & \cdots & \cdots \\ \cdots & \cdots & \cdots & \cdots \\ \frac{\partial y_m}{\partial x_1} & \frac{\partial y_m}{\partial x_2} & \ldots & \frac{\partial y_m}{\partial x_n} \end{pmatrix}. \tag{16}$$

Предполагая $n \geqslant m$, прежде всего имеем такую теорему:

Теорема 1. *Если хоть один определитель m-го порядка, составленный из элементов матрицы* (16), *отличен от нуля в области $\mathscr{D}$, то в этой области функции $y_1, y_2, \ldots, y_m$ независимы.*

Доказательство. Пусть

$$\begin{vmatrix} \frac{\partial y_1}{\partial x_1} & \frac{\partial y_1}{\partial x_2} & \ldots & \frac{\partial y_1}{\partial x_m} \\ \frac{\partial y_2}{\partial x_1} & \frac{\partial y_2}{\partial x_2} & \ldots & \frac{\partial y_2}{\partial x_m} \\ \cdots & \cdots & \cdots & \cdots \\ \cdots & \cdots & \cdots & \cdots \\ \frac{\partial y_m}{\partial x_1} & \frac{\partial y_m}{\partial x_2} & \ldots & \frac{\partial y_m}{\partial x_m} \end{vmatrix} \neq 0. \tag{17}$$

Если бы не равным нулю был не этот, а какой-нибудь другой определитель, то, изменив нумерацию переменных, можно было бы свести вопрос к случаю (17).

Доказательство теоремы будем вести от противного. Предположим, что одна из функций, например y_m, выражается через остальные, так что

$$y_m = \Phi(y_1, y_2, \ldots, y_{m-1}), \tag{18}$$

хотя бы в некоторой части $\mathscr{D}_0$ области $\mathscr{D}$.

Продифференцировав это тождество по каждой из переменных x_i ($i = 1, 2, \ldots, m$), мы получим ряд тождеств (в $\mathscr{D}_0$) вида

$$\frac{\partial y_m}{\partial x_i} = \frac{\partial y_m}{\partial y_1} \cdot \frac{\partial y_1}{\partial x_i} + \frac{\partial y_m}{\partial y_2} \cdot \frac{\partial y_2}{\partial x_i} + \ldots + \frac{\partial y_m}{\partial y_{m-1}} \cdot \frac{\partial y_{m-1}}{\partial x_i} \quad (i = 1, 2, \ldots, m).$$

Мы видим, что элементы последней строки определителя (17) получаются путем сложения соответственных элементов первых $m-1$ строк, умноженных предварительно на множители $\frac{\partial y_m}{\partial y_1}, \ldots$ $\ldots, \frac{\partial y_m}{\partial y_{m-1}}$. Такой определитель, как известно, равен нулю. Это противоречит условию теоремы. Полученное противоречие доказывает невозможность равенства (18).

323. Ранг функциональной матрицы. Переходя к общему случаю, введем следующее определение. Назовем **рангом** функциональной матрицы (16) (в области $\mathscr{D}$) наивысший из порядков определителей, образованных из строк и столбцов этой матрицы и не обращающихся в нуль тождественно в $\mathscr{D}$. Может, конечно, случиться, что все элементы матрицы (16) тождественно обращаются в нуль (тогда говорят, что ранг матрицы 0), но этот случай не представляет интереса, ибо здесь попросту все функции

$$y_1, y_2, \ldots, y_m$$

сводятся к постоянным. Если ранг матрицы (16) есть $\mu \geqslant 1$, то существует хотя бы один определитель μ-го порядка, составленный из элементов матрицы (это, конечно, предполагает $m \geqslant \mu$ и $n \geqslant \mu$) и не равный в $\mathscr{D}$ тождественно нулю, в то время как все определители порядка выше μ (если таковые имеются) тождественно равны нулю. Говорят, что ранг μ матрицы достигается в точке P_0, если упомянутый определитель μ-го порядка отличен от нуля в этой точке.

Теорема 2. Пусть ранг функциональной матрицы (16) *в области* $\mathscr{D}$ *есть* $\mu \geqslant 1$, *и достигается он в точке* M_0. *Тогда в некоторой окрестности* $\mathscr{D}_0$ *этой точки* μ *функций, из числа наших* m, *будут независимыми, а остальные* $m-\mu$ *от них зависят.* [При этом независимыми будут именно те функции, производные которых входят в определитель, отличный от нуля в точке M_0.]

Доказательство, для упрощения письма, мы проведем для частного случая. Предположим, что даны три функции от трех переменных:

$$y_1 = f_1(x_1, x_2, x_3), \quad y_2 = f_2(x_1, x_2, x_3), \quad y_3 = f_3(x_1, x_2, x_3), \tag{19}$$

причем ранг функциональной матрицы

$$\begin{pmatrix} \frac{\partial f_1}{\partial x_1} & \frac{\partial f_1}{\partial x_2} & \frac{\partial f_1}{\partial x_3} \\ \frac{\partial f_2}{\partial x_1} & \frac{\partial f_2}{\partial x_2} & \frac{\partial f_2}{\partial x_3} \\ \frac{\partial f_3}{\partial x_1} & \frac{\partial f_3}{\partial x_2} & \frac{\partial f_3}{\partial x_3} \end{pmatrix} \tag{16*}$$

равен двум и достигается в точке $M_0(x_1^0, x_2^0, x_3^0)$. Пусть в этой точке отличен от нуля, скажем, определитель

$$\begin{vmatrix} \frac{\partial f_1}{\partial x_1} & \frac{\partial f_1}{\partial x_2} \\ \frac{\partial f_2}{\partial x_1} & \frac{\partial f_2}{\partial x_2} \end{vmatrix} \tag{20}$$

Ввиду непрерывности частных производных, то же будет и в некоторой окрестности точки M_0, так что, по теореме 1, функции y_1 и y_2 в этой окрестности независимы.

Положим

$$f_1(x_1^0, x_2^0, x_3^0) = y_1^0, \quad f_2(x_1^0, x_2^0, x_3^0) = y_2^0$$

и применим к системе уравнений

$$f_1(x_1, x_2, x_3) - y_1 = 0, \quad f_2(x_1, x_2, x_3) - y_2 = 0 \tag{21}$$

с пятью переменными x_1, x_2, x_3, y_1, y_2, в окрестности точки $P_0(x_1^0, x_2^0, x_3^0, y_1^0, y_2^0)$, которая этой системе удовлетворяет, теорему, аналогичную теореме 3 n° **317**. Именно, пользуясь тем, что определитель, составленный из частных производных от левых частей уравнений (21) по x_1 и x_2, в точке P_0 отличен от нуля, мы можем утверждать, что в некоторой окрестности

$$\mathscr{M}_0 = (x_1^0 - \delta_1, x_1^0 + \delta_1;\ x_2^0 - \delta_2, x_2^0 + \delta_2;\ x_3^0 - \delta_3, x_3^0 + \delta_3;$$
$$y_1^0 - \Delta_1, y_1^0 + \Delta_1;\ y_2^0 - \Delta_2, y_2^0 + \Delta_2)$$

этой точки система (21) определяет именно x_1 и x_2 как однозначные функции от x_3, y_1 и y_2:

$$x_1 = \varphi_1(x_3, y_1, y_2), \quad x_2 = \varphi_2(x_3, y_1, y_2). \tag{22}$$

Напомним, что — *если ограничиться областью* $\mathscr{M}_0$ — *системы* (21) и (22) *совершенно равносильны*: точки упомянутой области, удовлетворяющие одной из этих систем, удовлетворяют и другой. Из самой теоремы, на которую мы опирались, следует, что, если вместо x_1 и x_2 подставить в (21) функции (22), то получатся тождества относительно переменных x_3, y_1, y_2 в параллелепипеде

$$(x_3^0-\delta_3,\ x_3^0+\delta_3;\ y_1^0-\Delta_1,\ y_1^0+\Delta_1;\ y_2^0-\Delta_2,\ y_2^0+\Delta_2).$$

Но для нас сейчас важно и другое: *если вместо y_1 и y_2 подставить в* (22) *функции f_1 и f_2, то получатся тождества относительно переменных* x_1, x_2, x_3 — по крайней мере в некоторой окрестности точки $M_0(x_1^0, x_2^0, x_3^0)$. Именно, достаточно выбрать эту окрестность

$$\mathscr{D}_0=(x_1^0-\bar\delta_1,\ x_1^0+\bar\delta_1;\ x_2^0-\bar\delta_2,\ x_2^0+\bar\delta_2;\ x_3^0-\bar\delta_3,\ x_3^0+\bar\delta_3)$$

так, чтобы было:

$$0<\bar\delta_1\leqslant\delta_1,\quad 0<\bar\delta_2\leqslant\delta_2,\quad 0<\bar\delta_3\leqslant\delta_3,$$

и, кроме того, чтобы для ее точек значения y_1 и y_2, определяемые из (21), т. е. значения функций f_1 и f_2, отличались от y_1^0 и y_2^0, соответственно, меньше, чем на Δ_1 и Δ_2 *). Действительно, тогда точка $(x_1, x_2, x_3, y_1, y_2)$ попадет в $\mathscr{M}_0$ и одновременно с равенствами (21) должны выполняться и равенства (22).

Обратимся теперь к третьей функции

$$y_3=f_3(x_1, x_2, x_3);$$

подставив вместо x_1 и x_2 сюда функции (22), получим

$$y_3=f_3(\varphi_1(x_3, y_1, y_2),\ \varphi_2(x_3, y_1, y_2),\ x_3)\equiv\Phi(x_3, y_1, y_2). \tag{23}$$

На основании сделанного выше замечания, если в это равенство вместо y_1, y_2 и y_3 подставить, соответственно, функции f_1, f_2 и f_3, то оно удовлетворится тождественно относительно x-ов в области $\mathscr{D}_0$.

Для того чтобы убедиться в зависимости функции y_3 от функций y_1 и y_2, остается лишь доказать, что функция Φ в (23) на деле аргумента x_3 не содержит, так что (23) можно написать так:

$$y_3=\Phi(y_1, y_2).$$

С этой целью, очевидно, достаточно установить, что

$$\frac{\partial\Phi}{\partial x_3}=0 \tag{24}$$

тождественно относительно x_3, y_1, y_2. По самому определению Φ:

$$\frac{\partial\Phi}{\partial x_3}=\frac{\partial f_3}{\partial x_1}\cdot\frac{\partial\varphi_1}{\partial x_3}+\frac{\partial f_3}{\partial x_2}\cdot\frac{\partial\varphi_2}{\partial x_3}+\frac{\partial f_3}{\partial x_3}. \tag{25}$$

---

*) Это можно осуществить ввиду непрерывности функций f_1 и f_2, принимающих в точке M_0 значения y_1^0 и y_2^0.

С другой стороны, если продифференцировать по x_3 уравнения (21), считая x_1 и x_2 функциями от x_3, y_1, y_2, то получим равенства

$$\left.\begin{aligned} \frac{\partial f_1}{\partial x_1}\cdot\frac{\partial\varphi_1}{\partial x_3}+\frac{\partial f_1}{\partial x_2}\cdot\frac{\partial\varphi_2}{\partial x_3}+\frac{\partial f_1}{\partial x_3}=0,\\ \frac{\partial f_2}{\partial x_1}\cdot\frac{\partial\varphi_1}{\partial x_3}+\frac{\partial f_2}{\partial x_2}\cdot\frac{\partial\varphi_2}{\partial x_3}+\frac{\partial f_2}{\partial x_3}=0, \end{aligned}\right\} \qquad (26)$$

линейные относительно величин $\frac{\partial\varphi_1}{\partial x_3}$ и $\frac{\partial\varphi_2}{\partial x_3}$. Из линейных равенств (26), как следствие, вытекает третье линейное равенство:

$$\frac{\partial f_3}{\partial x_1}\cdot\frac{\partial\varphi_1}{\partial x_3}+\frac{\partial f_3}{\partial x_2}\cdot\frac{\partial\varphi_2}{\partial x_3}+\frac{\partial f_3}{\partial x_3}=0, \qquad (26^*)$$

потому что определитель третьего порядка, составленный из коэффициентов при упомянутых величинах и из свободных членов

$$\begin{vmatrix} \frac{\partial f_1}{\partial x_1} & \frac{\partial f_1}{\partial x_2} & \frac{\partial f_1}{\partial x_3}\\ \frac{\partial f_2}{\partial x_1} & \frac{\partial f_2}{\partial x_2} & \frac{\partial f_2}{\partial x_3}\\ \frac{\partial f_3}{\partial x_1} & \frac{\partial f_3}{\partial x_2} & \frac{\partial f_3}{\partial x_3} \end{vmatrix},$$

тождественно равен нулю (ведь ранг матрицы (16) есть два!). Сопоставление равенства (26*) с (25) и приводит к требуемому тождеству (24).

Пример. Рассмотрим систему функций

$$y_1=x_1+x_2+x_3,\quad y_2=x_1^2+x_2^2+x_3^2,$$
$$y_3=x_1x_2+x_2x_3+x_3x_1.$$

Легко проверить, что функциональная матрица

$$\begin{pmatrix} 1 & 1 & 1\\ 2x_1 & 2x_2 & 2x_3\\ x_2+x_3 & x_3+x_1 & x_1+x_2 \end{pmatrix}$$

будет иметь ранг 2 во всем пространстве. В соответствии с этим, одна из функций будет зависеть от двух других, например,

$$y_2=y_1^2-2y_3.$$

§ 3. ФУНКЦИОНАЛЬНЫЕ ОПРЕДЕЛИТЕЛИ И ИХ ФОРМАЛЬНЫЕ СВОЙСТВА

324. Функциональные определители. В предыдущих параграфах важным орудием исследования служили особого рода определители, составленные из частных производных; они по отношению к системам функций играли такую же роль, какую играет обыкновенная производная для одной функции [ср., например, тексты теорем 1 и 3, n° 315, 317]. Мы изучим здесь некоторые формальные их свойства (также напоминающие соответствующие свойства обыкновенных производных), что облегчит использование упомянутых определителей в дальнейшем.

Пусть даны n функций от n переменных

$$\left.\begin{aligned} y_1&=f_1(x_1, x_2, \ldots, x_n),\\ y_2&=f_2(x_1, x_2, \ldots, x_n),\\ &\ldots\ldots\ldots\ldots\\ y_n&=f_n(x_1, x_2, \ldots, x_n),\end{aligned}\right\}\tag{1}$$

которые определены в некоторой n-мерной области $\mathcal{D}$ и имеют в ней непрерывные частные производные по всем переменным. Составим из этих производных определитель

$$\begin{vmatrix} \frac{\partial y_1}{\partial x_1} & \frac{\partial y_1}{\partial x_2} & \ldots & \frac{\partial y_1}{\partial x_n}\\ \frac{\partial y_2}{\partial x_1} & \frac{\partial y_2}{\partial x_2} & \ldots & \frac{\partial y_2}{\partial x_n}\\ \cdot & \cdot & \cdot & \cdot\\ \cdot & \cdot & \cdot & \cdot\\ \frac{\partial y_n}{\partial x_1} & \frac{\partial y_n}{\partial x_2} & \ldots & \frac{\partial y_n}{\partial x_n}\end{vmatrix} = \begin{vmatrix} \frac{\partial y_1}{\partial x_1} & \frac{\partial y_2}{\partial x_1} & \ldots & \frac{\partial y_n}{\partial x_1}\\ \frac{\partial y_1}{\partial x_2} & \frac{\partial y_2}{\partial x_2} & \ldots & \frac{\partial y_n}{\partial x_2}\\ \cdot & \cdot & \cdot & \cdot\\ \cdot & \cdot & \cdot & \cdot\\ \frac{\partial y_1}{\partial x_n} & \frac{\partial y_2}{\partial x_n} & \ldots & \frac{\partial y_n}{\partial x_n}\end{vmatrix}.$$

Этот определитель называется **функциональным определителем** системы функций (1) по переменным $x_1, x_2, \ldots, x_n$ и обозначается, для краткости, символом

$$\frac{D(y_1, y_2, \ldots, y_n)}{D(x_1, x_2, \ldots, x_n)},$$

сходным с обозначением обыкновенной производной.

Функциональные определители были введены в науку примерно одновременно (в конце 1833 и в начале 1834 г.) Якоби и Остроградским, в связи с одним и тем же вопросом — о замене переменных в кратных интегралах [см. ниже n° 355, 359 и 384]. Несколько позже (в 1841 г.) Якоби опубликовал работу, где были изучены свойства этих определителей и даны в развернутом виде их приложения как к упомянутому вопросу, так и к теории неявных функций. В связи с этим функциональные определители и стали обычно называть *определителями Якоби* или *якобианами*. Обозначение функциональных определителей, указанное выше, предложил впоследствии английский математик Донкин.

325. Умножение функциональных определителей. Для упрощения записи ограничимся, например, определителями третьего порядка: полученные результаты будут иметь совершенно общий характер. Итак, исходим из системы функций

$$\left.\begin{aligned} y_1&=f_1(x_1, x_2, x_3),\\ y_2&=f_2(x_1, x_2, x_3),\\ y_3&=f_3(x_1, x_2, x_3),\end{aligned}\right\}\tag{1*}$$

которые определены в (трехмерной) области $\mathscr{D}$ и имеют в ней непрерывные частные производные по всем переменным. Кроме системы функций (1*), возьмем систему функций

$$\left.\begin{aligned} x_1 &= \varphi_1(t_1, t_2, t_3), \\ x_2 &= \varphi_2(t_1, t_2, t_3), \\ x_3 &= \varphi_3(t_1, t_2, t_3), \end{aligned}\right\} \tag{2}$$

определенных и имеющих непрерывные производные в (трехмерной же) области $\mathscr{P}$. Пусть при изменении точки (t_1, t_2, t_3) в $\mathscr{P}$ соответствующая точка (x_1, x_2, x_3) не выходит из области $\mathscr{D}$, так что y_1, y_2, y_3 можно рассматривать как сложные функции от t_1, t_2, t_3 через посредство x_1, x_2, x_3. Умножим теперь функциональный определитель системы (1*)

$$\begin{vmatrix} \frac{\partial y_1}{\partial x_1} & \frac{\partial y_1}{\partial x_2} & \frac{\partial y_1}{\partial x_3} \\ \frac{\partial y_2}{\partial x_1} & \frac{\partial y_2}{\partial x_2} & \frac{\partial y_2}{\partial x_3} \\ \frac{\partial y_3}{\partial x_1} & \frac{\partial y_3}{\partial x_2} & \frac{\partial y_3}{\partial x_3} \end{vmatrix}$$

на функциональный определитель системы (2)

$$\begin{vmatrix} \frac{\partial x_1}{\partial t_1} & \frac{\partial x_1}{\partial t_2} & \frac{\partial x_1}{\partial t_3} \\ \frac{\partial x_2}{\partial t_1} & \frac{\partial x_2}{\partial t_2} & \frac{\partial x_2}{\partial t_3} \\ \frac{\partial x_3}{\partial t_1} & \frac{\partial x_3}{\partial t_2} & \frac{\partial x_3}{\partial t_3} \end{vmatrix}.$$

При этом мы воспользуемся известной теоремой умножения определителей, которая выражается формулой

$$\begin{vmatrix} a_{11} & a_{12} & a_{13} \\ a_{21} & a_{22} & a_{23} \\ a_{31} & a_{32} & a_{33} \end{vmatrix} \cdot \begin{vmatrix} b_{11} & b_{12} & b_{13} \\ b_{21} & b_{22} & b_{23} \\ b_{31} & b_{32} & b_{33} \end{vmatrix} = \begin{vmatrix} c_{11} & c_{12} & c_{13} \\ c_{21} & c_{22} & c_{23} \\ c_{31} & c_{32} & c_{33} \end{vmatrix},$$

где

$$c_{ik} = a_{i1}b_{1k} + a_{i2}b_{2k} + a_{i3}b_{3k} \quad (i, k = 1, 2, 3)$$

(умножается «строка на столбец»). В нашем случае

$$c_{ik} = \frac{\partial y_i}{\partial x_1} \cdot \frac{\partial x_1}{\partial t_k} + \frac{\partial y_i}{\partial x_2} \cdot \frac{\partial x_2}{\partial t_k} + \frac{\partial y_i}{\partial x_3} \cdot \frac{\partial x_3}{\partial t_k},$$

т. е. — по формуле для производной сложной функции —

$$c_{ik} = \frac{\partial y_i}{\partial t_k} \qquad (i, k = 1, 2, 3).$$

Окончательно в результате получается определитель

$$\begin{vmatrix} \frac{\partial y_1}{\partial t_1} & \frac{\partial y_1}{\partial t_2} & \frac{\partial y_1}{\partial t_3} \\ \frac{\partial y_2}{\partial t_1} & \frac{\partial y_2}{\partial t_2} & \frac{\partial y_2}{\partial t_3} \\ \frac{\partial y_3}{\partial t_1} & \frac{\partial y_3}{\partial t_2} & \frac{\partial y_3}{\partial t_3} \end{vmatrix},$$

а это есть функциональный определитель системы функций y_1, y_2, y_3 по переменным t_1, t_2, t_3. Итак, в кратких обозначениях:

$$\frac{D(y_1, y_2, y_3)}{D(t_1, t_2, t_3)} = \frac{D(y_1, y_2, y_3)}{D(x_1, x_2, x_3)} \cdot \frac{D(x_1, x_2, x_3)}{D(t_1, t_2, t_3)}. \tag{3}$$

Если бы имели одну функцию y от x, где x есть в свою очередь функция от одной переменной t, то получили бы обычную формулу для производной сложной функции: $\frac{dy}{dt} = \frac{dy}{dx} \cdot \frac{dx}{dt}$; полученная нами формула (3) является ее обобщением.

Отметим особо случай, когда переменные t_1, t_2, t_3 тождественны с y_1, y_2, y_3, так что система функций (2) есть просто результат «обращения» системы (1) (самую возможность такого обращения мы здесь допускаем). Тогда найденное выше соотношение сведется к следующему:

$$\frac{D(y_1, y_2, y_3)}{D(x_1, x_2, x_3)} \cdot \frac{D(x_1, x_2, x_3)}{D(y_1, y_2, y_3)} = 1 \tag{4}$$

или

$$\frac{D(y_1, y_2, y_3)}{D(x_1, x_2, x_3)} = \frac{1}{\frac{D(x_1, x_2, x_3)}{D(y_1, y_2, y_3)}}. \tag{5}$$

В этом виде оно напоминает формулу для производной обратной функции.

326. Умножение неквадратных функциональных матриц. И здесь мы выясним общий результат на примере умножения прямоугольных матриц частного вида. Рассмотрим сначала числовые матрицы

$$\begin{pmatrix} a_{11} & a_{12} & a_{13} \\ a_{21} & a_{22} & a_{23} \end{pmatrix} \quad \text{и} \quad \begin{pmatrix} b_{11} & b_{12} \\ b_{21} & b_{22} \\ b_{31} & b_{32} \end{pmatrix}.$$

Как известно, их произведением называется квадратная матрица

$$\begin{pmatrix} c_{11} & c_{12} \\ c_{21} & c_{22} \end{pmatrix},$$

где

$$c_{ik} = a_{i1}b_{1k} + a_{i2}b_{2k} + a_{i3}b_{3k} \qquad (i,\ k = 1,\ 2).$$

Определитель второго порядка, соответствующий этой матрице:

$$\begin{vmatrix} a_{11}b_{11}+a_{12}b_{21}+a_{13}b_{31} & a_{11}b_{12}+a_{12}b_{22}+a_{13}b_{32} \\ a_{21}b_{11}+a_{22}b_{21}+a_{23}b_{31} & a_{21}b_{12}+a_{22}b_{22}+a_{23}b_{32} \end{vmatrix},$$

равен сумме произведений попарно взятых определителей второго порядка, соответствующих перемножаемым матрицам:

$$\begin{vmatrix} a_{11} a_{12} \\ a_{21} a_{22} \end{vmatrix} \cdot \begin{vmatrix} b_{11} b_{12} \\ b_{21} b_{22} \end{vmatrix} + \begin{vmatrix} a_{12} a_{13} \\ a_{22} a_{23} \end{vmatrix} \cdot \begin{vmatrix} b_{21} b_{22} \\ b_{31} b_{32} \end{vmatrix} + \begin{vmatrix} a_{13} a_{11} \\ a_{23} a_{21} \end{vmatrix} \cdot \begin{vmatrix} b_{31} b_{32} \\ b_{11} b_{12} \end{vmatrix}.$$

Раскрывая определители, легко проверить это тождество непосредственно (в высшей алгебре устанавливается и общая теорема, относящаяся к умножению прямоугольных матриц).

Применим теперь этот результат к функциональным матрицам. Пусть имеем две функции y_1, y_2 от трех переменных x_1, x_2, x_3:

$$y_1 = f_1(x_1, x_2, x_3), \quad y_2 = f_2(x_1, x_2, x_3),$$

причем, в свою очередь, переменные x_1, x_2, x_3 являются функциями от двух переменных t_1, t_2:

$$x_1 = \varphi_1(t_1, t_2), \; x_2 = \varphi_2(t_1, t_2), \; x_3 = \varphi_3(t_1, t_2).$$

Предполагая для всех функций существование непрерывных частных производных, постараемся найти выражение для функционального определителя от системы функций y_1 и y_2 по переменным t_1 и t_2. С этой целью перемножим две функциональные матрицы

$$\begin{pmatrix} \frac{\partial y_1}{\partial x_1} & \frac{\partial y_1}{\partial x_2} & \frac{\partial y_1}{\partial x_3} \\ \frac{\partial y_2}{\partial x_1} & \frac{\partial y_2}{\partial x_2} & \frac{\partial y_2}{\partial x_3} \end{pmatrix} \quad \text{и} \quad \begin{pmatrix} \frac{\partial x_1}{\partial t_1} & \frac{\partial x_1}{\partial t_2} \\ \frac{\partial x_2}{\partial t_1} & \frac{\partial x_2}{\partial t_2} \\ \frac{\partial x_3}{\partial t_1} & \frac{\partial x_3}{\partial t_2} \end{pmatrix}.$$

В данном случае

$$a_{ij} = \frac{\partial y_i}{\partial x_j} \qquad (i = 1, 2; \quad j = 1, 2, 3)$$

$$b_{jk} = \frac{\partial x_j}{\partial t_k} \qquad (j = 1, 2, 3; \; k = 1, 2)$$

и, наконец,

$$c_{ik} = \frac{\partial y_i}{\partial x_1} \cdot \frac{\partial x_1}{\partial t_k} + \frac{\partial y_i}{\partial x_2} \cdot \frac{\partial x_2}{\partial t_k} + \frac{\partial y_i}{\partial x_3} \cdot \frac{\partial x_3}{\partial t_k} = \frac{\partial y_i}{\partial t_k}.$$

Применяя здесь указанный выше результат, получим тождество

$$\begin{vmatrix} \frac{\partial y_1}{\partial t_1} & \frac{\partial y_1}{\partial t_2} \\ \frac{\partial y_2}{\partial t_1} & \frac{\partial y_2}{\partial t_2} \end{vmatrix} = \begin{vmatrix} \frac{\partial y_1}{\partial x_1} & \frac{\partial y_1}{\partial x_2} \\ \frac{\partial y_2}{\partial x_1} & \frac{\partial y_2}{\partial x_2} \end{vmatrix} \cdot \begin{vmatrix} \frac{\partial x_1}{\partial t_1} & \frac{\partial x_1}{\partial t_2} \\ \frac{\partial x_2}{\partial t_1} & \frac{\partial x_2}{\partial t_2} \end{vmatrix} + \begin{vmatrix} \frac{\partial y_1}{\partial x_2} & \frac{\partial y_1}{\partial x_3} \\ \frac{\partial y_2}{\partial x_2} & \frac{\partial y_2}{\partial x_3} \end{vmatrix} \cdot \begin{vmatrix} \frac{\partial x_2}{\partial t_1} & \frac{\partial x_2}{\partial t_2} \\ \frac{\partial x_3}{\partial t_1} & \frac{\partial x_3}{\partial t_2} \end{vmatrix} +$$

$$+ \begin{vmatrix} \frac{\partial y_1}{\partial x_3} & \frac{\partial y_1}{\partial x_1} \\ \frac{\partial y_2}{\partial x_3} & \frac{\partial y_2}{\partial x_1} \end{vmatrix} \cdot \begin{vmatrix} \frac{\partial x_3}{\partial t_1} & \frac{\partial x_3}{\partial t_2} \\ \frac{\partial x_1}{\partial t_1} & \frac{\partial x_1}{\partial t_2} \end{vmatrix},$$

которое в кратких обозначениях перепишется так:

$$\frac{D(y_1, y_2)}{D(t_1, t_2)} = \frac{D(y_1, y_2)}{D(x_1, x_2)} \cdot \frac{D(x_1, x_2)}{D(t_1, t_2)} + \frac{D(y_1, y_2)}{D(x_2, x_3)} \cdot \frac{D(x_2, x_3)}{D(t_1, t_2)} +$$

$$+ \frac{D(y_1, y_2)}{D(x_3, x_1)} \cdot \frac{D(x_3, x_1)}{D(t_1, t_2)}. \qquad (6)$$

Если бы речь шла об одной функции y, которая зависит от одной переменной t через посредство трех переменных x_1, x_2, x_3, то получилась бы обычная формула для дифференцирования сложной функции:

$$\frac{dy}{dt} = \frac{\partial y}{\partial x_1} \cdot \frac{dx_1}{dt} + \frac{\partial y}{\partial x_2} \cdot \frac{dx_2}{dt} + \frac{\partial y}{\partial x_3} \cdot \frac{dx_3}{dt};$$

формула (6) есть ее аналог.

В дальнейшем мы еще глубже изучим аналогию между производными и функциональными определителями [n° 354, 2°; n° 383].

ГЛАВА ДВАДЦАТАЯ

КРИВОЛИНЕЙНЫЕ ИНТЕГРАЛЫ

§ 1. КРИВОЛИНЕЙНЫЕ ИНТЕГРАЛЫ ПЕРВОГО ТИПА

327. Определение криволинейного интеграла первого типа. Для того чтобы естественным путем прийти к этому новому понятию, рассмотрим одну механическую задачу, которая к нему приводит.

Пусть дана плоская простая*) спрямляемая кривая (K) (рис. 8), вдоль которой расположены массы, причем известна их линейная плотность $\rho(M)$ во всех точках M кривой. Требуется определить массу m всей кривой (K).

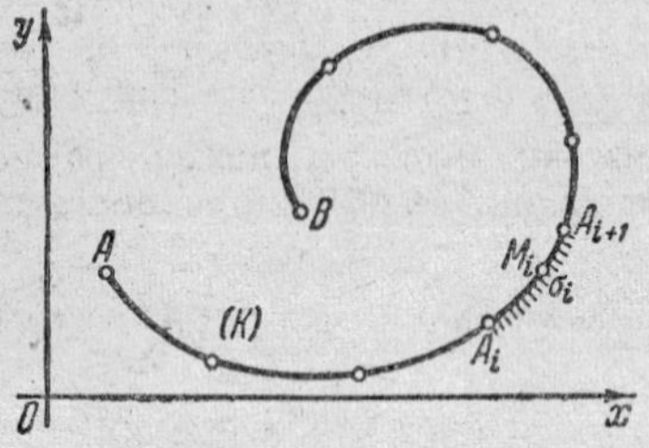

Рис. 8.

С этой целью между концами A и B кривой вставим произвольно ряд точек A_1, A_2, ..., A_{n-1} (A_0 и A_n для симметрии обозначений отождествляются с A и B). Мы считаем для определенности, что точки эти перенумерованы в направлении от A к B, хотя ничто не мешало бы нам нумеровать их и в обратном направлении.

Взяв какую-нибудь точку M_i на дуге A_iA_{i+1} кривой, вычислим плотность $\rho(M_i)$ в этой точке. *Приближенно считая, что такова же плотность во всех точках этого участка*, и обозначая длину дуги A_iA_{i+1} через σ_i, для массы m_i этой дуги,

---

*) Непрерывная кривая называется *простой*, если она задана параметрически и каждая ее точка получается лишь при одном значении параметра; в случае *замкнутой* простой кривой исключение представляет единственная точка, в которой «кривая замыкается» и которая отвечает *двум* крайним значениям параметра.

будем иметь приближенное выражение

$$m_i = \rho(M_i)\sigma_i,$$

а для всей искомой массы — выражение

$$m \doteq \sum_{i=0}^{n-1} \rho(M_i)\sigma_i.$$

Погрешность этого последнего, связанная со сделанным выше приближенным допущением, будет стремиться к нулю, если длины σ_i всех участков стремятся к нулю.

Таким образом, обозначая через λ наибольшую из длин σ_i, для получения точной формулы остается лишь перейти к пределу:

$$m = \lim_{\lambda \to 0} \sum_{i=0}^{n-1} \rho(M_i)\sigma_i.$$

Станем же изучать вообще пределы этого рода и, отвлекаясь от рассмотренной задачи, возьмем произвольную «функцию точки» $f(M) = f(x, y)$, заданную вдоль непрерывной плоской спрямляемой кривой (K) *), и повторим указанный процесс: разбив кривую (K) на элементарные дуги A_iA_{i+1} и выбрав на них произвольно по точке $M_i(\xi_i, \eta_i)$, вычислим значения $f(M_i) = f(\xi_i, \eta_i)$ в них и составим сумму

$$\sum_{i=0}^{n-1} f(M_i)\sigma_i = \sum_{i=0}^{n-1} f(\xi_i, \eta_i)\sigma_i;$$

она представляет собой также своего рода интегральную сумму.

Конечный предел этой суммы при стремлении $\lambda = \max \sigma_i$ к нулю называется криволинейным интегралом (первого типа **)) *от функции $f(M) = f(x, y)$, взятым по кривой или по пути* (K), и обозначается символом

$$\int_{(K)} f(M)\,ds = \int_{(K)} f(x, y)\,ds \tag{1}$$

(где s есть длина дуги кривой и ds напоминает об элементарных длинах σ_i).

Точную характеристику предельного процесса можно предоставить читателю.

---

*) При этом предполагается, что в основу положена некоторая прямоугольная система координат.

**) В отличие от криволинейных интегралов второго типа, рассматриваемых ниже [n° 330].

Таким образом, полученное выше выражение для массы материальной кривой может быть переписано так:

$$m = \int\limits_{(K)} \rho \, ds. \tag{2}$$

Отметим особо, что в приведенном определении не играет никакой роли направление, которое может быть придано пути (K). Если, например, эта кривая не замкнута и под (AB) и (BA) разуметь разно направленные кривые, то

$$\int\limits_{(AB)} f(M)\, ds = \int\limits_{(BA)} f(M)\, ds.$$

Аналогично рассмотренному, мы могли бы ввести понятие интеграла, распространенного на пространственную кривую (K):

$$\int\limits_{(K)} f(M)\, ds = \int\limits_{(K)} f(x, y, z)\, ds\,^{*)}.$$

Ввиду отсутствия новых принципиальных моментов нет надобности вдаваться здесь в подробности.

328. Сведе́ние к обыкновенному определенному интегралу. Предположим, что на кривой (K) произвольно установлено направление (одно из двух возможных), так что положение точки M на кривой может быть определено длиной дуги $s = \breve{AM}$, отсчитываемой от начальной точки A. Тогда кривая (K) параметрически выразится уравнениями вида:

$$x = x(s), \quad y = y(s) \quad (0 \leqslant s \leqslant S),$$

а функция $f(x, y)$, заданная в точках кривой, сведется к сложной функции $f(x(s), y(s))$ от переменной s.

Если через $s_i\,(i = 0, 1, \ldots, n)$ обозначить значения дуги, отвечающие выбранным на дуге AB точкам деления A_i, то, очевидно, $\sigma_i = s_{i+1} - s_i = \Delta s_i$. Обозначив через $\bar{s}_i$ значения s, определяющие точки M_i (причем, очевидно, $s_i \leqslant \bar{s}_i \leqslant s_{i+1}$), видим, что интегральная сумма для криволинейного интеграла

$$\sum_{i=0}^{n-1} f(M_i)\,\sigma_i = \sum_{i=0}^{n-1} f(x(\bar{s}_i), y(\bar{s}_i))\,\Delta s_i$$

---

*) В основу кладется некоторая прямоугольная система координат. Функция f определена лишь в точках кривой (K).

является в то же время интегральной суммой для обыкновенного определенного интеграла, так что сразу имеем:

$$\int\limits_{(K)} f(M)\,ds = (\mathrm{R}) \int\limits_{0}^{S} f(x(s),\ y(s))\,ds\ ^{*}), \tag{3}$$

причем существование одного из интегралов влечет за собой существование другого.

Интеграл, очевидно, существует, например, в случае непрерывности функции $f(M)$ **), что мы будем впредь предполагать.

Пусть теперь кривая (K) задана произвольными параметрическими уравнениями

$$x = \varphi(t), \qquad y = \psi(t) \qquad (t_0 \leqslant t \leqslant T),$$

где функции φ и ψ непрерывны со своими производными φ' и ψ'; предположим, сверх того, что кратных точек на кривой нет. Тогда кривая заведомо спрямляема, и если возрастание дуги $s = \overset{\frown}{AM} = s(t)$ отвечает возрастанию параметра t, то

$$s'(t) = \sqrt{[\varphi'(t)]^2 + [\psi'(t)]^2}$$

[n° 201, 202]. Заменяя переменную в интеграле (3) справа, сразу получим:

$$\int\limits_{(K)} f(M)\,ds = (\mathrm{R}) \int\limits_{t_0}^{T} f(\varphi(t),\ \psi(t))\ \sqrt{[\psi'(t)]^2 + [\psi'(t)]^2}\,dt. \tag{4}$$

Таким образом, *для вычисления криволинейногс интеграла первого типа надлежит заменить в подинтегральной функции переменные x и y выражениями координат через параметр, а множитель ds — дифференциалом дуги как функции параметра.*

Если бы при возрастании параметра t дуга AM убывала, то стоило бы лишь перейти к дуге BM, чтобы снова прийти к формуле (4). Таким образом, в этой формуле нижний предел интеграла справа должен быть меньше верхнего, каково бы ни было параметрическое задание кривой.

В случае кривой, заданной явным уравнением:

$$y = y(x) \qquad (a \leqslant x \leqslant b),$$

---

*) Значок (R) указывает, что интеграл понимается здесь в согласии с обыкновенным, римановым, определением.

**) Мы имеем в виду непрерывность в точках кривой (K) и вдоль нее. На языке «ε-δ» это означает, что по $\varepsilon > 0$ найдется такое $\delta > 0$, что $|f(M') - f(M)| < \varepsilon$ при $\smile MM' < \delta$ (M и M' — точки кривой). При этом предположении и сложная функция $f(x(s),\ y(s))$, поскольку $x(s)$ и $y(s)$ непрерывны, есть также непрерывная функция от s.

формула (4) принимает вид:

$$\int\limits_{(K)} f(M)\,ds = (\mathrm{R})\int\limits_a^b f(x,\ y(x))\,\sqrt{1+[y'(x)]^2}\,dx. \qquad (5)$$

Этому соотношению можно придать и другую форму. В предположении непрерывности функции $y(x)$ вместе с ее производной $y'(x)$ кривая (K) в каждой точке будет иметь определенную касательную, не параллельную оси y. Обозначив через α угол касательной с осью x, получим:

$$\operatorname{tg}\alpha = y'(x) \qquad |\cos\alpha| = \frac{1}{\sqrt{1+[y'(x)]^2}}.$$

Поэтому

$$\int\limits_{(K)} f(M)\,ds = \int\limits_a^b \frac{f(x,\,y(x))}{|\cos\alpha|}\,dx. \qquad (6)$$

В частности, так как, очевидно,

$$\int\limits_{(K)} ds = S,$$

где через S обозначена длина всей кривой (K), то

$$S = \int\limits_a^b \frac{dx}{|\cos\alpha|}. \qquad (7)$$

Замечание. Формула (7) получена нами в результате формальных преобразований. Если бы мы определили длину дуги кривой как предел периметра описанной (а не вписанной) ломаной, то это определение — в случае явного задания кривой — непосредственно привело бы к формуле (7). Предлагаем читателю самому убедиться в этом.

329. Примеры. 1) Вычислим интеграл $I = \int\limits_{(K)} xy\,ds$, если (K) есть четверть эллипса $\frac{x^2}{a^2}+\frac{y^2}{b^2}=1$, лежащая в первом квадранте.

Исходя из параметрического представления эллипса: $x = a\cos t$, $y = b\sin t$, будем иметь:

$$x_t' = -a\sin t, \qquad y'_t = b\cos t, \qquad \sqrt{x_t'^2+y_t'^2} = \sqrt{a^2\sin^2 t + b^2\cos^2 t}.$$

Вычисление можно произвести по формуле (4):

$$I = \int\limits_0^{\frac{\pi}{2}} a\cos t\cdot b\sin t\cdot\sqrt{a^2\sin^2 t+b^2\cos^2 t}\,dt =$$

$$= \frac{ab}{2}\int\limits_0^{\frac{\pi}{2}} \sin 2t\,\sqrt{a^2\cdot\frac{1-\cos 2t}{2}+b^2\cdot\frac{1+\cos 2t}{2}}\,dt.$$

Положим здесь $\cos 2t = z$, тогда $\sin 2t\,dt = -\frac{1}{2}\,dz$ и

$$I = \frac{ab}{4}\int_{-1}^{1}\sqrt{\frac{a^2+b^2}{2}+\frac{b^2-a^2}{2}\,z}\,dz =$$

$$= \frac{ab}{4}\cdot\frac{2}{b^2-a^2}\cdot\frac{2}{3}\left[\frac{a^2+b^2}{2}+\frac{b^2-a^2}{2}\,z\right]^{\frac{3}{2}}\Bigg|_{-1}^{1} = \frac{ab}{3}\cdot\frac{a^2+ab+b^2}{a+b}.$$

Замечание. Для большинства постоянно встречающихся кривых (эллипс, гипербола, синусоида и пр.) длина дуги не может быть выражена в элементарных функциях, так как ds не интегрируется в конечном виде. Тем не менее, интеграл $\int\limits_{(K)} f(x, y)\,ds$ и для таких кривых иной раз может быть вычислен в элементарных функциях (как в предыдущем примере), так как присоединение множителя $f(x, y)$ меняет всю структуру подинтегрального дифференциала.

Вопросы, связанные с массами, непрерывно распределенными вдоль материальной кривой, естественным образом приводят к криволинейным интегралам рассмотренного типа.

2) Мы уже имели дело в главе XII [n° 206] с вычислением статических моментов плоской кривой относительно осей координат, а также координат ее центра тяжести, в предположении, что «линейная плотность» $\rho = 1$. Читатель легко распространит полученные там формулы на общий случай непрерывного распределения масс. Если использовать введенное понятие криволинейного интеграла, то результаты напишутся в следующем виде:

$$K_y = \int\limits_{(K)} \rho\, x\, ds, \qquad K_x = \int\limits_{(K)} \rho\, y\, ds,$$

$$x_c = \frac{K_y}{m} = \frac{\int\limits_{(K)} \rho\, x\, ds}{\int\limits_{(K)} \rho\, ds}, \qquad y_c = \frac{K_x}{m} = \frac{\int\limits_{(K)} \rho\, y\, ds}{\int\limits_{(K)} \rho\, ds}.$$

3) Укажем еще одно применение криволинейного интеграла первого типа — к вопросу о притяжении материальной точки материальною же кривою.

Как известно, по закону Ньютона, материальная точка M массы m притягивает материальную точку M_0 массы m_0 с силой, направленной от M_0 к M и численно равной $k\cdot\frac{mm_0}{r^2}$, где r — расстояние M_0M, а k — коэффициент, зависящий от выбора основных единиц измерения; впрочем, для простоты мы будем обычно считать его равным единице.

Если точка M_0 притягивается системой точек $M_1, M_2, \ldots, M_n$ с массами $m_1, m_2, \ldots, m_n$, то результирующая сила, или равнодействующая, получается геометрическим сложением сил притяжения отдельными точками. В то же время проекции результирующей силы на координатные оси равны алгебраическим суммам проекций отдельных сил.

Если обозначить проекции равнодействующей на оси через X и Y, а угол, составленный вектором $\overrightarrow{r_i}=\overrightarrow{M_0M_i}$ с осью x, через θ_i (рис. 9), то, очевидно,

$$X=\sum_{i=1}^{n}\frac{m_0m_i}{r_i^2}\cos\theta_i,\qquad Y=\sum_{i=1}^{n}\frac{m_0m_i}{r_i^2}\sin\theta_i,$$

где r_i, как обычно, означает длину вектора $\overrightarrow{r_i}$.

Пусть теперь притягивающая масса распределена непрерывным образом по кривой (K). Для нахождения притяжения разобьем кривую на участки и, сосредоточив массу каждого участка в произвольно выбранной на нем

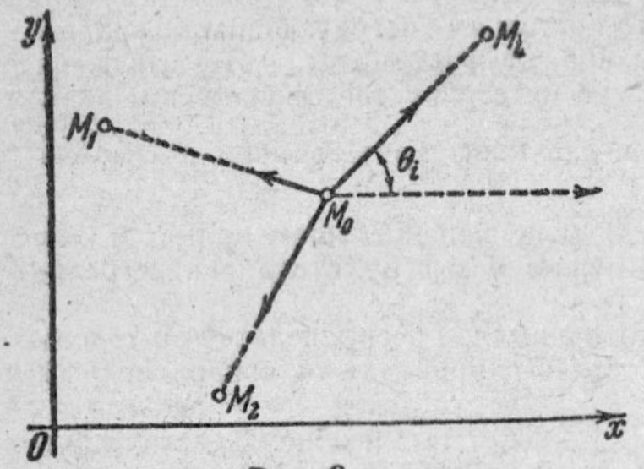

Рис. 9.

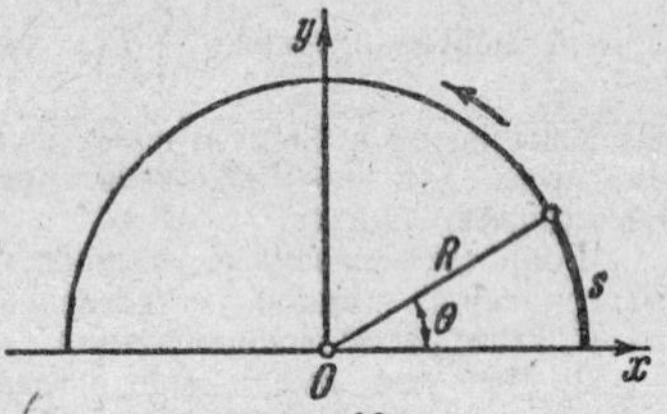

Рис. 10.

точке M_i, найдем приближенные значения проекций равнодействующей на оси:

$$X\doteq\sum_{i}\frac{m_0\rho(M_i)\sigma_i}{r_i^2}\cos\theta_i,\qquad Y\doteq\sum_{i}\frac{m_0\rho(M_i)\sigma_i}{r_i^2}\sin\theta_i,$$

ибо в этом случае масса отдельного участка приближенно равна $\rho(M_i)\sigma_i$. Если устремить все σ_i к нулю, то в пределе получатся точные равенства, причем суммы заменятся интегралами:

$$X=m_0\int\limits_{(K)}\frac{\rho(M)\cos\theta}{r^2}\,ds,\qquad Y=m_0\int\limits_{(K)}\frac{\rho(M)\sin\theta}{r^2}\,ds;\tag{8}$$

здесь r означает длину вектора $\overrightarrow{r}=\overrightarrow{M_0M}$, а θ — угол, составленный им с осью x.

Найдем, например, притяжение, оказываемое однородной полуокружностью (при $\rho=1$) на единицу массы, помещенную в ее центре.

Поместим начало координат в центр полуокружности и ось абсцисс проведем через ее концы (рис. 10).

По соображениям симметрии $X=0$, так что дело приводится к нахождению лишь проекции Y. По формуле (8)

$$Y=\int\frac{\sin\theta}{r^2}\,ds.$$

Но в нашем случае $r=R$ (радиус полуокружности) и $ds=R\,d\theta$. Поэтому

$$Y=\frac{1}{R}\int\limits_0^{\pi}\sin\theta\,d\theta=\frac{2}{R}.$$

§ 2. КРИВОЛИНЕЙНЫЕ ИНТЕГРАЛЫ ВТОРОГО ТИПА

330. Определение криволинейных интегралов второго типа. Переходя к практически более важному понятию криволинейного интеграла второго типа, мы здесь начнем прямо с его определения, отложив приложения этого понятия до дальнейших номеров [см., например, n° **335**]. Пусть дана простая кривая (AB) (которую мы пока предположим незамкнутой) и пусть вдоль нее снова задана некоторая функция $f(x, y)$ *). Разложив кривую точками $A_i(x_i, y_i)$ на части, выберем на отрезке кривой A_iA_{i+1} по произволу точку $M_i(\xi_i, \eta_i)$ и вычислим в ней, как и раньше, значение функции $f(M_i)=f(\xi_i, \eta_i)$. Но это значение мы умножим на этот раз не на длину дуги A_iA_{i+1}, а на величину проекции этой дуги, скажем, на ось x, т. е. на $x_{i+1}-x_i=\Delta x_i$; затем составим интегральную сумму

$$\sigma=\sum_{i=0}^{n-1} f(M_i)\,\Delta x_i=\sum_{i=0}^{n-1} f(\xi_i, \eta_i)\,\Delta x_i.$$

Конечный предел I этой суммы при стремлении $\mu=\max A_iA_{i+1}$ к нулю называется криволинейным интегралом (второго типа) от $f(M)\,dx$, взятым по кривой или по пути (AB) и обозначается символом

$$I=\int\limits_{(AB)} f(M)\,dx=\int\limits_{(AB)} f(x, y)\,dx. \tag{1}$$

Аналогично, умножая значение $f(M_i)$ не на Δx_i, а на Δy_i, т. е. на проекцию дуги A_iA_{i+1} на ось y, и составляя сумму

$$\sigma^*=\sum_{i=0}^{n-1} f(M_i)\,\Delta y_i=\sum_{i=0}^{n-1} f(\xi_i, \eta_i)\,\Delta y_i,$$

как предел ее получим *криволинейный интеграл (второго типа) от* $f(M)\,dy$:

$$I^*=\int\limits_{(AB)} f(M)\,dy=\int\limits_{(AB)} f(x, y)\,dy. \tag{2}$$

Если вдоль кривой (AB) определены две функции $P(M)=P(x, y)$ и $Q(M)=Q(x, y)$ и существуют интегралы

$$\int\limits_{(AB)} P(M)\,dx=\int\limits_{(AB)} P(x, y)\,dx, \qquad \int\limits_{(AB)} Q(M)\,dy=\int\limits_{(AB)} Q(x, y)\,dy,$$

---

*) См. первую сноску на стр. 213.

то и их сумму называют криволинейным интегралом («общего вида») и полагают

$$\int\limits_{(AB)} P(x, y)\,dx + Q(x, y)\,dy = \int\limits_{(AB)} P(x, y)\,dx + \int\limits_{(AB)} Q(x, y)\,dy.^{*)} \qquad (3)$$

Сопоставим теперь определение криволинейного интеграла второго типа (1) [или (2)] с определением криволинейного интеграла первого типа [см. n° **327**, (1)]. При очевидном сходстве оба определения имеют существенное различие, которое мы еще раз подчеркиваем: в случае интеграла первого типа при составлении интегральной суммы значение функции $f(M_i)$ *умножается на длину* $\sigma_i = \Delta s_i$ *участка* A_iA_{i+1} *кривой*, а в случае интеграла второго типа это значение $f(M_i)$ *умножается на проекцию* Δx_i (*или* Δy_i) *упомянутого участка на ось* x (*или на ось* y).

Мы видели, что направление пути (AB), вдоль которого производится интегрирование, не играет роли в случае интеграла первого типа, ибо длина σ_i дуги A_iA_{i+1} от этого направления не зависит. Иначе обстоит дело с интегралом второго типа: проекция упомянутой дуги на ту или другую из осей существенно зависит от направления дуги и меняет знак с изменением этого направления на обратное. Таким образом, для интегралов второго типа будет

$$\int\limits_{(BA)} f(x, y)\,dx = -\int\limits_{(AB)} f(x, y)\,dx$$

и аналогично

$$\int\limits_{(BA)} f(x, y)\,dy = -\int\limits_{(AB)} f(x, y)\,dy,$$

причем из существования интегралов справа уже вытекает существование интегралов слева и обратно.

Подобным же образом можно ввести понятие криволинейного интеграла второго типа, распространенного на пространственную (скажем, незамкнутую) кривую (AB). Именно, если функция $f(M) = f(x, y, z)$ задана в точках этой кривой, то, как и выше, строим сумму

$$\sigma = \sum_{i=0}^{n-1} f(\xi_i, \eta_i, \zeta_i)\,\Delta x_i$$

и рассматриваем предел этой «интегральной» суммы при условии стремления к нулю $\mu = \max \overline{A_iA_{i+1}}$. *Этот предел называется*

---

*) Историческую справку по поводу криволинейных интегралов читатель найдет в замечании n° **350**.

криволинейным интегралом (*второго типа*) *от* $f(M)\,dx$ и обозначается символом

$$\int\limits_{(AB)} f(M)\,dx = \int\limits_{(AB)} f(x, y, z)\,dx.$$

Аналогично определяются интегралы вида

$$\int\limits_{(AB)} f(M)\,dy = \int\limits_{(AB)} f(x, y, z)\,dy$$

и

$$\int\limits_{(AB)} f(M)\,dz = \int\limits_{(AB)} f(x, y, z)\,dz.$$

Наконец, рассматривается и интеграл («общего вида»)

$$\int\limits_{(AB)} P\,dx + Q\,dy + R\,dz = \int\limits_{(AB)} P\,dx + \int\limits_{(AB)} Q\,dy + \int\limits_{(AB)} R\,dz.$$

Здесь также изменение направления интегрирования меняет знак интеграла.

Заметим в заключение, что простейшие свойства обыкновенного определенного интеграла легко переносятся на рассматриваемый криволинейный интеграл; останавливаться на этом не будем.

331. Существование и вычисление криволинейного интеграла второго типа. Пусть кривая $(K) = (AB)$ задана параметрическими уравнениями

$$x = \varphi(t), \quad y = \psi(t), \tag{4}$$

причем функции φ и ψ непрерывны, и при изменении параметра t от α до β кривая описывается именно в направлении от A к B. Функцию $f(x, y)$ вдоль кривой (AB) также будем предполагать непрерывной *).

Если речь идет об интеграле (1), то дополнительно обусловим еще существование и непрерывность производной $\varphi'(t)$.

При этих предположениях криволинейный интеграл (1) существует, и имеет место равенство

$$\int\limits_{(AB)} f(x, y)\,dx = (R) \int\limits_{\alpha}^{\beta} f(\varphi(t), \psi(t))\,\varphi'(t)\,dt. \tag{5}$$

Таким образом, *для вычисления криволинейного интеграла* (1) *надлежит заменить в подинтегральной функции переменные x и y*

---

*) Здесь можно было бы сделать замечание, аналогичное второй сноске на стр. 215, лишь заменив дугу $\smile MM'$ хордой MM'.

их выражениями (4) *через параметр, а множитель dx — дифференциалом переменной x как функции от параметра.* Порядок расстановки пределов в последнем интеграле отвечает на этот раз выбранному на кривой направлению.

Переходим к доказательству. Пусть точки A_i ($i=0$, 1, 2, ..., n), взятые на кривой, определяются значениями t_i параметра, а выбранная на дуге A_iA_{i+1} точка M_i — значением τ_i (очевидно, лежащим между t_i и t_{i+1}). Тогда интегральная сумма

$$\sigma=\sum_{i=0}^{n-1} f(\xi_i,\ \eta_i)\,\Delta x_i,$$

если учесть, что

$$\Delta x_i=\varphi(t_{i+1})-\varphi(t_i)=\int_{t_i}^{t_{i+1}}\varphi'(t)\,dt,$$

может быть переписана в виде

$$\sigma=\sum_{i=0}^{n-1} f(\varphi(\tau_i),\ \psi(\tau_i))\int_{t_i}^{t_{i+1}}\varphi'(t)\,dt.$$

С другой стороны, и интеграл в (5) справа *) можно представить в виде суммы:

$$I=\int_{\alpha}^{\beta} f(\varphi(t),\ \psi(t))\,\varphi'(t)\,dt=\sum_{i=0}^{n-1}\int_{t_i}^{t_{i+1}} f(\varphi(t),\ \psi(t))\,\varphi'(t)\,dt.$$

Отсюда

$$\sigma-I=\sum_{i=0}^{n-1}\int_{t_i}^{t_{i+1}}[f(\varphi(\tau_i),\ \psi(\tau_i))-f(\varphi(t),\ \psi(t))]\,\varphi'(t)\,dt.$$

Задавшись произвольным $\varepsilon>0$, предположим теперь все Δt_i настолько малыми, чтобы в промежутках $[t_i,\ t_{i+1}]$ колебания непрерывной функции $f(\varphi(t),\ \psi(t))$ были меньше ε. Так как непрерывная функция $\varphi'(t)$ ограничена: $|\varphi'(t)|\leqslant L$, то будем иметь

$$|\sigma-I|<\varepsilon L\,|\beta-\alpha|.$$

Таким образом, при стремлении к 0 величины $\lambda=\max\Delta t_i$ **)

$$\lim\sigma_i=I,$$

---

*) Самое существование интеграла очевидно ввиду непрерывности подынтегральной функции.

**) А это равносильно — в случае незамкнутой кривой — стремлению к 0 наибольшей из хорд [n° 200].

чем одновременно доказано как существование криволинейного интеграла, так и требуемое равенство.

Переходя к интегралу (2), подобным же образом можно установить его существование и доказать формулу

$$\int\limits_{(AB)} f(x, y)\,dy = (\mathrm{R})\int\limits_{\alpha}^{\beta} f(\varphi(t), \psi(t))\,\psi'(t)\,dt \tag{5*}$$

при условии существования непрерывной производной $\psi'(t)$.

Наконец, если речь идет об интеграле общего вида

$$\int\limits_{(AB)} P(x, y)\,dx + Q(x, y)\,dy,$$

где P и Q суть непрерывные функции, то на кривую (AB) наложим требование, чтобы о б е функции (4) имели непрерывные производные. В этом предположении будет справедлива формула

$$\int\limits_{(AB)} P(x, y)\,dx + Q(x, y)\,dy =$$

$$= (\mathrm{R})\int\limits_{\alpha}^{\beta} [P(\varphi(t), \psi(t))\,\varphi'(t) + Q(\varphi(t), \psi(t))\,\psi'(t)]\,dt. \tag{6}$$

Определение криволинейного интеграла и указанный здесь способ сведе́ния его к обыкновенному определенному интегралу непосредственно распространяются и на случай кривой (4), которая с а м а с е б я п е р е с е к а е т, если только направление на ней по-прежнему определяется монотонным изменением параметра t от α до β.

В заключение укажем некоторые случаи, когда вычисление криволинейного интеграла представляется особенно простым.

Пусть интеграл (2) берется по кривой, заданной я в н ы м уравнением:

$$y = y(x),$$

причем перемещение точки из A в B происходит при изменении x от a до b.

Тогда без каких-либо предположений о кривой, кроме ее непрерывности, имеем

$$\int\limits_{(AB)} f(x, y)\,dx = (\mathrm{R})\int\limits_{a}^{b} f(x, y(x))\,dx. \tag{7}$$

Аналогично, если интеграл (2*) распространяется на непрерывную кривую, заданную явным же уравнением, но другого типа:

$$x = x(y),$$

где y изменяется от c до d, то

$$\int\limits_{(AB)} f(x, y)\, dy = (\mathrm{R}) \int\limits_{c}^{d} f(x(y), y)\, dy. \tag{7*}$$

Наконец, если интеграл (2) распространяется на прямолинейный отрезок (AB), параллельный оси y, то он равен 0 (ибо в этом случае равны 0 все Δx_i, а с ними и все суммы σ). Аналогично равен 0 и интеграл (2*), взятый по прямолинейному отрезку, параллельному оси x.

Замечание. Если кривая (K) распадается на конечное число примыкающих одна к другой кривых и вдоль каждой из них в отдельности криволинейный интеграл существует и вычисляется по одной из указанных формул, то легко вычисляется интеграл по всей кривой (K), как сумма интегралов по ее частям.

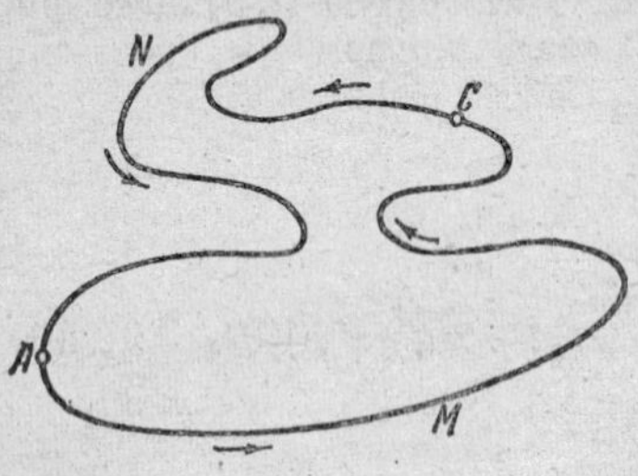

Рис. 11.

332. Случай замкнутого контура. Ориентация плоскости. Обратимся к рассмотрению замкнутого контура (K), т. е. случая, когда начало A и конец B пути интегрирования совпадают. Взяв на кривой отличную от A точку C, полагают по определению, с учетом выбранного на кривой направления (на рис. 11 оно указано стрелкой):

$$\int\limits_{(K)} = \int\limits_{AMC} + \int\limits_{CNA},$$

в предположении, что интегралы справа существуют.

Легко показать, что существование и величина интеграла не зависят от выбора точек A и C. Кроме того, и для замкнутого контура (K) оказываются применимыми формулы (5), (5*), (6), выведенные в предыдущем номере.

Особенность рассматриваемого случая заключается в том, что указание начальной и (совпадающей с ней) конечной точки на этот раз не определяет направления, в котором описывается кривая (K). Можно было бы в каждом случае указывать особо, какое именно направление имеется в виду. Так и приходится поступать, если речь идет о пространственной кривой. В случае же плоского замкнутого контура (K) обыкновенно поступают иначе.

Из двух возможных для данной плоскости направлений вращения — «против часовой стрелки» и «по часовой стрелке» — одно выбирается за положительное: этим создается определенная *ориентация плоскости*. Если положительным считается вращение против часовой стрелки, то ориентация плоскости называется правой, в другом же случае — левой.

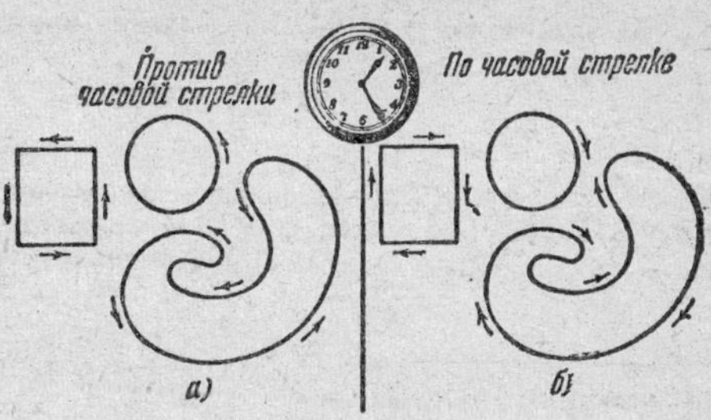

Рис. 12.

В случае правой ориентации плоскости мы именно вращение против часовой стрелки положим в основу определения положительного направления на простом замкнутом контуре (рис. 12, *а*). Правда, это определение имеет достаточно ясный характер лишь для контуров, близких к окружности. Поэтому мы условимся более точно так: положительным направлением обхода простого замкнутого контура называется то, при котором ближайшая к наблюдателю часть области, ограниченной контуром, оказывается лежащей слева от наблюдателя (рис. 12, *а*). В случае левой ориентации плоскости положительным будет обход контура по часовой стрелке, так что область остается справа от наблюдателя (рис. 12, *б*).

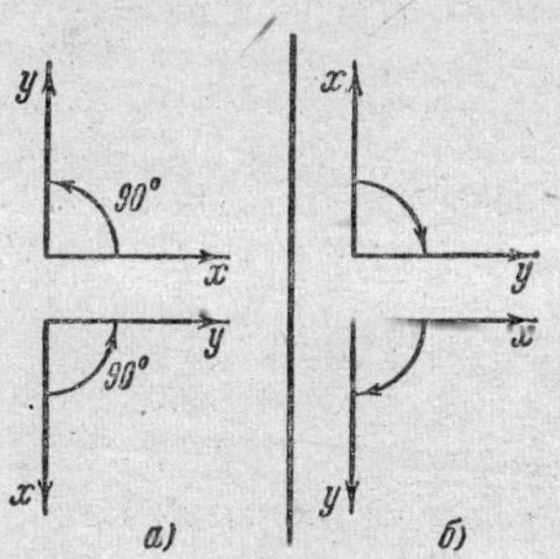

Рис. 13.

Заметим, что самое расположение координатных осей на плоскости всегда ставится в связь с ее ориентацией: ось y получается из оси x поворотом ее на угол $\frac{\pi}{2}$ против часовой стрелки при правой ориентации плоскости и по часовой стрелке — при левой (рис. 13, *а*, *б*). В первом случае сама координатная система называется правой, а во втором — левой.

После этих пояснений заключим раз навсегда такое соглашение: *если путь интегрирования* (K) *есть простая замкнутая кривая, то под символом*

$$\int\limits_{(K)} P\,dx + Q\,dy$$

при отсутствии указаний на направление обхода контура *разумеется интеграл, взятый в положительном направлении*. Конечно, это соглашение не мешает нам рассматривать в случае надобности и интеграл, взятый в отрицательном направлении, но обозначать его мы будем через

$$-\int_{(K)} P\,dx + Q\,dy.$$

333. Примеры. 1) Вычислим значение криволинейного интеграла

$$H = \int_{(L)} 2xy\,dx + x^2\,dy,$$

взятого по пути (L), соединяющему точки $O(0, 0)$ и $A(1, 1)$, если путь (L) есть: (а) прямая $y = x$, (б) парабола $y = x^2$, (в) парабола $x = y^2$, (г) кубическая парабола $y = x^3$ (рис. 14).

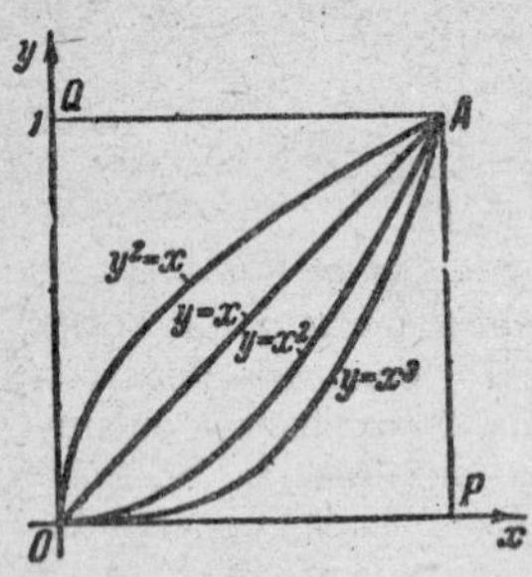

Рис. 14.

(а) Так как $dy = dx$, то

$$\int_{(L)} 2xy\,dx + x^2\,dy = \int_0^1 3x^2\,dx = 1;$$

(б) $dy = 2x\,dx$, $H = \int_0^1 4x^3\,dx = 1;$

(в) $dx = 2y\,dy$, $H = \int_0^1 5y^4\,dy = 1;$

(г) $dy = 3x^2\,dx$, $H = \int_0^1 5x^4\,dx = 1.$

2) Вычислить криволинейный интеграл

$$G = \int_{(L)} xy\,dx + (y - x)\,dy$$

при тех же путях интегрирования.

Ответ. (а) $\frac{1}{3}$, (б) $\frac{1}{12}$, (в) $\frac{17}{30}$, (г) $-\frac{1}{20}$.

3) Найти криволинейный интеграл

$$I = \int_{(OA)} (x - y^2)\,dx + 2xy\,dy,$$

если в качестве пути интегрирования берется одна из следующих линий, соединяющих точки $O(0, 0)$ и $A(1, 1)$ (рис. 14): (а) прямолинейный отрезок OA $(y = x)$; б) ломаная OPA, состоящая из отрезка OP оси x $(y = 0)$ и отрезка PA прямой $x = 1$; (в) ломаная OQA, состоящая из отрезка OQ оси y $(x = 0)$ и отрезка QA прямой $y = 1$.

(а) Так как $y = x$ и $dy = dx$, то

$$I = \int_0^1 (x + x^2)\,dx = \frac{5}{6}.$$

(б) В этом случае естественно разбить путь интегрирования на два отрезка:

$$I = \int\limits_{(OPA)} = \int\limits_{(OP)} + \int\limits_{(PA)} = I_1 + I_2.$$

Вдоль OP имеем: $y = 0$ и $dy = 0$, так что

$$I_1 = \int\limits_0^1 x\,dx = \frac{1}{2}.$$

Вдоль PA будет: $x = 1$ и $dx = 0$, поэтому

$$I_2 = \int\limits_0^1 2y\,dy = 1.$$

Таким образом, окончательно $I = \frac{3}{2}$.

(в) Аналогично предыдущему найдем (так как интеграл вдоль отрезка OQ равен нулю):

$$I = \int\limits_{(QA)} = \int\limits_0^1 (x-1)\,dx = -\frac{1}{2}.$$

4) То же для интеграла

$$I = \int\limits_{(OA)} (y^2 + 2xy)\,dx + (2xy + x^2)\,dy.$$

Ответ. Во всех случаях $I = 2$.

Замечание. Читатель, вероятно, уже обратил внимание на различие между результатами примеров 1) и 4), с одной стороны, и 2) и 3) — с другой. Величины интегралов, рассмотренных в 1) и 4), оказались не зависящими от линии, соединяющей начальную и конечную точки. Напротив, в примерах 2) и 3) мы столкнулись с интегралами, значения которых зависят от того, какой линией соединены начальная и конечная точки. В следующей главе [§ 4] мы займемся этим вопросом специально и выясним его важность.

5) Вычислим интеграл

$$K = \int\limits_{(L)} y^2\,dx - x^2\,dy,$$

где (L) есть окружность радиуса 1 с центром: (а) в начале координат или (б) в точке $(1, 1)$.

а) Исходя из параметрических уравнений $x = \cos t$, $y = \sin t$, где t меняется от 0 до 2π, по формуле (6) будем иметь

$$K = -\int\limits_0^{2\pi} (\sin^3 t + \cos^3 t)\,dt = 0.$$

(б) Аналогично с помощью параметрического представления

$$x-1=\cos t,\quad y-1=\sin t$$

получим

$$K=-\int_0^{2\pi}(2+\sin t+\cos t+\sin^2 t+\cos^2 t)\,dt=-4\pi.$$

334. Связь между криволинейными интегралами обоих типов. Рассмотрим простую *гладкую**) кривую $(K)\equiv(AB)$ и, выбрав в качестве параметра дугу $s=\overset{\frown}{AM}$, представим ее уравнениями [n° 201, 202]

$$x=x(s),\quad y=y(s)\qquad (0\leqslant s\leqslant S);$$

функции $x(s)$, $y(s)$ будут иметь непрерывные производные $x'(s)$, $y'(s)$. Если через α обозначить угол, составленный с осью x касательной, *направленной в сторону возрастания дуг*, то, как известно [n° 211, (14)]:

$$\cos\alpha=x'(s),\quad \sin\alpha=y'(s).$$

Если вдоль кривой (K) задана непрерывная функция $f(M)=f(x, y)$, то последовательно имеем

$$\int_{(K)} f(M)\,dx=\int_0^S f(x(s),\ y(s))\,x'(s)\,ds=$$

$$=\int_0^S f(x(s),\ y(s))\cos\alpha\,ds=\int_{(K)} f(M)\cos\alpha\,ds,$$

и криволинейный интеграл *второго типа* оказался сведенным к криволинейному интегралу *первого типа*.

Аналогично получается

$$\int_{(K)} f(M)\,dy=\int_{(K)} f(M)\sin\alpha\,ds.$$

Если же заданы две непрерывные вдоль кривой (K) функции $P(M)=P(x, y)$ и $Q(M)=Q(x, y)$, то

$$\int_{(K)} P\,dx+Q\,dy=\int_{(K)}(P\cos\alpha+Q\sin\alpha)\,ds. \tag{8}$$

Подчеркнем, что во всех этих формулах угол α связан с тем направлением касательной, которое отвечает направлению самой кривой (K). Если изменить направление кривой, то не только интеграл слева изменит знак: ввиду изменения направления касательной угол α изменится на $\pm\pi$, в связи с чем изменит знак и интеграл справа.

---

*) Кривая (4) называется *гладкой*, если функции φ и ψ имеют непрерывные производные, не обращающиеся одновременно в нуль.

Очевидно, выведенные формулы остаются справедливыми и для простой кусочно-гладкой кривой*); в этом легко убедиться, если написать их для каждого из гладких кусков кривой и почленно сложить.

Аналогичные соображения можно развить и для криволинейных интегралов по пространственной кривой. В результате получится формула

$$\int_{(K)} P\,dx + Q\,dy + R\,dz = \int_{(K)} (P\cos\alpha + Q\cos\beta + R\cos\gamma)\,ds, \qquad (9)$$

где $\cos\alpha$, $\cos\beta$, $\cos\gamma$ суть направляющие косинусы касательной, в предположении, что ее направление отвечает направлению пути интегрирования.

335. Приложения к физическим задачам. Остановимся в заключение на двух важных задачах из области механики и физики, по которым читатель составит себе представление о прикладной роли введенных в этом номере понятий.

1) *Работа силового поля.* Пусть в каждой точке M плоскости xy (или определенной части плоскости) на помещенную в нее единицу массы действует определенная сила $\vec{F}$, *величина и направление которой зависят только от положения точки* M; если масса m помещенной в M материальной точки отлична от единицы, то действующая на нее сила будет равна $m\vec{F}$. При этих условиях плоскость (или рассматриваемая ее часть) называется (*плоским*) *силовым полем*, а сила $\vec{F}$, действующая на единицу массы, — *напряжением поля.* Задание силы $\vec{F}$ по величине и направлению равносильно заданию ее проекций X, Y на оси, очевидно, являющихся функциями от координат x, y точки M:

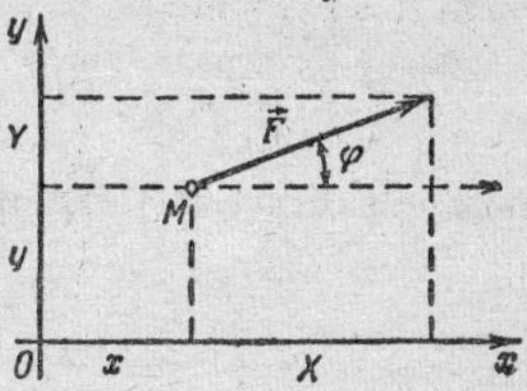

Рис. 15.

$$X = X(x, y), \quad Y = Y(x, y).$$

Если φ есть угол, составленный вектором $\vec{F}$ с осью x, то (рис. 15)

$$X = F\cos\varphi, \quad Y = F\sin\varphi. \qquad (10)$$

Предположим теперь, что материальная точка $M(x, y)$, с единичной массой, находящаяся в поле, движется и описывает некоторую непрерывную кривую (K) *в определенном направлении.* Задача состоит в вычислении работы A, которую при этом движении совершают силы поля.

Если бы действующая на точку сила сохраняла постоянную величину F и постоянное направление, а само перемещение точки происходило прямолинейно, то, как известно, работа A выразилась бы произведением перемещения l на проекцию силы на направление перемещения:

$$A = Fl\cos\theta,$$

где θ — угол между силой $\vec{F}$ и направлением перемещения.

*) Так называется кривая, состоящая из нескольких гладких кусков, примыкающих один к другому.

В случае непрямолинейного движения и непостоянной силы работа определяется с помощью некоторого предельного процесса *). Станем определять положение точки M на кривой (K) (рис. 16) длиной s дуги $\overset{\frown}{AM}$. Рассмотрим бесконечно малый элемент $MN = ds$ кривой; примем его за прямолинейный и будем приближенно считать, что сила $\vec{F}$ и угол θ на перемещении ds сохраняют свою величину. Тогда соответствующий элемент работы будет

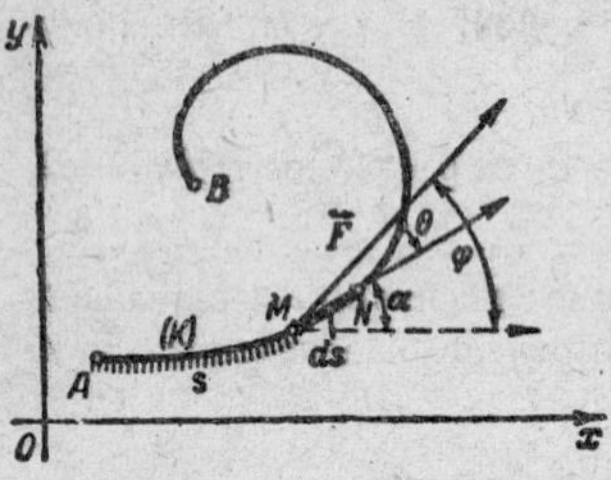

Рис. 16.

$$dA = F\cos\theta\, ds.$$

Теперь остается лишь «просуммировать» эти элементы вдоль всей кривой (K), в результате чего работа A выразится **криволинейным интегралом первого типа**:

$$A = \int\limits_{(K)} F\cos\theta\, ds. \tag{11}$$

Введем угол α между направлением элемента ds (т. е. направлением касательной к кривой в точке M) и осью x. Очевидно, $\theta = \varphi - \alpha$, так что

$$\cos\theta = \cos\varphi\cdot\cos\alpha + \sin\varphi\cdot\sin\alpha,$$

и элемент интеграла, ввиду (10), перепишется так:

$$(X\cos\alpha + Y\sin\alpha)\, ds.$$

Само выражение (11) для работы примет вид:

$$A = \int\limits_{(K)} (X\cos\alpha + Y\sin\alpha)\, ds.$$

Если теперь учесть формулу (8), устанавливающую связь между криволинейными интегралами обоих типов, то, окончательно, работа силового поля выразится **криволинейным интегралом второго типа**:

$$A = \int\limits_{(K)} X\,dx + Y\,dy. \tag{12}$$

Это и есть наиболее употребительное выражение для работы A, удобное для исследования ряда важных, связанных с нею вопросов: зависит ли произведенная работа от формы траектории, соединяющей данные две точки; будет ли работа по замкнутой траектории всегда равна нулю [об этом см. ниже n° 348—351].

2) *Плоское установившееся движение несжимаемой жидкости.* Такое движение характеризуется тем, что, во-первых, **все частицы, лежащие на одной вертикали к некоторой плоскости, имеют одну и ту же скорость**, так что для характеристики всего движения достаточно изучить движение в одной лишь плоскости **), и, во-вторых, скорость c

---

*) Впрочем, мы здесь и дальше предпочитаем тот короткий способ речи, о котором говорилось в первом томе [n° 204]. Предельный переход подразумевается.

**) Которую мы и выберем за плоскость xy.

частицы жидкости зависит только от положения частицы, но не от времени. Таким образом, с каждой геометрической точкой рассматриваемой плоскости (или ее части) связана определенная по величине и направлению скорость; иными словами, задано некоторое «поле скорости».

Если обозначить угол, составленный вектором $\vec{c}$ с осью x, через φ, а проекции этого вектора на координатные оси — через u и v, то (рис. 17, *а*)

$$u = c_x = c\cos\varphi, \quad v = c_y = c\sin\varphi.$$

Возьмем теперь в плоскости xy какую-нибудь кривую (K) и постараемся определить количество Q жидкости, протекающей через нее в определенную от нее сторону в единицу времени. Предполагая жидкость

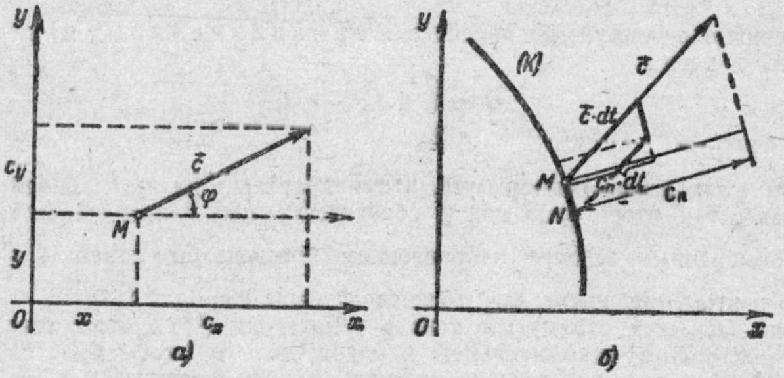

Рис. 17.

несжимаемой, можно количество жидкости измерять площадью покрытой ею фигуры. Если фактически жидкость течет в сторону, противоположную выбранной, то количество протекающей жидкости будем считать отрицательным.

Рассмотрим элемент $MN = ds$ кривой (K). За время dt через этот элемент протечет количество жидкости, равное

$$c_n\, ds\, dt, \tag{13}$$

где c_n есть проекция скорости $\vec{c}$ на нормаль n к элементу ds, направленную в выбранную сторону от кривой. Действительно, это количество равно площади параллелограмма со сторонами ds и $c\,dt$, высотой которого как раз и является произведение $c_n\,dt$ (рис. 17, *б*) *). Для подсчета количества жидкости, протекающей через элемент ds в единицу времени, суммируем выражения (13) по элементам dt, что дает $c_n ds$. Суммируя же найденные выражения по всем элементам кривой (K), мы представим искомое количество Q жидкости в виде криволинейного интеграла первого типа

$$Q = \int\limits_{(K)} c_n\, ds.$$

---

*) При этом мы принимаем элемент ds за прямолинейный и считаем, что скорости частиц жидкости во всех его точках одинаковы и за элемент времени dt сохраняют свою величину и направление.

Если, как всегда, α означает угол между касательной и осью x, то $\lambda=\alpha+\frac{\pi}{2}$ даст угол нормали с той же осью. Тогда угол между направлением скорости $\vec{c}$ и нормалью будет $\varphi-\lambda=\varphi-\alpha-\frac{\pi}{2}$, и

$$c_n=c\cdot\cos\left(\varphi-\alpha-\frac{\pi}{2}\right)=c\cdot\sin(\varphi-\alpha)=$$
$$=c\cdot\sin\varphi\cdot\cos\alpha-c\cdot\cos\varphi\cdot\sin\alpha=v\cos\alpha-u\sin\alpha,$$

так что

$$Q=\int\limits_{(K)}(v\cos\alpha-u\sin\alpha)\,ds.$$

Снова учитывая формулу (8), перейдем к криволинейному интегралу второго типа

$$Q=\int\limits_{(K)}v\,dx-u\,dy. \tag{14}$$

При этом важно подчеркнуть, что направление на этой кривой должно быть взято так, чтобы угол между соответствующим направлением касательной и выбранным заранее направлением нормали был равен $+\frac{\pi}{2}$, ибо именно в этом предположении и выведена была формула (14).

Если (K) есть замкнутый контур и интеграл (14) считать взятым (как обычно, n° 332) в положительном направлении, то, чтобы было соблюдено упомянутое только что условие, нормаль должна была бы быть направлена внутрь области, ограниченной контуром (K). Следовательно, в этом случае формула (14) дает количество жидкости, протекающей через контур (K) в единицу времени внутрь области. Если желаем получить количество жидкости, вытекающей наружу из области, ограниченной контуром (K), то следует лишь в формуле (14) изменить знак.

Далее, если поле не имеет ни «источников», ни «стоков» жидкости, то в любой ограниченной области количество жидкости остается постоянным. Поэтому, какую бы замкнутую кривую ни взять, интеграл (14), взятый по ней, должен быть равен нулю.

Итак, *если u и v суть слагающие скорости в плоском установившемся течении несжимаемой жидкости, то при отсутствии источников и стоков*

$$\int\limits_{(K)}v\,dx-u\,dy=0,$$

каков бы ни был замкнутый контур (K).

Впоследствии [n° 351, 2)] мы увидим, что этот результат, полученный с помощью физических соображений, позволяет дать и некоторую аналитическую характеристику функций u и v.

ГЛАВА ДВАДЦАТЬ ПЕРВАЯ

ДВОЙНЫЕ ИНТЕГРАЛЫ

§ 1. ОПРЕДЕЛЕНИЕ И ПРОСТЕЙШИЕ СВОЙСТВА ДВОЙНЫХ ИНТЕГРАЛОВ

336. Задача об объеме цилиндрического бруса. Наподобие того, как задача о площади криволинейной трапеции привела нас к понятию простого определенного интеграла [n° 175], аналогичная задача об объеме цилиндрического бруса приведет нас к новому понятию — двойного (определенного) интеграла.

Рассмотрим тело (V), которое сверху ограничено поверхностью

$$z = f(x, y), \tag{1}$$

с боков — цилиндрической поверхностью с образующими, параллельными оси z, наконец, снизу — плоской фигурой (P) на плоскости xy (рис. 18). Требуется найти объем V тела.

Рис. 18.

Для решения этой задачи мы прибегнем к обычному в интегральном исчислении приему, состоящему в разложении искомой величины на элементарные части, приближенном подсчете каждой части, суммировании и последующем предельном переходе. С этой целью разложим область (P) сетью кривых на части (P_1), $(P_2), \ldots, (P_n)$ и рассмотрим ряд цилиндрических столбиков, которые имеют своими основаниями эти частичные области и в совокупности составляют данное тело.

Для подсчета объема отдельных столбиков возьмем произвольно в каждой фигуре (P_i) по точке: (ξ_i, η_i). Если приближенно принять каждый столбик за настоящий цилиндр с высотой, равной аппликате $f(\xi_i, \eta_i)$, то объем отдельного столбика оказывается приближенно равным

$$f(\xi_i, \eta_i) \cdot P_i,$$

где P_i означает площадь фигуры (P_i). В таком случае приближенное выражение объема всего тела будет:

$$V \doteq \sum_{i=1}^{n} f(\xi_i, \eta_i) P_i.$$

Для повышения точности этого равенства будем уменьшать размеры площадок (P_i), увеличивая их число. В пределе, при стремлении к нулю наибольшего из диаметров всех областей (P_i), это равенство делается точным, так что

$$V = \lim \sum_{i=1}^{n} f(\xi_i, \eta_i) P_i,$$

и поставленная задача решена.

Предел этого вида и есть *двойной интеграл от функции* $f(x, y)$ *по области* (P); он обозначается символом

$$\iint\limits_{(P)} f(x, y)\, dP.$$

Полученная выше формула для объема принимает вид

$$V = \iint\limits_{(P)} f(x, y)\, dP\ ^{*)}. \qquad (2)$$

Таким образом, двойной интеграл является прямым обобщением понятия простого определенного интеграла на случай функции двух переменных. Он играет важную роль также при определении различных геометрических и физических величин.

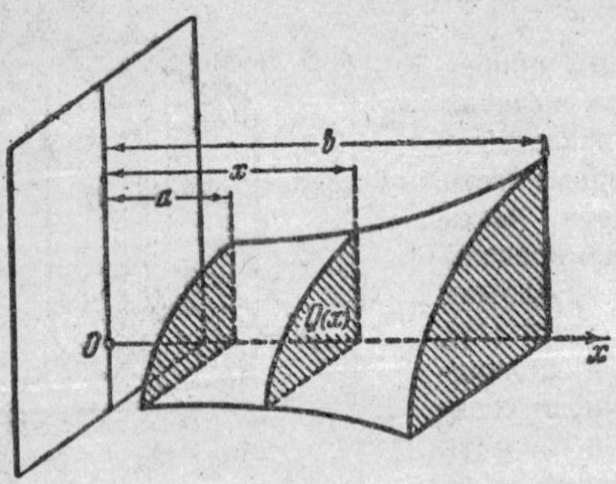

Рис. 19.

337. Сведение двойного интеграла к повторному. Продолжая трактовать двойной интеграл геометрически как объем цилиндрического бруса, мы дадим здесь же указания относительно его вычисления путем сведения к повторному интегралу.

*) В случае непрерывной поверхности (1) и квадрируемой фигуры (P) выводу этой формулы нетрудно придать и вполне строгую форму; см. замечание в n° 340.

В первом томе мы уже имели дело с задачей вычисления объема тела (V) по его поперечным сечениям [n° 198]. Напомним относящуюся сюда формулу. Пусть тело ограничено плоскостями $x=a$ и $x=b$ (рис. 19). Допустим, что сечение тела плоскостью, перпендикулярной к оси x и отвечающей абсциссе $x\,(a \leqslant x \leqslant b)$, имеет площадь $Q(x)$. Тогда объем тела, в предположении его существования, выразится формулой

$$V=\int_a^b Q(x)\,dx. \tag{3}$$

Применим теперь эту формулу к вычислению объема цилиндрического бруса, о котором была речь в предыдущем номере. Начнем с простого случая, когда в основании бруса лежит прямоугольник $[a, b; c, d]$ (рис. 20).

Сечение бруса плоскостью $x=x_0\,(a \leqslant x_0 \leqslant b)$ есть криволинейная трапеция $\alpha\beta\delta\gamma$. Для нахождения ее площади спроектируем эту фигуру на плоскость yz; мы получим конгруентную с ней трапецию $\alpha_1\beta_1\delta_1\gamma_1$, ибо проектирование происходит без искажения. Итак,

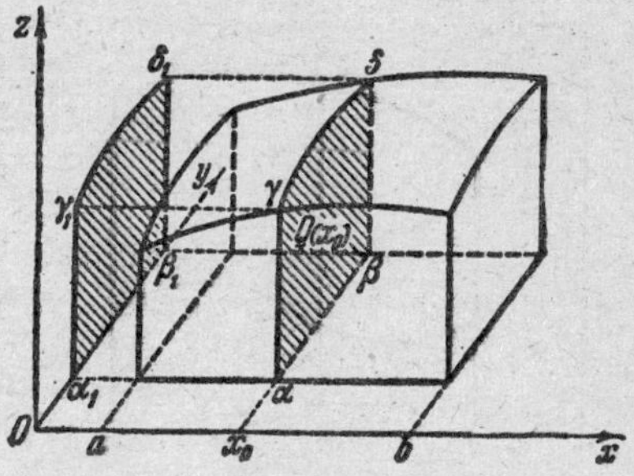

Рис. 20.

$$Q(x_0)=\text{пл. } \alpha\beta\delta\gamma=\text{пл. } \alpha_1\beta_1\delta_1\gamma_1.$$

Но уравнение линии $\gamma_1\delta_1$ на плоскости yz, очевидно, будет

$$z=f(x_0, y) \quad (c \leqslant y \leqslant d).$$

Пользуясь известным выражением площади криволинейной трапеции в виде определенного интеграла, будем иметь

$$Q(x_0)=\int_c^d f(x_0, y)\,dy.$$

Так как наше рассуждение относится к любому сечению, то вообще для $a \leqslant x \leqslant b$

$$Q(x)=\int_c^d f(x, y)\,dy \text{ *)}.$$

*) Эта функция от x к тому же непрерывна [n° 296], что мы и предполагали при выводе формулы (3).

Подставляя это значение $Q(x)$ в формулу (3), получим

$$V=\int_a^b dx\int_c^d f(x, y)\,dy.$$

Но мы имеем для объема V и выражение (2), следовательно,

$$\iint\limits_{(P)} f(x, y)\,dP=\int_a^b dx\int_c^d f(x, y)\,dy \tag{4}$$

— двойной интеграл приведен к повторному.

Аналогичный результат можно получить и для более общего случая, когда область (P) на плоскости xy представляет собой криволинейную трапецию, ограниченную двумя кривыми:

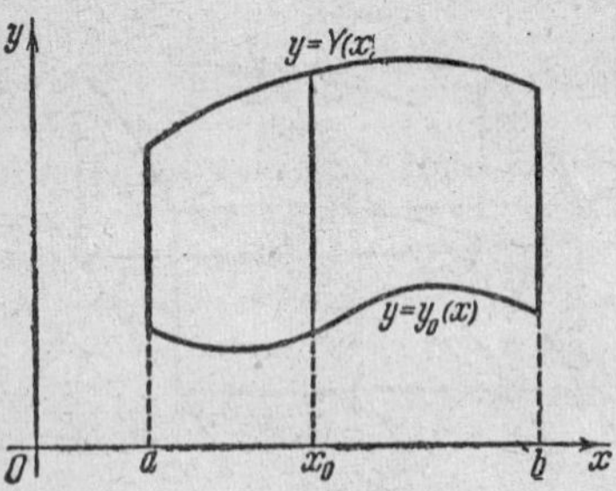

Рис. 21.

$$y=y_0(x),\ y=Y(x)\ (a\leqslant x\leqslant b)$$

и двумя ординатами $x=a$ и $x=b$ (рис. 21). Разница по сравнению с рассмотренным случаем состоит в следующем: раньше при любом фиксированном $x=x_0$ изменение y происходило в одном и том же промежутке $[c, d]$, а теперь этот промежуток

$$[y_0(x_0),\ Y(x_0)]$$

сам зависит от x_0, так что

$$Q(x_0)=\int_{y_0(x_0)}^{Y(x_0)} f(x_0, y)\,dy.$$

Окончательно получим:

$$V=\iint\limits_{(P)} f(x, y)\,dP=\int_a^b dx\int_{y_0(x)}^{Y(x)} f(x, y)\,dy\ ^{*)}. \tag{5}$$

Мы познакомили читателя с понятием двойного интеграла и с его вычислением в геометрической трактовке.

---

*) И здесь внутренний интеграл представляет собой непрерывную функцию от x [см. п° 299].

338. Определение двойного интеграла. Перейдем теперь к более общему изложению вопроса, с чисто аналитической точки зрения. Впрочем, и здесь нам не обойтись без геометрии или, по крайней мере, без геометрического языка [n° 124—127]. Мы будем говорить о «двумерной области» (P), где определена рассматриваемая функция двух переменных, «кривыми» делить ее на частичные «области», будем брать «площади» этих «областей» и т. д. На деле это «области» и «кривые» из арифметического двумерного пространства, их «точками» служат пары чисел. Но обыкновенно все эти «образы» заменяются для удобства соответствующими им настоящими геометрическими образами, не делая никакой разницы между ними. В частности, под «площадью области» из арифметического двумерного пространства разумеется всегда площадь соответствующей геометрической области.

Напомним, что для квадрируемости области, ограниченной какой-либо кривой, необходимо и достаточно, чтобы эта кривая имела площадь, равную нулю [n° 193]. Широкий класс таких кривых образует непрерывные кривые, выражаемые явными уравнениями, или кривые, состоящие из конечного числа подобных кусков. Отметим здесь (не вдаваясь в доказательство), что тем же свойством, в частности, обладают и гладкие или кусочно-гладкие кривые. *Мы будем предполагать впредь, что как контур области* (P), *так и кривые, которыми мы разлагаем ее на части, все имеют нулевую площадь* (например, принадлежат к указанному классу); этим обеспечивается существование всех нужных нам площадей.

Вернемся теперь к понятию двойного интеграла, фактически уже введенному в n° 336, и дадим в развернутом виде общее его определение.

Пусть в области (P) определена функция $f(x, y)$ *). Разобьем область (P) сетью кривых на конечное число областей (P_1), $(P_2), \ldots,$ (P_n), площади которых будут $P_1, P_2, \ldots, P_n$. Хотя проще всего эти частичные области представлять себе связными, но для облегчения дальнейшего изложения выгодно не исключать для них возможности быть и несвязными. В пределах i-й элементарной области (P_i) возьмем по произволу точку (ξ_i, η_i), значение функции в этой точке $f(\xi_i, \eta_i)$ умножим на площадь P_i соответствующей области и все подобные произведения сложим. Полученную сумму

$$\sigma = \sum_{i=1}^{n} f(\xi_i, \eta_i) \cdot P_i$$

будем называть интегральной суммой для функции $f(x, y)$ в области (P).

---

*) Никаких предположений о непрерывности ее мы при этом не делаем.

Обозначим через λ наибольший из **диаметров***) частичных областей (P_i). *Конечный предел I интегральной суммы σ при $\lambda \to 0$*

$$I = \lim \sigma \text{ **)}$$

называется ***двойным интегралом*** *функции $f(x, y)$ в области (P)* и обозначается символом

$$I = \iint\limits_{(P)} f(x, y)\, dP.$$

Функция, имеющая интеграл, называется *интегрируемой*.

339. Условие существования двойного интеграла. Интегрируемая функция необходимо должна быть ограниченной. Действительно, в противном случае при любом заданном способе разложения области (P) на части можно было бы за счет выбора точек (ξ_i, η_i) сделать интегральную сумму произвольно большой, так что **конечного** предела I не могло бы существовать.

Обращаясь к рассмотрению **условий интегрируемости** данной функции $f(x, y)$, мы будем поэтому наперед предполагать ее ограниченной:

$$m \leqslant f(x, y) \leqslant M.$$

Как и в случае функции от одной переменной, здесь также удобно ввести так называемые *нижнюю и верхнюю суммы Дарбу:*

$$s = \sum_{i=1}^{n} m_i P_i, \quad S = \sum_{i=1}^{n} M_i P_i,$$

где m_i и M_i означают, соответственно, точные нижнюю и верхнюю границы значений функции $f(x, y)$ в области (P_i).

При данном способе разложения области (P) на части, независимо от выбора точек (ξ_i, η_i), будут выполняться неравенства

$$s \leqslant \sigma \leqslant S.$$

Но за счет надлежащего выбора этих точек можно значения $f(\xi_i, \eta_i)$ сделать сколь угодно близкими к m_i (M_i), а вместе с этим сумму σ сделать сколь угодно близкой к s (S). Таким образом, *верхняя и нижняя суммы Дарбу являются, соответственно,* ***точными***

---

*) Диаметром точечного множества называется точная верхняя граница расстояний между двумя произвольными точками множества. В случае плоской замкнутой области, ограниченной непрерывной кривой, диаметром служит попросту наибольшая хорда.

**) Читатель легко сам установит точный смысл этого нового предела.

верхней и нижней границами интегральных сумм, отвечающих тому же способу разложения области.

Для суммы Дарбу, как и в линейном случае, могут быть установлены следующие свойства.

Первое свойство. *При дальнейшем дроблении частей* (P_i) *с добавлением к прежним линиям деления новых, нижняя сумма Дарбу не убывает, а верхняя — не возрастает.*

Второе свойство. *Каждая нижняя сумма Дарбу не превосходит каждой верхней суммы, хотя бы отвечающей и другому способу разложения области* (P).

Доказательство проводится аналогично прежнему [n° 177]; лишь в тех случаях, когда там говорилось о точках деления, здесь приходится говорить о линиях деления.

Есть, однако, один момент, на котором нам хотелось бы задержать внимание читателя. В линейном случае каждая новая точка деления отчетливо разлагает один из старых промежутков на два; общей частью двух промежутков является тоже промежуток. В плоском случае положение усложняется тем, что две кривые могут пересекаться между собой во многих точках и даже в бесконечном множестве точек. Поэтому связная частичная область может новой кривой рассекаться и на несвязные части; точно так же и общей частью двух связных областей может оказаться несвязная область. Вот почему мы с самого начала не исключали из рассмотрения разложения основной области на несвязные части!

Далее, устанавливается существование точных границ

$$I_* = \sup\{s\}, \quad I^* = \inf\{S\},$$

причем оказывается, что

$$s \leqslant I_* \leqslant I^* \leqslant S.$$

Наконец, путем буквального воспроизведения доказательства для линейного случая [n° 178] и здесь получается

Теорема. Для существования двойного интеграла необходимо и достаточно, чтобы было

$$\lim_{\lambda \to 0} (S - s) = 0,$$

или в других обозначениях

$$\lim_{\lambda \to 0} \sum_{i=1}^{n} \omega_i P_i = 0, \tag{6}$$

где ω_i *есть колебание* $M_i - m_i$ *функции* $f(x, y)$ *в частичной области* (P_i).

340. Классы интегрируемых функций. С помощью установленного выше признака интегрируемости легко доказать:

I. *Всякая непрерывная в области* (P) *функция* $f(x, y)$ *интегрируема.*

Действительно, если функция f непрерывна в (замкнутой) области (P), то по свойству равномерной непрерывности каждому $\varepsilon > 0$ отвечает такое $\delta > 0$, что в любой части области (P) с диаметром, меньшим чем δ, колебание функции будет меньше, чем ε. Пусть теперь область (P) разложена на части (P_i), диаметры которых все меньше δ. Тогда все колебания $\omega_i < \varepsilon$, и

$$\sum_i \omega_i P_i < \varepsilon \sum_i P_i = \varepsilon P,$$

откуда и следует выполнение условия (6). Этим интегрируемость функции доказана.

Замечание. Теперь легко уже придать полную строгость выводу формулы (2) для объема цилиндрического бруса. Это делается совершенно так же, как и при выводе интегральной формулы для площади криволинейной трапеции [n° **196**] — с привлечением входящих и выходящих тел, объемы которых выражаются суммами Дарбу.

Для того чтобы несколько расширить класс функций, для которых установлена интегрируемость, мы будем нуждаться в следующей лемме.

Лемма. *Пусть в области* (P) *задана некоторая кривая* (L), *имеющая площадь, равную нулю. Тогда каждому* $\varepsilon > 0$ *отвечает такое* $\delta > 0$, *что лишь только область* (P) *разложена на части с диаметрами, меньшими* δ, *сумма площадей тех из них, которые имеют с* (L) *общие точки, будет меньше* ε.

По предположению кривую (L) можно погрузить в многоугольную область (Q) с площадью, меньшей чем ε. Сделать это можно так, чтобы кривая (L) и контур (K) упомянутой области не имели общих точек. Тогда расстояние между переменными точками обеих кривых достигает своего наименьшего значения $\delta > 0$.

Действительно, пусть указанные непрерывные кривые заданы, соответственно, параметрическими уравнениями:

$$(K)\ x = \varphi(t),\ y = \psi(t);\quad t_0 \leqslant t \leqslant T \qquad (L)\ x = \varphi^*(u),\ y = \psi^*(u),\quad u_0 \leqslant u \leqslant U$$

где φ, ψ, φ^*, ψ^* — непрерывные функции, каждая от своего аргумента. Тогда расстояние между двумя произвольными точками этих кривых

$$\sqrt{[\varphi(t) - \varphi^*(u)]^2 + [\psi(t) - \psi^*(u)]^2}$$

будет непрерывной функцией от (t, u) в замкнутом прямоугольнике $[t_0, T; u_0, U]$ и, следовательно, достигает там своего наименьшего значения [n° **136**]. Поскольку кривые не пересекаются, это наименьшее расстояние δ будет отлично от нуля.

Разложим теперь область (P) по произволу на части так, чтобы диаметры их были меньше δ. Те из них, которые задевают кривую (L), необходимо целиком будут лежать в области (Q), следовательно, общая их площадь меньше ε.

II. *Если ограниченная функция $f(x, y)$ имеет разрывы разве лишь на конечном числе кривых с нулевой площадью, то она интегрируема.*

Зададимся произвольным числом $\varepsilon > 0$. По предположению все «линии разрыва» функции $f(x, y)$ можно заключить внутрь многоугольной области (Q) с общей площадью меньше ε. На рис. 22 эта область покрыта штриховкой. Границей ее служит конечное число ломаных (L), которые, очевидно, сами имеют площадь, равную нулю.

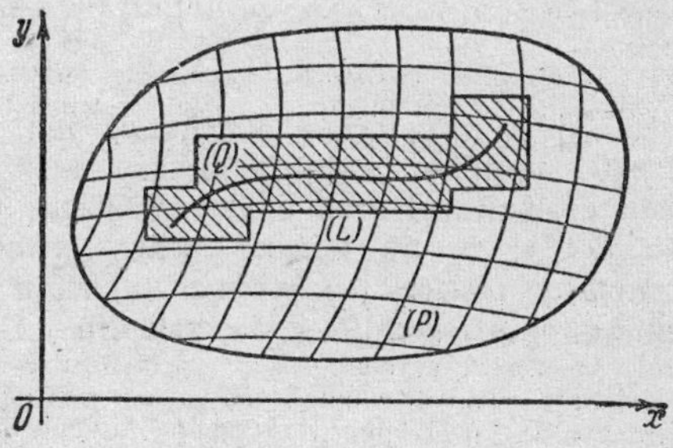

Рис. 22.

В замкнутой области, получающейся из (P) выделением внутренности области (Q), функция $f(x, y)$ сплошь непрерывна, значит, и равномерно непрерывна. Следовательно, по заданному $\varepsilon > 0$ найдется такое число $\delta_1 > 0$, что во всякой части этой области, диаметр которой меньше δ_1, колебание функции $f(x, y)$ будет меньше ε.

Теперь, в силу леммы, можно найти и такое $\delta_2 > 0$, что всякий раз, как область (P) произвольными кривыми разлагается на части с диаметрами, меньшими чем δ_2, сумма площадей тех из них, которые задевают совокупность ломаных (L) — границу выделенной многоугольной области (Q), — наверно будет меньше ε.

Пусть δ будет наименьшее из двух чисел δ_1, δ_2. Разложим область (P) на части $(P_1), (P_2), \ldots, (P_n)$, диаметры которых меньше δ, и рассмотрим соответствующую сумму

$$\sum_i \omega_i P_i.$$

Разобьем ее на две суммы:

$$\sum_{i'} \omega_{i'} P_{i'} + \sum_{i''} \omega_{i''} P_{i''},$$

предполагая, что значок i' отвечает таким областям $(P_{i'})$, которые целиком лежат вне выделенной области (Q), а значок i'' — всем прочим. Оценим каждую из этих сумм в отдельности.

Так как все $(P_{i'})$ лежат в области, полученной из (P) выделением (Q), и диаметры их $< \delta \leqslant \delta_1$, то все $\omega_{i'} < \varepsilon$, так что

$$\sum_{i'} \omega_{i'} P_{i'} < \varepsilon \sum_{i'} P_{i'} < \varepsilon P.$$

С другой стороны, если через Ω обозначить колебание функции $f(x, y)$ во всей области (P), то будем иметь (так как $\omega_i \leqslant \Omega$)

$$\sum_{i''} \omega_{i''} P_{i''} \leqslant \Omega \sum_{i''} P_{i''}.$$

Здесь $\sum P_{i''}$ есть сумма площадей тех из областей (P_i), которые: 1) либо целиком лежат в выключенной области (Q), 2) либо задевают границу (L) этой области. Общая площадь первых меньше ε, ибо $Q < \varepsilon$; то же можно сказать и об общей площади вторых, поскольку область разложена на части с диаметрами, меньшими чем $\delta \leqslant \delta_2$. Итак, $\sum P_{i''} < 2\varepsilon$, так что

$$\sum_{i''} \omega_{i''} P_{i''} < 2\Omega\varepsilon.$$

Окончательно, при $\lambda < \delta$, оказывается:

$$\sum_{i} \omega_i P_i < (P + 2\Omega)\,\varepsilon.$$

Так как правая часть этого неравенства произвольно мала вместе с ε, то выполняется условие (6), и т. д.

341. Свойства интегрируемых функций и двойных интегралов. 1°. *Если произвольным образом изменить значения интегрируемой в (P) функции $f(x, y)$ вдоль какой-либо кривой (L) с нулевой площадью (с тем лишь условием, чтобы и измененная функция оставалась ограниченной), то вновь полученная функция также интегрируема в (P) и ее интеграл равен интегралу от $f(x, y)$.*

Для доказательства нужно составить интегральные суммы для измененной и исходной функций. Они могут разниться лишь теми слагаемыми, которые относятся к областям (P_i), задевающим кривую (L). Но, по лемме n°340, общая площадь этих областей стремится к нулю при $\lambda \to 0$, откуда уже легко заключить, что обе интегральные суммы стремятся к общему пределу.

Таким образом, *существование и величина двойного интеграла не зависят от значений, принимаемых подинтегральной функцией вдоль конечного числа кривых с нулевой площадью.*

2°. *Если область (P), в которой задана функция $f(x, y)$, кривою (L) с нулевой площадью разложена на две области (P') и (P''), то из интегрируемости функции $f(x, y)$ во всей области (P) следует ее интегрируемость в частичных областях (P') и (P''), и обратно — из интегрируемости функции в обеих областях (P') и (P'') вытекает интегрируемость в области (P). При этом*

$$\iint\limits_{(P)} f(x, y)\,dP = \iint\limits_{(P')} f(x, y)\,dP' + \iint\limits_{(P'')} f(x, y)\,dP''$$

Разложим области (P') и (P'') произвольным образом на части; тем самым и (P) разложится на части:

$$(P_1),\ (P_2),\ \ldots,\ (P_n).$$

Если значком i' отметить части, содержащиеся в (P'), а значком i'' — части, содержащиеся в (P''), то

$$\sum \omega_i P_i = \sum \omega_{i'} P_{i'} + \sum \omega_{i''} P_{i''}.$$

Пусть функция $f(x, y)$ интегрируема в (P), так что при $\lambda \to 0$ стремится к нулю сумма слева; тогда каждая из сумм справа и подавно стремится к нулю, так что наша функция интегрируема также в (P') и (P'').

Обратно, если имеет место последнее обстоятельство, так что при $\lambda \to 0$ стремятся к нулю обе суммы справа, то и сумма слева также стремится к нулю. Однако нужно помнить, что она построена не для произвольного разбиения области на части: ведь мы исходили из разложения порознь областей (P') и (P'').

Чтобы от произвольного разложения области (P) перейти к разложению этого частного вида, достаточно присоединить к линиям деления кривую (L). Соответствующие им суммы будут разниться лишь слагаемыми, отвечающими тем элементарным областям, которые задевают кривую (L). Но, по лемме n° **340**, их общая площадь стремится к нулю при $\lambda \to 0$, и обе суммы разнятся на бесконечно малую. Таким образом, условие (6) выполняется в полной общности, и функция $f(x, y)$ оказывается интегрируемой в (P).

Наконец, доказываемая формула получается переходом к пределу при $\lambda \to 0$ из равенства

$$\sum f(\xi_i, \eta_i) P_i = \sum f(\xi_{i'}, \eta_{i'}) P_{i'} + \sum f(\xi_{i''}, \eta_{i''}) P_{i''}.$$

Аналогично, из рассмотрения интегральных сумм с помощью перехода к пределу получаются и следующие три свойства:

3°. *Если умножить интегрируемую в (P) функцию $f(x, y)$ на постоянную k, то полученная функция также будет интегрируема, и при этом*

$$\iint\limits_{(P)} kf(x, y)\,dP = k\iint\limits_{(P)} f(x, y)\,dP.$$

4°. *Если в области* (P) *интегрируемы функции* $f(x, y)$ *и* $g(x, y)$, *то интегрируема и функция* $f(x, y) \pm g(x, y)$, *причем*

$$\iint\limits_{(P)} [f(x, y) \pm g(x, y)]\, dP = \iint\limits_{(P)} f(x, y)\, dP \pm \iint\limits_{(P)} g(x, y)\, dP.$$

5°. *Если для интегрируемых в* (P) *функций* $f(x, y)$ *и* $g(x, y)$ *выполняется неравенство* $f(x, y) \leqslant g(x, y)$, то

$$\iint\limits_{(P)} f(x, y)\, dP \leqslant \iint\limits_{(P)} g(x, y)\, dP.$$

Далее,

6°. *В случае интегрируемости функции* $f(x, y)$ *интегрируема и функция* $|f(x, y)|$, *и имеет место неравенство*

$$\left| \iint\limits_{(P)} f(x, y)\, dP \right| \leqslant \iint\limits_{(P)} |f(x, y)|\, dP.$$

Интегрируемость функции $|f|$ следует из простого замечания, что колебание ω_i^* этой функции в любой области (P_i) не превосходит соответствующего колебания ω_i функции f. Действительно, тогда

$$\sum \omega_i^* P_i \leqslant \sum \omega_i P_i,$$

и стремление к нулю второй суммы влечет за собой стремление к нулю первой.

Доказываемое же неравенство получается предельным переходом из неравенства

$$\left|\sum f(\xi_i, \eta_i) P_i\right| \leqslant \sum |f(\xi_i, \eta_i)| P_i.$$

7°. *Если интегрируемая в* (P) функция $f(x, y)$ *удовлетворяет неравенству*

$$m \leqslant f(x, y) \leqslant M,$$

то

$$mP \leqslant \iint\limits_{(P)} f(x, y)\, dP \leqslant MP. \tag{7}$$

Это получается предельным переходом из очевидного неравенства

$$mP \leqslant \sum f(\xi_i, \eta_i) P_i \leqslant MP.$$

Если разделить все части неравенства (7) на P

$$m \leqslant \frac{\iint\limits_{(P)} f(x, y)\, dP}{P} \leqslant M$$

и через μ обозначить среднее отношение, то получим другую запись неравенства (7)

$$\iint\limits_{(P)} f(x, y)\,dP = \mu P \quad (m \leqslant \mu \leqslant M), \tag{8}$$

которая выражает так называемую теорему о среднем значении.

Предположим теперь, в частности, что функция $f(x, y)$ непрерывна в (P), и возьмем в качестве m и M ее наименьшее и наибольшее значения в области (P) — по теореме Вейерштрасса [n° 136] они существуют! Тогда по известной теореме Больцано—Коши [n° 134] непрерывная функция $f(x, y)$, принимающая значения m и M, должна пройти и через каждое промежуточное значение. Таким образом, во всяком случае в области (P) должна найтись такая точка $(\bar{x}, \bar{y})$, что $\mu = f(\bar{x}, \bar{y})$, и формула (8) принимает вид:

$$\iint\limits_{(P)} f(x, y)\,dP = f(\bar{x}, \bar{y}) \cdot P. \tag{9}$$

Это — особенно употребительная форма теоремы о среднем.

Так же легко переносится на рассматриваемый случай и обобщенная теорема о среднем значении [n° 182, 10°]; предоставляем это читателю.

342. Интеграл как аддитивная функция области; дифференцирование по области. Рассмотрим (замкнутую) плоскую область (P) и содержащиеся в ней частичные (замкнутые) области (p). Мы будем предполагать все области квадрируемыми (по обстоятельствам они могут подлежать и другим ограничениям). *Если каждой части (p) области (P) сопоставляется некоторое определенное число*

$$\Phi = \Phi((p)),$$

то этим определяется «функция от области (p)» для указанных (p). Примером такой функции от области могут служить: площадь области, непрерывно распределенная по ней масса, статические моменты этой массы, непрерывно распределенная нагрузка или вообще действующая на нее сила, и т. п.

Если при произвольном разложении области (p) на взаимно не налегающие части

$$(p) = (p') + (p'')$$

всегда оказывается, что

$$\Phi((p)) = \Phi((p')) + \Phi((p'')),$$

то функцию $\Phi((p))$ от области называют аддитивной. Все функции, приведенные выше в виде примера, обладают этим свойством аддитивности. Аддитивные функции от области представляют особую важность, ибо часто встречаются при изучении явлений природы.

Пусть в квадрируемой области (P) задана интегрируемая функция точки $f(M)=f(x, y)$; тогда она будет интегрируема в любой квадрируемой же части (p) области, так что интеграл

$$\Phi((p))=\iint_{(p)} f(x, y)\, dP \tag{10}$$

также есть функция от области (p). Ввиду n° 341,2° и она будет, очевидно, аддитивной функцией.

Обратимся теперь к «дифференцированию функции $\Phi((p))$ по области». Пусть M — фиксированная точка области (P), а (p) — любая содержащая эту точку частичная область. *Конечный предел отношения*

$$\frac{\Phi((p))}{p},$$

где p есть площадь области (p), при стремлении к нулю диаметра области (p), называется производной от функции $\Phi((p))$ по области в точке M. Если $\Phi((p))$, например, есть масса, непрерывно распределенная по плоской фигуре (p), то этот предел есть не что иное, как плотность распределения масс в точке M, а если $\Phi((p))$ означает силу, действующую на фигуру (p), — то удельное давление в точке M, и т. п.

Особый интерес для нас представляет случай, когда функция от области выражается интегралом вида (10), где $f(x, y)$ — непрерывная в области (P) функция. Мы покажем, что *производной по области в точке M от интеграла будет подинтегральная функция, вычисленная именно в этой точке, т. е.*

$$f(M)=f(x, y).$$

Действительно, взяв область (p), о которой говорится в определении производной, имеем по теореме о среднем [см. (9)]

$$\Phi((p))=f(\bar{x}, \bar{y})\cdot p,$$

где $(\bar{x}, \bar{y})$ есть некоторая точка области (p). Если диаметр области (p) стремится к нулю, то точка $(\bar{x}, \bar{y})$ безгранично сближается с (x, y) и, по непрерывности,

$$\frac{\Phi((p))}{p}=f(\bar{x}, \bar{y})\to f(x, y),$$

что и требовалось доказать.

Замечание. Выше нам приходилось уже говорить об аддитивных функциях от промежутка [n° 204]. Так как такая функция всегда представляет собой разность двух значений некоторой функции точки, то не было надобности для «линейного» случая развивать теорию вроде изложенной выше для «плоского» случая. Однако в теореме о дифференцировании определенного интеграла по переменному верхнему пределу [n° 183, 12°] читатель легко усмотрит аналог доказанной только что теоремы о дифференцировании двойного интеграла по области.

§ 2. ВЫЧИСЛЕНИЕ ДВОЙНОГО ИНТЕГРАЛА

343. Приведение двойного интеграла к повторному в случае прямоугольной области. С этим вопросом в геометрической трактовке и при некоторых частных предположениях мы уже имели дело в n° 337.

Рассмотрим теперь его средствами анализа и притом в самой общей форме; начнем мы с простого случая, когда область интегрирования представляет собой прямоугольник $(P)=[a, b; c, d]$.

Теорема. Если для функции $f(x, y)$, определенной в прямоугольнике $(P)=[a, b; c, d]$, существует двойной интеграл

$$\iint\limits_{(P)} f(x, y)\, dP \tag{1}$$

и — при каждом постоянном значении x из $[a, b]$ — простой интеграл

$$I(x)=\int\limits_c^d f(x, y)\, dy \quad (a \leqslant x \leqslant b), \tag{2}$$

то существует также повторный интеграл

$$\int\limits_a^b dx \int\limits_c^d f(x, y)\, dy \tag{3}$$

и выполняется равенство

$$\iint\limits_{(P)} f(x, y)\, dP=\int\limits_a^b dx \int\limits_c^d f(x, y)\, dy\ ^{*}). \tag{4}$$

Доказательство. Разобьем промежутки $[a, b]$ и $[c, d]$, определяющие прямоугольник (P), на части, вставляя точки деления

$$x_0=a<x_1<\ldots<x_i<x_{i+1}<\ldots<x_n=b,$$
$$y_0=c<y_1<\ldots<y_k<y_{k+1}<\ldots<y_m=d.$$

---

*) Читатель легко усмотрит в этом утверждении видоизменение известной теоремы о двойном и повторном пределах [n° 131].

Тогда прямоугольник (P) разложится на частичные прямоугольники (рис. 23):

$$(P_{i,k})=[x_i,\ x_{i+1};\ y_k,\ y_{k+1}]$$
$$(i=0,\ 1,\ \ldots,\ n-1;\ k=0,\ 1,\ \ldots,\ m-1).$$

Обозначим через $m_{i,k}$ и $M_{i,k}$, соответственно, точные нижнюю и верхнюю границы функции $f(x, y)$ в прямоугольнике $(P_{i,k})$, так что для всех точек (x, y) этого прямоугольника

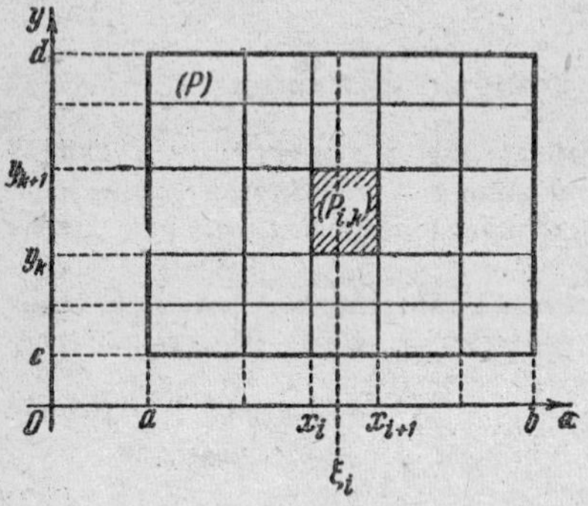

Рис. 23.

$$m_{i,k}\leqslant f(x, y)\leqslant M_{i,k}.$$

Фиксируя x в промежутке $[x_i, x_{i+1}]$ по произволу: $x=\xi_i$, и интегрируя по y от y_k до y_{k+1}, будем иметь [n° 182, 8°]

$$m_{i,k}\,\Delta y_k\leqslant\int\limits_{y_k}^{y_{k+1}} f(\xi_i, y)\,dy\leqslant$$
$$\leqslant M_{i,k}\,\Delta y_k,$$

где $\Delta y_k=y_{k+1}-y_k$; интеграл по y существует, так как предположено существование интеграла (2) по всему промежутку $[c, d]$. Суммируя подобные неравенства по k от 0 до $m-1$, получим

$$\sum_{k=0}^{m-1} m_{i,k}\,\Delta y_k\leqslant I(\xi_i)=\int\limits_c^d f(\xi_i, y)\,dy\leqslant\sum_{k=0}^{m-1} M_{i,k}\,\Delta y_k.$$

Если умножить все части этих неравенств на $\Delta x_i=x_{i+1}-x_i$ и просуммировать по значку i от 0 до $n-1$, то найдем

$$\sum_{i=0}^{n-1}\Delta x_i\sum_{k=0}^{m-1} m_{i,k}\,\Delta y_k\leqslant\sum_{i=0}^{n-1} I(\xi_i)\,\Delta x_i\leqslant\sum_{i=0}^{n-1}\Delta x_i\sum_{k=0}^{m-1} M_{i,k}\,\Delta y_k.$$

Посредине мы получили интегральную сумму для функции $I(x)$. Что же касается до крайних членов, то они представляют собою не что иное, как суммы s и S Дарбу для двойного интеграла (1). Действительно, так как $\Delta x_i\,\Delta y_k$ есть площадь $P_{i,k}$ прямоугольника $(P_{i,k})$, то, например, имеем

$$\sum_{i=0}^{n-1}\Delta x_i\sum_{k=0}^{m-1} m_{i,k}\,\Delta y_k=\sum_{i=0}^{n-1}\sum_{k=0}^{m-1} m_{i,k}\,\Delta x_i\Delta y_k=\sum_{i,k} m_{i,k}P_{i,k}=s.$$

Таким образом, окончательно

$$s \leqslant \sum_{i=0}^{n-1} I(\xi_i)\,\Delta x_i \leqslant S.$$

Если теперь все Δx_i и Δy_k одновременно устремить к нулю, то, ввиду существования двойного интеграла (1), обе суммы s и S будут стремиться к нему, как к пределу. В таком случае и

$$\lim \sum_{i=0}^{n-1} I(\xi_i)\,\Delta x_i = \iint_{(P)} f(x, y)\,dP,$$

т. е. двойной интеграл (1) представляет собой в то же время и интеграл от функции $I(x)$:

$$\iint_{(P)} f(x, y)\,dP = \int_a^b I(x)\,dx = \int_a^b dx \int_c^d f(x, y)\,dy,$$

что и требовалось доказать.

Меняя роли переменных x и y, наряду с (4) можно доказать и формулу

$$\iint_{(P)} f(x, y)\,dP = \int_c^d dy \int_a^b f(x, y)\,dx, \tag{4*}$$

в предположении, что при $y = \text{const}$ существует интеграл

$$\int_a^b f(x, y)\,dx.$$

Замечание. Если вместе с двойным интегралом (1) существуют оба простых интеграла:

$$\int_c^d f(x, y)\,dy \quad (x = \text{const}) \quad \text{и} \quad \int_a^b f(x, y)\,dx \quad (y = \text{const}),$$

то имеют место одновременно обе формулы, (4) и (4*), откуда

$$\int_a^b dx \int_c^d f(x, y)\,dy = \int_c^d dy \int_a^b f(x, y)\,dx. \tag{5}$$

Применение формулы (4) или (4*) обусловлено существованием двойного интеграла и одного из простых. Если функция $f(x, y)$ непрерывна (случай, который обычно встречается на практике), то существование всех упомянутых интегралов обеспечено. В этом случае любой из упомянутых формул можно пользоваться для фактического вычисления двойного интеграла, так как вычисление простых интегралов представляет гораздо более легкую задачу.

При доказательстве формулы (4) всего естественнее было разложить прямоугольник (P) прямыми, параллельными осям, на прямоугольные элементы с площадями $\Delta x_i \Delta y_k$. Желая в самом символе двойного интеграла указать на происхождение его от деления области на части прямыми, параллельными осям, вместо

$$\iint\limits_{(P)} f(x, y)\, dP$$

часто пишут

$$\iint\limits_{(P)} f(x, y)\, dx\, dy \left[\text{или } \iint\limits_{(P)} f(x, y)\, dy\, dx\right].$$

Больше того, имея в виду сведение двойного интеграла, распространенного на прямоугольник $(P) = [a, b; c, d]$, к повторному, и самый двойной интеграл часто обозначают символом, сходным с повторным:

$$\int\limits_a^b \int\limits_c^d f(x, y)\, dy\, dx \quad \text{или} \quad \int\limits_c^d \int\limits_a^b f(x, y)\, dx\, dy.$$

При этом обозначении друг другу соответствуют «внешний интеграл» и «внешний дифференциал», так что стоит лишь поставить скобки, чтобы получить тот или другой из повторных интегралов:

$$\int\limits_a^b \left\{\int\limits_c^d f(x, y)\, dy\right\} dx \quad \text{или} \quad \int\limits_c^d \left\{\int\limits_a^b f(x, y)\, dx\right\} dy.$$

Примеры. 1) $I = \int\limits_0^1 \int\limits_0^1 \frac{y\, dx\, dy}{(1 + x^2 + y^2)^{\frac{3}{2}}}$. Проще представить I по формуле (4) в виде

$$I = \int\limits_0^1 dx \int\limits_0^1 \frac{y\, dy}{(1 + x^2 + y^2)^{\frac{3}{2}}},$$

ибо сразу получаем:

$$\int\limits_0^1 \frac{y\, dy}{(1 + x^2 + y^2)^{\frac{3}{2}}} = \frac{1}{\sqrt{x^2 + 1}} - \frac{1}{\sqrt{x^2 + 2}},$$

так что

$$I = \int\limits_0^1 \left(\frac{1}{\sqrt{x^2 + 1}} - \frac{1}{\sqrt{x^2 + 2}}\right) dx = \ln \frac{x + \sqrt{x^2 + 1}}{x + \sqrt{x^2 + 2}}\Bigg|_0^1 = \ln \frac{2 + \sqrt{2}}{1 + \sqrt{3}}.$$

Если прибегнуть к другому повторному интегралу, то квадратуры окажутся несколько более сложными:

$$I=\int_0^1 y\,dy\int_0^1 \frac{dx}{(1+x^2+y^2)^{\frac{3}{2}}},$$

$$\int_0^1 \frac{dx}{(1+x^2+y^2)^{\frac{3}{2}}}=\frac{1}{1+y^2}\frac{x}{\sqrt{1+x^2+y^2}}\Bigg|_{x=0}^{x=1}=\frac{1}{(1+y^2)\sqrt{2+y^2}},$$

$$I=\int_0^1 \frac{y\,dy}{(1+y^2)\sqrt{2+y^2}}=\frac{1}{2}\ln\frac{\sqrt{2+y^2}-1}{\sqrt{2+y^2}+1}\Bigg|_0^1=\frac{1}{2}\ln\frac{(\sqrt{3}-1)(\sqrt{2}+1)}{(\sqrt{3}+1)(\sqrt{2}-1)}.$$

Легко преобразовать этот ответ к прежнему виду.

2) Найти объем V тела, ограниченного снизу плоскостью xy, с боков — плоскостями $x=0$, $x=a$, $y=0$, $y=b$, а сверху — эллиптическим параболоидом $z=\frac{x^2}{2p}+\frac{y^2}{2q}$.

Прежде всего по формуле (2)

$$V=\iint\limits_{[0,\,a;\;0,\,b]}\left(\frac{x^2}{2p}+\frac{y^2}{2q}\right)dP.$$

Самое же вычисление интеграла произведем по формуле (4*):

$$V=\int_0^b dy\int_0^a\left(\frac{x^2}{2p}+\frac{y^2}{2q}\right)dx=\int_0^b\left(\frac{a^3}{6p}+\frac{ay^2}{2q}\right)dy=\frac{ab}{6}\left(\frac{a^2}{p}+\frac{b^2}{q}\right).$$

344. Приведение двойного интеграла к повторному в случае криволинейной области. Рассмотрим область (P), ограниченную снизу и сверху двумя непрерывными кривыми:

$$y=y_0(x),$$
$$y=Y(x)\quad(a\leqslant x\leqslant b),$$

а с боков — двумя ординатами: $x=a$ и $x=b$ (рис. 24). Тогда, аналогично теореме n° 343, имеет место следующая

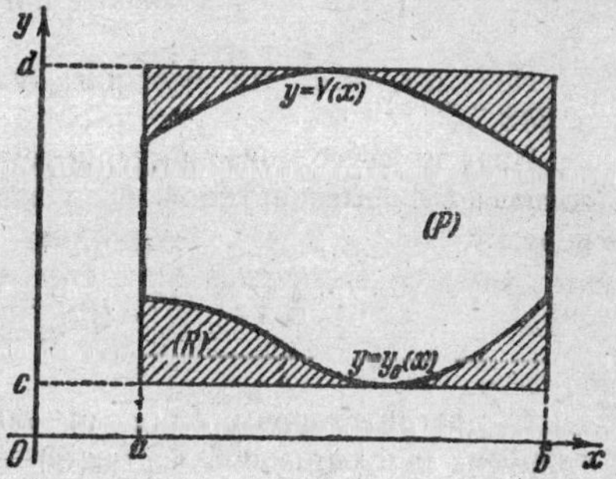

Рис. 24.

Теорема. *Если для функции $f(x, y)$, определенной в области (P), существует двойной интеграл*

$$\iint\limits_{(P)} f(x,y)\,dP$$

и — при каждом постоянном значении x из $[a, b]$ — простой интеграл

$$I(x) = \int_{y_0(x)}^{Y(x)} f(x, y)\, dy,$$

то существует также повторный интеграл

$$\int_a^b dx \int_{y_0(x)}^{Y(x)} f(x, y)\, dy,$$

и выполняется равенство

$$\iint_{(P)} f(x, y)\, dP = \int_a^b dx \int_{y_0(x)}^{Y(x)} f(x, y)\, dy. \qquad (6)$$

Доказательство строится на сведении этого случая к рассмотренному в n° **343.** Именно, заключим область (P) в прямоугольник

$$(R) = [a, b; c, d],$$

полагая $c = \min\limits_{a \leqslant x \leqslant b} y_0(x)$, $d = \max\limits_{a \leqslant x \leqslant b} Y(x)$ (рис. 24), и определим в этом прямоугольнике функцию $f^*(x, y)$ следующим образом:

$$f^*(x, y) = \begin{cases} f(x, y), & \text{если точка } (x, y) \text{ принадлежит области } (P), \\ 0 & \text{в прочих точках прямоугольника } (R). \end{cases}$$

Покажем, что эта функция удовлетворяет условиям теоремы n° **343.**

Прежде всего, она интегрируема в области (P), ибо здесь она совпадает с интегрируемой по условию функцией $f(x, y)$; очевидно, поэтому

$$\iint_{(P)} f^*(x, y)\, dP = \iint_{(P)} f(x, y)\, dP.$$

С другой стороны, $f^*(x, y) = 0$ вне (P) и, следовательно, интегрируема и в остальной части $(Q) = (R) - (P)$ прямоугольника (R) *), причем

$$\iint_{(Q)} f^*(x, y)\, dQ = 0.$$

---

*) Значения ее на границе этой области роли не играют (см. n° **341, 1°**).

Тогда, в силу n° 341, 2°, функция f^* интегрируема во всем прямоугольнике (R), и

$$\iint_{(R)} f^*(x, y)\,dR = \iint_{(P)} f(x, y)\,dP. \tag{7}$$

При постоянном значении x в $[a, b]$ существует интеграл

$$\int_c^d f^*(x, y)\,dy = \int_c^{y_0(x)} f^*\,dy + \int_{y_0(x)}^{Y(x)} f^*\,dy + \int_{Y(x)}^d f^*\,dy,$$

ибо существует каждый из трех интегралов справа. Действительно, так как в промежутках $[c, y_0(x))$ и $(Y(x), d]$ изменения y функция $f^*(x, y) = 0$, то первый и третий интегралы существуют, будучи равны нулю. Второй же интеграл совпадает с интегралом от функции $f(x, y)$:

$$\int_{y_0(x)}^{Y(x)} f^*(x, y)\,dy = \int_{y_0(x)}^{Y(x)} f(x, y)\,dy,$$

поскольку $f^*(x, y) = f(x, y)$ для y в $[y_0(x), Y(x)]$. Окончательно,

$$\int_c^d f^*(x, y)\,dy = \int_{y_0(x)}^{Y(x)} f(x, y)\,dy. \tag{8}$$

В силу упомянутой теоремы, для функции f^* существует и повторный интеграл, который равен двойному [см. n° 343, (4)]:

$$\iint_{(R)} f^*(x, y)\,dR = \int_a^b dx \int_c^d f^*(x, y)\,dy.$$

Принимая же во внимание (7) и (8), видим, что эта формула равносильна формуле (6).

Если область (P) представляет собой криволинейную трапецию другого типа и ограничена кривыми

$$x = x_0(y), \quad x = X(y) \quad (c \leqslant y \leqslant d)$$

и прямыми $y = c$, $y = d$, то вместо (6) придем к формуле

$$\iint_{(P)} f(x, y)\,dP = \int_c^d dy \int_{x_0(y)}^{X(y)} f(x, y)\,dx, \tag{6*}$$

в предположении, что, наряду с двойным интегралом, при $y = \text{const}$ существует простой интеграл по x.

Замечание. Если контур области (P) пересекается лишь в двух точках как параллелями оси ординат, так и параллелями оси абсцисс (как, например, в случае, изображенном на рис. 25), то при выполнении указанных условий применимы обе упомянутые формулы. Из сопоставления их получается равенство

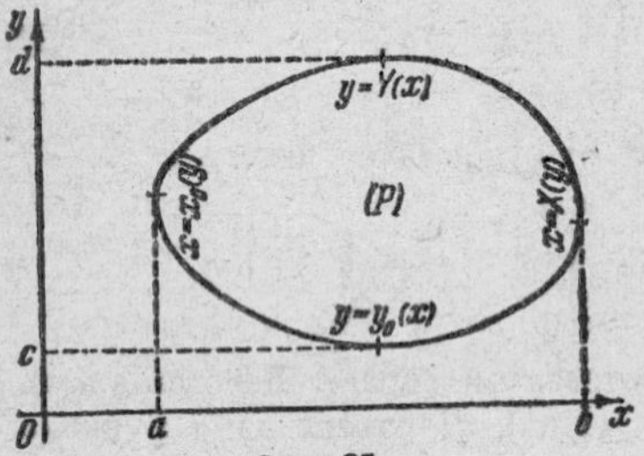

Рис. 25.

$$\int_a^b dx \int_{y_0(x)}^{Y(x)} f(x, y)\, dy = \int_c^d dy \int_{x_0(y)}^{X(y)} f(x, y)\, dx, \quad (9)$$

которое представляет и самостоятельный интерес. Это — аналог формулы (5) n° **343**.

Если функция $f(x, y)$ в области (P) непрерывна, то интегралы, двойной и простой, существуют, и формулу (6) или (6*), смотря по типу области (P), можно использовать для в ы ч и с л е н и я двойного интеграла.

В случае более сложного контура область (P) обычно разлагается на конечное число частей рассмотренного типа. Например, фигура (P) на рис. 26 рассекается прямою $x=\alpha$ на три такие части: (P_1), (P_2) и (P_3). Тогда и искомый интеграл, в силу n° **341**, 2°, представляется суммой интегралов, распространенных в отдельности на эти части; каждый из них вычисляется, как указано.

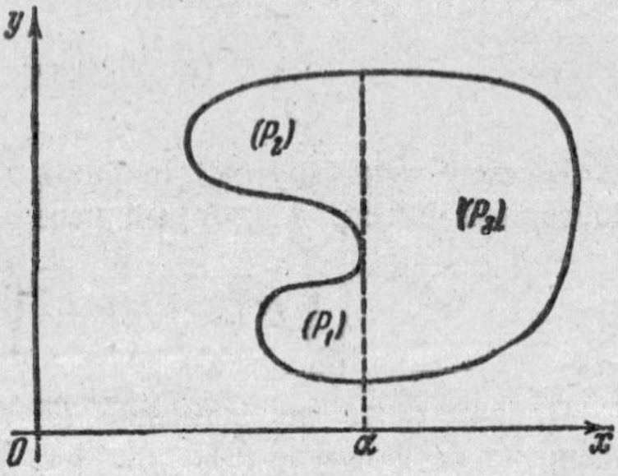

Рис. 26.

В общем случае также, поскольку мы свели дело к теореме n° **343**, в основе умозаключений лежит разбиение рассматриваемой фигуры на прямоугольные элементы. В связи с этим и здесь для обозначения двойного интеграла пользуются часто символом

$$\iint_{(P)} f(x, y)\, dx\, dy;$$

произведение $dx\, dy$ напоминает о площади элементарного прямоугольника.

Само собой понятны и обозначения

$$\int_a^b \int_{y_0(x)}^{Y(x)} f\, dy\, dx \quad \text{или} \quad \int_c^d \int_{x_0(y)}^{X(y)} f\, dx\, dy.$$

Примеры. 1) Вычислить двойной интеграл

$$I = \iint\limits_{(P)} y^2 \sqrt{R^2 - x^2}\, dP,$$

где (P) есть круг радиуса R с центром в начале координат (рис. 27).

Решение. Контур области (P) имеет уравнение $x^2 + y^2 = R^2$, откуда $y = \pm\sqrt{R^2 - x^2}$. Очевидно, $y = +\sqrt{R^2 - x^2}$ есть уравнение верхней полуокружности, а $y = -\sqrt{R^2 - x^2}$ является уравнением нижней полуокружности. Таким образом, при постоянном x из промежутка $[-R, R]$ переменная y изменяется от $-\sqrt{R^2 - x^2}$ до $+\sqrt{R^2 - x^2}$. По формуле (6) — с учетом четности по y подинтегральной функции —

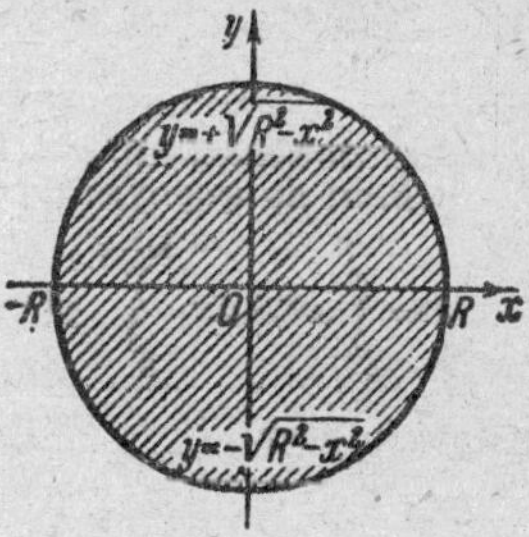

Рис. 27.

$$I = \int_{-R}^{R} dx \int_{-\sqrt{R^2 - x^2}}^{+\sqrt{R^2 - x^2}} y^2 \sqrt{R^2 - x^2}\, dy =$$

$$= 2\int_{-R}^{R} \sqrt{R^2 - x^2}\, dx \int_{0}^{\sqrt{R^2 - x^2}} y^2\, dy.$$

Вычисляем внутренний интеграл:

$$\int_{0}^{\sqrt{R^2 - x^2}} y^2\, dy = \frac{1}{3}(R^2 - x^2)^{\frac{3}{2}}.$$

Затем — снова с учетом четности —

$$I = \frac{2}{3}\int_{-R}^{R} (R^2 - x^2)^2\, dx = \frac{4}{3}\int_{0}^{R} (R^2 - x^2)^2\, dx = \frac{32}{45} R^5.$$

Совершенно аналогично проводится и вычисление по формуле (6*).

2) Вычислить интеграл

$$I = \iint \sqrt{4x^2 - y^2}\, dx\, dy,$$

распространенный на треугольник, который образован прямыми $y = 0$, $x = 1$, $y = x$.

Решение. По формуле (6)

$$I = \int_{0}^{1} dx \int_{0}^{x} \sqrt{4x^2 - y^2}\, dy;$$

внутренний интеграл равен

$$\int_{0}^{x} \sqrt{4x^2 - y^2}\, dy = \frac{y}{2}\sqrt{4x^2 - y^2} + 2x^2 \arcsin\frac{y}{2x}\Bigg|_{y=0}^{y=x} = \left(\frac{\sqrt{3}}{2} + \frac{\pi}{3}\right) x^2,$$

и окончательно

$$I=\frac{1}{3}\left(\frac{\sqrt{3}}{2}+\frac{\pi}{3}\right).$$

Можно было бы вести вычисления и по формуле (6*), но в этом случае мы натолкнулись бы на более трудные квадратуры. Подобное обстоятельство всегда следует учитывать при выборе пути для вычисления.

3) Вычислить интеграл

$$I=\iint\limits_{\substack{x\geqslant 0,\ y\geqslant 0\\ x+y\leqslant 1}} x^{p-1}y^{q-1}\,dx\,dy,$$

в предположении, что $p\geqslant 1$, $q\geqslant 1$ *).

Имеем по формуле (5)

$$I=\int\limits_0^1 x^{p-1}\,dx\int\limits_0^{1-x} y^{q-1}\,dy=\frac{1}{q}\int\limits_0^1 x^{p-1}(1-x)^q\,dx=\frac{1}{q}\,\mathrm{B}(p,\ q+1).$$

Окончательно:

$$\iint\limits_{\substack{x\geqslant 0,\ y\geqslant 0\\ x+y\leqslant 1}} x^{p-1}y^{q-1}dx\,dy=\frac{\Gamma(p)\,\Gamma(q)}{\Gamma(p+q+1)}.$$

Эта формула принадлежит Дирихле.

4) При $p<1$ (или $q<1$) подинтегральная функция обращается в бесконечность при $x=0$ и $0<y\leqslant 1$ (или, соответственно, при $y=0$ и $0<x\leqslant 1$). Обычное определение интеграла здесь уже неприменимо: интеграл оказывается «несобственным» и требует для своего определения дополнительного предельного перехода. Мы поясним это именно на рассмотренном примере, в предположении, что $0<p<1$ и $0<q<1$. Возьмем сначала интеграл ($\varepsilon>0$):

$$\iint\limits_{\substack{x\geqslant \varepsilon,\ y\geqslant \varepsilon\\ x+y\leqslant 1}} x^{p-1}y^{q-1}dx\,dy=\int\limits_{\varepsilon}^{1-\varepsilon} x^{p-1}\,dx\int\limits_{\varepsilon}^{1-x} y^{q-1}\,dy=$$

$$=\frac{1}{q}\left[\int\limits_{\varepsilon}^{1-\varepsilon} x^{p-1}(1-x)^q\,dx-\varepsilon^q\int\limits_{\varepsilon}^{1-\varepsilon} x^{p-1}\,dx\right].$$

Если устремить теперь ε к 0 (сжимая ту полоску, заштрихованную на рис. 28, с помощью которой мы изолировали «особые» линии, то в пределе получим тоже $\frac{1}{q}\,\mathrm{B}(p,\ q+1)$. Этот предел и есть искомый несобственный интеграл.

Замечание. И в общем случае, когда подинтегральная функция обращается в бесконечность в отдельных («особых») точках или вдоль некоторых («особых») линий, их выделяют с помощью тех или иных окрест-

*) Это ограничение мы устанавливаем здесь лишь для того, чтобы избегнуть обращения подинтегральной функции в бесконечность; ниже, в 4), оно будет ослаблено.

ностей, вычисляют интеграл по области, вне этих окрестностей, а затем переходят к пределу, сжимая упомянутые окрестности в точки или в линии. Если конечный предел оказывается существующим, то он и дает значение несобственного интеграла.

Подобным же образом строится и понятие «несобственного» интеграла, распространенного на бесконечную область: сначала рассматривается собственный интеграл по ограниченной области, а затем эта область расширяется, охватывая постепенно все точки неограниченной области; с этим и связывается дополнительный предельный переход.

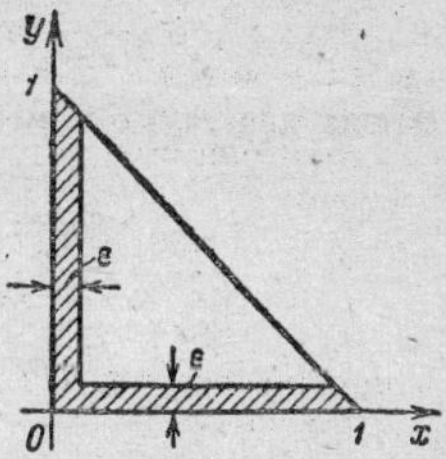

Рис. 28.

В случае положительной подинтегральной функции выбор сжимающихся окрестностей «особых» точек и линий или расширяющейся ограниченной области безразличен.

345. Механические приложения. Все геометрические и механические величины, связанные с плоским непрерывным распределением масс вдоль некоторой фигуры (P) и представляющие аддитивные функции области, в принципе выражаются двойными интегралами, распространенными на эту фигуру.

Здесь мы имеем в виду дать краткие указания относительно того, как обычно получают формулы подобного типа. Порядок идей здесь тот же, что и при применении простого определенного интеграла [n° 204].

Выделяя элементарную часть (dP) фигуры (P), делают упрощающее выкладки предположение, например, что масса всего элемента сосредоточена в одной точке или что плотность распределения масс в пределах элемента постоянна, которое позволяет дать для элемента dQ искомой величины Q приближенное выражение вида

$$dQ = q(M)\,dP,$$

верное до бесконечно малой порядка, высшего чем dP. Тогда точное значение Q выразится формулой

$$Q = \iint\limits_{(P)} q(M)\,dP.$$

Обосновать это можно, например, так [ср. n° 204]. Суммируя приближенные выражения для элементов dQ, можно получить приближенное же значение величины Q в виде интегральной суммы, а переходя к пределу — точное значение Q уже в виде предела суммы, т. е. интеграла.

Пусть массы непрерывным образом распределены по области (P), причем (поверхностная) плотность в точке $M(x, y)$ пусть будет

$$\rho(M) = \rho(x, y).$$

Легко сообразить, что элемент массы тогда будет

$$dm = \rho\,dP,$$

так что вся масса выразится интегралом

$$m = \iint\limits_{(P)} \rho\,dP. \qquad (10)$$

Далее, элементарные статические моменты и моменты инерции относительно осей координат будут

$$dK_x = y\,dm = y\rho\,dP, \qquad dK_y = x\,dm = x\rho\,dP,$$
$$dI_x = y^2\,dm = y^2\rho\,dP, \qquad dI_y = x^2\,dm = x^2\rho\,dP.$$

Отсюда для самих моментов сразу получаем:

$$\left.\begin{aligned} K_x &= \iint\limits_{(P)} y\rho\,dP, & K_y &= \iint\limits_{(P)} x\rho\,dP, \\ I_x &= \iint\limits_{(P)} y^2\rho\,dP, & I_y &= \iint\limits_{(P)} x^2\rho\,dP. \end{aligned}\right\} \tag{11}$$

Теперь обычным образом получаются координаты центра тяжести фигуры:

$$\xi = \frac{\iint\limits_{(P)} x\rho\,dP}{m}, \qquad \eta = \frac{\iint\limits_{(P)} y\rho\,dP}{m}. \tag{12}$$

В случае **однородной** фигуры, $\rho = \mathrm{const}$, эти формулы упрощаются:

$$\xi = \frac{\iint\limits_{(P)} x\,dP}{P}, \qquad \eta = \frac{\iint\limits_{(P)} y\,dP}{P}. \tag{13}$$

В отдельных простых случаях удается с помощью двойных интегралов исчерпать подобные же вопросы по отношению к **телам**, например к цилиндрическим брусам.

Пусть дан такой брус, ограниченный поверхностью $z = z(x, y)$, ее проекцией (P) на плоскость xy и проектирующим цилиндром, образующие которого параллельны оси z. Если, например, требуется определить статический момент K_{xy} **однородного** бруса (для простоты предположим объемную плотность равной единице), то мы представляем себе этот брус состоящим из ряда элементарных столбиков с основанием dP и высотой z. Статический момент столбика относительно плоскости xy равен его массе или — что в данном случае то же — объему $z\,dP$, умноженному на расстояние его центра тяжести от этой плоскости, т. е. на $\frac{1}{2}z$. Итак, элементарный статический момент есть

$$dK_{xy} = \frac{1}{2}z^2\,dP,$$

откуда, суммируя по всем столбикам, получаем

$$K_{xy} = \frac{1}{2}\iint\limits_{(P)} z^2\,dP. \tag{14}$$

Аналогично могут быть установлены и формулы

$$K_{zx} = \iint\limits_{(P)} yz\,dP, \qquad K_{yz} = \iint\limits_{(P)} xz\,dP. \tag{14a}$$

Отсюда легко получить выражения для координат ξ, η, ζ центра тяжести бруса

$$\xi=\frac{K_{yz}}{V}=\frac{\iint\limits_{(P)} xz\,dP}{V} \qquad \text{и т. д.}$$

Точно так же выводятся и формулы для моментов инерции бруса I_z относительно оси z и I_{yz}, I_{zx} — относительно плоскостей координат yz, zx:

$$I_z=\iint\limits_{(P)}(x^2+y^2)\,z\,dP, \qquad I_{zx}=\iint\limits_{(P)} y^2z\,dP, \qquad I_{yz}=\iint\limits_{(P)} x^2z\,dP, \tag{15}$$

причем ясно, что $I_z=I_{zx}+I_{yz}$.

Если бы пространственная плотность ρ распределения масс зависела от z, двойного интеграла уже было бы недостаточно и пришлось бы обратиться к тройному интегралу [см. n° 379].

Примеры. 1) Найти центр тяжести части однородного эллипсоида

$$\frac{x^2}{a^2}+\frac{y^2}{b^2}+\frac{z^2}{c^2}\leqslant 1,$$

содержащейся в первом октанте (рис. 29).

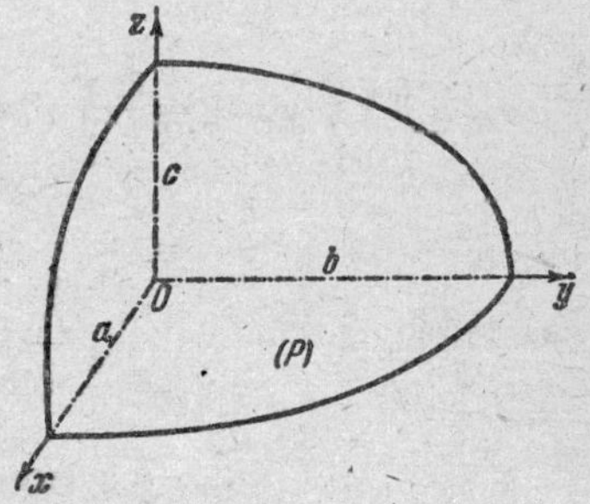

Рис. 29.

Решение. Область (P) ограничена координатными осями и дугой эллипса

$$y=\frac{b}{a}\sqrt{a^2-x^2}$$

$(0\leqslant x\leqslant a)$; уравнение поверхности эллипсоида в явном виде будет

$$z=c\sqrt{1-\frac{x^2}{a^2}-\frac{y^2}{b^2}}.$$

По формуле (14)

$$K_{xy}=\frac{1}{2}c^2\int\limits_0^a dx\int\limits_0^{b\sqrt{1-\frac{x^2}{a^2}}}\left(1-\frac{x^2}{a^2}-\frac{y^2}{b^2}\right)dy=$$

$$=\frac{bc^2}{3a^3}\int\limits_0^a (a^2-x^2)^{\frac{3}{2}}\,dx=\frac{\pi}{16}abc^2.$$

Аналогично

$$K_{yz}=\frac{\pi}{16}a^2bc, \qquad K_{zx}=\frac{\pi}{16}ab^2c.$$

В то же время объем

$$V=\frac{\pi}{6}abc,$$

так что

$$\xi=\frac{3}{8}a, \qquad \eta=\frac{3}{8}b, \qquad \zeta=\frac{3}{8}c.$$

2) Найти моменты инерции однородного эллипсоида

$$\frac{x^2}{a^2}+\frac{y^2}{b^2}+\frac{z^2}{c^2}\leqslant 1$$

относительно координатных плоскостей.

Решение. Можно ограничиться одним октантом эллипсоида (рис. 29) с тем, чтобы результат умножить на 8. В таком случае областью (P) будет квадрант эллипса

$$\frac{x^2}{a^2}+\frac{y^2}{b^2}\leqslant 1.$$

Имеем

$$I_{zx}=8\iint\limits_{(P)} y^2 z\,dP=\frac{8c}{a}\int\limits_0^b y^2\,dy\int\limits_0^{a\sqrt{1-\frac{y^2}{b^2}}}\sqrt{a^2\left(1-\frac{y^2}{b^2}\right)-x^2}\,dx=$$

$$=2\pi ac\int\limits_0^b y^2\left(1-\frac{y^2}{b^2}\right)dy=\frac{4}{15}\pi ab^3c.$$

Аналогично

$$I_{yz}=\frac{4}{15}\pi a^3bc, \qquad I_{xy}=\frac{4}{15}\pi abc^3.$$

§ 3. ФОРМУЛА ГРИНА

346. Вывод формулы Грина. В настоящем номере мы установим важную формулу, связывающую двойной и криволинейный интегралы. Рассмотрим область (D) — «криволинейную трапецию» (рис. 30), ограниченную контуром (L), состоящим из кривых

$$(PQ): y=y_0(x)$$

и $$(a\leqslant x\leqslant b)$$

$$(SR): y=Y(x)$$

и двух отрезков PS и QR, параллельных оси y.

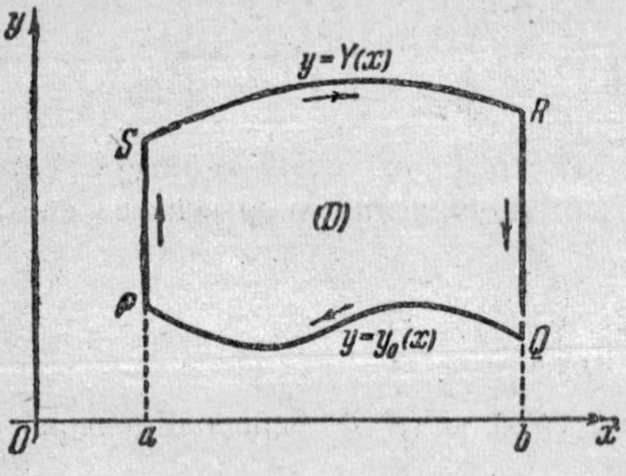

Рис. 30.

Предположим, что в области (D) задана функция $P(x, y)$, непрерывная вместе со своей производной $\frac{\partial P}{\partial y}$.

Вычислим теперь двойной интеграл

$$\iint\limits_{(D)}\frac{\partial P}{\partial y}\,dx\,dy$$

по формуле (6) n° **344**; мы получим

$$\iint\limits_{(D)} \frac{\partial P}{\partial y}\,dx\,dy = \int\limits_a^b dx \int\limits_{y_0(x)}^{Y(x)} \frac{\partial P}{\partial y}\,dy.$$

Внутренний интеграл здесь легко вычисляется с помощью первообразной функции $P(x, y)$, именно:

$$\int\limits_{y_0(x)}^{Y(x)} \frac{\partial P}{\partial y}\,dy = P(x, y)\Big|_{y=y_0(x)}^{y=Y(y)} = P(x, Y(x)) - P(x, y_0(x)).$$

Таким образом,

$$\iint\limits_{(D)} \frac{\partial P}{\partial y}\,dx\,dy = \int\limits_a^b P(x, Y(x))\,dx - \int\limits_a^b P(x, y_0(x))\,dx;$$

каждый из этих двух интегралов может быть заменен теперь криволинейным интегралом. В самом деле, вспоминая формулу (7) n° **331**, видим, что

$$\int\limits_a^b P(x, Y(x))\,dx = \int\limits_{(SR)} P(x, y)\,dx,$$

$$\int\limits_a^b P(x, y_0(x))\,dx = \int\limits_{(PQ)} P(x, y)\,dx.$$

Отсюда

$$\iint\limits_{(D)} \frac{\partial P}{\partial y}\,dx\,dy = \int\limits_{(SR)} P(x, y)\,dx - \int\limits_{(PQ)} P(x, y)\,dx =$$

$$= \int\limits_{(SR)} P(x, y)\,dx + \int\limits_{(QP)} P(x, y)\,dx.$$

Желая ввести в рассмотрение интеграл по всему контуру (L) области (D), прибавим к правой части полученного равенства еще интегралы

$$\int\limits_{(PS)} P(x, y)\,dx \quad \text{и} \quad \int\limits_{(RQ)} P(x, y)\,dx,$$

очевидно, равные нулю, ибо отрезки (PS) и (RQ) перпендикулярны к оси x [см. n° **331**]. Мы получим

$$\iint\limits_{(D)} \frac{\partial P}{\partial y}\,dx\,dy = \int\limits_{(PS)} P\,dx + \int\limits_{(SR)} P\,dx + \int\limits_{(RQ)} P\,dx + \int\limits_{(QP)} P\,dx.$$

Правая часть этого равенства представляет собой интеграл, взятый по всему замкнутому контуру (L), ограничивающему область (D), но в отрицательном направлении. В соответствии с соглашением, установленным нами насчет обозначения криволинейных интегралов по замкнутому контуру [n° 332], мы можем окончательно переписать полученную формулу так:

$$\iint\limits_{(D)} \frac{\partial P}{\partial y}\,dx\,dy = -\int\limits_{(L)} P(x, y)\,dx. \qquad (1)$$

Хотя формула эта выведена в предположении правой ориентации осей, но, как легко убедиться, она сохраняется без изменения и при левой ориентации (лишь положительное направление обхода контура станет иным).

Мы предполагали до сих пор, что фигура (D) представляет собой «криволинейную трапецию» типа, изображенного на рис. 30, и справедливость формулы (1) доказана только для таких областей. На деле же она справедлива и для областей, ограниченных контурами более сложного вида, которые могут даже состоять из нескольких отдельных кривых. Достаточно предположить, что фигуру (D) прямыми, параллельными оси y, можно разложить на конечное число упомянутых «криволинейных трапеций» (см., например, рис. 26). Написав для каждой из них в отдельности формулу вида (1), сложим почленно все такие равенства. Слева получится двойной интеграл, распространенный на всю область (D), а справа — сумма интегралов, взятых по всем частичным контурам. Эти последние, однако, приводятся к одному интегралу по общему контуру (L), ибо интегралы по каждому из вспомогательных отрезков равны нулю. Таким образом, и в этом случае формула (1) имеет место.

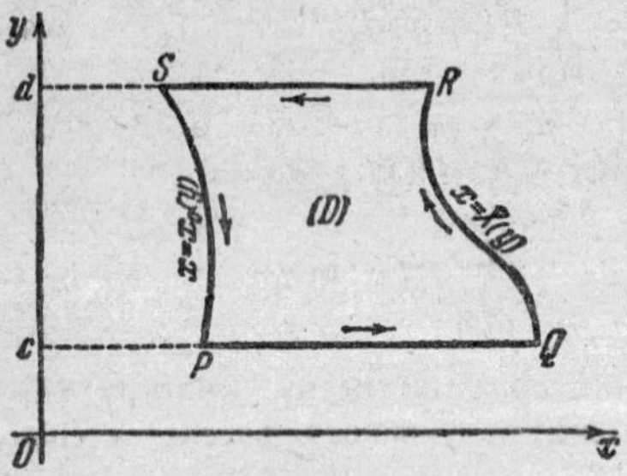

Рис. 31.

Аналогично устанавливается и формула

$$\iint\limits_{(D)} \frac{\partial Q}{\partial x}\,dx\,dy = \int\limits_{(L)} Q(x, y)\,dy \qquad (2)$$

в предположении, что функция Q непрерывна в области (D) вместе со своей частной производной $\frac{\partial Q}{\partial x}$. При этом сначала за область (D) принимается криволинейная трапеция вида, изображенного на рис. 31. Она ограничена кривыми

$$(PS): x = x_0(y)$$

и $$(c \leqslant y \leqslant d)$$

$$(QR): x = X(y)$$

и двумя отрезками (PQ) и (SR), параллельными оси x. Затем формула обобщается, как и выше, на случай области, которая разлагается прямыми, параллельными оси x, на конечное число криволинейных трапеций этого вида.

Наконец, если область (D) одновременно удовлетворяет условиям обоих случаев, т. е. разлагается как на конечное число трапеций первого типа, так и (независимо от этого) на конечное число трапеций второго типа, то для нее справедливы обе формулы (1) и (2), конечно, в предположении непрерывности функций P, Q и их производных $\frac{\partial P}{\partial y}$, $\frac{\partial Q}{\partial x}$. Вычитая формулу (1) из (2), получаем

$$\int\limits_{(L)} P\,dx + Q\,dy = \iint\limits_{(D)} \left(\frac{\partial Q}{\partial x} - \frac{\partial P}{\partial y}\right) dx\,dy. \tag{3}$$

Это и есть *формула Грина* *).

З а м е ч а н и е. Можно придать условиям, при которых справедлива формула (3), более обозримую форму. Именно, *формула Грина имеет место для любой области* (D), *ограниченной одним или несколькими кусочно-гладкими контурами*. Доказывать это мы не станем.

347. Выражение площади с помощью криволинейных интегралов. Ниже нам не раз будут встречаться применения формулы Грина; сейчас мы приведем простейшее из них — вычисление площади.

Если функции P и Q в формуле (3) подобрать так, чтобы выражение $\frac{\partial Q}{\partial x} - \frac{\partial P}{\partial y}$ оказалось равным единице, то двойной интеграл приведется к площади D фигуры (D), и мы получим выражение этой площади с помощью того или иного криволинейного интеграла, взятого по контуру (L) фигуры. Так, полагая $Q = x$, $P = 0$, найдем

$$D = \int\limits_{(L)} x\,dy \tag{4}$$

При $Q = 0$, $P = -y$ получим

$$D = -\int\limits_{(L)} y\,dx. \tag{5}$$

Наиболее употребительной, однако, будет формула, отвечающая $Q = \frac{1}{2}x$, $P = -\frac{1}{2}y$:

$$D = \frac{1}{2}\int\limits_{(L)} x\,dy - y\,dx. \tag{6}$$

---

*) Джордж Г р и н (1793—1841) — английский математик. На деле, однако, у Грина нет формулы (3), и с именем Грина ее связывают лишь ввиду аналогии с другими формулами, выведенными Грином для трехмерного случая. Формула (3) использовалась Гауссом и Риманом, но в частном виде встречалась и в работах по анализу еще в XVIII веке.

Примеры. 1) Найти площадь эллипса с полуосями a и b.

Воспользуемся параметрическими уравнениями эллипса: $x = a\cos t$, $y = b\sin t$ $(0 \leqslant t \leqslant 2\pi)$. По формуле (6)

$$D = \frac{1}{2}\int_0^{2\pi} a\cos t \cdot b\cos t\, dt - b\sin t\,(-a\sin t)\, dt = \frac{ab}{2}\int_0^{2\pi} dt = \pi ab.$$

Для вычисления криволинейного интеграла мы применили формулу (6) n° 331; при расстановке пределов интегрирования было принято во внимание, что положительный обход контура отвечает возрастанию параметра.

2) Найти площадь петли декартова листа (рис. 32)

$$x^3 + y^3 = 3axy.$$

Для получения параметрических уравнений контура положим $y = tx$ *). Тогда

$$x = \frac{3at}{1+t^3}, \quad y = \frac{3at^2}{1+t^3}.$$

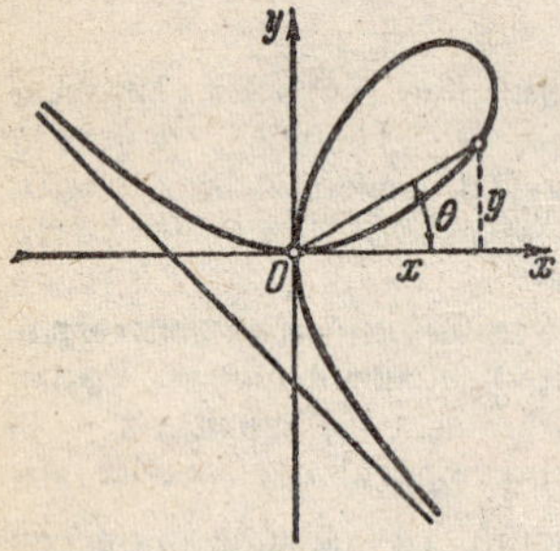

Рис. 32.

Из геометрических соображений ясно, что петля описывается при изменении параметра t от 0 до ∞ $\left(\text{ибо } t = \frac{y}{x} = \operatorname{tg}\theta, \text{ где } \theta \text{ изменяется от } 0 \text{ до } \frac{\pi}{2}\right)$. Имеем

$$dx = 3a\frac{1-2t^3}{(1+t^3)^2}\,dt, \quad dy = 3a\frac{2t-t^4}{(1+t^3)^2}\,dt$$

и

$$D = \frac{9a^2}{2}\int_0^{\infty}\frac{t^2 dt}{(1+t^3)^2} = \frac{3}{2}a^2.$$

Отметим, что здесь мы использовали несобственный интеграл с бесконечным пределом, в то время как при выводе формулы (6) n° 331 мы считали, что промежуток изменения параметра конечен. Оправдать сделанное легко, если предварительно ввести другой параметр с конечным промежутком изменения (например, угол θ), а затем уже перейти к параметру $t = \frac{y}{x}$.

§ 4. УСЛОВИЯ НЕЗАВИСИМОСТИ КРИВОЛИНЕЙНОГО ИНТЕГРАЛА ОТ ПУТИ ИНТЕГРИРОВАНИЯ

348. Интеграл по простому замкнутому контуру. Формула Грина позволит нам легко исчерпать тот вопрос о криволинейных интегралах второго типа, который мы лишь вскользь затронули в § 2 главы XX [см., например, замечание в n° 333].

Пусть в некоторой связной области (E) заданы непрерывные функции $P(x, y)$ и $Q(x, y)$. Рассмотрим сначала *вопрос об обраще-*

*) Такая подстановка оказывается удобной, как правило, в тех случаях, когда в уравнении алгебраической кривой имеются две однородные группы членов, причем степени этих групп различаются на единицу.

нии в нуль интеграла

$$\int\limits_{(L)} P\,dx + Q\,dy$$

по любому, лежащему в (E), *простому замкнутому контуру* (L) *).

Имея в виду использование формулы Грина, мы нуждаемся в дополнительном предположении о существовании в (E) непрерывных производных $\frac{\partial P}{\partial y}$ и $\frac{\partial Q}{\partial x}$. Но этого мало: нужно еще, чтобы *вместе с контуром* (L) *области* (E) *принадлежала всякий раз и область* (D), *ограниченная извне этим контуром.* Иными словами, область (E) не должна иметь «дырок», даже точечных. Связную область, обладающую этим свойством, называют *односвязной.*

Если речь идет о конечной области, т. е. не простирающейся в бесконечность, то понятие односвязности можно сформулировать еще проще: *область должна быть ограничена единственным замкнутым контуром.* На рис. 33 представлены примеры односвязных и неодносвязных областей, из них а), г), д) конечны, а б), в), е) простираются в бесконечность.

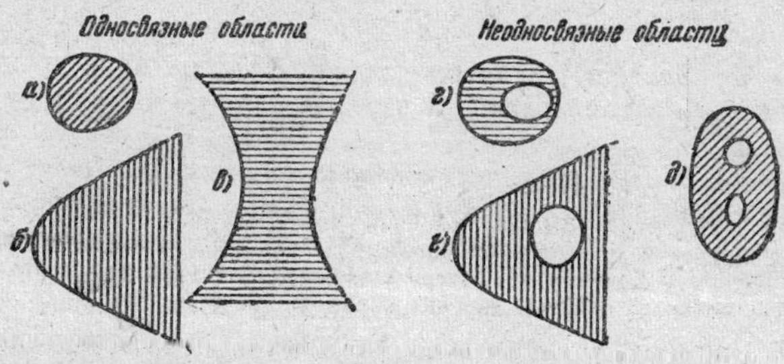

Рис. 33.

Теперь сформулируем фундаментальное утверждение:

Теорема 1. *Пусть в односвязной области* (E) *функции* $P(x, y)$ *и* $Q(x, y)$ *определены и непрерывны вместе со своими производными* $\frac{\partial P}{\partial y}$ *и* $\frac{\partial Q}{\partial x}$. *Для того чтобы имело место равенство*

$$\int\limits_{(L)} P\,dx + Q\,dy = 0, \tag{1}$$

*) Все кривые, о которых идет речь в настоящем параграфе, предполагаются кусочно-гладкими.

каков бы ни был простой замкнутый контур (L) *в области* (E), *необходимо и достаточно, чтобы тождественно в* (E) *было*

$$\frac{\partial P}{\partial y}=\frac{\partial Q}{\partial x}. \tag{A}$$

Действительно, по формуле Грина, равенство (1) равносильно равенству

$$\iint\limits_{(D)}\left(\frac{\partial Q}{\partial x}-\frac{\partial P}{\partial y}\right)dx\,dy=0. \tag{2}$$

Достаточность условия (A) для его выполнения очевидна. Чтобы доказать и необходимость, предположим, что равенство (2) всегда справедливо. Путем дифференцирования интеграла по области [n° 342], ввиду непрерывности подинтегральной функции, приходим к заключению, что в (E) тождественно

$$\frac{\partial Q}{\partial x}-\frac{\partial P}{\partial y}=0, \text{ т. е. } \frac{\partial P}{\partial y}=\frac{\partial Q}{\partial x}.$$

349. Интеграл по кривой, соединяющей две произвольные точки. Обратимся, наконец, к *вопросу об условиях, обеспечивающих независимость интеграла*

$$\int\limits_{(AB)} P\,dx+Q\,dy, \tag{3}$$

взятого по кривой (AB), *соединяющей две точки* A *и* B *области* (E), *от формы этой кривой.* И здесь решающую роль будет играть условие (A).

Теорема 2. При прежних предположениях, для того чтобы интеграл (3) *не зависел от пути интегрирования, необходимо и достаточно выполнение условия* (A)*).

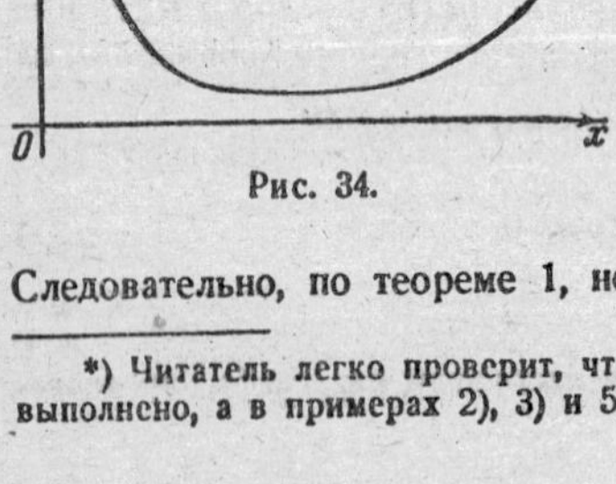

Рис. 34.

Необходимость. Допустим, что интеграл (3) не зависит от пути, и возьмем в (E) произвольный простой замкнутый контур (L) (рис. 34). Если A и B — две его точки, то, по допущению,

$$\int\limits_{(AIB)}=\int\limits_{(AIIB)}, \tag{4}$$

откуда

$$\int\limits_{(L)}=\int\limits_{(AIB)}+\int\limits_{(BIIA)}=0. \tag{5}$$

Следовательно, по теореме 1, необходимо выполняется (A).

*) Читатель легко проверит, что в примерах 1) и 4) n° 333 условие (A) выполнено, а в примерах 2), 3) и 5) — нет.

Достаточность. Предположим теперь, что равенство (A) имеет место в (E). Нужно доказать, что если соединить любые точки A, B этой области двумя простыми кривыми (AIB) и $(AIIB)$, то всегда будет справедливо равенство (4). Это сделать легко, если названные кривые, кроме A и B, общих точек не имеют, ибо тогда контур $(L) = (AIBIIA)$ будет простым, так что, по теореме 1, выполнится (5), а из него, обратно, следует (4).

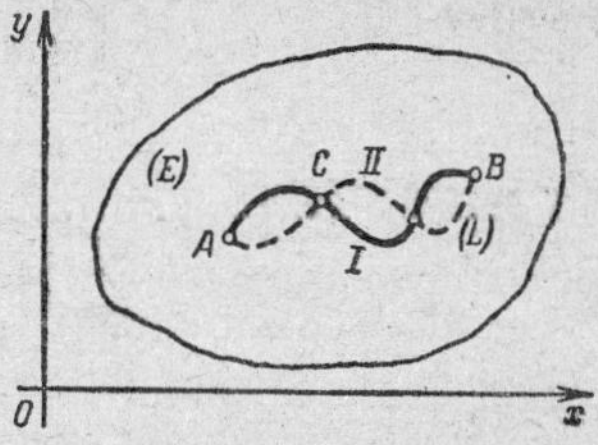

Рис. 35.

Если кривые (AIB) и $(AIIB)$ пересекаются в *конечном* числе точек, то контур (L) уже не будет простым: в упомянутых точках он сам себя пересекает (рис. 35). Исходя из точки A и *следуя направлению кривой* (L), опишем ее часть до первого самопересечения — в точке C. Отбросив получившуюся замкнутую кривую (L_1), продолжим путь до нового самопересечения, что позволит выделить еще одну замкнутую кривую (L_2), и т. д. После конечного числа шагов кривая (L) окажется распавшейся на конечное число простых (непересекающих себя) замкнутых кривых

$$(L_1),\ (L_2),\ \ldots,$$

вдоль по которым интеграл заведомо нуль. Значит, он равен нулю и вдоль всей кривой (L), а отсюда снова вытекает (4).

Но кривые (AIB) и $(AIIB)$ вообще могут пересекаться даже бесконечное число раз, и в таком случае предыдущее рассуждение неприменимо. Чтобы преодолеть встретившуюся трудность, докажем следующую лемму о приближении криволинейного интеграла с помощью интеграла, взятого по ломаной.

Лемма. Пусть функции $P(x, y)$ и $Q(x, y)$ непрерывны в некоторой открытой области (E), а (L) — незамкнутая кусочно-гладкая кривая, содержащаяся в (E). Если вписать в (L) ломаную (Λ), то при стремлении к нулю длины наибольшего из ее звеньев имеем

$$\lim \int\limits_{(\Lambda)} P\,dx + Q\,dy = \int\limits_{(L)} P\,dx + Q\,dy.$$

Достаточно ограничиться интегралами $\int\limits_{(\Lambda)} P\,dx$ и $\int\limits_{(L)} P\,dx$; для интегралов $\int\limits_{(\Lambda)} Q\,dy$ и $\int\limits_{(L)} Q\,dy$ рассуждения вполне аналогичны. Пусть вписанная в (L) ломаная (Λ) имеет вершины в точках

$$A \equiv A_0,\ A_1,\ \ldots,\ A_i,\ A_{i+1},\ \ldots,\ A_n \equiv B;$$

обозначим через x_i, P_i значения x, P в точке A_i. Задавшись произвольным числом $\varepsilon > 0$, можно длины хорд $\overline{A_iA_{i+1}}$ представить себе настолько малыми, чтобы: 1) колебание непрерывной функции P вдоль звена $\overline{A_i A_{i+1}}$ было меньше ε и 2) интегральная сумма $\sum\limits_i P_i \Delta x_i$ отличалась от своего предела $\int\limits_{(L)} P\,dx$ тоже меньше чем на ε.

Имеем, очевидно,

$$\int\limits_{(\Lambda)} P\,dx = \sum_i \int\limits_{(A_i A_{i+1})} P\,dx$$

и, с другой стороны,

$$\sum_i P_i \Delta x_i = \sum_i \int\limits_{(A_i A_{i+1})} P_i\,dx,$$

так что

$$\int\limits_{(\Lambda)} P\,dx = \sum_i P_i \Delta x_i + \sum_i \int\limits_{(A_i A_{i+1})} [P - P_i]\,dx.$$

Но первое слагаемое справа разнится от интеграла $\int\limits_{(L)} P\,dx$ меньше чем на ε [см. 2)], а второе по абсолютной величине не превосходит $\varepsilon \sum\limits_i \overline{A_i A_{i+1}}$ [см. 1)], т. е. и подавно меньше $L \cdot \varepsilon$, где L — длина кривой (L).

Итак, окончательно,

$$\left| \int\limits_{(\Lambda)} P\,dx - \int\limits_{(L)} P\,dx \right| < \varepsilon (1 + L),$$

что и доказывает наше утверждение.

Вернемся теперь к прерванному доказательству достаточности. Впишем в кривые (AIB) и $(AIIB)$, соответственно, ломаные (Λ_I) и (Λ_{II}); они могут пересекаться разве лишь в конечном числе точек, а тогда — как уже доказано — будем иметь

$$\int\limits_{(\Lambda_I)} = \int\limits_{(\Lambda_{II})}.$$

Остается лишь перейти в этом равенстве к пределам, считая все звенья обеих ломаных стремящимися к нулю, чтобы вновь установить равенство (4).

350. Связь с вопросом о точном дифференциале. Дифференциальное выражение

$$P\,dx + Q\,dy \tag{6}$$

напоминает выражение для (полного) дифференциала функции $F(x, y)$ от двух переменных [n° 142]

$$dF = \frac{\partial F}{\partial x} dx + \frac{\partial F}{\partial y} dy,$$

которое отождествляется с (6), если положить

$$\frac{\partial F}{\partial x} = P, \qquad \frac{\partial F}{\partial y} = Q. \tag{7}$$

Однако далеко не каждое выражение вида (6) есть «точный дифференциал», т. е. не каждое такое выражение имеет «первообразную функцию» $F(x, y)$, для которой именно это выражение и служит (полным) дифференциалом. При решении вопроса о том, будет ли выражение (6) точным дифференциалом или нет, мы снова сталкиваемся с тем же условием (А):

Теорема 3. *При прежних предположениях, для того чтобы выражение* (6) *было точным дифференциалом, необходимо и достаточно выполнение условия* (А).

Необходимость ясна непосредственно: если выражение (6) есть (полный) дифференциал некоторой функции $F(x, y)$, так что имеют место равенства (7), то

$$\frac{\partial P}{\partial y} = \frac{\partial^2 F}{\partial x \partial y}, \qquad \frac{\partial Q}{\partial x} = \frac{\partial^2 F}{\partial y \partial x},$$

и остается лишь сослаться на теорему n° **147** о смешанных производных (с учётом предположенной их непрерывности!).

Перейдем к доказательству достаточности. Мы уже знаем, что при выполнении условия (А) интеграл (3) оказывается не зависящим от пути интегрирования (по теореме 2). В этом случае интеграл однозначно определяется заданием точек $A(x_0, y_0)$ и $B(x_1, y_1)$, в связи с чем его можно обозначить символом

$$\int_A^B P\,dx + Q\,dy \quad \text{или} \quad \int_{(x_0,\, y_0)}^{(x_1,\, y_1)} P\,dx + Q\,dy.$$

Здесь указаны только начало и конец пути интегрирования; сам путь не указан, но он безразличен — можно интегрировать по любому.

Если точку $A(x_0, y_0)$ фиксировать, а точку B заменить произвольной точкой $M(x, y)$ области (E), то полученный интеграл представит собой некоторую функцию от точки M, т. е. от ее координат x, y, в области (E):

$$F(x, y) = \int_{(x_0,\, y_0)}^{(x,\, y)} P\,dx + Q\,dy. \tag{8}$$

Покажем, что эта именно функция и будет первообразной для выражения (6), и с этой целью займемся вопросом об ее частных производных как по x, так и по y.

Взяв произвольную точку $B(x_1, y_1)$ в области (E), придадим x_1 приращение Δx и перейдем к точке $C(x_1 + \Delta x, y_1)$, которая при достаточно малом Δx будет также принадлежать (E) вместе со всем отрезком BC (рис. 36). Соответствующие значения функции будут

$$F(x_1, y_1) = \int\limits_{(x_0, y_0)}^{(x_1, y_1)} P\,dx + Q\,dy,$$

$$F(x_1 + \Delta x, y_1) = \int\limits_{(x_0, y_0)}^{(x_1 + \Delta x, y_1)} P\,dx + Q\,dy.$$

Первый из этих интегралов мы возьмем по произвольной кривой (K), соединяющей точки A и B, а для второго интеграла путь интегрирования составим из этой же кривой и из прямолинейного отрезка BC. Таким образом, приращение функции F будет

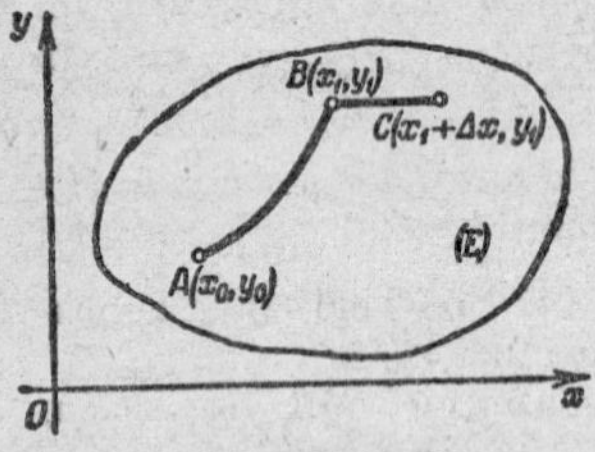

Рис. 36.

$$F(x_1 + \Delta x, y_1) - F(x_1, y_1) =$$

$$= \int\limits_{(BC)} P\,dx + Q\,dy = \int\limits_{(BC)} P(x, y)\,dx;$$

интеграл, содержащий $Q\,dy$, обращается в нуль, так как отрезок BC перпендикулярен к оси y.

Оставшийся интеграл непосредственно приводится к обыкновенному определенному интегралу: для этого в подинтегральной функции нужно заменить y на y_1 (из уравнения $y = y_1$ прямой BC) и в качестве пределов интегрирования по x взять абсциссы точек B и C. Окончательно

$$F(x_1 + \Delta x, y_1) - F(x_1, y_1) = (\mathrm{R}) \int\limits_{x_1}^{x_1 + \Delta x} P(x, y_1)\,dx.$$

Применяя к полученному обыкновенному интегралу теорему о среднем и деля обе части равенства на Δx, найдем

$$\frac{F(x_1 + \Delta x, y_1) - F(x_1, y_1)}{\Delta x} = P(x_1 + \theta\,\Delta x, y_1) \quad (0 \leqslant \theta \leqslant 1).$$

Устремим теперь Δx к нулю. В силу непрерывности функции $P(x, y)$ правая часть равенства, а с нею и левая, стремится к $P(x_1, y_1)$. Следовательно, в точке (x_1, y_1) частная производная функции F по x существует и выражается равенством

$$\frac{\partial F(x_1, y_1)}{\partial x} = P(x_1, y_1).$$

Аналогично устанавливается и формула

$$\frac{\partial F(x_1, y_1)}{\partial y} = Q(x_1, y_1).$$

Так как точка (x_1, y_1) была взята произвольно внутри области (E), то для всех точек этой области будут выполняться соотношения (7)

$$\frac{\partial F}{\partial x} = P, \quad \frac{\partial F}{\partial y} = Q.$$

Поскольку эти частные производные непрерывны, *функция* $F(x, y)$ *имеет дифференциал* [n° 142]:

$$dF = \frac{\partial F}{\partial x} dx + \frac{\partial F}{\partial y} dy = P\,dx + Q\,dy,$$

что и требовалось доказать.

Из сопоставления теорем 1, 2 и 3 можно вывести теперь и такое

Следствие. При сделанных предположениях, для того чтобы интеграл (3) *не зависел от пути (а интеграл по замкнутому контуру равнялся нулю), необходимо и достаточно, чтобы подинтегральное выражение* (6) *было точным дифференциалом.*

При доказательстве теоремы 3 мы установили для криволинейного интеграла (8), не зависящего от пути, результат, вполне аналогичный теореме о дифференцировании обыкновенного определенного интеграла по переменному верхнему пределу [n° 183, 12°].

Предположим теперь, что нам известна какая-либо первообразная функция $\Phi(x, y)$ для подинтегрального выражения (6), так что — наряду с соотношениями (7), которые имеют место для функции (8), — будет также

$$\frac{\partial \Phi}{\partial x} = P, \quad \frac{\partial \Phi}{\partial y} = Q;$$

тогда разность

$$F(x, y) - \Phi(x, y) = C = \text{const}$$

(ведь ее частные производные как по x, так и по y тождественно равны нулю!). Полагая $x = x_0$, $y = y_0$, получим, что $C = -\Phi(x_0, y_0)$, так что

$$F(x, y) = \Phi(x, y) - \Phi(x_0, y_0).$$

Если, наконец, взять здесь $x = x_1$, $y = y_1$, то придем к формуле

$$\int\limits_{(AB)} P\,dx + Q\,dy = \Phi(x_1, y_1) - \Phi(x_0, y_0) = \Phi(x, y)\Big|_{x_0, y_0}^{x_1, y_1} \tag{9}$$

или, короче,

$$\int\limits_{(AB)} P\,dx + Q\,dy = \Phi(B) - \Phi(A) = \Phi(M)\Big|_A^B. \tag{9a}$$

Эта формула вполне аналогична основной формуле интегрального исчисления [n° 185], выражающей обыкновенный определенный интеграл через первообразную. Подчеркнем, однако, еще раз, что она приложима лишь к криволинейным интегралам, не зависящим от пути.

Замечание. Характеристика точного дифференциала условием (А) восходит к Эйлеру и Клеро (1740 г.).

Криволинейный интеграл (без этого термина) от дифференциального выражения (6) также впервые встречается в сочинении Клеро «Теория фигуры земли...» (1743 г.) *). Предполагая, что форма кривой задана в виде уравнения между x и y, Клеро исключает с его помощью из (6) y и dy, а затем интегрирует получающееся выражение, содержащее лишь x и dx. Там же Клеро указывает условие независимости интеграла от вида кривой: *выражение* (6) *должно быть полным дифференциалом*, а для этого, в свою очередь, *должно выполняться условие* (А).

351. Приложения к физическим задачам. Вернемся в свете изложенной теории к ранее рассмотренным [n° 335] задачам из области механики и физики.

1) *Работа силового поля.* Мы видели, что работа силового поля при перемещении материальной точки с массой 1 из положения A в положение B выражается криволинейным интегралом [см. n° 335, (12)]:

$$A = \int\limits_{(AB)} X\,dx + Y\,dy, \tag{10}$$

где $X = X(x, y)$ и $Y = Y(x, y)$ суть проекции напряжения поля на координатные оси, а (AB) означает траекторию материальной точки.

Весьма естественно заняться выяснением условий, при которых работа сил поля зависит лишь от начального и конечного положения точки, но не от формы траектории. Этот вопрос, очевидно, равносилен вопросу о независимости значения криволинейного интеграла (10) от пути интегрирования. Поэтому искомым условием является равенство

$$\frac{\partial X}{\partial y} = \frac{\partial Y}{\partial x}, \tag{11}$$

в предположении, конечно, что область, охватываемая полем, односвязна и что для функций X, Y и их производных нигде не нарушается непрерывность.

То же условие можно выразить и в такой форме: *работа сил поля при перемещении материальной точки из одного положения в другое не зависит от формы траектории в том и только в том случае, когда элементарная работа*

$$X\,dx + Y\,dy$$

служит (*полным*) *дифференциалом от некоторой функции* $U(x, y)$. Эту функцию обычно называют *силовой* или *потенциальной;* в случае ее существования само поле получает наименование *потенциального.*

Работа потенциального поля при перемещении точки из положения $A(x_0, y_0)$ в положение $B(x_1, y_1)$ равна [см. n° 350, (9)] просто соответствующему приращению силовой функции:

$$U(x_1, y_1) - U(x_0, y_0) = U(B) - U(A). \tag{12}$$

В качестве примера рассмотрим поле ньютоновского притяжения. Если в начале координат O поместить массу μ, а в точку A — массу 1, то эта последняя будет притягиваться к центру O с силой $\vec{F}$, равной по величине

$$F = \frac{\mu}{r^2},$$

*) Есть русский перевод (изд. Академии наук СССР, 1947); см. стр. 43.

где $r=\sqrt{x^2+y^2}$ есть расстояние точки A от начала *). Так как косинусы углов, составляемых этой силой с осями, будут, соответственно, $-\frac{x}{r}$ и $-\frac{y}{r}$, то проекции силы $\vec{F}$ на оси выразятся так:

$$X=-\frac{\mu x}{r^3}, \qquad Y=-\frac{\mu y}{r^3}.$$

Непосредственно ясно, что ньютоновское поле является потенциальным, поскольку выражение

$$-\frac{\mu x}{r^3}\,dx-\frac{\mu y}{r^3}\,dy \tag{13}$$

служит дифференциалом для функции

$$U=\frac{\mu}{r},$$

которая и играет здесь роль потенциальной функции; ее называют *ньютоновским потенциалом* (поля точки O). Несмотря на наличие «особой» точки в начале координат — там функции X, Y терпят разрыв, интеграл от выражения (13) по замкнутому контуру будет нулем, даже если контур охватывает начало.

При перемещении точки из положения A в положение B силы поля произведут работу [см. (12)]

$$A=\frac{\mu}{r_B}-\frac{\mu}{r_A},$$

где r_A и r_B суть расстояния точек A и B от центра.

2) *Плоское установившееся течение несжимаемой жидкости.* Если через u, v обозначить слагающие по осям вектора-скорости, то, как мы вывели в n° **335**, 2), количество жидкости, втекающей в единицу времени через замкнутый контур (K) в н у т р ь, равно

$$Q=\int\limits_{(K)} v\,dx-u\,dy$$

[см. n° **335**, (14)]. При отсутствии источников и стоков этот интеграл всегда будет нулем. Отсюда следует, что слагающие u, v вектора-скорости необходимо подчинены условию

$$\frac{\partial u}{\partial x}+\frac{\partial v}{\partial y}=0.$$

Тогда подинтегральное выражение $v\,dx-u\,dy$ имеет первообразную функцию $\varphi(M)=\varphi(x, y)$, которую в гидромеханике называют *функцией тока.*

Если взять любую кривую (AB), соединяющую точки A и B, то, как известно [n° **335**, (14)], количество жидкости, протекающей через нее в единицу времени в определенную сторону, выражается интегралом

$$Q=\int\limits_{(AB)} v\,dx-u\,dy,$$

*) Таково же и *электростатическое поле кулоновского притяжения*, созданное зарядом μ, помещенным в начале (если учитывать действие поля на заряженную частицу).

причем направление на кривой (AB) должно быть таким, чтобы нормаль, направленная в упомянутую сторону, составляла с положительно направленной касательной угол $+\frac{\pi}{2}$. Теперь мы видим, что эта величина попросту равна разности $\varphi(B)-\varphi(A)$ значений функции тока на концах кривой!

§ 5. ЗАМЕНА ПЕРЕМЕННЫХ В ДВОЙНЫХ ИНТЕГРАЛАХ

352. Преобразование плоских областей. Предположим, что нам даны две плоскости, отнесенные одна — к прямоугольным осям x и y, а другая — к таким же осям ξ и η. Рассмотрим в этих

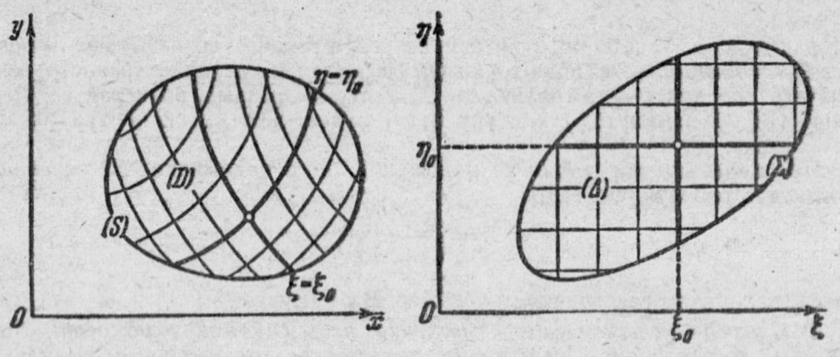

Рис. 37.

плоскостях две ограниченные замкнутые области: область (D) на плоскости xy и область (Δ) на плоскости $\xi\eta$.

Контур или границу каждой из этих областей мы будем предполагать простой кусочно-гладкой кривой; обозначим его символом (S) для области (D) и символом (Σ) для области (Δ) (рис. 37).

Допустим, что в области (Δ) дана система непрерывных функций:

$$\left.\begin{aligned} x&=x(\xi, \eta), \\ y&=y(\xi, \eta), \end{aligned}\right\} \tag{1}$$

которая каждой точке (ξ, η) области (Δ) относит одну определенную точку (x, y) области (D), причем ни одна точка (x, y) из (D) не будет пропущена, так что каждая такая точка отнесена хоть одной точке (ξ, η) из (Δ).

Если различным точкам (ξ, η) отвечают различные же точки (x, y) (что мы впредь и будем предполагать), так что каждая точка (x, y)

отнесена лишь одной точке (ξ, η), то уравнения (1) *однозначно разрешимы относительно* ξ *и* η: переменные ξ, η, в свою очередь, являются однозначными функциями от x, y в области (D)

$$\left.\begin{aligned} \xi &= \xi(x, y), \\ \eta &= \eta(x, y). \end{aligned}\right\} \tag{1a}$$

Таким образом, между областями (D) и (Δ) устанавливается *взаимно однозначное* или *одно-однозначное* соответствие. Говорят также, что формулы (1) осуществляют *преобразование области* (Δ) *в область* (D), а формулы (1а) дают *обратное преобразование области* (D) *в область* (Δ).

Подчеркнем, что при этом необходимо *точкам контура* (Σ) *отвечают именно точки контура* (S), и наоборот.

Предположим, далее, что функции (1) не только непрерывны, но и имеют в (Δ) непрерывные частные производные первого порядка. Тогда и функциональный определитель

$$\frac{D(x, y)}{D(\xi, \eta)} = \begin{vmatrix} \frac{\partial x}{\partial \xi} & \frac{\partial x}{\partial \eta} \\ \frac{\partial y}{\partial \xi} & \frac{\partial y}{\partial \eta} \end{vmatrix} \tag{2}$$

является непрерывной функцией от ξ, η в области (Δ). Будем считать, что *этот определитель всегда отличен от нуля*, а следовательно, — по непрерывности — *сохраняет постоянный знак*. Это предположение в последующем будет играть важную роль.

Если взять в области (Δ) простую кусочно-гладкую кривую (Λ), то с помощью преобразования (1) она перейдет в подобную же кривую (L) в области (D).

Действительно, пусть уравнения кривой (Λ) будут:

$$\xi = \xi(t), \quad \eta = \eta(t)$$
$$(\alpha \leqslant t \leqslant \beta \quad \text{или} \quad \alpha \geqslant t \geqslant \beta), \tag{3}$$

причем (если ограничиться гладким куском кривой) можно считать, что функции $\xi(t)$, $\eta(t)$ имеют непрерывные производные, не обращающиеся одновременно в нуль. Подставляя эти функции в формулы преобразования (1), мы получим параметрические уравнения соответствующей кривой (L):

$$\begin{aligned} x &= x(\xi(t), \eta(t)) = x(t), \\ y &= y(\xi(t), \eta(t)) = y(t). \end{aligned} \tag{4}$$

Легко видеть, что эти функции также имеют непрерывные производные:

$$
\begin{aligned}
x'(t) &= \frac{\partial x}{\partial \xi}\xi'(t) + \frac{\partial x}{\partial \eta}\eta'(t),\\
y'(t) &= \frac{\partial y}{\partial \xi}\xi'(t) + \frac{\partial y}{\partial \eta}\eta'(t),
\end{aligned} \tag{5}
$$

которые тоже не могут одновременно обратиться в нуль, так что особых точек на кривой (L) нет.

Действительно, в противном случае, ввиду неравенства нулю определителя $\frac{D(x, y)}{D(\xi, \eta)}$, из (5) следовало бы, что одновременно $\xi' = 0$ и $\eta' = 0$, что противно предположению.

Если точка (ξ, η) на плоскости $\xi\eta$ описывает замкнутый контур (Λ), скажем, в положительном направлении, то соответствующая точка (x, y) опишет также некоторый замкнутый же контур (L) на плоскости xy, но *направление его может оказаться как положительным, так и отрицательным.* Вопрос этот зависит, как мы увидим ниже [n° **354**, 1°], от знака функционального определителя.

Задание пары значений переменных ξ и η из области (Δ) однозначно определяет некоторую точку в области (D) на плоскости xy, и обратно. Это дает основание и числа ξ, η называть *координатами точек области* (D).

Кривую, составленную из точек области (D), у которых одна из координат сохраняет постоянное значение, называют *координатной линией.*

Например, полагая, в (1) $\eta = \eta_0$, мы получим параметрическое представление координатной линии:

$$
x = x(\xi, \eta_0),\quad y = y(\xi, \eta_0)
$$

(роль параметра здесь играет ξ). Неявное уравнение той же линии получим, полагая $\eta = \eta_0$ во втором из уравнений (2):

$$
\eta(x, y) = \eta_0.
$$

В связи с тем, что координатные линии, вообще говоря, будут кривыми, числа ξ, η, характеризующие положение точки на плоскости xy, называют *криволинейными координатами точки.*

Придавая координате η различные (возможные для нее) постоянные значения, мы получим целое семейство координатных линий на плоскости xy. Фиксируя значение координаты ξ, мы получим другое семейство координатных линий. При наличии взаимно однозначного соответствия между рассматриваемыми областями различные линии одного и того же семейства не пересекаются между собой, и через любую точку области (D) проходит по одной линии из каждого семейства.

Вся сетка координатных линий на плоскости xy является изображением сетки прямых $\xi = \text{const}$ и $\eta = \text{const}$ на плоскости $\xi\eta$ (рис. 37).

Примеры. 1) Простейшим и важнейшим примером криволинейных координат являются *полярные координаты* r, θ. Они имеют наглядное геометрическое истолкование, как полярный радиус-вектор и полярный угол, но могут быть введены и формально, с помощью известных соотношений:

$$\left.\begin{aligned} x &= r\cos\theta, \\ y &= r\sin\theta. \end{aligned}\right\} \qquad (r \geqslant 0)$$

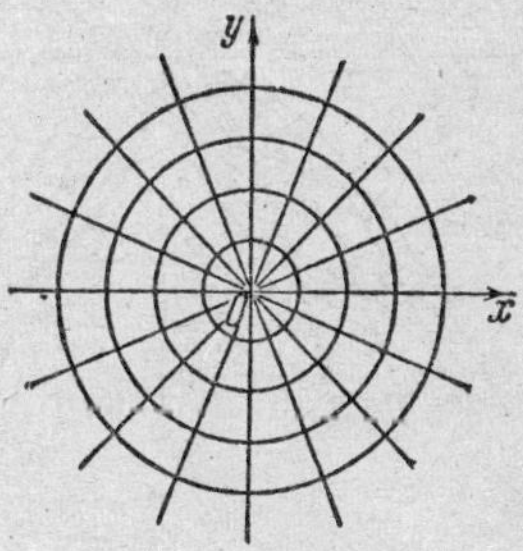

Рис. 38.

Если значения r и θ откладывать по двум взаимно перпендикулярным осям, считая, скажем, r абсциссой, а θ — ординатой (при правой ориентации осей), то каждой точке полуплоскости $r \geqslant 0$ по указанным формулам отвечает одна определенная точка на плоскости xy.

Читателю, наверно, приходилось иметь дело с относящимися к этому случаю координатными линиями: прямым $r = \text{const}$ отвечают круги радиуса r с центром в начале, а прямым $\theta = \text{const}$ отвечают лучи, исходящие из начала под углом θ к оси x (рис. 38).

Однако в данном случае формулы преобразования вообще не будут однозначно разрешимы: изменение величины угла θ на $2k\pi$ (где k — целое) не отразится на значениях x и y. Для того чтобы получить все точки плоскости xy, достаточно ограничиться значениями

$$r \geqslant 0, \qquad 0 \leqslant \theta < 2\pi.$$

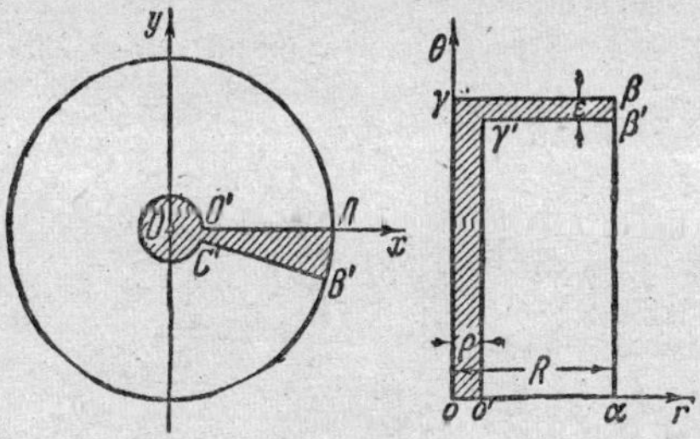

Рис. 39.

Каждой точке (x, y), отличной от начала, отвечает одно значение $r > 0$ и одно значение θ в указанных пределах. Но неустранимое нарушение однозначности соответствия связано с началом координат: точке $x = y = 0$ отвечает на плоскости $r\theta$ вся ось θ (или, если угодно, отрезок ее от $\theta = 0$ до $\theta = 2\pi$).

Рассмотрим на плоскости $r\theta$ замкнутый прямоугольник $[0, R; 0, 2\pi]$ или $o\alpha\beta\gamma$ (рис. 39); легко видеть, что на плоскости xy ему отвечает замкнутый круг, описанный вокруг начала O радиусом $R = OA$. Но весь контур этого круга отвечает одной лишь стороне $\alpha\beta$ упомянутого прямоугольника; сторонам $o\alpha$ и $\beta\gamma$ (обеим!) отвечает один и тот же радиус OA круга; наконец, всей стороне $o\gamma$ отвечает лишь точка O. Здесь явно не соблюдены указанные в предыдущем номере условия!

Однако, если сдвинуть сторону $o\gamma$ на малую величину $\rho = oo'$, а сторону $\gamma\beta$ — на $\varepsilon = \beta\beta'$, то новому прямоугольнику $o'\alpha\beta'\gamma'$ будет отвечать на плоскости xy фигура $O'AB'C'$, полученная из круга удалением малого круга радиуса ρ и сектора с центральным углом ε, с соблюдением уже всех требований. При перемещении точки на плоскости $r\theta$ по отрезкам $\alpha\beta'$, $\beta'\gamma'$, $\gamma'o'$, $o'\alpha$ соответствующая точка на плоскости xy опишет по порядку: неполную окружность AB' (радиуса R), отрезок $B'C'$, неполную окружность $C'O'$ (радиуса ρ) и отрезок $O'A$. Заметим попутно, что положительному обходу на плоскости $r\theta$ отвечает положительный же обход на плоскости xy.

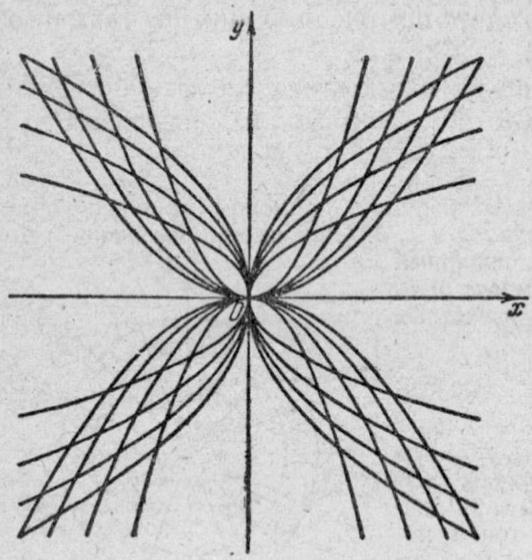

Рис. 40.

Функциональный определитель в данном случае равен

$$\frac{D(x, y)}{D(r, \theta)} = \begin{vmatrix} \cos\theta & -r\sin\theta \\ \sin\theta & r\cos\theta \end{vmatrix} = r;$$

он сохраняет (если исключить начало) положительный знак.

2) Иногда удобно наперед задаться *сеткой координатных линий* и по ним установить систему криволинейных координат.

Рассмотрим, например, два семейства парабол (рис. 40):

$$y^2 = 2px \quad \text{и} \quad x^2 = 2qy;$$

каждое из них в отдельности заполняет всю плоскость xy (если исключить оси координат).

Естественно ввести $\xi = 2p$ и $\eta = 2q$ в качестве криволинейных координат. Из равенств $y^2 = \xi x$ и $x^2 = \eta y$ имеем

$$x = \sqrt[3]{\xi\eta^2}, \quad y = \sqrt[3]{\xi^2\eta} \quad \text{и} \quad \xi = \frac{y^2}{x}, \quad \eta = \frac{x^2}{y} \qquad (x, y \neq 0).$$

Определитель здесь равен

$$\frac{D(x, y)}{D(\xi, \eta)} = \begin{vmatrix} \frac{1}{3}\xi^{-\frac{2}{3}}\eta^{\frac{2}{3}} & \frac{2}{3}\xi^{\frac{1}{3}}\eta^{-\frac{1}{3}} \\ \frac{2}{3}\xi^{-\frac{1}{3}}\eta^{\frac{1}{3}} & \frac{1}{3}\xi^{\frac{2}{3}}\eta^{-\frac{2}{3}} \end{vmatrix} = -\frac{1}{3}.$$

353. Выражение площади в криволинейных координатах. Предположим, что на плоскости xy задана некоторая область (D), ограниченная простым кусочно-гладким контуром (S). Пусть формулы (1) устанавливают взаимно однозначное соответствие между этой областью и областью (Δ) на плоскости $\xi\eta$, ограниченной подобным же контуром (Σ).

Мы сохраним все предположения n° **352** относительно этого преобразования областей и, сверх того, еще предположим, что существуют и непрерывны в области (Δ) смешанные производные второго порядка для какой-либо из функций (1), скажем:

$$\frac{\partial^2 y}{\partial\xi\,\partial\eta} \quad \text{и} \quad \frac{\partial^2 y}{\partial\eta\,\partial\xi}$$

(в силу непрерывности, они будут иметь равные значения, n° **147**) *).

При этих предположениях поставим себе задачей выразить площадь D рассматриваемой области на плоскости xy в виде двойного интеграла, распространенного на область Δ на плоскости $\xi\eta$.

Мы будем исходить из формулы, выражающей площадь D криволинейным интегралом, взятым по контуру (S) области (D):

$$D = \int\limits_{(S)} x\,dy \tag{6}$$

[см. n° **347**, (4)].

План дальнейших преобразований таков: сначала мы перейдем, пользуясь параметрическими уравнениями контура, от криволинейного интеграла (6) к обыкновенному определенному интегралу. Затем преобразуем этот последний опять к криволинейному интегралу, но взятому на этот раз уже по контуру (Σ) области (Δ). Наконец, пользуясь формулой Грина, заменим полученный криволинейный интеграл двойным интегралом по области (Δ).

Во исполнение этого плана нам нужны параметрические уравнения контура (S). Так как в дальнейшем мы имеем в виду перейти к контуру (Σ), то и сейчас мы предпочитаем исходить именно из уравнений этого контура. Пусть (3) дает параметрическое представление кривой (Σ); тогда (4) даст, очевидно, такое же представление для кривой (S), поскольку [как следует из наших предположений, n° **352**] именно она соответствует на плоскости xy контуру (Σ). Пределы α и β изменения t мы выберем так, чтобы при переходе от α к β кривая (S) описывалась в положительном направлении; это всегда можно сделать.

Тогда, согласно формуле (5*) n° **331**,

$$D = \int\limits_{\alpha}^{\beta} x(t)\,y'(t)\,dt$$

или, если принять во внимание (1) и (5),

$$D = \int\limits_{\alpha}^{\beta} x(\xi(t),\ \eta(t))\left[\frac{\partial y}{\partial\xi}\,\xi'(t) + \frac{\partial y}{\partial\eta}\,\eta'(t)\right]dt. \tag{7}$$

*) Отметим здесь же, что эти дополнительные предположения несущественны для справедливости окончательного результата и введены лишь для облегчения доказательства.

Сопоставим этот интеграл с криволинейным интегралом

$$\int\limits_{(\Sigma)} x(\xi, \eta)\left(\frac{\partial y}{\partial \xi} d\xi + \frac{\partial y}{\partial \eta} d\eta\right), \tag{8}$$

взятым по контуру (Σ) в **положительном** направлении. Если пожелать свести последний по обычному правилу к обыкновенному определенному интегралу, то пришлось бы подставлять сюда вместо ξ и η функции $\xi(t)$ и $\eta(t)$ из параметрических уравнений кривой (Σ), и мы вернулись бы к интегралу (7).

Впрочем, нужно иметь в виду еще одно обстоятельство. При изменении t от α до β описывается в положительном направлении контур (S) — **так мы выбрали эти пределы**. Но контур (Σ) при этом может описываться как в положительном, так и в отрицательном направлении; таким образом, интегралы (7) и (8) могут на деле разниться знаками. Во всяком случае

$$D = \pm \int\limits_{(\Sigma)} x \frac{\partial y}{\partial \xi} d\xi + x \frac{\partial y}{\partial \eta} d\eta, \tag{9}$$

причем (подчеркнем это еще раз) *знак плюс имеет место, если положительному обходу контура* (S) *отвечает положительный же обход контура* (Σ), *и знак минус — в противном случае.*

Остается, наконец, преобразовать полученный криволинейный интеграл в двойной. Для этого надлежит воспользоваться формулой Грина

$$\int\limits_{(\Sigma)} P(\xi, \eta)\, d\xi + Q(\xi, \eta)\, d\eta = \iint\limits_{(\Delta)} \left(\frac{\partial Q}{\partial \xi} - \frac{\partial P}{\partial \eta}\right) d\xi\, d\eta,$$

где полагаем

$$P(\xi, \eta) = x \frac{\partial y}{\partial \xi}, \qquad Q(\xi, \eta) = x \frac{\partial y}{\partial \eta}.$$

Так как

$$\frac{\partial Q}{\partial \xi} = \frac{\partial x}{\partial \xi}\frac{\partial y}{\partial \eta} + x \frac{\partial^2 y}{\partial \eta\, \partial \xi},$$

$$\frac{\partial P}{\partial \eta} = \frac{\partial x}{\partial \eta}\frac{\partial y}{\partial \xi} + x \frac{\partial^2 y}{\partial \xi\, \partial \eta},$$

а смешанные производные второго порядка от y равны между собой, то

$$\frac{\partial Q}{\partial \xi} - \frac{\partial P}{\partial \eta} = \frac{D(x, y)}{D(\xi, \eta)},$$

и мы приходим к формуле

$$D = \pm \iint\limits_{(\Delta)} \frac{D(x, y)}{D(\xi, \eta)} d\xi\, d\eta.$$

Мы видели n° **352**, что при сделанных предположениях определитель

$$J(\xi, \eta) = \frac{D(x, y)}{D(\xi, \eta)}$$

сохраняет в области (Δ) определенный знак. Этот же знак имеет и интеграл. Но перед ним еще стоит двойной знак $\pm$; так как в результате должно получиться существенно положительное число D, то ясно, что *знак перед интегралом совпадает со знаком определителя*. Если ввести этот знак в подинтегральную функцию, то там получится, очевидно, абсолютная величина определителя, так что окончательное выражение для площади будет

$$D = \iint\limits_{(\Delta)} \left| \frac{D(x, y)}{D(\xi, \eta)} \right| d\xi\, d\eta = \iint\limits_{(\Delta)} |J(\xi, \eta)|\, d\xi\, d\eta. \tag{10}$$

Это и есть та формула, которую мы желали установить.

Подинтегральное выражение

$$\left| \frac{D(x, y)}{D(\xi, \eta)} \right| d\xi\, d\eta = |J(\xi, \eta)|\, d\xi\, d\eta$$

обычно называют *элементом площади в криволинейных координатах*. Мы видели, например, что в случае перехода к полярным координатам функциональный определитель равен r, следовательно, элемент площади в полярных координатах есть $r\,dr\,d\theta$.

354. Дополнительные замечания. 1°. Если сопоставить правило, по которому выбирался знак, плюс или минус, в формуле (9), с тем фактом, что этот знак необходимо совпадает со знаком функционального определителя, то получится интересное следствие: *если этот определитель сохраняет положительный знак, то положительные направления обхода контуров (S) и (Σ) соответствуют друг другу по формулам преобразования; если же определитель имеет отрицательный знак, то положительному направлению на одном контуре соответствует отрицательное направление на другом.*

Очевидно, это же имеет место и по отношению к любой паре взаимно соответствующих простых замкнутых контуров (L) и (Λ), лежащих в областях (S) и (Σ). Полученный результат легко проверяется на примерах, приведенных в n° **352**.

2°. Применяя к формуле (10) теорему о среднем [n° 341, (9)], получим соотношение

$$D = |J(\bar{\xi}, \bar{\eta})| \cdot \Delta, \tag{11}$$

где $(\bar{\xi}, \bar{\eta})$ есть некоторая точка из области (Δ), а Δ — площадь этой области.

Сопоставим это соотношение с формулой Лагранжа

$$f(\beta) - f(\alpha) = f'(\bar{\xi})(\beta - \alpha) \qquad (\alpha < \bar{\xi} < \beta).$$

Если $x=f(\xi)$ есть монотонная функция, то она взаимно однозначно связывает промежуток $\alpha \leqslant \xi \leqslant \beta$ с промежутком $f(\alpha) \leqslant x \leqslant f(\beta)$ (или $f(\beta) \leqslant x \leqslant f(\alpha)$, если $f(x)$ — убывающая функция). Обозначим длины этих промежутков через δ и d; тогда формула Лагранжа приводит к равенству

$$d = |f'(\bar{\xi})| \cdot \delta, \tag{12}$$

сходному с равенством (11).

Если в формуле (12) «сжимать» промежуток $[\alpha, \beta]$ в точку ξ, то в результате получим соотношение

$$|f'(\xi)| = \lim \frac{d}{\delta},$$

так что абсолютная величина производной является как бы *коэффициентом растяжения* прямой ξ (в данной ее точке) при преобразовании ее в прямую x.

Точно так же из формулы (11) путем «сжатия» области (Δ) в точку (ξ, η) получаем

$$|J(\xi, \eta)| = \lim \frac{D}{\Delta} \text{ *)},$$

так что абсолютная величина функционального определителя играет роль *коэффициента растяжения* плоскости $\xi\eta$ (в данной ее точке) при преобразовании ее в плоскость xy.

Это замечание подчеркивает еще раз глубокую аналогию между производной и функциональным определителем [ср. главу XIX].

3°. Формула (10) показывает, что при безграничном уменьшении площади Δ также безгранично уменьшается и соответствующая ей площадь D. Отсюда уже легко установить, что преобразование областей, изученное в n° **352**, обладает и следующим важным свойством: *кривую* (Λ) *с площадью, равной нулю, в области* (Δ) *оно переводит в некоторую кривую* (L) *в области* (D), *также имеющую нулевую площадь.*

4°. Формула (10) выведена в предположении взаимно однозначного соответствия между областями (D) и (Δ), непрерывности функций (1) и их частных производных, а также сохранения знака определителем (2). Однако на практике обычно приходится сталкиваться со случаями, когда эти предположения нарушаются в отдельных точках или вдоль отдельных кривых.

Если упомянутые точки и кривые на обеих плоскостях могут быть заключены в произвольно малые по площади области (d) и (δ), то по выделении их формула уже становится применимой:

$$D - d = \iint\limits_{(\Delta)-(\delta)} |J(\xi, \eta)|\, d\xi\, d\eta. \tag{10a}$$

---

*) По сути дела мы дифференцируем интеграл (10) по области в точке (ξ, η) [n° **342**].

Пусть функциональный определитель в области (Δ) сохраняет ограниченность:

$$|J(\xi, \eta)| \leqslant M;$$

тогда интеграл (10а) разнится от интеграла (10) на величину

$$\iint\limits_{(\delta)} |J(\xi, \eta)|\, d\xi\, d\eta \leqslant M\delta.$$

Переходя в (10а) к пределу при d и $\delta \to 0$, восстановим формулу (10).

Для иллюстрации вернемся к примеру 1) в n° **352** и к фигурам, изображенным на рис. 39. Непосредственно к прямоугольнику $\Delta = [0, R; 0, 2\pi]$ и к кругу (D) радиуса R (с центром в начале) формулу (10), которая для этого случая принимает вид

$$D = \iint\limits_{(\Delta)} r\, dr\, d\theta,$$

применить нельзя. Но если выключить заштрихованные области (площади которых вместе с ρ и ε стремятся к нулю), то к получающимся областям эту формулу применить можно; остается перейти к пределу.

355. Геометрический вывод. Формула (10) выведена нами с помощью, хотя и простых, но не н а г л я д н ы х рассуждений. Мы приведем другой вывод этой формулы, совершенно прозрачный с геометрической стороны; он принадлежит Остроградскому [см. ниже n° **359**].

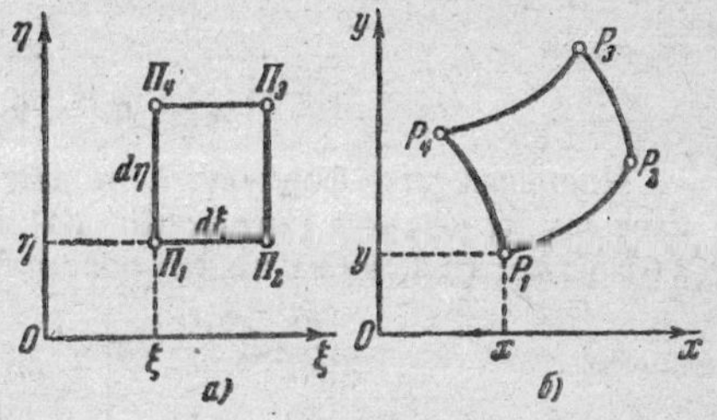

Рис. 41.

Рассмотрим снова преобразование плоскости $\xi\eta$ в плоскость xy, которое задается формулами (1). Выделим на плоскости $\xi\eta$ бесконечно малый прямоугольник $\Pi_1\Pi_2\Pi_3\Pi_4$ со сторонами $d\xi$ и $d\eta$, параллельными осям ξ и η (рис. 41, *а*). Изображением этого прямоугольника в плоскости xy служит к р и в о л и н е й н ы й четырехугольник $P_1P_2P_3P_4$ (рис. 41, *б*); определим его площадь.

Вершины прямоугольника на плоскости $\xi\eta$ имеют координаты

$$\Pi_1(\xi, \eta), \quad \Pi_2(\xi + d\xi, \eta), \quad \Pi_3(\xi + d\xi, \eta + d\eta), \quad \Pi_4(\xi, \eta + d\eta);$$

в таком случае соответствующие вершины криволинейного четырехугольника будут иметь такие координаты:

$$P_1(x(\xi,\ \eta),\quad y(\xi,\ \eta)),$$
$$P_2(x(\xi+d\xi,\ \eta),\quad y(\xi+d\xi,\ \eta)),$$
$$P_3(x(\xi+d\xi,\ \eta+d\eta),\quad y(\xi+d\xi,\ \eta+d\eta)),$$
$$P_4(x(\xi,\ \eta+d\eta),\quad y(\xi,\ \eta+d\eta)).$$

Если ограничиться членами первого порядка относительно $d\xi$, $d\eta$, то приближенно можно взять точки:

$$P_1(x,\ y),\quad P_2\left(x+\frac{\partial x}{\partial\xi}d\xi,\quad y+\frac{\partial y}{\partial\xi}d\xi\right),$$
$$P_3\left(x+\frac{\partial x}{\partial\xi}d\xi+\frac{\partial x}{\partial\eta}d\eta,\quad y+\frac{\partial y}{\partial\xi}d\xi+\frac{\partial y}{\partial\eta}d\eta\right)$$
$$P_4\left(x+\frac{\partial x}{\partial\eta}d\eta,\quad y+\frac{\partial y}{\partial\eta}d\eta\right),$$

где $x=x(\xi,\ \eta)$, $y=x(\xi,\ \eta)$ и, вообще, все производные вычислены в точке $(\xi,\ \eta)$. Так как проекции отрезков P_1P_2 и P_3P_4 на обе оси соответственно равны, то отрезки эти равны и параллельны, так что с точностью до малых высшего порядка четырехугольник $P_1P_2P_3P_4$ есть параллелограмм.

Его площадь равна удвоенной площади треугольника $P_1P_2P_3$. Из аналитической же геометрии известно, что удвоенная площадь треугольника, вершины которого находятся в точках $(x_1,\ y_1)$, $(x_2,\ y_2)$, $(x_3,\ y_3)$, равна абсолютной величине определителя

$$\begin{vmatrix} x_2-x_1, & x_3-x_2 \\ y_2-y_1, & y_3-y_2 \end{vmatrix}.$$

Применяя эту формулу к нашему случаю, получим, что искомая площадь (снова — с точностью до малых высшего порядка) равна абсолютной величине определителя

$$\begin{vmatrix} \frac{\partial x}{\partial\xi}d\xi & \frac{\partial x}{\partial\eta}d\eta \\ \frac{\partial y}{\partial\xi}d\xi & \frac{\partial y}{\partial\eta}d\eta \end{vmatrix} = \frac{D(x,\ y)}{D(\xi,\ \eta)}d\xi\,d\eta.$$

Итак,

$$\text{площ. } P_1P_2P_3P_4 \doteq \left|\frac{D(x,\ y)}{D(\xi,\ \eta)}\right| d\xi\,d\eta.$$

Разлагая фигуру (Δ) на плоскости $\xi\eta$ прямыми, параллельными осям, на бесконечно малые прямоугольники (и пренебрегая «неправильными» элементами у контура), мы одновременно разложим и фигуру (D) на плоскости xy на криволинейные четырехугольники рассмотренного вида. Суммируя полученные выражения для площадей их, вновь приходим к формуле (10) *).

Приведенное рассуждение Остроградского, таким образом, подчеркивает важную геометрическую идею: *сущность формулы* (10) *состоит в том, что для определения площади фигуры* (D) *эта фигура разлагается не на традиционные прямоугольные элементы, с помощью сетки прямых, пареллельных осям, а на криволинейные элементы, с помощью сетки координатных линий.*

В некоторых простых случаях можно непосредственно находить выражение «элемента площади» в криволинейных координатах почти без вычислений.

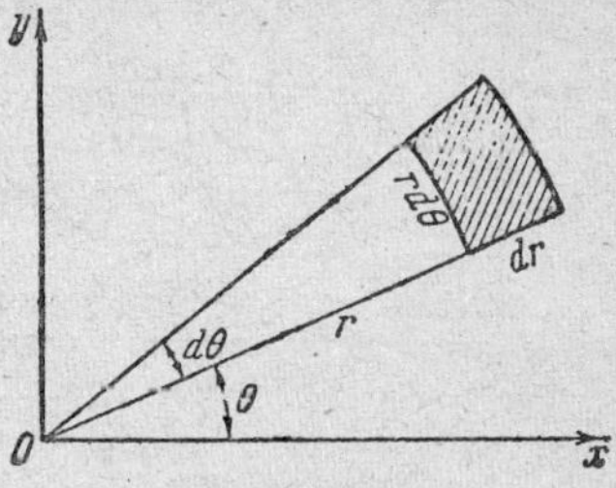

Рис. 42.

Например, в случае перехода к полярным координатам можно рассуждать так. Элементарному прямоугольнику со сторонами dr и $d\theta$ в плоскости $r\theta$ на плоскости xy отвечает фигура, ограниченная дугами окружностей радиусов r и $r+dr$ и двумя лучами, исходящими из начала под углами θ и $\theta+d\theta$ к оси x (рис. 42). Принимая приближенно эту фигуру за прямоугольник со сторонами dr и $r\,d\theta$, сразу получаем искомое выражение $r\,dr\,d\theta$ элемента площади.

356. Замена переменных в двойных интегралах. Рассмотрим двойной интеграл

$$\iint\limits_{(D)} f(x, y)\,dx\,dy, \tag{13}$$

где область (D) ограничена простым кусочно-гладким контуром (S), а функция $f(x, y)$ непрерывна в этой области.

Предположим теперь, что область (D) связана формулами (1):

$$x = x(\xi, \eta), \qquad y = y(\xi, \eta)$$

с некоторой областью (Δ) на плоскости $\xi\eta$ с соблюдением всех условий, при которых мы выводили в n° 353 формулу (10), выражающую площадь фигуры (D) в криволинейных координатах **). Поставим себе целью, заменяя переменные в интеграле (13), представить его в виде интеграла, распространенного на область (Δ).

---

*) Нетрудно сделать этот вывод и совершенно строгим.

**) Мы предполагаем, таким образом, также существование и непрерывность смешанных производных второго порядка $\frac{\partial^2 y}{\partial\xi\,\partial\eta}$ и $\frac{\partial^2 y}{\partial\eta\,\partial\xi}$. Ср. сноску на стр. 279.

Для этого разобьем область (Δ) с помощью некоторой сетки кусочно-гладких кривых на части (Δ_i) $(i=1, 2, \ldots, n)$; тогда область (D) соответствующими (тоже кусочно-гладкими) кривыми разобьется на части (D_i) (рис. 43, *а*, *б*). В каждой части (D_i)

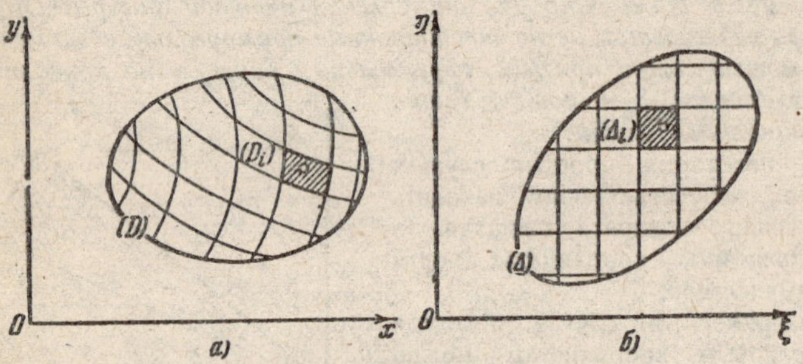

Рис. 43.

выберем произвольно по точке (x_i, y_i); наконец, составим интегральную сумму для интеграла (13):

$$\sigma=\sum_{i=1}^{n} f(x_i, y_i) D_i,$$

которая имеет этот интеграл своим пределом при стремлении наибольшего из диаметров областей (D_i) к нулю.

Применив к каждой части (D_i) формулу (11) [n°354], будем иметь

$$D_i=|J(\bar{\xi}_i, \bar{\eta}_i)|\cdot\Delta_i,$$

где $(\bar{\xi}_i, \bar{\eta}_i)$ есть некоторая определенная точка области (Δ_i). Заменяя в сумме σ каждое D_i этим выражением, получим

$$\sigma=\sum_i f(x_i, y_i)\,|J(\bar{\xi}_i, \bar{\eta}_i)|\,\Delta_i.$$

В то время как точка $(\bar{\xi}_i, \bar{\eta}_i)$ дается теоремой о среднем и в ее выборе мы не вольны, точка (x_i, y_i) берется в области (D_i) совершенно произвольно. Пользуясь этим произволом, положим

$$x_i=x(\bar{\xi}_i, \bar{\eta}_i), \qquad y_i=y(\bar{\xi}_i, \bar{\eta}_i),$$

т. е. выберем в качестве точки (x_i, y_i) ту точку области (D_i), которая отвечает точке $(\bar{\xi}_i, \bar{\eta}_i)$ области (Δ_i). Тогда сумма σ примет вид

$$\sigma=\sum_i f(x(\bar{\xi}_i, \bar{\eta}_i), y(\bar{\xi}_i, \bar{\eta}_i))\,|J(\bar{\xi}_i, \bar{\eta}_i)|\,\Delta_i;$$

в этом виде она, очевидно, является интегральной суммой для интеграла

$$\iint\limits_{(\Delta)} f(x(\xi, \eta), y(\xi, \eta)) |J(\xi, \eta)| d\xi d\eta. \tag{14}$$

Существование этого интеграла вытекает из того, что подинтегральная функция непрерывна.

Если заставить теперь диаметры всех областей (Δ_i) стремиться к нулю, то по непрерывности функций (1) и диаметры всех областей (D_i) также будут стремиться к нулю. Тогда сумма σ должна стремиться как к интегралу (13), так и к интегралу (14), ибо для обоих одновременно служит интегральной суммой. Таким образом,

$$\iint\limits_{(D)} f(x, y) dx dy = \iint\limits_{(\Delta)} f(x(\xi, \eta), y(\xi, \eta)) |J(\xi, \eta)| d\xi d\eta. \tag{15}$$

Эта формула и решает поставленную задачу — о замене переменных в двойном интеграле. Формула (10), очевидно, является ее частным случаем и получается отсюда при $f(x, y) \equiv 1$.

Итак, *для того, чтобы осуществить замену переменных в двойном интеграле* (13), *нужно не только подставить в функцию f вместо x и y их выражения* (1), *но и заменить элемент площади $dx\,dy$ его выражением в криволинейных координатах.*

С помощью соображений, аналогичных приведенным в n° **354**, 4°, и здесь легко установить, что формула (15) сохраняет справедливость в ряде случаев, когда условия, наложенные на преобразование (1), нарушаются в отдельных точках или вдоль отдельных линий.

357. Аналогия с простым интегралом. Интеграл по ориентированной области. Формула замены переменных в двойном интеграле весьма сходна с формулой замены переменной в простом определенном интеграле:

$$\int_a^b f(x) dx = \int_\alpha^\beta f(x(\xi)) x'(\xi) d\xi. \tag{16}$$

Однако в формуле (16) отсутствует знак абсолютной величины, что уже несколько нарушает аналогию. Это расхождение объясняется просто. Простой определенный интеграл берется по ориентированному промежутку [n° 180]: ведь a может быть и меньше и больше b, равно как и α может быть и меньше и больше β. В то же время двойной интеграл мы до сих пор рассматривали лишь по неориентированной области.

Можно, однако, и в случае двойного интеграла перейти к рассмотрению ориентированных областей. Ориентация области создается тем, что ее контуру придается определенное направление обхода — положительное или отрицательное [n° 332]; одновременно такое же направление обхода придается и всем замкнутым простым кривым в пределах области. Если выбирается положительное направление обхода, то говорят, что область положительно ориентирована, в противном же случае — что она отрицательно ориентирована.

Естественно условиться для ориентированной области (D) в качестве площади брать ее обыкновенную площадь со знаком плюс, если область ориентирована положительно, и со знаком минус — в противном случае. При разложении области (D) на части (D_i) эти части, как указывалось, ориентируются согласно с ориентацией всей области; соответственным образом снабжаются знаками и их площади.

Теперь, для *ориентированной* области (D) можно по образцу n° 338 построить понятие двойного интеграла

$$\iint\limits_{(D)} f(x, y)\, dx\, dy,$$

причем этот интеграл совпадает с определенным раньше, если область имеет положительную ориентацию, и отличается от него знаком в случае отрицательной ориентации.

Эта новая точка зрения на двойной интеграл позволяет прежде всего формулу (10) n° 353, выражающую площадь в криволинейных координатах, переписать без знака абсолютной величины при функциональном определителе:

$$D = \iint\limits_{(\Delta)} \frac{D(x, y)}{D(\xi, \eta)}\, d\xi\, d\eta = \iint\limits_{(\Delta)} J(\xi, \eta)\, d\xi\, d\eta,$$

если только ориентацию областей (D) *и* (Δ) *производить согласованно*. Это прямо следует из замечания n° 354, 1°.

При том же условии формулу (11) n° 354 можно написать также без знака абсолютной величины:

$$D = J(\bar{\xi}, \bar{\eta}) \cdot \Delta,$$

и в такой форме она служит естественным обобщением формулы Лагранжа.

Наконец, теперь и общая формула (15) может быть написана для *согласованно ориентированных областей* (D) и (Δ) в виде

$$\iint\limits_{(D)} f(x, y)\, dx\, dy = \iint\limits_{(\Delta)} f(x(\xi, \eta),\ y(\xi, \eta))\, J(\xi, \eta)\, d\xi\, d\eta.$$

Таким образом, стоило лишь поставить простые и двойные интегралы *в одинаковые условия*, чтобы аналогия стала полной!

Впрочем, в дальнейшем изложении мы все же вернемся к обычной точке зрения и будем рассматривать двойные интегралы, распространенные на неориентированные области.

358. Примеры. 1) Вычислим площадь фигуры, ограниченной *лемнискатой* (рис. 44):

$$(x^2 + y^2)^2 = 2a^2(x^2 - y^2).$$

Наличие двучлена $x^2 + y^2$ наталкивает на мысль перейти к полярным координатам, полагая

$$x = r\cos\theta, \quad y = r\sin\theta,$$

и вычислять искомую площадь по формуле

$$D = \iint\limits_{(\Delta)} r\, dr\, d\theta. \tag{17}$$

Так как наша кривая симметрична относительно координатных осей (это легко усмотреть из уравнения кривой, ибо оно не меняет вида при замене x на $-x$ или y на $-y$), то достаточно определить площадь части (D) фигуры, содержащейся в первом координатном угле, а затем учетверить ее.

Полярным уравнением лемнискаты служит

$$r^2 = 2a^2 \cos 2\theta,$$

причем (если ограничиться первым координатным углом) θ надлежит изменять лишь от 0 до $\frac{\pi}{4}$ ввиду того, что $\cos 2\theta$ должен быть положительным.

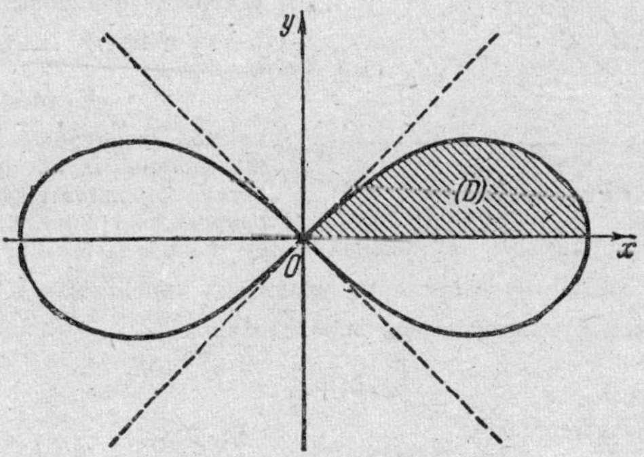

Рис. 44.

Таким образом, область (Δ) на плоскости $r\theta$, отвечающая (D), ограничена кривою

$$r = a\sqrt{2\cos 2\theta}$$

(образ лемнискаты), отрезком оси r (который отвечает отрезку оси x) и отрезком оси θ, от $\theta = 0$ до $\theta = \frac{\pi}{4}$ (образ одной лишь начальной точки — с нарушением взаимной однозначности соответствия *)).

Имеем

$$D = \int_0^{\frac{\pi}{4}} d\theta \int_0^{a\sqrt{2\cos 2\theta}} r\,dr = a^2 \int_0^{\frac{\pi}{4}} \cos 2\theta\, d\theta = \frac{a^2}{2},$$

так что вся искомая площадь есть $2a^2$.

2) Укажем теперь другой подход к выбору системы криволинейных координат, который часто оказывается полезным при определении площади криволинейного четырехугольника. Если обе пары кривых, представляющих противоположные стороны этого четырехугольника, входят в состав — каждая — своего семейства кривых, заполняющих плоскость и зависящих от

*) См. по этому поводу замечание 4° в п° 354.

одного параметра, то именно эти два семейства естественно принять за сетку координатных линий. Их параметры обычно и дают удобную для данного случая систему криволинейных координат.

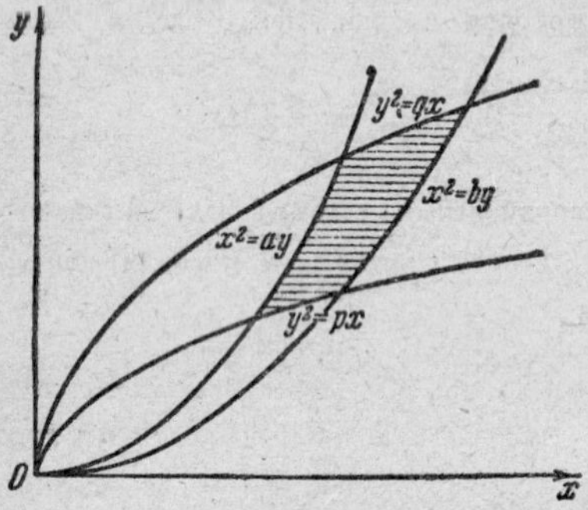

Рис. 45.

Разъясним этот прием на примере. Пусть требуется найти площадь фигуры, ограниченной параболами

$y^2=px,\ y^2=qx,\ x^2=ay,\ x^2=by,$ где $0<p<q$ и $0<a<b$ (рис. 45).

Здесь удобно рассмотреть два семейства параболы:

$$y^2=\xi x \quad (p\leqslant\xi\leqslant q)$$

и

$$x^2=\eta y \quad (a\leqslant\eta\leqslant b),$$

каждое из которых заполняет нашу фигуру, и из них составить сетку координатных линий. Это равносильно тому, что параметры их ξ и η мы принимаем за криволинейные координаты. Все это уже нам знакомо по n° 352, 2); из написанных уравнений имеем: $x=\sqrt[3]{\xi\eta^2}$ и $y=\sqrt[3]{\xi^2\eta}$, так что функциональный определитель

$$J=-\frac{1}{3}.$$

Отсюда сразу получаем

$$D=\frac{1}{3}(q-p)(b-a).$$

3) Найти объем V тела, вырезанного цилиндром $x^2+y^2=Rx$ из сферы $x^2+y^2+z^2\leqslant R^2$ (рис. 46) (это тело иногда называется «телом Вивиани» — по имени итальянского математика XVII века, который впервые им заинтересовался).

Имеем [по формуле (2) n° 336]:

$$V=4\iint\limits_{(P)}\sqrt{R^2-x^2-y^2}\,dx\,dy,$$

где P есть полукруг в первом квадранте плоскости xy, ограниченный линиями $x=0$ и $x^2+y^2=Rx$.

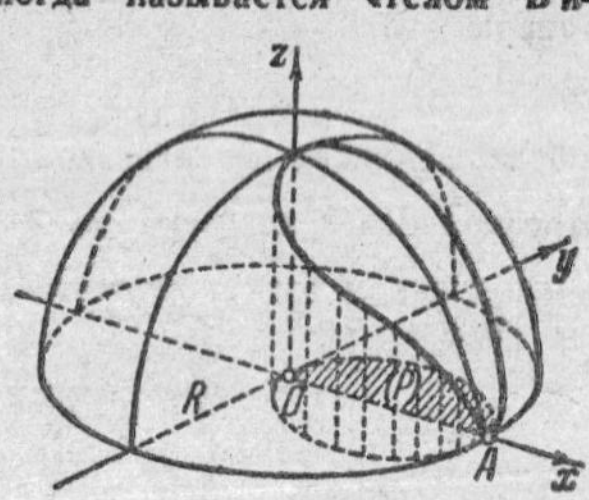

Рис. 46.

Непосредственное вычисление этого интеграла представляется громоздким; но оно значительно упрощается при переходе к полярным координатам.

Полярное уравнение контура (P), т. е. полуокружности, будет $r=R\cos\theta$ при изменении θ от 0 до $\frac{\pi}{2}$. Таким образом,

$$V=4\int\limits_0^{\frac{\pi}{2}}d\theta\int\limits_0^{R\cos\theta}\sqrt{R^2-r^2}\cdot r\,dr=\frac{4}{3}R^3\int\limits_0^{\frac{\pi}{2}}(1-\sin^3\theta)\,d\theta=\frac{4}{3}R^3\left(\frac{\pi}{2}-\frac{2}{3}\right).$$

4) Полярные координаты часто бывают полезны при установлении существования «несобственных» двойных интегралов [п° 344, 4) и замечание]. Для примера установим условия существования интегралов ($m > 0$):

а) $\iint\limits_{x^2+y^2 \leq 1} \frac{dx\,dy}{(x^2+y^2)^m}$ (особая точка — в начале);

б) $\iint\limits_{x^2+y^2 \leq 1} \frac{dx\,dy}{(1-x^2-y^2)^m}$ (особая линия — единичная окружность вокруг начала);

в) $\iint\limits_{x^2+y^2 \geq 1} \frac{dx\,dy}{(x^2+y^2)^m}$ (простирающаяся в бесконечность область).

Имеем, в случае (а),

$$\iint\limits_{0<\varepsilon^2 \leq x^2+y^2 \leq 1} \frac{dx\,dy}{(x^2+y^2)^m} = 2\pi \int\limits_{\varepsilon}^{1} \frac{dr}{r^{2m-1}},$$

что при $\varepsilon \to 0$ стремится к конечному пределу $2\pi \int\limits_0^1 \frac{dr}{r^{2m-1}}$, лишь если $2m-1<1$, т. е. при $m<1$. В случае (б):

$$\iint\limits_{x^2+y^2 \leq (1-\varepsilon)^2} \frac{dx\,dy}{(1-x^2-y^2)^m} = 2\pi \int\limits_0^{1-\varepsilon} \frac{r\,dr}{(1-r^2)^m} \to 2\pi \int\limits_0^1 \frac{r\,dr}{(1-r^2)^m}$$

(при $\varepsilon \to 0$),

если $m<1$. Наконец, для интеграла (в):

$$\iint\limits_{1 \leq x^2+y^2 \leq R^2} \frac{dx\,dy}{(x^2+y^2)^m} = 2\pi \int\limits_1^R \frac{dr}{r^{2m-1}} \to 2\pi \int\limits_1^\infty \frac{dr}{r^{2m-1}}$$

(при $R \to \infty$),

если $2m-1>1$, т. е. $m>1$.

359. Исторические замечания. Двойные интегралы впервые были введены Эйлером в работе, положенной Петербургской академии в 1769 г. Сначала он рассматривает своего рода неопределенный двойной интеграл $\iint Z\,dx\,dy$ как такую функцию от x и y, которая приводит к выражению $Z\,dx\,dy$, если ее последовательно продифференцировать по этим переменным в том или другом порядке. Таким образом, этот двойной интеграл отождествляется с обоими повторными интегралами

$$\int dx \int Z\,dy \quad \text{и} \quad \int dy \int Z\,dx,$$

и общее его выражение содержит в виде слагаемых как произвольную функцию только от x, так и произвольную функцию только от y.

Затем, в связи с задачей о вычислении объема и поверхности тела, Эйлер вводит **определенный** двойной интеграл, трактуя его одновременно и как сумму своих элементов, и как повторный интеграл — того или другого типа. Если первым вычисляется, скажем, $\int Z\,dy$ (при постоянном x), то он распространяется на все значения y между пределами, которые зависят, вообще говоря, от x. В результате получается функция от одного x (а не от x и y, как в случае неопределенного интеграла), которая и интегрируется уже между постоянными пределами *). Все пределы определяются из рассмотрения самого «основания» (так Эйлер называет **область интегрирования**: она и в самом деле обычно служит у него **основанием** для того тела, объем или поверхность которого ищется).

В упомянутой выше работе Эйлер занимается и вопросом **о замене переменных** x, y под знаком двойного интеграла новыми переменными t, u. При этом предполагается, что x, y являются функциями от t, u, причем

$$dx = R\,dt + S\,du, \quad dy = T\,dt + V\,du, \tag{18}$$

так что R, S, T, V означают соответственные **частные производные**. Пределы, между которыми изменяются новые переменные, определяются прежним «основанием». После подстановки в подинтегральную функцию, вместо x и y, их выражений через t и u остается открытым лишь вопрос: *чем заменить элемент площади $dx\,dy$*?

Эйлер сразу же отвергает мысль о том, чтобы попросту подставить вместо dx и dy их выражения (18). Он справедливо замечает далее, что вообще «*нет никакого разумного основания, почему бы выражение, вводимое в вычисление вместо $dx\,dy$, должно быть ему равно*»: важно лишь, чтобы совпадали **окончательные** результаты интегрирований. Вместе с тем это выражение должно содержать множителем $dt\,du$, т. е. иметь вид $Z\,dt\,du$, для того чтобы интеграл по новым переменным можно было также трактовать как повторный.

Для разыскания множителя Z Эйлер прибегает к **последовательному** введению новых переменных, так что при каждом шаге ему приходится лишь заменять одну переменную в **простом** интеграле (во внутреннем). В результате он приходит к выражению

$$Z = ST - RV,$$

в котором читатель легко узнает **функциональный определитель**. Однако у Эйлера все же возникает «тяжкое сомнение», в связи с тем, что, переставив x и y, можно было бы совершенно аналогично получить и выражение

$$Z = RV - ST$$

с обратным знаком! Объясняется это тем, что Эйлер здесь нигде не выписывает пределов интеграла и не уделяет внимания их расстановке. Затруднение разрешается с помощью соображения, что площадь должна всегда получаться положительной, а значит и Z надлежит брать положительным. Таким образом, окончательно, вместо $dx\,dy$ следует подставлять выражение

$$|ST - RV|\,dt\,du. \tag{19}$$

Это выражение Эйлер получает с помощью чисто формальных операций, отнюдь не приравнивая его элементу площади $dx\,dy$, но и вообще не выясняя его **геометрического смысла**.

*) В этой работе Эйлер еще не ставит пределов при интегралах.

Несколькими годами позже Эйлера к тому же вопросу о замене переменных, но уже в тройном интеграле, обратился Лагранж. Если перефразировать его соображения на случай двойного интеграла, то можно сказать, что Лагранж пытается доказать, будто элементарная площадь $dx\,dy$ просто равна выражению (19).

Лишь в 1836 г. в сообщении Петербургской академии, озаглавленном «Преобразование переменных в кратных интегралах», Остроградский внес в вопрос полную ясность. Прежде всего — на простом примере преобразования переменных к полярным координатам — он установил неправильность соображений Лагранжа. Затем он дал оригинальное изложение вопроса, в существенном воспроизведенное выше, в n° 355. Выражение (19) получило отчетливое геометрическое истолкование, как площадь элементарного криволинейного четырехугольника *), причем впервые убедительно мотивируется и необходимость рассматривания именно абсолютной величины определителя.

---

*) Которая вовсе не обязана быть равна площади элементарного прямоугольника.

ГЛАВА ДВАДЦАТЬ ВТОРАЯ

ПЛОЩАДЬ ПОВЕРХНОСТИ. ПОВЕРХНОСТНЫЕ ИНТЕГРАЛЫ

§ 1. ДВУСТОРОННИЕ ПОВЕРХНОСТИ

360. Параметрическое представление поверхности. Мы вернемся к вопросу об аналитическом представлении поверхности в пространстве [ср. n° 213], остановившись на — незнакомом еще читателю — очень важном типе такого представления, называемом *параметрическим.*

В n° 212 уже была речь о параметрическом представлении кривой в пространстве [см. там (15)]

$$x = \varphi(t), \quad y = \psi(t), \quad z = \chi(t), \tag{1}$$

так что положение точки на ней определялось значением одного параметра t, изменяющегося в некотором промежутке. При определении положения точки на поверхности, заданной явным уравнением скажем,

$$z = f(x, y), \tag{2}$$

мы имели дело уже с двумя параметрами, роль которых здесь играют абсцисса x и ордината y. В общем случае в качестве параметров появляются две произвольные переменные u и v, и *параметрическое представление поверхности* осуществляется с помощью трех уравнений

$$x = \varphi(u, v), \quad y = \psi(u, v), \quad z = \chi(u, v)\,^{*}), \tag{3}$$

где функции φ, ψ, χ определены и непрерывны в некоторой области (Δ) на «плоскости параметров» uv.

Основным для нас будет случай, когда каждая точка поверхности получается лишь при одной паре значений параметров, так что уравнения (3) устанавливают взаимно-однознач-

---

*) Задание поверхностей с помощью двух параметров, впервые введенное Эйлером, особенно широко и плодотворно было использовано в дифференциальной геометрии Гауссом.

ное соответствие между точками поверхности и точками плоской области (Δ); такую поверхность будем называть *простой*. При этом мы будем предполагать, что и область (Δ) и поверхность ограничены простыми замкнутыми контурами; они, необходимо, соответствуют один другому по формулам (3).

Параметры u и v носят название *криволинейных координат* соответствующей точки. Если в уравнениях (3) фиксировать значение одной из криволинейных координат, например, положить $u=u_0$, то, очевидно, получатся уравнения некоторой кривой

$$x=\varphi(u_0, v), \quad y=\psi(u_0, v), \quad z=\chi(u_0, v),$$

которая всеми точками лежит на поверхности. Изменяя значение u_0, получим целое семейство таких «кривых (u)». Аналогично, фиксируя значение $v=v_0$, получим также кривую на нашей поверхности

$$x=\varphi(u, v_0), \quad y=\psi(u, v_0), \quad z=\chi(u, v_0);$$

из таких «кривых (v)» также составляется целое семейство. Все подобные линии называют координатными линиями поверхности. Если поверхность является простой, то через любую ее точку проходит по одной координатной линии из каждого семейства.

Все это уже знакомо читателю, но лишь для того случая, когда поверхность плоская! [См. n° 352.]

Предположим теперь, что функции (3) не только непрерывны, но и имеют в области (Δ) непрерывные частные производные первого порядка, и рассмотрим функциональную матрицу

$$\begin{pmatrix} \varphi'_u & \psi'_u & \chi'_u \\ \varphi'_v & \psi'_v & \chi'_v \end{pmatrix} \tag{4}$$

Пусть для значений параметров (u_0, v_0), определяющих точку $M_0(x_0, y_0, z_0)$ поверхности, отличен от нуля хоть один из определителей второго порядка матрицы (4), например, пусть

$$\begin{vmatrix} \varphi'_u & \psi'_u \\ \varphi'_v & \psi'_v \end{vmatrix} \neq 0.$$

Тогда, переписав первые два из уравнений (3) в виде

$$\varphi(u, v)-x=0, \quad \psi(u, v)-y=0,$$

на основании теоремы 3 n° 317, можем утверждать, что этой системой двух уравнений с четырьмя переменными u, v, x, y (если ограничиться значениями их, близкими к интересующим нас: u_0, v_0, x_0, y_0) переменные u, v определяются как однозначные функции от x, y: $u=u(x, y)$, $v=v(x, y)$, непрерывные со своими производными. Наконец, подставляя эти выражения u, v в третье из уравнений (3), придем к представлению части поверхности, окружающей точку M_0, явным уравнением

$$z=\chi(u(x, y), v(x, y))=f(x, y)$$

типа (2), причем функция f также непрерывна и имеет непрерывные производные.

Лишь тогда, когда все три определителя матрицы (4) одновременно обращаются в 0 (соответствующая точка M_0 поверхности в этом случае называется особой), такое представление может оказаться недостижимым.

Возьмем на простой поверхности (3) какую-нибудь не особую точку $M(x, y, z)$. Тогда, как мы только что видели, в некоторой ее окрестности поверхность представима явным уравнением того или другого вида и, следовательно [n° 212], в точке M имеет касательную плоскость. Уравнение последней может быть написано в виде

$$A(X-x)+B(Y-y)+C(Z-z)=0\ ^{*)}, \tag{5}$$

где коэффициенты A, B, C еще подлежат определению.

Если в уравнениях поверхности закрепить за v значение, отвечающее выбранной точке M, то получатся уравнения «кривой (v)», проходящей через эту точку. Касательная к этой кривой в точке M выразится уравнениями [n° 212, (16)]

$$\frac{X-x}{x'_u}=\frac{Y-y}{y'_u}=\frac{Z-z}{z'_u}.$$

Аналогично, фиксируя u, получим другую координатную линию, проходящую через точку M («кривую (u)») и имеющую в ней касательную

$$\frac{X-x}{x'_v}=\frac{Y-y}{y'_v}=\frac{Z-z}{z'_v}.$$

Так как обе эти касательные должны лежать в плоскости (5), то выполняются условия:

$$Ax'_u+By'_u+Cz'_u=0,$$
$$Ax'_v+By'_v+Cz'_v=0.$$

В таком случае коэффициенты A, B, C должны быть пропорциональны определителям матрицы

$$\begin{pmatrix} x'_u & y'_u & z'_u \\ x'_v & y'_v & z'_v \end{pmatrix}^{**)}. \tag{4a}$$

---

*) Как обычно, через X, Y, Z обозначены текущие координаты, в отличие от координат x, y, z фиксированной точки на поверхности.

**) Эта матрица лишь обозначениями отличается от матрицы (4). Напомним, что в рассматриваемой точке определители ее — не все нули.

Обыкновенно их полагают просто равными этим определителям, так что впредь мы всегда будем считать

$$A=\begin{vmatrix} y'_u & z'_u \\ y'_v & z'_v \end{vmatrix}, \quad B=\begin{vmatrix} z'_u & x'_u \\ z'_v & x'_v \end{vmatrix}, \quad C=\begin{vmatrix} x'_u & y'_u \\ x'_v & y'_v \end{vmatrix}. \tag{6}$$

Отметим еще, что направляющие косинусы нормали будут

$$\left.\begin{aligned} \cos\lambda=\frac{A}{\pm\sqrt{A^2+B^2+C^2}}, \quad \cos\mu=\frac{B}{\pm\sqrt{A^2+B^2+C^2}}, \\ \cos\nu=\frac{C}{\pm\sqrt{A^2+B^2+C^2}}. \end{aligned}\right\} \tag{7}$$

Мы ограничивались до сих пор рассмотрением простых поверхностей. В общем случае мы будем предполагать как поверхности, ограниченные контурами, так и замкнутые поверхности составленными из конечного числа простых кусков, примыкающих один к другому, но не пересекающихся. Если такую поверхность «общего вида» и удается представить параметрическими уравнениями (3), то — заведомо с нарушением взаимной однозначности соответствия между ее точками и точками плоской области (Δ).

Примеры. 1) Рассмотрим сферу радиуса R с центром в начале (рис. 47): $x^2+y^2+z^2=R^2$. Желая получить ее обычное параметрическое представление, проведем «экваториальное» сечение AKA', а через «полюсы» P, P' и рассматриваемую точку M — «меридиан» $PMKP'$. Положение точки M на сфере может быть определено углами $\varphi=\measuredangle POM$ и $\theta=\measuredangle AOK$. Имеем $z=NM=R\cos\varphi$. Затем, $ON=R\sin\varphi$, а через ON координаты x и y (те же для M, что и для N) выразятся так: $x=ON\cos\theta$, $y=ON\sin\theta$. Окончательно, *параметрические уравнения сферы получим в виде:*

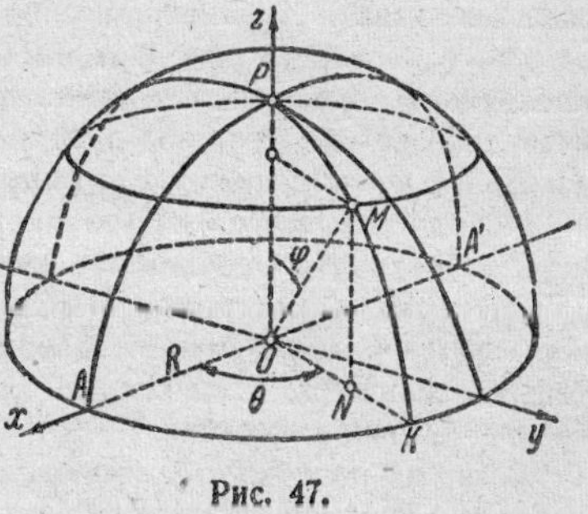

Рис. 47.

$$x=R\sin\varphi\cos\theta, \quad y=R\sin\varphi\sin\theta,$$
$$z=R\cos\varphi,$$

причем угол φ достаточно измерять от 0 до π, а угол θ — от 0 до 2π.

Однако соответствие между точками сферической поверхности и точками прямоугольника $[0, \pi; 0, 2\pi]$ на плоскости $\varphi\theta$ не будет взаимно однозначным: не только значения $\theta=0$ и $\theta=2\pi$ приводят к одним и тем же точкам поверхности, но при $\varphi=0\ (\pi)$, каково бы ни было значение θ — получается одна лишь точка — полюс $P\ (P')$.

Легко видеть, что одно семейство координатных линий на сфере составится из меридианов ($\theta=\mathrm{const}$), а другое — из параллельных кругов ($\varphi=\mathrm{const}$).

2) Можно обобщить предыдущий пример следующим образом. Пусть в плоскости xz задана кривая («образующая») своими параметрическими уравнениями

$$x=\varphi(u),\quad z=\psi(u)\qquad(\alpha\leqslant u\leqslant\beta),$$

причем $\varphi(u)\geqslant 0$. Станем вращать ее, как твердое тело, вокруг оси z (рис. 48). Если через v обозначить угол поворота, то уравнения получаемой *поверхности вращения* напишутся в виде

$$x=\varphi(u)\cos v,\quad y=\varphi(u)\sin v,\quad z=\psi(u)$$
$$(\alpha\leqslant u\leqslant\beta,\ 0\leqslant v\leqslant 2\pi).$$

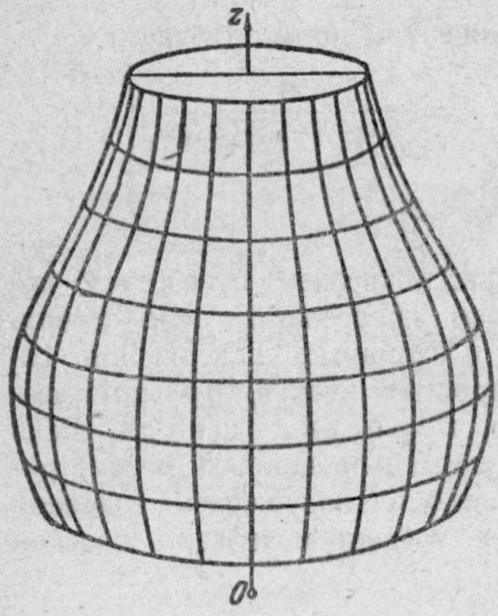

Рис. 48.

Если в плоскости xz взять полуокружность

$$x=R\sin u,\quad z=R\cos u$$
$$(0\leqslant u\leqslant\pi)$$

и вращать ее вокруг оси z, то параметрическое представление образуемой таким путем *сферы* мы получим (с точностью до обозначений) в прежнем виде.

Координатными линиями и здесь служат различные положения образующей (меридианы) и параллельные круги.

361. Сторона поверхности. Установим важное для дальнейшего изложения понятие стороны поверхности. В ряде случаев это понятие интуитивно ясно. Если поверхность задается явным уравнением вида $z=f(x, y)$, можно говорить о в е р х н е й стороне или о н и ж н е й стороне поверхности *). Если поверхность ограничивает некоторое тело, то также легко представить себе ее две стороны — в н у т р е н н ю ю, обращенную к телу, и в н е ш н ю ю, обращенную к окружающему тело пространству.

Исходя из этого интуитивного представления, постараемся теперь дать точное определение понятия стороны поверхности.

Рассмотрим поверхность (S), замкнутую или нет, и предположим, что в каждой точке поверхности имеется определенная касательная плоскость, положение которой н е п р е р ы в н о изменяется вместе с точкой касания.

Взяв на поверхности определенную точку M, проведем в ней нормаль, которой припишем определенное направление — одно из двух возможных (они отличаются одно от другого знаками направляющих косинусов). Проведем по поверхности замкнутый контур, исходящий из M_0 и возвращающийся в M_0, причем предположим, что он н е п е р е с е к а е т границы поверхности (если таковая имеется). Заставим точку M обойти этот контур и в каждом из последовательных ее положений будем приписывать нормали то из двух

*) Мы часто будем пользоваться подобным выражением (подразумевая при этом, что сама ось z направлена вертикально в в е р х).

направлений, в которое непрерывно переходит направление, выбранное нами в начальном положении M_0. При этом может случиться одно из двух: либо после обхода контура мы вернемся в точку M_0 с тем же направлением нормали, либо же — с направлением, противоположным исходному.

Если для какой-либо точки M_0 и какого-либо проходящего через нее контура M_0AM_0 имеет место последнее обстоятельство, то и для любой другой точки M_1 легко построить замкнутый контур, который, выходя из M_1 и возвращаясь в нее же, приведет нас в эту точку с направлением нормали, противоположным исходному. Таким, например, будет контур $M_1M_0AM_0M_1$, если под M_1M_0 разуметь какую-нибудь проходящую по поверхности кривую, соединяющую M_1 с M_0, но не пересекающую границы поверхности, а под M_0M_1 — ту же кривую в обратном направлении.

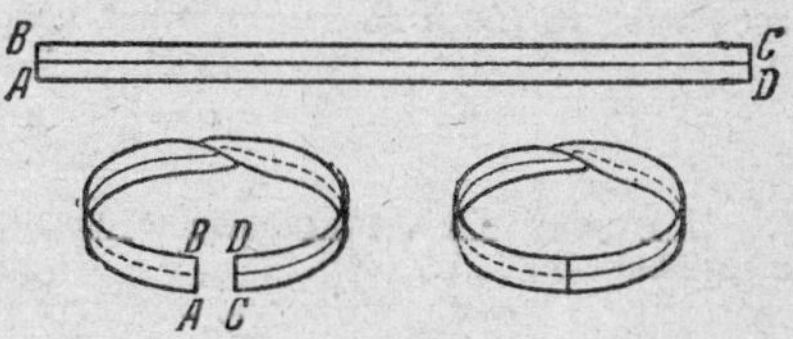

Рис. 49.

В этом случае поверхность называют *односторонней*. Классическим примером такой поверхности является так называемый лист Мебиуса (рис. 49). Модель ее можно получить, если прямоугольный кусок бумаги $ABCD$, перекрутив один раз, склеить так, чтобы точка A совпала с C, а B с D. Если полученное перекрученное кольцо начать красить в какой-либо цвет, то можно, не переходя через его границы, покрасить все кольцо этим цветом. Мы впредь подобные поверхности исключим из рассмотрения.

Предположим теперь, что какова бы ни была точка M_0 и каков бы ни был замкнутый контур, проходящий через M_0 и не пересекающий границы поверхности, после обхода его мы неизменно возвращаемся в исходную точку M_0 с исходным же направлением нормали. При этих условиях поверхность называется *двусторонней*.

Пусть же S — двусторонняя поверхность. Возьмем на ней любую точку M_0 и нормали в этой точке припишем определенное направление. Взяв какую-либо другую точку M_1 поверхности, соединим M_0 и M_1 произвольным путем (K), лежащим на поверхности и не пересекающим ее границы, и заставим точку M перейти из M_0 в M_1 по этому пути. Если при этом непрерывно изменять направление нормали, то точка M придет в положение M_1 с вполне определенным направлением нормали, не зависящим от выбора пути (K). Действительно, если бы, приходя в точку M_1 из точки M_0 по двум различным путям (K_1) и (K_2), мы получали в точке M_1 различные направления нормали, то замкнутый путь $M_0(K_1)M_1(K_2^{-1})M_0$ *)

---

*) Под (K_2^{-1}) мы разумеем кривую (K_2), но описанную в обратном направлении — от M_1 к M_0.

приводил бы в точку M_0 с направлением нормали, отличным от исходного, что противоречило бы определению двусторонней поверхности.

Таким образом, на двусторонней поверхности выбор направления нормали в одной точке однозначно определяет выбор направления нормали во всех точках поверхности. *Совокупность всех точек поверхности с приписанными нормалям в них по указанному правилу направлениями и называется определенной стороной поверхности.*

Примеры. 1) Простейшим и наиболее важным примером двусторонней поверхности является поверхность, выражаемая явным уравнением $z = z(x, y)$, в предположении, что функция z непрерывна в некоторой плоской области (D) и допускает в ней непрерывные частные производные

$$p = \frac{\partial z}{\partial x} \quad \text{и} \quad q = \frac{\partial z}{\partial y}.$$

В этом случае направляющие косинусы нормали к поверхности имеют выражение [n° **213**, (24)]:

$$\cos\lambda = \frac{-p}{\pm\sqrt{1+p^2+q^2}}, \quad \cos\mu = \frac{-q}{\pm\sqrt{1+p^2+q^2}},$$
$$\cos\nu = \frac{1}{\pm\sqrt{1+p^2+q^2}}. \tag{8}$$

Выбрав перед радикалом определенный знак, мы тем самым устанавливаем во всех точках поверхности определенное направление нормали. Так как направляющие косинусы, в силу сделанных предположений, будут непрерывными функциями координат точки, то и установленное направление нормали будет также непрерывно зависеть от положения точки. Отсюда ясно, что *выбор знака перед радикалом в формулах для* $\cos\lambda$, $\cos\mu$, $\cos\nu$ *определяет сторону поверхности* в том именно смысле, какой выше приписан этому понятию.

Если выберем перед радикалом знак плюс, то во всех точках поверхности

$$\cos\nu = \frac{1}{\sqrt{1+p^2+q^2}}$$

будет положительным, т. е. угол, составленный с осью z нормалью, соответствующей выбранной стороне, будет острым. Таким образом, сторона поверхности, определяемая указанным выбором знака, оказывается верхней стороной. Напротив, выбор знака минус в выражениях направляющих косинусов нормали характеризует нижнюю сторону поверхности: нормали составляют с осью z тупые углы.

2) Рассмотрим теперь более общо произвольную простую поверхность (S), заданную параметрическими уравнениями

$$x = x(u, v), \quad y = y(u, v), \quad z = z(u, v), \tag{3a}$$

причем параметры u, v изменяются в некоторой ограниченной области (Δ) на плоскости uv. Мы предположим поверхность *гладкой*: это означает, что функции (3a) непрерывны в (Δ) вместе со своими частными производными и что на поверхности нет особых точек.

Для направляющих косинусов нормали к поверхности мы имели формулы (7). И в этом случае *выбор знака перед радикалом характеризует сторону поверхности*, так что поверхность оказывается двусторонней.

Действительно, раз знак выбран, формулы (7) каждой точке поверхности (так как ей отвечает одна лишь пара значений u, v!) сопоставляют одно определенное направление нормали, которое при передвижении точки изменяется непрерывным образом.

При нарушении предположения о простоте поверхности уже нельзя безоговорочно утверждать, что она двусторонняя. В этом случае найдется точка M_0 поверхности, которой отвечают две различные пары u_0v_0 и u_1v_1 значений параметров, и может случиться, что при этих значениях формулы (7), даже если знак перед радикалом выбран одинаково, определяют противоположные направления нормали в точке M_0. Если это действительно так, то поверхность будет односторонней.

Замечание. Если поверхность (S) оказывается замкнутой и ограничивает некоторое тело, то [n° 360], хотя она и может выражаться уравнениями (3а), но на этот раз предположение о взаимно однозначном соответствии между точками поверхности и точками плоской области (Δ) не осуществимо в полной мере. Тем не менее, так как наличие у поверхности двух сторон — внешней и внутренней — ясно непосредственно, и в этом случае *выбор знака в формулах* (7) *все же определяет сторону поверхности*.

362. Ориентация поверхности и выбор ее стороны. Пусть (S) будет простая гладкая поверхность, ограниченная простым контуром (L); выберем определенную сторону этой поверхности. Припишем теперь контуру (L) определенное направление обхода в качестве положительного по следующему правилу: обход должен казаться происходящим против часовой стрелки наблюдателю, движущемуся в этом направлении по контуру так, что нормаль к поверхности, отвечающая выбранной стороне, пронизывает его от ног к голове. Слова «против часовой стрелки» означают, точнее говоря, что наблюдатель должен видеть непосредственно прилегающую к нему часть поверхности слева от себя. По тому же правилу одновременно устанавливается положительное направление обхода для каждого простого замкнутого контура, лежащего на поверхности и ограничивающего некоторую ее часть *). Направление обхода, обратное положительному, назовем отрицательным.

В совокупности все это и составляет содержание понятия ориентации поверхности.

Если исходить из другой стороны поверхности, то нормали изменят свое направление на обратное, изменится положение наблюдателя, в связи с чем по нашему правилу придется переставить положительное и отрицательное направления обхода контура (L) и других контуров, лежащих на поверхности: поверхность изменит свою ориентацию. Таким образом, если всегда держаться установленного

*) Только с этой частью и надлежит считаться при определении положительного направления на контуре.

правила, *выбор стороны поверхности определяет ее ориентацию* и, обратно, *выбор положительного направления обхода контура поверхности однозначно определяет ее сторону.*

Замечание. В основе этого правила лежит вращение против часовой стрелки, и *во избежание путаницы мы всегда будем из него исходить.*

С этим мы будем связывать и самое расположение координатных осей в пространстве. Именно, во всех вопросах, для которых это имеет значение, *мы будем пользоваться так называемой правой координатной системой* (рис. 50, *а*): в ней оси располагаются так, что вращение от оси x к оси y $\left(\text{на угол} + \frac{\pi}{2}\right)$, если на него смотреть со стороны положительной части оси z, кажется происходящим против часовой стрелки *). (На рис. 50, *б* изображена система осей, для которой упомянутое вращение происходит по часовой стрелке *): такая система называется левой.)

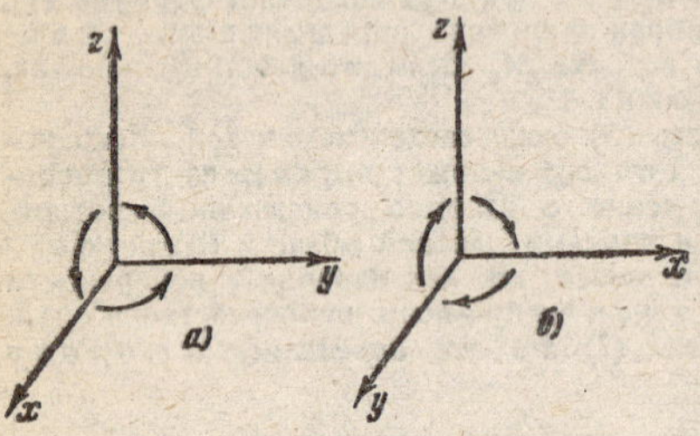

Рис. 50.

Сейчас мы дадим приложение изложенной выше идеи о связи между выбором стороны поверхности и созданием на ней определенной ориентации к вопросу о выборе знака в формулах (7) для направляющих косинусов нормали к поверхности.

Вернемся к рассмотренной в начале номера поверхности (S), считая, что на ней выбрана определенная сторона, а с нею — и ориентация. Контур (L) нашей поверхности соответствует контуру (Λ) области (Δ) на «плоскости параметров» uv. Допустим (это всегда легко осуществить), что положительному обходу контура (Λ) отвечает положительный же обход контура (L). Тогда и для любых соответствующих друг другу контуров (λ) в области (Δ) и (l) на поверхности (S) имеет место то же самое: положительный обход (λ) влечет за собой положительный обход (l) **).

При этих условиях для характеристики выбранной стороны поверхности в формулах (7) *для направляющих косинусов нормали перед радикалом нужно взять знак плюс.*

Для доказательства этого достаточно установить, что хоть в одной точке направление, определяемое этими формулами со

*) Это сохраняется и при круговых перестановках букв xyz.

**) Так как о направлении обхода контура можно судить по направлению, в котором описывается любая его часть, то высказанное утверждение очевидно для контура (λ), имеющего общую часть с (Λ), а затем легко переносится и на общий случай.

знаком плюс, совпадает с нужным направлением нормали. Возьмем на поверхности какую-нибудь внутреннюю точку M_0; ей отвечает точка $m_0(u_0, v_0)$ в области (Δ). Пусть в этой точке отличен от нуля, скажем, определитель

$$C = \begin{vmatrix} x'_u & y'_u \\ x'_v & y'_v \end{vmatrix}.$$

Тогда найдется столь малая окрестность точки m_0 на плоскости uv, ограниченная контуром (λ), что соответствующая ей окрестность точки M_0 на поверхности (S), ограниченная контуром (l), представима явным уравнением вида $z = f(x, y)$ [n° 360] и, следовательно, проектируется на плоскость xy взаимно однозначно. Обозначим контур этой проекции на плоскость xy через (k) (рис. 51).

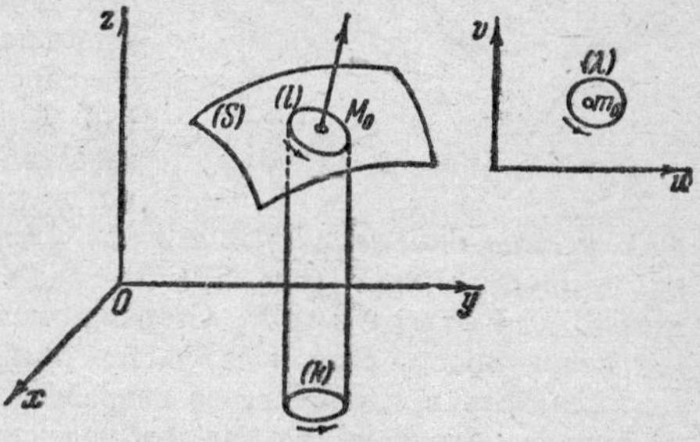

Рис. 51.

Если в рассматриваемой точке и в ее окрестности определитель $C > 0$, то положительному обходу контура (λ) отвечает положительный же обход (т. е. — при выбранном расположении осей — обход против часовой стрелки) контура (k) [см. n° 354, 1)]. Как видно из чертежа, для того чтобы соответствующий этому обход контура (l) на поверхности тоже казался происходящим против часовой стрелки, на него нужно смотреть сверху, так что нормаль в точке M_0 в этом случае должна быть направлена вверх, т. е. должна составлять с осью z острый угол. Это именно и имеет место по формулам (7), если в них взять знак плюс, ибо при $C > 0$ тогда и $\cos\nu > 0$. Наоборот, при $C < 0$ нормаль должна составлять с осью z тупой угол, что также осуществляется на деле при указанном выборе знака, ибо при $C < 0$ и $\cos\nu < 0$.

363. Случай кусочно-гладкой поверхности. Развитые в n° 362 идеи дают также удобное средство для распространения понятия стороны поверхности на общий случай поверхности, состоящей из нескольких простых и гладких кусков; такую поверхность для краткости мы будем называть *кусочно-гладкой*. Соображения, изложенные в n° 361, в этом случае непосредственно неприложимы, так как вдоль «ребер», соединяющих названные куски поверхности, определенной касательной плоскости вообще не существует, и при переходе через них о нерперывном изменении направления нормали говорить не приходится.

Пусть дана поверхность (S), состоящая из простых гладких кусков (S_1), (S_2), ..., примыкающих один к другому по ребру — общей части их контуров. Предположим, прежде всего, что *каждый из этих кусков в отдельности является двусторонней поверхностью.* Но этого, разумеется, недостаточно для того, чтобы всю поверхность (S) можно было рассматривать, как двустороннюю; ведь и поверхность Мебиуса легко составляется из двух простых гладких двусторонних кусков.

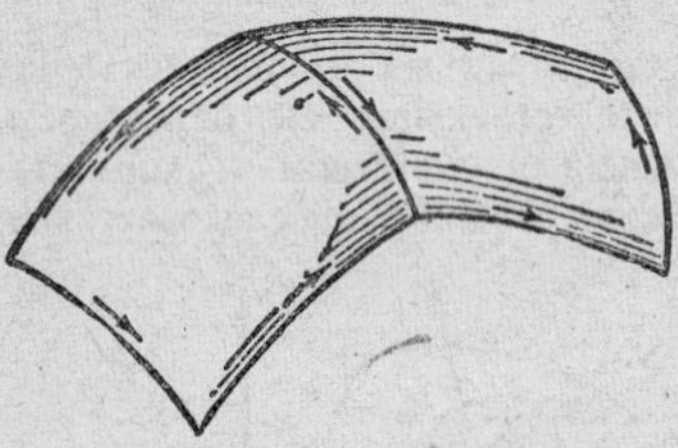

Рис. 52.

На контуре (K_i) каждого куска (S_i) $(i=1, 2, \ldots)$ выберем в качестве положительного одно из двух направлений; этим, как мы видели, фиксируется сторона поверхности (S_i). Если этот выбор можно произвести так, чтобы всегда *общая часть контуров* *) *двух примыкающих кусков описывалась для этих кусков в противоположных направлениях* (рис. 52), то лишь тогда поверхность (S) является **двусторонней**. Сторона поверхности (S) определится, как совокупность сторон ее частей, выбранных указанным образом.

Если хоть в одном случае направление обхода контура заменить на противоположное, то для соблюдения нашего условия придется то же сделать и со всеми контурами. Тогда и выбранные стороны всех кусков (S_i) заменятся противоположными им; их совокупность составит вторую сторону поверхности.

Соображения n° 362 относительно связи стороны поверхности и ее ориентации остаются в силе и в общем случае поверхности, имеющей контур.

§ 2. ПЛОЩАДЬ КРИВОЙ ПОВЕРХНОСТИ

364. Пример Шварца. Понятие площади кривой поверхности имеет известную аналогию с понятием длины кривой линии. Длину (незамкнутой) дуги мы определяли как предел периметра вписанной в дугу ломаной — при условии, что длины всех ее сторон стремятся к нулю. В случае же кривой поверхности (тоже, скажем, незамкнутой) естественно было бы рассматривать вписанную в нее многогранную поверхность и определять площадь кривой поверхности как предел площади этой многогранной поверхности — при условии, что диаметры всех граней стремятся к нулю.

В конце прошлого столетия, однако, *была обнаружена непригодность этого определения*. Именно, Шварц в 1883 г. показал, что упомянутый предел не существует даже для простого случая поверхности прямого кругового цилиндра! Мы приведем этот поучительный пример.

*) Эта часть может состоять и из отдельных кусков.

Пусть дан такой цилиндр радиуса R и высоты H. Впишем в него многогранную поверхность следующим образом. Разделив высоту цилиндра на m равных частей, проведем через точки деления плоскости, перпендикулярные к оси цилиндра, так что на его поверхности получится $m+1$ окружностей (включая сюда и окружности обоих оснований цилиндра). Каждую из этих окружностей разделим на n равных частей *так, чтобы точки деления вышележащей окружности находились над серединами дуг нижележащей окружности.*

Возьмем, далее, треугольники, образованные хордами всех этих дуг и отрезками, соединяющими концы хорд с теми точками деления выше- и нижележащих

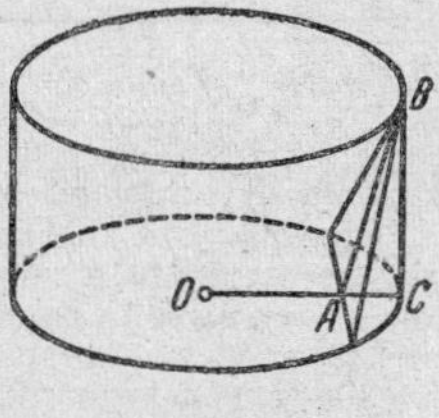

Рис. 53.

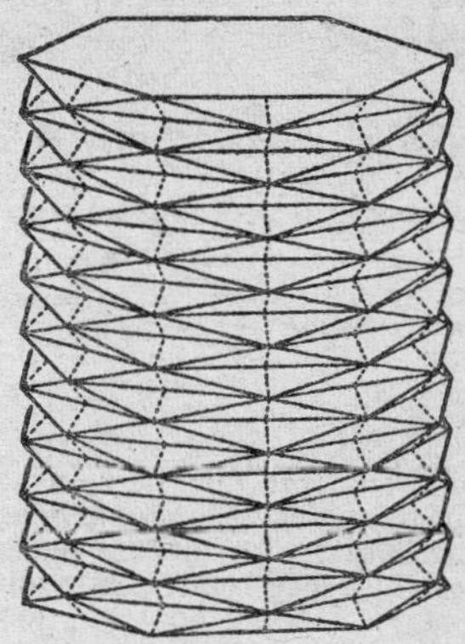

Рис. 54.

окружностей, которые расположены как раз над или под серединами соответствующих дуг (рис. 53). В своей совокупности эти $2mn$ равных треугольников и образуют нужную нам многогранную поверхность $(\Sigma_{m,n})$; модель ее представлена на рис. 54.

Подсчитаем теперь площадь σ каждого из треугольников. За основание примем хорду, длина которой равна

$$2R\sin\frac{\pi}{n}.$$

Для нахождения высоты AB треугольника (см. чертеж) заметим, что $AB = \sqrt{AC^2+BC^2}$, где

$$AC = OC - OA = R\left(1-\cos\frac{\pi}{n}\right), \quad BC = \frac{H}{m}.$$

Таким образом, площадь одного треугольника равна

$$\sigma = R\sin\frac{\pi}{n}\sqrt{R^2\left(1-\cos\frac{\pi}{n}\right)^2 + \left(\frac{H}{m}\right)^2},$$

а площадь всей многогранной поверхности будет

$$\Sigma_{m,n} = 2mn\sigma = 2R\cdot n\sin\frac{\pi}{n}\cdot\sqrt{R^2m^2\left(1-\cos\frac{\pi}{n}\right)^2 + H^2}.$$

Когда m и n неограниченно возрастают, то диаметры всех треугольников стремятся к нулю, но площадь $\Sigma_{m,n}$ предела не имеет. В самом деле, допустим, что m и n возрастают так, что отношение $\frac{m}{n^2}$ стремится к определенному пределу q:

$$\lim \frac{m}{n^2} = q.$$

Имеем

$$\lim n \sin \frac{\pi}{n} = \pi,$$

а с другой стороны, в силу сделанного допущения

$$\lim m\left(1 - \cos \frac{\pi}{n}\right) = \lim m \cdot 2\sin^2 \frac{\pi}{2n} = \lim \frac{\pi^2}{2} \frac{m}{n^2} = \frac{\pi^2}{2} q.$$

Следовательно,

$$\lim \Sigma_{m,n} = 2\pi R \sqrt{\frac{\pi^4 R^2}{4} q^2 + H^2},$$

и мы видим, что предел этот существенно зависит от величины q, т. е. от способа одновременного возрастания m и n. При $q = 0$, и только в этом случае, названный предел равен $2\pi RH$ (величине площади, выведенной в школьном курсе геометрии), но вместе с q он может равняться даже бесконечности. Таким образом, при независимом друг от друга возрастании чисел m и n до бесконечности для площади $\Sigma_{m,n}$ определенного предела, действительно, не существует, и поверхность цилиндра, если стоять на точке зрения упомянутого определения, оказывается лишенной площади.

Важно дать себе отчет в том, чем отличается положение вещей в случае ломаной, вписанной в кривую, и в случае многогранной поверхности, вписанной в кривую поверхность. Будем для простоты считать кривую и кривую поверхность, о которых идет речь, гладкими. Тогда, лишь только хорды, составляющие ломаную, достаточно малы, направление каждой из них сколь угодно мало разнится от направления касательной в любой точке соответствующей дуги. Поэтому такая бесконечно малая хорда и может со все возрастающей точностью служить заменой соответствующего элемента дуги. Напротив, сколь угодно малая многоугольная площадка, вершины которой лежат на кривой поверхности, может оказаться вовсе не близкой по своему расположению в пространстве к касательной плоскости к поверхности; в таком случае заменять элемент поверхности она, понятно, не может. Это обстоятельство прекрасно иллюстрируется только что рассмотренным примером: касательные плоскости к цилиндрической поверхности все *вертикальны*, а треугольные грани вписанной поверхности при большом q становятся почти *горизонтальными*, образуя мелкие складки.

365. Площадь поверхности, заданной явным уравнением. Ввиду указанного в предыдущем номере обстоятельства, приходится искать других путей для обоснования понятия площади кривой поверхности. Мы укажем один из таких путей, хотя простой, но не лишенный искусственности, причем начнем со случая поверхности (S), заданной явным уравнением

$$z = f(x, y). \tag{1}$$

Пусть x, y изменяются в квадрируемой области (D) на плоскости xy, и z в этой области имеет непрерывные частные производные

$$p=\frac{\partial z}{\partial x} \text{ и } q=\frac{\partial z}{\partial y}.$$

Разложим область (D) с помощью сетки кривых (с площадью, равной нулю) на элементы

$$(D_1),\ (D_2),\ \ldots,\ (D_n)$$

и рассмотрим один из этих элементов, (D_i). Если построить на контуре этой частичной области (как на направляющей) цилиндрическую поверхность с образующими, параллельными оси z, то она вырежет на поверхности (S) элемент (S_i). Взяв любую точку $P_i(x_i, y_i)$ в пределах (D_i), проведем в соответствующей точке $M_i(x_i, y_i, z_i)$, где

$$z_i=f(x_i, y_i),$$

поверхности (S) **касательную плоскость**. Упомянутая выше цилиндрическая поверхность и на этой плоскости вырежет элементарную фигуру (T_i) (рис. 55), площадь которой T_i как бы служит приближением к площади элемента (S_i). Таким образом, сумму всех таких площадей

$$\sigma=\sum_{i=1}^{n} T_i$$

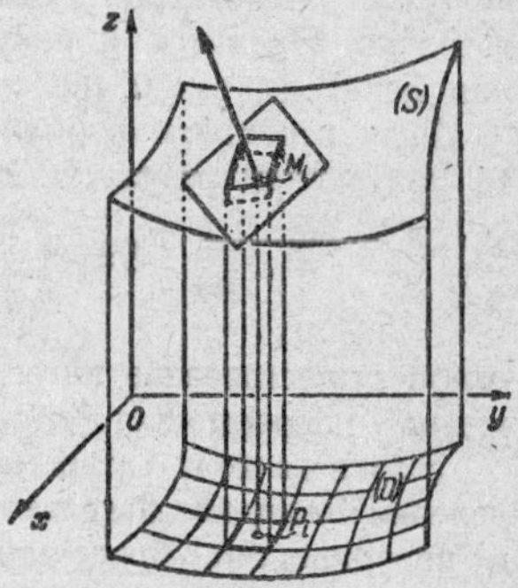

Рис. 55.

можно считать приближением к площади поверхности (S). *Мы определим площадь S этой поверхности как предел*

$$S=\lim \sigma=\lim \sum_{i=1}^{n} T_i$$

при условии, что стремятся к нулю диаметры всех элементов (S_i) или — что то же — диаметры всех плоских элементов (D_i).

Легко показать теперь, что S выражается двойным интегралом

$$S=\iint\limits_{(D)} \frac{1}{|\cos \nu|}\,dx\,dy, \tag{2}$$

где, как всегда, ν означает угол нормали к поверхности с осью z *).

*) Обращаем внимание читателя на полную аналогию этого выражения (2) для **площади кривой поверхности**, заданной **явным** уравнением (1), и выражения (7) п° 328 для **длины дуги кривой линии** — тоже в случае ее **явного** задания уравнением $y=f(x)$.

Действительно, если ν_i есть значение ν, отвечающее именно точке M_i, то для площадей плоских фигур (T_i) и (D_i), из которых вторая служит ортогональной проекцией первой, будем иметь соотношение

$$D_i = T_i \cdot |\cos \nu_i|,$$

откуда

$$T_i = \frac{1}{|\cos \nu_i|} \cdot D_i.$$

Сумма

$$\sigma = \sum_{i=1}^{n} T_i = \sum_{i=1}^{n} \frac{1}{|\cos \nu_i|} \cdot D_i$$

является интегральной суммой для двойного интеграла (2) и, следовательно, стремится к нему как к пределу при указанном предельном переходе, что и требовалось доказать.

Если вспомнить формулы (8) n° **361**, именно третью из них, то полученный результат можно переписать так:

$$S = \iint\limits_{(D)} \sqrt{1 + p^2 + q^2}\, dx\, dy; \tag{2a}$$

самое существование интеграла (2) или (2а) вытекает из предположенной непрерывности частных производных p и q.

Замечание. Существенными недостатками этого простого определения площади S являются, во-первых, приложимость его только к поверхностям, представимым явными уравнениями, и, во-вторых, кажущаяся зависимость его от выбора координатной системы. Мы вернемся к этому в следующем номере.

366. Площадь поверхности в общем случае. Рассмотрим теперь простую гладкую поверхность (S), заданную параметрически.

Пусть M — любая ее точка, и в ней, скажем, $C \neq 0$. Тогда, опираясь на сказанное в n° **360**, можно утверждать следующее: существует часть (s) поверхности (S), окружающая точку M и обладающая свойствами:

1°. поверхность (s) может быть представлена явным уравнением вида (1);

2°. если через (δ) обозначить соответствующую часть области (Δ) на плоскости uv, то в (δ) определитель $C \neq 0$.

Это справедливо для каждой точки M поверхности с тем лишь, что отличным от 0 в ней может оказаться и какой-либо другой из определителей, A или B, тогда и явное уравнение вида (1) заменится, соответственно, явным же уравнением другого типа

$$x = h(y, z) \quad \text{или} \quad y = g(z, x).$$

Отсюда следует (на доказательстве чего останавливаться не будем), что вся поверхность (S) разлагается на конечное число кусков вроде (s). Остановимся на вычислении площади куска (s) в согласии с определением предыдущего номера.

Если (d) есть проекция (s) на плоскость xy, то, как мы знаем [см. (2)], ее площадь

$$s = \iint\limits_{(d)} \frac{dx\,dy}{|\cos\nu|}. \tag{3}$$

Так как точки области (d) связаны с точками области (δ) взаимно однозначным соответствием, и выполнены другие требования n° **352** и **356**, то можно перейти в интеграле (3), по формуле (15) n° **356**, к переменным u, v. Учитывая, что функциональный определитель

$$\frac{D(x, y)}{D(u, v)} = C,$$

а

$$|\cos\nu| = \frac{|C|}{\sqrt{A^2 + B^2 + C^2}}$$

[см. n° **360**, (7)], в результате получим

$$s = \iint\limits_{(\delta)} \sqrt{A^2 + B^2 + C^2}\, du\,dv. \tag{4}$$

Замечательно, что это выражение оказалось симметричным относительно A, B, C, и на нем никак не отразилось то обстоятельство, что мы предположили именно определитель C отличным от нуля в (δ), а поверхность (s) — представленной явным уравнением вида (1): тот же результат получится и при других возможных предположениях!

Определим теперь площадь S всей поверхности (S) как с у м м у *площадей s* о т д е л ь н ы х *ее частей* (s). Складывая все равенства вида (4), придем к окончательной формуле

$$S = \iint\limits_{(\Delta)} \sqrt{A^2 + B^2 + C^2}\, du\,dv, \tag{5}$$

очевидно, не зависящей от того, на какие части разлагалась поверхность (S).

З а м е ч а н и е. Покажем, что *величина* (5) *площади на деле не зависит от выбора параметрического представления рассматриваемой поверхности* (S).

Пусть от параметров u, v, областью изменения которых служит (Δ), мы переходим к параметрам $\bar{u}$, $\bar{v}$ с областью изменения $(\overline{\Delta})$, по формулам

$$u = U(\bar{u}, \bar{v}), \quad v = V(\bar{u}, \bar{v}),$$

устанавливающим между этими областями взаимно однозначное соответствие (функции U и V предполагаются непрерывными со своими производными). Тогда поверхность выразится новыми уравнениями

$$x = \bar{x}(\bar{u}, \bar{v}), \quad y = \bar{y}(\bar{u}, \bar{v}), \quad z = \bar{z}(\bar{u}, \bar{v});$$

пусть и в этом представлении она не имеет особенностей. Полагая

$$J=\frac{D(u,\ v)}{D(\bar{u},\ \bar{v})},$$

имеем *)

$$\bar{A}=AJ,\quad \bar{B}=BJ,\quad \bar{C}=CJ$$

[n° 325]. Отсюда, между прочим, ясно, что J в $(\bar{\Delta})$ отлично от нуля, ибо иначе поверхность в новом представлении имела бы особенности. Теперь по формуле замены переменных сразу получаем

$$S=\iint\limits_{(\bar{\Delta})}\sqrt{A^2+B^2+C^2}\,|J|\,d\bar{u}\,d\bar{v}=\iint\limits_{(\bar{\Delta})}\sqrt{\bar{A}^2+\bar{B}^2+\bar{C}^2}\,d\bar{u}\,d\bar{v},$$

что и требовалось доказать.

Желая придать формуле (5) другой вид (в котором она обычно и употребляется), возведем в квадрат матрицу

$$\begin{pmatrix} x'_u & y'_u & z'_u \\ x'_v & y'_v & z'_v \end{pmatrix}$$

и составим определитель

$$\begin{vmatrix} x'^2_u+y'^2_u+z'^2_u & x'_ux'_v+y'_uy'_v+z'_uz'_v \\ x'_ux'_v+y'_uy'_v+z'_uz'_v & x'^2_v+y'^2_v+z'^2_v \end{vmatrix};$$

по известной теореме алгебры [ср. n° 326] он окажется равным именно $A^2+B^2+C^2$. Обычно полагают

$$x'^2_u+y'^2_u+z'^2_u=E,\quad x'_ux'_v+y'_uy'_v+z'_uz'_v=F,$$
$$x'^2_v+y'^2_v+z'^2_v=G$$

— это так называемые *гауссовы коэффициенты* поверхности, играющие важную роль в дифференциальной геометрии. В этих обозначениях

$$A^2+B^2+C^2=EG-F^2,$$

так что формула (5) может быть написана и так:

$$S=\iint\limits_{(\Delta)}\sqrt{EG-F^2}\,du\,dv. \tag{5a}$$

Выражение

$$\sqrt{A^2+B^2+C^2}\,du\,dv=\sqrt{EG-F^2}\,du\,dv \tag{6}$$

называют *элементом площади в криволинейных координатах.*

Замечание. С помощью формулы (5а), привлекая элементарные соображения из области векторного анализа, легко показать, что *выражение для площади S не зависит от выбора координатной системы*, так как выражения E, F, G сохраняют свою величину при преобразовании координат.

*) Обозначения ясны сами собой.

Мы ограничивались до сих пор случаем простой гладкой поверхности. Если поверхность не подходит под этот случай, но разлагается на конечное число простых гладких кусков, то ее площадью назовем сумму площадей отдельных кусков. При этом легко показать, что так определенная площадь на деле не зависит от того, как данная поверхность разложена на куски нужного типа. Если **вся** данная поверхность характеризуется параметрическими уравнениями, хотя бы и с нарушением взаимной однозначности соответствия в отдельных точках или вдоль отдельных линий, то площадь ее и в общем случае по-прежнему выражается формулой (5) или (5а) [ср. 354, 4°].

Поверхность, имеющая площадь, называется *квадрируемой*.

367. Примеры. 1) Найти площадь частей сферической поверхности $x^2 + y^2 + z^2 = R^2$, вырезанных из нее цилиндром $x^2 + y^2 = Rx$ (верхнего и нижнего оснований «тела Вивиани», см. n° 358, 3); черт. 46).

Решение. Имеем для верхнего основания

$$z = \sqrt{R^2 - x^2 - y^2}, \quad p = -\frac{x}{z}, \quad q = -\frac{y}{z},$$

$$\sqrt{1 + p^2 + q^2} = \frac{R}{\sqrt{R^2 - x^2 - y^2}}$$

и, следовательно,

$$S = 2R \iint\limits_{(D)} \frac{dx\,dy}{\sqrt{R^2 - x^2 - y^2}},$$

причем областью интегрирования служит круг, ограниченный окружностью $x^2 + y^2 = Rx$.

Переходя к полярным координатам, получим [ср. n° 358, 3)]

$$S = 4R \int\limits_0^{\frac{\pi}{2}} d\theta \int\limits_0^{R\cos\theta} \frac{r\,dr}{\sqrt{R^2 - r^2}}.$$

Выполняя интегрирование, окончательно найдем $S = 4R^2\left(\frac{\pi}{2} - 1\right)$.

Так как площадь поверхности полусферы равна $2\pi R^2$, то площадь поверхности той части полусферы, которая остается по выделении «тела Вивиани», будет равна $4R^2$ и, следовательно, выражается через радиус R без привлечения каких-либо иррациональностей. С этим обстоятельством, которое привлекло внимание Вивиани, последний и связал задачу, предложенную им своим современникам. Заметим, что объем упомянутой части полусферы также выражается без иррациональностей: он равен $\frac{8}{9}R^3$ [n° 358, 3)].

Замечание. Проведенная выкладка на деле требует некоторых оговорок в связи с тем, что в точке $(R, 0, 0)$ производные p и q, а с ними и подинтегральное выражение терпят разрыв; см. 2).

2) Решить задачу 1), используя параметрическое представление сферической поверхности:

$$x = R\sin\varphi\cos\theta, \quad y = R\sin\varphi\sin\theta, \quad z = R\cos\varphi$$
$$(0 \leq \varphi \leq \pi, \quad 0 \leq \theta \leq 2\pi).$$

По матрице производных

$$\begin{pmatrix} R\cos\varphi\cos\theta & R\cos\varphi\sin\theta & -R\sin\varphi \\ R\sin\varphi\sin\theta & R\sin\varphi\cos\theta & 0 \end{pmatrix}$$

легко найти гауссовы коэффициенты сферы: $E=R^2$, $F=0$, $G=R^2\sin^2\varphi$, так что $\sqrt{EG-F^2}=R^2\sin\varphi$.

Ограничимся рассмотрением четверти изучаемой поверхности, лежащей в первом октанте. Для точек «кривой Вивиани», т. е. кривой пересечения сферы и цилиндра (в пределах первого октанта), будет $\varphi+\theta=\frac{\pi}{2}$.

Действительно, подставляя выражения x и y через φ и θ в уравнение цилиндра $x^2+y^2=Rx$, получим $\sin\varphi=\cos\theta$, и так как для рассматриваемых точек, очевидно, $0\leqslant\theta\leqslant\frac{\pi}{2}$, $0\leqslant\varphi\leqslant\frac{\pi}{2}$, то отсюда и следует, что $\varphi+\theta=\frac{\pi}{2}$.

Установив, на основании сказанного, пределы изменения параметров φ и θ, получим по формуле (5a)

$$S=4R^2\int_0^{\frac{\pi}{2}}d\theta\int_0^{\frac{\pi}{2}-\theta}\sin\varphi\,d\varphi=4R^2\left(\frac{\pi}{2}-1\right).$$

Мы пришли к тому же результату, но избежав на этот раз разрывов подинтегральной функции.

3) Найти выражение для *площади поверхности вращения*

$$x=\varphi(u)\cos v,\quad y=\varphi(u)\sin v,\quad z=\psi(u)$$
$$(\alpha\leqslant u\leqslant\beta;\quad 0\leqslant v\leqslant 2\pi)$$

[n° 360, 2)]. По матрице частных производных

$$\begin{pmatrix} \varphi'(u)\cos v & \varphi'(u)\sin v & \psi'(u) \\ -\varphi(u)\sin v & \varphi(u)\cos v & 0 \end{pmatrix}$$

составляем выражение

$$\sqrt{EG-F^2}=\varphi(u)\sqrt{[\varphi'(u)]^2+[\psi'(u)]^2},$$

так что площадь поверхности представится формулой

$$S=2\pi\int_\alpha^\beta\varphi(u)\sqrt{[\varphi'(u)]^2+[\psi'(u)]^2}\,du.$$

[Ср. с формулой (6a) n° 205.]

§ 3. ПОВЕРХНОСТНЫЕ ИНТЕГРАЛЫ ПЕРВОГО ТИПА

368. Определение поверхностного интеграла первого типа. Поверхностные интегралы первого типа представляют собой такое же естественное обобщение двойных интегралов, каким криволинейные интегралы первого типа являются по отношению к простым определенным интегралам.

Строится это обобщение так. Пусть в точках некоторой двусторонней гладкой (или кусочно-гладкой) поверхности (S), ограниченной кусочно-гладким контуром, определена функция $f(M)=f(x, y, z)$. Разобьем поверхность (S) с помощью сети произвольно проведенных кусочно-гладких кривых на части (S_1), (S_2), ..., (S_n). Взяв в каждой части (S_i) $(i=1, 2, \ldots, n)$ по произволу точку $M_i(x_i, y_i, z_i)$, вычислим в этой точке значение функции

$$f(M_i)=f(x_i, y_i, z_i)$$

и, умножив его на площадь S_i соответствующей части поверхности, составим сумму всех таких произведений:

$$\sigma=\sum_{i=1}^{n} f(M_i) S_i=\sum_{i=1}^{n} f(x_i, y_i, z_i) S_i,$$

которую мы будем называть — по сходству со многими ранее рассмотренными суммами — **интегральной суммой**.

Конечный предел этой суммы при стремлении диаметров всех частей (S_i) к нулю называется ***поверхностным интегралом*** *(первого типа*)) от функции $f(M)=f(x, y, z)$ по поверхности* (S) и обозначается символом

$$\iint_{(S)} f(M)\,dS=\iint_{(S)} f(x, y, z)\,dS, \tag{1}$$

где dS напоминает об элементарных площадях S_i.

369. Сведение к обыкновенному двойному интегралу. Ограничимся случаем простой гладкой поверхности (S).

Какова бы ни была функция $f(x, y, z)$, непрерывная в точках поверхности (S), интеграл (1) существует, и имеет место равенство

$$\iint_{(S)} f(x, y, z)\,dS=$$

$$=(R)\iint_{(\Delta)} f(x(u, v), y(u, v), z(u, v))\sqrt{EG-F^2}\,du\,dv. \tag{2}$$

Таким образом, *для сведения поверхностного интеграла первого типа к обыкновенному двойному нужно лишь заменить координаты x, y, z их выражениями через параметры, а элемент площади dS — его выражением в криволинейных координатах.*

Обратимся к доказательству высказанного утверждения.

---

*) В отличие от поверхностных интегралов второго типа, рассматриваемых ниже.

Как уже отмечалось, разложению поверхности (S) на части с помощью кусочно-гладких кривых отвечает подобное же разложение области (Δ), и обратно. Точно так же, если к нулю стремятся диаметры частей (S), то это справедливо и по отношению к диаметрам частей (Δ), и обратно.

Разложим же соответственным образом поверхность (S) на части (S_1), (S_2), ..., (S_n), а область (Δ) — на части (Δ_1), (Δ_2), ..., (Δ_n) и выберем в каждой части (S_i) по точке (x_i, y_i, z_i), а в части (Δ_i) — по точке (u_i, v_i), которые также отвечали бы одна другой, так что

$$x_i = x(u_i, v_i), \quad y_i = y(u_i, v_i), \quad z_i = z(u_i, v_i). \tag{3}$$

Составим теперь интегральную сумму для интеграла (1):

$$\sigma = \sum_{i=1}^{n} f(x_i, y_i, z_i) S_i.$$

По общей формуле (5а) n° **366** будет

$$S_i = \iint\limits_{(\Delta_i)} \sqrt{EG - F^2}\, du\, dv.$$

Применив же теорему о среднем, получим

$$S_i = [\sqrt{EG - F^2}]_{\substack{u=\bar{u}_i \\ v=\bar{v}_i}} \cdot \Delta_i,$$

где $(\bar{u}_i, \bar{v}_i)$ есть некоторая точка области (Δ_i).

С помощью этого выражения для (S_i) и вспоминая (3), мы можем переписать сумму σ так:

$$\sigma = \sum_{i=1}^{n} f(x(u_i, v_i), y(u_i, v_i), z(u_i, v_i)) [\sqrt{EG - F^2}]_{\substack{u=\bar{u}_i \\ v=\bar{v}_i}} \cdot \Delta_i.$$

В этом виде она напоминает интегральную сумму для второго из интегралов (2):

$$\sigma^* = \sum f(x(u_i, v_i), y(u_i, v_i), z(u_i, v_i)) [\sqrt{EG - F^2}]_{\substack{u=u_i \\ v=v_i}} \cdot \Delta_i.$$

Различие между суммами σ и σ^* заключается в том, что в последней и сложная функция $f(\ldots)$ и корень $\sqrt{\ldots}$ всякий раз вычисляются для одной и той же произвольно взятой точки (u_i, v_i), а в первой — функция $f(\ldots)$ берется в точке (u_i, v_i), а выражение $\sqrt{\ldots}$ — в точке $(\bar{u}_i, \bar{v}_i)$ (которая навязывается теоремой о среднем и не произвольна).

Рассмотрим разность между обеими суммами:

$$\sigma-\sigma^{*}=\sum_{i} f(\ldots)\left\{\left[\sqrt{EG-F^{2}}\right]_{\substack{u=\bar{u}_i\\ v=\bar{v}_i}}-\left[\sqrt{EG-F^{2}}\right]_{\substack{u=u_i\\ v=v_i}}\right\} \Delta_{i}.$$

Пусть $\varepsilon>0$ — произвольно малое число. В силу (равномерной) непрерывности функции $\sqrt{EG-F^{2}}$, при достаточно малых диаметрах областей (Δ_i), будет

$$\left|\left[\sqrt{EG-F^{2}}\right]_{\substack{u=\bar{u}_i\\ v=\bar{v}_i}}-\left[\sqrt{EG-F^{2}}\right]_{\substack{u=u_i\\ v=v_i}}\right|<\varepsilon.$$

Учитывая **ограниченность** непрерывной функции f:

$$|f(x, y, z)| \leqslant L,$$

легко приходим к оценке

$$|\sigma-\sigma^{*}|<\varepsilon L \Delta,$$

так что

$$\lim (\sigma-\sigma^{*})=0.$$

Отсюда ясно, что из существования предела для второй из этих сумм следует существование равного ему предела и для другой. Этим и доказано наше утверждение.

Если поверхность (S) задана явным уравнением:

$$z=z(x, y),$$

то формула (2) принимает вид

$$\iint_{(S)} f(x, y, z)\, dS=(\mathrm{R}) \iint_{(D)} f(x, y, z(x, y)) \sqrt{1+p^{2}+q^{2}}\, dx\, dy, \tag{4}$$

где (D) означает проекцию поверхности (S) на плоскость xy.

Так как

$$\sqrt{1+p^{2}+q^{2}}=\frac{1}{|\cos \nu|}$$

(где ν, как обычно, есть угол между нормалью к поверхности и осью z), то формулу (4) можно написать и так:

$$\iint_{(S)} f(x, y, z)\, dS=(\mathrm{R}) \iint_{(D)} f(x, y, z(x, y)) \frac{dx\, dy}{|\cos \nu|}. \tag{5}$$

Мы предполагали до сих пор поверхность (S), на которую был распространен интеграл, простой и гладкой. Наши результаты легко переносятся и на общий случай поверхности, состоящей из конечного числа таких кусков.

370. Механические приложения поверхностных интегралов первого типа. 1°. С помощью названных интегралов можно определять массы, моменты, координаты центров тяжести и т. п. величины для материальных поверхностей, вдоль которых распределены массы с определенной в каждой точке поверхностной плотностью.

На деле здесь нет ничего нового по сравнению со случаем плоского распределения масс, рассмотренным выше.

2°. *Притяжение простого слоя.* Поверхностные интегралы первого типа естественно входят в рассмотрение при изучении притяжения масс, распределенных на поверхности.

Пусть по поверхности (S) непрерывным образом распределены массы с заданной в каждой точке $M(x, y, z)$ поверхности плотностью $\rho(M) = \rho(x, y, z)$ *). Пусть, далее, в точке $A(\xi, \eta, \zeta)$ (вне поверхности) находится единица массы. Требуется определить, с какой по величине и по направлению силой $\vec{F}$ притягивается точка A поверхностью (S), если в основу положен ньютонов закон притяжения (закон всемирного тяготения).

Если бы точка A притягивалась одной лишь материальной точкой $M(x, y, z)$ с сосредоточенной в ней массой m, то величина силы притяжения была бы равна

$$F = \frac{m}{r^2} \text{ **)},$$

где r есть расстояние $\overline{AM}$, т. е.

$$r = \sqrt{(x-\xi)^2 + (y-\eta)^2 + (z-\zeta)^2}. \tag{6}$$

Так как эта сила направлена от A к M, то ее направляющие косинусы будут

$$\frac{x-\xi}{r}, \quad \frac{y-\eta}{r}, \quad \frac{z-\zeta}{r}$$

и, следовательно, проекции силы притяжения $\vec{F}$ на оси координат выразятся так:

$$F_x = m\frac{x-\xi}{r^3}, \quad F_y = m\frac{y-\eta}{r^3}, \quad F_z = m\frac{z-\zeta}{r^3}. \tag{7}$$

В случае системы притягивающих материальных точек эти выражения заменились бы суммами подобных выражений; наконец, при непрерывном распределении масс по поверхности появятся вместо сумм интегралы.

Применяя обычный прием изложения, можно было бы рассмотреть элемент dS поверхности с массой $\rho\, dS$, как бы сосредоточенной в одной из его точек $M(x, y, z)$. Оказываемое им на точку A притяжение будет иметь проекции на оси [ср. (7)]:

$$dF_x = \rho\frac{x-\xi}{r^3}dS, \quad dF_y = \rho\frac{y-\eta}{r^3}dS, \quad dF_z = \rho\frac{z-\zeta}{r^3}dS,$$

---

*) В этом случае говорят о простом слое (в отличие от двойного слоя, которого мы не рассматриваем).

**) Как обычно, «постоянную тяготения», т. е. множитель пропорциональности в формуле Ньютона (зависящий от выбора единиц), мы заменяем единицей, чтобы упростить запись.

где r означает расстояние $\overline{AM}$, выражаемое формулой (6). Теперь остается лишь «просуммировать» эти выражения, что приведет к следующим формулам для проекций силы $\vec{F}$ притяжения простого слоя на оси:

$$F_x=\iint\limits_{(S)} \rho\frac{x-\xi}{r^3}\,dS,\quad F_y=\iint\limits_{(S)} \rho\frac{y-\eta}{r^3}\,dS,\quad F_z=\iint\limits_{(S)} \rho\frac{z-\zeta}{r^3}\,dS. \tag{8}$$

Этим сила $\vec{F}$ определена полностью как по величине, так и по направлению.

Если бы притягиваемая точка A и сама лежала на поверхности (S), то проекции притяжения на оси по-прежнему выражались бы интегралами (8), но на этот раз интегралы эти были бы несобственными, поскольку вблизи точки A подинтегральные функции все перестают быть ограниченными.

3° *Потенциал простого слоя.* В случае одной притягивающей точки $M(x, y, z)$, как мы видели, проекции притягивающей силы на оси имеют выражения (7). Легко усмотреть, что эти проекции являются частными производными по ξ, η и ζ от функции

$$W(\xi, \eta, \zeta)=\frac{m}{r},$$

которая называется ***ньютоновским потенциалом*** на точку A поля точки M. [Ср. n° 351, 1)].

В случае поля, созданного системой материальных точек, потенциал выразился бы суммой дробей этого вида, причем производные потенциала по ξ, η, ζ по-прежнему давали бы проекции силы притяжения на оси.

Отсюда естественно приходим к такому выражению для ***потенциала простого слоя,*** расположенного по поверхности (S), с плотностью ρ, на точку A:

$$W(\xi, \eta, \zeta)=\iint\limits_{(S)} \rho\frac{dS}{r}. \tag{9}$$

Возникает лишь вопрос, сохраняется ли для этого потенциала фундаментальное свойство:

$$\frac{\partial W}{\partial \xi}=F_x,\quad \frac{\partial W}{\partial \eta}=F_y,\quad \frac{\partial W}{\partial \zeta}=F_z, \tag{10}$$

где F_x, F_y, F_z суть проекции силы $\vec{F}$ притяжения простого слоя на оси и определяются формулами (8).

Если точка A не лежит на поверхности, так что никаких нарушений непрерывности нет, то легко показать, что к интегралу (9) при дифференцировании его по ξ, η или ζ применимо правило Лейбница (для этого понадобилось бы лишь повторение уже знакомых нам рассуждений). Таким путем оправдываются и для рассматриваемого случая распределения масс соотношения (10).

Примеры. 1) Найти силу притяжения точки однородным (ρ = const) сферическим слоем.

Решение. Пусть центр сферы лежит в начале координат, а притягиваемая точка A (массы 1) находится на положительной оси z на расстоянии a от центра. Проекции F_x и F_y силы притяжения на оси x и y, очевидно, равны нулю. Далее, имеем

$$F_z=\iint\limits_{(S)} \rho\frac{z-a}{r^3}\,dS$$

(r — расстояние между точкой A и произвольной точкой M сферы). Если перейти к сферическим координатам:

$$x = R\sin\varphi\cos\theta,\quad y = R\sin\varphi\sin\theta,\quad z = R\cos\varphi,$$

то

$$dS = R^2\sin\varphi\,d\varphi\,d\theta,\quad r = \sqrt{R^2 + a^2 - 2Ra\cos\varphi}$$

и

$$F_z = 2\pi R^2\rho\int\limits_0^\pi \frac{(R\cos\varphi - a)\sin\varphi\,d\varphi}{(R^2 + a^2 - 2Ra\cos\varphi)^{3/2}}.$$

Подстановкой $R^2 + a^2 - 2Ra\cos\varphi = t^2$ преобразуем это выражение

$$F_z = \frac{\pi R}{a^2}\rho\int\limits_{|R-a|}^{R+a}\left(\frac{R^2 - a^2}{t^2} - 1\right)dt = -\frac{\pi R}{a^2}\rho\left(2R - \frac{R^2 - a^2}{|R-a|} - |R-a|\right).$$

Рассмотрим теперь два предположения.

(1) Пусть $a < R$; в таком случае $|R-a| = R-a$, в скобках стоит нуль и

$$F_z = 0.$$

Итак, *точка, находящаяся внутри однородного сферического слоя, не испытывает со стороны последнего никакого притяжения.*

(2) Если же $a > R$, то $|R-a| = -(R-a)$, так что

$$F_z = -\frac{4\pi R^2\rho}{a^2}.$$

Поэтому *точка, находящаяся вне однородного сферического слоя, испытывает со стороны последнего такое же притяжение, какое испытывала бы, если сосредоточить всю массу $m = 4\pi R^2\rho = S\rho$ слоя в его центре.*

2) Найти потенциал однородного сферического слоя в произвольно взятой точке.

Решение. При прежних обозначениях имеем

$$W(a) = \iint\limits_{(S)}\rho\frac{dS}{r} = 2\pi R^2\rho\int\limits_0^\pi\frac{\sin\varphi\,d\varphi}{\sqrt{R^2 + a^2 - 2Ra\cos\varphi}} =$$

$$= \frac{2\pi R}{a}\rho\int\limits_{|R-a|}^{R+a}dt = \frac{2\pi R}{a}\rho\,(R + a - |R-a|).$$

Если $a < R$, то

$$W(a) = 4\pi R\rho,$$

так что *внутри однородного сферического слоя его потенциал постоянен.*

Напротив, при $a > R$ будет

$$W(a) = \frac{4\pi R^2\rho}{a},$$

т. е. *потенциал, созданный сферическим слоем во внешнем пространстве, не изменится, если всю массу его сосредоточить в центре.*

Замечание. В случае $a = R$ в обеих задачах пришлось бы иметь дело с так называемым несобственным поверхностным интегралом, поскольку подинтегральная функция обращается в бесконечность.

§ 4. ПОВЕРХНОСТНЫЕ ИНТЕГРАЛЫ ВТОРОГО ТИПА

371. Определение поверхностных интегралов второго типа. Это новое интегральное образование строится по образцу криволинейного интеграла второго типа.

Там мы исходили из направленной (ориентированной) кривой и, разложив ее на элементы, каждый такой элемент, соответственно направленный, проектировали на координатную ось. Проекция получалась тоже направленной, и мы брали ее длину со знаком плюс или минус в зависимости от того, совпадало ли ее направление с направлением оси или нет.

Аналогичным образом рассмотрим теперь двустороннюю поверхность (S), гладкую или кусочно-гладкую, и фиксируем какую-либо из двух ее сторон; как мы видели [n° **362**], *это равносильно выбору на поверхности определенной ориентации.*

Для определенности предположим сначала, что поверхность задана явным уравнением

$$z = z(x, y),$$

причем точка (x, y) изменяется в области (D) на плоскости xy, ограниченной кусочно-гладким контуром. Тогда выбор возможен между верхней и нижней сторонами поверхности *). В первом случае замкнутой кривой на поверхности приписывается направление против часовой стрелки, если смотреть сверху, во втором — обратное направление.

Если поверхность разбита на элементы и каждый такой, соответственно ориентированный, элемент спроектировать на плоскость xy, то направление обхода контура проектируемой фигуры определит и направление обхода контура проекции. Это направление будет совпадать с вращением против часовой стрелки, т. е. отвечать ориентации самой плоскости xy, если фиксирована была верхняя сторона поверхности (S); в этом случае мы площадь проекции будем брать со знаком плюс. В случае нижней стороны вращение будет обратным, и площадь проекции будем брать со знаком минус [ср. n° **357**].

Пусть теперь в точках данной поверхности (S) определена некоторая функция $f(M) = f(x, y, z)$. Разложив поверхность сетью кусочно-гладких кривых на элементы

$$(S_1), (S_2), \ldots, (S_n),$$

выберем в каждом элементе (S_i) по точке $M_i(x_i, y_i, z_i)$. Затем вычислим значение функции $f(M_i) = f(x_i, y_i, z_i)$ и умножим его на площадь D_i проекции на плоскость xy элемента (S_i),

*) См. сноску на стр. 298.

снабженную знаком по указанному выше правилу. Составим, наконец, сумму (тоже, своего рода, интегральную сумму)

$$\sigma = \sum_{i=1}^{n} f(M_i) D_i = \sum_{i=1}^{n} f(x_i, y_i, z_i) D_i. \tag{1}$$

Конечный предел этой суммы при стремлении к нулю диаметров всех частей (S_i), *называют поверхностным интегралом (второго типа) от*

$$f(M)\,dx\,dy = f(x, y, z)\,dx\,dy,$$

распространенным на выбранную сторону поверхности (S), и обозначают символом

$$I = \iint\limits_{(S)} f(M)\,dx\,dy = \iint\limits_{(S)} f(x, y, z)\,dx\,dy \tag{2}$$

(здесь $dx\,dy$ напоминает о площади проекции элемента поверхности на плоскость xy).

Впрочем, в этом символе не содержится как раз указания на то, какую именно сторону поверхности имеют в виду, так что указание приходится делать всякий раз особо. Из самого определения следует, что при замене рассматриваемой стороны поверхности противоположной стороной интеграл меняет знак.

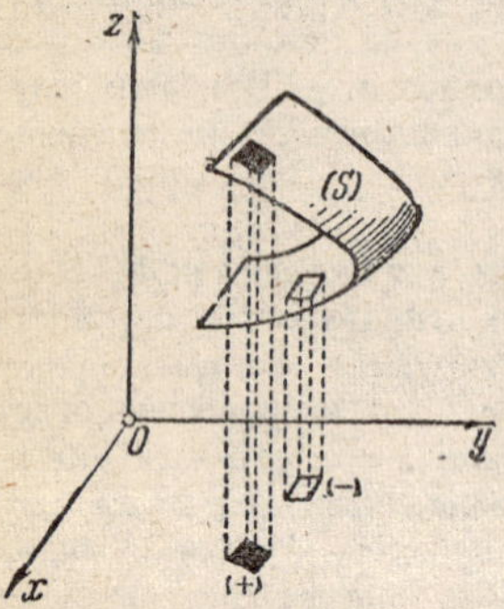

Рис. 56.

Если поверхность не имеет указанного специального вида, то мы всегда впредь будем предполагать, что она состоит из конечного числа кусков, ограниченных кусочно-гладкими контурами и либо имеющих этот вид, либо представляющих собой часть цилиндрической поверхности с образующими, параллельными оси z (направляющая которой на плоскости xy имеет нулевую площадь). В случае элемента, лежащего на куске первого типа, мы уже знаем, как приписывать знак площади его проекции; эти знаки могут оказаться и различными для разных элементов, если одни элементы поверхности оказываются лежащими сверху, а другие снизу (рис. 56). Что же касается элемента, лежащего на упомянутой цилиндрической поверхности, то проекция его, стягивающаяся в линию, имеет нулевую площадь, и о знаке ее говорить не приходится *).

*) «Неправильных» элементов, принадлежащих различным кускам, из которых состоит поверхность, мы будем избегать (а можно было бы ими попросту пренебречь!).

В остальном определение поверхностного интеграла строится и для общего случая так же, как и выше.

Изменяя роли осей (соответственно чему изменяются и наши требования к поверхности), можно было бы проектировать элементы поверхности, вместо плоскости xy, на плоскость yz или zx. Так получаются другие два поверхностных интеграла второго типа:

$$\iint\limits_{(S)} f(x, y, z)\,dy\,dz \text{ или } \iint\limits_{(S)} f(x, y, z)\,dz\,dx. \qquad (2^*)$$

В приложениях чаще всего встречаются соединения интегралов всех этих видов:

$$\iint\limits_{(S)} P\,dy\,dz + Q\,dz\,dx + R\,dx\,dy,$$

где P, Q, R суть функции от (x, y, z), определенные в точках поверхности (S).

Еще раз подчеркнем, что *во всех случаях поверхность (S) предполагается двусторонней и что интеграл распространяется на определенную ее сторону.*

372. Сведѐние к обыкновенному двойному интегралу. Мы будем предполагать функцию f непрерывной в точках поверхности (S).

1°. Рассмотрим сначала основной случай, когда поверхность (S) задана явным уравнением

$$z = z(x, y) \qquad ((x, y) \text{ из } (D)),$$

причем функция z непрерывна вместе со своими частными производными

$$p = \frac{\partial z}{\partial x}, \quad q = \frac{\partial z}{\partial y}.$$

Если интеграл (2) берется по верхней стороне поверхности, то в интегральной сумме (1) все D_i положительны. Подставляя в эту сумму вместо z_i его значение $z(x_i, y_i)$, приведем ее к виду

$$\sigma = \sum_{i=1}^{n} f(x_i, y_i, z(x_i, y_i))\,D_i,$$

в котором легко узнать интегральную сумму для обыкновенного двойного интеграла

$$(R) \iint\limits_{(D)} f(x, y, z(x, y))\,dx\,dy.$$

Переходя к пределу, установим и существование интеграла (2) и равенство

$$\iint\limits_{(S)} f(x, y, z)\,dx\,dy = (\mathrm{R})\iint\limits_{(D)} f(x, y, z(x, y))\,dx\,dy. \tag{3}$$

Если распространить интеграл на нижнюю сторону поверхности (S), то будем иметь, очевидно,

$$\iint\limits_{(S)} f(x, y, z)\,dx\,dy = -(\mathrm{R})\iint\limits_{(D)} f(x, y, z(x, y))\,dx\,dy. \tag{3a}$$

Легко теперь установить (для рассматриваемого случая) *связь между поверхностными интегралами обоих типов.* Пусть сначала речь идет (для интеграла второго типа) о верхней стороне поверхности. Если в формуле (5) n° **369**, считая угол ν острым, заменить функцию $f(x, y, z)$ через $f(x, y, z)\cos\nu$, то можно будет написать:

$$(\mathrm{R})\iint\limits_{(D)} f(x, y, z(x, y))\,dx\,dy = \iint\limits_{(S)} f(x, y, z)\cos\nu\,dS.$$

Отсюда — с учетом (3) — получается искомая формула:

$$\iint\limits_{(S)} f(x, y, z)\,dx\,dy = \iint\limits_{(S)} f(x, y, z)\cos\nu\,dS. \tag{4}$$

Заменяя верхнюю сторону поверхности нижней, мы тем самым меняем знак левой части равенства (4). Если одновременно с тем под ν разуметь на этот раз тупой угол с осью z нормали, направленной вниз же, то косинус, а с ним и интеграл, также изменит знак, так что равенство сохранится.

2°. Если (S) есть часть цилиндрической поверхности с образующими, параллельными оси z, то все ее элементы имеют нулевые проекции, так что в этом случае

$$\iint\limits_{(S)} f(x, y, z)\,dx\,dy = 0. \tag{5}$$

Очевидно здесь также имеет место формула (4): так как $\cos\nu = 0$, то и правая часть этой формулы будет нулем.

3°. Наконец, если поверхность (S) состоит из конечного числа кусков, рассмотренных в 1° или 2°, то, складывая формулы вида (4), относящиеся к отдельным кускам, убедимся в том, что формула (4) справедлива и в общем случае.

4°. Аналогичные формулы могут быть получены и для поверхностных интегралов (2*). Складывая все три формулы, написанные, соответственно, для произвольных непрерывных функций P, Q, R, придем к общей формуле, связывающей поверхностные интегралы второго и первого типа:

$$\iint\limits_{(S)} P\,dy\,dz + Q\,dz\,dx + R\,dx\,dy = \iint\limits_{(S)} (P\cos\lambda + Q\cos\mu + R\cos\nu)\,dS. \qquad (6)$$

Подчеркнем, что *справа здесь фигурируют направляющие косинусы нормали, соответствующей той стороне поверхности, по которой взят интеграл слева.*

5°. Если поверхность (S) задана параметрически, то можно свести интеграл в правой части формулы (6) — а с ним и интеграл в левой части — к обыкновенному двойному интегралу, распространенному на область (Δ) изменения параметров. Предположим сначала поверхность простой и гладкой; пусть она ограничена кусочно-гладким контуром (L).

Выберем определенную сторону поверхности и тем самым установим на ней определенную ориентацию. Если положительному обходу контура (Λ) области (Δ) отвечает положительный же обход контура (L), то, как мы знаем [n° 362], направляющие косинусы нормали, характеризующие именно выбранную сторону поверхности, определятся формулами

$$\cos\lambda = \frac{A}{+\sqrt{A^2+B^2+C^2}}, \quad \cos\mu = \frac{B}{+\sqrt{A^2+B^2+C^2}},$$
$$\cos\nu = \frac{C}{+\sqrt{A^2+B^2+C^2}}$$

со знаком $(+)$ перед корнем. С другой стороны, при переходе к двойному интегралу по параметрам u, v, элемент площади dS надлежит заменить выражением

$$+\sqrt{A^2+B^2+C^2}\,du\,dv$$

[n° 369]. Окончательно, получим равенство

$$\iint\limits_{(S)} P\,dy\,dz + D\,dz\,dx + R\,dx\,dy = \iint\limits_{(\Delta)} (AP + BQ + CR)\,du\,dv. \qquad (7)$$

В правой части подразумевается, что в функции P, Q, R вместо x, y, z подставлены их выражения через u и v.

Замечание. Этот результат распространяется и на более общий случай поверхности, составленной из простых гладких поверхностей, примыкающих одна к другой. Но перед интегралом справа может появиться как знак плюс, так и знак минус [см. n° 361, замечание].

373. Формула Стокса. Обратимся теперь к выводу формулы, связывающей поверхностный интеграл с криволинейным и служащей обобщением уже известной нам формулы Грина [n° 346].

Мы сохраняем поначалу относительно поверхности (S) те же предположения, что в пункте 5° предыдущего номера.

Пусть в некоторой пространственной области, содержащей внутри себя поверхность S, задана функция $P(x, y, z)$, непрерывная в этой области вместе со своими частными производными. Тогда имеет место формула

$$\int\limits_{(L)} P\,dx = \iint\limits_{(S)} \frac{\partial P}{\partial z}\,dz\,dx - \frac{\partial P}{\partial y}\,dx\,dy, \tag{8}$$

причем направление обхода контура (L) соответствует той стороне поверхности (S), на которую распространен интеграл справа.

Прежде всего преобразуем криволинейный интеграл по кривой (L), заменив его интегралом по кривой (Λ):

$$\int\limits_{(L)} P\,dx = \int\limits_{(\Lambda)} P\cdot\left(\frac{\partial x}{\partial u}\,du + \frac{\partial x}{\partial v}\,dv\right). \tag{9}$$

Равенство это легко проверить, если ввести параметрическое представление кривой (Λ):

$$u = u(t),\quad v = v(t) \qquad (\alpha \leqslant t \leqslant \beta),$$

а через него — и кривой (L):

$$x = x(u(t),\ v(t)),\quad y = y(u(t),\ v(t)),\quad z = z(u(t),\ v(t)).$$

Тогда оба интеграла сведутся к о д н о м у и т о м у ж е обыкновенному интегралу по параметру

$$\int\limits_{\alpha}^{\beta} P\cdot\left(\frac{\partial x}{\partial u}\cdot\frac{du}{dt} + \frac{\partial x}{\partial v}\cdot\frac{dv}{dt}\right)dt.$$

Теперь к интегралу в (9) справа применим формулу Грина:

$$\int\limits_{(\Lambda)} P\cdot\left(\frac{\partial x}{\partial u}\,du + \frac{\partial x}{\partial v}\,dv\right) = \iint\limits_{(\Delta)} \left\{\frac{\partial}{\partial u}\left(P\frac{\partial x}{\partial v}\right) - \frac{\partial}{\partial v}\left(P\frac{\partial x}{\partial u}\right)\right\}du\,dv.$$

Так как последнее подинтегральное выражение в развернутом виде дает

$$\left(\frac{\partial P}{\partial x}\frac{\partial x}{\partial u} + \frac{\partial P}{\partial y}\frac{\partial y}{\partial u} + \frac{\partial P}{\partial z}\frac{\partial z}{\partial u}\right)\frac{\partial x}{\partial v} + P\frac{\partial^2 x}{\partial v\,\partial u} -$$

$$- \left(\frac{\partial P}{\partial x}\frac{\partial x}{\partial v} + \frac{\partial P}{\partial y}\frac{\partial y}{\partial v} + \frac{\partial P}{\partial z}\frac{\partial z}{\partial v}\right)\frac{\partial x}{\partial u} - P\frac{\partial^2 x}{\partial u\,\partial v} =$$

$$= \frac{\partial P}{\partial z}\left(\frac{\partial z}{\partial u}\frac{\partial x}{\partial v} - \frac{\partial z}{\partial v}\frac{\partial x}{\partial u}\right) - \frac{\partial P}{\partial y}\left(\frac{\partial x}{\partial u}\frac{\partial y}{\partial v} - \frac{\partial x}{\partial v}\frac{\partial y}{\partial u}\right),$$

то мы приходим к двойному интегралу

$$\iint\limits_{(\Delta)} \left\{\frac{\partial P}{\partial z} B - \frac{\partial P}{\partial y} C\right\} du\, dv.$$

По формуле же (7) его легко преобразовать в поверхностный интеграл

$$\iint\limits_{(S)} \frac{\partial P}{\partial z} dz\, dx - \frac{\partial P}{\partial y} dx\, dy,$$

взятый именно по выбранной стороне поверхности. Этим и завершается доказательство равенства (8) *).

Эта формула установлена нами для простой и гладкой поверхности. Но ее легко распространить и на общий случай **кусочно-гладкой** поверхности, ограниченной кусочно-гладким контуром: стоит лишь написать ее для каждого простого и гладкого куска в отдельности и почленно сложить полученные равенства.

Путем круговой перестановки букв x, y, z получаются еще два аналогичных равенства:

$$\begin{aligned} \int\limits_{(L)} Q\, dy &= \iint\limits_{(S)} \frac{\partial Q}{\partial x} dx\, dy - \frac{\partial Q}{\partial z} dy\, dz, \\ \int\limits_{(L)} R\, dz &= \iint\limits_{(S)} \frac{\partial R}{\partial y} dy\, dz - \frac{\partial R}{\partial x} dz\, dx, \end{aligned} \tag{8a}$$

где Q и R — новые функции от x, y, z, удовлетворяющие тем же условиям, что и P.

Складывая все три равенства (8) и (8а), получим искомый результат в наиболее общей форме:

$$\int\limits_{(L)} P\, dx + Q\, dy + R\, dz =$$

$$= \iint\limits_{(S)} \left(\frac{\partial Q}{\partial x} - \frac{\partial P}{\partial y}\right) dx\, dy + \left(\frac{\partial R}{\partial y} - \frac{\partial Q}{\partial z}\right) dy\, dz + \left(\frac{\partial P}{\partial z} - \frac{\partial R}{\partial x}\right) dz\, dx. \tag{10}$$

Это равенство и называется *формулой Стокса. Еще раз подчеркнем, что сторона поверхности и направление обхода контура взаимно определяются по правилу, установленному в* n° **362.**

Если в качестве куска поверхности (S) взять плоскую область (D) на плоскости xy, так что $z = 0$, то получится формула

$$\int\limits_{(L)} P\, dx + Q\, dy = \iint\limits_{(D)} \left(\frac{\partial Q}{\partial x} - \frac{\partial P}{\partial y}\right) dx\, dy,$$

---

*) Следует отметить, что при выводе нами использованы существование и непрерывность производных $\frac{\partial P}{\partial x}$, $\frac{\partial^2 x}{\partial u\, \partial v}$, $\frac{\partial^2 x}{\partial v\, \partial u}$, которые в окончательном результате не участвуют. На деле формула имеет место и без этих предположений.

в которой читатель узнает формулу Грина; таким образом, последняя является частным случаем формулы Стокса *).

Отметим, наконец, что поверхностный интеграл второго типа в формуле Стокса может быть заменен поверхностным интегралом первого типа. Тогда эта формула примет вид

$$\int\limits_{(L)} P\,dx + Q\,dy + R\,dz =$$
$$= \iint\limits_{(S)} \left[\left(\frac{\partial R}{\partial y} - \frac{\partial Q}{\partial z}\right)\cos\lambda + \left(\frac{\partial P}{\partial z} - \frac{\partial R}{\partial x}\right)\cos\mu + \left(\frac{\partial Q}{\partial x} - \frac{\partial P}{\partial y}\right)\cos\nu\right] dS, \quad (11)$$

причем $\cos\lambda$, $\cos\mu$, $\cos\nu$ означают направляющие косинусы нормали, *отвечающей именно выбранной стороне поверхности.*

Для примера «проверим» формулу Стокса, положив

$$P = y^2 + z^2, \quad Q = z^2 + x^2, \quad R = x^2 + y^2$$

и взяв в качестве (S) поверхность, вырезанную цилиндром

$$x^2 + y^2 = 2rx \text{ из сферы } x^2 + y^2 + z^2 = 2Rx \ (R > r, \ z > 0).$$

Прибегнув к параметрическому представлению кривой

$$x = r(1 + \cos t), \quad y = r\sin t, \quad z = \sqrt{2r(R-r)}\sqrt{1+\cos t} \ (0 \leqslant t \leqslant 2\pi) \text{ **}),$$

для криволинейного интеграла найдем довольно сложное выражение в виде обыкновенного интеграла:

$$\int\limits_0^{2\pi} \Big\{[r^2\sin^2 t + 2r(R-r)(1+\cos t)](-r\sin t) +$$
$$+ [2r(R-r)(1+\cos t) + r^2(1+\cos t)^2]\, r\cos t +$$
$$+ [r^2(1+\cos t)^2 + r^2\sin^2 t]\cdot\frac{1}{2}\sqrt{\frac{2r(R-r)}{1+\cos t}}(-\sin t)\Big\}\,dt.$$

Но первое и третье слагаемые в фигурных скобках, умноженные на dt, имеют вид $f(\cos t)\,d\cos t$, и интегралы от них, ввиду периодичности косинуса, равны нулю. Выполнив остающуюся выкладку, получим $2\pi R r^2$.

Поверхностный же интеграл второго типа

$$2\iint\limits_{(S)} (y-z)\,dy\,dz + (z-x)\,dz\,dx + (x-y)\,dx\,dy,$$

---

*) Для облегчения запоминания формулы Стокса укажем, что первое слагаемое в интеграле справа — то же, что и в формуле Грина, а остальные получаются из него круговой перестановкой букв x, y, z и P, Q, R.

**) Если положить $x - r = r\cos t$, $y = r\sin t$, то геометрический смысл параметра t ясен; подставляя эти выражения в уравнение сферы, найдем и зависимость z от t. При изменении t от 0 до 2π кривая описывается против часовой стрелки, если смотреть сверху.

распространенный на в е р х н ю ю сторону упомянутой поверхности, преобразуем сначала в интеграл первого типа:

$$2\iint\limits_{(S)}[(y-z)\cos\lambda+(z-x)\cos\mu+(x-y)\cos\nu]\,dS.$$

Так как

$$\cos\lambda=\frac{x-R}{R},\quad \cos\mu=\frac{y}{R},\quad \cos\nu=\frac{z}{R},$$

то, подставляя эти выражения, произведем упрощение и сведем искомый интеграл к следующему:

$$2\iint\limits_{(S)}(z-y)\,dS.$$

В силу симметрии поверхности относительно плоскости xz, интеграл $\iint\limits_{(S)} y\,dS$ оказывается нулем. Остающийся же интеграл снова преобразуем к интегралу второго типа:

$$2\iint\limits_{(S)} z\,dS=2\iint\limits_{(S)}\frac{z}{\cos\nu}\,dx\,dy=2R\iint\limits_{(S)}dx\,dy=2\pi Rr^2.$$

374. Приложение формулы Стокса к исследованию криволинейных интегралов в пространстве. Пусть в открытой области (T) заданы функции P, Q, R, непрерывные со своими производными

$$\frac{\partial P}{\partial y},\ \frac{\partial P}{\partial z};\ \frac{\partial Q}{\partial z},\ \frac{\partial Q}{\partial x};\ \frac{\partial R}{\partial x},\ \frac{\partial R}{\partial y}.$$

С помощью формулы Стокса легко установить *условия, необходимые и достаточные для того, чтобы обращался в нуль интеграл*

$$\int\limits_{(L)}P\,dx+Q\,dy+R\,dz, \tag{12}$$

взятый по любому простому замкнутому контуру (L), *лежащему в* (T).

Впрочем, для того чтобы возможно было использовать формулу Стокса, нужно н а п е р е д наложить на трехмерную область (T), к которой относятся наши рассмотрения, естественное ограничение. Именно нужно потребовать, чтобы, *какова бы ни была простая кусочно-гладкая замкнутая кривая* (L) *в области* (T), *на нее можно было «натянуть» кусочно-гладкую (самонепересекающуюся) поверхность* (S), *имеющую* (L) *своим контуром и также целиком содержащуюся в* (T). Это свойство аналогично свойству о д н о с в я з н о с т и плоской области; при наличии его пространственную область (T) также называют («п о в е р х н о с т н о» *)) о д н о с в я з н о й. Упомянем для примера, что тело, ограниченное

*) В отличие от другого типа односвязности пространственной области, о котором речь будет ниже [п° 381].

двумя концентрическими сферическими поверхностями, будет в этом смысле односвязным, а тор — нет.

Пусть же область (T) будет (поверхностно) односвязной. Натянув на контур (L), как сказано, поверхность (S), заменим по формуле Стокса криволинейный интеграл (12) поверхностным интегралом

$$\iint_{(S)} \left(\frac{\partial Q}{\partial x}-\frac{\partial P}{\partial y}\right) dx\,dy+\left(\frac{\partial R}{\partial y}-\frac{\partial Q}{\partial z}\right) dy\,dz+\left(\frac{\partial P}{\partial z}-\frac{\partial R}{\partial x}\right) dz\,dx.$$

Для обращения его в нуль, очевидно, достаточны условия

$$\frac{\partial Q}{\partial x}=\frac{\partial P}{\partial y}, \quad \frac{\partial R}{\partial y}=\frac{\partial Q}{\partial z}, \quad \frac{\partial P}{\partial z}=\frac{\partial R}{\partial x}. \tag{Б}$$

Эти условия в то же время и необходимы, в чем легко убедиться (наподобие n° **348**), если рассматривать плоские фигуры (S), лежащие в плоскостях, параллельных поочередно той или иной из координатных плоскостей.

Читатель видит, что мы использовали здесь формулу Стокса совершенно так же, как в n° **348** с аналогичными целями была использована формула Грина.

Легко показать, что те же *условия* (Б) *будут необходимыми и достаточными для того, чтобы интеграл*

$$\int_{(AB)} P\,dx+Q\,dy+R\,dz \tag{13}$$

не зависел от формы кривой (AB), *соединяющей любые две точки* A *и* B *области* (T), в предположении, конечно, что эта область (поверхностно) односвязна.

Необходимость устанавливается так же, как и в плоском случае [n° **349**]. Что же касается достаточности, то, как и там, легко исчерпывается случай, когда две кривые (AIB) и $(AIIB)$, соединяющие точки A и B, кроме них общих точек не имеют. Если же это не так, и взятые кривые пересекаются, то здесь вопрос оказывается более простым, чем в плоском случае: в связной пространственной области (T) всегда можно взять такую третью кривую $(AIIIB)$, которая уже не пересекалась бы ни с одной из прежних *). Тогда

Рис. 57.

$$\int_{(AIB)} = \int_{(AIIIB)}, \quad \int_{(AIIB)} = \int_{(AIIIB)},$$

*) Как показывает рис. 57, это не всегда может быть сделано в плоском случае!

откуда и следует, что всегда

$$\int\limits_{(AIB)} = \int\limits_{(AIIB)}$$

С этим исследованием можно связать и *вопрос о том, будет ли дифференциальное выражение*

$$P\,dx + Q\,dy + R\,dz \tag{14}$$

(полным) дифференциалом от некоторой функции трех переменных. Необходимость условий (Б) для того, чтобы это было так, проверяется непосредственно, как и в n° **350**. Достаточность доказывается, тоже как в плоском случае, непосредственным построением первообразной — в виде криволинейного интеграла

$$F(x, y, z) = \int\limits_{(x_0, y_0, z_0)}^{(x, y, z)} P\,dx + Q\,dy + R\,dz$$

[ср. (8) в n° **350**], который — при соблюдении условий (Б) — не зависит от пути. Итак, для области (T) указанного типа *условия* (Б) *оказываются необходимыми и достаточными для того, чтобы выражение* (14) *было точным дифференциалом.*

ГЛАВА ДВАДЦАТЬ ТРЕТЬЯ

ТРОЙНЫЕ ИНТЕГРАЛЫ

§ 1. ТРОЙНОЙ ИНТЕГРАЛ И ЕГО ВЫЧИСЛЕНИЕ

375. Задача о вычислении массы тела. Пусть дано некоторое тело (V), заполненное массами, и в каждой его точке $M(x, y, z)$ известна плотность

$$\rho = \rho(M) = \rho(x, y, z)$$

распределения этих масс. Требуется определить всю массу m тела.

Для решения этой задачи разложим тело (V) на ряд частей:

$$(V_1), (V_2), \ldots, (V_n)$$

и выберем в пределах каждой из них по точке

$$M_i(\xi_i, \eta_i, \zeta_i).$$

Примем приближенно, что в пределах части (V_i) плотность постоянна и равна как раз плотности $\rho(\xi_i, \eta_i, \zeta_i)$ в выбранной точке. Тогда масса m_i этой части приближенно выразится так:

$$m_i \doteq \rho(\xi_i, \eta_i, \zeta_i) V_i,$$

масса же всего тела будет

$$m \doteq \sum_{i=1}^{n} \rho(\xi_i, \eta_i, \zeta_i) V_i.$$

Если диаметры всех частей стремятся к нулю, то в пределе это приближенное равенство становится точным, так что

$$m = \lim \sum_{i=1}^{n} \rho(\xi_i, \eta_i, \zeta_i) V_i, \tag{1}$$

и задача решена.

Мы видим, что решение задачи и здесь привело к рассмотрению предела своеобразной суммы — типа *интегральных сумм* различного вида, с которыми мы многократно имели дело на протяжении всего курса.

Подобного рода пределы приходится часто рассматривать в механике и физике; они получили название *тройных интегралов.* В принятых для них обозначениях полученный выше результат запишется так:

$$m = \iiint\limits_{(V)} \rho(x, y, z)\, dV. \tag{2}$$

Теории тройных интегралов и их важным приложениям посвящена, в основном, настоящая глава. Так как целый ряд предложений, установленных для двойных интегралов, переносится вместе с их доказательствами на случай тройных интегралов, то мы обычно будем довольствоваться лишь формулировкой этих предложений, предоставляя читателю перефразировать прежние доказательства.

376. Тройной интеграл и условие его существования. При построении общего определения нового интегрального образования — тройного интеграла — основную роль играет понятие о б ъ е м а тела, наподобие того как понятие п л о щ а д и плоской фигуры лежало в основе определения двойного интеграла.

С понятием объема мы уже знакомы по первому тому и сталкивались с ним не раз. Условие существования объема для данного тела заключается в том, чтобы о г р а н и ч и в а ю щ а я е г о поверхность имела объем, равный нулю [n° 197]. Только такие поверхности мы и будем рассматривать, так что существование объемов во всех нужных нам случаях тем самым обеспечивается. Отметим, что, в частности, к этому классу поверхностей относятся г л а д к и е и к у с о ч н о-г л а д к и е поверхности.

Пусть теперь в некоторой пространственной области (V) задана функция $f(x, y, z)$. Разобьем эту область с помощью сети поверхностей на конечное число частей $(V_1), (V_2), \ldots, (V_n)$, имеющих соответственно объемы $V_1, V_2, \ldots, V_n$. В пределах i-го элемента (V_i) возьмем по произволу точку (ξ_i, η_i, ζ_i), значение функции в этой точке $f(\xi_i, \eta_i, \zeta_i)$ умножим на объем V_i и составим и н т е г р а л ь н у ю с у м м у

$$\sigma = \sum_{i=1}^{n} f(\xi_i, \eta_i, \zeta_i)\, V_i.$$

Предел I этой суммы, при стремлении к нулю наибольшего из диаметров всех областей (V_i), и называется т р о й н ы м и н т е г р а л о м функции $f(x, y, z)$ в области (V). Он обозначается символом

$$I = \iiint\limits_{(V)} f(x, y, z)\, dV = \iiint\limits_{(V)} f(x, y, z)\, dx\, dy\, dz.$$

Конечный предел подобного вида может существовать только для ограниченной функции; для такой функции вводятся, кроме интегральной суммы σ, еще суммы Дарбу:

$$s=\sum_{i=1}^{n} m_i V_i, \qquad S=\sum_{i=1}^{n} M_i V_i,$$

где

$$m_i=\inf_{(V_i)}\{f\}, \qquad M_i=\sup_{(V_i)}\{f\}.$$

Обычным путем устанавливается, что для существования интеграла необходимо и достаточно условие

$$\lim (S-s)=0$$

или

$$\lim \sum_{i=1}^{n} \omega_i V_i=0,$$

где $\omega_i=M_i-m_i$ есть колебание функции f в области (V_i). [Заметим, что при существовании интеграла обе суммы s, S также имеют его своим пределом.]

Отсюда непосредственно следует, что *всякая непрерывная функция f интегрируема.*

Можно несколько расширить эти условия, а именно: *интегрируема всякая ограниченная функция, все разрывы которой лежат на конечном числе поверхностей с нулевым объемом.* [Ср. n° 339 и 340.]

377. Свойства интегрируемых функций и тройных интегралов. Достаточно перечислить эти свойства [доказываются они аналогично изложенному в n° 341].

1°. *Существование и величина тройного интеграла не зависят от значений, принимаемых функций вдоль конечного числа поверхностей с нулевым объемом.*

2°. *Если* $(V)=(V')+(V'')$, *то*

$$\iiint\limits_{(V)} f\,dV=\iiint\limits_{(V')} f\,dV+\iiint\limits_{(V'')} f\,dV,$$

причем из существования интеграла слева вытекает уже существование интегралов справа, и обратно.

3°. *Если* $k=\mathrm{const}$, *то*

$$\iiint\limits_{(V)} kf\,dV=k\iiint\limits_{(V)} f\,dV,$$

причем из существования интеграла справа следует и существование интеграла слева.

4°. *Если в области* (V) *интегрируемы две функции* f *и* g, *то интегрируема и функция* $f \pm g$, *причем*

$$\iiint\limits_{(V)} (f \pm g)\, dV = \iiint\limits_{(V)} f\, dV \pm \iiint\limits_{(V)} g\, dV.$$

5°. *Если для интегрируемых в области* (V) *функций* f *и* g *выполняется неравенство* $f \leqslant g$, *то*

$$\iiint\limits_{(V)} f\, dV \leqslant \iiint\limits_{(V)} g\, dV.$$

6°. *В случае интегрируемости функции* f *интегрируема и функция* $|f|$, *и имеет место неравенство*

$$\left| \iiint\limits_{(V)} f\, dV \right| \leqslant \iiint\limits_{(V)} |f|\, dV.$$

7°. *Если интегрируемая в* (V) *функция* f *удовлетворяет неравенству*

$$m \leqslant f \leqslant M,$$

то

$$mV \leqslant \iiint\limits_{(V)} f\, dV \leqslant MV.$$

Иными словами, имеет место **т е о р е м а о с р е д н е м з н а ч е н и и**

$$\iiint\limits_{(V)} f\, dV = \mu V \qquad (m \leqslant \mu \leqslant M).$$

В случае непрерывности функции f эту формулу можно написать в виде

$$\iiint\limits_{(V)} f\, dV = f(\bar{x}, \bar{y}, \bar{z})\, V, \tag{3}$$

где $(\bar{x}, \bar{y}, \bar{z})$ есть некоторая точка области (V).

Далее легко распространяется на трехмерный случай и содержание n° 342: так же, как и там, устанавливается понятие **ф у н к ц и и о т** (трехмерной) **о б л а с т и**, в частности, **а д д и т и в н о й ф у н к ц и и**. Важным примером такой функции (см. 2°) является интеграл по переменной области (v):

$$\Phi((v)) = \iiint\limits_{(v)} f\, dv. \tag{4}$$

Вводится, аналогично прежнему, понятие производной функции $\Phi((v))$ по области в данной точке M; так называется предел

$$\lim_{(v)\to M} \frac{\Phi((v))}{v}$$

при стягивании в точку M содержащей ее области (v).

8°. *Если подинтегральная функция непрерывна, то производной по области в точке* $M(x, y, z)$ *от интеграла* (4) *будет как раз значение подинтегральной функции в этой точке, т. е.* $f(M) = f(x, y, z)$.

Таким образом, при сделанном предположении интеграл (4) служит для функции f в некотором смысле «первообразной».

378. Вычисление тройного интеграла. И здесь дело сводится к вычислению повторных интегралов, составляющихся из интегралов низшей кратности. Предположим функцию $f(x, y, z)$ непрерывной в рассматриваемой области, чем обеспечено существование всех встречающихся ниже интегралов. Остановимся сначала на случае, когда тело, по которому интегрируется функция $f(x, y, z)$, представляет собой прямоугольный параллелепипед

$$(T) = [a, b; c, d; e, f],$$

проектирующийся на плоскость yz в прямоугольник

$$(R) = [c, d; e, f].$$

Тогда имеем, прежде всего,

$$\iiint\limits_{(T)} f(x, y, z)\, dT = \int_a^b dx \iint\limits_{(R)} f(x, y, z)\, dR. \tag{5}$$

Заменяя двойной интеграл повторным, окончательно приведем вычисление тройного интеграла к последовательному вычислению трех простых интегралов:

$$\iiint\limits_{(T)} f(x, y, z)\, dT = \int_a^b dx \int_c^d dy \int_e^f f(x, y, z)\, dz. \tag{6}$$

Наоборот, если первые два интеграла объединить в двойной интеграл, то получим

$$\iiint\limits_{(T)} f(x, y, z)\, dT = \iint\limits_{(Q)} dx\, dy \int_e^f f(x, y, z)\, dz, \tag{7}$$

где $(Q) = [a, b; c, d]$. Во всех этих случаях, как само собою разумеется, роли переменных x, y, z можно переставлять.

Предположим теперь, что тройной интеграл берется по телу (V), отличному от прямоугольного параллелепипеда. Пусть это тело содержится между плоскостями $x = x_0$ и $x = X$ и каждою паралльною им плоскостью, отвечающею фиксированному значению $x\ (x_0 \leqslant x \leqslant X)$, пересекается по некоторой фигуре, имеющей площадь; через (P_x) обозначим ее проекцию на плоскость yz (рис. 58). Тогда

$$\iiint\limits_{(V)} f(x, y, z)\, dV = \int\limits_{x_0}^{X} dx \iint\limits_{(P_x)} f(x, y, z)\, dy\, dz. \qquad (5a)$$

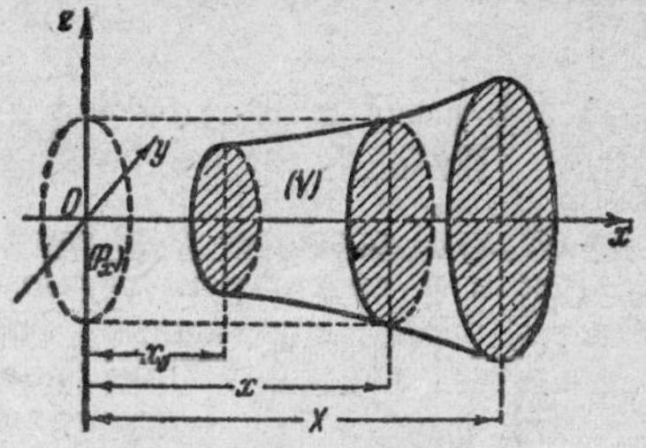

Рис. 58.

Это — аналог формулы (5).

Пусть, далее, тело (V) представляет собой «цилиндрический брус», ограниченный снизу и сверху, соответственно, поверхностями

$$z = z_0(x, y) \quad \text{и} \quad z = Z(x, y),$$

проектирующимися на плоскость xy в некоторую фигуру D, ограниченную кривою (K) с площадью, равной нулю; с боков тело (V)

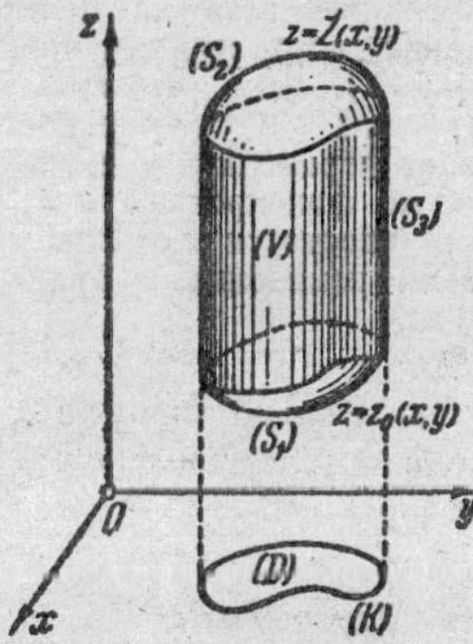

Рис. 59.

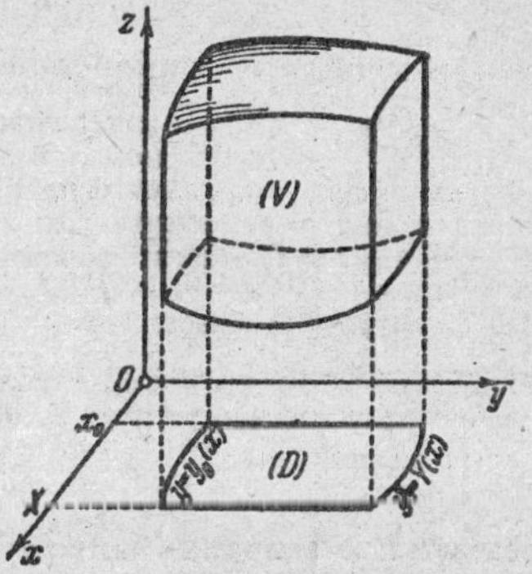

Рис. 60.

ограничено цилиндрической поверхностью с образующими, параллельными оси z, и с кривою (K) в роли направляющей (рис. 59). Тогда, аналогично формуле (7), имеем

$$\iiint\limits_{(V)} f(x, y, z)\, dV = \iint\limits_{(D)} dx\, dy \int\limits_{z_0(x, y)}^{Z(x, y)} f(x, y, z)\, dz. \qquad (7a)$$

Если область (D) представляет собой криволинейную трапецию, ограниченную двумя кривыми (рис. 60)

$$y = y_0(x) \quad \text{и} \quad y = Y(x) \qquad (x_0 \leqslant x \leqslant X)$$

и прямыми $x=x_0$, $x=X$, то тело (V) подходит под оба типа, рассмотренных выше. Заменяя двойной интеграл — то ли в формуле (5а), то ли в формуле (7а) — повторным, получим

$$\iiint\limits_{(V)} f(x, y, z)\,dV = \int\limits_{x_0}^{X} dx \int\limits_{y_0(x)}^{Y(x)} dy \int\limits_{z_0(x, y)}^{Z(x, y)} f(x, y, z)\,dz. \qquad (6а)$$

Эта формула обобщает формулу (6).

Как и в простейшем случае, который был рассмотрен выше, и здесь, наряду с указанными формулами, имеют место и им подобные, получающиеся из них перестановкой переменных x, y, z.

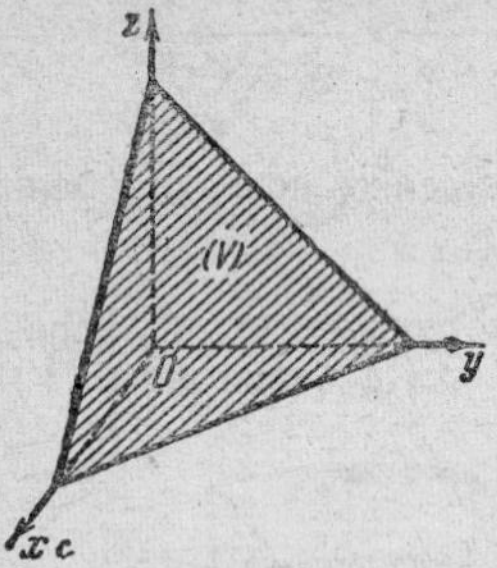

Рис. 61.

Примеры. 1) Вычислить интеграл

$$I = \iiint \frac{dx\,dy\,dz}{(1+x+y+z)^3},$$

распространенный на тетраедр (V), ограничиваемый плоскостями $x=0$, $y=0$, $z=0$ и $x+y+z=1$ (рис. 61).

Решение. Проекцией тела на плоскость xy служит треугольник, образованный прямыми $x=0$, $y=0$ и $x+y=1$. Ясно, что границами изменения x служат числа 0 и 1, а при постоянном x в этих границах переменная y изменяется от 0 до $1-x$. Если же фиксированы и x, и y, то точка может перемещаться по вертикали от плоскости $z=0$ до плоскости $x+y+z=1$; таким образом, пределами изменения z будут 0 и $1-x-y$.

По формуле (6а) имеем

$$I = \int\limits_0^1 dx \int\limits_0^{1-x} dy \int\limits_0^{1-x-y} \frac{dz}{(1+x+y+z)^3}.$$

Последовательно вычисляем интегралы, начиная с внутреннего:

$$\int\limits_0^{1-x-y} \frac{dz}{(1+x+y+z)^3} = \frac{1}{2}\left[\frac{1}{(1+x+y)^2} - \frac{1}{4}\right];$$

$$\frac{1}{2}\int\limits_0^{1-x} \left[\frac{1}{(1+x+y)^2} - \frac{1}{4}\right] dy = \frac{1}{2}\left(\frac{1}{x+1} - \frac{3-x}{4}\right),$$

наконец,

$$I = \frac{1}{2}\int\limits_0^1 \left(\frac{1}{x+1} - \frac{3-x}{4}\right) dx = \frac{1}{2}\left(\ln 2 - \frac{5}{8}\right).$$

2) Вычислить интеграл Дирихле

$$D=\iiint\limits_{\substack{x,\,y,\,z\geqslant 0\\ x+y+z\leqslant 1}} x^{p-1}y^{q-1}z^{r-1}\,dx\,dy\,dz,$$

предполагая p, q, $r\geqslant 1$ (черт. 61).

Если воспользоваться формулой вида (5а), поставив интегрирование по z на место интегрирования по x, то получим:

$$D=\int\limits_0^1 z^{r-1}\,dz\iint\limits_{\substack{x,\,y\geqslant 0\\ x+y\leqslant 1-z}} x^{p-1}\,y^{q-1}\,dx\,dy.$$

Заменой переменных $x=(1-z)\,\xi$, $y=(1-z)\,\eta$ сведем двойной интеграл к уже известному [n° 344, 3)]

$$(1-z)^{p+q}\iint\limits_{\substack{\xi,\,\eta\geqslant 0\\ \xi+\eta\leqslant 1}} \xi^{p-1}\eta^{q-1}\,d\xi\,d\eta=(1-z)^{p+q}\cdot\frac{\Gamma(p)\cdot\Gamma(q)}{\Gamma(p+q+1)},$$

так что

$$D=\frac{\Gamma(p)\,\Gamma(q)}{\Gamma(p+q+1)}\int\limits_0^1 z^{r-1}\,(1-z)^{p+q}\,dz.$$

Наконец, воспользовавшись известным выражением функции B через Г [n° 311, (12)], окончательно найдем:

$$D=\frac{\Gamma(p)\,\Gamma(q)\,\Gamma(r)}{\Gamma(p+q+r+1)}$$

— результат, совершенно аналогичный полученному в n° 344, 3). На деле он имеет место и при более общем предположении, именно: $p>0$, $q>0$, $r>0$. Но при обращении подинтегральной функции в бесконечность (например, при $0<p<1$ это прозойдет на плоскости $x=0$) интеграл уже оказывается «несобственным» и требует дополнительного предельного перехода. Определение такого интеграла строится так же, как и в случае двойного интеграла [см. n° 344, 4), замечание].

379. Механические приложения. Естественно, что все геометрические и механические величины, связанные с распределением масс в пределах некоторого тела (V) в пространстве, в принципе выражаются на этот раз *тройными* интегралами, распространенными на тело (V). Здесь также проще всего пользоваться принципом суммирования бесконечно малых элементов [ср. n° 204—208 и 345].

Обозначим через ρ плотность распределения масс в произвольной точке тела (V); она является функцией от координат точки; эту функцию мы будем всегда предполагать непрерывной. Суммируя элементы массы $dm=\rho\,dV=\rho\,dx\,dy\,dz$, для величины всей массы будем иметь

$$m=\iiint\limits_{(V)}\rho\,dV=\iiint\limits_{(V)}\rho\,dx\,dy\,dz \tag{8}$$

[ср. n° 375].

Исходя из элементарных статических моментов

$$dK_{yz}=x\,dm=x\rho\,dV,\quad dK_{zx}=y\,dm=y\rho\,dV,$$
$$dK_{xy}=z\,dm=z\rho\,dV,$$

найдем самые статические моменты:

$$K_{yz}=\iiint\limits_{(V)} x\rho\,dV,\quad K_{zx}=\iiint\limits_{(V)} y\rho\,dV,\quad K_{xy}=\iiint\limits_{(V)} z\rho\,dV, \tag{9}$$

а по ним — и координаты центра тяжести:

$$\xi=\frac{\iiint\limits_{(V)} x\rho\,dV}{m},\quad \eta=\frac{\iiint\limits_{(V)} y\rho\,dV}{m},\quad \zeta=\frac{\iiint\limits_{(V)} z\rho\,dV}{m}. \tag{10}$$

В случае однородного тела, $\rho=\text{const}$, получаем проще:

$$\xi=\frac{\iiint\limits_{(V)} x\,dV}{V},\quad \eta=\frac{\iiint\limits_{(V)} y\,dV}{V},\quad \zeta=\frac{\iiint\limits_{(V)} z\,dV}{V}.$$

Сами собой понятны и формулы для моментов инерции относительно осей координат:

$$I_x=\iiint\limits_{(V)} (y^2+z^2)\rho\,dV,\quad I_y=\iiint\limits_{(V)} (z^2+x^2)\rho\,dV,$$

$$I_z=\iiint\limits_{(V)} (x^2+y^2)\rho\,dV \tag{11}$$

или относительно координатных плоскостей:

$$I_{yz}=\iiint\limits_{(V)} x^2\rho\,dV,\quad I_{zx}=\iiint\limits_{(V)} y^2\rho\,dV,$$

$$I_{xy}=\iiint\limits_{(V)} z^2\rho\,dV. \tag{12}$$

Наконец, пусть массы, заполняющие тело (V), притягивают точку $A(\xi,\eta,\zeta)$ (массы 1) по закону Ньютона (рис. 62). Сила притяжения со стороны элемента $dm=\rho\,dV$ массы имеет на оси координат проекции *)

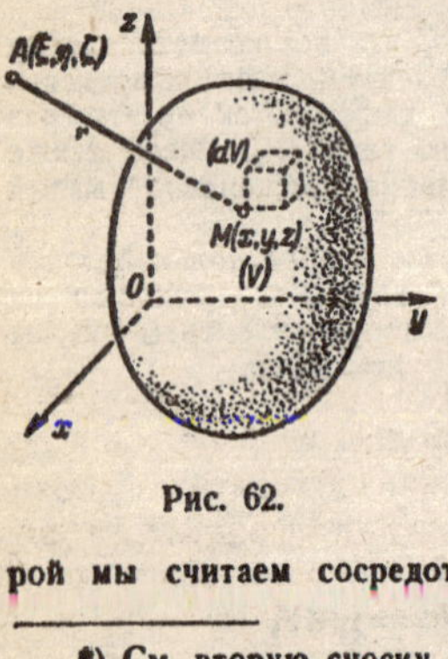

Рис. 62.

$$dF_x=\frac{x-\xi}{r^3}\rho\,dV,$$

$$dF_y=\frac{y-\eta}{r^3}\rho\,dV,$$

$$dF_z=\frac{z-\zeta}{r^3}\rho\,dV,$$

где

$$r=\sqrt{(x-\xi)^2+(y-\eta)^2+(z-\zeta)^2}$$

есть расстояние элемента (или точки, в которой мы считаем сосредоточенной его массу) от точки A. Суммируя, для

*) См. вторую сноску на стр. 316.

проекций полной силы $\vec{F}$ притяжения на оси координат получим

$$F_x=\iiint\limits_{(V)}\frac{x-\xi}{r^3}\rho\,dV,\quad F_y=\iiint\limits_{(V)}\frac{y-\eta}{r^3}\rho\,dV,\quad F_z=\iiint\limits_{(V)}\frac{z-\zeta}{r^3}\rho\,dV. \tag{13}$$

Аналогично определяется и потенциал нашего тела в точке:

$$W=\iiint\limits_{(V)}\frac{\rho\,dV}{r}. \tag{14}$$

Если точка A лежит вне тела, то все эти интегралы оказываются собственными. В этом случае можно дифференцировать интеграл W по любой из переменных ξ, η, ζ под знаком интеграла на основании соображений, сходных с теми, которыми мы пользовались в отношении простых интегралов [n° 297]. В результате мы и получим, что

$$\frac{\partial W}{\partial\xi}=F_x,\quad \frac{\partial W}{\partial\eta}=F_y,\quad \frac{\partial W}{\partial\zeta}=F_z. \tag{15}$$

В случае же, когда точка A сама принадлежит телу (V), в этой точке $r=0$, и подинтегральные функции в (13) и (14) вблизи нее перестают быть ограниченными. Впрочем, эти интегралы, как «несобственные», все же существуют, и для них выполняются основные соотношения (15).

Замечание. В n° 345 для статических моментов однородного цилиндрического бруса (при $\rho=1$) мы имели формулы:

$$K_{yz}=\iint\limits_{(P)}zx\,dx\,dy,\quad K_{zx}=\iint\limits_{(P)}zy\,dx\,dy,\quad K_{xy}=\frac{1}{2}\iint\limits_{(P)}z^2\,dx\,dy.$$

Они, конечно, вытекают из общих формул (9).

Имеем, например,

$$K_{xy}=\iiint\limits_{(V)}z\,dV=\iint\limits_{(P)}dx\,dy\int\limits_0^{z(x,y)}z\,dz;$$

но

$$\int\limits_0^{z(x,y)}z\,dz=\frac{1}{2}z^2\Bigg|_{z=0}^{z=z(x,y)},$$

что и приводит к требуемому результату.

В n° 345 взамен вычисления последнего интеграла были привлечены соображения из области механики (относительно статического момента элементарного столбика).

§ 2. ФОРМУЛА ОСТРОГРАДСКОГО

380. Формула Остроградского. В теории двойных интегралов мы ознакомились с формулой Грина, связывающей двойной интеграл по плоской области с криволинейным интегралом по контуру области. Ее аналогом в теории тройных интегралов служит формула Остроградского, связывающая тройной интеграл по пространственной области с поверхностным интегралом по границе области.

Рассмотрим тело (V) (рис. 59), ограниченное гладкими поверхностями

$$\left.\begin{array}{l}(S_1)\ z=z_0(x,\ y)\\ (S_2)\ z=Z(x,\ y)\end{array}\right\}\ (z_0\leqslant Z)$$

и цилиндрической поверхностью (S_3), образующие которой параллельны оси z. Направляющей здесь служит кусочно-гладкая замкнутая кривая (K) (с нулевой площадью) на плоскости xy, ограничивающая область (D) — проекцию тела (V) на эту плоскость.

Допустим, что в области (V) определена некоторая функция $R(x,\ y,\ z)$, непрерывная вместе со своей производной $\frac{\partial R}{\partial z}$ во всей области (V), включая ее границу. Тогда имеет место формула

$$\iiint\limits_{(V)} \frac{\partial R}{\partial z}\,dx\,dy\,dz=\iint\limits_{(S)} R\,dx\,dy, \tag{1}$$

причем (S) есть поверхность, ограничивающая тело, и интеграл справа распространен на в н е ш н ю ю ее сторону.

Действительно, по формуле (7а) n° 378

$$\iiint\limits_{(V)} \frac{\partial R}{\partial z}\,dx\,dy\,dz=\iint\limits_{(D)} dx\,dy\int\limits_{z_0(x,\ y)}^{Z(x,\ y)} \frac{\partial R}{\partial z}\,dz=$$
$$=\iint\limits_{(D)} R(x,\ y,\ Z(x,\ y))\,dx\,dy-\iint\limits_{(D)} R(x,\ y,\ z_0(x,\ y))\,dx\,dy.$$

Если ввести в рассмотрение поверхностные интегралы, то, в силу формул (3) и (3а) n° 372,

$$\iiint\limits_{(V)} \frac{\partial R}{\partial z}\,dx\,dy\,dz=\iint\limits_{(S_2)} R(x,\ y,\ z)\,dx\,dy+\iint\limits_{(S_1)} R(x,\ y,\ z)\,dx\,dy,$$

причем первый из интегралов справа распространен на в е р х н ю ю сторону поверхности (S_2), а второй — на н и ж н ю ю сторону поверхности (S_1). Равенство не нарушится, если мы прибавим к правой его части интеграл

$$\iint\limits_{(S_3)} R(x,\ y,\ z)\,dx\,dy,$$

распространенный на в н е ш н ю ю сторону поверхности (S_3), так как этот интеграл равен нулю [n° 372, (5)]. Объединяя все три поверхностных интеграла в один, мы и придем к формуле (1), которая представляет собой частный случай формулы Остроградского.

Легко понять, что формула (1) верна для более широкого класса тел, которые могут быть разложены на части изученного типа. Можно доказать также, что формула (1) справедлива вообще для тел, ограниченных произвольными кусочно-гладкими поверхностями.

Аналогично формуле (1) имеют место и формулы:

$$\iiint\limits_{(V)} \frac{\partial P}{\partial x} dx\,dy\,dz = \iint\limits_{(S)} P\,dy\,dz, \tag{2}$$

$$\iiint\limits_{(V)} \frac{\partial Q}{\partial y} dx\,dy\,dz = \iint\limits_{(S)} Q\,dz\,dx, \tag{3}$$

если функции P и Q непрерывны в области (V) вместе со своими производными $\frac{\partial P}{\partial x}$ и $\frac{\partial Q}{\partial y}$.

Сложив все три формулы (1), (2), (3), мы и придем к общей *формуле Остроградского:*

$$\iiint\limits_{(V)} \left(\frac{\partial P}{\partial x} + \frac{\partial Q}{\partial y} + \frac{\partial R}{\partial z}\right) dx\,dy\,dz =$$

$$= \iint\limits_{(S)} P\,dy\,dz + Q\,dz\,dx + R\,dx\,dy. \tag{4}$$

Она выражает общего вида поверхностный интеграл второго типа, распространенный на внешнюю сторону замкнутой поверхности, через тройной интеграл, взятый по телу, ограниченному этой поверхностью.

Если привлечь к рассмотрению поверхностные интегралы первого типа, то получим другой, весьма употребительный и легко запоминаемый вид формулы Остроградского:

$$\iiint\limits_{(V)} \left(\frac{\partial P}{\partial x} + \frac{\partial Q}{\partial y} + \frac{\partial R}{\partial z}\right) dx\,dy\,dz =$$

$$= \iint\limits_{(S)} (P\cos\lambda + Q\cos\mu + R\cos\nu)\,dS, \tag{5}$$

где λ, μ, ν суть углы, составленные внешней нормалью к поверхности (S) с координатными осями.

Замечание I. Иногда формулу Остроградского связывают с именем Гаусса. У Гаусса встречаются лишь очень частные случаи этой формулы, причем каждый раз наново дается их вывод. В общей форме (4) эта формула впервые была дана в 1828 г. Остроградским, который применил ее к вопросу о распространении тепла в твердом теле.

Замечание II. Формулы Грина, Стокса и Остроградского объединены одной идеей: они выражают интеграл, распространенный на некоторый геометрический образ, через интеграл, взятый по границе этого образа. При этом формула Грина относится к случаю двумерного пространства, формула Стокса — также к случаю двумерного, но «кривого» пространства, а формула Остроградского — к случаю трехмерного пространства.

На основную формулу интегрального исчисления

$$\int_a^b f'(x)\,dx = f(b) - f(a)$$

мы тоже можем смотреть, как на некоторый аналог этих формул — для одномерного пространства.

381. Некоторые примеры приложения формулы Остроградского. 1) *Представление объема тела поверхностными интегралами.* Аналогично n° 347, и в формуле (4) можно различными способами подобрать функции P, Q, R так, чтобы подинтегральное выражение в тройном интеграле оказалось равным единице, так что этот интеграл сведется к объему V тела (V). Таким образом, объем V представится в виде поверхностного интеграла, распространенного на ограничивающую тело (V) поверхность (S). Так, полагая в (4) поочередно

$$P = x,\ Q = 0,\ R = 0; \quad P = 0,\ Q = y,\ R = 0; \quad P = 0,\ Q = 0,\ R = z,$$

придем к формулам:

$$V = \iint_{(S)} x\,dy\,dz = \iint_{(S)} y\,dz\,dx = \iint_{(S)} z\,dx\,dy, \tag{6}$$

причем все интегралы взяты по внешней стороне поверхности (S). Удобной является более симметричная формула, отвечающая

$$P = \frac{1}{3}x, \quad Q = \frac{1}{3}y, \quad R = \frac{1}{3}z;$$

она имеет вид

$$V = \frac{1}{3}\iint_{(S)} x\,dy\,dz + y\,dz\,dx + z\,dx\,dy$$

или — если перейти к интегралу первого типа —

$$V = \frac{1}{3}\iint_{(S)} (x\cos\lambda + y\cos\mu + z\cos\nu)\,dS$$

(здесь $\cos\lambda$, $\cos\mu$, $\cos\nu$ означают направляющие косинусы внешней нормали $\vec{n}$ к поверхности).

Можно представить эту формулу еще иначе: если рассмотреть вектор $\vec{r}$, соединяющий начало с переменной точкой поверхности, с проекциями x, y, z на оси координат, то выражение в скобках может быть переписано в виде

$$r\cdot\cos(\vec{r}, \vec{n})$$

и, окончательно,

$$V = \frac{1}{3}\iint_{(S)} r\cdot\cos(\vec{r}, \vec{n})\,dS.$$

В такой форме этот результат встречается у Гаусса еще в 1813 г.

2) *Равновесие жесткой замкнутой поверхности.* Докажем, что жесткая замкнутая поверхность, подвергнутая всестороннему равномерному давлению, остается в равновесии.

С этой целью установим, что равны нулю *главный вектор* и *главный момент* (относительно какой-либо точки) всей системы приложенных к поверхности сил.

Выделим элемент (dS) поверхности. Если через $p = \text{const}$ обозначить давление, т. е. силу, действующую на единицу площади, то элементарная сила, действующая на (dS) по нормали к этому элементу, будет иметь проекции на оси

$$-p\cos\lambda\,dS, \quad -p\cos\mu\,dS, \quad -p\cos\nu\,dS \tag{7}$$

(знак минус поставлен потому, что давление направлено внутрь поверхности, а λ, μ, ν суть углы внешней нормали с координатными осями).

Проекции R_x, R_y, R_z главного вектора получаются из проекций (7) элементарных сил суммированием их:

$$R_x = -p\iint\limits_{(S)}\cos\lambda\,dS, \quad R_y = -p\iint\limits_{(S)}\cos\mu\,dS, \quad R_z = -p\iint\limits_{(S)}\cos\nu\,dS.$$

Но все эти интегралы равны нулю, что видно из формулы Остроградского, если положить в ней

$$P = 1, \quad Q = R = 0; \quad Q = 1, \quad P = R = 0; \quad R = 1, \quad P = Q = 0.$$

Итак, *главный вектор давлений равен нулю.*

Для определения главного момента системы элементарных сил, скажем, относительно начала координат, просуммируем проекции на оси моментов этих элементарных сил:

$$p(z\cos\mu - y\cos\nu)\,dS, \quad p(x\cos\nu - z\cos\lambda)\,dS, \quad p(y\cos\lambda - x\cos\mu)\,dS\ ^{*)}.$$

Таким образом, проекции главного момента давлений относительно начала будут:

$$L_x = p\iint\limits_{(S)}(z\cos\mu - y\cos\nu)\,dS, \quad L_y = p\iint\limits_{(S)}(x\cos\nu - z\cos\lambda)\,dS,$$

$$L_z = p\iint\limits_{(S)}(y\cos\lambda - x\cos\mu)\,dS.$$

Если в формуле Остроградского взять $P = 0$, $Q = pz$, $R = -py$, то получим, что $L_x = 0$. Так же легко установить, что и $L_y = L_z = 0$. *Главный момент давлений* (относительно начала) *равен нулю.* Этим и завершается доказательство.

3) *Закон Архимеда.* Известно, что давление жидкости на погруженную в нее площадку направлено по нормали к площадке и равно весу столба жидкости, основанием которого служит эта площадка, а высотой — глубина погружения площадки. Допустим теперь, что в жидкость погружено твердое тело (V); на каждый элемент (dS) его поверхности (S) по указанному закону

---

*) Напомним, что если слагающие силы по осям суть X, Y, Z и приложена она в точке (x, y, z), то момент силы относительно точки (ξ, η, ζ) имеет следующие проекции на оси:

$$L_x = (y - \eta)Z - (z - \zeta)Y, \quad L_y = (z - \zeta)X - (x - \xi)Z,$$
$$L_z = (x - \xi)Y - (y - \eta)X.$$

давит жидкость. Требуется определить равнодействующую элементарных давлений и ее точку приложения.

Для решения этой задачи выберем координатную систему, совместив плоскость xy со свободной поверхностью жидкости, а ось z направив вертикально вниз.

Пусть удельный вес жидкости равен ρ, а глубина погружения элемента (dS) есть z; тогда испытываемое этим элементом давление будет

$$\rho z\, dS,$$

а проекции его на оси:

$$-\rho z \cos\lambda\, dS, \quad -\rho z \cos\mu\, dS, \quad -\rho z \cos\nu\, dS.$$

В таком случае для проекций главного вектора на оси имеем:

$$R_x = -\rho \iint\limits_{(S)} z \cos\lambda\, dS, \quad R_y = -\rho \iint\limits_{(S)} z \cos\mu\, dS,$$
$$R_z = -\rho \iint\limits_{(S)} z \cos\nu\, dS.$$

С помощью формулы Остроградского, как и в предыдущей задаче, легко получить

$$R_x = R_y = 0, \quad R_z = -\rho \iiint\limits_{(V)} dV = -\rho V.$$

Таким образом, *главный вектор давлений направлен вертикально вверх и равен весу вытесненной телом жидкости.*

Рассмотрим теперь моменты элементарных сил относительно центра тяжести $C(\xi, \eta, \zeta)$ тела (здесь и дальше имеется в виду центр тяжести *геометрического* тела, при равномерном распределении масс; он может не совпадать с центром тяжести физического тела). Составляющие элементарных моментов по осям будут

$$\rho z\,[(z-\zeta)\cos\mu - (y-\eta)\cos\nu]\, dS, \quad \rho z\,[(x-\xi)\cos\nu - (z-\zeta)\cos\lambda]\, dS,$$
$$\rho z\,[(y-\eta)\cos\lambda - (x-\xi)\cos\mu]\, dS,$$

а для составляющих главного момента (относительно точки C) получим:

$$L_x = \rho \iint\limits_{(S)} z\,[(z-\zeta)\cos\mu - (y-\eta)\cos\nu]\, dS,$$
$$L_y = \rho \iint\limits_{(S)} z\,[(x-\xi)\cos\nu - (z-\zeta)\cos\lambda)]\, dS,$$
$$L_z = \rho \iint\limits_{(S)} z\,[(y-\eta)\cos\lambda - (x-\xi)\cos\mu]\, dS.$$

Применяя к первому интегралу формулу Остроградского, найдем

$$L_x = \rho \iiint\limits_{(V)} \left[\frac{\partial z\,(z-\zeta)}{\partial y} - \frac{\partial z\,(y-\eta)}{\partial z}\right] dV =$$
$$= \rho \iiint\limits_{(V)} (\eta - y)\, dV = \rho\left[\eta V - \iiint\limits_{(V)} y\, dV\right] = 0,$$

ибо интеграл $\iiint\limits_{(V)} y\,dV$ есть статический момент тела относительно плоскости xz и равен ηV. Аналогично устанавливается, что $L_y=0$; непосредственно получается, наконец, что и $L_z=0$.

Итак, *главный момент давлений относительно центра тяжести тела равен нулю.* Сопоставляя это утверждение с ранее доказанным предложением о главном векторе, приходим к такому заключению: *на тело, погруженное в жидкость, со стороны последней действует сила, равная весу жидкости, вытесненной телом; эта сила приложена к центру тяжести (геометрического) тела и направлена вертикально вверх.*

4) *Исследование поверхностных интегралов.* Пусть в некоторой открытой области (T) трехмерного пространства заданы непрерывные функции P, Q, R. Взяв любую замкнутую поверхность (S), лежащую в этой области и ограничивающую некоторое тело, рассмотрим поверхностный интеграл

$$\iint\limits_{(S)} P\,dy\,dz + Q\,dz\,dx + R\,dx\,dy =$$

$$= \iint\limits_{(S)} (P\cos\lambda + Q\cos\mu + R\cos\nu)\,dS. \tag{8}$$

Какому условию должны удовлетворять функции P, Q, R, чтобы интеграл (8) всякий раз оказывался равным нулю?

Эта задача аналогична задаче об обращении в нуль криволинейного интеграла по замкнутому контуру [n° 348 и 374], которая легко разрешалась с помощью формулы Грина или Стокса. Здесь же мы прибегнем к формуле Остроградского, предполагая, конечно, что для функций P, Q, R существуют и непрерывны те производные, которые фигурируют в этой формуле.

Однако для того чтобы иметь право преобразовать интеграл (8) по формуле Остроградского, необходимо и в настоящем случае наложить некоторое ограничение непосредственно на основную область (T). Именно, нужно потребовать, чтобы, *лишь только простая замкнутая поверхность* (S), *ограничивающая тело* (V), *принадлежит области* (T), *то и это тело также целиком содержится в области* T. Область, обладающую этим свойством, называют («пространственно») односвязной (ср. n° 374). Сущность этого типа односвязности состоит в отсутствии «дыр», хотя бы и точечных; по отношению к телу, не простирающемуся в бесконечность, можно было бы попросту потребовать, чтобы его границей служила одна единственная замкнутая поверхность [ср. n° 348]. Поэтому, например, в отличие от сказанного по поводу «поверхностной» односвязности в n° 374 здесь тор будет односвязным телом, а полая сфера — нет.

Формула Остроградского сразу приводит к искомому условию:

$$\frac{\partial P}{\partial x} + \frac{\partial Q}{\partial y} + \frac{\partial R}{\partial z} = 0. \tag{B}$$

Достаточность его очевидна, а необходимость легко доказывается с помощью дифференцирования тройного интеграла по области [n° 377, 8°].

Аналогично случаю криволинейных интегралов, вопрос об обращении в нуль интеграла по замкнутой поверхности оказывается равносильным вопросу о независимости интеграла по незамкнутой поверхности, «натянутой» на данный контур, от формы поверхности. Останавливаться на этом не станем.

§ 3. ЗАМЕНА ПЕРЕМЕННЫХ В ТРОЙНЫХ ИНТЕГРАЛАХ

382. Преобразование пространственных областей. Идеи, развитые в n° 352 в связи с преобразованием плоских областей, естественно, переносятся и на случай пространственных областей.

Пусть имеем пространство, отнесенное к системе прямоугольных координат xyz, и другое пространство с системой координат $\xi\eta\zeta$. Рассмотрим две замкнутые области (D) и (Δ) в этих пространствах, ограниченные соответственно поверхностями (S) и (Σ), которые мы всегда будем предполагать кусочно-гладкими. Допустим, что эти области связаны между собой взаимно однозначным непрерывным соответствием, которое осуществляется формулами:

$$\left.\begin{aligned} x &= x(\xi, \eta, \zeta), \\ y &= y(\xi, \eta, \zeta), \\ z &= z(\xi, \eta, \zeta). \end{aligned}\right\} \tag{1}$$

При этом, необходимо, *точкам поверхности* (Σ) *отвечают именно точки поверхности* (S), и наоборот.

Пусть функции (1) имеют в области (Δ) непрерывные частные производные; тогда и функциональный определитель

$$\frac{D(x, y, z)}{D(\xi, \eta, \zeta)}$$

также является непрерывной функцией в (Δ). Мы и здесь [ср. n° 352] будем считать, что *этот определитель всегда отличен от нуля сохраняя постоянный знак.*

Тогда формулы (1) преобразуют кусочно-гладкую поверхность, содержащуюся в области (Δ), в кусочно-гладкую же поверхность, лежащую в (D), и обратно.

Числа ξ, η, ζ, однозначно характеризующие положение точки в пространстве xyz, называются *криволинейными координатами* этой точки. Точки пространства xyz, для которых одна из этих координат сохраняет постоянное значение, образуют *координатную поверхность.* Всего будет существовать три семейства таких координатных поверхностей; через каждую точку области (D) проходит по одной поверхности каждого семейства.

Впрочем, все это будет так лишь в предположении строгой однозначности соответствия между областями (D) и (Δ). На практике эта однозначность часто нарушается.

Примеры. 1) *Цилиндрические координаты* представляют соединение полярных координат в плоскости xy с обычной декартовой аппликатой z (рис. 63). Формулы, связывающие их с декартовыми, имеют вид

$$x = \rho\cos\theta, \quad y = \rho\sin\theta, \quad z = z. \tag{2}$$

Эти формулы отображают область

$$0 \leqslant \rho < +\infty, \quad 0 \leqslant \theta < 2\pi, \quad -\infty < z < +\infty$$

на все пространство xyz. Отметим, однако, что прямая $\rho = 0$, $z = z$ отображается в одну точку $(0, 0, z)$; этим нарушается взаимная однозначность соответствия.

Координатные поверхности в рассматриваемом случае будут:

(а) $\rho = \text{const}$ — цилиндрические поверхности с образующими, параллельными оси z; направляющими для них служат окружности на плоскости xy с центром в начале;

(б) $\theta = \text{const}$ — полуплоскости, проходящие через ось z;

(в) $z = \text{const}$ — плоскости, параллельные плоскости xy.

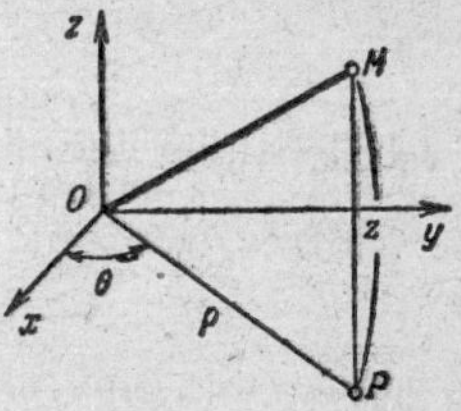

Рис. 63.

Функциональный определитель преобразования:

$$J = \begin{vmatrix} \cos\theta & \sin\theta & 0 \\ -\rho\sin\theta & \rho\cos\theta & 0 \\ 0 & 0 & 1 \end{vmatrix} = \rho \begin{vmatrix} \cos\theta & \sin\theta \\ -\sin\theta & \cos\theta \end{vmatrix} = \rho.$$

Исключая случай $\rho = 0$, он сохраняет положительный знак.

2) *Сферические координаты*, называемые иначе *полярными координатами в пространстве*, связаны с декартовыми формулами

$$x = r\sin\varphi\cos\theta, \quad y = r\sin\varphi\sin\theta, \quad z = r\cos\varphi,$$

где

$$0 \leqslant r < +\infty, \quad 0 \leqslant \varphi \leqslant \pi, \quad 0 \leqslant \theta < 2\pi.$$

Геометрический смысл величин r, φ, θ ясен из рис. 64: r есть радиус-вектор OM, соединяющий начало (п о л ю с) с данной точкой M, φ — угол, составляемый этим радиусом-вектором с осью z (п о л я р н о й о с ь ю); θ — угол, составляемый с осью x проекцией $OP = r\sin\varphi$ радиуса-вектора OM на плоскость xy (перпендикулярную к полярной оси).

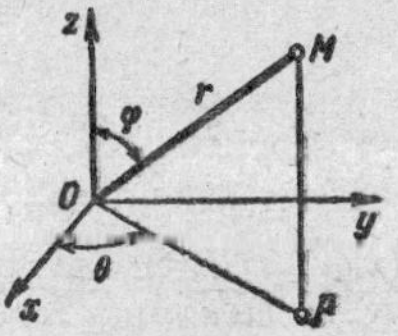

Рис. 64.

В этом случае мы снова сталкиваемся с нарушением взаимной однозначности соответствия: плоскость $r = 0$ пространства $r\varphi\theta$ отображается в начало координат $x = y = z = 0$, прямая $\varphi = 0\ (\pi)$, $r = r$ отображается в одну точку

$$x = y = 0, \quad z = r.$$

Координатные поверхности составляют три семейства:

(а) $r = \text{const}$ — концентрические сферы с центром в начале координат;

(б) $\varphi = \text{const}$ — круговые конусы, осью которых служит ось z;

(в) $\theta = \text{const}$ — полуплоскости, проходящие через ось z.

Определитель этого преобразования:

$$J = \begin{vmatrix} \sin\varphi\cos\theta & \sin\varphi\sin\theta & \cos\varphi \\ r\cos\varphi\cos\theta & r\cos\varphi\sin\theta & -r\sin\varphi \\ -r\sin\varphi\sin\theta & r\sin\varphi\cos\theta & 0 \end{vmatrix} = r^2\sin\varphi.$$

Он сохраняет знак плюс, за исключением упомянутых выше случаев, когда $r = 0$, либо $\varphi = 0\ (\pi)$, и определитель обращается в нуль.

383. Выражение объема в криволинейных координатах. При предположениях и обозначениях n° 382 поставим себе задачей выразить объем (ограниченного) тела (D) в пространстве xyz тройным интегралом, распространенным на соответствующее тело (Δ) в пространстве $\xi\eta\zeta$ *).

Искомый объем выражается прежде всего поверхностным интегралом второго типа [см. n° 380, (6)]:

$$D=\iint\limits_{(S)} z\,dx\,dy,$$

распространенным на внешнюю сторону поверхности (S). Отсюда постараемся перейти к обыкновенному двойному интегралу.

Будем исходить из параметрических уравнений поверхности (Σ):

$$\xi=\xi(u,\ v),\quad \eta=\eta(u,\ v),\quad \zeta=\zeta(u,\ v), \tag{3}$$

предполагая, что параметры изменяются в некоторой области (E) на плоскости uv. Заменим в формулах преобразования (1) ξ, η, ζ выражениями (3); тогда мы получим, очевидно, параметрические уравнения поверхности (S):

$$x=x(\xi(u,\ v),\ \eta(u,\ v),\ \zeta(u,\ v))=x(u,\ v),$$
$$y=y(u,\ v),\quad z=z(u,\ v).$$

Полагая

$$C=\frac{D(x,\ y)}{D(u,\ v)},$$

по формуле (7) n° 372 [см. замечание] имеем

$$D=\pm\iint\limits_{(E)} zC\,du\,dv.$$

Так как x, y зависят от u, v через посредство переменных ξ, η, ζ, то, по известному свойству функциональных определителей [n° 326],

$$C=\frac{D(x,\ y)}{D(\xi,\ \eta)}\,\frac{D(\xi,\ \eta)}{D(u,\ v)}+\frac{D(x,\ y)}{D(\eta,\ \zeta)}\,\frac{D(\eta,\ \zeta)}{D(u,\ v)}+\frac{D(x,\ y)}{D(\zeta,\ \xi)}\,\frac{D(\zeta,\ \xi)}{D(u,\ v)}.$$

Подставляя выражение C в полученный выше интеграл, найдем

$$D=\pm\iint\limits_{(E)} z\left[\frac{D(x,\ y)}{D(\xi,\ \eta)}\,\frac{D(\xi,\ \eta)}{D(u,\ v)}+\frac{D(x,\ y)}{D(\eta,\ \zeta)}\,\frac{D(\eta,\ \zeta)}{D(u,\ v)}+\right.$$
$$\left.+\frac{D(x,\ y)}{D(\zeta,\ \xi)}\,\frac{D(\zeta,\ \xi)}{D(u,\ v)}\right]du\,dv. \tag{4}$$

---

*) Как и в n° 353 мы и здесь предполагаем дополнительно существование и непрерывность частных производных, скажем,

$$x''_{\xi\eta},\ x''_{\eta\xi},\ \ldots,\ y''_{\xi\eta},\ y''_{\eta\xi},\ \ldots;$$

это облегчает доказательство, хотя не существенно для верности самого результата.

Сопоставим этот интеграл с поверхностным интегралом второго типа, распространенным на внешнюю сторону поверхности (Σ):

$$\iint\limits_{(\Sigma)} z\left[\frac{D(x, y)}{D(\xi, \eta)}\,d\xi\,d\eta+\frac{D(x, y)}{D(\eta, \zeta)}\,d\eta\,d\zeta+\frac{D(x, y)}{D(\zeta, \xi)}\,d\zeta\,d\xi\right]. \tag{5}$$

Если его преобразовать, исходя из параметрических уравнений (3), к обыкновенному двойному интегралу, по формуле, аналогичной формуле (7) n° **372**, то придем как раз к интегралу (4). Единственное различие между этими интегралами может заключаться лишь в *знаке*.

Наконец, от интеграла (5) по формуле Остроградского можно перейти к тройному интегралу по области (Δ):

$$D=\pm\iiint\limits_{(\Delta)}\left\{\frac{\partial}{\partial\xi}\left[z\frac{D(x, y)}{D(\eta, \zeta)}\right]+\frac{\partial}{\partial\eta}\left[z\frac{D(x, y)}{D(\zeta, \xi)}\right]+\frac{\partial}{\partial\zeta}\left[z\frac{D(x, y)}{D(\xi, \eta)}\right]\right\}d\xi\,d\eta\,d\zeta.$$

Подинтегральное выражение равно

$$\frac{\partial z}{\partial\xi}\,\frac{D(x, y)}{D(\eta, \zeta)}+\frac{\partial z}{\partial\eta}\,\frac{D(x, y)}{D(\zeta, \xi)}+\frac{\partial z}{\partial\zeta}\,\frac{D(x, y)}{D(\xi, \eta)}+$$
$$+z\left[\frac{\partial}{\partial\xi}\,\frac{D(x, y)}{D(\eta, \zeta)}+\frac{\partial}{\partial\eta}\,\frac{D(x, y)}{D(\zeta, \xi)}+\frac{\partial}{\partial\zeta}\,\frac{D(x, y)}{D(\xi, \eta)}\right].$$

Сумма, стоящая здесь в первой строке, равна функциональному определителю

$$\frac{D(x, y, z)}{D(\xi, \eta, \zeta)}=\begin{vmatrix}\frac{\partial x}{\partial\xi} & \frac{\partial x}{\partial\eta} & \frac{\partial x}{\partial\zeta}\\ \frac{\partial y}{\partial\xi} & \frac{\partial y}{\partial\eta} & \frac{\partial y}{\partial\zeta}\\ \frac{\partial z}{\partial\xi} & \frac{\partial z}{\partial\eta} & \frac{\partial z}{\partial\zeta}\end{vmatrix},$$

в чем легко убедиться, разлагая этот определитель по элементам последней строки; сумма же в квадратных скобках, как показывает непосредственное вычисление, равна нулю *).

---

*) Очевидно,

$$\frac{\partial}{\partial\xi}\,\frac{D(x, y)}{D(\eta, \zeta)}=\frac{\partial^2 x}{\partial\eta\,\partial\xi}\,\frac{\partial y}{\partial\zeta}+\frac{\partial x}{\partial\eta}\,\frac{\partial^2 y}{\partial\zeta\,\partial\xi}-\frac{\partial^2 x}{\partial\zeta\,\partial\xi}\,\frac{\partial y}{\partial\eta}-\frac{\partial x}{\partial\zeta}\,\frac{\partial^2 y}{\partial\eta\,\partial\xi},$$
$$\frac{\partial}{\partial\eta}\,\frac{D(x, y)}{D(\zeta, \xi)}=\frac{\partial^2 x}{\partial\zeta\,\partial\eta}\,\frac{\partial y}{\partial\xi}+\frac{\partial x}{\partial\zeta}\,\frac{\partial^2 y}{\partial\xi\,\partial\eta}-\frac{\partial^2 x}{\partial\xi\,\partial\eta}\,\frac{\partial y}{\partial\zeta}-\frac{\partial x}{\partial\xi}\,\frac{\partial^2 y}{\partial\zeta\,\partial\eta},$$
$$\frac{\partial}{\partial\zeta}\,\frac{D(x, y)}{D(\xi, \eta)}=\frac{\partial^2 x}{\partial\xi\,\partial\zeta}\,\frac{\partial y}{\partial\eta}+\frac{\partial x}{\partial\xi}\,\frac{\partial^2 y}{\partial\eta\,\partial\zeta}-\frac{\partial^2 x}{\partial\eta\,\partial\zeta}\,\frac{\partial y}{\partial\xi}-\frac{\partial x}{\partial\eta}\,\frac{\partial^2 y}{\partial\xi\,\partial\zeta}.$$

Складывая эти равенства почленно, получим справа тождественно нуль.

Таким образом, приходим к формуле

$$D = \pm \iiint\limits_{(\Delta)} \frac{D(x, y, z)}{D(\xi, \eta, \zeta)}\, d\xi\, d\eta\, d\zeta.$$

Если вспомнить, что по предположению функциональный определитель сохраняет знак, который он сообщает и интегралу, то станет ясно (так как мы здесь считаем $D > 0$), что знак перед интегралом должен совпадать со знаком определителя. Это дает нам право переписать полученный результат в окончательной форме:

$$D = \iiint\limits_{(\Delta)} \left| \frac{D(x, y, z)}{D(\xi, \eta, \zeta)} \right| d\xi\, d\eta\, d\zeta \tag{6}$$

или, обозначая функциональный определитель для краткости через $J(\xi, \eta, \zeta)$:

$$D = \iiint\limits_{(\Delta)} |J(\xi, \eta, \zeta)|\, d\xi\, d\eta\, d\zeta. \tag{6*}$$

Подынтегральное выражение

$$\left| \frac{D(x, y, z)}{D(\xi, \eta, \zeta)} \right| d\xi\, d\eta\, d\zeta = |J(\xi, \eta, \zeta)|\, d\xi\, d\eta\, d\zeta$$

обычно называют *элементом объема в криволинейных координатах*.

Если применить к формуле (6*) теорему о среднем, то получим соотношение

$$D = |J(\bar{\xi}, \bar{\eta}, \bar{\zeta})|\, \Delta, \tag{7}$$

где $(\bar{\xi}, \bar{\eta}, \bar{\zeta})$ есть некоторая точка из области (Δ), а Δ — объем этой области.

Отсюда легко вывести, что при стягивании области Δ в точку (ξ, η, ζ) будем иметь [ср. n° **377**, 8°]:

$$|J(\xi, \eta, \zeta)| = \lim \frac{D}{\Delta},$$

так что абсолютная величина функционального определителя есть к о э ф ф и ц и е н т р а с т я ж е н и я пространства $\xi\eta\zeta$ (в данной его точке) при преобразовании его в пространство xyz.

З а м е ч а н и е. Формула (6) [(6*)] выведена при известных предположениях — взаимно однозначное и непрерывное соответствие между областями (D) и (Δ) и т. д. Однако, как и в n° **354**, 4°, можно показать, что нарушение этих условий в отдельных точках или вдоль отдельных линий и поверхностей не мешает формуле быть верной, лишь бы функциональный определитель оставался ограниченным.

384. Геометрический вывод. Вывод формулы (6) можно построить, следуя Остроградскому, и на чисто геометрических соображениях [ср. n° 355]. Бесконечно малому прямоугольному параллелепипеду в пространстве $\xi\eta\zeta$ с измерениями $d\xi$, $d\eta$, $d\zeta$ сопоставляется элементарное тело в пространстве xyz между координатными поверхностями «ξ» и «$\xi+d\xi$», «η» и «$\eta+d\eta$», «ζ» и «$\zeta+d\zeta$», которое приближенно можно рассматривать, как косоугольный параллелепипед. Его объем равен ушестеренному объему тетраэдра с вершинами в точках:

$$P_1(x,\ y,\ z),\quad P_2\left(x+\frac{\partial x}{\partial\xi}d\xi,\ y+\frac{\partial y}{\partial\xi}d\xi,\ z+\frac{\partial z}{\partial\xi}d\xi\right),$$

$$P_3\left(x+\frac{\partial x}{\partial\xi}d\xi+\frac{\partial x}{\partial\eta}d\eta,\ y+\frac{\partial y}{\partial\xi}d\xi+\frac{\partial y}{\partial\eta}d\eta,\ z+\frac{\partial z}{\partial\xi}d\xi+\frac{\partial z}{\partial\eta}d\eta\right),$$

$$P_4\left(x+\frac{\partial x}{\partial\xi}d\xi+\frac{\partial x}{\partial\eta}d\eta+\frac{\partial x}{\partial\zeta}d\zeta,\ y+\frac{\partial y}{\partial\xi}d\xi+\frac{\partial y}{\partial\eta}d\eta+\frac{\partial y}{\partial\zeta}d\zeta,\right.$$
$$\left.z+\frac{\partial z}{\partial\xi}d\xi+\frac{\partial z}{\partial\eta}d\eta+\frac{\partial z}{\partial\zeta}d\zeta\right),$$

и по известной из аналитической геометрии формуле выражается (по абсолютной величине) определителем

$$\begin{vmatrix} \frac{\partial x}{\partial\xi}d\xi & \frac{\partial x}{\partial\eta}d\eta & \frac{\partial x}{\partial\zeta}d\zeta \\ \frac{\partial y}{\partial\xi}d\xi & \frac{\partial y}{\partial\eta}d\eta & \frac{\partial y}{\partial\zeta}d\zeta \\ \frac{\partial z}{\partial\xi}d\xi & \frac{\partial z}{\partial\eta}d\eta & \frac{\partial z}{\partial\zeta}d\zeta \end{vmatrix} = \frac{D(x,\ y,\ z)}{D(\xi,\ \eta,\ \zeta)}\,d\xi\,d\eta\,d\zeta.$$

Суммируя эти отдельные «элементы объема», приходим к формуле (6).

Таким образом, *существо дела и здесь в том, что для определения объема тела оно разлагается на элементы не с помощью системы взаимно перпендикулярных плоскостей, а с помощью сетки координатных поверхностей.*

В простых случаях выражение для «элемента объема» в криволинейных координатах может быть получено непосредственно.

Для примера в случае ц и л и н д р и ч е с к и х к о о р д и н а т рассмотрим элементарную область (в пространстве xyz), ограниченную двумя цилиндрическими поверхностями радиусов ρ и $\rho+d\rho$, двумя горизонтальными плоскостями, лежащими на высотах z и $z+dz$, и двумя полуплоскостями, проходящими через ось z и наклоненными к плоскости xz под углами θ и $\theta+d\theta$ (рис. 65). Считая приближенно эту область прямоугольным параллелепипедом, без труда находим, что измерения его суть $d\rho$, $\rho\,d\theta$ и dz, так что объем его равен $\rho\,d\rho\,d\theta\,dz$, а определитель, представляющий отношение этого объема к объему $d\rho\,d\theta\,dz$ элементарного параллелепипеда в пространстве $\rho\theta z$, равен ρ.

Аналогично, в случае с ф е р и ч е с к и х к о о р д и н а т рассмотрим элементарную область (в пространстве xyz), ограниченную сферами радиусов r

и $r+dr$, конусами φ и $\varphi+d\varphi$ и полуплоскостями θ и $\theta+d\theta$ (рис. 66). И эту область можно принять за прямоугольный параллелепипед с измерениями $AD=dr$, $AB=r\,d\varphi$ и, наконец, AC. Так как дуга AC равна своей проекции MN, а последняя описана радиусом $OM=r\sin\varphi$ и отвечает центральному углу $d\theta$, то $AC=r\sin\varphi\,d\theta$. В силу этого объем рассматриваемой области равен $r^2\sin\varphi\,dr\,d\varphi\,d\theta$, а функциональный определитель есть $r^2\sin\varphi$.

Оба эти результата, найденных из элементарно-геометрических соображений, согласуются со сказанным в n° 382, 1) и 2).

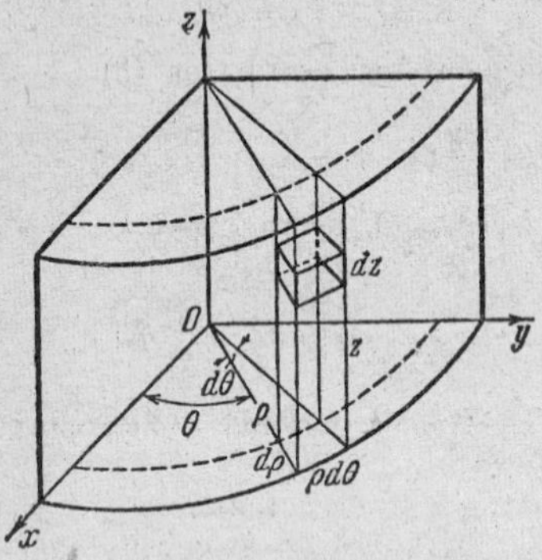

Рис. 65.

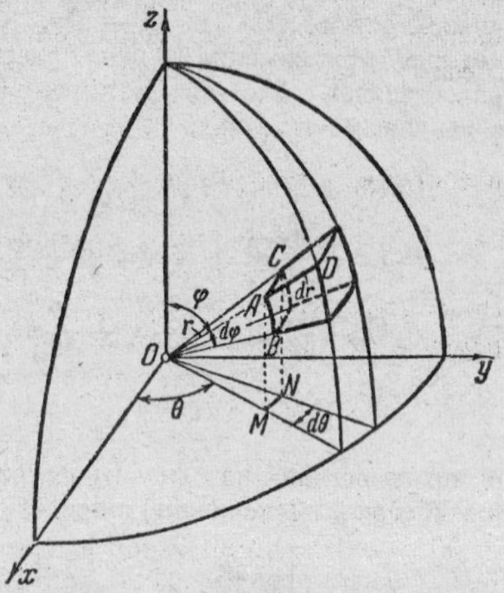

Рис. 66.

385. Замена переменных в тройных интегралах. С помощью выражения объема в криволинейных координатах нетрудно установить и общую формулу замены переменных в тройных интегралах.

Пусть между областями (D) и (Δ) пространств xyz и $\xi\eta\zeta$ существует соответствие, охарактеризованное в n° 382. Считая соблюденными все условия, при которых была выведена формула (6), мы покажем теперь, что имеет место следующее равенство:

$$\iiint\limits_{(D)} f(x,\ y,\ z)\,dx\,dy\,dz=$$

$$=\iiint\limits_{(\Delta)} f(x(\xi,\ \eta,\ \zeta),\ y(\xi,\ \eta,\ \zeta),\ z(\xi,\ \eta,\ \zeta))\,|J(\xi,\ \eta,\ \zeta)|\,d\xi\,d\eta\,d\zeta, \tag{8}$$

$$\left(\text{где } J(\xi,\ \eta,\ \zeta)=\frac{D(x,\ y,\ z)}{D(\xi,\ \eta,\ \zeta)}\right)$$

вполне аналогичное формуле замены переменных в двойных интегралах. При этом функцию $f(x,\ y,\ z)$ мы предполагаем непрерывной. Таким образом, существование обоих интегралов в равенстве (8) не вызывает сомнений; нужно установить лишь самое равенство.

Для доказательства поступим так же, как и в n° 356. Разложив кусочно-гладкими поверхностями области (D) и (Δ) на (соответствующие друг другу) элементарные части (D_i) и (Δ_i) $(i=1, 2, \ldots, n)$, применим к каждой паре областей (D_i), (Δ_i) формулу (7); мы получим

$$D_i = |J(\bar{\xi}_i, \bar{\eta}_i, \bar{\zeta}_i)|\,\Delta_i, \tag{9}$$

где $(\bar{\xi}_i, \bar{\eta}_i, \bar{\zeta}_i)$ есть некоторая точка области Δ_i, не зависящая от нашего выбора. Возьмем соответствующую точку $(\bar{x}_i, \bar{y}_i, \bar{z}_i)$ области (D_i), т. е. положим

$$\bar{x}_i = x(\bar{\xi}_i, \bar{\eta}_i, \bar{\zeta}_i), \quad \bar{y}_i = y(\bar{\xi}_i, \bar{\eta}_i, \bar{\zeta}_i), \quad \bar{z}_i = z(\bar{\xi}_i, \bar{\eta}_i, \bar{\zeta}_i), \tag{10}$$

и составим интегральную сумму для первого из интегралов (8):

$$\sigma = \sum_i f(\bar{x}_i, \bar{y}_i, \bar{z}_i)\, D_i.$$

Подставив сюда вместо $\bar{x}_i, \bar{y}_i, \bar{z}_i$ выражения (10), а вместо D_i — выражение (9), придем к сумме

$$\sigma = \sum_i f(x(\bar{\xi}_i, \bar{\eta}_i, \bar{\zeta}_i), y(\bar{\xi}_i, \bar{\eta}_i, \bar{\zeta}_i), z(\bar{\xi}_i, \bar{\eta}_i, \bar{\zeta}_i))\,|J(\bar{\xi}_i, \bar{\eta}_i, \bar{\zeta}_i)|\,\Delta_i,$$

которая, очевидно, уже является интегральной суммой для второго из интегралов (8).

Устремим к нулю диаметры областей (Δ_i), вследствие чего в силу непрерывности соответствия устремятся к нулю и диаметры областей (D_i). Сумма σ должна стремиться одновременно к обоим интегралам, откуда и следует требуемое равенство.

Как и в случае двойных интегралов, формула (8) имеет место в ряде случаев, когда сформулированные выше предположения нарушаются в отдельных точках или вдоль конечного числа линий и поверхностей.

386. Примеры. 1) Вычислить объем тела, ограниченного поверхностью

$$(x^2+y^2+z^2)^2 = a^3 z.$$

Решение. Тело расположено симметрично относительно плоскостей yz и zx, ибо x и y входят в уравнение только в квадратах. Далее, поскольку левая часть уравнения всегда положительна, необходимо и $z \geqslant 0$, т. е. все тело лежит вверх от плоскости xy. Эти замечания позволяют ограничиться вычислением объема четверти нашего тела, лежащей в первом октанте.

Наличие в уравнении выражения $x^2+y^2+z^2$ подсказывает нам переход к сферическим координатам. Подставляя в уравнение поверхности выражения

$$x = r\sin\varphi\cos\theta, \quad y = r\sin\varphi\sin\theta, \quad z = r\cos\varphi,$$

придем к уравнению поверхности в сферических координатах:

$$r = a\sqrt[3]{\cos\varphi}.$$

Так как первый октант характеризуется неравенствами

$$0 \leqslant \varphi \leqslant \frac{\pi}{2}, \quad 0 \leqslant \theta \leqslant \frac{\pi}{2},$$

то, учитывая значение функционального определителя $J = r^2 \sin\varphi$ [n° 382, 2)], будем иметь

$$V = 4\int_0^{\frac{\pi}{2}} d\theta \int_0^{\frac{\pi}{2}} d\varphi \int_0^{a\sqrt[3]{\cos\varphi}} r^2 \sin\varphi\, dr = \frac{2}{3}\pi a^3 \int_0^{\frac{\pi}{2}} \sin\varphi\cos\varphi\, d\varphi = \frac{1}{3}\pi a^3.$$

2) Применение *цилиндрических координат* к вычислению объема тела приводит к интересной формуле.

Рассмотрим тело (V), ограниченное кусочно-гладкой поверхностью, и предположим, что исходящая из оси z полуплоскость, отвечающая $\theta = \text{const}$, пересекает тело по некоторой плоской фигуре (Q_θ) при изменении θ от α до β (рис. 67). Тогда

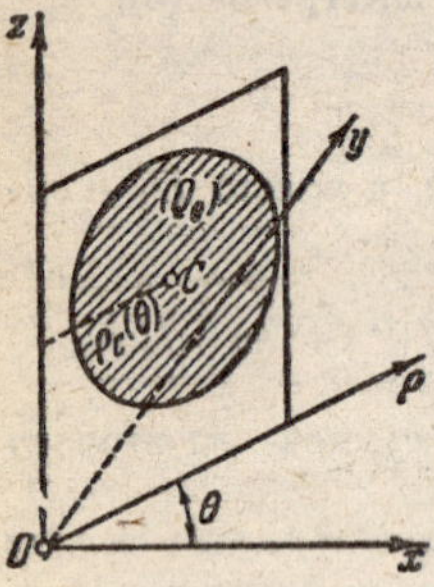

Рис. 67.

$$V = \iiint\limits_{(V)} \rho\, d\rho\, d\theta\, dz = \int_\alpha^\beta d\theta \iint\limits_{(Q_\theta)} \rho\, d\rho\, dz,$$

причем фигуру (Q_θ) удобно отнести к прямоугольной системе координат ρz, вращающейся вместе с упомянутой полуплоскостью вокруг оси z *).

Теперь легко видеть, что двойной интеграл $\iint\limits_{(Q_\theta)} \rho\, d\rho\, dz$ представляет статический момент фигуры (Q_θ) относительно оси z, который равен произведению площади $Q(\theta)$ этой фигуры на расстояние $\rho_C(\theta)$ ее центра тяжести C от оси z:

$$\iint\limits_{(Q_\theta)} \rho\, d\rho\, dz = Q(\theta)\cdot\rho_C(\theta).$$

Подставляя это в выражение для объема, придем к окончательной формуле:

$$V = \int_\alpha^\beta Q(\theta)\cdot\rho_C(\theta)\, d\theta.$$

Эта формула была указана П. П. Кусковым. Она особенно удобна для определения объема тел, получающихся при винтовом движении плоской фигуры (постоянной или деформирующейся), как то: винтовых нарезок, пружин и т. п.

Если тело (V) есть попросту тело вращения неизменной фигуры (Q), не пересекающей оси z, вокруг этой оси, то $Q = \text{const}$, $\rho_C = \text{const}$, $\alpha = 0$, $\beta = 2\pi$, и формула принимает вид

$$V = Q\cdot 2\pi\rho_C.$$

Она выражает известную теорему Гульдина, гласящую, что *объем тела вращения плоской фигуры около не пересекающей ее оси равен про-*

*) Вместо того, чтобы тождественную с ней фигуру относить к неподвижной плоскости ρz в пространстве $\rho\theta z$.

изведению площади этой фигуры на длину окружности, описанной центром тяжести фигуры. Таким образом, формула Кускова является естественным обобщением этой классической теоремы и, наоборот, легко может быть из нее получена.

3) Найти притяжение, испытываемое произвольной точкой A пространства (массы 1) со стороны однородной сферы, с плотностью ρ.

Пусть радиус сферы равен R, а расстояние $OA = a$. Оси координат расположим так, чтобы точка A находилась на положительной части оси z. Тогда

$$F_z = \iiint\limits_{(V)} \frac{\rho(z-a)}{[x^2+y^2+(z-a)^2]^{3/2}}\,dx\,dy\,dz.$$

Перейдя к сферическим координатам, найдем

$$F_z = \int_0^{2\pi}\int_0^{\pi}\int_0^{R} \frac{\rho r^2 (r\cos\varphi - a)\sin\varphi\,dr\,d\varphi\,d\theta}{(r^2+a^2-2ar\cos\varphi)^{3/2}}.$$

Но, определяя притяжение сферическим слоем [n° 370, 1)], мы уже нашли значение двойного интеграла

$$\int_0^{2\pi}\int_0^{\pi} \frac{(r\cos\varphi - a)\sin\varphi\,d\varphi\,d\theta}{(r^2+a^2-2ar\cos\varphi)^{3/2}} = \begin{cases} 0 & \text{при } a < r, \\ -\dfrac{4\pi}{a^2} & \text{при } a > r. \end{cases}$$

В таком случае при $a > R$

$$F_z = -\frac{4\pi\rho}{a^2}\int_0^R r^2\,dr = -\frac{4}{3}\pi R^3\rho\,\frac{1}{a^2},$$

а при $a < R$

$$F_z = -\frac{4\pi\rho}{a^2}\int_0^a r^2\,dr = -\frac{4}{3}\pi\rho a.$$

В то же время, очевидно, $F_x = F_y = 0$. Итак, во всех случаях притяжение направлено к центру сферы.

При этом точка, находящаяся вне сферы ($a > R$), испытывает со стороны последней такое же притяжение, какое испытывала бы, если бы в центре сферы была сосредоточена вся ее масса $m = \frac{4}{3}\pi R^3\rho$.

С другой стороны, так как по отношению к точке, лежащей внутри сферы ($a < R$), притяжение не зависит от R и имеет такую же величину, как и в случае $R = a$, то ясно, что *наружный сферический слой не оказывает на внутреннюю точку никакого действия.*

Следует отметить, что при $a > R$ (когда притягиваемая точка A лежит вне сферы) подинтегральная функция сохраняет непрерывность, и выкладки ни в каких пояснениях не нуждаются. Иначе обстоит дело при $a \leqslant R$ (когда точка A лежит внутри сферы или на ее поверхности). В этом случае, именно в окрестности точки A, подинтегральная функция перестает быть ограниченной, и интеграл нужно понимать как несобственный. После замены переменных особенность исчезает; это обстоятельство позволяет и установить существование интеграла, и оправдать все выкладки.

387. Исторические замечания. Тройные интегралы впервые появляются в одной работе Лагранжа 1773 г. (опубликованной двумя годами позже), которая в основном была посвящена теории притяжения. Определив для силы притяжения точки «элементарным параллелепипедом» $dx\,dy\,dz$ ее проекции на три координатные оси, Лагранж занимается их интегрированием, которое он предполагает «распространенным на все точки тела». Здесь Лагранж и дает определение тройного интеграла, который (как двойной у Эйлера, см. п° 359), получается повторным интегрированием; при этом ясно указывается, между какими пределами надлежит брать последовательно каждый из трех простых интегралов. Одновременно Лагранж рассматривает тройной интеграл как сумму и даже обозначает его иной раз знаком Σ.

Убедившись в том, что (даже в случае сферы) интегрирования оказываются трудными, Лагранж указывает, что для облегчения их следовало бы использовать другие переменные, и ставит в общем виде задачу замены переменных в тройном интеграле. Используя зависимости между дифференциалами старых и новых переменных:

$$dx = A\,dp + B\,dq + C\,dr,$$
$$dy = D\,dp + E\,dq + F\,dr,$$
$$dz = G\,dp + H\,dq + I\,dr$$

(A, B, C, ... — данные функции от p, q, r), Лагранж пытается найти попросту выражение старого элемента объема $dx\,dy\,dz$ через новый $dp\,dq\,dr$ и приходит — с помощью неубедительных рассуждений — к равенству

$$dx\,dy\,dz = \begin{vmatrix} A & B & C \\ D & E & F \\ G & H & I \end{vmatrix} dp\,dq\,dr\ ^{*)},$$

которое вообще неверно [ср. п° 359]. Мы уже упоминали, что на ошибочность рассуждений Лагранжа в 1838 г. указал Остроградский; Остроградский также геометрически осмыслил то выражение, которое *подставляется* вместо старого «элемента объема» $dx\,dy\,dz$, *не будучи ему равным*. Подробнее об этом см. п° 384.

§ 4. ЭЛЕМЕНТЫ ТЕОРИИ ПОЛЯ

388. Скаляры и векторы. Применение интегрального исчисления к вопросам математической физики и механики часто удобнее проводить в векторной форме. Поэтому читателю полезно ознакомиться с некоторыми основными понятиями векторного анализа, которые приводят к векторной интерпретации интегральных образований и связывающих их формул интегрального исчисления.

Мы предполагаем, что читатель уже знаком с понятием скаляра или скалярной величины, которая вполне характеризуется своим численным значением (как, например, объем, масса, плотность, температура), и с понятием вектора или векторной величины, которая для полного своего определения требует еще указания на направление (перемещение, скорость, ускорение, сила и т. п.). Говоря о векторе, мы, как обычно, будем представлять себе изображающий его направленный отрезок. Условимся обозначать векторы буквами со стрелками над ними $\vec{A}$, $\vec{r}$, $\vec{v}$, ...; те же буквы без стрелок: A, r, v, ... будут означать длины векторов:

$$A = |\vec{A}|,\quad r = |\vec{r}|,\quad v = |\vec{v}|,\ \ldots,$$

---

*) Привычного нам обозначения определителя Лагранж не употребляет и пишет определитель в развернутом виде.

а буквы со значками: A_x, r_y, v_n, ... — их проекции, соответственно, на оси x, y, n, ... Проекции A_x, A_y, A_z вектора $\vec{A}$ на координатные оси вполне его определяют и по длине (численному значению) и по направлению.

Мы считаем также, что читатель владеет и основными сведениями из векторной алгебры. Ограничимся напоминанием, что *скалярным произведением* векторов $\vec{A}$ и $\vec{B}$ называется скаляр (число)

$$\vec{A}\cdot\vec{B}=AB\cos(\vec{A},\vec{B}),$$

которое через проекции на оси выражается так:

$$\vec{A}\cdot\vec{B}=A_xB_x+A_yB_y+A_zB_z. \qquad (1)$$

Положим впредь в основу вращение против часовой стрелки и, следовательно, правую систему координат [n° 362, замечание]. Тогда *векторное произведение* векторов $\vec{A}$ и $\vec{B}$ есть вектор с длиною $AB\sin(\vec{A},\vec{B})$, перпендикулярный к обоим сомножителям и направленный в ту сторону, с которой вращение от $\vec{A}$ к $\vec{B}$ (на угол, меньший 180°) кажется происходящим против часовой стрелки; его обозначают через $\vec{A}\times\vec{B}$. Проекции векторного произведения на оси будут

$$A_yB_z-A_zB_y,\quad A_zB_x-A_xB_z,\quad A_xB_y-A_yB_x, \qquad (2)$$

если (напомним это) в основу положена правая система координат.

389. Скалярное и векторное поля. Если с каждой точкой M определенной пространственной области (которая может охватывать и все пространство) связана некоторая скалярная или векторная величина, то говорят, что задано *поле* этой величины, соответственно, *скалярное* или *векторное*. В ближайших номерах нам все время придется иметь дело с такими полями.

Примером скалярного поля может служить поле температуры или электрического потенциала. Если положение точки M определять ее координатами по отношению к некоторой произвольно выбранной координатной системе $Oxyz$, то задание поля скалярной величины U равносильно просто заданию числовой функции $U(x, y, z)$. Мы всегда будем предполагать, что эта функция имеет непрерывные частные производные по всем переменным. Если эти производные не обращаются одновременно в нуль, то уравнение

$$U(x, y, z)=C \quad (C=\text{const})$$

определяет некоторую поверхность (без особых точек), вдоль которой величина U сохраняет постоянное значение; такая поверхность называется *поверхностью уровня*. Вся рассматриваемая область заполнена этими поверхностями, так что через каждую точку ее проходит одна и только одна поверхность уровня. Ясно, что поверхности уровня между собой не пересекаются.

Примером векторного поля может служить силовое поле или поле скоростей; подобные поля нам уже встречались. Если положить в основу некоторую систему координат $Oxyz$, то задание поля векторной величины $\vec{A}$ может быть осуществлено путем задания ее проекций на оси

$$A_x(x, y, z),\quad A_y(x, y, z),\quad A_z(x, y, z) \qquad (3)$$

как функций от координат точки M, с которой величина $\vec{A}$ связана. И эти функции мы будем предполагать имеющими непрерывные производные. При изучении векторного поля важную роль играют *векторные линии*; векторной линией называется кривая, направление которой в каждой ее точке M

совпадает с направлением вектора $\vec{A}$, отвечающего этой точке. Если вспомнить [n° 212], что направляющие косинусы касательной к кривой пропорциональны дифференциалам dx, dy, dz, то получится, что векторная линия характеризуется равенствами

$$\frac{dx}{A_x}=\frac{dy}{A_y}=\frac{dz}{A_z}.$$

В предположении, что вектор $\vec{A}$ не обращается в нуль, можно доказать, опираясь на «теорему существования» из теории систем дифференциальных уравнений, что вся рассматриваемая область заполняется векторными линиями, причем через каждую точку ее проходит одна и только одна такая линия. Векторные линии между собой не пересекаются.

Иногда приходится рассматривать поверхности, составленные из векторных линий; их называют ***векторными поверхностями***. Векторная поверхность характеризуется тем, что в каждой ее точке M соответствующий вектор $\vec{A}(M)$ лежит в плоскости, касательной к поверхности в этой точке (или тем, что проекция A_n вектора $\vec{A}$ на нормаль $\vec{n}$ к поверхности во всех ее точках равна нулю). Если взять в рассматриваемой области какую-нибудь линию, отличную от векторных линий, и через каждую ее точку провести векторную линию, то геометрическое место этих линий и даст нам векторную поверхность. В случае, если упомянутая «направляющая» линия является замкнутой, получается трубкообразная векторная поверхность, которая и называется ***векторной трубкой***.

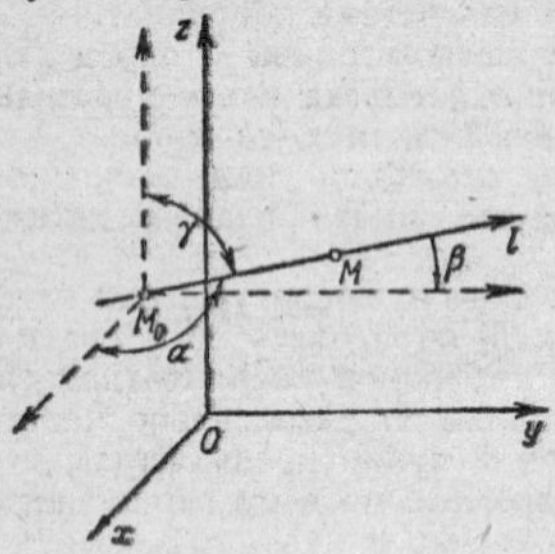

Рис. 68.

390. Производная по заданному направлению. Градиент. Пусть задано скалярное поле $U(M)$. Во многих вопросах представляет интерес «скорость изменения» этой функции точки или «производная» ее *по любому заданному направлению*. Уточним это понятие.

На произвольной направленной прямой (или о с и) l возьмем постоянную точку M_0 и переменную точку M (рис. 68); под M_0M будем разуметь в е л и ч и н у направленного отрезка от M_0 до M, т. е. длину его со знаком плюс, если направление M_0M совпадает с направлением оси l, и со знаком минус — в противном случае.

Пусть M_0 неограниченно приближается к M_0. *П р о и з в о д н о й от функции $U(M)$ в точке M_0 п о н а п р а в л е н и ю l называется предел*

$$\lim_{M\to M_0}\frac{U(M)-U(M_0)}{M_0M};$$

он обозначается символом:

$$\frac{\partial U(M_0)}{\partial l}. \tag{4}$$

Эта производная и характеризует «скорость изменения» названной функции в точке M_0 по направлению l.

Положим в основу некоторую координатную систему $Oxyz$ и допустим, что функция координат

$$U(M)=U(x, y, z)$$

имеет в рассматриваемой области непрерывные частные производные по каждой из переменных. Тогда, как мы докажем, производная (4) существует и выражается формулой

$$\frac{\partial U}{\partial l}=\frac{\partial U}{\partial x}\cos\alpha+\frac{\partial U}{\partial y}\cos\beta+\frac{\partial U}{\partial z}\cos\gamma, \tag{5}$$

где все производные вычислены в точке $M_0(x_0, y_0, z_0)$, а $\cos\alpha$, $\cos\beta$, $\cos\gamma$ суть направляющие косинусы оси l. Если положить $M_0M=t$, то координаты переменной точки M оси выразятся так:

$$x=x_0+t\cos\alpha,\quad y=y_0+t\cos\beta,\quad z=z_0+t\cos\gamma.$$

Искомая производная будет производной сложной функции от t

$$U(x_0+t\cos\alpha,\quad y_0+t\cos\beta,\quad z_0+t\cos\gamma)$$

при $t=0$. По правилу дифференцирования сложной функции ее величина как раз и представится формулой (5).

Введем вектор $\vec{g}$, с проекциями на оси

$$\frac{\partial U}{\partial x},\ \frac{\partial U}{\partial y},\ \frac{\partial U}{\partial z}; \tag{6}$$

его называют ***градиентом*** *величины U* и обозначают символом

$$\vec{g}=\operatorname{grad} U.$$

Если вернуться к формуле (5) и через $\vec{\lambda}$ обозначить **орт** (единичный вектор) проведенный в направлении l, то ее можно переписать и так:

$$\frac{\partial U}{\partial l}=\operatorname{grad} U\cdot\vec{\lambda}=\operatorname{grad}_l U.$$

Отсюда видно, что наибольшего значения эта производная достигает в том случае, когда направление l совпадает с направлением градиента, причем это наибольшее значение равно

$$|\operatorname{grad} U|=\sqrt{\left(\frac{\partial U}{\partial x}\right)^2+\left(\frac{\partial U}{\partial y}\right)^2+\left(\frac{\partial U}{\partial z}\right)^2}.$$

Это позволяет нам теперь, взамен приведенного выше формального определения градиента, использующего координатную систему, дать другое: *градиентом скалярной величины U называется вектор, который по численному значению и по направлению характеризует наибольшую скорость изменения величины U.* Здесь уже координатная система не упоминается вовсе, чем и выявляется фактическая независимость понятия градиента от ее выбора.

Легко усмотреть, что направление градиента совпадает с направлением нормали к поверхности уровня $U(x, y, z)=C$, проходящей через данную точку.

Итак, **скалярное поле $U(M)$ порождает векторное поле градиента** $\operatorname{grad} U$.

Гамильтон*) ввел в рассмотрение **символический вектор** с «проекциями»

$$\frac{\partial}{\partial x},\ \frac{\partial}{\partial y},\ \frac{\partial}{\partial z}$$

---

*) Уильям Роуан **Гамильтон** (1805—1865) — английский математик.

на оси координат, который он назвал «наблой» и обозначил через ∇. Пользуясь этим обозначением, можно написать, что

$$\operatorname{grad} U = \nabla U.$$

Действительно, если упомянутый «вектор» формально умножить на скаляр U, то и получится вектор с проекциями (6)!

Примеры. 1) Обозначая через $\vec{r}$ радиус-вектор $\overrightarrow{OM}$, соединяющий некоторую постоянную точку O с переменной точкой M пространства, а через r — его длину, положим

$$U(M) = \varphi(r),$$

где φ — какая-нибудь скалярная функция от положительного скалярного аргумента r, имеющая производную постоянного знака. Поверхностями уровня, очевидно, будут сферы радиуса r с центром в O, так что направление градиента совпадает с радиальным или прямо противоположно ему, смотря по тому, будет ли $\varphi'(r) > 0$ или < 0. Легко видеть, что

$$\operatorname{grad} \varphi(r) = \varphi'(r) \cdot \frac{\vec{r}}{r}.$$

В частности,

$$\operatorname{grad} \frac{c}{r} = -\frac{c}{r^3}\vec{r} \qquad (c = \text{const}).$$

Если поместить в точке O массу m и рассмотреть поле ньютоновского притяжения, то его напряжение $\vec{F}$ в точке M будет

$$\vec{F} = -\frac{m}{r^2}\frac{\vec{r}}{r} = -\frac{m}{r^3}\vec{r}$$

и, таким образом,

$$\vec{F} = \operatorname{grad} \frac{m}{r}.$$

Вопрос о том, может ли данное векторное поле быть рассматриваемо как поле градиента для некоторой скалярной величины, имеет большую важность. По существу он для нас не нов; мы вернемся к нему ниже [n° 393].

2) Рассмотрим поле температуры U. Взяв элемент поверхности (dS) с определенным образом направленной нормалью n, подсчитаем количество dQ тепла, протекшего через этот элемент в направлении n за бесконечно малый промежуток времени dt. Тепло течет от более нагретых частей тела или среды к менее нагретым, и притом тем быстрее, чем быстрее убывает температура. Обычно принимают, что упомянутое выше элементарное количество тепла dQ пропорционально dS, dt и, наконец, $\left|\frac{\partial U}{\partial n}\right|$. Обозначая через $k > 0$ коэффициент пропорциональности («коэффициент внутренней теплопроводности» для данного места), можно написать

$$dQ = -k\, dS\, dt \frac{\partial U}{\partial n};$$

в согласии со сказанным выше количество тепла dQ оказывается положительным именно в том случае, когда $\frac{\partial U}{\partial n}$ отрицательно, т. е. когда в направлении n температура U убывает.

Если ввести так называемый вектор потока тепла

$$\vec{q} = -k \operatorname{grad} U,$$

то выражение для dQ можно переписать короче:

$$dQ = dS\,dt\,q_n.$$

391. Поток вектора через поверхность. Пусть теперь задано некоторое векторное поле $\vec{A}(M)$, т. е. заданы три функции (3). Возьмем поверхность (S) и, выбрав определенную ее сторону, обозначим через $\cos\lambda$, $\cos\mu$, $\cos\nu$ направляющие косинусы соответственно направленной нормали n. Тогда *поверхностный интеграл*

$$\iint\limits_{(S)} (A_x \cos\lambda + A_y \cos\mu + A_z \cos\nu)\,dS$$

называют потоком вектора $\vec{A}$ через поверхность (S) в указанную сторону. Если тот же интеграл написать в виде

$$\iint\limits_{(S)} A_n dS,$$

то станет вполне ясной его независимость от выбора координатной системы.

Обратимся к примерам.

1) Самое название «поток» связано с некоторой гидромеханической задачей. Рассмотрим движение жидкости в пространстве; в общем случае мы не предполагаем его стационарным, так что скорость движения $\vec{v}$ зависит не только от положения точки M, к которой она относится, но и от времени t. Поставим себе задачей вычислить количество жидкости, протекающее через поверхность (S) в определенную сторону за бесконечно малый промежуток времени dt. Через элемент (dS) поверхности протечет количество жидкости, которое заполнит собой цилиндр с основанием dS и высотой $v_n dt$ (рис. 69), где нормаль n предполагается направленной именно в выбранную сторону *). Если через ρ обозначить плотность жидкости, которая также может зависеть и от положения точки и от времени, то масса протекшей через dS жидкости будет

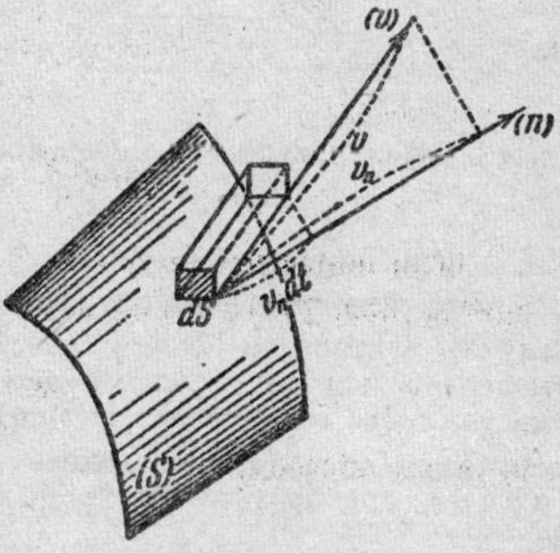

Рис. 69.

$$\rho\,dS v_n dt.$$

Для всей поверхности (S) получим

$$dt \iint\limits_{(S)} \rho v_n dS.$$

Количество же протекшей жидкости Q, отнесенное к единице времени, выразится интегралом

$$Q = \iint\limits_{(S)} \rho v_n dS; \tag{7}$$

читатель узнает в нем «поток вектора» $\rho\vec{v}$ через поверхность (S)!

---

*) Ср. сноску на стр. 231.

Замечание. Так как движение жидкости мы не предположили установившимся, то на деле величина Q сама, вообще говоря, зависит от времени и точнее может быть названа *скоростью* возрастания количества протекшей через (S) жидкости в рассматриваемый момент времени.

Подобное же замечание можно было бы повторить и о «протекшем через (S) количестве тепла, отнесенном к единице времени» [см. следующий пример]: всё это величины, имеющие характер скорости.

2) Аналогично можно говорить и о потоке тепла. Легко видеть, что [при обозначениях n° 390, 2)] за время dt через поверхность (S) протечет количество тепла, равное

$$dt \iint\limits_{(S)} q_n \, dS.$$

Если отнести количество протекшего тепла к единице времени, то получим

$$\iint\limits_{(S)} q_n \, dS,$$

т. е. «поток вектора» $\overrightarrow{q}$ через поверхность (S). Отсюда и название вектора

$$\overrightarrow{q} = -k \operatorname{grad} U$$

— «вектор потока тепла».

392. Формула Остроградского. Дивергенция. Возвращаясь к общему случаю векторного поля $\overrightarrow{A}$, рассмотрим тело (V), ограниченное замкнутой поверхностью (S); через n будем обозначать внешнюю нормаль к поверхности. Тогда по формуле Остроградского [n° 380, (5)], если положить в ней $P = A_x$, $Q = A_y$, $R = A_z$, можно поток вектора $\overrightarrow{A}$ через поверхность (S) вовне преобразовать в тройной интеграл:

$$\iint\limits_{(S)} A_n \, dS = \iint\limits_{(S)} (A_x \cos\lambda + A_y \cos\mu + A_z \cos\nu) \, dS =$$

$$= \iiint\limits_{(V)} \left(\frac{\partial A_x}{\partial x} + \frac{\partial A_y}{\partial y} + \frac{\partial A_z}{\partial z} \right) dV.$$

Стоящее под знаком тройного интеграла выражение называется *дивергенцией* (*или* *расходимостью*) *вектора* $\overrightarrow{A}$ и обозначается символом

$$\operatorname{div} \overrightarrow{A} = \frac{\partial A_x}{\partial x} + \frac{\partial A_y}{\partial y} + \frac{\partial A_z}{\partial z}. \tag{8}$$

Таким образом, формула Остроградского перепишется в виде

$$\iint\limits_{(S)} A_n \, dS = \iiint\limits_{(V)} \operatorname{div} \overrightarrow{A} \, dV, \tag{9}$$

в каком она чаще всего и применяется.

Введенная только что величина, дивергенция, есть скаляр; но ее определение формально связано с выбором координатной системы. Для того чтобы освободиться от этого недостатка, поступим следующим образом. Окружим точку M каким-нибудь телом (V) с поверхностью (S) и напишем формулу (9); если обе части разделить на объем V тела и перейти к пределу, стягивая тело (V) в точку M, то [n° 377, 8°] справа как раз и получится $\operatorname{div} \overrightarrow{A}$ в точке M. Итак,

$$\operatorname{div} \overrightarrow{A} = \lim_{(V) \to M} \frac{\iint\limits_{(S)} A_n \, ds}{V}; \tag{10}$$

это равенство также может служить определением дивергенции, причем в этой форме определение уже не зависит от выбора координатной системы.

На этот раз векторное поле $\overrightarrow{A}$ порождает скалярное поле дивергенции $\operatorname{div} \overrightarrow{A}$.

Заметим, что определение (8) дивергенции может быть с помощью символического вектора ∇ Гамильтона записано так:

$$\operatorname{div} \overrightarrow{A} = \nabla \cdot \overrightarrow{A};$$

это станет ясно, если вспомнить выражение (1) скалярного произведения двух векторов.

Пример. Остановимся на движении несжимаемой жидкости ($\rho = 1$) при наличии источников или стоков. *Производительностью источников*, заключенных внутри замкнутой поверхности (S), называется количество вытекающей через (S) жидкости, отнесенное к единице времени, т. е. поток вектора-скорости $\overrightarrow{v}$

$$\iint\limits_{(S)} v_n \, dS$$

[см. n° 391, 1)]. Если источники распределены непрерывно по рассматриваемой области, то вводится понятие *плотности источников*. Так называют предельное значение производительности источников в теле (V), окружающем точку M, рассчитанное на единицу объема, т. е.

$$\lim_{(V) \to M} \frac{\iint\limits_{(S)} v_n \, dS}{V}.$$

Но, как мы только что видели [см. (10)], этот предел равен $\operatorname{div} \overrightarrow{v}$; итак, $\operatorname{div} \overrightarrow{v}$ и есть плотность источников.

Аналогичное рассмотрение можно провести и для теплового потока при наличии источников тепла, лишь вместо вектора-скорости пришлось бы взять вектор потока тепла.

Если $\operatorname{div} \overrightarrow{A} = 0$, то поле называется *соленоидальным*, т. е. *трубчатым*, от греческого слова σωλήν = трубка. Это условие — в предположении, что занимаемая полем часть пространства односвязна (пространственно) — равносильно требованию, чтобы *поток вектора $\overrightarrow{A}$ через произвольную замкнутую и ограничивающую тело поверхность вовне был равен нулю:*

$$\iint\limits_{(S)} A_n \, dS = 0$$

[n° 381, (B)]. Рассмотрим теперь векторную трубку (рис. 70) между двумя произвольными ее сечениями (S_1) и (S_2); поверхность самой трубки обозначим через (S_3). Тогда по сказанному

$$\left\{\iint\limits_{(S_1)} + \iint\limits_{(S_2)} + \iint\limits_{(S_3)}\right\} A_n dS = 0,$$

причем нормаль во всех случаях направлена вовне. Вдоль поверхности (S_3), очевидно, $A_n = 0$ [n° 389]; если в сечении (S_1) изменить направление нормали так, чтобы оно было согласно с направлением нормали в (S_2), то придем к равенству

$$\iint\limits_{(S_1)} A_n\, dS = \iint\limits_{(S_2)} A_n\, dS.$$

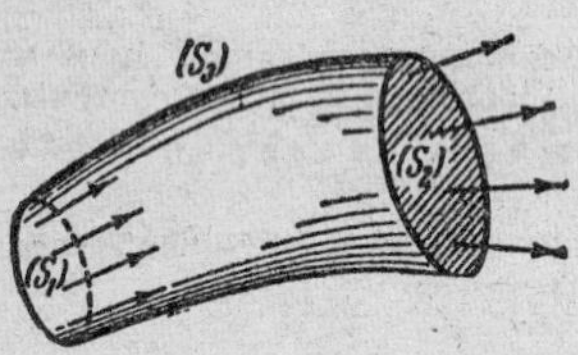

Рис. 70.

Таким образом мы получаем замечательное свойство соленоидального поля: *поток соленоидального вектора через поперечные сечения векторной трубки сохраняет постоянную величину;* ее называют интенсивностью векторной трубки.

Если вернуться к приведенной выше гидромеханической интерпретации векторного поля, то окажется, что в случае несжимаемой жидкости и при отсутствии источников ($\operatorname{div} \vec{A} = 0$) расход жидкости через поперечное сечение векторной трубки имеет одно и то же значение для всех сечений.

393. Циркуляция вектора. Формула Стокса. Вихрь. Пусть снова дано какое-нибудь векторное поле $\vec{A}(M)$. *Интеграл*

$$\int\limits_{(l)} A_x\, dx + A_y\, dy + A_z\, dz = \int\limits_{(l)} A_l\, dl,$$

взятый по некоторой кривой (l) *в пределах рассматриваемой области, называется линейным интегралом от вектора* $\vec{A}$ *вдоль кривой* (l). В случае замкнутой кривой этот интеграл называют *циркуляцией вектора* $\vec{A}$ *вдоль* (l).

Если поле $\vec{A}$ есть силовое поле, то линейный интеграл выражает работу сил поля при перемещении точки по кривой (l) [как и в плоском случае, ср. n° 335, 1)].

Представим себе некую поверхность (S), ограниченную замкнутым контуром (l). Тогда по известной уже читателю формуле Стокса [n° 373, (11)] циркуляция вектора $\vec{A}$ вдоль этого контура может быть выражена поверхностным интегралом:

$$\int\limits_{(l)} A_l\, dl = \iint\limits_{(S)} \left\{ \left(\frac{\partial A_z}{\partial y} - \frac{\partial A_y}{\partial z}\right)\cos\lambda + \left(\frac{\partial A_x}{\partial z} - \frac{\partial A_z}{\partial x}\right)\cos\mu + \right.$$
$$\left. + \left(\frac{\partial A_y}{\partial x} - \frac{\partial A_x}{\partial y}\right)\cos\nu \right\} dS.$$

Вектор с проекциями на оси

$$\frac{\partial A_z}{\partial y} - \frac{\partial A_y}{\partial z}, \quad \frac{\partial A_x}{\partial z} - \frac{\partial A_z}{\partial x}, \quad \frac{\partial A_y}{\partial x} - \frac{\partial A_x}{\partial y} \tag{11}$$

называется **вихрем** *или* **ротором** вектора $\vec{A}$ и обозначается символом

$$\operatorname{rot}\vec{A}\ ^{*)}.$$

Таким образом, в векторной форме формула Стокса запишется так:

$$\int_l A_l\,dl = \iint_{(S)} \operatorname{rot}_n \vec{A}\,dS. \tag{12}$$

Циркуляция вектора вдоль замкнутого контура оказывается равной потоку вихря через поверхность, ограниченную этим контуром. При этом направление обхода контура и сторона поверхности должны соответствовать друг другу, как это разъяснено в n° 362.

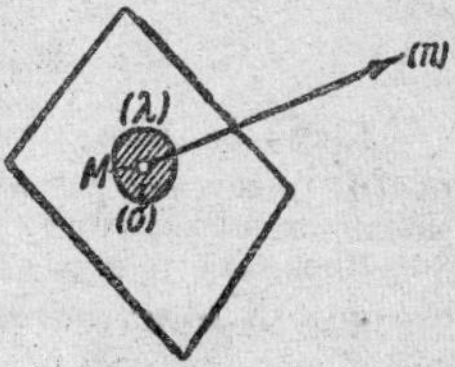

Рис. 71.

Данное выше определение понятия «вихрь» страдает обычным недостатком: в нем используется определенная координатная система. Взяв **любое** направление n, исходящее из данной точки M, окружим ее в перпендикулярной к n плоскости площадкой (σ) с контуром (λ) (рис. 71). Тогда по формуле Стокса

$$\int_{(\lambda)} A_\lambda\,d\lambda = \iint_{(\sigma)} \operatorname{rot}_n\vec{A}\,d\sigma;$$

разделив обе части равенства на площадь σ упомянутой площадки и «стягивая» последнюю к данной точке, в пределе получим

$$\operatorname{rot}_n\vec{A} = \lim_{(\sigma)\to M} \frac{\int\limits_{(\lambda)} A_\lambda\,d\lambda}{\sigma}\ ^{**)}.$$

Таким образом удается определить проекцию вектора $\operatorname{rot}\vec{A}$ на **любую** ось, а значит, — и сам вектор, без всякой ссылки на предварительно выбранную координатную систему.

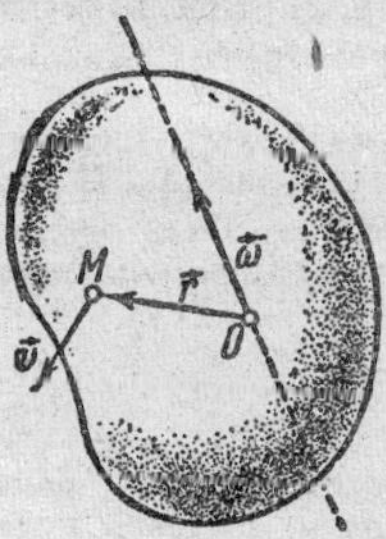

Рис. 72.

Подчеркнем, что здесь **векторное поле** $\vec{A}$ **порождает векторное же поле вихря** $\operatorname{rot}\vec{A}$.

С помощью гамильтонова вектора ∇ можно просто записать и определение вихря:

$$\operatorname{rot}\vec{A} = \nabla\times\vec{A}$$

[см. выражения (2) для проекций векторного произведения!].

Пример. Рассмотрим произвольное движение некоего твердого тела вокруг неподвижной точки O (рис. 72). Как доказывается в кинематике, для

---

*) От английского слова rotation = вращение; употребительно и обозначение $\operatorname{curl}\vec{A}$ — от английского слова curl, означающего «завиток».

**) *Легко усмотреть здесь своеобразное дифференцирование по области; обосновать его предоставляем читателю.*

любого момента времени поле скорости $\vec{v}$ точек тела определяется формулой

$$\vec{v}=\vec{\omega}\times\vec{r},$$

где $\vec{\omega}$ — мгновенная «угловая скорость», а $\vec{r}$ — радиус-вектор, соединяющий точку O с произвольной точкой M тела. Проекции этого вектора на оси произвольной системы $Oxyz$ будут [см. (2)]

$$\omega_y z-\omega_z y,\quad \omega_z x-\omega_x z,\quad \omega_x y-\omega_y x.$$

Если, воспользовавшись выражениями (11), подсчитать проекции вихря для этого поля, то получим $2\omega_x$, $2\omega_y$, $2\omega_z$, так что

$$\vec{\omega}=\frac{1}{2}\operatorname{rot}\vec{v}.$$

Таким образом, с точностью до числового множителя, ротор поля скорости $\vec{v}$ дает как раз мгновенную угловую скорость вращения; отсюда и самое название «ротор».

Вернемся теперь к вопросу о том, при каких условиях данное векторное поле $\vec{A}$ будет полем градиента для некоторой скалярной величины U:

$$\vec{A}=\operatorname{grad}U. \tag{13}$$

Это равенство равносильно следующим трем:

$$A_x=\frac{\partial U}{\partial x},\quad A_y=\frac{\partial U}{\partial y},\quad A_z=\frac{\partial U}{\partial z},$$

т. е. равносильно утверждению, что выражение

$$A_x dx+A_y dy+A_z dz$$

является (полным) дифференциалом от функции $U(x, y, z)$. При наличии равенства (13) поле $\vec{A}$ называется *потенциальным*, а первообразная функция U — *потенциальной функцией* поля.

Если ограничиться предположением, что рассматриваемая область (поверхностно) односвязна, то, перефразируя уже известные нам вещи [п° 374, см. условия (Б)], можно сказать, что *для того, чтобы поле $\vec{A}$ было потенциальным, необходимо и достаточно, чтобы во всей области выполнялись равенства*

$$\frac{\partial A_z}{\partial y}=\frac{\partial A_y}{\partial z},\quad \frac{\partial A_x}{\partial z}=\frac{\partial A_z}{\partial x},\quad \frac{\partial A_y}{\partial x}=\frac{\partial A_x}{\partial y},$$

т. е. *чтобы* $\operatorname{rot}\vec{A}$ *обращался в нуль*. Понятие потенциального поля оказывается совпадающим с понятием «безвихревого» поля. В таком поле циркуляция по замкнутому контуру будет нулем; если же брать линейный интеграл по кривой, соединяющей любые две точки, то его величина оказывается не зависящей от формы кривой.

Все эти факты получают естественное истолкование в терминах «работы» для случая потенциального силового поля. Таким будет, как известно, например, поле ньютоновского притяжения как в случае отдельных притягивающих центров, так и при непрерывном распределении притягивающих масс.

§ 5. МНОГОКРАТНЫЕ ИНТЕГРАЛЫ

394. Объем m-мерного тела и m-кратный интеграл. Потребности анализа и его приложений не исчерпываются уже изученными типами определенных интегралов: простыми, двойными и тройными.

Наподобие того, как при определении простого, двойного, тройного интеграла, мы пользовались понятием длины отрезка, площади плоской фигуры, объема пространственного тела, в основе определения m-кратного интеграла лежит понятие объема*) m-мерной области. Для простейшей m-мерной области — m-мерного прямоугольного параллелепипеда

$$[a_1, b_1; a_2, b_2; \ldots; a_m, b_m] \tag{1}$$

объемом называется произведение его измерений

$$(b_1 - a_1)(b_2 - a_2) \cdot \ldots \cdot (b_m - a_m).$$

Само собою ясно, что́ разуметь под объемом тела, составленного из конечного числа таких параллелепипедов. Элементарно можно показать, что объем не зависит от того, каким образом тело разложено на параллелепипеды.

Рассматривая такие «параллелепипедальные» тела, входящие в данное m-мерное тело (V) и выходящие из него, можно обычным образом построить понятие объема V для тела (V) [ср. п° 197]. Мы будем иметь дело только с телами, для которых объем существует; он заведомо существует для тел, ограниченных гладкими или кусочно-гладкими поверхностями**), в частности, для простейших m-мерных областей: m-мерной пирамиды

$$x_1 \geqslant 0, \quad x_2 \geqslant 0, \ldots, \quad x_m \geqslant 0, \quad x_1 + x_2 + \ldots + x_m \leqslant h$$

и m-мерной сферы

$$x_1^2 + x_2^2 + \ldots + x_m^2 \leqslant r^2;$$

ниже мы вычислим их объемы.

Пусть в области (V) задана функция m переменных $f(x_1, x_2, \ldots, x_m)$; тогда, разлагая эту область на элементарные части и повторяя другие столь привычные уже нам операции [ср. п° 376], придем к понятию m-кратного интеграла

$$I = \overbrace{\int \ldots \int}^{m}_{(V)} f(x_1, x_2, \ldots, x_m)\, dx_1 dx_2 \ldots dx_m. \tag{2}$$

В случае непрерывной подинтегральной функции он наверно существует.

Вычисление такого интеграла приводится к вычислению интегралов низшей кратности, вплоть до простых. В случае, когда область интегрирования (V) представляет собою прямоугольный параллелепипед (1), имеет место формула, аналогичная формуле (6) п° 378:

$$I = \int_{a_1}^{b_1} dx_1 \int_{a_2}^{b_2} dx_2 \ldots \int_{a_m}^{b_m} f(x_1, x_2, \ldots, x_m)\, dx_m. \tag{3}$$

---

*) Мы решили сохранить этот термин, хотя смысл его, разумеется, меняется вместе с m; речь идет об «m-мерном» объеме.

**) Гладкой поверхностью называется здесь образ в m-мерном пространстве, определяемый m параметрическими уравнениями с $m - 1$ параметрами, причем фигурирующие в уравнениях функции параметров должны быть непрерывны вместе с частными производными, и определители $(m-1)$-го порядка матрицы производных не должны одновременно обращаться в нуль.

Для областей более общего вида, характеризуемых неравенствами

$$x_1^0 \leqslant x_1 \leqslant X_1, \quad x_2^0(x_1) \leqslant x_2 \leqslant X_2(x_1), \ldots,$$
$$x_m^0(x_1, \ldots, x_{m-1}) \leqslant x_m \leqslant X_m(x_1, \ldots, x_{m-1}),$$

применима формула, аналогичная формуле (6а) n° 378:

$$I = \int_{x_1^0}^{X_1} dx_1 \int_{x_2^0(x_1)}^{X_2(x_1)} dx_2 \ldots \int_{x_m^0(x_1, \ldots, x_{m-1})}^{X_m(x_1, \ldots, x_{m-1})} f(x_1, x_2, \ldots, x_m)\, dx_m. \tag{4}$$

Подобным же образом (для соответствующего вида областей, который в каждом случае нетрудно установить) имеют место и другие формулы, аналогичные формулам (5а) и (7а) n° 378, где вычисление m-кратного интеграла приводится к последовательному вычислению интегралов низших кратностей, в сумме дающих m.

Все это доказывается совершенно так же, как для случаев $m=2$ или $m=3$, без привлечения каких бы то ни было новых идей, так что нет надобности на этом задерживаться.

Замечание. Остроградский в мемуаре 1834 г. впервые со всею тщательностью выясняет пределы интегрирований по отдельным переменным $x_1, x_2, \ldots, x_m$, к которым сводится вычисление многократного интеграла, распространенного на все значения этих переменных, удовлетворяющие неравенству вида $L(x_1, x_2, \ldots, x_m) \leqslant 0$. Здесь же мы находим и формулу, обобщающую известную уже нам формулу Остроградского [n° 380, (4)] на случай любого числа переменных и связывающую интеграл, взятый по $(m-1)$-мерной замкнутой поверхности с неким m-кратным интегралом, распространенным на ограниченное ею тело.

395. Примеры. 1) Найти объем T_m m-мерной пирамиды

$$(T_m): x_1 \geqslant 0, \ldots, \ x_m \geqslant 0, \ x_1 + \ldots + x_m \leqslant h.$$

Решение. Имеем

$$T_m = \overbrace{\int \ldots \int}^{m}_{(T_m)} dx_1\, dx_2 \ldots dx_m = \int_0^h dx_1 \int_0^{h-x_1} dx_2 \ldots \int_0^{h-x_1-\ldots-x_{m-1}} dx_m.$$

Заменяя в этих простых интегралах последовательно переменные по формулам

$$x_1 = h\xi_1, \quad x_2 = h\xi_2, \ \ldots, \quad x_m = h\xi_m,$$

придем к результату

$$T_m = h^m \int_0^1 d\xi_1 \int_0^{1-\xi_1} d\xi_2 \ldots \int_0^{1-\xi_1-\ldots-\xi_{n-1}} d\xi_n =$$

$$= h^n \overbrace{\int \ldots \int}^{m}_{\substack{\xi_1 \geqslant 0, \ldots, \xi_n \geqslant 0 \\ \xi_1 + \ldots + \xi_n \leqslant 1}} d\xi_1 \ldots d\xi_n = \alpha_n h^n,$$

если через α_n обозначить значение интеграла, подобного предложенному, но отвечающего $h=1$.

С другой же стороны, имеем (попутно используя полученный результат)

$$a_n = \int_0^1 d\xi_n \overbrace{\int \cdots \int}^{n-1}_{\substack{\xi_1 \geqslant 0, \ldots, \xi_{n-1} \geqslant 0 \\ \xi_1 + \ldots + \xi_{n-1} \leqslant 1 - \xi_n}} d\xi_1 \ldots d\xi_{n-1} = a_{n-1} \int_0^1 (1-\xi_n)^{n-1} d\xi_n = \frac{a_{n-1}}{n}.$$

Найденное рекуррентное соотношение (с учетом того, что $a_1 = 1$) дает нам

$$a_n = \frac{1}{n!},$$

так что окончательно

$$T_n = \frac{h^n}{n!}.$$

2) Найти объем V_m m-мерной сферы [n° 126]

$$(V_m): \quad x_1^2 + x_2^2 + \ldots + x_m^2 \leqslant R^2.$$

Решение. На этот раз речь идет о вычислении интеграла

$$V_m = \overbrace{\int \cdots \int}^{m}_{x_1^2 + \ldots + x_m^2 \leqslant R^2} dx_1 dx_2 \ldots dx_m.$$

Полагая

$$x_1 = R\xi_1, \quad x_2 = R\xi_2, \ \ldots, \ x_m = R\xi_m,$$

как и только что, легко получить, что $V_m = \beta_m R^m$, где числовой коэффициент β_m выражает объем m-мерной сферы радиуса 1.

Для определения β_m преобразуем

$$\beta_m = \overbrace{\int \cdots \int}^{m}_{\xi_1^2 + \xi_2^2 + \ldots + \xi_m^2 \leqslant 1} d\xi_1 d\xi_2 \ldots d\xi_m =$$

$$= \int_{-1}^{1} d\xi_m \overbrace{\int \cdots \int}^{m-1}_{\xi_1^2 + \ldots + \xi_{m-1}^2 \leqslant 1 - \xi_m^2} d\xi_1 \ldots d\xi_{m-1}.$$

Внутренний интеграл представляет объем $(m-1)$-мерной сферы радиуса $\sqrt{1-\xi_m^2}$ и, следовательно, равен $\beta_{m-1}(1-\xi_m^2)^{\frac{m-1}{2}}$. Подставляя, придем снова к рекуррентному соотношению

$$\beta_m = 2\beta_{m-1} \int_0^{\frac{\pi}{2}} \sin^m \theta \, d\theta$$

или [см. n° 312, 2)]

$$\beta_m = \beta_{m-1} \cdot \sqrt{\pi}\, \frac{\Gamma\left(\frac{m+1}{2}\right)}{\Gamma\left(\frac{m+2}{2}\right)}.$$

Так как $\beta_1 = 2$, то легкое вычисление дает

$$\beta_m = \frac{\pi^{\frac{m}{2}}}{\Gamma\left(\frac{m}{2}+1\right)}.$$

Искомый же объем равен

$$V_m = \frac{\pi^{\frac{m}{2}}}{\Gamma\left(\frac{m}{2}+1\right)} R^m.$$

Для случаев m четного и нечетного получаются формулы

$$V_{2n} = \frac{\pi^n}{n!} R^{2n}, \quad V_{2n+1} = \frac{2\,(2\pi)^n}{(2n+1)!!} R^{2n+1}.$$

В частности, для V_1, V_2, V_3, естественно, находим хорошо известные значения $2R$, πR^2, $\frac{4}{3}\pi R^3$.

ГЛАВА ДВАДЦАТЬ ЧЕТВЕРТАЯ

РЯДЫ ФУРЬЕ

§ 1. ВВЕДЕНИЕ

696. Периодические величины и гармонический анализ. В науке и технике часто приходится иметь дело с периодическими явлениями, т. е. такими, которые воспроизводятся в прежнем виде через определенный промежуток времени T, называемый периодом. Примером может служить установившееся движение паровой машины, которая по истечении полного оборота снова проходит через свое начальное положение, затем явление переменного тока, и т. п. Различные величины, связанные с рассматриваемым периодическим явлением, по истечении периода T возвращаются к своим прежним значениям и представляют, следовательно, периодические функции от времени t, характеризуемые равенством

$$\varphi(t+T)=\varphi(t).$$

Таковы, например, сила и напряжение переменного тока или — в примере паровой машины — путь, скорость и ускорение крейцкопфа, давление пара, касательное усилие в пальце кривошипа и т. д.

Простейшей из периодических функций (если не считать постоянной) является *синусоидальная величина:* $A\sin(\omega t+\alpha)$, где ω есть частота, связанная с периодом T соотношением:

$$\omega=\frac{2\pi}{T}. \tag{1}$$

Из подобных простейших периодических функций могут быть составлены и более сложные. Наперед ясно, что составляющие синусоидальные величины должны быть разных частот, ибо, как легко убедиться, сложение синусоидальных величин одной и той же частоты не дает ничего нового, так как приводит опять к синусоидальной величине, притом той же частоты. Наоборот, если сложить несколько величин вида

$$\left.\begin{array}{c} y_0=A_0,\ y_1=A_1\sin(\omega t+\alpha_1),\quad y_2=A_2\sin(2\omega t+\alpha_2),\\ y_3=A_3\sin(3\omega t+\alpha_3),\ \ldots \end{array}\right\} \tag{2}$$

которые, если не считать постоянной, имеют частоты

$$\omega,\ 2\omega,\ 3\omega,\ \ldots,$$

кратные наименьшей из них, ω, и периоды

$$T,\ \frac{1}{2}T,\ \frac{1}{3}T,\ \ldots,$$

то получится п е р и о д и ч е с к а я функция (с периодом T), но уже существенно отличная от величин типа (2).

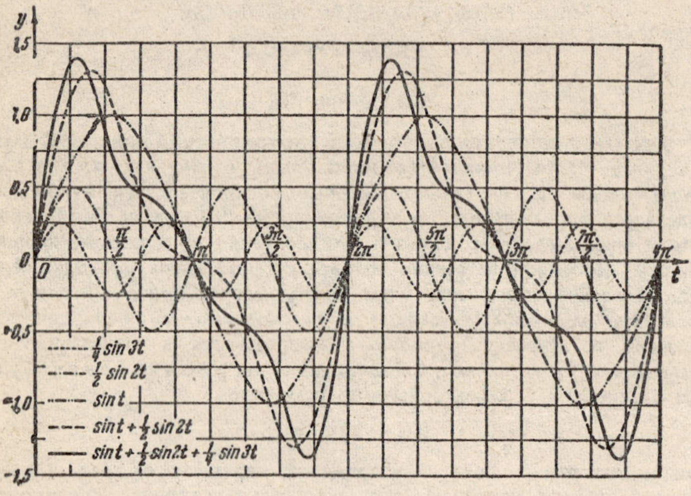

Рис. 73.

Для примера мы воспроизводим здесь (рис. 73) сложение трех синусоидальных величин:

$$\sin t + \frac{1}{2}\sin 2t + \frac{1}{4}\sin 3t;$$

график этой функции по своему характеру уже значительно разнится от синусоиды. Еще в большей степени это имеет место для суммы бесконечного ряда, составленного из величин вида (2).

Теперь естественно поставить обратный вопрос: можно ли д а н н у ю периодическую функцию $\varphi(t)$ периода T представить в виде суммы конечного или хотя бы бесконечного множества синусоидальных величин вида (2)? Как увидим ниже, по отношению к довольно широкому классу функций на этот вопрос можно дать у т в е р д и т е л ь н ы й ответ, но только если привлечь именно всю бесконечную последовательность величин (2). Для функций этого класса имеет место разложение в «тригонометрический ряд»:

$$\varphi(t) = A_0 + A_1 \sin(\omega t + \alpha_1) + A_2 \sin(2\omega t + \alpha_2) + \\ + A_3 \sin(3\omega t + \alpha_3) + \ldots = A_0 + \sum_{n=1}^{\infty} A_n \sin(n\omega t + \alpha_n), \qquad (3)$$

причем A_0, A_1, α_1, A_2, α_2, ... суть постоянные, имеющие особые значения для каждой такой функции, а частота ω дается формулой (1).

Геометрически это означает, что *график периодической функции получается путем наложения ряда синусоид.* Если же истолковать каждую синусоидальную величину механически как представляющую гармоническое колебательное движение, то можно также сказать, что здесь *сложное колебание, характеризуемое функцией* $\varphi(t)$, *разлагается на отдельные гармонические колебания.* В связи с этим отдельные синусоидальные величины, входящие в состав разложения (3), называют *гармоническими составляющими* функции $\varphi(t)$ или просто ее *гармониками* (первой, второй и т. д.). Самый же процесс разложения периодической функции на гармоники носит название *гармонического анализа.*

Если за независимую переменную выбрать

$$x = \omega t = \frac{2\pi t}{T},$$

то получится функция от x:

$$f(x) = \varphi\left(\frac{x}{\omega}\right),$$

тоже периодическая, но со стандартным периодом 2π. Разложение (3) примет вид

$$f(x) = A_0 + A_1 \sin(x + \alpha_1) + A_2 \sin(2x + \alpha_2) + \\ + A_3 \sin(3x + \alpha_3) + \ldots = A_0 + \sum_{n=1}^{\infty} A_n \sin(nx + \alpha_n). \qquad (4)$$

Развернув члены этого ряда по формуле для синуса суммы и положив

$$A_0 = a_0, \quad A_n \sin \alpha_n = a_n, \quad A_n \cos \alpha_n = b_n \qquad (n = 1, 2, 3, \ldots),$$

мы придем к окончательной форме тригонометрического разложения:

$$f(x) = a_0 + (a_1 \cos x + b_1 \sin x) + (a_2 \cos 2x + b_2 \sin 2x) + \\ + (a_3 \cos 3x + b_3 \sin 3x) + \ldots = \\ = a_0 + \sum_{n=1}^{\infty} (a_n \cos nx + b_n \sin nx), \qquad (5)$$

в которой мы всегда и будем его рассматривать *). Здесь функция от угла x, имеющая период 2π, оказывается разложенной по косинусам и синусам углов, кратных x.

Мы пришли к разложению функции в тригонометрический ряд, отправляясь от периодических, колебательных явлений и связанных с ними величин. *Важно отметить, однако, уже сейчас, что подобные разложения часто оказываются полезными и при исследовании функций, заданных лишь в определенном конечном промежутке и вовсе не порожденных никакими колебательными явлениями.*

397. Определение коэффициентов по методу Эйлера — Фурье. Для того чтобы установить возможность тригонометрического разложения (5) для заданной функции $f(x)$, имеющей период 2π, нужно исходить из определенного набора коэффициентов $a_0, a_1, b_1, a_2, b_2, \ldots$ Мы укажем прием для определения их, который во второй половине XVIII века был применен Эйлером и независимо от него в начале XIX века — Фурье.

Будем впредь предполагать функцию $f(x)$ непрерывной или кусочно-непрерывной в промежутке $[-\pi, \pi]$ **).

Допустим, что разложение (5) имеет место, и проинтегрируем его почленно от $-\pi$ до π; мы получим

$$\int_{-\pi}^{\pi} f(x)\,dx = 2\pi a_0 + \sum_{n=1}^{\infty}\left[a_n \int_{-\pi}^{\pi} \cos nx\,dx + b_n \int_{-\pi}^{\pi} \sin nx\,dx\right].$$

Но, как легко видеть,

$$\left.\begin{aligned} &\int_{-\pi}^{\pi} \cos nx\,dx = \frac{\sin nx}{n}\Big|_{-\pi}^{\pi} = 0 \\ \text{и}\quad &\int_{-\pi}^{\pi} \sin nx\,dx = -\frac{\cos nx}{n}\Big|_{-\pi}^{\pi} = 0. \end{aligned}\right\} \tag{6}$$

---

*) От этого разложения, разумеется, легко перейти в случае надобности обратно к разложению вида (4).

) Функция $f(x)$ называется **кусочно-непрерывной в промежутке $[a, b]$, если она в нем непрерывна, за исключением конечного числа точек, где налицо скачки. Таким образом, промежуток $[a, b]$ разлагается на конечное число частичных промежутков, в каждом из которых в отдельности функция $f(x)$ сплошь непрерывна, **даже включая их концы**, если там заменить значения функции — ее **предельными** значениями. Можно представить себе кусочно-непрерывную функцию как бы «склеенной» из нескольких непрерывных функций, с тем лишь, что в «точках стыка» (равно как и на концах промежутка) ее значения устанавливаются особо.

Поэтому все члены под знаком суммы будут нулями, и окончательно найдем

$$a_0 = \frac{1}{2\pi} \int_{-\pi}^{\pi} f(x)\, dx. \tag{7}$$

Для того чтобы установить величину коэффициента a_m, умножим обе части равенства (5), которое мы все время предполагаем выполненным, на $\cos mx$ и снова проинтегрируем почленно в том же промежутке:

$$\int_{-\pi}^{\pi} f(x) \cos mx\, dx = a_0 \int_{-\pi}^{\pi} \cos mx\, dx + \\ + \sum_{n=1}^{\infty} \left[a_n \int_{-\pi}^{\pi} \cos nx \cos mx\, dx + b_n \int_{-\pi}^{\pi} \sin nx \cos mx\, dx \right].$$

Первый член справа исчезает ввиду (6). Далее имеем

$$\int_{-\pi}^{\pi} \sin nx \cos mx\, dx = \frac{1}{2} \int_{-\pi}^{\pi} [\sin (n+m) x + \sin (n-m) x]\, dx = 0, \tag{8}$$

$$\int_{-\pi}^{\pi} \cos nx \cos mx\, dx = \frac{1}{2} \int_{-\pi}^{\pi} [\cos (n+m) x + \cos (n-m) x]\, dx = 0, \tag{9}$$

если $n \neq m$, и, наконец,

$$\int_{-\pi}^{\pi} \cos^2 mx\, dx = \int_{-\pi}^{\pi} \frac{1 + \cos 2mx}{2}\, dx = \pi. \tag{10}$$

Таким образом, обращаются в нуль все интегралы под знаком суммы, кроме интеграла, при котором множителем стоит именно коэффициент a_m. Отсюда этот коэффициент и определяется:

$$a_m = \frac{1}{\pi} \int_{-\pi}^{\pi} f(x) \cos mx\, dx \qquad (m = 1, 2, 3, \ldots). \tag{11}$$

Аналогично, умножая предварительно разложение (5) на $\sin mx$ и затем интегрируя почленно, определим коэффициент при синусе:

$$b_m = \frac{1}{\pi} \int_{-\pi}^{\pi} f(x) \sin mx\, dx \qquad (m = 1, 2, 3, \ldots). \tag{12}$$

При этом, кроме (6) и (8), мы опираемся еще на легко проверяемые соотношения:

$$\int_{-\pi}^{\pi} \sin nx \sin mx \, dx = 0, \tag{13}$$

если $n \neq m$, и

$$\int_{-\pi}^{\pi} \sin^2 mx \, dx = \pi. \tag{14}$$

Формулы (7), (11) и (12) известны под именем *формул Эйлера — Фурье*; вычисленные по этим формулам коэффициенты называются *коэффициентами Фурье* данной функции, а составленный с их помощью тригонометрический ряд (5) — ее *рядом Фурье*. Рядами Фурье мы исключительно и будем заниматься в настоящей главе.

Дадим теперь себе отчет в том, какова логическая ценность проведенных рассуждений. Так как мы исходили из предположения, что тригонометрическое разложение (5) имеет место, то вопрос о том, отвечает ли это действительности, естественно, остается открытым. Но убедительны ли те соображения, с помощью которых по примеру Эйлера и Фурье мы определили коэффициенты разложения (5), даже в предположении, что оно осуществляется? Мы пользовались повторно почленным интегрированием ряда, а эта операция не всегда дозволительна [n° 269]. Достаточным условием для ее применимости является равномерная сходимость ряда. Поэтому строго установленным можно считать лишь следующее:

если функция $f(x)$ разлагается в равномерно сходящийся тригонометрический ряд (5) *), *то последний необходимо будет ее рядом Фурье.*

Если же не предполагать наперед равномерности сходимости, то наши соображения не доказывают даже и того, что функция может разлагаться только в ряд Фурье. Каков же смысл приведенных соображений? Их можно рассматривать лишь как наведение, достаточное для того, чтобы в поисках тригонометрического разложения данной функции начать ее с ряда Фурье, обязуясь (уже со всею строгостью!) установить условия, при которых он сходится и притом — именно к данной функции.

Пока же это не сделано, мы имеем право лишь формально рассматривать ряд Фурье данной функции $f(x)$, но не можем о нем ничего утверждать, кроме того, что он «порожден» функцией $f(x)$.

---

*) Заметим, что равномерная сходимость сохранится и при умножении всех членов ряда на ограниченные функции $\cos mx$, $\sin mx$.

Эту его связь с функцией f обычно обозначают так:

$$f(x) \sim a_0 + \sum_{n=1}^{\infty} (a_n \cos nx + b_n \sin nx), \tag{5a}$$

избегая знака равенства.

398. Ортогональные системы функций. Изложенное в предыдущем номере является образцом рассуждений, которыми часто приходится пользоваться в математическом анализе при изучении многих разложений.

Назовем две функции $\varphi(x)$ и $\psi(x)$, определенные в промежутке $[a, b]$, ортогональными в этом промежутке, если их произведение имеет интеграл, равный нулю:

$$\int_a^b \varphi(x)\psi(x)\,dx = 0.$$

Рассмотрим систему функций $\{\varphi_n(x)\}$, определенных в промежутке $[a, b]$ и непрерывных в нем или, по крайней мере, кусочно-непрерывных. Если функции данной системы попарно ортогональны:

$$\int_a^b \varphi_n(x)\varphi_m(x)\,dx = 0, \tag{15}$$

$$(n,\ m = 0,\ 1,\ 2,\ \ldots;\quad n \neq m)$$

то ее называют *ортогональной системой* функций. При этом мы всегда будем предполагать, что

$$\int_a^b \varphi_n^2(x)\,dx = \lambda_n > 0. \tag{16}$$

При соблюдении условий $\lambda_n = 1$ $(n = 0,\ 1,\ 2,\ \ldots)$ система называется *нормальной*. Если же эти условия не выполнены, то при желании можно перейти к системе $\left\{\frac{\varphi_n(x)}{\sqrt{\lambda_n}}\right\}$, которая уже заведомо будет нормальной.

Важнейшим примером ортогональной системы функций как раз и является тригонометрическая система

$$1,\ \cos x,\ \sin x,\ \cos 2x,\ \sin 2x,\ \ldots,\ \cos nx,\ \sin nx,\ \ldots \tag{17}$$

в промежутке $[-\pi, \pi]$, которую мы рассматривали выше; ее ортогональность следует из соотношений (6), (8), (9) и (13). Однако нормальной она не будет ввиду (10) и (14). Умножая тригонометрические функции (17) на надлежащие множители, легко получить нормальную систему:

$$\frac{1}{\sqrt{2\pi}},\quad \frac{\cos x}{\sqrt{\pi}},\quad \frac{\sin x}{\sqrt{\pi}},\quad \ldots,\quad \frac{\cos nx}{\sqrt{\pi}},\quad \frac{\sin nx}{\sqrt{\pi}},\quad \ldots \tag{17*}$$

Пусть в промежутке $[a, b]$ дана какая-нибудь ортогональная система $\{\varphi_n(x)\}$. Зададимся целью разложить определенную в $[a, b]$ функцию $f(x)$ в «ряд по функциям φ» вида

$$f(x) = c_0\varphi_0(x) + c_1\varphi_1(x) + \ldots + c_n\varphi_n(x) + \ldots \tag{18}$$

Для определения коэффициентов этого разложения, допуская его возможность, поступим так, как мы это сделали в частном случае выше. Именно, умножив обе части разложения на $\varphi_m(x)$, проинтегрируем его почленно:

$$\int_a^b f(x)\varphi_m(x)\,dx = \sum_{n=0}^{\infty} c_n \int_a^b \varphi_n(x)\varphi_m(x)\,dx.$$

В силу ортогональности [см. (15) и (16)], все интегралы справа, кроме одного, будут нулями, и легко получается:

$$c_m = \frac{1}{\lambda_m}\int_a^b f(x)\varphi_m(x)\,dx \qquad (m = 0, 1, 2, \ldots) \tag{19}$$

[формулы (7), (11), (12) являются частными случаями этой формулы].

Ряд [18] с коэффициентами, составленными по формулам (19), называется (*обобщенным*) *рядом Фурье* данной функции, а сами коэффициенты — ее (*обобщенными*) *коэффициентами Фурье* относительно системы $\{\varphi_n(x)\}$. Особенно просто выглядят формулы (19) в случае нормальной системы; тогда

$$c_m = \int_a^b f(x)\varphi_m(x)\,dx. \tag{19a}$$

Конечно, здесь могут быть повторены те же замечания, какими мы закончили предыдущий номер. Обобщенный ряд Фурье, построенный для данной функции $f(x)$, связан с нею лишь формально. И в общем случае связь между функцией $f(x)$ и ее (обобщенным) рядом Фурье обозначают так:

$$f(x) \sim \sum_{0}^{\infty} c_n\varphi_n(x). \tag{18a}$$

Сходимость этого ряда к функции $f(x)$, как и в случае тригонометрического ряда, подлежит еще исследованию.

§ 2. РАЗЛОЖЕНИЕ ФУНКЦИЙ В РЯД ФУРЬЕ

399. Постановка вопроса. Интеграл Дирихле. Пусть $f(x)$ будет непрерывная или кусочно-непрерывная функция с периодом 2π. Вычислим постоянные (ее коэффициенты Фурье):

$$a_m = \frac{1}{\pi}\int_{-\pi}^{\pi} f(u)\cos mu\,du, \quad b_m = \frac{1}{\pi}\int_{-\pi}^{\pi} f(u)\sin mu\,du \tag{1}$$

$$(m = 0, 1, 2, \ldots) \qquad\qquad (m = 1, 2, 3, \ldots)$$

и по ним составим ряд Фурье нашей функции

$$f(x) \sim \frac{a_0}{2} + \sum_{m=1}^{\infty} (a_m \cos mx + b_m \sin mx). \tag{2}$$

Читатель замечает здесь маленькое отступление от обозначений n° 397: коэффициент a_0 мы определяем теперь по общей формуле для a_m при $m = 0$, в разрез с формулой (7) упомянутого номера, но зато свободный член ряда пишем в виде $\frac{a_0}{2}$.

З а м е ч а н и е. Если функция $F(u)$ кусочно-непрерывна в любом конечном промежутке и к тому же имеет период 2π, так что

$$F(u + 2\pi) = F(u),$$

то *величина интеграла*

$$\int_{\alpha}^{\alpha+2\pi} F(u)\,du$$

по промежутку длины 2π *не зависит от* α.

Действительно, ограничиваясь случаем непрерывной функции F, имеем

$$\int_{\alpha}^{\alpha+2\pi} F(u)\,du = \int_{\alpha}^{0} F(u)\,du + \int_{0}^{2\pi} F(u)\,du + \int_{2\pi}^{\alpha+2\pi} F(u)\,du.$$

Если в последнем интеграле сделать подстановку $u = 2\pi + t$, то он приведется к интегралу

$$\int_{0}^{\alpha} F(t + 2\pi)\,dt = \int_{0}^{\alpha} F(t)\,dt$$

и лишь знаком будет отличаться от первого интеграла. Таким образом, рассматриваемый интеграл оказывается равным интегралу

$$\int_{0}^{2\pi} F(u)\,du,$$

уже не содержащему α. Легко распространить этот результат и на случай любой кусочно-непрерывной функции.

Этим замечанием мы в последующем будем пользоваться. В частности, и в формулах (1), определяющих коэффициенты Фурье, интегралы могут быть взяты по любому промежутку длины 2π; например, можно было бы писать

$$a_m = \frac{1}{\pi}\int_0^{2\pi} f(x)\cos mx\,dx, \qquad b_m = \frac{1}{\pi}\int_0^{2\pi} f(x)\sin mx\,dx \tag{1a}$$

$$(m = 0,\ 1,\ 2,\ \ldots) \qquad (m = 1,\ 2,\ 3,\ \ldots)$$

и т. п.

Для того чтобы исследовать поведение ряда (2) в какой-нибудь определенной точке $x = x_0$, составим удобное выражение для его частичной суммы

$$s_n(x_0) = \frac{a_0}{2} + \sum_{m=1}^{n} (a_m \cos mx_0 + b_m \sin mx_0).$$

Подставим вместо a_m и b_m их интегральные выражения (1) и подведем п о с т о я н н ы е числа $\cos mx_0$, $\sin mx_0$ под знак интеграла:

$$s_n(x_0) = \frac{1}{2\pi}\int_{-\pi}^{\pi} f(u)\,du +$$

$$+ \sum_{m=1}^{n} \frac{1}{\pi}\int_{-\pi}^{\pi} f(u)[\cos mu \cos mx_0 + \sin mu \sin mx_0]\,du =$$

$$= \frac{1}{\pi}\int_{-\pi}^{\pi} f(u)\left\{\frac{1}{2} + \sum_{m=1}^{n} \cos m(u - x_0)\right\} du.$$

Легко проверить тождество

$$\frac{1}{2} + \sum_{m=1}^{n} \cos m\alpha =$$

$$= \frac{1}{2\sin\frac{\alpha}{2}}\left\{\sin\frac{\alpha}{2} + \sum_{m=1}^{n}\left[\sin\left(m+\frac{1}{2}\right)\alpha - \sin\left(m-\frac{1}{2}\right)\alpha\right]\right\} =$$

$$= \frac{\sin(2n+1)\frac{\alpha}{2}}{2\sin\frac{\alpha}{2}}.$$

Воспользовавшись им для преобразования подынтегрального выражения, окончательно получим

$$s_n(x_0) = \frac{1}{\pi} \int_{-\pi}^{\pi} f(u) \frac{\sin(2n+1)\frac{u-x_0}{2}}{2\sin\frac{u-x_0}{2}}\, du. \quad (3)$$

Этот интеграл обыкновенно называют *интегралом Дирихле* (хотя у Фурье он встречается гораздо раньше!).

Так как мы имеем здесь дело с функциями от u периода 2π, то промежуток интегрирования $[-\pi, \pi]$ по сделанному выше замечанию можно заменить, например, промежутком $[x_0-\pi, x_0+\pi]$:

$$s_n(x_0) = \frac{1}{\pi} \int_{x_0-\pi}^{x_0+\pi} f(u) \frac{\sin(2n+1)\frac{u-x_0}{2}}{2\sin\frac{u-x_0}{2}}\, du.$$

Подстановкой $t = u - x_0$ преобразуем этот интеграл к виду

$$s_n(x_0) = \frac{1}{\pi} \int_{-\pi}^{\pi} f(x_0+t) \frac{\sin\left(n+\frac{1}{2}\right)t}{2\sin\frac{1}{2}t}\, dt.$$

Затем, разбивая интеграл на два: $\int_0^{\pi} + \int_{-\pi}^{0}$, и приводя второй интеграл путем изменения знака переменной тоже к промежутку $[0, \pi]$, придем к такому окончательному выражению для частичной суммы ряда Фурье:

$$s_n(x_0) = \frac{1}{\pi} \int_{0}^{\pi} [f(x_0+t) + f(x_0-t)] \frac{\sin\left(n+\frac{1}{2}\right)t}{2\sin\frac{1}{2}t}\, dt. \quad (4)$$

Таким образом, дело сводится к исследованию поведения именно этого интеграла, содержащего параметр n. *Своеобразие представляющейся здесь задачи заключается в том, что в этом случае не может быть использован предельный переход под знаком интеграла**), который до сих пор [см. главу XVIII] служил нам

*) В данном случае подинтегральное выражение при $n \to \infty$ вовсе не имеет предела.

единственным средством для разыскания предела интеграла, содержащего параметр. И с таким положением вещей нам в этой главе придется сталкиваться систематически.

400. Основная лемма. Прежде чем продолжить наше исследование, докажем следующее важное для дальнейшего утверждение, которое принадлежит Риману:

Если функция $g(t)$ непрерывна или кусочно-непрерывна в некотором конечном промежутке $[a, b]$, то

$$\lim_{p\to\infty}\int_a^b g(t)\sin pt\,dt=0$$

и, аналогично,

$$\lim_{p\to\infty}\int_a^b g(t)\cos pt\,dt=0.$$

Доказательство достаточно провести для первого из этих пределов, предполагая функцию $g(t)$ непрерывной.

Заметим предварительно, что, каков бы ни был конечный промежуток $[\alpha, \beta]$, имеем такую оценку:

$$\left|\int_\alpha^\beta \sin pt\,dt\right|=\left|\frac{\cos p\alpha-\cos p\beta}{p}\right|\leqslant\frac{2}{p}. \tag{5}$$

Разобьем промежуток $[a, b]$ на n частей точками

$$a=t_0<t_1<\ldots<t_i<t_{i+1}<\ldots<t_n=b \tag{6}$$

и в соответствии с этим разложим и интеграл

$$\int_a^b g(t)\sin pt\,dt=\sum_{i=0}^{n-1}\int_{t_i}^{t_{i+1}} g(t)\sin pt\,dt.$$

Обозначив через m_i наименьшее из значений $g(t)$ в i-м промежутке, можно преобразовать это выражение так:

$$\int_a^b g(t)\sin pt\,dt=\sum_{i=0}^{n-1}\int_{t_i}^{t_{i+1}}[g(t)-m_i]\sin pt\,dt+\sum_{i=0}^{n-1}m_i\int_{t_i}^{t_{i+1}}\sin pt\,dt.$$

Если ω_i есть колебание функции $g(t)$ в i-м промежутке, то в его пределах $g(t)-m_i \leqslant \omega_i$; с учетом неравенства (5) теперь легко получить для нашего интеграла оценку:

$$\left|\int_a^b g(t)\sin pt\,dt\right| \leqslant \sum_{i=0}^{n-1}\omega_i \Delta t_i + \frac{2}{p}\sum_{i=0}^{n-1}|m_i|.$$

Задавшись произвольным числом $\varepsilon > 0$, выберем сначала дробление (6) так, чтобы было $\omega_i < \frac{\varepsilon}{2(b-a)}$, так что

$$\sum_{i=0}^{n-1}\omega_i\,\Delta t_i < \frac{\varepsilon}{2};$$

это сделать можно ввиду непрерывности функции g. Теперь, так как числа m_i тем самым уже определены, можем взять

$$p > \frac{4}{\varepsilon}\sum|m_i|$$

и для этих значений p получим

$$\left|\int_a^b g(t)\sin pt\,dt\right| < \varepsilon,$$

что и доказывает наше утверждение.

Мы обращаем внимание читателя на то, что уже здесь пределы, к которым стремятся интегралы, установлены помимо предельного перехода под знаком интеграла.

Если вспомнить формулы (1), выражающие коэффициенты Фурье, то в качестве первого непосредственного следствия отсюда получается утверждение:

Коэффициенты Фурье a_m, b_m кусочно-непрерывной функции при $m \to \infty$ стремятся к нулю.

401. Принцип локализации. Вторым непосредственным же следствием доказанной леммы является так называемый «принцип локализации».

Взяв произвольное положительное число $\delta < \pi$, разобьем интеграл в (4) на два: $\int_0^\pi = \int_0^\delta + \int_\delta^\pi$. Если второй из них переписать в виде

$$\frac{1}{\pi}\int_\delta^\pi \frac{f(x_0+t)+f(x_0-t)}{2\sin\frac{1}{2}t}\sin\left(n+\frac{1}{2}\right)t\,dt,$$

то станет ясно, что множитель при синусе

$$\frac{f(x_0+t)+f(x_0-t)}{2\sin\frac{1}{2}t}$$

является кусочно-непрерывной функцией от t в промежутке $[\delta, \pi]$, ибо такова функция от t, стоящая в числителе, в то время как знаменатель $2\sin\frac{1}{2}t$, не обращающийся в нуль в этом промежутке, сохраняет непрерывность. В таком случае по лемме этот интеграл при $n\to\infty$ стремится к нулю, так что и самое существование предела для частичной суммы ряда Фурье, $s_n(x_0)$, и величина этого предела целиком определяются поведением одного лишь интеграла

$$\rho_n(\delta)=\frac{1}{\pi}\int_0^\delta[f(x_0+t)+f(x_0-t)]\frac{\sin\left(n+\frac{1}{2}\right)t}{2\sin\frac{1}{2}t}\,dt. \qquad (7)$$

Но в этот интеграл входят лишь значения функции $f(x)$, отвечающие изменению аргумента в промежутке от $x_0-\delta$ до $x_0+\delta$. Этим простым соображением и доказывается «принцип локализации», состоящий в следующем:

*Теорема. Поведение ряда Фурье функции $f(x)$ в некоторой точке x_0**) *зависит исключительно от значений, принимаемых этой функцией в непосредственной близости рассматриваемой точки*, т. е. в сколь угодно малой ее окрестности.

Таким образом, если, например, взять две функции, значения которых в произвольно малой окрестности x_0 совпадают, то как бы они ни разнились вне этой окрестности, соответствующие этим функциям ряды Фурье ведут себя в точке x_0 одинаково: либо оба сходятся, и притом к одной и той же сумме, либо оба расходятся. Этот результат покажется еще более разительным, если подчеркнуть, что самые коэффициенты Фурье рассматриваемых функций, зависящие от всех их значений, могут оказаться совершенно различными!

Эта теорема обычно связывается с именем Римана, ибо является следствием более общей его теоремы, доказанной в 1853 г. Следует, однако, отметить, что идея «принципа локализации» содержится уже в одной работе Остроградского 1828 г. по математической физике, а также отражена в исследованиях Лобачевского 1834 г. по тригонометрическим рядам.

402. Представление функции рядом Фурье. Возвратимся к прерванному исследованию поведения частичной суммы $s_n(x_0)$ ряда Фурье, для которой мы получили интегральное представление (4).

*) Мы понимаем под этим сходимость или расходимость ряда в точке x_0, а также наличие для него — в случае сходимости — той или иной суммы.

Наложим теперь на функцию $f(x)$ более тяжелое требование, а именно — *предположим ее кусочно-дифференцируемой в промежутке* $[-\pi, \pi]$ *).

Тогда имеет место общая

Теорема. *Если функция $f(x)$ с периодом 2π кусочно-дифференцируема в промежутке $[-\pi, \pi]$, то ее ряд Фурье в каждой точке $x=x_0$ сходится и имеет сумму*

$$S_0=\frac{f(x_0+0)+f(x_0-0)}{2}.$$

Эта сумма, очевидно, равна $f(x_0)$, если в точке $x=x_0$ функция непрерывна.

Доказательство. Отметим, что равенство (4) имеет место для каждой функции $f(x)$, удовлетворяющей поставленным условиям. Если, в частности, взять $f(x)\equiv 1$, то $s_n(x)\equiv 1$, и из (4) получим, что

$$1=\frac{2}{\pi}\int_0^\pi \frac{\sin\left(n+\frac{1}{2}\right)t}{2\sin\frac{1}{2}t}\,dt. \tag{8}$$

Умножая обе части этого равенства на постоянное число S_0 и вычитая результат из (4), найдем

$$s_n(x_0)-S_0=\frac{1}{\pi}\int_0^\pi [f(x_0+t)+f(x_0-t)-$$

$$-f(x_0+0)-f(x_0-0)]\,\frac{\sin\left(n+\frac{1}{2}\right)t}{2\sin\frac{1}{2}t}\,dt;$$

для нашей цели нужно доказать, что интеграл справа при $n\to\infty$ стремится к нулю.

Представим его в виде

$$\frac{1}{\pi}\int_0^\pi g(t)\sin\left(n+\frac{1}{2}\right)t\,dt, \tag{9}$$

*) Функция $f(x)$ называется кусочно-дифференцируемой в промежутке $[a, b]$, если этот промежуток разлагается на конечное число частичных промежутков, внутри которых функция дифференцируема, а на концах не только имеет предельные значения, но и односторонние производные, при условии замены на этих концах значений функции упомянутыми предельными значениями. Можно представить себе кусочно-дифференцируемую функцию как бы «склеенной» из нескольких функций, дифференцируемых (а следовательно, и непрерывных) в замкнутых частичных промежутках с тем лишь, что в «точках стыка» (равно как и на концах a и b основного промежутка) ее значения устанавливаются особо.

где положено

$$g(t)=\left[\frac{f(x_0+t)-f(x_0+0)}{t}-\frac{f(x_0-t)-f(x_0-0)}{-t}\right]\frac{\frac{1}{2}t}{\sin\frac{1}{2}t}; \quad (10)$$

если бы нам удалось установить, что эта функция кусочно-непрерывна, то из леммы n° 400 следовало бы уже, что интеграл (9) имеет пределом нуль при $n\to\infty$. Но в промежутке $(0, \pi]$ функция $g(t)$ вообще непрерывна, за исключением разве лишь конечного числа точек, где она может иметь скачки — ибо такова функция f. Остается открытым лишь вопрос о поведении функции $g(t)$ при $t\to+0$.

Мы докажем существование конечного предела

$$\lim_{t\to+0} g(t)=K;$$

положив тогда $g(0)=K$ (до сих пор это значение оставалось формально неопределенным!), мы в точке $t=0$ получим непрерывность, и применение леммы окажется оправданным. Но второй множитель в правой части равенства (10) явно имеет пределом единицу; обратимся к выражению в квадратных скобках.

Пусть, для простоты, сначала точка x_0 лежит внутри промежутка, где функция $f(x)$ дифференцируема. Тогда $f(x_0+0)=f(x_0-0)=f(x_0)$, и каждое из отношений

$$\frac{f(x_0+t)-f(x_0)}{t}, \qquad \frac{f(x_0-t)-f(x_0)}{-t} \quad (11)$$

стремится к пределу $f'(x_0)$, а $[\ldots]$ — к нулю. Если же x_0 есть «точка стыка», то при этом она может оказаться как точкой непрерывности, так и точкой разрыва. В первом случае мы опять столкнемся с отношениями (11), но они будут стремиться на этот

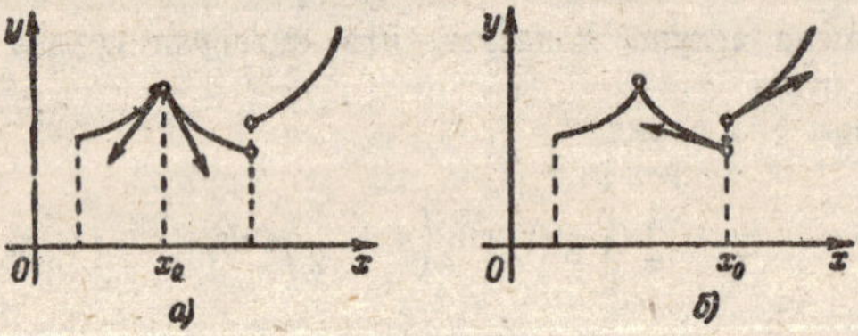

Рис. 74.

раз к различным пределам, соответственно — к производной справа и к производной слева (рис. 74, а). К аналогичному результату придем и в случае разрыва, но здесь значение $f(x_0)$ заменится значениями $f(x_0\pm 0)$ тех функций, от «склеивания» которых получилась данная, а пределами отношений будут односторонние производные упомянутых функций при $x=x_0$ (черт. 74, б).

Итак, наше заключение справедливо во всех случаях.

403. Случай непериодической функции. Вся построенная выше теория исходила из предположения, что заданная функция определена для всех вещественных значений x и притом имеет период 2π. Между тем чаще всего приходится иметь дело с непериодической функцией $f(x)$, иной раз даже заданной только в промежутке $[-\pi, \pi]$.

Чтобы иметь право применить к такой функции изложенную теорию, введем взамен нее вспомогательную функцию $f^*(x)$, определенную следующим образом. В промежутке $(-\pi, \pi]$ мы отождествляем f^* с f:

$$f^*(x) = f(x) \qquad (-\pi < x \leqslant \pi), \tag{12}$$

затем полагаем

$$f^*(-\pi) = f^*(\pi) = f(\pi),$$

а на остальные вещественные значения x распространяем функцию $f^*(x)$ по закону периодичности.

К построенной таким образом функции $f^*(x)$ с периодом 2π можно уже применять доказанную теорему разложения. Однако, если речь идет о точке x_0, лежащей строго между $-\pi$ и π, то, ввиду (12), нам пришлось бы иметь дело лишь с заданной функцией $f(x)$. По той же причине и коэффициенты разложения можно вычислять по формулам (1), не переходя к функции $f^*(x)$. Короче говоря, *все доказанное выше непосредственно переносится на заданную функцию* $f(x)$, минуя вспомогательную функцию $f^*(x)$.

Особого внимания, однако, требуют концы промежутка $x = \pm\pi$. При применении к функции $f^*(x)$ теоремы n° **402**, скажем, в точке $x = \pi$, нам пришлось бы иметь дело как со значениями вспомогательной функции $f^*(x)$ слева от $x = \pi$, где они совпадают с соответственными значениями данной функции $f(x)$, так и со значениями $f^*(x)$ справа от $x = \pi$, *где они совпадают уже со значениями* $f(x)$ *справа от* $x = -\pi$. Поэтому для $x = \pm\pi$ в качестве значения S_0 надлежало бы взять

$$S_0 = \frac{f^*(\pi+0) + f^*(\pi-0)}{2} = \frac{f^*(-\pi+0) + f^*(\pi-0)}{2} = \\ = \frac{f(-\pi+0) + f(\pi-0)}{2}.$$

Таким образом, если заданная функция $f(x)$ даже непрерывна при $x = \pm\pi$, но не имеет периода 2π, так что $f(\pi) \neq f(-\pi)$, то — при соблюдении требования кусочной дифференцируемости — суммой ряда Фурье будет число

$$\frac{f(-\pi) + f(\pi)}{2},$$

отличное как от $f(-\pi)$, так и от $f(\pi)$. Для такой функции разложение может иметь место лишь в **открытом** промежутке $(-\pi, \pi)$.

Следующее замечание заслуживает серьезного внимания читателя. Если тригонометрический ряд (2) сходится в промежутке $(-\pi, \pi]$ к функции $f(x)$, то ввиду того, что его члены имеют период 2π, он сходится **всюду**, и сумма его $S(x)$ оказывается тоже периодической функцией от x с периодом 2π. *Но эта сумма вне указанного промежутка вообще уже не совпадает с функцией $f(x)$* (если последняя была задана на всей вещественной оси). Ниже это замечание будет проиллюстрировано примерами.

Отметим, наконец, что вместо промежутка $[-\pi, \pi]$ можно было бы взять любой промежуток $[\alpha, \alpha+2\pi]$ длины 2π.

404. Случай произвольного промежутка. Предположим, что функция $f(x)$ задана в промежутке $[-l, l]$ произвольной длины $2l$ и кусочно-дифференцируема в нем. Если прибегнуть к подстановке

$$x=\frac{ly}{\pi} \qquad (-\pi\leqslant y\leqslant \pi),$$

то получится функция $f\left(\frac{ly}{\pi}\right)$ от y в промежутке $[-\pi, \pi]$, тоже кусочно-дифференцируемая, к которой уже приложимы рассмотрения предыдущего номера. Как мы видели, за исключением точек разрыва и концов $-\pi$, π промежутка, можно разложить ее в ряд Фурье:

$$f\left(\frac{ly}{\pi}\right)=\frac{a_0}{2}+\sum_{n=1}^{\infty}(a_n\cos ny+b_n\sin ny),$$

коэффициенты которого определяются формулами Эйлера — Фурье:

$$a_n=\frac{1}{\pi}\int_{-\pi}^{\pi} f\left(\frac{ly}{\pi}\right)\cos ny\,dy, \qquad b_n=\frac{1}{\pi}\int_{-\pi}^{\pi} f\left(\frac{ly}{\pi}\right)\sin ny\,dy.$$

$$(n=0,\ 1,\ 2,\ \ldots) \qquad\qquad (n=1,\ 2,\ 3,\ \ldots)$$

Вернемся теперь к прежней переменной x, полагая

$$y=\frac{\pi x}{l}.$$

Тогда мы получим разложение заданной функции $f(x)$ в тригонометрический ряд несколько измененного типа:

$$f(x)=\frac{a_0}{2}+\sum_{n=1}^{\infty}\left(a_n\cos\frac{n\pi x}{l}+b_n\sin\frac{n\pi x}{l}\right). \tag{13}$$

Здесь косинусы и синусы берутся от углов, кратных не x, а $\frac{\pi x}{l}$. Можно было бы и формулы для определения коэффициентов этого разложения преобразовать той же подстановкой к виду

$$a_n = \frac{1}{l} \int_{-l}^{l} f(x) \cos \frac{n\pi x}{l} dx, \quad b_n = \frac{1}{l} \int_{-l}^{l} f(x) \sin \frac{n\pi x}{l} dx. \tag{14}$$
$$(n = 0, 1, 2, \ldots) \qquad (n = 1, 2, 3, \ldots)$$

В отношении концов промежутка $x = \pm l$ сохраняют силу замечания, сделанные в предыдущем номере относительно точек $x = \pm \pi$. Конечно, промежуток $(-l, l]$ может быть заменен любым другим промежутком длины $2l$, в частности, промежутком $(0, 2l]$. В последнем случае формулы (14) должны быть заменены формулами

$$a_n = \frac{1}{l} \int_{0}^{2l} f(x) \cos \frac{n\pi x}{l} dx, \quad b_n = \frac{1}{l} \int_{0}^{2l} f(x) \sin \frac{n\pi x}{l} dx. \tag{14a}$$
$$(n = 0, 1, 2, \ldots) \qquad (n = 1, 2, 3, \ldots)$$

405. Разложение только по косинусам или только по синусам. Начнем со следующего замечания: если заданная в промежутке $[-\pi, \pi]$ (непрерывная или, по крайней мере, кусочно-непрерывная) функция $f(x)$ будет нечетной, то для нее

$$\int_{-\pi}^{\pi} f(x)\, dx = 0.$$

В этом легко убедиться, представив интеграл $\int_{-\pi}^{\pi}$ в виде суммы интегралов: $\int_{0}^{\pi} + \int_{-\pi}^{0}$ и заменив во втором из них x на $-x$. Таким же путем устанавливается, что в случае четной функции $f(x)$:

$$\int_{-\pi}^{\pi} f(x)\, dx = 2 \int_{0}^{\pi} f(x)\, dx.$$

Пусть теперь $f(x)$ будет кусочно-дифференцируемая в промежутке $[-\pi, \pi]$ четная функция. Тогда произведение $f(x) \sin nx$ окажется нечетной функцией, и по сказанному

$$b_n = \frac{1}{\pi} \int_{-\pi}^{\pi} f(x) \sin nx\, dx = 0.$$

Таким образом, *ряд Фурье четной функции содержит одни лишь косинусы:*

$$f(x)=\frac{a_0}{2}+\sum_{n=1}^{\infty} a_n \cos nx. \tag{15}$$

Так как $f(x)\cos nx$ в этом случае тоже будет четной функцией, то, применив сюда второе из сделанных выше замечаний, можем коэффициенты a_n разложения написать в виде

$$a_n=\frac{2}{\pi}\int_0^{\pi} f(x)\cos nx\,dx \qquad (n=0,\ 1,\ 2,\ldots). \tag{16}$$

Если же функция $f(x)$ будет нечетной, то нечетной будет и функция $f(x)\cos nx$, так что

$$a_n=\frac{1}{\pi}\int_{-\pi}^{\pi} f(x)\cos nx\,dx=0 \qquad (n=0,\ 1,\ 2,\ldots).$$

Мы приходим к заключению, что *ряд Фурье нечетной функции содержит одни лишь синусы:*

$$f(x)=\sum_{n=1}^{\infty} b_n \sin nx. \tag{17}$$

При этом ввиду четности произведения $f(x)\sin nx$ можно писать:

$$b_n=\frac{2}{\pi}\int_0^{\pi} f(x)\sin nx\,dx \qquad (n=1,\ 2,\ 3,\ldots). \tag{18}$$

Отметим попутно, что каждая функция $f(x)$, заданная в промежутке $[-\pi,\ \pi]$, может быть представлена в виде суммы четной и нечетной составляющих функций:

$$f(x)=f_1(x)+f_2(x),$$

где

$$f_1(x)=\frac{f(x)+f(-x)}{2},\quad f_2(x)=\frac{f(x)-f(-x)}{2}.$$

Очевидно, что ряд Фурье функции $f(x)$ как раз и составится из разложения по косинусам функции $f_1(x)$ и разложения по синусам функции $f_2(x)$.

Предположим, далее, что функция $f(x)$ задана лишь в промежутке $[0,\ \pi]$. Желая разложить ее в этом промежутке в ряд Фурье (2), мы дополним определение нашей функции для значений x в промежутке $[-\pi,\ 0)$ по произволу, но с сохранением кусочной дифференцируемости, а затем применим сказанное в n° **403**.

Подчеркнутый выше произвол в определении функции дает возможность получить таким путем различные тригонометрические ряды.

Можно использовать произвол в определении функции в промежутке $[-\pi, 0)$ так, чтобы получить для $f(x)$ разложение **только по косинусам** или **только по синусам**. Действительно, представим себе, что для $0 < x \leqslant \pi$ мы полагаем

$$f(-x) = f(x), \tag{19}$$

так что в результате получится **четная** функция в промежутке $[-\pi, \pi]$ (рис. 75, *а*). Ее разложение, как мы видели, будет содержать одни только косинусы. Коэффициенты разложения можно вычислять по формулам (16), куда входят лишь значения первоначально заданной функции $f(x)$.

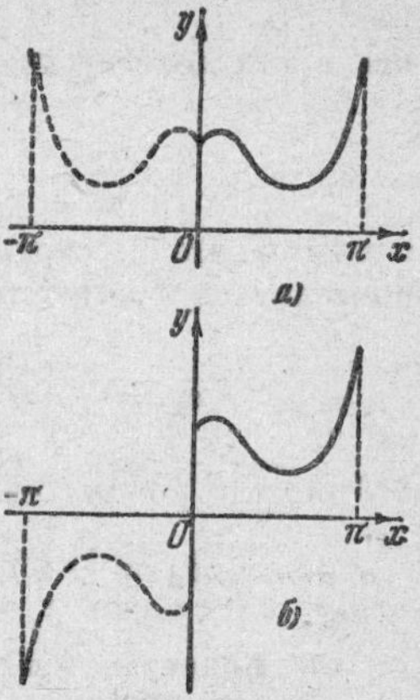

Рис. 75.

Аналогично, если дополнить определение функции условием (для $0 < x \leqslant \pi$)

$$f(-x) = -f(x) \tag{20}$$

так, чтобы она оказалась **нечетной** (рис. 75, *б*), то в ее разложении будут участвовать только члены с синусами. Коэффициенты его определяются по формулам (18).

Таким образом, ***заданную в промежутке*** $[0, \pi]$ ***функцию при соблюдении известных условий оказывается возможным разлагать как в ряд по косинусам, так и в ряд по синусам.***

Особого исследования требуют, впрочем, точки $x = 0$ и $x = \pi$. Здесь оба разложения ведут себя по-разному. Предположим для простоты, что заданная функция $f(x)$ непрерывна при $x = 0$ и $x = \pi$, и рассмотрим сначала разложение по косинусам. Условие (19) прежде всего **сохраняет** непрерывность при $x = 0$, так что ряд (15) при $x = 0$ будет сходиться именно к $f(0)$. Так как, далее,

$$f(-\pi + 0) = f(\pi - 0) = f(\pi),$$

то и при $x = \pi$ имеет место аналогичное обстоятельство.

Иначе обстоит дело с разложением по синусам. Не вдаваясь в соображения относительно нарушения непрерывности условием (20) и т. п., мы просто заметим, что в точках $x = 0$ и $x = \pi$ сумма ряда (17) явно будет нулем. Поэтому она может дать нам значения $f(0)$ и $f(\pi)$, очевидно, лишь в том случае, если и эти значения равны нулю.

Если функция $f(x)$ задана в промежутке $[0, l]$ $(l>0)$, то, прибегнув к той же замене переменной, что и в n° **404**, мы сведем вопрос о разложении ее в ряд по косинусам

$$\frac{a_0}{2}+\sum_{n=1}^{\infty} a_n \cos\frac{n\pi x}{l}$$

или в ряд по синусам

$$\sum_{n=1}^{\infty} b_n \sin\frac{n\pi x}{l}$$

к только что рассмотренному. При этом коэффициенты разложений вычисляются, соответственно, по формулам

$$a_n=\frac{2}{l}\int_0^l f(x)\cos\frac{n\pi x}{l}\,dx \qquad (n=0,\ 1,\ 2,\ldots) \tag{21}$$

или

$$b_n=\frac{2}{l}\int_0^l f(x)\sin\frac{n\pi x}{l}\,dx \qquad (n=1,\ 2,\ 3,\ldots). \tag{22}$$

406. Примеры. Функции, которые ниже приводятся в виде примеров, как правило, относятся к классу дифференцируемых или кусочно-дифференцируемых. Поэтому самая возможность их разложения в ряд Фурье — вне сомнения, и мы на этом вопросе останавливаться не будем.

1) Разложить функцию

$$f(x)=\frac{\pi-x}{2}$$

в промежутке $(0, 2\pi)$.

По формулам (1а) n° 399:

$$a_0=\frac{1}{\pi}\int_0^{2\pi}\frac{\pi-x}{2}\,dx=\frac{1}{2\pi}\left(\pi x-\frac{1}{2}x^2\right)\Big|_0^{2\pi}=0,$$

$$a_n=\frac{1}{\pi}\int_0^{2\pi}\frac{\pi-x}{2}\cos nx\,dx=$$

$$=\frac{1}{2\pi}(\pi-x)\frac{\sin nx}{n}\Big|_0^{2\pi}+\frac{1}{2n\pi}\int_0^{2\pi}\sin nx\,dx=0.$$

$$(n=1,\ 2,\ 3,\ldots)$$

$$b_n=\frac{1}{\pi}\int_0^{2\pi}\frac{\pi-x}{2}\sin nx\,dx=-\frac{1}{2\pi}(\pi-x)\frac{\cos nx}{n}\Big|_0^{2\pi}-$$

$$-\frac{1}{2n\pi}\int_0^{2\pi}\cos nx\,dx=\frac{1}{n}.$$

Таким образом, мы приходим к замечательному по простоте разложению, содержащему одни лишь синусы:

$$\frac{\pi - x}{2} = \sum_{n=1}^{\infty} \frac{\sin nx}{n} \qquad (0 < x < 2\pi).$$

При $x = 0$ (или 2π) сумма ряда равна нулю, и равенство нарушается. Не будет равенства и вне указанного промежутка. График суммы ряда $S(x)$ (рис. 76) состоит из бесчисленного множества параллельных отрезков и ряда отдельных точек на оси x.

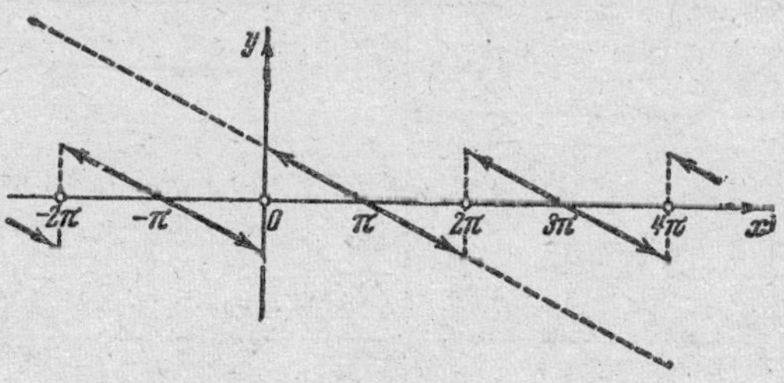

Рис. 76.

2) Из разложения в 1) уже без вычислений можно получить и другие интересные разложения. Заменяя в нем x на $2x$ и деля обе части равенства на 2, найдем:

$$\frac{\pi}{4} - \frac{x}{2} = \sum_{k=1}^{\infty} \frac{\sin 2kx}{2k} \quad (0 < x < \pi),$$

вычитая же одно разложение из другого, получим

$$\frac{\pi}{4} = \sum_{k=1}^{\infty} \frac{\sin (2k-1)\, x}{2k-1} \quad (0 < x < \pi).$$

Если через $S(x)$ обозначить сумму последнего ряда, то $S(0) = S(\pi) = 0$. Изменяя знак x, для промежутка $(-\pi, 0)$ по нечетности синуса найдем, что $S(x) = -\frac{\pi}{4}$; для прочих же значений x сумма $S(x)$ получается по закону периодичности, так что, в частности, для промежутка $(2\pi, 3\pi)$ снова $S(x) = \frac{\pi}{4}$, и т. д. График функции $S(x)$ изображен на рис. 77; рисунок 78 характеризует постепенное приближение к этой разрывной функции частичных сумм ряда.

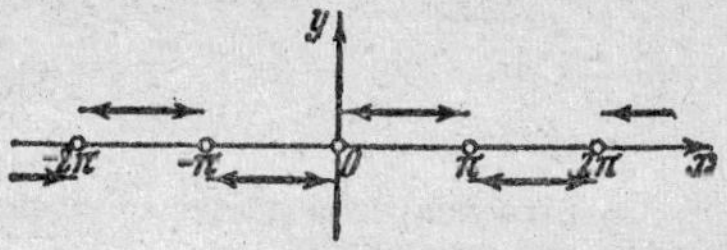

Рис. 77.

Замечание. Если положить в рассматриваемом разложении $x=\frac{\pi}{2}$, то получим уже известный нам ряд Лейбница [n° 255, (20)]

$$\frac{\pi}{4}=1-\frac{1}{3}+\frac{1}{5}-\frac{1}{7}+\dots$$

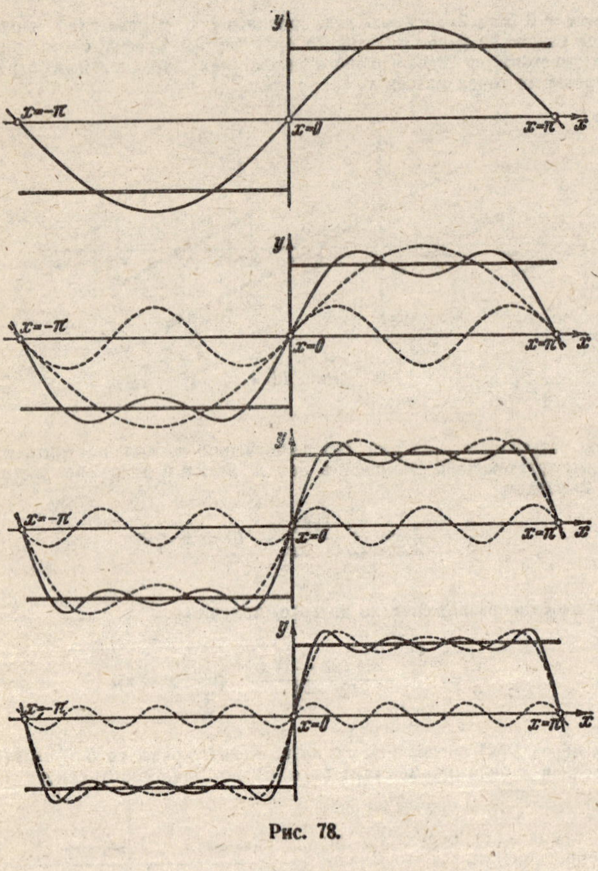

Рис. 78.

Сочетая полученное здесь разложение с разложением в 1), легко прийти к ряду для функции

$$x=2\sum_{n=1}^{\infty}(-1)^{n-1}\frac{\sin nx}{n}\qquad(-\pi<x<\pi).$$

Непосредственно мы получаем его лишь для $0 < x < \pi$, но равенство явно имеет место для $x = 0$ и, кроме того, обе его части, очевидно, представляют нечетные функции, так что окончательно разложение оказывается верным для всего промежутка $(-\pi, \pi)$.

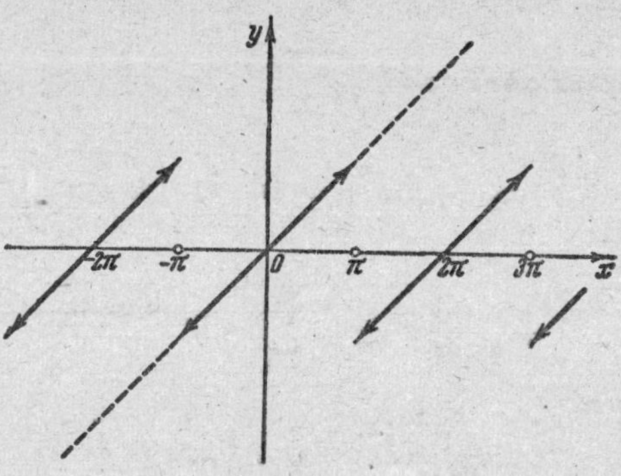

Рис. 79.

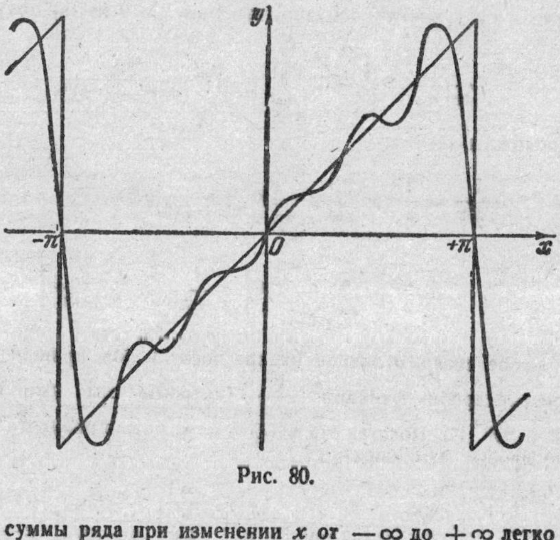

Рис. 80.

График суммы ряда при изменении x от $-\infty$ до $+\infty$ легко себе представить по рис. 79. На рис. 80 приведен график частичной суммы

$$y = s_5(x) = 2\left(\sin x - \frac{\sin 2x}{2} + \frac{\sin 3x}{3} - \frac{\sin 4x}{4} + \frac{\sin 5x}{5}\right).$$

3) Разложить:

(а) четную функцию $f_1(x) = \cos ax$ по косинусам в $[-\pi, \pi]$,

(б) нечетную функцию $f_2(x) = \sin ax$ по синусам в $(-\pi, \pi)$ (число a здесь предполагается нецелым).

(а) Имеем

$$\frac{1}{2}a_0=\frac{1}{\pi}\int_0^\pi \cos ax\,dx=\frac{\sin a\pi}{a\pi}$$

$$a_n=\frac{2}{\pi}\int_0^\pi \cos ax\cos nx\,dx=$$

$$=\frac{1}{\pi}\int_0^\pi [\cos(a+n)x+\cos(a-n)x]\,dx=(-1)^n\frac{2a}{a^2-n^2}\frac{\sin a\pi}{\pi},$$

так что

$$\frac{\pi}{2}\frac{\cos ax}{\sin a\pi}=\frac{1}{2a}+\sum_{n=1}^\infty(-1)^n\frac{a\cos nx}{a^2-n^2}\qquad(-\pi\leqslant x\leqslant\pi).$$

(б) *Ответ*:

$$\frac{\pi}{2}\frac{\sin ax}{\sin a\pi}=\sum_{n=1}^\infty(-1)^n\frac{n\sin nx}{a^2-n^2}\qquad(-\pi<x<\pi).$$

Замечание. Отметим попутно, что при $x=0$ из (а) получается:

$$\frac{1}{\sin a\pi}=\frac{1}{a\pi}+2\sum_{n=1}^\infty(-1)^n\frac{a\pi}{(a\pi)^2-(n\pi)^2}$$

или, если положить $a\pi=z$:

$$\frac{1}{\sin z}=\frac{1}{z}+\sum_{n=1}^\infty(-1)^n\frac{2z}{z^2-(n\pi)^2}=$$

$$=\frac{1}{z}+\sum_{n=1}^\infty(-1)^n\left[\frac{1}{z-n\pi}+\frac{1}{z+n\pi}\right]$$

(здесь z — любое число, отличное от кратного π). Мы пришли к «разложению на простые дроби» функции $\frac{1}{\sin z}$ (которым мы уже пользовались в n° 293, 3° и 308, 1°). Полагая же в (а) $x=\pi$, можно получить «разложение на простые дроби» функции $\operatorname{ctg} z$:

$$\operatorname{ctg} z=\frac{1}{z}+\sum_{n=1}^\infty\frac{2z}{z^2-(n\pi)^2}=\frac{1}{z}+\sum_{n=1}^\infty\left[\frac{1}{z-n\pi}+\frac{1}{z+n\pi}\right].$$

4) Разложить функцию

$$f(x)=\frac{x^2}{4}-\frac{\pi x}{2}$$

по косинусам в промежутке $[0,\pi]$.

Легко вычислить, по формулам (16):

$$\frac{a_0}{2} = \frac{1}{\pi}\int_0^{\pi}\left(\frac{x^2}{4} - \frac{\pi x}{2}\right)dx = -\frac{\pi^2}{6}$$

и далее (дважды интегрируя по частям)

$$a_n = \frac{2}{\pi}\int_0^{\pi}\left(\frac{x^2}{4} - \frac{\pi x}{2}\right)\cos nx\,dx =$$

$$= \frac{2}{\pi}\left(\frac{x^2}{4} - \frac{\pi x}{2}\right)\frac{\sin nx}{n}\Big|_0^{\pi} - \frac{1}{n\pi}\int_0^{\pi}(x-\pi)\sin nx\,dx =$$

$$= \frac{1}{n^2\pi}(x-\pi)\cos nx\Big|_0^{\pi} - \frac{1}{n^2\pi}\int_0^{\pi}\cos nx\,dx = \frac{1}{n^2}\quad (n = 1, 2, 3, \ldots).$$

Разложение

$$\frac{x^2}{4} - \frac{\pi x}{2} = -\frac{\pi^2}{6} + \sum_{n=1}^{\infty}\frac{\cos nx}{n^2},$$

выведенное для промежутка $[0, \pi]$, на деле имеет место даже в промежутке $[0, 2\pi]$, поскольку обе части равенства не меняют своего значения при замене x на $2\pi - x$.

Замечание. Если положить здесь $x = 0$, то получим знаменитый ряд Эйлера:

$$\sum_{n=1}^{\infty}\frac{1}{n^2} = \frac{\pi^2}{6}.$$

407. Разложение непрерывной функции в ряд тригонометрических многочленов. При доказательстве теоремы о разложении в ряд Фурье [n° 402] мы — для простоты — ограничились кусочно-дифференцируемыми функциями. На деле класс функций, допускающих такое разложение, значительно шире, но все же в него входят не все непрерывные функции с периодом 2π! [См. n° 424.] В некотором смысле здесь создается положение, сходное с тем, о котором была речь в n° 278 по отношению к разложению функции в степенной ряд. И наряду с (изложенной там) теоремой Вейерштрасса о разложении произвольной непрерывной функции в равномерно сходящийся ряд из алгебраических многочленов, тем же автором была доказана и вторая теорема — о разложении произвольной непрерывной функции с периодом 2π в равномерно сходящийся ряд из тригонометрических многочленов, т. е. из сумм вида

$$A_0 + \sum_{k=1}^{m}(A_k\cos kx + B_k\sin kx). \tag{23}$$

Таким образом, как и выше, расширение области применимости разложения достигается за счет усложнения характера самих членов разложения: вместо одночленных выражений простого вида появляются многочленные суммы их.

Вторую теорему Вейерштрасса мы, как и первую, сформулируем на языке последовательностей:

Теорема Вейерштрасса. Если функция $f(x)$ непрерывна в промежутке $[-\pi, \pi]$ и имеет период 2π:

$$f(-\pi)=f(\pi),$$

то существует последовательность тригонометрических многочленов, которая в этом промежутке равномерно сходится к $f(x)$ *)

Начнем доказательство теоремы с простого замечания, что произведение двух тригонометрических многочленов типа (23) тоже может быть представлено в виде тригонометрического многочлена. Это непосредственно следует из того, что всевозможные произведения —

$$\cos kx \cdot \cos lx, \quad \cos kx \cdot \sin lx, \quad \sin kx \cdot \sin lx$$

по известным формулам тригонометрии — представляются в виде таких многочленов, например,

$$\cos kx \cdot \cos lx = \frac{1}{2}\cos(k+l)x + \frac{1}{2}\cos(k-l)x.$$

Теорема будет доказана, если мы установим, что для любого числа $\varepsilon>0$ найдется такой тригонометрический многочлен $T(x)$, что для всех x в промежутке $[-\pi, \pi]$ будет

$$|f(x)-T(x)|<\varepsilon. \tag{24}$$

Это легко установить для случая *четной функции* $f(x)$. Используя первую теорему Вейерштрасса [n° 278], мы прежде всего построим такой алгебраический многочлен $P(t)$, чтобы для всех значений t в промежутке $[-1, 1]$ было

$$|f(\arccos t)-P(t)|<\varepsilon \text{ **}).$$

Полагая здесь $t=\cos x$, где $0\leqslant x\leqslant\pi$, получим для всего этого промежутка

$$|f(x)-P(\cos x)|<\varepsilon.$$

Ввиду четности функций $f(x)$ и $\cos x$, это неравенство сохранится и при замене x на $-x$, т. е. будет выполняться для всех значений x в промежутке $[-\pi, \pi]$, а в силу периодичности — и во всем промежутке $(-\infty, +\infty)$. Так как — по замечанию вначале — выражение $P(\cos x)$ может быть написано в виде тригонометрического многочлена, то для рассматриваемого случая наше утверждение оправдано.

Обратимся теперь к общему случаю — *произвольной непрерывной функции $f(x)$ с периодом* 2π. Для четных функций

$$f_1(x)=\frac{f(x)+f(-x)}{2}, \quad f_2(x)=\frac{f(x)-f(-x)}{2}\cdot\sin x$$

по доказанному, существуют такие тригонометрические многочлены $T_1(x)$ и $T_2(x)$, что

$$|f_1(x)-T_1(x)|<\frac{\varepsilon}{4}, \quad |f_2(x)-T_2(x)|<\frac{\varepsilon}{4} \qquad (-\infty<x<+\infty).$$

---

*) Мы будем представлять себе функцию $f(x)$ периодически распространенной на весь промежуток $(-\infty, +\infty)$.

**) Напомним, что значения $\arccos t$ заполняют промежуток $[0, \pi]$.

Отсюда следует

$$|f_1 \sin^2 x - T_1 \cdot \sin^2 x| < \frac{\varepsilon}{4}, \quad |f_2 \sin x - T_2 \cdot \sin x| < \frac{\varepsilon}{4},$$

а затем, если сложить эти неравенства:

$$|f(x) \cdot \sin^2 x - T_3(x)| < \frac{\varepsilon}{2}, \tag{25}$$

где $T_3(x)$ есть тригонометрический многочлен

$$T_3 = T_1 \cdot \sin^2 x + T_2 \cdot \sin x$$

[см. замечание].

Подобным же образом и для функции $f\left(x + \frac{\pi}{2}\right)$ найдется тригонометрический многочлен $T_4(x)$, такой, что

$$\left|f\left(x + \frac{\pi}{2}\right) \cdot \sin^2 x - T_4(x)\right| < \frac{\varepsilon}{2}.$$

Заменяя здесь x на $x - \frac{\pi}{2}$ и обозначая через $T_5(x)$ тригонометрический многочлен, который при этой замене получится из $T_4(x)$, найдем, что

$$|f(x) \cdot \cos^2 x - T_5(x)| < \frac{\varepsilon}{2}. \tag{26}$$

Наконец, из (25) и (26) сложением получим (24), полагая $T = T_3 + T_5$. Теорема доказана.

Можно сформулировать эту теорему и на языке рядов [ср. n° 278]: *Непрерывная функция $f(x)$, с периодом 2π, может быть разложена в равномерно сходящийся к ней ряд, состоящий из тригонометрических многочленов.*

§ 3. ИНТЕГРАЛ ФУРЬЕ

408. Интеграл Фурье как предельный случай ряда Фурье. Мы хотим воспроизвести здесь в существенных чертах те замечательные по их прозрачности, хотя и лишенные строгости, соображения, которые привели Фурье к его интегральной формуле *).

Если функция $f(x)$ задана в конечном промежутке $[-l, l]$, то при определенных условиях, которые нас здесь не интересуют, ее можно представить в этом промежутке тригонометрическим рядом:

$$f(x) = \frac{a_0}{2} + \sum_{m=1}^{\infty} a_m \cos \frac{m\pi x}{l} + b_m \sin \frac{m\pi x}{l},$$

где

$$a_m = \frac{1}{l} \int_{-l}^{l} f(u) \cos \frac{m\pi u}{l}\, du, \qquad b_m = \frac{1}{l} \int_{-l}^{l} f(u) \sin \frac{m\pi u}{l}\, du.$$

$$(m = 0, 1, 2, \ldots) \qquad\qquad (m = 1, 2, \ldots)$$

*) Эта формула, независимо от Фурье, была получена и Коши.

[см. n° 404]. Подставляя вместо коэффициентов a_m и b_m их выражения, можно переписать ряд в виде

$$f(x)=\frac{1}{2l}\int_{-l}^{l}f(u)\,du+\sum_{m=1}^{\infty}\frac{1}{l}\int_{-l}^{l}f(u)\cos\frac{m\pi}{l}(u-x)\,du. \qquad (1)$$

Пусть теперь функция $f(x)$ будет определена во всем бесконечном промежутке $(-\infty, +\infty)$. В этом случае, каково бы ни было x, соответствующее значение $f(x)$ выразится разложением (1) при любом $l>|x|$. Переходя здесь к пределу при $l\to+\infty$, попытаемся установить «предельную форму» этого разложения.

Про первый член правой части равенства (1) естественно считать, что он стремится к нулю*). Обращаясь же к бесконечному ряду, мы можем рассматривать множители $\frac{m\pi}{l}$ под знаком косинуса как дискретные значения

$$z_1=\frac{\pi}{l},\quad z_2=\frac{2\pi}{l},\ \ldots,\ z_m=\frac{m\pi}{l},\ldots$$

некоей переменной z, непрерывно меняющейся от $z_0=0$ до $+\infty$; при этом приращение

$$\Delta z_m=z_{m+1}-z_m=\frac{\pi}{l},$$

очевидно, стремится к нулю при $l\to+\infty$. В этих обозначениях наш ряд перепишется так:

$$\frac{1}{\pi}\sum_{m=1}^{\infty}\Delta z_{m-1}\int_{-l}^{l}f(u)\cos z_m(u-x)\,du.$$

Он напоминает интегральную сумму для функции

$$\frac{1}{\pi}\int_{-\infty}^{+\infty}f(u)\cos z(u-x)\,du$$

от z в промежутке $[0, +\infty]$. Переходя к пределу при $l\to+\infty$, вместо ряда получим интеграл; таким путем и приходим к интегральной формуле Фурье:

$$f(x)=\frac{1}{\pi}\int_{0}^{\infty}dz\int_{-\infty}^{+\infty}f(u)\cos z(u-x)\,du.$$

---

*) Это становится очевидным, например, если предположить, что интеграл $\int_{-\infty}^{+\infty}f(u)\,du$ сходится.

Можно представить эту формулу, раскрывая выражение косинуса разности, и в виде

$$f(x)=\int_0^{\infty}[a(z)\cos zx+b(z)\sin zx]\,dz,$$

где

$$a(z)=\frac{1}{\pi}\int_{-\infty}^{+\infty}f(u)\cos zu\,du,\qquad b(z)=\frac{1}{\pi}\int_{-\infty}^{+\infty}f(u)\sin zu\,du.$$

Здесь ясно обнаруживается аналогия с тригонометрическим разложением: лишь параметр m, пробегающий ряд натуральных значений, заменен здесь непрерывно изменяющимся параметром z, а бесконечный ряд — интегралом. Коэффициенты $a(z)$ и $b(z)$ также по своей структуре напоминают коэффициенты Фурье.

Конечно, все эти соображения имеют характер лишь наведения; действительные условия справедливости формулы Фурье еще подлежат выяснению. Но и при проведении строгих рассуждений мы будем следовать основным этапам рассуждений, связанных с рядами Фурье.

409. Предварительные замечания. *Относительно функции $f(x)$ предположим теперь, что* 1) *она кусочно-непрерывна в каждом конечном промежутке и* 2) *абсолютно интегрируема в бесконечном промежутке* $[-\infty, +\infty]$. В этом предположении рассмотрим интеграл

$$J(A)=\frac{1}{\pi}\int_0^{A}dz\int_{-\infty}^{+\infty}f(u)\cos z(u-x_0)\,du,$$

где A есть произвольное конечное положительное число, а x_0 — любое фиксированное значение x. Этот интеграл представляет аналог частичной суммы ряда Фурье: из него интеграл Фурье

$$\frac{1}{\pi}\int_0^{+\infty}dz\int_{-\infty}^{+\infty}f(u)\cos z(u-x_0)\,du \tag{2}$$

получается в пределе при $A\to+\infty$.

При любом конечном $B>0$, по теореме 4 n° 298, будем иметь

$$\int_0^{A}dz\int_{-B}^{B}f(u)\cos z(u-x_0)\,du=\int_{-B}^{B}f(u)\,du\int_0^{A}\cos z(u-x_0)\,dz=$$
$$=\int_{-B}^{B}f(u)\frac{\sin A(u-x_0)}{u-x_0}\,du. \tag{3}$$

Это непосредственно следует из упомянутой теоремы, если функция $f(u)$ в промежутке $[-B, B]$ непрерывна; в противном случае теорему пришлось бы применить, в отдельности, к каждому из тех промежутков, в которых функция непрерывна.

Но интеграл

$$\int_{-\infty}^{+\infty}f(u)\cos z(u-x_0)\,du \tag{4}$$

мажорируется сходящимся по предположению интегралом

$$\int_{-\infty}^{+\infty} |f(u)|\, du$$

и, следовательно, сходится равномерно относительно z (как при $u=+\infty$, так и при $u=-\infty$) для любого промежутка его значений. Таким образом, интеграл

$$\int_{-B}^{B} f(u) \cos z(u-x_0)\, du$$

при $B\to+\infty$ стремится к своему пределу (4) равномерно. Поэтому, переходя в равенстве (3) к пределу при $B\to+\infty$, в интеграле слева предельный переход можно выполнить под знаком интеграла [теорема 1 n° 296] *). Отсюда для $J(A)$ получается выражение в виде интеграла

$$J(A)=\frac{1}{\pi}\int_{-\infty}^{+\infty} f(u)\frac{\sin A(u-x_0)}{u-x_0}\, du,$$

напоминающего интеграл Дирихле [n° 399] и, в действительности, играющего такую же точно роль. Элементарным преобразованием его легко привести к виду

$$J(A)=\frac{1}{\pi}\int_{-\infty}^{+\infty} f(x_0+t)\frac{\sin At}{t}\, dt=$$

$$=\frac{1}{\pi}\int_{0}^{\infty}[f(x_0+t)+f(x_0-t)]\frac{\sin At}{t}\, dt. \qquad (5)$$

Для дальнейшего изложения нам понадобится следующее очевидное дополнение к основной лемме n° 400:

Если функция $g(t)$ кусочно-непрерывна в каждой конечной части промежутка $[a, +\infty]$ и абсолютно интегрируема в этом бесконечном промежутке, то

$$\lim_{p\to+\infty}\int_{a}^{+\infty} g(t)\sin pt\, dt=0$$

(равно как и

$$\lim_{p\to+\infty}\int_{a}^{+\infty} g(t)\cos pt\, dt=0).$$

Действительно, задавшись произвольным числом $\varepsilon>0$, мы сначала выберем A столь большим, чтобы было

$$\int_{A}^{+\infty} |g(t)|\, dt<\frac{\varepsilon}{2},$$

---

*) Ср. теорему 4 n° 305, где подинтегральную функцию мы предполагали непрерывной. Здесь мы такого предположения не делаем.

а значит и подавно

$$\left|\int_{A}^{+\infty} g(t)\sin pt\,dt\right| \leqslant \int_{A}^{+\infty} |g(t)|\,dt < \frac{\varepsilon}{2},$$

и притом — каково бы ни было p. А затем, к интегралу

$$\int_{a}^{A} g(t)\sin pt\,dt$$

приложим непосредственно лемму n° 400, так что для достаточно больших p будет

$$\left|\int_{a}^{A} g(t)\sin pt\,dt\right| < \frac{\varepsilon}{2};$$

для тех же значений p, очевидно,

$$\left|\int_{a}^{\infty} g(t)\sin pt\,dt\right| < \varepsilon,$$

что и требовалось доказать.

410. Представление функции интегралом Фурье. Совершенно аналогично теореме n° 402 и здесь имеет место

Теорема. Пусть функция $f(x)$ кусочно-дифференцируема в каждом конечном промежутке и, к тому же, абсолютно интегрируема в промежутке $[-\infty, +\infty]$. Тогда в каждой точке $x=x_0$ ее интеграл Фурье сходится и имеет значение

$$S_0 = \frac{f(x_0+0)+f(x_0-0)}{2}$$

(которое, очевидно, обращается в $f(x_0)$, если функция в точке $x=x_0$ непрерывна).

Доказательство. Умножив обе части равенства

$$1 = \frac{2}{\pi}\int_{0}^{\infty} \frac{\sin At}{t}\,dt \qquad (A>0)$$

[n° 293, замечание; n° 308, 2°] на постоянное число S_0, вычтем результат почленно из равенства (5); мы получим

$$J(A) - S_0 = \frac{1}{\pi}\int_{0}^{\infty} [f(x_0+t)+f(x_0-t)-f(x_0+0)-f(x_0-0)]\,\frac{\sin At}{t}\,dt. \qquad (6)$$

Взяв постоянное число $h>0$, перепишем интеграл этот в виде

$$\frac{1}{\pi}\int_{0}^{h}\left[\frac{f(x_0+t)-f(x_0+0)}{t} - \frac{f(x_0-t)-f(x_0-0)}{-t}\right]\sin At\,dt +$$

$$+\frac{1}{\pi}\int_{h}^{\infty}\frac{f(x_0+t)+f(x_0-t)}{t}\sin At\,dt - \frac{2S_0}{\pi}\int_{h}^{\infty}\frac{\sin At}{t}\,dt.$$

Стремление к нулю при $A\to\infty$ первого интеграла устанавливается так же, как и при доказательстве теоремы n° 402. Во втором интеграле дробное выражение, вместе с f, представляет кусочно-непрерывную функцию в любой конечной части промежутка $[h, \infty]$; к тому же эта функция абсолютно интегрируема в названном промежутке. Следовательно, по замечанию в конце предыдущего n°, и второй интеграл имеет при $A\to\infty$ пределом нуль. Наконец, полагая в последнем интеграле $At=z$, приведем его к виду

$$-\frac{2S_0}{\pi}\int\limits_{Ah}^{\infty}\frac{\sin z}{z}\,dz,$$

так что и он при $A\to\infty$ стремится к нулю. Отсюда заключаем, что выражение (6) при $A\to\infty$ имеет пределом нуль, т. е. существует интеграл (2) и равен S_0.

411. Различные виды формулы Фурье. Предполагая выполненными указанные выше условия применимости формулы Фурье, будем считать для простоты, что в рассматриваемой точке x функция $f(x)$ непрерывна или, если разрывна, то удовлетворяет условию

$$f(x)=\frac{f(x+0)+f(x-0)}{2}.$$

Тогда во всяком случае имеем

$$f(x)=\frac{1}{\pi}\int\limits_{0}^{+\infty}dz\int\limits_{-\infty}^{+\infty}f(u)\cos z(u-x)\,du. \tag{7}$$

Ввиду того, что внутренний интеграл явно представляет собой четную функцию от z, эту формулу можно переписать и так:

$$f(x)=\frac{1}{2\pi}\int\limits_{-\infty}^{+\infty}dz\int\limits_{-\infty}^{+\infty}f(u)\cos z(u-x)\,du. \tag{8}$$

Легко показать далее, что при сделанных в n° 410 общих предположениях относительно функции $f(x)$ существует и интеграл

$$\int\limits_{-\infty}^{+\infty}f(u)\sin z(u-x)\,du. \tag{9}$$

Этот интеграл, к тому же, является непрерывной функцией от z и, очевидно, нечетной.

Вообще говоря, для этой функции уже нельзя ручаться за существование несобственного интеграла от $-\infty$ до $+\infty$.

В случае, когда для какой-нибудь функции $\varphi(z)$ не существует интеграла от $-\infty$ до $+\infty$, т. е. предела

$$\lim_{\substack{M\to\infty\\ N\to\infty}}\int\limits_{-M}^{N}\varphi(z)\,dz$$

при *независимом* стремлении M и N к бесконечности, может оказаться существующим предел, отвечающий *частному* предположению $M=N$. Такой предел, следуя Коши, называют ***главным значением интеграла*** и обозначают буквами V. p. (Valeur principale)

$$\text{V. p.}\int\limits_{-\infty}^{+\infty}\varphi(z)\,dz=\lim_{M\to\infty}\int\limits_{-M}^{M}\varphi(z)\,dz,$$

Если интеграл существует в согласии с обычным определением несобственного интеграла, то он, очевидно, совпадает с его главным значением.

Ввиду нечетности функции (9) от z, будем иметь

$$\int_{-M}^{M} dz \int_{-\infty}^{+\infty} f(u) \sin z(u-x)\, du = 0,$$

и в пределе при $M \to \infty$ тоже получится нуль. Итак, во всяком случае

$$\text{V. p.} \int_{-\infty}^{+\infty} dz \int_{-\infty}^{+\infty} f(u) \sin z(u-x)\, du = 0.$$

Умножая это равенство на $\frac{i}{2\pi}$ и складывая с (8), придем к соотношению

$$f(x) = \frac{1}{2\pi} \int_{-\infty}^{+\infty} dz \int_{-\infty}^{+\infty} f(u)\, e^{iz(u-x)}\, du, \tag{10}$$

где наружный интеграл понимается в смысле главного значения. В этом виде формула была впервые представлена Коши.

Возвращаясь к формуле (7), напишем ее в виде

$$f(x) = \frac{1}{\pi} \int_0^{\infty} \cos zx\, dz \int_{-\infty}^{+\infty} f(u) \cos zu\, du +$$

$$+ \frac{1}{\pi} \int_0^{\infty} \sin zx\, dz \int_{-\infty}^{+\infty} f(u) \sin zu\, du.$$

Если $f(u)$ есть четная функция, то

$$\int_{-\infty}^{+\infty} f(u) \cos zu\, du = 2 \int_0^{\infty} f(u) \cos zu\, du, \quad \int_{-\infty}^{+\infty} f(u) \sin zu\, du = 0,$$

и мы получим упрощенную формулу, содержащую лишь косинусы:

$$f(x) = \frac{2}{\pi} \int_0^{\infty} \cos zx\, dz \int_0^{\infty} f(u) \cos zu\, du. \tag{11}$$

Аналогично, в случае нечетной функции $f(x)$ мы приходим к формуле, содержащей лишь синусы:

$$f(x) = \frac{2}{\pi} \int_0^{\infty} \sin zx\, dz \int_0^{\infty} f(u) \sin zu\, du. \tag{12}$$

Пусть теперь функция $f(x)$ задана лишь в промежутке $[0, +\infty]$ и удовлетворяет в этом промежутке условиям, аналогичным тем, которые раньше были поставлены по отношению ко всему промежутку $(-\infty, +\infty)$. Тогда, распространяя функцию $f(x)$ на промежуток $(-\infty, 0)$ с помощью равенств $(x>0)$:

$$f(-x)=f(x) \quad \text{или} \quad f(-x)=-f(x),$$

мы получим в первом случае четную, а во втором — нечетную функцию в промежутке $(-\infty, +\infty)$. Для положительных значений x мы можем, таким образом, пользоваться как формулой (11), так и формулой (12).

Если в точке $x=0$ предположить функцию $f(x)$ непрерывной, то формула (11) и в этой точке приложима, ибо продолженная четным образом функция сохранит здесь непрерывность. Формула же (12) вообще в точке $x=0$ неприложима: она воспроизводит значение $f(0)$ лишь в том случае, если это значение есть нуль.

Эти соображения вполне аналогичны сказанному в n° 405 о рядах Фурье.

412. Преобразование Фурье. При наших предположениях формула Фурье (10) имеет место для всех значений x в промежутке $(-\infty, +\infty)$. Эту формулу можно себе представить, как суперпозицию таких двух формул:

$$F(z)=\frac{1}{\sqrt{2\pi}}\int_{-\infty}^{+\infty} f(u)\,e^{izu}\,du, \quad f(x)=\frac{1}{\sqrt{2\pi}}\int_{-\infty}^{+\infty} F(z)\,e^{-ixz}\,dz\,^{*)}. \tag{13}$$

Функция $F(z)$, сопоставляемая по первой формуле функции $f(x)$, называется ее преобразованием Фурье. В свою очередь по второй формуле функция $f(x)$ *является (обратным) преобразованием Фурье* (разница в знаке при i!) для функции $F(x)$. Заметим, что функция F будет, вообще говоря, комплексной даже при вещественной f; впрочем, можно было бы здесь и исходную функцию f предположить комплексной.

Равенство

$$f(x)=\frac{1}{\sqrt{2\pi}}\int_{-\infty}^{+\infty} F(z)\,e^{-ixz}\,dz,$$

где функция $f(x)$ дана, можно рассматривать, как *интегральное уравнение* относительно неизвестной функции $F(z)$, стоящей под знаком интеграла. Решение уравнения доставляется формулой

$$F(z)=\frac{1}{\sqrt{2\pi}}\int_{-\infty}^{+\infty} f(u)\,e^{izu}\,du.$$

Естественно, эти равенства можно и поменять ролями.

Обратимся теперь к формуле (11); она выполняется для всех положительных значений x, и ее можно представить, как суперпозицию двух — на этот раз вещественных и совершенно симметричных! — формул

$$\left.\begin{aligned} F_c(z)&=\sqrt{\frac{2}{\pi}}\int_0^{\infty} f(u)\cos zu\,du, \\ f(x)&=\sqrt{\frac{2}{\pi}}\int_0^{\infty} F_c(z)\cos xz\,dz. \end{aligned}\right\} \tag{14}$$

---

*) Последний интеграл, если сделаны лишь те предположения относительно $f(x)$, о которых была речь выше, понимается в смысле «главного значения».

Аналогично и формула (12) может быть разложена на две:

$$\left.\begin{aligned} F_s(z) &= \sqrt{\frac{2}{\pi}}\int_0^\infty f(u)\sin zu\,du, \\ f(x) &= \sqrt{\frac{2}{\pi}}\int_0^\infty F_s(z)\sin xz\,dz. \end{aligned}\right\} \qquad (15)$$

Функции $F_c(z)$ *и* $F_s(z)$ *называются, соответственно, косинус-преобразованием или синус-преобразованием Фурье для функции* $f(x)$. Как видим, функция f по F_c (или F_s) получается совершенно так же, как и F_c (F_s) по f. Иными словами, функции f и F_c (F_s) взаимно являются косинус- (синус-) преобразованиями. Коши назвал пары функций f и F_c или f и F_s, соответственно, сопряженными функциями первого и второго рода. И здесь также каждое из равенств (14) [или (15)] можно рассматривать, как *интегральное уравнение*, в котором функция вне интеграла дана, а функция под знаком интеграла разыскивается; решение дается другим равенством.

Сопоставляя функции F, F_c и F_s, можно сказать следующее. В случае четной функции $f(x)$ имеем

$$F(z) = F_c(z)$$

(на значения $z < 0$ функция $F_c(z)$ распространяется четным образом), а в случае нечетной $f(x)$:

$$F(z) = iF_s(z)$$

(на значения $z < 0$ функция $F_s(z)$ распространяется нечетным образом). В общем случае функция $f(x)$ разлагается на сумму четной и нечетной функций:

$$g(x) = \frac{f(x) + f(-x)}{2}, \qquad h(x) = \frac{f(x) - f(-x)}{2}.$$

Тогда

$$F(z) = G_c(z) + iH_s(z)\,^{*)}.$$

В связи с этим обстоятельством достаточно ограничиться примерами косинус- и синус-преобразований.

1) Пусть функция $f(x) = e^{-ax}$ $(a > 0,\ x \geqslant 0)$; тогда ее косинус-преобразованием будет функция

$$F_c(x) = \sqrt{\frac{2}{\pi}}\int_0^\infty e^{-az}\cos zx\,dz = \sqrt{\frac{2}{\pi}}\,\frac{a}{a^2 + x^2},$$

а синус-преобразованием — функция

$$F_s(x) = \sqrt{\frac{2}{\pi}}\int_0^\infty e^{-az}\sin zx\,dz = \sqrt{\frac{2}{\pi}}\,\frac{x}{a^2 + x^2}.$$

---

*) $G_c(z)$ обозначает косинус-преобразование для функции $g(x)$, а $H_s(z)$ — синус-преобразование для функции $h(x)$.

Так как e^{-ax} интегрируема в промежутке $[0, \infty]$, то должны иметь место и взаимные соотношения

$$\frac{2a}{\pi}\int_0^\infty \frac{\cos zx}{a^2+z^2}\,dz = e^{-ax} \qquad (x \geqslant 0),$$

$$\frac{2}{\pi}\int_0^\infty \frac{z\sin zx}{a^2+z^2}\,dz = e^{-ax} \qquad (x > 0)$$

или

$$\int_0^\infty \frac{\cos xz}{a^2+z^2}\,dz = \frac{\pi}{2a}e^{-ax}, \qquad \int_0^\infty \frac{z\sin xz}{a^2+z^2}\,dz = \frac{\pi}{2}e^{-ax}.$$

Мы узнаем в этих интегралах известные уже нам *интегралы Лапласа* [n° 308, 4°].

Таким образом, в лице пар функций

$$e^{-ax}, \quad \sqrt{\frac{2}{\pi}}\,\frac{a}{a^2+x^2} \quad \text{и} \quad e^{-ax}, \quad \sqrt{\frac{2}{\pi}}\,\frac{x}{a^2+x^2}$$

мы имеем здесь примеры сопряженных функций первого и второго рода (по Коши). Если бы интегралы Лапласа нам не были известны, то изложенная теория открыла бы путь к их вычислению.

2) Рассмотрим теперь функцию, определенную равенствами

$$f(x) = \begin{cases} 1 & \text{для} \quad 0 \leqslant x < a \\ \dfrac{1}{2} & \text{для} \quad x = a \\ 0 & \text{для} \quad x > a \end{cases} \qquad (a > 0)$$

В этом случае

$$F_c(x) = \sqrt{\frac{2}{\pi}}\int_0^a \cos zx\,dz = \sqrt{\frac{2}{\pi}}\,\frac{\sin ax}{x}.$$

Желая и на этом примере проверить формулу Фурье, найдем косинус-преобразование для полученной функции:

$$\frac{2}{\pi}\int_0^\infty \frac{\sin az}{z}\cos zx\,dz.$$

Если переписать этот интеграл в виде

$$\frac{1}{\pi}\int_0^\infty \frac{\sin(a+x)z}{z}\,dz + \frac{1}{\pi}\int_0^\infty \frac{\sin(a-x)z}{z}\,dz,$$

то сразу становится ясным [n° 293, замечание], что его значение, действительно, совпадает с исходной функцией $f(x)$!

§ 4. ЗАМКНУТОСТЬ И ПОЛНОТА ТРИГОНОМЕТРИЧЕСКОЙ СИСТЕМЫ ФУНКЦИЙ

413. Приближение функций в среднем. Экстремальные свойства отрезков ряда Фурье. Если для какой-либо функции $f(x)$, в качестве ее приближения в промежутке $[a, b]$, рассматривают другую функцию $g(x)$, то *точность* этого приближения можно оценивать по-разному. В основу, естественно, кладется рассмотрение разности

$$r(x) = f(x) - g(x).$$

В тех случаях, когда мы одинаково заинтересованы в малом отклонении одной из этих функций от другой во всех отдельно взятых точках, за меру близости принимают их *максимальное отклонение*

$$\delta = \sup_{a \leqslant x \leqslant b} |r(x)|.$$

Однако часто предпочитают, вместо «равномерной» близости функции во всех точках, рассматривать лишь близость их «в среднем». В этом случае за меру близости их берут их *среднее отклонение*

$$\delta' = \frac{1}{b-a} \int_a^b |r(x)|\, dx$$

или, чего мы и будем держаться в последующем, *среднее квадратическое отклонение*

$$\delta'' = \sqrt{\frac{1}{b-a} \int_a^b r^2(x)\, dx}.$$

Вместо этого выражения, впрочем, удобнее рассматривать более простую величину:

$$\Delta = \int_a^b r^2(x)\, dx = (b-a)\,\delta''^2.$$

Обратимся вновь к рассмотрению произвольной ортогональной в промежутке $[a, b]$ системы функций $\{\varphi_m(x)\}$ $(m = 0, 1, 2, \ldots)$ [n° 389]. Пусть $f(x)$ — заданная в том же промежутке функция *) и n — фиксированное натуральное число. Поставим себе такую задачу: *из всех линейных комбинаций первых $n+1$ функций* φ:

$$\sigma_n(x) = C_0\varphi_0(x) + C_1\varphi_1(x) + \ldots + C_n\varphi_n(x) \qquad (1)$$

*) Как обычно, мы все рассматриваемые функции, и φ_m, и f будем считать непрерывными или — более общо — кусочно-непрерывными.

при произвольном наборе коэффициентов $C_0, C_1, \ldots, C_n$ *найти ту, которая осуществляет* *наилучшее* — в смысле среднего квадратического отклонения — *приближение к функции* $f(x)$. Иными словами, требуется добиться наименьшего значения для величины

$$\Delta_n = \int_a^b [f(x) - \sigma_n(x)]^2 \, dx.$$

Подставив сюда вместо $\sigma_n(x)$ ее развернутое выражение, получим

$$\Delta_n = \int_a^b f^2(x)\,dx - 2\sum_{m=0}^{n} C_m \int_a^b f(x)\varphi_m(x)\,dx + \\ + \sum_{m=0}^{n} C_m^2 \int_a^b \varphi_m^2(x)\,dx + 2\sum_{k<m} C_k C_m \int_a^b \varphi_k(x)\varphi_m(x)\,dx.$$

Последняя сумма исчезает ввиду ортогональности нашей системы. Вводя постоянные

$$\lambda_m = \int_a^b \varphi_m^2(x)\,dx$$

и (обобщенные) коэффициенты Фурье функции $f(x)$

$$c_m = \frac{1}{\lambda_m}\int_a^b f(x)\varphi_m(x)\,dx,$$

можно переписать выражение для Δ_n в виде

$$\Delta_n = \int_a^b f^2(x)\,dx - 2\sum_{m=0}^{n} \lambda_m c_m C_m + \sum_{m=0}^{n} \lambda_m C_m^2.$$

Чтобы под знаком суммы получить полные квадраты, нужно ввести туда еще члены $\lambda_m c_m^2$. Добавив их с плюсами и с минусами, окончательно получим:

$$\Delta_n = \int_a^b f^2(x)\,dx - \sum_{m=0}^{n} \lambda_m c_m^2 + \sum_{m=0}^{n} \lambda_m (C_m - c_m)^2.$$

Теперь ясно, что Δ_n достигает своего **наименьшего** значения тогда, когда обращается в нуль последняя сумма, а это будет при

$$C_0 = c_0, \quad C_1 = c_1, \ \ldots, \ C_n = c_n.$$

Таким образом, *из всех многочленов вида* (1) *именно отрезок (обобщенного) ряда Фурье*

$$s_n(x) = c_0\varphi_0(x) + c_1\varphi_1(x) + \ldots + c_n\varphi_n(x)$$

доставляет величине Δ_n *наименьшее возможное для нее зн чение*

$$\delta_n = \int_a^b [f(x) - s_n(x)]^2\,dx = \int_a^b f^2(x)\,dx - \sum_{m=0}^{n} \lambda_m c_m^2. \quad (2)$$

Снова наше внимание приковывается к коэффициентам Фурье как, в некотором смысле, «лучшим» из всех возможных! Важно отметить при этом, что коэффициенты, оказавшиеся «лучшими» при фиксированном n, сохраняют свою роль и при бóльших значениях n, к ним лишь присоединяются еще новые коэффициенты!

Равенство (2) называют *тождеством Бесселя*. Из него получаются неравенства

$$\sum_{m=0}^{n} \lambda_m c_m^2 \leqslant \int_a^b f^2(x)\,dx$$

и (если перейти к пределу при $n \to \infty$)

$$\sum_{m=0}^{\infty} \lambda_m c_m^2 \leqslant \int_a^b f^2(x)\,dx. \quad (3)$$

Это — *неравенство Бесселя*. Любопытно, что ряд в (3) оказывается всегда сходящимся, какова бы ни была функция $f(x)$ рассматриваемого класса.

При возрастании n величина δ_n убывает, поскольку в ее выражении (2) добавляются новые отрицательные слагаемые. Чем больше n, тем ближе сумма $s_n(x)$ «в среднем» подходит к рассматриваемой функции $f(x)$. Естественно возникает вопрос: можно ли за счет увеличения n добиться сколь угодно малого среднего квадратического отклонения, т. е. *стремится ли* δ_n *к* 0 *при* $n \to \infty$?

Если это выполняется, то говорят, что сумма $s_n(x)$ сходится к функции $f(x)$ «в среднем» (что — подчеркнем это — вовсе не предполагает «точечной» сходимости $s_n(x)$ к $f(x)$ в обычном смысле слова). Из тождества Бесселя ясно, что *сходимость в среднем суммы* $s_n(x)$ *к функции* $f(x)$ *равносильна наличию равенства* [ср. (3)]

$$\sum_{m=0}^{\infty} \lambda_m c_m^2 = \int_a^b f^2(x)\,dx. \quad (4)$$

Это равенство называется *уравнением замкнутости*. Если оно выполняется для каждой непрерывной функции $f(x)$, то самое систему $\{\varphi_n(x)\}$ называют *замкнутой*.

414. Замкнутость тригонометрической системы. Применим теперь все сказанное, в частности, к тригонометрической системе функций

$$1,\ \cos x,\ \sin x,\ \cos 2x,\ \sin 2x,\ \ldots,\ \cos mx,\ \sin mx,\ \ldots \tag{5}$$

в промежутке $[0,\ 2\pi]$ *).

Вместо суммы вида (1) здесь придется рассматривать тригонометрические многочлены

$$T_n(x) = A_0 + \sum_{m=1}^{n} (A_m \cos mx + B_m \sin mx). \tag{1a}$$

Осуществляемое ими приближение к функции $f(x)$ «в среднем» характеризуется величиной

$$\Delta_n = \int_0^{2\pi} [f(x) - T_n(x)]^2\, dx.$$

Как следует из общего рассуждения, *при фиксированном n наименьшее значение этой величине доставляет соответствующий отрезок ряда Фурье*

$$s_n(x) = \frac{a_0}{2} + \sum_{m=1}^{n} (a_m \cos mx + b_m \sin mx).$$

Само же наименьшее значение выражается равенством

$$\delta_n = \int_0^{2\pi} [f(x) - s_n(x)]^2\, dx =$$

$$= \int_0^{2\pi} f^2(x)\, dx - \pi \left\{ \frac{a_0^2}{2} + \sum_{m=1}^{n} (a_m^2 + b_m^2) \right\}, \tag{2a}$$

которое и представляет *тождество Бесселя* для системы (5). Из него, как и в общем случае, вытекает сходимость ряда, составленного из квадратов коэффициентов Фурье, и *неравенство Бесселя*

$$\frac{a_0^2}{2} + \sum_{m=1}^{n} (a_m^2 + b_m^2) \leqslant \frac{1}{\pi} \int_0^{2\pi} f^2(x)\, dx. \tag{3a}$$

---

*) Нам удобнее в дальнейшем в качестве основного иметь в виду именно промежуток $[0,\ 2\pi]$.

Но для рассматриваемой конкретной системы тригонометрических функций этот результат может быть уточнен, и вопрос, поставленный в конце предыдущего номера, решается полностью. Именно, имеет место следующая важная

Теорема. *Какова бы ни была кусочно-непрерывная в промежутке* $[0, 2\pi]$ *функция* $f(x)$ *для нее*

$$\lim \delta_n = \lim \int_0^{2\pi} [f(x) - s_n(x)]^2 \, dx = 0,$$

так что сумма $s_n(x)$ *сходится к функции* $f(x)$ *«в среднем».*

Иными словами: *для упомянутой функции* $f(x)$ *всегда выполняется уравнение замкнутости*

$$\frac{a_0^2}{2} + \sum_{m=1}^{\infty} (a_m^2 + b_m^2) = \frac{1}{\pi} \int_0^{2\pi} f^2(x)\, dx\ ^{*)}. \tag{4a}$$

При доказательстве мы будем пользоваться обеими равносильными формулировками в зависимости от удобства. Мы проведем доказательство в несколько этапов.

1°. Установим сначала одно вспомогательное неравенство. Рассмотрим две кусочно-непрерывные функции $\overline{f}(x)$, $\overline{\overline{f}}(x)$, и пусть $f(x) = \overline{f}(x) \pm \overline{\overline{f}}(x)$. Обозначая черточками наверху величины, относящиеся к функциям $\overline{f}$ и $\overline{\overline{f}}$, очевидно, будем иметь

$$f - s_n = (\overline{f} - \overline{s}_n) \pm (\overline{\overline{f}} - \overline{\overline{s}}_n).$$

Из элементарного неравенства $(a \pm b)^2 \leqslant 2(a^2 + b^2)$ следует, что

$$(f - s_n)^2 \leqslant 2[(\overline{f} - \overline{s}_n)^2 + (\overline{\overline{f}} - \overline{\overline{s}}_n)^2],$$

а отсюда

$$\int_0^{2\pi} (f - s_n)^2 \, dx \leqslant 2 \left\{ \int_0^{2\pi} (\overline{f} - \overline{\sigma}_n)^2 \, dx + \int_0^{2\pi} (\overline{\overline{f}} - \overline{\overline{s}}_n)^2 \, dx \right\}. \tag{6}$$

Если при $n \to \infty$ оба интеграла справа стремятся к 0, то и интеграл слева будет стремиться к 0. Иными словами: *если уравнение замкнутости выполняется порознь для двух функций* $\overline{f}$ *и* $\overline{\overline{f}}$, *то оно выполняется и для их суммы или разности* $f = \overline{f} \pm \overline{\overline{f}}$. Этот результат, очевидно, будет справедлив и для суммы нескольких функций.

---

*) Хотя рассмотрение близких к этому соотношению вопросов относится еще к началу XIX века, но первое строгое доказательство его, по-видимому, было дано лишь в 1892 г. де ла Валле Пуссеном. Особенно много занимался общей теорией замкнутости ортогональных систем функций и ее приложениями русский математик академик Владимир Андреевич Стеклов (1863—1926). Ему принадлежит и самый термин «уравнение замкнутости».

2°. Рассмотрим теперь простую функцию $f_\alpha(x)$, принимающую лишь **два** значения:

$$f_\alpha(x)=\begin{cases}1, & \text{если } 0\leqslant x\leqslant \alpha,\\ 0 & \text{— в прочих точках.}\end{cases}\quad (0<\alpha\leqslant 2\pi)$$

Для нее легко **непосредственно** проверить выполнение уравнения замкнутости, опираясь на известное нам разложение [см. n° 406, 4) и замечание]:

$$\frac{x^2}{4}-\frac{\pi x}{2}=\sum_{n=1}^{\infty}\frac{\cos nx-1}{n^2}.$$

Действительно, для нашей функции

$$a_0=\frac{1}{\pi}\int_0^\alpha dx=\frac{\alpha}{\pi};\quad a_n=\frac{1}{\pi}\int_0^\alpha \cos nx=\frac{1}{\pi}\cdot\frac{\sin n\alpha}{n};$$

$$b_n=\frac{1}{\pi}\cdot\frac{1-\cos n\alpha}{n},$$

так что

$$\frac{a_0^2}{2}+\sum_1^\infty(a_n^2+b_n^2)=\frac{\alpha^2}{2\pi^2}+\frac{1}{\pi^2}\sum_{n=1}^\infty\frac{\sin^2 n\alpha+(1-\cos n\alpha)^2}{n^2}=$$

$$=\frac{\alpha^2}{2\pi^2}+\frac{2}{\pi^2}\sum_{n=1}^\infty\frac{1-\cos n\alpha}{n^2}=\frac{\alpha^2}{2\pi^2}+\frac{2}{\pi^2}\left[\frac{\pi\alpha}{2}-\frac{\alpha^2}{4}\right]=\frac{\alpha}{\pi}=$$

$$=\frac{1}{\pi}\int_0^{2\pi}[f_\alpha(x)]^2\,dx.$$

Очевидно, формула (4а) остается верной и в том случае, если значение 1 будет заменено **любым другим постоянным значением** c.

3°. Пусть $f_{\alpha\beta}(x)=f_\beta(x)-f_\alpha(x)$ $(0<\alpha<\beta\leqslant 2\pi)$; поскольку для функций f_α и f_β уравнение замкнутости выполняется, оно выполнится, в силу 1°, и для их разности $f_{\alpha\beta}$, которая принимает значение 1 **внутри** промежутка $[\alpha, \beta]$ и значение 0 **вне** него; и здесь значение 1 может быть заменено **любой постоянной** c.

Рассмотрим теперь произвольную *кусочно-постоянную* функцию $\bar{f}(x)$ *). Поскольку она — с точностью до значений в конечном

*) Это значит, что основной промежуток разлагается на конечное число частей, **внутри** каждой из которых функция сохраняет постоянное значение.

числе точек — может быть представлена в виде суммы нескольких функций только что рассмотренного типа, то и для нее, в силу 1°, равенство (4a) справедливо.

4°. Переходя, наконец, к произвольной *кусочно-непрерывной* функции, мы можем снова — с точностью до значений в конечном числе точек — рассматривать ее как сумму функций $f(x)$, каждая из которых непрерывна в некотором промежутке $[\alpha, \beta]$, где $0 \leqslant \alpha < \beta \leqslant 2\pi$, и равна 0 вне него. В силу 1°, для доказательства теоремы достаточно установить справедливость уравнения замкнутости для любой функции этого типа.

Предварительно преобразуем несколько неравенство (6). Именно из тождества Бесселя (2a) — если применить его к функции $\bar{\bar{f}}$ — ясно, что

$$\int_0^{2\pi} [\bar{\bar{f}}(x) - \bar{\bar{s}}_n(x)]^2\,dx \leqslant \int_0^{2\pi} [\bar{\bar{f}}(x)]^2\,dx.$$

Поэтому неравенство (6) лишь усилится, если написать его в виде

$$\int_0^{2\pi} [f(x) - s_n(x)]^2\,dx \leqslant 2\left\{\int_0^{2\pi} [\bar{f}(x) - \bar{s}_n(x)]^2 + \int_0^{2\pi} [\bar{\bar{f}}(x)]^2\,dx\right\}, \tag{7}$$

при этом мы считаем по-прежнему $f = \bar{f} + \bar{\bar{f}}$.

Возвращаясь к функции f, о которой речь была выше, покажем, что для нее может быть построена такая кусочно-постоянная функция $\bar{f}$, что во всем основном промежутке $[0, 2\pi]$ будет

$$|f(x) - \bar{f}(x)| < \sqrt{\frac{\varepsilon}{8\pi}}. \tag{8}$$

Действительно, по следствию из теоремы Кантора [n° 75], промежуток $[\alpha, \beta]$ можно разложить на конечное число частей $[\alpha_i, \beta_i]$ $(i = 1, 2, \ldots, n)$ так, чтобы в каждой из них колебание функции было меньше $\sqrt{\frac{\varepsilon}{8\pi}}$. Положим теперь функцию $\bar{f}$ равной $f(\alpha_i)$ в каждом промежутке $[\alpha_i, \beta_i)$ для $i < n$ и $f(\alpha_n)$ в промежутке $[\alpha_n, \beta_n]$, а вне промежутка $[\alpha, \beta)$ пусть $\bar{f} = 0$. Очевидно, функция $\bar{f}$ и будет искомой.

Если взять $\bar{\bar{f}} = f - \bar{f}$, то в силу (8),

$$|\bar{\bar{f}}| < \sqrt{\frac{\varepsilon}{8\pi}}, \quad \text{так что} \quad \int_0^{2\pi} [\bar{\bar{f}}(x)]^2\,dx < \frac{\varepsilon}{4}.$$

Но первый интеграл в неравенстве (7) справа при $n \to \infty$, ввиду 3°, стремится к 0 и для достаточно больших значений n тоже станет меньше $\frac{\varepsilon}{4}$. Для тех же значений

$$\int_0^{2\pi} [f(x) - s_n(x)]^2 \, dx < \varepsilon,$$

что и завершает доказательство.

В частности, отсюда вытекает, что *тригонометрическая система функций* (5) *в промежутке* $[0, 2\pi]$ *замкнута.*

415. Полнота тригонометрической системы. Доказанная общая теорема имеет ряд следствий, также представляющих интерес.

С ее помощью может быть доказана

Теорема. *Кроме функции, тождественно равной нулю, не существует непрерывной функции, которая в промежутке* $[0, 2\pi]$ *) *была бы ортогональна* [n° **398**] *ко всем функциям тригонометрической системы* (5)

$$1, \cos x, \sin x, \cos 2x, \sin 2x, \ldots, \cos mx, \sin mx, \ldots$$

Иными словами, *если непрерывная в промежутке* $[0, 2\pi]$ *функция* $f(x)$ *имеет коэффициенты Фурье, все равные нулю, то и сама функция сводится тождественно к нулю.*

Действительно, согласно уравнению замкнутости, для такой функции будет

$$\int_0^{2\pi} [f(x)]^2 \, dx = 0.$$

Так как подинтегральная функция здесь неотрицательна, то и подавно

$$\int_0^{X} [f(x)]^2 \, dx = 0$$

для всех X в $[0, 2\pi]$. Дифференцируя по верхнему пределу, с учетом непрерывности подинтегральной функции, получим [n° **183**], что тождественно

$$f(x) \equiv 0.$$

Свойство тригонометрической системы, высказанное в теореме, и называют ее *полнотой*: говорят, что *тригонометрическая система* *п о л н а* — *в классе непрерывных функций.*

*) Или в каком-нибудь другом промежутке длины 2π.

Далее, *если две непрерывные функции $f_1(x)$ и $f_2(x)$ имеют одни и те же коэффициенты Фурье, то они необходимо тождественны*, ибо их разность $f_2(x)-f_1(x)$ будет иметь коэффициенты Фурье, сплошь равные нулю. Таким образом, *непрерывная функция однозначно определяется своими коэффициентами Фурье*. Это — лишь другая формулировка свойства полноты тригонометрической системы.

Замечание. Все сказанное сохраняет силу и для любой замкнутой в некотором промежутке $[a, b]$ ортогональной системы функций $\{\varphi_m(x)\}$: из уравнения замкнутости получается полнота, и т. д.

416. Обобщенное уравнение замкнутости. Пусть даны две функции $f(x)$ и $g(x)$, непрерывные или кусочно-непрерывные в промежутке $[0, 2\pi]$; таковы же будут и функции $f+g$ и $f-g$. Если обозначить соответственно через a_m, b_m и α_m, β_m коэффициенты Фурье функций f и g, то для функций $f\pm g$, очевидно, коэффициентами Фурье будут $a_m\pm\alpha_m$, $b_m\pm\beta_m$.

Применив уравнение замкнутости порознь к функциям $f+g$ и $f-g$, получим

$$\frac{(a_0+\alpha_0)^2}{2}+\sum_{m=1}^{\infty}[(a_m+\alpha_m)^2+(b_m+\beta_m)^2]=\frac{1}{\pi}\int_0^{2\pi}[f+g]^2\,dx$$

и

$$\frac{(a_0-\alpha_0)^2}{2}+\sum_{m=1}^{\infty}[(a_m-\alpha_m)^2+(b_m-\beta_m)^2]=\frac{1}{\pi}\int_0^{2\pi}[f-g]^2\,dx.$$

Если почленно вычесть эти два равенства одно из другого, то, принимая во внимание тождество

$$(a+b)^2-(a-b)^2=4ab,$$

придем к *обобщенному уравнению замкнутости*

$$\frac{a_0\alpha_0}{2}+\sum_{m=1}^{\infty}(a_m\alpha_m+b_m\beta_m)=\frac{1}{\pi}\int_0^{2\pi}f(x)\,g(x)\,dx. \tag{9}$$

Уравнение (4а) получается отсюда при $g\equiv f$.

Замечание. И в общем случае произвольной ортогональной в промежутке $[a, b]$ системы функций $\{\varphi_m(x)\}$, если уравнение замкнутости (4) выполняется для каждой непрерывной (или кусочно-непрерывной) функции, то для двух таких функций имеет также место обобщенное уравнение замкнутости

$$\sum_{m=0}^{\infty}\lambda_m c_m\gamma_m=\int_a^b f(x)\,g(x)\,dx,$$

если c_m и γ_m суть обобщенные коэффициенты Фурье функций f и g. Доказывается это в точности так же, как и только что.

417. Почленное интегрирование ряда Фурье. Предположим функцию $f(x)$, как обычно, кусочно-непрерывной в промежутке $[0, 2\pi]$, и пусть

$$\frac{a_0}{2}+\sum_{m=1}^{\infty} a_m \cos mx + b_m \sin mx \tag{10}$$

будет ее ряд Фурье.

Вместе с нею рассмотрим (тоже кусочно-непрерывную) функцию $g(x)$, которая определяется так:

$$g(x)=\begin{cases} 1, \text{ если } 0\leqslant x\leqslant x_0, \\ 0 \text{ в прочих точках.}\end{cases}$$

Ее коэффициенты Фурье равны

$$\alpha_0=\frac{1}{\pi}\int_0^{x_0} dx, \qquad \alpha_m=\frac{1}{\pi}\int_0^{x_0}\cos mx\,dx,$$

$$\beta_m=\frac{1}{\pi}\int_0^{x_0}\sin mx\,dx \qquad (m=1,\ 2,\ 3,\ \ldots).$$

Если к этим функциям применить обобщенное уравнение замкнутости (9), то получим:

$$\int_0^{x_0}\frac{a_0}{2}dx+\sum_{m=1}^{\infty}\int_0^{x_0}(a_m\cos mx+b_m\sin mx)\,dx=\int_0^{x_0}f(x)\,dx. \tag{11}$$

Таким образом, *интеграл от функции $f(x)$ получается почленным интегрированием соответствующего ей ряда Фурье.* Тот факт, что почленное интегрирование ряда Фурье оказывается *всегда допустимым,* тем более замечателен, что мы установили его, даже не делая предположения о сходимости самого ряда (10) к функции $f(x)$! *)

Можно сказать даже больше. Подставив в формулу (9), вместо коэффициентов Фурье α_m, β_m функции g, их известные выражения

$$\alpha_m=\frac{1}{\pi}\int_0^{2\pi}g(x)\cos mx\,dx, \qquad \beta_m=\frac{1}{\pi}\int_0^{2\pi}g(x)\sin mx\,dx,$$
$$(m=0,\ 1,\ 2,\ \ldots) \qquad\qquad (m=1,\ 2,\ 3,\ \ldots)$$

*) Первую попытку доказать допустимость почленного интегрирования ряда Фурье находим у Лобачевского (1834 г.).

приведем ее к эквивалентной форме:

$$\int_0^{2\pi} \frac{a_0}{2} g(x)\,dx + \sum_{m=1}^{\infty} \int_0^{2\pi} (a_m \cos mx + b_m \sin mx)\, g(x)\,dx = \\ = \int_0^{2\pi} f(x)\, g(x)\,dx.$$

Это равенство может быть истолковано так: *ряд Фурье* (10) *функции* $f(x)$ *можно почленно интегрировать даже после умножения его членов на функцию* $g(x)$ — в качестве суммы получится как раз интеграл от произведения функций f и g. Здесь речь идет об интегрировании в промежутке $[0, 2\pi]$. Если мы заинтересованы в любом другом промежутке $[0, x_0]$ $(0 < x_0 < 2\pi)$, то нужно лишь положить $g(x) = 0$ вне этого промежутка.

418. Геометрическая интерпретация. Мы хотим познакомить читателя с совершенно новой точкой зрения на то, что мы изучали в этом параграфе. Ограничимся рассмотрением непрерывных функций $f(x)$ в некотором конечном промежутке $[a, b]$ и положим в основу произвольную замкнутую [n° 413] ортогональную систему (непрерывных же) функций $\{\varphi_m(x)\}$; для упрощения мы даже предположим эту систему нормальной, так что

$$\int_a^b [\varphi_m(x)]^2\,dx = 1 \qquad (m = 0, 1, 2, \ldots). \tag{12}$$

Например, читатель может себе представить, что речь идет о нормированной тригонометрической системе

$$\frac{1}{\sqrt{2\pi}}, \quad \frac{\cos x}{\sqrt{\pi}}, \quad \frac{\sin x}{\sqrt{\pi}}, \quad \frac{\cos 2x}{\sqrt{\pi}}, \quad \frac{\sin 2x}{\sqrt{\pi}}, \ldots, \quad \frac{\cos mx}{\sqrt{\pi}}, \quad \frac{\sin mx}{\sqrt{\pi}}, \ldots$$

в промежутке $[0, 2\pi]$ или $[-\pi, \pi]$ [см. n° 398, (17*)].

Мы станем рассматривать все функции $f(x)$ как *элементы* $\vec{f}$ *некоторого «векторного пространства»*, определяя сложение двух таких элементов и умножение элемента на скаляр c естественным образом:

$$\vec{f} + \vec{g} = f(x) + g(x), \qquad c\vec{f} = cf(x).$$

Под *длиной* «вектора» $\vec{f} = f(x)$, чаще называемой его *нормой*, мы будем разуметь неотрицательное число

$$\|\vec{f}\| = \sqrt{\int_a^b [f(x)]^2\,dx}. \tag{13}$$

Эта длина равна 0, очевидно, только для функции $f(x)$, тождественно равной 0; соответствующий «вектор» есть *«нулевой вектор»* нашего пространства.

Для того чтобы оправдать название «длина», нужно удостовериться в выполнении так называемой «аксиомы треугольника» [ср. n° 125, (2)]

$$\|\vec{f}+\vec{g}\| \leqslant \|\vec{f}\|+\|\vec{g}\|,$$

т. е. неравенства

$$\sqrt{\int_a^b [f(x)+g(x)]^2\,dx} \leqslant \sqrt{\int_a^b [f(x)]^2\,dx}+\sqrt{\int_a^b [g(x)]^2\,dx}.$$

Если возвести обе его части в квадрат, то оно приведется к неравенству

$$\int_a^b f(x)\,g(x)\,dx \leqslant \sqrt{\int_a^b [f(x)]^2\,dx}\cdot\sqrt{\int_a^b [g(x)]^2\,dx} \qquad (14)$$

или

$$\left\{\int_a^b f(x)\,g(x)\,dx\right\}^2 \leqslant \int_a^b [f(x)]^2\,dx\cdot\int_a^b [g(x)]^2\,dx.$$

Это — известное *неравенство Буняковского* *), которое служит интегральным аналогом уже встречавшегося нам алгебраического неравенства Коши:

$$\sum_{i=1}^m a_i b_i \leqslant \sqrt{\sum_{i=1}^m a_i^2}\cdot\sqrt{\sum_{i=1}^m b_i^2}$$

[см. n° 125 и сноску на стр. 222 первого тома]. Доказательство

---

*) Академик Виктор Яковлевич Буняковский (1804—1889) — русский математик. Упомянутое в тексте неравенство было опубликовано им в 1859 г. Часто ошибочно связывают это неравенство с именем Шварца, в работах которого оно встречается лишь с 1884 г.

неравенства Буняковского можно осуществить так же, как и неравенства Коши: квадратный трехчлен относительно переменной z

$$\int_a^b [z\cdot f(x)+g(x)]^2\,dx=$$

$$=z^2\cdot\int_a^b [f(x)]^2\,dx+2z\int_a^b f(x)\,g(x)\,dx+\int_a^b [g(x)]^2\,dx$$

не принимает отрицательных значений, следовательно,

$$\int_a^b [f(x)]^2\,dx\cdot\int_a^b [g(x)]^2\,dx-\left\{\int_a^b f(x)\,g(x)\,dx\right\}^2\geqslant 0,$$

и т. д.

Удобно ввести понятие «угла» θ между «векторами» $\vec{f}$ и $\vec{g}$: $\theta=\measuredangle(\vec{f},\ \vec{g})$, определяя его из равенства

$$\cos\theta=\frac{\int_a^b f(x)\,g(x)\,dx}{\sqrt{\int_a^b [f(x)]^2\,dx}\cdot\sqrt{\int_a^b [g(x)]^2\,dx}};\qquad(15)$$

неравенство (14) показывает, что абсолютная величина выражения справа не превосходит единицы. «Ортогональность» функций $f(x)$ и $g(x)$ [n° **398**]:

$$\int_a^b f(x)\,g(x)\,dx=0$$

равносильна тому, что $\cos\theta=0$, так что угол θ оказывается прямым.

Учитывая определение нормы [см. (13)], из (15) получаем

$$\int_a^b f(x)\,g(x)\,dx=\|\vec{f}\|\cdot\|\vec{g}\|\cdot\cos\theta;$$

это дает основание рассматривать интеграл слева как *скалярное произведение* «векторов» $\vec{f}$ и $\vec{g}$:

$$\int_a^b f(x)\,g(x)\,dx=\vec{f}\cdot\vec{g}.$$

Если вектор $\vec{g}$ есть «единичный вектор», или «орт», т. е. если его норма $\|\vec{g}\| = 1$, то скалярное произведение

$$\vec{f} \cdot \vec{g} = \|\vec{f}\| \cdot \cos\theta$$

можно рассматривать как *проекцию «вектора»* $\vec{f}$ *на этот «орт»*:

$$\text{пр.}_{\vec{g}}\, \vec{f}.$$

Если дана последовательность «векторов» $\{\vec{f_n}\}$, то ***пределом*** ее называется такой «вектор» $\vec{f}$, для которого

$$\|\vec{f_n} - \vec{f}\| \to 0 \quad \text{при} \quad n \to \infty.$$

Возвращаясь к соответствующим функциям $\{f_n(x)\}$, $f(x)$, имеем, по определению нормы [см. (13)],

$$\int_a^b [f_n(x) - f(x)]^2\, dx \to 0,$$

так что *сходимость последовательности «векторов»* $\{\vec{f_n}\}$ *к предельному «вектору»* f *означает не что иное, как сходимость в среднем* [n° 413] *последовательности функций* $\{f_n(x)\}$ *к предельной функции* $f(x)$.

Вернемся теперь к положенной в основу ортогональной и нормальной [см. (12)] системе функций $\{\varphi_m(x)\}$. Ее можно трактовать как систему взаимно ортогональных «ортов» $\{\vec{\varphi}_m\}$. Ввиду предположенной замкнутости упомянутой системы функций она будет также и полной [n° 415, замечание], а это значит, что *к основной системе «ортов»* $\{\vec{\varphi}_m\}$ *нельзя больше присоединить никакого нового «орта», который был бы ортогонален ко всем* $\vec{\varphi}_m$!

Рассмотрим проекцию произвольного «вектора» $\vec{f}$ на какой-нибудь из основных «ортов» $\vec{\varphi}_m$:

$$c_m = \text{пр.}_{\vec{\varphi}_m}\, \vec{f} = \vec{f} \cdot \vec{\varphi}_m = \int_a^b f(x)\, \varphi_m(x)\, dx.$$

Мы узнаем в этом выражении попросту один из (обобщенных) коэффициентов Фурье [n° 398] функции $f(x)$ *). Поскольку функ-

---

*) Напоминаем о том, что функции $\{\varphi_m(x)\}$ нормированы, так что все числа $\lambda_m = 1$ [см. (12)].

ция $f(x)$ однозначно определяется своими коэффициентами Фурье [n° 415, замечание], то *«вектор»* $\vec{f}$ *однозначно определяется его проекциями на «орты» основной системы* $\{\vec{\varphi}_m\}$.

Произведение $c_m \cdot \varphi_m(x)$, т. е. вектор $c_m\vec{\varphi}_m = \vec{f}_m$, естественно назвать *составляющей «вектора»* $\vec{f}$ *по направлению «орта»* $\vec{\varphi}_m$.

Как же теперь может быть истолкован обобщенный ряд Фурье функции $f(x)$ [n° 398]:

$$c_0\varphi_0(x) + c_1\varphi_1(x) + \ldots + c_m\varphi_m(x) + \ldots? \tag{16}$$

Отметим прежде всего, что ввиду предположенной замкнутости системы $\{\varphi_m(x)\}$ частичная сумма $s_n(x)$ ряда (16) при $n \to \infty$ сходится в среднем к функции $f(x)$ [n° 413], а это значит, что *всегда имеет место разложимость в ряд Фурье, если сходимость понимать именно в среднем.* Иными словами, «вектор» $\vec{s}_n$ стремится к предельному «вектору» $\vec{f}$, что можно записать в форме разложения

$$\vec{f} = c_0\vec{\varphi}_0 + c_1\vec{\varphi}_1 + \ldots + c_m\vec{\varphi}_m + \ldots = \vec{f}_0 + \vec{f}_1 + \ldots + \vec{f}_m + \ldots$$

— *каждый вектор* $\vec{f}$ *представляется в виде суммы всех его составляющих по направлениям основных «ортов».* Таков геометрический смысл разложения в ряд Фурье!

Уравнение замкнутости [n° 413], ввиду (12), напишется так:

$$\int_a^b [f(x)]^2\,dx = \sum_{m=0}^{\infty} c_m^2$$

или

$$\|\vec{f}\|^2 = \sum_{m=0}^{\infty} \|\vec{f}_m\|^2.$$

Квадрат длины «вектора» оказывается равным сумме квадратов длин всех его составляющих. Это — естественное обобщение теоремы Пифагора (отвечающей случаю двумерного вектора, разложенного на две взаимно перпендикулярные составляющие).

Вспомним и обобщенное уравнение замкнутости [n° 416, замечание]

$$\int_a^b f(x)g(x)\,dx = \sum_{m=0}^{\infty} c_m\gamma_m,$$

где c_m — коэффициенты Фурье функции f, а γ_m — коэффициенты Фурье функции g. Если переписать его так:

$$\vec{f}\cdot\vec{g}=\sum_{m=0}^{\infty}c_m\gamma_m,$$

то здесь можно усмотреть аналогию с привычным выражением скалярного произведения двух векторов в трехмерном пространстве через их проекции на три взаимно перпендикулярные оси [n° 338, (1)].

Для углубления аналогии между рассматриваемым «пространством» функций и обычным эвклидовым пространством понадобилось бы, во-первых, расширить класс рассматриваемых функций и, во-вторых, обобщить используемое определение интеграла. И то и другое впоследствии будет сделано в курсе так называемой теории функций вещественной переменной [см. заключение, раздел VI].

Замечание. Параллельно с векторной интерпретацией множества $\{f\}$ всех непрерывных функций можно было бы рассматривать его точечную интерпретацию, считая отдельные непрерывные функции $f=f(x)$ как бы «точками» составленного из них «пространства». В этом случае целесообразно ввести понятие *расстояния* $\rho(f, g)$ между двумя «точками» $f=f(x)$ и $g=g(x)$ следующим образом:

$$\rho(f, g)=\|\vec{f}-\vec{g}\|=\sqrt{\int_a^b[f(x)-g(x)]^2\,dx}.$$

То, что выше было названо *длиной* «вектора» $\vec{f}$, есть не что иное, как *расстояние* «точки» f от начальной «точки» 0.

Если f, g, h суть три «точки» нашего «пространства», то имеет место «аксиома треугольника» в форме

$$\rho(f, h)\leqslant\rho(f, g)+\rho(g, h).$$

Эта форма получается из прежней, если заменить там $\vec{f}$ на $\vec{f}-\vec{g}$, а $\vec{g}$ — на $\vec{g}-\vec{h}$.

§ 5. ОЧЕРК ИСТОРИИ ТРИГОНОМЕТРИЧЕСКИХ РЯДОВ

419. Задача о колебании струны. Эта знаменитая задача, привлекшая к себе внимание ряда выдающихся математиков XVIII века, сыграла важную роль в самой постановке *вопроса о возможности тригонометрического разложения произвольной функции*. Поэтому мы сначала познакомим читателя с упомянутой задачей и ее решением.

Пусть однородная струна длины l закреплена концами в точках $x=0$ и $x=l$ оси x и под действием некоторого натяжения располагается в равновесии вдоль этой оси (рис. 81). Представим себе, что в момент $t=0$ струна выводится из положения равновесия в плоскости xy (которую, например, будем предполагать вертикальной) и предоставляется сама себе *). Тогда точки струны начнут колебаться в вертикальной же плоскости. Если допустить, что каждая точка M струны с абсциссой x колеблется строго вертикально, то ее положение в момент времени $t \geqslant 0$ определится ее ординатой y, которая представит ее отклонение от положения равновесия. Эта ордината будет функцией от обеих переменных x и t:

$$y = y(x, t), \tag{1}$$

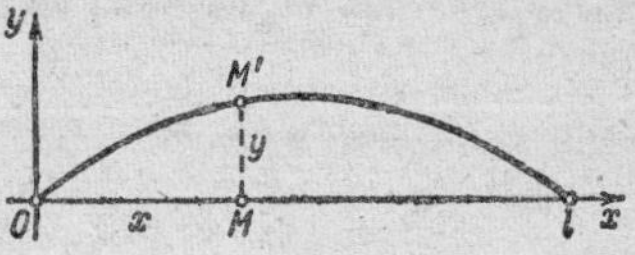

Рис. 81.

которая и подлежит определению.

При некоторых — упрощающих вопрос — предположениях явление описывается следующим дифференциальным уравнением в частных производных:

$$\frac{\partial^2 y}{\partial t^2} = a^2 \frac{\partial^2 y}{\partial x^2}, \tag{2}$$

где a — постоянная, зависящая от физических свойств струны.

Кроме этого уравнения, искомая функция $y(x, t)$ должна удовлетворять еще ряду требований. Прежде всего, должны выполняться так называемые предельные условия:

$$y(0, t) = 0, \quad y(l, t) = 0 \quad (t \geqslant 0), \tag{3}$$

выражающие факт закрепления концов струны. Затем, *если в начальный момент $t=0$ отклонения точек струны характеризуются функцией $f(x)$ $(0 \leqslant x \leqslant l)$, а скорости равны нулю* *), то надлежит потребовать выполнения и начальных условий

$$y(x, 0) = f(x), \quad \frac{\partial y(x, 0)}{\partial t} = 0 \quad (0 \leqslant x \leqslant l). \tag{4}$$

Таким образом, окончательно, задача сводится к разысканию такой функции $y(x, t)$, которая для $0 \leqslant x \leqslant l$ и $t \geqslant 0$ удовлетворяла бы уравнению (2) и условиям (3) и (4).

Замечание. Поскольку функция $y(x, t)$, *обращающаяся при $t=0$ в $f(x)$*, должна удовлетворять уравнению (2) и условиям (3), *в частности и в начальный момент времени*, то самое функцию $f(x)$ необходимо при этом предположить дважды дифференцируемой в промежутке $[0, l]$ и, кроме того, подчинить еще условиям

$$f(0) = 0, \quad f(l) = 0, \tag{5а}$$

а также

$$f''(0) = 0, \quad f''(l) = 0. \tag{5б}$$

420. Решение Даламбера и Эйлера. Этими учеными и было впервые явно сформулировано уравнение (2). Его общее решение оба они — сначала Даламбер (1747 г.), а затем Эйлер (1748 г.) — представили в такой форме:

$$y = \varphi(x + at) + \psi(x - at). \tag{6}$$

---

*) Мы для определенности ограничимся предположением, что колебания струны начинаются из состояния покоя. Именно это предположение лежит в основе решения задачи, данного Эйлером (см. следующий номер).

Здесь $\varphi(u)$ и $\psi(v)$ означают «произвольные» функции, заданные для всех значений аргументов. Для нашей цели достаточно непосредственно проверить, что выражение (6) при всех значениях x и t удовлетворяет условию (2), каковы бы ни были дважды дифференцируемые функции φ и ψ.

Теперь возникает вопрос о выборе этих функций так, чтобы удовлетворены были также предельные и начальные условия, т. е. чтобы было [см. (3)]

$$\varphi(at)+\psi(-at)=0, \qquad \varphi(l+at)+\psi(l-at)=0 \qquad (t\geqslant 0) \tag{3a}$$

и [см. (4)]

$$\varphi(x)+\psi(x)=f(x), \qquad \varphi'(x)-\psi'(x)=0 \qquad (0\leqslant x\leqslant l). \tag{4a}$$

При этом, очевидно, функцию $\varphi(u)$ достаточно определить для $u\geqslant 0$, а функцию $\psi(v)$ — для $v\leqslant l$.

Прежде всего, интегрируя второе из равенств (4a), найдем

$$\varphi(x)=\psi(x)\ ^{*)} \qquad (0\leqslant x\leqslant l).$$

Тогда, в силу первого из этих равенств, обе функции равны $\frac{1}{2}f(x)$: таким образом, в промежутке $[0, l]$ они уже определены (график их на рис. 82

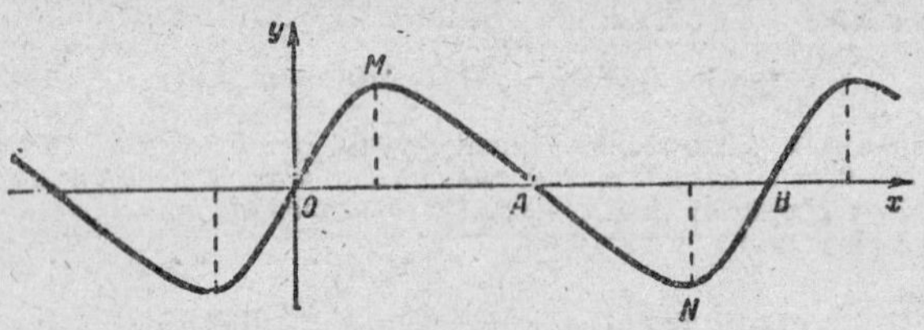

Рис. 82.

изображен кривой OMA). Так как функция φ подлежит еще определению только в промежутке $(l, +\infty)$, а функция ψ — в неналегающем на него промежутке $(-\infty, 0)$, то для упрощения записи можно функциональную характеристику ψ заменить на φ и определить функцию $\varphi(x)$ в этих промежутках, исходя из условий [см. (3a)]

$$\left.\begin{aligned}&\varphi(x)+\varphi(-x)=0, &(7)\\ &\varphi(l+x)+\varphi(l-x)=0. &(8)\end{aligned}\right\}\ (x\geqslant 0)$$

Прежде всего, изменяя в (8) x от 0 до l, мы определим φ в промежутке $(l, 2l]$:

$$\varphi(l+x)=-\varphi(l-x)=-\frac{1}{2}f(l-x)$$

(кривая ANB на черт. 82). Теперь, когда функция φ полностью определена

*) Без умаления общности можно не вводить постоянной интегрирования C, ибо, отняв $\frac{1}{2}C$ от φ и прибавив $\frac{1}{2}C$ к ψ, всегда можно осуществить именно указанное равенство.

в промежутке $[0, 2l]$, причем — в силу (5а) — вдобавок $\varphi(0)=\varphi(2l)=0$, мы докажем, что она вообще имеет период $2l$, и тем самым определим ее уже во всем промежутке $(-\infty, +\infty)$.

Пусть сначала $\xi \geqslant -l$; положив в (8) $x=\xi+l$, получим [с учетом (7)]

$$\varphi(\xi+2l)=-\varphi(-\xi)=\varphi(\xi).$$

Аналогично, при $\xi < -l$ возьмем в (8) $x=-(\xi+l)$ и [снова опираясь на (7)] придем к тому же. В общем, в качестве графика функции φ мы получим (по выражению Эйлера) «змеевидную кривую», изображенную на рис. 82. Она симметрична относительно начала, как и должно быть, ибо в силу (7) функция $\varphi(x)$ нечетная.

Так как функция $f(x)$ имеет в промежутке $[0, l]$ две производные и к тому же удовлетворяет условиям (5а) и (5б), то — как можно показать — определенная указанным образом функция $\varphi(x)$ будет повсюду дважды дифференцируема, не исключая точек вида kl ($k=0, \pm 1, \pm 2, \ldots$), где «склеиваются» отдельные куски кривой. Через эту функцию искомое решение окончательно и представится в виде

$$y=\varphi(x+at)+\varphi(x-at). \tag{9}$$

121. Решение Тейлора и Д. Бернулли *). Еще в 1713 г. Тейлор изучая вопрос о движении натянутой струны и определял период ее колебания. Отправной точкой для него служило некое предложение, равносильное по существу уравнению (2). В результате он пришел к выводу, что *если струна колеблется как целое*, то она в каждый момент имеет форму арки синусоиды.

Разумеется, это — лишь один из возможных для струны видов колебания. Из рассуждений Тейлора вытекает существование бесчисленного множества таких видов: стоит лишь, разделив струну на n $(\geqslant 2)$ равных участков, к каждому в отдельности применить прежний вывод. В таком случае форма струны представит собой n последовательных синусоидальных арок.

Мы получим все эти частные решения уравнения (2) чисто аналитическим путем, исходя непосредственно из уравнения. Станем искать его решение (отличное от очевидного, но не интересного нам решения — нуля) под видом произведения двух функций, из которых одна зависит только от x, а другая — только от t:

$$y=X(x)\cdot T(t).$$

Уравнение (2) в этом случае принимает вид

$$XT''=a^2X''T$$

(где штрихи означают производные по той переменной, от которой функция зависит) или, наконец,

$$\frac{T''}{T}=a^2\frac{X''}{X}. \tag{10}$$

Так как левая часть этого равенства не зависит от x, а правая — от t, то их общее значение фактически не зависит ни от x, ни от t, т. е. сводится к постоянной, которую мы возьмем в форме $-a^2\lambda^2$ (при $\lambda > 0$). Тогда уравнение (10) распадается на два:

$$T''+a^2\lambda^2T=0, \qquad X''+\lambda^2X=0;$$

---

*) Даниил Бернулли (1700—1782), сын Иоганна Бернулли и друг Эйлера. В период с 1725 по 1733 г. деятельно работал в Петербургской академии наук.

общие решения этих — уже обыкновенных — дифференциальных уравнений, соответственно, имеют вид:

$$T = A\cos a\lambda t + B\sin a\lambda t, \qquad X = C\cos\lambda x + D\sin\lambda x.$$

Для того чтобы функция $y = XT$ удовлетворяла и предельным условиям (3), им должна удовлетворять функция X. Полагая в ней $x = 0$, сразу видим, что $C = 0$; полагая же $x = l$ и учитывая, что D уже не может быть нулем, придем к условию $\sin\lambda l = 0$, откуда $\lambda l = n\pi$ при натуральном n. Таким образом, λ может иметь лишь одно из следующих значений:

$$\lambda_1 = \frac{\pi}{l}, \qquad \lambda_2 = \frac{2\pi}{l}, \qquad \ldots, \qquad \lambda_n = \frac{n\pi}{l}, \qquad \ldots\text{*)}$$

Если считать что начальные скорости всех точек струны равны нулю, то $T'(0) = 0$, а отсюда $B = 0$. Обозначая при $\lambda = \lambda_n$ постоянную AD через b_n, мы и придем к упомянутой последовательности частных решений уравнения (2):

$$y_n = b_n \cos\frac{n\pi a}{l} t \cdot \sin\frac{n\pi}{l} x.$$

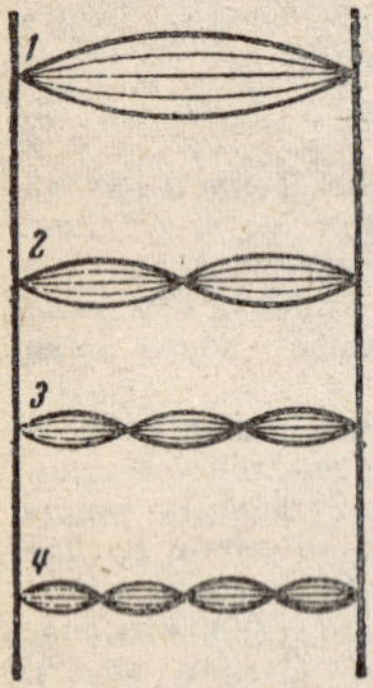
Рис. 83.

Если струна осуществляет колебание по такому закону, то *все ее точки колеблются с одним и тем же периодом*

$$T_n = \frac{2l}{na},$$

которому отвечает тон определенной высоты. Амплитуда же колебаний каждой точки зависит от ее положения и равна

$$\left| b_n \sin\frac{n\pi}{l} x \right|.$$

Вся струна разбивается на n равных участков, причем точки одного участка находятся все в одинаковых фазах, а точки соседних участков — в противоположных фазах. Последовательные положения струны для случаев $n = 1, 2, 3, 4$ изображены на рис. 83. Точки, отделяющие один участок от другого, оказываются в покое; это — так называемые «узлы». Середины участков — «пучности» — колеблются с наибольшей амплитудой.

После появления общих исследований Даламбера и Эйлера о колебании струны с работой на ту же тему выступил Д. Бернулли (1753 г.). Напомнив о том, что множественность видов колебания струны была небезызвестна еще Тейлору, Бернулли — основываясь на физических наблюдениях — выдвинул утверждение, что *все эти колебания осуществляются сразу и струна одновременно издает тоны различной высоты*. Происходит, по его выражению, «смешение» (мы сказали бы — наложение) отдельных колебаний, так что полное колебание струны может быть охарактеризовано равенством

$$y = \sum_{n=1}^{\infty} b_n \cos\frac{n\pi a}{l} t \sin\frac{n\pi}{l} x. \tag{11}$$

---

*) Если бы мы взяли постоянное значение отношений (10) в форме $a^2\lambda^2$, то предельным условиям могла бы удовлетворять только функция X, тождественно равная нулю.

Основной тон определяется первой составляющей y_1; ей отвечает период $T_1 = \frac{2l}{a}$. Остальные тоны, издаваемые струной, или **обертоны**, характеризуются другими составляющими; им отвечают периоды $T_2 = \frac{1}{2} T_1$, $T_3 = \frac{1}{3} T_1, \ldots$ Если прикоснуться пальцем к середине струны, то сразу заглохнут как основной тон, так и нечетные обертоны, для которых там была пучность. Четные обертоны, для которых на середину струны приходится узел, все сохранятся; для них роль основного будет играть второй обертон, и струна станет издавать **октаву** первоначального тона. Именно богатство физического содержания, при полном согласии с экспериментом, заставило Бернулли предпочесть решение (11) эйлерову решению (9). Нужно сказать, что Эйлер и сам упоминает о решении (11), но лишь как о возможном частном решении. Для Бернулли в ту пору — по собственному признанию — вопрос об общности его решения был еще недостаточно ясен, но он отказывается понять, какой (физический) смысл могли бы иметь другие решения, если бы они существовали.

Мы докажем сейчас, опираясь на развитую выше теорию, что — *при надлежащем выборе коэффициентов в формуле* (11) *) — *она просто тождественна с формулой* (9). При этом мы предполагаем, конечно, выполненными те условия относительно функции $f(x)$, которые раньше были на нее наложены [n° 419, замечание].

Начнем именно с выбора коэффициентов b_n. Если мы хотим, чтобы формула (11) давала решение, удовлетворяющее начальному условию (4):

$$y(x, 0) = f(x) \qquad (0 \leqslant x \leqslant l),$$

то, полагая в (11) $t = 0$, должны иметь

$$\sum_1^{\infty} b_n \sin \frac{n\pi}{l} x = f(x) \qquad (0 \leqslant x \leqslant l). \tag{12}$$

Так как функция $f(x)$ дифференцируема и на концах промежутка $[0, l]$ обращается в нуль, то такое разложение, действительно, имеет место во всем промежутке, если взять [см. n° 405, (22)]

$$b_n = \frac{2}{l} \int_0^l f(x) \sin \frac{n\pi x}{l} \, dx \qquad (n = 1, 2, 3, \ldots),$$

что мы и будем предполагать.

Но ряд (12) сходится при **всех** значениях x, и с его помощью во всем промежутке от $-\infty$ до $+\infty$ может быть определена функция

$$\varphi(x) = \frac{1}{2} \sum_{n=1}^{\infty} b_n \sin \frac{n\pi x}{l}.$$

Таким образом, в промежутке $[0, l]$ эта функция равна $\frac{1}{2} f(x)$; кроме того, как легко непосредственно проверить, для нее выполняются условия (7) и (8). Отсюда уже вытекает, что она в точности совпадает с той функцией φ, о которой была речь в предыдущем номере, поскольку все упомянутые условия, вместе взятые, определяли ее однозначно.

---

*) Вопроса о коэффициентах Бернулли не затрагивает.

В таком случае уже известное нам эйлерово решение (9) теперь может быть представлено в виде

$$y=\frac{1}{2}\sum_{n=1}^{\infty}b_n\left[\sin\frac{n\pi(x+at)}{l}+\sin\frac{n\pi(x-at)}{l}\right]=\sum_{n=1}^{\infty}b_n\cos\frac{n\pi a}{l}t\sin\frac{n\pi}{l}x,$$

так что разложение (11) при указанном выборе коэффициентов действительно дает решение уравнения (2), и притом — тождественное с прежним.

422. Спор по поводу задачи о колебании струны. Этот спор разгорелся по двум направлениям.

Прежде всего, несмотря на формальное сходство решений, предложенных Даламбером и Эйлером, вскоре выяснилось, что между обоими учеными существует глубокое расхождение по вопросу о том, *какие функции допустимо рассматривать в анализе,* и — в частности — какой должна быть функция f, характеризующая начальную форму струны.

Эйлер не требовал, чтобы эта функция определялась во всем промежутке $[0, l]$ единым аналитическим выражением (подобную функцию Эйлер называл «непрерывной»). Эта функция могла быть и «смешанной», т. е. задаваться в разных частях промежутка различными выражениями. Эйлер считал возможным даже определять начальное положение струны просто «кривой, начертанной свободным движением руки»: ведь и в этом случае было осуществимо указанное им построение графика функции φ (рис. 82), а по нему уже легко было геометрически установить вид струны в любой момент времени.

Иной была позиция Даламбера: не только исходная функция $f(x)$, но и определяемая по ней уже в бесконечном промежутке функция $\varphi(x)$ должна — по его убеждению — подчиняться единому аналитическому закону; решение задачи средствами анализа возможно лишь в том случае, когда «различные положения колеблющейся струны могут быть заключены в одном и том же уравнении». Впоследствии Даламбер сосредоточил свои возражения на вопросе о кривизне, которая должна быть определенной во всех точках, поскольку в самом уравнении фигурирует вторая производная $\frac{\partial^2 y}{\partial x^2}$; между тем произвольность задания f и «склеивание» графика φ из кусков ее существования не обеспечивают.

Если добиваться выполнения уравнения (2), то последнему соображению нельзя отказать в убедительности [ср. те ограничения, которые мы выше наложили на функцию f (n° 419, замечание)].

Вопрос о характере «произвольных функций», впервые встретившихся при решении дифференциальных уравнений в частных производных *), еще долго дебатировался среди математиков. В 1787 г. — уже после смерти обоих противников — Петербургская академия выдвинула именно этот спорный вопрос на соискание премии, которая в 1790 г. была присуждена Луи Арбога, близкому по своим взглядам к Эйлеру.

Перейдем теперь ко второму предмету спора, имеющему уже непосредственную связь с основным содержанием настоящего очерка. На этот раз в одном лагере оказались Эйлер и Даламбер, которые оба выступили против Бернулли, утверждая, что его решение не является общим, так как далеко не исчерпывает всех возможных законов колебания струны.

Эйлер ясно понимал, что все сводится к вопросу: *может ли любая функция $f(x)$* (характеризующая начальную форму струны) *быть разложена в ряд по синусам кратных дуг?* Сам он отвечал на этот вопрос отрицательно. Прежде всего, начальная кривая, по которой располагалась струна,

*) Наподобие произвольных постоянных, уже встречавшихся при решении обыкновенных дифференциальных уравнений.

могла бы оказаться вовсе не выразимой никаким уравнением, значит, в частности — и уравнением (12) Бернулли. Но даже если она и представлялась аналитическим выражением, то это последнее могло не обладать теми особенностями, которые отличают каждую кривую, выражаемую уравнением вида (12). К таким особенностям принадлежит, во-первых, нечетность ординаты, как функции от абсциссы, и, во-вторых, наличие у этой функции периода $2l$.

Возражение Эйлера требует пояснений: ведь функция $f(x)$ задается лишь в промежутке от 0 до l, где эти особенности вообще и не могли бы проявиться! Но в ту пору еще считалось само собою разумеющимся, что *два аналитических выражения, получающих равные значения при изменении переменной в каком-либо промежутке, тем самым отождествляются и повсюду вне него.* Поэтому, например, если функция $f(x)$ в промежутке $(0, l)$ была задана с помощью алгебраического выражения, которое никогда не обладает вторым из упомянутых свойств, то — в силу сказанного — даже в пределах одного этого промежутка она уже не могла совпадать с выражением вида (12).

Даламбер в своих возражениях пошел еще дальше: по его мнению, даже если отдельные части эйлеровой кривой оказываются все связанными единым аналитическим выражением, то она все же не обязана следовать закону, указанному Бернулли. Так Даламбер отверг решение, которое как раз и осуществляло его собственное требование, чтобы различные положения колеблющейся струны были «заключены в одном и том же уравнении»!

Со своей стороны, Бернулли теперь уже с бóльшей настойчивостью утверждал, что уравнением вида (12) охватываются всевозможные кривые: располагая бесконечным множеством коэффициентов, можно ведь заставить выражаемую им кривую пройти через любое число наперед заданных точек. При этом особую ценность в его глазах все же, по-прежнему, представляла физическая сторона дела, а именно «возможность привести существующие в природе движения, которые кажутся неподчиненными никакому закону, к простым изохронным движениям ...».

423. Разложение функций в тригонометрические ряды, определение коэффициентов. Самым удивительным во всей этой дискуссии было то, что Эйлер в это время уже сам располагал примерами разложения именно алгебраических функций в тригонометрические ряды (конечно, полученными совершенно формально).

В «Дифференциальном исчислении» (1755 г.) мы находим разложение

$$\sin x + \frac{\sin 2x}{2} + \frac{\sin 3x}{3} + \frac{\sin 4x}{4} + \ldots = \frac{\pi - x}{2} \tag{13}$$

[ср. n° 406, 1)], о котором Эйлер еще в 1744 г. сообщал в письме своему другу Гольдбаху. В 1760 г. вышла в свет работа Эйлера, написанная в 1754 г., где, исходя из разложения

$$\frac{\cos x - a}{1 + a^2 - 2a\cos x} = \cos x + a\cos 2x + a^2\cos 3x + a^3\cos 4x + \ldots,$$

и, полагая $a = \pm 1$, он сначала приходит к расходящимся рядам

$$\left.\begin{aligned} &\cos x + \cos 2x + \cos 3x + \cos 4x + \ldots = -\frac{1}{2}, \\ &\cos x - \cos 2x + \cos 3x - \cos 4x + \ldots = \frac{1}{2}, \end{aligned}\right\} \tag{14}$$

а затем интегрирует почленно второй из них и получает результат:

$$\sin x - \frac{\sin 2x}{2} + \frac{\sin 3x}{3} - \frac{\sin 4x}{4} + \ldots = \frac{x}{2} \tag{15}$$

[ср. n° 406, 2)]. «Нет надобности присоединять постоянную, поясняет Эйлер, ибо при $x=0$ сама сумма исчезает». Никаких указаний на область применимости этих и подобных им разложений у Эйлера нет.

Интересно, что Эйлер не получает разложения (13) путем почленного интегрирования первого из рядов (14). Это лишь впоследствии (1772 г.) выполнил Д Бернулли. Он подчеркивает прежде всего, что определение постоянной интегрирования в равенстве

$$\sin x+\frac{\sin 2x}{2}+\frac{\sin 3x}{3}+\frac{\sin 4x}{4}+\ldots=C-\frac{x}{2}$$

требует «осмотрительности»: например, не годится для этой цели просто подставить $x=0$; Бернулли полагает $x=\frac{\pi}{2}$ и, используя известный ряд Лейбница [n° 255, (20)], приходит к равенству

$$C-\frac{\pi}{4}=1-\frac{1}{3}+\frac{1}{5}-\ldots=\frac{\pi}{4}, \quad \text{откуда } C=\frac{\pi}{2}.$$

Бернулли (впервые!) точно указывает область применимости полученного разложения — промежуток от 0 до 2π, причем для $x=0$ (2π) равенство места не имеет. Больше того: для других промежутков: от 2π до 4π, от 4π до 6π и т. д. приходится постоянную интегрирования соответственно изменять (хотя это и «кажется противоречащим закону непрерывности»).

Важный вопрос об *определении коэффициентов тригонометрического разложения наперед заданной функции* — в общем виде — по-видимому, впервые поставил Клеро в 1757 г. в одной работе по теоретической астрономии. Речь в ней идет о разложении функции в промежутке от 0 до π в ряд по косинусам. Сначала автор решает интерполяционную задачу, ограничиваясь конечным числом n членов ряда и добиваясь совпадения их суммы со значением функции в таком же числе равноотстоящих точек; коэффициенты получаются в виде некоторых сумм. Затем лишь он «берет n бесконечным», т. е., по существу, переходит к пределу, и устанавливает «точные» значения коэффициентов в виде знакомых нам интегральных выражений [n° 405, (16)] *).

Такие же формулы в 1777 г. получил сам Эйлер, на этот раз — *именно тем методом, который нам теперь привычен, т. е. с помощью почленного интегрирования.* (Работа Эйлера была опубликована со значительным опозданием — лишь в 1793 г.) Свой результат Эйлер формулирует в виде «общей теоремы», в условие которой входит предположение, что функция допускает разложение в ряд по косинусам. *О том, что произвольная функция его допускает, и здесь речи нет.*

Перелом в самом отношении к этому вопросу был создан уже в начале прошлого века исследованиями Фурье, посвященными математической теории распространения тепла. Эти исследования, которые докладывались Парижской академии в виде отдельных сообщений и мемуаров, начиная с 1807 г., были в значительной части подытожены в сочинении «Аналитическая теория тепла» (1822 г.), быстро получившем известность.

Фурье, подобно Эйлеру, также устанавливает интегральные формулы для коэффициентов тригонометрического разложения функции с помощью почленного интегрирования. В легкой возможности вычислять по этим формулам коэффициенты для «совершенно произвольных функций» он почерпнул уверенность в *допустимости самого разложения* для всех таких функций. Сильное впечатление на современников Фурье производили разложения

*) Интерполяционную задачу — в связи с вопросом о форме колеблющейся струны — несколькими годами позже решал и Лагранж.

функций, подчиняющихся в разных частях промежутка разным законам, например:

$$\sum_{n=1}^{\infty} \frac{1-\cos n\alpha}{n} \sin nx = \begin{cases} \frac{\pi}{2} & \text{для } 0 < x < \alpha, \\ 0 & \text{для } \alpha < x < \pi. \end{cases}$$

Фурье разлагал (в промежутке от 0 по π!) четную функцию $\cos x$ по синусам, а нечетную функцию $\sin x$ по косинусам. Всем этим наносился решительный удар по прежним воззрениям: *ведь сглаживалась разница между «смешанными» и «непрерывными» функциями* (по терминологии Эйлера). Вместе с тем *старый спор о тригонометрическом разложении «произвольной» функции с определенностью разрешался в пользу Бернулли!*

В ряде случаев можно было непосредственно проверить сходимость построенных Фурье разложений к соответствующим функциям. С другой стороны, эти разложения находили все более широкое применение в математической физике. Однако, несмотря на все это, идеи Фурье по началу встретили мало сочувствия: почленное интегрирование было в обычае того времени, но оно ведь не доказывает, а предполагает допустимость разложения, и остановка была именно за доказательством этой допустимости!

424. Доказательства сходимости рядов Фурье и другие вопросы. Правда, сам Фурье в конце своего сочинения делает попытку доказать справедливость тригонометрического разложения функции, но его рассуждения были далеки от аналитической строгости, хотя основная его идея, которой он придал геометрическую форму, и была правильной. Затем последовали попытки других авторов, в том числе Коши, но и они вызвали возражения.

Первое действительно строгое доказательство утверждения, высказанного Фурье, принадлежит Дирихле (1829 г.); оно по существу использует идею самого Фурье. Хоть в заголовке относящейся сюда работы *) еще упоминается о «произвольной функции», но на деле Дирихле точно ограничивает рассматриваемый им класс функций: это функции, определенные и конечные в промежутке $[-\pi, \pi]$, кусочно-непрерывные и кусочно-монотонные **). Если функция $f(x)$ удовлетворяет этим требованиям, то — как доказывает Дирихле — тригонометрический ряд, составленный для нее по формулам Фурье, сходится к сумме

$$\frac{f(x+0)+f(x-0)}{2}$$

при $-\pi < x < \pi$, и к сумме

$$\frac{f(-\pi+0)+f(\pi-0)}{2}$$

при $x = \pm\pi$.

Через короткое время (в 1834—1835 г.) Лобачевский тоже дал доказательство теоремы разложения, наложив, однако, на функцию условия другого типа, чем Дирихле. Именно Лобачевский предполагает функцию вообще дифференцируемой, за исключением разве лишь конечного числа скачков, а также точек, где сама функция или ее производная обращается с той и с другой стороны в $\pm\infty$; при этом функция должна оставаться интегрируе-

*) Г. Лежен-Дирихле, «О сходимости тригонометрических рядов, служащих для представления в данных пределах произвольной функции» (*Харьковская математическая библиотека*, серия В, сб. № 2, 1914, стр. 3—23).

**) Это значит, что основной промежуток может быть разложен на конечное число частей, внутри каждой из которых в отдельности функция изменяется монотонно.

мой — в собственном или в несобственном смысле *). Условия Дирихле и Лобачевского взаимно не перекрываются.

Впоследствии другими авторами был установлен целый ряд более общих достаточных признаков сходимости ряда Фурье к исходной функции.

Важное место в развитии теории тригонометрических рядов занимает известная диссертация Римана **) (1854 г.; опубликована в 1867 г.). Начинается она очерком истории вопроса. Затем автор останавливается на уточнении понятия определенного интеграла и устанавливает условия его существования. Этим была расширена область применимости рядов Фурье (в частности, например, стала ясной ненужность каких-либо предположений о непрерывности функции в теореме Дирихле). Но главное содержание работы связано с рассмотрением тригонометрических рядов общего вида

$$\frac{a_0}{2} + \sum_{n=1}^{\infty} a_n \cos nx + b_n \sin nx \tag{16}$$

и выяснением необходимых условий представления подобным рядом произвольной функции $f(x)$ с периодом 2π. Ряду (16) Риман сопоставляет ряд

$$\frac{a_0}{4} x^2 - \sum_{n=1}^{\infty} \frac{a_n \cos nx + b_n \sin nx}{n^2},$$

который из него получается формально почленным двукратным интегрированием. В предположении, что $a_n \to 0$ и $b_n \to 0$ (а к этому случаю всегда можно свести дело), последний ряд сходится равномерно во всем промежутке от $-\infty$ до $+\infty$ и определяет в нем непрерывную функцию $F(x)$. Свойствам функции $F(x)$ и ее связи с функцией $f(x)$ посвящена последняя часть работы. К диссертации Римана примыкает ряд работ других авторов, использовавших его метод исследования ряда (16) и полученные им результаты.

Прежде всего возник *вопрос об единственности тригонометрического разложения функции:* ведь формулы Эйлера — Фурье, дающие коэффициенты такого разложения, были установлены с помощью почленного интегрирования ряда, а во второй половине прошлого века уже была осознана недопустимость безоговорочного использования подобного приема. Первым упомянутый вопрос поставил в 1870 г. Гейне ***), но полное решение его тогда же дал Кантор, доказавший следующую общую теорему: *если для функции $f(x)$ в промежутке $[-\pi, \pi]$ вообще возможно разложение в ряд вида* (16), *то такое разложение единственно.* Единственность сохраняется и при наличии в указанном промежутке исключительных точек, для которых ничего не известно о сумме ряда и даже об его сходимости (лишь если множество таких исключительных точек бесконечно, оно подлежит еще некоторым ограничениям).

Каковы же коэффициенты этого единственного разложения функции $f(x)$ (если допустить его возможность)? *Всегда ли они будут именно коэффициентами Фурье?* Конечно, этот вопрос можно было ставить только по отношению к таким функциям, для которых интегралы, фигурирующие в формулах Эйлера — Фурье, вообще имеют смысл. Весьма замечательно,

*) Н. И. Лобачевский, «Об исчезании тригонометрических строк» и «Способ уверяться в исчезании бесконечных строк...» (*Полное собрание сочинений*, т. V, 1951, стр. 31—80 и 81—162).

**) Бернгард Риман, «О возможности представления функции посредством тригонометрического ряда» (Сборник, указанный в сноске на предыдущей странице, стр. 27—85, или *Сочинения*, 1948, стр. 225—261).

***) Генрих Эдуард Гейне (1821—1881) — немецкий математик.

что *ответ оказался утвердительным*, как это сначала установил в 1872 г. для непрерывных функций Асколи *), а 1874 г. для функций, интегрируемых в собственном смысле, — дю Буа-Реймон **). Впоследствии этот результат был распространен и на функции, интегрируемые в более общем смысле. *Этими работами было впервые убедительно мотивировано то исключительное внимание, которое уделялось исследователями разложению функций именно в ряды Фурье.*

Остановимся еще лишь на одном вопросе. Дирихле был убежден в том, что каждая непрерывная функция, с периодом 2π, разложима в ряд Фурье, хотя и не мог это доказать. Это убеждение, по-видимому, разделяли и другие математики. Однако дю Буа-Реймон, после ряда бесплодных попыток доказать справедливость предположения Дирихле, в 1876 г. примером опроверг его, построив такую непрерывную функцию, для которой ряд Фурье расходится в бесчисленном множестве точек в пределах сколь угодно малого промежутка.

На этом мы заканчиваем наш очерк, так как — хотя элементарная часть теории тригонометрических рядов несомненно относится к основам анализа — в дальнейшем своем развитии эта теория уже оказывается связанной с более тонкими понятиями и утверждениями, которые читателю незнакомы.

425. Заключительные замечания. Мы хотели бы подчеркнуть здесь то исключительное положение, которое в истории анализа занимает теория тригонометрических рядов.

Прежде всего, тесно связано с этой теорией уточнение самого понятия функции. Спор Эйлера и Д. Бернулли по поводу разложения «произвольной» функции в тригонометрический ряд много содействовал устранению некоторых предвзятых и неверных мыслей, получившему завершение в работах Фурье. Современное общее определение функции мы не случайно находим у Лобачевского и Дирихле именно в их исследованиях по тригонометрическим рядам!

В связи с потребностями теории рядов Фурье, было Риманом уточнено и обобщено понятие определенного интеграла. Первые шаги Кантора в созданной им теории бесконечных множеств были сделаны по поводу вопроса об единственности тригонометрического разложения. Современная теория обобщенного суммирования расходящихся рядов ведет начало от исследований Пуассона ***) по суммированию тригонометрических рядов. Даже если те или другие тонкие понятия анализа (например, абсолютная и неабсолютная сходимость числового ряда, равномерная и неравномерная сходимость функционального ряда) появлялись и вне связи с теорией тригонометрических рядов, то они немедленно применялись к этим рядам, которые служили как бы оселком для испытания их значимости. Такое положение вещей сохраняется и по сию пору.

Тригонометрические ряды находят себе непосредственное применение в математической физике (некоторое представление об этом читатель может составить на примере рассмотренной выше задачи о колебании струны) и во многих разделах техники. Но еще более широкую область применения имеют так называемые «обобщенные ряды Фурье», т. е. разложения по различным другим системам ортогональных функций, для которых образцом служат тригонометрические разложения и теория которых тесно переплетается с теорией рядов Фурье.

---

*) Джулио Асколи (1843—1896) — итальянский математик.

**) Поль дю Буа-Реймон (1831—1889) — немецкий математик, по происхождению швейцарец.

***) Симон Дени Пуассон (1781—1840) — выдающийся французский механик, физик и математик.

ЗАКЛЮЧЕНИЕ

ОЧЕРК ДАЛЬНЕЙШЕГО РАЗВИТИЯ МАТЕМАТИЧЕСКОГО АНАЛИЗА

После освоения основ математического анализа для читателя представит интерес ознакомиться, хотя бы в самых общих чертах, с теми математическими дисциплинами, которые в целом ныне и составляют математический анализ, понимаемый в широком смысле.

1. ТЕОРИЯ ДИФФЕРЕНЦИАЛЬНЫХ УРАВНЕНИЙ

С этой отраслью анализа читатель уже знаком из университетского курса, что дает нам право быть в данном случае краткими.

Еще в предистории дифференциального и интегрального исчисления встречались — как их называли тогда — «обратные задачи на касательные», т. е. задачи, в которых ищутся кривые по заданному свойству касательных к ним. Об этих задачах упоминается в известной переписке Ньютона с Лейбницем [n° 228]; там впервые Лейбниц применил термин «дифференциальные уравнения».

Вторая основная проблема, выдвинутая Ньютоном в его «Методе флюксий»: *по данному уравнению, содержащему флюксии, найти соотношение между флюэнтами*, как мы указали в n° 225, и есть общая задача интегрирования *обыкновенного дифференциального уравнения*. Ньютон, как правило, решает ее с помощью степенных рядов, не стремясь представить решение в виде «конечного» аналитического выражения. Много занимались дифференциальными уравнениями Лейбниц и братья Бернулли, иной раз также пользуясь бесконечными рядами. Но в то же время именно им принадлежат первые систематические попытки решения некоторых типов уравнений первого порядка путем сведения к квадратурам.

Лишь в XVIII веке теория дифференциальных уравнений развилась настолько, что ее стали рассматривать как самостоятельную научную дисциплину. Большую роль в этом сыграли многочисленные и разнообразные труды Эйлера.

Напомним, что именно Эйлер ввел понятия «полного» (общего) и «частного» решения обыкновенного дифференциального уравнения; много занимался он и решениями, не содержащимися в полном интеграле (особыми). Он широко развил метод интегрирующего множителя не только для уравнений первого, но и высшего порядка. Эйлеру принадлежит метод решения однородного линейного дифференциального уравнения с постоянными коэффициентами с помощью характеристического уравнения и выяснение формы его общего интеграла. В связи с проблемой колебания круговой мембраны Эйлер первым пришел к рассмотрению общего уравнения цилиндрических функций

$$\left(\alpha^2-\frac{\beta^2}{r^2}\right)u+\frac{1}{r}\frac{du}{dr}+\frac{d^2u}{dr^2}=0$$

(позднее названного «уравнением Бесселя»), представив решение его в виде бесконечного ряда. Эйлеру же принадлежит первый метод приближенного решения обыкновенных дифференциальных уравнений.

Работы Эйлера, вместе с работами Клеро, Лагранжа и других математиков XVIII века, далеко продвинули формальную теорию *обыкновенных дифференциальных уравнений.*

Обратимся теперь к *дифференциальным уравнениям в частных производных.* И в этой области Эйлер имеет значительные заслуги. Ряд исследований он посвятил уравнениям первого порядка. С другой стороны, многие задачи механики и физики часто приводили Эйлера к рассмотрению уравнений второго (и высшего) порядка *). Особенностью уравнений в частных производных было появление в составе решения произвольных функций. Это первым заметил на примере уравнения колебания струны Даламбер [n° 420], но именно Эйлер использовал произвольные функции для того, чтобы удовлетворить начальным данным, вытекающим из рассматриваемой задачи, и тем довести исследование до конца.

Большое влияние на последующее развитие математической физики оказали также разнообразные работы современника Эйлера — Даниила Бернулли. Ему принадлежит общий метод для решения задач о колебании упругих систем, при котором искомое решение соответствующего уравнения разлагается в ряд по простейшим его решениям; примером этого может служить решение уравнения колебания струны [n° 421]. Расцвет математической физики приходится уже на начало XIX века и связан с именами Пуассона, Фурье, Коши и Остроградского.

Общее стремление к повышению строгости естественно привлекло внимание к вопросу о самом существовании решения дифференциальных уравнений (или составленных из них систем). По отношению к обыкновенным уравнениям первые результаты здесь были получены Коши, а по отношению к уравнениям в частных производных — Софией Ковалевской **).

В конце прошлого века, в связи с потребностями механики и астрономии, появились исследования *по качественной теории обыкновенных дифференциальных уравнений и их систем,* устанавливающие различные свойства решений — по самим уравнениям, без их интегрирования. Основоположниками этой теории были Пуанкаре и Ляпунов ***). Идеи Ляпунова получили дальнейшее развитие уже в трудах советских математиков.

Отметим еще, что в последнее время проявилось определенное влияние на теорию дифференциальных уравнений (особенно — в частных производных) со стороны молодых аналитических дисциплин — *теории функций вещественной переменной* и *функционального анализа* (см. разделы V и VI). Это влияние не только отразилось на общих точках зрения и подходе к основным понятиям теории дифференциальных уравнений, но и привело к важным конкретным результатам в этой теории.

---

*) Подобные задачи и решение соответствующих уравнений составляют предмет так называемой *математической физики.*

**) София Васильевна Ковалевская (1850—1891) была первой женщиной, получившей звание профессора математики.

***) Французский ученый Анри Пуанкаре (1854—1912) и русский академик Александр Михайлович Ляпунов (1857—1918) — выдающиеся математики.

II. ВАРИАЦИОННОЕ ИСЧИСЛЕНИЕ

Вариационное исчисление возникло в конце XVII века, вскоре после создания самого «анализа бесконечно малых», но вместе с тем оно составляет как бы главу так называемого *функционального анализа*, который развился уже в нашем веке (см. раздел VI).

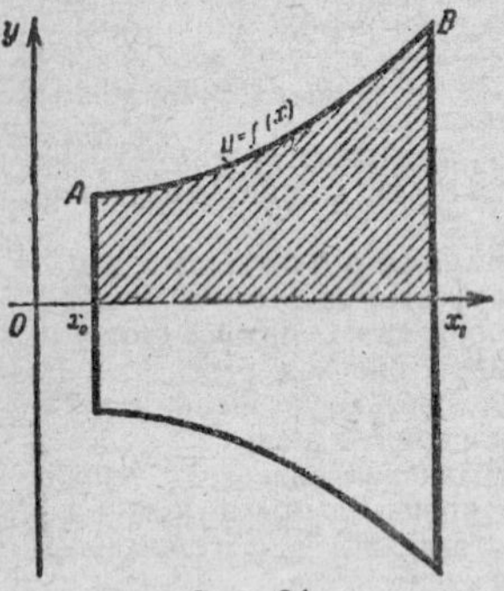

Рис. 84.

Для ясности изложения, установим сначала одно понятие, принадлежащее именно функциональному анализу.

Пусть имеем плоскую кривую (рис. 84)

$$y=f(x), \quad (x_0 \leqslant x \leqslant x_1).$$

Рассмотрим: 1) площадь P ограниченной ею криволинейной трапеции, 2) длину S кривой, 3) площадь Q поверхности, полученной при вращении кривой вокруг оси x, и, наконец, 4) объем V тела вращения, ограниченного этой поверхностью. Всё это примеры величин, *зависящих от вида кривой* или — что то же — *от вида функции* f, т. е. *сразу от всех ее значений*. Для приведенных величин мы имели в свое время интегральные представления [n° 196, 201, 205, 198]:

$$\left.\begin{aligned} P&=\int_{x_0}^{x_1} y(x)\,dx, \qquad S=\int_{x_0}^{x_1}\sqrt{1+[y'(x)]^2}\,dx,\\ Q&=2\pi\int_{x_0}^{x_1} y(x)\sqrt{1+[y'(x)]^2}\,dx, \qquad V=\pi\int_{x_0}^{x_1}[y(x)]^2\,dx. \end{aligned}\right\} \tag{1}$$

Мы видим, что функция y играет роль своеобразного «аргумента»: *ее заданием однозначно определяется значение каждой из этих величин.* В подобном случае, *когда функции* $y=y(x)$ *относится по определенному правилу числовое значение некоторой величины, эту величину называют функционалом от функции* y и обозначают

$$U(y)\,^{*)}.$$

Все функционалы (1) содержатся, как частные случаи, в следующем:

$$U(y)=\int_{x_0}^{x_1} F(x, y, y')\,dx=\int_{x_0}^{x_1} F(x, y(x), y'(x))\,dx, \tag{2}$$

где под F разумеется данная функция от трех аргументов, а $y=y(x)$ — любая (непрерывно дифференцируемая) функция от x, для которой подынтегральное выражение и самый интеграл имеют смысл.

Ограничиваясь для краткости именно функционалами типа (2), мы можем теперь сформулировать простейшую вариационную задачу: *среди всех*

---

*) Нельзя путать функционал с функцией от функции, т. е. со сложной функцией, которая каждому значению x в отдельности относит число, в то время как функционал относит число всей функции $y(x)$ в целом!

гладких кривых $y=y(x)$, соединяющих две точки (x_0, y_0) и (x_1, y_1), найти ту, для которой функционал (2) *имеет наибольшее (наименьшее) значение.*

Чаще, впрочем, функционал исследуется на «локальный» максимум (минимум) — значение функционала на искомой кривой сравнивается с его значениями лишь на кривых, достаточно «близких» (в том или ином смысле) к искомой. Легко усмотреть здесь аналогию с определением «локальных» экстремумов в случае функции от одной или нескольких переменных [п° 112, 151].

Зарождение вариационного исчисления обычно датируют 1696 г., когда И. Бернулли бросил вызов математикам своего времени на решение (поставленной еще Галилеем) *задачи о брахистохроне* («кривой кратчайшего времени»). Вот в чем она состоит: *из всех линий, соединяющих две данные точки A и B* (рис. 85), *не лежащие на одной вертикали, требуется найти ту кривую, по которой материальная точка скатится из точки A в точку B — без начальной скорости и под действием одной лишь силы тяжести — в кратчайшее время.* Искомой кривой оказалась циклоида, основание которой горизонтально, а острие находится в точке A.

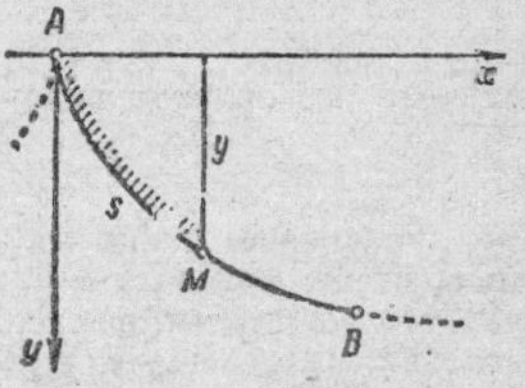

Рис. 85.

Покажем, что и в этой задаче мы имеем дело с функционалом типа (2). Пусть координатные оси расположены, как указано на чертеже. При перемещении материальной точки массы m по произвольной кривой $y=y(x)$, соединяющей точки $A(0, 0)$ и $B(x_1, y_1)$, из положения A в положение $M(x, y)$, сила тяжести произведет работу $mg\cdot y$, которая — по закону живых сил — должна быть равна кинетической энергии $\frac{1}{2}mv^2$ точки. Отсюда

$$v=\frac{ds}{dt}=\sqrt{2gy}$$

и

$$dt=\frac{ds}{\sqrt{2gy}}=\frac{1}{\sqrt{2g}}\cdot\frac{\sqrt{1+y'^2}}{\sqrt{y}}\,dx.$$

Интегрируем по x от 0 до x_1, и тогда для времени T, затрачиваемого на все перемещение из A в B, окончательно получим выражение

$$T=T(y)=\frac{1}{\sqrt{2g}}\int_0^{x_1}\frac{\sqrt{1+y'^2}}{\sqrt{y}}dx \tag{3}$$

вида (2).

За этой задачей последовали другие; все они решались по-разному и требовали каждая особого подхода: создалось положение, напоминавшее предысторию самого анализа бесконечно малых!

С 1726 г. в изданиях Петербургской академии начался ряд публикаций Эйлера, посвященных экстремальным задачам этого нового типа. Они были подытожены в знаменитом трактате «Метод нахождения кривых линий, обладающих свойством максимума либо минимума, ...» (1744 г). *). Здесь впервые дается «прямой» общий метод решения разных типов вариационных задач. Заменяя кривую линию ломаной, Эйлер сводит вариационную задачу к задаче на разыскание экстремума функции нескольких переменных.

*) Есть русский перевод (ГТТИ, 1934).

Например, в случае простейшей вариационной задачи, речь идет об экстремуме суммы

$$\sum_i F\left(x^{(i)}, y^{(i)}, \frac{\Delta y^{(i)}}{\Delta x^{(i)}}\right) \cdot \Delta x^{(i)}$$

как функции от ординат $y^{(i)}$ ломаной. Приравняв нулю производную этого выражения по любой ординате, Эйлер в конечном счете приходит к дифференциальному уравнению второго порядка

$$F'_y - \frac{d}{dx} F'_{y'} = 0$$

или — в развернутом виде —

$$F'_y - F''_{xy'} - F''_{yy'} \cdot y' - F''_{y'y'} \cdot y'' = 0.$$

Это уравнение, таким образом, выражает необходимое условие для того, чтобы кривая $y = y(x)$ доставляла функционалу (2) экстремум. Если удается решить дифференциальное уравнение Эйлера, с учетом предельных условий: $y(x_0) = y_0$, $y(x_1) = y_1$, то чаще всего сразу и получается искомая кривая. Так, в случае задачи о брахистохроне можно взять [см. (3)]

$$F = \frac{\sqrt{1 + y'^2}}{\sqrt{y}},$$

и уравнение Эйлера принимает вид:

$$2yy'' + y'^2 + 1 = 0.$$

Отсюда, понижая порядок, легко найти первый интеграл

$$y(y'^2 + 1) = 2C_1,$$

так что

$$dx = \sqrt{\frac{y}{2C_1 - y}}\, dy.$$

Полагая здесь $y = C_1(1 - \cos t)$, найдем, что $dx = C_1(1 - \cos t)\, dt$, следовательно, $x = C_1(t - \sin t) + C_2$. Считая, что при $t = 0$ кривая проходит через начало, имеем $C_2 = 0$; постоянная же C_1 определится из требования, что кривая проходит и через вторую данную точку. Так и получаем упомянутую выше циклоиду.

Несмотря на громоздкость методов Эйлера и нестрогость его рассуждений, именно *эти исследования положили начало вариационному исчислению как особой математической дисциплине.*

Несколько позже молодой тогда Лагранж открыл новую страницу в истории вариационного исчисления созданием *метода вариаций*, откуда и само исчисление получило свое наименование. В 1755 г. он сообщил его Эйлеру, который в позднейших работах и сам уже пользуется новым методом. Понятие вариации сродни понятию дифференциала в обычном анализе, но связано не с изменением переменной x, а с изменением («варьированием») вида функции $y(x)$. Если функция $y = y(x)$ доставляет функционалу $U(y)$ экстремум, то вариация U, δU, обращается в нуль (снова — лишь необходимое условие!).

Прерывая на этом моменте историю вариационного исчисления, мы упомянем лишь, что лагранжева теория была распространена Остроградским на случай кратных интегралов; в дальнейшем были установлены и достаточные условия экстремума; наконец, в последние десятилетия вновь возник интерес к идеям Эйлера, и его методы послужили прообразом для «прямых» методов решения вариационных задач (в значительной мере — в трудах советских математиков).

Почти все основные законы механики и физики обычно формулируются как «вариационные принципы», устанавливающие, что вариация того или иного функционала должна быть нулем. В связи с этим вариационное исчисление доставляет решение многих важных задач физики и техники.

III. ТЕОРИЯ ФУНКЦИЙ КОМПЛЕКСНОЙ ПЕРЕМЕННОЙ

Комплексные числа появились в математическом обиходе с начала XVI века, но осваивались они на протяжении столетий медленно и с трудом. Лишь в XVIII веке Эйлер (снова мы должны назвать имя этого гениального и столь разностороннего ученого!) стал рассматривать комплексную переменную и функции от нее. В течение тридцатых и сороковых годов он разработал всю *теорию элементарных функций комплексной переменной*, использовав для этого не только аппарат степенных рядов (известный со времен Ньютона), но также бесконечные произведения и ряды простых дробей. Им же, как мы уже знаем [n° 254], была установлена замечательная связь между показательной и тригонометрическими функциями.

Другой важный цикл работ Эйлера относится к *интегрированию по комплексной переменной* (здесь — в смысле вычисления первообразной). В одной из них, представленной Петербургской академии в 1777 г., но опубликованной лишь в 1793 г., Эйлер рассматривает интеграл $\int Z(z)\,dz$, разумея под $Z(z)$ функцию, заданную аналитически (например, степенным рядом), и подставляет сюда вместо z мнимую величину $x+yi$ *). Тогда сам интеграл принимает вид $P(x, y)+ Q(x, y)i$, а подинтегральное выражение преобразуется так:

$$[M(x, y)+N(x, y)i]\,[dx+dy\,i]=[M\,dx-N\,dy]+[N\,dx+M\,dy]\,i.$$

Сравнение порознь вещественных и мнимых частей получаемого равенства приводит к двум интегралам

$$P=\int M\,dx-N\,dy, \qquad Q=\int N\,dx+M\,dy.$$

Так как дифференциальные выражения $M\,dx-N\,dy$ и $N\,dx+M\,dy$ оказываются, таким образом, точными дифференциалами (соответственно, для P и Q), то M и N необходимо связаны характерными для точных дифференциалов [n° 350] соотношениями

$$\frac{\partial M}{\partial y}=-\frac{\partial N}{\partial x} \quad \text{и} \quad \frac{\partial N}{\partial y}=\frac{\partial M}{\partial x}. \tag{4}$$

Так впервые в общем виде появляются соотношения между частными производными вещественной и мнимой частей функции Z комплексной переменной **). Этим соотношениям суждено было сыграть важную роль как в дальнейшем развитии самой теории функций, так и в ее приложениях.

Славу создания этой теории как самостоятельной и богатой содержанием научной дисциплины разделяют Коши и Риман.

---

*) Мы для краткости здесь и дальше пишем привычное нам i, хотя в этом месте Эйлер пишет еще $\sqrt{-1}$. Вскоре именно он ввел обозначение i, которое, однако, привилось далеко не сразу.

**) Подобные соотношения, впрочем, уже встречались в гидромеханических исследованиях Даламбера (1752 г.) и самого Эйлера.

В самом начале своего «Мемуара об определенных интегралах, взятых между мнимыми пределами» (1825 г.) Коши устанавливает понятие *определенного интеграла*

$$\int_{x_0+y_0i}^{X+Yi} f(z)\,dz \tag{5}$$

как предела интегральных сумм — наподобие криволинейного интеграла [п° 330]. Впрочем, упоминание о «кривой» мы находим в другом месте мемуара, а здесь Коши просто рассматривает две монотонные непрерывные функции, имеющие (непрерывные) производные:

$$x=\varphi(t),\quad y=\chi(t)\quad (t_0\leqslant t\leqslant T) \tag{6}$$

под условием, что

$$\varphi(t_0)=x_0,\quad \varphi(T)=X;\quad \chi(t_0)=y_0,\quad \chi(T)=Y,$$

и сводит интеграл (5) к обыкновенному интегралу по вещественной переменной t [ср. п° 331, (6)]:

$$\int_{t_0}^{T} f(\varphi(t)+\chi(t)\,i)\,(\varphi'(t)+\chi'(t)\,i)\,dt.$$

Здесь же — в предположении, что функция $f(z)$ имеет (непрерывную) производную — устанавливается фундаментальная теорема о *независимости интеграла* (5) *от выбора функций* (6) (т. е. от пути интегрирования). Доказательство теоремы Коши проводит вариационным методом.

При этом же допущении относительно функции $f(z)$ Коши в дальнейших публикациях и в своих лекциях устанавливает факт *обращения в нуль интеграла по замкнутому контуру,* а также выводит знаменитую формулу, носящую его имя:

$$f(z)=\frac{1}{2\pi i}\int_{(C)}\frac{f(t)}{t-z}\,dt,$$

где интеграл взят по контуру (C) области (K) на комплексной плоскости, а z — любая внутренняя точка этой области. Мы сталкиваемся здесь с замечательным свойством рассматриваемого класса функций комплексной переменной: *значения функции внутри области однозначно определяются ее значениями на контуре!*

Хотя формула Коши была доказана им при одном лишь предположении, что функция $f(z)$ имеет в рассматриваемой области (непрерывную) первую производную, но из самой формулы, например, с помощью последовательного дифференцирования по z под знаком интеграла, непосредственно выводится, что *для $f(z)$ одновременно существуют и производные всех порядков!* Больше того: принимая за область (K) круг радиуса r с центром в точке z_0, можно утверждать, что *в этом круге функция $f(z)$ разлагается в ряд по степеням $z-z_0$, который оказывается ее рядом Тейлора* [ср. п° 277]. Отсюда вытекает и общее утверждение, сделанное Коши относительно радиуса сходимости ряда Тейлора: *этот радиус всегда равен расстоянию от точки z_0 до ближайшей «особой» точки $f(z)$* — в окрестности которой $f(z)$ перестает быть однозначной функцией, имеющей (непрерывную) производную.

Этим проливается свет, например, на то загадочное обстоятельство, что функция $\operatorname{arctg} x$ и ее производная $\frac{1}{1+x^2}$ разлагаются в ряд по степеням x лишь внутри промежутка от -1 до $+1$, с радиусом сходимости единица. На вещественной оси у них вообще «особенностей» нет, но если перейти в комплексную область, то для соответствующих функций комплексной переменной z: $\operatorname{arctg} z$ и $\frac{1}{1+z^2}$, «особыми» точками будут точки $z=\pm i$ намнимой оси, вследствие чего радиус сходимости равен модулю обоих этих чисел, т. е. единице. Так теория функций комплексной переменной позволяет иной раз осознать закономерности, относящиеся к функциям в с-щественной переменной!

Полезно дать себе отчет в том, что требование существования производной от функции $w=f(z)$ по ее *комплексному* аргументу z несравненно тяжелее, чем формально аналогичное требование в отношении функции от *вещественного* аргумента. Ведь предел

$$\lim_{\Delta z \to 0} \frac{\Delta w}{\Delta z} = \frac{dw}{dz}$$

должен быть одним и тем же, *независимо от направления, по которому $z+\Delta z$ приближается к z.* В этом и состоит истинное объяснение тех поразительных следствий, которые влечет за собой простой факт существования (непрерывной) производной от функции по *комплексному* аргументу. Вопрос *об условиях существования такой единственной производной* возник сравнительно поздно: Коши приходит к этому вопросу в 1847 г., а Риман в 1851 г. именно с него начинает свою диссертацию «Основы общей теории функций одной комплексной переменной» *). Если положить $z=x+yi$ и $w=u+vi$, где u, v суть вещественные функции от двух вещественных переменных x, y, то упомянутые условия сводятся к соотношениям

$$\frac{\partial u}{\partial x}=\frac{\partial v}{\partial y}, \quad \frac{\partial v}{\partial x}=-\frac{\partial u}{\partial y}, \tag{4a}$$

в которых читатель узнает эйлеровы уравнения (4). Эти соотношения и служат основой для тех применений, которые находят функции комплексной переменной в электростатике, гидро- и аэромеханике, теории упругости и, наконец, в теории распространения тепла.

Если комплексные переменные z и w истолковать как точки на соответствующих плоскостях, то функциональная зависимость между ними $w=f(z)$ относит каждой точке z в области $\mathfrak{Z}$ на плоскости значений аргумента — определенную точку w в области W на плоскости значений функции. Иными словами, функция $w=f(z)$ осуществляет *точечное преобразование области $\mathfrak{Z}$ в область W* (рис. 86). Из существования в области $\mathfrak{Z}$ для функции $f(z)$ единственной производной (лишь бы она не обращалась в нуль!) Риман выводит такое замечательное свойство этого преобразования: *если взять в области $\mathfrak{Z}$ две пересекающиеся кривые* (zz_1 и zz_2 на рис. 86), *а в области W — соответствующие им кривые* (ww_1 и ww_2), *то углы между ними в обоих случаях будут одни и те же* (при одинаковых направлениях отсчета): преобразование оказывается сохраняющим углы, или, как говорят, конформным!

Конформные преобразования, в связи с вопросом о черчении карт, рассматривались Эйлером, Лагранжем и Гауссом задолго до Римана. Но Риман первый отчетливо связал свойство функции $w=f(z)$ совершать конформное преобразование с наличием у нее определенной производной. Он же

*) См. Бернгард Риман, *Сочинения* (Гостехиздат, 1948), стр. 49—87.

доказал основную в теории конформных преобразований теорему о *возможности* (а при определенных условиях — и единственности) *конформного преобразования круга в произвольную односвязную область, и обратно*.

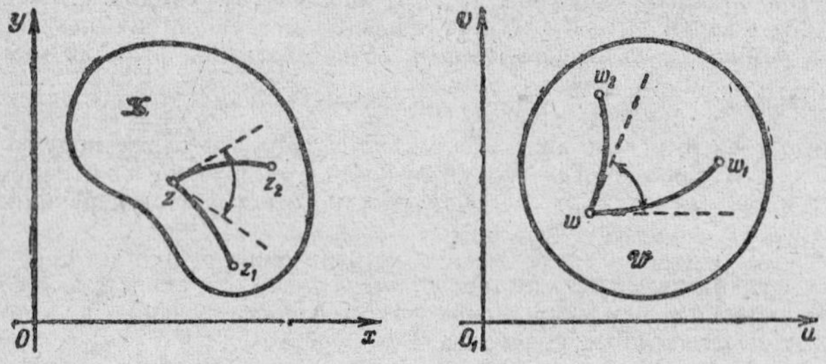

Рис. 86.

Подобными преобразованиями часто пользуются в различных приложениях теории функций комплексной переменной. Эта именно мысль и лежала в основе созданной Жуковским *) теории крыла самолета.

На дальнейшем блестящем развитии теории функций комплексной переменной мы уже не останавливаемся.

IV. ТЕОРИЯ ИНТЕГРАЛЬНЫХ УРАВНЕНИЙ

Уравнение относительно искомой функции, содержащее эту функцию под знаком интеграла, называется *интегральным уравнением* **). При разыскании неизвестной функции часто бывает удобнее исходить именно из интегрального уравнения, предпочтительно перед дифференциальным. С таким положением вещей читатель уже сталкивался при доказательстве «теоремы существования» в теории дифференциальных уравнений: там, например, уравнение $y' = f(x, y)$ вместе с начальным условием $y(x_0) = y_0$ заменялось одним интегральным уравнением

$$y = \int_{x_0}^{x} f(x, y)\, dx + y_0,$$

к которому затем с удобством применялся метод последовательных приближений. В нашем курсе мы уже, формально говоря, имели дело с интегральными уравнениями, когда изучали преобразования Фурье в [n° 412, формулы (13), (14), (15)].

Важную роль в привлечении внимания математиков к интегральным уравнениям сыграла одна механическая задача, поставленная и решенная Абелем (1826 г.). В ней требовалось *найти такую кривую AB в вертикальной плоскости* (рис. 87), *чтобы время* τ, *в течение которого тяжелая*

*) Николай Егорович Жуковский (1847—1921) — знаменитый русский ученый.

**) Этот термин впервые встречается в 1888 г. у дю Буа-Реймона; последний отчетливо говорит о том, что успехи в теории дифференциальных уравнений в частных производных связаны с изучением интегральных уравнений, «о которых, однако, ничего неизвестно»!

материальная точка, выпущенная из любой точки D без начальной скорости, скатывается вдоль по кривой до наинизшей ее точки A, представляло наперед заданную непрерывную функцию от высоты a точки D: $\tau=\varphi(a)$. Расположим координатные оси, как указано на рисунке, и пусть уравнение искомой кривой будет $y=y(x)$. При переходе точки из начального положения D в M, по закону живых сил, будем иметь (как и выше — в задаче о брахистохроне)

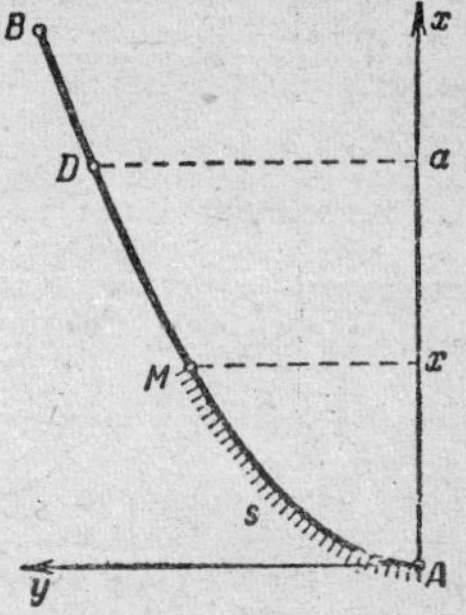

Рис. 87.

$$\frac{1}{2}mv^2=mg(a-x),\quad v=\frac{ds}{dt}=-\sqrt{2g(a-x)}\ ^{*)},$$

откуда

$$dt=-\frac{ds}{\sqrt{2g(a-x)}},$$

$$\tau=\frac{1}{\sqrt{2g}}\int_0^a\frac{\sqrt{1+[y'(x)]^2}}{\sqrt{a-x}}\,dx.$$

Обозначая $\sqrt{1+[y'(x)]^2}$ через $\sqrt{2g}\,u(x)$, для определения неизвестной функции $u(x)$ будем иметь интегральное уравнение

$$\int_0^a\frac{u(x)\,dx}{\sqrt{a-x}}=\varphi(a). \tag{7}$$

Абель фактически решал даже более общее уравнение

$$\int_0^a\frac{u(x)\,dx}{(a-x)^{\alpha}}=\varphi(a)\qquad(0<\alpha<1);$$

мы для простоты ограничимся уравнением (7).

Умножим обе части его на $\dfrac{1}{\sqrt{z-a}}$ и проинтегрируем по a от 0 до z:

$$\int_0^z\frac{\varphi(a)\,da}{\sqrt{z-a}}=\int_0^z da\int_0^a\frac{u(x)\,dx}{\sqrt{(z-a)(a-x)}}.$$

Переставим интегрирования в повторном интеграле справа, по формуле (9) n° 344 **):

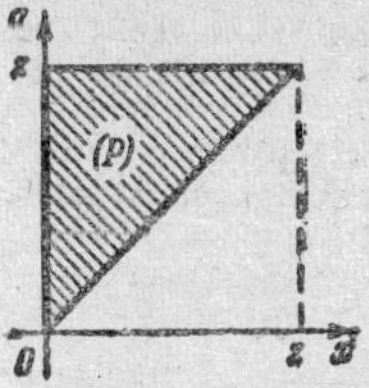

Рис. 88.

$$\int_0^z u(x)\,dx\int_x^z\frac{da}{\sqrt{(z-a)(a-x)}}.$$

*) Напоминаем, что с возрастанием t дуга $s=\smile AM$ убывает.

**) Областью (P), о которой упоминается в замечании I n° 344, здесь служит треугольник, изображенный на рис. 88. Впрочем, ввиду обращения подынтегральной функции в ∞ при $a=x$ или $a=z$, нужно было бы еще дополнительно обосновать перестановку интегралов.

Так как внутренний интеграл здесь равен π [n° 292, 1)], то приходим к равенству

$$\int_0^z \frac{\varphi(a)\,da}{\sqrt{z-a}} = \pi \int_0^z u(x)\,dx$$

и — дифференцируя по z — окончательно получаем такое выражение для искомой функции:

$$u(z) = \frac{1}{\pi}\frac{d}{dz}\int_0^z \frac{\varphi(a)\,da}{\sqrt{z-a}}.$$

Зная $u(x)$, нетрудно уже затем определить и $y(x)$.

Уравнение Абеля — с сохранением принципа его решения — значительно позже (1884 г.) было обобщено Сониным *). Вопрос казался завершенным, когда в 1896 г. Вольтерра **) начал публикацию ряда исследований, в которых излагалась общая теория интегральных уравнений вида

$$\int_a^x N(x, s)\,\varphi(s)\,ds = F(x) \quad \text{и} \quad \varphi(x) + \int_a^x N(x, s)\,\varphi(s)\,ds = F(x),$$

получивших впоследствии наименование «интегральных уравнений Вольтерра», соответственно, первого и второго рода. Здесь искомой функцией является $\varphi(x)$, а $N(x, s)$ и $F(x)$ суть данные функции. Вскоре же после этого, в период с 1900 по 1903 г., появились замечательные работы Фредгольма ***), посвященные уравнениям

$$\int_a^b N(x, s)\,\varphi(s)\,ds = F(x) \quad \text{и} \quad \varphi(x) + \int_a^b N(x, s)\,\varphi(s)\,ds = F(x).$$

Эти «уравнения Фредгольма» первого и второго рода отличаются от «уравнений Вольтерра», тем, что здесь в интегралах о б а предела постоянные. (Впрочем, можно считать уравнения Вольтерра частным случаем уравнений Фредгольма, если положить $N(x, s) = 0$ для $s > x$.)

Не входя в изложение теории Фредгольма, ограничимся указанием, что она представляет в некотором смысле как бы предельный случай теории алгебраических линейных уравнений.

В течение истекшей половины нашего века теория интегральных уравнений получила широкое развитие в разных направлениях и приобрела важность как могущественное средство исследования явлений природы.

---

*) Академик Николай Яковлевич Сонин (1849—1915).

**) Вито В о л ь т е р р а (1860—1940) — итальянский математик.

***) Эрик Ивар Ф р е д г о л ь м (1866—1927) — шведский математик.

V. ТЕОРИЯ ФУНКЦИЙ ВЕЩЕСТВЕННОЙ ПЕРЕМЕННОЙ

Хотя весь курс математического анализа был посвящен именно изучению функций от вещественных переменных, но под указанным в заголовке названием разумеют не эту «классическую» часть анализа, а более возвышенную и тонкую теорию, появившуюся лишь с начала нашего столетия. Впрочем, истоки ее можно усмотреть в том критическом направлении в математике, возникшем в конце XVIII и в начале XIX века, о котором не раз упоминалось. *Повышающиеся требования к строгости математических доказательств заставляли усомниться в ряде наивных рассуждений старых математиков.* Например, попытка Ампера (1806 г.) и еще некоторых авторов доказать дифференцируемость любой непрерывной функции, исключая разве лишь отдельные точки, вызвала к жизни противоречащие этому примеры Больцано, Вейерштрасса и др. [ср. n° 271]. С другой стороны, *возникшее стремление к общности и само по себе создавало интерес к функциям с различными «патологическими» особенностями,* часто идущими вразрез с нашей интуицией.

Все это направление, носившее негативный характер (и, кстати сказать, вызывавшее яркое недовольство со стороны представителей «классического» анализа) относится к предистории занимающей нас сейчас научной дисциплины. Переход от критики старого и увлечения «патологией» к позитивной теории был в высокой мере стимулирован *теорией бесконечных множеств*, созданной в семидесятых и восьмидесятых годах прошлого столетия Георгом Кантором. Его идеи, тоже встретившие поначалу со стороны современников противодействие, впоследствии оказали большое влияние на развитие многих областей математики, в особенности же — *теории функций вещественной переменной.*

Эта последняя как самостоятельная научная дисциплина оформилась на рубеже XIX и XX столетий в трудах французской математической школы, виднейшими представителями которой являются Эмиль Борель (1871—1956), Рене Бэр (1874—1932) и Анри Лебег (1875—1941).

Важную роль сыграло введенное Борелем (1898 г.) и Лебегом (1902 г.) понятие *меры линейного точечного множества,* применимое к очень широкому классу так называемых *измеримых* множеств. Мера mE точечного множества E обобщает понятие длины промежутка. Подобно длине, она обладает свойством аддитивности, но в еще более широкой степени: именно, если ограниченное множество E представляет собой объединение конечного числа или даже бесконечного (но в этом случае — непременно нумерованного) множества измеримых множеств

$$E_1,\ E_2,\ \ldots,\ E_n,\ \ldots,$$

не имеющих попарно общих точек, то E измеримо, причем *мера E равна сумме* (или сумме ряда) *мер множеств E_n:*

$$mE = \sum_n mE_n.$$

Если точечное множество E может быть покрыто конечной или (нумерованной) бесконечной системой промежутков с произвольно малой суммой длин, то его мера равна нулю. Пусть функция $f(x)$, заданная в промежутке $[a, b]$, обладает определенным свойством во всех точках промежутка за исключением разве лишь точек некоторого множества нулевой меры; тогда говорят, что функция имеет это свойство «почти всюду» в названном промежутке. Мы используем это выражение в формулировках следующих двух теорем Лебега:

I. *Функция $f(x)$, монотонная в промежутке $[a, b]$, имеет почти всюду в этом промежутке двухстороннюю конечную производную.*

II. *Непрерывная спрямляемая кривая* $y=f(x)$ $(a \leqslant x \leqslant b)$ *имеет почти всюду определенную касательную.*

Эти теоремы приведены как примеры позитивных результатов новой теории; как видим, в них нет речи о «патологии», а устанавливаются общие и весьма тонкие закономерности, и притом в таких областях, где методы классического анализа оказались бессильными.

Большое значение в современном анализе приобрело принадлежащее Лебегу обобщение понятия определенного интеграла. Пусть читатель вспомнит риманово определение этого понятия [n° 176]. Для случая непрерывной функции*) оно вполне естественно: говоря геометрически, при малом Δx_i все ординаты кривой $y=f(x)$, отвечающие изменению абсциссы между x_i и x_{i+1}, мало отличаются от любой из них, $f(\xi_i)$, и, заменяя приближенно элементарную полоску элементарным прямоугольником с площадью $f(\xi_i)\cdot\Delta x_i$, можно ждать, что предел суммы

$$\lim_{\Delta x_i \to 0} \sum_i f(\xi_i)\cdot\Delta x_i$$

и даст точно величину площади под кривой. Если же функция $f(x)$ разрывна, то для упомянутой замены уже нет оснований! В действительности же определение Римана оказывается формально применимым лишь к узкому классу разрывных функций, в некотором смысле «мало разнящихся» от непрерывных (а именно, как показал Лебег, — лишь к функциям, которые «почти всюду» непрерывны).

В этой связи уместно вспомнить, что если функция $F(x)$ имеет в промежутке $[a, b]$ непрерывную производную $F'(x)$, то по этой производной первообразная функция легко «восстанавливается» с помощью определенного интеграла [n° 155 и 183, (12°)]:

$$F(x) = (R)\int_a^x F'(x)\,dx + C. \tag{8}$$

Однако в случае разрывной (хотя бы и ограниченной) производной эта формула может оказаться неприложимой просто из-за того, что риманов интеграл для $F'(x)$ не существует. Такой именно пример еще в 1881 г. построил Вольтерра.

Все эти обстоятельства и послужили основанием для создания нового, обобщенного, определения понятия интеграла.

Выясним основную идею лебегова определения интеграла для ограниченной функции $f(x)$:

$$A < f(x) < B \qquad (a \leqslant x \leqslant b).$$

Лебег дробит на части не промежуток изменения независимой переменной, а промежуток $[A, B]$, в котором содержатся значения самой функции:

$$A = y_0 < y_1 < y_2 < \ldots < y_i < y_{i+1} < \ldots < y_n = B,$$

и рассматривает (при $i=0, 1, \ldots, n-1$) множество E_i тех точек, в которых значения функции лежат между y_i и y_{i+1}:

$$y_i \leqslant f(x) < y_{i+1}.$$

При малом $\Delta y_i = y_{i+1} - y_i$ все эти значения, действительно, близки

*) Напомним, что именно для этого случая оно и было высказано Коши задолго до Римана.

между собой и мало разнятся, например, от y_i. Заменяя их все на y_i и умножая это число на меру множества E_i, составим сумму

$$\sum_i y_i \cdot mE_i. \tag{9}$$

Конечно, при этом нужно предположить, что множество точек x из $[a, b]$, для которых значения функции $f(x)$ лежат между какими-нибудь числами α и β ($\beta > \alpha$), всегда измеримо; только такие функции Лебег и рассматривает, называя их *измеримыми*. Для суммы (9), какова бы ни была ограниченная измеримая функция $f(x)$, всегда существует конечный предел при $\Delta y_i \to 0$; он и представляет собой *лебегов интеграл функции* $f(x)$ *от* a *до* b и обозначается символом

$$(L) \int_a^b f(x)\, dx.$$

Область применимости интеграла Лебега несравненно шире, чем интеграла Римана. В частности, с его помощью всегда можно «восстановить» первообразную функцию $F(x)$ по ее ограниченной производной $F'(x)$:

$$F(x) = (L) \int_a^x F'(x)\, dx + C. \tag{8a}$$

Лебегово определение распространяется и на случай неограниченной функции; получаемый при этом интеграл оказывается абсолютно сходящимся. Впоследствии были предложены и дальнейшие обобщения понятия интеграла, при которых интеграл может сходиться и неабсолютно, но ни одно из них не нашло такого широкого и плодотворного применения в разных областях анализа, как интеграл Лебега.

Дальнейшие успехи теории функций вещественной переменной существенно связаны с деятельностью московской математической школы, основателями которой были Дмитрий Федорович Егоров (1869—1931) и академик Николай Николаевич Лузин (1883—1950). Приводимые ниже, в виде примера, две фундаментальные теоремы принадлежат: первая — Егорову, а вторая — Лузину. Они показывают, что — несмотря на чрезвычайную общность объектов, изучаемых современной теорией функций — связь с классическим анализом, в некотором смысле, не утеряна. Вот эти теоремы:

I. *Сходимость любой последовательности* $\{f_n(x)\}$ *измеримых функций к предельной функции* $f(x)$ *оказывается равномерной, если пренебречь некоторым точечным множеством произвольно малой меры.*

II. *Любая измеримая функция* $f(x)$ *оказывается непрерывной, если пренебречь некоторым точечным множеством произвольно малой меры.*

Заслугой московской школы является не только дальнейшее развитие самой теории функций вещественной переменной, но и внедрение ее понятий и методов в другие области анализа, а также в теорию вероятностей.

До сих пор мы вели речь лишь о так называемой *метрической теории функций*, существенно использующей понятие меры точечного множества. Другая ветвь новой теории функций, называемая *дескриптивной*, ведет происхождение от работ Бэра (1899 г.) и Лебега (1905 г.), в которых изучалось строение и свойства разрывных функций с точки зрения их образования из непрерывных функций с помощью последовательных предельных переходов. Эти исследования тесно связаны с *дескриптивной теорией множеств*, где изучаются все более и более сложные классы точечных множеств, получаемых с помощью ряда простейших операций из промежутков (прямоугольников и т. п.). Ведущая роль в дальнейшем развитии и углублении названной теории также принадлежит Лузину и его ученикам.

Коснемся здесь же еще одной ветви математического анализа, называемой *конструктивной теорией функций*. Она занимается вопросами приближенного представления функции с помощью различных аналитических аппаратов, простейшими примерами которых служат алгебраические или тригонометрические многочлены.

Пафнутий Львович Чебышёв в работе «Теория механизмов, известных под названием параллелограммов»*) (1854 г.) отметил, что отрезок ряда Тейлора функции $f(x)$

$$T_n(x)=f(x_0)+\frac{f'(x_0)}{1!}(x-x_0)+\ \dots\ +\frac{f^{(n)}(x_0)}{n!}(x-x_0)^n$$

лучше других многочленов той же степени представляет функцию *лишь вблизи точки* $x=x_0$. Если же речь идет о приближенном представлении функции многочленом n-й степени *в фиксированном промежутке* $[a, b]$, то тейлорову многочлену следует предпочесть другой многочлен, $P_n(x)$, с тем, чтобы «предел его уклонений от $f(x)$ в данном промежутке был менее пределов уклонений всех других многочленов той же степени». Так, впервые была поставлена задача о «многочлене наилучшего приближения», определяемого из условия, что

$$\max_{a\leqslant x\leqslant b} |P_n(x)-f(x)|$$

имеет наименьшее возможное значение; последнее обычно обозначают через $E_n(f)$. Исследования Чебышёва послужили исходным пунктом для обширного ряда работ петербургской математической школы.

В 1885 г. Вейерштрасс опубликовал теорему [n° 278], из которой явствует, что для любой непрерывной в $[a, b]$ функции $f(x)$

$$\lim_{n\to\infty} E_n(f)=0;$$

разумеется и, наоборот, из наличия последнего соотношения вытекает непрерывность функции f [n° 266]. Это было простейшим примером взаимосвязи между структурным свойством функции f (непрерывность) и поведением величины $E_n(f)$ (стремление к нулю).

Идеи Чебышёва и Вейерштрасса получили существенное развитие в исследованиях академика Сергея Натановича Бернштейна (род. в 1880 г.) и других советских математиков, а также американского ученого Данхема Джексона (1888—1946). Через эти работы красной нитью проходит мысль о влиянии дифференциальных и иных структурных свойств функции $f(x)$ на быстроту стремления величины $E_n(f)$ к нулю, и наоборот.

VI. ФУНКЦИОНАЛЬНЫЙ АНАЛИЗ

Это — самая молодая из всех ветвей математического анализа: ее возраст исчисляется немногими десятилетиями! Возникновению функционального анализа способствовала не раз замечавшаяся аналогия между далекими на первый взгляд объектами, побуждающая искать как объединяющие их понятия, так и общие рассуждения, которые покрывали бы частные рассуждения над этими объектами, используя лишь то, что в них на деле существенно.

---

*) *Полное собрание сочинений П. Л. Чебышева,* т. II (изд. Академии наук, 1947), стр. 23—51.

Замечательно при этом, что многообразия рассматриваемых объектов обычно уподобляются в тех или иных отношениях реальному пространству. Эти многообразия тоже называют *пространствами*, хотя элементами их могут быть — смотря по случаю — объекты самой разнообразной природы: кривые или поверхности, функции от одной или нескольких непрерывно меняющихся аргументов, конечные системы или последовательности вещественных чисел (т. е. функции от натурального аргумента) и т. д. Мы уже сталкивались с подобными «пространствами» в n° 125 (арифметическое m-мерное пространство), в n° 418 (пространство непрерывных функций) и, наконец, в разделе II, посвященном вариационному исчислению (пространство гладких кривых или непрерывно дифференцируемых функций).

В таком пространстве $X=\{x\}$ рассматриваются и изучаются *функциональные операторы*

$$y=U(x) \tag{10}$$

(обобщение привычного нам понятия «функция»), которые сопоставляют — по тому или иному закону или правилу — каждому элементу x из X определенный элемент y того же или другого пространства Y. В том частном случае, когда Y есть просто множество вещественных чисел, так что элементу x сопоставляется число, функциональный оператор называется *функционалом* — с этим понятием мы тоже выше уже имели дело (см. раздел II).

Мы остановимся лишь на одном важном типе пространств, именно на *метрических пространствах*. Так называется пространство X, если для каждой пары принадлежащих ему элементов x и $\bar{x}$ определено *расстояние* («метрическая функция»), т. е. неотрицательное вещественное число $\rho(x, \bar{x})$, имеющее следующие свойства:

1) $\rho(x, \bar{x})=0$ равносильно $x=\bar{x}$;

2) $\rho(\bar{x}, x)=\rho(x, \bar{x})$ и, наконец,

3) $\rho(x, \bar{\bar{x}})\leqslant\rho(x, \bar{x})+\rho(\bar{x}, \bar{\bar{x}})$ [«аксиома треугольника»; ср. n° 125 и 418].

Сходимость последовательности $\{x_n\}$ к предельному элементу x определяется соотношением

$$\rho(x_n, x)\to 0;$$

при этом пишут

$$x=\lim x_n \quad \text{или} \quad x_n\to x.$$

Приведем примеры метрических пространств.

А. Арифметическое пространство — линейное или вообще m-мерное. В линейном случае элементы x суть вещественные числа и

$$\rho(x, \bar{x})=|x-\bar{x}|.$$

При $m>1$ элементы x являются уже упорядоченными системами вещественных чисел: $x=(\xi_1, \xi_2, \ldots, \xi_m)$, где ξ_i — «координаты» точки x. В этом случае

$$\rho(x, \bar{x})=\sqrt{(\xi_1-\bar{\xi}_1)^2+\ldots+(\xi_m-\bar{\xi}_m)^2},$$

если через $\bar{\xi}_i$ обозначить «координаты» точки $\bar{x}$.

Б. Пространство непрерывных — в промежутке $[a, b]$ — функций $x=x(t)$ с метрикой

$$\rho(x, \bar{x})=\max_{a\leqslant t\leqslant b}|x(t)-\bar{x}(t)|.$$

В. То же многообразие, но с другой метрикой:

$$\rho(x, \bar{x})=\sqrt{\int_a^b[x(t)-\bar{x}(t)]^2\,dt}$$

[ср. n° 418, замечание].

Г. Пространство последовательностей вещественных чисел

$$x = (\xi_1, \xi_2, \ldots, \xi_n, \ldots),$$

для которых ряд $\sum_1^\infty \xi_n^2$ сходится. Метрика:

$$\rho(x, \overline{x}) = \sqrt{\sum_1^\infty (\xi_n - \overline{\xi}_n)^2}.$$

Д. Пространство ограниченных последовательностей вещественных чисел с метрикой

$$\rho(x, \overline{x}) = \sup_n |\xi_n - \overline{\xi}_n|.$$

Легко показать, пользуясь «аксиомой треугольника», что — для любого метрического пространства — из сходимости последовательности элементов $\{x_n\}$ к предельному элементу x вытекает выполнение условия, аналогичного известному условию Больцано — Коши [ср. n° 52]:

$$\rho(x_n, x_{n'}) < \varepsilon, \quad \text{лишь только } n, n' > N_\varepsilon.$$

Обратное заключение — о существовании предельного элемента x для каждой последовательности $\{x_n\}$, удовлетворяющей этому условию, — верно не для всех метрических пространств. Те пространства, для которых оно верно, называются *полными*; таковы, например, пространства А, Б, Г, Д. В то же время пространство В не полно *).

Теперь, для того чтобы читателю стала ясной полезность той высокой степени отвлечения и обобщения, которая осуществляется в функциональном анализе, приведем в виде примера одну теорему известного польского математика Стефана Банаха (1892 — 1945), одного из создателей современного функционального анализа. Она гласит:

Пусть дан функциональный оператор (10), *определенный в полном метрическом пространстве $X = \{x\}$ и переводящий элементы x из X снова в элементы того же пространства. Если при этом всегда*

$$\rho(U(x), U(\overline{x})) \leqslant \alpha \cdot \rho(x, \overline{x}), \text{ где } 0 < \alpha < 1,$$

то существует (и притом единственная) точка x_0 такая, что

$$U(x_0) = x_0. \tag{11}$$

Эта точка называется неподвижной точкой оператора U; она есть не что иное, как «корень» *функционального уравнения*

$$x = U(x).$$

Следующее соображение послужит как бы наведением к доказательству. Если x — любая точка, а x_0 — неподвижная точка (предположим,

---

*) Оно может быть сделано полным, если к нему добавить и все разрывные функции $x(t)$, интегрируемые по Лебегу вместе со своими квадратами. При этом две функции, которые «почти всюду» совпадают, рассматриваются как один элемент пространства.

что она существует!), то

$$\rho(U(x),\ U(x_0)) = \rho(U(x),\ x_0) \leqslant \alpha \cdot \rho(x,\ x_0),$$

так что элемент $x_1 = U(x)$ ближе к x_0, чем x. Естественно повторить этот процесс, исходя из x_1:

$$\rho(U(x_1),\ x_0) \leqslant \alpha \cdot \rho(x_1,\ x_0) \leqslant \alpha^2 \cdot \rho(x,\ x_0),$$

и элемент $x_2 = U(x_1)$ оказывается еще ближе к x_0! Это и подсказывает мысль, исходя из произвольно взятого элемента x, построить, повторно прилагая оператор U, последовательность элементов

$$x_1 = U(x),\quad x_2 = U(x_1),\ \ldots,\quad x_n = U(x_{n-1}),\ \ldots \tag{12}$$

Для этой последовательности $\{x_n\}$ доказывается выполнение условия Больцано—Коши, откуда (ввиду полноты пространства) следует, что она сходится к некоторому предельному элементу x_0. Затем устанавливается, что это и есть искомый неподвижный элемент (и притом единственный). Таков план доказательства, которого в подробностях проводить не будем.

Обращаем лишь внимание читателя на применение, для получения x_0, метода последовательных приближений по схеме (12). Легко получить и оценку n-го приближения:

$$\rho(x_n,\ x_0) \leqslant M\alpha^n \quad (M = \text{const}).$$

Перечислим теперь несколько задач из разных областей, которые сразу получают решение благодаря использованию установленного «принципа неподвижной точки».

1) Известное в теоретической астрономии «уравнение Кеплера»

$$x = m_0 + \varepsilon \cdot \sin x \tag{13}$$

определяет так называемую эксцентрическую аномалию x планеты по данной ее средней аномалии m_0 и эксцентриситету планетной орбиты ε ($\varepsilon < 1$).

Пусть «пространство» X есть просто множество всех вещественных чисел (см. А), а «функциональный оператор» есть обыкновенная функция от числовой переменной x:

$$U(x) = m_0 + \varepsilon \cdot \sin x.$$

Ясно, что неподвижная точка x_0 этого «оператора» как раз и есть искомый корень уравнения (10)!

Так как

$$\rho(U(x),\ U(\bar{x})) = |U(x) - U(\bar{x})| = \varepsilon \cdot |\sin x - \sin \bar{x}| \leqslant$$
$$\leqslant \varepsilon \cdot |x - \bar{x}| = \varepsilon \cdot \rho(x,\ \bar{x}),$$

то условие теоремы выполнено. Таким образом, мы приходим к утверждению о существовании единственного корня x_0 уравнения (13), причем его вычисление может быть выполнено по методу последовательных приближений.

2) Пусть дано интегральное уравнение Фредгольма второго рода, содержащее произвольный числовой параметр λ:

$$x(s) = f(s) + \lambda \int_a^b K(s,\ t)\, x(t)\, dt, \tag{14}$$

где $f(s)$ непрерывна в промежутке $[a,\ b]$, а $K(s,\ t)$ непрерывна в квадрате $[a,\ b;\ a,\ b]$, и пусть ищется непрерывное же решение $x(s)$ этого уравнения. Пространство X здесь есть пространство непрерывных функций в $[a,\ b]$

с метрикой

$$\rho(x, \bar{x}) = \max_{a \leq t \leq b} |x(t) - \bar{x}(t)|$$

(см. Б). Оператор

$$U(x) = f(s) + \lambda \int_a^b K(s, t)\, x(t)\, dt$$

сопоставляет каждой непрерывной функции $x(t)$ тоже некоторую непрерывную функцию от s. И здесь неподвижная точка $x_0(t)$ этого оператора будет, очевидно, решением уравнения (14).

Проверим выполнение условия теоремы. По ограниченности непрерывной функции K:

$$|K(s, t)| \leq M \quad (M = \text{const})$$

будем иметь:

$$\rho(U(x), U(\bar{x})) = |\lambda| \cdot \max_{a \leq s \leq b} \left| \int_a^b K(s, t)\,[x(t) - \bar{x}(t)]\, dt \right| \leq$$

$$\leq |\lambda| \cdot M \cdot (b-a) \cdot \max_{a \leq t \leq b} |x(t) - \bar{x}(t)| = |\lambda| \cdot M(b-a) \cdot \rho(x, \bar{x}).$$

Отсюда ясно, что, лишь только

$$|\lambda| < \frac{1}{M(b-a)},$$

условие теоремы выполнено. Следовательно, для достаточно малых (по абсолютной величине) значений параметра λ уравнение (14) имеет единственное решение $x_0(t)$, которое к тому же может быть получено по способу последовательных приближений.

3) В качестве последнего примера рассмотрим вопрос о решении системы из бесконечного (нумерованного) множества линейных уравнений с бесконечным же (снова — нумерованным) множеством неизвестных; такая система всегда может быть написана в виде:

$$\xi_i = \sum_{k=1}^{\infty} a_{i,k}\xi_k + b_i \quad (i = 1, 2, 3, \ldots), \tag{15}$$

где $a_{i,k}$ и b_i — данные коэффициенты, а ξ_i — неизвестные. Предположим, что коэффициенты $a_{i,k}$ и b_i удовлетворяют условиям

$$\sum_{k=1}^{\infty} |a_{i,k}| \leq \alpha < 1, \quad |b_i| \leq \beta \quad (i = 1, 2, 3 \ldots). \tag{16}$$

Нас будет интересовать ограниченное решение системы (15), т. е. такая ограниченная последовательность чисел $\{\xi_i\}$, которая удовлетворяла бы всем уравнениям (15).

Читателю, вероятно, ясно, что в основу здесь надлежит положить пространство X ограниченных последовательностей $x = \{\xi_i\}$ с метрикой

$$\rho(x, \bar{x}) = \sup_i |\xi_i - \bar{\xi}_i|$$

(см. Д). Равенства

$$\eta_i = \sum_{k=1}^{\infty} a_{i,k}\xi_i + b_i \quad (i = 1, 2, 3, \ldots) \tag{17}$$

каждому ограниченному набору $x=\{\xi_k\}$ сопоставляют ограниченный же — в силу (16) — набор $y=\{\eta_i\}$, т. е. тоже элемент пространства X; этим и определяется оператор $U(x)$. Если взять еще элемент $\bar{x}=\{\bar{\xi}_k\}$, то соответствующим ему значением $U(\bar{x})$ этого оператора будет элемент $\bar{y}=\{\bar{\eta}_i\}$, определяемый равенствами, аналогичными (17). Так как [по первому из неравенств (16)]

$$\rho(y, \bar{y})=\sup_i\left\{\left|\sum_{k=1}^{\infty} a_{i,k}(\xi_k-\bar{\xi}_k)\right|\right\}\leqslant\alpha\cdot\sup_k|\xi_k-\bar{\xi}_k|=\alpha\cdot\rho(x, \bar{x}),$$

то — все по той же теореме — искомое решение существует и единственно. Для получения его также может быть использован метод последовательных приближений.

Весьма поучительна самая возможность решения столь разнородных задач, исходя из одного источника. Этот пример позволит читателю лучше понять, как общие теоремы функционального анализа могут находить приложения в самых разнообразных областях. Сила этого метода, кажущегося столь абстрактным, именно в том, что он исследует объекты и отношения между ними в простейшей форме, отвлекаясь от несущественных для дела их частных особенностей. Как часто и в прошлом прогресс в математике осуществлялся подобным же путем!

Чтобы подчеркнуть значение функционального анализа в целом (мы ведь коснулись лишь его элементов), достаточно упомянуть, что функциональный анализ — в его высоких частях — существенно используется в современной *теоретической физике,* особенно в *квантовой механике,* которая и сама, в свою очередь, несомненно, влияла на развитие функционального анализа.

Итак, *преодолевая не раз ошибки и заблуждения отдельных исследователей и даже поколений, математический анализ вплоть до нашего времени продолжает расти и развиваться, украшаясь все новыми и новыми живыми побегами. Иные новые ветви анализа возникают непосредственно из потребности познания окружающего нас мира, в других же случаях они появляются, подчиняясь естественным законам развития самого анализа, и лишь потом обогащаются приложениями. Различные ветви анализа постепенно проникают одна в другую и, сохраняя специфичность своих задач и методов, все же образуют единое целое!*

АЛФАВИТНЫЙ УКАЗАТЕЛЬ

ГРИГОРИЙ МИХАЙЛОВИЧ
ФИХТЕНГОЛЬЦ

**ОСНОВЫ
МАТЕМАТИЧЕСКОГО АНАЛИЗА (2)**

*ИЗДАНИЕ ЧЕТВЕРТОЕ,
СТЕРЕОТИПНОЕ*

Генеральный директор А.Л. Кноп
Директор издательства О.В. Смирнова
Главный редактор Ю.А. Сандулов
Художественный редактор С.Л. Шапиро
Корректор О.Г. Бураковская

ЛР № 065466 от 21.10.97 г.

Гигиенический сертификат 78.01.07.953.П.001665.03.02
от 18.03.2002 г., выдан ЦГСЭН в СПб

Издательство «Лань»
lan@lpbl.spb.ru
www. lanpbl.spb. ru
193012, Санкт-Петербург, пр. Обуховской обороны, 277.

Издательство: тел./факс: (812)262-24-95, тел.: (812)262-11-78;
pbl@lpbl.spb.ru; print@lpbl.spb.ru

Торговый отдел: 193029, Санкт-Петербург, ул. Крупской, 13,
тел./факс(812)567-54-93, тел.: (812)567-85-78, (812)567-14-45;
trade@ lanpbl.spb.ru

Филиал в Москве:
109263, Москва, 7-я ул. Текстильщиков, 5,
тел.: (095)919-96-00, 787-59-47, 787-59-48;
lanmsk@gpress.ru

Филиал в Краснодаре:
350072, Краснодар, ул. Зиповская, 7, тел.: (8612) 62-97-73.

Сдано в набор 14.01.99. Подписано в печать 05.07.2002 г.
Бумага типографская. Формат 84x108 $^{1}/_{32}$.
Гарнитура Школьная. Печать высокая.
Печ. л. 29. Уч.-изд. л. 24,36. Тираж 5000 экз.
Заказ № 875.

ФГУП Владимирская книжная типография
600000, г. Владимир, Октябрьский проспект, д. 7.
Качество печати соответствует качеству представленных диапозитивов